"十二五"普通高等教育本科国家级规划教材

国家卫生和计划生育委员会"十二五"规划教材
全国高等医药教材建设研究会"十二五"规划教材
全国高等学校教材

供8年制及7年制("5+3"一体化)临床医学等专业用

细胞生物学

Cell Biology

第3版

主　审　杨　恬

主　编　左　伋　刘艳平

副主编　刘　佳　周天华　陈誉华

编　者　(以姓氏笔画为序)

左　伋(复旦大学基础医学院)
刘　佳(大连医科大学)
刘　雯(复旦大学基础医学院)
刘艳平(中南大学生命科学学院)
李　冰(青岛大学医学院)
宋土生(西安交通大学医学院)
张　军(同济大学医学院)
陈誉华(中国医科大学)
范礼斌(安徽医科大学)
周天华(浙江大学医学院)
郑　红(郑州大学基础医学院)
项　荣(中南大学生命科学学院)
赵俊霞(河北医科大学)
胡以平(第二军医大学)
徐　晋(哈尔滨医科大学)
郭风劲(重庆医科大学)
涂知明(华中科技大学基础医学院)

人民卫生出版社

图书在版编目（CIP）数据

细胞生物学 / 左伋，刘艳平主编 . —3 版 . —北京：人民卫生出版社，2015

ISBN 978-7-117-20393-7

Ⅰ.①细…　Ⅱ.①左…　②刘…　Ⅲ.①细胞生物学－医学院校－教材　Ⅳ.①Q2

中国版本图书馆 CIP 数据核字（2015）第 041546 号

细胞生物学

第 3 版

主　　编：左　伋　刘艳平

出版发行：人民卫生出版社（中继线 010-59780011）

地　　址：北京市朝阳区潘家园南里 19 号

邮　　编：100021

E - mail：pmph @ pmph.com

购书热线：010-59787592　010-59787584　010-65264830

印　　刷：北京盛通印刷股份有限公司

经　　销：新华书店

开　　本：850 × 1168　1/16　　印张：31

字　　数：853 千字

版　　次：2005 年 8 月第 1 版　　2015 年 5 月第 3 版
2024 年 7 月第 3 版第 10 次印刷（总第18次印刷）

标准书号：ISBN 978-7-117-20393-7/R · 20394

定　　价：97.00 元

打击盗版举报电话：010-59787491　E-mail：WQ @ pmph.com

（凡属印装质量问题请与本社市场营销中心联系退换）

修订说明

为了贯彻教育部教高函[2004-9号]文，在教育部、原卫生部的领导和支持下，在吴阶平、裘法祖、吴孟超、陈灏珠、刘德培等院士和知名专家的亲切关怀下，全国高等医药教材建设研究会以原有七年制教材为基础，组织编写了八年制临床医学规划教材。从第一轮的出版到第三轮的付梓，该套教材已经走过了十余个春秋。

在前两轮的编写过程中，数千名专家的笔耕不辍，使得这套教材成为了国内医药教材建设的一面旗帜，并得到了行业主管部门的认可（参与申报的教材全部被评选为“十二五”国家级规划教材），读者和社会的推崇（被视为实践的权威指南、司法的有效依据）。为了进一步适应我国卫生计生体制改革和医学教育改革全方位深入推进，以及医学科学不断发展的需要，全国高等医药教材建设研究会在深入调研、广泛论证的基础上，于2014年全面启动了第三轮的修订改版工作。

本次修订始终不渝地坚持了“精品战略，质量第一”的编写宗旨。以继承与发展为指导思想：对于主干教材，从精英教育的特点、医学模式的转变、信息社会的发展、国内外教材的对比等角度出发，在注重“三基”、“五性”的基础上，在内容、形式、装帧设计等方面力求“更新、更深、更精”，即在前一版的基础上进一步“优化”。同时，围绕主干教材加强了“立体化”建设，即在主干教材的基础上，配套编写了“学习指导及习题集”、“实验指导/实习指导”，以及数字化、富媒体的在线增值服务（如多媒体课件、在线课程）。另外，经专家提议，教材编写委员会讨论通过，本次修订新增了《皮肤性病学》。

本次修订一如既往地得到了广大医药院校的大力支持，国内所有开办临床医学专业八年制及七年制（“5+3”一体化）的院校都推荐出了本单位具有丰富临床、教学、科研和写作经验的优秀专家。最终参与修订的编写队伍很好地体现了权威性，代表性和广泛性。

修订后的第三轮教材仍以全国高等学校临床医学专业八年制及七年制（“5+3”一体化）师生为主要目标读者，并可作为研究生、住院医师等相关人员的参考用书。

全套教材共38种，将于2015年7月前全部出版。

全国高等学校八年制临床医学专业国家卫生和计划生育委员会规划教材编写委员会

教材目录

	学科名称	主审	主编	副主编
1	细胞生物学(第3版)	杨　恬	左　伋　刘艳平	刘　佳　周天华　陈誉华
2	系统解剖学(第3版)	柏树令　应大君	丁文龙　王海杰	崔慧先　孙晋浩　黄文华　欧阳宏伟
3	局部解剖学(第3版)	王怀经	张绍祥　张雅芳	刘树伟　刘仁刚　徐　飞
4	组织学与胚胎学(第3版)	高英茂	李　和　李继承	曾园山　周作民　肖　岚
5	生物化学与分子生物学(第3版)	贾弘禔	冯作化　药立波	方定志　焦炳华　周春燕
6	生理学(第3版)	姚　泰	王庭槐	闫剑群　郑　煜　祁金顺
7	医学微生物学(第3版)	贾文祥	李明远　徐志凯	江丽芳　黄　敏　彭宜红　郭德银
8	人体寄生虫学(第3版)	詹希美	吴忠道　诸欣平	刘佩梅　苏　川　曾庆仁
9	医学遗传学(第3版)		陈　竺	傅松滨　张灼华　顾鸣敏
10	医学免疫学(第3版)		曹雪涛　何　维	熊思东　张利宁　吴玉章
11	病理学(第3版)	李甘地	陈　杰　周　桥	来茂德　卞修武　王国平
12	病理生理学(第3版)	李桂源	王建枝　钱睿哲	贾玉杰　王学江　高钰琪
13	药理学(第3版)	杨世杰	杨宝峰　陈建国	颜光美　臧伟进　魏敏杰　孙国平
14	临床诊断学(第3版)	欧阳钦	万学红　陈　红	吴汉妮　刘成玉　胡申江
15	实验诊断学(第3版)	王鸿利　张丽霞 洪秀华	尚　红　王兰兰	尹一兵　胡丽华　王　前　王建中
16	医学影像学(第3版)	刘玉清	金征宇　龚启勇	冯晓源　胡道予　申宝忠
17	内科学(第3版)	王吉耀　廖二元	王　辰　王建安	黄从新　徐永健　钱家鸣　余学清
18	外科学(第3版)		赵玉沛　陈孝平	杨连粤　秦新裕　张英泽　李　虹
19	妇产科学(第3版)	丰有吉	沈　铿　马　丁	狄　文　孔北华　李　力　赵　霞

	学科名称	主审	主编	副主编
20	儿科学(第3版)		桂永浩　薛辛东	杜立中　母得志　罗小平　姜玉武
21	感染病学(第3版)		李兰娟　王宇明	宁　琴　李　刚　张文宏
22	神经病学(第3版)	饶明俐	吴　江　贾建平	崔丽英　陈生弟　张杰文　罗本燕
23	精神病学(第3版)	江开达	李凌江　陆　林	王高华　许　毅　刘金同　李　涛
24	眼科学(第3版)		葛　坚　王宁利	黎晓新　姚　克　孙兴怀
25	耳鼻咽喉头颈外科学(第3版)		孔维佳　周　梁	王斌全　唐安洲　张　罗
26	核医学(第3版)	张永学	安　锐　黄　钢	匡安仁　李亚明　王荣福
27	预防医学(第3版)	孙贵范	凌文华　孙志伟	姚　华　吴小南　陈　杰
28	医学心理学(第3版)	姜乾金	马　辛　赵旭东	张　宁　洪　炜
29	医学统计学(第3版)		颜　虹　徐勇勇	赵耐青　杨土保　王　彤
30	循证医学(第3版)	王家良	康德英　许能锋	陈世耀　时景璞　李晓枫
31	医学文献信息检索(第3版)		罗爱静　于双成	马　路　王虹菲　周晓政
32	临床流行病学(第2版)	李立明	詹思延	谭红专　孙业桓
33	肿瘤学(第2版)	郝希山	魏于全　赫　捷	周云峰　张清媛
34	生物信息学(第2版)		李　霞　雷健波	李亦学　李劲松
35	实验动物学(第2版)		秦　川　魏　泓	谭　毅　张连峰　顾为望
36	医学科学研究导论(第2版)		詹启敏　王　杉	刘　强　李宗芳　钟晓妮
37	医学伦理学(第2版)	郭照江　任家顺	王明旭　尹　梅	严金海　王卫东　边　林
38	皮肤性病学	陈洪铎　廖万清	张建中　高兴华	郑　敏　郑　捷　高天文

第三版序言

经过再次打磨,备受关爱期待,八年制临床医学教材第三版面世了。怀纳前两版之精华而愈加求精,汇聚众学者之智慧而更显系统。正如医学精英人才之学识与气质,在继承中发展,新生方可更加传神;切时代之脉搏,创新始能永领潮头。

经过十年考验,本套教材的前两版在广大读者中有口皆碑。这套教材将医学科学向纵深发展且多学科交叉渗透融于一体,同时切合了环境 - 社会 - 心理 - 工程 - 生物这个新的医学模式,体现了严谨性与系统性,诠释了以人为本、协调发展的思想。

医学科学道路的复杂与简约,众多科学家的心血与精神,在这里汇集、凝结并升华。众多医学生汲取养分而成长,万千家庭从中受益而促进健康。第三版教材以更加丰富的内涵、更加旺盛的生命力,成就卓越医学人才对医学誓言的践行。

坚持符合医学精英教育的需求,"精英出精品,精品育精英"仍是第三版教材在修订之初就一直恪守的理念。主编、副主编与编委们均是各个领域内的权威知名专家学者,不仅著作立身,更是德高为范。在教材的编写过程中,他们将从医执教中积累的宝贵经验和医学精英的特质潜移默化地融入到教材中。同时,人民卫生出版社完善的教材策划机制和经验丰富的编辑队伍保障了教材"三高"(高标准、高起点、高要求)、"三严"(严肃的态度、严谨的要求、严密的方法)、"三基"(基础理论、基本知识、基本技能)、"五性"(思想性、科学性、先进性、启发性、适用性)的修订原则。

坚持以人为本、继承发展的精神,强调内容的精简、创新意识,为第三版教材的一大特色。"简洁、精练"是广大读者对教科书反馈的共同期望。本次修订过程中编者们努力做到:确定系统结构,落实详略有方;详述学科三基,概述相关要点;精选创新成果,简述发现过程;逻辑环环紧扣,语句精简凝练。关于如何在医学生阶段培养创新素质,本教材力争达到:介绍重要意义的医学成果,适当阐述创新发现过程,激发学生创新意识、创新思维,引导学生批判地看待事物、辩证地对待知识、创造性地预见未来,踏实地践行创新。

坚持学科内涵的延伸与发展,兼顾学科的交叉与融合,并构建立体化配套、数字化的格局,为第三版教材的一大亮点。此次修订在第二版的基础上新增了《皮肤性病学》。本套教材通过编写委员会的顶层设计、主编负责制下的文责自负、相关学科的协调与蹉商、同一学科内部的专家互审等机制和措施,努力做到其内容上"更新、更深、更精",并与国际紧密接轨,以实现培养高层次的具有综合素质和发展潜能人才的目标。大部分教材配套有"学习指导及习题集"、"实验指导 / 实习指导"以及"在线增值服务(多媒体课件与在线课程等)",以满足广大医学院校师生对教学资源多样化、数字化的需求。

本版教材也特别注意与五年制教材、研究生教材、住院医师规范化培训教材的区别与联系。①五年制教材的培养目标：理论基础扎实、专业技能熟练、掌握现代医学科学理论和技术、临床思维良好的通用型高级医学人才。②八年制教材的培养目标：科学基础宽厚、专业技能扎实、创新能力强、发展潜力大的临床医学高层次专门人才。③研究生教材的培养目标：具有创新能力的科研型和临床型研究生。其突出特点：授之以渔、评述结合、启示创新，回顾历史、剖析现状、展望未来。④住院医师规范化培训教材的培养目标：具有胜任力的合格医生。其突出特点：结合理论，注重实践，掌握临床诊疗常规，注重预防。

以吴孟超、陈灏珠为代表的老一辈医学教育家和科学家们对本版教材寄予了殷切的期望，教育部、国家卫生和计划生育委员会、国家新闻出版广电总局等领导关怀备至，使修订出版工作得以顺利进行。在这里，衷心感谢所有关心这套教材的人们！正是你们的关爱，广大师生手中才会捧上这样一套融贯中西、汇纳百家的精品之作。

八学制医学教材的第一版是我国医学教育史上的重要创举，相信第三版仍将担负我国医学教育改革的使命和重任，为我国医疗卫生改革，提高全民族的健康水平，作出应有的贡献。诚然，修订过程中，虽力求完美，仍难尽人意，尤其值得强调的是，医学科学发展突飞猛进，人们健康需求与日俱增，教学模式更新层出不穷，给医学教育和教材撰写提出新的更高的要求。深信全国广大医药院校师生在使用过程中能够审视理解，深入剖析，多提宝贵意见，反馈使用信息，以便这套教材能够与时俱进，不断获得新生。

愿读者由此书山拾级，会当智海扬帆！

是为序。

中国工程院院士
中国医科科学院原院长 刘德培
北京协和医学院原院长

二○一五年四月

主审简介

杨恬

杨恬，医学博士、博士生导师。先后担任中华医学会细胞生物学分会主任委员，中国细胞生物学学会第八、九、十届常务理事及医学细胞生物学分会主任委员和会长。

以第一负责人获得国家自然科学基金委员会、国家教委等课题20项，含国家自然科学基金课题11项；发表论文180余篇，含SCI论文50余篇；主编及参编教材25部，包括主编国家医学八年制规划教材《细胞生物学》第1和第2版，主编国家研究生规划教材《医学细胞生物学》第2和第3版。主编、副主编科研专著8部。

以第一作者获省部级一等奖1项，全军科技二等奖2项；主编的国家规划教材分别获教育部和全军的"精品教材"；分别获解放军全军院校"育才奖"银奖和金奖。

主编简介

左伋

左伋，现任复旦大学基础医学院细胞与遗传医学系主任、教授、博士生导师，复旦大学教学指导委员会委员，中国优生科学协会会长、中国细胞生物学学会医学细胞生物学分会副会长等。享受国务院特殊津贴。

从事教学和研究工作30余年。主要从事心脑血管疾病的细胞生物学、遗传学与分子生物学研究，特别聚焦于分子伴侣与蛋白折叠在心脑血管疾病发生、发展及干预中的作用，主持或参与多项国家自然科学基金、博士点基金、上海市基础科学重点项目、上海市自然科学基金资助的科研项目，在国内外发表论文120余篇，其中SCI论文35篇；申报国家专利3项，研究成果先后获上海市科技进步二等奖、卫生部科技进步三等奖等；主编"十一五"国家级规划教材《医学细胞生物学》(第4版)，主讲的课程被评为上海市重点建设课程和国家级精品课程，所带领的教学团队为国家级教学团队；个人曾获宝钢优秀教师奖、复旦大学校长奖、上海市教学名师奖和上海市模范教师称号等。

刘艳平

刘艳平，中南大学教授，中共党员。曾任中南大学生物科学与技术学院副院长，党总支书记，细胞生物学系主任；现任中南大学教学督导委员会委员；中南大学生命科学学院教授委员会委员；湖南省病媒生物防制专家委员会副会长；中华医学教育学会生物学组委员。

从事高等教育教学36年，中南大学教学名师，精品课程细胞生物学负责人，发表科研及教学论文70多篇。全国高等学校八年制临床医学专业国家级规划教材《细胞生物学》第2版副主编；全国高等学校五年制医学专业国家级规划教材《医学细胞生物学》第5版副主编。曾主编教材及教学参考书12本，副主编教材及教学参考书5本，参编教材及参考书11本。获湖南省高校科研成果四等奖1项。获校级师德标兵；师德先进个人；教书育人先进个人；优秀共产党员；优秀教师奖；本科生及研究生教学质量优秀奖等奖项28次。获校级教学成果一等奖3项，二等奖5项。

副主编简介

刘佳，细胞生物学教授，博士研究生导师。现任大连医科大学教务长，中国细胞生物学学会常务理事，国务院政府特殊津贴专家，国家科学技术奖评审专家，中华医学科技奖评审专家，国家自然科学基金医学部评审专家，辽宁省首批百千万人才工程百人层次人选，辽宁省优秀人才，辽宁省教学名师，大连市有突出贡献优秀专家等。

从事教学及科学研究工作30多年，主编、副主编及参编国家教材8部，主译1部。获2012年辽宁省教学成果一等奖和二等奖。主要研究方向为“神经肿瘤细胞分子生物学和实验治疗学”，发表SCI收录论文50多篇；主持完成70多项各级科研课题；近5年来，获辽宁省科技进步二等奖2项、中华医学科技三等奖1项及国家发明专利4项。

刘 佳

周天华，浙江大学求是特聘教授，国家杰出青年科学基金获得者，科技部中青年科技创新领军人才，浙江省科技创新团队首席科学家，现任浙江大学学位委员会委员、分子医学研究中心主任，医学院细胞生物学与遗传学系主任、本科生核心课程主讲教师，中国细胞生物学学会青年工作委员会副主任委员，*Cell Research*、*Cell signaling and Trafficking* 等国际杂志编委。已在多种国际著名学术期刊发表30多篇学术论文（合计影响因子超过200），其中作为通讯作者的原始文章包括 *Dev Cell*、*PNAS* 和 *Cell Research* 等，平均影响因子超过8。其研究成果受到国际同行的关注，引用超过1000次。

周天华

陈誉华，教育部跨世纪人才，辽宁特聘教授，国务院政府特殊津贴专家。现任中国医科大学基础医学院副院长，细胞生物学系主任，国家卫生和计划生育委员会细胞生物学重点实验室暨教育部医学细胞生物学重点实验室主任；中华医学会医学细胞生物学分会主任委员；中国细胞生物学学会常务理事兼医学细胞生物学分会副会长。

从事教学和研究工作24年，主编卫生部本科生规划教材《医学细胞生物学》（第4、5版），副主编研究生规划教材《医学细胞生物学》（第1~3版），副主编八年制规划教材《细胞生物学》（第3版）。围绕“神经血管生物学与神经退行性疾病”研究领域发表论文100余篇，其中SCI论文41篇、被引用600余次。

陈誉华

前　言

2014年3月，全国高等医药院校研究会和人民卫生出版社联合在北京召开了“全国高等学校八年制临床医学专业第三轮国家卫计生委规划教材主编人会议”，会议针对八年制临床医学专业第二轮教材出版后医学教育所产生的新要求，确定了新一版教材的指导思想、编写原则和出版时间等。根据“北京会议”的精神，我们于2014年5月在杭州召开了《细胞生物学》第3版的编写人员会议，会议讨论了目前全国高等医学院校的八年制医学教育中细胞生物学课程设置情况和发展趋势，并特别就编写方针以及编写内容如何体现科学性、先进性、思想性和适用性等进行了讨论；2014年10月编写人员在石家庄召开了定稿会，修改和审定了所有稿件。

《细胞生物学》第3版保持了第2版的基本框架，但强调力求在“细胞生物学”学科飞速发展、知识不断进步的同时，保证《细胞生物学》教材的“更新”、“更精”和“更简”。但这一努力有待读者检验。

参加第3版教材编写的作者共17位教授都来自于教学第一线，分布于华北、东北、华东、中南、西南、西北6大区15所院校，这些院校中既有综合性大学，也有独立建制的医科大学，因此在地区分布、教学体制、课程设置上具有一定的代表性。

第1、第2版主编及第3版主审杨恬教授对本轮教材的编写始终给予关心和指导，全体编委深受感动。复旦大学、浙江大学、河北医科大学为本次教材的编写提供了帮助，谨致谢意。然而，医学专业课程体系的建设尚在深入之中，细胞生物学也是一个不断发展的学科，其教学内容、实现形式都需不断探讨，因此本次教材的改版也只能是今后改版的基础。同时由于本人水平有限，诚恳希望本教材的使用者提出批评和改进意见。

左　伋　刘艳平

2015年5月

目　录

第一篇　细胞生物学概论

第二篇 细胞的结构和功能

第三篇 细胞的重要生命活动

第五篇 干细胞与细胞工程

第一篇　细胞生物学概论

第一章　细胞生物学绪论

生物学(biology)是研究自然界生命体(或生物)生命现象及其规律的一门学科。“生命体”之所以有生命,是自然界赋予了生命体各种基本生命特征,包括新陈代谢、生长、发育、分化、遗传、变异运动、衰老、死亡等。生物学从19世纪初诞生以来不断发展,尤其是近几十年来物理、化学、计算的理论和技术在生物学领域的渗透使生物学得到了迅速地发展,科学家一方面在探讨生命的科学本质,同时也在探讨生物学在与之相关的医学、农业等领域中的应用,生物学遂而已经成为一门综合性科学,即生命科学或生物科学(life science 或 biological science)。由于生命体的复杂性,所以科学家研究生物学的立足点也不同,可以从生物的不同类型出发(如动物学、植物学、微生物学等),也可以从不同的结构功能角度(如发育生物学、干细胞生物学、遗传学等)、还可以根据不同的层次(系统生物学、细胞生物学、分子生物学等)。细胞生物学就是从细胞这个层次研究生命的一个学科。

第一节　细胞生物学概述

生命从细胞开始。一些生命体以单细胞形式存在,而植物和动物都是由多细胞构成的。细胞是生物的形态结构和生命活动的基本单位。著名生物学家 EB Wilson 说:“所有生物学的答案最终都要到细胞中去寻找。因为所有生命体都是,或曾经是,一个细胞。”

一、细胞分为原核细胞和真核细胞

除了病毒、类病毒以外,所有生命体都是由细胞构成的。细胞分为原核细胞(prokaryotic cell)和真核细胞(eukaryotic cell)两大类。原核细胞由质膜包绕,没有明确的核,内部组成相对简单,如细菌、支原体等。真核细胞具有核膜包被的核,以及丰富的内膜结构、细胞器和细胞骨架,是原核细胞长期进化的结果(图1-1-1、图1-1-2,表1-1-1)。

表1-1　原核细胞和真核细胞的特征比较

特征	原核细胞	真核细胞
细胞大小	较小,1~10μm	较大,10~100μm
细胞壁	主要由肽聚糖组成,不含纤维素	主要由纤维素组成,不含肽聚糖
细胞质	无细胞器(除核糖体外),无胞质环流	有各种细胞器,有胞质环流
核糖体	70S(50S+30S)	80S(60S+40S)
细胞骨架	无	有
内膜系统	无或简单	有,复杂
细胞核	无核膜和核仁(拟核)	有核膜和核仁(真核)
染色体	单个,非组蛋白与 DNA 分子组成	多个,组蛋白、非组蛋白与多个 DNA 分子组成
转录和翻译	转录和翻译同时进行	转录在核内,翻译在胞质
细胞分裂	二分裂	有丝分裂和减数分裂

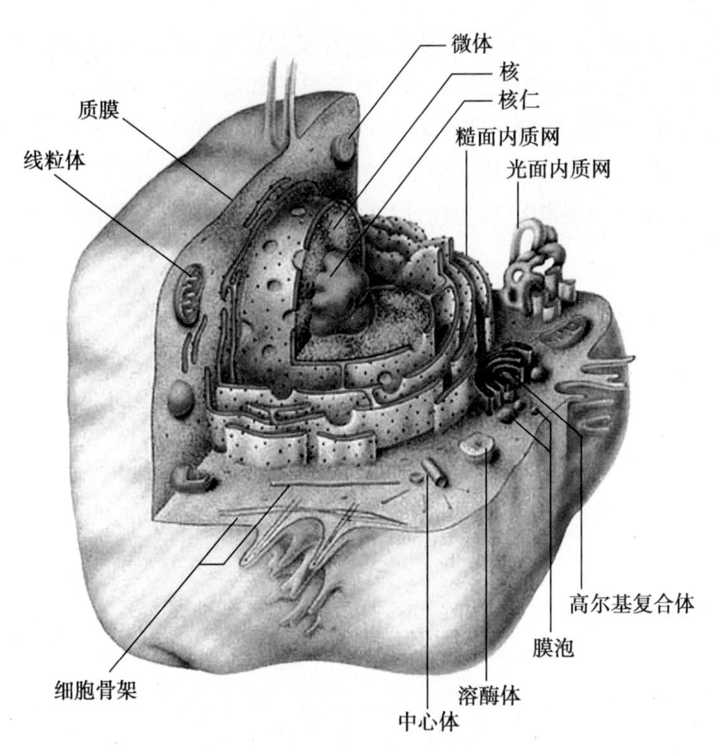

图 1-1-1　真核细胞模式图

剖开的真核细胞的立体模式图，可以见到细胞的内膜系统（内质网、高尔基体等）、遗传信息系统（核和核糖体）、细胞骨架系统、线粒体等

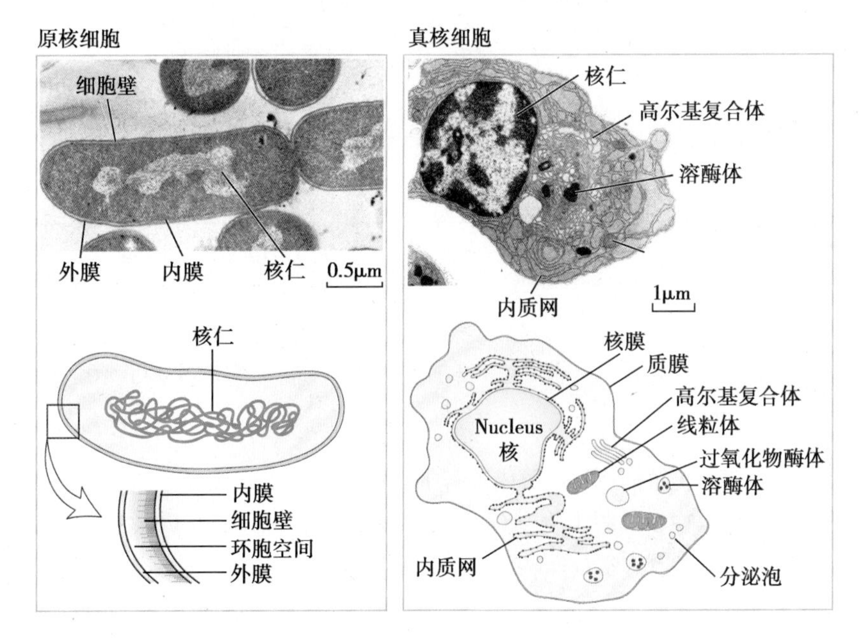

图 1-1-2　原核细胞和真核细胞的比较

地球上所有的细胞具有共同的进化起源前体，不同种类的细胞具有若干共性，主要包括：以相同的线性化学密码形式（DNA）储存遗传信息；通过模板聚合作用复制遗传信息；将遗传信息转录为共同的中间体（RNA）；以相同的方式在核糖体上将 RNA 翻译为蛋白质；使用蛋白质作催化剂促成机体各种化学反应；从环境中获得自由能并以 ATP 作为能量流通形式；利用含有泵、载运系统和通道的质膜来分隔胞质和胞外环境；具有自我增殖和遗传的能力等。细胞的这些性质形成于长期物种生存的自然选择过程中。

细胞是由质膜（plasma membrane）包围的、相对独立的功能单位，能够自我调节和独立生存；同时，它又是不断与外界进行物质、能量和信息交换的开放体系（open system）。一切生命现象都在细胞的基本属性中得到体现。研究表明，生命是生命系统的整体属性，生命常显示为高度分工的和功能整合的细胞社会，生命活动是通过系统内的子系统之间的通信和相互作用来实现的，各子系统的活动固然有其相对独立性，但在相当程度上受到整体的调控，而整体的特性远大于各部分之和。

二、细胞生物学是在细胞水平探索生命本质

随着科学的发展，对细胞的研究重点也在不断地发生变化，从传统的细胞学逐渐发展成了细胞生物学。细胞生物学（cell biology）以“完整细胞的生命活动（如新陈代谢、生长、发育、分化、遗传、变异运动、信号转导、衰老、死亡等）”为着眼点，从分子、亚细胞、细胞和细胞社会的不同水平，用动态的和系统的观点来探索和阐述生命这一基本单位的特性。细胞生物学的研究对象范围（图 1-1-3）。

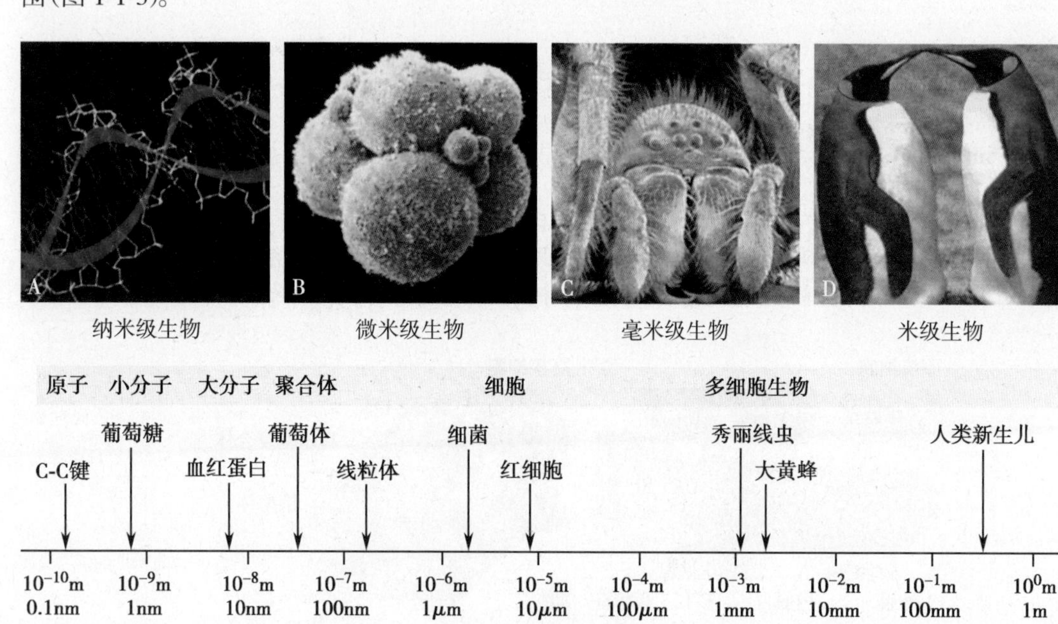

图 1-1-3 细胞生物学研究对象及大小范围

A. DNA 螺旋，直径大约 2nm；B. 受精 3 天后处于 8 细胞期的人类胚胎，横径约 200μm；C. 狼蜘蛛，横径约 15mm；D. 企鹅，体长约 1m

尽管如此，由于出发点的不同，也形成了若干不同的研究领域及分支学科，如从细胞的结构和功能角度研究细胞生物学的膜生物学（membrane biology）、细胞动力学（cytodynamics）、细胞能力学（cytoenergetics）、细胞遗传学（cytogenetics）、细胞生理学（cytophysiology）；从细胞与环境角度研究细胞生物学的细胞社会学（cytosociology）、细胞生态学（cytoecology）；以特定细胞为对象的癌细胞生物学（cancer cell biology）、神经细胞生物学（neural biology）、生殖细胞生物学（reproductive cell biology）和干细胞生物学（stem cell biology）；与基因组学（genomics）、蛋白组学（proteomics）密切相关的细胞组学（cytomics）等，这与细胞生物学学科的飞速发展及其在众多领域的广泛应用有关。

另一方面，细胞生物学与其他生命科学之间的相互交叉促进了其他生命科学的发展，也给细胞生物学本身带来了新的活力。在生命科学领域内的相邻学科中，细胞生物学和分子生物学（molecular biology）、发育生物学（developmental biology）及遗传学（genetics）的结构关系较近，内在联系密切，相互衔接和渗透最多。遗传学阐述生命遗传的原理和规律，发育生物学研究细胞特

化过程中的性质改变，分子生物学聚焦于从细胞组分纯化的大分子的结构和功能。这些学科分别从自己特有的研究路径对细胞进行研究，从不同的角度探索细胞的奥秘。其中，分子生物学的进步对细胞生物学的发展有重大的影响，最近60多年来，分子领域研究中发生的所有重大事件，例如DNA双螺旋模型的提出、基因序列分析的开展、DNA重组技术、RNA分析技术和蛋白质分析技术的建立等都启发并推动细胞生物学向更深层次迅速地发展。

生物分子（尤其是生物大分子）的属性只有置于细胞体系中才能得到证实并表现出生命意义。分子必须被有序地构建及装配为某些细胞内组分并进入细胞内一定的功能体系中才能表现出生命现象，脱离了细胞这一生命的微环境，许多重要的大分子的性质就可能发生变化，这就是无法用总DNA恢复物种的原因。与分子生物学专注于基因和重要生物分子（尤其是核酸和蛋白质）的结构与功能不同，结合了分子分生物学的细胞生物学的研究集中在基因表达后生物大分子的修饰、改造、细胞成分的组装和细胞内外信息的整合、分析和传递等领域。主要包括：细胞周期调控、细胞增殖与细胞分化的规律、染色体的结构和功能、细胞骨架和核基质对核酸代谢的调控、胞内蛋白质的分选和运输、细胞因子和细胞功能的关系、细胞外基质和细胞间信号联系、细胞结构体系的组装与去组装、细胞信号转导、细胞迁移、干细胞特性、细胞社会学、细胞与组织工程、细胞的衰老和死亡、受精与生殖研究等。

近30年来对生命活动的研究已经取得了令人瞩目的和飞速的进展，但仍然不能圆满地解释生命现象的许多细节；因此，从细胞生物学"完整细胞的生命活动"的角度进行更深层次研究的需求非常突出。在人类基因组计划完成后，大量繁复和艰难的基因功能分析、调控机制等研究也将在细胞水平上展开。细胞生物学因此就在分子和整体之间、在形态和功能之间架起了桥梁，而且强有力地渗透进其他生命学科并促进这些学科的发展，细胞生物学将在后基因组时代的生命科学中取得更大的发展空间并拥有其他学科不可替代的极其重要的地位。

第二节　细胞生物学的形成与发展

一、细胞学说是细胞生物学形成的基础

1665年，Robert Hooke在用自己创制的简陋显微镜观察木栓薄片时发现了细胞（图1-1-4），命名为cell（希腊文kytos，小室；拉丁文cella，空的间隙）。1674年还进一步观察到纤毛虫、细菌、精子等自由活动的细胞。在延续一个世纪之后，由植物学家Schleiden（1838）和动物学家Schwann（1839）综合了植物与动物组织中的细胞结构，归纳成细胞学说（cell theory）。在当时这一学说对生物科学各个领域的影响都很大，人们几乎不能想象差别如此巨大的虫鱼鸟兽、花草、树木，甚至人类，居然都有着共同的细胞基础。

Robert Hooke
（1635—1703）

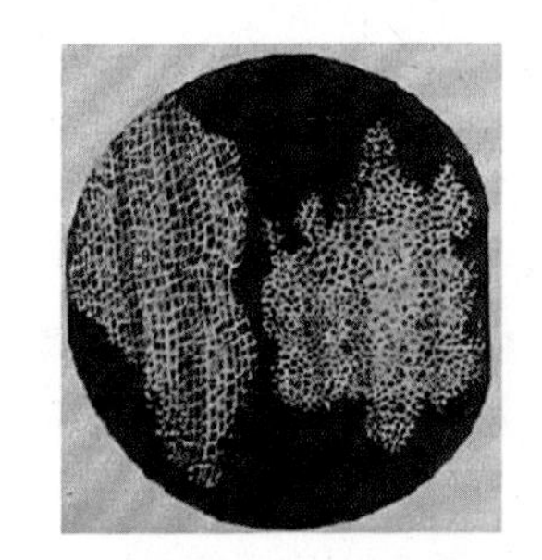

图1-1-4　Robert Hooke用其发明的显微镜发现了细胞

Notes

Brown(1831)发现一切细胞都有细胞核;Purkinje(1839)提出原生质这一术语,乃为细胞化学成分的总称。Schulze(1861)把细胞描述为“细胞是赋有生命特征的一团原生质,其中有一个核”。

细胞病理学家Virchow(1855)提出的名言“一切细胞只能来自原来的细胞”是细胞学说的重要发展,他提出了生物体的繁殖主要是由于细胞分裂的观点。

Flemming(1880)采用固定和染色的方法,在光学显微镜(光镜)下观察细胞的形态结构,发现了细胞的延续是通过有丝分裂进行的,在分裂过程中有染色体形成,接着在光镜下相继地观察到线粒体、中心体和高尔基体等细胞器。

胚胎发育开始于精卵结合即受精,它是Hertwig(1875)作出的另一重大发现,19世纪末,又发现了性细胞形成过程中的减数分裂现象,通过减数分裂可以保持各物种染色体数目的稳定。

综合以上发现,Hertwig(1892)在他的《细胞和组织》一书中写道:“各种生命现象都建立在细胞特点的基础上。”他的著作标志着细胞学(cytology)已成为一门生物学科。至此,对于细胞的概念已经进一步发展,可归纳为以下几点:①细胞是所有生物体的形态和功能单位;②生物体的特性决定于构成它们的各个细胞;③地球上现存的细胞均来自细胞,以保持遗传物质的连续性;④细胞是生命的最小单位。

但在这一阶段,由于方法上局限性,对细胞的研究只停留在形态观察上,对功能的研究则少有进展。

二、多学科渗透促进了细胞生物学的形成与发展

多学科渗透是现代科学,特别是生命科学发展的一大特点。以2003年度的诺贝尔奖为例可以清楚地看出这一点:2003年度的诺贝尔生理学或医学奖授予了物理学家劳特布尔与曼斯菲尔德,以表彰他们在磁共振领域所做的工作。他们的发现为现代磁共振诊断手段的产生奠定了重要基础,磁共振可以产生人体器官的三维图像,使潜伏的疾病得以发现,这是物理学与医学结合的成果;与此同时,约翰·霍普金斯大学医学院教授彼得·阿格雷的研究发现了细胞膜上存在水通道(water channel),洛克菲勒大学医学院教授罗德里克·麦金农对细胞的离子通道结构和机制的研究取得了大量的成就,这些对于治疗许多与肾脏、心脏、肌肉和神经系统有关的疾病十分重要,因此这两位医学院的教授获得了2003年度的诺贝尔化学奖。

事实上,从20世纪初至20世纪中叶的这一阶段里,细胞学的主要特点是与生物科学的相邻学科之间的相互渗透,其中尤其与遗传学、生理学和生物化学的结合,并采用了多种实验手段,对细胞的遗传学(主要是染色体在细胞分裂周期中的行为)、细胞的生理功能和细胞的化学组成作了大量的研究,对细胞运动、细胞膜的特性、细胞的生长、细胞分泌、细胞内的新陈代谢和能量代谢等提出了新的观点。这一阶段的细胞研究已逐步由纯形态的细胞学阶段发展为细胞生物学阶段;20世纪中叶之后的年代里,细胞生物学的发展还得到了非生物学科的支持,如物理学、化学、计算科学等。

三、电镜与分子生物学的结合实现了分子、结构、功能的统一

进入20世纪30年代~50年代,电子显微镜(电镜)技术和分子生物学技术被用于细胞的研究。在过去的研究中,由于技术上的局限,很难研究细胞内部的复杂的结构成分,电镜的出现与应用使观察细胞内部亚微结构成为可能,从而使细胞生物学的研究进入到一个崭新的领域;另一方面,自从20世纪50年代Watson和Crick阐明了DNA分子的双螺旋模型,基因的结构、基因的表达及表达的调控、基因产物如何控制细胞的活动有了越来越多的阐明,细胞内信号转导、物质在细胞内转运、细胞增殖的调控以及细胞衰老与死亡机制的不断积累;所有这些都使细胞的研究进入了全新的境界,即从分子角度、亚细胞角度探讨细胞的生物学功能,由此细胞生物学

已发展成为分子细胞生物学(molecular cell biology)。

四、系统理论进入细胞生物学学科领域

由于细胞是一个生命的综合体，着眼于细胞内某一分子、某一结构、某一功能的传统研究显然不能代表细胞生命活动的真实状态。因此，系统理论(systems theory)被引入细胞生物学研究理念中。20世纪70~80年代首先采用系统方法研究生态系统、器官系统并奠定了系统生态学、系统生理学这些学科。随着人类基因组计划的完成，RNA、蛋白质的研究越来越深入，数字化、网络化的概念越来越成为细胞功能研究的主流，因此以细胞为对象的系统生物学(systems biology)应运而生。它以细胞作为一个系统，研究系统内各种因素，获得DNA、RNA及蛋白质相互作用及所构成网络等各方面整合所获得的信息，建立能描述系统结构和行为的数学模型，最后借此模型系统，研究系统的功能、运作、异常及其干预。

综上所述，细胞学研究经历从细胞学说的确立、细胞形态的描说到从分子和亚细胞角度全面研究细胞的生物学功能的漫长阶段；展望未来，细胞的研究将进一步揭示生命的基本特征并广泛用于工业、农业、环境和医学卫生等各领域。

第三节　细胞生物学与医学科学

医学科学是以人体为研究对象，探索人类疾病的发生、发展机制，并对疾病进行诊断、治疗和预防的一门综合学科。医学科学不断地吸收和运用其他学科尤其是生命科学的新知识和新技术，以提高本学科的整体水平，并推动医学科学研究向前发展。医学院校开设的细胞生物学课程和开展的细胞生物学科学研究构成了基础医学和临床医学的重要基础，它主要以人体细胞为对象，以疾病的研究作为出发点，进而为探讨疾病的发生机制、开展疾病的早期诊断、特异性诊断、预后评估以及寻找疾病的临床干预方法奠定基础，通常也被称为医学细胞生物学(medical cell biology)。细胞生物学与医学实践紧密地结合，不断地开辟新的研究领域，提出新的研究课题，努力地探索人类生老病死的机制，研究疾病的发生、发展和转归的规律，力图为疾病的预防、诊断、治疗提供新的理论、思路和方案，为最终战胜疾病、保障人类健康作出贡献。

一、医学上的许多问题需要用细胞生物学的理论和方法来解决

细胞是生命的基础，因此一切问题的真正解决，都必须在细胞水平上得到真正解决，就医学而言，目前所面临的主要任务是探索疾病发生的分子机制、疾病的诊断与治疗等。

(一) 细胞生物学研究有利于疾病发病机制探讨

人类疾病是细胞病变的综合反映，而细胞病变则是细胞在致病因素的作用下，组成细胞的若干分子相互作用的结果；外在的致病因素(物理的、化学的或生物的)和内在的致病因素(遗传的)都可能通过这种或那种途径影响到细胞内的分子存在及其所形成的网络系统，而导致细胞发生分子水平上的变化，并进一步导致建立在这些分子基础上的亚细胞及细胞水平上的病变。在人类的疾病谱中绝大多数疾病的发病机制尚不清楚，因而还不能提出针对性的分子干预措施，相应地就不会有有效的临床治疗药物，因此从细胞水平深入地研究疾病的发病对揭示疾病本质、探讨有效治疗方法具有重要的意义。

(二) 细胞生物学研究将为疾病的早期诊断带来希望

疾病的诊断除了必要的病原学检查外，更主要的是有赖于疾病所带来的异常特征，整体水平、生化水平、细胞水平或分子水平的变化，都可能是疾病诊断的依据，然而整体水平或生化水平的变化，往往是细胞已经发生了严重的，甚至是发生不可恢复的变化以后才出现的，因此依靠这些特征进行诊断往往无助于疾病的治疗；而细胞或细胞内分子水平的变化往往是在疾病的早

期，甚至是在尚未对细胞代谢产生某种影响的情况下就已存在或已发生，因此通过细胞或细胞内分子水平的变化来进行诊断就很容易获得早期诊断，也就十分有利于疾病的早期治疗，而研究和探索疾病状态下的细胞及分子水平的变化是现代医学领域最令人鼓舞的领域，并因此诞生了分子诊断学（molecular diagnostics）这一前沿学科。

（三）细胞将成为疾病的治疗的靶点和载体

一方面，疾病的治疗有赖于对疾病机制的深入了解，只有这样才能筛选出具有针对性的药物以获得最大的治疗效果并最大限度地减少毒副作用；另一方面，基因治疗已成为21世纪具一定潜力的治疗方法之一，而基因治疗是建立在分子生物学特别是细胞生物学的基础上的：用特定的细胞携带特定的基因转入特定的患者细胞中再回输入患者体内，弥补患者细胞基因表达上的缺陷，提高细胞的抗病能力，减低细胞内毒性物质的作用，恢复细胞内已紊乱的新陈代谢，从而达到治疗目的；再一方面以CRISPR/Cas9（clustered regularly interspaced short palindromic repeats/Cas9 nickase）系统为引领的基因编辑技术已在多种模式生物中广泛应用，为构建更高效的基因定点修饰技术提供了全新的平台，也为定点治疗基因缺陷引起的疾病指出了新方向；最后，细胞或经过修饰的细胞（例如干细胞）移植或细胞治疗（cell therapy）在现代疾病治疗学上具有重大的应用前景。被移植的细胞和一定的生物材料（或高科技材料）相结合也是现代医学组织工程学的基础；最后，通过细胞融合或细胞杂交技术生产某些生物大分子，后者则可用于疾病的治疗和诊断。

总之，作为生命科学领域的前沿学科之一，医学细胞生物学已处于探索和解决生命科学领域中所有重大的问题的时代，在医学领域，21世纪的医学也将全面走向分子医学（molecular medicine）的时代，疾病的诊断和治疗都有赖于疾病细胞机制的最终揭示，这其中细胞生物学的研究是不可缺少的。

二、细胞生物学的研究促进了医学科学的发展

对细胞各种生命现象的研究都可能直接或间接地应用于医学领域，为医学带来革命性变化，近年来，转化医学的形式就是细胞生物学与临床医学密切结合的产物。以下仅举几个方面予以说明。

（一）细胞分化是了解许多疾病发生的基础

细胞分化（cell differentiation）是从受精开始的个体发育过程中细胞之间逐渐产生稳定性差异的过程。在人胚胎早期，卵裂球的细胞之间没有形态和功能的差别；但胎儿临出生前，体内已出现了上百种不同类型的细胞，这些细胞在结构、生化组成和功能方面表现出明显的差异。从受精卵发育为成体过程中的细胞多样性的出现是细胞分化的结果。细胞分化的分子基础是核中含有完整遗传指令的基因的选择性的、具有严格时空顺序的表达，随后转录生成相应的mRNA，进而指导合成特殊功能的蛋白质。细胞分化的关键调控发生在转录水平，转录因子组合对分化具有重要的作用，有些转录因子对多种细胞起作用，有的只对特定的基因表达有效。

分化具有相对的不可逆性受到了医学家的特别关注。在一般情况下，已经分化为某种特异的、稳定型的细胞不可能逆转到未分化状态或者转变成其他类型的分化细胞。但在某些特殊情况下存在例外：一种是去分化（de-differentiation），即分化细胞的基因活动方式发生逆转，细胞又回到原始或相对原始的状态；另一种是转分化（trans-differentiation），即细胞从一种分化状态转变为另一种分化状态。目前细胞分化的研究集中在个体发育过程中出现分化差异的详细机制，以及多种因素（细胞因子、激素、DNA甲基化、诱导等）对分化进程的调控作用。研究细胞分化的分子基础和调节因素不仅有助于揭示生物学的一些本质问题，对于探讨一些疾病（如肿瘤的发生与治疗）、器官与组织的再生修复都具有十分重要的指导意义。

（二）细胞信号转导有助于揭示疾病的发生和寻找药物靶点

人体的细胞无时无刻不在接受和处理来自胞内和胞外的各种信号，这些细胞信号的传递和整合在生命中具有重要作用，它不仅影响细胞本身的活动，而且能使单个细胞在代谢、运动、增殖和分化等行为上与细胞群体及机体的整体活动保持协调一致。目前细胞信号转导（signal transduction）研究的重点是信号分子的种类及其受体、跨膜信号转导和胞内信号转导的途径和调控。信号转导机制的阐明不仅能加深对细胞生命活动本质的认识，也有助于研究某些疾病的发病机制和药物的靶向设计。在细胞正常的功能与代谢中，信号转导起着重要的作用，其过程和路径的任一环节发生障碍，都会使细胞无法对外界的刺激作出正确的反应，由此导致许多病理变化发生。

自身性免疫受体病是机体本身产生了受体的抗体，该抗体与受体结合后，受体的功能被关闭，由此导致疾病的发生。例如，重症肌无力患者的体内存在抗乙酰胆碱受体的抗体。继发性受体病是因机体自身代谢紊乱，引起受体异常后发生的疾病。

另一类与信号转导有关的疾病为G蛋白异常疾病。G蛋白的α亚基上含有细菌毒素糖基化修饰位点，经细菌毒素作用后，这些位点糖基化，可使α亚基的GTP酶活性失活或与受体结合的能力降低，导致疾病的产生，霍乱弧菌所致的腹泻是本类疾病的一个例子。

哺乳动物雷帕霉素靶蛋白（mammalian target of rapamycin，mTOR）信号通路是调控细胞生长与增殖的一个关键通路，该通路将营养分子、能量状态以及生长因子等信息整合在一起，调控细胞的生长、增殖、代谢、自噬、凋亡等生命过程该通路的失调与多种人类疾病相关，包括癌症、糖尿病与心血管疾病。

信号转导通路中蛋白激酶异常也是疾病发生的原因。淋巴细胞有许多种类的酪氨酸激酶，它们在传递细胞特异的信号、调节机体免疫反应中起着重要的作用。这些激酶在组成及数量上的异常将导致免疫功能低下的发生。临床上常见的X染色体关联的免疫功能低下的病因即与B淋巴细胞酪氨酸激酶的异常相关。

（三）细胞生物学特性的研究有助于揭示的肿瘤发生机制

肿瘤发生（tumorigenesis）机制是医学细胞生物学研究的一个非常重要的领域。恶性肿瘤细胞的许多生物学行为，包括分化水平、增殖过程、迁移特性、代谢规律、形态学特点等与正常体细胞相比都有非常明显的变化。近年来对癌细胞的低分化和高增殖的超微结构和生物学特征已经进行了较详细的研究，目前肿瘤细胞生物学研究集中在以下领域：癌基因和抑癌基因与肿瘤发生的关系；癌干细胞的特性；恶性肿瘤的逆转，包括肿瘤细胞跨膜信号转导系统和胞内信号转导途径的特点，以及癌细胞去分化机制；肿瘤细胞的增殖和细胞周期调控与肿瘤的发生和发展的关系等。

癌细胞是否可以逆转为正常细胞是医学特别关注的一个问题。临床上确有恶性肿瘤未经治疗而自愈的现象。目前，已发现可以在实验条件下使畸胎癌转化为正常细胞，同时实验证明有些肿瘤细胞可以被某些药物（如维A酸、二甲基亚砜、环六亚甲基双乙酰胺等）诱导分化，失去恶性表型特征。例如，维A酸（retinoic acid）和小剂量As_2O_3已经被应用于治疗早幼粒细胞白血病，可以使诱导分化受阻的幼稚粒细胞分化成熟，使白血病得到临床完全缓解，其效果明显优于放疗和化疗，同时也可避免放疗和化疗杀伤正常分裂细胞的副作用。许多研究证明癌细胞的诱导分化是可能的。但是，要解决癌细胞的逆向分化问题还需要对细胞分化及其调控的详细机制以及分化和恶性转变的关系做大量的、更深入的研究工作。

（四）干细胞生物学研究将为再生医学奠定基础

干细胞（stem cell）研究是目前细胞生物学的一个热点。体内具有增殖能力，能够分化生成不同类型细胞的原始细胞称为干细胞，主要包括胚胎干细胞（embryonic stem cell，ES细胞）和组织特异性干细胞（tissue specific stem cell，简称组织干细胞），胚胎干细胞分化为组织干细胞的过

程中生成不同分化等级的干细胞，它们共同构成了干细胞家族。目前若干种干细胞可以在体外环境下被分离、诱导(诱导多能干细胞 iPS)、培养、传代和建系，同时维持其干细胞特性，或者被定向诱导分化成为其他特定类型的细胞。干细胞的这些特点使得它们在细胞治疗、组织和器官的重建以及作为新药研究模型中具有重要的价值。

胚胎干细胞可以通过体细胞核移植等途径获得，它具有与供体完全相同的遗传背景，再移植回体内不会产生免疫排斥反应，这为进一步的研究细胞治疗打下了良好的基础。干细胞不仅是个体发育的基础，在人体受到创伤后，拥有组织干细胞的组织和器官也具有一定的损伤后自行修复的再生能力。例如，皮肤、毛发、造血系统、消化道和肝脏都可以进行不同程度的组织修复再生。传统的医学观点认为，中枢神经系统损伤后无法再生，但新近发现，位于中枢神经系统中的神经干细胞仍然具有自我更新及分化成熟为成熟神经元的能力，而且由于血脑屏障的存在，当神经干细胞移植到中枢神经系统以后不会导致免疫排斥反应，因此，神经干细胞可能具有重要的临床应用潜力。另外，研究干细胞的自稳定性(self-maintenance)有助于鉴别肿瘤细胞的本质和阐明肿瘤的发生机制，已发现造血干细胞移植对一些血液系统恶性肿瘤有明显的治疗作用。目前已经证明某些类型的干细胞在适当的条件下有可能转变成其他种类的细胞，这就是干细胞的转分化。例如，造血干细胞在经过亚致死量的放射性核素照射后可以转变为脑的星形胶质细胞、少突胶质细胞和小胶质细胞，也可分化形成肌细胞和肝细胞等。利用干细胞的这一特性可能获得组织工程中的种子细胞。对干细胞的研究不仅可以推动对生命本质的研究，而且在人类疾病治疗、组织器官替代的组织工程和基因治疗中具有重大的理论意义和应用价值。

小　结

细胞是生物体结构和功能的基本单位，没有细胞就没有完整的生命。细胞生物学以完整细胞的生命活动为着眼点，从分子、亚细胞、细胞和细胞社会的不同水平来阐述生命这一基本单位的特性。细胞生物学在生命科学中居于核心的地位。

细胞生物学迄今已有300多年的发展历史，主要经历了细胞的发现、细胞学说的创立、细胞生物学的形成、分子细胞生物学的兴起和走进系统生物学时代。研究技术和方法的改进与突破不断地推动细胞生物学的发展。细胞生物学和分子生物学、发育生物学、遗传学、生理学等学科的联系日趋密切，相关学科的新理论、新概念和新技术的引入极大地促进了细胞生物学的发展并衍生出新的分支学科。

(医学)细胞生物学是基础医学和临床医学教育重要的基础课程。医学中的许多疾病现象与细胞生物学密切相关。细胞生物学与医学实践紧密结合，研究疾病的发生、发展、转归和预后规律，为疾病的诊断治疗提供新的理论、思路和方案。

(左　伋)

参考文献

1. 杨恬．细胞生物学．第2版．北京：人民卫生出版社，2010.
2. 陈誉华．医学细胞生物学．第5版．北京：人民卫生出版社，2013.
3. 胡以平．医学细胞生物学．第3版．北京：高等教育出版社，2014.
4. Lodish Harvey, Berk Anold, Krice A Kaiser, et al. Molecular cell biology. 7th ed. New York: W.H.freeman and Company, 2012.
5. Alberts Bruce, Johnson Alexander, Lewis Julian, et al. Molecular Biology of the Cell. 5th ed. New York: Garland Science, 2008.
6. Gerald Karp. Cell and Molecular Biology.7th ed. New York: John Wiley and Sons, Inc., 2013.

第二章　细胞的概念和分子基础

除病毒之外，地球上存在的所有生物都是由细胞构成的。简单的低等生物仅由单细胞组成，而复杂的高等生物则由各种执行特定功能的细胞群体构成。细胞是生物生命活动的基本结构和功能单位。按照生物进化的观点，所有生物体的细胞都由共同的原始细胞进化而来。原始细胞经过无数次的分裂、突变和选择，使它的后代逐渐趋异，呈现出生命的多样性。构成生物体的细胞可分为原核细胞和真核细胞两大类，原核细胞结构简单，真核细胞高度复杂，出现了细胞核和各种细胞器。

第一节　细胞的基本概念

自然界中分布有数百万种不同的生物，虽然用肉眼可以从形态方面对它们进行分门别类，但在显微镜下，科学家们却发现这些形态各异的生物的基本结构是相同的，都是由细胞构成的。细胞是生命活动的基本单位。对细胞的概念，可以从以下角度去理解：①细胞是构成有机体的基本单位；②细胞具有独立完整的代谢体系，是代谢与功能的基本单位；③细胞是有机体生长与发育的基础；④细胞是遗传的基本单位，细胞具有遗传的全能性；⑤没有细胞就没有完整的生命。必须注意，病毒虽然是生命体，但它们必须在细胞内才能表现基本的生命特征（繁殖与遗传）。因此，就病毒而言，细胞是生命活动的基本单位这一概念也是完全适用的。

一、细胞是生命活动的基本单位

在种类繁多、浩如烟海的细胞世界中，根据其进化地位、结构的复杂程度、遗传结构的类型与主要的生命活动方式，20 世纪 60 年代著名细胞生物学家 Hans Ris 最早提出将细胞分为原核细胞和真核细胞两大类。由原核细胞（prokaryotic cell）与构成的生物体称为原核生物，而由真核细胞（eukaryotic cell）构成的生物体则称为真核生物。几乎所有的原核生物都是由单个原核细胞构成的，真核生物则分为单细胞真核生物与多细胞真核生物。1977 年，著名的系统进化论学者 Carl Richard Woese 等根据某些分泌甲烷的嗜热细菌的 16S RNA 序列的分析，在美国科学院院刊上发文提出这些生物体与典型的细菌的进化关系就如典型的细菌与真核生物一样，从而认为这是一类新的细菌，即古细菌（archaebacteria）。1990 年，Woese 正式提出了新的生物分类单元（taxon）为域（domain），自然界中的生物可分为 3 个域：①细菌域（*bacteria*），包括支原体、衣原体、立克次体、细菌、放线菌及蓝藻等，称为真细菌；②古菌域（*archaea*），主要分为广古菌类（*Euryarchaeota*）（分布于不同的环境中并有广泛的代谢能力，如产甲烷菌、盐杆菌等）和泉古菌类（*Crenarchaeota*）（包括超嗜热和嗜热菌类），称为古细菌；③真核域（*eukarya*），包括真菌、植物和动物（图 1-2-1）。由于近 30 年来，大量的分子进化与细胞进化的研究都支持这样一个分类，越来越多的生物学家开始接受这样一个分类方式，即现存的细胞分为 3 种类型，即真核（*eukaryote*）、真细菌（*eubacteria*）和古细菌（*archaebacteria*）。但目前仍普遍地将古细菌归属于原核细胞。

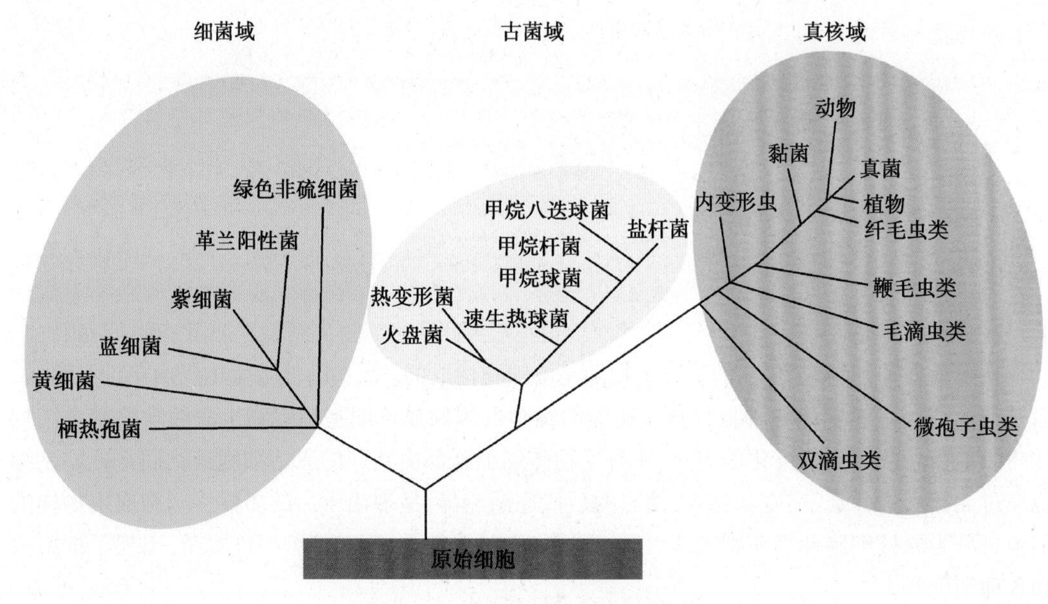

图 1-2-1 生物三域分类的系统树

二、原核细胞是仅由细胞膜包绕的结构相对简单的生命体

原核细胞结构简单，仅由细胞膜包裹，在细胞质内含有 DNA 区域，但无被膜包围，该区域一般称为拟核(nucleoid)。拟核内仅含有一条不与蛋白质结合的裸露 DNA 链。此外，原核细胞的细胞质中没有内质网、高尔基复合体、溶酶体以及线粒体等膜性细胞器，但含有核糖体。与真核细胞相比，原核细胞较小，直径为 1μm 到数微米。原核细胞的另一特点是在细胞膜之外，有一坚韧的细胞壁(cell wall)，细胞壁的主要成分是蛋白多糖和糖脂。常见的原核细胞有支原体、细菌、放线菌和蓝绿藻(蓝细菌)等，其中支原体是最小的原核细胞。

(一) 支原体是最小最简单的细胞

支原体(mycoplasma)是目前已知最小的细胞，其直径为 0.1~0.3μm，结构极其简单。支原体的细胞膜由磷脂和蛋白质构成，没有细胞壁，胞质内呈环形的双链 DNA 分子分散存在，含有支原体生活所必需数量的遗传信息，仅能指导约 400 种蛋白质的合成，核糖体是它唯一的细胞器。支原体与医学关系密切，是肺炎、脑炎和尿道炎的病原体。

(二) 细菌是原核细胞的典型代表

细菌(bacteria)是自然界中分布最广泛的生物，是原核生物的典型代表，常见的有球菌、杆菌和螺旋菌。许多细菌可致人类疾病，例如结核分枝杆菌感染可导致肺结核。

细菌的外表面为一层坚固的细胞壁，其主要成分为肽聚糖(peptidoglycan)。有时在细胞壁之外还有一层由多肽和多糖组成的荚膜(capsula)。在细胞壁里面为由脂质分子和蛋白质组成的细胞膜。细菌的细胞膜比较特殊，常可分为细胞膜内膜、细胞膜外膜，以及内外膜中间的间隙。有些蛋白位于外膜上，称为外膜蛋白；位于内膜上的蛋白称为内膜蛋白，还有些蛋白贯穿于内外膜。细菌的细胞膜上还含有某些代谢反应的酶类，如组成呼吸链的酶类。此外，细菌的细胞膜有时可内陷，形成间体(mesosome)，它与 DNA 的复制和细胞分裂有关。

细菌细胞质内的拟核区域含有环状 DNA 分子，其结构特点是很少有重复序列，构成某一基因的编码序列排列在一起，无内含子。除此之外，在细菌的细胞质内还含有 DNA 以外的遗传物质，通常是一些小的能够自我复制的环状质粒(plasmid)。

细菌的细胞质中含有丰富的核糖体，每个细菌含 5000~50 000 个，其中大部分游离于细胞质中，只有一小部分附着在细胞膜的内表面。细菌核糖体的沉降系数通常为 70S 左右，由一个 50S 的大亚基和一个 30S 的小亚基组成，它是细菌合成蛋白质的场所。细菌蛋白质合成的特

点是：在细胞质内转录与翻译同时进行，即一边转录一边翻译，无须对转录产生的 mRNA 进行加工（图 1-2-2）。

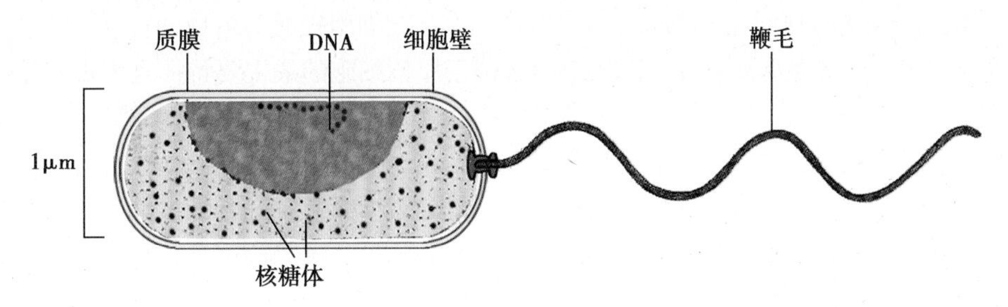

图 1-2-2　细菌结构示意图

（三）古细菌多生活在极端环境中

古细菌是一类很特殊的细菌，多生活在极端的环境中，如较早了解的产甲烷菌（*Methanogen*），后来陆续发现的生活在高盐浓度中的盐杆菌（*Halobacteria*），生活在 80℃以上硫黄温泉中的硫化叶菌（*Sulfolobus*）、生长在燃烧煤堆中的热原质体（*Thermoplasma*）等。研究表明，这些古细菌在许多方面有别于以往认识的原核生物，如产甲烷菌的 16S rRNA 的碱基序列与其他原核生物的差异很大，同时古细菌的某些特征如 DNA 的复制、基因的转录与翻译却与真核生物类似。

迄今已发现了 100 多种生活在极端环境下的古细菌，特别是在海洋深处高温热水口处发现了许多嗜热菌，使人们设想地球早期的生命环境以及古细菌在细胞的起源与进化中的重要性。新近人们还在冰层深处发现了嗜冷菌。因此古细菌越来越受到生物学家的重视。

框 2-1　古细菌与真核生物的关系

有关真细菌、古细菌和真核生物三者间的进化关系目前还不是十分清楚，不过现在有更多的科学资料支持它们都起源于共同的原始细胞，真核生物可能起源于古细菌。随着近些年来多个古细菌 DNA 序列分析的完成等进展，对古细菌的生物学特征有了进一步的认识，许多资料表明古细菌与真核细胞曾在进化上有过共同的经历：①古细菌 DNA 中含有重复序列，多数古细菌的基因组中含有内含子，很像真核细胞。②古细菌具有组蛋白，并能与 DNA 构建成类似核小体的结构，尽管与真核细胞的典型核小体有很大差别。③参与 DNA 复制（包括起始、Okazaki 片段引发、子链的合成以及解旋）的蛋白质或酶相似，提示古细菌与真核细胞类似；此外，古细菌和真核细胞还使用相似的启动子与基本转录因子。④古细菌和真核细胞拥有 30 多种共同的核糖体蛋白（这些蛋白不存在于真细菌中）；而且，古细菌的许多翻译因子与真核细胞的相似。此外，古细菌核糖体的蛋白组成数量介于真核细胞与真细菌之间，能够与细菌（真细菌）核糖体大小亚基结合的抗菌药不能与古细菌核糖体的大小亚基结合，因此像真核细胞一样，抑制细菌蛋白质合成的抗菌药却不能抑制古细菌和真核细胞的蛋白质合成。⑤虽然古细菌也有细胞壁，但其化学组成并不是真细菌的肽聚糖，而是与真核细胞的组分相同，抑制真细菌肽聚糖合成的抗菌药对古细菌和真核细胞并无影响。但是古细菌与真细菌也有共同之处，如都具有 16S、23S 和 5S rRNA，有环状 DNA 等。

关于真核域和古细菌域的关系，有两个方面的观点。一种是"三域"（three primary domains）假说，其认为真核域、古细菌域和真细菌域每个都有特定的祖先，但是古细菌域和真核域可能有共同的祖先。另一种观点称为"二域"（two primary domains）假说，其认为古细菌域和真细菌域是两个基本的域，而真核域来自古细菌和真细菌融合所致。

三、真核细胞的细胞质内分布着多种细胞器

真核细胞比原核细胞进化程度高、结构复杂。由真核细胞构成的生物，包括单细胞生物（如酵母）、原生生物、动植物及人类等。真核细胞区别于原核细胞的最主要特征是出现有核膜包围的细胞核。

（一）真核细胞的形态多样大小各异

高等生物，如脊椎动物由200多种细胞组成，其形态是多种多样的，常与细胞所处的部位及功能相关，如游离于液体的细胞多近于球形，像红细胞和卵细胞；组织中的细胞一般呈椭圆形、立方形、扁平形、梭形和多角形，如上皮细胞多为扁平形或立方形，具有收缩功能的肌肉细胞多为梭形，具有接受和传导各种刺激的神经细胞常呈多角形，并出现多个树枝状突起，这些反映出细胞的结构与其功能状态密切相关。

不同类型细胞的大小差异很大，用光镜和电镜来观察研究细胞，一般分别用微米（μm）和纳米（nm）作为描述细胞大小的单位。大多数细胞的直径在10~20μm之间，但有些细胞较大，如卵细胞，人体中约为100μm，一些鸟类动物可达数厘米。

（二）真核细胞的结构特别复杂

在光镜下，真核细胞可分为细胞膜（cell membrane）、细胞质（cytoplasm）和细胞核（nucleus），在细胞核中可看到核仁结构。电镜下，可见到细胞质中的由单位膜组成的膜性细胞器，如内质网、高尔基复合体、线粒体、溶酶体、过氧化物酶体，以及微丝、微管、中间纤维等骨架系统；在细胞核中也可见到一些微细结构，如染色质、核骨架。

真核细胞内具有复杂的结构，有以生物膜为基础形成的各种特定的细胞器，有纤维状的细胞骨架系统，有行使DNA复制转录和蛋白质翻译的超级复合物，等等。真核细胞结构特点可以从下面5个方面来理解。

1. **生物膜系统** 是细胞中以脂质和蛋白质成分为基础的膜相结构体系。即以生物膜为基础而形成的一系列膜性结构或细胞器，包括细胞膜、内质网、高尔基复合体、线粒体、溶酶体、内体、过氧化物酶体及核膜等的总称。组成这些膜性结构或细胞器的膜具有相似的脂双层结构。过去曾称为单位膜结构，因为细胞膜在电镜下呈内外两层致密的深色带和中间层的浅色带结构，厚度在7~10nm之间。这些膜性结构或细胞器均含有其特殊的蛋白质和酶，在各自的区域独立地行使其功能。如细胞膜的主要功能是进行物质交换、信息传递、细胞识别及代谢调节等作用；核膜把细胞分为细胞质和细胞核两部分，既能使遗传物质得到更好的保护，又能在维持细胞核与细胞质之间的物质交换方面起重要作用；线粒体是产能细胞器，为细胞的活动提供能量；内质网是细胞内蛋白质和脂类等生物大分子合成的场所；高尔基复合体是物质的加工、包装与分选的细胞器；溶酶体则是细胞内的消化器官，能消化分解各种生物大分子。

跨膜蛋白是连接细胞内外联系重要的载体，也是细胞功能重要的体现者。跨膜蛋白占细胞所有蛋白的30%左右。大多数跨膜蛋白的跨膜部分是α螺旋结构。

2. **遗传信息储存与表达系统** 真核细胞的遗传物质被包围在细胞核中，储存遗传信息的DNA是以与蛋白质结合形式而存在的，并被包装成为高度有序的染色质或染色体结构。DNA与蛋白质的结合与包装程度决定了DNA复制和遗传信息的表达，即使是转录产物RNA也是以与蛋白质结合的形式存在的，并呈颗粒状结构。

3. **细胞骨架系统** 细胞骨架是由一系列纤维状蛋白组成的网状结构系统，广义的细胞骨架包括细胞质骨架与核骨架，狭义的细胞骨架则指细胞质骨架。细胞质骨架主要由微丝、微管和中间纤维组成，其功能是维系细胞的形态和结构，参与细胞运动、细胞内物质运输、细胞分裂及信息传递等生命活动过程。细胞核骨架由核纤层蛋白（lamin）与核骨架组成，它们与基因表达、染色体包装和分布有密切关系。

4. 核糖体与蛋白质合成系统 核糖体(ribosome)电镜下呈颗粒状,直径为15~25nm,是合成蛋白质的结构。核糖体由RNA和蛋白质组成,RNA约占核糖体的60%,蛋白质约占40%。核糖体中的RNA主要构成核糖体的骨架,将蛋白质连接起来,并决定蛋白质的定位。核糖体由大小不同的两个亚单位组成,大的称为大亚基,小的称为小亚基。核糖体大小亚基在细胞内一般以游离状态存在,呈动态结构,只有当小亚基与mRNA结合后,大亚基才与小亚基结合,形成完整的核糖体。真核细胞胞质中的核糖体为80S(线粒体内的核糖体近于70S),在生化组成上不同于原核细胞中的70S核糖体:一般而言,在70S核糖体中,小亚基为30S,由16S rRNA和21种蛋白质组成,大亚基为50S,由23S rRNA、5S rRNA和31种蛋白质组成;在80S核糖体中,小亚基为40S,由18S rRNA和33种蛋白质组成,大亚基为60S,由28S rRNA、5.8S rRNA和5S rRNA及49种蛋白质组成。大部分真核细胞核糖体含有5.8S rRNA。

在真核细胞中,很多核糖体附着在内质网膜的外表面,参与糙面内质网的形成,还有一部分核糖体以游离形式分布在细胞质溶胶内,其中呈游离状态的核糖体称为游离核糖体,附着在膜上的核糖体称为附着核糖体,两者的结构与功能相同,其不同点仅在于所合成的蛋白质种类不同,如游离核糖体主要合成细胞内的某些基础性蛋白,附着核糖体主要合成细胞的分泌蛋白和膜蛋白。蛋白质合成时,多个核糖体结合到一个mRNA分子上,成串排列,称为多聚核糖体(polyribsome)。蛋白质合成一般都是以多聚核糖体的形式进行的。

核糖体是一种动态结构,通常只在参与翻译过程时,大、小亚基才结合在一起,蛋白质合成一结束,大、小亚基即分别游离于胞质溶胶中。

高分辨率X射线衍射图谱分析表明,rRNA呈高度压缩的三维结构,构成核糖体的核心,同时也决定了核糖体的整体形态。大多数核糖体蛋白包含一个球形结构域和伸展的尾部,其中球形结构域分布于核糖体表面,而伸展的多肽尾部则伸入核糖体内部的rRNA分子中,从而稳定rRNA的三级结构。每个核糖体都含一系列与蛋白质合成相关的结合位点和催化位点。如有4个与RNA分子结合的位点:1个mRNA结合位点;3个tRNA结合位点,即A位点(aminoacyl site)、P位点(petidyl site)、E位点(exit site)。具体的结合位点和催化位点见图1-2-3。

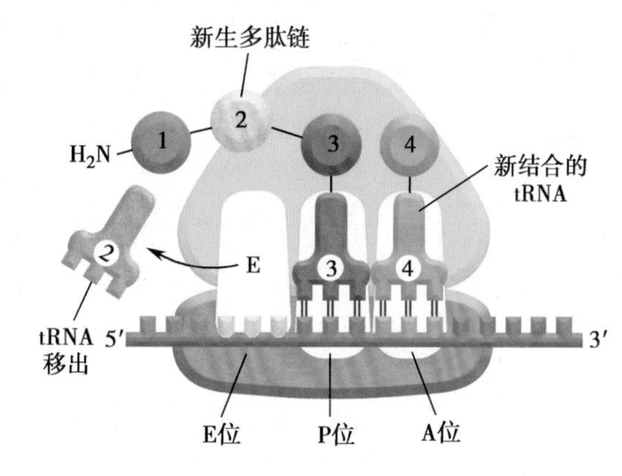

图1-2-3 核糖体中主要活性位点示意图

核糖体有如下一些重要的功能位点:①mRNA结合位点。蛋白质合成的起始首先需要mRNA与小亚基结合。原核生物30S小亚基与mRNA的结合位点为16S rRNA的3′端。原核生物mRNA的5′端起始密码子上游5~10bp处均有一段特殊的Shine-Dalgarno序列(SD序列),即富含嘌呤的5′…AGGAGG…3′序列,能够与30S小亚基上16S rRNA 3′端的富含嘧啶的序列5′…CCUCCU…3′互补结合。SD序列是其准确识别的基础。真核生物没有SD序列,其准确识别基础主要依赖于mRNA5′端的甲基化帽子结构。②A位点是新掺入的氨酰tRNA结合的位点。③P位点是延伸中的肽酰tRNA结合的位点。④E位点是脱氨酰tRNA离开A位点到完全释放的位点。⑤肽酰转移酶的催化位点。肽酰转移酶(peptidyl transferase)的催化位点位于P位和A位的连接处,其功能是催化核糖体的A位tRNA上末端氨基酸的氨基与P位肽酰-tRNA上氨基酸的羧基间形成肽键。

除上述以外,核糖体上还含有其他起始因子、延伸因子及终止因子的结合位点。目前认为,rRNA是核糖体中起主要作用的结构组分,上述的多个结合位点也主要是rRNA。当然核糖体蛋白在整个翻译过程中也发挥着重要作用,对rRNA三维结构的形成及核糖体的构象变化均发挥调节作用。

5. 细胞质溶胶 在细胞质中除了细胞器和细胞骨架结构之外,其余的则为可溶性的细胞质

溶胶(cytosol)。细胞与环境、细胞质与细胞核,以及细胞器之间的物质运输、能量传递、信息传递都要通过细胞质溶胶来完成。细胞质溶胶约占细胞总体积的一半,是均质而半透明的液体部分,除水分子外,其主要成分是蛋白质,占细胞质总量的20%左右,故使细胞质呈溶胶状。细胞质溶胶中的蛋白质很大一部分是酶,多数代谢反应都在细胞质溶胶中进行,如糖酵解、糖异生,以及核苷酸、氨基酸、脂肪酸和糖的生物合成反应。细胞质溶胶的化学组成除大分子蛋白质、多糖、脂蛋白和RNA之外,还含有小分子物质、水和无机离子,如K^+、Na^+、Cl^-、Mg^{2+}、Ca^{2+}等。

上述5种基本结构体系,构成了细胞内部结构紧密、分工明确、功能专一的各种细胞器,并以此为基础保证了细胞生命活动具有高度的程序性和高度的自控性。

真核细胞的主要代表是动物细胞和植物细胞,它们均有基本相同的结构体系,诸如细胞膜、核膜、染色质、核仁、线粒体、内质网、高尔基复合体、微管与微丝、核糖体等。但植物细胞也有一些动物细胞所没有的特有细胞结构和细胞器,主要是细胞壁、液泡和叶绿体。细胞壁是在细胞分裂过程中形成的,主要成分为纤维素;液泡为脂双层膜包围的封闭系统,是植物细胞的代谢库,起调节细胞内环境的作用;叶绿体是细胞进行光合作用的细胞器。

如上所述,真核细胞与原核细胞在结构上存在很大差异。而且在基因组(genome)组成上,真核细胞与原核细胞也存在着显著差异:①真核细胞含有更多的DNA,即使是最简单的酵母,其DNA含量也是大肠埃希菌(*Escherichia coli*,*E.coli*)的2.5倍。DNA是遗传信息的携带者,所以真核细胞比原核细胞蕴藏着更多的遗传信息。此外,真核细胞的DNA不是环状,而呈线状并被包装成高度凝缩的染色质结构。②真核细胞的细胞器也含有DNA。在线粒体中含有少量的DNA,可编码线粒体tRNA、rRNA和组成线粒体的少数蛋白。③原核细胞的mRNA转录与蛋白质翻译同时进行,即边转录边翻译,无须对mRNA进行加工,但真核细胞的mRNA在合成之后,必须在细胞核内经过剪接加工,然后才运输到细胞质中进行表达,即DNA转录与翻译分开进行。原核细胞与真核细胞的比较见表1-2-1。

表1-2-1 原核细胞与真核细胞的比较

特征	原核细胞	真核细胞
细胞结构		
核膜	无	有
核仁	无	有
线粒体	无	有
内质网	无	有
高尔基复合体	无	有
溶酶体	无	有
细胞骨架	有细胞骨架相关蛋白	有
核糖体	有,70S	有,80S
基因组结构		
DNA	少	多
DNA分子结构	环状	线状
染色质或染色体	仅有一条DNA,DNA裸露,不与组蛋白结合,但可与少量类组蛋白结合	有2个以上DNA分子,DNA与组蛋白和部分酸性蛋白结合,以核小体及各级高级结构构成染色质与染色体
基因结构特点	无内含子,无大量的DNA重复序列	有内含子和大量的DNA重复序列
转录与翻译	同时在胞质中进行	核内转录,胞质内翻译
转录与翻译后大分子的加工与修饰	无	有
细胞分裂	二分裂	有丝分裂,减数分裂,无丝分裂

四、病毒是只能在活细胞中增殖的核酸-蛋白质复合体

在生物界中，病毒（virus）是唯一的非细胞形态的生命体，是迄今发现的最小、结构最简单的生命存在形式。病毒通常只能在电镜下才能看到。病毒一般由一个核酸分子（DNA 或 RNA）与蛋白质组成核酸-蛋白质复合体，含有 DNA 的病毒称为 DNA 病毒，含有 RNA 的病毒称为 RNA 病毒。有的病毒结构更简单，仅由一个有感染性的 RNA 或蛋白质组成，仅由 RNA 组成的病毒称为类病毒（viroid），仅由蛋白质组成的病毒称为朊病毒（prion）。与细胞相比，病毒的结构极为简单，不能独立完成其生命活动过程，必须在活细胞内才能表现出它们的基本生命活动，因此病毒也被视为“不完全”的生命体，是彻底的寄生物。根据病毒寄生的宿主不同，可将病毒分为动物病毒、植物病毒和细菌病毒，其中细菌病毒又称为噬菌体（bacteriophage）。多数动物病毒进入细胞的主要方式是靠细胞的“主动吞噬”作用来实现的。进入细胞内的病毒核酸利用宿主细胞的全套代谢系统，以病毒核酸为模板，进行病毒核酸的复制、转录并翻译成病毒蛋白，然后装配成子代病毒颗粒，最后从细胞中释放出来，再感染其他细胞，进入下一轮病毒增殖周期。因此离开活细胞，病毒就无法增殖或生存。病毒在细胞内的增殖过程是病毒与细胞内组分极其复杂的相互作用过程。某些 RNA 病毒在进入细胞后，首先以病毒 RNA 分子为模板，在病毒自身的反转录酶催化下，合成病毒的 DNA 分子，这种病毒的 DNA 能整合到宿主细胞的 DNA 链上，导致宿主细胞转型，转化为肿瘤细胞，这样的 RNA 病毒称为 RNA 肿瘤病毒。反转录酶及其催化 RNA 反转录为 DNA 机制的发现是生物学的重大发现。

第二节　细胞的起源与进化

生物界的细胞都是从共同的原始细胞进化而来的，最初细胞的形成经历了漫长的过程，并逐渐进化为真核细胞及多细胞生物。基于目前认识而推断的细胞起源与进化时间如下（表 1-2-2）。

表 1-2-2　推断的细胞起源与进化时间表

年代（距今）	发生事件
45 亿年	地球形成
44 亿年	海洋形成
38 亿年	生命出现（原始生命体、原始细胞形成）
35 亿年	蓝细菌形成（原核细胞，需氧）
15 亿年	真核细胞形成
12 亿年	多细胞生物形成（藻类）

一、原始细胞由有机分子自发聚集形成

地球上的原始细胞由有机分子自发聚集而成，主要包括三个过程：首先产生了能自我复制的 RNA 多聚体；然后在 RNA 指导下合成了蛋白质；最后出现了将 RNA 和蛋白质包围起来的膜，并逐渐演变为原始细胞。其中有机小分子是原始细胞形成的原材料。

（一）有机小分子在原始地球条件下自发聚集而成

一般认为有机小分子的形成与生命的出现与原始地球的大气还原状态、深海热水喷射等有密切的关系。早于生命出现之前的原始地球上几乎没有氧气，主要是二氧化碳、氮气、氢气及少量的甲烷、氨等，使原始地球的大气层呈还原状态，这些分子在雷电、紫外线和火山爆发等物理

Notes 

因素的作用下，可能聚集成简单的有机小分子，如氨基酸、核苷酸、糖和脂肪酸。在实验室模拟原始地球的条件，如水中的氢气、甲烷和氨气的混合物在真空放电、紫外线照射等条件下，可形成包括氨基酸在内的各种有机小分子。因此，科学家们认为原始地球大气的还原状态揭示了生命起源所需的基本物质。

自20世纪70年代末以来，科学家先后发现了数十处深海热水喷口，喷出的液体温度高达数百摄氏度，与周围冷的海水发生热交换，由此形成一个从喷射口的数百摄氏度向外逐渐降低的温度梯度。由于喷出的液体中含有氢气、甲烷、氨、硫化氢、一氧化碳、二氧化碳等气体和锌、铁、铜、钙、镁、锰等金属，因此与温度梯度一样，这些气体和金属的浓度也从喷口向外逐渐降低，形成一个化学梯度。由此推断，与化学梯度相适应的温度梯度提供了一个适宜的化学反应条件，使喷出液体中的氢气、甲烷和氨等还原性气体生成氨基酸和核苷酸等生物小分子。深海热水喷口备受研究生命起源的学者们青睐，有学者认为，这种特殊的"梯度"环境提供了生命起源的自然模型。

(二) 有机小分子经过进化和选择而逐渐聚合成生物大分子

一般认为，在原始地球上形成的有机小分子被雨水冲刷到原始海洋，经过长期的进化和选择，逐渐聚合成生物大分子：核苷酸与核苷酸之间能够通过磷酸二酯键相连接，并逐步形成线性多核苷酸；氨基酸和氨基酸之间能够通过肽键相连接，并逐步形成多肽。

关于核酸和蛋白质的起源，普遍认为首先产生了能自我复制的RNA分子，然后在RNA指导下合成了蛋白质。20世纪80年代以来具有催化能力的RNA即核酶的发现为这一观点提供了有力证据。核酶不仅能催化核酸的剪接，而且也能催化氨基酸间肽键的形成以及tRNA与氨基酸之间键的形成与断裂等。

多核苷酸RNA由4种核苷酸组成，构成4种核苷酸的碱基分别为腺嘌呤A、鸟嘌呤G、胞嘧啶C和尿嘧啶U。根据碱基互补原则，A与U、C与G可专一地互补配对，在适当条件下能够合成与原来RNA链互补的新的RNA分子，而该RNA分子又可作为原始模板合成与它互补的RNA链，后者与原先的碱基组成相同，如此，RNA分子便达到了自我复制。同时，多核苷酸RNA所携带的信息也因碱基互补配对从一代传到另一代。多核苷酸的碱基配对在生命起源过程中起着重要作用。

有学者认为，具有储存遗传信息和自我复制能力的原始RNA分子的出现，标志着原始生命进化的开始。RNA分子与由氨基酸组成的多肽相比，后者的分子呈多样化，由氨基酸缩合而成的多肽具备多种多样的三维结构和表面反应部位，这使得它们在完成细胞的形态构筑和代谢反应方面远优于RNA分子。随着进化的演进，随机产生的某些氨基酸多聚体可能具备了某些酶的特性，可以作为催化剂催化RNA分子的复制，而RNA分子则可通过其自身核苷酸排列顺序来指导原始蛋白的合成(图1-2-4)。因此，在生命进化过程中，原始的核酸多聚体和氨基酸多聚体是相互依存、相互作用的。

(三) 生物大分子被自发形成的磷脂双分子膜包围成原始细胞

生命进化受自然选择的影响，为了保持多核苷酸的自我复制、避免多核苷酸指导合成的蛋白质丢失，需要一个将它们包围起来的结构。人们推断在生命出现前的原始海洋表面，磷脂分子能自发地装配成包围RNA和蛋白质的膜结构，这种初级的形态实体经过自然选择便形成了原始细

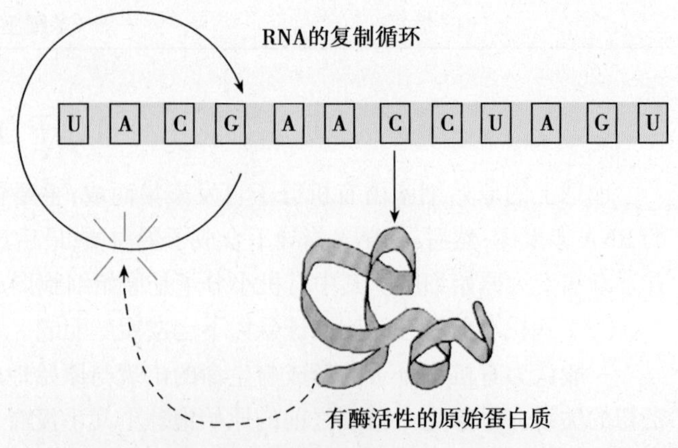

图1-2-4 RNA指导的蛋白质合成与蛋白质催化的RNA复制

胞。此时 RNA 的复制及 RNA 指导的蛋白质合成就能在一个由膜包裹的相对稳定的环境中进行了。

应该指出的是，尽管上述推测的原始细胞和现存的支原体很相似，但支原体和原始细胞不同，其遗传信息储存于 DNA 之内，而不是在 RNA 内。因此在生命进化过程中，储存遗传信息的生物大分子 DNA 的形成在生命体——原始细胞形成之后，后续的细胞在其不断的进化过程中，在蛋白质的帮助下，由 RNA 指导形成双螺旋 DNA，以 DNA 分子方式储存遗传信息。DNA 分子比 RNA 分子结构更为单一，也更为稳定，而且双链形式还可提供修补的机会。因此，现在一般认为在细胞的起源过程中，RNA 起到承前启后的作用。

框 2-2　人工合成基因组与人造细胞

生命起源是一个极其复杂而又难以研究的课题。为了解释生命的起源，阐明生命的本质，科学家们进行了大量的探索与实验，包括实验模拟原始地球的条件，合成可能与生命起源有关的有机物质，如氨基酸和核苷酸，并提出了生命起源的化学进化学说。虽然科学家们证明了生命物质能从化学合成实验中产生，但是并不能用这些实验方法来还原生命起源，更不可能解释现存生命体的本质。生命最基本的特征是，每一个生物体都拥有一份控制其结构和功能的“设计图”，而且这份“设计图”还可以一代代地遗传下去。这份“设计图”被称为“基因组”。寻找维持生物个体独立生存的最小基因组是目前生命起源与进化乃至生命本质研究的新的重要方向。自 21 世纪开始以来，科学家们先后合成了脊髓灰质炎病毒、ΦX174 噬菌体、T7 噬菌体等的基因组，并成功感染细胞。特别是近年来，人工合成基因组取得了长足的进步。2008 年，合成了由 582 970bp 组成的生殖道支原体（*Mycoplasma genitalium*）JCVI-1.0 基因组，生殖道支原体是已知最小的能独立生存的生命体；2010 年，合成了蕈状支原体（*Mycoplasma mycoides*）JCVI-syn1.0 基因组，并成功地将此基因组移植到山羊支原体（*Mycoplasma capricolum*）中，获得了一个能自我复制繁殖的新细菌细胞。这是人类历史上第一个人造细胞。2014 年，基于酵母（*Saccharomyces cerevisiae*）3 号染色体 316 617 碱基序列，通过去除一些基因组非必需序列（如亚着丝粒序列、内含子等），合成了一个具有功能的由 272 871bp 组成的真核染色体 syn Ⅲ，并整合进酵母染色体中，在酵母中表现功能。美国 JC Venter 研究组在人工合成基因组工作方面做出了杰出的贡献。

基因组合成的基本路线为：①以 A、T、C、G 四种核苷酸为原料依次合成寡核苷酸；②将寡核苷酸通过各种方法组装成较短的 DNA 序列（一般为 400~700bp，也可以超过 1kb）；③将这些较短的 DNA 序列通过融合连接等方法连成长的 DNA 片段（1kb 到数 kb）；④通过酶连接法或细胞体内重组合成更长的基因和组成基因组的长片段（≥10kb）；⑤在大肠埃希菌及酵母中依次组装，最后达到超过 1Mb 的基因组；⑥将合成的基因组移植到细胞中去，并使合成的基因组的基因按要求表达。

基因组合成所面临着许多问题与挑战，技术上最主要的是合成成本过高；其次是合成中易出现错误；还有对大片段的 DNA 的操作。另外基因组合成也可能会带来安全问题。

二、真核细胞由原核细胞演化而来

原始细胞形成以后，依靠其增殖能力在进化过程中逐步获得优势，最终覆盖了地表面。原始地球环境决定了原始细胞向原核细胞和真核细胞的演化。大约在 15 亿年前，原始真核细胞在地球上出现。

（一）原始细胞向原核细胞的演化

原始细胞可能是以原始海洋表面的有机物为营养的异养型原始生物。但是，当原始海洋内

Notes

的有机物随着异养消耗而减少时，只靠异养就难以生存。因而，在新的条件下，随着原始细胞形态和功能的逐渐分化，如具有蓝藻类生物中质体功能的形成，使原始细胞从异养型发展为自养型。当原始细胞出现了包裹细胞的细胞膜、储存遗传信息的DNA、指导蛋白质合成的RNA和制造蛋白质的核糖体时，原始细胞便成为原核细胞。

最初的原核细胞很可能靠生命出现前的代谢物质存活。一般认为，代谢反应有两种可能的进化方式：一是当某种代谢反应中的物质D被耗尽时，细胞内合成的新酶能把另一种代谢中的物质C转化为D；二是古老的原核细胞从外界环境中获得代谢物质A，通过合成的新酶使之首先转化为B，然后再经过另一种酶将B转变为C，这样便建立了目前认识到的细胞内物质代谢反应途径。

氧与代谢的关系在细胞进化过程中起重要作用。原始地球的大气中不存在氧，最初的原核细胞的代谢途径只有在无氧条件下进行，事实上在现存的绝大多数生物中，依然保留着进化过程中保存下来的糖的无氧分解(酵解)代谢。在生命现象出现之前，合成的原始有机物被耗尽时，那些能够利用大气中二氧化碳和氮来合成有机物的细胞，便会在自然选择中存活下来。这样的细胞在合成有机物如进行光合作用时，同时把氧作为代谢产物释放到大气中。因此认为，大气中出现氧是在生物已能进行光合作用之后的事。随着光合作用的出现，大气中的氧含量不断增高，以致成为许多早期生物的有害物质(比如对现有的厌氧菌来说)。但通过自然选择，有些细胞可进化为能够利用氧来进行代谢反应，如葡萄糖的有氧氧化。随着大气中的氧不断积累，有些厌氧菌则逐渐被淘汰。而另一些厌氧菌则与需氧型细胞结合在一起营共生生活，并逐渐形成了最早的真核细胞。

(二)原始细菌的内共生在真核细胞形成中起重要作用

真核细胞是由原核细胞进化而来的。关于真核细胞如何从原核细胞进化而来，曾提出过两种假说：①分化起源说，认为原核生物在长期的自然演化过程中，通过内部结构的分化和自然选择，逐步形成网膜系统、胞核系统和能量转换系统等，使其成为结构日趋精细，功能更加完善的真核细胞，最终形成真核生物；②内共生学说(endosymbiotic hypothesis)，主张真核细胞是由祖先真核细胞吞入细菌共生进化而来的一种假说。如线粒体及叶绿体分别由内共生的能进行氧化磷酸化和能进行光合作用的原始细菌进化而来。目前认为，真核细胞形成的具体过程是原始厌氧菌的后代吞入了需氧菌并逐步演化成能在氧气充足的地球上生存下来。这种真核细胞的出现，使代谢反应趋于复杂化，需要更多的膜表面来进行各种代谢反应，为此，在进化过程中为增加膜的表面积，细胞膜逐渐内陷并形成了各种各样的细胞器。

框2-3 病毒的起源

过去人们长期认为，病毒介于生命体与非生命体之间，因此推测细胞与病毒的进化模式是：生物大分子→病毒→细胞。随着对病毒认识的深入，人们倾向于两种进化观点：一是生物大分子→病毒，生物大分子→细胞；二是生物大分子→细胞→病毒。其中支持病毒是由细胞演化而来的证据越来越多：①病毒只能在活细胞中才表现出生命特征，没有细胞的存在，也就没有病毒的增殖，提示先有细胞后有病毒；②高等生物细胞的基因组中存在一定的与某些病毒如腺病毒十分相似的DNA序列，所有哺乳动物的染色体上都含有朊病毒蛋白的基因，其表达产物(PrPC)是细胞的正常组分，并不致病，只有在该基因发生点突变时才表现出朊病毒蛋白(PrPS)的特点，即蛋白产物由PrPC的正常折叠结构转变为可“复制”的PrPS的β片层结构；③真核细胞内许多具有重要功能的复合物大分子，如核糖体等的生化组成与仅由核酸和蛋白质组成的“复合物大分子病毒”有相似之处；④新近研究表明，一个细胞可以释放小(囊)泡的方式去影响邻近细胞的活动，小泡中的物质既含有核酸也含有蛋白质。这些科学资料使人们推论：病毒可能是细胞在极端条件下“扔出”的大分子复合物，该复合物只有回到细胞的内环境中才能表现出复制与转录的生命现象。

人们早就推断真核细胞中的细胞器——线粒体的形成是远古时期的古细菌或真核细胞吞噬真细菌的结果，但该推断无法在实验室内验证。近些年病原性细菌侵袭非吞噬性宿主细胞的研究进展促进了人们对线粒体起源的认识。结合细菌和线粒体基因组的序列分析，目前认为线粒体起源于15亿年前的祖先细菌——类似α-蛋白细菌（*α-proteobacterium*）的真细菌对宿主古细菌或古代真核细胞的侵袭，进入宿主内的α-蛋白细菌成为内共生体（endosymbiont），即由“入侵者”变为“被俘虏者”。此过程中的主要变化是“被俘虏者”的基因向宿主“细胞核”转移，最后使“被俘虏者”的基因组减少而被“改组”为线粒体。

三、细胞生命活动的多样性是生命适应环境的结果

（一）单细胞真核生物复杂多变

在地球上现存的单细胞真核生物中，酵母是最简单的一种。如酿酒酵母（*Saccharomyces cerevisiae*）是一种微小的单细胞真菌，它有一个坚固的细胞壁，也有线粒体，当营养充足时，它几乎像细菌那样快速地繁殖自己。由于酵母细胞核所含有的DNA量仅为大肠埃希菌DNA的2.5倍，其细胞分裂过程与高等哺乳动物和人类相似，又有便于实验操作的诸多优点，目前它已成为研究高等真核生物细胞周期调控等的有效模式生物。

有些单细胞生物并不像酵母那样微小、简单和无害，它们可以是巨大而复杂的凶猛食肉动物——原生动物。原生动物的细胞结构通常是很精巧的，虽然它们是单细胞生物，但可以像许多多细胞生物那样复杂多变：可以营光合作用（含有叶绿体），可以是肉食的，可以是运动的，也可以是固着的。

（二）单细胞生物因适应环境而向多细胞演化

尽管单细胞生物能成功地适应各种不同的生活环境，但它们只能从少数简单的营养物质合成供自身生长和繁殖的物质。而多细胞生物则能利用单细胞生物所不能利用的营养物质，这种选择优势导致了单细胞向多细胞的进化。单细胞向多细胞生物进化可能是：首先形成群体，然后再演变为具有不同特化细胞的多细胞生物。群体形成的最简单方式是每次细胞分裂之后不分开，如生活在土壤中的单细胞生物黏菌，在营群体生活时，每个黏菌分泌的消化酶汇合在一起，提高了摄取食物的效率，也更好地利用了周围环境的资源。在多细胞生物团藻，细胞之间已出现了分工，如少数细胞专司生殖，细胞之间相互依存，不能独立生活，这说明了多细胞生物的两个基本特点：一是细胞产生了特化，二是特化细胞之间相互协作，构成一个相互协调的统一的整体。

（三）多细胞生物的细胞间出现高度分工协作

动物和植物占多细胞生物物种的大部分。动物和植物约在15亿年前与单细胞真菌分开，其中鱼和哺乳动物仅约在4亿年前分开。哺乳动物和人体由200多种细胞组成，细胞高度特化（或分化）为不同的组织，如上皮组织、结缔组织、肌肉组织和神经组织等，这些组织进一步组成执行特定功能的器官，如心脏、肝脏、脾脏、肺脏和肾脏等，再由多个器官构成完成一系列关系密切的生理功能的系统，像消化系统、神经系统等。与动物细胞相比，组成植物细胞的种类要少得多，但各种不同种类的植物细胞也都特化成执行特异功能的组织，如机械组织、保护组织、输导组织。

第三节　细胞的分子基础

不同细胞在化学成分上虽有差异，但其化学元素基本相同。组成细胞的化学元素有50多种，其中主要的是C、H、O、N 4种元素，其次为S、P、Cl、K、Na、Ca、Mg、Fe等元素，这12种元素占细胞总量的99.9%以上（前4种约占90%）。此外，在细胞中还含有数量极少的微量元素，如Cu、Zn、

Mn、Mo、Co、Cr、Si、F、Br、I、Li、Ba 等。这些元素并非单独存在，而是相互结合，以无机化合物和有机化合物形式存在于细胞中。有机化合物是组成细胞的基本成分，包括有机小分子和生物大分子。

一、生物小分子是细胞的构建单元

（一）水和无机盐是细胞内的无机化合物

无机化合物包括水和无机盐。水是细胞中含量最多的一种成分，是良好的溶剂，细胞内各种代谢反应都是在水溶液中进行的。细胞中的水除以游离形式存在之外，还能以氢键与蛋白质分子结合，成为结合水，构成细胞结构的组成部分。无机盐在细胞中均以离子状态存在，阳离子如 Na^+、K^+、Ca^{2+}、Fe^{2+}、Mg^{2+} 等，阴离子有 Cl^-、SO_4^{2-}、PO_4^{3-}、HCO_3^- 等。这些无机离子中，有的游离于水中，维持细胞内外液的渗透压和 pH 值，以保障细胞的正常生理活动；有的直接与蛋白质或脂类结合，组成具有一定功能的结合蛋白（如血红蛋白）或类脂（如磷脂）。

（二）有机小分子是组成生物大分子的亚单位

有机小分子是分子量在 100~1000 范围内的碳化合物，分子中的碳原子可多达 30 个左右。细胞中含有 4 种主要的有机小分子：糖、脂肪酸、氨基酸及核苷酸。糖主要由碳、氢、氧 3 种元素组成，其化学组成为 $(CH_2O)_n$，其中 n 通常等于 3、4、5、6 或 7，故又称碳水化合物（carbohydrate），是细胞的能源和多糖的亚基；脂肪酸分子由两个不同的部分组成，一端是疏水性的长烃链，另一端是亲水性的羧基（—COOH），其衍生物如磷脂由一个以 2 条脂肪酸链组成的疏水尾和一个亲水头组成，它们是细胞膜的组分；氨基酸是一类多样化的分子，但均有一个共同的特点，都有一个羧基和一个氨基，两者均与同一个 α 碳原子连接，它们是构成蛋白质的基本单位；核苷酸分子由一个含氮环的化合物与一个五碳糖相连而成，糖是含有磷酸基团的核糖或脱氧核糖，核苷酸是构成核酸的基本单位。

二、生物大分子执行细胞的特定功能

生物大分子是由有机小分子构成的，细胞的大部分物质是大分子，大约有 3000 种大分子，分子量从 10 000 到 1 000 000。细胞内小分子组装成大分子，不仅仅是分子大小的变化，而且赋予了大分子与小分子许多不同的生物学特性。细胞内主要的大分子有核酸、蛋白质和多糖，其分子结构复杂，在细胞内各自执行特定功能。

（一）核酸携带遗传信息

核酸（nucleic acid）是生物遗传的物质基础，目前已知的所有生物包括病毒、细菌、真菌、植物、动物及人体细胞中均含有核酸。核酸与生物的生长、发育、繁殖、遗传和变异的关系极为密切。细胞内的核酸分为核糖核酸（ribonucleic acid，RNA）和脱氧核糖核酸（deoxyribonucleic acid，DNA）两大类。其中 DNA 携带着控制细胞生命活动的全部信息。

1. 核酸的化学组成 核酸由几十个乃至几百万个单核苷酸聚合而成，因此核苷酸是核酸的基本组成单位。核苷酸由戊糖、碱基（含氮有机碱）和磷酸三部分组成。戊糖有两种，即 D- 核糖和 D-2- 脱氧核糖（图 1-2-5）。碱基也有两类：嘌呤和嘧啶。嘌呤有腺嘌呤（adenine，A）和鸟嘌呤（guanine，G）；嘧啶有胞嘧啶（cytosine，C）、胸腺嘧啶（thymine，T）和尿嘧啶（uracil，U）（图 1-2-6）。除此之外，在 DNA 和 RNA 分子中还发现有一些修饰碱基，即在碱基的某些位置附加或取代某些基团，如 6- 甲基嘌呤、5- 甲基胞嘧啶和 5- 羟基胞嘧啶等，因它们的含量很少，又称稀有碱基。绝大部分稀有碱基存在于 RNA 分子上。

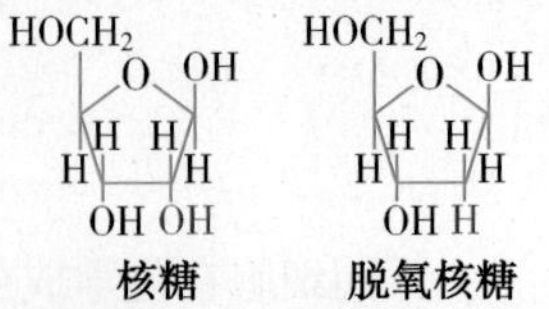

核糖　脱氧核糖

图 1-2-5 DNA 和 RNA 分子中戊糖的结构式

核苷酸的产生过程是首先形成核苷。核苷由碱基与核糖或脱氧核糖缩合而成。核糖的第 1 位碳原子与嘧啶第 1 位氮原子或与嘌呤第 9 位氮原子形成 N–C 键，即糖苷键。由于核糖有两种，因此核苷

又分为核糖核苷（简称核苷）和脱氧核糖核苷（简称脱氧核苷）。核苷的戊糖羟基与磷酸形成酯键，即成为核苷酸。一般生物体内存在的大多是5′核苷酸，即磷酸与核糖第5位上羟基形成酯键，如腺苷酸（AMP）、鸟苷酸（GMP）、胞苷酸（CMP）、尿苷酸（UMP），以及脱氧腺苷酸（dAMP）、脱氧鸟苷酸（dGMP）、脱氧胞苷酸（dCMP）、脱氧胸苷酸（dTMP）。此外，有时磷酸可同时与核苷的2个羟基形成酯键，这就形成了环化核苷酸。常见的有3′,5′-环腺苷酸（3′,5′-cyclic adenylic acid，cAMP）和3′,5′-环鸟苷酸（3′,5′-cyclic guanylic acid，cGMP）（图1-2-7）。

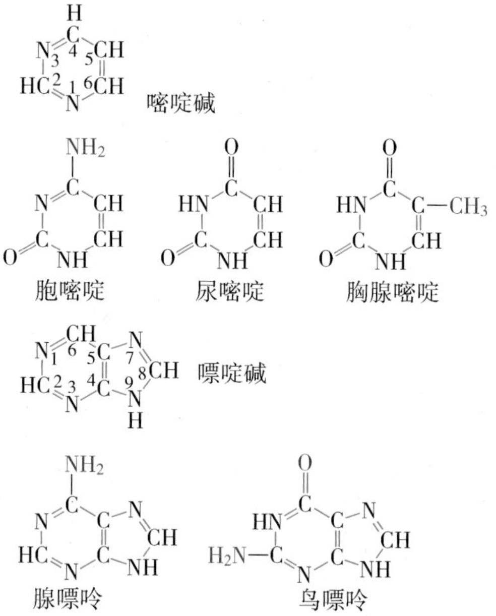

嘧啶碱

胞嘧啶　尿嘧啶　胸腺嘧啶

嘌呤碱

腺嘌呤　鸟嘌呤

图1-2-6　常见嘌呤和嘧啶的结构式

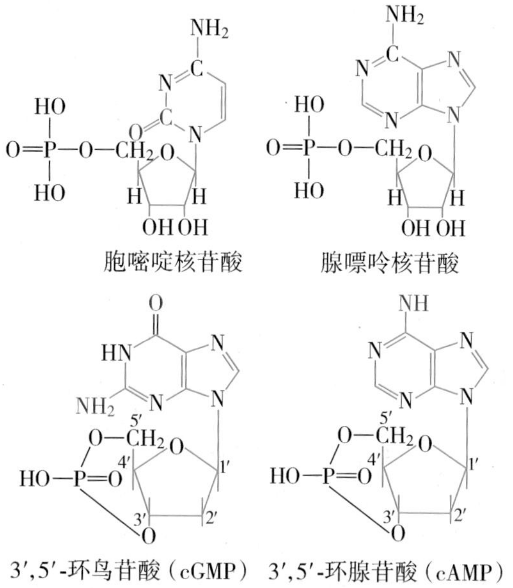

胞嘧啶核苷酸　腺嘌呤核苷酸

3′,5′-环鸟苷酸（cGMP）　3′,5′-环腺苷酸（cAMP）

图1-2-7　单核苷酸的结构式

核酸由大量的单核苷酸聚合而成，单核苷酸间的连接方式为：一个核苷酸中戊糖的5′碳原子上连接的磷酸基以酯键与另一个核苷酸戊糖的3′碳原子相连，而后者戊糖的5′碳原子上的磷酸基又以酯键再与另一个核苷酸戊糖的3′碳原子相连，由此通过3′、5′-磷酸二酯键重复相连而形成的多聚核苷酸链即为核酸（图1-2-8）。表1-2-3列出了DNA和RNA在化学组成上的异同。从化学组成上看，DNA可视为由脱氧核苷酸线性排列组成（RNA则由核糖核苷酸线性排列组成），由于各种脱氧核苷酸中脱氧核糖和磷酸都是相同的，只有碱基是不同的，因此，可用碱基的排列顺序来代表DNA的脱氧核苷酸组成顺序。核酸分子中核苷酸或碱基的排列顺序也称为核酸的一级结构。

表1-2-3　DNA和RNA在化学组成上的异同

	DNA	RNA
戊糖	脱氧核糖	核糖
碱基	腺嘌呤（A）鸟嘌呤（G） 胞嘧啶（C）胸腺嘧啶（T）	腺嘌呤（A）鸟嘌呤（G） 胞嘧啶（C）尿嘧啶（U）
磷酸	磷酸	磷酸
核苷酸	脱氧腺苷酸（dAMP） 脱氧鸟苷酸（dGMP） 脱氧胞苷酸（dCMP） 脱氧胸苷酸（dTMP）	腺苷酸（AMP） 鸟苷酸（GMP） 胞苷酸（CMP） 尿苷酸（UMP）

磷酸二酯键连接（3′,5′）
嘌呤
嘧啶

图 1-2-8 多核苷酸间的磷酸二酯键

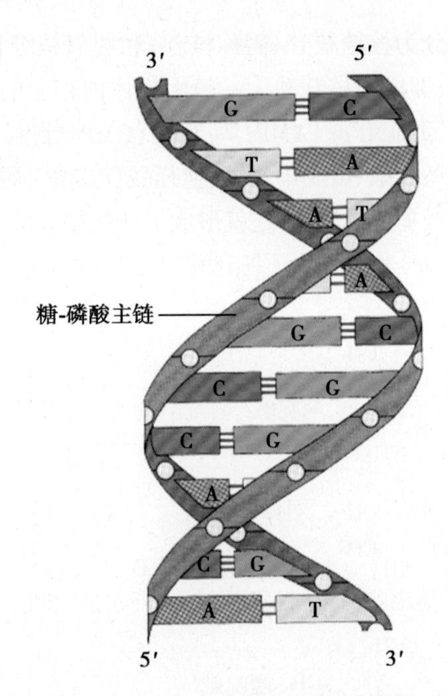

图 1-2-9 DNA 双螺旋结构模式图

2. DNA 20 世纪 50 年代初，有关 DNA 样品的 X 射线衍射分析结果提示，DNA 分子是规则的螺旋状多聚体。DNA 分子的碱基含量测定表明，不同生物细胞中的 A 总是与 T 相等，而 C 总是等于 T(摩尔含量)。1953 年 Watson 和 Crick 依据上述实验结果，提出了 DNA 分子的双螺旋结构模型(图 1-2-9)，该模型认为，DNA 分子由两条相互平行而方向相反的多核苷酸链组成，即一条链中磷酸二酯键连接的核苷酸方向是 5′→3′，另一条是 3′→5′，两条链围绕着同一个中心轴以右手方向盘绕成双螺旋结构。螺旋的主链由位于外侧的间隔相连的脱氧核糖和磷酸组成，双螺旋的内侧由碱基构成，即一条链上的 A 通过两个氢键与另一条链上的 T 相连，一条链上的 G 通过三个氢键与另一条链上的 C 相连，或者说 A 总是与 T 配对，G 总是与 C 配对，这种碱基间的配对方式称为碱基互补原则。螺旋内每一对碱基均位于同一平面上，并且垂直于螺旋纵轴，相邻碱基对之间距离为 0.34nm，双螺旋螺距为 3.4nm。构成 DNA 分子的两条链称为互补链。由于组成 DNA 的两条链是互补的，即 A=T 和 C≡G，因此，如果知道一条链中的碱基排列顺序，依据碱基互补原则，便可确定另一条链上的碱基排列顺序(图 1-2-10)。

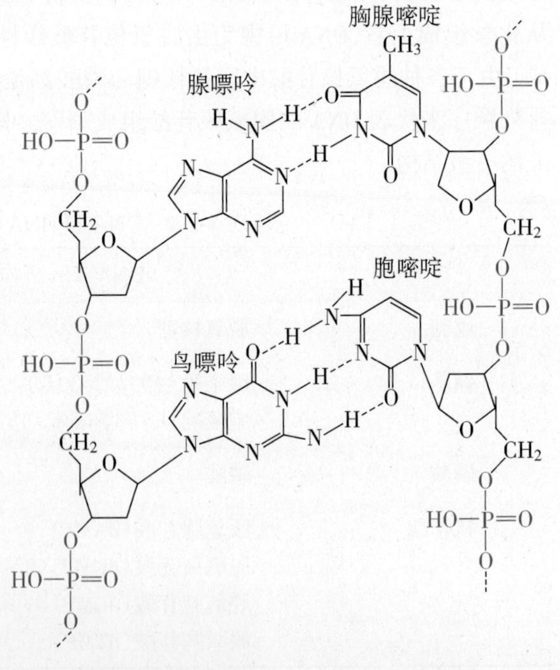

图 1-2-10 DNA 分子的部分化学结构

DNA 的双螺旋结构易受环境因素特别是湿度所影响，在低湿度时呈 A 型，高湿度时呈 B 型，分别称为 A 型 DNA 和 B 型 DNA，其中 B 型 DNA 即 Waston-Crick 描述的 DNA 双螺旋结构。此外，还存在呈左手螺旋的 DNA，称为 Z 型 DNA。

DNA 的主要功能是储存、复制和传递遗传信息。在组成 DNA 分子的线性核苷酸序列中蕴藏着大量的遗传信息。虽然 DNA 分子中只有 4 种核苷酸，但核苷酸的数量却非常巨大且呈随机排列，这就决定了 DNA 分

Notes

子的复杂性和多样性。如果一个 DNA 分子由 n 个核苷酸组成，则其可能的排列顺序为 4^n。如此多的排列顺序展示了遗传信息的多样性，从而也体现了生物种类的多样性。

细胞或生物体一套完整的单倍体遗传物质称为基因组，它是所有染色体上全部基因和基因间 DNA 的总和。迄今包括人类在内的多个生物的 DNA 序列分析已经完成，人类基因组 DNA 含有的碱基数约为 2.9×10^9bp，其中：(A+T) 和 (G+C) 分别占 54% 和 38%；编码蛋白质序列（外显子）占 DNA 的 1.1%~1.4%，内含子序列占 24%，基因间序列占 75%；基因的数目约 2.6 万个，每个基因的长度平均为 2~30kb，其中功能未知的占 60% 以上；DNA 中含有大量的重复序列，占 50% 以上；每个人约有 0.1% 的核苷酸差异。这些研究结果为人们深入认识 DNA 的结构和功能以及 DNA 与生物的起源、进化以及生物多样性之间的关系积累了丰富的资料。

DNA 分子中所携带的遗传信息传递给后代细胞靠 DNA 复制来实现，DNA 双螺旋结构模型很好地解释了这一信息传递过程的普遍机制。组成双螺旋 DNA 的两条链是互补的，每一条链都含有与其互补链精确配对的碱基序列，因此，两条链中的每一条都可以携带相同的信息。DNA 复制从两条互补的 DNA 链局部分离（分叉）开始，以每条链为模板，在 DNA 聚合酶作用下将脱氧核糖核苷酸加在 DNA 链的 3′末端，所加上去的核苷酸是与模板链上的碱基互补的，从而产生与模板链序列互补的 DNA 子链。如此，可将遗传信息全盘复制出来，最终形成完整的 DNA 分子。新形成的双链 DNA 分子在核苷酸或碱基序列上与充当模板的亲代 DNA 分子完全相同，由于每条亲代 DNA 单链成为子代 DNA 双链中的一条链，故称为 DNA 半保留复制（semiconservative replication）。

DNA 分子所携带的遗传信息的流向是先形成 RNA，这种以 DNA 为模板合成 RNA 的过程称为转录（transcription）。DNA 转录和 DNA 复制不同，它以一条链的特定部分为模板合成一条互补的 RNA 链，在 RNA 合成之后，DNA 重新形成双螺旋结构，并释放出 RNA 分子，然后，形成的 RNA 被翻译成体现遗传信息的蛋白质，后者决定细胞的生物学行为。

3. RNA　DNA 转录来的 RNA 分子也是由四种核苷酸通过 3′, 5′磷酸二酯键连接而成的。组成 RNA 的四种核苷酸为腺苷酸、鸟苷酸、胞苷酸和尿苷酸。大部分 RNA 分子以单链形式存在，但在 RNA 分子内的某些区域，RNA 单链仍可折叠，并按碱基互补原则形成局部双螺旋结构，这种双螺旋结构呈发夹样，也称为 RNA 的发夹结构（图 1-2-11）。RNA 的结构和功能的研究是近些年来飞速发展的领域，新的 RNA 被不断地发现，按结构和功能不同，RNA 分子可分为两大类：编码 RNA 和非编码 RNA（non-coding RNA）。编码 RNA 即编码蛋白质的信使 RNA（messenger RNA, mRNA）。非编码 RNA 指不能翻译为蛋白质的功能性 RNA 分子，包括：参与蛋白质合成的转运 RNA（transfer RNA, tRNA）和核糖体 RNA（ribosomal RNA, rRNA）；参与基因转录产物加工的核小 RNA（small nuclear RNA, snRNA）；参与 rRNA 的加工与修饰的核仁小 RNA（small nucleolar RNA, snoRNA）；具有酶活性的 RNA——核酶（ribozyme）；参与基因表达调控的长链非编码 RNA（long non-coding RNA, lncRNA）和若干其他小 RNA，后者包括微小 RNA（MicroRNA, miRNA）、小修饰性 RNA（small modulatory RNA, smRNA）、微小非编码 RNA（tiny non-coding RNA, tncRNA）及存在于生殖细胞中的 piRNA（piwi-interacting RNA，因与 Piwi 蛋白家族成员相结合才能发挥其调控作用而得名）等（表 1-2-4）。

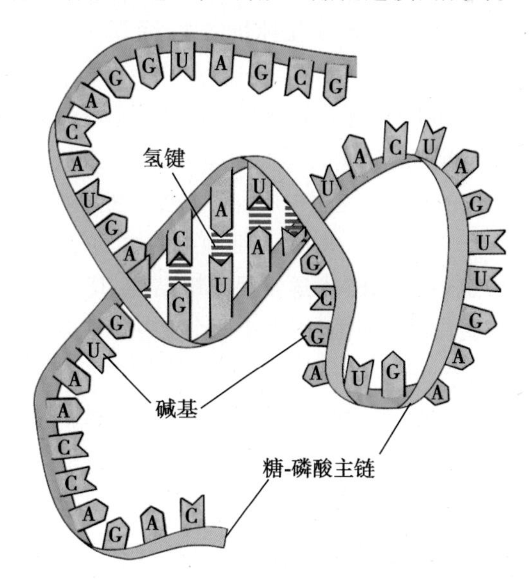

图 1-2-11　RNA 发夹结构模式图

表 1-2-4 动物细胞内含有的主要 RNA 种类及功能

RNA 种类	存在部位	功能
信使 RNA(mRNA)	细胞核与细胞质,线粒体(mt mRNA)	蛋白质合成模板
核糖体 RNA(rRNA)	细胞核与细胞质,线粒体(mt rRNA)	核糖体的组成成分
转运 RNA(tRNA)	细胞核与细胞质,线粒体(mt tRNA)	转运氨基酸,参与蛋白质合成
核小 RNA(snRNA)	细胞核	参与 mRNA 前体的剪接、加工
核仁小 RNA(snoRNA)	细胞核	参与 rRNA 的加工与修饰
微小 RNA(miRNA)	细胞核与细胞质	基因表达调节
长链非编码 RNA(lncRNA)	细胞核与细胞质	基因表达调节
核酶(有酶活性的 RNA)	细胞核与细胞质	催化 RNA 剪接

(1) mRNA:mRNA 占细胞内总 RNA 的 1%~5%。其含量虽少,但种类甚多而且极不均一,例如每个哺乳类动物细胞可含有数千种大小不同的 mRNA。原核细胞与真核细胞的 mRNA 不同,比如,原核细胞没有真核细胞 mRNA 所特有的 5′端 7- 甲基三磷酸鸟苷($m^7G^{5'}ppp$)帽子结构,也没有 3′端的由 30~300 个腺苷酸组成的多聚腺苷酸尾巴(3′polyadenylate tail,PolyA)结构。在高等真核生物,不同组织细胞中 mRNA 的种类相差极大。mRNA 在遗传信息流向过程中起重要作用,即携带着来源于 DNA 遗传信息的 mRNA 与核糖体结合,作为合成蛋白质的模板。mRNA 分子中每三个相邻的碱基组成一个密码子(codon),由密码子确定蛋白质中氨基酸的排列顺序。因此,整个 mRNA 链即是由一个串联排列的密码子组成。

mRNA 指导特定蛋白质合成的过程称为翻译(translation)。在原核生物,mRNA 在合成的同时可直接翻译为蛋白质,而真核细胞则不同,其 mRNA 在合成之后需要经过一系列的加工,然后才能成为合成蛋白质的模板。

原核细胞的 mRNA 为多顺反子(polycistron),即一分子 RNA 有时可携带几种蛋白质的遗传信息,能指导合成几种蛋白质,而真核细胞中的 mRNA 是单顺反子(monocistron),每分子 RNA 只携带一种蛋白质遗传信息,只能作为一种蛋白质合成的模板。此外,无论是原核细胞的多顺反子 mRNA,还是真核细胞的单顺反子 mRNA,在其 5′端和 3′端都各有一段由 30 到数百个核苷酸组成的非翻译区(untranslated region,UTR),中间则是具有编码蛋白质功能的编码区(coding region)。UTR 是蛋白质翻译调控的重要靶点之一。

(2) rRNA:rRNA 在细胞中的含量较丰富,占 RNA 总量的 80%~90%,其分子量在 3 种 RNA 中也最大。rRNA 通常呈单链结构,其主要功能是参与核糖体(ribosome)的形成。核糖体是合成蛋白质的机器,由大小两个亚基组成,在原核生物中典型的核糖体为 70S,其大小亚基分别为 50S 和 30S,50S 大亚基中含 23S 和 5S rRNA,30S 小亚基中含有 16S rRNA。在 16S rRNA 的 3′端有一个与 mRNA 翻译起始区互补的保守序列,是 mRNA 的识别结合位点。而典型的真核生物核糖体为 80S,40S 的小亚基含 18S rRNA,60S 大亚基则含有 28S、5.8S 和 5S 三种 rRNA。rRNA 约占核糖体总量的 60%,其余的 40% 为蛋白质。

(3) tRNA:tRNA 的含量占细胞总 RNA 的 5%~10%,其分子较小,由 70~90 个核苷酸组成。tRNA 分子化学组成的最大特点是含有较多的稀有碱基。tRNA 分子为单链结构,但有部分折叠成假双链结构,以至整个分子结构呈三叶草形(图 1-2-12):靠近柄部的一端,即游离的 3′端有 CCA 三个碱基,它能以共价键与特定氨基酸结合;与柄部相对应的另一端呈球形,称为反密码环,反密码环上的三个碱基组成反密码子(anticodon),反密码子能够与 mRNA 上密码子互补结合,因此每种 tRNA 只能转运一种特定的氨基酸,参与蛋白质合成。

tRNA 还可以作为反转录时的引物。当反转录病毒在宿主细胞内复制时,需要细胞内的 tRNA 为引物,反转录成与其互补的 DNA 链(cDNA)。可以作为引物的常见 tRNA 是色氨酸 -tRNA、

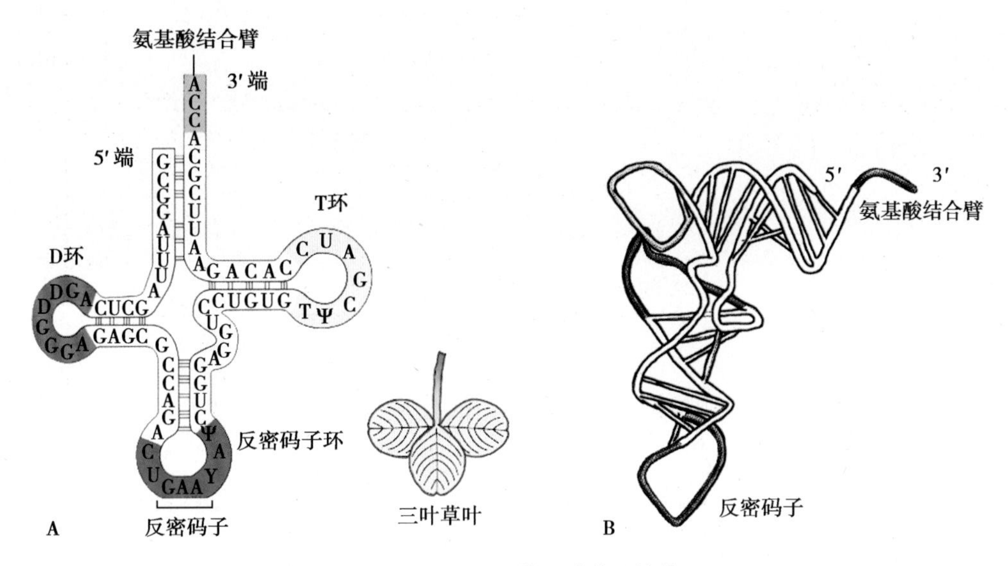

图 1-2-12　tRNA 的三叶草形结构

脯氨酸 -tRNA。

(4) snRNA：在真核细胞的细胞核中存在一类独特的 RNA，它们的分子相对较小，含 70~300 个核苷酸，故被称为核小 RNA。snRNA 在细胞内的含量虽不及总 RNA 的 1%，但其拷贝(copy)数多得惊人，如 HeLa 细胞的 snRNA 分子可达 100 万 ~200 万个。现已发现的 snRNA 至少有 20 多种，其中有 10 多种分子中都富含尿苷酸(U)，且含量可高达总核苷酸的 35%，故这些 snRNA 也称为 U-snRNA。U-snRNA 的一级结构也是单股多核苷酸链，二级结构中也含若干个发夹式结构。U-snRNA 分子中还含有少量的甲基化稀有碱基，并且都集中在多核苷酸链的 5′端，形成 U-snRNA 5′端特有的帽子结构，常见的为 2，2，7- 三甲基三磷酸鸟苷($m^{2,2,7}{}_3Gppp$)。U-snRNA 的主要功能是参与基因转录产物的加工过程，在该过程中 U-snRNA 与一些特异蛋白结合成剪接体 UsnRNP(small nuclear ribonucleoprotein particle)。

(5) miRNA：是一类长 21~25 个核苷酸的非编码 RNA，其前体为 70~90 个核苷酸，具有发夹结构。miRNA 最先是在研究秀丽隐小杆线虫(*Caenorhabditis elegans*，*C.elegan*)的发育过程中发现的，后来一个个新的 miRNA 在高等哺乳动物中不断被发现。越来越多的研究显示，哺乳动物基因的近 1% 可能编码 miRNA。目前文献上通常以 miR-# 表示 miRNA，其中 miR 表示 miRNA，“#”代表其序号，用斜体的 *miR-#* 来表示其相应的基因，例如，在造血组织细胞中发现的小 RNA 是 miR-181，则表达该小 RNA 的基因记作 *miR-181*。miRNA 普遍存在于生物界，具有高度的保守性。

miRNA 的形成与作用机制是：在细胞核内编码 miRNA 的基因转录形成 miRNA 初级产物(pri-miRNA)，在 Drosha(RNase Ⅲ家族的成员)的作用下，剪切为 70~90 个核苷酸长度、具有茎环结构的 miRNA 前体(pre-miRNA)。miRNA 前体在细胞核 - 细胞质转运蛋白的作用下，从核内运输到胞质中。然后，在 Dicer 酶(双链 RNA 专一性 RNA 内切酶)的作用下，miRNA 前体被剪切成 21~25 个核苷酸长度的成熟双链 miRNA。起初，成熟 miRNA 与其互补序列互相结合成所谓的“双螺旋结构”；随后，双螺旋解旋，其中一条结合到 RNA 诱导基因沉默复合物(RNA-induced silencing complex，RISC)中，形成非对称 RISC 复合物(asymmetric RISC assembly)。非对称 RISC 复合物通过与靶基因 mRNA 3′端 UTR 互补结合，抑制靶基因的蛋白质合成或促使靶基因的 mRNA 降解，从而参与细胞分化与发育的基因表达调控(图 1-2-13)。

需要指出的是，Dicer 酶除了在 miRNA 形成过程中起重要作用之外，还可将一些外源双链 RNA 加工成为 22 个核苷酸左右的 siRNA(small interference RNA)。同 miRNA 的作用机制类似，这些 siRNA 也能够以序列同源互补的 mRNA 为靶点，通过促使特定基因的 mRNA 降解来高效、

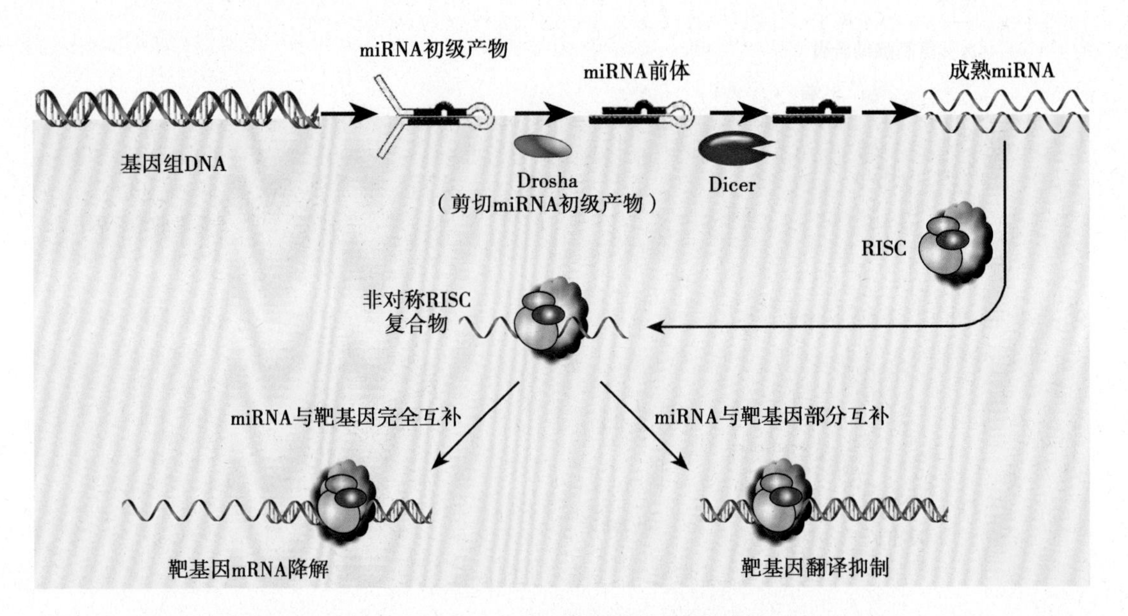

图 1-2-13 miRNA 的形成与作用机制

特异地阻断体内特定基因表达，这种现象称为 RNA 干扰（RNA interference，RNAi）。RNA 干扰现象的发现具有重要的意义，它不仅揭示了细胞内基因沉默的机制，而且还是基因功能分析的有力工具。

(6) lncRNA：是一类转录本长度超过 200 个核苷酸的 RNA 分子，它们并不编码蛋白质，而是以 RNA 的形式存在于细胞核或细胞质中。lncRNA 起初被认为是基因组转录的副产品，不具有生物学功能。然而，近年来的研究表明，lncRNA 能够在多层面上（转录调控及转录后调控等）调控基因的表达水平，包括引起基因组印记（genomic imprinting）和 X 染色体失活。

现有研究资料表明，哺乳动物基因组序列中 4%~9% 的序列产生的转录本是 lncRNA，根据其在基因组上相对于蛋白编码基因的位置，可以将其分为正义（sense）、反义（antisense）、双向（bidirectional）、基因内（intronic）及基因间（intergenic）lncRNA。许多 lncRNA 都具有二级结构、剪接形式及亚细胞定位。目前尚不能根据 lncRNA 序列或结构来推测它们的功能。

(7) 核酶：核酶是具有酶活性的 RNA 分子，由 T Cech 首次发现。Cech 在研究原生动物喜热四膜虫（*Tetrahymena thermophila*）的 rRNA 剪接时观察到，在除去所有的蛋白质之后，剪接仍可完成。在 rRNA 剪接过程中，前体 rRNA 能释放出一个内含子短链 L19RNA（linear minus 19 intervening sequence），它能高度专一催化寡核苷酸底物的剪接（splicing）。例如，五胞苷酸（C_5）可被 L19RNA 剪接为较长的和较短的寡聚体：C_5 被降解为 C_4 和 C_3，而同时又形成 C_6 和更长的寡聚体。L19RNA 在 C_6 上的作用比在六尿苷酸（U_6）上快得多，而在六腺苷酸（A_6）和六鸟苷酸 G_6 上则一点也不起作用。这说明核酶的高度专一性。此外，核酶还遵循 Michaelis-Menton 酶促反应动力学方程。因此，核酶的发现，对酶的本质就是蛋白质这一传统概念提出了新的挑战，同时也为生命起源问题的探索提供了重要的资料。

核酶的底物是 RNA 分子，它们通过与序列特异性的靶 RNA 分子配对而发挥作用。目前已发现了具有催化活性的多种类型的天然核酶，其中锤头状（hammerhead）核酶和发夹状核酶已被人工合成，并显示出很好的功能。人们可以根据锤头结构的模式，来设计能破坏致病基因的转录产物，从而为基因治疗提供新途径。

（二）蛋白质表达遗传信息

蛋白质（protein）是构成细胞的主要成分，占细胞干重的 50% 以上。蛋白质是展示 DNA 信息的最佳物质，它不仅决定细胞的形态和结构，而且还担负着许多重要的生理功能。自然界中蛋白质的种类繁多，但通常由 20 种氨基酸组成，这 20 种氨基酸的排列组合，以及蛋白质空间构

象的形成决定了蛋白质功能的多样性。

1. **蛋白质的组成**　蛋白质是高分子化合物，分子量大多在1万以上，是由几十个至上千个氨基酸组成的多聚体。自然界中有很多种氨基酸，但组成蛋白质的仅有20种L-α-氨基酸，均由mRNA上的遗传密码所识别。氨基酸在结构上的特点是，每一个氨基酸都含有一个碱性的氨基（—NH_2）和一个酸性的羧基（—COOH），以及一个结构不同的侧链（—R）（图1-2-14）。从氨基酸的结构式可知，氨基酸为两性电解质。按氨基酸侧链—R的带电性和极性不同，可将氨基酸分为四类，即带负电荷的酸性氨基酸、带正电荷的碱性氨基酸、不带电荷的中性、极性氨基酸和不带电荷的中性、非极性氨基酸。酸性氨基酸有谷氨酸、天冬氨酸，碱性氨基酸有精氨酸、赖氨酸、组氨酸，其余氨基酸则为中性氨基酸。蛋白质中特定氨基酸的化学对蛋白质的功能也起着重要的作用，例如酪氨酸、丝氨酸和苏氨酸的磷酸化与去磷酸化，赖氨酸的甲基化等。

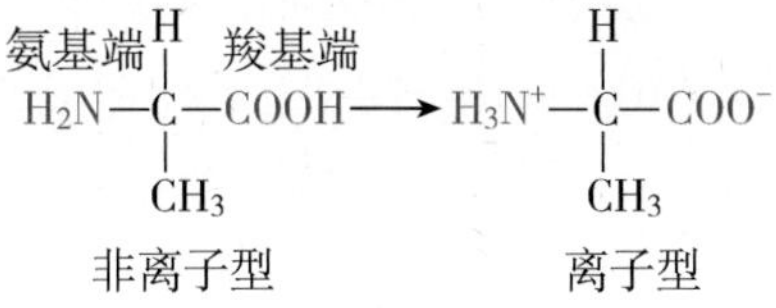

氨基端　羧基端

$$H_2N-\underset{CH_3}{\overset{H}{C}}-COOH \longrightarrow H_3N^+-\underset{CH_3}{\overset{H}{C}}-COO^-$$

非离子型　　　　离子型

图1-2-14　氨基酸的结构式

组成蛋白质的各种氨基酸按一定的排列顺序，以一定的化学键——肽键连接而成。肽键是一个氨基酸分子上的羧基与另一个氨基酸分子上的氨基经脱水缩合而形成的化学键（图1-2-15）。氨基酸通过肽键而连接成的化合物称为肽（peptide），由两个氨基酸连接而成的称为二肽，三个氨基酸连接而成的称为三肽，以多个氨基酸连接而成的称为多肽。多肽链是蛋白质分子的骨架，其中的每个氨基酸称为氨基酸残基，组成蛋白的氨基酸残基的差异体现出蛋白质的特征。因此，20种氨基酸的不同排列组合顺序决定了蛋白质的结构与功能的多样性。

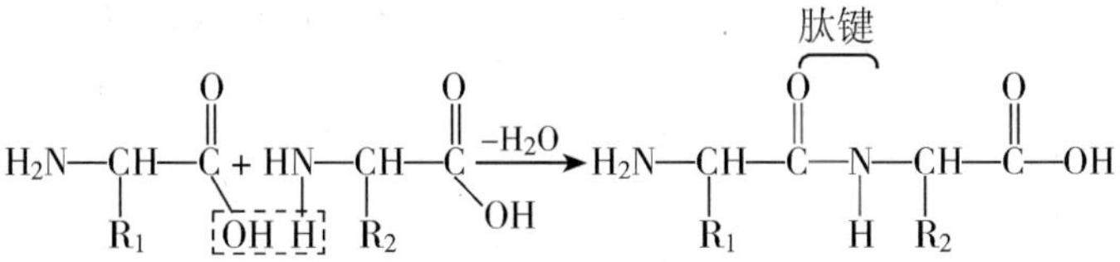

肽键

$$H_2N-\underset{R_1}{CH}-\overset{O}{\overset{\|}{C}}-OH + H-\underset{H}{N}-\underset{R_2}{CH}-\overset{O}{\overset{\|}{C}}-OH \xrightarrow{-H_2O} H_2N-\underset{R_1}{CH}-\overset{O}{\overset{\|}{C}}-\underset{H}{N}-\underset{R_2}{CH}-\overset{O}{\overset{\|}{C}}-OH$$

图1-2-15　肽键的形成与结构

2. **蛋白质的结构**　氨基酸的排列顺序是蛋白质的结构基础，但蛋白质不只是其组成氨基酸的延伸，它是以独特的三维构象（conformation）形式存在的。通过对蛋白质晶体的X射线衍射图谱分析，可以了解到蛋白质的三维结构。1958年John Kendrew首先确定了由153个氨基酸组成的肌红蛋白的三维结构。迄今已经有数千种蛋白质的三维结构被分析出来。这些蛋白质结构反映出来的共同特征是其多肽链的折叠（folding）。事实上，蛋白质的折叠与核糖体上蛋白质的合成同步进行，即边合成边折叠，新生肽链在合成过程中结构发生不断的调整，合成、延伸、折叠、构象调整，直至最后三维结构的形成。除一类可溶性蛋白分子伴侣（molecular chaperone）参与辅助或陪伴蛋白质的折叠之外，蛋白质三维构象的形成主要由其氨基酸的排列顺序决定，是其氨基酸组分间相互作用的结果。

根据蛋白质的折叠程度不同，通常将蛋白质的分子结构分为四级，即蛋白质的一级结构、蛋白质的二级结构、蛋白质的三级结构和蛋白质的四级结构。蛋白质的一级结构是指蛋白质分子中氨基酸的排列顺序。一级结构中氨基酸排列顺序的差异使蛋白质折叠成不同的高级结构。

大部分蛋白质分子结构中往往有两种主要的折叠形式，即α-螺旋（α-helix）和β片层（β-sheet）结构，它们是组织成蛋白质的主要二级结构。二级结构是在蛋白质一级结构基础上形成的，是由于肽链主链内的氨基酸残基之间氢键相互作用的结果。在α螺旋中，多肽链沿着螺旋轨道盘旋，每3.6个氨基酸盘旋一周，相邻的两个螺旋之间借肽键的>N—H基的氢原子与>CO基的氧原子间形成氢键，氢键与螺旋长轴平行。细胞内的多肽在合成之后可自发地形成α螺旋，α螺旋是多肽链的最稳定的构象，主要存在于球状蛋白分子中，如肌红蛋白分子中约有

Notes

75% 的肽段呈 α 螺旋。在 β 片层结构中，多肽链分子处于伸展状态，肽段来回折叠，呈反向平行，相邻肽段肽键之间形成氢键，使多肽链牢固结合在一起。β 片层结构主要存在于纤维状蛋白如角蛋白中，但在大部分蛋白质中这两种结构都同时存在。

多肽链在二级结构的基础之上进一步折叠，形成蛋白质的三级结构（或几何结构）。三级结构是由不同侧链间相互作用形成的；相互作用的方式有氢键、离子键和疏水键等。具有三级结构的蛋白即表现出生物学活性，但某些蛋白质的结构较复杂，由一条以上多肽链所组成，需要构成四级结构才能表现出生物活性。蛋白质四级结构是在三级结构基础之上形成的，在四级结构中每个独立的三级结构的肽链称为亚单位或亚基，多肽链亚基之间通过氢键等非共价键的相互作用，即形成了更为复杂的空间结构。这样，只有亚单位集结在一起的四级结构才显示出蛋白质的生物学活性（图 1-2-16）。

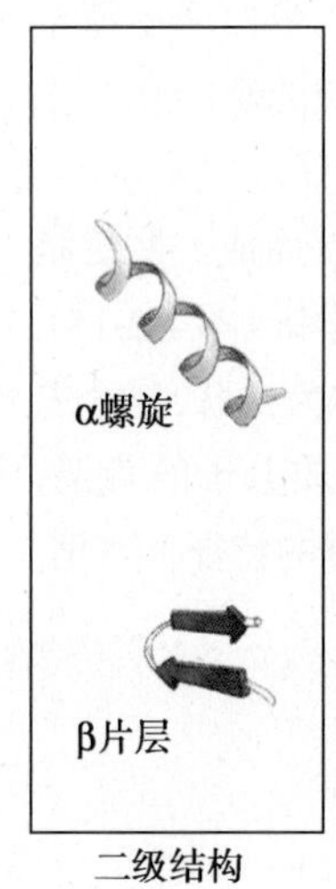

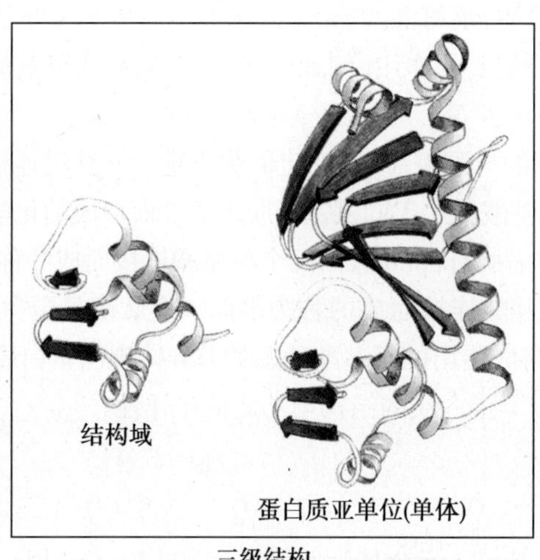

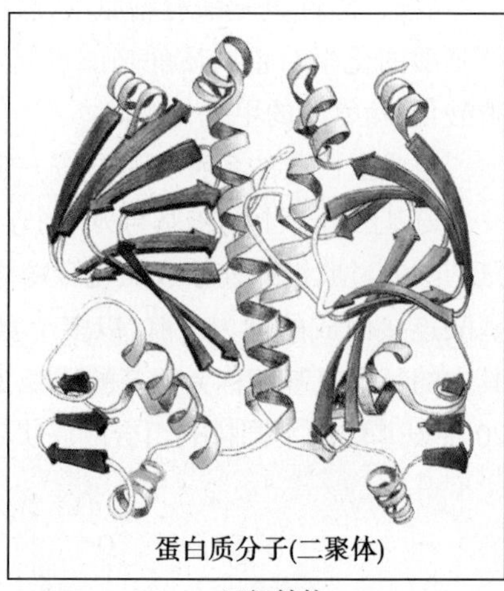

二级结构 三级结构 四级结构

图 1-2-16 蛋白质分子高级结构示意图

某些溶剂，如尿素可以破坏折叠蛋白中的非共价键，使蛋白质去折叠成失去自然构象的松散肽链，这个过程称为蛋白质的变性（denaturation）。这种变性是可逆的，当去掉尿素并加入适量的还原剂如 β- 巯基乙醇时，变性的蛋白质重新折叠并恢复为原来的构象，该过程称为复性（renaturation）。目前蛋白质的这种折叠与去折叠的可塑性已被广泛用于基因工程过程中表达蛋白的提取与提取后的复性。

3. 蛋白质结构与功能的关系 蛋白质的功能取决于其结构（或构象），可以说有什么样的结构就有什么样的功能。一级结构是蛋白质功能的基础，如果氨基酸的排列顺序发生变化，将会形成异常的蛋白质分子。例如，在人体的血红蛋白中，其 β 链上的第六位谷氨酸如果被缬氨酸替代，则形成异常血红蛋白，导致人体镰状细胞贫血。一些常见蛋白如 TGF-β（肿瘤转化生长因子 β）仅在聚合成蛋白二聚体（dimer）时，才能发挥功能。在活细胞中，蛋白质亚基组装成更大的复合物可以表现更为复杂的生命活动，蛋白质 / 酶复合物、核糖体、病毒颗粒等。

多肽链中通常有一些特别的结构区域，称为结构域（domain），通常与蛋白质的功能相关。一个结构域的氨基酸残基通常在 40~350 之间，小的蛋白可能含有一个结构域，较大的蛋白则含有多个结构域。一个蛋白质的不同结构域通常与不同的功能相关，例如脊椎动物中具有信号转导功能的 Src 蛋白激酶含有四个结构域：起调节作用的 SH2 和 SH3 结构域，以及其他两个具有酶催化活性的结构域（图 1-2-17）。一般地，具有相同结构域的蛋白，往往有类似功能。例如，具有螺旋 - 袢 - 螺旋（helix-loop-helix，HLH）和亮氨酸拉链（leucine zipper，L-Zip）结构特点的蛋白质多为能与 DNA 结合的转录因子（transcription factor，TF）。

活细胞内蛋白质功能的发挥与其构象的不断改变密切相关。常见的例子是蛋白质的磷酸

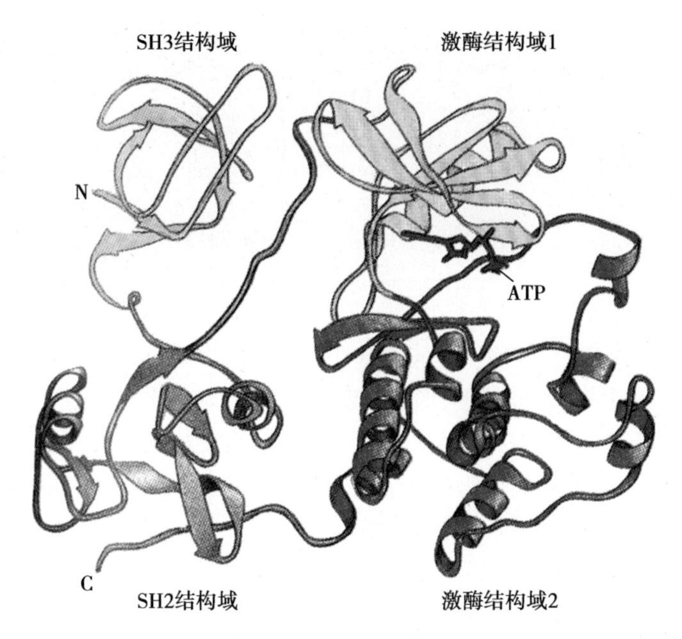

图 1-2-17 Src 蛋白的结构域

化与去磷酸化所引起蛋白质构象的改变，即将一个磷酸基团共价连接至一个氨基酸侧链上，这样的结合通常能够引起蛋白质构象改变，导致功能变化，同样去除磷酸基团，将使蛋白质恢复原始构象并恢复原始活性。蛋白质磷酸化包括通过酶催化把 ATP 末端磷酸基团转移到蛋白质的丝氨酸、苏氨酸或酪氨酸侧链的羟基基团上，该反应由蛋白激酶催化，而其逆反应的去磷酸化则由蛋白质磷酸酶完成(图 1-2-18)。细胞内包含数百种不同的蛋白激酶，每一种都负责不同蛋白质或不同系列蛋白质的磷酸化；同时细胞内还有许多高度特异性的磷酸酶，它们负责从一个或几个蛋白质中去除磷酸基团。对许多蛋白质而言，磷酸基团总是不断重复地被加到一特定的侧链上，然后被移去，从而使蛋白质的构象不断改变，这是真核细胞完成信息传递过程的重要分子基础。

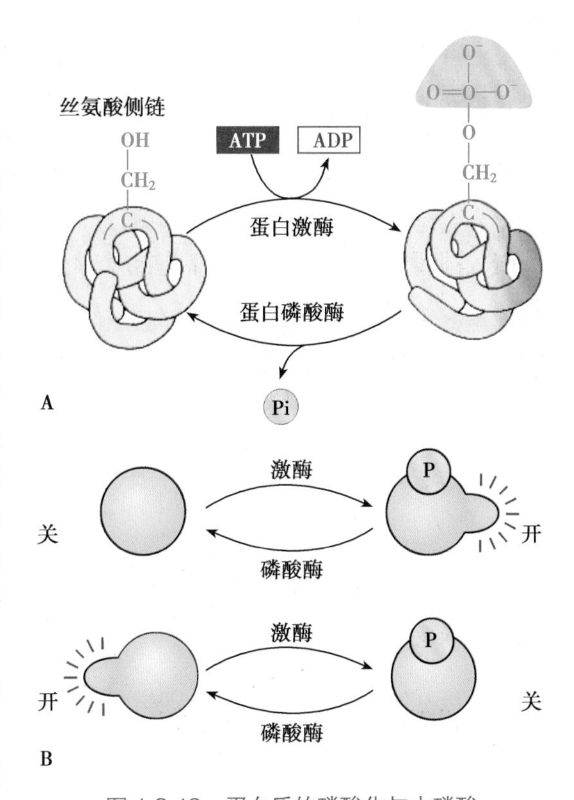

图 1-2-18 蛋白质的磷酸化与去磷酸

此外，磷酸基团的丢失还可驱动胞内一类重要蛋白——GTP 结合蛋白构象的巨大变化。这类蛋白的活化受控于其与三磷酸鸟苷(GTP)或二磷酸鸟苷(GDP)的结合：当蛋白质与 GTP 结合时呈现活性构象，而其与 GDP 结合时则变成一种非活性构象。如同蛋白质的磷酸化作用，该过程也是可逆的(图 1-2-19)。这些 GTP 结合蛋白的活化与去活化起到分子开关的作用，在真核细胞生命活动的信息传递过程中起重要作用。

4. 酶(enzyme) 是由生物体细胞产生的具有催化剂作用的蛋白质。机体内的许多代谢反应乃至信息传递过程均是在酶催化下完成的。酶具有很高的催化效率，比一般催化剂高106~1010 倍。酶具有高度的专一性，即一种酶只能催化一种或一类反应。生物体内的酶具有高度不稳定性，很容易受机体内各种因素影响。酶催化的特异性和高效性是由酶分子中某些氨基

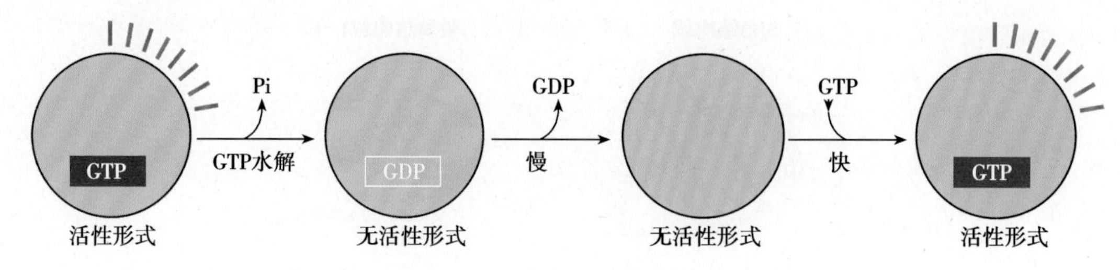

图 1-2-19 GTP 结合蛋白形成分子开关

酸残基的侧链基团所决定的，这些氨基酸残基在酶蛋白的多肽链中处于不同部位，但通过多肽链折叠可使这些氨基酸残基彼此接近，形成特定的区域，以识别和催化底物，这就是所谓酶的活性中心。有些酶除了具有活性中心之外，还有一个可结合变构剂的变构位点，这类酶称为变构酶，一些物质通过与变构位点结合，影响酶蛋白构象，从而达到对酶活性的调节作用。

（三）多糖存在于细胞膜表面和细胞间质中

糖在细胞中占有很大比例，细胞中的糖除了以单糖的形式存在之外，还广泛分布着多糖和寡糖。线形大分子和分支的大分子糖类系由简单而重复的单元组成，短链称为寡糖，长链称为多糖。例如，糖原是一种多糖，它完全由葡萄糖连接形成。但细胞中大部分的寡糖和多糖的序列是非重复的，由许多不同的单糖分子组成，这类复杂的寡糖或多糖通常与蛋白质或脂质连接在一起，形成细胞表面的一部分。例如，正是这些寡糖确定了一个特定的血型。细胞中寡糖或多糖存在的主要形式有糖蛋白、蛋白聚糖、糖脂和脂多糖等。

1. 糖蛋白　糖蛋白（glycoprotein）是共价结合糖的蛋白质，其中的糖链和肽链的连接是有规律的，常见的连接方式是 N- 糖肽键和 O- 糖肽键（carbohydrate-peptide linkage）。N- 糖肽键是指糖碳原子上的羟基与组成肽链的天冬酰胺残基上的酰胺基之间脱水而形成的糖苷键；O- 糖肽键则是糖碳原子上的羟基与组成肽链的氨基酸残基上的羟基脱水而形成的，具有这种性质的氨基酸有丝氨酸、苏氨酸、酪氨酸、羟赖氨酸和羟脯氨酸等（图 1-2-20）。

O-糖苷键
α-N-乙酰半乳糖胺基丝氨酸/苏氨酸
（GalNAc-Ser/Thr）

N-糖苷键
β-N-乙酰葡萄糖胺基天冬酰胺
（GlcNAc-Asn）

图 1-2-20 O- 糖苷键和 N- 糖苷键结构式

形成 N- 糖肽键的糖链（简称 N- 糖链）结构复杂多变，但它们都有一个 5 糖核心结构，即 2 个 β-N- 乙酰葡萄糖胺（GlcNAc）和 3 个甘露糖（Man），其他变化均在 5 糖核心以外的非还原端部分。N- 糖链可分为高甘露糖型、杂交型和复杂型三类。

O- 糖肽键连接的糖链（简称 O- 糖链）的结构比 N- 糖链简单，糖链较短，但是种类较多。在细胞中分布较多的是 α-N- 乙酰半乳糖胺与丝氨酸或苏氨酸残基相连的 O- 糖链，简称为 O-GalNAc 糖链，这类糖链虽然较短，但其核心结构多不同。

有些糖蛋白可含上述两种糖链中的一种，而还有些蛋白则既含有 O- 糖链又含有 N- 糖链，不同糖蛋白中的糖链差别很大，致使糖蛋白的结构极其复杂。

2. 糖脂　糖脂（glycolipid）是含有糖类的脂质。根据组成不同，可把糖脂分为 4 类，即鞘糖脂、甘油糖脂、磷酸多萜醇衍生糖脂和类固醇衍生糖脂。哺乳动物细胞中主要存在的是鞘糖脂，在鞘糖脂中含中性糖类的称为中性鞘糖脂，有些除了含有中性糖类之外，还含有唾液酸或硫酸

化的单糖，其中含唾液酸的鞘糖脂又称为神经节苷脂（ganglioside），含磷酸化单糖的鞘糖脂则称为硫苷脂（sulfatide）。

近年来在不同种类细胞的质膜上还发现了一类新的复合糖类，即糖基磷脂酰肌醇（glycosyl-phosphatidylinositol，GPI）锚定蛋白。带有 GPI 的蛋白质很多，和 GPI 相连的蛋白质本身还可以连接有糖链。

糖蛋白、蛋白聚糖、糖脂和脂多糖等复合糖主要存在于细胞膜表面和细胞间质中。复合糖中糖链结构的复杂性提供了大量的信息，糖链在构成细胞抗原、细胞识别、细胞黏附及信息传递中起重要作用。如人类 ABO 血型抗原、免疫球蛋白 IgG、黏附分子整联蛋白（integrin）等在发挥作用过程中均离不开其组成部分糖链的参与。

小　结

除病毒之外，自然界的生物都是由细胞构成的。细胞是构成生命的基本单位。组成生物体的细胞可划分为原核细胞和真核细胞两大类。原核细胞结构简单，真核细胞高度复杂，出现了细胞核和由膜包绕的各种细胞器。还有一类细胞，它们在形态结构上与原核细胞相似，但有些特征更接近真核细胞，这类细胞被称为古细菌。

细胞是生物进化的产物，细胞的形成经历了在原始地球条件下从无机小分子物质产生有机小分子；有机小分子自发聚合成具有自我复制能力的生物大分子；生物大分子逐渐演变为由膜包围的原始细胞；再由原始细胞演化成原核细胞和真核细胞。生物体的进化是一个漫长而复杂的过程，从原核细胞到真核细胞，从单细胞生物到多细胞生物。人类探索自然能力的增强极大地推动了对细胞起源与进化的认识。远古生物化石的出土，极端环境下生长的微生物的不断发现，生物基因组"生命之书"的诸个破译和人工合成，以及人类向宇宙活动范围的逐步延伸等构成了目前生命起源与进化研究的前沿领域。

细胞的化学组分主要包括生物小分子和生物大分子。生物小分子指无机化合物（水、无机盐等）和有机小分子（糖、脂肪酸、氨基酸、核苷酸）；生物大分子主要是由生物小分子组成的核酸、蛋白质和多糖。核酸是生物的遗传物质，分为 DNA 和 RNA。DNA 分子是由两条方向相反的多聚脱氧核苷酸链形成的双螺旋结构，携带着控制生命活动的全部遗传信息；RNA 由一条多核苷酸链组成，其种类较多，与遗传信息的表达有关，其中非编码 RNA 的来源、存在形式及功能是目前生命科学与医学研究的热点。蛋白质是由氨基酸通过肽键依次缩合而成的多聚体，是遗传信息的表现形式，是细胞的主要组分和细胞内重要的生物活性物质。多糖主要分布于细胞膜表面和细胞间质中。

（范礼斌）

参考文献

1. 杨恬．细胞生物学．第 2 版．北京：人民卫生出版社，2010.
2. 陈誉华．医学细胞生物学．第 5 版．北京：人民卫生出版社，2013.
3. 翟中和，王喜忠，丁明孝．细胞生物学．第 4 版．北京：高等教育出版社，2011.
4. Gribaldo S，Poole AM，Daubin V，et al. The origin of eukaryotes and their relationship with the Archaea：are we at a phylogenomic impasse? Nat Rev Microbiol，2010，8（10）：743-752.
5. Annaluru N，Muller H，Mitchell LA，et al.Total synthesis of a functional designer eukaryotic chromosome. Science，2014，344（6179）：55-58.
6. Woese C R，Kandle O，Wheelis ML. Towards a natural system of organisms：proposal for the domains Archaea，Bacteria，and Eucarya. Proc. Natl Acad Sci USA，1990，87：4576-4579.

第三章　细胞生物学研究方法和策略

细胞生物学是一门重要的生命科学学科，生命科学的理论建立在严密的科学实验的基础上，因此，研究技术和方法的进步以及实验工具的革新，尤其是具有突破意义的新技术新方法的建立，必然对学科的发展起到巨大的推动作用。

显微成像新技术使人类对生命的直观认识进入超微结构和分子水平，组织化学和分子示踪技术能够对细胞组分进行详细的定性、定量和动态定位的研究，体外培养技术使细胞和器官在模拟体内环境的实验状况下生长，有利于探索生命的基本活动规律并获得大量的特定细胞，细胞功能基因组学技术使研究者能在分子水平进行操作、观察和研究。在细胞生物学科学研究中，应该根据具体的研究对象和所处的研究条件，选择最合适的方法组合，设计最佳的技术途径达到研究的目的。

第一节　显微成像技术

显微成像技术是细胞生物学基本和重要的研究技术，以各种显微镜作为其基本工具。显微成像技术帮助人们在不同的层次观察和研究组织、细胞的活动及其规律。光学显微镜显示的层次称为显微结构（microscopic structure），电子显微镜显示的为亚显微结构（submicroscopic structure）或超微结构（ultrastructure）（图 1-3-1），扫描隧道显微镜、X 线衍射技术和原子力显微镜等成像方法使研究者能在分子水平探索细胞的微细结构及其功能。

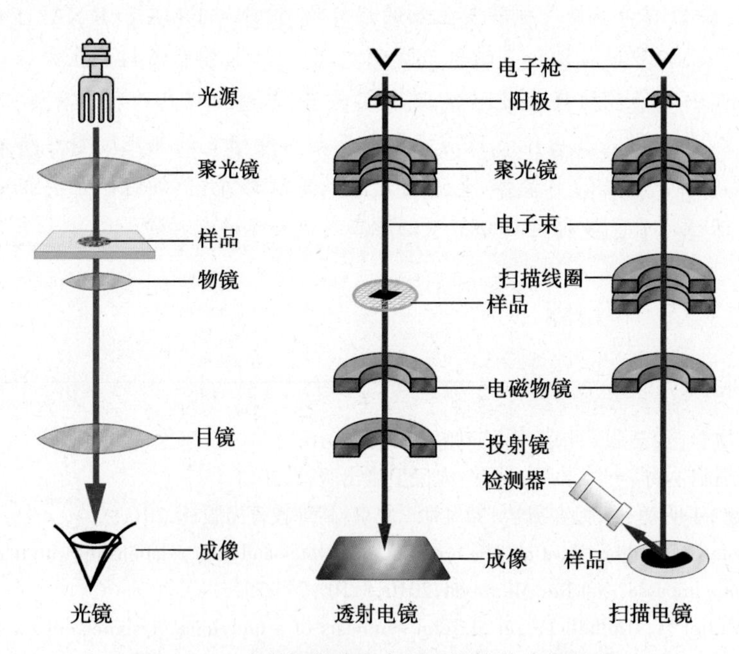

图 1-3-1　光学显微镜和电子显微镜的成像原理

一、光学显微镜是研究细胞结构最早的和基本的工具

光学显微镜（light microscope）简称光镜，是研究细胞结构最早和重要的工具，在细胞生物学中常用的有普通光学显微镜、荧光显微镜、相差显微镜、激光共聚焦显微镜、微分干涉差显微镜和暗视野显微镜等。

（一）普通光学显微镜的分辨率受到光波波长的限制

光镜主要由聚光镜、物镜和目镜三个部分组成。由于普通光镜采用可见光为光源，无法直接观察近于无色透明的有机体的组织和细胞，因此，首先必须将待测样品切成薄片，然后经过有机染料或者细胞化学等染色处理后才能进行光镜观察。光镜成像技术可用于多种实验研究工作，但是由于受可见光波长的限制，分辨率不高，只能进行生物组织和细胞的一般结构观察。

（二）荧光显微镜技术可以显示生物大分子

荧光显微镜（fluorescent microscope）技术可以显示生物大分子。通常采用高压汞灯和弧光等作为光源，在光源和反光镜之间设置滤色片组，以产生从紫外到红外的多种激发光，激发标本内多种荧光物质生成不同的特定发射光进入目镜。荧光显微镜主要用于定性、定位和定量地研究组织和细胞内荧光物质。荧光显微镜成像原理如图 1-3-2 所示。

荧光显微成像技术的优点是：染色简便、敏感度较高，图像色彩鲜明、对比强烈，而且可以在同一标本上同时显示几种物质，因此是目前研究组织和细胞中特异蛋白质等生物大分子分布、细胞内物质的吸收和运输规律的工具之一。

（三）相差显微镜技术主要用于观察未经染色的活细胞

相差显微镜（phase contrast microscope）主要用于观察未经染色的活细胞。基本原理是利用光的衍射和干涉特性，将穿过生物标本的可见光的相位差转换为振幅差（明暗差），同时吸收部分直射光线以增加反差，因此可以提高样品中各种结构的明暗对比度。相差显微镜成像原理如图 1-3-3 所示。在细胞生物学研究中，主要使用倒置相差显微镜（inverted phase contrast microscope）观察体外培养的未经固定和染色的细胞。相差显微镜的透镜系统中设置了相差板，光线经过透镜的会聚合轴后发生相互叠加或抵消的干涉现象，使标本的结构和介质之间出现明暗反差，同时板上的吸光物质可以使两组光线的相差增加，这样对样品密度的差异可以起到放大效应。相

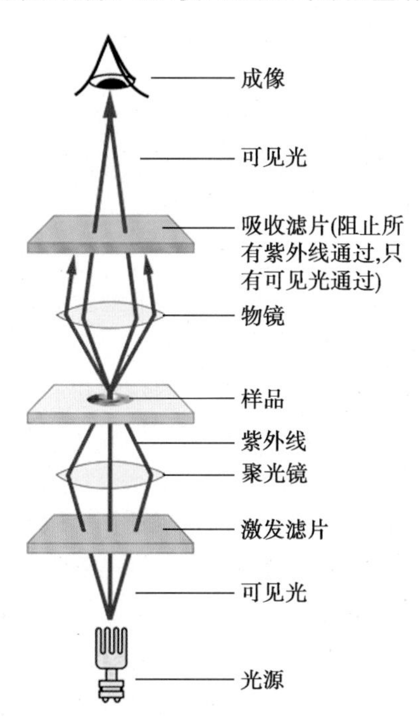

图 1-3-2　荧光显微镜成像原理

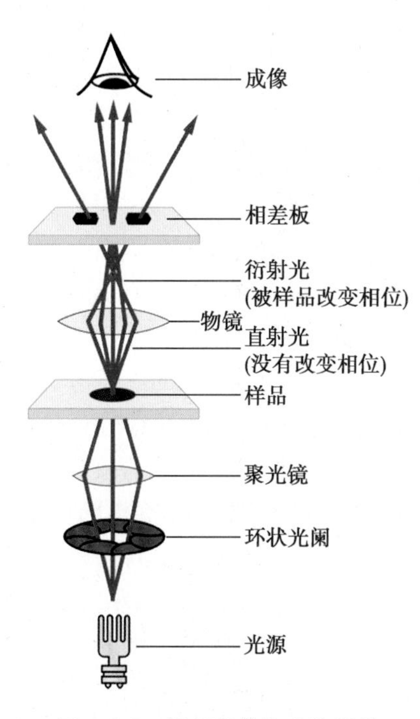

图 1-3-3　相差显微镜成像原理

差显微镜必须使用强光源工作，因此，如果观察活细胞时间较长，可能对细胞造成伤害。

(四) 利用微分干涉差显微镜技术可观察到"浮雕样"的立体图像

微分干涉差显微镜(differential interference contrast microscope)是在相差显微镜原理的基础上发展起来的，也被称为Normarski相差显微镜，它能显示微细结构的三维投影构象，所观察的标本稍厚，折射率差别增大，影像的立体感更强(图1-3-4)。

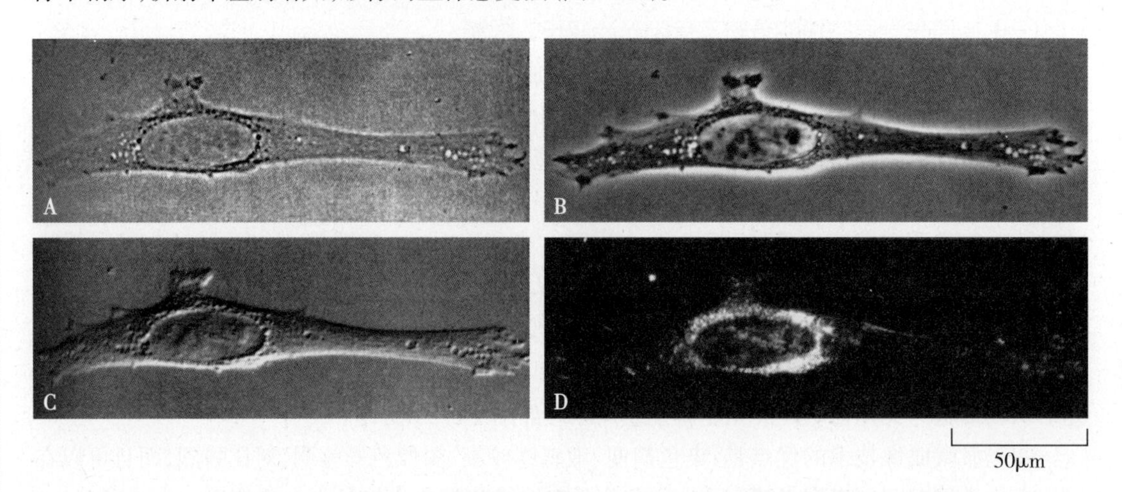

图1-3-4 四种不同的光镜成像技术下培养的成纤维细胞图像

微分干涉差显微镜使用偏振器获得线性偏振光，偏振光经棱镜折射后分为两束，经过聚光镜聚焦后，在不同的时间穿过标本的相邻部位时产生了光程差，然后经过另一个可以滑行调节的棱镜将这两束光合并，这样标本中厚度上的微小差别就转换成明暗差别，图像的反差增强并具有浮雕样的立体感。

在微分干涉差显微镜拍摄的图像中，细胞核、核仁以及线粒体等较大的细胞器呈现出较强的"隆凸"感，因此特别适合于显微操作工作，故常用于基因转移、核移植和转基因动物等生物工程的显微操作实验中。微分干涉差显微镜也可用于细胞定量研究，如细胞的厚度和干重的测算等。

现代的光学显微镜系列正朝向组合式的多功能的方向发展，显微镜的主体部分常常是通用的，只需要转换若干光学部件，一台普通光镜就可以兼而成为相差显微镜、暗视野显微镜或者微分干涉差显微镜。将显微镜连接于摄录像装置，通过连续摄像或定时间断摄像，可以观察研究并准确测定活细胞的迁移、有丝分裂及细胞器的移动等细胞动态活动，显微镜还可以连接图像处理系统，能够对观察的结果进行半定量或定量的分析。

(五) 激光扫描共聚焦显微镜可以提供细胞微细结构的三维图像

激光扫描共聚焦显微镜(laser confocal scanning microscope)可以提供细胞微细结构的三维图像。上述显微成像技术需要先进行组织切片，研究者在镜下对这些二维薄片进行观察，然后在自己的头脑中还原为该结构的三维构型。这一过程常受限于观察者的经验并带有一定的主观性，此外，一些复杂结构也很难通过对有限切片的观察在头脑中准确地重建。激光扫描共聚焦显微镜技术能够不经切片过程，直接获取结构的三维图像。

激光扫描共聚焦显微镜是一台电脑自控的激光扫描仪(图1-3-5)，它在通用显微镜的基础上配置了激光光源、逐点扫描系统、共轭聚焦装置和检测系统。激光扫描共聚焦显微镜使用单色性好，成像聚焦后焦深小的激光作为光源，可以无损伤地对标本作不同深度的扫描和荧光强度测量。激光通过聚光镜焦平面上极小的共焦小孔，经物镜在焦平面对样品进行逐点扫描，反射点折射到探测小孔处成像，而标本其他部位来的干扰荧光被滤波清除，测得的每个像点被光电倍增管(PMT)接收。仪器的整体扫描速度很快，结果的信噪比极高，图像质量很好。激光扫描

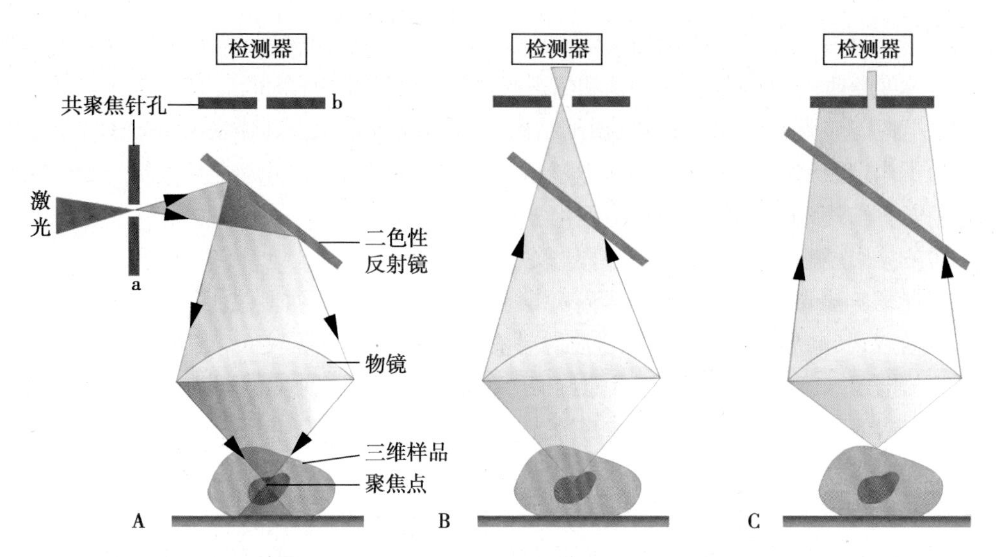

图 1-3-5　激光扫描共聚焦显微镜成像原理

A. 激光经过针孔聚焦于样品的一点上；B. 从样品点上发出的荧光聚焦于针孔到达检测器；C. 从样品的其他部位发出的光线不能聚焦于针孔处，检测器无法检测，因此不能成像

共聚焦显微镜能对样品进行精细的分层扫描，所得的不同焦平面的图像经电脑作三维重建后显示样品的立体结构。激光扫描共聚焦显微镜常被用来观察具有复杂三维结构的样品，例如细胞骨架网络系统、染色体、基因配布和发育的胚胎器官，其荧光检测功能被广泛地用于细胞内离子、酸碱度和多种蛋白质大分子的动态监测以及细胞显微操作。

二、电子显微镜技术用于研究细胞的亚显微结构

电子显微镜（electron microscope）简称电镜，可用于研究细胞的亚显微结构。使用电子束为光源，电磁场为透镜，分辨率和放大倍数远远优于光镜，在加速电压 100keV 时，其理论分辨率达 0.2nm，比光镜提高了三个数量级，而放大倍率可达 100 万 ~150 万倍。

电子束轰击样品后，可以产生多种信号，例如二次电子、背散射电子、俄歇电子、X 射线、透射电子和阴极荧光等，根据所收集分析的电子信号不同，电镜一般被分为透射电镜和扫描电镜两类。在此基础上，一些具有特别功能的新型电镜相继问世，如分析电镜、高压电镜、透射扫描电镜、免疫电镜等。

目前电镜大多具有优良的电镜电脑一体化设计，操作简便，图像清晰、分析快速，且附有统计学处理等多种软件，被广泛应用于细胞亚显微结构和大分子超微结构的研究，在微生物学的病原鉴定和临床病理诊断中也具有非常重要的地位。

（一）透射电镜主要用于观察组织细胞的内部微细结构

透射电镜（transmission electron microscope）主要用于观察组织细胞的内部微细结构。由光路系统、真空系统和电路控制系统三个部分组成（见图 1-3-1）。

电镜的照明成像系统由电子枪（electron gun）和电磁聚光镜组成，电子枪发射高速电子流作为光源，调节电子枪灯丝阳极和阴极之间的加速电压可以升高或降低电子束的穿透能力。电子枪的下方是数组磁场组成的电磁透镜系统，包括聚光镜、物镜、中间镜和投影镜，用以会聚电子束，使样品成像。通过调节各个电磁透镜的激磁电流可以改变透镜系统的焦距，获得不同的放大倍数。最终形成的图像显示在荧光屏上供观察、摄像和打印。

电镜的真空系统（vacuum system）用于保证电子束的高速运动，因为电子束本身的穿透能力很弱，在空气中容易和其他气体分子碰撞，偏离轨道，以致无法成像。由于透射电镜的电子束穿透样品的能力较弱，因此对超薄切片的厚度、反差和电子染色的要求较高，整个制片过程比较

精细和复杂。通常采用戊二醛和锇酸双重固定、脱水、环氧树脂包埋，然后用超薄切片机切成50~80nm厚度的薄片，再经重金属如铀和铅进行染色以增加微细结构的反差。

透射电镜能够清楚地显示细胞的微细结构，也能结合细胞化学和免疫细胞化学技术对观察的生物分子作定性和定位的研究，但是电镜超薄切片所用的有机包埋剂会屏蔽抗原和生物活性分子，不利于开展酶细胞化学和免疫细胞化学研究。

（二）扫描电镜能显示生物样品的表面形貌

扫描电镜（scanning electron microscope）能显示生物样品的表面形貌。其主要由电子系统和显示系统组成，其电子枪和真空系统与透射电镜类似，但加速电压较低。成像原理是利用一束直径很细的电子探针（probe）依序逐点地扫描所观察样品的表面，收集分析电子束和样品相互作用生成的二次电子信号，经放大处理并在荧光屏上成像的（见图1-3-1）。当电子探针依次快速扫描样品表面时，会激发二次电子发射出来，其数量与样品材质的特性和表面凹凸高低相关，扫描电镜的信号检测系统与扫描进程严格同步，逐行逐点对应收集反射的二次电子，并将其转化为阴极射线管的电子束，这样就可以将扫描的生物材料的表面形态完整地显示在荧光屏上。

扫描电镜图像立体感强，景深长，观察区域较宽，目前市售的高分辨率扫描式电子显微镜都采用场发射式电子枪，其分辨率可高达1nm。扫描电镜现被广泛用于生物医学和材料科学的研究。

（三）高压电镜用于观察较厚的生物样品

高压电镜（high voltage electron microscope）用于观察较厚的生物样品。电镜所使用的加速电压越高，其产生的电子束的穿透能力越强。普通的透射电镜的加速电压为60~120keV，只适合观察50~100nm厚度的超薄切片，如果将电镜的加速电压增加至500~3000keV，就能观察500nm厚的切片，这种电镜被称为高压电镜。优点是工作电压高，因此发射的电子束的波长较短、穿透样品的能力强、分辨率很高，可以观察较厚的生物组织，获得更多的三维空间信息，例如用于观察体外培养的不经过切片过程的完整的细胞中的染色体、微丝和微管等，但因其价格昂贵难以普及应用。

（四）扫描隧道显微镜可在非真空状态下观察样品的表面微细结构

扫描隧道显微镜（scanning tunneling microscope）可以在非真空状态下观察样品的表面微细结构。是利用量子力学中的隧道贯穿理论设计制造的，它使用一个直径为原子尺度的精密探针在观察标本的表面进行扫描，探针尖不接触所研究样品的表面，与样品之间保持一个大约1nm的微小的间隙，在针尖和样品间施加一定电压，就会产生所谓隧道效应，即在两者之间出现一个根据观测表面形貌变化的隧道电流。当探针尖在平行于样品表面的恒定高度移动并扫描时（恒高方式），同步地记录隧道电流的变化，就可以获得所观察物体表面的原子水平的微观信息。也可以通过反馈系统的调节，使探针尖依样品表面的变化上下移动扫描并保持恒定的隧道电流，此时检测针尖和样品表面的距离变化可以得到表面的形貌特征（恒流方式）。扫描隧道显微镜成像原理见图1-3-6。

扫描隧道电镜的主要优点是具有非常高的分辨率（侧分辨率为0.1~0.2nm，纵分辨率0.001nm），可以在大气和液体等非真空状态下工作，避免了其他电镜采用的高能电子束对样品的辐射和热损伤作用，因此在细胞生物学、分子生物学和纳米生物学的研究中得到非常广泛的应用，研究者已经用扫描隧道显微镜直接观察到自然状态下DNA分子双螺旋结构中的大沟和小沟以及大肠埃希菌的环状DNA结构。

（五）原子力显微镜可以观察表面无导电性能的样品

原子力显微镜（atomic force microscope）可以观察表面无导电性能的样品。其突出优点是不需要所检测的样品具有导电性能，通过分析探针尖与样品之间的原子间作用力来获取所观察表面的微观信息，这对研究通常不导电的生物材料是一项非常有意义的革新。

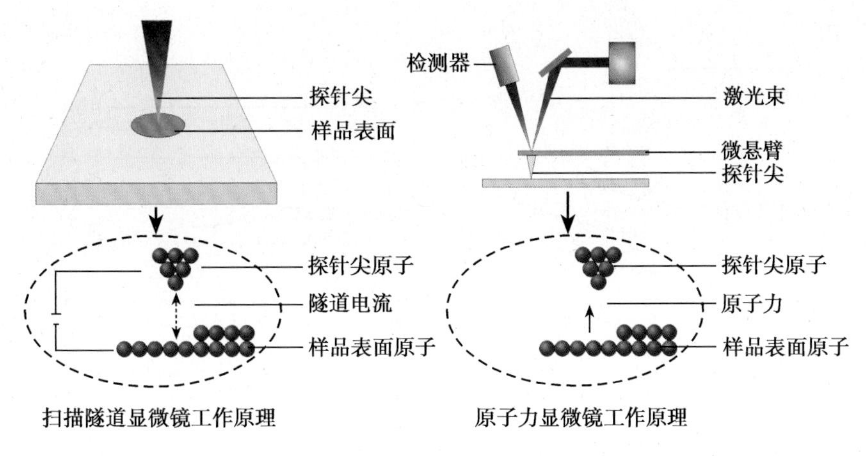

图 1-3-6　扫描隧道显微镜和原子力显微镜成像原理示意图

原子力显微镜的探针被置于一个弹性系数很小的微悬臂的一端,微悬臂的另一端固定。探针尖和被检测的样品表面轻轻接触,针尖的原子和样品表面原子之间的微弱的排斥力使对力的变化非常敏感的微悬臂的游离端发生弯曲,经过光学透镜准直和聚焦后投射在微悬臂背面的一束激光及其检测器能将这种微弱的曲度的变化转换为电流的变化。通过移动样品平台使探针在被检测材料的表面逐点作快速扫描时,样品表面的微细结构特征的三维坐标数据就被转换为图像信息并准确地呈现在屏幕上。

原子力显微镜的工作范围与扫描隧道显微镜的相似,可以在三态(固态、气态和液态)状况下工作,但不及后者的分辨率高,目前主要用于活细胞表面及生物大分子空间伸展及其结晶体表面的观测,例如肌动蛋白聚合动力学中自组织纤维的多态性分析。原子力显微镜原理如图 1-3-6 右所示。

第二节　细胞及其组分的分离和纯化技术

应用显微成像技术观察生物样品的表面和内部的微细结构,可以在保持样品中各成分处于原始解剖位置的状况下,研究其形态结构及其与功能的关系,但是如果在离体条件下研究某一类细胞的分化特点或者某种线粒体酶的生化组成及性质,必须设法分离纯化该类细胞和该线粒体酶,这就需要使用细胞及其组分的分离(separation)和纯化(purification)技术。

一、从组织中分离和纯化特定类型的细胞方法

生物体的组织中通常是多种类型的细胞混合存在,要获取某种单一类型的细胞,必须从活组织中分离并纯化该种细胞。一般首先使用蛋白水解酶(胰蛋白酶、胶原酶、分离酶)和 EDTA(金属离子螯合剂)制剂消化破坏组织中的细胞外基质以及细胞间连接结构和分子,使组织的结构松散,然后采用离心技术或其他分离技术获得该类细胞的悬液。

常采用离心技术来分离和纯化细胞悬液中的特定的细胞类群,免疫磁珠技术、细胞淘洗技术和流式细胞技术等利用细胞表面特殊标志的分离方法正得到越来越广泛的应用。

(一) 离心分离技术可分离多种细胞组分

离心(centrifugation)技术是分离纯化细胞、细胞组分和生物活性分子最常用的方法之一。悬浮液中的颗粒(例如细胞、细胞器和大分子)在离心力场中的沉降速度除了与它们的质量、密度和体积有关以外,还与悬浮介质的密度和黏度有关,因此,如果使用包含不同的离心力场和介质的离心方案来离心悬浮液,液中的颗粒将会按不同的方式沉降(图 1-3-7)。

1. 差速离心法(differential centrifugation)　常用于体积差别较大的颗粒的分离,例如细胞

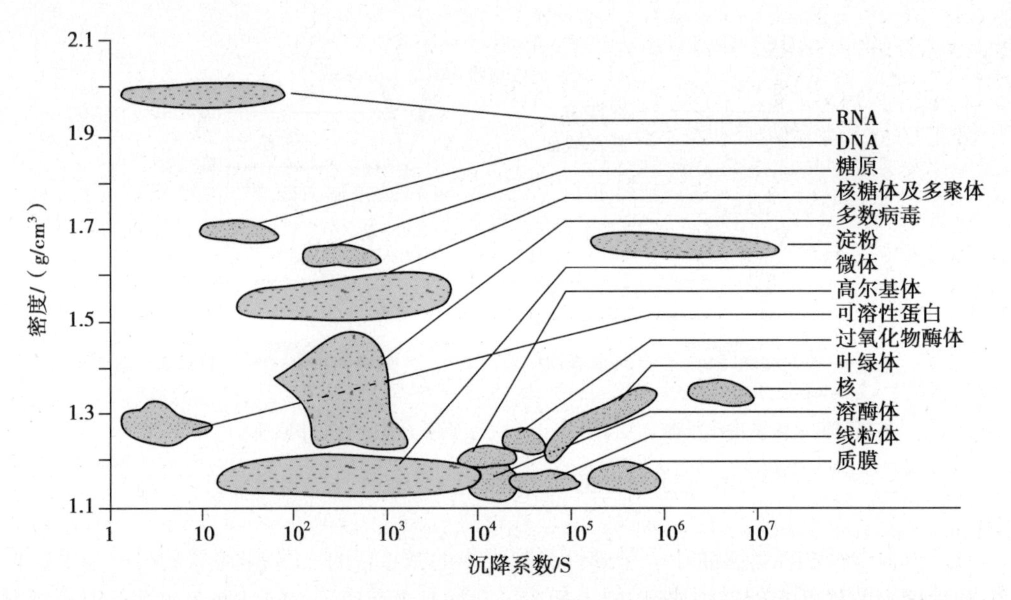

图 1-3-7 不同的细胞器、大分子和病毒的密度及相应的沉降系数

器的初步分离。通过逐渐递增离心速度使悬浮液中的各种颗粒分离开：首先用低速离心将大颗粒沉降到离心管的底部；取其上清液，再以中等速度离心，使稍大的颗粒沉降到管底；收集上清，再加以高速离心。这样依次离心使各种颗粒逐渐分离（图 1-3-8）。

细胞匀浆
低速离心
沉积物包括：
完整细胞
细胞核
细胞骨架
取上清液中速离心
沉积物包括：
线粒体
溶酶体
过氧化物酶体
取上清液高速离心
沉积物包括：
微体
小囊泡
取上清液超高速离心
沉积物包括：
核糖体
病毒
大分子

图 1-3-8 差速离心法

2. 移动区带离心法（moving zone centrifugation） 常用于体积差别较小的颗粒的分离。先在离心管内用蔗糖或甘油制备离心介质，使其密度梯度从管面到管底逐渐增高，将待分离的样品置于介质液表面的一个狭窄的区域内，然后进行超速离心，使大小、形状和密度不同的各种颗粒向管底方向移动、沉降，离心时间不可太长，在最大的颗粒尚未到达管底以前停止离心，这样不同的颗粒就分布在介质的一个系列区带中，通过管底分别收集各种颗粒。

3. 等密度离心法（isodensity centrifugation） 预先制备覆盖各种颗粒密度范围的介质，并使介质在离心管中形成密度梯度，然后将待分离的样品悬于介质液中并离心，此时不同密度的颗粒或上浮或下沉，但当它们到达与各自的密度相同的介质区域时，就不再移动，停留在各自的密度区中。此时停止离心，从管底或从管的各段分别收集不同密度的颗粒（图 1-3-9）。

在等密度离心中，颗粒的密度是影响其最后位置的唯一的因素，本法适用于任何密度间差异大于 1% 的颗粒的分离。等密度离心法和移动区带法生成梯度介质的目的不同，移动区带法希望减少样品的扩散，因此仅需介质的密度梯度间有轻微差别，介质的密度小于颗粒的密度；而等密度离心的目的是阻止颗粒的移动，因而介质密度很高，覆盖所有待分离的颗粒密度范围。

在实验工作中，主要根据分离对象的大小和沉降系数（sedimentation coefficient，S）来选择离心方法。另外，也需仔细考虑不同离心方法的特点，如差速离心法离心时间短，介质密度低，对

细胞损伤和抽提小，适用于分析分离；而等密度离心技术的细胞组分分离产物较多，更适用于制备分离。离心技术中所用的介质的性质也是需要注意的重要因素。理想的介质应该是覆盖的密度范围大，黏度低，对细胞损伤小，而且离心过程结束后容易去除。

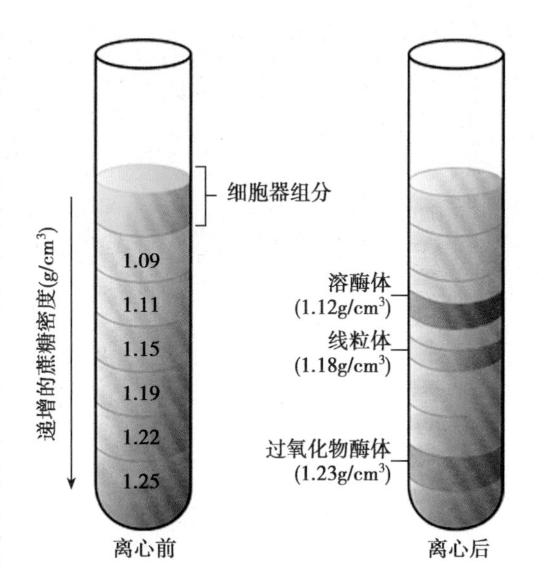

图 1-3-9　等密度离心法

（二）免疫磁珠技术的特异性高并能保持分离细胞的活性

免疫磁珠（immunomagnetic microsphere）是一种内含磁性氧化物核心的高分子免疫微球，为人工合成的大小均匀的球形颗粒，其中心是 Fe_2O_3 或 Fe_3O_4 颗粒，外包一层聚苯乙烯或聚氯乙烯等高分子材料。微珠具有超顺磁特性，即在外部磁场作用下，磁性微珠可迅速从介质中分离出来，撤去外部磁场后，微珠又可重新浮于介质中，而且无磁性残存。由于磁性微珠具有高分子微球的特征，可以通过聚合及表面修饰在其表面导入各种不同性质的功能团，例如挂接一些功能基团（—COOH、—OH、$—NH_2$）并按照实验需求包被不同的特定单克隆抗体，因此免疫磁珠能够特异性地与靶物质结合并使之具有磁响应性（图 1-3-10）。免疫磁珠技术广泛应用于细胞生物学、临床诊断学、环境保护与食品安全等领域，在 DNA、RNA、蛋白质的分离纯化，细胞快速分离和肿瘤细胞的去除等方面使用较多。

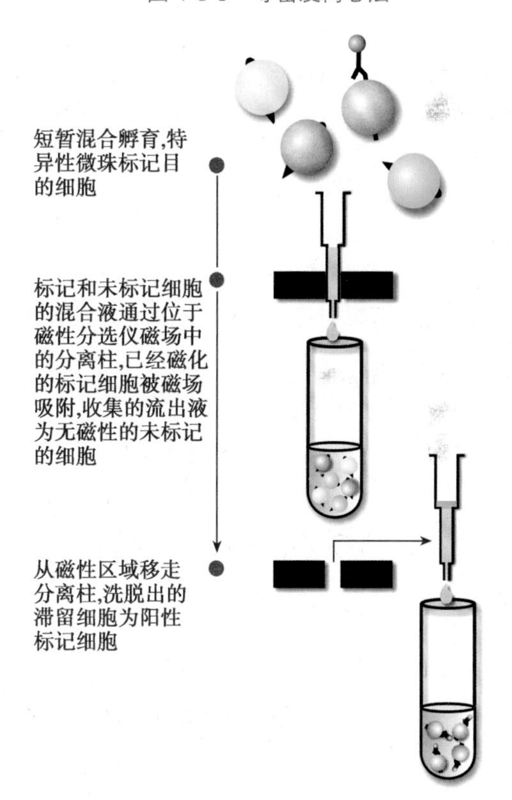

图 1-3-10　免疫磁珠技术

免疫磁珠法的优点是操作简便快捷，特异性高，不仅有很好的细胞回收率（>90%），而且由于磁珠的体积小，不会对细胞造成机械性压力，也不会激活细胞或影响细胞的生理功能和活力，因此细胞能保持高度活性。免疫磁珠技术工作效率取决于磁珠直径、磁珠和单抗的比率和方式，以及分离的物理条件等多种参数，最佳操作方案需要在实验中获得并验证。

（三）流式细胞技术被广泛地用于细胞分选

流式细胞技术（flow cytometry）是应用免疫细胞化学原理，用荧光特异性抗体与相应抗原结合的方式，标定欲分离的细胞（或细胞器），再通过自动化的激光 / 光电检测系统高速检测移动中的细胞悬液荧光，从混合的细胞群体中分选出特定的目标细胞。流式细胞技术的特异性和分选效率很高，每秒钟能测量数万个细胞的多项参数，包括细胞的大小、密度，以及 DNA 和蛋白质的含量，获得的细胞纯度和活性超过 95% 可以用于继续培养。

流式细胞仪由细胞驱动系统、激光系统和信号检测分析系统组成（图 1-3-11），其中细胞悬液驱动系统是流式细胞计的核心部件，它使被检测悬液中所有细胞以相同方向和速度的单细胞运动方式快速通过激光照射区域，细胞受到照射后产生的散射光和荧光信号由检测器测定分析。目前流式细胞技术已被广泛地用于细胞分选、细胞含量测定、细胞凋亡检测、细胞因子检测和细

Notes

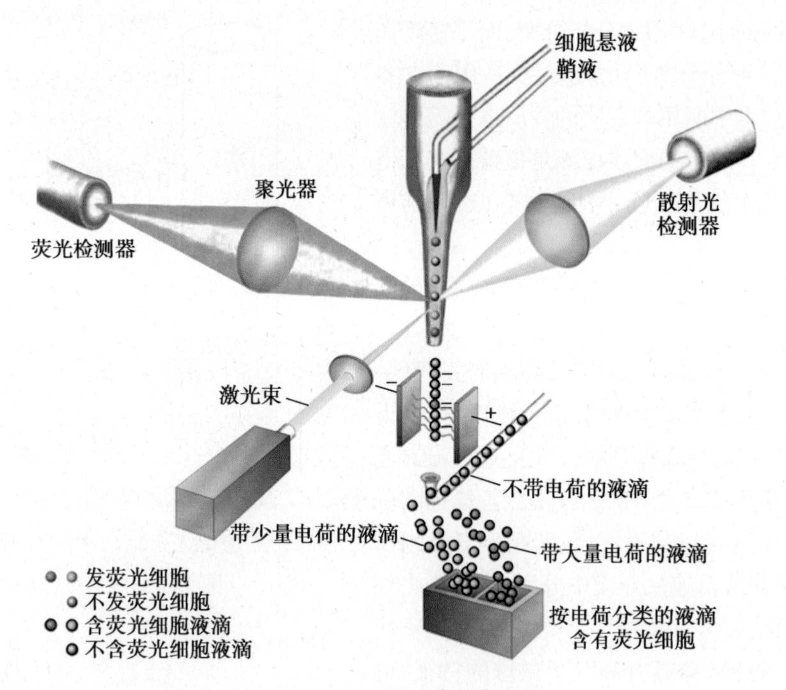

图 1-3-11 流式细胞技术原理

胞免疫表型分析等方面。

(四) 激光捕获显微切割技术可从组织切片上获得目标细胞

激光捕获显微切割技术(laser capture microdissection)可从组织切片上获得目标细胞。首先制备常规组织切片,将其贴在特殊的覆盖膜上,在电脑控制下用激光束(337nm 紫外激光,脉冲宽度 <4nm)在组织切片上确定需要的组织或细胞的区域,并在正置显微镜观察下用激光束仔细地沿着目标的边缘切割组织,然后使用另一束激光将切下的细胞团移入容器中,避免了污染及与其他样品接触。切下的细胞样品可供进一步的研究,包括生化分析、体外培养、DNA 提取等。激光显微切割技术常用于细胞生物学、肿瘤学、分子病理学和神经生物学研究,能比较方便地获得组织中不同区域的细胞供分析和比较,最高灵敏度可以达到切割单个细胞(图 1-3-12)。

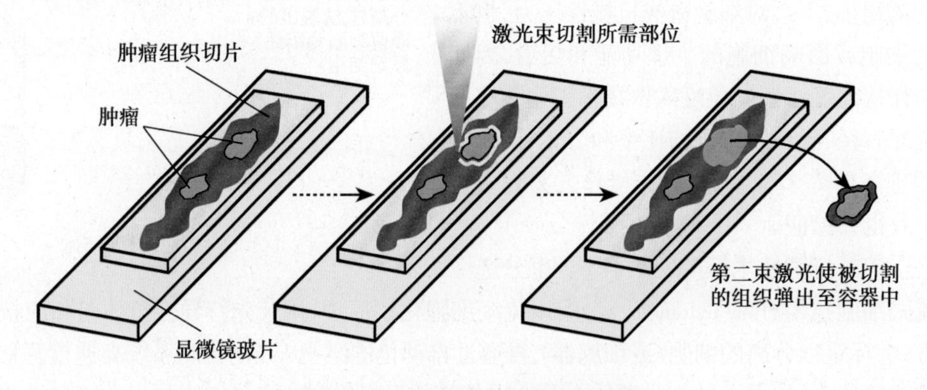

图 1-3-12 激光捕获显微切割技术

二、有多种分离和纯化细胞组分和活性分子的方法

(一) 离心是分离细胞组分和生物大分子的重要手段

实验中常根据所分离的细胞组分的特点组合使用各种离心方法。例如,先用差速离心初步分离细胞匀浆中的细胞核和细胞器等组分,然后再采用不同的超速离心方法作进一步分离纯

化，如用等密度离心分离大小相近但密度不同的颗粒，包括线粒体、溶酶体和过氧化物酶体等。每种细胞器都有其特定的亚显微特征和若干种生化标志物（表 1-3-1），因此可采用电镜形态观察和生化分析方法来鉴定分离物的成分和纯度。

表 1-3-1　各种细胞器和细胞组分的标志物

细胞组分	标志酶和标志分子
细胞核	DNA 聚合酶，NAD 焦磷酸酶
线粒体	细胞色素氧化酶，琥珀酸脱氢酶，单胺氧化酶，犬尿酸羟化酶
溶酶体	酸性磷酸酶，酸性脱氧核糖核酸酶，芳香基硫酸酯酶
高尔基体	硫胺素焦磷酸酶，β- 半乳糖苷转移酶，核苷二磷酸酶，糖类
过氧化物酶体	过氧化氢酶，D- 氨基酸氧化酶，尿酸氧化酶
内质网	葡萄糖 6 磷酸酶，细胞色素还原酶，尿苷二磷酸酶，酯酶
细胞膜	5’- 核苷酸酶，碱性磷酸二酯酶，Na^+-K^+-ATP 酶，氨肽酶
胞质	糖酵解的酶类，磷酸葡萄糖变位酶

可以进一步在体外对经过鉴定的纯化的各种细胞器的功能分别进行研究，称为无细胞系统（cell free system）实验，这种实验系统能将发生在体内细胞中的多种生物学反应分隔开，一一进行观察分析，能够避免细胞中其他复杂的生物学过程的干扰，从而获得有关细胞器结构与功能，蛋白质合成、分选和运输机制的详细信息（图 1-3-13）。研究者应用无细胞系统先后成功地阐明了蛋白质合成的体系、程序、机制以及遗传密码。

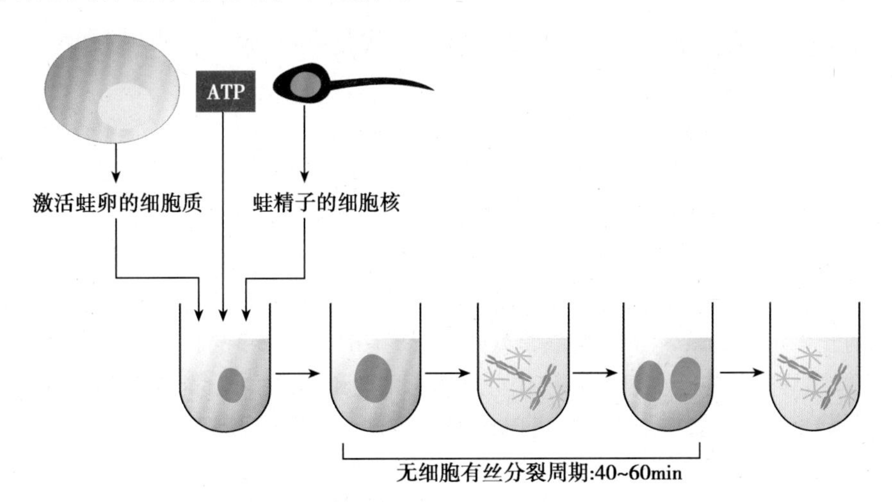

图 1-3-13　无细胞系统

（二）有多种 DNA 的提取方法

基因转移、分子克隆、分子杂交和 PCR 扩增等许多实验需要从基因组（genome）、质粒（plasmid）和 DNA 混合物中制备高产量和高纯度的 DNA。

1. 从哺乳动物细胞或组织中分离 DNA　分离哺乳动物基因组 DNA 时先用蛋白酶 K 和 SDS（十二烷基硫酸钠）裂解细胞，再用苯酚抽提。所得到的 DNA 长度为 100~150kb，适合于 PCR、Southern blot 分析和用 λ 噬菌体构建基因组 DNA 文库等。

2. 质粒 DNA 纯化法　碱裂解法是制备质粒 DNA 的常规方法。其主要原理为：细胞在 NaOH 和 SDS 溶液中裂解，蛋白质与染色体 DNA 发生变性，在加入醋酸钾中和后离心，使蛋白

质随细胞碎片沉淀下来，质粒DNA留在上清液中。本法用于小量培养物或同时从许多细胞克隆中进行DNA抽提，获得的DNA纯度较高，不需要进一步纯化即可直接用于测序、克隆和PCR等实验(图1-3-14)。

基因组DNA和质粒DNA的提取、纯化和检测过程的共同步骤包括：裂解细胞、溶解DNA、去除污染的RNA、蛋白质和其他大分子。通过剪切或限制性内切酶消化将所得DNA分成若干部分，然后用凝胶电泳分析，也可使用Southern blot或杂交进行检测。为避免交叉污染，基因组DNA和质粒DNA的提取要完全分开。

3. 从DNA混合物中分离特定DNA片段　在制备探针等细胞生物学实验中，有时需要从DNA混合物中分离单个(或几个)特异DNA片段，所用方法通常包括限制酶切、凝胶电泳和带的切割等步骤，其中常用的是玻璃粉法是从琼脂糖凝胶中分离DNA以及NAI/DNA结合物。玻璃粉法的主要过程为：电泳分离酶切的DNA；在长波紫外线灯下切下所需带的琼脂糖；根据凝胶的重量加入碘盐(NAI)溶液；温育，使琼脂糖完全溶解；加入玻璃粉溶液，冰浴，使DNA结合在玻璃粉上；离心收集结合有DNA的玻璃粉；重悬玻璃粉并冰浴；反复离心，去除玻璃粉；洗脱下DNA。NAI/DNA结合物法的基本原理是：将琼脂糖凝胶溶解于NAI溶液中，加入DNA结合物(硅胶质HAP，硅基质或其他同样性质的物质)以结合DNA片段。该结合物/DNA复合物很容易与实验中的其他成分分开，最后用水洗脱复合物，可分离出DNA，回收率约80%。

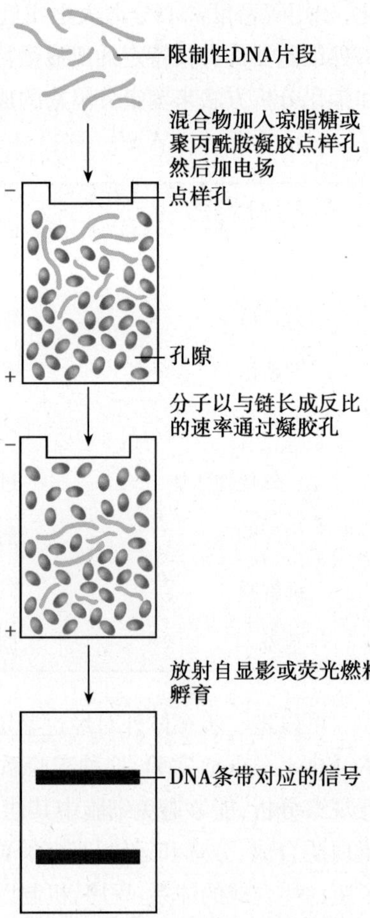

限制性DNA片段
混合物加入琼脂糖或聚丙酰胺凝胶点样孔然后加电场
点样孔
孔隙
分子以与链长成反比的速率通过凝胶孔
放射自显影或荧光燃料孵育
DNA条带对应的信号

图1-3-14　琼脂糖电泳示意图

(三) RNA提取过程中要注意避免RNA酶的降解作用

在提取细胞RNA中应严格避免内源性和外源性RNA酶(RNase)污染引起的RNA降解。由于RNA酶广泛存在并能抵抗常规煮沸等处理，因此整个RNA的提取中需要无RNA酶的工作环境：工作区域应该和可能富含RNA酶的区域(例如细菌接种台)分开；实验过程中应戴一次性手套以防止手指上RNase污染样品；最好使用标有“RNase free”的吸头、试管、载片等实验用品；所有实验用具都要进行无菌处理；使用分子级的试剂和DEPC H_2O配制各种溶液。DEPC(焦碳酸二乙酸酯)为RNA酶抑制剂。也可以使用异硫氰酸胍或盐酸胍等使RNase失活以抑制内源性RNase。最好使用刚离体的动物组织或新鲜的培养细胞提取RNA，样品如果需要短期保存，应被置于低温环境，不要反复冻融，长期保存必须储存于超低温冰箱或液氮中。

(四) SDS聚丙烯酰胺凝胶电泳(SDS-PAGE)可分离不同的蛋白质亚基

蛋白质电泳可以根据电泳支持物或原理的不同分为滤纸电泳、琼脂糖电泳、聚丙烯酰胺凝胶电泳(PAGE)，以及免疫电泳、等电聚焦电泳和双向电泳等。SDS聚丙烯酰胺凝胶电泳可以分析和制备蛋白质及其亚基，其优点是快速、分辨率高，而且精确性和重复性都非常好。

SDS是一种强变性剂，可结合并解离细胞和组织中的大多数蛋白质，包括膜蛋白、DNA结合蛋白以及结合紧密的蛋白质复合物等，大多数蛋白质可溶解于SDS中。在SDS-PAGE中，SDS与样品中的蛋白质或多肽结合，在二硫键还原剂如二硫苏糖醇(DTT)或β-巯基乙醇的作用下，经过热变性和二硫键还原，使蛋白质的三级结构破坏，形成了蛋白质分子的非折叠衍生物，蛋白质带上相对一致的负电荷。这样，SDS改变了蛋白质在电泳凝胶上天然的迁移性质，SDS-多肽

复合物将根据多肽大小通过聚丙烯酰胺凝胶，即在 SDS 中的蛋白质迁移率完全由其分子量决定，通过使用已知分子量的蛋白质标记物，估测多肽链的分子量。SDS-PAGE 的有效分离范围取决于凝胶中聚丙烯酰胺浓度和交链数量，它具有凝胶过滤和一般电泳分离的双重效应，可分离亚基分子量不同的蛋白质（图 1-3-15）。

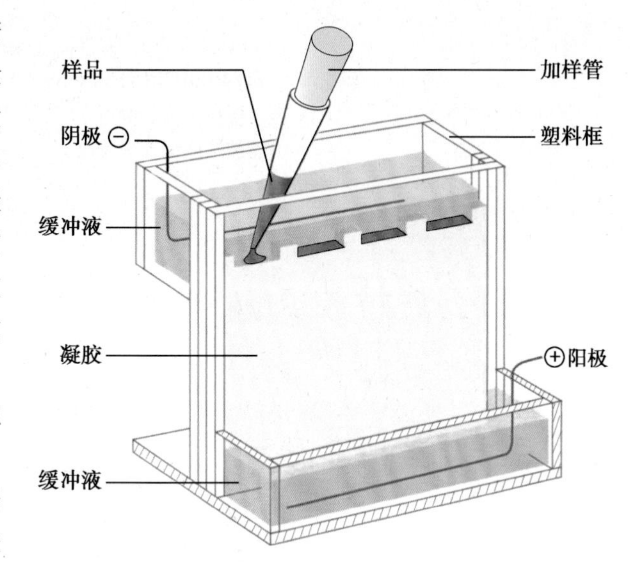

图 1-3-15　SDS 聚丙烯酰胺凝胶电泳示意图

（五）层析技术可以分离蛋白质等生物大分子

层析技术（chromatography）是根据蛋白质的形态、大小和电荷的差异来进行分离的方法，能纯化并获得非变性的、天然状态的蛋白质。层析包括凝胶过滤层析、离子交换层析、亲和层析和高压液相层析等技术，其中亲和层析也可用于纯化单一类型的细胞。

1. 亲和层析（affinity chromatography）　抗原与抗体、酶与底物、受体与配体之间均具有专一的识别和亲和力，可在一定条件下紧密结合形成复合物，在条件改变时又能解离。亲和层析是把这种具有可逆性结合能力的一方（称配体）结合在惰性载体上使其固相化，在另一方随流动相流经该载体时双方结合为一个整体，然后将两者解离，从而得到与配体有特异结合能力的某一特定物质。

亲和层析的载体高度亲水，使固相配体容易同水溶液中的对应结合物接近，同时具有惰性和理化稳定性，非专一性吸附很少，也不易受环境因素的影响。载体常为均一的珠状颗粒形成的多孔网状结构，能使被亲和吸附的大分子自由通过而增加配体的有效浓度。抗体纯化中常用的载体为球状凝胶颗粒的琼脂糖凝胶，获水能力很强，性质稳定，可以较长期的反复使用，并可以采用蛋白变性剂作为洗脱大分子物质及清洗吸附物质的洗脱液。上柱时样品液流速尽可能缓慢，对流出液须进行定量测定，以判断亲和吸附效率，过柱后用大量平衡缓冲液反复洗涤，直到无亲和物存在为止。再用平衡缓冲液充分平衡亲和柱，并加入防腐剂，存放于 4℃备用（图 1-3-16）。

2. 离子交换层析（ion exchange chromatography）　离子交换层析是利用蛋白质之间所带电荷差异进行分离和纯化的方法（见图 1-3-16）。电荷不同的物质，对层析柱上的离子交换剂有不同的亲和力，改变冲洗液的离子强度和 pH，样品中的各种生物大分子就能从层析柱中分离。要成功地分离某种混合物，必须根据其所含物质的解离性质、带电状态选择适当类型的离子交换剂，并控制吸附过程和洗脱液的离子强度和 pH，使混合物中各成分按亲和力大小顺序依次从层析柱中洗脱下来。

可以利用离子交换树脂分离核苷酸和其他生物分子。首先调节样品溶液的 pH，使可解离基团解离并分别带上正电荷或负电荷，同时减少样品溶液中除目标外离子的其他离子强度。当样品液流经层析柱时，待分离分子与离子交换树脂相结合。洗脱时，通过改变 pH 或增加洗脱液中竞争性离子的强度，使被吸附的目标分子的相应电荷减少，与树脂的亲和力降低，最终使目标得到分离。

3. 高压液相层析（high-pressure liquid chromatography，HPLC）　用特殊装置将直径 3~10μm 的微小球型树脂均匀、紧密地充填在层析柱中，操作时施加高压使溶液通过，因此纯化

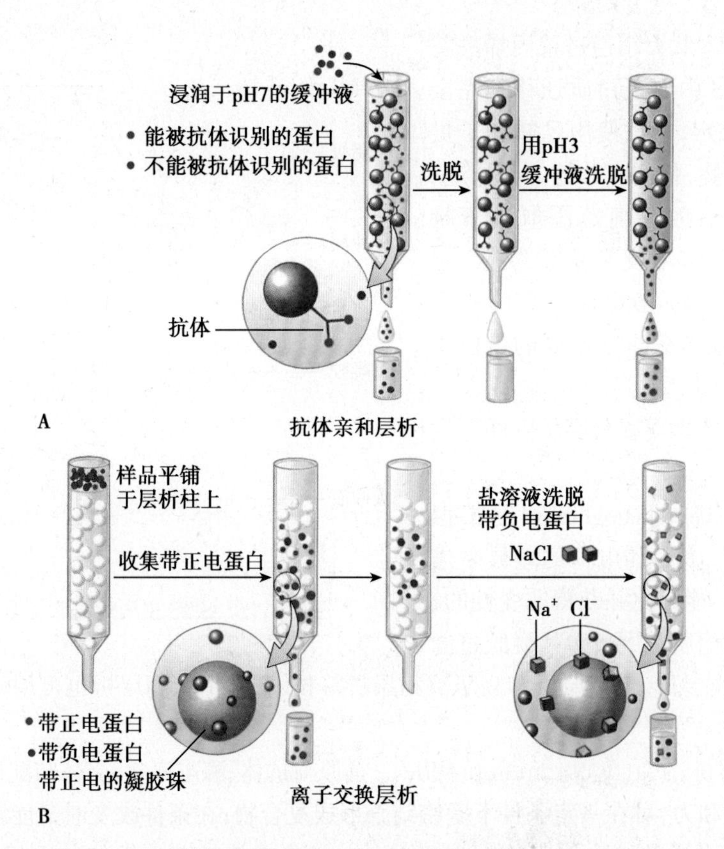

图 1-3-16 亲和层析与离子交换层析示意图

分离时间短、效率高、蛋白质变性少，但仪器较贵。载体多为颗粒直径较小，机械强度及比表面积均大的球星硅胶微粒，其上并键和不同极性的有机化合物以适应不同类型分离工作的需要，因而柱效较经典柱色谱柱大大提高。此外在色谱柱出口处常常配以高灵敏度的监测器，以及自动描记、分布收集的装置，并用计算机进行色谱条件的设定及数据处理。

第三节 细胞体外培养技术

细胞培养（cell culture）是指从生物活体中分离组织或细胞，模拟体内生理环境使之在体外条件下生存并生长的一种细胞生物学研究方法。通过细胞培养技术可以获得大量的、性状相似的细胞，以此为实验样本，使用各种实验方法来研究细胞的形态结构、组分功能、基因表达调控和代谢活动的规律。由于培养的细胞在离体环境中生长，可以避免复杂的体内因素影响研究结果的分析和判断，而且还可以人为地改变体外培养条件和实验环境（例如减少或添加特定因子），观察研究在这些单一因素或组合因素的影响下细胞发生的各种变化。但是，细胞培养是在体外（*in vitro*）条件下进行的，因此得到的研究结果并不能完全等同于体内（*in vivo*）的状况。

一、细胞培养需要无菌条件和营养供应

细胞培养的过程要求无菌操作、避免微生物及其他有害因素的影响，因此一般须在细胞培养室的特殊环境中进行。常规的细胞培养室可以开展清洗消毒、储藏、无菌操作、制备及孵育等方面的工作，包括准备室和无菌室。准备室主要用于清洗、消毒、制备蒸馏水、配制培养基等细胞培养准备工作。设有用于清洗各种器皿和器械的水池、浸泡各种玻璃器皿和器械的酸缸、压力蒸汽消毒器、水纯化装置、烘干培养器皿及器械的干燥恒温箱等。无菌室包括操作间及缓冲

间两部分。操作间的主要的设备包括供无菌操作用的超净工作台、观察培养细胞的倒置显微镜、复苏细胞及预热培养基的水浴锅、离心细胞所需的小型离心机 4℃冰箱、孵育细胞的 CO_2 培养箱等。缓冲间的主要设备包括用于冻存和贮存细胞的液氮罐、CO_2 钢瓶和存放已消毒物品的储藏柜等。

体外培养的细胞对微生物的抵抗力很弱，若被污染很容易导致生长不良甚至死亡。因此，细胞培养必须在无菌条件下进行，对分离、换液的操作环境也有严格的要求，整个培养室及相关的设备均须定期进行灭菌。

培养细胞所需要的 O_2 和 CO_2 由细胞培养箱 /CO_2 钢瓶提供，营养物质来源于培养基，细胞代谢生成的废物也通过适时的更换培养基被清除。目前常用的基础培养基有 Eagle 培养基、RPMI 1640、DMEM 及 F12 培养基等，它们含有细胞所需要的氨基酸、维生素和微量元素等，成分均已知和固定，可以用于简单的细胞培养，但许多细胞的培养还必须加入一些天然生物成分，其中主要是血清，其他的特殊成分包括一些生长因子（FGF、fibronectin 等）和动物组织提取液（如牛垂体提取液）等。由于血清和组织提取液中生物活性物质的性质和数量不明，会对实验过程和研究结果的分析判断带来一些困难，因此无血清（serum free）的培养基的研究一直在进行中，也取得了一些进展，但目前尚不能取代传统的含血清的培养基的地位。

二、原代培养是从供体取得组织或细胞后在体外进行的首次培养

原代培养（primary culture）是从生物供体分离取得组织或细胞后在体外进行的首次培养，也是建立各种细胞系的第一步，培养时间一般为 1~4 周。原代培养的细胞由于刚离开活体，生物学特性与体内细胞比较接近，适于进行药物测试、细胞分化等实验。原代培养最基本的方法有两种，即组织块法和消化法。

组织块法是最常用的原代培养方法，它利用刚刚离体的、有旺盛生长活力的组织作为实验材料，将其剪成小块直接接种在培养瓶中，大约 24 小时后，细胞即可从贴壁的组织块的四周游出并生长。操作过程简便易行，培养的细胞较易存活，在对一些来源有限、数量较少的组织进行原代培养时，选择该法尤为合适。

消化法是将小块组织中妨碍细胞生长的间质（基质、纤维等）消化，使组织中结合紧密的细胞连接松散、相互分离，形成包含单细胞或小细胞团的悬液，这样细胞易于从外界吸收养分并排出代谢产物，经体外适宜条件培养后，在短时间内细胞可生长融合成片。

除了上述的贴壁细胞外，某些动物细胞不需要贴附在支持物上，可以在悬浮状态下生长，例如取自血液、脾和骨髓的细胞等。悬浮细胞的生存空间大，营养充足，增殖较快，容易获得大量的细胞，但需要的培养条件常常比贴壁细胞的要求高，有的须使用流动的培养基和旋转的培养系统。

三、细胞传代是将培养的细胞接种到新的培养器皿中继续培养

培养的细胞通过增殖达到一定数量后，为了避免因为生存空间不足或密度过大，造成细胞营养发生障碍进而影响其生长，需要及时对细胞进行分离、稀释和移瓶培养。将培养的细胞从原培养瓶中加以分离，经培养基稀释后再接种于新的培养瓶中进行培养，这一过程即为细胞传代（cell subculture）。从接种到下一次传代的时间称为一代。传代细胞通常比原代细胞增殖旺盛，在细胞培养一代的时间内，一般可发生 2~6 次细胞数量的倍增。普通哺乳动物的细胞可以传 10~50 代，然后增殖逐渐变缓，细胞进入衰退期，最后自然死亡。

细胞类型的不同，所采用的传代的方法也有差异。对贴壁细胞利用消化剂（常为 0.25% 胰蛋白酶液或 0.02%EDTA 液）使细胞间发生分离并脱离培养器皿的表面，然后离心，加入新培养基，对细胞进行稀释及再接种培养。悬浮细胞的传代过程相对较为简单，直接吹打或离心后，即

可加以传代。传代培养的过程通常较长，在反复传代中细胞被污染的可能性增加，因此必须严格地进行无菌操作。

四、细胞冻存和复苏技术有利于培养细胞的保存和运输

细胞在体外环境中培养的时间过长，会消耗大量的培养器皿和培养基，而且随着传代次数的增加，它们的各种生物特性会逐渐发生变化，因此，可以将培养的细胞冷冻保存在 -196℃的液氮中，待研究需要时将细胞复苏后再作培养。

但是，如果不加任何保护剂，直接对细胞进行冻存，会导致细胞内外的水分迅速形成冰晶，使细胞内部发生一系列不利的改变，包括机械损伤、电解质升高、蛋白质变性等，进而可以引起细胞死亡。因此，在冻存细胞时常向培养基中加入适量的甘油或二甲基亚砜（DMSO），这两种物质对细胞无毒性，分子量均较小而溶解度大，因此较易穿透进入细胞中，使细胞内冰点下降并可提高细胞膜对水的通透性，再配合以缓慢冷冻的方法，可使细胞内的水分逐步地渗透出细胞外，避免了冰晶在细胞内大量的形成，保护了细胞的活性。

冻存应选择处于对数生长期的细胞，在消化细胞时要注意掌握好时间，切忌消化过度损伤细胞，以致在复苏后细胞不易存活。

细胞复苏是将冻存的细胞从液氮中取出融解，使其活力恢复的过程。快速融化的手段可以保证细胞外结晶在很短时间内融化，避免由于缓慢融化使水分渗入细胞重新结晶，对细胞造成损害。成功复苏的细胞可以保持很高的活力，可以进行接种再培养，也可供作体外运输。

五、细胞建系可提供大量遗传性质稳定的细胞

原代培养的动物及人组织细胞，在体外经过第一次传代培养后，所获得的细胞群体即可称为细胞系（cell line）。通常将在体外生存期有限、传代次数一般不超过 50 代的细胞系称为有限细胞系（finite cell line），来自于人和动物正常组织的细胞系均属于此类细胞系。能够在体外无限传代、具有无限增殖能力而没有衰退期的细胞系则称为无限细胞系（infinite cell line）或永久性细胞系，常见于来自恶性肿瘤组织的细胞系。此外，正常组织的细胞系在发生自发或诱发转化后，也可成为无限细胞系。已被命名和经过细胞生物学鉴定的细胞系，都是一些形态比较均一、生长增殖比较稳定、生物性状清楚的细胞群体。细胞建系可提供大量遗传性质稳定的细胞。

表 1-3-2 常用细胞系

细胞系	细胞类型及起源	细胞系	细胞类型及起源
3T3	成纤维细胞（小鼠）	COS	肾（猴）
BHK21	成纤维细胞（叙利亚仓鼠）	293	肾（人）
MDCK	上皮细胞（犬）	CHO	卵巢（中国仓鼠）
HeLa	上皮细胞（人）	DT40	淋巴瘤细胞（鸡）
PtK1	上皮细胞（大鼠）	R1	胚胎干细胞（小鼠）
L6	成肌细胞（大鼠）	E14.1	胚胎干细胞（小鼠）
PC12	嗜铬细胞（大鼠）	H1，H9	胚胎干细胞（人）
SP2	浆细胞（小鼠）	S2	巨噬细胞样细胞（果蝇）

适合建系的细胞一般应该具有以下特点：材料获取困难；建系后的细胞对于后续研究具有较好的科学性和说服力；有创新性。成年及胚胎的组织均可作为细胞系建立的来源。建立细胞系的方法包括：原代培养、常规换液、传代培养、再换液、再传代和细胞冻存，有的还要在此基础上利用病毒转染使细胞永生化。

六、细胞融合产生新细胞

细胞融合（cell fusion）又称细胞杂交（cell hybridization）是指用自然或人工的方法使两个或几个不同细胞融合为一个细胞的过程。对于体外培养的动物细胞，常用灭活的仙台病毒（Sendai virus）或聚乙二醇（polythylene glycol，PEG）诱导细胞间的融合，由此产生新品系的杂交细胞（hybrid cell），此杂交细胞可具有很强的生命力，能旺盛增殖。

细胞融合术是细胞遗传学、细胞免疫学、病毒学、肿瘤学等研究的重要手段，也是制备单克隆细胞株的重要技术。克隆化的杂交瘤细胞分泌高度纯一的单克隆抗体，具有很高的实用价值，在疾病诊疗方面有着广泛的应用前途（图 1-3-17）。

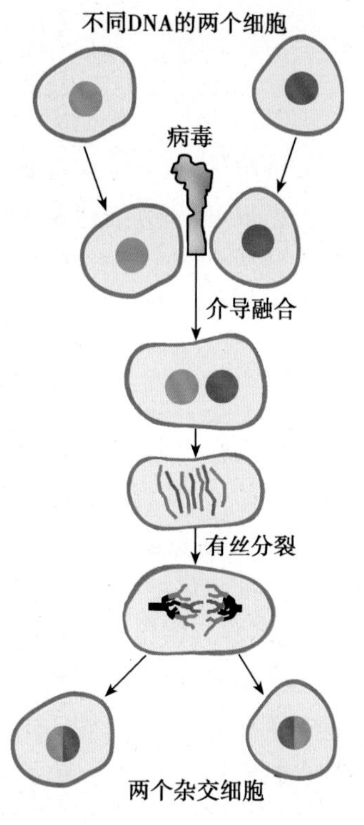

图 1-3-17 细胞融合原理

框 3-1 细胞融合技术的建立和杂交瘤技术的诞生

1958 年，Okada 发现紫外灭活的仙台病毒可引起艾氏腹水瘤（Ehrlich ascites tumor）细胞彼此融合。Harris(1965)成功地诱导不同的动物体细胞融合并保持存活。Lifflefield(1964)根据亲本细胞的酶缺陷型，利用 HAT 选择性培养基能使亲本细胞死亡而只留下异型融合细胞，并能不断地增殖，这样形成了从细胞融合到杂种细胞选择和培养的一整套技术。

1975 年免疫学家 K.hler 和 Milstein 利用仙台病毒诱导绵羊红细胞免疫的小鼠脾细胞与小鼠骨髓瘤细胞融合，所形成杂种细胞在体外培养条件下可大量繁殖并长期分泌抗羊红细胞抗体，可用于制备单克隆抗体，小鼠淋巴细胞杂交瘤（hybridoma）技术由此诞生，这标志着细胞融合技术从实验阶段进入应用研究阶段。K. hler 和 Milstein 也因这一创新性工作获得了 1984 年的诺贝尔生理学或医学奖（图 1-3-18）。

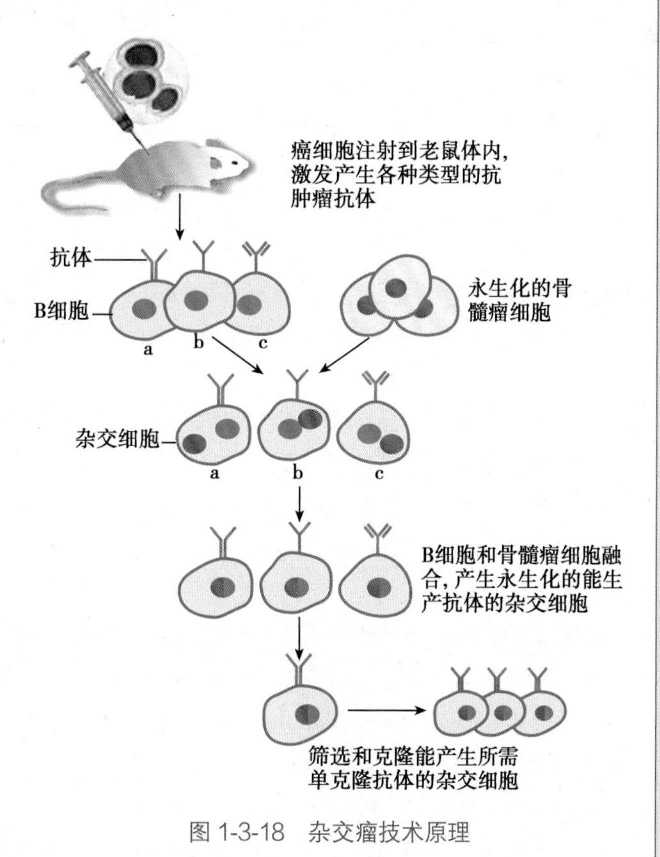

图 1-3-18 杂交瘤技术原理

第四节 细胞化学和细胞内分子示踪技术

细胞化学(cytochemistry)技术是将细胞形态观察和组分分析相结合,是在保持组织原位结构的情况下,研究细胞内活性大分子的分布、数量及动态变化的技术。细胞化学技术包括光镜和电镜两个层次的酶细胞化学技术、免疫细胞化学技术、原位杂交技术、放射自显影技术等,常常与图像分析技术、显微分光光度技术等定量方法联合应用。

一、酶细胞化学技术可显示细胞和组织中的酶类

酶细胞化学(enzyme cytochemistry)技术是通过酶的特异性化学反应显示其在器官、组织和细胞中的分布位置和活性强弱,对研究细胞的亚显微成分的结构功能关系和细胞的生理病理过程具有一定的作用。

酶细胞化学反应的基本原理是先将酶与其底物共同进行孵育,然后使生成物和捕获剂作用,最后在显微镜下观察可见的反应产物。酶细胞化学反应的第一步是酶促化学反应,由于酶具有底物特异性,因此反应的特异性相对较高,生成物为初级反应产物;第二步是捕获反应,由捕获剂和初级反应产物作用,最终的反应产物沉淀在酶的原位并能够在镜下被观察到。捕获反应包括金属盐沉淀法、色素沉淀法和嗜锇物质生成法等,光镜水平的酶细胞化学反应的最终产物为有色沉淀,电镜水平的最终产物为高电子密度的沉淀。

酶细胞化学的主要问题是某些酶的底物的特异性不够高,存在几种酶作用于同一种底物的现象,因此必须选择合适的底物,也有人使用酶抑制剂抑制反应中其他酶的活性。另外,有些酶细胞化学的反应沉淀物较易扩散,难以进行准确的定位研究。电镜水平的酶细胞化学可以提供细胞器功能和大分子代谢的重要信息,有必要进行深入的研究。

二、免疫细胞化学技术是生物大分子定性和定位研究的有效工具

免疫细胞化学(immunocytochemistry,ICC)技术是利用免疫学中抗原抗体特异性结合的原理来定性和定位研究器官、组织和细胞中的生物活性大分子技术。主要用于检测组织和细胞中蛋白质、核酸、多肽、糖类和磷脂等,可以在光镜和电镜两个水平显示目标分子。

在显微镜下无法直接观察原位的组织和细胞中的生物活性大分子,但生物大分子具有免疫原性,能作为抗原或半抗原。免疫细胞化学技术将待观察的大分子或与大分子结合的部分小分子作为抗原,使之与预先制备的、带有某种标记物的相应抗体结合,通过特异性的抗原抗体结合反应,使抗原抗体复合物在显微镜下显现出来,因此间接地显示了组织和细胞中的生物大分子的位置。

(一)标记抗体使抗原抗体复合物能够在光镜或电镜下被观察

免疫细胞化学方法是使用已知的抗体去检测组织和细胞中的抗原物质,因此首先需要制备所需的单克隆或多克隆抗体,并在抗体上连接一个标记物,要求该标记抗体和抗原反应后形成的抗原抗体复合物能够在光镜或电镜下被观察到,目前标记物有多种,包括荧光素、酶、胶体金、铁蛋白和其他亲和物质。

荧光素标记抗体方法简单易行,使用广泛,可以用不同颜色的荧光素标记不同的抗体,然后在一张组织切片上同时显示这些抗原抗体复合物的分布位置。

酶标抗体(enzyme labeled antibody)主要使用辣根过氧化物酶(horseradish peroxidase,HRP),该酶能与其底物 H_2O_2 以及氨基联苯胺结合,形成光镜下可见的棕色沉淀,反应物也可与锇酸反应后形成电镜下反差很大的高电子密度颗粒。

胶体金标记的抗体的特点是标记物颗粒细(直径 1~60nm),形状一致,电子密度高,易于定

量，而且反应背景低，不会屏蔽标记的结构。也可以使用不同大小的金颗粒进行多重标记。超微金颗粒（直径 1~4nm）的亲水性能和穿透力更好。

亲和物质标记法主要使用生物素 - 亲和素系统、葡萄球菌 A 蛋白 - 免疫球蛋白系统等。实际上，亲和物质能够与多种物质结合，包括抗体、另一种亲和物质，以及荧光素、酶、胶体金等标记物，因此使用十分广泛。

（二）免疫细胞化学技术包括间接法和直接法

免疫细胞化学反应中的抗体抗原结合有直接法和间接法两种。直接法是使标记的抗体与组织细胞中的抗原特异性结合，直接检测抗原的方法；间接法是先使用未标记的抗体（一抗）和组织细胞中的抗原特异结合，再用标记的抗体（二抗）和一抗结合，间接地显示所检测的抗原的方法。间接法中可以使多个二抗结合在一个一抗上，因此具有放大效应，所以灵敏度比直接法更高（图 1-3-19）。

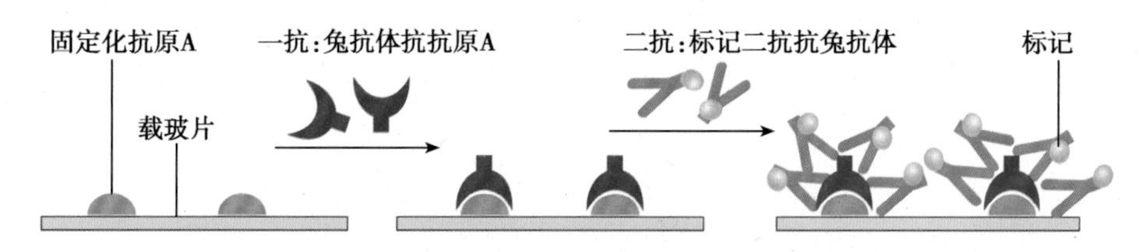

图 1-3-19　免疫细胞化学反应的间接法

三、原位杂交技术用以检测组织和细胞中的特异性核酸分子

原位杂交（in situ hybridization，ISH）技术是使用标记的 DNA 或 RNA 探针，通过分子杂交检测原位组织和细胞中的特异性核酸分子的方法。原位杂交技术是细胞化学技术与分子生物学的结合，能够在实验胚胎整体、组织、细胞、培养细胞、制备的单细胞和染色体上证明某特异性的 DNA 或 RNA 序列的存在，不仅用于细胞和细胞器的结构分析和动力学特性研究，也用于感染组织中病毒 DNA 序列的定位和细胞遗传学的染色体基因作图。

在体外适当的条件下，碱基互补的两条异质的核酸单链能够缔合成双链的分子，这类似于 DNA 复性的过程。原位杂交技术利用上述原理，能在不破坏组织和细胞的原有结构和不提取核酸的情况下，显示组织细胞中特定的低含量的核酸序列，具有很高的特异性和灵敏度。原位杂交技术与免疫细胞化学技术联合应用，能对所检测物质的 DNA-mRNA- 蛋白质的完整基因表达过程进行观察，是形态 - 功能关系研究的重要工具。

原位杂交的第一步是制备分子探针，即用放射性核素或非放射性核素物质标记具有目标核酸互补序列的单链核酸分子。原位杂交的探针可以是双链或单链 cDNA、合成的寡核苷酸或单链 RNA，较短的探针能产生较强的杂交信号并容易穿透进入组织，最适探针长度为 50~300bp。常用于标记的放射性核素有 ^{32}P、^{33}P、^{3}H 和 ^{35}S，非放射性核素主要包括地高辛、荧光素、生物素和酶等。标记物被导入核苷酸分子，形成标记分子，然后利用切口平移、引物延伸和末端标记（end-labeling）等方法，使标记分子掺入探针。常用 cDNA 探针和 RNA 探针检测 mRNA 分子。放射性核素探针的分辨率很高，能清晰地显示细胞微细结构背景上的 2~3 个阳性银颗粒，借此分析阳性细胞在器官组织中的分布和比例。荧光素探针的杂交操作简单，背景染色和信号强度均较低，可用于检测大的目标序列。

第二步是将探针与组织或细胞在一定温度和离子条件下共同孵育，使探针和待测的互补核酸单链借氢键结合发生分子杂交，杂交可以形成 RNA-DNA、DNA-DNA 和 RNA-RNA 多种稳定的双链杂交产物。制备组织样品要注意使切片组织牢固地贴附于载片上，并增加组织的通透性，使尽量多的探针渗透到组织内部的目标序列部位。检测 mRNA 操作中要防止 RNA 酶的污染。预杂交和杂交的温度，杂交液的选择，以及杂交后的漂洗对提高杂交效率、消除背景非常重要。

第三步是利用放射自显影或免疫细胞化学技术显示探针，从而获得待测核酸分子的位置和数量信息。检测方法依据标记分子而定，放射性核素标记的探针，用放射自显影方法显示探针在细胞和细胞器内的分布，如需定量分析，可在乳胶包被过程中使用放射性标准品；使用非放射性核素标记的探针，例如地高辛标记的探针，则根据免疫细胞化学原理，先加入碱性磷酸酶抗地高辛抗体，再用酶的底物来显示抗原抗体复合物，这样可以显示出探针的位置（图 1-3-20）。

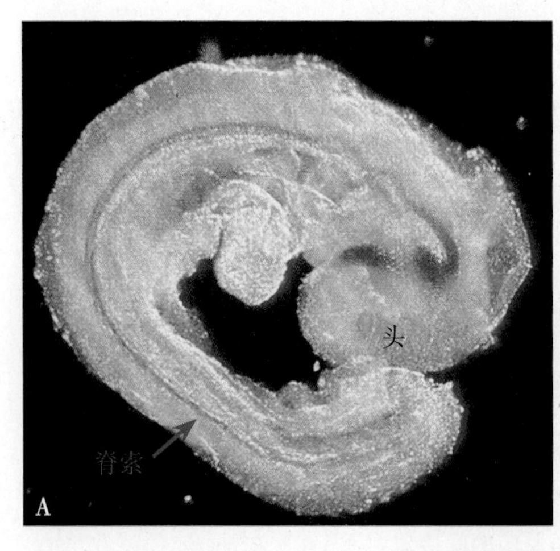

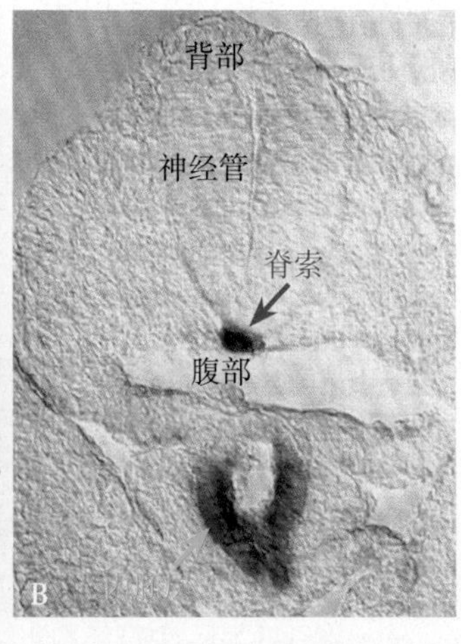

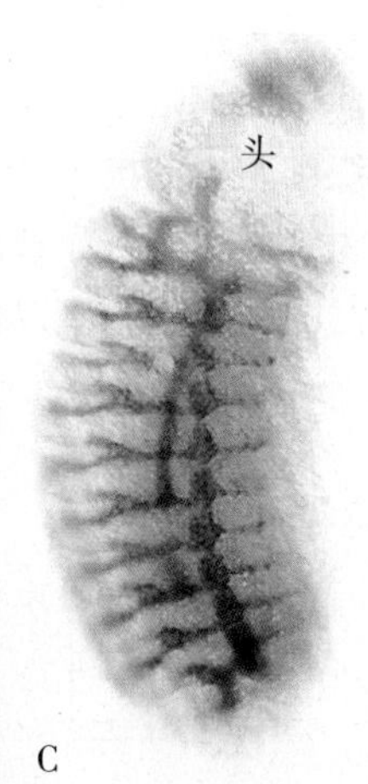

图 1-3-20 原位杂交检测全胚胎及胚胎切片上特异基因的活性

A. 用特异性 RNA 探针检测发育约 10 天的全鼠胚胎中 *Sonic hedgehog* 基因 mRNA 的表达，显色结果表明 mRNA 主要表达于脊索，即将来发育成脊柱脊髓的中胚层轴线（红箭头所示）；B. 用特异性 RNA 探针检测鼠胚胎切片中 *Sonic hedgehog* 基因 mRNA 的表达，结果与 A 图类似：在背 / 腹轴上的神经管下面的脊索中(红箭头所示)，有 mRNA 的表达；C. 果蝇全胚胎原位杂交结果，显示果蝇气管发育中某种特定 mRNA 的表达。可见果蝇身体节段呈现清晰的重复模式，前部（头）在上面，腹部靠左

四、放射自显影术可以追踪并分析体内大分子代谢的动态过程

放射自显影术（autoradiography）可以追踪并分析体内大分子代谢的动态过程。以放射性核素标记生物标本中的大分子或其前体物质，然后通过使乳胶感光，以及显影和定影等过程，在显微和亚显微结构水平显示组织和细胞内放射性核素标记的物质的位置和数量及其变化。

首先，用不同的方法（注射、掺入、脉冲标记）使放射性核素标记的物质进入动物体内或培养细胞中，使之参与机体和细胞的代谢过程，然后在不同的时间点取样，将取得的动物器官、组织或者培养的细胞制备成组织切片、超薄切片或涂片。在暗室中于标本表面涂布一层薄层乳胶，再将载片放置在黑暗的低温和干燥环境内 3~10 日，使乳胶层感光（自显影）。感光过程使组织内的放射性核素发出的射线将乳胶中的卤化银还原为银原子。完成自显影后的组织切片或超薄切片的处理类似于照相负片的处理过程：先使用显影液将银原子转变成镜下可见的黑色的银盐颗粒，然后定影，即溶解掉多余的未感光的银盐。此时组织细胞中银颗粒的位置即为放射性核素所标记的大分子位置，经简单背景染色后可以在显微镜或电镜下进行观察和半定量测定。

放射性核素不稳定并发生随机衰变，衰变时主要发射出 α、β 和 γ 三种射线，它们均能使乳胶感光，其中 β 射线穿透力较强，电离作用较小。表 1-3-3 列出了细胞生物学研究中常用的放射性核素（按发射的 β 射线的能量递减的顺序排列）。放射性核素实验中使用的 ^{14}C、^{3}H 和 ^{35}S 为弱 β 放射性核素，半衰期较长，^{32}P、^{33}P 也很常用。实验中常以 ^{3}H- 亮氨酸和 ^{35}S 蛋氨酸标记蛋白质，用 ^{3}H- 岩藻糖和 ^{3}H- 甘露糖标记糖类。^{35}S 蛋氨酸标记效率较高，因为 ^{35}S 的衰变比 ^{14}C 和 ^{3}H 易于检测，而且 ^{35}S 的信号可通过荧光自显影而加强，同时外源蛋氨酸比其他氨基酸更容易掺入到蛋白质中去。以 ^{3}H 胸腺嘧啶脱氧核苷（^{3}H-TdR）或 ^{3}H-UR 和组织共同孵育，使其分别掺入细胞内的 DNA 和 RNA 分子中显示其合成途径，例如利用 ^{3}H-TdR 掺入实验来研究肿瘤细胞的增殖

表 1-3-3　常用放射性核素

放射性核素	半衰期	放射性核素	半衰期
^{32}P	14 天	^{14}C	5570 年
^{131}I	8.1 天	^{45}Ca	164 天
^{35}S	87 天	^{3}H	12.3 年

注：^{131}I 也发射 γ 射线。半衰期指放射性核素的原子衰变到 50% 所需的时间

和分化等状况。

利用放射自显影术可以在保存生物组织固有结构的情况下追踪所标记的物质在组织和细胞内的分布、数量以及对外界信号的应答变化，常用于观察分析体内大分子的代谢状况，包括摄取、转运、储存和排出的动态过程，例如，利用放射自显影术阐明了蛋白质从内质网到细胞外的分泌途径（图 1-3-21）。

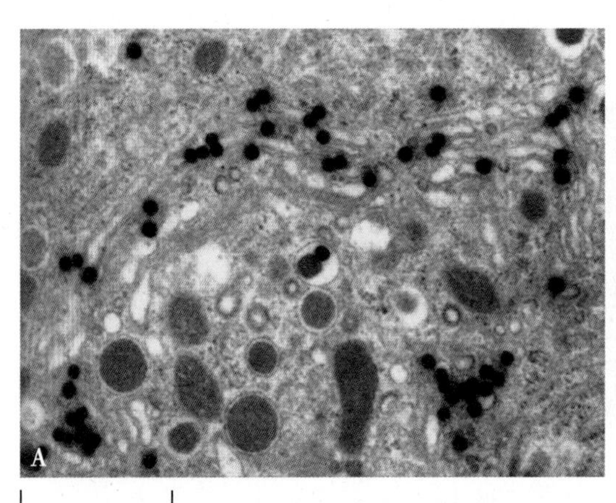

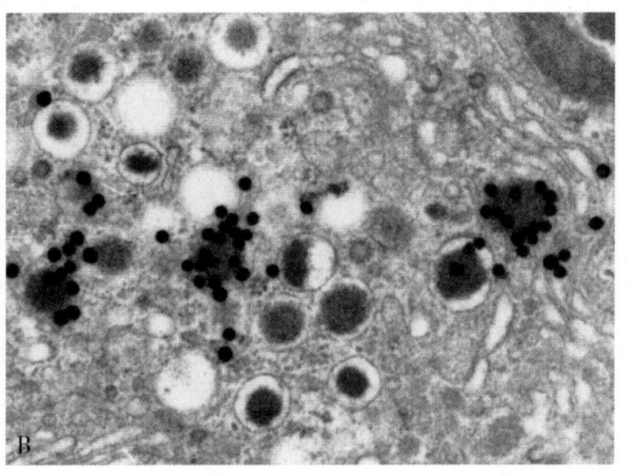

图 1-3-21　胰岛 B 细胞电镜放射自显影结果

A. ^{3}H- 亮氨酸脉冲标记完成 10 分钟后，被标记的胰岛素蛋白（黑色银颗粒）从糙面内质网进入高尔基复合体中；B. ^{3}H- 亮氨酸脉冲标记完成 45 分钟后，被标记的胰岛素蛋白进入分泌颗粒内

五、荧光蛋白用于示踪细胞内的特定蛋白质

绿色荧光蛋白（green fluorescent protein，GFP）是应用广泛的细胞内蛋白质定位和示踪分子，最初从水母中分离。GFP 含有 238 个氨基酸残基，分子量为 26.9kD，呈 β 桶状结构，荧光基团附着于 α 螺旋上，位于整个分子的中央。GFP 不含辅基，不需要底物或者辅助分子，可在蓝色光源（450~490nm）的激发下，发射出稳定的绿色荧光（520nm）。近年来，研究者通过点突变的方法研究 GFP 的结构与功能，发现一些突变蛋白的光吸收与荧光行为发生改变，据此开发出多种不同颜色的 GFP 类蛋白。GFP 家族成员包括 GFP、黄色荧光蛋白（YFP）、青色荧光蛋白（CFP）、蓝色荧光蛋白（BFP）等。此外还有增强绿色荧光蛋白（EGFP）、增强黄色荧光蛋白（EYFP）、增强青色荧光蛋白（ECFP）等，其中 EGFP 与 GFP 的不同在于有 F64L 和 S65T 两个点突变。

GFP 家族作为细胞内标签快速地融入现代成像技术和数据分析技术，科学家正借助 GFP 类蛋白发出的荧光信号来监测细胞内发生的各种事件。使用不同颜色的 GFP 标记的不同神经元，显示出大脑内复杂的神经网络（图 1-3-22）。

GFP 基因易于导入到不同种类的细胞中并正常表达，产生的 GFP 对细胞的光毒性很弱，同时，GFP 的分子量较小，形成融合蛋白后并不影响其他蛋白的空间构象和功能，因此，构建绿色荧光蛋白基因与多种靶蛋白基因的融合基因表达载体，转染不同细胞，即可在荧光显微镜或共

图 1-3-22 GFP 家族显示大脑神经网络

聚焦显微镜下研究靶蛋白在活细胞内的位置及动态变化，此外，由于 GFP 融合蛋白的荧光灵敏度远高于荧光素标记的荧光抗体，抗光漂白（photobleaching）能力强，因此也适用于定量测定与分析。

某些蛋白质羧基末端（C 端）的最后三个氨基酸 SKL（丝氨酸 - 赖氨酸 - 亮氨酸）是过氧化物酶体（peroxisome）的定位信号，用基因重组的方法将 GFP 的 C 端连接一段带有 C 端 SKL 的短肽，并在不同真核细胞中表达，可以观察到不同细胞内过氧化物酶体的特征。也可用 GFP 转染标记某肿瘤细胞凋亡的相关基因，并与正常组织比较，借以判断此基因为抑制肿瘤细胞凋亡的基因还是促进肿瘤细胞凋亡的基因。利用 GFP 的示踪特性，研究肿瘤细胞内某些基因异常表达与肿瘤细胞浸润的关系，有利于揭示肿瘤细胞浸润的机制。

框 3-2 “照亮细胞”的绿色荧光蛋白

在自然界中，不少生物具有发光的能力，其中萤火虫最为人们所熟知，中国古代即有“捕萤夜读”的佳话。在海洋里，某些水母、珊瑚和深海鱼类也可以发光，但这些发光生物的大多数是依靠体内特定的荧光素酶催化底物荧光素（fluorescein）而产生荧光的，其他生物无法模仿。

20 世纪 60 年代，日本科学家 Osamu Shimomura 潜心研究会发出绿色荧光的水母 Aequorea victoria，一心想找到这种水母的荧光素酶，经过艰苦的努力，Shimomura 发现，Aequorea victoria 水母具有不同于常规荧光素酶 / 荧光素的特殊发光系统，其体内含有一种能自身发光的绿色荧光蛋白（GFP），这是对发光原理认识的重大突破。

1992 年，Shimomura 的同事 Prasher 首先获得了 GFP 的基因，稍后，美国哥伦比亚大学 Chalfie 和加州大学圣迭戈分校 Inouye 和 Tsuji 开始尝试将 GFP 表达到线虫、大肠埃希菌中，然后相继在病毒、酵母、小鼠、植物和人类细胞等多种生物体内成功表达。

在 GFP 被发现以前，对生物活体组分进行实时观察和监测，只是科学家们的一个梦想，GFP 使这个梦想变成了现实。由于 GFP 荧光是水母细胞的自主功能，荧光的产生不需要任何外源底物，而且，荧光极其稳定，在激发光照射下，GFP 抗光漂白能力比荧光素强得多，此外，生物材料制备中的固定、脱水剂戊二酸或甲醛等对 GFP 荧光影响也很小。利用这些性质，生物学家们可以用 GFP 来标记几乎任何不可见的生物分子或细胞，然后在蓝光照射下进行观察，原来透明的结构或物质立即变得清晰可见。因此，GFP 作为一种活体生物示踪分子，显然优于任何其他酶类报告蛋白。

在对野生型 GFP 进行系统研究和化学改造中，RY Tsien（钱永健）大大增强了 GFP 的发光效率，还发展出了红色、蓝色、黄色不同的变种，使得 GFP 家族真正成为琳琅满目的蛋白质标签（protein tagging）工具箱。GFP 的发现和后续研究的巨大成功甚至激发了研究者寻找罕见生物体内“带颜色蛋白质”的高度热情，不过迄今为止有价值的发现并不多。

2008 年 10 月，瑞典皇家科学院将诺贝尔化学奖授予 O Shimomura、M Chalfie 和 RY Tsien 三人，表彰他们发现和改造 GFP 的功绩，并将 GFP 的发现和改造与显微镜的发明相提并论，视其为当代生命科学研究中具有突破意义的新工具。

第五节　细胞功能基因组学技术

在有关生物大分子性质和功能的研究中，常使用细胞功能基因组技术作为研究工具，本节简要介绍常用的生物大分子分析和鉴定技术，包括核酸扩增和鉴定的 PCR、Southern 印迹、Northern 印迹方法和 RNA 干扰技术。

一、PCR 技术可以在体外快速扩增特异性 DNA 片段

聚合酶链反应（polymerase chain reaction，PCR）是利用 DNA 半保留复制的原理，通过控制实验温度，使 DNA 处于变性、复性和合成的反复循环中，从而达到在体外快速扩增特异性 DNA 片段的目的。

PCR 技术的主要步骤可以分为引物（primer）的设计和合成、DNA 模板的制备、PCR 反应以及产物的分离和纯化。首先设计并人工合成一对寡核苷酸引物链，各 18~20 个核苷酸，它们与目标 DNA 序列中所要克隆的区段的相反两端分别互补；将 DNA 样品片段溶解于缓冲液中，反应的模板是目标 DNA 的任何一条单链，先高温加热，使目标 DNA 双链解离为单链（变性），然后迅速降低温度（退火），使引物和其两端互补的模板结合形成互补链（复性），再在适当的反应温度和 DNA 聚合酶的催化下，利用 4 种单核苷酸原料（dNTP）和一些辅助因子（Mg^{2+}），按 5′→3′ 方向延伸酶促反应，合成新 DNA 片段（延伸）。上述四个基本步骤“变性 - 退火 - 复性 - 延伸”反复循环，每一个循环的产物又作为下一个循环的模板，每循环一次，DNA 的分子数按 2n 指数倍增，通过 20~30 个循环后，可以获得 2×10^6~2×10^7 拷贝数，最终完成 DNA 的扩增，然后进行产物鉴定（图 1-3-23）。

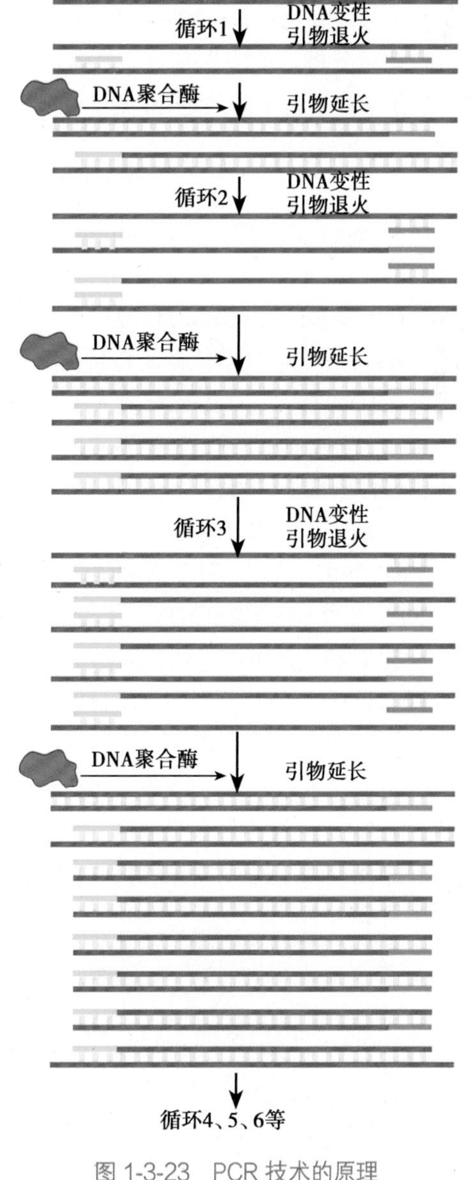

图 1-3-23　PCR 技术的原理

目前 PCR 技术不仅是功能基因组学的重要方法，而且它衍生出了许多新的 PCR 技术，包括反转录 PCR（reverse transcription PCR，RT-PCR）、定量 PCR（quantitative PCR）、单链构象多态性 PCR（single strand conformation polymorphism，SSCP）和实时 RT-PCR（real time PCR）等，现已广泛地应用于 cDNA 文库构建、遗传疾病和恶性肿瘤的分析等。

1. RT-PCR　是一种将 RNA 的反转录（RT）和 cDNA 聚合酶链式扩增（PCR）相结合的技术。RNA 在反转录酶作用下逆向转录形成 cDNA，再以 cDNA 为模板进行 PCR 扩增，合成目的片段。RT-PCR 技术灵敏且用途广泛，可用于检测细胞中基因表达水平，细胞中 RNA 病毒的含量和直接克隆特定基因的 cDNA 序列。作为模板的 RNA 可以是总 RNA、mRNA 或体外转录的 RNA 产物。

2. 定量 PCR　是在普通定性 PCR 的过程中，通过加入参照物等方法对 PCR 产物定量，从而得出

Notes

初始模板量。其中荧光定量PCR(也称TaqMan PCR,以下简称FQ-PCR)较为常用。

3. PCR-SSCP 是一种将SSCP用于检查PCR扩增产物基因组成变化的技术,具有简便性和灵敏性。对靶DNA先行PCR扩增,扩增产物经变性并快速复性后,成为具有一定空间构象的单链DNA分子,经非变性聚丙烯酰胺凝胶电泳后,利用放射性自显影、银染或溴化乙锭显色等方法分析单链DNA带迁移率及DNA单链构象变化,进而可对该DNA片段中是否存在碱基突变作出判断。

4. 原位PCR 将固定于载玻片的组织或细胞经蛋白酶K消化后,在不破坏细胞形态的情况下,直接进行PCR。可用于病毒在细胞和组织内的定位检测。PCR产物一般经标记探针杂交检测,敏感性可达到每个细胞10个拷贝。

5. 巢式PCR 由两对引物经两组循环完成。第一对引物(外引物)扩增出一条较长的产物,第二对引物以此为模板,经二次循环扩增目的产物。用起始引物限量方法或Centricon30(Amicon)分子滤过器离心,在第二套引物加入前去除第一引物。由于在扩增过程中减少了引物非特异性退火,巢式PCR较一次PCR更加敏感,可使目的序列得到高效扩增,而次级结构却很少扩增。

6. 实时定量RT-PCR 在PCR反应体系中加入荧光基团,通过连续观测PCR指数扩增期荧光信号的变化来即时测定特异性产物的量并监测整个PCR过程,最后借标准曲线对未知模板进行定量分析。此法具有明显优点:操作简便、快速高效,敏感性和特异性均好;在封闭体系中完成扩增并进行实时测定,降低了可能的污染并避免在扩增后进行操作。

二、Southern印迹技术分析基因组DNA

Southern印迹技术(Southern blot)是EM Southern于1975年建立的检测基因组DNA中特异序列的方法,被广泛应用于基因克隆、基因结构和突变分析、基因同源性分析以及转基因及限制性片段长度多态性(RFLP)研究。

Southern blot技术依据研究目的选择不同的探针和标记物。核酸分子探针包括基因组DNA探针、cDNA探针、RNA探针或人工合成的寡核苷酸探针,放射性核素因其高灵敏度被列为首选标记物,其中^{3}H、^{35}S和^{32}P较为常用。标记方法包括切口平移和随机引物(random priming)法。非放射性核素如生物素因为无放射污染,也被越来越多地应用于标记。

Southern blot技术包含5个基本步骤。

1. 酶解 选用一种或数种限制性内切酶将分离得到的基因组DNA切割为一定的片段。

2. 电泳 将酶解的DNA片段进行琼脂糖凝胶电泳,按大小分离DNA片段。

3. 转移 用碱变性法使双链DNA解链为单链,适当中和处理,然后利用虹吸作用或负压装置将单链DNA转移至醋酸纤维滤膜或尼龙膜上,真空烘干或紫外线照射固定DNA。

4. 杂交 将探针与固定有DNA片段的膜片杂交,标记的核苷酸序列按碱基配对与同源DNA序列形成杂交分子,然后洗去未杂交的放射性核素。

5. 放射自显影 杂交后膜片洗净,在暗室中与X胶片重叠放好,加增感屏后置于暗盒中,低温曝光,显影、定影,观察结果。非放射性核素标记的探针的杂交后按相应的显色步骤处理(图1-3-24)。

三、Northern印迹技术检测特定基因的表达

Northern印迹(Northern blot)是1977年由Alwine建立的检测特异性mRNA的方法,以后又经过了改进。基因组DNA携带有关遗传的全部信息,这些信息表现出物种差异,而在同一动物中没有组织特异性。但是,基因的表达在不同的发育阶段或不同的组织细胞中有非常明显的差别,并受到严格的时空和其他因素的调控。例如,分化细胞中只有不到10%的基因处于开放状

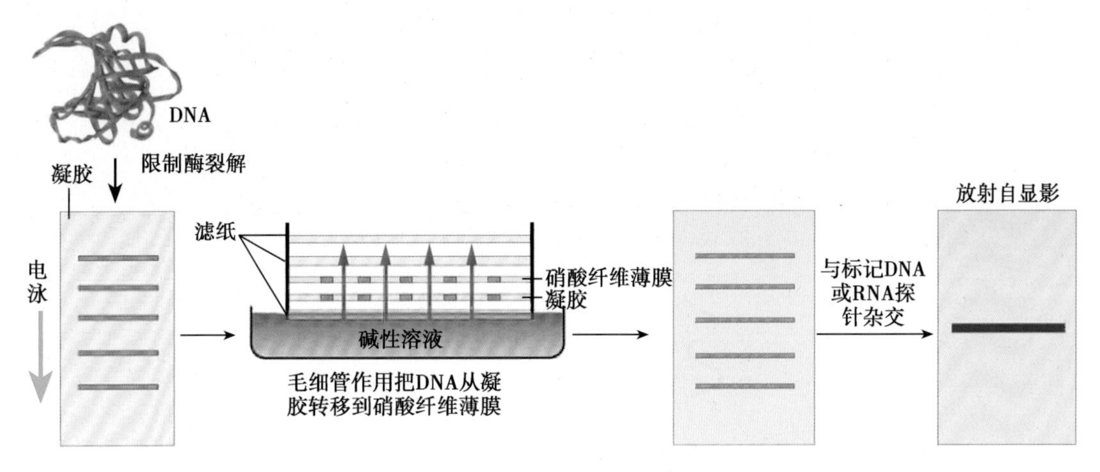

图 1-3-24　Southern 印迹技术示意图

态，可以进行特异性地转录生成 RNA，并表达产生维持机体代谢活动所需的蛋白质；不同细胞之间（例如表皮细胞、平滑肌细胞和红血细胞）的表达产物差异很大，这些差异通过 DNA 转录形成多种 RNA 表现出来。Northern 印迹技术正是通过分子杂交方法来检测特异基因表达的一种非常灵敏的方法。

Northern 印迹分析可以用于总 RNA 或 mRNA，在 RNA 被提取并进行纯度鉴定后，也要经过变性、电泳分离、转移、杂交和放射自显影或显色等步骤。

四、基因芯片技术能高效和快速检测基因表达

基因芯片（gene chip）是指将大量（通常每平方厘米点阵密度高于 400）特定的寡核苷酸片段或基因片段作为探针，有规律地排列固定于支持物上，形成二维 DNA 探针阵列，然后与标记样品的基因按碱基配对原理进行杂交，通过检测杂交信号强度获取样品分子的数量和序列信息，进而实现对生物样品快速、并行、高效地检测或医学诊断。因常用硅芯片作为固相支持物，且在制备过程运用了计算机芯片的制备技术，所以称为基因芯片技术（又称 DNA 芯片、DNA 微阵列芯片），能高效和快速检测基因表达。

基因芯片主要技术流程包括：芯片的设计与制备、靶基因的标记、芯片杂交与杂交信号检测（图 1-3-25）。待分析样品的制备是基因芯片实验流程的一个重要环节，靶基因在与芯片探针结合杂交之前必须进行分离、扩增及标记。标记方法根据样品来源、芯片类型和研究目的的不同而有所差异。基因芯片与靶基因的杂交过程与一般的分子杂交过程基本相同，杂交反应的条件要根据探针的长度、GC 碱基含量及芯片的类型来优化，如用于基因表达检测，杂交的严格性较低，而用于突变检测的芯片杂交温度高，杂交时间短，条件相对严格。显色和分析测定方法常用的为荧光法，其重复性较好，但灵敏度较低。

基因芯片技术能同时将大量探针固定于支持物上，可对样品中数以千计的序列进行一次性的快速、准确的检测和分析，从而弥补了传统核酸印迹杂交自动化程度低、操作过程繁杂、序列数量少及检测效率低等不足。此外，通过设计不同的探针阵列、使用特定的分析方法，基因芯片技术被广泛应用于基因表达谱测定、实变检测、多态性分析、基因组文库作图、杂交测序及药物的筛选等研究领域。

五、RNA 干扰技术是基因功能研究中的有效技术

在基因功能的研究中，常需要对特定基因进行功能丧失或降低突变的操作，以确定其功能。以前通常利用基因敲除产生突变个体，但这一方法较耗时费力。1995 年，RNA 干扰（RNA interference，RNAi）对目标 mRNA 具有高效和特异的抑制作用在线虫中被发现，随后又在小鼠和

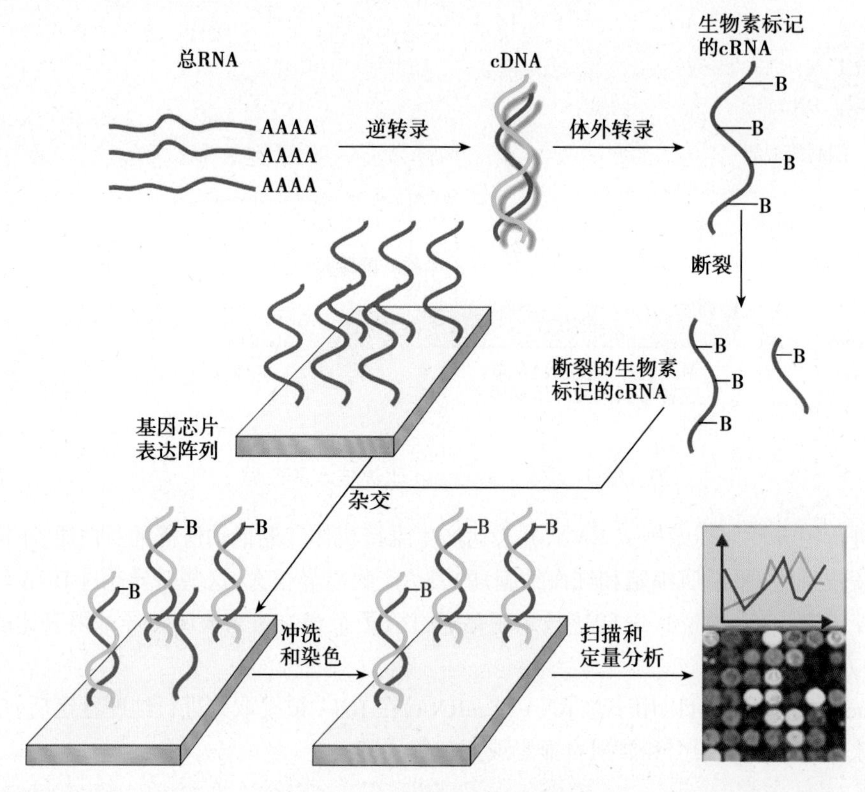

图 1-3-25 基因芯片技术的原理

人的基因中得到证实，在此基础上建立了特异性的 RNA 干扰技术。与传统的基因功能研究方法相比，RNAi 可以简便而迅速地制备特定基因缺失表型的个体，进而研究该基因的功能。

RNAi 作用的基本原理是：特定浓度的外源性双链 RNA（dsRNA）进入细胞内，被 RNase Ⅲ 切割成 siRNA（small interferencing RNA），siRNA 与解旋酶和其他因子结合，形成 RNA 诱导沉默复合物（RNA induced silencing complex，RISC），激活的复合物随机地通过碱基配对定位到目标 mRNA 上，然后以目标 mRNA 为模板，以 siRNA 为引物，在 RNA 依赖的 RNA 合成酶的作用下生成新的长链 dsRNA，新的长链 dsRNA 也可被切割。结合了 RISC 的靶 mRNA 会被内切酶切割并进而降解，这样破坏了特定目的基因转录产生的 mRNA，使其功能沉默（gene silencing）。RNA 干扰的高效性表明其作用过程中有放大作用，同时效应持续时间较长。这与新的长链 dsRNA 合成密切相关（图 1-3-26）。目前认为，RNAi 现象在所有物种中都可能存在，是生物抵御病毒侵袭的细胞行为，也有可能是正常基因表达调控的普遍机制之一，但双链 RNA 抑制靶基因表达的详细机制尚待进一步的探索。

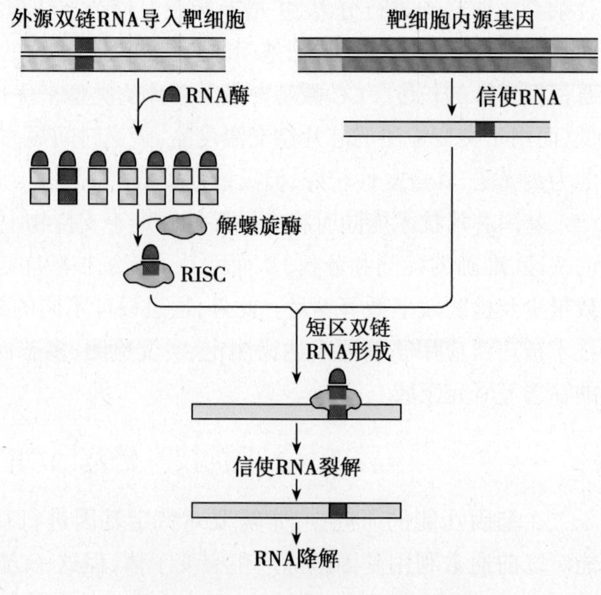

图 1-3-26 RNAi 技术原理示意图

由于 siRNA 作用的阶段是在目的基因转录成为 mRNA 以后，所以 RNAi 引导的基因沉默又称转录后基因沉默（post transcriptional gene silencing，PTGS），这可能为基因治疗设计开辟一条新途径。

Notes

在 RNAi 技术中，较好的方法是利用启动子控制一段反向序列转录，进入体内后转录生成发夹结构的双链 RNA，从而引起靶基因表达抑制，如应用多种启动子，就可以使双链 RNA 在特定时间和区域表达。在大多数哺乳动物中，为避免双链 RNA 引入后发生细胞毒性反应，多使用小于 30bp 的双链 RNA(图 1-3-27)。RNAi 将作为一种强有力的研究工具，用于功能基因组的研究。

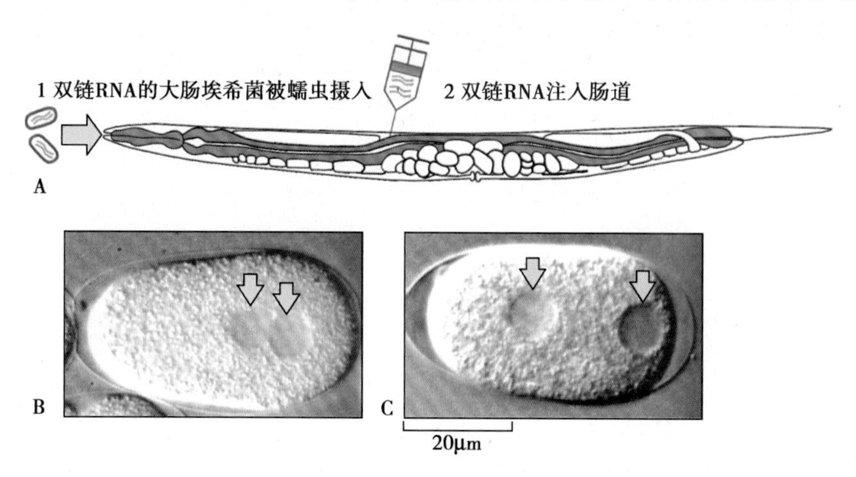

图 1-3-27　RNAi 技术建立的显性阴性突变

A. 双链 RNA 可以被导入 *C.elegans*；①用表达双链 RNA 的大肠埃希菌喂食蠕虫，②直接把双链 RNA 注入蠕虫肠道内；B. 野生型蠕虫胚；C. 一个蠕虫胚内与细胞分裂相关基因被双链 RNA 干扰失活。图中胚显示两个未融合的精子和卵子的细胞核异常位移

第六节　细胞生物学研究的一般策略和工具的使用

细胞生物学研究的目的是阐述"完整细胞的生命活动"，即在分子水平描述细胞和细胞社会的工作机制。细胞生物学的实验技术和研究方法是达到此目的的重要工具。研究者可以根据研究的具体目标来思考研究策略，选择模式生物，设计科学实验，组合并实施相关技术和方法。

一、细胞生物学研究的一般策略

细胞生物学主要从两个不同的方向对目标展开研究：一个是聚焦目标细胞的表型特征及其在特殊情况下的改变，探索隐藏其后的分子机制；另一个是分析细胞内关键基因和蛋白质大分子，阐明其对完整细胞功能的作用及其地位。实验通常这样进行：研究者在实验室中打开细胞，观察其组分，或者分离各种亚细胞组分和生物分子，分别研究它们的功能，然后拼合及整合获得的相关知识，并在此基础上建立细胞功能的概念。例如，关于蛋白质合成机制的知识就来自于分离并分别研究核糖体、mRNA、tRNA 和其他附属因子功能，并将获得的分子机制进行归纳，据此设立假说并重建假设的蛋白质合成的机制，最后用系统实验验证和不断修正这一假说直至形成普遍公认的理论。

完整的细胞生物学的研究常常经由以下程序：①提出一个细胞生物学的科学问题；②选择合适的模式生物并制定涉及该科学问题的完整的生物分子组分的清单；③对这些生物分子进行细胞内定位；④测量这些生物分子的细胞内浓度和活性；⑤确定这些生物分子的原子组成；⑥鉴定这些生物分子的合作者和合作途径；⑦测量相关反应速率和平衡常数；⑧纯化生物分子并重建该细胞生物学过程；⑨测试其生理学功能；⑩用公式描述系统行为的数学模型。

以上每一个步骤都涉及若干技术和方法，以及研究策略的考虑，但在实际的研究工作中，只有少数的研究能够完整地走完上述每一步程序，多数情况是仅能获知研究对象的某些局部的信息。

二、细胞生物学研究中常用的模式生物

在细胞生物学研究中，虽然研究者开展大量体外（*in vitro*）研究实验，但特别强调体内（*in vivo*）研究结果的价值，这些完整机体的体内研究工作主要在模式生物上进行。目前常使用的模式生物及其特性如图 1-3-28 和表 1-3-4 所示。

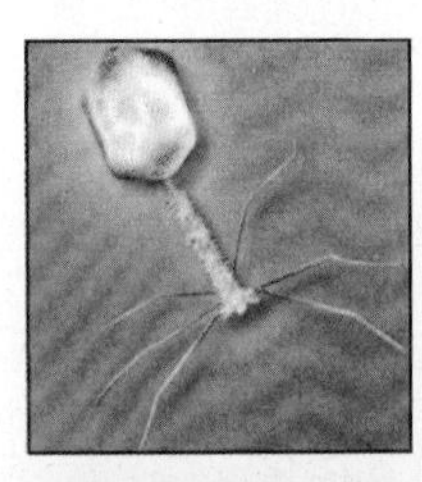

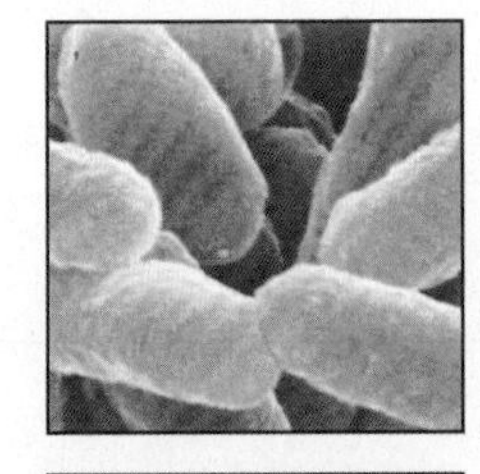

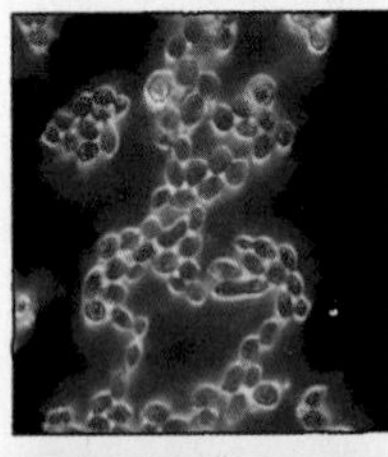

图 1-3-28 细胞生物学研究的常用模式生物

表 1-3-4 细胞生物学常用模式生物的特性

模式生物	基因组大小和倍性	基因组测序	基因数量	同源重组	减数分裂重组	生物化学运用
革兰阴性细菌，*Escherichia coli*	4.6Mb，单倍体	是	4288	可以	无	很好
细胞性黏菌，*Dictyostelium discoideum*	34Mb，单倍体	是	~12 000	可以	无	很好
出芽酵母，*Saccharomyces cerevisiae*	12.1Mb，单倍体	是	~6604	可以	有	好
裂殖酵母，*Schizosaccharomyces pombe*	14Mb，单倍体	是	~4900	可以	有	好
线虫，*Caenorbabditis elegans*	97Mb，双倍体	是	~18 266	困难	有	很少
果蝇，*Drosophila melanogaster*	180Mb，双倍体	是	~13 338	困难	有	一般
拟南芥，*Arabidopsis thaliana*	100Mb，双倍体	是	~25 706	不可以	有	很少
小鼠，*Mus musculus*	3000Mb，双倍体	是	~25 000	可以	有	好
人，*Homo sapiens*	3000Mb，双倍体	是	~25 000	可以，培养的细胞	有	好

理想的模式生物具有完全测序的基因组，并可用快捷的方法去操控基因，包括通过同源重组的过程用修饰基因去替换基因。从表 1-3-4 可以看出，细胞生物学的常用模式生物均有各自的特点和主要的研究应用领域，单倍体生物在有丝分裂后每个染色体拥有单拷贝，特别适于检测基因改变的结果。多细胞生物共有许多古老而保守的控制细胞和发育的基因，故常被用于研究组织和器官的发育和功能，其中，拟南芥是细胞遗传学研究中最普遍使用的植物，其基因组小，首先被测序，繁殖迅速，且遗传学分析技术较为成熟；果蝇、线虫常用于基础细胞生物学的研究；小鼠和人类有相似的基因组成和发育进程，并有多种自然和诱发的突变种群可供对比研究，是研究人类和哺乳动物的最常用的模式生物。

三、对细胞生物学研究中方法和技术的基本认识

在学习和使用细胞生物学的方法和技术之前，首先应该了解各种方法和技术的基本原理、主要过程和适用范围。认识到所有的技术和方法均有其局限性，每一种仪器都有其优点和弱点，因此，没有任何一种方法或设备在解决科学问题上是万能的和不可替代的。在科学研究中，研究者应该根据具体的研究对象和所处的研究条件，选择最合适的方法组合，设计最佳的技术途径以达到研究目的。具有突破意义的新技术常常来源于不同学科的技术的交汇和融合，例如，GFP 和图像处理分析技术的结合产生了系列的新技术。实践证明，昂贵的设备或者复杂的技术方法在研究中并不一定是最可靠和绝对必要的，而设计巧妙的、简明的技术路线同样可以阐明重大的科学命题。在科学实验的实践过程中，研究者要注意不断地改进所用的工具、方法和技术，使其更加实用和完善，要善于从其他学科领域引入并建立新的技术方法，例如，在对干细胞的研究中，需要设计新方法检测干细胞的潜力，在研究细胞凋亡和衰老的过程中，需要使用特殊的方法组合。更要努力提出和创立新的技术思路或设想，以期对学科的进步做出更多的贡献。

小　结

研究方法和研究工具的不断改进与革新推动着细胞生物学的发展，技术的突破性进步往往带来学科发展的飞跃。

显微成像技术能够使细胞、细胞组分和大分子的微细结构与生命活动成为可视，是细胞生物学形态与功能关系研究的基本工具。

细胞分离技术使细胞、细胞组分和活性分子从活的机体中被分离纯化，这给单独研究它们的功能提供了可能。

体外培养是模拟器官、组织和细胞的体内生活环境并使它们在体外生长、增殖和分化的技术，体外培养不仅可以提供大量的纯化细胞，而且可以研究在相对单纯的因素影响下细胞的各种变化。

细胞化学技术和分子示踪技术使细胞形态观察和组分分析相结合，能在保持组织原位结构的情况下，研究细胞内主要活性大分子的分布及动态变化。

细胞功能基因组学技术适宜于研究细胞的生物化学成分，尤其是生物大分子的性质和功能。其中 PCR 技术、Southern 印迹技术和 Northern 印迹技术等常用的工具，RNAi 技术是研究基因功能的新方法。

其他的细胞操作技术，例如显微操作、基因导入、核融合等也是细胞生物学特有的方法。

越来越多的先进方法和精密设备正用于生命科学的研究，但是，任何技术都有其长处和局限性。应该在熟悉不同的技术和方法的基础上选择最佳的技术途径或技术组合去实现研究的目的。

（李　冰）

Notes

参考文献

1. 陈誉华. 医学细胞生物学. 第5版. 北京:人民卫生出版社,2013.
2. 王培林. 医学细胞生物学. 第2版. 北京:人民卫生出版社,2010.
3. 章静波. 组织和细胞培养技术. 第2版. 北京:人民卫生出版社,2011.
4. Lodish Harvey, Berk Anold, Krice A Kaiser, et al. Molecular Cell Biology. 7th ed. New York: W.H.freeman and Company, 2012.
5. Alberts Bruce, Johnson Alexander, Lewis Julian, et al.Molecular Biology of the Cell. 5th ed. New York: Garland Science, 2008.
6. Marshak DR, Gardner RL, Gottlieb D. Stem Cell Biology. New York: Cold Spring Harbor Laboratory Press, 2004.

第二篇　细胞的结构和功能

第四章　细胞膜与物质穿膜运输

细胞膜(cell membrane)是包围在细胞质表面的一层薄膜,又称质膜(plasma membrane),它将细胞中的生命物质与外界环境分隔开,维持细胞特有的内环境。在原始生命物质进化过程中,细胞膜的形成是关键的一步,没有细胞膜的形成,细胞形式的生命就不能出现。除质膜外,细胞内还有丰富的膜结构,它们形成了细胞内各种膜性细胞器,如内质网、高尔基复合体、溶酶体、线粒体等,统称为细胞内膜系统。这些膜与质膜在化学组成、分子结构和基本功能方面具有很多共性,目前把质膜(图 2-4-1)和细胞内膜系统总称为生物膜(biomembrane)。

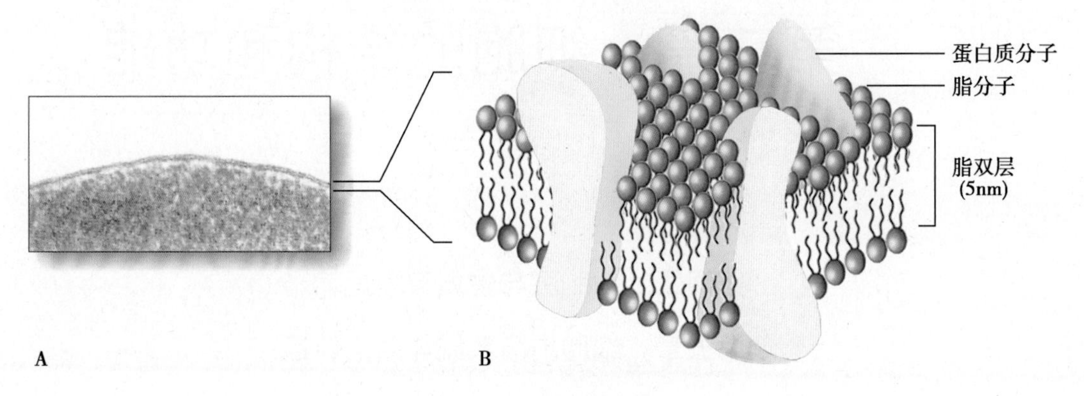

图 2-4-1　细胞膜的结构

A. 人红细胞膜电镜照片;B. 细胞膜三维结构模式图

细胞膜不是一种机械屏障,它不仅为细胞的生命活动提供了稳定的内环境,还行使着物质转运、信号传递、细胞识别等多种复杂功能,并且与生命科学中的许多基本问题,如细胞的增殖、分化、细胞的识别黏附、代谢、能量转换等密切相关,是细胞之间、细胞与细胞外环境之间相互交流的重要通道。细胞膜的改变与多种遗传病、神经退行性疾病、恶性肿瘤等的发生相关。因此,正确认识细胞膜的结构与功能对揭示生命活动的奥秘具有重要意义。

目前,对细胞膜的研究已深入到分子水平,对其化学组成和各组分的作用及不同组分间的相互作用有了新的认识,细胞膜的研究已成为当前细胞生物学和分子生物学的重要研究领域之一。由于细胞膜的许多特性和功能为各种生物膜所共有,因此,通过了解细胞膜的化学组成、生物学特性及其主要功能,亦有助于对其他生物膜的基本认识。

第一节　细胞膜的化学组成与生物学特性

不同类型的细胞其细胞膜的化学组成基本相同,主要由脂类、蛋白质和糖类组成。脂类排列成双分子层,构成膜的基本结构,形成了对水溶性分子相对不通透的屏障;蛋白质以不同方式与脂类结合,构成膜的功能主体;糖类多分布于膜外表面,通过共价键与膜的某些脂类或蛋白质分子结合形成糖脂或糖蛋白。此外,细胞膜中还含有少量水分、无机盐与金属离子等。

一、细胞膜是由脂类和蛋白质构成的生物大分子体系

(一) 膜脂构成细胞膜的结构骨架

细胞膜上的脂类称为膜脂(membrane lipid),约占膜成分的 50%,一个动物细胞的质膜中大约含有 10^9 个膜脂分子,在 1μm×1μm 脂双层范围内,大约有 5×10^6 个膜脂分子。它们主要有三种类型:磷脂、胆固醇和糖脂(glycolipid),其中以磷脂含量为最多(图 2-4-2)。

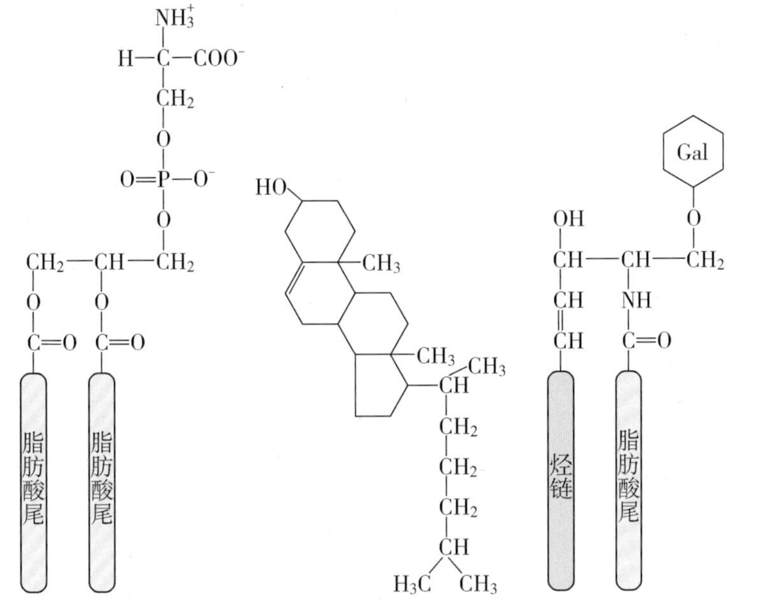

磷脂酰丝氨酸
(磷脂)

胆固醇
(固醇)

半乳糖脑苷脂
(糖脂)

图 2-4-2　三种类型的膜脂分子

1. 磷脂　大多数膜脂分子中都含有磷酸基团,被称为磷脂(phospholipid),占膜脂的 50% 以上。磷脂又可分为两类:甘油磷脂(phosphoglycerides)和鞘磷脂(sphingomyelin,SM)。甘油磷脂主要包括磷脂酰胆碱(卵磷脂)(phosphatidylcholine,PC)、磷脂酰乙醇胺(脑磷脂)(phosphatidylethanolamine,PE)和磷脂酰丝氨酸(phosphalidylserine,PS)。此外,还有一种磷脂是磷脂酰肌醇(phosphatidylinosital,PI),位于质膜的内层,在膜结构中含量很少,但在细胞信号转导中起重要作用。甘油磷脂有着共同的特征:以甘油为骨架,甘油分子的 1、2 位羟基分别与脂肪酸形成酯键,3 位羟基与磷酸基团形成酯键。如果磷酸基团分别与胆碱、乙醇胺、丝氨酸或肌醇结合,即形成上述 4 种类型磷脂分子。这些亲水的小基团在分子的末端与带负电的磷酸基团一起形成高度水溶性的结构域,极性很强,被称为头部基团(head group)或亲水头。磷脂中的脂肪酸链长短不一,通常由 14~24 个碳原子组成,一条烃链不含双键(饱和的),另一烃链含有一个或几个顺式排列的双键(不饱和的),双键处形成一个约 30°角的弯曲。真核生物磷脂中主要的脂肪酸如表 2-4-1 所示。脂肪酸链是疏水的,无极性,称疏水尾。由于磷脂分子具有亲水头和疏水尾,被称为两亲性分子或兼性分子(amphipathic molecule)(图 2-4-3)。

鞘磷脂是细胞膜上唯一不以甘油为骨架的磷脂,在膜中含量较少,但在神经元细胞膜中含量较多。它以鞘氨醇代替甘油,长链的不饱和脂肪酸结合在鞘氨醇的氨基上;分子末端的一个羟基与胆碱磷酸(phosphocholine)结合,另一个游离羟基可与相邻脂分子的极性头部、水分子或膜蛋白形成氢键(图 2-4-4)。目前研究发现,鞘磷脂及其代谢产物神经酰胺、鞘氨醇及 1- 磷酸鞘氨醇参与各种细胞活动,如细胞增殖、分化和凋亡等。神经酰胺是主要的第二信使,1- 磷酸鞘氨醇在细胞外通过 G 蛋白偶联受体起作用,在细胞内与靶蛋白直接作用。

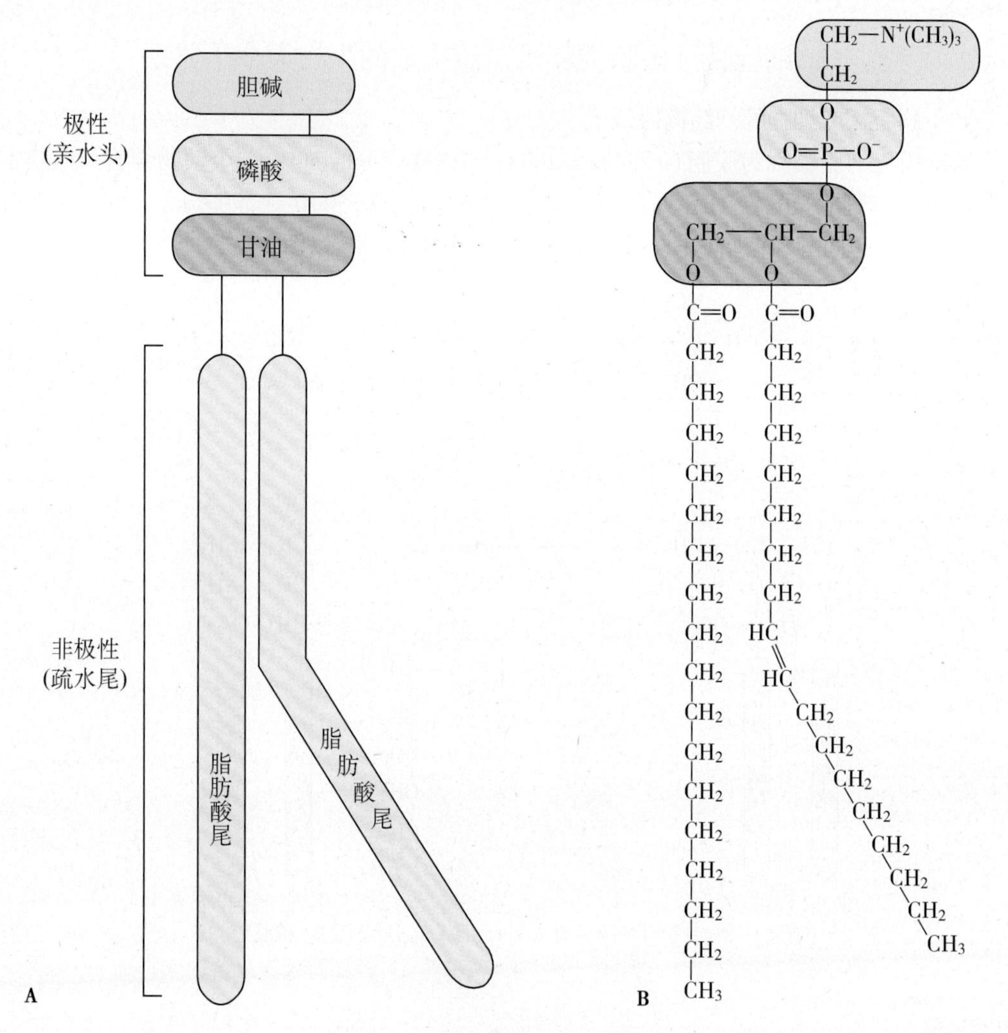

图 2-4-3 磷脂酰胆碱分子的结构

A. 分子结构示意图；B. 结构式

表 2-4-1 真核生物磷脂中主要的脂肪酸

碳原子数	双键数目	名称	分子式
12	0	月桂酸	$CH_3—(CH_2)_{10}—COO^-$
14	0	豆蔻酸	$CH_3—(CH_2)_{12}—COO^-$
16	0	棕榈酸	$CH_3—(CH_2)_{14}—COO^-$
16	1	棕榈油酸	$CH_3—(CH_2)_5—CH=CH—(CH_2)_7—COO^-$
18	0	硬脂酸	$CH_3—(CH_2)_{16}—COO^-$
18	1	油酸	$CH_3—(CH_2)_7—CH=CH—(CH_2)_7—COO^-$
18	2	亚油酸	$CH_3—(CH_2)_4—(CH=CH—CH_2)_2—(CH_2)_6—COO^-$
18	3	亚麻酸	$CH_3—CH_2—(CH=CH—CH_2)_3—(CH_2)_6—COO^-$
20	0	花生酸	$CH_3—(CH_2)_{18}—COO^-$
20	4	花生四烯酸	$CH_3—(CH_2)_4—(CH=CH—CH_2)_4—(CH_2)_2—COO^-$
22	0	正廿二烷酸	$CH_3—(CH_2)_{20}—COO^-$
24	0	正廿四烷酸	$CH_3—(CH_2)_{22}—COO^-$

Notes

磷脂酰乙醇胺　　磷脂酰丝氨酸　　磷脂酰胆碱　　鞘磷脂

图 2-4-4　质膜中的主要磷脂分子结构

2. 胆固醇　胆固醇(cholesterol)是细胞膜中另一类重要的脂类,分子较小,散布在磷脂分子之间。动物细胞膜中胆固醇含量较高,有的膜内胆固醇与磷脂之比可达 1∶1,植物细胞膜中胆固醇含量较少,约占膜脂的 2%。胆固醇也是两亲性分子:极性头部为羟基,靠近相邻磷脂分子的极性头部;中间为固醇环结构,连接一条短的疏水性烃链尾部(见图 2-4-2)。疏水的固醇环扁平富有刚性,固定在磷脂分子邻近头部的烃链上,对磷脂的脂肪酸链尾部的运动具有干扰作用,疏水的烃链尾部埋在脂双层的中央(图 2-4-5)。胆固醇分子对调节膜的流动性、加强膜的稳定性具有重要作用。例如,一种中国仓鼠卵巢细胞突变株(M19),不能合成胆固醇,体外培养时细胞会很快解体,只有在培养基中加入适量胆固醇并掺入到质膜中后,脂双层趋于稳定,细胞才能生存。

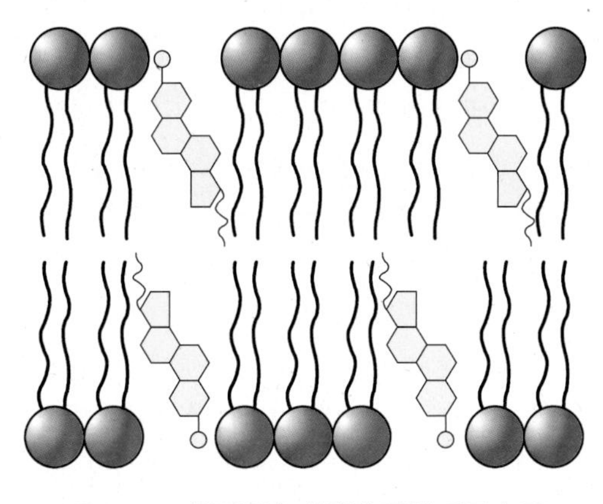

图 2-4-5　胆固醇与磷脂分子关系示意图

膜上胆固醇分子的亲水性末端朝向脂双层的外表面,而大部分结构嵌入磷脂的脂肪酸尾部中。与大多数膜脂不同,胆固醇在脂双层间倾向于均匀分布。

不同生物膜有各自特殊的脂类组成,如哺乳动物细胞膜上富含胆固醇和糖脂,而线粒体膜内富含心磷脂,大肠埃希菌质膜则不含胆固醇(表 2-4-2)。而且,不同类型的脂分子具有特定的头部基团及脂肪酸链,这赋予膜不同的特性。

表 2-4-2　一些生物膜的脂类组成

脂类	人红细胞膜	人髓鞘	牛心线粒体	大肠埃希菌
磷脂酸	1.5	0.5	0	0
磷脂酰胆碱	19	10	39	0
磷脂酰乙醇胺	18	20	27	65
磷酸甘油酯	0	0	0	18
磷脂酰丝氨酸	8.5	8.5	0.5	0

续表

脂类	人红细胞膜	人髓鞘	牛心线粒体	大肠埃希菌
心磷脂	0	0	22.5	12
神经鞘磷脂	17.5	8.5	0	0
糖脂	10	26	0	0
胆固醇	25	26	3	0

注:给出的值是总脂类的质量分数

3. 糖脂　糖脂由脂类和寡糖构成,其含量占膜脂总量的5%以下。糖脂普遍存在于原核和真核细胞膜表面,对于细菌和植物细胞,几乎所有的糖脂均是甘油磷脂的衍生物,一般为磷脂酰胆碱衍生的糖脂;动物细胞膜的糖脂几乎都是鞘氨醇的衍生物,结构似鞘磷脂,称为鞘糖脂,特点是糖基取代了磷脂酰胆碱作为极性的头部,可由1~15个或更多个糖基组成,两条烃链为疏水的尾部(图2-4-6)。

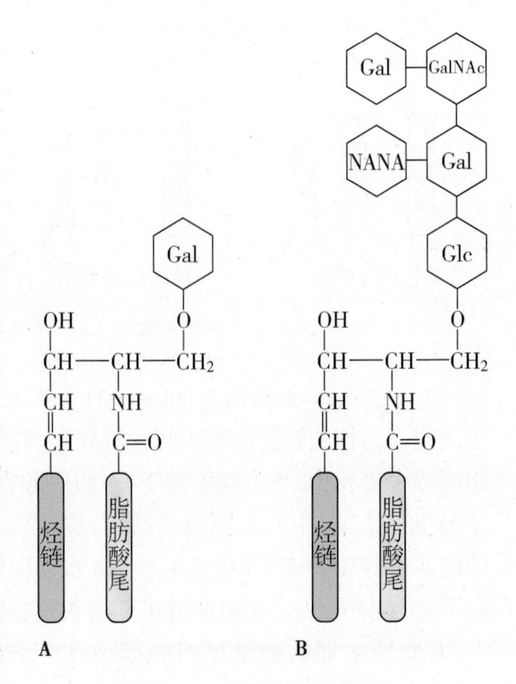

图2-4-6　糖脂的分子结构

A.半乳糖脑苷脂;B. G_{M1} 神经节苷脂(GalNAc: N-乙酰半乳糖胺)

目前已发现40余种糖脂,它们的主要区别在于其极性头部不同,由1个或几个糖残基构成。最简单的糖脂是脑苷脂,其极性头部仅有一个半乳糖(Gal)或葡萄糖(Glc)残基,它是髓鞘中的主要糖脂。比较复杂的糖脂是神经节苷脂,其极性头除含有半乳糖和葡萄糖外,还含有数目不等的唾液酸(也叫做N-乙酰神经氨酸,NANA)。神经节苷脂在神经元的质膜中最为丰富,占总脂类的5%~10%,但在其他类型细胞中含量很少,迄今已鉴定了40多种神经节苷脂。

所有细胞中,糖脂均位于质膜非胞质面,糖基暴露于细胞表面,其作用可能作为细胞表面受体,与细胞识别、黏附及信号转导有关。

膜脂都是两亲性分子,由于极性头部能与水分子形成氢键或静电作用而溶于水,非极性尾部不能与水分子产生相互作用而疏水。所以当这些脂质分子被水环境包围时,它们就自发地聚集起来,使疏水的尾部埋在内面,亲水的头部露在外面与水接触。实验中出现两种存在形式:①形成球状的分子团(micelle),把尾部包藏在里面;②形成双分子层(bilayer),把疏水的尾部夹在头部的中间,为了避免双分子层两端疏水尾部与水接触,其游离端往往能自动闭合,形成充满液体的球状小泡称为脂质体(liposome)(图2-4-7)。人工合成脂质体的直径在25nm~1μm之间,可用于膜功能的研究,例如将蛋白质插入脂质体中,可以在比天然膜更简单的环境中研究其功能。脂质体也可以作为运载体,把药物或DNA包含在其中,转移进细胞研究其生物学作用,在这些研究中,如果将相应的抗体构建到脂质体膜上,脂质体可选择性地结合到靶细胞膜表面,使药物定向作用于靶细胞。

大多数磷脂和糖脂在水溶液中自动形成脂双层(lipid bilayer)结构。脂双层具有作为生物膜理想结构的特点:①构成分隔两个水溶性环境的屏障。脂双层内为疏水性的脂肪酸链,不允许水溶性分子、离子和大多数生物分子自由通过,保障了细胞内环境的稳定。②脂双层是连续的,具有自相融合形成封闭性腔室的倾向,在细胞内未发现有游离边界,形成广泛的连续膜网。当脂双层受损伤时通过脂分子的重新排布可以自动再封闭。③脂双层具有柔性是可变形的,如

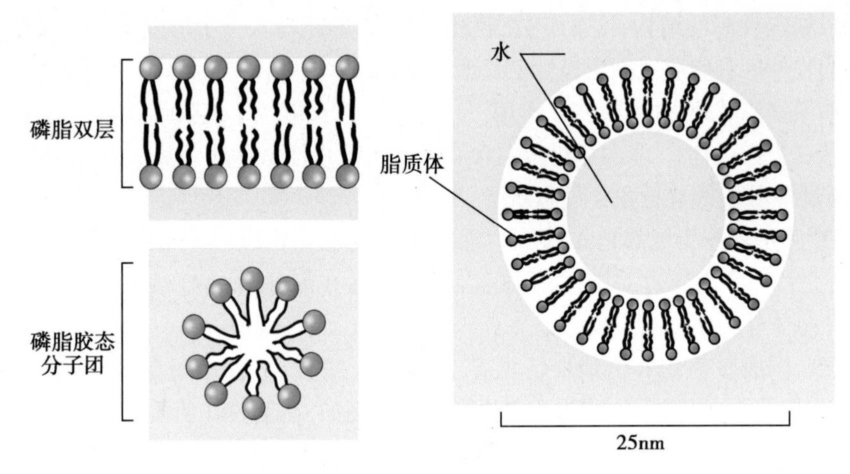

图 2-4-7　磷脂分子团和脂质体结构

在细胞运动、分裂、分泌泡的出芽和融合及受精时都涉及膜的可变形特性。

(二) 膜蛋白以多种方式与脂双分子层结合

虽然脂双层组成细胞膜的基本结构，但细胞膜的不同特性和功能却是由与细胞膜相结合的膜蛋白(membrane protein)决定的。如膜蛋白中有些是运输蛋白，转运特定的分子或离子进出细胞；有些是结合于质膜上的酶，催化与其相关的代谢反应；有些起连接作用，连接相邻细胞或细胞外基质成分；有些作为受体，接受周围环境中激素及其他化学信号，并转导至细胞内引起相应的反应。

在不同细胞中膜蛋白的含量及类型有很大差异。如线粒体内膜上有电子传递链，氧化磷酸化相关蛋白位于其中，故膜蛋白质含量较高，约占 75%。而髓鞘主要起绝缘作用，膜蛋白的含量低于 25%。一般的细胞膜中蛋白质含量介于两者之间，约占 50%。由于脂类分子比蛋白质分子小，在蛋白质含量占 50% 的膜内，蛋白质与脂类分子数目比例约为 1∶50。

根据膜蛋白与脂双层结合的方式不同，膜蛋白可分为三种基本类型：(膜)内在蛋白(intrinsic protein)或整合蛋白(integral protein)、(膜)外在蛋白(extrinsic protein)和脂锚定蛋白(lipid anchored protein)(图 2-4-8)。

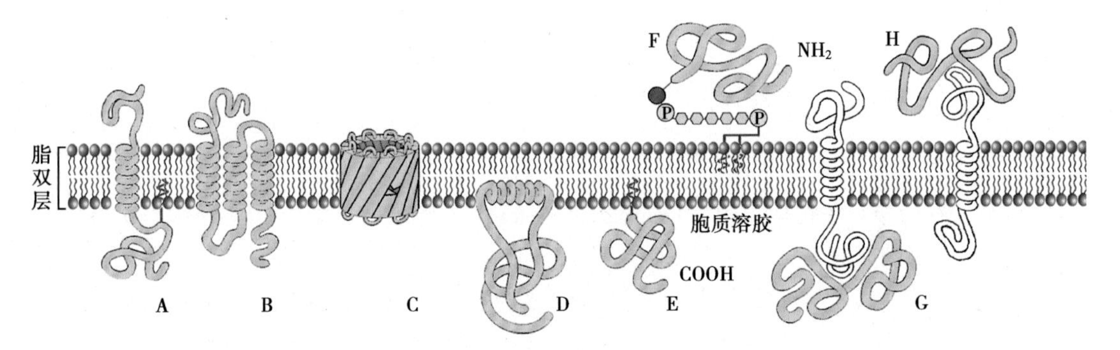

图 2-4-8　膜蛋白在膜中的几种结合方式

A~C. 穿膜蛋白，以一次或多次穿膜的 α 螺旋或 β 筒形式；D. 位于胞质侧，通过暴露于蛋白质表面的 α 螺旋的疏水面与胞质面脂单层相互作用而与膜结合；E. 位于胞质侧的脂锚定蛋白，以共价键直接与胞质面脂单层中的脂肪酸链结合；F. 位于质膜外表面的脂锚定蛋白 GPI；G，H. 膜外在蛋白，与膜脂的极性头部或内在蛋白亲水区以非共价键相互作用间接与膜结合

1. 膜内在蛋白　又称穿膜蛋白(transmembrane protein)，占膜蛋白总量的 70%~80%，也是两亲性分子。分为单次穿膜(见图 2-4-8A)、多次穿膜(见图 2-4-8B)和多亚基穿膜蛋白三种类型。单次穿膜蛋白的肽链只穿过脂双层一次，穿膜区一般含有 20~30 个疏水性氨基酸残基，以 α 螺旋构象穿越脂双层的疏水区。因为 α 螺旋构象允许在相邻的氨基酸残基中形成最大数量的氢

键，从而形成稳定性高的结构，这对于被脂酰链包围而不能与水分子形成氢键的穿膜多肽尤其重要；亲水的胞外区和胞质区则由极性氨基酸残基构成，它们暴露在膜的一侧或两侧，可与水溶性的物质（如激素或其他蛋白质）相互作用。一般肽链的 N 端位于细胞膜外侧，但也有相反定位的例子（如转铁蛋白受体）。多次穿膜蛋白含有多个由疏水性氨基酸残基组成的穿膜序列（可多达 14 个），通过多个 α 螺旋构象穿过脂双层。

大多数穿膜蛋白穿膜域都是 α 螺旋构象，也有的穿膜蛋白以 β- 片层（β-pleated sheet）构象穿膜。β- 折叠片层多次穿过质膜，并围成筒状结构，称 β 筒（β-barrel）（见图 2-4-8C），主要存在于线粒体、叶绿体外膜和细菌质膜中。

目前发现，围成 β 筒的 β 链最少是 8 条，最多可达 22 条，它们之间有氢键连接。有些 β 筒在质膜上起运输蛋白的作用，被称为孔蛋白（porin）。例如，在荚膜红菌质膜上的孔蛋白是由 16 条反向平行 β- 折叠片层捲曲围成筒状，穿越脂双层，其中心有一个"充水通道"可选择性地允许水溶性小分子通过脂双层。在这种 β 筒结构中，极性氨基酸侧链衬在水性通道内侧，非极性氨基酸侧链朝向 β 筒外侧并与脂双层的疏水核心相互作用。另一些 β 筒，如在 *E.coli* 质膜上的 FepA 蛋白，并不形成水性通道，而是通过构象变化特异性地转运铁离子。目前已知并不是所有的 β 筒蛋白都是膜运输蛋白，有些较小的 β 筒作为受体或酶发挥作用，这时的筒状结构是作为蛋白锚定在膜上的装置（图 2-4-9）。

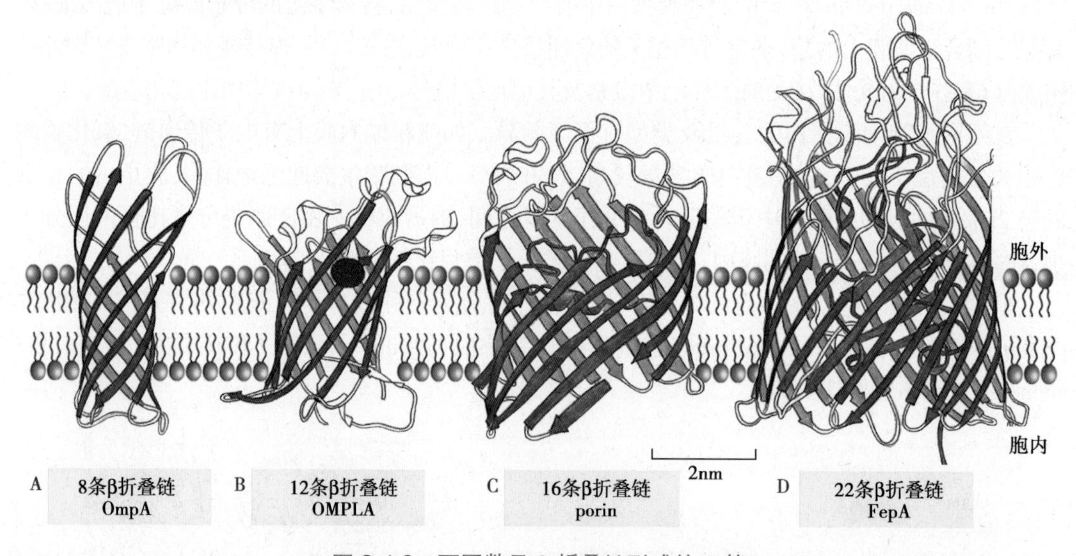

图 2-4-9 不同数目 β 折叠链形成的 β 筒

2. **膜外在蛋白** 又称周边蛋白（peripheral protein），占膜蛋白总量的 20%~30%。是一类与细胞膜结合比较松散的不插入脂双层的蛋白质，分布在质膜的胞质侧或胞外侧。一些周边蛋白通过非共价键（如弱的静电作用）附着在脂类分子头部极性区或穿膜蛋白亲水区的一侧，间接与膜结合（见图 2-4-8G、H）；一些周边蛋白位于膜的胞质一侧，通过暴露于蛋白质表面的 α 螺旋的疏水面与脂双层的胞质面单层相互作用而与膜结合（见图 2-4-8D）。有时周边蛋白与穿膜蛋白难以截然区分，因为许多穿膜蛋白是由几条多肽链组成，其中一些穿越脂双层，另一些驻留在外周。周边蛋白为水溶性蛋白，它与膜的结合较弱，使用一些温和的方法，如改变溶液的离子浓度或 pH，干扰了蛋白质之间的相互作用，即可将它们从膜上分离下来，而不需破坏膜的基本结构。

周边蛋白与膜之间通常有一种动态关系，根据功能的需要募集到膜上或者从膜上释放出去。质膜内表面的一些周边蛋白有的作为酶或传递穿膜信号的因子发挥作用，与质膜外表面相连的一些周边蛋白通常是细胞外基质的主要成分。

3. **脂锚定蛋白** 又称脂连接蛋白（lipid-linked protein）。这类膜蛋白可位于膜的两侧，很像周边蛋白，但与其不同的是脂锚定蛋白以共价键与脂双层内的脂分子结合。

Notes

脂锚定蛋白以两种方式通过共价键结合于脂类分子。一种位于质膜胞质一侧，一些细胞内信号蛋白直接与脂双层中的某些脂肪酸链（如豆蔻酸、棕榈酸）或异戊二烯基（prenyl group）形成共价键而被锚定在脂双层上。例如，大多数的 Src 激酶是通过 N 端的甘氨酸残基（Gly）与脂双层的胞质面脂单层中的豆蔻酸和棕榈酸分别形成共价键而牢固地附着在质膜上；Ras 通过其在 C 端附近的一个或两个半胱氨酸残基（Cys）分别与异戊二烯基和棕榈酸形成共价键而被锚定在质膜的胞质面。这种锚定的发生与正常细胞恶性转化有关（见图 2-4-8E）。另外，在信号转导中起重要作用的 G 蛋白也是脂锚定蛋白，绝大部分的 G_{α} 具有棕榈酰化修饰，且棕榈酰化的位点都在 N 端。

另一种方式是位于质膜外表面的蛋白质，通过共价键与脂双层外层中磷脂酰肌醇分子相连的寡糖链结合而锚定到质膜上，所以又称为糖基磷脂酰肌醇锚定蛋白（glycosylphosphatidylinositol linked protein，GPI）。这种连接主要是通过蛋白质的 C 端与寡糖链共价结合，从而间接同脂双层结合（见图 2-4-8F）。膜蛋白的这种锚定形式与穿膜蛋白相比，在理论上有许多优点。由于它们在膜上的运动性增大，有更多的侧向运动能力，有利于和其他胞外信号分子更快地结合和反应。GPI- 锚定蛋白分布极广，目前有 100 多种蛋白已被确定是 GPI- 锚定蛋白，包括多种水解酶、免疫球蛋白、细胞黏附分子、膜受体等。

为了研究膜蛋白的结构、性质和功能，首先需要将其从细胞膜上分离出来，纯化后进行研究。由于穿膜蛋白具有疏水穿膜区，很难以可溶形式分离。要分离内在蛋白，需使用能干扰疏水作用并能破坏脂双层的试剂，一般常使用去垢剂（detergent）。

十二烷基磺酸钠（SDS）为常用的离子型去垢剂，它是两亲性的脂质样分子，有一个带电的亲水区和一个疏水区（烃链）（图 2-4-10）。当用高浓度的去垢剂与膜混合时，去垢剂分子的疏水区替代磷脂分子与穿膜蛋白的疏水区结合，也与磷脂分子的疏水尾部结合，由此把穿膜蛋白与磷脂分开。由于 SDS 的极性端带电荷（离子型）更易溶于水，所以形成了去垢剂—蛋白质复合物进入溶液中而将膜蛋白分离出来（图 2-4-11）。蛋白质经分离、纯化后，就可以用多种手段进行分析，

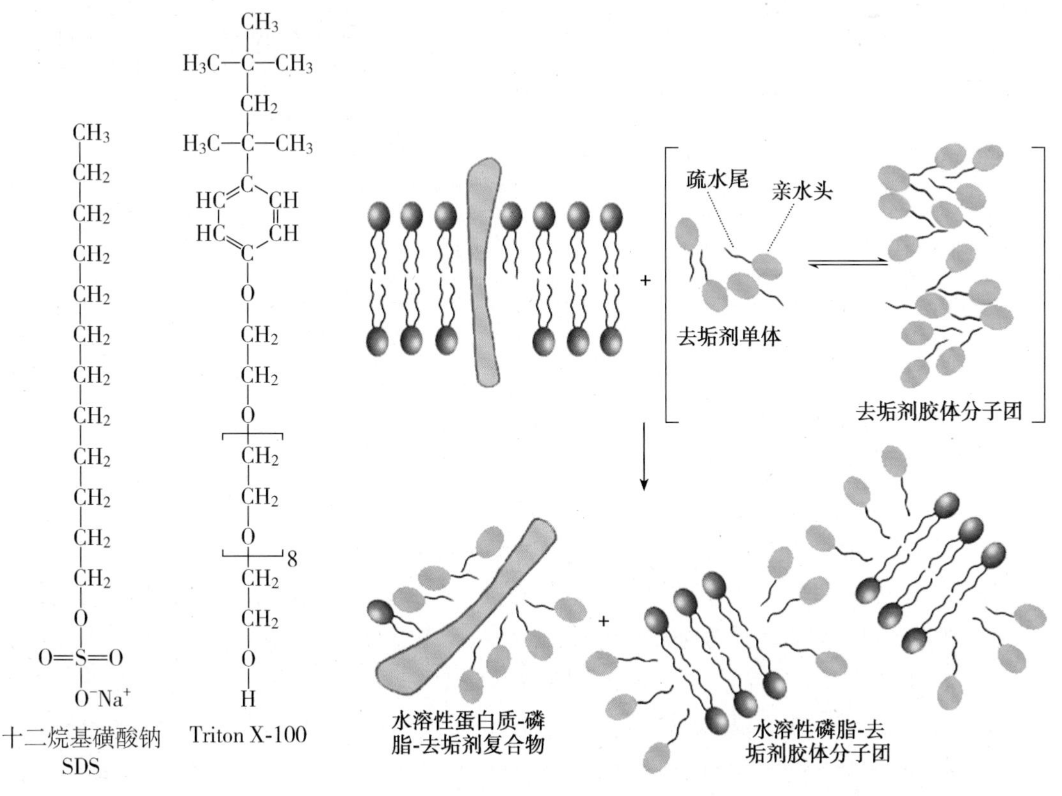

图 2-4-10　两种常用去垢剂的分子结构

图 2-4-11　去垢剂分离膜蛋白的作用方式

Notes 

确定其相对分子量、氨基酸组成、氨基酸序列等。SDS对蛋白质的作用较强烈，能使蛋白质解折叠引起变性，不利于对其进行功能研究。为获得有功能的膜蛋白，可采用非离子型去垢剂。

Triton X-100是非离子型去垢剂，它的极性端不带电荷，它与SDS对膜蛋白的作用方式类似，也可使细胞膜崩解，但对蛋白质的作用比较温和。它不仅用于膜蛋白的分离与纯化，也用于去除细胞内膜系统，以便对细胞骨架和其他蛋白质进行研究。去垢剂破坏脂双层后，形成蛋白质-脂分子-去垢剂复合物，使蛋白质进入溶液中而将膜蛋白分离出来。磷脂也被去垢剂溶解。

框4-1 红细胞膜骨架与遗传性溶血性贫血

目前研究得比较清楚的是红细胞膜内表面由周边蛋白构成的膜骨架，膜骨架内某些周边蛋白的异常与遗传性溶血性贫血的发生相关。实验将红细胞放置到稀释（低渗）的盐溶液中，细胞会吸水而胀破，血红蛋白流出细胞外，只留下质膜"血影"（ghost）。分离出红细胞膜后，用含有去垢剂SDS的聚丙烯酰氨凝胶电泳（PAGE）分离并纯化各种膜蛋白。

根据电子显微镜的形态观察和对纯化的膜蛋白相互作用关系的研究，目前已清楚地了解到，红细胞膜内表面的周边蛋白在该处相互连接，形成网状，锚定于质膜内表面，延伸至整个细胞，形成膜骨架（membraneskeleton），给膜提供机械支持。红细胞膜骨架的主要成分是一种约100′的纤维蛋白，称为血影蛋白（spektrin），是由α链和β链相互缠绕组成的异源二聚体，两个这样的二聚体又头对头连接，形成一个长200′具有柔韧性和弹性的四聚体纤维。已有证据表明，以四聚体形式存在血影蛋白通过三种方式与质膜结合，从而锚定在膜上：①它可以通过非共价键与另外一种周边蛋白锚蛋白（ankyrin）结合，而锚蛋白与膜上多次穿膜的带3蛋白的胞质区结合；②它还可以通过N端带正电荷的带4.1蛋白（band 4.1）与膜上带负电荷的单次穿膜血型糖蛋白（glycophorin）以静电吸引稳定地结合，这样就将网状的血影蛋白与质膜的内在蛋白连接起来；③血影蛋白还可以直接通过静电作用与质膜内表面带负电的磷脂酰丝氨酸（PS）结合。血影蛋白的一端锚定于膜上，另一端通过肌动蛋白连接成网状并充满整个细胞（图2-4-12）。血影蛋白的四聚体通过短的肌动蛋白与膜上的其他蛋白相结合形成连接复合体（junctional complexes），连接复合体包含13肌动蛋白单体、带4.1蛋白、原肌球蛋白和内收蛋白。血影蛋白纤维以五边形或六边形排列相互连接成网络，使红细胞膜具有必要的强度、弹性和柔韧性，如果从红细胞膜中除去周边蛋白，细胞膜将断裂成小泡。因此，红细胞膜骨架在决定红细胞的双凹外形、抵抗其穿越毛细血管时的挤压力及维持红细胞膜的完整性方面具有重要作用。当初发现血影蛋白-肌动蛋白网架时，曾认为它是唯一与红细胞独特外形和膜机械性相适应的结构，但目前了解到，其他有核细胞如小肠上皮细胞、肌细胞、精子和成纤维细胞等的质膜下方也存在着类似的网架结构。

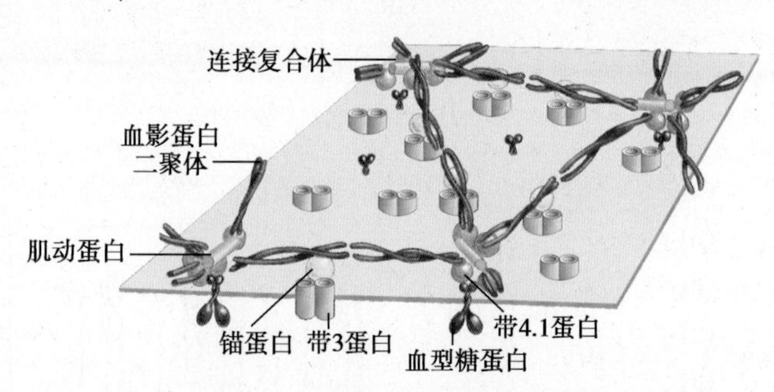

图2-4-12 血影蛋白网架结构模式图

某些溶血性贫血患者，如遗传性球形红细胞增多症（hereditary spherocytosis，HS）的主要缺陷是血影蛋白缺乏或带3蛋白缺乏引起；遗传性椭圆形红细胞增多症（hereditary elliptocytosis，HE）主要是由于血影蛋白的α链或β链异常，不能形成正常的四聚体。这些患者体内的红细胞由于不能形成正常支持膜脂的膜骨架网，导致红细胞失去双凹盘状外形，呈球形或椭圆形，膜脆性增加及变形性能降低，在通过直径比其自身小的脾微循环

Notes

时易滞留破碎，被吞噬细胞吞噬，引起溶血性贫血。这些红细胞膜蛋白遗传缺陷所致的先天性溶血性贫血，涉及多种引起血影蛋白或锚蛋白结构和功能改变的基因突变。对有严重贫血的患者，临床治疗上考虑脾切除，虽然术后细胞膜缺陷的红细胞依然存在，但由于除去了主要破血场所，红细胞寿命得以延长，贫血得到纠正。

（三）膜糖类覆盖细胞膜表面

细胞膜中含有一定量的糖类，由于种属和细胞类型不同，糖类占质膜重量的2%~10%。如红细胞膜中的糖类占膜总重量的8%。膜糖（membrane carbohydrate）中93%的糖以低聚糖或多聚糖链形式共价结合于膜蛋白上形成糖蛋白，糖蛋白上的糖基化主要发生在天冬酰胺(N-连接)，其次是在丝氨酸和苏氨酸（O-连接）残基上，并且经常几个位点同时发生糖基化。7%的膜糖以低聚糖链共价结合于膜脂上形成糖脂。大部分暴露于细胞表面的膜蛋白都带有多个寡糖侧链，而脂双层外层中每个糖脂分子只带1个寡糖侧链，质膜上所有的糖链都朝向细胞表面。自然界中存在的单糖及其衍生物有200多种，在动物细胞膜中主要有7种：D-葡萄糖、D-半乳糖、D-甘露糖、L-岩藻糖、N-乙酰半乳糖胺，N-乙酰葡萄糖胺及唾液酸。由于寡糖链中单糖的数量、种类、排列顺序以及有无分支等不同，低聚糖或多聚糖链出现了千变万化的组合形式。唾液酸常见于糖链的末端，真核细胞表面的净负电荷主要由它形成。

在大多数真核细胞表面有富含糖类的周缘区，称为细胞外被（cell coat）或糖萼（glycocalyx），用重金属染料钌红染色后，在电镜下可显示其为厚10~20nm的结构，边界不甚明确。细胞外被中的糖类主要包括与糖蛋白和糖脂相连的低聚糖侧链，同时也包括被分泌出来又吸附于细胞表面的糖蛋白与蛋白聚糖的多糖侧链。这些吸附的大分子是细胞外基质的成分，所以细胞膜的边缘与细胞外基质的界限是难于区分的。

现在细胞外被一般用来指与质膜相连接的糖类物质，即质膜中的糖蛋白和糖脂向外表面延伸出的寡糖连部分，因此，细胞外被实质上是质膜结构的一部分。而把不与质膜相连接的细胞外覆盖物称为细胞外物质或胞外结构。

细胞外被的基本功能是保护细胞抵御各种物理、化学性损伤，如消化道、呼吸道等上皮细胞的细胞外被有助于润滑、防止机械损伤，保护黏膜上皮不受消化酶的作用。糖链末端富含带负电荷的唾液酸，能捕集Na^{+}、Ca^{2+}等阳离子并吸引大量的水分子，使细胞周围建立起水盐平衡的微环境。糖脂及糖蛋白中低聚糖侧链的功能大多还不清楚，但根据寡糖链的复杂性及其所处的位置提示它们参与细胞间及细胞与周围环境的相互作用，如参与细胞的识别、黏附、迁移等功能活动。

二、细胞膜的生物学特性是不对称性和流动性

细胞膜是由脂双分子层和以不同方式与其结合的蛋白质构成的生物大分子体系，它不仅具有包围细胞质，形成“屏障”的作用，还执行物质运输、信号传递、细胞识别和能量转换等多种重要功能。这和细胞膜的分子结构和组成特性有关，细胞膜的主要特性是膜的不对称性和流动性。

（一）膜的不对称性决定膜功能的方向性

膜的不对称性（membrane asymmetry）是指细胞膜中各种成分的分布是不均匀的，包括种类和数量上都有很大差异，这与细胞膜的功能有密切关系。

1. 膜脂的不对称性　多项实验分析了各种膜脂双层的化学组成，发现各种膜脂在脂双层内、外两单层中的分布是不同的。例如，在人红细胞膜中，绝大部分的鞘磷脂和磷脂酰胆碱位于脂双层的外层中，而在内层中磷脂酰乙醇胺、磷脂酰丝氨酸和磷脂酰肌醇含量较多。如图2-4-13所示，这些磷脂虽然在脂双层中都有分布，但含量比例上存在较大差异。胆固醇在红细胞膜内、外脂单层中分布的比例大致相等。细胞膜中糖脂均位于脂双层非胞质面。

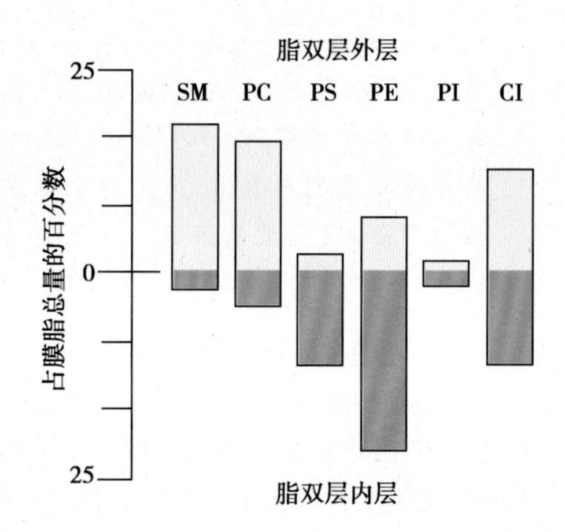

图 2-4-13 人红细胞膜中几种膜脂的不对称分布

另外，不同膜性细胞器中脂类成分的组成和分布不同。如质膜中一般富含鞘磷脂、磷脂酰胆碱和胆固醇等；核膜、内质网膜和线粒体外膜则富含磷脂酰胆碱、磷脂酰乙醇胺、磷脂酰肌醇；线粒体内膜富含心磷脂。由于鞘磷脂在高尔基复合体中合成，所以其膜中鞘磷脂的含量约是内质网膜中的 6 倍。正是由于存在膜脂组分分布的差异，使细胞内的生物膜具有不同的特性和功能。

膜脂组分不对称性分布的生物学意义尚不完全明确，但已知不同的膜脂组分应与膜的特定功能相一致。例如具有极性的小肠吸收上皮细胞，在基底外侧面（basolateral surface）的质膜中，鞘脂与甘油磷脂与胆固醇之比是 0.5∶1.5∶1，大致与非极性细胞膜中的比值相同，但在朝向肠腔的游离面质膜中，这三种膜脂之比为 1∶1∶1。其中鞘脂比例的增加，可能是鞘氨醇分子中自由羟基间广泛形成的氢键有利于增加膜的稳定性，因为游离面质膜易受更多的刺激。脂双层中的一些脂类分子（如磷脂酰肌醇）可以为特定蛋白质提供结合位点，对保持膜蛋白在脂双层中的正确定位和极性有重要作用。另外，膜脂的不对称分布使脂双层内、外两层流动性有所不同。

2. 膜蛋白的不对称性 膜蛋白分布是绝对不对称的，各种膜蛋白在质膜中都有一定的位置。如血影蛋白分布于红细胞膜内侧面，酶和受体多位于质膜的外侧面，如 5′- 核苷酸酶、磷酸酯酶、激素受体、生长因子受体等，而腺苷酸环化酶则位于质膜的内侧胞质面。用冷冻蚀刻技术显示细胞膜的两个剖面，可清楚地看到膜蛋白在脂双层内、外两层中的分布有明显差异。如红细胞膜 P 面（protoplasmic face）内蛋白颗粒为 2800 个 /μm^2，E 面（ectoplasmic face）内蛋白颗粒只有 1400 个 /μm^2。

穿膜蛋白穿越脂双层都有一定的方向性，这也造成其分布的不对称性。例如，红细胞膜上的血型糖蛋白肽链的 N 端伸向质膜外侧，C 端在质膜内侧胞质面；带 3 蛋白肽链的 N 端则在质膜内侧胞质面。膜蛋白的不对称性还表现在穿膜蛋白的两个亲水端，其肽链长度、氨基酸的种类和顺序都不同，有的在膜外侧有活性位点，有的在膜内侧有活性位点。

另外，对于有极性的细胞，相邻细胞间的紧密连接将上皮细胞的质膜分成游离面和基底外侧面两个不同的功能区，这两个区域存在很大差异，有着不同的脂类和蛋白质组成。

3. 膜糖的不对称性 膜糖类的分布具有显著的不对称性。细胞膜糖脂、糖蛋白的寡糖侧链只分布于质膜外表面（非胞质面），而在内膜系统，寡糖侧链都分布于膜腔的内侧面（非胞质面）。

膜脂、膜蛋白及膜糖分布的不对称性与膜功能的不对称性和方向性有密切关系，具有重要的生物学意义，膜结构上的不对称性保证了膜功能的方向性和生命活动的高度有序性。如红细胞膜表面糖脂的寡糖链决定了 ABO 血型；许多激素的受体位于质膜的外侧，接受细胞外信号并向细胞内传递；当细胞发生凋亡时（如衰老的淋巴细胞），原本位于脂双层内层的磷脂酰丝氨酸翻转到外层，成为巨噬细胞识别并吞噬凋亡细胞的信号。

（二）膜的流动性是膜功能活动的保证

膜的流动性（fluidity）是细胞膜的基本特性之一，也是细胞进行生命活动的必需条件。膜是一个动态的结构，其流动性主要是指膜脂的流动性和膜蛋白的运动性。

1. 脂双层为液晶态二维流体 细胞内外的水环境使得膜脂分子不能自脂双层中逸出，在温和的温度下（37℃），膜脂分子在脂单层（lipid leaflet）平面内可以前后左右运动和彼此之间交换位置，脂类是以相对流动状态存在，但分子长轴基本平行、排列保持一定方向，此时的膜可以看

Notes

作二维流体。作为生物膜主体的脂双层它的组分既有固体分子排列的有序性，又有液体的流动性，这一两种特性兼有的居于晶态和液态之间的状态，即液晶态（liquid-crystal state）是细胞膜极为重要的特性。

在生理条件下，膜大多呈液晶态。在温度下降到一定程度（<25℃），到达某一点时，脂双层的性质会明显改变，它可以从流动的液晶态转变为"冰冻"的晶状凝胶，这时磷脂分子的运动将受到很大限制；当温度上升至某一点时又可以熔融为液晶态。所以，把这一临界温度称为膜的相变温度。由于温度的变化导致膜状态的改变称为"相变"（phase transition）。在相变温度以上，膜处于流动的液晶态。

膜的流动性是膜功能活动的保证。如果膜是一种刚性、有序的结构则无法产生运动；而一个完全液态，毫无黏性的膜会使各种膜成分无序排列，无法组织成结构，也不能提供机械支持。膜的液晶态在这两者之间达到完美折中。除此之外，有了膜的流动性，膜蛋白可以在膜的特定位点聚集形成特定结构或功能单位，以完成如细胞连接建立、信号转导等多种功能活动。许多基本的生命活动，包括细胞的运动、生长分裂，物质转运、分泌和吞噬等作用，都取决于膜组分的运动。如果膜是一种刚性、非液态结构，这些行为都不可能发生。

2. 膜脂分子的运动方式　20世纪70年代，对人工合成的脂双层膜的研究证明，膜脂的单个分子能在脂双层平面自由扩散。应用差示扫描量热术、磁共振、放射性核素标记等多种技术检测膜脂分子的运动，结果表明，在高于相变温度的条件下，膜脂分子具有以下几种运动方式（图2-4-14）。

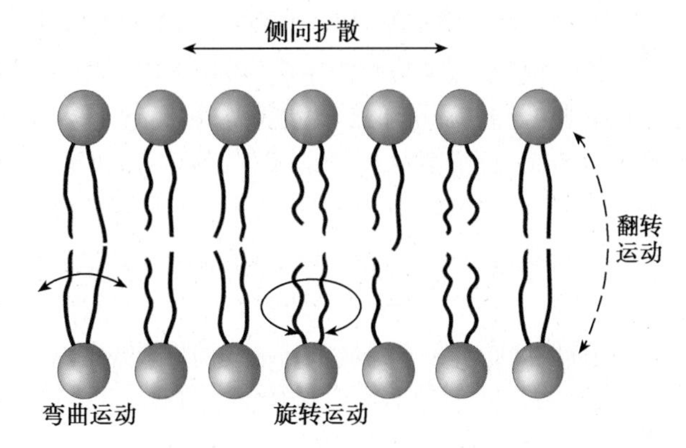

图2-4-14　膜脂分子的几种运动方式

（1）侧向扩散（lateral diffusion）：侧向扩散是指在脂双层的单分子层内，脂分子沿膜平面侧向与相邻分子快速交换位置，每秒约10^7次。侧向扩散运动是膜脂分子主要的运动方式，实验表明，处于液晶态的脂双层在30℃时其脂类分子的侧向扩散系数（D）约为$10^{-8}cm^2/s$，此数值说明一个磷脂分子可以在1秒内从细菌的一端扩散到另一端（1μm）或在20秒内迁移大约一个动物细胞直径这样的距离。这种运动始终保持脂类分子的排列方向，亲水的头部基团朝向膜表面，疏水的尾部朝向膜的内部。

（2）翻转运动（flip-flop）：是指膜脂分子从脂双层的一单层翻转至另一单层的运动。一般情况下很少发生，因为当发生翻转运动时，磷脂的亲水头部基团将穿过膜内部的疏水层，克服疏水区的阻力方能抵达另一个层面，这在热力学上是很不利的。但内质网膜上有一种翻转酶（flippase），它能促使某些新合成的磷脂分子从脂双层的胞质面翻转到非胞质面。这些酶在维持膜脂的不对称分布中起作用。

（3）旋转运动（rotation）：是膜脂分子围绕与膜平面相垂直的轴的自旋运动。

（4）弯曲运动（flexion）：膜脂分子的烃链是有韧性和可弯曲的，分子的尾部端弯曲、摆动幅度大，而靠近极性头部弯曲摆度幅度小。此外，膜脂脂肪酸链沿着双分子层平面相垂直的轴还可进行伸缩、振荡运动。

3. 影响膜脂流动性的因素　膜脂的流动性对于膜的功能具有重要作用，它必须维持在一定范围内才能保证膜的正常生理功能。脂双层的流动性主要依赖于其组分和脂分子本身的结构特性，影响其流动性的主要因素如下：

（1）脂肪酸链的饱和程度：相变温度的高低和流动性的大小决定于脂类分子排列的紧密程度。已知磷脂分子疏水尾部间的范德华力和疏水性相互作用使得它们相互聚集。磷脂分子长

的饱和脂肪酸链呈直线形，具有最大的聚集倾向而排列紧密成凝胶状态；而不饱和脂肪酸链在双键处形成折屈呈弯曲状，干扰了脂分子间范德华力的相互作用，所以排列比较疏松，从而增加了膜的流动性。可以看出，脂双分子层中含不饱和脂肪酸越多，膜的相变温度越低，其流动性也越大。一些受外界环境温度影响的细胞，主要通过代谢来调节其膜脂脂肪酸链不饱和程度。如当环境温度降低时，细胞通过一种去饱和酶（desaturases）催化将单键去饱和形成双键，或通过磷脂酶和脂酰转移酶在不同磷脂分子间重组脂肪酸链以产生含两个不饱和脂肪酸链的磷脂分子，这是细胞适应环境温度变化而调节其流动性的主要途径。

（2）脂肪酸链的长短：脂肪酸链的长短与膜的流动性有关。脂肪酸链短的相变温度低，流动性大。这是因为脂肪酸链越短则尾端越不易发生相互作用，在相变温度以下，不易发生凝集而增加了流动性；长链尾端之间不仅可以在同一分子层内相互作用，而且可以与另一分子层中的长链尾端作用，使膜的流动性降低。

（3）胆固醇的双重调节作用：动物细胞膜含较多的胆固醇，与磷脂分子数相近，对膜的流动性起重要的双重调节作用。当温度在相变温度以上时，由于胆固醇分子的固醇环与磷脂分子靠近极性头部的烃链部分结合限制了这几个 CH_2 的运动，起到稳定质膜的作用。当温度在相变温度以下时，由于胆固醇位于磷脂分子之间隔开磷脂分子，可有效地防止脂肪酸链相互凝聚，干扰晶态形成。动物细胞膜中所含胆固醇的量可以有效地防止低温时膜流动性的突然降低。

（4）卵磷脂与鞘磷脂的比值：哺乳动物细胞中，卵磷脂和鞘磷脂的含量约占膜脂的50%，其中卵磷脂的脂肪酸链不饱和程度高，相变温度较低，鞘磷脂则相反，其脂肪酸链饱和程度高，相变温度也高，且范围较宽（25~35℃）。在37℃时，卵磷脂和鞘磷脂两者均呈流动状态，但鞘磷脂的黏度却比卵磷脂大6倍，因而鞘磷脂含量高则流动性降低。在细胞衰老过程中，细胞膜中卵磷脂与鞘磷脂的比值逐渐下降，其流动性也随之降低。

（5）膜蛋白的影响：膜脂结合膜蛋白后对膜的流动性有直接影响。膜蛋白嵌入膜脂疏水区后，使周围的脂类分子不能单独活动而形成界面脂（嵌入蛋白与周围脂类分子结合而形成），嵌入的蛋白越多，界面脂就越多，膜脂的流动性越小，但膜脂与某些内在蛋白的结合是可逆的。另一方面，在含有较多内在蛋白的膜中，存在由内在蛋白分割包围的富脂区（lipid-rich region），磷脂分子只能在一个富脂区内自由扩散，而不能扩散到邻近的富脂区。在成纤维细胞的质膜，富脂区直径大约为0.5μm。

除上述因素外，膜脂的极性基团、环境温度、pH、离子强度等均可对膜脂的流动性产生一定的影响。如环境温度越高，膜脂流动性越大，在相变温度范围内，每下降10℃，膜的黏度增加3倍，因而膜流动性降低。

4. 膜蛋白的运动性 分布在膜脂二维流体中的膜蛋白也有发生分子运动的特性，其主要运动方式是侧向扩散和旋转运动。这两种分子运动方式与膜脂分子相似，但移动速度较慢。

（1）侧向扩散（lateral diffusion）：许多实验证明，膜蛋白在膜脂中可以自由漂浮和在膜表面扩散。1970年，霍普金斯大学的 Larry Frye 和 Michael Edidin 用细胞融合和间接免疫荧光法证明，膜抗原（即膜蛋白）在脂双层二维平面中可以自由扩散。他们把体外培养的人和小鼠的成纤维细胞进行融合，观察人 - 小鼠杂交细胞表面抗原分布的变化（图2-4-15）。融合前，用发绿色荧光的荧光素标记小鼠成纤维细胞的特异性抗体，人成纤维细胞的特异性抗体用发红色荧光的荧光素标记。被标记的抗体分别与小鼠和人成纤维细胞膜上的抗原相结合。当这两种细胞在融合剂的作用下刚发生融合时，膜抗原蛋白只限于各自的细胞膜部分，人细胞一侧呈红色荧光，小鼠细胞一侧呈绿色荧光。37℃继续培养40分钟后，两种颜色的荧光在整个杂交细胞膜上均匀分布。这说明膜抗原蛋白在膜平面内经扩散运动而重新分布。但在低温条件下（1℃），膜抗原则基本停止运动。

目前测定膜蛋白的侧向扩散常采用光致漂白荧光恢复法(fluorescence recovery after photobleaching,

FRAP)。这种方法是利用激光,使膜上某一微区结合有荧光素的膜蛋白被不可逆地漂白之后,当其他部位未被激光漂白的带有荧光的膜蛋白,由于侧向扩散,不断地进入这个被漂白的微区时,荧光又恢复。可用其恢复速度计算蛋白质分子的侧向扩散速率。不同膜蛋白其扩散速率不同,扩散系数(D)为 5×10^{-9}~$1\times10^{-12}cm^2/s$。所以一个分子量为 100kD 的内在蛋白,其扩散系数仅为膜脂扩散系数的 1/2 左右。

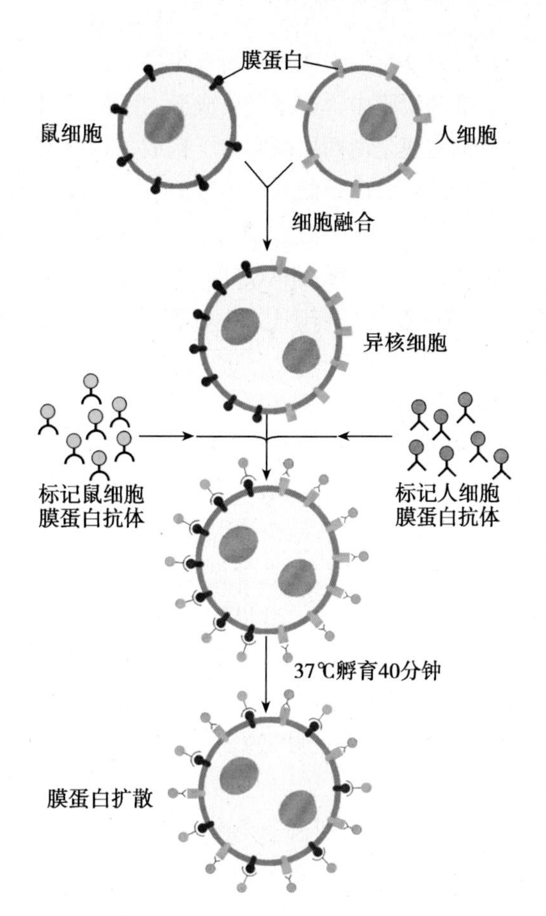

图 2-4-15　小鼠 - 人细胞融合过程中膜蛋白的侧向扩散示意图

(2) 旋转运动(rotational diffusion):或称旋转扩散,膜蛋白能围绕与膜平面相垂直的轴进行旋转运动,但旋转扩散的速度比侧向扩散更为缓慢。不同膜蛋白旋转速率也有很大差异,这与其分子结构及所处不同的微环境有关。

实际上不是所有的膜蛋白都能自由运动,有些细胞只有部分膜蛋白(30%~90%)处于流动状态。膜蛋白在脂双层中的运动还受到许多其他因素影响,如膜蛋白聚集形成复合物,使其运动减慢;整合蛋白与周边蛋白相互作用;膜蛋白与细胞骨架成分连接以及与膜脂的相互作用等,这些均限制了膜蛋白的运动性。如果用细胞松弛素 B 处理细胞,阻断微丝的形成,可使膜蛋白流动性增强。膜蛋白周围膜脂的相态对其运动性有很大影响,处于不流动的晶态脂质区域的膜蛋白不易运动,而处于液晶态区的膜蛋白则易于发生运动。另外,膜蛋白在脂双层二维流体中的运动是自发的热运动,不需要能量。实验证明,用药物抑制细胞能量转换,膜蛋白的运动不会受到影响。

膜的流动性具有十分重要的生理意义,如物质运输、细胞识别、信息转导等功能都与膜的流动性有密切关系。生物膜各种功能的完成是在膜的流动状态下进行的,若膜的流动性降低,细胞膜固化、黏度增大到一定程度时,许多穿膜运输中断,膜内的酶丧失活性,代谢终止,最终导致细胞死亡。

三、细胞膜的多种分子结构模型

前面已介绍了膜脂、膜蛋白的分子结构特点,但它们是如何排列和组织的? 这些成分之间如何相互作用? 这些对阐明膜的功能活动及机制十分重要。

在分离质膜以前,有关膜的分子结构理论是根据间接材料提出的。1890 年,苏黎世大学的 Ernst Overton 发现溶于脂肪的物质容易穿过膜,非脂溶性的物质不易穿过细胞膜,他据此推测细胞的表面有类脂层,初步明确了细胞膜的化学组成。1925 年,E Gorter 和 F Grendel 从"血影"中抽提出磷脂,在水面上铺成单分子层,测得其所占面积与所用红细胞膜总面积之比在 1.8∶1 至 2.2∶1 之间,他们猜测实际的比值应该是 2∶1,因此,他们认为红细胞膜是双层脂分子组成。这样就第一次提出了脂双分子层是细胞膜基本结构的概念。脂双层的概念为后来大部分膜结构模型所接受,并在这一基础上提出了许多种不同的膜分子结构模型,现介绍几种主要的膜结构模型。

(一) 片层结构模型具有三层夹板式结构特点

1935 年,Hugh Davson 和 James Danielli 发现细胞膜的表面张力显著低于油 - 水界面的表面

Notes

张力，已知脂滴表面如吸附有蛋白成分则表面张力降低，因此他认为，细胞膜不是单纯由脂类组成，推测质膜中含有蛋白质成分，并提出“片层结构模型”（lamella structure model）。这一模型认为，细胞膜是由两层磷脂分子构成，磷脂分子的疏水烃链在膜的内部彼此相对，而亲水端则朝向膜的外表面，内外侧表面还覆盖着一层球形蛋白质分子，形成蛋白质 - 磷脂 - 蛋白质三层夹板式结构(图 2-4-16)。后来，为了解释质膜对水的高通透性，Davson 和 Danielli 对其模型进行了修改，认为质膜上有穿过脂双层的孔，小孔由蛋白质分子围成，其内表面具有亲水基团，允许水分子通过。这一模型的影响达 20 年之久。

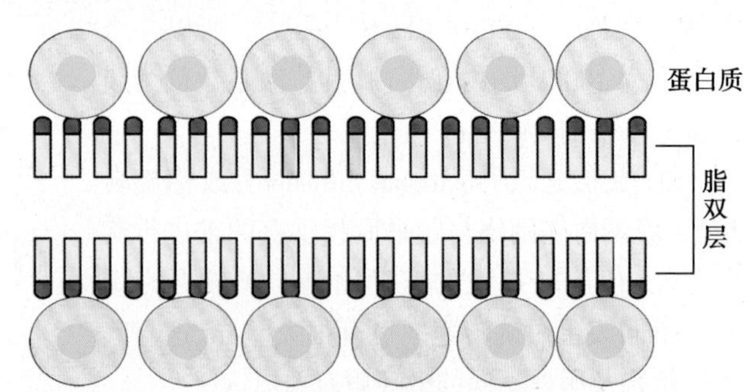

图 2-4-16 片层结构模型

（二）单位膜模型体现膜形态结构的共同特点

前面所介绍的对质膜化学性质与结构的认识，都是根据分析实验数据间接推论出来的，缺少直观资料。由于细胞膜非常薄，在光学显微镜下无法直接观察清楚。20 世纪 50 年代，JD Robertson 使用电子显微镜观察各种生物细胞膜和内膜系统，发现所有生物膜均呈“两暗一明”的三层式结构，在横切面上表现为内外两层为电子密度高的暗线，中间夹一条电子密度低的明线，内外两层暗线各厚约 2nm，中间的明线厚约 3.5nm，膜的总厚度约为 7.5nm，这种“两暗一明”的结构被称为单位膜（unit membrane）（图 2-4-17）。因此，他们在片层结构模型基础上提出了“单位膜模型”（unit membrane model）。

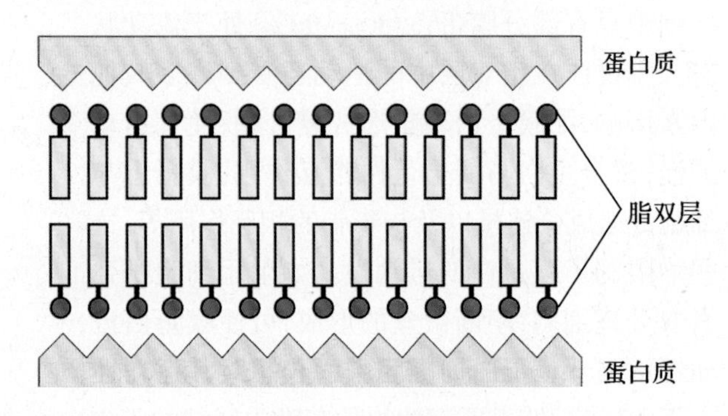

图 2-4-17 单位膜模型

这一模型认为磷脂双分子层构成膜的主体，其亲水端头部向外，与附着的蛋白质分子构成暗线，磷脂分子的疏水尾部构成明线。这个模型与片层结构模型不同，认为脂双分子层内外两侧的蛋白质并非球形蛋白质，而是单条肽链以 β 片层形式的蛋白质，通过静电作用与磷脂极性端相结合。单位膜模型提出了各种生物膜在形态结构上的共同特点，即把膜的分子结构同膜的电镜图像联系起来，能对膜的某些属性做出解释，在超微结构中被普遍采用，名称一直沿用至今。但是这个模型把膜作为一种静态的单一结构，无法说明膜的动态变化和各种重要的生理功能，也不能解释为何不同生物膜的厚度不同。

（三）流动镶嵌模型是被普遍接受的模型

20 世纪 60 年代以后，由于新技术的发明和应用，对质膜的认识越来越深入。例如，应用冷冻蚀刻技术显示膜中有蛋白质颗粒存在；应用示踪法表明膜的结构形态不断发生流动变化；应用红外光谱、旋光色散等技术证明膜蛋白主要不是 β 片层结构，而是 α 螺旋的球形结构。这些事实都对单位膜模型提出了修正，此阶段又相继提出了许多新的模型，其中受到广泛支持的是 S Jonathan Singer 和 Garth Nicolson 在 1972 年提出的“流动镶嵌模型”（fluid mosaic model）。这一模型认为膜中脂双层构成膜的连贯主体，它具有晶体分子排列的有序性，又具有液体的流动性。膜中蛋白质分子以不同形式与脂双分子层结合，有的嵌在脂双层分子中，有的则附着在脂双层的表面。它是一种动态的、不对称的具有流动性结构，其组分可以运动，还能聚集以便参与各种瞬时的或非永久性的相互作用。流动镶嵌模型强调了膜的流动性和不对称性，较好地解释了生物膜的功能特点，它是目前被普遍接受的膜结构模型（图 2-4-18）。

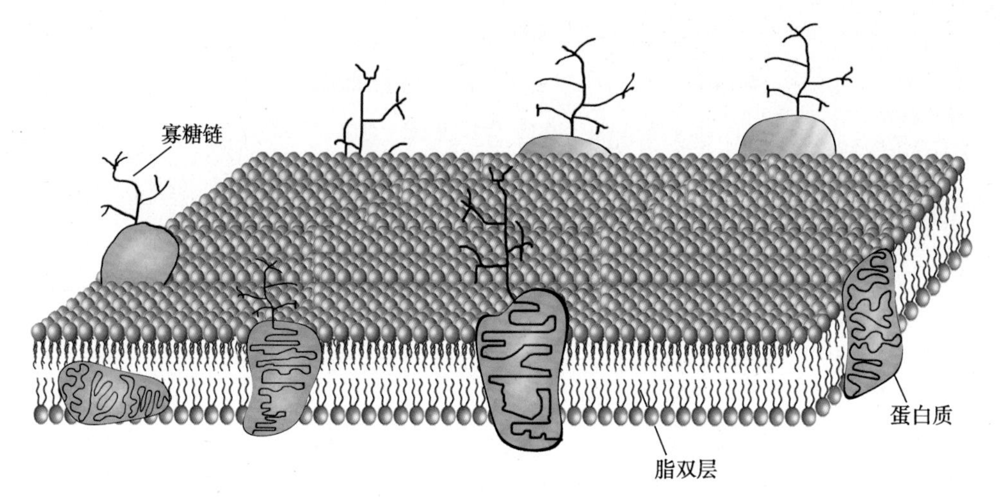

图 2-4-18　流动镶嵌模型

流动镶嵌模型可以解释许多膜中所发生的现象，但它不能说明具有流动性的质膜在变化过程中怎样保持膜的相对完整性和稳定性，忽视了膜的各部分流动性的不均匀性等，因此又有人提出了一些新的模型。如 1975 年 Wallach 提出了一种“晶格镶嵌模型”（crystal mosaic model），认为生物膜中流动的脂类是在可逆地进行无序（液态）和有序（晶态）的相变，膜蛋白对脂类分子的运动具有限制作用。镶嵌蛋白和其周围的脂类分子形成膜中晶态部分（晶格），而具有“流动性”的脂类呈小片的点状分布。因此脂类的“流动性”是局部的，并非整个脂类双分子层都在进行流动，这就比较合理地说明了生物膜既具有流动性、又具有相对完整性及稳定性的原因。

1977 年，Jain 和 White 又提出了“板块镶嵌模型”（block mosaic model），认为在流动的脂双层中存在许多大小不同、刚性较大的能独立移动的脂类板块（有序结构的“板块”），在这些有序结构的板块之间存在流动的脂类区（无序结构的“板块”），这两者之间处于一种连贯的动态平衡之中，因而生物膜是由同时存在不同流动性的板块镶嵌而成的动态结构。

事实上，后两种模型与流动镶嵌模型并无本质区别，不过是对膜流动性的分子基础进行了补充。

（四）脂筏模型深化了对膜结构和功能的认识

脂双层近似一个二维流体，里面镶嵌有许多的蛋白质，而在真实的细胞膜上，脂双层不是一个完全均匀的二维流体，一些脂质分子可以形成相对稳定的凝胶状态或液态有序状态。近来发现膜质双层内含有由特殊脂质和蛋白质组成的微区（microdomain），微区中富含胆固醇和鞘脂，其中聚集一些特定种类的膜蛋白。由于鞘脂的脂肪酸尾比较长，因此这一区域比膜的其他部分厚，更有秩序且较少流动，被称为脂筏（lipid rafts）。其周围则是富含不饱和磷脂的流动性较高的液态区。近年发现脂筏不仅存在于质膜上，亦存在于高尔基复合体膜上（图 2-4-19）。

脂双层具有不同的脂筏结构：外层的微区主要含有鞘脂、胆固醇及 GPI- 锚定蛋白，由于鞘脂含有长链饱和脂肪酸，流动性较差，而邻近的磷脂区其脂肪酸多不饱和，所以出现相分离；内层也有类似的微区，但与外层的脂质不完全相同，主要是在此区有许多酰化的锚定蛋白，特别是信号转导蛋白，如 Src、G 蛋白的 Gα 亚基、内皮型一氧化氮合酶（eNOS）等。脂筏中的脂类与相关的蛋白质在膜平面可进行侧向扩散。从结构及组分分析，脂筏在膜内形成一个有效的平台，它有两个特点：许多蛋白质聚集在脂筏内，便于相互作用；脂筏提供了一个有利于蛋白质变构的环境，形成有效的构象。目前比较公认的脂筏的功能是参与信号转导、受体介导的胞吞以及胆固醇代谢运输等。从当前的研究来看，脂筏功能的紊乱已涉及 HIV、肿瘤、动脉粥样硬化、Alzheimer 病、疯牛病及肌营养不良等疾病，对脂筏结构和功能的研究不仅加深了对许多重要的生命现象和病理机制的了解，而且也有助于了解细胞膜的结构和功能，将给膜生物学带来更多的信息与启示。

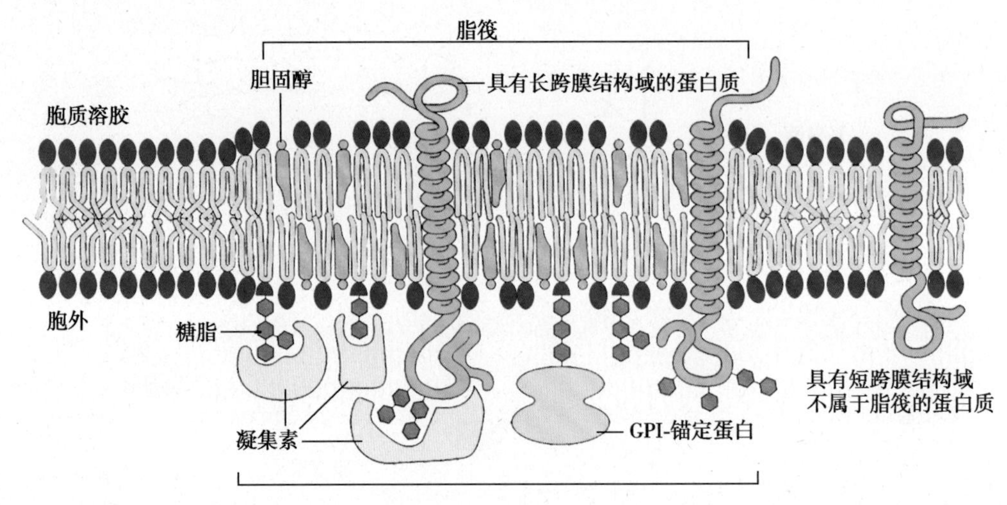

图 2-4-19 脂筏结构模式图

第二节 小分子物质和离子的穿膜运输

细胞在进行各种生命活动中，必然要与细胞外环境进行活跃的物质交换，通过质膜从环境中获得所需要的多种营养物质和 O_2，并将代谢产物排至细胞外。细胞膜是细胞与细胞外环境间的半透性屏障，对穿膜运输的物质有选择和调节作用，以维持细胞相对稳定的内环境。质膜对所运输物质通透性的高低决定于质膜固有的脂溶性和物质本身的特性。由于脂双层的中间部分是疏水性结构，因而脂溶性分子和小的不带电荷的分子能自由扩散通过质膜；脂双层对绝大多数溶质分子和离子是高度不通透的，它们的穿膜转运由质膜上一套特殊的膜运输蛋白完成。另外，细胞还存在转运大分子物质和颗粒物质通过细胞膜的途径。目前已知细胞对小分子和离子的穿膜运输有几条不同的途径：通过脂双层的简单扩散、离子通道扩散、易化扩散和主动运输。细胞通过胞吞和胞吐作用进行大分子和颗粒物质的运输。

一、物质简单扩散依赖于膜的通透选择性

在研究细胞膜对小分子和离子的通透性中常采用人工脂双层膜方法。如果给予足够时间，实际上任何分子都可以从高浓度向低浓度方向通过人工脂双层膜，但是不同分子的扩散速率不同，这主要取决于分子的大小和在脂质中的相对溶解度。一般说来，分子量越小、脂溶性越强，通过脂双层膜的速率越快。非极性的小分子如 O_2 易溶于脂双层中，可以迅速通过脂双层膜，不带电荷的极性小分子如 CO_2、乙醇和尿素也能迅速通过脂双层膜。但较大的分子如甘油通过较慢，葡萄糖则几乎不能通过。水分子虽不溶于脂中，却能迅速通过脂双层。脂双层对于所有带电荷的分子（离子），不管它多么小，都是高度不通透的，这些分子所带电荷及高度的水合状态防碍它们进入脂双层的疏水区域，如 Na^+、K^+ 对人工脂双层膜的通透性仅为水的 10^{-9} 倍（图 2-4-20）。

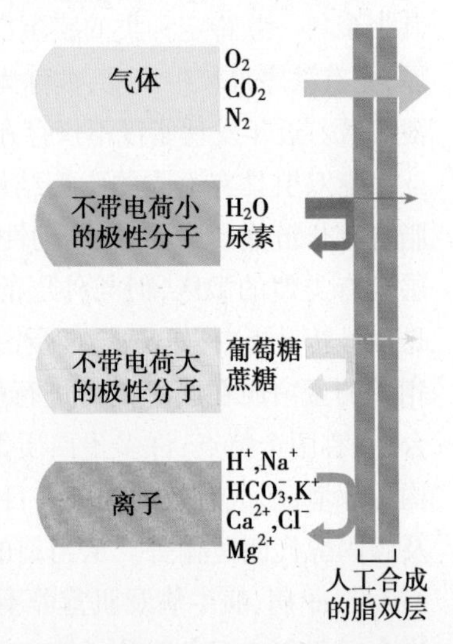

图 2-4-20 人工脂双层对不同溶质的相对通透性

简单扩散（simple diffusion）是小分子物质穿膜运输的最简单的方式。小分子的热运动可使分子以自由扩散的方式从膜的一侧通过质膜进入另一侧，但必须满足两个条件：一是溶质在膜两侧保持一定的浓度差；二是溶质必须能透过膜。脂溶性物质如醇、苯、甾类激素以及 O_2、CO_2、NO 和 H_2O 等就是通过简

Notes

单扩散方式穿过细胞膜。在简单扩散时，溶质分子直接溶解于膜脂双层中，通过质膜进行自由扩散，不需要穿膜运输蛋白协助。转运是由高浓度向低浓度方向进行，所需要的能量来自高浓度本身所包含的势能，不需细胞提供能量，故也称被动扩散（passive diffusion）。这种物质从高浓度向低浓度的穿膜运动，符合物理学上的简单扩散规律，最终消除两个区域之间的浓度差。

扩散速率除依赖浓度梯度的大小以外，还同物质的油/水分配系数和分子大小有关。某种物质对膜的通透性（P）可以根据它在油和水中的分配系数（K）及其扩散系数（D）来计算：P=KD/t（t 为膜的厚度）。显然，脂溶性越强，穿膜越快，大的极性分子如糖、氨基酸和磷酸化中间产物对膜的透过能力很差。所以，质膜的脂双层提供了一道有效的屏障，防止这些物质扩散出细胞。

二、膜运输蛋白介导物质穿膜运输

如上所述，水及非极性分子通过简单扩散即能通过细胞膜，但绝大多数溶质如各种离子、葡萄糖、氨基酸、核苷酸及许多细胞代谢产物都不能通过简单扩散穿膜转运。现在知道细胞膜中有特定的膜蛋白负责转运这些物质，这类蛋白质称为膜运输蛋白（membrane transport protein）。所有膜运输蛋白都是穿膜蛋白，它们的肽链穿越脂双层，能使被转运的物质通过细胞膜。通常每种膜运输蛋白只转运一种特定类型的溶质（如离子、糖或氨基酸）。

膜运输蛋白主要有两类：一类为载体蛋白（carrier protein），另一类是通道蛋白（channel protein）。载体蛋白与特定的溶质结合，改变构象使溶质穿越细胞膜。通道蛋白形成一种水溶性通道，贯穿脂双层，当通道开放时特定的溶质（一般是无机离子）可经过通道穿越细胞膜。多种载体蛋白和通道蛋白介导溶质穿膜转运时不消耗能量，称其为被动运输（passive transport）。在被动运输中，如果转运的溶质是不带电荷的（非电解质），膜两侧的浓度梯度即膜两侧的浓度差，决定溶质的转运方向（顺浓度梯度）；如被转运的溶质是电解质，其在两个区域间的转运方向取决于两个梯度：两个区域间该物质浓度差决定的化学梯度和电荷差决定的电位梯度，这两个差异结合起来形成的电化学梯度（electrochemical gradient）决定溶质转运方向（顺电化学梯度）。当细胞外的溶质浓度高于细胞内，并且质膜中存在相应的通道蛋白或载体蛋白，则该溶质将以被动运输的方式穿过质膜进入细胞内，此过程中运输蛋白不消耗代谢能，消耗的是存在于浓度梯度中的势能。然而，细胞也需要逆电化学梯度转运一些溶质，这时不但需要运输蛋白的参与，还需要消耗能量（多数是 ATP），这种细胞膜利用代谢产生的能量来驱动物质的逆浓度梯度的转运称为主动运输（active transport）。载体蛋白既可介导被动运输（易化扩散），也可介导逆电化学梯度的主动运输；而通道蛋白只能介导顺电化学梯度的被动运输（图 2-4-21）。

（一）易化扩散是载体蛋白介导的被动运输

一些非脂溶性（或亲水性）的物质，如葡萄糖、氨基酸、核苷酸以及细胞代谢物等，不能以简单扩散的方式通过细胞膜，但它们可在载体蛋白的介导下，不消耗细胞的代谢能量，顺物质浓度梯度或电化学梯度进行转运，这种方式称为易化扩散（facilitated diffusion）或帮助扩散。由于易化扩散不消耗细胞的代谢能，与简单扩散相同，两者都是被动运输。易化转运蛋白可以在两个方向上同等介导物质的穿膜运输，净通量的方向取决于物质在膜两侧的相对浓度。但在易化扩散中，转运特异性强，转运速率也非常快。

目前对载体蛋白在分子水平上如何发挥作用的细节还不清楚，一般认为，载体蛋白对所转运的溶质具有高度专一性，可以借助于其上的结合位点与某一物质进行暂时的、可逆的结合。当载体蛋白一侧表面的特异结合位点，同专一的溶质分子结合形成复合体，即可引起载体蛋白发生构象变化，通过一定的易位机制，将被运送的溶质分子从膜的一侧移至膜的另一侧。同时，随构象的变化，载体对该物质的亲和力也下降，于是物质与载体分离，溶质顺着浓度梯度从这里扩散出去，载体蛋白又恢复到它原有的构象（图 2-4-22）。

葡萄糖是人体最基本的直接能量来源，在许多细胞（包括红细胞），细胞外葡萄糖浓度高于

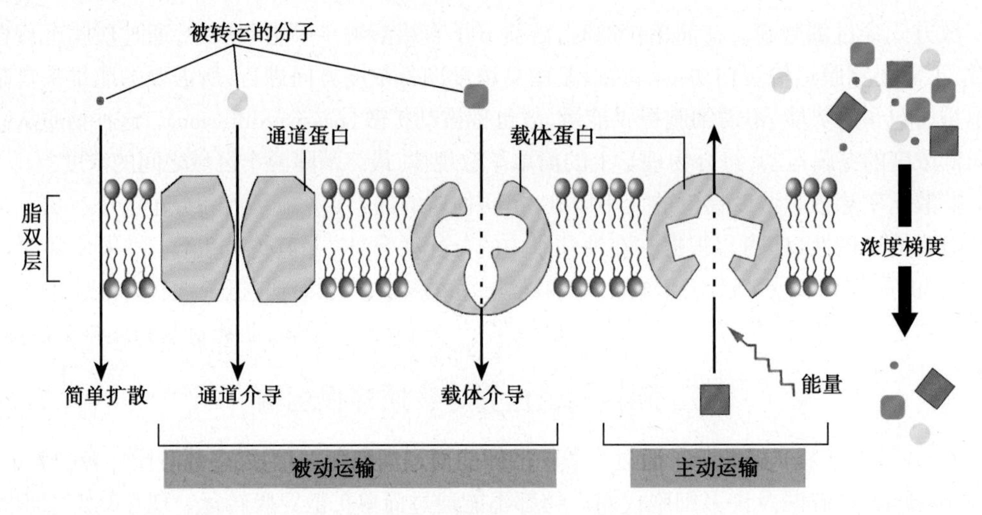

图 2-4-21 被动运输与主动运输

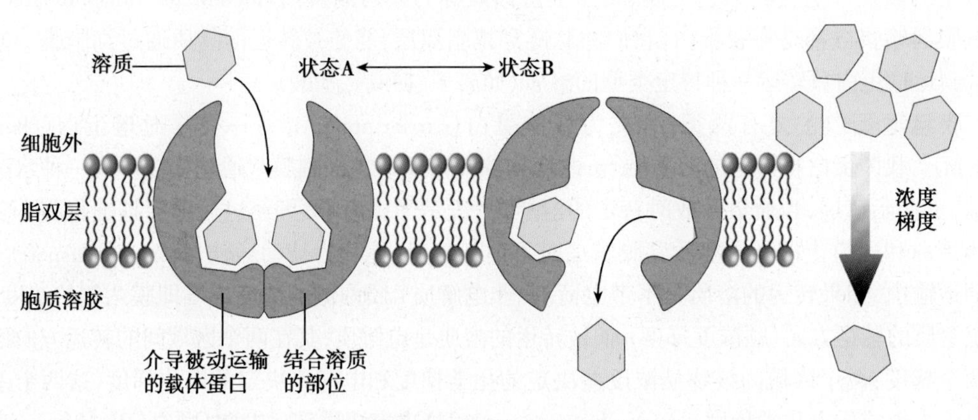

图 2-4-22 载体蛋白构象变化介导的易化扩散示意图

细胞内，大多数哺乳类细胞都含有一种协助葡萄糖从血液扩散到细胞的膜蛋白，以易化扩散方式将葡萄糖转运入细胞。人类基因组编码 12 种与糖转运相关的载体蛋白 GLUT1~GLUT12，构成葡萄糖载体（glucose transporter，GLUT）蛋白家族，它们具有高度同源的氨基酸序列，都含有 12 次穿膜的 α 螺旋。对 GLUT1 的研究发现，多肽穿膜段主要由疏水性氨基酸残基组成，但有些 α 螺旋带有 Ser、Thr、Asp 和 Glu 残基，它们的侧链可以和葡萄糖羟基形成氢键。这些氨基酸残基被认为可以形成载体蛋白内部朝内和朝外的葡萄糖结合位点。人红细胞膜上存约 5 万个葡萄糖载体蛋白，其数量相当于膜蛋白总量的 5%，最大转运速度约为每秒转运 180 个葡萄糖分子。葡萄糖载体蛋白的三维结构还不清楚，因此葡萄糖转运机制还是一个谜。动力学研究表明葡萄糖的转运是通过载体蛋白的两种构象交替改变而完成的，因为载体蛋白是一种多次穿膜蛋白，它们不可能通过在脂双层中来回移动或翻转以转运物质分子。在第一种构象，葡萄糖结合位点朝向细胞外，结合葡萄糖之后，诱导其构象发生改变，使葡萄糖结合位点转向细胞内，释放葡萄糖入细胞，随后又恢复原先的构象，这样不断地将葡萄糖转运入细胞。

用红细胞和肝细胞设计葡萄糖摄取实验，发现由 GLUT 蛋白所介导的细胞对葡萄糖的摄取表现出酶动力学基本特征。这个过程类似于酶和底物反应，载体蛋白的作用如同一个特异性的膜结合酶。因此，有人将载体蛋白称为通透酶（permease）。载体蛋白对溶质分子（底物）有特定的结合部位，当所有的结合部位均被溶质分子占据，这时的转运速率达到最大值（V_{max}），而每种载体蛋白对它所结合的溶质都有一定的结合常数（K_m），这相当于转运率达到最大值的 1/2 时溶质的浓度。所以易化扩散的速率在一定限度内同溶质的浓度差成正比，当扩散速率达一定水平，就不再受溶质浓度的影响。与之相比，简单扩散的速率总是与溶质浓度差成正比（图 2-4-23）。

与酶一样，载体蛋白和溶质的结合可被竞争性抑制剂所阻断，这些抑制剂能占据载体蛋白的结合部位，但不一定被转运。载体蛋白与溶质分子的结合部位也可被非竞争性抑制剂破坏，这些抑制剂能改变载体蛋白的构象，使其不能与溶质分子结合。

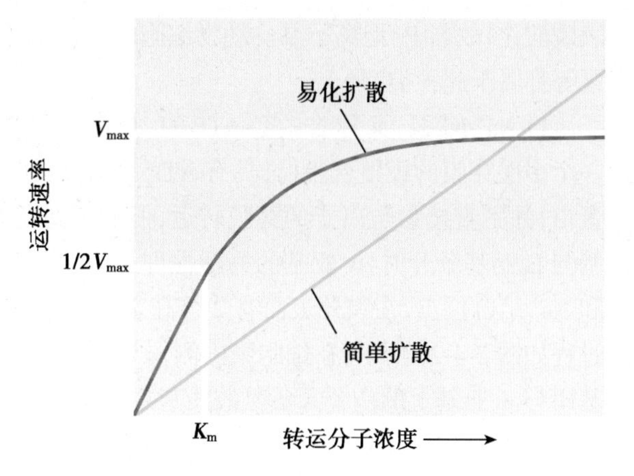

图 2-4-23　简单扩散与易化扩散的动力学比较

（二）主动运输是载体蛋白逆浓度梯度的耗能运输

被动运输只能顺浓度梯度穿膜转运物质，趋向于使细胞内外的物质浓度达到平衡，但实际上细胞内外许多物质浓度存在很大差异。一般情况下细胞内的 K^+ 浓度约为 140mmol/L，而细胞外的 K^+ 浓度只有 5mmol/L。因此，在质膜两侧就有一个很“陡”的 K^+ 浓度梯度，有利于 K^+ 扩散到细胞外。Na^+ 在质膜两侧的分布正好相反，细胞外的浓度为 150mmol/L，而细胞内则为 10~20mmol/L。Ca^{2+} 在质膜两侧的分布的差别就更大，一般情况下，真核细胞细胞外的 Ca^{2+} 浓度要高于细胞内约 10 000 倍。这些浓度梯度由主动运输产生，以维持细胞内外物质浓度的差异，这对维持细胞生命活动至关重要。

主动运输是载体蛋白介导的物质逆电化学梯度，由低浓度一侧向高浓度一侧进行的穿膜转运方式。转运的溶质分子其自由能变化为正值，因此需要与某种释放能量的过程相偶联，能量来源包括 ATP 水解、光吸收、电子传递、顺浓度梯度的离子运动等。

动物细胞根据主动运输过程中利用能量的方式不同，可分为 ATP 驱动泵（由 ATP 直接提供能量）和协同运输（ATP 间接提供能量）两种主要类型。

1. ATP 驱动泵　ATP 驱动泵都是穿膜蛋白，它们在膜的胞质侧具有一个或多个 ATP 结合位点，能够水解 ATP 使自身磷酸化，利用 ATP 水解所释放的能量将被转运分子或离子从低浓度向高浓度转运，所以常称之为“泵”。根据泵蛋白的结构和功能特性，可分为 4 类：P- 型离子泵，V- 型质子泵，F- 型质子泵和 ABC 转运体。前 3 种只转运离子，后一种主要转运小分子（图 2-4-24）。

（1）P- 型离子泵（P-class ion pump）：所有有机体都是依靠 P 型离子泵穿膜转运阳离子。P 型离子泵都有 2 个独立的大亚基（α 亚基），具有 ATP 结合位点，绝大多数还具有 2 个小的 β 亚基，通常起调节作用。在转运离子过程中，至少有一个 α 催化亚基发生磷酸化和去磷酸化反应，从而改变泵蛋白的构象，实现离子的穿膜转运。由于在泵工作过程中，形成磷酸化中间体，“P”代

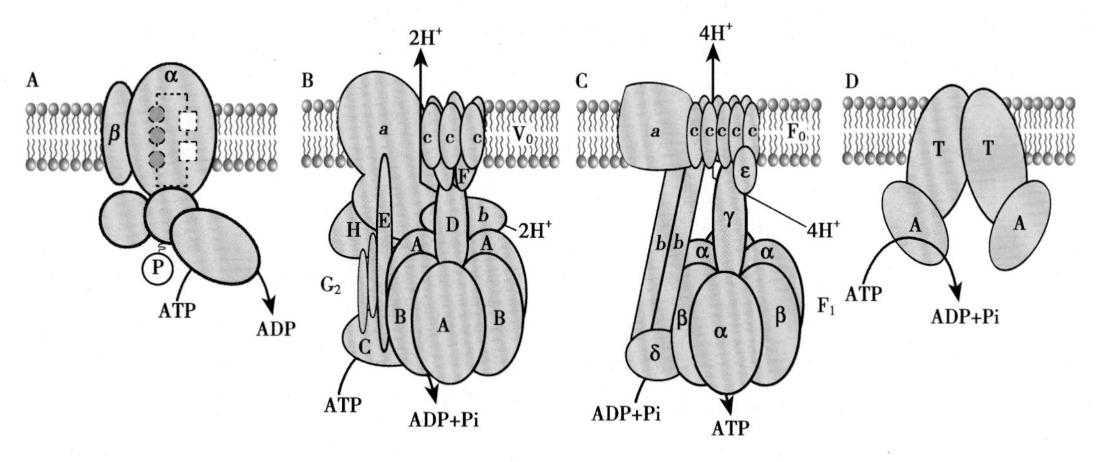

图 2-4-24　4 种类型 ATP 驱动泵模式图

A. P- 型离子泵；B. V- 型质子泵；C. F- 型质子泵；D. ABC 转运体

表磷酸化，故名P-型离子泵。动物细胞的Na^+-K^+泵、Ca^{2+}泵和哺乳类胃腺分泌细胞上的H^+-K^+泵等都属于此种类型。

1) Na^+-K^+泵：又称Na^+-K^+-ATP酶，是由α亚基和β亚基构成，α亚基分子量为120kD，是一个多次穿膜的膜整合蛋白，具有ATP酶活性。β亚基分子量为50kD，是具有组织特异性的糖蛋白，并不直接参与离子的穿膜转运，但能帮助在内质网新合成的α亚基进行折叠，当把α亚基与β亚基分开时，α亚基的酶活性即丧失，其他功能还不清楚。α亚基的胞质面有3个高亲和Na^+结合位点，在膜外表面有2个高亲和K^+结合位点，也是乌本苷高亲和结合位点。其作用过程如图2-4-25所示：在细胞膜内侧，α亚基与Na^+结合后，促进ATP水解为ADP和磷酸，磷酸基团与α亚基上的一个天冬氨酸残基共价结合使其磷酸化，ATP水解释放的能量驱动酶蛋白构象改变，使与Na^+结合的位点转向膜外侧，酶蛋白失去对Na^+的亲和性，从而将Na^+释放到胞外。3个Na^+被释放后在，酶蛋白就获取2个K^+，K^+与磷酸化的α亚基结合后促使其去磷酸化，结果酶的构象又恢复原状，并失去对K^+的亲和力，将K^+释放到胞内，完成一个循环。

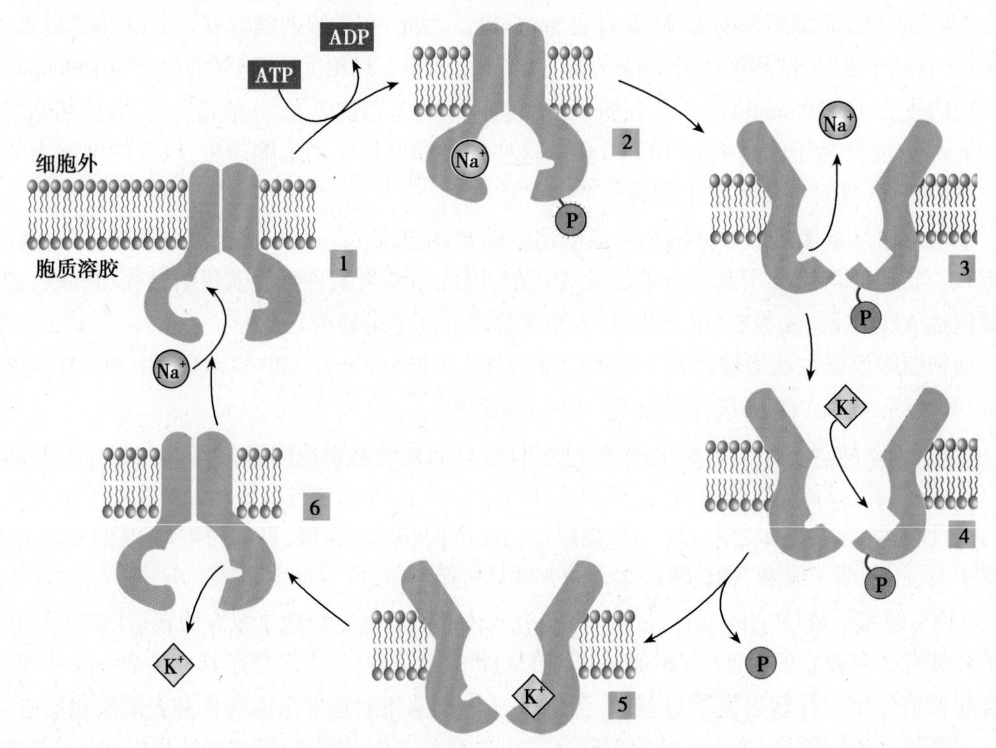

图2-4-25 Na^+-K^+-ATP酶活动示意图

A. Na^+结合到酶上；B. 酶磷酸化；C. 酶构象变化，Na^+释放到细胞外；D. K^+与酶蛋白质结合；E. 酶去磷酸化；F. 酶构象恢复原始状态，K^+释放到细胞内

水解一分子ATP，可输出3个Na^+，转入2个K^+。Na^+依赖的磷酸化和K^+依赖的去磷酸化如此有序地交替进行，每秒钟可发生约1000次构象变化。当Na^+-K^+泵抑制剂乌本苷在膜外侧占据K^+的结合位点后，Na^+-K^+-ATP酶活性可被抑制；当抑制生物氧化作用的氰化物使ATP供应中断时，Na^+-K^+泵失去能量来源而停止工作。大多数动物细胞要消耗ATP总量的1/3（神经细胞要消耗总ATP的2/3）用于维持Na^+-K^+泵的活动，从而保证细胞内低Na^+高K^+的离子环境，这具有重要的生理意义，如调节渗透压维持恒定的细胞体积、保持膜电位、为某些物质的吸收提供驱动力和为蛋白质合成及代谢活动提供必要的离子浓度等。

2) Ca^{2+}泵：真核细胞胞质中含有极低浓度的Ca^{2+}（$\leq 10^{-7}$mol/L），而细胞外Ca^{2+}浓度却高得多（约10^{-3}mol/L）。细胞内外的Ca^{2+}浓度梯度部分是由膜上的Ca^{2+}泵维持的。目前了解较多的是肌细胞内肌质网上的Ca^{2+}泵，已获得了Ca^{2+}泵三维结构高分辨解析，它是10次穿膜的α螺旋

多肽链，大约由1000个氨基酸残基构成，与Na^+-K^+-ATP酶的α亚基同源，说明这两种离子泵在进化上有一定关系。像Na^+-K^+泵一样，Ca^{2+}泵也是ATP酶，在Ca^{2+}泵工作周期中，Ca^{2+}-ATP酶也有磷酸化和去磷酸化过程，通过两种构象改变，结合与释放Ca^{2+}。每水解一个ATP分子，能逆浓度梯度转运2个Ca^{2+}进入肌质网或泵出细胞。

细胞内外较大的Ca^{2+}浓度差对维持正常生命活动非常重要。细胞外信号只要引起少量的Ca^{2+}进入细胞，即可引起胞内游离Ca^{2+}显著升高（约提高至5×10^{-6}mol/L），这可以激活一些Ca^{2+}反应蛋白，如钙调蛋白（calmodulin）、肌钙蛋白等，引起细胞的多种重要活动。例如，当肌细胞膜去极化时，Ca^{2+}由肌质网释放到肌质中，引起肌细胞收缩，然后通过Ca^{2+}泵又迅速将Ca^{2+}泵回肌质网内储存，使肌肉弛缓。另外，细胞内Ca^{2+}浓度的升高与细胞分泌、神经递质释放、穿膜信号转导等功能活动密切相关。

（2）V-型质子泵（V-class proton pump）：主要指存在于真核细胞的膜性酸性区室，V代表小泡（vacuole），如网格蛋白有被小泡、内体、溶酶体、高尔基复合体、分泌泡（包括突触小泡）以及植物细胞液泡膜上的H^+-泵，也存在于某些分泌质子的特化细胞（如破骨细胞和肾小管上皮细胞）的质膜上。V-型质子泵也是由多个穿膜和胞质侧亚基组成，其作用是利用ATP水解供能，将H^+从胞质基质中逆H^+电化学梯度转运到上述细胞器和囊泡中，使其内成为酸性环境并保持胞质基质pH中性。V-型质子泵运输时需要ATP供能，但不形成磷酸化中间体。

（3）F-型质子泵（F-class proton pump）：主要存在于细菌质膜、线粒体内膜和叶绿体膜中，它使H^+顺浓度梯度运动，所释放的能量使ADP转化成ATP，偶联质子转运和ATP合成。在线粒体氧化磷酸化和叶绿体光合磷酸化中起重要作用。因此，F-型质子泵也被称作H^+-ATP合成酶。详细结构和机制见本书线粒体一章中相关内容。

（4）ABC转运体（ABC transports）：ABC转运体是一类以ATP供能的运输蛋白，目前已发现100多种，广泛分布在从细菌到人类各种生物体中，形成ABC超家族（ABC superfamily）。哺乳动物细胞中已确定大约50种不同的ABC运输蛋白，每种ABC蛋白的转运有底物特异性，在正常生理条件下，ABC超家族是哺乳类细胞膜上磷脂、胆固醇、肽、亲脂性药物和其他小分子的运输蛋白，它们在肝、小肠和肾细胞等质膜中表达丰富，能将毒素、生物异源物质（包括药物）和代谢物排至尿、胆汁和肠腔中，降低有毒物质（包括药物）的积累而达到自我保护的作用。第一个被鉴定的真核细胞ABC蛋白来自对肿瘤细胞和抗药性培养细胞的研究。这些细胞高水平表达一种多药抗性运输蛋白（multidrug-resistance（MDR）transport protein）如MDR1，这种蛋白能利用水解ATP的能量将多种药物从细胞内转运到细胞外。被MDR1转运的药物大部分是脂溶性的小分子，可不依赖运输蛋白直接通过质膜弥散进入细胞，干扰多种细胞功能活动，如化疗药物秋水仙碱（colchicine）和长春碱（vinblastine），通过阻断微管组装而抑制细胞的增殖。如果肿瘤细胞MDR1或MDR2过表达（如肝癌），化疗药物被迅速泵出细胞而达不到药效，即出现耐药性而难于治疗。

所有ABC运输蛋白都共享一种由4个"核心"结构域组成的结构模式：2个穿膜结构域（T），每个T结构域由6个α螺旋穿膜组成，形成穿膜转运通道并决定每个ABC蛋白的底物特异性；2个胞质侧ATP结合域（A）。该超家族所有成员的A结构域的序列有30%~40%是同源的，表明它们有共同的进化起源。

目前，还不能精确阐明MDR1及ABC运输蛋白的转运机制。翻转酶模型（flippase modle）可能是说明其转运机制的较好模型。根据这一模型，MDR1利用ATP水解供能，将胞质中带电荷的底物分子从脂双层胞质侧单层"翻转"（flip）到胞外侧单层中，随后被转运的分子脱离质膜进入细胞外空间（图2-4-26）。带有一个或多个正电荷的脂溶性分子可竞争性地与MDR1结合，说明它们在ABC运输蛋白上有相同的结合位点。

2. 协同运输　细胞所建立的各种浓度梯度，如Na^+、K^+和H^+浓度梯度，是储存自由能的一

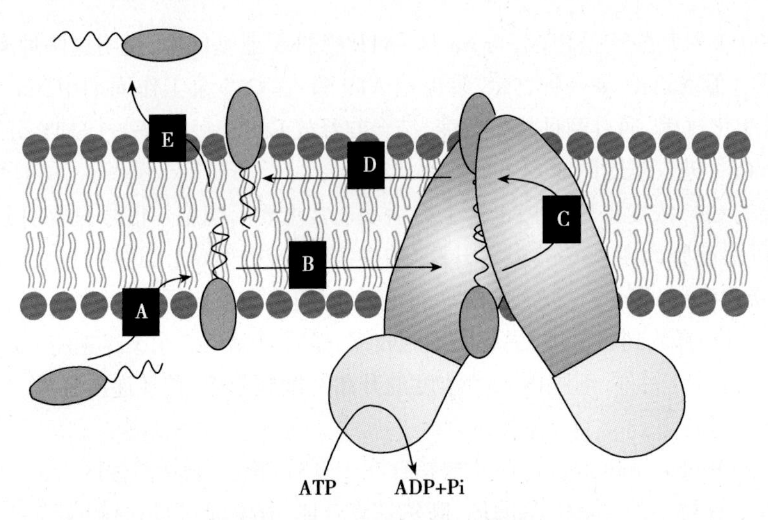

图 2-4-26 ABC 蛋白的转运翻转酶模型

A. 底物分子疏水部分自发转入脂双层胞质面单层中，极性部分仍暴露在胞质中；B. 底物分子侧向扩散与 MDR1 蛋白结合；C. MDR1 蛋白胞内结构水解 ATP 供能，膜内结构翻转底物分子极性头部至脂双层外层中；D，E. 底物分子侧向扩散最终脱离质膜进入胞外

种方式。贮存在离子浓度梯度中的势能可以供细胞以多种途径来做功。协同运输(co-transport)是一类由 Na^+-K^+ 泵（或 H^+ 泵）与载体蛋白协同作用，间接消耗 ATP 所完成的主动运输方式。物质穿膜运动所需要的直接动力来自膜两侧离子的电化学梯度中的能量，而维持这种离子电化学梯度是通过 Na^+-K^+ 泵（或 H^+ 泵）消耗 ATP 实现的。动物细胞的协同运输是利用膜两侧的 Na^+ 电化学梯度来驱动，植物细胞和细菌是利用 H^+ 电化学梯度来驱动。根据溶质分子运输方向与顺电化学梯度转移的离子（Na^+ 或 H^+）方向的关系，又可分为共运输（symport）与对向运输（antiport）。

(1) 共运输：是两种溶质分子以同一方向的穿膜运输。在这种方式中，物质的逆浓度梯度穿膜运输与所依赖的另一物质的顺浓度梯度的穿膜运输两者方向相同。例如，在肠腔中酶把多糖水解成单糖，其中葡萄糖逆浓度梯度跨小肠上皮细胞膜的运输，是通过称为 Na^+/ 葡萄糖协同运输蛋白（Na^+/glucose cotransporter）进行的。它在质膜外表面结合 2 个 Na^+ 和 1 个葡萄糖分子，当 Na^+ 顺浓度梯度进入细胞时，葡萄糖就利用 Na^+ 电化学浓度差中的势能，与 Na^+ 相伴随逆浓度梯度进入细胞。当 Na^+ 在胞质内释放后载体蛋白构象发生改变，失去对葡萄糖的亲和性而与之分离，载体蛋白构象恢复原状，可反复工作（图 2-4-27）。进入细胞的 Na^+ 被 Na^+-K^+-ATP 酶泵出细胞外，以保持 Na^+ 的穿膜浓度梯度。由此可见，这种运输所消耗的能量，实际上是由 ATP 水解间接提供的。包括小肠上皮以及其他器官（如肾）中的细胞，它们的质膜上都有类似的共运输载体蛋白，每一种载体蛋白专一地输入某一种糖（如葡萄糖、果糖、甘露糖、半乳糖）或氨基酸等进入细胞。

(2) 对向运输：是由同一种膜蛋白将两种不同的离子或分子分别向膜的相反方向的穿膜运输过程。对向运输由离子浓度梯度驱动。脊椎动物细胞都有 Na^+ 驱动的对向运输载体，如 Na^+-H^+ 交换载体（Na^+-H^+ exchange carrier）。这种载体蛋白偶联 Na^+ 顺浓度梯度流进与 H^+ 泵出，从而清除细胞代谢过程中产生的过多的 H^+ 以调节细胞内 pH。细胞内特定的 pH 是正常代谢活动所必需的，在不分裂的细胞内 pH 为 7.1~7.2。有证据表明，大多数生长因子在刺激细胞增殖过程中激活这种对向运输，使胞内 pH 从 7.1（或 7.2）升至 7.3，pH 升高在启动细胞增殖方面起重要作用，如海胆卵受精后，由于激活 Na^+-H^+ 交换载体，pH 升高，促使卵内蛋白质与 DNA 的合成。

Notes

在许多有核细胞中还有一种阴离子载体，称 Cl^--HCO_3^- 交换器（Cl^--HCO_3^-exchanger），它在调

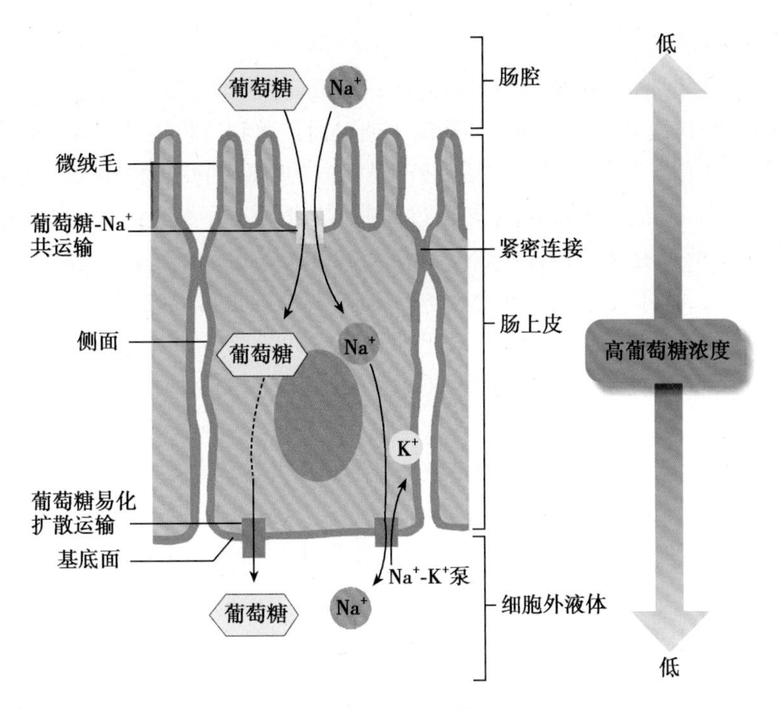

图 2-4-27　小肠上皮细胞转运葡萄糖入血示意图

小肠上皮细胞顶端质膜中的 Na^+/葡萄糖协同运输蛋白，运输 2 个 Na^+ 的同时转运 1 个葡萄糖分子，使胞质内产生高葡萄糖浓度；质膜基底面和侧面的葡萄糖易化扩散运输蛋白，转运葡萄糖离开细胞，形成葡萄糖的定向转运。Na^+-K^+ 泵将回流到细胞质中的 Na^+ 转运出细胞，维持 Na^+ 穿膜浓度梯度

节细胞内 pH 方面同样起重要作用。与 Na^+-H^+ 交换载体一样，Cl^--HCO_3^- 的交换也是受细胞内 pH 调节，在 pH 升高时它的活性增加，排出 HCO_3^-，交换 Cl^- 进入细胞，使细胞内 pH 降低。

上述各种"主动运输"方式的特点是：①主动运输为小分子物质逆浓度或电化学梯度穿膜转运；②需要消耗能量，可直接利用水解 ATP 或利用来自离子电化学梯度提供能量；③需要膜上特异性载体蛋白介导，这些载体蛋白不仅具有结构上的特异性（特异的结合位点），而且具有结构上的可变性（构象变化影响亲和力的改变）。细胞根据生理活动的需要，通过各种不同的方式完成各种小分子物质的穿膜转运。现将部分载体蛋白种类与功能总结如表 2-4-3 所示。

表 2-4-3　主要的载体蛋白类型

载体蛋白	位置	能量来源	功能
葡萄糖易化扩散运输蛋白	大多数动物细胞的质膜	无	被动运输葡萄糖
Na^+ 驱动的葡萄糖运输蛋白	肾与肠上皮细胞顶部质膜	Na^+ 梯度	主动运输葡萄糖
Na^+-H^+ 交换器	动物细胞膜	Na^+ 梯度	输出 H^+，调节胞内 pH
Na^+-K^+ 泵（Na^+-K^+-ATP 酶）	大多数动物细胞膜	ATP 水解	主动输出 Na^+，输入 K^+
Ca^{2+} 泵（Ca^{2+}ATP 酶）	真核细胞膜	ATP 水解	主动运输 Ca^{2+}
H^+ 泵（H^+ATP 酶）	动物细胞溶酶体膜	ATP 水解	从胞质中主动输入 H^+

（三）离子通道高效转运各种离子

构成生物膜核心部分的脂双层对带电物质，包括 Na^+、K^+、Ca^{2+}、Cl^- 等极性很强的离子是高度不可透的，它们难以直接穿膜转运，但各种离子的穿膜速率很高，可在数毫秒内完成，在多种细胞活动中起关键作用。这种高效率的转运是借助膜上的通道蛋白完成的。目前已发现的通道蛋白有 100 余种，普遍存在于各种类型的细胞膜以及细胞内的膜上。因为这些通道蛋白都与离

子的转运有关，所以通道蛋白也称为离子通道（ion channel）。

1. 离子通道的特点 离子通道为整合膜蛋白构成，与载体蛋白不同，它们可以在膜上形成亲水性的穿膜孔道，快速并有选择地让某些离子通过而扩散到质膜的另一侧。通道蛋白有以下几个特点：①通道蛋白介导的是被动运输，通道是双向的，离子的净通量取决于电化学梯度（顺电化学梯度方向自由扩散），通道蛋白在转运过程中不与溶质分子结合。②离子通道对被转运离子的大小和所带电荷都有高度的选择性。只有大小和电荷适宜的离子才能通过。例如钾离子通道只允许 K^+ 通过，而不允许 Na^+ 通过。③转运速率高，通道可以在每秒中内允许 10^6~10^8 个特定离子通过，比载体蛋白所介导的最快转运速率高约1000倍。④多数离子通道不是持续开放，离子通道开放受"闸门"控制，即离子通道的活性由通道开或关两种构象所调节，以对一定的信号做出适当的反应。

2. 离子通道的类型 已经确认的大多数离子通道以开放构象或以关闭构象而存在，通道的开放与关闭受细胞内外多种因素的调控，被称为"门控"（gated），如同一扇门的开启和关闭。通常根据通道门控机制的模式不同和所通透离子的种类，将门控通道大致分为三大类。

（1）配体门控通道（ligand-gated channel）：实际上是离子通道型受体，它们与细胞外的特定配体（ligand）结合后，发生构象改变，结果将"门"打开，允许某种离子快速穿膜扩散。

乙酰胆碱受体（acetylcholine receptor，nAChR）是典型的配体门控通道（图 2-4-28）。它是由4种不同亚单位组成的五聚体穿膜蛋白（$\alpha_2\beta\gamma\delta$），每个亚单位均由一个大的穿膜 N 端（约 210aa），4 段穿膜序列（M1~M4）以及一个短的胞外 C 端组成。各亚单位通过氢键等非共价键形成一个结构为 $\alpha_2\beta\gamma\delta$ 的梅花状通道结构，乙酰胆碱（ACh）在其通道表面上有两个结合位点。在无 ACh 结合的情况下，受体各亚基中的 M2 共同组成的孔区处于关闭状态，此时，M2 亚基上的亮氨酸残基伸向孔内形成一个纽扣结构。一旦 ACh 与受体结合，便会引起孔区的构象改变，M2 亚基上的亮氨酸残基从孔道旋转出去，其形成的孔径大小足以使膜外高浓度的 Na^+ 内流，同时使膜内高浓度的 K^+ 外流。结果使得该处膜内外电位差接近于 0 值。

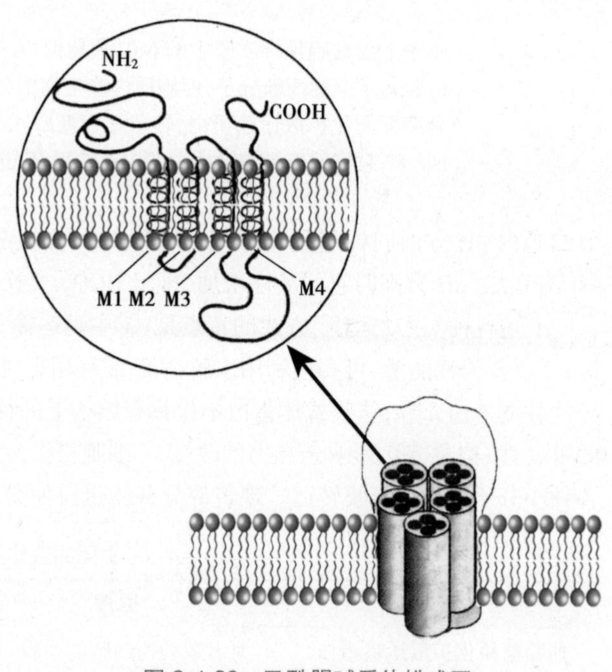

图 2-4-28 乙酰胆碱受体模式图

继 nAChR 之后，又陆续发现了的其他神经递质受体作为离子通道，如 γ 氨基丁酸（$GABA_A$ 和 $GABA_C$）受体、甘氨酸（Gly）受体、5-羟色胺（5-HT）受体以及一类谷氨酸门控阴离子通道（GluCl 受体），它们都是由单一肽链反复 4 次穿膜（M1~M4）形成一个亚单位，并由 5 个亚单位组成的穿膜离子通道。这些配体门控通道具有很高的序列结构相似性，归属于 cys-loop 受体超家族，但它们有非常不同的离子选择性。例如，5-HT 受体与 nACh 受体可选择性地通透 Na^+、K^+ 和 Ca^{2+} 等阳离子。$GABA_A$ 和 $GABA_C$ 受体、Gly 受体、GluCl 受体则主要对 Cl^- 通透。从它们的氨基酸序列和整体结构的相似性足以证明它们有共同的进化起源。

（2）电压门控通道：膜电位的改变是控制电压门控通道（voltage-gated channel）开放与关闭的直接因素。此类通道蛋白的分子结构中存在着一些对膜电位改变敏感的基团或亚单位，可诱发通道蛋白构象的改变，从而将"门"打开，一些离子顺浓度梯度自由扩散通过细胞膜。闸门开放

Notes

时间非常短，只有几毫秒时间，随即迅速自发关闭。电压门控通道主要存在于神经元、肌细胞及腺上皮细胞等可兴奋细胞，包括钾通道、钙通道、钠通道和氯通道。下面介绍目前了解最清楚的电压门控 K^+（KV）通道的结构及离子选择性。

1）K^+ 通道的分子结构：真核生物的单个 K^+ 通道由 4 个相同的 α 亚基组成，它们对称排列在中央离子输送孔周围，每一亚基肽链的 C 端和 N 端都位于膜的胞质一侧，而多肽链的中央部分含有 6 个 α 螺旋穿膜片段（S1~S6），其中 S4 为电压敏感片段，每一 α 亚基的 N 端在胞质中卷曲成与多肽链连接的“球”形域，S5 和 S6 两个穿膜螺旋与被称为 H5（或 P）的多肽片段连接。来自 4 个亚基的 H5 片段扎入 K^+ 通道的中央，形成一个足够大的残基环，在 K^+ 脱掉水合外壳后可以让其通过。另外，通道在胞质中还结合有 4 个调节性的 β 亚基（图 2-4-29）。

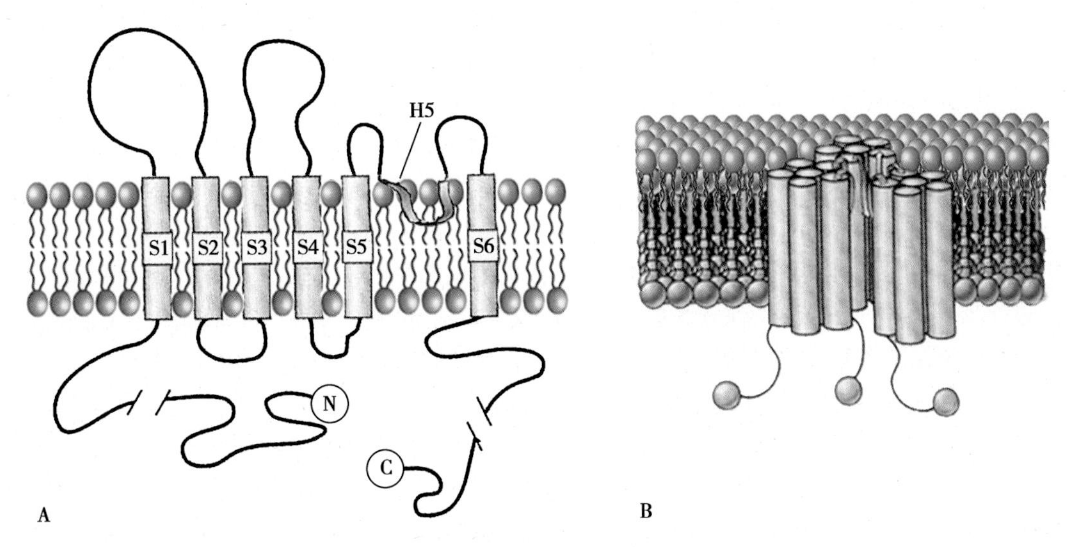

图 2-4-29　真核生物 K^+ 通道模式图

A. K^+ 通道的一个亚基多肽链包含 6 个 α 螺旋穿膜片段，H5 连接 S5 和 S6 穿膜螺旋；B. 4 个亚基围成单个 K^+ 通道，4 个 H5 片段扎入通道中央

2）K^+ 通道的开关机制：电位门控 K^+ 通道存在 3 种相互关联的构象：关闭、开启和失活（图 2-4-30）。KV 通道通过电压的变化开启，并受 S4 穿膜螺旋的调节。S4 穿膜螺旋沿着多肽链含有几个带正电荷的氨基酸残基，推测这部分作为电位感受器（voltage sensor）。在静息条件下，穿膜的负电位使 S4 螺旋保持孔的闭合状态，膜电位如果朝正值变化（去极化），就会对 S4 螺旋施加电场力，电场力被认为使 S4 螺旋旋转，S4 螺旋的旋转使得带正电荷的残基旋转 180°而朝向细胞外这样一个新位置。S4 螺旋的运动可以用实验跟踪，先在蛋白质的特定氨基酸上连上荧光基团，当含有这些通道的膜发生去极化时，细胞表面就会出现荧光，这说明标记的氨基酸已移动到朝向外部介质的位置。

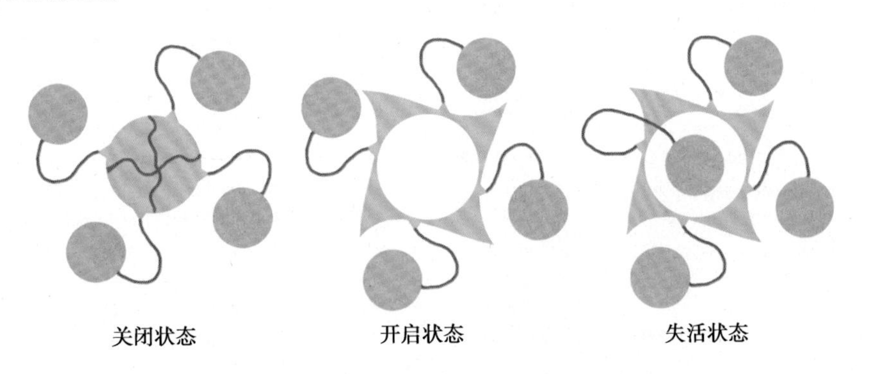

图 2-4-30　电位门控 K^+ 通道的构象变化

应答电位变化的S4螺旋的运动引起蛋白质内的构象变化，导致通道的开口打开，通道一旦打开，每毫秒就有几千个 K^+ 通过，几乎和自由扩散的速率相近。离子通道开放几毫秒后，α 亚基 N 端在胞质中卷曲的"球"形结构，通过侧窗摆动入通道的中央腔中，阻止 K^+ 通过，通道失活。几毫秒后球被释放，孔道的开口关闭。钾通道的这种开关机制称为球链模型（ball-and-chain model）（图 2-4-31）。

3）K^+ 通道的选择性：K^+ 通道有严格的选择性，只允许 K^+ 通过，而不允许比它小的 Na^+ 通过。要想了解通道功能的分子机制必须解析它的三维结构，但真核生物 K^+ 通道的结构复杂，膜蛋白的分离纯化和结晶都比较困难，而微生物 K^+ 通道的组成与结构要简单得多，但通道核心部分的结构基本相似。1998 年，R Mackinnon 及同事成功获得了链霉菌（*Streptomyces lividans*）K^+ 通道（KcsA）核心部分的结晶，通过 X 射线衍射解析首次得到了 0.32nm 分辨率的三维结构。KcsA 通道是由 4 个完全相同的亚基组成的倒锥形孔道，每个亚基含两个穿膜螺旋（M1 和 M2），它们由 P（pore）片段环（相当于 H5）连接，4 个亚基插入脂双层形成一个狭窄的通道。认为 KcsA 通道的 M1-P-M2 与真核生物通道的 S5-H5-S6 同源。P 片段排列在离子通过的通道上，每个 P 片段环的一部分含有保守的 -Thr-Val-Gly-Tyr-Gly-5 肽，此序列是各种 K^+ 通道所共有的专一序列。KcsA 通道的晶体结构显示，保守 5 肽的每一氨基酸残基提供的羰基（C═O）指向通道的中央，沿垂直于膜平面排列，排列形成孔道中最窄的部分。孔道的这部分由于其选择 K^+ 的能力被称为选择性过滤器（selectivity filter）。保守 5 肽中的突变会破坏通道区分 K^+ 和 Na^+ 的能力。Mackinnon 的结晶分析结果表明，过滤器部分全长约 1.2nm，直径约 0.25nm，每一 P 片段环中的 5 个氨基酸残基提供的羰基共同组成 5 层检测点，层与层之间距离为 0.3nm（图 2-4-32），每一层含 4 个羰基氧原子，通道的每个亚基贡献一个。我们知道，任何可溶于水的溶质，包括水分子本身，都是极性的。在水溶液中，溶质分子或离子都不是一个孤立的个体，而是吸附着周围的水分子和其他极性分子的水合物。K^+ 在水溶液中与水分子结合形成水化的 K^+，该水化的 K^+ 进入通道时先进行脱水，当 K^+ 失去其水合层后直径（约为 0.27nm），正好与羰基氧原子环直径（约为 0.3nm）大小相当。此时 K^+ 与氧原子的距离和它未进入过滤器时与其周围水分子中的氧原子的距离是相同的，与 4 个电负性氧原子相互作用替代水合层中的水分子，使能量得到补偿。选择性过滤器上可以接纳 2 个 K^+，两个离子的间距为 0.75nm，利用静电斥力，K^+ 能够顺电化学梯度迅速穿过孔道。

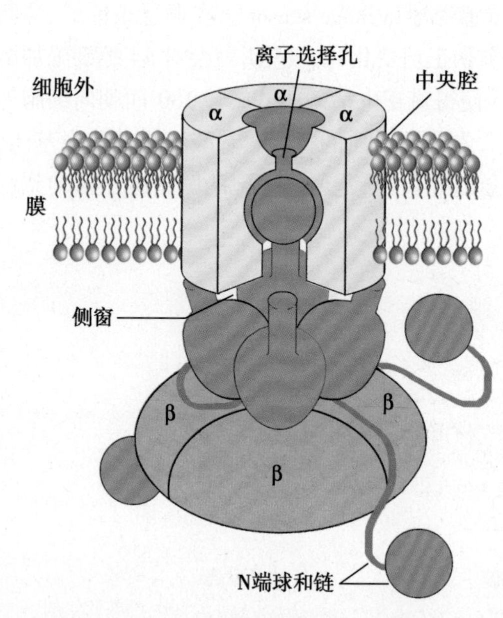

图 2-4-31 K^+ 通道开与关的球链模型

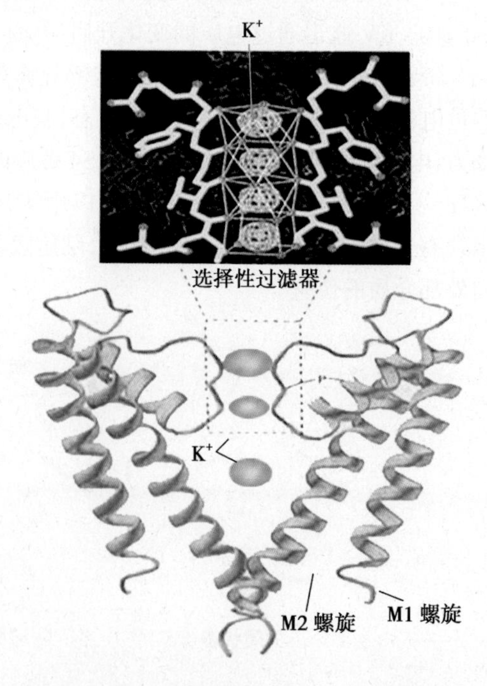

图 2-4-32 K^+ 通道的选择性过滤器模式图

Notes

失水的 Na^+(0.19nm) 比选择性过滤器的直径比要小得多，然而其通透性不到 K^+ 的万分之一。原因在于 Na^+ 体积小，不能与环内的 4 个氧同时作用，这样脱水过程中需要的能量得不到补偿，故不能进入选择性过滤器(图 2-4-33)。因此，K^+ 通道只能有选择地通过 K^+。

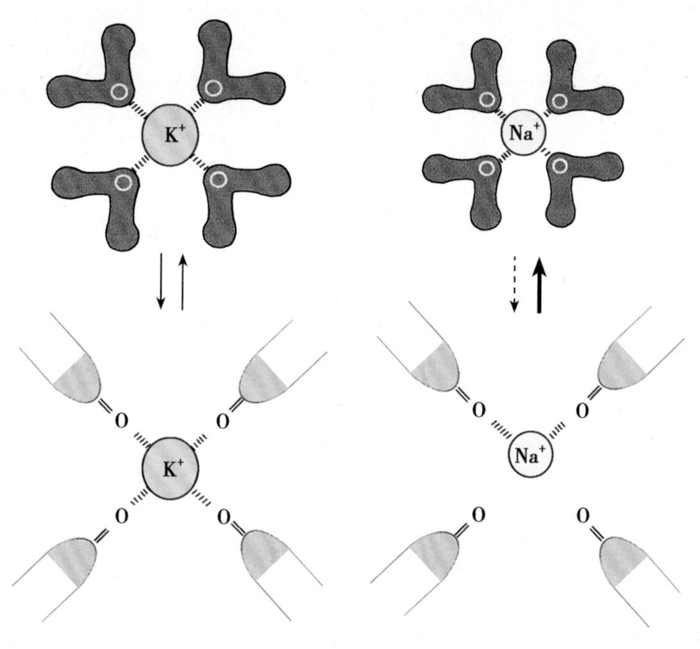

图 2-4-33　K^+、Na^+ 在选择性过滤器中与氧原子相互作用示意图
Na^+ 的体积小，不能与 4 个氧形成均衡的作用关系，故 K^+ 选择性过滤器只对 K^+ 有选择性

(3) 机械门控通道(mechano-gated channels)：是通道蛋白感受作用于细胞膜上的外力发生构象变化，开启通道使"门"打开，离子通过通道进入细胞，引起膜电位变化产生电信号。如内耳听觉毛细胞顶部的听毛上即具有机械门控阳离子通道。当声音传至内耳时，引起毛细胞下方基膜发生震动，使听毛触及上方的覆膜，迫使听毛发生倾斜产生弯曲，在这种伸拉机械力作用下，使通道蛋白构象改变而开放，离子进入内耳毛细胞，膜电位改变，从而将声波信号传递给听觉神经元。目前关于机械门控通道的研究相对较少，从细菌和古细菌克隆的机械门控通道均为两段穿膜蛋白，整个通道呈五聚体结构模式，易通透阳离子。主要离子通道种类及功能总结如表 2-4-4 所示。

表 2-4-4　主要的离子通道类型

离子通道	典型位置	功能
K^+ 渗漏通道	大多数动物细胞膜	维持静息膜电位
电压门控 Na^+ 通道	神经细胞轴突质膜	产生动作电位
电压门控 K^+ 通道	神经细胞轴突质膜	在一个动作电位之后使膜恢复静息电位
电压门控 Ca^{2+} 通道	神经终末的质膜	激发神经递质释(将电信号转换为化学信号)
乙酰胆碱 Na^+ 和 Ca^{2+} 通道	在神经 - 肌接头处质膜	在靶细胞将化学信号转换为电信号
GABA 门控 Cl^- 通道	许多神经元的突触处质膜	抑制性突触信号
机械门控阳离子通道	内耳听觉毛细胞	感受声波震动

一些离子通道是持续开放的(如 K^+ 渗漏通道)，但是大多数离子通道的开放是受"闸门"控制，开放时间短暂，只有几毫秒，开放和关闭快速切换，以调节细胞的活动。例如，一个通道短暂的开放使离子流入，可引起另一个通道开放，后者又可顺次影响其他通道开放。

图 2-4-34 以神经 - 肌接头处神经冲动的传导引发肌肉收缩为例，说明离子通道的协同活动。

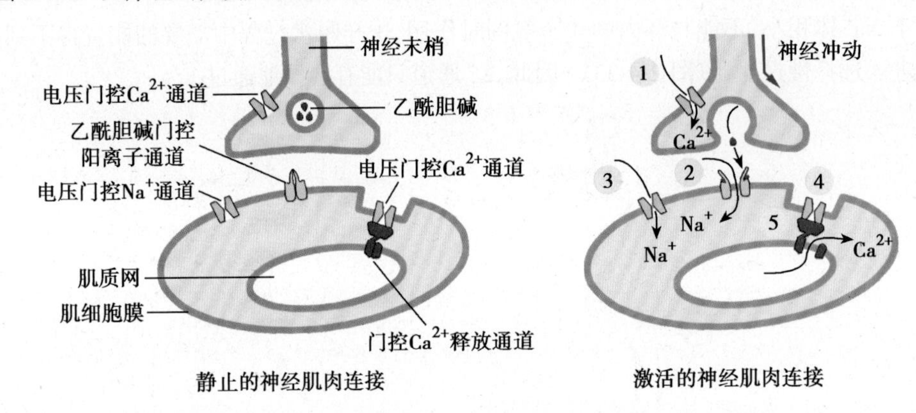

图 2-4-34 神经 - 肌接头处的离子通道协同活动示意图

1. 神经冲动传至神经末梢细胞膜去极化，引起膜上电压门控 Ca^{2+} 通道瞬时开放，外 Ca^{2+} 内流导致突触小泡乙酰胆碱释放至突触间隙；2. 乙酰胆碱与突触后肌细胞膜上的 nAChR 结合，乙酰胆碱内控 Na^{+} 通道开放，Na^{+} 内流引起细胞膜局部去极化；3. 局部去极化诱发电压门控 Na^{+} 通道开放，大量 Na^{+} 涌入使细胞膜去极化扩散到整个肌细胞膜；4 和 5. 肌细胞膜去极化，电压门控 Ca^{2+} 通道开放，肌质网上 Ca^{2+} 通道开放，肌质内 Ca^{2+} 浓度突然增加，引起肌原纤维收缩

3. 离子穿膜转运与膜电位 细胞膜对离子的选择性转运在细胞内外液间产生巨大的浓度差异（表 2-4-5），使得细胞膜能以离子梯度的形式贮存势能，用以完成多种物质转运及可兴奋细胞的电信号传递。

表 2-4-5 典型哺乳动物细胞内外离子浓度的比较

成分	细胞内浓度（mmol/L）	细胞外浓度（mmol/L）
阳离子		
Na^{+}	5-15	145
K^{+}	140	5
Mg^{2+}	0.5*	1~2
Ca^{2+}	10^{-4}*	1~2
H^{+}	7×10^{-5}（$10^{-7.2}$mol/L 或 pH7.2）	4×10^{-5}（$10^{-7.4}$mol/L 或 pH7.4）
阴离子 **		
Cl^{-}	5~15	110

* 表中 Ca^{2+} 和 Mg^{2+} 浓度是指胞质溶胶中游离离子

** 细胞内的正负电荷应该相等（即电中性），许多细胞成分（HCO_3^-、PO_4^{3-}、蛋白质、核酸以及带有磷酸根和羧基的代谢物）带有负电荷

由于各种方式的穿膜运输，质膜两侧形成不同物质特定的浓度分布，对带电荷的物质，特别是离子来说，就形成了膜两侧的电位差。在细胞质和细胞外液中插入微电极，便可测出细胞膜两侧各种带电物质形成的电位差的总和，即膜电位（membrane potential）。这种膜电位存在于所有类型的细胞中，其高低从 -15mV 到 -100mV 不等，细胞膜内为负值，膜外为正值。对于神经细胞和肌细胞等可兴奋细胞，这种同样的电位被称为静息电位（resting potential）。

（1）静息电位的决定：静息电位是细胞在静息状态下膜内外相对稳定的电位差，膜内为负值，膜外为正值，这种状态称为极化（polarization）。神经元静息电位为 -60mV，肌细胞为 -90mV。静息电位主要是由两个因素决定的：一是离子顺浓度梯度的电渗现象造成的扩散电位（diffusion

potential)；另一是 Na^+-K^+ 泵造成膜电位差。Na^+-K^+ 泵的工作造成细胞内外 Na^+ 和 K^+ 浓度的巨大差异，胞内高浓度的阳离子 K^+ 是由细胞内阴离子 Cl^- 和有机分子所带负电荷所平衡。处于静息状态的质膜上有许多非门控的 K^+ 渗漏通道是开放的，而其他离子（如 Na^+、Cl^- 或 Ca^{2+}）通道却很少开放。所以静息的膜允许 K^+ 顺电化学梯度通过开放的钾渗漏通道流向胞外。随着 K^+ 不断转移到细胞外，而阴离子不能随 K^+ 外流，结果膜外有过多的正电荷，膜内便留下了过多的负电荷。虽然穿膜的浓度梯度有利于 K^+ 的继续外流，但是由膜内侧的负电荷产生的电梯度则有利于保持细胞内的 K^+，当两种相对的作用力相互平衡时，便没有 K^+ 的进一步净穿膜运动，从而产生外正内负的静息膜电位，所以膜对 K^+ 的通透性被认为是决定静息电位的最重要的因素。静息膜电位值主要反映了穿膜 K^+ 电化学梯度，Na^+-K^+ 泵对维持静息膜电位的相对恒定起重要作用。

(2) 动作电位的介导：静息膜电位是阴、阳离子跨越质膜的流动达到平衡时的膜电位。生理学家对枪乌贼巨大轴突的研究中发现，如果用一极细的针或极细的电流刺激乌贼静息的轴突膜时，膜上一些钠离子通道就会打开，使少量的 Na^+ 扩散到细胞内，正电荷的 Na^+ 降低膜电位，膜电位负值变小，由于膜电位的下降导致膜两侧极性的降低，该现象称为去极化(depolarization)。如果刺激所引起的去极化只有几毫伏，比如从 -70mV 降到 -60mV，那么只要刺激一停止，膜就会迅速恢复到原来的静息电位。然而，如果刺激所引起的局部膜去极化超过阈值(threshold)时（此处约为 -50mV)，就会发生一系列新的事件。电压的变化引起电压门控 Na^+ 通道开放，Na^+ 顺其电化学梯度进入细胞，引起膜的去极化过程，从而打开更多的 Na^+ 通道，瞬间流入大量 Na^+ 引起进一步去极化，使膜电位很快发生逆转，即变为正电位，大约是 +40mV，接近 Na^+ 平衡电位，可见去极化是一个自我放大的过程。所以，把这种膜电位的迅速变化，形成内正外负的膜电位差，称为动作电位(active potential)。此时几乎所有 Na^+ 通道都处于开放状态。大约 1ms 以后，Na^+ 通道会自发失活，阻止 Na^+ 进一步内流。在 Na^+ 大量进入细胞时，随着动作电位的出现，Na^+ 通道从失活到关闭，当动作电位达到其峰值时，电压门控 K^+ 通道开放，K^+ 顺着其电化学梯度迅速向细胞外扩散，使质膜再度极化，以至于超过原来的静息电位，此时称超极化(hyperpolarization)。超极化时膜电位使 K^+ 通道关闭，膜电位恢复到静息状态。

膜电位的变化与质膜对 K^+ 和 Na^+ 通透性改变有关，这与质膜上电位门控 Na^+、K^+ 通道随膜电位变化有规律地开放、关闭有关，同时 Na^+-K^+ 泵在形成与维持膜电位中也有重要作用。细胞膜电位的变化在可兴奋细胞（包括神经元、肌细胞、内分泌细胞和卵细胞）中具有重要作用，是化学信号和电信号引起的兴奋传递的重要方式。动作电位一旦产生，它并不保留在特定的局部位置上，而是以神经冲动(nerve impulse)的形式从神经细胞的轴丘部位传向轴突终末。因为伴随动作电位的去极化非常大，所以邻近区域的膜就容易发生超阈值的去极化，Na^+ 通道打开，产生另一个动作电位，于是，动作电位波就沿着神经元全长传到靶细胞，动作电位的传播速度很快，可达 100m/s 以上，并且在这个过程中没有任何衰减。

（四）水通道介导水的快速转运

水分子虽然可以以简单扩散方式通过细胞膜，但是扩散速度非常缓慢。有许多细胞如肾小管和肠上皮细胞，血细胞，植物根细胞及细菌等对水的吸收极为快速。长期以来，人们就猜想细胞膜上可能存在水的专一通道。直到 1988 年，美国学者 Peter Agre 在分离纯化红细胞膜 Rh 血型抗原核心多肽时偶然发现质膜上有构成水通道的膜蛋白，这种蛋白质被命名为水孔蛋白(aquaporin，AQP)，从而确认了细胞膜上有水转运通道蛋白的理论，Agre 因此获得了 2003 年诺贝尔化学奖。

1. 水通道的分类　目前发现哺乳动物水通道蛋白家族已有 13 种功能相似、基因来源不同的 AQPs(AQP0~AQP12)，在人体的不同组织细胞上表达这 13 种成员。根据其功能特性分为三个家族：AQP0、1、2、4、5、6 和 8 基因结构类似，氨基酸序列 30%~50% 同源，只能通透水，属于经

典的选择性水通道(orthodox aquaporin);AQP3、7、9、10 除对水分子通透外,对甘油和尿素等中性小分子也具有通透性,成为 AQP 家族的第二个亚家族——水甘油通道(aquaglyceroporin);而 AQP11 和 AQP12 是最远亲的种内同源基因产物,它们仅和 AQP 家族成员分享 20% 同源序列,且具有多种多样的 NAP 盒,属于第三类 AQP 亚家族。

2. 水通道蛋白的结构　水通道蛋白家族中 AQP1 的结构研究得比较清楚。AQP1 在质膜上是由四个对称排列的圆筒状亚基包绕而成的四聚体,每个亚基(即一个 AQP1 分子)的中心存在一个只允许水分子通过的中央孔,孔的直径约 0.28nm,稍大于水分子直径。一个 AQP1 分子是一条多肽链,AQP1 分子的 6 个长 α 螺旋构成基本骨架,其间还有两个嵌入但不贯穿膜的短 α 螺旋几乎顶对顶地位于脂双层中。在两个短螺旋相对的顶端各有一个在所有水通道家族蛋白中都保守存在的 Asn-Pro-Ala (NPA) 基序(motif),它们使得这种顶对顶结构得以稳定存在(图 2-4-35)。亲水性通道的壁由这 6 条兼性的 α 螺旋围成,每个螺旋朝向脂双层一面由非极性氨基酸残基构成,它们通过范德华力和疏水性相互作用与脂肪酸链连接;朝向中央孔一面由极性氨基酸残基构成。

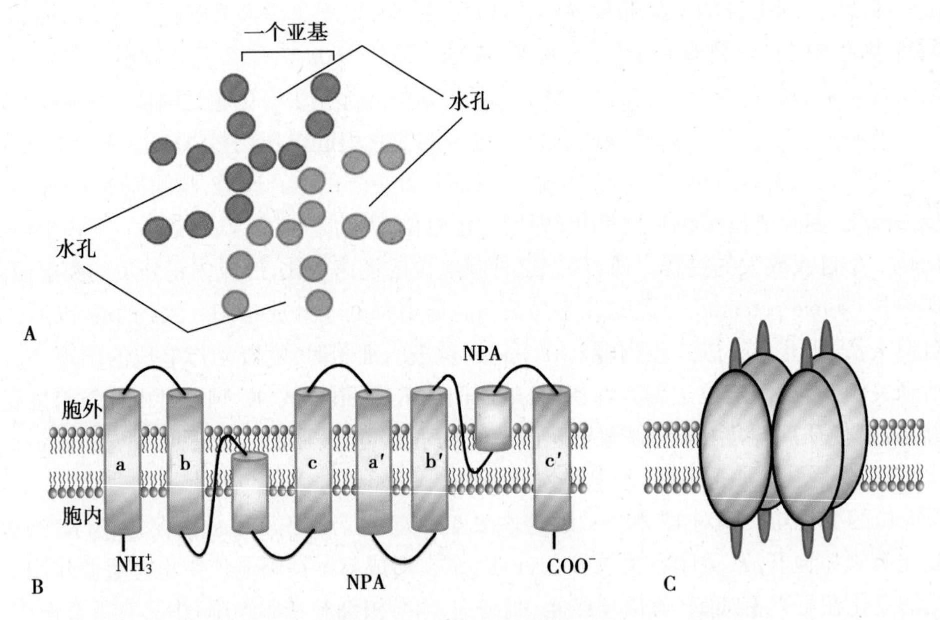

图 2-4-35　水通道模式图

A. 水通道 4 个亚基的中心分别存在水孔;B. 每个亚基含 6 条穿膜 α 螺旋,2 个短 α 螺旋嵌入但不贯穿膜顶对顶位于脂双分子层中;C. 质膜中 4 个亚基组成水通道四聚体

3. 水通道对水分子的筛选机制　AQP1 等水孔蛋白形成对水分子高度特异的亲水通道,只允许水而不允许离子或其他小分子溶质通过。这种严格的选择性主要是由于:①AQP1 中央孔通道的直径(0.28nm)限制了比水分子大的小分子通过;②AQP1 中央孔通道内溶质结合位点的控制。当一个水分子要通过直径 0.28nm 的水通道时,它必须要剥除其周围与之水合的水分子,而通道管窄口周围的几种极性氨基酸残基上的羰基氧可与通过的水分子形成氢键,替代了水分子之间的氢键,使得这种去水合过程中需要的能量得到补偿。而离子与水分子之间的水合作用比水分子之间大得多,AQP1 水通道的通道管中,能替代水合水分子的羰基氧数量不足,离子只能脱去部分水分子,对于部分脱去水分子的离子水合物而言,水通道太窄无法通过。

一般认为,水通道是处于持续开放状态的膜通道蛋白,一个 AQP1 通道蛋白每秒钟可允许 3×10^9 个水分子通过。水分子的转运不需要消耗能量,也不受门控机制调控。水分子通过水通道的移动方向完全由膜两侧的渗透压差决定,水分子从渗透压低的一侧向渗透压高的一侧移动,直至两侧渗透压达到平衡,因此,水通道是水分子在溶液渗透压梯度的作用下穿膜转运的主

要途径。

水通道大量存在于与体液分泌和吸收密切相关的上皮和内皮细胞膜上，参与人体的多种重要生理功能，如肾脏的尿液浓缩、体温调节、各种消化液的分泌及胃肠道各段对水的吸收、脑脊液的吸收和分泌平衡、泪液和唾液的分泌以及房水分泌吸收调节眼压等等。随着对水通道蛋白功能认识的不断深化，水通道正在作为治疗人类疾病的药物作用靶点而引起重视，水通道功能的调节剂可能为与体液转运异常有关的疾病提供新的治疗途径。

第三节　大分子和颗粒物质的穿膜运输

小分子物质和离子在膜运输蛋白的介导下进行穿膜运输，但膜运输蛋白不能转运大分子物质如蛋白质、多核苷酸、多糖等。大多数细胞都能摄入和排出大分子物质，有些细胞甚至能吞入大的颗粒，为完成这种功能，细胞进化出一套将细胞外环境中的物质以包入物形式进行摄取的机制。大分子和颗粒物质被运输时并不直接穿过细胞膜，都是由膜包围形成囊泡，通过一系列膜囊泡的形成和融合来完成转运过程，故称为小泡运输（vesicular transport）。细胞摄入大分子或颗粒物质的过程称为胞吞作用（endocytosis）；细胞排出大分子或颗粒物质的过程称为胞吐作用（exocytosis）。在此转运过程中涉及膜泡的融合与断裂，需要消耗能量，也属于主动转运。这种运输方式常转运较大量的大分子或颗粒物质，又称为批量运输（bulk transport）。小泡运输不仅发生在质膜，胞内各种膜性细胞器（如内质网、高尔基复合体、溶酶体等）之间的物质运输也是以这种方式进行的。所以，小泡运输对细胞内外物质交换、信息交流均有重要作用。本节主要介绍大分子与颗粒物质通过质膜进行的穿膜运输。

一、胞吞是物质入胞作用方式

胞吞作用又称内吞作用，它是质膜内陷，包围细胞外物质形成胞吞泡，脱离质膜进入细胞内的转运过程。根据胞吞物质的大小、状态及特异程度不同，可将胞吞作用分为三种类型：吞噬作用、胞饮作用及受体介导的胞吞。

（一）吞噬作用是吞噬细胞摄入颗粒物质的过程

吞噬作用（phagocytosis）由几种特殊细胞完成。在它们摄取较大的颗粒物质或多分子复合物（直径 >250nm）时，细胞膜凹陷形成伪足，将颗粒包裹后摄入细胞，吞噬形成的膜泡称为吞噬体（phagosome）或吞噬泡（phagocytic）。对颗粒物质的吞入是由质膜下肌动蛋白丝所驱动。动物体内几种具有吞噬功能的细胞，如中性粒细胞、单核细胞及巨噬细胞等，它们广泛分布在血液和组织中，具有吞噬入侵的微生物、清除损伤和死亡的细胞等功能，在机体防御系统中发挥重要作用。

（二）胞饮作用是细胞吞入液体和可溶性物质的过程

胞饮作用（pinocytosis）是细胞非特异地摄取细胞外液的过程。当细胞周围环境中某可溶性物质达到一定浓度时，可通过胞饮作用被细胞吞入。胞饮作用通常发生在质膜上的特殊区域，质膜内陷形成一个小窝，最后形成一个没有外被包裹的膜性小泡，称为胞饮体（pinosome）或胞饮泡（pinocytic vesicle），直径小于 150nm。根据细胞外物质是否吸附在细胞表面，将胞饮作用分为两种类型：一种是液相内吞（fluid-phase endocytosis），这是一种非特异的固有内吞作用，通过这种作用，细胞把细胞外液及其中的可溶性物质摄入细胞内。另一种是吸附内吞（absorption endocytosis），在这种胞饮作用中，细胞外大分子及/或小颗粒物质先以某种方式吸附在细胞表面，因此具有一定的特异性。

胞饮作用在能形成伪足和转运功能活跃的细胞中多见，如巨噬细胞、白细胞、毛细血管内皮细胞、肾小管上皮细胞、小肠上皮细胞等。

胞饮泡进入细胞后与内体(endosome)融合或与溶酶体融合后被降解。胞饮作用所造成质膜的损失和吞进的细胞外液,由胞吐作用补偿和平衡。

(三) 受体介导的胞吞提高摄取特定物质的效率

受体介导的胞吞(receptor-mediated endocytosis)是细胞通过受体的介导选择性高效摄取细胞外特定大分子物质的过程。有些大分子在细胞外液中的浓度很低,进入细胞需先与膜上特异性受体识别并结合,然后通过膜的内陷形成囊泡,囊泡脱离质膜而进入细胞。这种作用使细胞特异性地摄取细胞外含量很低的成分,而不需要摄入大量的细胞外液,与非特异的胞吞作用相比,可使特殊大分子的内化效率增加1000多倍。

1. 有被小窝和有被小泡的形成 细胞膜上有多种配体的受体,如激素、生长因子、酶和血浆蛋白等。受体集中在质膜的特定区域,称为有被小窝(coated pits)。有被小窝具有选择受体的功能,该处集中的受体的浓度是质膜其他部分的10~20倍。体外培养细胞中,有被小窝约占质膜表面积的2%。电镜下有被小窝处质膜向内凹陷,直径50~100nm,凹陷处的质膜内表面覆盖着一层毛刺状电子致密物,其中包括网格蛋白和衔接蛋白。

受体介导的胞吞,第一步是细胞外溶质(配体)同有被小窝处的受体结合,形成配体-受体复合物,网格蛋白聚集在有被小窝的胞质侧,有被小窝形成后进一步内陷,与质膜断离后形成有被小泡(coated vesicle)进入细胞。有被小泡的外表面包被由网格蛋白组装成的笼状篮网结构。

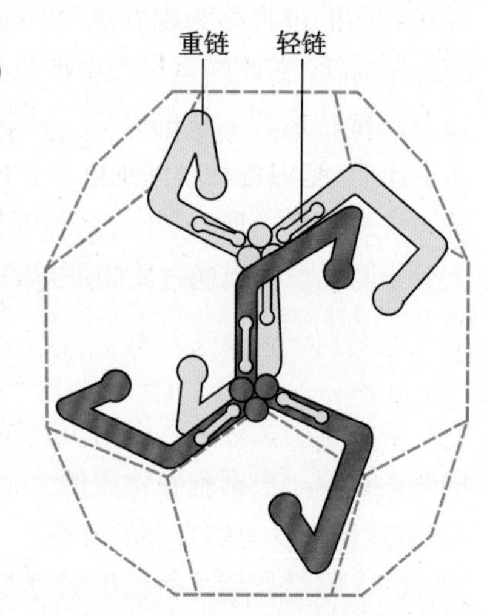

图2-4-36 三腿蛋白复合物模式图

网格蛋白(clathrin)也称作成笼蛋白,是一种蛋白复合物,由3条重链和3条轻链组成。重链是一种纤维蛋白,分子量180kD,轻链分子量为35kD,两者组成二聚体,三个二聚体又形成了包被小泡的结构——三腿蛋白复合物(triskelion)(图2-4-36)。36个三腿蛋白复合物聚合成六角形或五角形的篮网状结构,覆盖于有被小窝(或有被小泡)的细胞质侧表面。三腿复合物网架具有自我装配的能力,它们在试管中能自动装配成封闭的篮网结构。网格蛋白的作用主要是牵拉质膜向内凹陷,参与捕获特定的膜受体使其聚集于有被小窝内。(图2-4-37)。

在有被小泡的包被组成成分中,还有一种衔接蛋白(adaptin),介于网格蛋白与配体-受体复合物之间,参与包被的形成并起连接作用。目前发现,

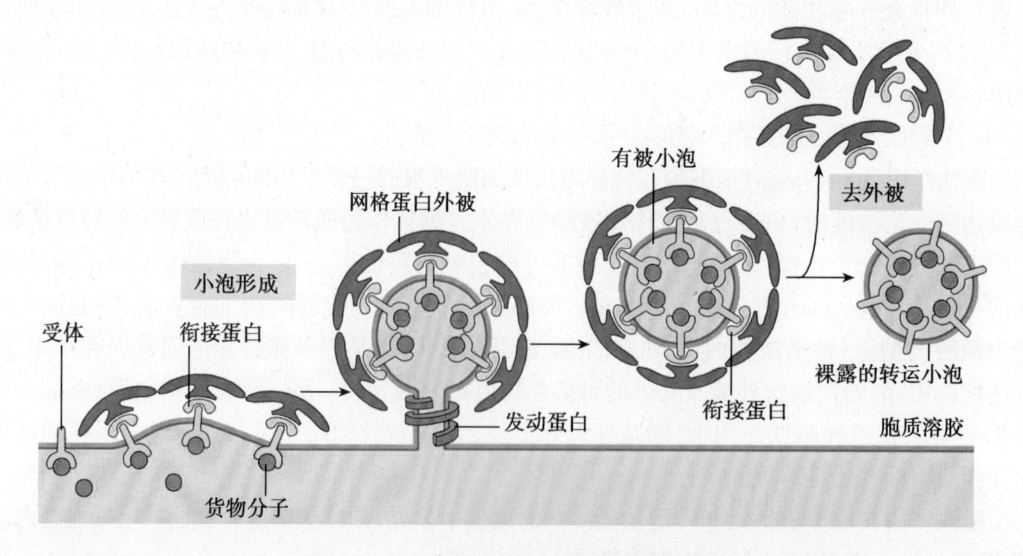

图2-4-37 有被小窝与有被小泡的形成

细胞内至少有4种不同的衔接蛋白，可特异性地结合不同种类的受体，使细胞捕获不同的运载物(cargo)。在受体介导的胞吞中，网格蛋白没有特异性，其特异性受衔接蛋白的调节。

2. 无被小泡形成并与内体融合　当配体与膜上受体结合后，网格蛋白聚集在膜的胞质侧，通过一些六边形的网格转变成五边形的网格，促进网格蛋白外被弯曲转变成笼形结构，牵动质膜凹陷。有被小窝开始内陷并将要从质膜上缢缩变成网格蛋白有被小泡，还需要一种小分子GTP结合蛋白——发动蛋白(dynamin)的参与。该蛋白自组装形成一个螺旋状的领圈结构，环绕在内陷的有被小窝的颈部，发动蛋白水解与其结合的GTP，引起其构象改变，从而将有被小泡从质膜上切离下来，形成网格蛋白有被小泡。一旦有被小泡从质膜上脱离下来，很快脱去包被变成表面光滑的无被小泡，笼蛋白分子返回到质膜下方，重新参与形成新的衣被小泡。无被小泡继而与早期内体(early endosome)融合。内体是动物细胞质中经胞吞作用形成的一种由膜包围的细胞器，其作用是运输由胞吞作用新摄入的物质到溶酶体被降解。内体膜上有ATP驱动的质子泵，将H^+泵入内体腔中，使腔内pH降低(pH5~6)。大多数情况下，内体的低pH改变了受体和配体分子的亲和状态，从而释放出与其结合的配体分子。受体与配体分离后，内体以出芽的方式形成运载受体的小囊泡，返回质膜，受体重新利用，开始下一轮的内吞作用。含有配体的内体将与溶酶体融合。

在受体介导的胞吞过程中，不同类型的受体具有不同的内体分选途径：①大部分受体返回到质膜参与另一轮内吞过程，如LDL受体和转铁蛋白受体；②有些受体与配体一起最后进入溶酶体被降解，导致细胞表面受体数量减少，如表皮生长因子受体等，这是一种细胞降低对细胞外信号进一步反应的调节方式；③有些受体-配体在内体中不分离，内体在细胞另一侧与质膜融合释放配体，受体也被运至质膜另一部位。

3. 受体介导的LDL胞吞作用　胆固醇是构成膜的脂类成分，也用以合成类固醇激素。动物细胞通过受体介导的胞吞摄入所需的大部分胆固醇。胆固醇在肝脏中合成并包装成低密度脂蛋白(low density lipoprotein，LDL)在血液中运输。LDL为球形颗粒，直径约为22nm，中心含有大约1500个酯化的胆固醇分子，其外包围着800个磷脂分子和500个游离的胆固醇分子。载脂蛋白ApoB100是细胞膜上LDL受体的配体，它将酯化胆固醇、磷脂、游离胆固醇组装成球形颗粒(图2-4-38)。

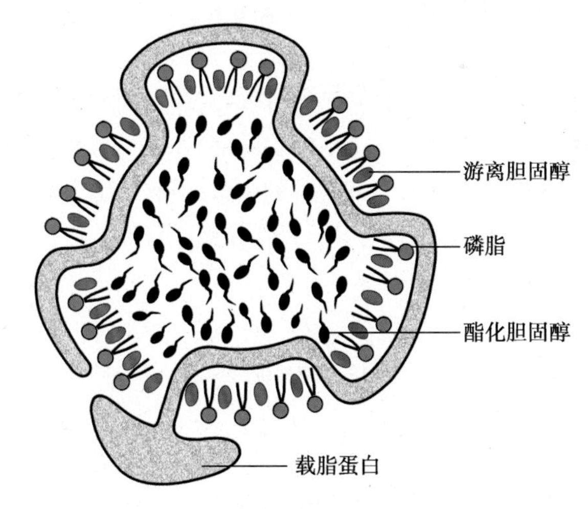

图2-4-38　低密度脂蛋白颗粒结构模式图

LDL受体是由839个氨基酸组成的单次穿膜糖蛋白，当细胞需要利用胆固醇时，细胞即合成LDL受体，并将其镶嵌到质膜中，受体介导的LDL胞吞过程如图2-4-39所示。如果细胞内游离胆固醇积累过多时，细胞通过反馈调节，停止胆固醇及LDL受体的合成。正常人每天降解45%的LDL，其中2/3经由受体介导的胞吞途径摄入细胞而被降解利用，如果细胞对LDL的摄入过程受阻，血液中胆固醇含量过高易形成动脉粥样硬化。

动物细胞对许多重要物质的摄取都是依赖于受体介导的胞吞，有50种以上的不同蛋白质、激素、生长因子、淋巴因子以及铁、维生素B_{12}等通过这种方式进入细胞。流感病毒和AIDS病毒(HIV)也通过这种胞吞途径感染细胞。肝细胞从肝血窦向胆小管转运IgA也是通过这种方式进行的。

二、胞吐是物质出胞作用方式

胞吐作用又称外排作用或出胞作用，指细胞内合成的物质通过膜泡转运至细胞膜，与质膜融合后将物质排出细胞外的过程，与胞吞作用过程相反。胞吐作用是将细胞分泌产生的酶、激

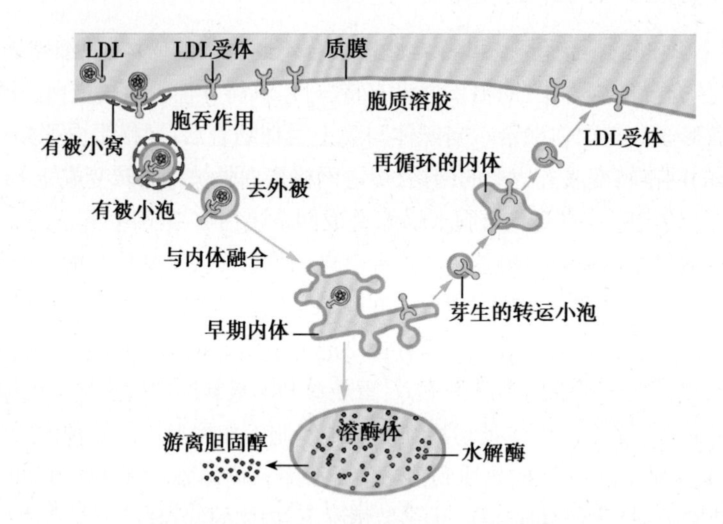

图 2-4-39 LDL 受体介导的 LDL 胞吞过程

受体向有被小窝集中与LDL结合,有被小窝凹陷、缢缩形成有被小泡进入细胞;有被小泡迅速脱去外被形成无被小泡;无被小泡与内体融合,在内体酸性环境下LDL与受体解离;受体经转运囊泡返回质膜,被重新利用。含LDL的内体与溶酶体融合,LDL被分解释放出游离胆固醇

素及一些未被分解的物质排出细胞外的重要方式。根据方式的不同,胞吐作用分为连续性分泌和受调分泌两种形式。

(一) 连续性分泌是不受调节持续不断的细胞分泌

连续性分泌(constitutive secretion)又称固有分泌,是指分泌蛋白在糙面内质网合成之后,转运至高尔基复合体,经修饰、浓缩、分选,形成分泌泡,随即被运送至细胞膜,与质膜融合将分泌物排出细胞外的过程。分泌的蛋白质,包括驻留蛋白、膜蛋白和细胞外基质各组分等。这种分泌途径普遍存在于动物细胞中。

(二) 受调分泌是细胞外信号调控的选择性分泌

受调分泌(regulated secretion)是指分泌性蛋白合成后先储存于分泌囊泡中,只有当细胞接受到细胞外信号(如激素)的刺激,引起细胞内 Ca^{2+} 浓度瞬时升高,才能启动胞吐过程,使分泌囊泡与细胞膜融合,将分泌物释放到细胞外。这种分泌途径只存在于分泌激素、酶、神经递质的细胞内(图 2-4-40)。

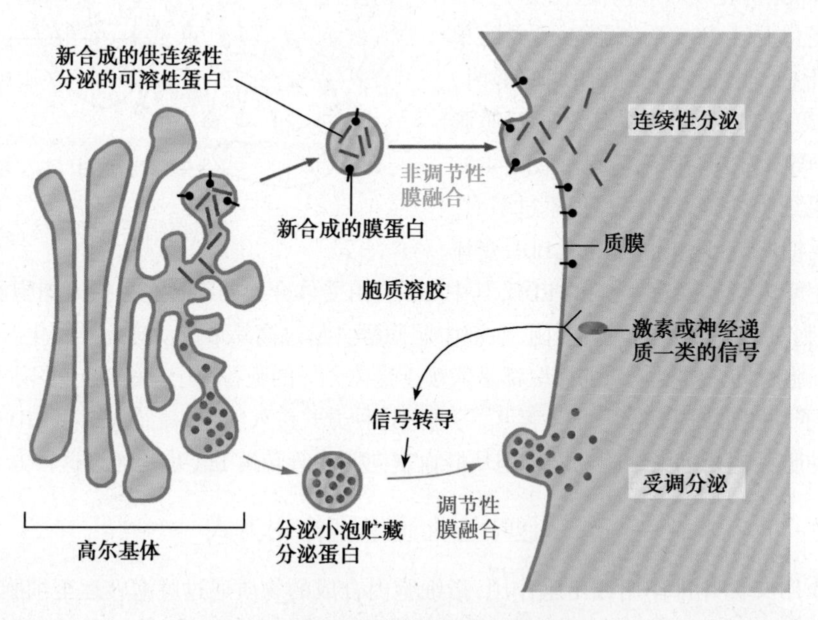

图 2-4-40 连续性分泌和受调分泌

Notes

第四节　细胞表面特化结构

细胞表面并不是光滑平整的，细胞膜常与膜下的细胞骨架系统相互联系，协同作用，形成细胞表面的一些特化结构。这些特化结构包括微绒毛、纤毛和鞭毛等，还有细胞的一些暂时的结构，如皱褶、变形足等。

一、微绒毛是质膜和细胞质共同形成的指状突起

微绒毛(microvillus)是细胞表面伸出的细小的指状突起。直径约为0.1μm，长0.2~1.0μm，在电镜下才能辨认。有些细胞的微绒毛较少，长短不等，而肠黏膜上皮中的吸收细胞和肾近曲小管上皮细胞游离面有大量密集整齐排列的微绒毛。微绒毛表面是质膜和糖萼，内部是细胞质的延伸部分，其中心有许多纵形排列的微丝直达微绒毛的顶端，微丝下延至细胞顶端的终末网。如小肠上皮吸收细胞上有1000~3000根微绒毛，使吸收表面积扩大20~30倍，其表面细胞外被中含有磷脂酶、双糖酶及氨基肽酶等，有助于食物的分解和吸收。细胞表面存在的微绒毛，并不都是与吸收功能由关，某些游走细胞(单核细胞、中性粒细胞、淋巴细胞及巨噬细胞等)的微绒毛类似细胞运动工具，并且参与搜索抗原、毒素及协助摄取异物(如病毒、细菌等)。

二、纤毛和鞭毛是能摆动的细长突起

纤毛(cillia)和鞭毛(flagella)是细胞表面向外伸出的细长突起，比微绒毛粗而且长，能摆动，光镜下能够看见。纤毛长5~10μm，数目很多，鞭毛长约150μm，每个细胞只有1至数根。纤毛或鞭毛的超微结构特征为表面围以细胞膜，内为细胞质，含有沿整个纤毛纵向排列的微管。它们是细胞表面特化的运动结构，如原生动物或精子借鞭毛波浪式的运动可推动整个细胞运动。在哺乳动物中，纤毛出现在一些特定的部位，如呼吸道和雌性生殖管道上皮细胞游离面、脑室的室管膜细胞等处。上呼吸道黏膜上皮中的一个纤毛细胞可有纤毛250~270根，纤毛向咽部定向有节律地摆动，将呼吸道黏膜表面聚积的分泌物及黏附的尘粒和细菌等异物推向咽部，然后被咳出，具有清除异物和净化入肺空气的作用。输卵管上皮借助纤毛摆动可将受精卵送至子宫。

三、褶皱是细胞表面的扁状突起

褶皱(ruffle)或片足(lamellipodium)是细胞表面的临时性扁状突起，不同于微绒毛，形状宽而扁，宽度不等，厚度约0.1μm，高达几微米。褶皱在活动细胞的边缘比较显著，其外缘常常展现波形运动，使它呈皱褶状。圆形的白细胞膜接受到来自身体损伤部位的某些化学信号，便诱发局域的肌动蛋白聚合，使白细胞在这个方向上形成片足而产生趋化运动。巨噬细胞表面普遍存在着褶皱，与吞噬颗粒物质有关，因此，皱褶是细胞的吞饮装置。

第五节　细胞膜异常与疾病

细胞膜是维持细胞内环境稳定，进行多种生命活动和保持与环境协调的重要结构。只有细胞的结构和功能正常，细胞才能进行物质运输、代谢、能量转化、信息传递和运动等基本功能活动。许多严重的遗传性疾病与离子通道异常有关(表2-4-6)。下面介绍几种与载体蛋白、离子通道和膜受体异常相关的疾病。

表 2-4-6 离子通道异常与一些遗传性疾病的发生

遗传性疾病	离子通道	基因	临床症状
家族性偏头痛(FHM)	Ca^{2+}	*CACNL1A4*	周期性偏头痛
阵发性共济失调 2 型(EA-2)	Ca^{2+}	*CACNL1A4*	共济失调
低钾周期性瘫痪	Ca^{2+}	*CACNL1A3*	周期性肌僵硬和麻痹
共济失调 1 型	K^+	*KCNA1*	共济失调
家族性新生儿惊厥	K^+	*KCNQ2*	癫痫
显性非综合征性耳聋	K^+	*KCNQ4*	耳聋
长 QT 综合征	K^+	*HERG KCNQ*, *or SCN5A*	头晕或室颤性猝死
高血钾型周期性瘫痪	Na^+	*SCN4A*	周期性肌强直或麻痹
利德尔综合征	Na^+	*B-ENaC*	高血压
重症肌无力	Na^+	*nAChR*	肌无力
Dent 疾病	Cl^-	*CLCN5*	肾结石
先天性肌强直	Cl^-	*CLC-1*	周期性肌强直
Bartter 综合征Ⅳ型	Cl^-	*CLC-Kb*	肾功障碍,耳聋
囊性纤维化	Cl^-	*CFTR*	支气管阻塞,感染

一、胱氨酸尿症是载体蛋白异常性疾病

胱氨酸尿症(cystinuria)是一种遗传性肾小管膜转运异常疾病,由于肾小管重吸收胱氨酸减少,尿中含量增加引起尿路中胱氨酸结石形成。目前了解到,近端肾小管上皮细胞上的 rBAT 和 BAT1 蛋白是参与转运胱氨酸及二氨基氨基酸(赖氨酸、精氨酸及鸟氨酸)的载体蛋白,当编码这两种蛋白的基因(*SLC3A1* 和 *SLC7A9*)发生突变时引起载体蛋白缺陷,出现肾小管对原尿中这四种氨基酸重吸收障碍,患者尿中这些氨基酸水平增高而在血液中低于正常值。这四种氨基酸中只有胱氨酸不易溶于水(在 pH5~7 时,尿中胱氨酸饱和度为 0.3~0.4g/L),当患者尿中出现大量胱氨酸超过其饱和度时,胱氨酸从尿液中结晶析出,形成尿路结石。同时这种患者小肠黏膜上皮细胞的主动转运机制可能也有类似缺陷,但这种吸收和转运缺陷一般不造成营养不良,而是以肾结石引起的肾功能损伤为主。

二、糖尿病性白内障与水通道功能异常密切相关

晶状体(lens)混浊即白内障,可由老化、遗传、代谢异常、外伤、辐射、中毒等因素引起晶状体代谢紊乱、晶状体蛋白变性而导致。糖尿病性白内障是严重的致盲性眼病,进展较快,常双眼同时发病,与晶状体内的水通道蛋白功能异常密切相关。迄今为止,发现有 13 种水通道蛋白亚型存在于哺乳动物细胞,其中有 2 种在晶状体上皮细胞(LEC)和纤维细胞膜上表达即 AQP1 和 AQP0,而 AQP0 只存在于晶状体纤维细胞膜上。它们在维持晶状体的脱水状态、代谢平衡和晶状体透明性方面具有重要作用。糖尿病时血糖增高,血糖通过房水扩散到晶状体内,使己糖激酶功能达到饱和,并激活了醛糖还原酶,过多的葡萄糖在醛糖还原酶作用下,通过山梨醇通路(polyol pathway)转化为山梨醇和果糖,这些糖醇不易通过囊膜渗出,使晶状体内的渗透压增高。在糖尿病性白内障早期,晶状体上皮细胞和纤维细胞代偿性增高 AQP1 和 AQP0

的表达,以增加对水的转运维持渗透压平衡,此时出现晶状体膨胀,纤维细胞肿胀、排列紊乱现象。糖尿病性白内障晚期,晶状体上皮细胞和纤维细胞上 AQP1 和 AQP0 表达明显减弱;糖尿病时 AQP0 的糖基化使其与钙调节蛋白结合能力下降;高血糖还可引起晶状体纤维细胞连接子(Connexons,Cx)蛋白改变,使得 AQP0 在晶状体纤维细胞上排列紊乱。以上等因素使晶状体纤维细胞水分运转失代偿,引起水、电解质和能量代谢障碍、代谢产物蓄积及蛋白变性凝聚,晶状体的透明性难以维持形成了白内障。目前对晶状体中水通道蛋白的研究还处于初级阶段,其具体分布、对水的运输和信号转导调节机制与白内障的更详细关系及可能的治疗药物等还有待更深入的研究。

三、囊性纤维化是通道蛋白异常性疾病

目前已发现一些严重的遗传性疾病是由编码离子通道蛋白的相关基因突变所引起的,其中囊性纤维化(cystic fibrosis,CF)是目前研究得最清楚及较常见的遗传性离子通道异常疾病。CF 患者由于大量黏液阻塞全身外分泌腺引起慢性阻塞性肺疾病和胰腺功能不全,主要表现为慢性咳嗽、大量黏痰及反复发作的难治性肺部感染;长期慢性腹泻、吸收不良综合征;生长发育迟缓等。在高加索人群中,大约每 2500 个婴儿中就有 1 个发生先天性囊性纤维化,在北欧,致病基因携带者比例为 1/25。CF 患者在东方人中罕见。

引起 CF 的相关基因定位于染色体 7q31,命名为囊性纤维穿膜转导调节子(CFTR)。目前已知 CFTR 是位于细胞膜上一个受 cAMP 调节的氯离子通道。在 cAMP 介导下,CFTR 发生磷酸化,引起通道开放,每分钟向胞外转运约 10^6 个 Cl^-。70%CF 患者的 CFTR 基因出现相同的遗传变化,他们的 DNA 都缺失编码 508 位苯丙氨酸的 3 个碱基对。缺乏 508 位苯丙氨酸的 CFTR 多肽不能在内质网中正常加工,不能到达上皮细胞膜表面。因此,这种 CF 患者的质膜上完全缺失 CFTR 离子通道,导致患者的病情非常严重。有些 CFTR 蛋白能到达细胞表面,但出现结构异常。CFTR 异常导致细胞向外转运 Cl^- 减少,Cl^- 和水将不能进入呼吸道分泌的黏液中去,分泌的黏液水化不足黏度增大,造成纤毛摆动困难,不能向外排除分泌物而易于引发细菌感染。胆管、肠及胰脏细胞也存在类似的机制,因而产生相应的临床症状。

四、家族性高胆固醇血症是受体异常性疾病

膜受体除在信号转导过程中起重要作用外,有些在穿膜物质转运中也是不可缺少的,膜受体异常会引起被转运物质积累,引起疾病发生。

家族性高胆固醇血症(familial hypercholesterolemia)是一种常染色体显性遗传病,患者编码 LDL 受体的基因发生突变,导致 LDL 受体异常。由于细胞不能摄取 LDL 颗粒,引起血胆固醇浓度升高并在血管中沉积,患者会过早地发生动脉粥样硬化和冠心病。LDL 受体异常主要包括受体缺乏或受体结构异常。有的患者合成的 LDL 受体数目减少,如重型纯合子患者 LDL 受体只有正常人的 3.6%,他们的血胆固醇含量比正常人高 6~10 倍,常在 20 岁前后出现动脉硬化,死于冠心病。轻型杂合子患者受体数目只有正常人的 1/2,可能在 40 岁前后发生动脉硬化,冠心病。也有一些患者 LDL 受体数目正常,但 LDL 受体结构异常,受体与 LDL 结合部位有缺陷,不能与 LDL 结合,或者受体与有被小窝结合部位缺陷,不能被固定在有被小窝处,如受体胞质结构域中 807 位正常的酪氨酸被半胱氨酸替代,这种单个氨基酸序列的改变使受体失去了定位于有被小窝的能力。这些都会造成 LDL 受体介导的胞吞障碍,出现持续的高胆固醇血症(图 2-4-41)。

Notes

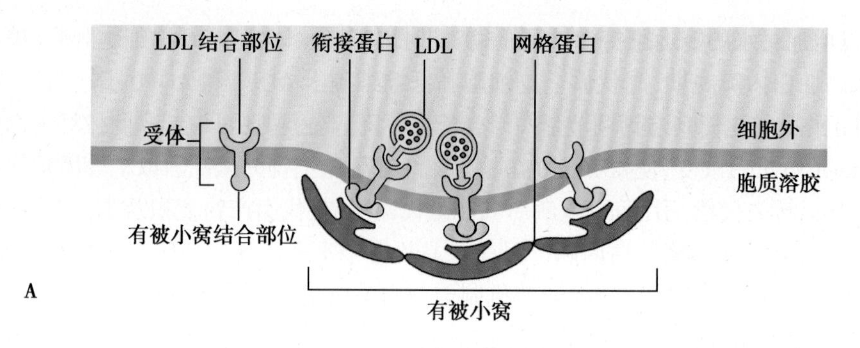

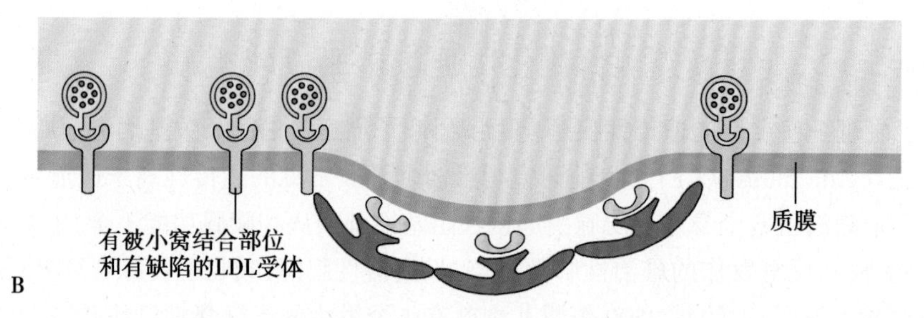

图 2-4-41 细胞膜上 LDL 受体缺陷示意图

A. 受体结构正常在有被小窝处聚集并结合 LDL；B. 受体与有被小窝结合部位缺陷不能聚集于有被小窝处介导 LDL 的胞吞

小 结

细胞膜是围绕在细胞表面的一层薄膜，构成细胞与外界环境的屏障，参与物质运输、细胞黏附识别、信号转导、能量转换及代谢等。在维持细胞内环境的稳定和多种生命活动中起重要作用。

不同类型的细胞其细胞膜的化学组成基本相同，主要由脂类、蛋白质和糖类组成。膜脂主要包括磷脂、胆固醇和糖脂。磷脂分子是含量最多的脂类，具有一个极性头和两个疏水尾，在水溶液中能自动形成脂双分子层，构成膜的基本骨架。胆固醇分子较小，散布在磷脂分子之间，能调节膜的流动性和稳定性。膜糖类通过共价键与脂分子和蛋白结合，分布于质膜的外侧面，参与细胞与环境的相互作用。膜的重要功能主要由膜蛋白完成，有的膜蛋白通过 α 螺旋一次或多次穿膜而镶嵌在脂双层中，称为膜内在蛋白或整合蛋白；有的蛋白依靠电荷和氢键的作用与整合蛋白或膜脂的极性头部结合，称为周边蛋白；脂锚定蛋白很像周边蛋白，可位于膜的两侧，以共价键与脂双层内的脂分子结合。细胞膜的主要特性是不对称性和流动性，脂双分子层中，两个脂单层的膜脂和膜蛋白组成不同，形成了膜的不对称性，各种膜成分的不对称分布保证了细胞功能活动的有序性。膜的流动性包括膜脂的流动性和膜蛋白的运动性，膜脂的流动性主要与脂分子烃链饱和程度和长度及脂分子的性质有关，膜脂和膜蛋白在膜中均可以侧向移动，各种膜功能的完成均是在膜的流动状态下进行的。

流动镶嵌模型目前被普遍接受，认为细胞膜是嵌有球形蛋白质的脂类二维流体，强调了膜的流动性和不对称性，较好地解释了细胞膜的结构和功能特点。

物质穿膜运输是细胞膜的基本功能。目前已知细胞对小分子和离子的穿膜运输有几条不同的途径：通过脂双层的简单扩散、离子通道扩散、易化扩散和主动运输。前三种为被动运输，物质从高浓度向低浓度方向运输，动力来自浓度梯度，不需提供能量。主动运输是由膜运输蛋白介导，逆物质电化学梯度的穿膜转运，需要与某种能量释放过程相偶

联。膜运输蛋白分为载体蛋白和通道蛋白，前者可介导被动运输和主动运输，后者只介导被动运输。每种载体蛋白能与特定的溶质分子结合，通过构象改变介导溶质分子穿膜运输。通道蛋白形成亲水的穿膜通道，允许适宜大小的分子和离子通过，分为：配体门控通道、电压门控通道和应力激活通道等。协同运输是由 Na^+-K^+ 泵与载体蛋白协同作用，依靠间接消耗 ATP 完成物质的穿膜转运，根据溶质分子转运的方向，可分为共运输和对向运输。

细胞通过胞吞作用和胞吐作用进行大分子和颗粒物质的囊泡运输。胞吞作用分为三种类型：吞噬作用、胞饮作用及受体介导的胞吞。大多数细胞都能通过胞饮作用非特异地吞入胞外溶液和一些大分子。吞噬作用由吞噬细胞完成，在免疫防御和维持内环境的稳定中发挥重要作用。受体介导的胞吞是细胞通过受体的介导高效特异性地摄取胞外低浓度物质的方式。胞吐作用分为连续性分泌和受调分泌两种形式。胞吞作用和胞吐作用不仅参与物质运输而且对膜成分的更新和流动具有重要作用。

膜结构成分的改变和功能异常，往往导致细胞乃至机体功能紊乱并引发疾病。如载体蛋白异常、离子通道缺陷、膜受体异常等会引发多种遗传性疾病。正确认识细胞膜的结构与功能，对揭示生命活动的奥秘、探讨疾病发生的机制具有重要意义。

（徐　晋）

参考文献

1. 杨恬. 细胞生物学. 第 2 版. 北京：人民卫生出版社，2005.
2. 陈誉华. 医学细胞生物学. 第 5 版. 北京：人民卫生出版社，2013.
3. 翟中和，王喜忠，丁明孝. 细胞生物学. 第 4 版. 北京：高等教育出版社，2011.
4. Alberts B. Molecular Biology of the Cell. 5th ed. New York and London: Garland Science Publishing, Inc., 2008.
5. Gerald Karp. Cell and Molecular Biology. 7th ed. New York: John Wiley and Sons, Inc., 2013.

第五章　细胞内膜系统与囊泡转运

相对于质膜而言，人们把细胞内在结构、功能以及发生上相互密切关联的其他所有膜性结构细胞器统称为内膜系统（endomembrane system），主要包括：内质网、高尔基复合体、溶酶体、过氧化物酶体、各种转运小泡及核膜等功能结构。

作为真核细胞与原核细胞之间相互区别的重要标志之一，内膜系统的出现及其形成的区室性（compartmentalization）效应（图 2-5-1），具有以下几个方面的生物学意义：①有效地增加了细胞内有限空间的表面积，使得细胞内不同的生理、生化过程能够彼此相对独立、互不干扰地在一定的区域中进行，从而极大地提高了细胞整体的代谢水平和功能效率；②内膜系统各组分在功能结构上持续发生的相互易行转换，不仅构成了它们彼此以及与细胞内不同功能结构区域之间进行物质转运、信息传递的专一途径，保证了胞内一系列生命活动过程的有序稳定性，而且也使得内膜系统的各种功能结构组分在这一过程中得到了不断的代谢更新；③通过由穿梭于内膜系统与细胞膜之间的各种膜性运输小泡介导的物质转运过程，沟通了细胞与其外环境的相互联系，最终体现为细胞生命有机体自身内在功能结构的整体性及其与外环境之间相互作用的高度统一性。

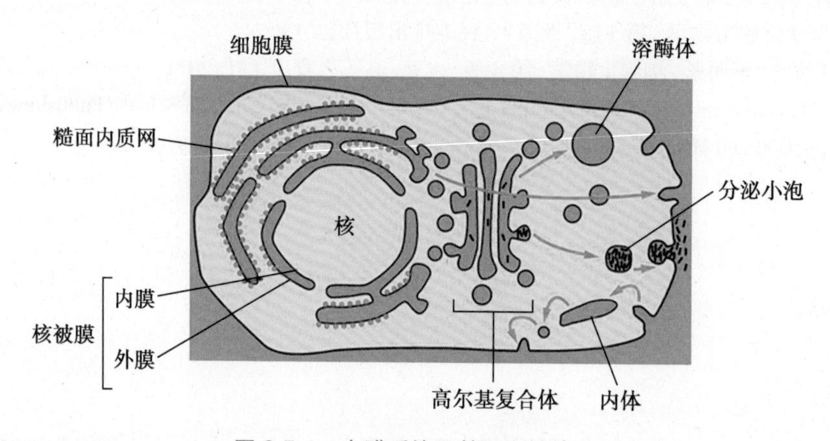

图 2-5-1　内膜系统及其区室性效应

因此，一般认为，内膜系统的产生，是细胞生物在其漫长的历史演化进程中，内部结构不断分化完善、各种生理功能逐渐提高的结果。

第一节　内　质　网

1945 年，KR Porter 与 AD Claude 等人在对培养的小鼠成纤维细胞进行电镜观察时首次发现，在细胞质的内质区分布着一些由小管、小泡相互连接吻合形成的网状结构。当时根据该结构的这种分布及形态特征，将之命名为内质网（endoplasmic reticulum，ER）。随着电镜超薄切片和固定技术的不断改进与完善，1954 年，KR Porter 和 G Palade 等进而证实，内质网实质上是由膜性的囊泡所构成的。后来，更多的观察研究又表明，内质网并非仅仅分布于内质区，而且常常扩展、延伸至靠近细胞膜的外质区。尽管如此，但是内质网这一名称仍被沿用下来。

大量研究资料证实：内质网普遍地存在于动植物各种组织的绝大多数细胞之中，通常可占到细胞整个膜系统组成的50%左右，占细胞总体积的10%以上，相当于整个细胞质量的15%~20%。

20世纪60年代以前，对内质网的研究主要着重于其在细胞内的分布状况及形态结构方面。此后，由于放射性核素标记示踪放射自显影技术、电镜细胞化学和免疫细胞组化等技术的应用，使得对于内质网的功能及其相关大分子定位等也有了较为全面的了解。

一、内质网是以类脂与蛋白质为主要化学组分的膜性结构细胞器

应用对细胞组分的超速分级分离方法，可从细胞匀浆中离心分离出直径在100nm左右，被称为微粒体（microsome）的球囊状封闭小泡（图2-5-2A）。大量的生化分析及体外实验证明，微粒体不仅包含有内质网膜与核糖体两种基本组分，而且可行使内质网的一些基本功能。据此推断，微粒体系由细胞匀浆过程中破损的内质网所形成。通过离心分离技术得到的微粒体包括颗粒型和光滑型两种类型（图2-5-2B）。目前，对内质网的化学特征与生理功能的了解和认识，大多是通过对微粒体的生化、生理分析而获得。

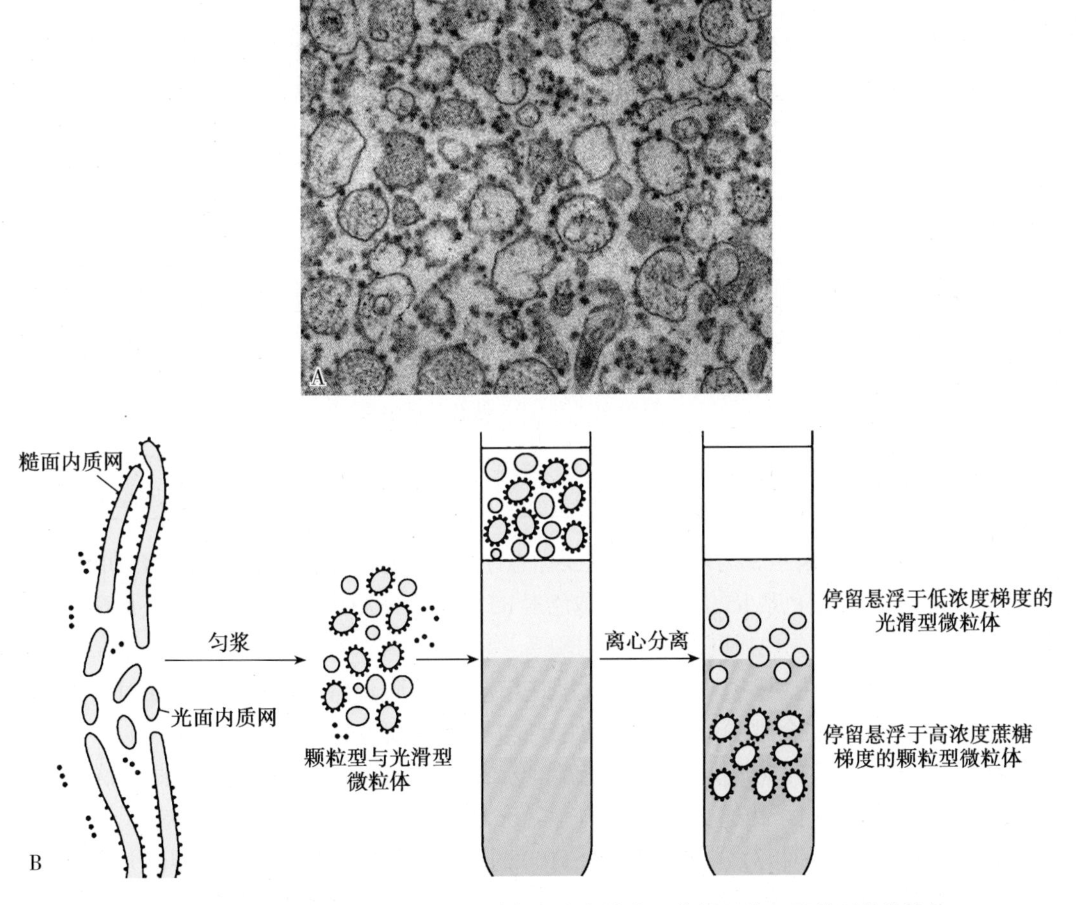

图2-5-2　电镜下微粒体的形态和通过离心分离技术可获得两种不同类型的微粒体

A.微粒体不是细胞内固有的细胞器，而是在对细胞进行匀浆分离过程中由破损的内质网碎片所形成的小型密闭囊泡；B.运用蔗糖浓度梯度离心分离技术，可获得颗粒型和光滑型两种不同的微粒体

（一）脂类和蛋白质分子是内质网的主要化学组成成分

同细胞膜一样，内质网膜也以脂类和蛋白质为其结构的主要化学组成成分。综合不同动物组织细胞来源的分析资料显示，内质网膜脂类含量为30%~40%；蛋白含量在60%~70%之间。

以下以大鼠肝细胞和胰腺细胞来源的微粒体为例说明内质网的脂类和蛋白质组成情况：内质网膜脂类组成包括磷脂、中性脂、缩醛脂和神经节苷脂等，其中以磷脂含量最多。不同磷脂的百分比含量大致为：磷脂酰胆碱（卵磷脂）55% 左右；磷脂酰乙醇胺（脑磷脂）20%~25%；磷脂酰肌醇 5%~10%；磷脂酰丝氨酸 5%~10%；鞘磷脂 4%~7%。

在对大鼠胰腺细胞内质网膜蛋白质进行的硫酸钠十二烷基聚丙烯酰胺凝胶电泳（SDS-PAGE）分析研究中，至少可鉴别出相对分子质量 15 000~150 000 不等的 30 条不同的多肽条带；在肝细胞内质网膜中可分辨出 33 种具有不同理化性质的多肽。

（二）内质网膜含有以葡萄糖 -6- 磷酸酶为主要标志酶的诸多酶系

与其复杂多样的功能活动相适应，在内质网膜中含有至少 30 多种以上的酶或酶系。其中，葡萄糖 -6- 磷酸酶被看作内质网的主要标志性酶。依据内质网膜所含有的酶蛋白功能特性，大致可将之划分为以下几种类型：①是与内质网解毒功能密切相关的氧化反应电子传递体系（electron transport system），主要由细胞色素 P450、NADPH 细胞色素 P450 还原酶、细胞色素 b5（cytochrome b5）、NADH- 细胞色素 b5 还原酶、NADPH- 细胞色素 c 还原酶等构成；②是与脂类物质代谢反应功能相关的酶类，如脂肪酸 CoA 连接酶、磷脂醛磷酸酶、胆固醇羟基化酶、转磷酸胆碱酶及磷脂转位酶等；③是与碳水化合物代谢反应功能相关的酶类，主要包括葡萄糖 -6- 磷酸酶、β- 葡萄糖醛酸酶、葡萄糖醛酸转移酶和 GDP- 甘露糖基转移酶等。

由于内质网膜所含酶蛋白的种类较为复杂多样，更主要地是因为它们难以被分离、纯化，或者分离和纯化过程会造成酶的原位功能活性改变，以致带来研究上的困难。目前了解较多的一些酶蛋白在内质网膜上的分布及其定位情况如表 2-5-1 所示。

表 2-5-1 内质网膜中部分主要酶的分布及其定位

酶	分布定位	酶	分布定位
NADH- 细胞色素 b5 还原酶	胞质面	NADPH- 细胞色素还原酶	胞质面
细胞色素 b5	胞质面	细胞色素 P450	胞质面、腔面
5′核苷酸酶	胞质面	ATP 酶	胞质面
GDP- 甘露糖基转移酶	胞质面	核苷焦磷酸酶	胞质面
葡萄糖 -6- 磷酸酶	网腔面	核苷二磷酸酶	网腔面
乙酰苯胺 - 水解酯酶	胞质面	β- 葡萄糖醛酸酶	网腔面

除葡萄糖 -6- 磷酸酶被视为内质网的主要标志性酶外，包括由细胞色素 P450、NADPH- 细胞色素 P450 还原酶、细胞色素 b5、NADH- 细胞色素 b5 还原酶、NADPH- 细胞色素 c 还原酶等构成的电子传递体系也被看作内质网的重要标志酶系。

细胞色素 P450 在内质网中的含量最大，似应为一种穿膜蛋白。该酶蛋白的相对分子质量为 50 000，因其与 CO 结合时在 450nm 波长处有最大吸收峰而得名。

NADPH- 细胞色素 P450 还原酶以黄素腺嘌呤二核苷酸（FAD）为辅基，主要催化 NADPH 和细胞色素 P450 之间的电子传递。因此，曾有学者认为此酶亦即细胞色素 c 还原酶。

细胞色素 b5 是一种相对分子质量约为 1100 的膜内在（镶嵌）蛋白酶。其伸出并暴露于胞质面一侧的，是亲水性的（头端）催化功能部位；伸入及包埋于类脂双分子层中的，是疏水性的（尾端）非催化固着结构部位。有证据表明，NADPH- 细胞色素 b5 还原酶在内质网膜中的存在形式与细胞色素 b5 相似，分布部位相近，可直接为细胞色素 b5 提供电子。

（三）网质蛋白是内质网网腔中普遍存在的一类蛋白质

网质蛋白（reticulo-plasmin）是普遍地存在于内质网网腔中的一类蛋白质。它们的共同特点是在其蛋白质多肽链的羧基端（C 端）含有一个被简称为 KDEL（Lys-Asp-Glu-Leu，即赖氨酸 - 天冬氨酸 - 谷氨酸 - 亮氨酸）或 HDEL 的（His-Asp-Glu-Leu，即组氨酸 - 天冬氨酸 - 谷氨酸 - 亮氨酸）

4 氨基酸序列驻留信号(retention signal)。驻留信号可通过与内质网膜上相应受体的识别结合而驻留于内质网腔不被转运。目前已知的网质蛋白主要有以下几种。

1. 免疫球蛋白重链结合蛋白　免疫球蛋白重链结合蛋白(immunoglobulin heavy chain-binding protein)是一类与热激蛋白 70(heat shock protein70, Hsp70)同源的单体非糖蛋白。它们具有阻止蛋白质聚集或发生不可逆变性,并协助蛋白质折叠的重要作用。

热激蛋白是一个在进化上十分保守的蛋白家族,普遍地存在于原核细胞和真核细胞之中。目前已经知道的有 Hsp100、Hsp90、Hsp70、Hsp60、Hsp40 和小 Hsp 等不同亚类。它们各自分布于细胞内不同的结构空间或特定功能区域;不仅大量地表达于细胞生物有机体对高温的热激反应中,而且也表达于对其他非正常逆境刺激的各种应激反应过程,以保障和促使细胞生物有机体正常生理、生化状态的恢复。同时,作为一类维持细胞正常生长、增殖等生命活动所不可或缺的恒定型表达蛋白质,热激蛋白在细胞内蛋白质多肽链合成后的折叠和(或)解折叠及其组装、成熟与转运过程中也发挥着极其重要的作用。因为该类蛋白虽然能够通过对其各自作用对象的识别、结合来协助它们的折叠组装和转运,但其本身却并不参与最终作用产物的形成,也不会改变其自身的基本分子生物学特性,由此而被称为分子伴侣。然而,尚需明确的是,除在细胞中广泛存在的热激蛋白家族成员之外,近年来的研究还发现了其他一些各具其生物学特征的局限性分布的非热激蛋白家族伴侣蛋白(chaperonin)分子。

2. 内质蛋白　内质蛋白(endoplasmin)又称葡萄糖调节蛋白 94(glucose regulated protein 94)。是一种广泛地存在于真核细胞,而且含量十分丰富的二聚体糖蛋白。作为内质网标志性的分子伴侣,它被蛋白酶激活后,可参与新生成肽链的折叠和转运。而与钙离子的结合,可能是其所具有的多种重要功能之一。

3. 钙网蛋白　钙网蛋白(calreticulin)是一种普遍存在的内质网钙结合蛋白。其具有一个高亲和性和多个低亲和性的钙离子结合位点,表现出许多与肌质网中捕钙蛋白(calsequestrin)共同的特性。在钙平衡调节、蛋白质折叠和加工、抗原呈递、血管发生及凋亡等生命活动过程中发挥重要的生物学功能作用。

4. 钙连蛋白　钙连蛋白(calnexin)是内质网中一种钙离子依赖的凝集素样伴侣蛋白。它们能够与未完成折叠的新生蛋白质的寡糖链结合,避免蛋白质彼此的凝集与泛素化(ubiquitination);阻止折叠尚不完全的蛋白质离开内质网,并进而促使其完全折叠。

5. 蛋白质二硫键异构酶　存在于内质网腔中的蛋白质二硫键异构酶(protein disulphide isomerase, PDI)可通过催化蛋白质中二硫键的交换以保证蛋白质的正常折叠。

二、内质网是可呈现为两种不同形态特征的膜性管网结构系统

(一) 内质网是细胞质内连续的膜性管网结构系统

内质网的基本"结构单位"(unit structure)是由一层平均厚度为 5~6nm 的单位膜所形成的大小、形状各异的管(ER tubule)、泡(ER vesicle)或扁囊(ER lamina)。它们在细胞质中彼此相互连通,构成了一个连续的膜性三维管网系统。内质网在整体结构上可与高尔基复合体、溶酶体等内膜系统的其他组分移行转换,在功能上则与这些结构密切相关。内质网向外扩展,可达细胞质溶质外侧质膜下的边缘区域;向内延伸,则经常与细胞核外膜直接连通在一起,故此认为:核膜是在间期细胞中包裹核物质的内质网的一部分。

内质网常常因不同的组织细胞,或者同一种细胞的不同发育阶段以及不同的生理功能状态而呈现出形态结构、数量分布和发达程度的差别。例如,鼠肝细胞中的内质网主要是由一组(5~10个)表面附着有很多核糖体颗粒的粗糙扁囊层叠排列,并通过它们边缘的小管相互连通而成。在这些连通扁囊的小管周围附近,经常可见散在的小泡结构(图 2-5-3A)。在睾丸间质细胞中的内质网则由众多的分支小管或小泡构筑呈网状结构形式(图 2-5-3B)。应用荧光染色标记的细胞

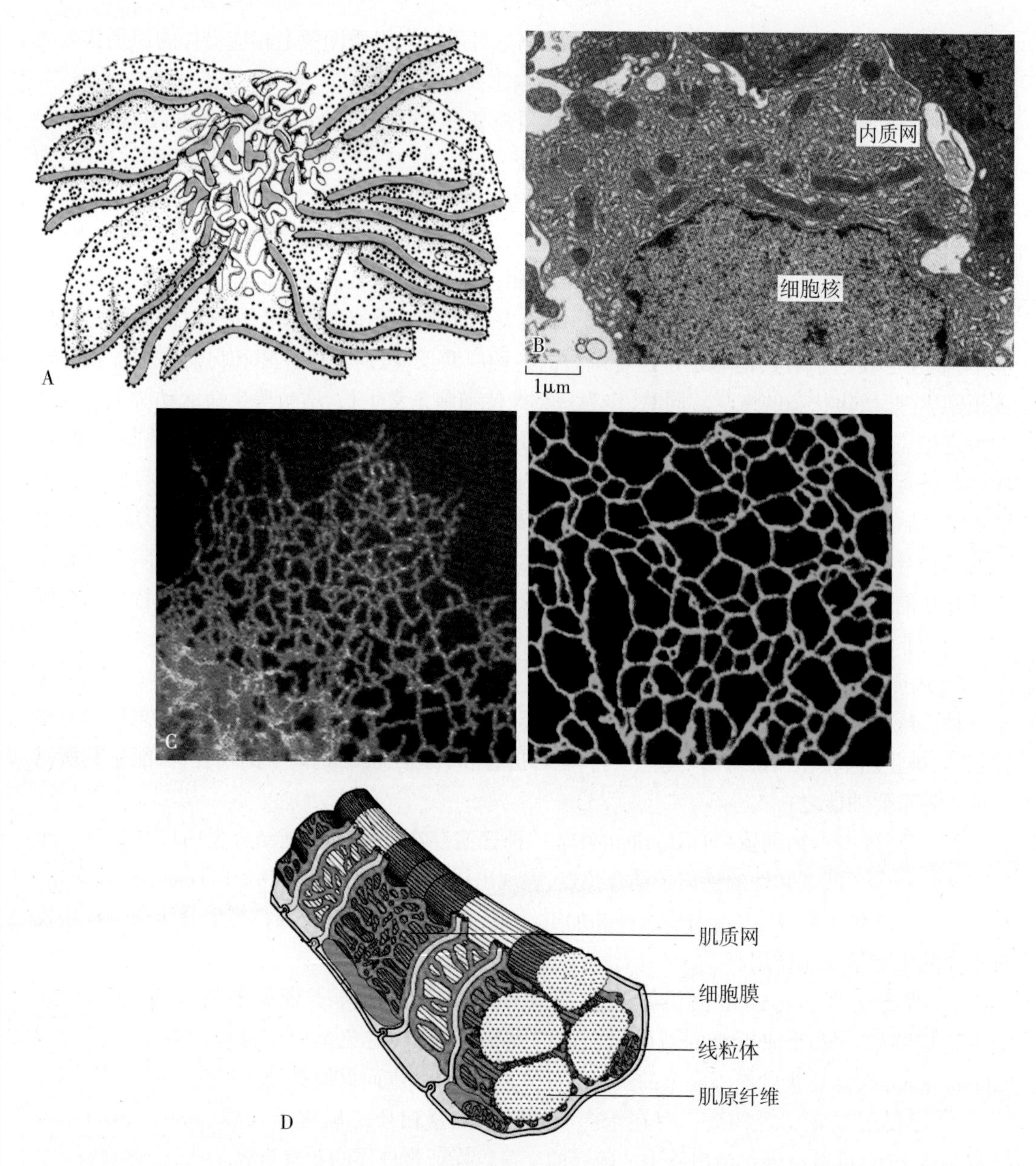

图 2-5-3 内质网的形态结构

A. 鼠肝细胞内质网形态结构示意图;B. 睾丸间质细胞中内质网形态透射电镜图;C. 动植物细胞中内质网形态结构透射电镜图;D. 横纹肌细胞肌质网立体结构形态模式图

透射电镜观察显示:在培养的哺乳动物和生活的植物细胞中,内质网围绕细胞核向外周铺展延伸到细胞边缘乃至细胞突起中,形成较密集的复杂网状立体结构形态(图 2-5-3C)。横纹肌细胞中的肌质网(sarcoplasmic reticulum)是内质网的又一种形态结构存在形式,其在每一个肌原纤维节中连成一网状单位(图 2-5-3D)。

一般而言,内质网的数量及结构的复杂程度,往往与细胞的发育进程呈正相关。也就是说:与细胞的生长发育相伴,内质网的数量、结构也在逐渐地发生着从少到多、从简单到复杂、从单管少囊的稀疏网状到复管多囊的密集网状的变化。在不同种生物的同类组织细胞中,内质网的形态结构是基本相似的。

(二)内质网因其形态的不同而划分为糙面内质网和光面内质网两种基本类型

尽管内质网有其基本的结构单位,然而,在不同的组织细胞或同一细胞的不同生理阶段,内质网的整体结构形态和分布往往会有很大的差异。而这种结构形态上的差异,又决定、影响和

Notes

反映了内质网的不同功能特性以及细胞的生理状况。通常把内质网划分为两种基本类型，即所谓的糙面内质网和光面内质网。

1. **糙面内质网**　糙面内质网(rough endoplasmic reticulum，rER)多呈扁平囊状，排列较为整齐，系因其网膜胞质面有核糖体颗粒的附着而得名(图 2-5-4)。作为内质网与核糖体共同形成的一种功能性结构复合体，糙面内质网主要和外输性蛋白质及多种膜蛋白的合成有关。因此，在具有肽类激素或蛋白分泌功能的细胞中，糙面内质网高度发达；而在肿瘤细胞和未分化细胞中则相对地比较少见。

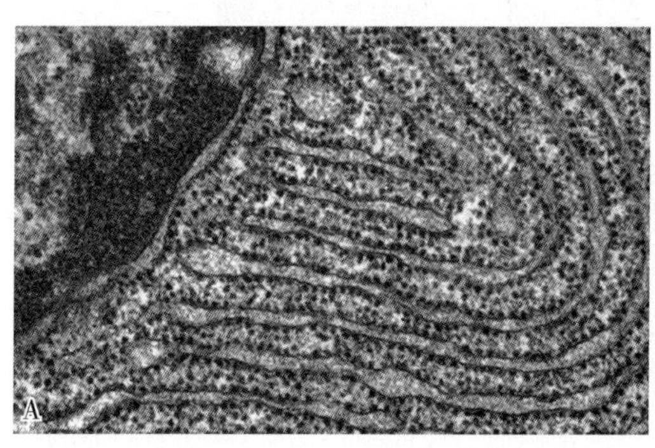
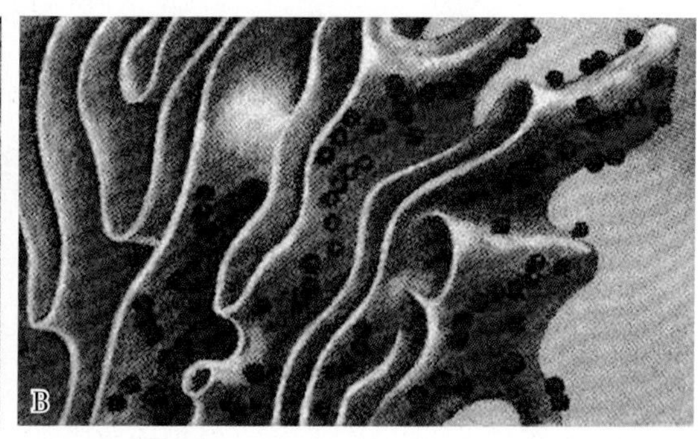

图 2-5-4　糙面内质网的形态结构
A. 糙面内质网透射电镜图；B. 糙面内质网立体结构模式图

2. **光面内质网**　光面内质网(smooth endoplasmic reticulum，sER)电镜下呈管、泡样网状结构(图 2-5-5A)，并常常可见与糙面内质网相互连通(图 2-5-5B)。光面内质网是一种多功能的细胞器。因此，在不同的细胞或同一细胞的不同生理时期，它可以具有不同的发达程度、不同的形态分布，并表现出完全不同的功能特性。例如，在肝、肌肉、肾上腺皮质等组织细胞中，都有发达的光面内质网。

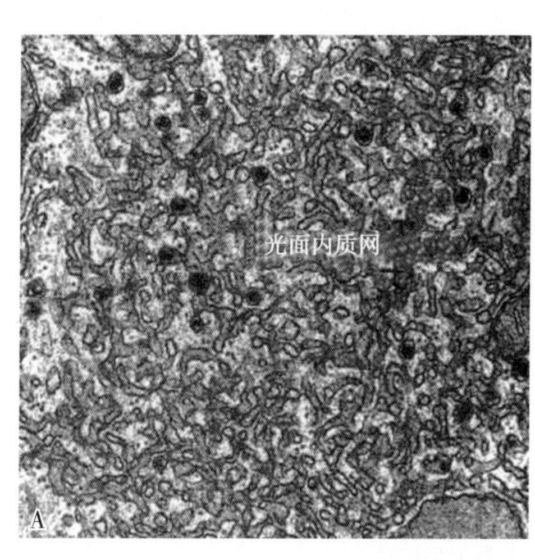

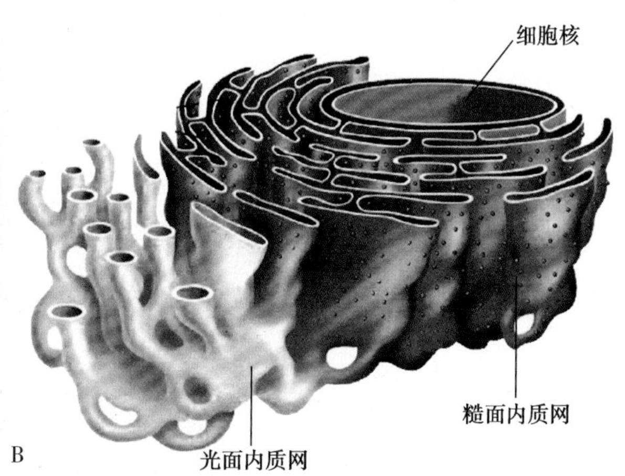

图 2-5-5　光面内质网的形态结构
A. 光面内质网电镜图；B. 光面内质网与糙面内质网之结构关系

两种类型的内质网在不同组织细胞中的分布状况各不相同。有的细胞中皆为糙面内质网；有的细胞中全部为光面内质网；还有些细胞中则是两者以不同的比例共存，并且可以随着细胞不同发育阶段或生理功能状态的变化而相互发生类型的转换。

除上述两种基本形态结构类型的内质网以外，存在于视网膜色素上皮细胞中的髓样体(myeloid body)，以及出现于生殖细胞、快速增殖细胞、某些哺乳类动物的神经元和松果体细胞及

一些癌细胞中的孔环状片层体(annulate lamellae),则被认为是由内质网局部分化而来的异型结构,亦可被看作内质网的第三种形态结构类型(图 2-5-6)。

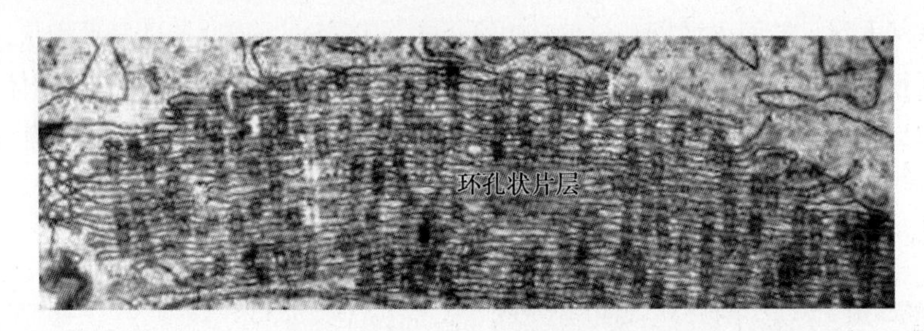

图 2-5-6 孔环状片层体型内质网

三、内质网的主要功能与蛋白质和脂类的合成及运输相关

(一) 糙面内质网与外输性蛋白质的分泌合成、加工修饰及转运过程密切相关

与外输性蛋白质合成分泌、修饰加工及转运过程密切相关的糙面内质网功能,具体地体现为以下几个方面。

1. 作为核糖体附着的支架　核糖体是所有细胞内蛋白质合成的唯一场所;一切蛋白质的合成亦都起始于细胞质溶质中游离的核糖体上。然而,蛋白合成起始之后,继续以至最终完成于核糖体上的蛋白质合成过程则会以两种不同的形式进行,并据此而把蛋白质归纳、划分为两种不同的类别(图 2-5-7)。

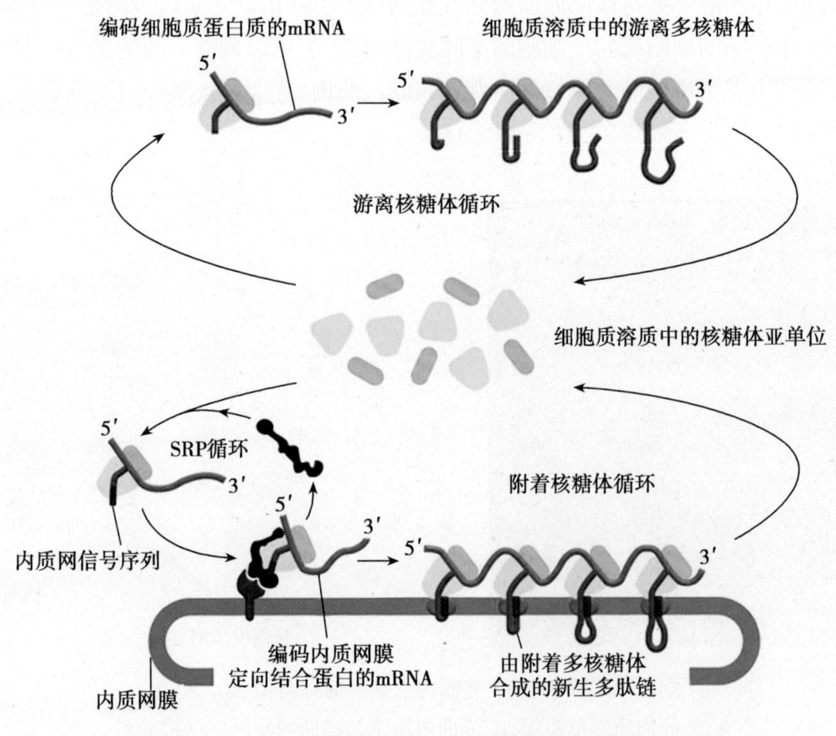

图 2-5-7 以两种不同形式进行的核糖体蛋白质合成过程

(1) 内源性蛋白:内源性蛋白的合成自始至终都是在游离多核糖体上进行的。此类蛋白质包括:①非定位分布的细胞质溶质驻留蛋白,这些蛋白质在游离核糖体上合成之后,立即成为不同的催化中心,参与一系列发生在细胞质溶质中的生理、生化代谢活动;②定位性分布的细胞质溶质蛋白,它们往往和其他成分一起装配形成特定的细胞器,或构成某些大分子功能基团,如主

Notes

要见于动物细胞的中心粒及中心粒周物质；③合成后通过核孔复合体输送转运并定位于细胞核中的核蛋白(nucleoprotein)，如构成染色质的组蛋白、非组蛋白以及可协助核小体装配的酸性热稳定核质蛋白(nucleoplasmin)等；④线粒体、质体等半自主性细胞器所必需的核基因组编码蛋白。

(2) 外输性蛋白：外输性蛋白质多肽链的延伸合成，在其起始后不久，必须随同合成活动所在的核糖体一起转移、附着于糙面内质网上才能得以为继并最终完成。该类蛋白主要有：①可插入整合到内质网膜，并伴随着功能结构的易行转换而进入内膜系统各个区域以及细胞膜中，成为它们重要功能结构组分的膜整合蛋白，例如膜抗原、膜受体等；②位于包括糙面内质网自身在内的光面内质网、高尔基复合体、溶酶体等各种细胞器中的可溶性驻留蛋白；③通过出胞作用转运到细胞外的分泌蛋白，包括几乎所有的肽类激素、多种细胞因子、抗体、消化酶、细胞外基质蛋白等。

所以，糙面内质网最基本的功能之一，就是为进行外输性蛋白质合成的核糖体提供附着的支架。

2. 新生多肽链的折叠与装配　多肽链的氨基酸组成和排列顺序，决定了蛋白质的基本理化性质；而蛋白质功能的实现，却直接地依赖于多肽链依其特定的方式盘旋、折叠所形成的高级三维空间结构。内质网为新生多肽链的正确折叠和装配提供了有利的环境。

在内质网腔中，丰富的氧化型谷胱甘肽(GSSG)是有利于多肽链上半胱氨酸残基之间二硫键形成的必要条件；附着于网膜腔面的蛋白二硫键异构酶则使得二硫键的形成及多肽链的折叠速度大大地加快。

存在于内质网中的结合蛋白、内质蛋白、钙网蛋白和钙连蛋白等分子伴侣，均能够与折叠错误的多肽和尚未完成装配的蛋白亚单位识别结合，并予以滞留，同时还可促使它们的重新折叠、装配与运输。正因为这样，因此普遍认为：分子伴侣蛋白也是细胞内蛋白质质量监控的重要因子。

3. 蛋白质的糖基化　糖基化(glycosylation)是单糖或者寡糖与蛋白质之间通过共价键的结合形成糖蛋白的过程。由附着型核糖体合成并经由内质网转运的蛋白质，其中大多数都要被糖基化。发生在糙面内质网中的糖基化主要是寡糖与蛋白质天冬酰胺残基侧链上氨基基团的结合，所以亦称之为N-连接糖基化(N-linked glycosylation)。催化这一过程的糖基转移酶是存在于糙面内质网网膜腔面的一种膜整合蛋白质。

研究表明，发生在内质网中的蛋白质N-连接糖基化修饰，均开始于一个共同的前体——一种由N-乙酰葡萄糖胺、甘露糖和葡萄糖组成的14寡糖，首先与内质网膜中的嵌入脂质分子磷酸多萜醇(dolicol)连接并被其活化，然后才在糖基转移酶的催化下转移连接到新生肽链中特定三肽序列Asn-X-Ser或Asn-X-Thr(X代表除Pro之外的任何氨基酸)的天冬酰胺残基上的。发生在糙面内质网中的蛋白质N-连接糖基化修饰作用如图2-5-8所示。

4. 蛋白质的胞内运输　由附着型核糖体合成的各种外输性蛋白质，经过在糙面内质网中的修饰、加工后，最终被内质网膜包裹，并以"出芽"的方式形成膜性小泡而转运。经由糙面内质网的蛋白质胞内运输主要有两条途径：第一条途径是经过在内质网腔的糖基化等作用，以转运小泡的形式进入高尔基复合体，进一步加工浓缩并最终以分泌颗粒的形式被排吐到细胞之外。这也是最为普遍和最为常见的蛋白分泌途径。第二条途径仅见于某些哺乳动物的胰腺外分泌细胞，其大致过程是：来自糙面内质网的分泌蛋白以膜泡形式直接进入一种大浓缩泡，进而发育成酶原颗粒，然后被排出细胞。通过上述两条不同途径，可见蛋白质分泌的共同特点，即所有分泌蛋白的胞内运输过程，始终是以膜泡形式完全隔离于细胞质基质进行转运。

(二) 光面内质网是作为胞内脂类物质合成主要场所的多功能细胞器

1. 脂质合成与转运　脂类合成是光面内质网最为重要的功能之一。经由小肠吸收的脂肪

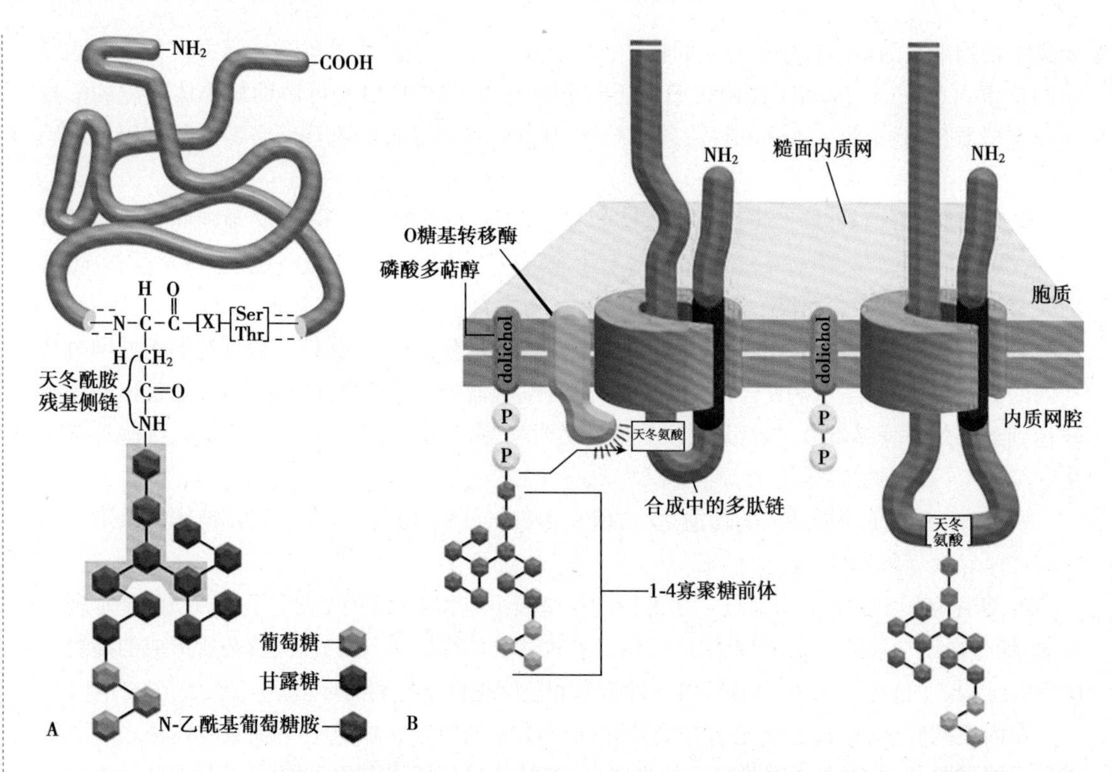

图 2-5-8 示发生在糙面内质网中的蛋白质 N- 连接糖基化修饰作用

A. 内质网中的 N- 连接糖基化；B. N- 连接糖基化作用过程

分解物甘油、甘油一酯和脂肪酸进入细胞之后，在内质网中可被重新合成为甘油三酯。一般认为，在光面内质网中合成的脂类，常常会与糙面内质网来源的蛋白质化合形成脂蛋白，然后再经由高尔基复合体分泌出去。例如，在正常肝细胞中合成的低密度脂蛋白(LDL)和极低密度脂蛋白(very low density lipoprotein，VLDL)等，被分泌后可携带、转运血液中的胆固醇和甘油三酯以及其他脂类到脂肪组织。如果阻断脂蛋白经由高尔基复合体的转运途径，会造成脂类在内质网中的积聚而引起脂肪肝。

在类固醇激素分泌旺盛的细胞，其发达的光面内质网中存在着与类固醇代谢密切相关的关键酶。这说明，脂肪的合成、类固醇的代谢是在光面内质网中进行的。

细胞所需要的全部膜脂几乎都是由内质网所合成的。内质网脂质合成的底物来源于细胞质基质，催化脂质合成的相关酶类是定位于内质网膜上的膜镶嵌蛋白。脂质合成起始并完成于内质网膜的胞质侧：首先是脂酰基转移酶(acyl transferase)催化脂酰辅酶 A(fatty acyl CoA)与甘油 -3- 磷酸反应，把 2 个脂肪酸链转移、结合到甘油 -3- 磷酸分子上形成磷脂酸(phosphatidic acid)；继而在磷酸酶的作用下，使磷脂酸去磷酸化生成双酰基甘油；然后，再由 - 胆碱磷酸转移酶(cholin phosphotransferase)催化，添加结合一个极性基团，最终形成由一个极性头部基团和两条脂肪酸链疏水尾部构成的双亲性脂质分子。合成的脂类物质，借助于翻转酶(flippase)的作用，很快被转向内质网网腔面，然后再被输送到其他的膜上去。

翻转酶又称“flp-frp 重组酶(flp-frp recombinase)”。该酶蛋白家族主要有两种功能：①可将磷脂分子从内质网膜的胞质面脂单层转移到网腔面的脂单层，从而造成脂质分子在脂双层的不对称分布；②在酵母中负责特定 DNA 片段的重排。在该酶系统的作用下，特定的 DNA 片段从 frp 位点被切除，末端再重新连接。

脂质由内质网向其他膜结构的转运主要有两种形式：一是以出芽小泡的形式转运到高尔基复合体、溶酶体和质膜；二是以水溶性的磷脂交换蛋白(phospholipid exchange proteins，PEP)作为载体，与之结合形成复合体进入细胞质基质，通过自由扩散，到达缺少磷脂的线粒体和过氧化物

酶体膜上。

光面内质网是细胞内脂类合成的重要场所。然而,不同细胞类型中的光面内质网,因其化学组成上的差异及所含酶的种类不同,常常表现出完全不同的功能作用。

2. 光面内质网与糖原的代谢 存在于肝细胞中光面内质网网膜的葡萄糖 -6- 磷酸酶,能够催化糖原在细胞质基质中的降解产物葡萄糖 -6- 磷酸的去磷酸化;去磷酸化后的葡萄糖,更易于透过脂质双层膜,然后经由内质网被释放到血液中。这表明,内质网参与了糖原的分解过程。然而,目前值得进一步地深入探讨和研究的尚有以下几个问题:①在糙面内质网和光面内质网中均有葡萄糖 -6- 磷酸酶的活性,但却无法解释为何该酶只在光面内质网中与糖原密切结合。②以前一直认为,葡萄糖 -6- 磷酸酶分子的活性部位存在于内质网膜的内侧,因此需要一个使作用底物和反应产物通过内质网膜的附加运输系统。但是,近年来的一些研究报道认为,这一附加的运输系统并不需要。③葡萄糖 -6- 磷酸酶究竟存在于内质网膜中的什么位置。

3. 光面内质网与细胞解毒作用 肝脏是机体中外源性、内源性毒物及药物分解解毒的主要器官,而肝脏的解毒作用主要地由肝细胞中的光面内质网来完成。在肝细胞光面内质网上,含有丰富的氧化及电子传递酶系,包括细胞色素 P450、NADPH- 细胞色素 P450 还原酶、细胞色素 b5、NADH- 细胞色素 b5 还原酶、NADPH- 细胞色素 c 还原酶等。光面内质网解毒的基本机制是:在电子传递的氧化还原过程中,通过催化多种化合物的氧化或羟化,一方面,使毒物和药物的毒性被钝化或者破坏;另一方面,经羟化作用而增强了化合物的极性,使之更易于被排泄。当然,这种氧化作用也可能会使某些物质的毒性增强。

内质网电子传递链和线粒体电子传递链之间的主要区别在于:其一,链的组成比线粒体较短;其二,它所催化的反应,实质上都是在作用物分子中加入一个氧原子。因此,有人也把内质网电子传递链酶系称作羟化酶或加单氧酶(monooxygenase)系,也有人称之为混合功能氧化酶(mixed function oxidase)。

4. 光面内质网与 Ca^{2+} 的储存及 Ca^{2+} 浓度的调节 细胞中,十分发达的光面内质网特化为一种特殊的结构——肌质网(sarcoplasmic reticulum)。通常状况下,肌质网网膜上的 Ca^{2+}-ATP 酶把细胞质基质中的 Ca^{2+} 泵入网腔储存起来;当受到神经冲动的刺激或者细胞外信号物质的作用时,即可引起 Ca^{2+} 向细胞质基质的释放。

在肌质网腔中存在的钙结合蛋白浓度为 30~100mg/ml;每个钙结合蛋白分子可与 30 个左右的 Ca^{2+} 结合,这就使得内质网中的 Ca^{2+} 浓度高达 3mmol/L。内质网中高浓度的 Ca^{2+} 和钙离子结合蛋白的存在,还能够阻止内质网运输小泡的形成。这说明,Ca^{2+} 浓度的变化,可能对运输小泡的形成具有一定的调节作用。

5. 光面内质网与胃酸、胆汁的合成与分泌 在胃壁腺上皮细胞中,光面内质网可使 Cl^- 与 H^+ 结合生成 HCl;在肝细胞中,光面内质网不仅能够合成胆盐,而且,可通过所含葡萄糖醛酸转移酶的作用,使非水溶性的胆红素颗粒形成水溶性的结合胆红素。

四、新合成肽链在信号肽介导下穿越内质网进行穿膜转移

如前所述,所有蛋白质多肽链的合成,均起始于细胞质中游离的核糖体上。那么,这些在起初阶段游离的核糖体是怎样附着到内质网膜上去的?新生的分泌性蛋白质多肽链是如何被转移到内质网网腔中的?而最终决定不同蛋白质定向转运的机制又是什么?

(一)信号肽指导蛋白多肽链在糙面内质网上合成与穿越转移

根据 G Blobel 和 D Sabatini 的信号肽假说(hypothesis of signal peptide),指导蛋白多肽链在糙面内质网上进行合成的决定因素,是被合成肽链 N 端的一段特殊氨基酸序列,即信号肽(signal peptid)或称信号序列(signal sequence)。信号肽普遍地存在于所有分泌蛋白肽链的氨基端,是一段由不同数目、不同种类的氨基酸组成的疏水氨基酸序列。

除信号肽的指导性作用之外，核糖体与内质网的结合以及肽链穿越内质网膜的转移，还有赖于细胞质基质中信号识别颗粒（signal recognition particle，SRP）的介导和内质网膜上的信号识别颗粒受体（SRP receptor，SRPR）及被称为转运体（translocon 或 translocator）的易位蛋白的协助。这一过程的基本步骤大致如下。

1. 新生分泌性蛋白质多肽链在细胞质基质中的游离核糖体上起始合成。当新生肽链 N 端的信号肽被翻译后，可立即被细胞质基质中的 SRP 识别、结合。所谓 SRP 是由 6 个多肽亚单位和 1 个沉降值为 7S 的小分子 RNA 构成的复合体（图 2-5-9A），其一端与信号肽结合，另一端则结合于核糖体，从而形成 SRP- 核糖体复合结构，并可使得翻译暂时终止，肽链的延长受到阻遏。

2. 与信号肽结合的 SRP 识别、结合内质网膜上的 SRPR，并介导核糖体锚泊附着于内质网膜的转运体上。而 SRP 则从信号肽 - 核糖体复合体上解离，返回细胞质基质中重复上述过程。此时，暂时被阻遏的肽链延伸又继续进行（图 2-5-9B）。SRPR 是内质网的一种膜整合蛋白。由于该蛋白能够通过与 SRP 的识别而使得核糖体结合附着于内质网上，因此被称为锚定蛋白质（docking protein）。

3. 在信号肽的引导下，合成中的肽链，通过由核糖体大亚基的中央管和转运体共同形成的通道，穿膜进入内质网网腔。随后，信号肽序列被内质网膜腔面的信号肽酶所切除，新生肽链继续延伸，直至完成而终止。最后，完成肽链合成的核糖体大、小亚基解聚，并从内质网上解离（图 2-5-9C）。

转运体是糙面内质网膜上的多蛋白复合体，可形成外径 8.5nm 左右，中央孔直径平均为 2nm 的亲水性通道。有学者认为：内质网上的转运体是一种动态结构，并以两种可转化的构象形式存在。当它和信号肽结合时，处于一种开放的活性状态；在蛋白质多肽链被完全转移之后，则转变为无活性的关闭状态（见图 2-5-9C）。

转运体不仅是新生分泌蛋白质多肽链合成时进入内质网腔的通道，而且，还能够利用水解 GTP 将内质网腔中的损伤蛋白质转运到细胞质溶质中去。在哺乳动物，内质网转运体主要是由一种与蛋白分泌相关的多肽 Sec61 复合体（Sec61 complex）构成的亲水性复合结构体。肽链穿越内质网的转移机制及与之相关的信号肽、SRP、SRPR 及转运体的相互作用之整个过程如图 2-5-9 所示。

（二）由信号肽指导的穿膜驻留蛋白插入转移的可能机制

穿膜驻留蛋白，尤其是多次穿膜蛋白的插入转移，远比可溶性分泌蛋白的转移过程更为复杂。

1. 单次穿膜蛋白插入转移的机制 单次穿膜蛋白插入内质网膜有两种可能的机制：

（1）新生肽链共翻译插入（cotranslation insertion）转移机制：新生穿膜驻留蛋白多肽链上既有位于 N 端的起始转移信号肽，还有存在于多肽链中的停止转移序列（stop transfer sequence）。该序列是由特定氨基酸组成的一段疏水性序列区段，与内质网膜有极高的亲和性，可与内质网膜脂双层结合。在由信号肽导引的肽链转移过程中，当停止转移序列进入转运体并与其相互作用时，转运体即由活性状态转换为钝化状态而终止肽链的转移；N 端起始转移信号肽从转运体上解除释放；停止转移肽段形成单次穿膜 α 螺旋结构区，使得蛋白肽链的 C 端滞留于细胞质一侧。

（2）内信号肽（internal signal peptide）介导的内开始转移肽（internal start transfer peptide）插入转移机制：内信号肽是因信号肽序列不在新生蛋白质多肽链的 N 端，而位于多肽链中。内信号肽具有与 N 端信号肽同样的功能。随着合成肽链的延长，当内信号肽序列被合成并到达转运体时，即被保留在类脂双分子层中，成为单次穿膜的 α 螺旋结构。在由内信号肽引导的插入转移过程中，插入的内开始转移肽能够以方向不同的两种形式进入转运体。如果在内信号肽疏水核心氨基端有比其羧基端更多的带正电荷氨基酸序列组成，这时插入的方向为羧基端进入内质网腔面；反之则其插入方向相反（图 2-5-10）。

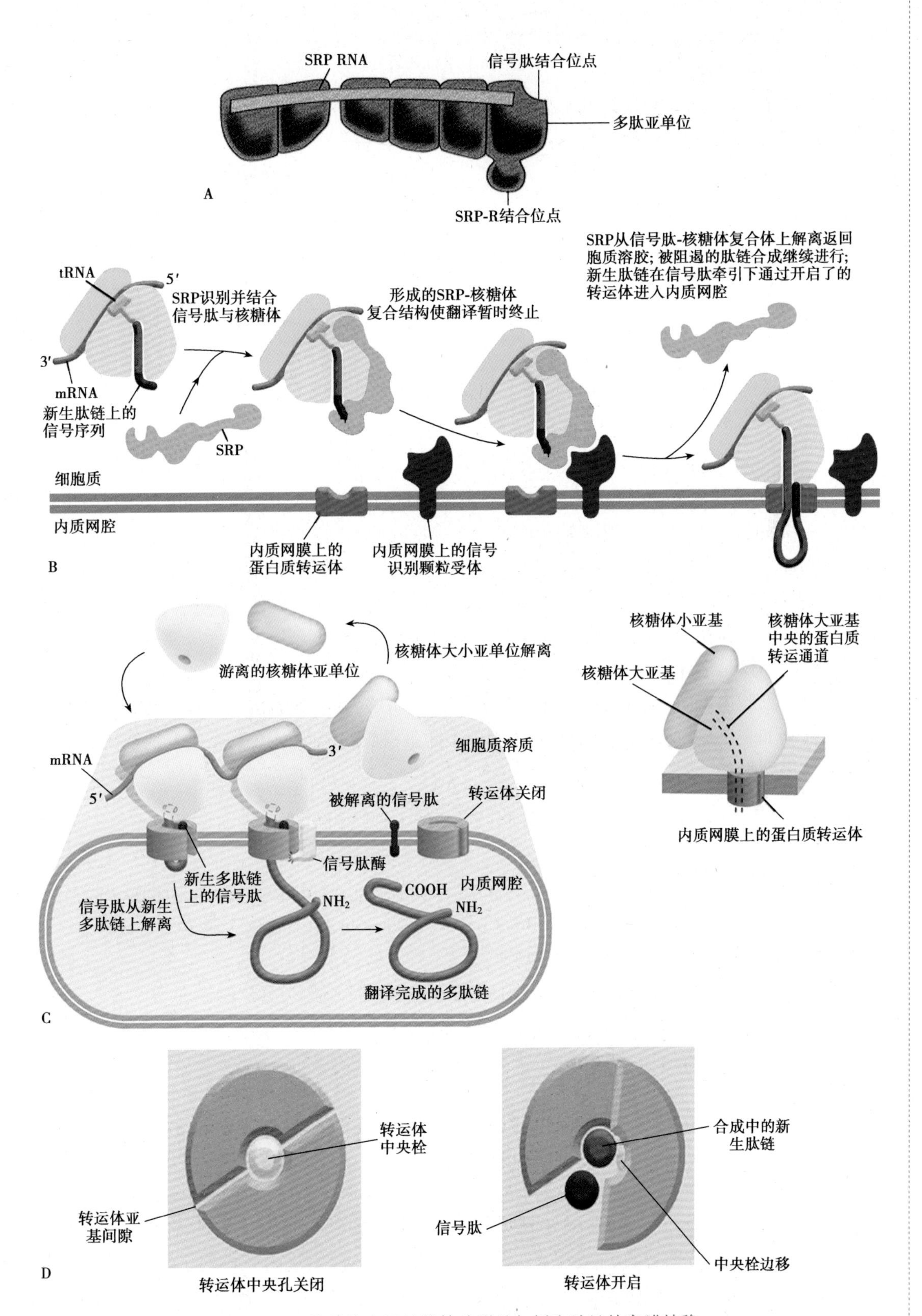

图 2-5-9　信号肽介导的核糖体附着与新生肽链的穿膜转移

A. SRP 结构组成示意图；B. 核糖体的附着与肽链延伸合成；C. 转运体与肽链的穿膜转移；D. 转运体结构断面示意图

Notes

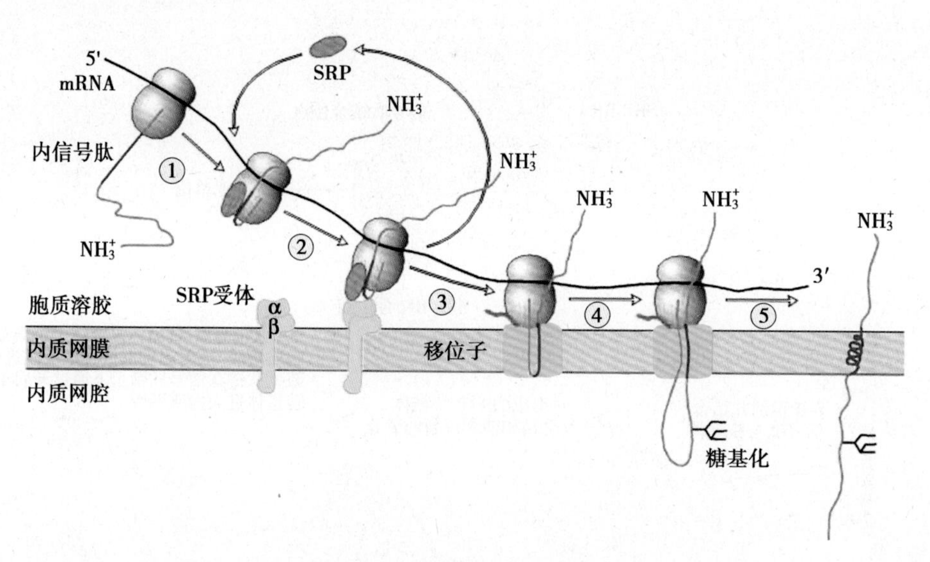

图 2-5-10 具有内信号肽的单次穿膜蛋白的转移插入

2. 多次穿膜蛋白质的转移插入 多次穿膜蛋白质的转移插入过程虽然远比单次穿膜蛋白要复杂得多，但是其基本机制是大致相同的。在多次穿膜蛋白肽链上，常常有两个或者两个以上的疏水性开始转移肽结构序列和停止转移肽结构序列。一般认为，多次穿膜蛋白是以内信号肽作为其开始转移信号。

（三）信号肽含有决定蛋白质胞内定向定位转运的全部信息

信号肽不仅是指导蛋白质多肽链在糙面内质网上合成与穿越转移的决定因素，而且含有决定蛋白质在细胞内定向、定位转运所需要的全部信息。决定蛋白质胞内定向转运的几种典型的信号肽序列如表 2-5-2 所示。可以看出，细胞内不同蛋白质的定向、定位转运主要地取决于不同的信号肽序列类型。

表 2-5-2 决定蛋白质定向转运的几种典型信号肽序列

蛋白质定向部位	信号肽序列举例
内质网输入蛋白	^+H_3N-Met-Met-Ser-Phe-Val-Ser-Leu-Leu-Val-Gly-Ile-Leu-Phe-Trp-Ala-Thr-Glu-Ala-Glu-Gln-Gln-Leu-Thr-Lys-Cys-Glu-Val-Phe-Gln
内质网驻留蛋白	Lys-Asp-Glu-Leu-COO^-
核输入蛋白	Pro-Pro-Lys-Lys-Lys-Arg-Lys-Val
核输出蛋白	Leu-Ala-Leu-Lys-Leu-Ala-Gly-Leu-Asp-Ile
过氧化物酶体输入蛋白	Ser-Lys-Leu-COO^-
线粒体输入蛋白	^+H_3N-Met-Leu-Ser-Leu-Arg-Gln-Ser-Phe-Arg-Phe-Phe-Lys-Pro-Ala-Thr-Arg-Thr-Leu-Cys-Ser-Ser-Arg-Tyr-Leu-Leu
质体输入蛋白	^+H_3N-Met-Val-Ala-Met-Ala-Met-Ala-Ser-Leu-Gln-Ser-Ser-Met-Ser-Ser-Lue-Ser-Leu-Ser-Ser-Asn-Ser-Phe-Leu-Cly-Gln-Pro-Leu-Ser-Pro-Ile-Thr-Leu-Ser-Pro-Phe-Leu-Gln-Gly

1. 内质网信号序列（ER signal sequence） 是位于分泌蛋白 N 端被最先合成的一段由疏水氨基酸组成的信号肽序列。其主要引导合成中的蛋白质进入内质网腔。

2. 驻留信号（retention signal） 是内质网驻留蛋白（ER retention protein）如二硫键异构酶、结合蛋白等所具有的 KDEL 或 HDEL4 肽信号，可保证这些蛋白驻留在内质网中。此类信号序列主要包括：①内质网驻留信号（ER retention signal）是内质网驻留蛋白所含有的 C 端 KDEL

Notes

序列，可引导蛋白质从高尔基复合体返回并驻留在内质网中；②内质网回收信号（ER retrieval signal）是某些内质网驻留蛋白肽链C端所含有的特定氨基酸序列。在可溶性蛋白中为“赖氨酸-天冬氨酸-谷氨酸-亮氨酸（KDEL）”序列；在膜蛋白中为“赖氨酸-赖氨酸-X-X（KKXX）”序列。当该类蛋白质进入高尔基复合体中后，往往被包装成COPⅠ有被小泡而重新转运回到内质网。

3. 核输入信号（nuclear import signal） 又称核定位信号（nuclear localization signal，NLS）。在细胞质中合成的核蛋白质，其肽链中均含有由7个氨基酸（Pro-Lys-Lys-Lys-Lys-Arg-Val，即脯氨酸-赖氨酸-赖氨酸-赖氨酸-赖氨酸-精氨酸-缬氨酸）组成的特异性信号序列，负责分拣并指导蛋白质从细胞质通过核孔复合体输入到细胞核内。

4. 核输出信号（nuclear export signal） 是细胞核内形成的大分子复合物（例如核糖体蛋白）上的氨基酸信号序列，其主要特征是序列中有多个疏水性氨基酸的相间排列出现。核输出信号可被核孔复合体上的输出受体所识别，进而引导核内大分子复合物从细胞核经由核孔复合体输送到细胞质中。

5. 过氧化物酶体引导信号（peroxisomal targeting signal，PTS） 是过氧化物酶体基质蛋白C端所含有的由丝氨酸-赖氨酸-亮氨酸（Ser-Lys-Leu）3个氨基酸所组成的特异性信号肽序列，可引导在细胞质中合成的过氧化物酶体蛋白进入过氧化物酶体中。

6. 转运肽（transit peptide/transit sequence） 是在细胞质中合成的线粒体和（或）质体（plastid）核基因组编码蛋白前体N端的一段特异的氨基酸序列。转运肽信号序列可由至少20个，多达80个氨基酸所组成。其主要特征是：①通常含有较为丰富的碱性氨基酸，特别是精氨酸。这些带有正电荷的氨基酸残基有助于转运肽序列进入负电荷较为丰富的线粒体基质中；②有较高含量的亲水性羟基化氨基酸，如丝氨酸；③一般不含有带负电荷的酸性氨基酸；④可形成兼具亲水性和疏水性的α螺旋结构，这种结构有利于穿越线粒体的双层膜。

根据蛋白质转运分选信号的序列组成及结构特征，又将之区分为信号肽与信号斑（signal patch）两种类型。典型的信号肽往往存在于蛋白质多肽链氨基酸序列连续延伸节段。它们于完成蛋白质的分拣、转移引导作用后，即被信号肽酶（signal peptide）所切除、降解。而信号斑（signal patch）则是指新生蛋白质多肽链合成后折叠时，在其表面由特定氨基酸序列形成的三维功能结构。与信号肽不同的是：①构成信号斑的氨基酸残基（或序列片段）往往相间排列存在于蛋白质多肽链中，彼此相距较远；②在完成蛋白质的分拣、转运引导作用后通常不会被切除而得以保留；③信号斑可识别某些以特异性糖残基为标志的酶蛋白，并指导它们的定向转运。

信号序列的蛋白质定向、定位作用虽然具有其特异性和专一性，但是具有同一转运和定位目标的信号序列类别，即使它们的氨基酸序列组成存在较大的差别，却也可以具有相同的功能。这可能是因为信号序列的一些物理特性，比如带电荷氨基酸在肽链中的位置、信号序列中氨基酸的疏水性等，或许要比氨基酸序列的精确性在信号识别过程中的作用更为重要。

（四）信号序列的差异决定了蛋白质在细胞内运输的不同途径

如前所述，细胞内所有核基因组编码蛋白质的合成都起始于细胞质中的游离核糖体之上；在这些蛋白质多肽链上也几乎都含有信号序列。正是由于信号序列的差异，最终决定了蛋白质合成起始后继续合成的不同形式和各自的运输途径及去向，因此也有人将之称作分拣信号（sorting signal）。由分拣信号决定的胞内蛋白质运输大致有3条不同的途径（图2-5-11）。①门孔运输（gated transport）是由特定的分拣信号介导，并通过核孔复合体的选择性作用，在细胞溶质与细胞核之间所进行的蛋白质运输；②穿膜运输（transmembrane transport）是通过结合在膜上的蛋白质转运体进行的蛋白质运输。在细胞质溶质中合成的蛋白质就是经由这种方式被运输到内质网和线粒体中去；③小泡运输（vesicular transport）是由不同膜性运输小泡承载的

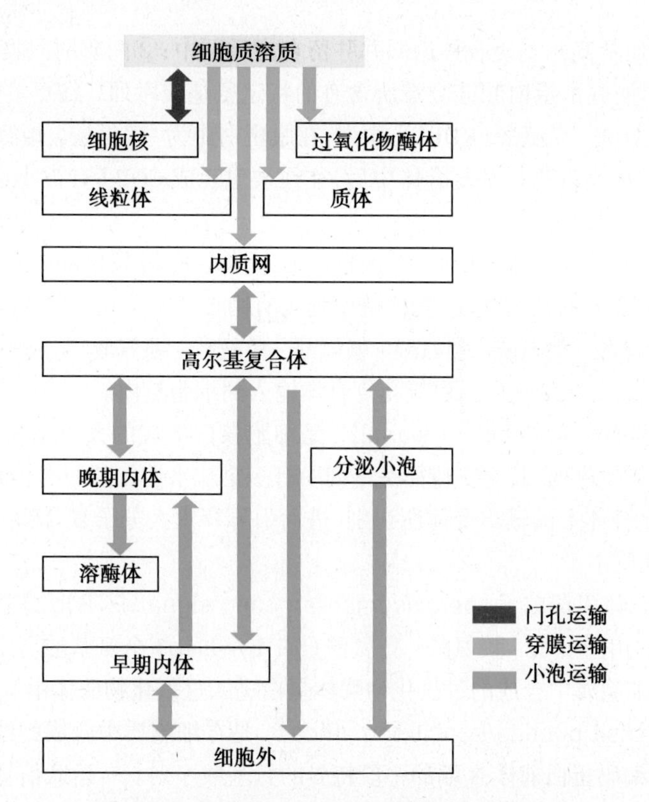

图 2-5-11 蛋白质胞内运输途径简略示意图

一种蛋白质运输形式。例如,膜性细胞器之间的蛋白质分子转移、细胞的分泌活动以及细胞膜的大分子和颗粒物质转运,都以这种运输形式来实现。除通过上述 3 条途径进行定向、定位转运的蛋白质之外,那些无分拣信号的蛋白质则可能滞留于细胞质溶质之中。

第二节 高尔基复合体

高尔基复合体(Golgi complex)是 1898 年意大利学者 Camillo Golgi 用银染技术对猫头鹰脊髓神经节进行光镜观察时首次发现的细胞器。由于在光学显微镜下,该细胞器呈现为细胞质中的一种网状结构形态特征,故称之为内网器(internal reticular apparatus)。此后,在多种细胞中相继地发现了类似的结构。后来的学者为了纪念 Camillo Golgi,就用高尔基体(Golgi body)取代了内网器这一名称。

在高尔基体被发现后的很长一段时间内,有关高尔基体的形态,甚至高尔基体是否是细胞质中的一种客观存在,成为当时许多细胞学家争论的焦点问题之一。直到 20 世纪 50 年代,随着电子显微镜及其超薄切片技术的应用和发展,不仅证明了高尔基体的真实存在,而且使得人们对其有了新的、更为深入和清楚的认识,并根据高尔基体在电镜下的亚微形态结构特点,将之更名为高尔基复合体。

一、高尔基复合体是具有明显极性特征的膜性结构复合体

(一) 高尔基复合体由三种不同大小类型的囊泡组成

电镜观察表明,高尔基复合体是一种膜性的囊泡结构复合体。在其整体形态上,不同囊泡具有明显的极性分布特征。据此,以前一般将高尔基复合体划分为具有形态组成特征的三个部分(图 2-5-12)。

Notes

1. 扁平囊泡 现统称为潴泡(cisternae),是高尔基复合体中最具特征的主体结构组分。

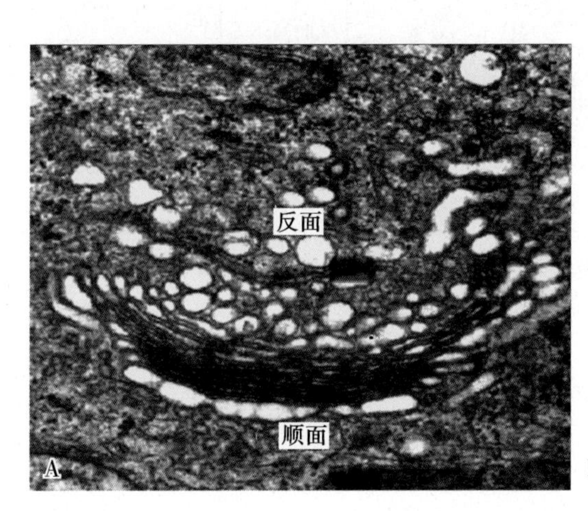

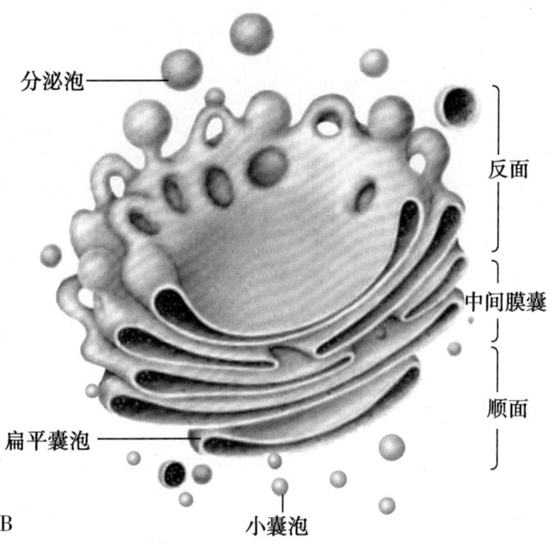

图 2-5-12　高尔基复合体的形态结构

A. 高尔基复合体透射电镜图；B. 高尔基复合体结构模式图

通常，每 3~8 个略呈弓形弯曲的扁平囊泡整齐地排列层叠在一起，构成高尔基复合体的主体结构高尔基堆（Golgi stack）。呈扁平状的高尔基潴泡囊腔宽 15~20nm；相邻囊间距 20~30nm。其凸面朝向细胞核，称之为顺面（*cis*-face）或形成面（forming face），膜厚约 6nm，与内质网膜厚度相近似。凹面侧向细胞膜，称作反面（*trans*-face）或成熟面（mature face），膜厚约 8nm，与细胞膜厚度相近。

2. 小囊泡　现统称为小泡（vesicles），聚集分布于高尔基复合体形成面，是一些直径为 40~80nm 的膜泡结构，包括两种类型：相对较多的一类为表面光滑的小泡；较少的一类是表面有绒毛样结构的有被小泡（coated vesicle）。一般认为这些小型囊泡是由其附近的糙面内质网芽生、分化形成，并通过这种形式把内质网中的蛋白质转运到高尔基复合体中来。因此，也被称作为运输小泡（transfer vesicle）。它们可通过相互融合，形成扁平状高尔基潴泡。一方面完成了从内质网向高尔基复合体的物质转运；另一方面，也使扁平状高尔基潴泡的膜结构及其内含物不断地得以更新和补充。

3. 大囊泡　现统称之为液泡（vacuoles），直径为 100~500nm，是见于高尔基复合体成熟面的分泌小泡（secretory vesicle）。系由扁平状高尔基潴泡末端膨大、断离而形成。不同分泌小泡在电镜下所显示的不同电子密度，可能是它们不同成熟程度的反映。

（二）高尔基复合体是具有极性特征的细胞器

高尔基复合体具有明显的极性形态结构特征。构成高尔基复合体主体的潴泡，从形成面到成熟面可呈现为典型的扁平囊状、管状或管、囊复合形式等不同的结构形态；各层膜囊的标志化学反应及其所执行的功能亦不尽相同。因此，现在一般将高尔基复合体膜囊层依次划分为顺面高尔基网状结构（*cis*-Golgi network）、高尔基中间膜囊（medial Golgi stack）和反面高尔基网状结构（*trans*-Golgi network）三个具有功能结构特征的组成部分（图 2-5-13）。

顺面高尔基网状是指由高尔基复合体顺面的扁囊状潴泡和小管连接成的网络结构，接收由内质网而来的小泡；显示嗜锇反应的化学特征。一般认为，该结构区域的功能有二：第一是分选来自内质网的蛋白质和脂类，并将其大部分转入到高尔基中间囊膜，小部分重新送返内质网而成为驻留蛋白；第二是进行蛋白质修饰的 O- 连接糖基化以及穿膜蛋白在细胞质基质侧结构域的酰基化。所谓 O- 连接糖基化与发生在内质网中的 N- 连接糖基化不同，其寡糖连接部位是蛋白质多肽链中丝氨酸等氨基酸残基侧链的 OH 基上。图 2-5-14 是 N- 连接和 O- 连接

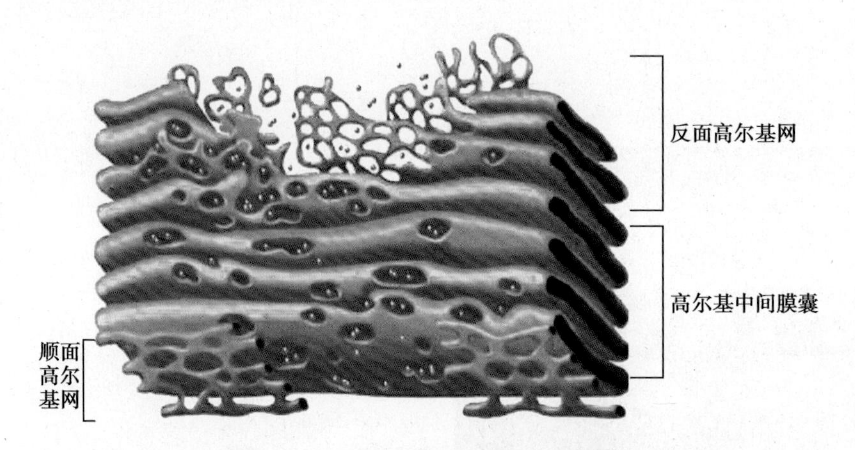

图 2-5-13 高尔基复合体极性网状结构

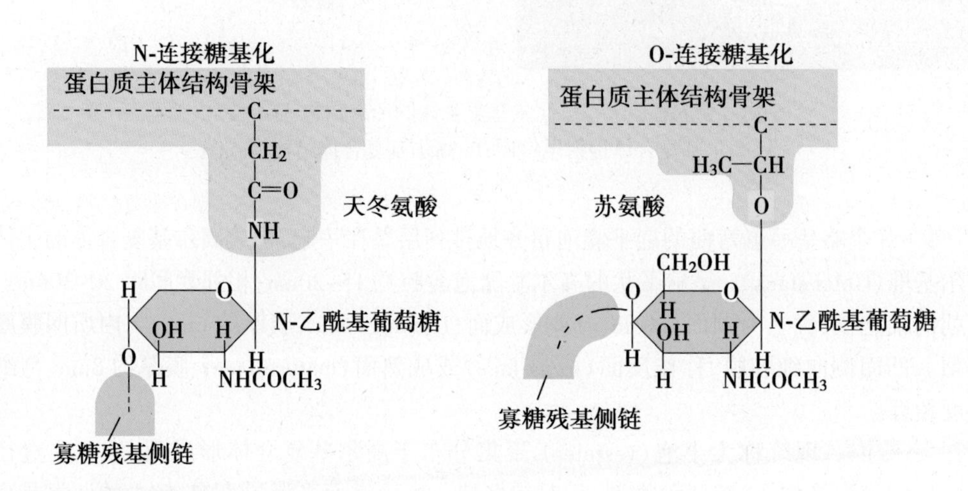

图 2-5-14 两种糖基化之区别比较

的两种不同糖基化之间的区别比较。

高尔基中间囊膜是位于顺面高尔基网状结构和反面高尔基网状结构之间的多层间隔的囊、管结构复合体系。除与顺面网状结构相邻的一侧对 NADP 酶反应微弱外,其余各层均有较强的反应。中间囊膜的主要功能是进行糖基化修饰和多糖及糖脂的合成。

反面高尔基网是由高尔基复合体反面的扁囊状潴泡和小管连接成的网络结构,往往表现为形态结构和化学特性上较为显著的细胞差异性和多样性。其主要功能是对蛋白质进行分选,最终使得经过分选的蛋白质,或被分泌到细胞外,或被转运到溶酶体。另外,某些蛋白质的修饰作用也是在此进行和完成的。例如,蛋白质酪氨酸残基的硫酸化、半乳糖 α-2,6 位的唾液酸化及蛋白质的水解等。

(三)高尔基复合体在不同的组织细胞中具有不同的分布形式

高尔基复合体在不同的组织细胞中具有不同的分布特征。例如,在神经细胞中的高尔基复合体一般是围绕细胞核分布;在输卵管内皮、肠上皮黏膜、甲状腺和胰腺等具有生理极性的细胞中,常在细胞核附近趋向于一极分布;在肝细胞中,则沿胆细管分布在细胞边缘;在精子细胞、卵子细胞等少数特殊类型的细胞和绝大多数无脊椎动物的某些细胞中,可见到高尔基复合体呈分散的分布状态。

此外,高尔基复合体的数量和发达程度,也因细胞的生长、发育分化程度和细胞的功能类型不同而存在较大的差异,并且会随着细胞的生理状态而变化。一般而言,在分化发育成熟且具有旺盛分泌功能活动的细胞中,高尔基复合体也较为发达。

Notes

二、高尔基复合体具有标志性的糖基转移酶

作为一种膜性结构细胞器，脂类是高尔基复合体结构最基本的化学组分。有人通过对大鼠肝细胞中高尔基复合体的分析所获资料表明：高尔基复合体膜的脂质组成除少量糖脂外，主要为磷脂与胆固醇；脂质总含量约为 40%，介于质膜与内质网膜之间。

在细胞不同结构区域中，酶的分布种类及含量，往往反映着该结构区域的主要功能特性。一般认为，糖基转移酶（glycosyltransferase）是高尔基复合体中最具特征性的酶，主要有参与糖蛋白合成的糖基转移酶类和参与糖脂合成的磺化（或硫化）- 糖基转移酶类。糖基转移酶在高尔基复合体中不仅有较高的含量、表现相对高的活性，而且有不同的分布区域。几种来自于大鼠肝细胞主要的糖基转移酶在高尔基复合体中的相对活性如表 2-5-3 所示。

表 2-5-3　大鼠肝细胞几种主要糖基转移酶在高尔基复合体中的活性

糖基转移酶	单位活性		在高尔基复合体中的相对活性（%）
	全部匀浆	高尔基复合体	
半乳糖基 -N- 乙酰葡萄糖胺转移酶	6	64	40
半乳糖基转移酶	11	128	42
N- 乙酰葡萄糖胺转移酶	24	219	43
唾液酸基转移酶	50	422	44

同时，在高尔基复合体中还存在着其他的一些重要的酶类，它们是：①包括 NADH- 细胞色素 c 还原酶和 NADHP- 细胞色素还原酶的氧化还原酶；②以 5′- 核苷酸酶、腺苷三磷酸酶、硫胺素焦磷酸酶为主体的磷酸酶类；③参与磷脂合成的溶血卵磷脂酰基转移酶和磷酸甘油磷脂酰基转移酶；④由磷脂酶 A_1 与磷脂酶 A_2 组成的磷脂酶类；⑤酪蛋白磷酸激酶；⑥α- 甘露糖苷酶等。

根据 James E Rothman 等人近些年来的研究报道：通过密度梯度离心技术可分离出 3 种不同密度的高尔基复合体碎片，每一种密度的碎片都分别与一组酶相关联。密度最大者含有磷酸转移酶，它们能催化磷酸酶与溶酶体蛋白的结合；中等密度者含有甘露糖苷酶和 N- 乙酰葡萄糖胺转移酶；而半乳糖基转移酶及唾液酸基转移酶则主要存在于低密度碎片。这也证明了在高尔基复合体中至少具有 3 种不同结构和功能分化的高尔基膜囊。亦正是基于此研究结果，J E Rothman 等人提出了高尔基复合体叠层存在生化区隔化或房室化的新观点。

此后的转移酶单克隆抗体免疫细胞化学电镜技术研究分析进而发现：N- 乙酰葡萄糖胺转移酶 I 只存在于高尔基器叠层中央的 2~3 个扁囊中；半乳糖基转移酶也仅存于反面扁囊中；而磷酸转移酶则几乎可以肯定地存在于顺面扁囊之中。这一发现，为高尔基复合体叠层的生化区隔化或房室化观点提供了新的证据。目前所知和常见于高尔基复合体中的一些主要的酶类及其分布如表 2-5-4 所示。

表 2-5-4　分布于高尔基复合体不同结构区域中的几种主要酶类

酶	分布部位			酶	分布部位		
	顺面	中间膜囊	反面		顺面	中间膜囊	反面
半乳糖基转移酶			+	酸性磷酸酶			+
乙酰葡萄糖胺转移酶 I		+		磷脂酶		+	
甘露糖酶 I	+			5′- 核苷酶	+	+	+
甘露糖苷酶		+		核苷二磷酸酶			+
脂肪酰基转移酶	+			腺苷酸环化酶	+	+	+
唾液酸转移酶			+	NADP 酶系		+	

Notes

高尔基复合体中含有极为丰富的蛋白质和多种不同的酶类。凝胶电泳分析显示,高尔基复合体蛋白的组成含量和复杂程度也介于内质网和细胞膜之间,其中一些蛋白质与内质网是相同的。因此,高尔基复合体是构成质膜和内质网之间相互联系的一种过渡性细胞器。

三、高尔基复合体具有胞内物质合成与蛋白质加工转运功能

作为内膜系统的主要结构组成之一,高尔基复合体不仅是胞内物质合成、加工的重要场所,而且和内膜系统其他结构组分一起构成了胞内物质转运的特殊通道。

(一) 高尔基复合体是细胞内蛋白质运输分泌的中转站

有人运用电镜放射性核素脉冲标记自显影技术,以 ^{3}H- 亮氨酸脉冲标记豚鼠胰岛 B 细胞中的胰岛素蛋白,结果显示 3 分钟后,标记的亮氨酸即出现于内质网中;约 10 分钟后,从内质网进入到高尔基复合体;45 分钟后,则进入分泌颗粒。该实验清楚地显示了外源性分泌蛋白在细胞内的合成及其转运途径(图 2-5-15)。此后的研究进一步证明,除外输性分泌蛋白之外,胞内溶酶体中的酸性水解酶蛋白、多种细胞膜蛋白以及胶原纤维等细胞外基质成分也都是经由高尔基复合体进行定向转送和运输的。因此可以说高尔基复合体是细胞内蛋白质运输分泌的中转站。

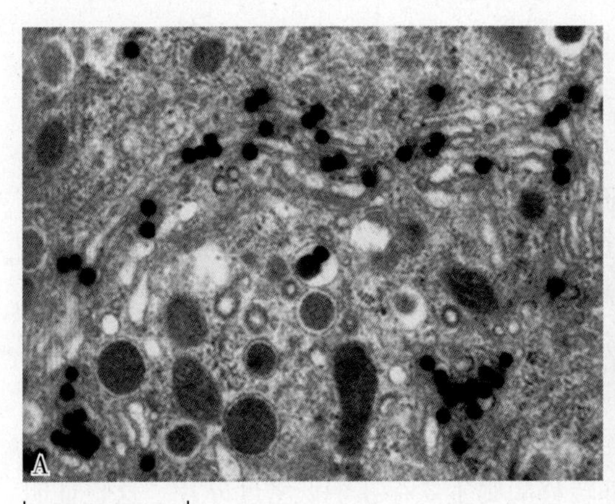

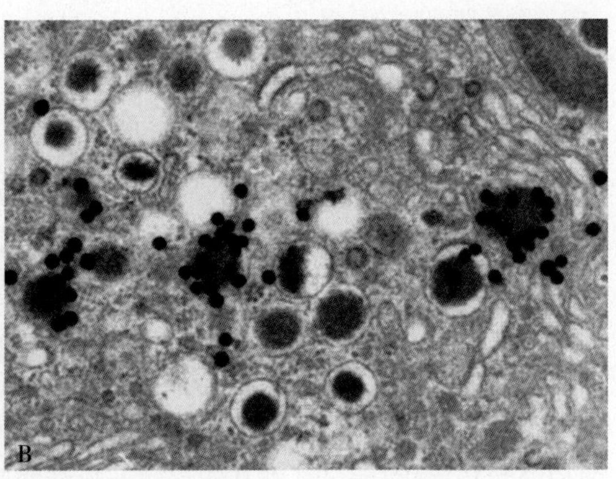

图 2-5-15 胰岛 B 细胞电镜放射自显影结果

A. ^{3}H- 亮氨酸脉冲标记完成 10 分钟后,被标记的胰岛素蛋白(黑色银颗粒)从糙面内质网进入高尔基复合体中;B. ^{3}H- 亮氨酸脉冲标记完成 45 分钟后,被标记的胰岛素蛋白进入分泌颗粒内

外输性分泌蛋白具有连续分泌(continuous secretion)和非连续分泌(discontinuous secretion)两种不同的排放形式。前者亦称构成性分泌(constitutive secretion),是指外输性蛋白质在其分泌泡形成之后,随即排放出细胞的分泌形式;而后者则是先将分泌蛋白储存于分泌泡中,在需要时再排放到细胞外的分泌形式,故又称之为调节性分泌(regulatory secretion)。

(二) 高尔基复合体是胞内物质加工合成的重要场所

1. 糖蛋白的加工合成 在内质网合成并经由高尔基复合体转送运输的蛋白质中,绝大多数都是经过糖基化修饰加工合成的糖蛋白,主要包括 N- 连接糖蛋白和 O- 连接糖蛋白两种类型。前者的糖链合成与糖基化修饰始于内质网,完成于高尔基复合体;后者主要或完全是在高尔基复合体中进行和完成的。O- 连接糖基化寡糖链结合的蛋白质多肽链中的氨基酸残基通常有丝氨酸、苏氨酸和酪氨酸(或胶原纤维中的羟赖氨酸与羟脯氨酸)。除了蛋白聚糖而外,几乎所有 O- 连接寡糖中与氨基酸残基侧链 OH 直接结合的第一个糖基都是 N- 乙酰半乳糖胺(蛋白聚糖中第一个糖基通常是木糖);组成 O- 连接寡糖链中的单糖组分,是在糖链的合成过

程中一个个地添加上去的(图 2-5-16)。N- 连接糖蛋白与 O- 连接糖蛋白之间的主要区别如表 2-5-5 所示。

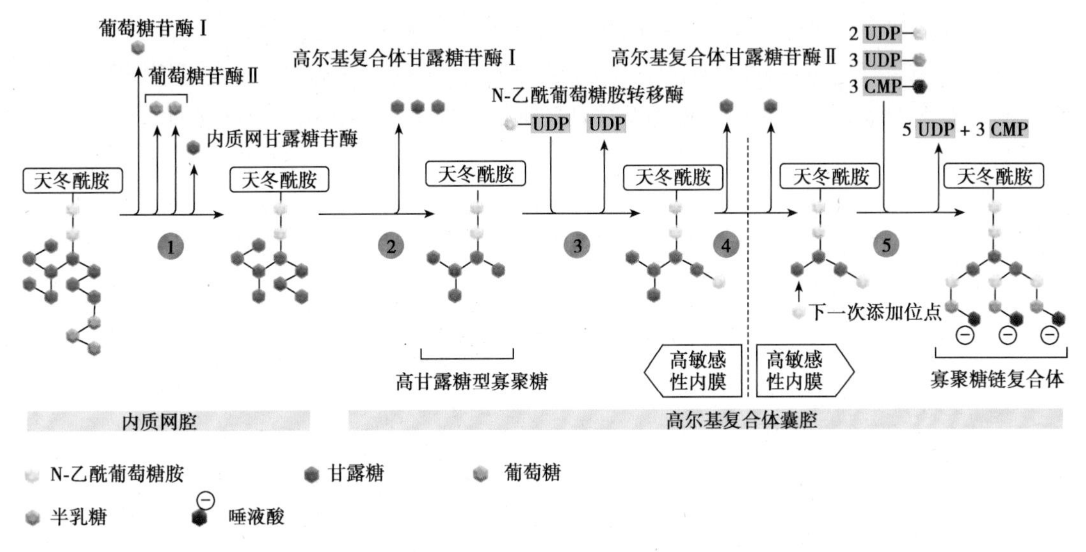

图 2-5-16　发生在内质网和高尔基复合体中的糖基化过程

表 2-5-5　N- 连接糖蛋白与 O- 连接糖蛋白之间的主要区别比较

	N- 连接糖蛋白	O- 连接糖蛋白
糖基化发生部位	糙面内质网	高尔基复合体
连接的氨基酸残基	天冬酰胺	丝氨酸、苏氨酸、酪氨酸、羟赖(脯)氨酸
连接基团	$-NH_2$	-OH
第一个糖基	N- 乙酰葡糖胺	半乳糖、N- 乙酰半乳糖胺
糖链长度	5~25 个糖基	1~6 个糖基
糖基化方式	寡糖链一次性连接	单糖基逐个添加

将细胞置于含有用 ^{3}H 标记的甘露糖培养基中短期培养，然后进行放射自显影示踪测定发现：银染颗粒仅出现于内质网中；用 ^{3}H-N 乙酰葡萄糖胺培养标记，银粒在内质网和高尔基复合体中同时出现；而用半乳糖和 ^{3}H- 唾液酸糖标记培养，则只在高尔基复合体中发现了银粒的存在。这说明，甘露糖、N- 乙酰葡萄糖胺位于糖蛋白寡聚糖链的核心，存在于内质网腔；而半乳糖、唾液酸则位于寡糖链之远端区域，存在于高尔基复合体中。因此，高尔基复合体不仅具有对于内质网来源的蛋白质的修饰加工作用，而且还是糖蛋白中多(寡)糖组分及分泌性多糖类合成的场所。

在糖蛋白质的形成过程中，对糖蛋白中寡糖链的修饰加工，是高尔基复合体的主要功能之一。由内质网转运而来的糖蛋白，在进入高尔基复合体后，其寡糖链末端区的寡糖基往往要被切去；与此同时，再添加上新的糖基，例如 UDO- 葡萄糖和 UDP- 唾液酸等。

蛋白质糖基化的重要意义在于：①糖基化对蛋白质具有保护作用，使它们免遭水解酶的降解；②糖基化具有运输信号的作用，可引导蛋白质包装形成运输小泡，以便进行蛋白质的靶向定位运输；③糖基化形成细胞膜表面的糖被，在细胞膜的保护、识别以及通信联络等生命活动中发挥重要作用。

2. 蛋白质(或酶蛋白)的水解　对蛋白质的水解修饰，是高尔基复合体物质加工修饰功能的另一种体现形式。有些蛋白质或酶，只有在高尔基复合体中被特异性地水解后，才能够成熟或转变为其作用的活性存在形式。例如人胰岛素，在内质网中是以由 86 个氨基酸残基组成，

Notes 

含有 A、B 两条肽链和起连接作用的 C 肽所构成的胰岛素原的形式而存在。当它被转运到高尔基复合体时，在水解切除 C 肽后才成为有活性的胰岛素。还有，胰高血糖素、血清白蛋白等的成熟，也都是经过在高尔基复合体中的切除修饰完成。此外，溶酶体酸性水解酶的磷酸化、蛋白聚糖类的硫酸化等，均发生和完成于通过高尔基复合体的转运过程中。

（三）高尔基复合体在胞内蛋白质的分选和膜泡的定向运输中具有重要的枢纽作用

高尔基复合体在细胞内蛋白质的分选和膜泡的定向运输中具有极为重要的枢纽作用，可能的机制是通过对蛋白质的修饰、加工，使得不同的蛋白质带上了可被高尔基复合体网膜上专一受体识别的分选信号，进而分拣、浓缩，形成不同去向的运输和分泌小泡。这些小泡的运输主要有三条可能的途径和去向（图 2-5-17）：①经高尔基复合体分拣和包装的溶酶体酶以有被囊泡的形式被转运到溶酶体；②分泌蛋白以有被囊泡的形式输送到细胞膜，或被分泌释放到细胞外；③以分泌小泡的形式暂时性地储存于细胞质中，在需要的情况下，再被分泌释放到细胞外去。

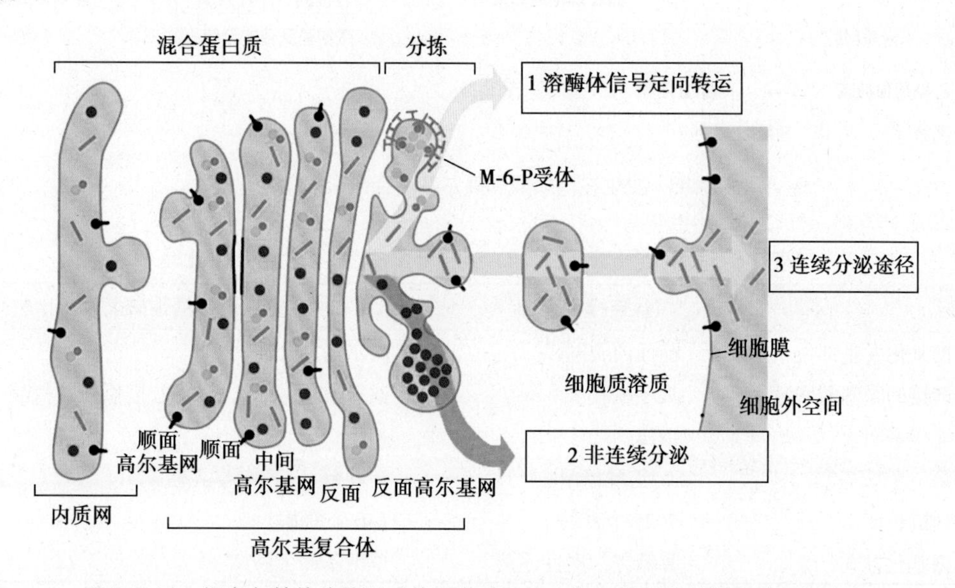

图 2-5-17 经高尔基体分拣形成的蛋白质运输小泡三种可能的转运途径与去向

从高尔基体的发现至今已愈百年之久，而其中一半的时间一直在争论高尔基体是否为一种客观存在。直到 20 世纪 50 年代以后，随着电子显微镜技术的应用和超薄切片技术的发展，才最终确认了高尔基复合体是细胞内固有的细胞器这一事实。这充分说明了研究方法、研究的技术手段在科学发展中的重要作用。在一定意义上，只有方法和技术手段的不断创新，才能促使研究工作的持续深入和发展。事实上，细胞的发现，细胞学说的创立以及现代细胞生物学研究所取得的理论与技术成就，都与新的研究工具、新的研究方法和新的研究技术手段的发明、应用密切相关。

第三节 溶 酶 体

溶酶体（lysosome）是内膜系统的另一种重要结构组分，1955 年由 Christian de Duve 等在鼠肝细胞的电镜观察中所发现，并因其内含多种水解酶而获名。

但是，有关溶酶体可能存在的最早资料证据，却是 1949 年 Christian de Duve 在对大鼠肝组织匀浆细胞组分进行差速离心分离分析研究时意外地获得的。他们在寻找与糖代谢有关的酶时发现，作为对照的酸性磷酸酶活性主要集中在线粒体分离层。引起研究者注意的另一个实验现象是酸性磷酸酶活性在蒸馏水提取物中高于蔗糖渗透平衡液抽提物；在放置一段时间

的抽提物中高于新鲜制品，而且酶的活性与沉淀的线粒体物质无关。由此他们推断，在线粒体分离层组分中可能存在另一种细胞器。这一推断在 1955 年终于以溶酶体的发现而得到了证明。

一、溶酶体是一类富含多种酸性水解酶的膜性结构细胞器

（一）高度的异质性是溶酶体显著的理化特性之一

溶酶体普遍地存在于各类组织细胞之中，电镜下显示为由一层单位膜包裹而成的球囊状结构（图 2-5-18），其大小差异显著，一般直径为 0.2~0.8μm，最小者直径仅 0.05μm，而最大者直径可达数微米。典型的动物细胞中约含有几百个溶酶体，但是在不同细胞中所含溶酶体的数量差异巨大。

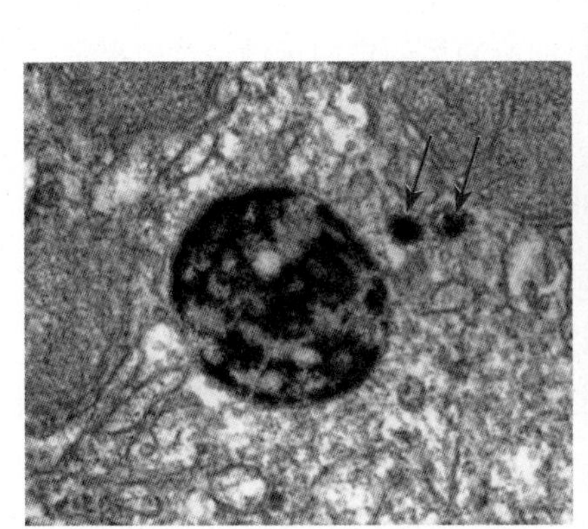

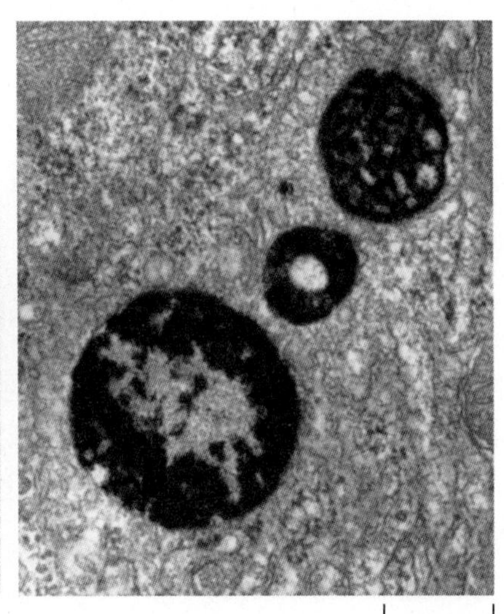

图 2-5-18　溶酶体形态结构的电镜照片

一般而言，在溶酶体中可含有 60 多种能够分解机体中几乎所有生物活性物质的酸性水解酶，这些酶作用的最适 pH 通常为 3.5~5.5。然而，在每一个溶酶体中所含有的酶的种类却是有限的，而且不同溶酶体中所含有的水解酶亦并非完全相同，这使得它们表现出不同的生化或生理性质。总而言之，溶酶体在其形态大小、数量分布、生理生化性质等各方面都表现出了高度的异质性。溶酶体含有的几种主要酶类及其作用底物如表 2-5-6 所示。

表 2-5-6　溶酶体含有的几种主要酶类及其作用底物

酶的种类	作用底物	酶的种类	作用底物
内肽酶、外肽酶、胶原酶、顶体酶	多肽链	芳基硫酸酶 A、N- 酯酰鞘胺醇酶糖苷酶	糖脂
糖胺酶、糖基化酶	糖蛋白	三酰甘油酯酶胆碱酯酶	神经酯
磷蛋白磷酸化酶	磷蛋白	磷脂酶磷酸二酯酶	磷脂
酸性麦芽糖酶	糖原	核酸酶、核苷酸酶、核苷酸硫酸化酶、焦磷酸酶	核酸与核苷酸
内糖苷酶、外糖苷酶、溶菌酶、硫酸酶	蛋白聚糖		

（二）含有丰富的酸性磷酸酶是溶酶体共同的标志性特征

尽管溶酶体是一种具有高度异质性的细胞器，但是却也具有许多重要的共性特征：①均含

Notes 

有丰富的酸性水解酶,包括蛋白酶、核酸酶、脂酶、糖苷酶、磷酸酶和溶菌酶等多种酶类;其中,酸性磷酸酶是溶酶体最具共性特征的标志性酶;②所有的溶酶体都是由一层单位膜包裹而成的囊球状结构小体;③溶酶体膜中富含两种高度糖基化的穿膜整合蛋白 lgpA 和 lgpB;它们分布在溶酶体膜腔面,可能有利于防止溶酶体所含的酸性水解酶对其自身膜结构的消化分解;④溶酶体膜上嵌有质子泵,可依赖水解 ATP 释放出的能量将 H^+ 逆浓度梯度地泵入溶酶体中,以形成和维持溶酶体囊腔中酸性的内环境。

(三) 溶酶体膜糖蛋白家族具有高度的同源性

在多种脊椎动物细胞中存在一个溶酶体膜糖蛋白家族——溶酶体结合膜蛋白(lysosomal associated membrane protein,LAMP),亦称为溶酶体整合膜蛋白(lysosomal integral membrane protein,LIMP)。该类蛋白质的肽链组成结构包括:一个较短的 N 端信号肽序列;一个高度糖基化的腔内区或胞质区;一个单次穿膜区和一个由 10 个左右的氨基酸残基组成的 C 端胞质尾区。相关的蛋白质克隆实验表明,在不同物种的同类蛋白质及同一物种的不同蛋白质之间,特别是在其功能结构区,存在着高度的氨基酸序列组成同源性。溶酶体整合膜蛋白高度保守的 C 端胞质尾区区段,可能是该类蛋白从高尔基复合体向溶酶体转运的通用识别信号。因为,如果改变或破坏 C 端的结构组成,就会阻止它们向溶酶体的定向运输。这也提示,N 糖基化并非是这些蛋白质必需的转运信号。

二、目前存在两种不同的溶酶体分类体系

关于溶酶体类型的划分,目前存在两种不同的分类体系。

(一) 依据不同的生理功能状态可将溶酶体划分为三种基本类型

根据溶酶体的不同生理功能状态,一般将之划分为初级溶酶体、次级溶酶体和残余体三种基本类型。

1. 初级溶酶体　初级溶酶体(primary lysosome)是通过其形成途径刚刚产生的、膜性囊腔中只含有水解酶而无作用底物的溶酶体。初级溶酶体膜厚约 6nm,在形态上一般为不含有明显颗粒物质的透明圆球状。但是,在不同的细胞类型,或者在同一细胞类型的不同发育时期,可呈现为电子致密度较高的颗粒小体或带有棘突的小泡。初级溶酶体囊腔中的酶通常处于非活性状态。

2. 次级溶酶体　当初级溶酶体经过成熟,接收来自细胞内、外物质,并与之发生相互作用时,即易名为次级溶酶体(secondary lysosome)。因此,所谓的次级溶酶体,实质上是溶酶体的一种功能作用状态。次级溶酶体体积较大,外形多不规则,囊腔中含有正在被消化分解的物质颗粒或残损的膜碎片。依据次级溶酶体中所含作用底物之性质和来源的不同,又把次级溶酶体分为不同的类型,给予不同的称谓。

(1) 自噬溶酶体(autophagolysosome):又称自体吞噬泡(autophagic vacuoles),系由初级溶酶体融合自噬体(autophagosome)后形成的一类次级溶酶体,其作用底物主要是细胞内衰老蜕变或残损破碎的细胞器(如线粒体、内质网等)或糖原颗粒等其他胞内物质。

(2) 异噬溶酶体(heterophagic lysosome):又称异体吞噬泡(heterophagic vacuole),系由初级溶酶体与细胞通过胞吞作用所形成的异噬体(heterophagosome),包括吞噬体与吞饮体小泡相互融合而成的次级溶酶体,其作用底物源于外来异物。

(3) 吞噬溶酶体(phagolysosome):系由吞噬细胞吞入胞外病原体或其他外来较大的颗粒性异物所形成的吞噬体与初级溶酶体融合而成的次级溶酶体。由于吞噬溶酶体与异噬溶酶体的作用底物均为细胞外来物质,所以两者之间并无本质上的区别。

3. 残余体　次级溶酶体在完成对绝大部分作用底物消化、分解作用之后,尚会有一些不能被消化、分解的物质残留于其中,随着酶活性的逐渐降低以至最终消失,进入了溶酶体生理

功能作用的终末状态。此时即又被易名为残余体(residual body)。这些残余体,有些可通过细胞的排遗作用,以胞吐的方式被清除、释放到细胞外去,有些则可能会沉积于细胞内而不被外排。例如,常见于脊椎动物和人类神经细胞、肝细胞、心肌细胞内的脂褐质(lipofucin);见于肿瘤细胞、某些病毒感染细胞、大肺泡细胞和单核吞噬细胞中的髓样结构(myelin figure)及含铁小体(siderosome)。它们会随个体年龄的增长而在细胞中累积。

不同的残余体,不仅形态差异明显,而且也有不同的内含残留物质。脂褐质是由单位膜包裹的非规则形态小体,内含脂滴和电子密度不等的深色调物质。含铁小体内部充满电子密度较高的含铁颗粒,颗粒直径为50~60nm。当机体摄入大量铁质时,在肝、肾等器官组织的巨噬细胞中常会出现许多含铁小体。髓样结构之大小差异在0.3~3μm之间。其最显著的特征是内含呈板层状、指纹状或同心层状排列的膜性物质。

溶酶体的类型是相对于溶酶体的功能状态而人为划分的。不同的溶酶体类型,只是同一种功能结构不同功能状态的转换形式。溶酶体系统的这种功能类型转换关系如图2-5-19所示。

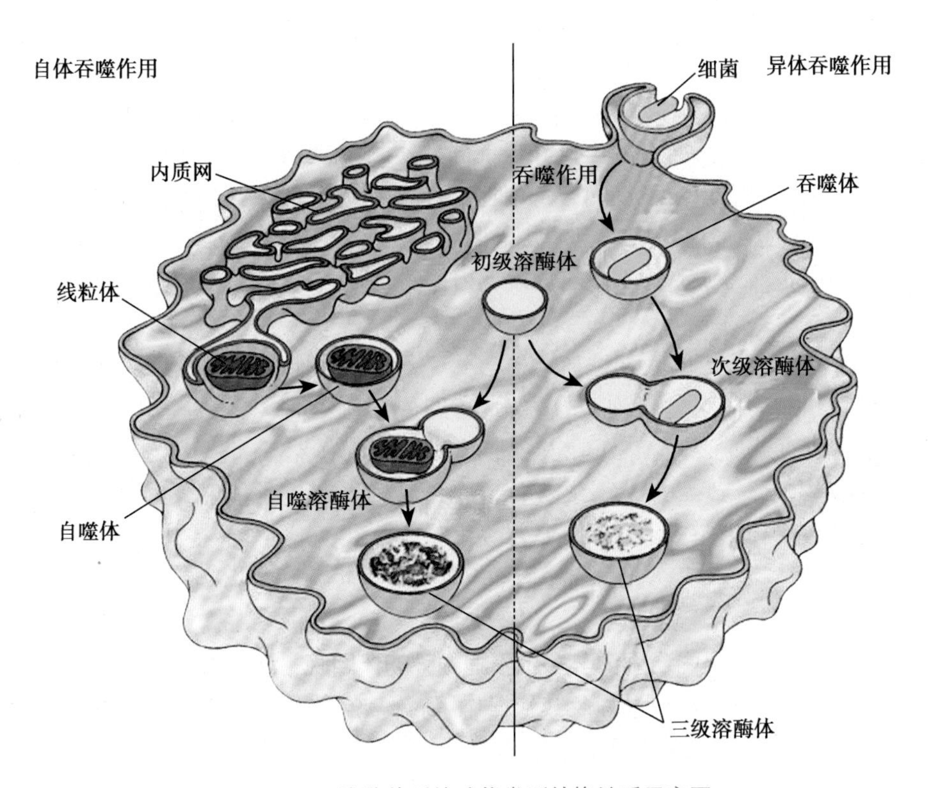

图2-5-19　溶酶体系统功能类型转换关系示意图

(二) 基于其形成过程和不同发育阶段可将溶酶体分为两大类型

基于对溶酶体形成及发育过程的了解和认识,把溶酶体划分为内溶酶体(endolysosome)和吞噬溶酶体两大类型。前者被认为是由高尔基复合体芽生的运输小泡并入细胞质中的晚期内体(late endosome)所形成;后者则是由内溶酶体和含有来自于细胞内、外不同作用底物的自噬体及异噬体相互融合而成。

三、溶酶体的形成与成熟是多种细胞器参与的复杂而有序的过程

(一) 内溶酶体是由运输小泡合并晚期内体形成的

溶酶体的形成是一个有内质网和高尔基复合体共同参与,集胞内物质合成加工、包装、运输及结构转化为一体的复杂而有序的过程。就目前的普遍认识,以溶酶体酶蛋白在附着型多核糖体上的合成为起始,溶酶体的形成主要经历以下几个阶段。

Notes

1. 酶蛋白的N-糖基化与内质网转运 合成的酶蛋白前体进入内质网网腔,经过加工、修饰,形成N-连接的甘露糖糖蛋白;再被内质网以出芽的形式包裹形成膜性小泡,转送运输到高尔基复合体的形成面。

2. N-连接甘露糖残基磷酸化及酶蛋白在高尔基器中的加工与转移 在高尔基复合体形成面囊腔内磷酸转移酶与N-乙酰葡萄糖胺磷酸糖苷酶的催化下,寡糖链上的甘露糖残基磷酸化形成甘露糖-6-磷酸(mannose-6-phosphate, M-6-P),此为溶酶体水解酶分选的重要识别信号。

3. 酶蛋白在高尔基复合体中的分选与转运 当带有M-6-P标志的溶酶体水解酶前体到达高尔基复合体成熟面时,被高尔基复合体网膜囊腔面的受体蛋白所识别、结合,随即触发高尔基复合体局部出芽和网膜外胞质面网格蛋白的组装,并最终以表面覆有网格蛋白的有被小泡(coated vesicle)形式与高尔基复合体囊膜断离。以M-6-P为标志的溶酶体酶分选机制是目前了解比较清楚的一条途径,但并非溶酶体酶分选的唯一途径。有实验提示,在某些细胞中可能还存在着非M-6-P依赖的其他分选机制。

4. 内溶酶体的形成与成熟 断离后形成的有被转运小泡,很快脱去网格蛋白外被形成表面光滑的无被运输小泡,它们和存在于细胞内的晚期内体合并,即形成所谓的内溶酶体。

内体(endosome)是由细胞的胞吞作用形成的一类异质性脱衣被膜泡,直径在300~400nm之间,依其发生阶段可分为早期内体(early endosome)和晚期内体。最初形成的早期内体位于细胞质溶质外侧近质膜处,通常呈现为一种管状和小泡状的网络结构集合体;其囊腔中是一个pH较高(7.0~7.4)的碱性内环境。当这些早期内体通过分拣,分离出带有质膜受体的再循环内体(recycling endosome)后,即完成了向晚期内体的转化,而再循环内体则返回并重新融入到质膜中去。

由早期内体分化形成的晚期内体相对靠近于细胞核一侧,它们和源于高尔基复合体的那些含有酸性水解酶的运输小泡融合之后,历经一系列生理、生化的变化过程而最终形成内溶酶体。这些变化主要包括:①在其囊膜上质子泵的作用下,将胞质中H^+泵入,使其腔内pH从7.4左右下降到6.0以下;②在改变了的酸性内环境条件下,溶酶体酶前体从与之结合的M-6-P膜受体上解离,并通过去磷酸化而成熟;③膜M-6-P受体以出芽形式衍生成运输小泡,重新回到高尔基复合体成熟面的网膜上。内溶酶体的发生形成过程如图2-5-20所示。

(二)吞噬性溶酶体是内溶酶体与来源于胞内外的作用底物融合形成的

关于吞噬性溶酶体的形成过程及其依据作用底物来源之不同而进行的次级类型划分,现存的两种分类命名体系是完全一致的,在溶酶体的功能分类体系中已经作了较为详细的介绍。故此处不再赘述。

四、溶酶体基于对物质的消化分解作用产生许多生物学功能

溶酶体内含60多种酸性水解酶,具有对几乎所有生物分子的强大消化分解能力。溶酶体的一切细胞生物学功能,无不建立在这种对物质的消化和分解作用基础之上。

(一)基于物质消化分解作用的胞内残损结构清除更新功能

溶酶体能够通过形成异噬性溶酶体和自噬性溶酶体的不同途径,及时地对经胞吞(饮)作用摄入的外源性物质或细胞内衰老、残损的细胞器进行消化(图2-5-21),使之分解成为可被细胞重新利用的小分子物质,并透过溶酶体膜释放到细胞质基质,参与细胞的物质代谢。这不仅使可能影响细胞正常生命活动的外来异物和丧失了功能的衰老、残损的细胞器得以清除,有效地保证了细胞内环境的相对稳定,也有利于细胞器的更新替代。

(二)基于物质消化分解作用的细胞营养功能

溶酶体作为细胞内消化的细胞器,在细胞饥饿状态下,可通过分解细胞内一些对于细胞生

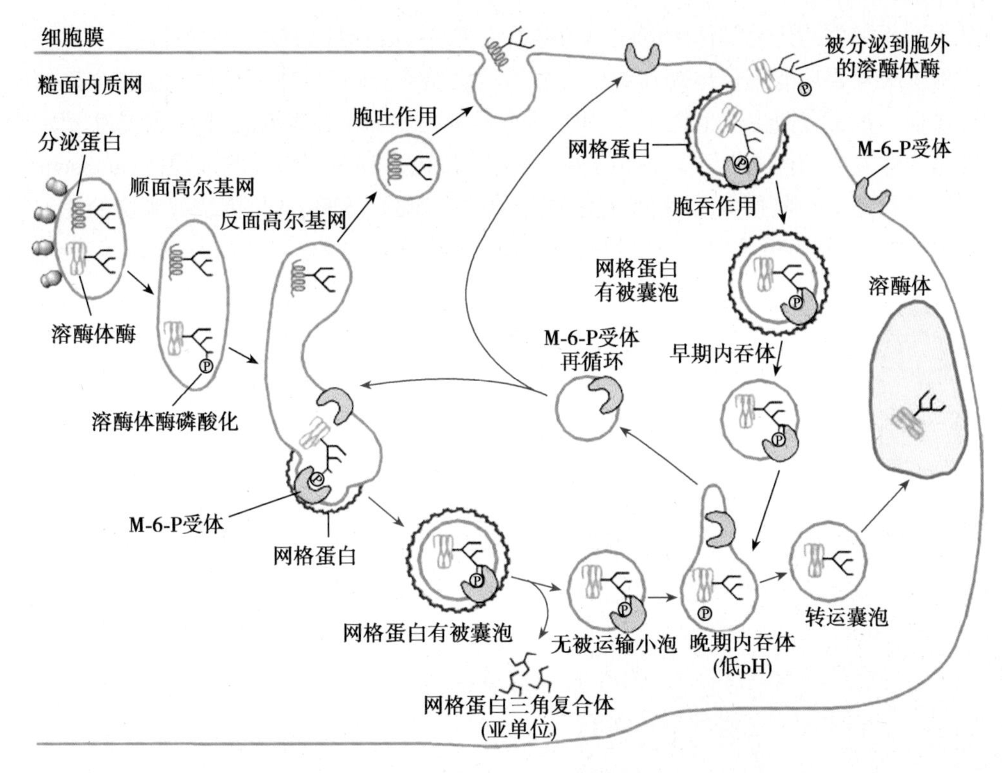

图 2-5-20　内溶酶体发生形成过程示意图

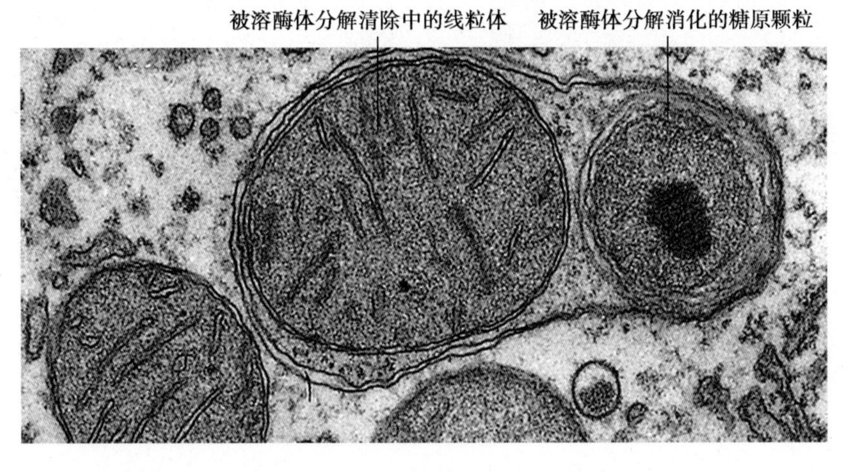

图 2-5-21　溶酶体对胞内衰老残损线粒体分解清除的电镜图

存并非必需的生物大分子物质，为细胞的生命活动提供营养和能量，维持细胞的基本生存。事实上，在原生动物，其从外界摄入的各种营养物质，就是完全依赖溶酶体的分解消化作用才被细胞有机体吸收利用。

（三）基于物质消化分解作用的细胞免疫和防御保护功能

细胞防御是机体免疫防御系统的重要组成部分，而溶酶体强大的物质消化和分解能力则是防御细胞实现其免疫防御功能的基本保证。通常，在巨噬细胞中均具有发达的溶酶体，被吞噬的细菌或病毒颗粒，最终都是在溶酶体的作用下而得以杀灭，并被分解消化。

（四）基于物质消化分解作用的腺体组织细胞分泌调控功能

溶酶体常常在某些腺体组织细胞的分泌活动过程中发挥着重要的作用。例如，储存于甲状腺腺体内腔中的甲状腺球蛋白，首先要通过吞噬作用进入分泌细胞内，在溶酶体中水解成甲状腺素，然后才被分泌到细胞外。

(五) 基于物质消化分解作用的生物个体发生发育过程调控功能

溶酶体的重要功能不仅体现在细胞生命活动之始终,而且也体现于整个生物个体的发生和发育过程。对于有性生殖生物而言,如果说受精卵是生命个体发育的开始,那么生殖配子的形成就是个体发生的前提。在动物精子中,溶酶体特化为其头部最前端的顶体(acrosome),当精子与卵子相遇、识别、接触时,精子释放顶体中的水解酶,溶解、消化围绕卵细胞的滤泡细胞及卵细胞外被,从而为精核的入卵受精打开一条通道(图 2-5-22)。

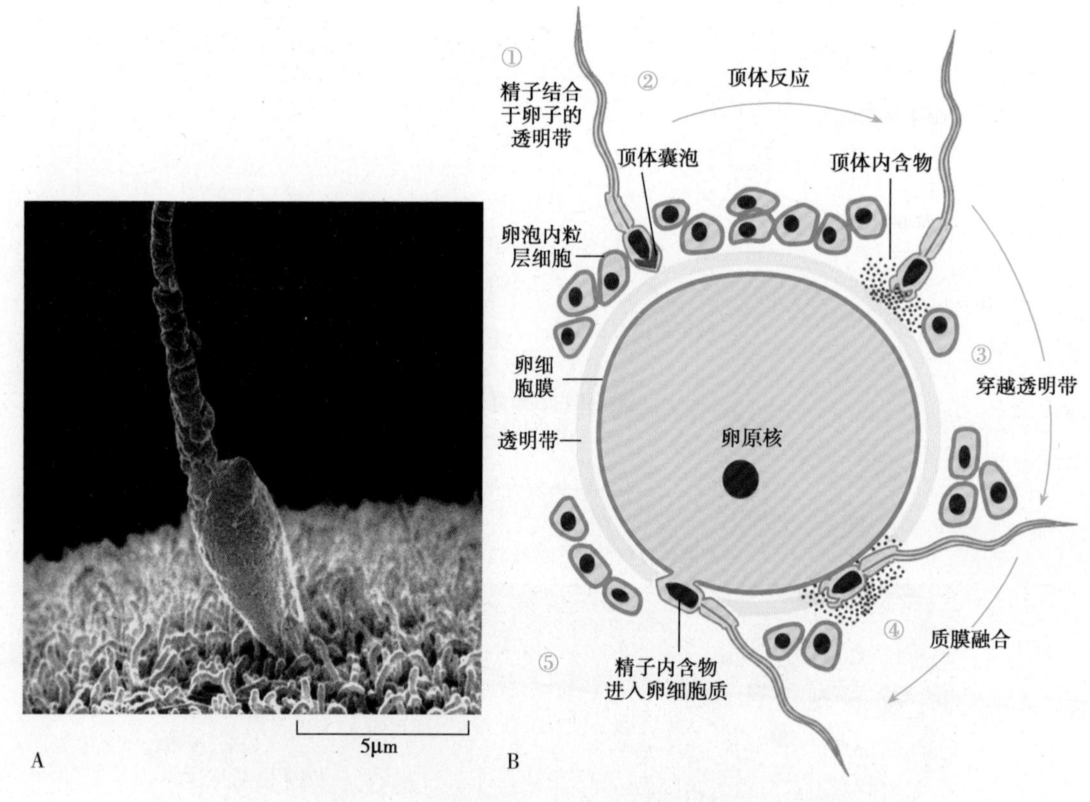

图 2-5-22 溶酶体在个体发生受精过程中的作用

在无尾两栖类动物个体的变态发育过程中,其幼体尾巴的退化、吸收;脊椎动物生长发育过程中骨组织的发生及骨质的更新;哺乳动物子宫内膜的周期性萎缩、断乳后乳腺的退行性变化、衰老红细胞的清除以及某些特定的编程性细胞死亡等,都离不开溶酶体的作用。

第四节 过氧化物酶体

过氧化物酶体(peroxisome)最先被称作微体(microbody),是在 1954 年由 Rhodin 首次发现于鼠肾脏肾小管上皮细胞中的亚微结构。此后几十年的大量观察研究表明,该结构是普遍地存在于各类细胞之中的一种细胞固有的结构小体。

一、过氧化物酶体是有别于溶酶体的另一类含酶的膜性细胞器

过氧化物酶体也是由一层单位膜包裹而成的膜性结构细胞器。因为过氧化物酶体在形态、结构和物质降解功能上与溶酶体的类似以及其本身的异质性,以致在相当长的一段时间内不能够把它们与溶酶体区分开来(图 2-5-23)。直至 20 世纪 70 年代,人们才逐渐确认过氧化物酶体是完全不同于溶酶体的另一种细胞器,并根据其内含氧化酶和过氧化氢酶的特点而命名为过氧化物酶体。

Notes

电镜下可见过氧化物酶体多呈圆形或卵圆形(图 2-5-23),偶见半月形和长方形;其直径变化在 0.2~1.7μm 之间。过氧化物酶体不同于溶酶体等类似的膜泡结构小体的最为突出的特征有二:①过氧化物酶体中常常含有电子致密度较高、排列规则的晶格结构。此为尿酸氧化酶所形成,被称作类核体(nucleoid)或类晶体(crystalloid)。②在过氧化物酶体界膜内表面可见一条称之为边缘板(marginal plate)的高电子致密度条带状结构。该结构的位置与过氧化物酶体的形态有关,如果存在于一侧,过氧化物酶体会呈半月形;倘若分布在两侧,过氧化物酶体则为长方形。

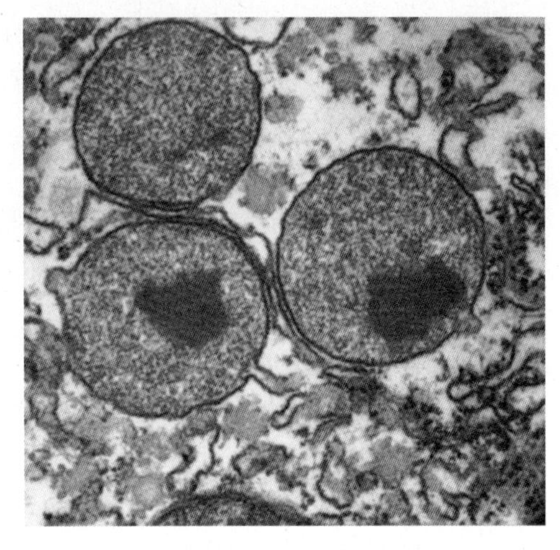

图 2-5-23　过氧化物酶体电镜图

二、过氧化物酶体膜具有较高的物质通透性

作为一种膜性结构细胞器,脂类及蛋白质是过氧化物酶体膜的主要化学结构组分,其膜脂主要为磷脂酰胆碱和磷脂酰乙醇胺,膜蛋白包括多种结构蛋白和酶蛋白(表 2-5-7)。

表 2-5-7　过氧化物酶体膜的主要蛋白组分

化学组分	分布定位	化学组分	分布定位
22kD 蛋白	膜整合蛋白	NADH- 细胞色素 b5 还原酶	胞质侧
68kD 蛋白	膜整合蛋白	细胞色素 b5	胞质侧
70kD 蛋白	膜整合蛋白	酰基 CoA 合成酶	胞质侧
DHAP- 酰基转移酶	膜内侧	酰基 CoA 还原酶	胞质侧

过氧化物酶体膜具有较高的通透性,不仅可允许氨基酸、蔗糖、乳酸等小分子物质的自由穿越,而且在一定条件下甚至可允许一些大分子物质的非吞噬性穿膜转运。从而保证了各种过氧化物酶体反应底物及代谢产物的通畅运输。

三、过氧化物酶体主要包含三种酶类

过氧化物酶体的异质性不仅表现为形态、大小的多样性,而且也体现于不同的过氧化物酶体所含酶类及其生理功能的不同。迄今为止,已经鉴定的过氧化物酶体酶就多达 40 余种,但是至今尚未发现一种过氧化物酶体含有全部 40 多种酶。根据不同酶的作用性质,可把过氧化物酶大体上分为三类。

1. 氧化酶类　包括尿酸氧化酶、D- 氨基酸氧化酶、L- 氨基酸氧化酶、L-α 氨基酸氧化酶等黄素(FAD)依赖氧化酶类。各种氧化酶占过氧化物酶体酶总量的 50%~60%。尽管各种氧化酶的作用底物互不相同,但是,它们共同的基本特征是:在对其作用底物的氧化过程中能够把氧还原成过氧化氢。这一反应通式可表示如下:

$$RH_2+O_2R \rightarrow H_2O_2$$

2. 过氧化氢酶类　过氧化氢酶约占过氧化物酶体酶总量的 40%,因其几乎存在于各类细胞的过氧化物酶体中,故而被看作过氧化物酶体的标志性酶。该酶的作用是将过氧化氢分解为水和氧气,即:

$$2H_2O_2 \rightarrow 2H_2O+ O_2$$

3. 过氧化物酶类　过氧化物酶可能仅存在于如血细胞等少数几种细胞类型的过氧化物酶

体之中，其作用与过氧化氢酶相同，即可催化过氧化氢生成水和氧气。

此外，在过氧化物酶体中还含有苹果酸脱氢酶、柠檬酸脱氢酶等。

四、解毒作用是过氧化物酶体的主要生理功能

(一) 过氧化物酶体能够有效地清除细胞代谢过程中产生的过氧化氢及其他毒性物质

过氧化物酶体之主要功能，首先体现为它的解毒作用。过氧化物酶体中的氧化酶，可利用分子氧，通过氧化反应祛除特异有机底物上的氢原子，产生过氧化氢；而过氧化氢酶，又能够利用过氧化氢去氧化诸如甲醛、甲酸、酚、醇等各种反应底物。

氧化酶与过氧化氢酶催化作用的偶联，形成了一个由过氧化氢协调的简单的呼吸链。这不但是过氧化物酶体独有的重要特征之一，而且也是过氧化物酶体主要功能的体现，即可以有效地消除细胞代谢过程中产生的过氧化氢及其他毒性物质，从而起到对细胞的保护作用。这种反应类型，在肝、肾组织细胞中显得尤为重要。例如，饮酒进入人体的乙醇，主要就是通过此种方式被氧化解毒。①在氧化酶的作用下，使底物 RH_2 将电子交给分子氧，生成过氧化氢（H_2O_2）；过氧化氢再被过氧化氢酶还原成水；②还原的电子来自多种小分子 RH_2 之一种（R^*H_2）；③如果没有其他供体，则还原的电子可来自于过氧化氢本身（图 2-5-24）。

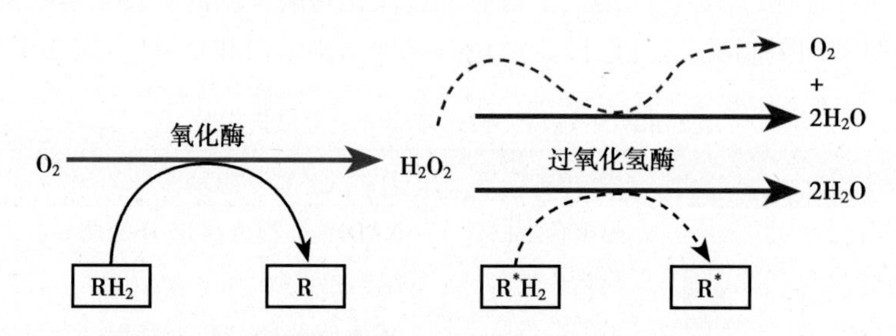

图 2-5-24 氧化酶与过氧化氢酶催化作用偶联的呼吸链

(二) 过氧化物酶体能够有效地进行细胞氧张力的调节

过氧化物酶体的重要功能还体现在对细胞氧张力的调节上。尽管过氧化物酶体只占到细胞内氧耗量的 20%，但是，其氧化能力却会随氧浓度的增高而增强。因此，即便细胞出现高浓度氧状态时，也会通过过氧化物酶体的强氧化作用而得以有效调节，以避免细胞遭受高浓度氧的损害。

(三) 过氧化物酶体参与对细胞内脂肪酸等高能物质分子的分解与转化

过氧化物酶体的另一功能是分解脂肪酸等高能分子，或使其转化为乙酰辅酶 A，并被转运到细胞质基质，以备在生物合成反应中的再利用；或者向细胞直接提供热能。

五、过氧化物酶体可能来源于内质网

关于过氧化物酶体的起源，虽然有不同的学说，但都不排除和否认内质网在过氧化物酶体形成过程中的作用。首先，构成过氧化物酶体的膜脂，可能是在内质网上合成，再通过磷脂交换蛋白或膜泡运输的方式完成其转运的；其次，在胞质中游离核糖体上合成的过氧化物酶体膜整合蛋白，可能通过三种不同的途径嵌入过氧化物酶体的脂质膜中。这三种可能的途径分别是：①在过氧化物酶体进行分裂增殖之前直接嵌入；②嵌入来自于内质网的过氧化物酶体膜脂转移小泡，并随同转移小泡一起加入到过氧化物酶体；③嵌入正在从内质网膜上分化，但是又尚未完全分离的过氧化物酶体脂膜，然后与过氧化物酶体膜脂一起以转移小泡的形式被转运到过氧化物酶体。

第五节　囊泡与囊泡转运

囊泡是真核细胞中十分常见的膜泡结构。在所有具有内膜系统结构的细胞中，就必然地会有囊泡的形成出现；而囊泡的形成出现，又都会伴随着细胞内物质的定向运输活动过程。囊泡虽然不像内质网、高尔基复合体、溶酶体和过氧化物酶体那样作为一种相对稳定的细胞内固有结构而存在，但是却是细胞内膜系统不可或缺的重要功能结构组分。囊泡运输是真核细胞特有的一种细胞物质内外转运形式。囊泡类型多样，结构特殊，有着十分精密复杂的产生、形成过程。在细胞生命活动中由之所承载和往返穿梭进行的物质运输，既涉及蛋白质的修饰、加工和装配，也关联于内膜系统不同功能结构间通过相互转换的定向物质转运过程及其复杂有效的分子调控机制。近些年来，对于囊泡的研究，受到了人们越来越多的关注。

一、囊泡是细胞物质定向运输的主要载体

囊泡虽然可被视为内膜系统重要的整体功能结构组分之一，但是与内质网、高尔基复合体、溶酶体及过氧化物酶体等膜性细胞器不同，它们并非是一种相对稳定的细胞内固有结构，而只是细胞内物质定向运输的载体和功能表现形式。据研究推测，承担细胞内物质定向运输的囊泡类型至少有 10 种以上。其中网格蛋白有被囊泡(clathrin coated vesicle)、COP Ⅰ(coatmer protein subunits)和 COPⅡ有被囊泡是目前了解较多的三种囊泡类型(图 2-5-25)。

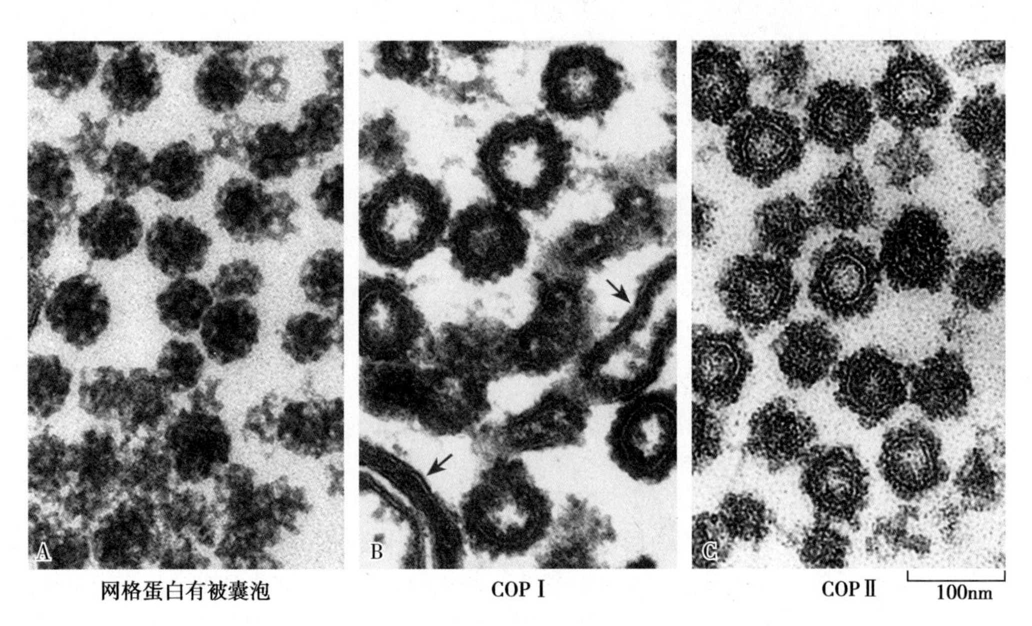

图 2-5-25　三种类型囊泡的电镜图

A. 网格蛋白有被囊泡；B. COP Ⅰ；C. COPⅡ

(一) 网格蛋白有被囊泡产生于高尔基复合体和细胞膜

网格蛋白有被囊泡可产生于高尔基复合体，也可由细胞膜受体介导的细胞内吞作用而形成(图 2-5-26)。由高尔基复合体产生的网格蛋白囊泡，主要介导从高尔基复合体向溶酶体、胞内体或质膜外的物质输送转运；而通过细胞内吞作用形成的网格蛋白囊泡则是将外来物质转送到细胞质，或者从胞内体输送到溶酶体。

网格蛋白有被小泡直径一般在 50~100nm 之间，如图 2-5-27 所示，该类囊泡的结构特点有二：其一是外被以由网格蛋白纤维构成的网架结构，并因此得名；其二是在网格蛋白结构外框与囊膜之间约 20nm 的间隙中填充覆盖着大量的衔接蛋白(adaptin)。

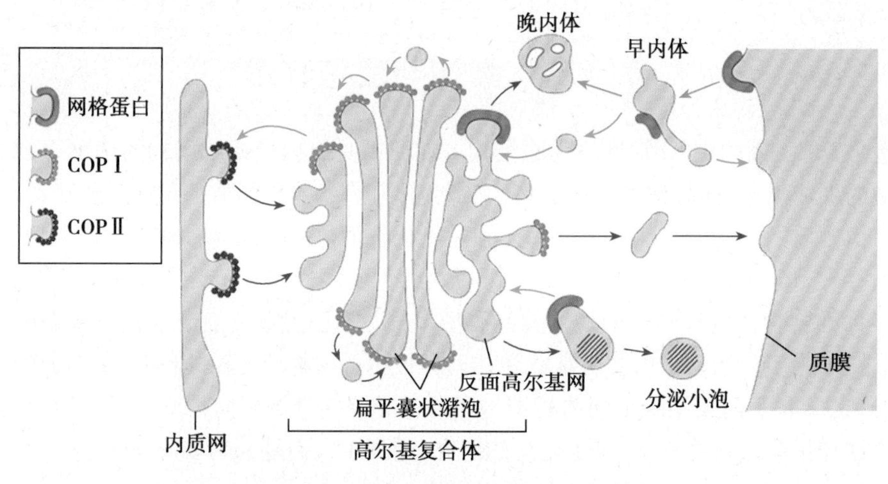

图 2-5-26 网格蛋白有被囊泡的来源形成
网格蛋白有被囊泡产生的两种途径

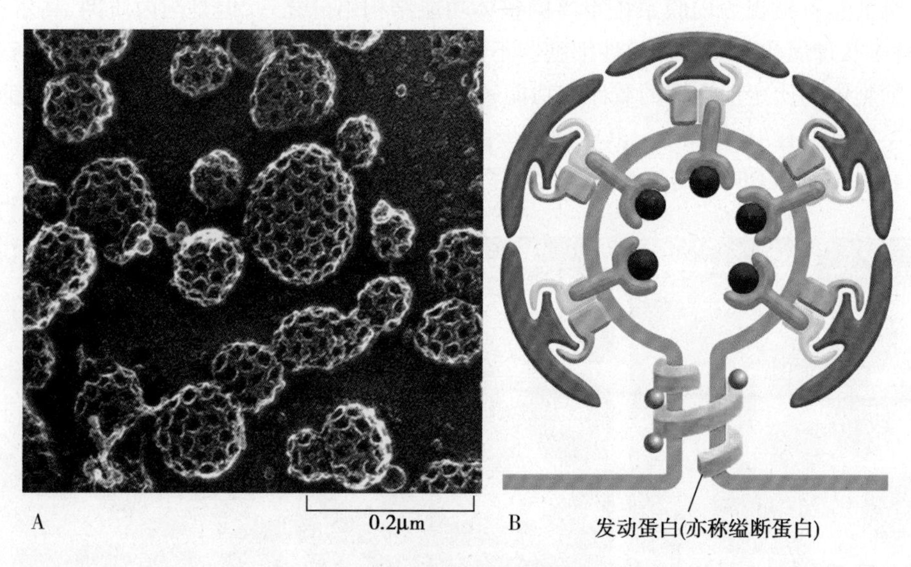

图 2-5-27 网格蛋白有被小泡的形态及结构特征
A. 网格蛋白形态特征电镜图；B. 网格蛋白有被小泡结构特征示意图

衔接蛋白一方面形成了相对于外侧网格蛋白框架而言囊泡的内壳结构，另一方面则介导网格蛋白与囊膜穿膜蛋白受体的连接，从而形成和维系了网格蛋白 - 囊泡的一体化结构体系。目前已经发现的衔接蛋白有 AP_1、AP_2、AP_3 和 AP_4 共 4 种。它们选择性地通过与不同受体 - 转运分子复合体的结合，形成特定的转运囊泡，进行不同的物质转运。这种复杂的相互作用结果，还使得进入网格有被囊泡的被转运物质被浓缩。

网格蛋白有被囊泡的产生，是一个非常复杂的过程，涉及多种因素的参与和作用。在囊泡的形成中，除网格蛋白与衔接蛋白之外，发动蛋白（dynamin）——细胞质中一种可结合并水解 GTP 的特殊蛋白质也具有极其重要的作用。发动蛋白由 900 个氨基酸残基组成，在膜囊芽生形成时，发动蛋白与 GTP 结合，并在外凸（或内凹）芽生膜囊的颈部聚合形成环状；随着其对 GTP 的水解，发动蛋白环向心缢缩（因此也有人称之为缢断蛋白），直至囊泡断离形成。而一旦囊泡芽生形成，便会立即脱去网格蛋白外被，转化为无被转运小泡，开始其转运运行（图 2-5-28）。

（二）COPⅡ有被囊泡产生于内质网

Notes

COPⅡ有被囊泡由糙面内质网所产生，属于非网格蛋白有被囊泡类型。其最先被发现于酵母细胞糙面内质网与胞质溶质及 ATP 的共育实验。利用酵母细胞突变体进行研究鉴定，发

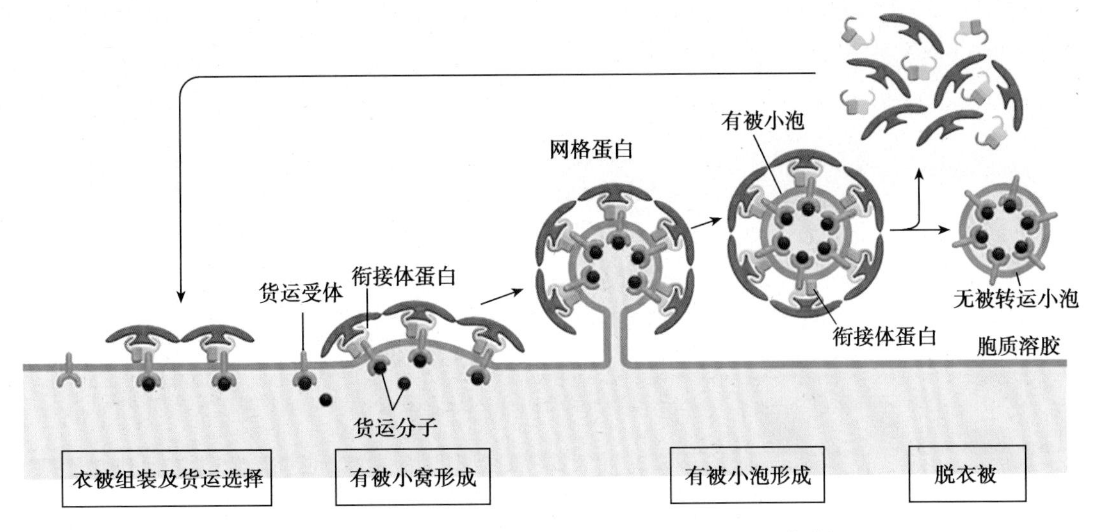

图 2-5-28　经由胞吞作用的网格蛋白有被小泡之形成过程

现 COPⅡ外被蛋白由 5 种亚基组成。其中的 Sar 蛋白属于一种小的 GTP 结合蛋白，它可通过与 GTP 或 GDP 的结合，来调节膜泡外被的装配与去装配。Sar 蛋白亚基与 GDP 的结合，使之处于一种非活性状态；当取而代之与 GTP 结合时，Sar 蛋白就会被激活，并导致其结合于内质网膜，同时引发其他蛋白亚基组分在内质网膜上聚合、装配、出芽，随即断离形成 COPⅡ有被囊泡（图 2-5-29）。

COPⅡ囊泡主要负责介导从内质网到高尔基复合体的物质转运。实验证明，应用 COPⅡ囊泡外被蛋白的抗体，能够有效地阻止内质网膜小泡的出芽。有人采用绿色荧光蛋白（green fluorescent protein，GFP）标记示踪技术观察 COPⅡ有被囊泡的转运途径（图 2-5-30）发现：当 COPⅡ囊泡在内质网生成之后，在向高尔基复合体的转移途中，常常数个彼此先行融合，形成所谓的内质网 - 高尔基体中间体（ER-to-Golgi intermediate compartment），然后再沿微管系统继续运行，最终到达高尔基复合体之顺面（形成面）。COPⅡ囊泡在抵达其靶标之后、与靶膜融合之前，即由结合的 GTP 水解，产生 Sar-GDP 复合物，促使囊泡包被蛋白发生去装配，导致囊泡脱去衣被成为无被转运小泡。

COPⅡ囊泡的物质转运具有选择性。实现这种选择的机制是：COPⅡ蛋白能够识别结合内质网穿膜蛋白受体胞质侧一端的信号序列；而内质网穿膜蛋白受体网腔侧的一端，则又与内质网网腔中的可溶性蛋白结合。由此可见，COPⅡ蛋白对于囊泡的选择性物质运输具有非常重要的作用。

（三）COPⅠ有被囊泡主要负责内质网逃逸蛋白回收转运

COPⅠ有被囊泡首先发现于高尔基复合体，亦属于非网格蛋白有被囊泡类型。它们主要负责内质网逃逸蛋白的捕捉、回收转运以及高尔基体膜内蛋白的逆向运输（retrograde transport）。同时，有证据表明：COPⅠ有被囊泡也能够行使从内质网到高尔基体的顺向转移（anterograde transport）。顺向转移一般不能直接完成，在囊泡的转移运行过程中，往往需要通过“内质网 - 高尔基体中间体”这一中间环节的中转（图 2-5-31）。

COPⅠ外被蛋白覆盖于囊泡表面，也是一种由多个亚基组成的多聚体。在早前的研究中，人们用不能被水解的 GTP 类似物处理细胞，引起 COPⅠ有被囊泡在细胞中的聚集。然后采用密度梯度离心技术，使之从细胞匀浆中分离出来。经鉴定分析，先后发现了 COPⅠ有被囊泡外被蛋白的 α、β、γ、δ、ε、ζ 等几种蛋白亚基成分。其中的 α 蛋白（也称 ARF 蛋白）类似于 COPⅡ中的 Sar 蛋白亚基，即作为一种 GTP 结合蛋白，可调节控制外被蛋白复合物的聚合、装配及膜泡的转运。

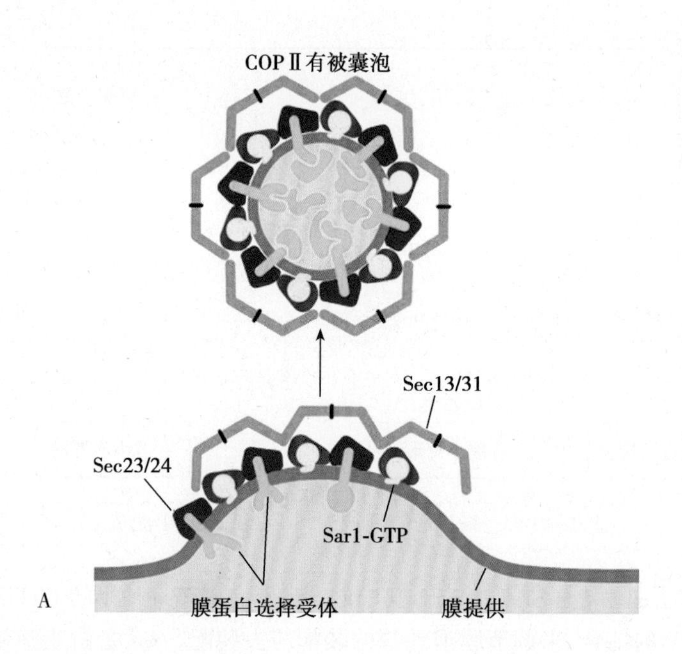

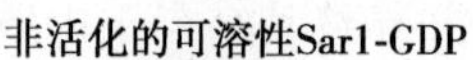

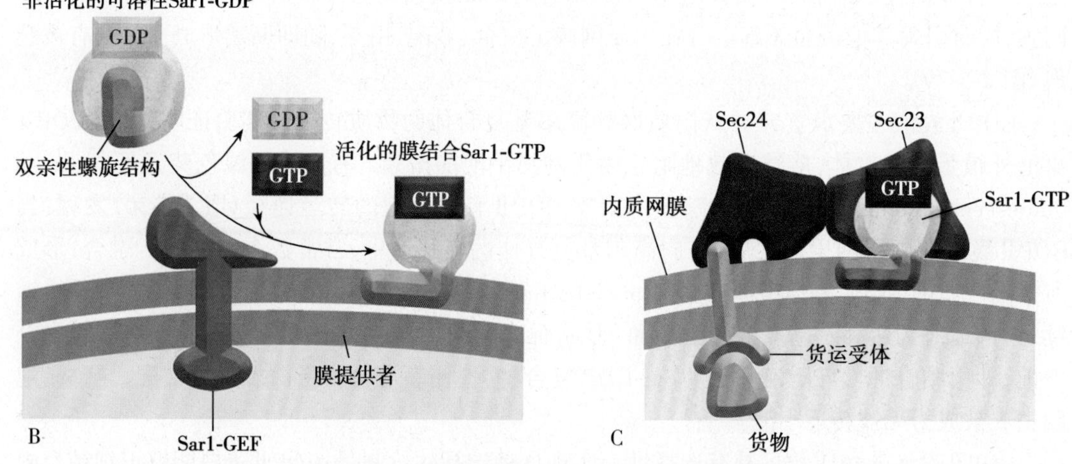

图 2-5-29 COPⅡ有被囊泡的形态结构组成及组装形成过程
A. COPⅡ的结构组成;B. COPⅡ的组装激活;C. COPⅡ的装配

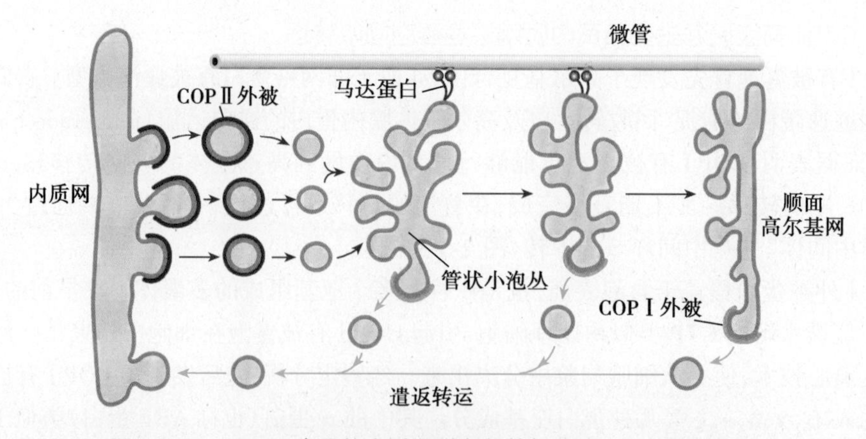

图 2-5-30 COPⅡ介导从内质网到高尔基复合体之间的物质运输

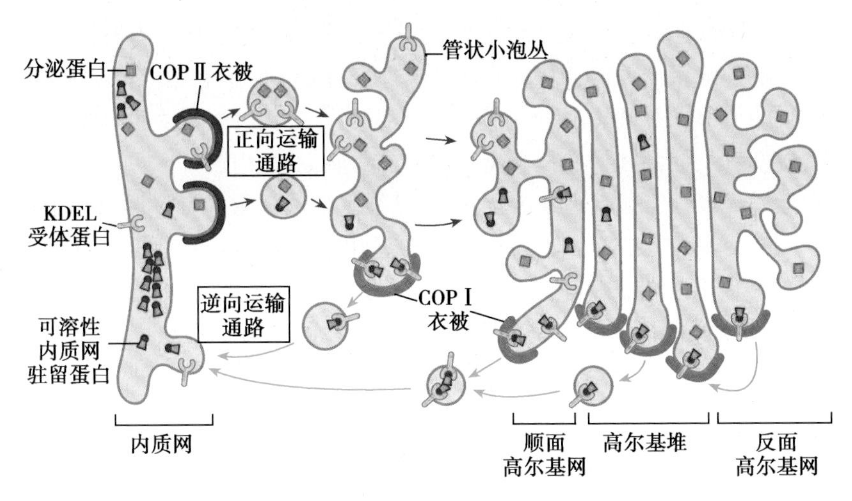

图 2-5-31　COPⅠ在内质网与高尔基体之间的运行

COPⅠ囊泡形成的大致过程是:①游离于胞质中的非活化状态 ARF 蛋白与 GDP 解离并与 GTP 结合形成 GTP-ARF 复合体;②GTP-ARF 复合体作用于高尔基体膜上的 ARF 受体;③COPⅠ蛋白亚基聚合,同 ARF 一起与高尔基体囊膜表面其他相关蛋白结合作用,诱导转运囊泡芽生。而一旦 COPⅠ有被囊泡从高尔基顺面膜囊生成断离出来,COPⅠ蛋白即可解离。体外实验证明 GTP 的存在是 COPⅠ外被蛋白发生聚合与解离的必要条件。

二、囊泡转运是一个受到精密调控而高度有序的物质转运过程

(一) 囊泡转运是细胞物质定向运输的重要途径和基本形式

无论何种类型的囊泡,其囊膜均来自于细胞器膜。囊泡的产生方式,是由细胞器膜外凸或内凹芽生芽生(budding)而成。体外研究结果显示:囊泡的芽生是一个主动的自我装配过程;参与这一过程的各种组分在进化上是十分保守的。因为从酵母或植物细胞中提取的胞质溶质,同样地能够启动动物细胞中高尔基复合体的囊泡出芽生成。而所谓的囊泡转运(vesicular transport),则是指囊泡以出芽的方式,从一种细胞器膜产生、脱离后又定向地与另一种细胞器膜相互融合的过程。

囊泡的产生形成过程,总是伴随着物质的转运。囊泡的运行轨道及归宿,取决于其所转运物质的定位去向。例如,细胞通过胞吞作用摄入的各种外来物质,总是以囊泡的形式,自外而内,从细胞膜输送到胞内体或溶酶体。而在细胞内所合成产生的各种外输性蛋白及颗粒物质,总是先进入内质网,然后以囊泡的形式输送到高尔基体,再直接地或经由溶酶体到达细胞膜,最终通过胞吐作用(或出胞作用)分泌释放出去。由此可见,由囊泡转运所承载和介导的双向性物质运输,不仅是细胞内外物质交换和信号传递的一条重要途径,而且也是细胞物质定向运输的一种基本形式。

(二) 囊泡转运是受到精密控制的高度有序的物质运输过程

不同来源、不同类型的囊泡,承载和介导不同物质的定向运输。它们必须遵循正确的路径,以特定的运行方式,方可抵达、锚泊于既定的靶标,并通过膜的融合释放其运载物质。一般认为,囊泡如果在较短距离内转运,主要以简单弥散的方式运行,例如从内质网到高尔基体的囊泡转运就是通过这种方式进行的;当转运距离较长时,囊泡运行则需要借助于类似骨骼肌纤维中的运动蛋白之协助才能完成。例如在一个长的神经细胞中,源于高尔基复合体的囊泡向细胞轴突远(末)端的转移就是如此。

囊泡转运不仅仅是物质的简单输送,而且是一个严格的质量检查、修饰加工过程。举例来说:进入内质网的蛋白质,首先要被决定其去留问题;然后,那些外输的蛋白质,往往还要经过

一定的修饰、加工和质量检查，才能以囊泡的形式被转运到高尔基体。有时候，某些内质网驻留蛋白或不合格的外输蛋白可能会从内质网逃逸外流，但是，它们在进入高尔基体后也还是会被甄别、捕捉，并由COPⅠ有被囊泡遣返回来。事实上，无论何种来源类型、哪些形式途径的囊泡转运，都是高度有序、受到严格选择和精密控制的物质运输过程。

囊泡的转运过程极其复杂。迄今为止，在酵母细胞中发现至少有将近30种的基因与囊泡的转运相关。通过对其中已被分离的*sec4*基因碱基组成序列的研究分析表明：该基因编码一种与Rab同源的GTP结合蛋白，它在非网格蛋白有被囊泡的脱被转运融合过程中具有重要的调节作用。如果使*sec4*基因突变，非网格蛋白有被囊泡的脱被转运融合过程就会受阻失常。而转运融合前的脱被——衣被蛋白的解聚（depolymerization）则又是各种来源类型、不同运行去向囊泡转运的共同特点。

（三）识别融合是囊泡物质定向转运和准确卸载的基本保证机制

转运囊泡抵达靶标之后与靶膜的融合，是一个涉及多种蛋白的识别与锚泊结合、装配与去装配的复杂调控过程，具有高度的特异性。而这也正是物质定向运输和准确卸载的基本保证机制。

囊泡与靶膜的识别是它们之间相互融合的前提。虽然目前对于这种识别的机制还知之甚少，但是这无疑与囊泡表面的特异性标记分子和靶膜上的相应受体密切相关。近些年来，可溶性N-乙酰基马来酰亚胺敏感因子结合蛋白受体（soluble attachment protein receptor，SNAREs）家族在囊泡运输及其选择性锚泊融合过程的作用引起了人们的极大关注。囊泡相关蛋白（vesicle associated membrane protein，VAMP）和突触融合蛋白（syntaxin）是该蛋白家族的一对成员，它们负责介导细胞内的囊泡转运。在转运囊泡表面有一种VAMP类似蛋白，被称之为囊泡SNAREs（vesicle SNAREs，vSNAREs）；连接蛋白是存在于靶标细胞器膜上SNAREs的对应序列，被称为靶SNAREs（target SNAREs，tSNAREs）。此两者互为识别，特异互补。据此可以推测：也许正是通过它们之间那种“锁-钥”契合式的相互作用，决定着囊泡的锚泊与融合。支持这一推测的实验证据是：存在于神经元突触前质膜上的连接蛋白和能够与之特异性结合的突触小泡膜上的囊泡相关膜蛋白已被分离鉴定。这两种蛋白的相互作用，可介导膜的融合和神经递质的释放。目前普遍认为所有转运囊泡以及细胞器膜上都带有各自特有的一套SNAREs互补序列，它们之间高度特异的相互识别和相互作用，是使转运囊泡得以在靶膜上锚泊停靠，保证囊泡物质定向运输和准确卸载的基本分子机制之一。

此外，还发现了包括一个大的GTP结合蛋白家族（Rab蛋白家族）在内的多种参与囊泡转运识别、锚泊融合调节的蛋白因子。例如，合成于细胞质中的融合蛋白（fusion protein）可在囊泡与靶膜融合处与SNAREs一起组装成为融合复合物（fusion complex），促使囊泡的锚泊停靠，催化融合的发生。

（四）囊泡转运是细胞膜及内膜系统结构转换和代谢更新的桥梁

细胞膜和内质网是囊泡转运的主要发源地，而高尔基复合体则构成了囊泡转运的集散中心。伴随物质的合成运输，由内质网产生的转运囊泡融汇到高尔基复合体，其囊膜成为高尔基形成面膜的一部分；由高尔基体成熟面持续地产生和分化出的不同分泌囊泡，或被直接地输送到细胞膜，或经由溶酶体最终流向和融入细胞膜。细胞膜来源的囊泡转运，则以胞内体或吞噬（饮）体的形式与溶酶体发生融合转换。由此可见，不断地产生、形成，存在和穿梭于质膜及内膜系统结构之间的囊泡转运，它们在承载和介导细胞物质定向运输功能的同时，又不断地被融汇更替、转换易名，从一种细胞器膜到另一种细胞器膜，形成了一个有条不紊、源源不断的膜流（图2-5-32），并借此进行着细胞膜及内膜系统不同功能结构之间的相互转换与代谢更新。

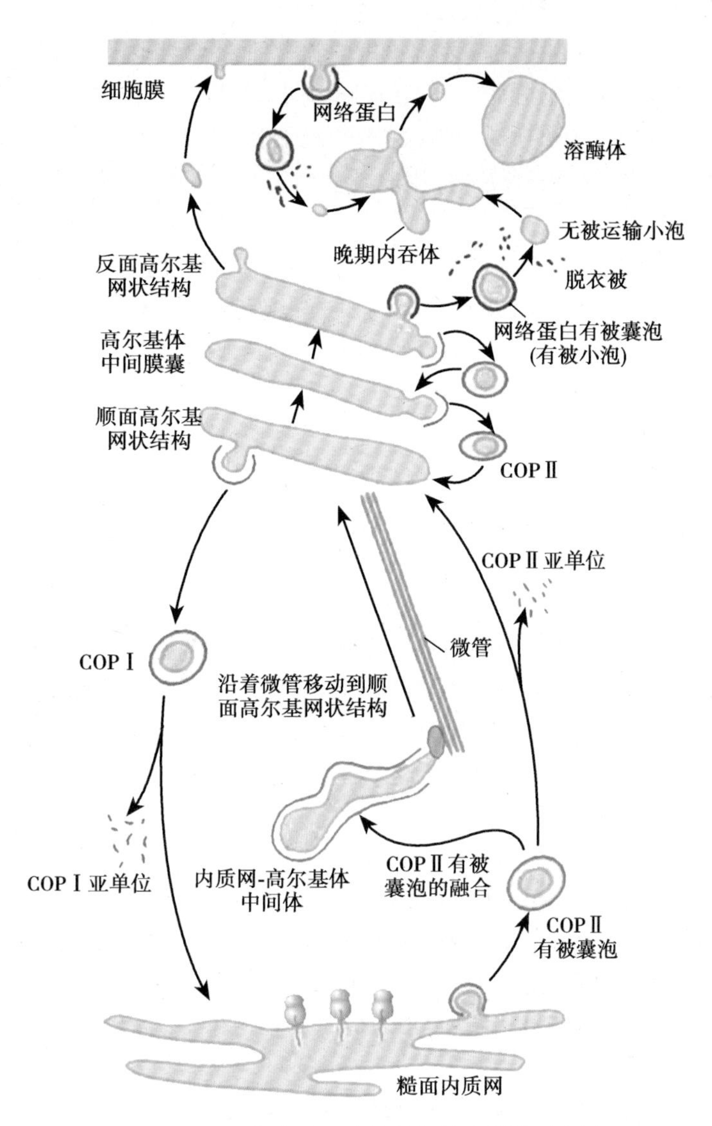

图 2-5-32　由囊泡转运介导的细胞内膜流示意图

第六节　细胞内膜系统与医学的关系

早在 19 世纪细胞学说创立之后不久的 1858 年，当时的病理学家 Virchow 就提出了病理过程是进行于细胞和组织之中的著名论断。作为生命的基本单位，细胞生命活动现象，是其内部各种功能结构生理状况的综合体现。反过来，细胞内部各种功能结构的生理状态，也必然地会影响到细胞的总体生命活动；它们的任何异常，都会直接地引起细胞生命活动的紊乱或导致细胞的病理改变。内膜系统是真核细胞内最为重要的功能结构体系之一，因此也就毫不例外地和细胞的一系列病理过程以及多种人类疾病密切相关。内膜系统不仅是细胞生物学自身研究的主要课题，而且是现代医学科学研究的重大问题之一。

一、内质网的肿胀与肥大及囊池塌陷是其病理性形态改变的不同表现形式

内质网是极为敏感的细胞器，许多不良因素都可能会引起内质网形态、结构的改变，并导致其功能的异常。

（一）肿胀、肥大或囊池塌陷是最为常见的内质网形态结构改变

内质网的肿胀主要是由于钠离子和水分的渗入、内流所造成的一种水解变性。在低氧、辐

Notes 

射、阻塞等情况下，也会引起肿胀的发生。极度的肿胀，最终会导致内质网的破裂。由低氧、病毒性肝炎引起的糙面内质网的肿胀，还常常伴随着附着核糖体颗粒的脱落和萎缩。膜的过氧化损伤所致的合成障碍造成的内质网改变往往表现为内质网囊池的塌陷；而肝细胞在Ⅰ型糖原贮积症及恶性营养不良综合征时，则表现为内质网膜断离伴随核糖体脱落的典型形态改变。

（二）内质网囊腔中包涵物的形成和出现是某些疾病或病理过程的表现特征

在药物中毒、肿瘤所致的代谢障碍情况下，可观察到一些有形或无形的包涵物在内质网中的形成出现；而在某些遗传性疾病患者，由于内质网合成蛋白质的分子结构异常，则有蛋白质、糖原和脂类物质在内质网中的累积。

（三）内质网在不同肿瘤细胞中的多样性改变

内质网是细胞生理功能特性的敏感指标。在具有不同生物学特性的癌变细胞中，内质网的形态结构与功能也呈现出多样性的改变。通常，在低分化癌变细胞中，内质网比较稀少；在高分化癌变细胞中，比较丰富发达的内质网遍布细胞质中。低侵袭力癌细胞中内质网较少，6-磷酸酶活性呈下降趋势，但是分泌蛋白、尿激酶合成相对明显增多；高侵袭癌细胞中，内质网相对发达，分泌蛋白、驻留蛋白、β-葡萄糖醛酸苷酶等的合成均比低侵袭癌细胞显著增高。

有人认为，孔环片层也是肿瘤细胞中常见的内质网改变，但是关于孔环片层的来源却还存在不同的看法。有学者认为，孔环片层是内质网的异型结构形态；另有学者认为，孔环片层是核膜的特化结构。

二、病理状态下高尔基复合体可表现出多种形态结构和生理功能异常

（一）功能亢进导致高尔基体的代偿性肥大

当细胞分泌功能亢进时，往往伴随高尔基体结构的肥大。有人在大鼠肾上腺皮质的再生实验中注意到：再生过程中，腺垂体细胞分泌促肾上腺皮质激素的高尔基体处于旺盛分泌状态时，整个结构显著增大；再生结束，随着促肾上腺皮质激素分泌的减少，高尔基体结构又恢复到常态。

（二）毒性物质作用下高尔基体的萎缩与损坏

脂肪肝的形成，是由于乙醇等毒性物质的作用，造成肝细胞中高尔基体脂蛋白正常合成分泌功能的丧失所致。在这种病理状态下，可看到：肝细胞高尔基体中脂蛋白颗粒明显减少甚至消失；高尔基体自身形态萎缩，结构受到破坏。

（三）肿瘤细胞中高尔基复合体的变化

正常情况下，在分化成熟、分泌活动旺盛的细胞中高尔基体较为发达，而在尚未分化成熟或处于生长发育阶段的细胞中，高尔基体则相对地较少。通过对各种不同肿瘤细胞的大量观察研究结果表明，高尔基体在肿瘤细胞中的数量分布、形态结构以及发达程度，也因肿瘤细胞的分化状态不同而呈现显著差异。例如，在低分化的大肠癌细胞中，高尔基体仅为聚集、分布在细胞核周围的一些分泌小泡；而在高分化的大肠癌细胞中，高尔基体则特别发达，具有典型的高尔基体形态结构。

三、溶酶体结构与功能异常可导致多种先天性人类疾病的发生

溶酶体在细胞生命活动中具有多方面的重要生物学功能。把由于溶酶体的结构或功能异常所引起的疾病统称为溶酶体病。近些年来，人们对于溶酶体与人类某些疾病的关系，进行了颇为广泛深入的探讨和研究，也取得了一定的成果。

（一）溶酶体酶缺乏或缺陷疾病多为一些先天性疾病

目前已经发现有40余种先天性溶酶体病系由溶酶体中某些酶的缺乏或缺陷所引起。现

简单介绍两种疾病如下。

1. 泰-萨病　泰-萨病(Tay-Sachs disease)亦称家族性黑蒙性痴呆。由于患者缺乏氨基己糖酶A,阻断了GM_2神经节苷脂的代谢,导致了GM_2的代谢障碍,使得在脑及神经系统和心脏、肝脏等组织的大量累积所致。

2. Ⅱ型糖原贮积症　Ⅱ型糖原贮积症(type Ⅱ glycogenosis,Pompe's disease)由于缺乏α-糖苷酶,以致糖原代谢受阻而沉积于全身多种组织。其主要受累器官组织有:脑、肝、肾、肾上腺、骨骼肌和心肌等。

此外,某些药物也会引起获得性溶酶体酶缺乏相关疾病。例如,磺胺类药物会造成巨噬细胞内pH的升高,使得酸化降低,导致所吞噬的细菌不能被有效地杀灭而引发炎症。还有,抗疟疾、抗组胺及抗抑郁之类的药物,会因其在溶酶体中的蓄积,引起某些细胞代谢中间产物在溶酶体中的蓄积,从而直接或间接地导致溶酶体病的发生。获得性溶酶体酶缺乏疾病是比较少见的。

(二)溶酶体酶的异常释放或外泄造成的细胞或组织损伤性疾病

由于受到某些理化或生物因素的影响,使得溶酶体膜的稳定性发生改变,导致酶的释放,结果造成细胞、组织的损伤或疾病。

1. 硅沉着病　硅沉着病(矽肺)是一种因溶酶体膜受损而导致溶酶体酶释放所引发的最常见的职业病。吸入肺部的粉尘颗粒,被肺组织中的巨噬细胞吞噬形成吞噬体,进而与内体性溶酶体(或初级溶酶体)融合转化为吞噬性溶酶体。带有负电荷的粉尘颗粒在溶酶体内形成矽酸分子,以非共价键与溶酶体膜或膜上的阳离子结合,影响膜的稳定性,使溶酶体酶和矽酸分子外泄,造成巨噬细胞的自溶。一方面,外泄的溶酶体酶消化和溶解周围的组织细胞,另一方面,释放出的不能被消化分解的粉尘颗粒又被巨噬细胞所吞噬,重复上述过程,结果诱导成纤维细胞增生,并分泌大量胶原物质,造成肺组织纤维化,降低肺的弹性,最终引起肺功能障碍甚或丧失。

2. 痛风　痛风是以高尿酸血症为主要临床生化指征的嘌呤代谢紊乱性疾病。当尿酸盐的生成与排除之间平衡失调,血尿酸盐升高时,升高的血尿酸盐就会以结晶形式沉积于关节、关节周围及多种组织,并被白细胞所吞噬。被吞噬的尿酸盐结晶与溶酶体膜之间形成氢键结合,改变了溶酶体膜的稳定性,溶酶体中水解酶和组胺等可致炎物质释放,在引起白细胞自溶坏死的同时,引发所在沉积组织的急性炎症;被释放的尿酸盐复又继续在组织沉积。当沉积发生在关节、关节周围、滑囊、腱鞘等组织时,会形成异物性肉芽肿;在肾脏,则可能导致尿酸性结石或慢性间质性肾炎。

此外,溶酶体酶的释放与类风湿关节炎疾病的发生、休克发生后的细胞与机体的不可逆损伤等都有着密切的关系。

四、过氧化物酶体异常与疾病

(一)原发性过氧化物酶体缺陷引致的遗传性疾病

与原发性过氧化物酶体缺陷相关的大多是一些遗传性疾病。

1. 遗传性过氧化氢酶血症　该类疾病患者细胞内过氧化氢酶缺乏,抗感染能力下降,易发口腔炎等疾病。

2. Zellweger 脑肝肾综合征　此为一种常染色体隐性遗传病。患者肝、肾细胞中过氧化物酶体及过氧化氢酶缺乏,琥珀酸脱氢酶黄素蛋白与CoQ之间的电子传递障碍。临床表现为严重的肝功能障碍;重度骨骼肌张力减退;脑发育迟缓及癫痫等综合征。

(二)疾病过程中的过氧化物酶体病理性改变

过氧化物酶体的病理性改变可表现为数量、体积、形态等多种异常。例如,在患有甲状

腺功能亢进、慢性酒精中毒或慢性低氧症等疾病时，可见患者肝细胞中过氧化物酶体数量增多；而在甲状腺功能减退、肝脂肪变性或高脂血症等情况下，则表现为过氧化物酶体数量减少、老化或发育不全。这提示，甲状腺激素与过氧化物酶体的产生、形成和发育具有一定的关系。

过氧化物酶体数目、大小以及酶含量的异常见于病毒、细菌及寄生虫感染、炎症或内毒素血症等病理情况以及肿瘤细胞中。

基质溶解是过氧化物酶体最常见的异常形态学变化。其主要形式是：在过氧化物酶体内出现片状或小管状结晶包涵物。此种改变往往发生于缺血性组织损伤。

小结

内膜系统是指细胞内那些在结构上、功能上乃至发生起源上密切关联的细胞固有的膜性结构细胞器，包括内质网、高尔基复合体、溶酶体、过氧化物酶体、各种转运小泡和核膜等。

内膜系统是细胞长期演化过程的产物和内部结构不断完善、功能逐渐提高的结果，也是真核细胞区别于原核细胞的重要标志之一。

内膜系统的出现，不仅有效地增加了细胞内空间的表面积，而且使得细胞内不同的生理、生化过程能够彼此相对独立、互不干扰地在一定区域中进行，因而极大地提高了细胞整体的代谢水平和功能效率。这就是所谓的房室性区域化效应。

内质网是以彼此相互连通的各种大小、形状各异的管、泡或扁囊为基本结构单位构成的膜性管网系统。它在整体结构上可与高尔基复合体、溶酶体等内膜系统的其他结构组分移行转换；在功能上则与这些结构密切相关，并因此而在内膜系统中占据中心地位。

作为一种膜性结构，脂类和蛋白质是内质网的基本化学组分。与其复杂多样的功能相适应，内质网含有以葡萄糖-6-磷酸酶为主要标志的至少30种以上的酶或酶系。

依据内质网不同的形态结构特征和主要的功能特性，可将之划分为糙面内质网和光面内质网两种基本类型。糙面内质网多呈排列较为整齐的扁囊状结构，因其网膜胞质面有核糖体颗粒附着而得名。主要功能是：作为核糖体附着的支架，与外输性蛋白的分泌合成、修饰加工及转运过程密切相关。信号肽是指导蛋白质多肽链在糙面内质网上合成与穿越转移的决定因素。光面内质网多呈管、泡样网状结构，因网膜表面无核糖体颗粒的附着而较为平滑，常与糙面内质网相互连通。光面内质网是作为细胞内之类物质合成主要场所的多功能细胞器。因此，在不同的细胞或同一细胞的不同生理时期，它可以具有不同的发达程度和形态分布，并表现出不同的功能特性。

高尔基复合体是由三种不同大小类型的囊泡组成的膜性结构复合体。在其整体形态结构和特性上均表现出明显的极性特征。高尔基复合体在不同的组织细胞或同一细胞的不同发育阶段和生理状况下，其分布、数量和发达程度都存在着较大的差异差别。

大量的实验分析表明：组成高尔基复合体的脂类、蛋白质成分的含量和复杂程度，介于内质网和细胞膜之间，据此推断，高尔基复合体是构成质膜与内质网之间相互联系的一种过渡性细胞器。

糖基转移酶是高尔基复合体中最具特征性的标志酶。作为内膜系统的主要结构组分之一，高尔基复合体的功能主要为：对内质网来源的蛋白质的修饰加工；糖蛋白中多（寡）糖组分及分泌性多糖类的生物合成；与内膜系统其他结构组分一起构成了细胞内物质转运

Notes

的特殊通道，尤其是在细胞内蛋白质的分选和膜泡的定向运输中具有重要的枢纽作用。

溶酶体普遍地存在于各类组织细胞之中，是由单层单位膜包裹而成的膜性球囊状结构细胞器。溶酶体的形态大小、数量分布及生理生化性质等表现出了高度的异质性。含有丰富、多样的酸性水解酶，不仅是溶酶体最为显著的标志，而且也是所有溶酶体的一般共性特征。

根据溶酶体的不同生理功能状态，可将其划分为初级溶酶体、次级溶酶体和三级溶酶体三种基本类型。不同的溶酶体类型，只是同一种结构的不同功能状态的存在形式。

基于溶酶体的形成过程，可将之划分为内体性溶酶体和吞噬性溶酶体两大类型。前者被认为是由高尔基复合体芽生的运输小泡和经由细胞胞吞（饮）作用形成的内体合并分化而成；后者则是由内体性溶酶体与来自细胞内外的作用底物相互融合而成。

溶酶体内含 60 多种酸性水解酶，具有强大的细胞内消化功能。

过氧化物酶体也是由一层单位膜包裹而成的膜性结构细胞器。因其内含氧化酶和过氧化氢酶而得名。过氧化氢酶约占过氧化物酶体酶总含量的 40%，存在于各类细胞的过氧化物酶体中，被视为过氧化物酶体的标志性酶。过氧化物酶体具有解毒、调节细胞氧张力以及参与脂肪酸等高能分子的分解等重要功能作用。

囊泡是真核细胞中十分常见的膜泡结构。它虽然不像内质网、高尔基复合体、溶酶体和过氧化物酶体那样作为一种相对稳定的细胞内固有结构而存在，但却是细胞内膜系统不可或缺的重要功能结构组分和细胞内物质定向运输的载体和功能表现形式。

承担细胞内物质定向运输的囊泡类型至少有 10 种以上。网格蛋白有被囊泡、COPⅠ和 COPⅡ有被囊泡是目前了解较多的三种囊泡类型。

网格蛋白有被囊泡可产生于高尔基复合体，也可由细胞膜受体介导的细胞内吞作用形成。由高尔基复合体产生的网格蛋白有被囊泡，主要介导从高尔基复合体向溶酶体、胞内体或质膜外的物质输送转运；而通过细胞内吞作用形成的网格蛋白有被囊泡则是将外来物质转送到细胞质，或者从细胞内体输送到溶酶体。

COPⅡ有被囊泡由糙面内质网产生。主要负责介导从内质网到高尔基复合体的物质转运。

COPⅠ有被囊泡首先发现于高尔基复合体。它们主要负责内质网逃逸蛋白的捕捉、回收转运以及高尔基复合体膜内蛋白的逆向运输。同时，也能够行使从内质网到高尔基复合体的顺向转移。

无论何种类型的囊泡，其囊膜均来自于细胞器膜。囊泡的产生形成过程总是伴随着物质的转运。囊泡的运行轨道及归宿，取决于其所转运物质的定位去向。由囊泡转运承载和介导的双向性物质运输，不仅是细胞内物质交换和信号传递的一条重要途径，而且也是物质定向运输的一种基本形式。

不断地产生、形成、存在和穿梭于质膜及内膜系统结构之间的囊泡运输，在承载和介导细胞物质定向运输功能的同时，又不断地被融合更替、转换易名，从一种细胞器膜到另一种细胞器膜，形成了一个有条不紊、源源不断的膜流，并借此进行着细胞膜与内膜系统不同功能结构之间的相互转换及代谢更新。

内膜系统是真核细胞内最为重要的功能结构体系之一。因此，也与细胞的一系列病理过程以及多种人类疾病密切相关。

（宋土生）

Notes

参考文献

1. Alberts Bruce, Johnson Alexander, Lewis Julian, et al. Molecular Biology of the Cell. 5th ed. New York: Garland Science, 2008.
2. Karp G. Cell and Molecular Biology. 7th ed. New York: John Wiley and Sons, Inc., 2013.
3. 杨恬. 细胞生物学. 第2版. 北京: 人民卫生出版社, 2010.
4. 陈誉华. 医学细胞生物学. 第5版. 北京: 人民卫生出版社, 2013.
5. 胡以平. 医学细胞生物学. 第3版. 北京: 高等教育出版社, 2014.

第六章 线粒体与细胞的能量转换

地球上一切生命活动所需要的能量主要来源于太阳能。但不同类型的生物体吸收能量的机制不同，光能转变为化学能只发生在具有叶绿素的植物和一些有光合能力的细菌中，它们能通过光合作用，将无机物（如 CO_2 和 H_2O）转化成可被自身利用的有机物，这类生物是自养生物（autotroph）。而动物细胞不具叶绿体，它们以自养生物合成的有机物为营养，通过分解代谢而获得能量，因而被称为异养生物（heterotroph），而动物细胞实现这一能量转换的细胞内主要结构就是线粒体。

线粒体（单数 mitochondion；复数 mitochondria）是一个敏感而多变的细胞器，普遍存在于除哺乳动物成熟红细胞以外的所有真核细胞中。细胞生命活动所需能量的 80% 是由线粒体提供的，所以它是细胞进行生物氧化和能量转换的主要场所，也有人将线粒体比喻为细胞的“动力工厂”（power station）。此外近年来的研究也显示，线粒体与细胞内氧自由基的生成、细胞死亡以及许多人类疾病的发生有密切的关系。

第一节 线粒体的基本特征

一、线粒体的形态、数量及分布与细胞的类型和功能状态有关

光镜下的线粒体呈线状、粒状或杆状等，直径 0.5~1.0μm。不同类型或不同生理状态的细胞，线粒体的形态、大小、数量及排列分布并不相同。例如，在低渗环境下，线粒体膨胀如泡状；在高渗环境下，线粒体又伸长为线状。线粒体的形态也随细胞发育阶段不同而异，如人胚肝细胞的线粒体，在发育早期为短棒状，在发育晚期为长棒状。细胞内的渗透压和 pH 对线粒体形态也有影响，酸性时线粒体膨胀，碱性时线粒体为粒状。

线粒体的数量可因细胞种类而不同，最少的细胞只含 1 个线粒体，最多的达 50 万个，其总体积可占细胞总体积的 25%。这与细胞本身的代谢活动有关，代谢旺盛时，线粒体数量较多，反之线粒体的数量则较少。

线粒体虽然在很多细胞中呈弥散均匀分布状态，但一般较多地聚集于生理功能旺盛、需要能量供应的区域，如在肌细胞中，线粒体集中分布在肌原纤维之间留在精子细胞中，线粒体围绕鞭毛中轴紧密排列，以利于精子运动尾部摆动时的能量供应。有时，同一细胞在不同生理状况下，也存在线粒体的变形移位现象，例如肾小管细胞，当其主动交换功能旺盛时，线粒体常大量集中于膜内缘，这与主动运输时需要能力有关；有丝分裂时线粒体均匀集中在纺锤丝周围，分裂结束时，它们大致平均分配到两个子细胞中。线粒体在细胞质中的分布与迁移往往与微管有关，故线粒体常常排列成长链形，与微管分布相对应。

二、线粒体是由双层单位膜套叠而成的封闭性膜囊结构

电镜下，线粒体是由双层单位膜套叠而成。两层膜将线粒体内部空间与细胞质隔离，并使线粒体内部空间分隔成两个膜性空间，组成线粒体结构的基本支架（图 2-6-1）。

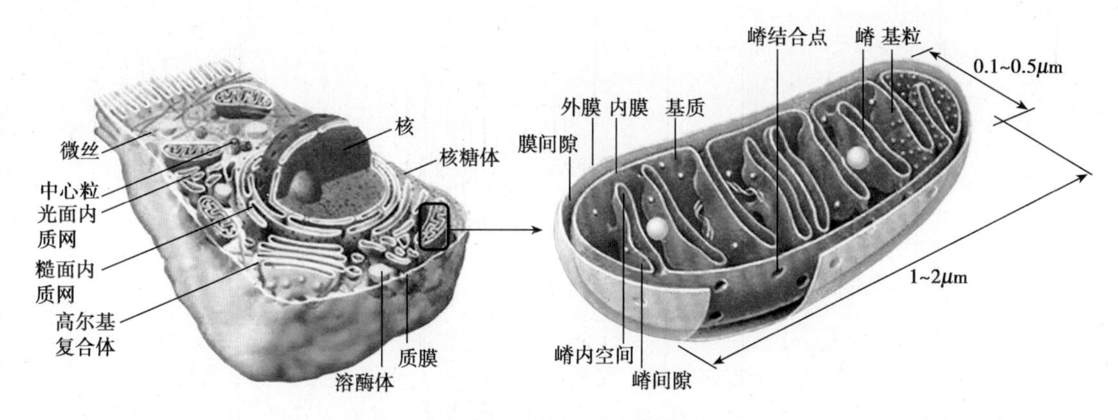

图 2-6-1 线粒体结构模式图

左为线粒体在细胞内的分布；右为线粒体结构，显示其由两层单位膜套叠而成

（一）线粒体外膜是一层单位膜

线粒体外膜（mitochondrial outer membrane）是线粒体最外层所包绕的一层单位膜，厚5~7nm，光滑平整。在组成上，外膜的1/2为脂类，1/2为蛋白质。外膜上镶嵌的蛋白质包括多种转运蛋白，它们形成较大的水相通道跨越脂质双层，使外膜出现直径2~3nm的小孔，允许通过分子量在5000以下的物质，包括一些小分子多肽。

外膜含有一些特殊的酶类，这些酶可催化如肾上腺素氧化、色氨酸的降解、脂肪酸链的延长等，表明外膜不仅可以参与膜磷脂的合成，而且还可以对那些将在线粒体基质中进行彻底氧化的物质先行初步分解。

（二）线粒体内膜向基质折叠形成特定的内部空间

线粒体内膜（mitochondrial inner membrane）比外膜稍薄，平均厚4.5nm，也是一层单位膜。内膜的化学组成中20%是脂类，80%是蛋白质，蛋白质的含量明显高于其他膜成分。内膜缺乏胆固醇，但富含稀有磷脂双磷脂酰甘油（diphosphatidylglycerol）即心磷脂（cardiolipin），约占磷脂含量的20%，心磷脂与离子的不可通透性有关。内膜通透性很小，分子量大于150的物质不能通过。一些较大的分子和离子由特异的膜转运蛋白转运进出线粒体基质。线粒体内膜的高度不通透性对建立质子电化学梯度，驱动ATP的合成起重要作用。

内膜将线粒体的内部空间分成两部分，其中由内膜直接包围的空间称内腔，含有基质，也称基质腔（matrix space）；内膜与外膜之间的空间称为外腔，或膜间腔（intermembrane space）。内膜上有大量向内腔突起的折叠（infolding），形成嵴（cristae）。嵴与嵴之间的内腔部分称嵴间腔（intercristae space），而由于嵴向内腔突进造成的外腔向内伸入的部分称为嵴内空间（intracristae space）。

内膜（包括嵴）的内表面附着许多突出于内腔的颗粒称为基粒（elementary particle），每个线粒体有10^4~10^5个基粒。基粒分为头部、柄部、基片三部分，由多种蛋白质亚基组成。圆球形的头部突入内腔中，基片嵌于内膜中，柄部将头部与基片相连。基粒头部具有酶活性，能催化ADP磷酸化生成ATP，因此，基粒又称ATP合酶（ATP synthase）或ATP合酶复合体（ATP synthase complex）。

框 6-1 线粒体超微结构的观察者 GE Palade

GE Palade 1912年11月19日生于罗马尼亚的雅西，1940年获布加勒斯特大学医学博士学位。1946年他来到美国洛克菲勒大学，师从著名的细胞生物学家、细胞亚成分分离技术发明人A Claude。他第一项出色工作是改进了电镜标本的固定方法（即现在仍在

广泛应用的锇酸固定)，不久他又改进了标本的包埋技术、切片技术，并利用这些改进的技术和方法，深入地开展了细胞超微结构的研究，取得了一些成果，其中关于线粒体超微结构的观察不仅丰富了生物学家对线粒体结构本身的认识，而且拓宽了人们探讨细胞超微结构的思路，使细胞超微结构的研究进入到一个新的阶段；以后他又发现了核糖体，并发明了放射性核素元踪技术研究了蛋白质合成与核糖体的关系，从此人们开始了在亚细胞水平、分子水平动态研究细胞结构和功能的新历程。正由于他的杰出贡献，GE Palade、他的导师 A Claude 和另一位科学家 R de Duve 同时站在了 1974 年的诺贝尔生理学或医学奖的领奖台上。

（三）内外膜转位接触点形成核编码蛋白质进入线粒体的通道

利用电镜技术可以观察到在线粒体的内、外膜上存在着一些内膜与外膜相互接触的地方，在这些地方，膜间隙变狭窄，称为转位接触点（translocation contact site）（图 2-6-2），其间分布有蛋白质等物质进出线粒体的通道蛋白和特异性受体，分别称为内膜转位子（translocon of the inner membrane，Tim）和外膜转位子（translocon of the outer membrane，Tom）。有研究估计鼠肝细胞中直径 1μm 的线粒体有 100 个左右的转位接触点，用免疫电镜的方法可观察到转位接触点处有蛋白质前体的积聚，显示它是蛋白质等物质进出线粒体的通道。

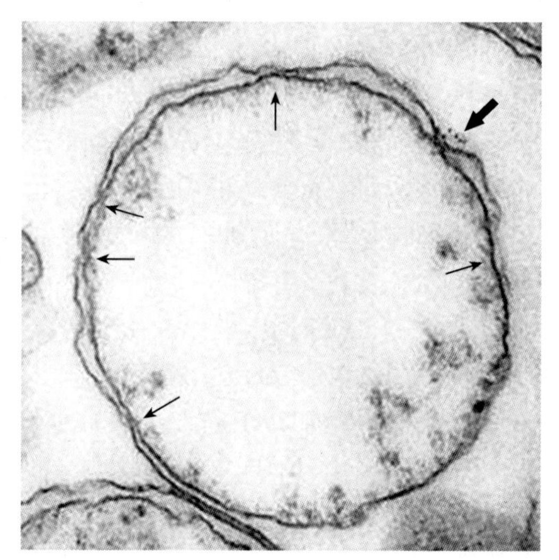

图 2-6-2　线粒体内膜和外膜形成转位接触点的电镜图像

黑色细箭头所指为转位接触点；黑色粗箭头所指为通过转位接触点转运的物质

（四）基质为物质氧化代谢提供场所

线粒体内腔充满了电子密度较低的可溶性蛋白质和脂肪等成分，称之为基质（matrix）。线粒体中催化三羧酸循环、脂肪酸氧化、氨基酸分解、蛋白质合成等有关的酶都在基质中。此外，基质中还含有线粒体独特的双链环状 DNA、核糖体，这些构成了线粒体相对独立的遗传信息复制、转录和翻译系统。因此，线粒体是人体细胞除细胞核以外唯一含有 DNA 的细胞器，每个线粒体中可有一个或多个 DNA 拷贝，形成线粒体自身的基因组及其遗传体系。

三、线粒体中含有众多参与能量代谢的酶系

线粒体干重的主要成分是蛋白质，占 65%~70%，多数分布于内膜和基质。线粒体蛋白质分为两类：一类是可溶性蛋白，包括基质中的酶和膜外周蛋白；另一类是不溶性蛋白，为膜结构蛋白或膜镶嵌酶蛋白。脂类占线粒体干重的 25%~30%，大部分是磷脂。此外，线粒体还含有 DNA 和完整的遗传系统，多种辅酶（如 CoQ、FMN、FAD 和 NAD^+ 等）、维生素和各类无机离子。

线粒体含有众多酶系，目前已确认有 120 余种，是细胞中含酶最多的细胞器。这些酶分别位于线粒体的不同部位，在线粒体行使细胞氧化功能时起重要作用。有些酶可作为线粒体不同部位的标志酶，如内、外膜的标志酶分别是细胞色素氧化酶和单胺氧化酶等；基质和膜间腔的标志酶分别为苹果酸脱氢酶和腺苷酸激酶等。

四、线粒体有自己相对独立的遗传体系

(一) 线粒体有自己的遗传系统和蛋白质翻译系统

线粒体虽然有自己的遗传系统和自己的蛋白质翻译系统，且部分遗传密码也与核密码有不同的编码含义，但它与细胞核的遗传系统构成了一个整体。线粒体基因组只有一条DNA，称为线粒体DNA（mitochondrial DNA，mtDNA），mtDNA是裸露的，不与组蛋白结合，存在于线粒体的基质内或依附于线粒体内膜。在一个线粒体内往往有1至数个mtDNA分子，平均为5~10个。线粒体DNA主要编码线粒体的tRNA、rRNA及一些线粒体蛋白质，如电子传递链酶复合体中的亚基。但由于线粒体中大多数酶或蛋白质仍由细胞核DNA编码，所以它们在细胞质中合成后经特定的方式转送到线粒体中。

(二) 线粒体基因组为一条双链环状的DNA分子

每一条线粒体DNA分子构成线粒体基因组，人线粒体基因组的全序列的测定早已完成，线粒体基因组的序列（又称剑桥序列）共含16 569个碱基对（bp），为一条双链环状的DNA分子。双链中一为重链（H），一为轻链（L），这是根据它们的转录本在CsCl中密度的不同而区分的。重链和轻链上的编码物各不相同（图2-6-3），人类线粒体基因组共编码了37个基因。重链上编码了12S rRNA（小rRNA）、16S rRNA（大rRNA）、NADH-CoQ氧化还原酶1（NADH-CoQ oxidoreductase 1，ND1）、ND2、ND3、ND4L、ND4、ND5、细胞色素c氧化酶1（cytochrome c oxidase Ⅰ，COXⅠ）、COXⅡ、COXⅢ、细胞色素b的亚基、ATP合酶的第6亚单位（A6）和第8亚单位（A8）及14个tRNA等（图中的大写字母表示其对应的氨基酸）；轻链编码了ND6及8个tRNA。

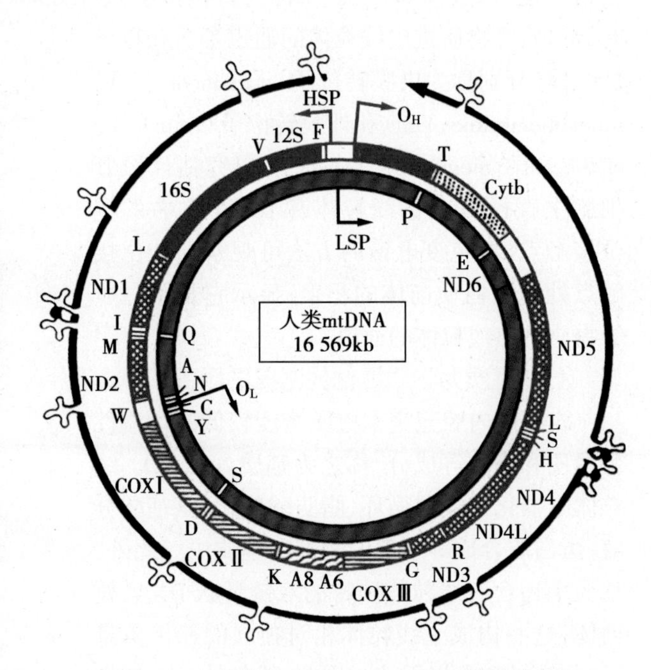

图2-6-3 人线粒体环状DNA分子及其转录产物

在这37个基因中，仅13个是编码蛋白质的基因，13个序列都以ATG（甲硫氨酸）为起始密码，并有终止密码结构，长度均超过可编码50个氨基酸多肽所必需的长度，由这13个基因所编码的蛋白质均已确定，其中3个为构成细胞色素c氧化酶（COX）复合体（复合体Ⅳ）催化活性中心的亚单位（COXⅠ、COXⅡ和COXⅢ），这3个亚基与细菌细胞色素c氧化酶是相似的，其序列在进化过程中是高度保守的；还有2个为ATP合酶复合体（复合体Ⅴ）F_0部分的2个亚基（A6和A8）；7个为NADH-CoQ还原酶复合体（复合体Ⅰ）的亚基（ND1、ND2、ND3、ND4L、ND4、ND5和ND6）；还有1个编码的结构蛋白质为$CoQH_2$-细胞色素c还原酶复合体（复合体Ⅲ）中细胞色素b的亚基（图2-6-4）；其他24个基因编码两种rRNA分子（用于构成线粒体的核糖体）和22种tRNA分子（用于线粒体mRNA的翻译）。

与核基因组相比，线粒体基因组经济或紧凑了许多，核基因组中的非编码序列高达90%，而在线粒体基因组中只有很少的非编码序列。

(三) 重链和轻链各有一个启动子启动线粒体基因的转录

Notes

线粒体基因组的转录是从两个主要的启动子处开始的，分别为重链启动子（heavy-strand

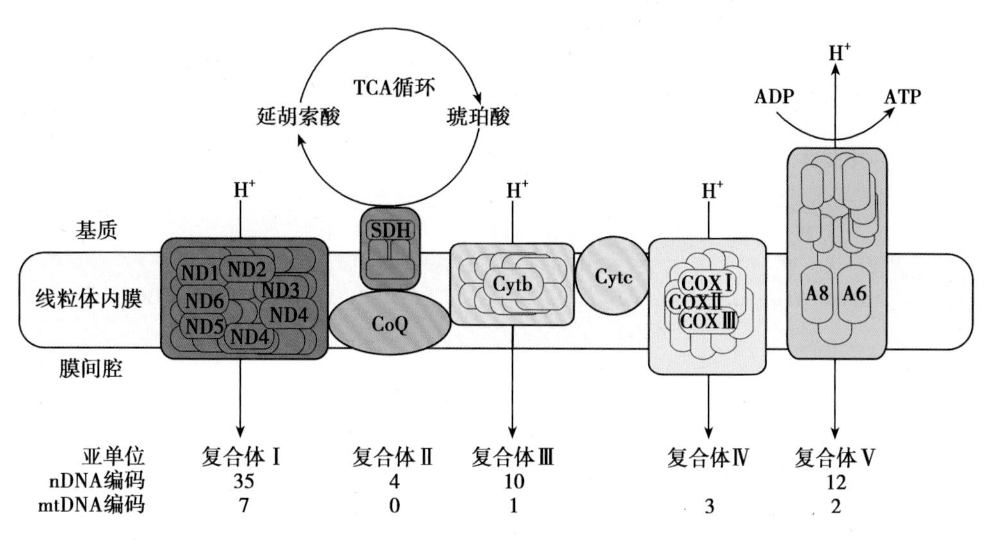

图 2-6-4　呼吸链的组成

每个复合体都由多条多肽链(大部分由核基因组编码,少部分由线粒体基因组编码)组成

promoter,HSP)和轻链启动子(light-strand promoter,LSP)。线粒体转录因子1(mitochondrial transcription factor 1,mtTFA)参与了线粒体基因的转录调节。mtTFA可与HSP和LSP上游的DNA特定序列相结合,并在mtRNA聚合酶的作用下启动转录过程,mtTFA是一个分子质量为25 000的蛋白质,具有类似于高泳动组蛋白结构域的2个结构域。线粒体基因的转录类似原核生物的转录,即产生一个多顺反子(polycistronic transcription),其中包括多个mRNA和散布于其中的tRNA,剪切位置往往发生在tRNA处,从而使不同的mRNA和tRNA被分离和释放。重链上的转录起始位点有两个,形成两个初级转录物。初级转录物Ⅰ开始于$tRNA^{phe}$,终止于16S rRNA基因的末端,最终被剪切为$tRNA^{phe}$、$tRNA^{val}$、12S rRNA和16S rRNA。初级转录物Ⅱ的起始位点比初级转录Ⅰ的起始位点要稍微靠下一点,大约在12S rRNA基因的5′端,它的转录通过初级转录物Ⅰ的终止位置持续转录至几乎整个重链。转录物Ⅱ经剪切后释放出tRNA和共13个多聚腺嘌呤的mRNA,但没有任何rRNA。通常情况下,剪切在新生的转录链上就开始了。剪切的mRNA与tRNA位置是非常精确的,因为每个mRNA的5′端与tRNA的3′端是紧密相连的。转录物Ⅰ的转录比转录物Ⅱ的转录要频繁得多,前者约是后者的10倍,这样rRNA和2个tRNA将比其他mRNA和tRNA要合成得多。轻链转录物经剪切形成8个tRNA和1个mRNA,其余几乎不含有用信息的部分被很快降解。

与核合成mRNA不同,线粒体mRNA不含内含子,也很少有非翻译区。每个mRNA 5′端起始密码的3个碱基为AUG(或AUA),UAA的终止密码位于mRNA的3′端。某些情况下,一个碱基U就是mtDNA体系中的终止密码子,而后面的两个A是多聚腺嘌呤尾巴的一部分,这两个A往往是在mRNA前体合成好之后才加上去的。加工后的mRNA的3′端往往有约55个核苷酸多聚A的尾部,但是没有细胞核mRNA加工时的帽结构。

所有mtDNA编码的蛋白质也是在线粒体内并在线粒体的核糖体上进行翻译的。线粒体编码的RNA和蛋白质并不运出线粒体外,相反,构成线粒体核糖体的蛋白质则是由细胞质运入线粒体内的。用于蛋白质合成的所有tRNA都是由mtDNA编码的。值得一提的是,线粒体基因中有两个重叠基因,一个是复合物Ⅰ的ND4L和ND4,另一个是复合物Ⅴ的ATP酶8和ATP酶6(图2-6-5)。

线粒体mRNA翻译的起始氨基酸为甲酰甲硫氨酸,这点与原核生物类似。另外,线粒体的遗传密码也与核基因不完全相同(表2-6-1),例如UGA在核编码系统中为终止密码,但在人类细胞的线粒体编码系统中,它编码色氨酸。

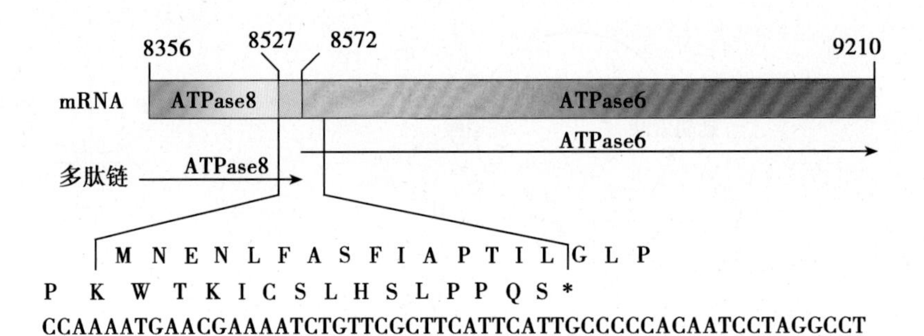

图 2-6-5 ATPase8 和 ATPase6 亚基翻译重叠框架

表 2-6-1 通用密码和线粒体遗传密码的差异

密码子	通用遗传密码	线粒体遗传密码			
		哺乳动物	无脊椎动物	酵母	植物
UGA	终止密码	*Trp*	*Trp*	*Trp*	终止密码
AUA	lle	*Met*	*Met*	*Met*	lle
CUA	Leu	Leu	Leu	*Thr*	Leu
AGA	Arg	终止密码	*Ser*	Arg	Arg
AGG	Arg	终止密码	*Ser*	Arg	Arg

* 斜体表示与通用密码不同

(四) 线粒体 DNA 的复制是一个缓慢而复杂的过程

环形的人类线粒体 DNA 的复制类似于原核细胞的 DNA 复制，但也有自己的特点。典型的细菌(如 *E.coli*) 环形基因组有一个复制起始点(origin)，并从某一位点进行双向复制，因此子链 DNA 的合成既需要 DNA 聚合酶(以母链为模板在 RNA 引物上合成子链 DNA)，也需要 RNA 聚合酶(催化合成短的 RNA 引物)，并以相反的方向同时进行。人类 mtDNA 也是单一的复制起始，mtDNA 的复制起始点被分成两半，一个是在重链上，称为重链复制起始点(origin of heavy-strand replication，O_H)，位于环的顶部，$tRNA^{Phe}$ 基因(557)和 $tRNA^{Pro}$ 基因(16 023)之间的控制区(control region)，它控制重链子链 DNA 的自我复制；另一个是在轻链上，称为轻链复制起始点(origin of light-strand replication，O_L)，位于环的"8"点钟位置，它控制轻链子链 DNA 的自我复制。这种两个复制点的分开导致 mtDNA 的复制机制比较特别，需要一系列进入线粒体的核编码蛋白质的协助(图 2-6-6)。

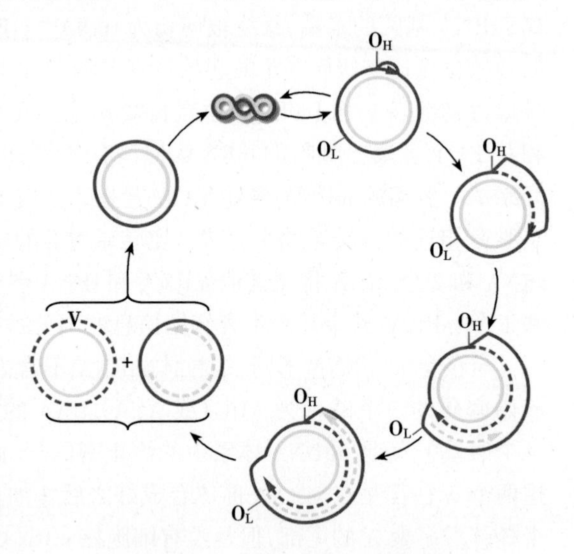

图 2-6-6 线粒体 DNA 的复制

与细菌 DNA 一样，mtDNA 的复制也需要 RNA 引物作为 DNA 合成的起始，线粒体的 RNA 聚合酶从位于 O_H 和 $tRNA^{Phe}$ 基因之间的 3 个上游保守序列区段(conserved sequence blocks，CSB Ⅰ、Ⅱ、Ⅲ)之一附近开始合成一段分子量相对较大的 RNA 引物，后者与相应的轻链互补结合，并暂时替代(displacement)控制区的重链，所形成的环状结构称 D 环(displacement loop)；轻链的复制要晚于重链，当重链合成一定的长度后，轻链才开始合成。一般情况下，重链的合成方向是顺时针的；轻链的合成方向是逆时针的。两个合成方向相反的链不断地复制直到各自半环的终了，单股的母环形成一个连锁的对环(a catenated pair of rings)，后者在 mtDNA 拓

Notes

扑异构酶的作用下去连锁，释放出新合成的子链，整个复制过程约持续 2 个小时，比一般的复制时间要长（线粒体：16 569bp/2 小时；大肠埃希菌 400 万 bp/40 分钟）。此外，mtDNA 的复制特点还包括它的复制不受细胞周期的影响，可以越过细胞周期的静止期或间期，甚至可分布在整个细胞周期（见图 2-6-6）。

五、线粒体靶序列引导核编码蛋白质向线粒体转运

（一）核编码蛋白进入线粒体时需要分子伴侣蛋白的协助

线粒体中含有 1000~1500 种蛋白质，除上述的 13 种多肽外，98% 以上由细胞核 DNA 编码，在细胞质核糖体上合成后运入线粒体内。这些蛋白质中的绝大多数被转运至线粒体的基质，少数进入膜间隙及插入到内膜和外膜上（图 2-6-7，表 2-6-2）。核编码蛋白在进入线粒体的过程中需要一类被称为分子伴侣（molecular chaperone）的蛋白质的协助。输入到线粒体的蛋白质在其 N- 端均具有一段基质导入序列（matrix-targeting sequence，MTS），线粒体外膜和内膜上的受体能识别并结合各种不同的但相关的 MTS。这些基质导入序列富含精氨酸、赖氨酸、丝氨酸和苏氨酸，但少见天冬氨酸和谷氨酸，并包含了所有介导在细胞质中合成的前体蛋白输入到线粒体基质的信号。

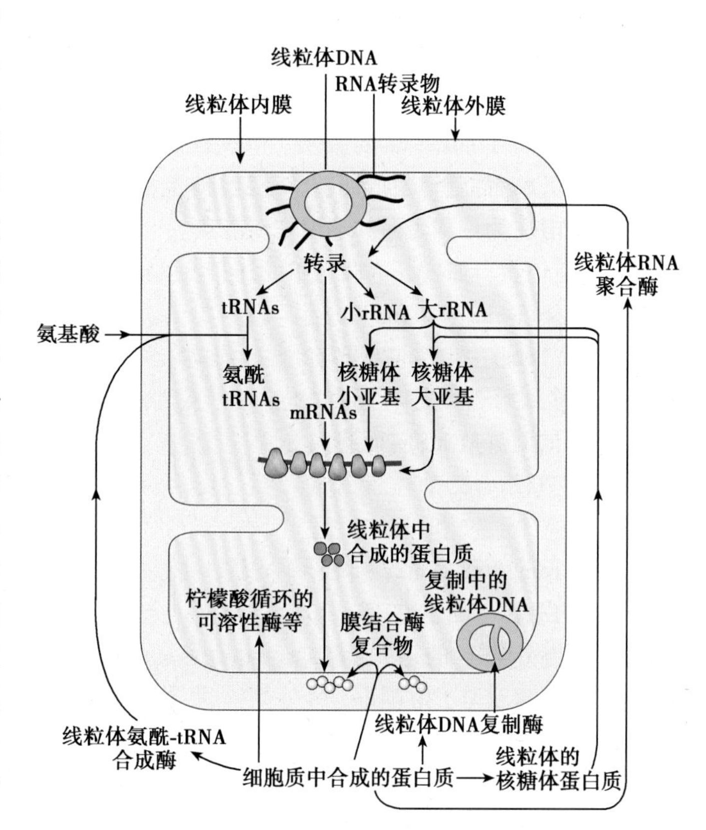

图 2-6-7　核编码蛋白在线粒体内的功能定位

表 2-6-2　部分核编码的线粒体蛋白

线粒体定位	蛋白质	线粒体定位	蛋白质
基质	乙醇脱氢酶（酵母）	内膜	ADP/ATP 反向转运体（antiporter）
	氨甲酰磷酸合酶（哺乳动物）		复合体Ⅲ亚基 1、2、5（铁 - 硫蛋白）、6、7
	柠檬酸合酶（citrate synthase）与其他柠檬酸酶		复合体Ⅳ（COX）亚基 4、5、6、7
	DNA 聚合酶		F_0 ATP 酶
	F_1 ATP 酶亚单位 α（除植物外）、β、γ、δ（某些真菌）		生热蛋白（thermogenin）
	Mn^{2+} 超氧化物歧化酶	膜间隙	细胞色素 c
	鸟氨酸转氨酶（哺乳动物）		细胞色素 c 过氧化物酶
	鸟氨酸转氨甲酰酶（哺乳动物）		细胞色素 b_2 和 c_1（复合体Ⅲ亚基）
	核糖体蛋白质	外膜	线粒体孔蛋白（porin）P70
	RNA 聚合酶		

(二) 前体蛋白在线粒体外保持非折叠状态

当线粒体蛋白可溶性前体(soluble precursor of mitochondrial protein)在核糖体内形成以后,少数前体蛋白与一种称为新生多肽相关复合物(nascent-associated complex,NAC)的分子伴侣蛋白相互作用,NAC的确切作用尚不清楚,但明显增加了蛋白转运的准确性;而绝大多数的前体蛋白都要和一种称为热休克蛋白70(heat shock protein 70,hsc70)的分子伴侣结合,从而防止前体蛋白形成不可解开的构象,也可以防止已松弛的前体蛋白聚集(aggregation)。尽管hsc70的这种作用对于胞质蛋白并不是必需的,但对于要进入线粒体的蛋白却是至关重要的,因为紧密折叠的蛋白根本不可能穿越线粒体膜。目前尚不清楚分子伴侣蛋白能否准确区分胞质蛋白和线粒体蛋白,但是细胞质内某些因子显然在这种区分中发挥着重要作用,已经证实在哺乳动物细胞质中存在两种能够准确结合线粒体前体蛋白的因子:前体蛋白的结合因子(presequence-binding factor,PBF)和线粒体输入刺激因子(mitochondrial import stimulatory factor,MSF),前者能够增加hsc70对线粒体蛋白的转运;后者不依赖于hsc70,常单独发挥着ATP酶的作用,为聚集蛋白的解聚提供能量。

某些前体蛋白如内膜ATP/ADP反向转运体与MSF所形成的复合体能进一步与外膜上的第1套受体Tom37和Tom70相结合,然后Tom37和Tom70把前体蛋白转移到第2套受体Tom20和Tom22,同时释放MSF;而绝大多数与hsc70结合的前体蛋白常不经过受体Tom37和Tom70,直接与受体Tom20和Tom22结合,与前体蛋白结合的受体Tom20和Tom22与外膜上的通道蛋白Tom40(第3套受体)相耦联,后者与内膜的接触点共同组成一个直径为1.5~2.5nm的跨膜通道(tim17受体系统)(图2-6-8),非折叠的前体蛋白通过这一通道转移到线粒体基质。

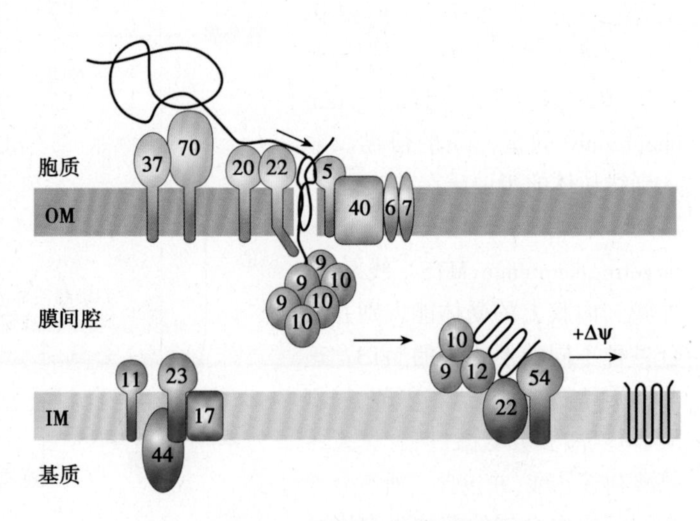

图2-6-8 tom和tim受体系统

显示它们参与核编码多肽链通过线粒体膜进入线粒体的过程

(三) 分子运动产生的动力协助多肽链穿过线粒体膜

前体蛋白一旦和受体结合后,就要和外膜及内膜上的膜通道发生作用才可进入线粒体。在此过程中,一种也为分子伴侣的线粒体基质hsc70(mthsp70)可与进入线粒体腔的前导肽链交联,提示mthsp70参与了蛋白质的转运。SM Simon等提出了一种作用机制,即布朗棘轮模型(Brownian Rachet model)(图2-6-9),该模型认为在蛋白质转运孔道内,多肽链做布朗运动摇摆不定,一旦前导肽链自发进入线粒体腔,立即有一分子mthsp70结合上去,这样就防止了前导肽链退回细胞质;随着肽链进一步伸入线粒体腔,肽链会结合更多的mthsp70分子。根据该模型可以预测一条折叠肽链的转运应不慢于其自发解链,许多蛋白质的自发解链极慢,如细胞色素b_2,其解链速度以小时计;而细胞色素b_2可在几分钟内进入线粒体。对这种快速转运的发生最直接的解释是mthsp70可拖拽前导肽链,而要拖拽肽链,mthsp70必须同时附着在肽链和线粒体膜上,这一排列方式使mthsp70通过变构产生拖力:首先mthsp70以一种高能构象结合前导肽链,然后松弛为一种低能构象,促使前导肽链进入,并迫使后面的肽链解链以进入转运轨道。这种假说将mthsp70描绘成“转运发动机”,类似于肌球蛋白和肌动蛋白的牵拉作用。

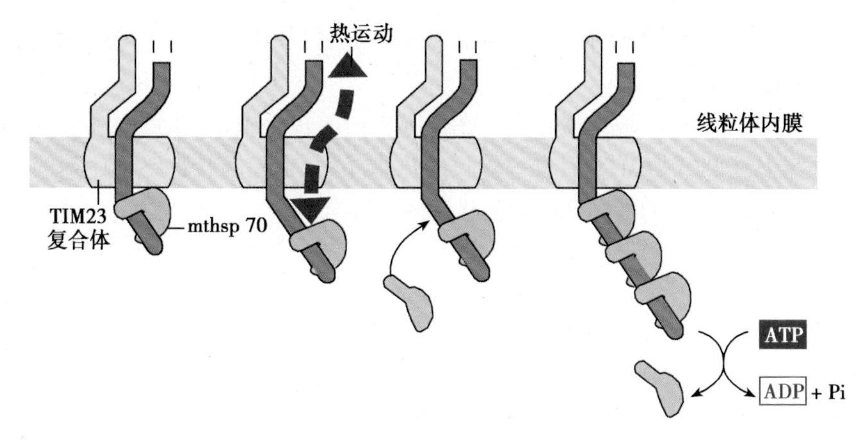

图 2-6-9　布朗棘轮模型示意图

（四）多肽链需要在线粒体基质内重新折叠才形成有活性的蛋白质

蛋白质穿膜转运至线粒体基质后，必须恢复其天然构象以行使功能。当蛋白质穿过线粒体膜后，大多数蛋白质的基质导入序列被基质作用蛋白酶（matrix processing protease，MPP）所移除。人们还不知道确切的蛋白水解时间，但这种水解反应很可能是一种早期事件，因为此类 MPP 定位于线粒体内膜上。此时的蛋白质分子需要重新进行折叠，而在蛋白质浓度为 500~600mg/ml 的周围环境下，蛋白质要进行自发重新折叠的可能性几乎没有。这种情况下，mthsp70 再次发挥了其重要作用，但此时 mthsp70 是作为折叠因子而不是去折叠因子。分子伴侣从折叠因子到去折叠因子角色的转换可能与线粒体 Dna J 家族的参与有关，实验显示去除 Dna J1P 不会影响前体蛋白进入线粒体，却可以明显阻止其折叠。

大多数情况下，输入线粒体的多肽链的最后折叠还需要另外一套基质分子伴侣如 hsc60、hsc10 的协助；hsc60 的突变体并不影响前体蛋白进入线粒体，但进入的前体蛋白不能形成低聚复合物，因而 hsc70 就不能发挥作用，这一点已经通过免疫共沉淀实验得到证实。

经过上述过程，线粒体蛋白质顺利进入线粒体基质，并成熟形成其天然构象行使生物学功能。

（五）核编码蛋白以类似的机制进入线粒体其他部位

核编码的线粒体蛋白除了向线粒体的基质转运外，还包括向线粒体的膜间隙、内膜和外膜的转运，这类蛋白除了都具有 MTS 外，一般还都具有第 2 类信号序列，它们通过与进入线粒体基质类似的机制进入线粒体其他部位。

1. 蛋白质向线粒体膜间隙转运　膜间隙蛋白质如细胞色素 c_1 和细胞色素 b_2（$CoQH_2$- 细胞色素 c 还原酶复合体亚单位）的前体蛋白就分别携带有功能上相似，但氨基酸序列不完全相同的信号序列，称为膜间隙导入序列（intermembrane space-targeting sequence，ISTS），后者引导前体蛋白进入膜间隙。绝大多数情况下，这类蛋白的 N- 端首先进入基质，并在蛋白酶的作用下切去它的 MTS 部分，接下去依照 ISTS 的不同，有两种转运方式：一种方式是整个蛋白（如细胞色素 c_1）进入基质，并与基质中的 mthsp70 结合，随后其分子上的第 2 个信号序列 ISTS 引导多肽链通过内膜上的通道进入膜间隙；另一种方式是前体蛋白（如细胞色素 b_2）的第 2 个信号序列 ISTS 起转移终止序列（stop-transfer sequence）的作用，进而阻止前体蛋白的 C 端进一步通过内膜上的通道向基质转运，并固定于内膜上，随后固定于内膜上的蛋白前体发生侧向运动而扩散，最后前体蛋白在膜间隙蛋白酶的作用下，切去位于内膜上的 ISTS 部分，C 端则脱落于膜间隙。

此外，膜间隙蛋白还有一种转运方式，即通过直接扩散从细胞质经过线粒体外膜进入膜间隙。细胞色素 c 在细胞质中的存在形式称为辅细胞色素 c（apocytochrome c），它在膜间隙中与血红素结合后的全酶形式与辅细胞色素 c 没有氨基酸组成上的差异，说明它的转运没有涉及

前体蛋白的剪切。事实上，线粒体外膜上存在特定的通道（如类孔蛋白P70），细胞色素c即是通过这样的通道进入膜间隙。

2. 蛋白质向线粒体外膜和内膜转运　在外膜蛋白的转运中，类孔蛋白（porin-like）P70的研究最多。事实上在P70的MTS后有一段长的疏水序列，也起着转移终止序列的作用，而使之固定于外膜上；而内膜上的蛋白质的转运机制尚不完全清楚。

六、线粒体如何起源还有待进一步研究

线粒体可能起源于与古老厌氧真核细胞共生的早期细菌。在之后的长期进化过程中，两者共生联系更加密切，共生物的大部分遗传信息转移到细胞核上，这样留在线粒体上的遗传信息大大减少，即线粒体起源的内共生学说（图2-6-10）。许多证据支持这一假说：线粒体的遗传系统与细菌相似，如DNA呈环状、不与组蛋白结合；线粒体的蛋白质合成方式与细菌相似，如核糖体为70S，抑制蛋白质合成的机制等。但这一机制也有不足之处，所以有学者提出了非共生假说。非共生假说认为原始的真核细胞是一种进化程度较高的需氧细菌，参与能量代谢的电子传递系统、氧化磷酸化系统位于细胞膜上。随着不断进化，细胞需要增加其呼吸功能，因此不断地增加其细胞膜的表面积，增加的膜不断地内陷、折叠、融合，并被其他膜结构包裹（形成的双层膜将部分基因组包围在其中），形成功能上特殊（有呼吸功能）的双层膜性囊泡，最后演变为线粒体。

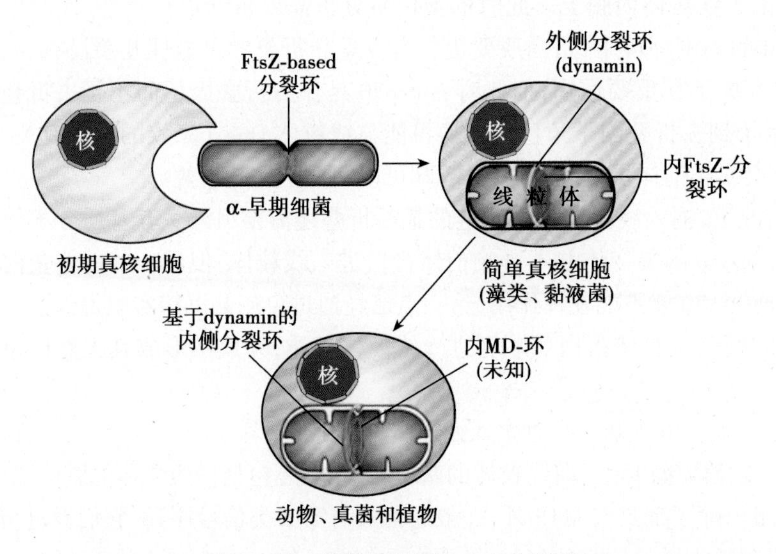

图2-6-10　线粒体起源的内共生学说

七、线粒体的分裂与融合对线粒体功能产生重要影响

（一）线粒体是通过分裂方式实现增殖的

对于现代真核细胞中的线粒体发生机制，学术界还存有争论。目前有三种关于线粒体生物发生的观点：①重新合成；②起源于非线粒体的亚细胞结构；③通过原有线粒体的分裂形成。自从线粒体DNA发现后，生物学家较普遍地接受这样的观点：线粒体是以分裂的方式进行增殖的。G. Attardi等(1975)认为，线粒体的生物发生过程分两个阶段。在第一阶段，线粒体进行分裂增殖；第二阶段包括线粒体本身的分化过程，建成能够行使氧化磷酸化功能的结构。线粒体的分裂增殖和分化阶段分别接受细胞核和线粒体两个独立的遗传系统控制。

但是，关于线粒体如何进行分裂增殖的，目前尚未完全明了。一般认为它可能包括以下三种分裂方式：①出芽分裂。线粒体分裂时先从线粒体上长出膜性突起，称为“小芽”（budding），随后小芽不断长大，并与原线粒体分离，再经过不断“发育”，最后形成新的线粒体。②收缩分裂。这种分裂方式是线粒体在其中央处收缩形成很细的“颈”，最后断裂，形成两个线粒体。

③间壁分裂。这种分裂方式是线粒体的内膜向中心内褶形成分隔线粒体结构的间壁，随后再一分为二，形成两个线粒体。无论哪一种分裂机制，线粒体的分裂都不是绝对均等的。例如经过复制的 mtDNA 在分裂后的线粒体中的分布就是不均等的。另一方面线粒体分裂还受到细胞分裂的影响。

框 6-2　mtDNA 的不均等分离

在同一线粒体中，可能存在有不同类型的 mtDNA，即野生型和突变型 mtDNA。分裂时，野生型和突变型 mtDNA 发生分离，随机地分配到新的线粒体中；同时，同一细胞中，也可能存在着带有不同 mtDNA 的线粒体，如野生型和突变型线粒体。分裂时，野生型和突变型 mtDNA（或线粒体）发生分离，随机地分配到新的线粒体（或细胞）中；使子线粒体（或子细胞）拥有不同比例的突变型 mtDNA 分子，这种随机分配导致 mtDNA 异质性变化的过程称为复制分离。在连续的分裂过程中，异质性细胞中突变型 mtDNA 和野生型 mtDNA 的比例会发生漂变，向同质性的方向发展。分裂旺盛的细胞往往有排斥突变 mtDNA 的趋势，经无数次分裂后，细胞逐渐成为只有野生型 mtDNA 的同质性细胞。突变 mtDNA 具有复制优势，在分裂不旺盛的细胞（如肌细胞）中逐渐积累，形成只有突变型 mtDNA 的同质性细胞。漂变的结果是细胞表型也随之发生改变。

近年来，对线粒体分裂的机制有了比较多的研究，在哺乳动物中，介导线粒体分裂过程的蛋白有 Drp1、Fis1、Mff 等。当线粒体分裂时，线粒体外膜分子 Fis1 招募胞质中的 Drp1，然后再结合其他一些分子，形成更大的分裂装置；Drp1 的多聚体指环结构逐步缩紧，线粒体一分为二。

（二）mtDNA 随机地、不均等地被分配到新的线粒体中

在同一线粒体中，可能存在有不同类型的 mtDNA，即野生型和突变型 mtDNA。分裂时，野生型和突变型 mtDNA 发生分离，随机地分配到新的线粒体中；同时，同一细胞中，也可能存在着带有不同 mtDNA 的线粒体，如野生型和突变型线粒体。分裂时，野生型和突变型 mtDNA（或线粒体）发生分离，随机地分配到新的线粒体（或细胞）中；使子线粒体（或子细胞）拥有不同比例的突变型 mtDNA 分子，这种随机分配导致 mtDNA 异质性变化的过程称为复制分离。在连续的分裂过程中，异质性细胞中突变型 mtDNA 和野生型 mtDNA 的比例会发生漂变，向同质性的方向发展。分裂旺盛的细胞往往有排斥突变 mtDNA 的趋势，经无数次分裂后，细胞逐渐成为只有野生型 mtDNA 的同质性细胞。突变 mtDNA 具有复制优势，在分裂不旺盛的细胞（如肌细胞）中逐渐积累，形成只有突变型 mtDNA 的同质性细胞。漂变的结果是细胞表型也随之发生改变。

（三）线粒体融合是由一系列相关蛋白介导的过程

线粒体的融合有利于促进线粒体的相互协作，可以使不同线粒体之间的信息和物质得到相互交换，如膜电位快速传递以及线粒体内容物的交换。伴随着细胞的衰老，mtDNA 会累积很多的突变，线粒体的融合可以使不同线粒体的基因组交换进行充分的 DNA 互补，并有效地修复这些 DNA 突变，保证线粒体正常的功能。线粒体的融合是由一系列蛋白分子精确调控和介导的。第一个被分离出的介导线粒体融合的蛋白 FZO1p/Mfns 是人们在研究果蝇线粒体时发现的。此外，介导线粒体融合的分子还有 Mgm1p/OPA1 等，在线粒体融合时 FZO1p/Mfns 介导线粒体外膜的融合，而 Mgm1p/OPA1 介导着线粒体内膜的融合。

八、线粒体具有许多重要的功能

营养物质在线粒体内氧化并与磷酸化耦联生成 ATP 是线粒体的主要功能。此外，线粒体

还在摄取 Ca^{2+} 和释放 Ca^{2+} 中起着重要的作用，线粒体和内质网一起共同调节胞质中的 Ca^{2+} 浓度，从而调节细胞的生理活动。

生命活动中重要过程—细胞死亡也与线粒体有关。在某些情况下，线粒体是细胞死亡的启动环节；而在另一些情况下，线粒体则仅仅是细胞死亡的一条“通路”（详见第十二章）。

线粒体在能量代谢和自由基代谢过程中产生大量超氧阴离子，并通过链式反应形成活性氧（reactive oxygen species，ROS），当 ROS 水平较低时，可促进细胞增生；而当 ROS 水平较高时，使得线粒体内膜非特异性通透性孔道（mitochondrial permeability transition pore，MPTP）开放，不仅导致跨膜电位崩溃，也使细胞色素 c 外漏，再启动 caspase 的级联活化，最终由 caspase-3 启动凋亡。

第二节 细胞呼吸与能量转换

较高等的动物都能依靠呼吸系统从外界吸取 O_2 并排出 CO_2。从某种意义上说，细胞内也存在这样的呼吸作用，即细胞内特定的细胞器（主要是线粒体）中，在 O_2 的参与下，分解各种大分子物质，产生 CO_2；与此同时，分解代谢所释放出的能量储存于 ATP 中，这一过程称为细胞呼吸（cellular respiration），也称为生物氧化（biological oxidation）或细胞氧化（cellular oxidation）。细胞呼吸是细胞内提供生物能源的主要途径，它的化学本质与燃烧反应相同，最终产物都是 CO_2 和 H_2O，释放的能量也完全相等。但是，细胞呼吸的特点是：①细胞呼吸本质上是在线粒体中进行的一系列由酶系所催化的氧化还原反应；②所产生的能量储存于 ATP 的高能磷酸键中；③整个反应过程是分步进行的，能量也是逐步释放的；④反应是在恒温（37℃）和恒压条件下进行的；⑤反应过程中需要 H_2O 的参与。

细胞呼吸所产生的能量并不像燃烧所产生的热能那样散发出来，而是储存于细胞能量转换分子 ATP 中。ATP 是一种高能磷酸化合物，细胞呼吸时，释放的能量可通过 ADP 的磷酸化而及时储存于 ATP 的高能磷酸键中作为备用；反之，当细胞进行各种活动需要能量时，又可去磷酸化，断裂一个高能磷酸键以释放能量来满足机体需要。ATP 的放能、储能反应简式如下：

$$\text{A-P\sim P\sim P} \underset{\text{磷酸化}}{\overset{\text{去磷酸化}}{\rightleftharpoons}} \text{A-P\sim P + Pi + 能量}$$

随着细胞内不断进行的能量释放和储存，ATP 与 ADP 不停地进行着互变。因为 ATP 是细胞内能量转换的中间携带者，所以被形象地称为“能量货币”。ATP 是细胞生命活动的直接供能者，也是细胞内能量获得、转换、储存和利用等环节的联系纽带。

“能量货币”ATP 中所携带的能量来源于糖、氨基酸和脂肪酸等的氧化，这些物质的氧化是能量转换的前提。以葡萄糖氧化为例，从糖酵解到 ATP 的形成是一个极其复杂的过程，大体分为 3 个步骤：糖酵解（glycolysis）、三羧酸循环（tricarboxylic acid cycle，TCA cycle）和氧化磷酸化（oxidative phosphorylation）（图 2-6-11）。蛋白质和脂肪的彻底氧化只在糖酵解中与糖代谢有所区别。

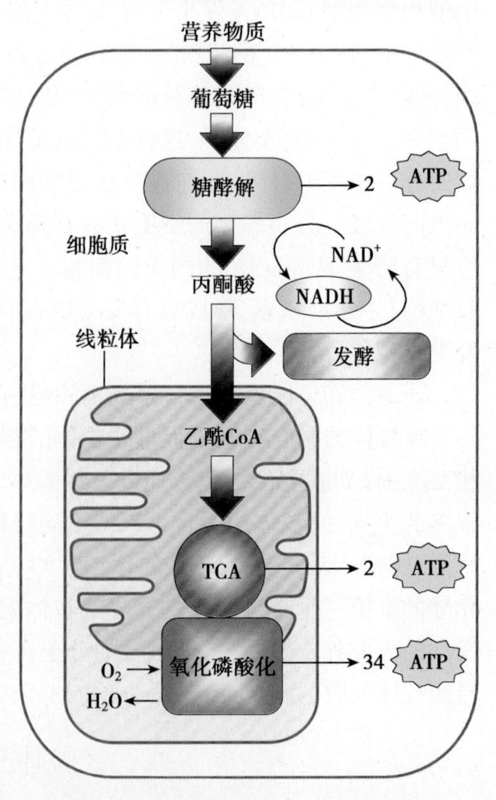

图 2-6-11 葡萄糖氧化的 3 个步骤

一、葡萄糖在细胞质中进行糖酵解

糖酵解在细胞质中进行，其过程可概括为以下方程式：

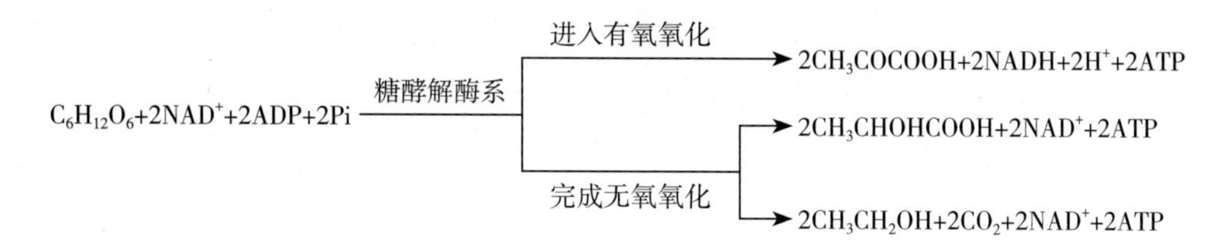

分子葡萄糖经过十多步反应，生成 2 分子丙酮酸，同时脱下 2 对 H 交给受氢体 NAD^+ 携带，形成 2 分子 $NADH+H^+$。NAD^+ 能可逆地接受 2 个电子和 1 个 H^+，另 1 个 H^+ 则留在溶质中。在糖酵解过程中一共生成 4 分子 ATP，但由于要消耗 2 分子 ATP，所以净生成 2 分子的 ATP。若从糖原开始糖酵解，因不需消耗 1 分子 ATP 使葡萄糖磷酸化，则总反应净生成 3 分子 ATP。这种由高能底物水解放能，直接将高能磷酸键从底物转移到 ADP 上，使 ADP 磷酸化生成 ATP 的作用，称为底物水平磷酸化（substrate-level phosphorylation）。

糖酵解产物丙酮酸的代谢去路，因不同生活状态的生物而异。专性厌氧生物在无氧情况下，丙酮酸可由 $NADH+H^+$ 供氢而还原为乳酸或乙醇，从而完成无氧氧化过程。专性需氧生物在供氧充足时，丙酮酸与 $NADH+H^+$ 将作为有氧氧化原料进入线粒体中。丙酮酸进入线粒体的机制尚未完全明了，可能以其自身的脂溶性通过线粒体内膜；$NADH+H^+$ 本身不能透过线粒体内膜，故 $NADH+H^+$ 进入线粒体的方式较为复杂，必须借助于线粒体内膜上特异性穿梭系统进入线粒体内。肝脏、肾脏和心肌线粒体转运 $NADH+H^+$ 的主要方式如图 2-6-12 所示，胞质中 $NADH+H^+$ 经苹果酸脱氢酶作用，使草酰乙酸接受 2 个 H 而成为苹果酸；苹果酸经内膜上苹果酸-α-酮戊二酸逆向运输载体的变构作用转入线粒体内；进入线粒体的苹果酸在苹果酸脱氢酶作用下，以 NAD^+ 为受氢体形成草酰乙酸和 $NADH+H^+$；而草酰乙酸不能经内膜回到胞质，于是它与谷氨酸经谷-草转氨酶的作用而相互转变为天冬氨酸和 α-酮戊二酸，这两者都能在逆向运输载体的帮助下透过内膜进入胞质中去；线粒体内消耗的谷氨酸则由胞质内的谷氨酸与外出的天冬氨酸通过谷氨酸-天冬氨酸逆向运输载体实现交换运输以取得补充。另外，在脑和昆虫的飞翔肌中还存在一种 α-磷酸甘油穿梭系统。

在线粒体基质中丙酮酸脱氢酶体系作用下，丙酮酸进一步分解为乙酰辅酶 A，NAD^+ 作为

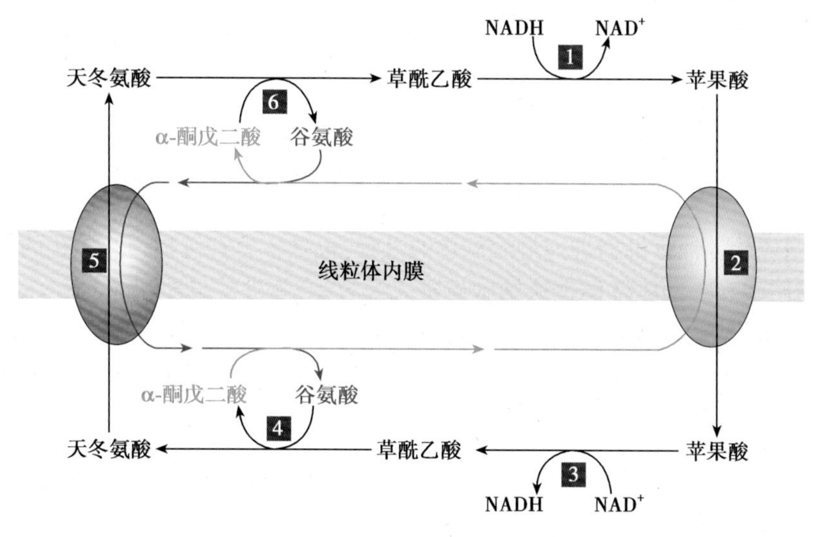

图 2-6-12　线粒体内膜的穿梭机制

受氢体被还原：

$$2CH_3COCOOH + 2HSCoA + 2NAD^+ \longrightarrow 2CH_3CO\text{-}SCoA + 2CO_2 + 2NADH + 2H^+$$

二、三羧酸循环在线粒体基质中实现

在线粒体基质中，乙酰 CoA 与草酰乙酸结合成柠檬酸而进入柠檬酸循环，由于柠檬酸有 3 个羧基，故也称为三羧酸循环（TCA 循环）（图 2-6-13）。

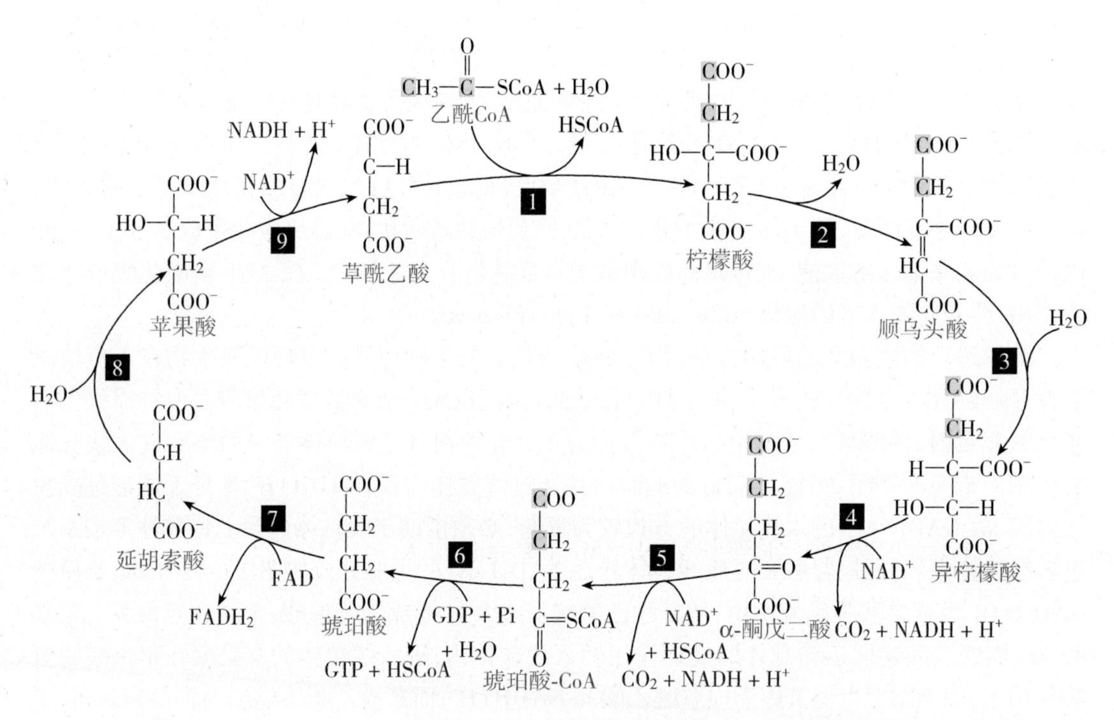

图 2-6-13 三羧酸循环示意图

循环中，柠檬酸经过一系列酶促的氧化脱氢和脱羧反应，其中的 2 个碳原子氧化形成 CO_2，从而削减了 2 个碳原子。在循环的末端，又重新生成草酰乙酸，而草酰乙酸又可和另 1 分子乙酰 CoA 结合，生成柠檬酸，开始下一个循环，如此周而复始。整个过程中，总共消耗 3 个 H_2O 分子，生成 1 分子的 GTP（可转变为 1 分子的 ATP）、4 对 H 和 2 分子 CO_2。脱下的 4 对 H，其中 3 对以 NAD^+ 为受氢体，另 1 对以 FAD 为受氢体。FAD 能可逆地接受 2 个 H，即 2 个质子和 2 个电子，转变成还原态 $FADH_2$。ATP/ADP 及 $NADH/NAD^+$ 比值高时均能降低三羧酸循环的速度。三羧酸循环总的反应式为：

$$2CH_2COSCoA + 6NAD^+ + 2FAD + 2ADP + 2Pi + 6H_2O \longrightarrow 4CO_2 + 6NADH + 6H^+ + 2FADH_2 + 2HSCoA + 2ATP$$

三羧酸循环是各种有机物进行最后氧化的过程，也是各类有机物相互转化的枢纽。除了丙酮酸外，脂肪酸和一些氨基酸也从细胞质进入线粒体，并进一步转化成乙酰 CoA 或三羧酸循环的其他中间体。三羧酸循环的中间产物可用来合成包括氨基酸、卟啉及嘧啶核苷酸在内的许多物质。只有经过三羧酸循环，有机物才能进行完全氧化，提供远比糖无氧酵解所能提供的多得多的能量，供生命活动的需要。

三、氧化磷酸化耦联是能量转换的关键

Notes

氧化磷酸化是释放代谢能的主要环节，在这个过程中，NADH 和 $FADH_2$ 分子把它们从食

物氧化得来的电子转移到氧分子。这一反应相当于氢原子在空气中燃烧最终形成水的过程，释放出的能量绝大部分用于生成 ATP，少部分以热的形式释放。

（一）呼吸链和 ATP 合酶复合体是氧化磷酸化的结构基础

1. 呼吸链　1 分子的葡萄糖经无氧氧化、丙酮酸脱氢和三羧酸循环，共产生 6 分子 CO_2 和 12 对 H，这些 H 必须进一步氧化成为水，整个有氧氧化过程才告结束。但 H 并不能与 O_2 直接结合，一般认为 H 须首先离解为 H^+ 和 e^-，电子经过线粒体内膜上酶体系的逐级传递，最终使 1/2 O_2 成为 O^{2-}，后者再与基质中的 2 个 H^+ 化合生成 H_2O。这一传递电子的酶体系是由一系列能够可逆地接受和释放 H^+ 和 e^- 的化学物质所组成，它们在内膜上有序地排列成相互关联的链状，称为呼吸链（respiratory chain）或电子传递链（electron transport chain）。

只传递电子的酶和辅酶称为电子传递体，它们可分为醌类、细胞色素和铁硫蛋白 3 类化合物；既传递电子又传递质子的酶和辅酶称为递氢体。除了泛醌（辅酶 Q，CoQ）和细胞色素 c（Cyt c）外，呼吸链其他成员分别组成了Ⅰ、Ⅱ、Ⅲ、Ⅳ 4 个脂类蛋白质复合体，它们是线粒体内膜的整合蛋白（表 2-6-3）。CoQ 是脂溶性的蛋白质，可在脂双层中从膜的一侧向另一侧移动；细胞色素 c 是膜周边蛋白，可在膜表面移动。

表 2-6-3　线粒体电子传递链组成

复合体	酶活性	分子量	辅基
Ⅰ	NADH-CoQ 氧化还原酶	85 000	FMN、FeS
Ⅱ	琥珀酸 -CoQ 氧化还原酶	97 000	FAD、FeS
Ⅲ	$CoQH_2$- 细胞色素 c 氧化还原酶	280 000	血红素 b、FeS 血红素 c1
Ⅳ	细胞色素 c 氧化酶	200 000	血红素 a、Cu 血红素 a3

2. ATP 合酶复合体　线粒体内膜（包括嵴）的内表面附有许多圆球形基粒。基粒由头部、柄部和基片 3 部分组成：头部呈球形，直径 8~9nm；柄部直径约 4nm，长 4.5~5nm；头部与柄部相连凸出在内膜表面，柄部则与嵌入内膜的基片相连。进一步研究表明，基粒是将呼吸链电子传递过程中所释放的能量（质子浓度梯度和电位差）用于使 ADP 磷酸化生成 ATP 的关键装置，是由多种多肽构成的复合体，其化学本质是 ATP 合酶或 ATP 合酶复合体，也称 F_0F_1 ATP 合酶（图 2-6-14）。

（1）头部：又称耦联因子 F_1，是由 5 种亚基组成的 $\alpha_3\beta_3\gamma\delta\varepsilon$ 多亚基复合体，分子量为 360 000。3 个 α 亚基和 3 个 β 亚基交替排列，形成 1 个"橘瓣"状结构，组成颗粒的头部，每 1 个 β 亚基有 1 个催化 ATP 合成的位点。γ 亚基从 F_1 顶端到 F_0 穿过整个复合体中心，形成中央柄；ε 亚基协助 γ 亚基到 F_0 基部。γ 亚基与 ε 亚基有很强的亲和力，它们结合在一起形成"转子"，位于中央；而 δ 亚基可与基片膜

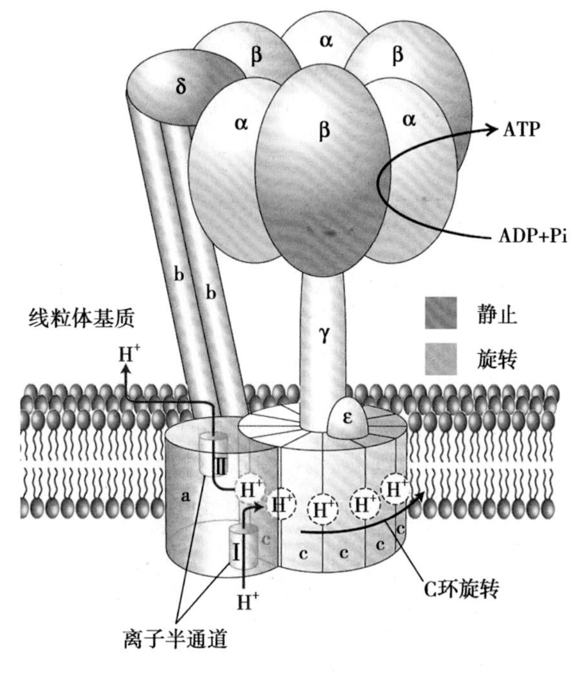

图 2-6-14　ATP 合酶复合体分子结构示意图
显示其由头部、柄部和基片 3 部分组成

蛋白相结合，为 F_0 和 F_1 相连接所必需。纯化的 F_1 可催化 ATP 水解，但其在自然状态下（通过柄部与基片相连）的功能是催化 ATP 合成，原因为在体状态下存在一种 F_1 抑制蛋白（F_1 inhibitory protein），可与 F_1 因子结合，阻止 ATP 水解，但不抑制 ATP 的合成。

（2）柄部：这是一种对寡霉素敏感的蛋白质（OSCP），相对分子量 18 000。OSCP 能与寡霉素特异结合，使寡霉素的解耦联作用得以发挥，从而抑制 ATP 合成。

（3）基片：又称耦联因子 F_0，由 a、b、c 3 种亚基以 ab_2c_{12} 的方式组成，还有 2~5 个功能未明的多肽。多拷贝的 c 亚基形成一个可动环状结构，a 亚基与 b 亚基二聚体排列在 c 亚基十二聚体形成的环的外侧，F_0 基片中的对 b 亚基和 a 亚基与 F_1 头部的 δ 亚基组成 1 个外周柄，相当于 1 个"定子"（stator），将 α 亚基和 β 亚基的位置固定。

F_0 镶嵌于内膜的脂双层中，不仅起连接 F_1 与内膜的作用，而且还是质子（H^+）流向 F_1 的穿膜通道。F_0 与 F_1 通过"转子"和"定子"连接起来，在合成 ATP 的过程中，"转子"在穿过 F_0 的 H^+ 流的驱动下，在 $\alpha_3\beta_3$ 的中央旋转，调节 β 亚基催化位点的构象变化，"定子"在一侧将 $\alpha_3\beta_3$ 与 F_0 连接起来并保持固定位置。

（二）电子传递过程中释放出的能量催化 ADP 磷酸化而合成 ATP 实现氧化磷酸化耦联

经糖酵解和三羧酸循环产生的 NADH 和 $FADH_2$ 是两种还原性的电子载体，它们所携带的电子经线粒体内膜上的呼吸链逐级定向传递给 O_2，本身则被氧化（图 2-6-15）。由于电子传递所产生的质子（H^+）浓度梯度和电位差，其中所蕴藏的能量被 F_0F_1ATP 合酶用来催化 ADP 磷酸化而合成 ATP，这就是氧化磷酸化耦联或氧化磷酸化作用。

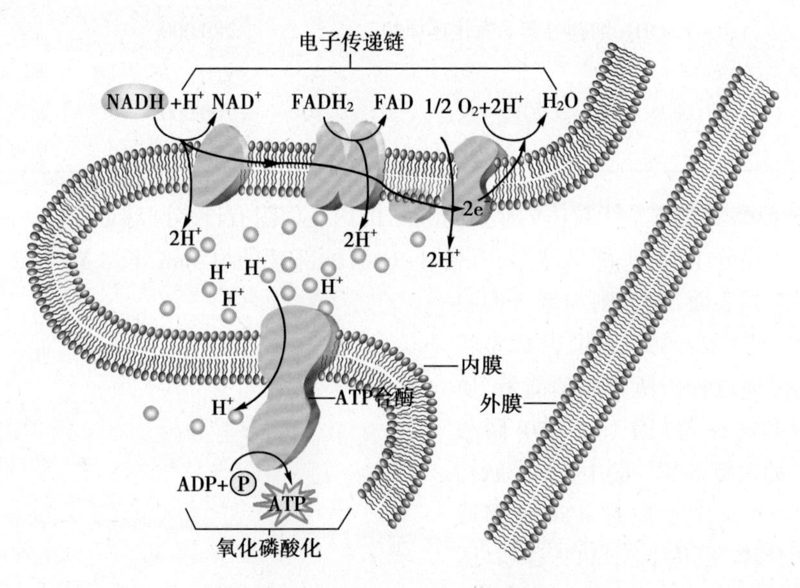

图 2-6-15 电子传递与氧化磷酸化过程

在正常情况下，氧化水平总是和磷酸化水平密切耦联的，没有磷酸化就不能进行电子传递。根据对相邻电子载体的氧化还原电位的测定表明，呼吸链中有 3 个主要的能量释放部位，即 NADH → FMN，细胞色素 b →细胞色素 c 之间，细胞色素 a → O_2 之间。这 3 个部位释放的能量依次为 50 800J、41 000J 和 99 500J，每个部位裂解所释放的能量足以使 1 分子 ADP 磷酸化生成 1 分子 ATP。载氢体 NADH 和 $FADH_2$ 进入呼吸链的部位不同，所形成的 ATP 也有差异。1 分子 NADH+H^+ 经过电子传递，释放的能量可以形成 2.5 分子 ATP；而 1 分子 $FADH_2$ 所释放的能量则能够形成 1.5 分子 ATP。

综上所述，葡萄糖完全氧化所释放的能量主要通过两条途径形成 ATP：①底物水平磷酸化生成 4 分子 ATP，其中在糖酵解和三羧酸循环中分别生成 2 分子 ATP；②氧化磷酸化生成 28

个 ATP 分子。在葡萄糖的氧化过程中，一共产生 12 对 H，其中的 10 对以 NAD^+ 为载氢体，经氧化磷酸化作用可生成 25 个 ATP 分子，2 对以 FAD 为载氢体进入电子传递链，经氧化磷酸化作用可生成 3 个 ATP 分子，共产生 28 个 ATP 分子。因此，1 分子葡萄糖完全氧化共可生成 32 分子 ATP，其中仅有 2 分子 ATP 是在线粒体外通过糖酵解形成的。葡萄糖有氧氧化的产能效率大大高出无氧酵解的能量利用效率。

(三) H^+ 穿膜传递形成跨线粒体内膜的电化学质子梯度可驱动内膜上的 ATP 合酶催化 ADP 磷酸化为 ATP

关于电子传递与磷酸化的耦联机制至今尚未彻底阐明，曾先后有过许多假说，目前被广泛接受的是英国化学家 PD Mitchell（1961）提出的化学渗透假说（chemiosmotic coupling hypothesis）。该假说认为氧化磷酸化耦联的基本原理是电子传递中的自由能差造成 H^+ 穿膜传递，暂时转变为跨线粒体内膜的电化学质子梯度（electrochemical proton gradient）。然后，质子顺梯度回流并释放出能量，驱动结合在内膜上的 ATP 合酶，催化 ADP 磷酸化成 ATP。这一过程可综合如下：①NADH 或 $FADH_2$ 提供一对电子，经电子传递链，最后为 O_2 所接受；②电子传递链同时起 H^+ 泵的作用，在传递电子的过程中伴随着 H^+ 从线粒体基质到膜间隙的转移；③线粒体内膜对 H^+ 和 OH^- 具有不可透性，所以随着电子传递过程的进行，H^+ 在膜间隙中积累，造成了内膜两侧的质子浓度差，从而保持了一定的势能差；④膜间隙中的 H^+ 有顺浓度返回基质的倾向，能借助势能通过 ATP 酶复合体 F_0 上的质子通道渗透到线粒体基质中，所释放的自由能驱动 F_0F_1ATP 合酶合成 ATP。

化学渗透假说有两个特点：一是需要定向的化学反应；二是突出了膜的结构。该学说可以解释氧化磷酸化过程中的许多特性，也得到了很多实验结果的支持。但是仍存在一些难以用化学渗透假说解释的实验结果，因此还必须不断地修改和完善。相继有人提出了一些新的理论，包括变构假说、碰撞假说等，但都存在一定的问题。目前，争论的焦点主要集中在电化学质子梯度如何驱动 H^+-ATP 酶复合体的问题上。

四、电化学梯度所含能量可转换成 ATP 的化学能

ADP 和 Pi 在 F_0F_1ATP 合酶的催化下合成 ATP，可是 F_1 因子究竟如何利用 H^+ 的电化学梯度势能使 ADP 和无机磷酸间建立共价键形成 ATP，这仍是一个谜。PD Boyer（1989）提出了结合变构机制（binding-change mechanism）来解释 F_1 因子在 ATP 合成中的作用过程（图 2-6-16）。结合变构机制的观点为：①质子运动所释放的能量并不直接用于 ADP 的磷酸化，而主要用于改变活性位点与 ATP 产物的亲和力；②任何时刻 ATP 合酶上的 3 个 β 亚基均以 3 种不同的构象存在，从而使其对核苷酸保持不同的亲和力；③ATP 通过旋转催化而合成，在此过程中，通过“F_0”通道的质子流引起 c 亚基环与附着于其上的 γ 亚基纵轴在 $\alpha_3\beta_3$ 的中央进行旋转，旋转是由 F_0 质子通道所进行的质子跨膜运动来驱动的。

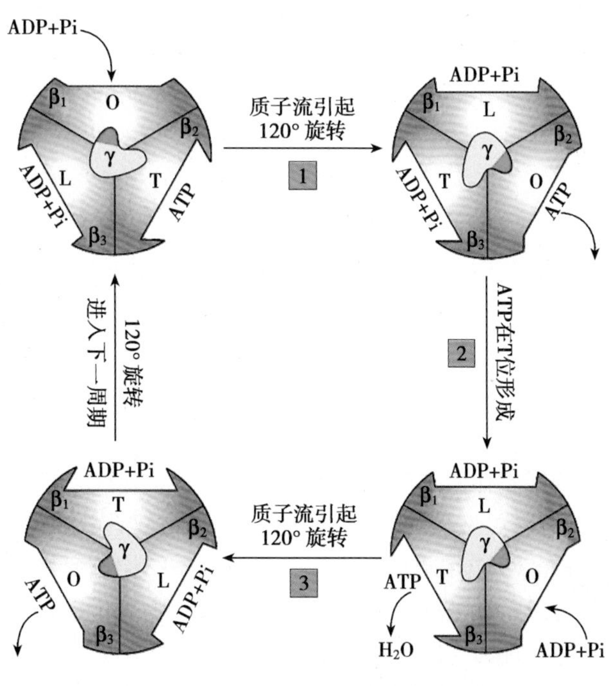

图 2-6-16　ATP 合成的结合变构机制

旋转在360°范围内分3步发生，大约每旋转120°γ亚基就会与一个不同的β亚基相接触，正是这种接触使β亚基具有3种不同的构象。β亚基上的3个催化位点在特定的瞬间，其中一位点处于“疏松（L）”构象时，对ADP与Pi的结合松散；第二个位点处于“紧密（T）构象”时，核苷酸（底物ADP与Pi或生成的产物ATP）被紧密结合；第三个位点则处于“开放（O）”构象，此时对核苷酸的亲和力极低，从而允许ATP释放。

结合变构机制的具体过程为：质子驱动力引起中央轴γ亚基旋转，这种旋转产生一种协同性构象改变。循环开始时，催化位点处于开放(O)构象，底物ADP和Pi进入催化位点。步骤1，质子的跨膜运动诱导位点构象变为疏松（L）型，此时底物结合疏松；步骤2，额外的质子跨膜运动诱导位点构象变为紧密（T）型，使底物与催化位点紧密结合；步骤3，紧密结合的ADP和Pi自发地缩合成紧密结合的ATP，该步骤不需要构象变化；步骤4，额外的质子运动诱导位点构象变回开放（O）型，此时位点对ATP的亲和性降低，从而释放ATP（图2-6-17）。γ亚基的一次完整旋转（360°）使每一个β亚基都经历3种不同构象改变，导致合成3个ATP并从ATP合酶复合体表面释放。这种使化学能转换成机械能的效率几乎达100%，ATP合酶复合体是一个高效旋转的“分子马达”。

1994年，英国的John Walker及其同事发表了F_1头部的详细原子模型，为PD Boyer的结合变构机制提供了一个重要的结构学上的证据，他因此与PD Boyer分享了1997年的诺贝尔化学奖。

氧化磷酸化所需的ADP和Pi是细胞质输入到线粒体基质中的，而合成ATP则要输往线粒体外，可是线粒体内膜具有高度不透性，因此这些物质进出线粒体需要依靠专门的结构。线粒体内膜上有一些专一性转运蛋白同这些物质进出线粒体有关，例如其中的一种为腺苷酸转移酶能利用内膜内外H^+梯度差把ADP和Pi运进线粒体基质，而把ATP输往线粒体外。

第三节 线粒体与人类学和医学研究

每一个人类细胞中带有数百个线粒体，每个线粒体中又含有若干个mtDNA分子。线粒体通过合成ATP而为细胞提供能量，调节细胞质的氧化-还原（redox）状态，也是细胞内氧自由基产生的主要来源，后者则与细胞的许多生命活动有关。因此维持线粒体结构与功能的正常，对于细胞的生命活动至关重要。而在特定条件下线粒体与疾病的发生有着密切的关系，一方面是疾病状态下线粒体作为细胞病变的一部分，是疾病在细胞水平上的一种表现形式；另一方面线粒体作为疾病发生的主要动因，是疾病发生的关键，主要表现为mtDNA突变导致细胞结构和功能异常。

一、疾病发生发展过程中存在线粒体变化

线粒体对外界环境因素的变化很敏感，一些环境因素的影响可直接造成线粒体功能的异常。例如在有害物质渗入（中毒）、病毒入侵（感染）等情况下，线粒体亦可发生肿胀甚至破裂，肿胀后的体积有的比正常体积大3~4倍。如人体原发性肝癌细胞癌变过程中，线粒体嵴的数目逐渐下降而最终成为液泡状线粒体；细胞缺血性损伤时的线粒体也会出现结构变异如凝集、肿胀等；维生素C缺乏病（坏血病）患者的病变组织中有时也可见2~3个线粒体融合成1个大的线粒体的现象，称为线粒体球；一些细胞病变时，可看到线粒体中累积大量的脂肪或蛋白质，有时可见线粒体基质颗粒大量增加，这些物质的充塞往往影响线粒体功能甚至导致细胞死亡；如线粒体在微波照射下会发生亚微结构的变化，从而导致功能上的改变；氰化物、CO等物质可阻断呼吸链上的电子传递，造成生物氧化中断、细胞死亡；随着年龄的增长，线粒体的氧化磷酸化能力下降（图2-6-17）等。在这些情况下，线粒体常作为细胞病变或损伤时最敏感的指标之一，成为分子细胞病理学检查的重要依据。

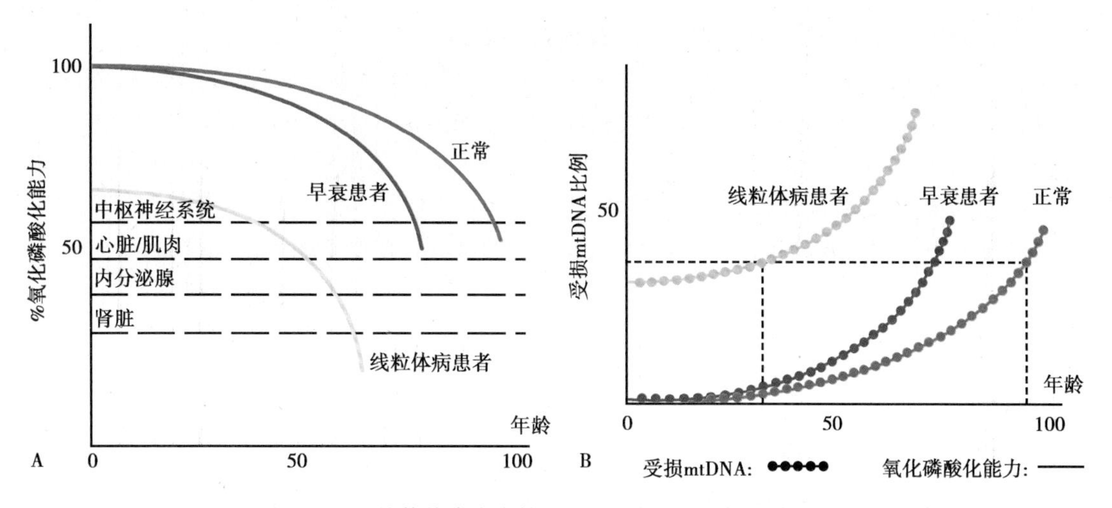

图 2-6-17　线粒体病患者的 mtDNA 状态与氧化磷酸化能力

二、线粒体异常导致疾病

(一) mtDNA 突变导致疾病

线粒体含有自身独特的环状 DNA，但其 DNA 是裸露的，易发生突变且很少能修复；同时线粒体功能的完善还依赖于细胞核和细胞质的协调。当突变线粒体 DNA 进行异常复制时，机体的免疫系统并不能对此予以识别和阻止，于是细胞为了将突变的线粒体迅速分散到子细胞中去，即以加快分裂的方式对抗这种状态，以减轻对细胞的损害，但持续的损害将最终导致疾病的发生。这类以线粒体结构和功能缺陷为主要疾病原因的疾病常称为线粒体疾病(mitochondrial disorders)。

线粒体疾病主要影响神经、肌肉系统，所以有时也统称为线粒体脑肌病(mitochondrial encephalomyopathy)，但不同的疾病，或同一疾病不同的个体都有不同的临床表现。由于 mtDNA 全序列已经被弄清楚，利用现代生物学技术可以使线粒体疾病得到明确诊断。

(二) 线粒体融合和分裂异常导致疾病

线粒体融合和分裂异常或者编码参与线粒体融合和分裂蛋白的基因发生突变，就可能导致疾病的发生。如参与线粒体分裂的 Drp1 基因发生突变时，导致婴儿出生后大脑发育障碍，视神经萎缩同时并伴有其他一些严重的并发症。当线粒体分裂被扰乱时，会导致一些常见的线粒体功能失常，如线粒体膜电位缺失，ROS 增高以及线粒体 DNA 丢失等。而介导细胞融合的蛋白 Opa1 和 Mfn2 的突变会引起 Kjer's 病(常染色体显性视神经萎缩症)和 2A 型腓骨肌萎缩症。因此，细胞内线粒体不断进行的融合和分裂并保持动态平衡对维持细胞的正常生命活动具有重要的意义。

框 6-3　Leber 遗传性视神经病

Leber 遗传性视神经病(Leber hereditary optic neuropathy，LHON) 于 1871 年由 Theodor Leber 医生首次报道，因主要症状为视神经退行性变，故又称为 Leber 视神经萎缩。患者多在 18~20 岁发病，男性多见，个体细胞中突变(通常为"ND4"的 G11778A、ND6 的 G14459A、ND1 的 G3460A、ND6 的 T14484C 或 Cytb 的 G15257A"点突变) mtDNA 比例超过 96% 时发病，少于 80% 时男性患者症状不明显。临床表现为双侧视神经严重萎缩引起的急性或亚急性双侧中心视力丧失，可伴有神经、心血管、骨骼肌等系统异常，如头痛、癫痫及心律失常等。

尽管mtDNA的发现已经40余年,线粒体疾病的概念也早于1962年就已提出,但它在人类病理学方面的重要性在近些年的研究中才变得越来越明显,mtDNA突变与疾病的报道也在不断地增加,因此先后提出了线粒体遗传学(mitochondrial genetics)和线粒体医学(mitochondrial medicine)等概念及学科,用于开展以下几方面的应用及研究:一是对人类起源的研究;二是对衰老和肿瘤的研究;三是对心脏、神经-肌肉疾病的关系研究等。探讨线粒体与人类进化、疾病及衰老的关系,对指导临床上疾病的诊治具有重要意义。

三、多途径、多手段治疗mtDNA疾病

线粒体疾病的治疗尚待突破。目前线粒体疾病治疗的基本措施包括:补充疗法、选择疗法和基因疗法。所谓补充疗法是给患者添加呼吸链所需的辅酶,目前运用较广泛的是辅酶Q,其在线粒体脑肌病(Kearns-Sayre syndrome)、心肌病及其他呼吸链复合物缺陷的线粒体病的治疗中都有一定作用,同时在对缓解与衰老有关的氧化/抗氧化平衡异常也发挥了功效。另外,辅酶Q、L-肉胆碱、抗坏血酸(维生素C)、2-甲基萘茶醌(维生素K_3)和二氯乙酰酸也能暂时缓解部分线粒体病的症状。所谓选择疗法是选用一些能促进细胞排斥突变线粒体的药物对患者进行治疗以增加异质体细胞中正常线粒体的比例,从而将细胞的氧化磷酸化水平升高至阈值以上。一种可能的药物是氯霉素,作为ATP合成酶的抑制剂,连续低剂量使用此药能促进对缺陷线粒体的排斥。所谓线粒体基因治疗是将正常的线粒体基因转入患者体内以替代缺陷的线粒体基因发挥作用,包括以改善患者临床症状为目的的体细胞基因治疗和为彻底消除致病基因而开展的生殖细胞基因治疗两类。体细胞基因治疗可通过3种途径实现:①直接校正核DNA(nDNA)编码的突变线粒体基因;②将正常的mtDNA基因导入细胞核内使之生成正常的多肽链"重新转运至线粒体"恢复正常功能;③直接修正突变的mtDNA。目前,有关生殖细胞的基因治疗还处在实验室阶段。但据2013年3月20日《自然》杂志新闻版块报道,英国在线粒体疾病生殖细胞基因治疗的合法化方面迈进了一大步。如果一个卵细胞的线粒体DNA异常,细胞核正常,可将其细胞核取出,植入另一个线粒体DNA正常并被取出细胞核的卵细胞中,这样得到的卵细胞可同时具有健康的细胞核及线粒体DNA。利用此技术可防止儿童遗传某些由于线粒体异常导致的遗传性疾病。于是英国人类受精和胚胎管理局(the UK Human Fertilisation and Embryology Authority,HFEA)在当日向英国政府建议可采用此技术避免某些线粒体疾病的遗传。此举已得到了广泛的支持。

四、mtDNA用于人种起源研究

近年来研究人体细胞的线粒体DNA(mtDNA)多态性分析的结果表明,尽管人种间在体型、肤色方面有很大不同,但是从不同人种中所采集的样本分析显示全人类的mtDNA的差异却非常之小。由此推论,现代人类的祖先应是约十多万年前的一个很小的原始群体至晚期智人(*Homosapiens*)。这个晚期智人小群体来自同一位女祖先,他们的遗传特征基本相同。确切地说,是由这位女祖先所生的女儿们传给外孙女们这样的母女相传方式遗传下来的。因为人体细胞的线粒体只来自母亲一方(线粒体位于细胞质中,人类卵子受精过程中,精子细胞只有细胞核和卵细胞核融合,精子的细胞质包括线粒体被排除在卵细胞之外)。1987年美国遗传学家Rebecca Cann从全世界随机抽样了135名妇女,包括澳大利亚土著人、美洲土著人、欧洲人、中国人,以及非洲多个民族的代表等,逐对研究每位妇女与其他各个妇女的mtDNA差异的数目,最终确定在15万~25万年前有一个总分叉点,处于该点的女子是所有现存人类的纯粹母系的共同祖先,Rebecca Cann称之为线粒体"夏娃假说"(Eva hypothesis),人类的线粒体(mitochondrial Eve)原本来自这位女祖先。这位女祖先的后代在十余万年前走出非洲,走向世界各地,以后分化为不同的人种。至于肤色和发色的差异,是由人们长时期生活在不同维度的地理环境条件所引起。

小　结

细胞能量的摄取、转换、储存与利用是细胞新陈代谢的中心问题，正常的细胞能量代谢使细胞内部形成一个协调的系统。线粒体是细胞内参与能量代谢的主要结构，它由双层单位膜构成，内膜上分布着具有电子传递功能的蛋白质系统和使ADP+Pi生成ATP的ATP合酶复合体；线粒体还具有自己相对独立的遗传体系，但又依赖于核遗传体系，所以具有半自主性。线粒体基质进行着复杂的物质代谢，主要特点是脱氢和脱羧。脱下的氢由受氢体携带至线粒体内膜的电子传递链上传递，最后将电子交给氧，而质子则转移至膜间隙，质子在内膜两侧所形成的电梯度和浓度梯度足以使ATP合酶复合体通过特定的机制合成细胞的能量分子——ATP。ATP分子作为能量"货币"，实现供能与耗能间的能量流通，完成包括生物合成、肌肉收缩、神经传导、体温维持、细胞分裂、生物发光、细胞膜主动运输等在内的一系列细胞内部活动和整体的功能，以维持细胞整体的生存。在病理状态下，细胞能量代谢会发生崩溃，从而导致细胞内部的结构、功能改变，甚至引发临床疾病的发生。因此，探讨细胞的能量代谢已经成为生物学、医学的热点之一。

（刘　佳）

参考文献

1. McBride HM, Neuspiel M, Wasiak S. Mitochondria: more than just a powerhouse. Current Biology, 2006, 16(6): 556-560.
2. Alberts B, Johnson A, Lewis J, et al. Molecular Biology of the Cell. 5th ed. New York: Garland Science, 2008.
3. Endicott P, Ho SY, Metspalu M, et al. Evaluating the mitochondrial timescale of human evolution. Trends Ecol Evol, 2009, 24: 515-521.
4. Ewen C. Wide support in UK for novel DNA 'transplants' in human egg cells. Nature, doi: 10. 1038/nature. 2013: 126-149.

第七章 细胞骨架与细胞运动

细胞骨架(cytoskeleton)是真核细胞中存在的蛋白纤维网架系统,包括微管、微丝和中间丝。以前电镜样品制备一般采用锇酸或高锰酸钾低温(0~4℃)固定的方法,致使细胞骨架立体结构大多被破坏,直到1963年,使用戊二醛常温固定方法后,细胞骨架成分得以保存,人们才观察到在细胞中还存在一个三维网络结构系统(图 2-7-1)。

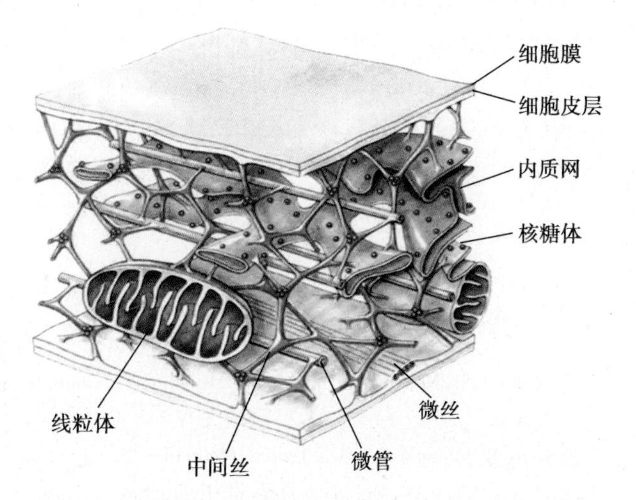

图 2-7-1 细胞骨架立体结构模式图

一般来讲,细胞骨架弥漫地分布在细胞质,但三种成分的分布有所不同,微丝一般分布在细胞膜内侧,微管则分布在细胞核周围,并呈放射状向胞质四周扩散,而中间丝分布在整个细胞中。

细胞骨架是由不同的蛋白质亚基装配成的纤维状的动态结构,根据细胞不同的功能状态,不断改变其排列、分布方式,相互交叉贯穿在整个细胞中,不仅对维持细胞的形态、保持细胞内部结构的有序性起重要作用,而且还与细胞的运动、物质运输、信息传递、基因表达、细胞分裂、细胞分化等重要生命活动密切相关,是细胞内除了生物膜体系和遗传信息表达体系外的第三类重要结构体系。

细胞骨架最先在细胞质中发现,后来又在细胞核中发现了类似结构,称为核骨架,核骨架将在第八章介绍,本章仅讨论细胞质骨架的结构和功能。

第一节 微 管

微管(microtubule,MT)是由微管蛋白原丝组成的不分支的中空管状结构。细胞内微管呈网状或束状分布,参与维持细胞形态、细胞极性、细胞运动以及细胞分裂等。

一、微管是由微管蛋白组成的不分支中空小管

微管内、外径分别约为 15nm、25nm,其长度变化很大,在大多数细胞中,微管的长度仅有几个微米长,但在某些特定的细胞中,如在中枢神经系统运动神经元的轴突中可以长达几厘米。

生化分析表明,构成微管的基本成分是微管蛋白(tubulin),微管蛋白呈球形,是一类酸性蛋白,占微管总蛋白的 80%~95%。可分为两种,即 α 微管蛋白和 β 微管蛋白,其中 α 微管蛋白含 450 个氨基酸残基,β 微管蛋白含 455 个氨基酸残基,两者均含酸性 C 末端序列,使微管表面带有较强的负电荷。这两种蛋白有 35%~40% 的氨基酸序列同源,表明编码它们的基因可能是由同一原始祖先演变而来。细胞中 α 微管蛋白和 β 微管蛋白常以异二聚体

(heterodimers)的形式存在,这种 αβ 微管蛋白异二聚体是细胞内游离态微管蛋白的主要存在形式,也是微管组装的基本结构单位。若干异二聚体首尾相接,形成细长的微管原丝,由 13 根原丝通过非共价键结合形成微管(图 2-7-2)。

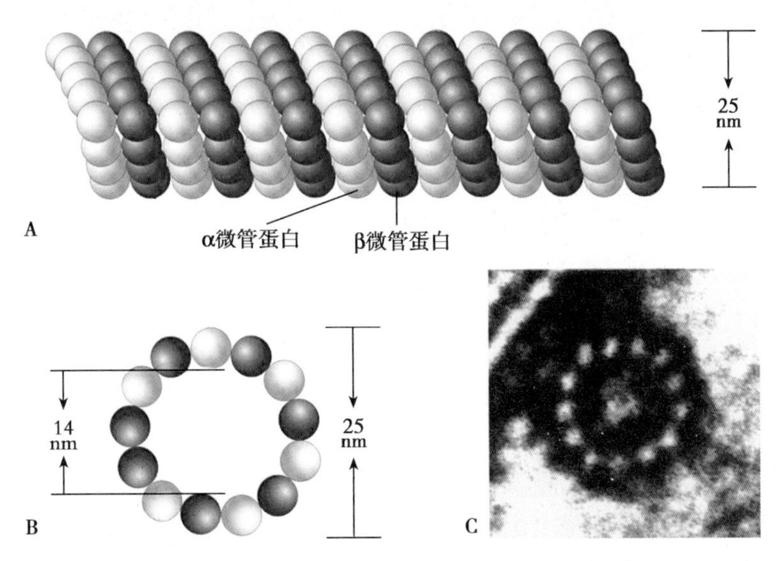

图 2-7-2　微管的结构

A,B. 微管结构模式图;C. 微管横切面电镜图像

微管蛋白的结构在生物进化过程中非常稳定,在 α 微管蛋白和 β 微管蛋白上各有一个 GTP 结合位点,在 α 微管蛋白位点上结合的 GTP 通常不会被水解,被称为不可交换位点(nonexchangeable site,N 位点)。但在 β 微管蛋白位点上结合的 GTP,在微管蛋白二聚体参与组装成微管后即被水解成 GDP,当微管去组装后,该位点的 GDP 再被 GTP 所替换,继续参与微管的组装,所以被称为可交换位点(exchangeable site,E 位点)。此外,微管蛋白上还含有二价阳离子(Mg^{2+}、Ca^{2+})结合位点、一个秋水仙碱(colchicine)结合位点和一个长春碱(vinblastine)结合位点。秋水仙碱和长春碱与微管蛋白异二聚体结合,具有抑制微管装配的作用。

近年来人们又发现了微管蛋白家族的第三个成员——γ 微管蛋白,其分子量约 50kD,由 455 个左右的氨基酸残基组成,存在于微管组织中心(microtubule organizing center,MTOC),只占微管蛋白总含量的不足 1%,但却是微管执行功能中必不可少的。如果编码 γ 微管蛋白的基因发生突变,可引起细胞质微管数量、长度上的减少和由微管组成的有丝分裂器的缺失,从而影响细胞分裂。细胞中大约有 80% 的 γ 微管蛋白以一种约 25 S 的复合物形式存在,称为 γ 微管蛋白环状复合物(γtubulin ring complex,γ-TuRC)(图 2-7-3),由 γ 微管蛋白和一些其他相关蛋白构成,是微管的一种高效的集结结构,在中心体中是微管装配的起始结构。

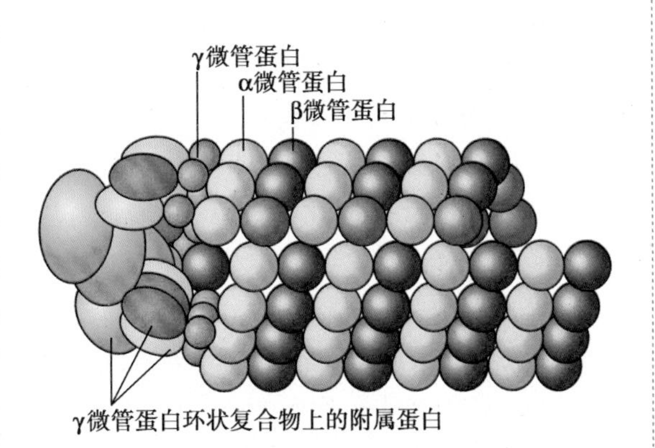

图 2-7-3　γ 微管蛋白环状复合物上的附属蛋白

微管在细胞中有三种不同的存在形式:单管(singlet)、二联管(doublet)和三联管(triplet)(图 2-7-4)。单管由 13 根原丝组成,是细胞质中微管的主要存在形式,常分散或成束分布。单管不稳定,易受低温、Ca^{2+} 和秋水仙碱等因素的影响而发生解聚。二联管由 A、B 两根单管组成,A 管为由 13 根原丝组成的完全微管,B 管仅有 10 根原丝,与 A 管共用 3 根原丝,主要分布在

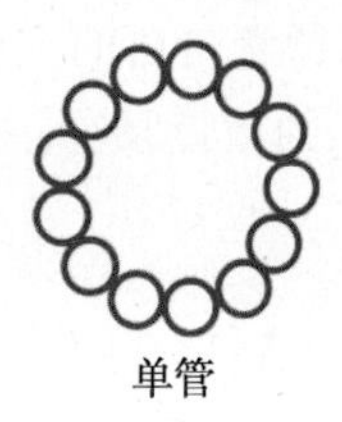

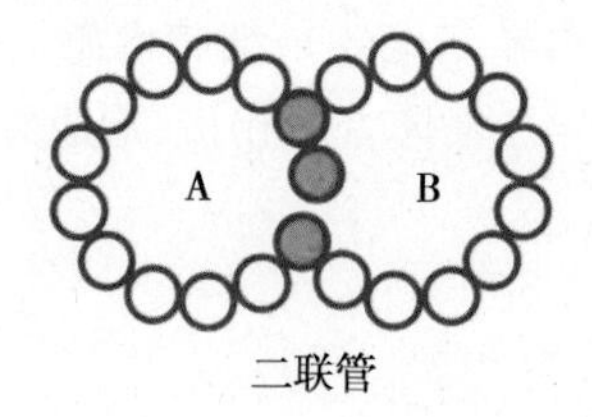

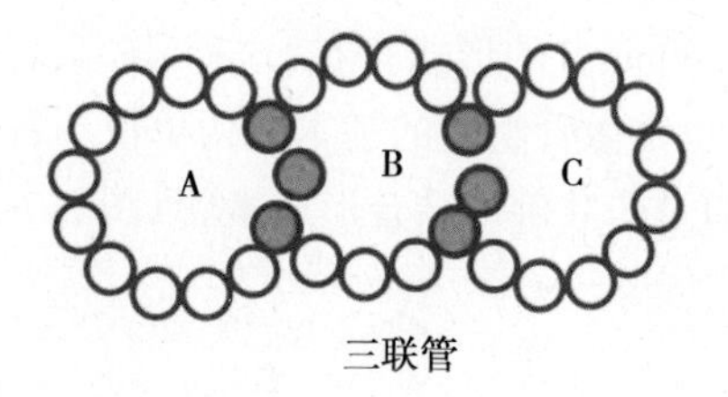

图 2-7-4 微管三种类型横断面示意图

纤毛和鞭毛的杆状部分。三联管由 A、B、C 三根单管组成，A 管有 13 根原丝，B 管和 C 管均由 10 根原丝组成，分别与 A 管和 B 管共用 3 根原丝，主要分布在中心粒及纤毛和鞭毛的基体中。二联管和三联管属于稳定微管。

二、微管结合蛋白是维持微管结构和功能的重要成分

在细胞内，还含有一些微管结合蛋白（microtubule associated protein，MAP），这是一类以恒定比例与微管结合的蛋白，决定不同类型微管的独特属性，参与微管的装配，是维持微管结构和功能的必需成分，它们结合在微管表面，维持微管的稳定以及与其他细胞器间的连接。一般认为，微管相关蛋白由两个区域组成：一个是碱性微管结合区，该区域能结合到微管蛋白侧面；另一个是酸性区域，从微管蛋白表面向外延伸成丝状，以横桥的方式与其他骨架纤维相连接（图 2-7-5）。突出区域的长度决定微管在成束时的间距大小。

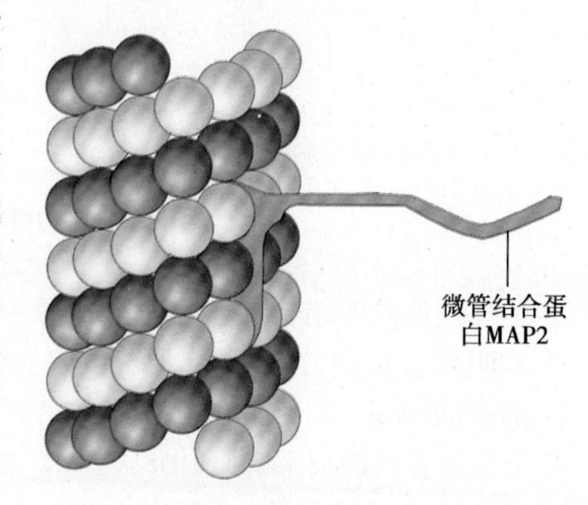

图 2-7-5 微管相关蛋白 MAP-2

微管相关蛋白主要包括：MAP-1、MAP-2、Tau 和 MAP-4。前三种微管相关蛋白主要存在于神经元中，MAP-4 广泛存在于各种细胞中，在进化上具有保守性。不同的 MAP 在细胞中有不同的分布区域，执行不同的功能。MAP-1 存在于神经细胞轴突和树突中，常在微管间形成横桥，可以控制微管延长，但不能使微管成束。MAP-2 存在于神经细胞的胞体和树突中，能在微管之间以及微管与中间丝之间形成横桥使微管成束。MAP-2 和 Tau 通常沿微管侧面结合，封闭微管表面，保持轴突和树突中微管的稳定；MAP-4 存在于各种细胞中，起稳定微管的作用。

框 7-1 新发现的微管相关蛋白

新近研究发现了一些新的在微管装配和功能调节中起重要作用的微管相关蛋白：

1. 正端追踪蛋白 这是一类定位于微管正端的结合蛋白，称为正端追踪蛋白（plus-end-racking protein）或“+TIPs”的微管相关蛋白，只有在微管正端生长时才会结合在微管上，在微管形成的控制、微管与质膜或动粒的连接及微管的踏车运动（tread milling）中起作用。“+TIPs”有两个亚系：CLIP-170 家族和 EB 家族。有实验证明，CLIP-170 先结合到游离的微管蛋白异二聚体或寡聚体上，然后通过共聚合作用，共同结合到微管的正端。在动物细胞中发现了 CLIP-170 家族的调节因子，被称为 CLIP 相关蛋白（CLIP associated proteins，CLASPs），它通过磷酸化来调节与微管之间的联系。有一些正端结合蛋白，如 EB1 微管戴帽蛋白结合在微管的末端可以控制微管的定位，以帮助生长的微管末端特异性地靶向细胞皮层的蛋白质。

2. 制止蛋白(stathmin)　这是一种小分子蛋白质,一分子制止蛋白结合两个微管蛋白异二聚体以阻止异二聚体添加到微管的末端。细胞中高活性水平的制止蛋白会降低微管延长的速率。制止蛋白的磷酸化会抑制制止蛋白结合到微管蛋白上,导致制止蛋白磷酸化的信号能加速微管的延长和动力学上的不稳定。

3. XMAP215　是一种细胞内普遍存在的微管稳定蛋白,能优先结合在微管表面,稳定微管的游离末端,抑制微管从生长到缩短的转变。在有丝分裂过程中 XMAP215 的磷酸化可抑制这种活性。

4. Katanin　是存在于所有类型细胞中的一种能够催化ATP水解和切割微管的蛋白,它通过结合微管壁并打断微管蛋白亚单位的结合来切断微管。Katanin 是由 2 个亚基组成的异二聚体,小亚基具有催化 ATP 水解和从微管组织中心附着的地方切断微管的功能。大亚基主要作用是将 katanin 定位在中心体区域。Katanin 在微管的快速解聚中扮演重要角色,主要在有丝分裂期和减数分裂过程发挥作用。

5. MCAK(mitotic centromere associated kinesin)　即有丝分裂中心体驱动蛋白,是分子马达蛋白中的驱动蛋白超家族成员,与其他马达蛋白不同,MCAK 并不搬运货物,当它和微管末端结合,可使微管末端的结构失去稳定性,将原纤维从微管壁上卷曲出来,破坏了 GTP 帽,使微管开始缩短,接着 MCAK 从解聚的微管蛋白亚单位上释放,并可以重新结合在微管上。MCAK 主要在有丝分裂和减数分裂过程中参与微管的解聚。

三、微管的组装与去组装是一种高度有序的生命活动

细胞质微管是一种动态结构,可通过快速组装和去组装达到平衡,这对于保证微管行使其功能具有重要意义。微管的组装是一个复杂而有序的过程,可分为三个时期:成核期、聚合期和稳定期。成核期(nucleation phase):先由 α 和 β 微管蛋白聚合成一个短的寡聚体(oligomer)结构,即组装核心,然后微管蛋白异二聚体在其两端和侧面添加使之扩展成片状带,当片状带加宽至 13 根原丝时,即合拢成一段微管。由于该期是微管聚合的开始,速度缓慢,是微管聚合的限速过程,因此也称为延迟期(lag phase)。聚合期(polymerization phase)又称延长期(elongation phase):该期细胞内高浓度的游离微管蛋白聚合速度大于解聚速度,新的异二聚体不断添加到微管正端,使微管延长。稳定期(steady state phase)又称为平衡期(equilibrium phase):随着细胞质中的游离微管蛋白浓度下降,达到临界浓度,微管的组装与去组装速度相等,微管长度相对恒定。

(一)微管的体外组装受多种因素影响

1972 年 Richard Weisenberg 首次从小鼠脑组织分离出微管蛋白,并在体外装配成微管获得成功。随后,精子尾部、肾脏、脑垂体、卵细胞、胚胎细胞和培养细胞提取物的微管蛋白都在体外装配成功。体外实验发现,在适当的条件下,微管能进行自我组装,其组装要受到微管蛋白异二聚体的浓度、pH 和温度的影响。在体外,只要微管蛋白异二聚体达到一定的临界浓度(约为 1mg/ml),有 Mg^{2+} 存在(无 Ca^{2+})、在适当的 pH(pH6.9)和温度(37℃)的缓冲液体中,异二聚体即组装成微管,同时需要由 GTP 提供能量。当温度低于 4℃或加入过量 Ca^{2+},已形成的微管又可去组装。微管在体外组装的主要方式是:先由微管蛋白异二聚体头尾相接形成短的原丝,然后经过在两端和侧面增加异二聚体扩展成片层,当片层扩展到 13 条原丝时,即合拢成一段微管。然后,新的异二聚体再不断加到微管的两端,使之延长(图 2-7-6)。由于原丝由 αβ 微管蛋白异二聚体头尾相接而成,这种排列构成了微管的极性。微管两端的异二聚体微管蛋白具有不同的构型,决定了它们添加异二聚体的能力不同,因而微管两端具有不同的组装速度。

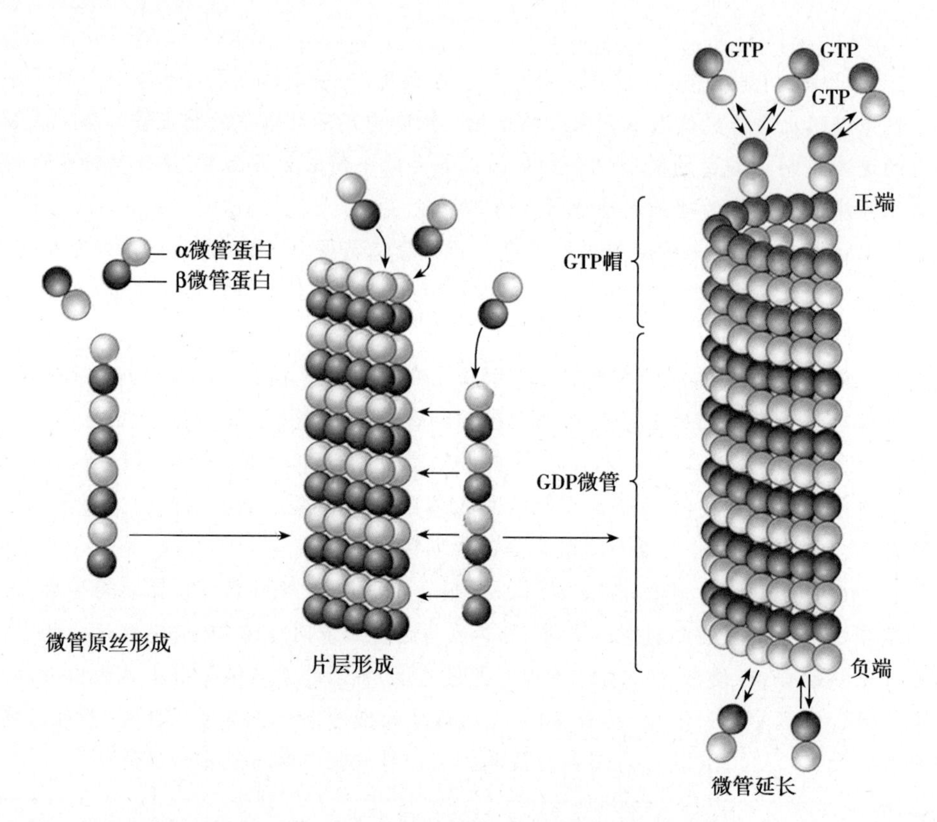

图 2-7-6 微管的体外装配过程与踏车现象模式图

通常微管持有β微管蛋白的正极(+)端组装较快,而持有α微管蛋白的负极(-)端组装较慢。在一定条件下,在同一条微管上常可发生微管的正极(+)因组装而延长,而其负极(-)则因去组装而缩短,这种现象称为踏车现象(tread milling)。当微管两极的组装和去组装的速度相同时,微管的长度保持稳定。

(二) 微管的体内装配受到严格的时间和空间控制

微管在体内的装配要比体外装配更为复杂,除了遵循体外装配规律外,还受到严格的时间和空间的控制。例如,在细胞分裂期纺锤体微管的组装和去组装,称为时间控制,而活细胞内的微管组织中心在空间上为微管装配提供始发区域,控制着细胞质中微管的数量、位置及方向,称为空间控制。MTOC包括中心体、纤毛和鞭毛的基体等。

中心体上的每一个γ-TuRC像一个基座,都是微管生长的起始点,或者称为成核部。微管组装时,游离的微管蛋白异二聚体以一定的方向添加到γ-TuRC上,而且γ微管蛋白只与二聚体中的α微管蛋白结合,结果产生的微管在靠近中心体的一端都是负极(-),而另一端是正极(+),都是β微管蛋白。因此产生的微管负极均被γ-TuRC封闭,在细胞内微管的延长或缩短的变化大多发生在微管的正极(+)(图2-7-7)。

纤毛和鞭毛内部的微管起源于其基部的基体(basal body)。基体的结构与中心粒基本一致,由9组三联体微管构成,它们是同源结构,在某些时候可以相互转变。例如,精子鞭毛内部的微管起源于中心粒衍生来的基体,该基体进入卵细胞后在受精卵第一次分裂过程中又形成中心粒。

(三) 微管组装的动态调节(非稳态动力学模型)

非稳态动力学模型(dynamic instability model)在微管的组装过程中起主导作用。该模型认为,微管组装过程不停地在增长和缩短两种状态中转变,表现动态不稳定性。

微管在体外组装时,有两个因素决定微管的稳定性:即游离GTP-异二聚体微管蛋白的浓度和GTP水解成GDP的速度。当游离GTP-异二聚体微管蛋白的浓度高时,携带GTP的微

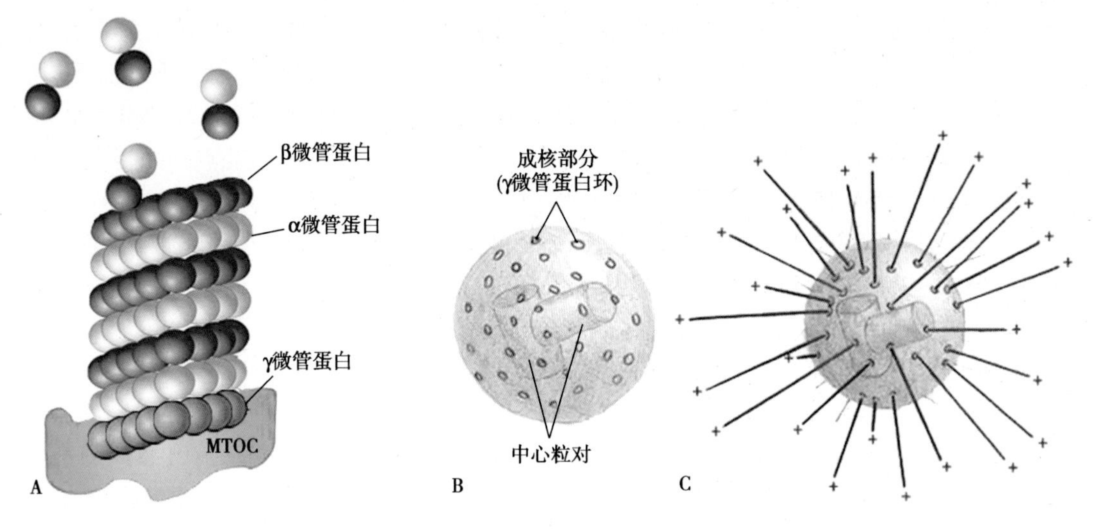

图 2-7-7　微管在中心体上的聚合

A. 中心体的无定形蛋白基质中含有γ微管蛋白环，它是微管生长的起始部位；B. 中心体上的γ微管蛋白环；C. 中心体与附着其上的微管，负端被包围在中心体中，正端游离在细胞质中

管蛋白异二聚体快速添加到微管末端，使得组装速度大于 GTP 的水解速度，GTP 的微管蛋白在增长的微管末端彼此牢固结合，形成了 GTP 帽（GTP cap），此帽可以防止微管解聚，从而使微管继续生长。随着游离 GTP-异二聚体微管蛋白的浓度的降低，其加至微管末端的速度减慢，GTP 微管蛋白聚合速度小于 GTP 的水解速度，GTP 帽不断缩小暴露出 GDP 微管蛋白，它们因结合不紧密而使微管原丝弯曲，并迅速脱落下来使微管缩短。当异二聚体浓度升高时，微管又开始延长（图 2-7-8）。可见，在微管的组装过程中，微管在不停地延长和缩短两种状态下转变，是微管组装动力学的一个重要特点。

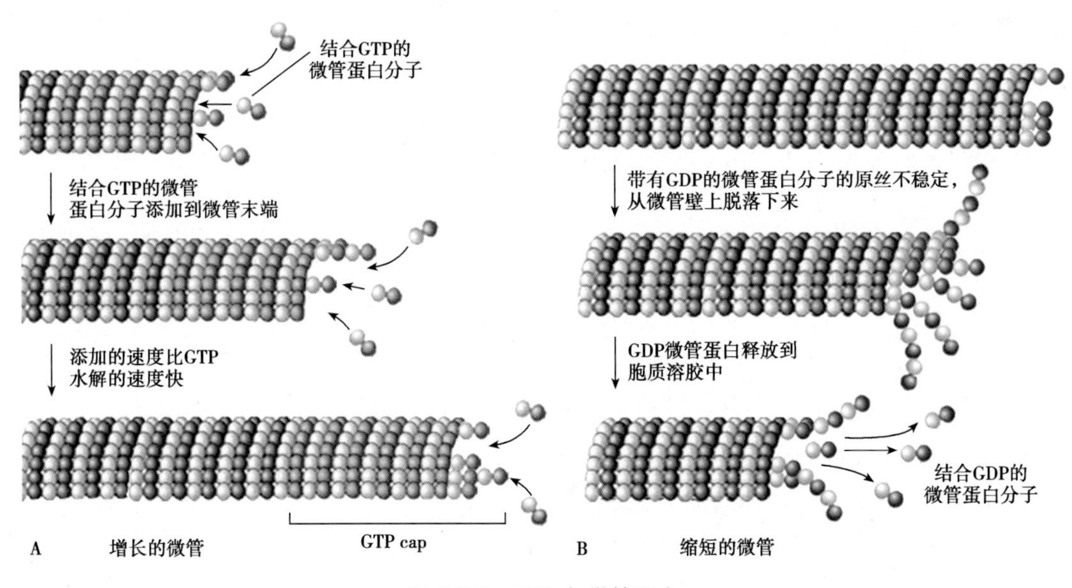

图 2-7-8　GTP 与微管聚合

微管在体内组装也具有动力学不稳定性。在间期或终末分化细胞内，微管的组装通常从 MTOC 开始，并随着 GTP 微管蛋白异二聚体的不断添加而得以延伸，但并不是所有微管都能持续不断地进行组装。在同一细胞内，总是见到一些微管在延伸，而另一些微管在缩短，甚至全部解聚。在细胞内，刚刚从微管上脱落下来的 GDP 微管蛋白会转换成结合 GTP 后被组装

到另一根微管的末端。这种快速组装和去组装的行为对于微管行使其功能极为重要。微管组装的动力学不稳定性可使新形成的细胞质区域很快具有微管结构，另外，这种动力学不稳定性能使微管更有效地寻找三维空间，从而使微管找到细胞中特异的靶位点，如在细胞分裂早期，从中心体发出的不稳定微管正极就可在细胞质中寻找动粒上特异的结合位点，并捕获这些结合位点。

微管在体内组装的动力学不稳定性行为还受到其他多种因素的调节，如延伸中的微管的游离端与某些微管相关蛋白或细胞结构结合而不再进行组装或去组装，使微管处于相对稳定状态。

（四）某些药物可特异性地影响细胞内微管的组装和去组装

一些特异性药物可以影响细胞内微管的组装和去组装，分为抑制微管组装和稳定微管两类药物。

秋水仙碱是一种生物碱，因最初从百合科植物秋水仙中提取出来，故名秋水仙碱，也称秋水仙素。秋水仙素同二聚体的结合，形成的复合物可以阻止微管的成核反应。秋水仙素和微管蛋白二聚体复合物加到微管的正负两端，可阻止其他微管蛋白二聚体的加入或丢失。所以秋水仙素定位到微管的末端，改变了微管组装和去组装稳定状态的平衡，其结果破坏了微管的动态性质。从而抑制了微管的组装，破坏纺锤体的形成，使细胞停止在分裂中期。而长春花新碱能够附着在微管蛋白二聚体上，从而阻止了微管结构的合成。

紫杉醇（taxol）是从紫杉（*Taxus brevifolia*）的树皮中提出的一种化合物，是微管的特异性稳定剂，作用与秋水仙碱相反，紫杉醇结合于β微管蛋白特定位点上，可以促进微管的装配和保持稳定，但不影响微管蛋白在微管末端进行组装。结果是微管不断地组装而不解聚，同样也可使细胞停滞在分裂期。由此可见，维持微管的组装和去组装的动态平衡是保证细胞正常生命活动的重要因素（图2-7-9）。

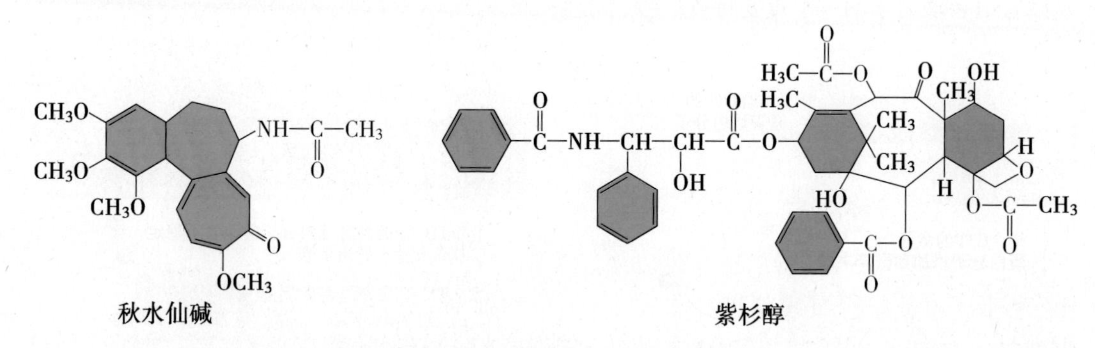

图2-7-9　秋水仙碱与紫杉醇的分子结构

四、微管的主要功能是细胞形态维持、细胞运动和胞内物质运输

（一）微管构成细胞内网状支架，支持和维持细胞的形态

微管具有一定的强度，能够抗压和抗弯曲，这种特性为细胞提供了机械支持力。微管在细胞内构成网状支架，维持细胞的形态。例如，蝾螈红细胞呈椭圆盘状外形，这种形状是靠质膜下环绕细胞排列的微管束来维持的。这些微管束构成边缘带，支撑着红细胞的形态，并使细胞具有一定的弹性，如果用秋水仙碱处理细胞，微管解聚，细胞则变成圆形。此外微管对于细胞的凸起部分，如纤毛、鞭毛以及神经元的轴突和树突的形成和维持也起关键作用。

（二）微管参与细胞内物质的运输

真核细胞具有复杂的内膜系统，使细胞质高度区域化，因此新合成的物质必须经过胞内运输才能被运送到其功能部位。微管以中心体为中心向四周辐射延伸，为细胞内物质的运输提

供了轨道。细胞内合成的一些运输小泡、分泌颗粒、色素颗粒等物质就是沿着微管提供的轨道进行定向运输的，如果破坏微管，物质运输就会受到抑制。

微管参与细胞内物质运输任务是通过一类马达蛋白（motor protein）来完成的，这是一类利用 ATP 水解产生的能量驱动自身携带运载物沿着微管或肌动蛋白丝运动的蛋白质。目前发现有几十种马达蛋白，可分为三个不同的家族：驱动蛋白（kinesin）、动力蛋白（dynein）和肌球蛋白（myosin）家族。其中驱动蛋白和动力蛋白是以微管作为运行轨道，而肌球蛋白则是以肌动蛋白纤维作为运行轨道的。

胞质动力蛋白和驱动蛋白各有两个球状头部和一个尾部，其球状头部具有 ATP 结合部位和微管结合部位，可以通过结合水解 ATP，导致颈部发生构象改变，使两个头部交替与微管结合、解离，从而使蛋白沿微管移动。球状头部与微管之间以空间结构专一的方式结合。尾部通常与不同的特定货物（运输泡或细胞器）稳定结合，决定所运输的物质（图 2-7-10）。

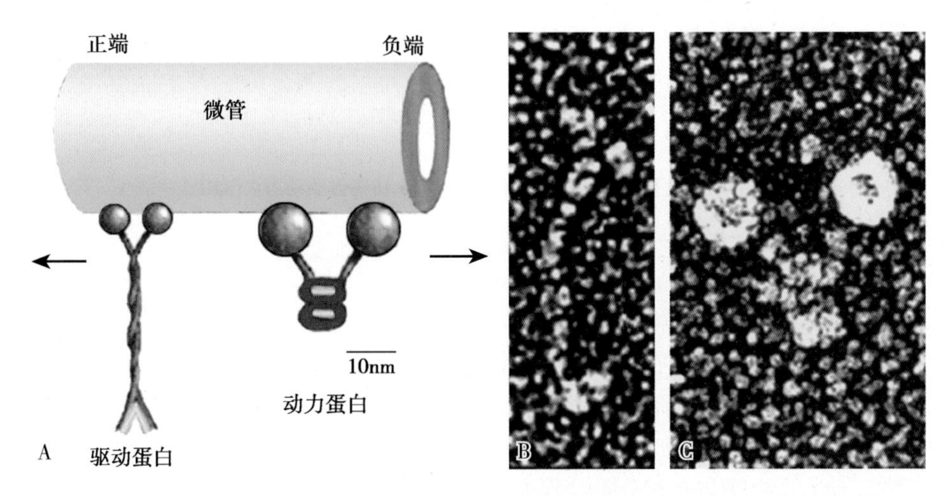

图 2-7-10　驱动蛋白和动力蛋白

关于马达蛋白尾部如何与特异性货物结合的，一般来说，马达蛋白尾部结构域并不和货物直接结合，典型情况下是一个衔接体蛋白（adaptor protein）在一端结合膜蛋白，另一端结合在马达蛋白尾部，间接地使马达蛋白尾部和小泡相连。当前研究最深入的是动力蛋白激活蛋白复合体模型，动力蛋白激活蛋白复合体包括 7 个多肽和由 Arp1 组成的短纤维组成。在膜泡上覆盖一些蛋白质能与 Arp1 纤维结合，如锚蛋白（ankyrin）和血影蛋白（spectrin），从而介导动力蛋白附着到细胞器上（图 2-7-11）。每一种马达蛋白分别负责转运不同的货物，被马达蛋白托运的货物还包括微管本身，如果微管被锚定了（结合在中心体上），马达蛋白就移动在微管上运输货物；如果情况相反，即马达蛋白锚定了（例如被锚定在细胞皮层上），微管蛋白就会被马达蛋白所移动，后者被重新组装起微管阵列。

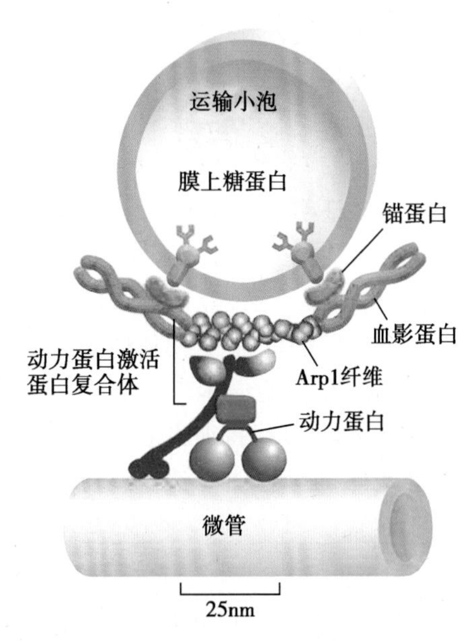

图 2-7-11　胞质动力蛋白与膜泡的附着

微管马达蛋白的运输通常是单方向的，其中驱动蛋白利用水解 ATP 提供的能量引导沿微管的负极（-）向正极（+）运输（背离中心体），而动力蛋白则利用水解 ATP 提供的能量介导从微管的正极（+）向负极（-）运输（朝向中心体）。如神经元轴突中的微管正极（+）朝向轴突的末端，负极（-）朝向胞体，驱动蛋白负责将胞

体内合成的物质快速转运至轴突的末端，而动力蛋白负责将轴突顶端摄入的物质和蛋白降解产物运回胞体。在非神经元中，胞质动力蛋白被认为与运输胞内体、溶酶体、高尔基体及其他一些膜状小泡有关（图 2-7-12）。马达蛋白运输微管时，微管的极性决定了它自己移动的方向。

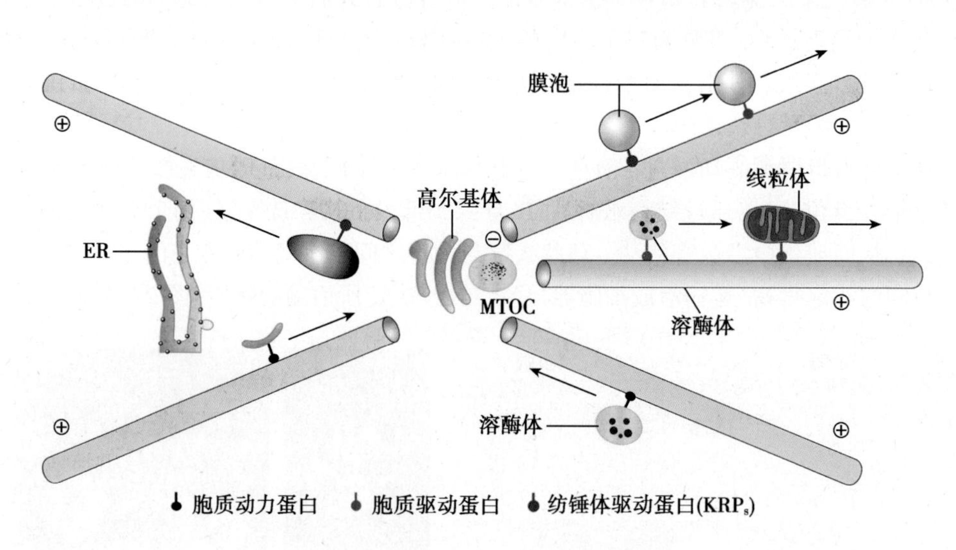

图 2-7-12 细胞中微管介导的物质运输

（三）维持细胞器的空间定位和分布

微管及其相关的马达蛋白在细胞内膜性细胞器的空间定位上起着重要作用。例如，驱动蛋白与内质网膜结合，沿微管向细胞的周边牵拉展开分布；而动力蛋白与高尔基复合体膜结合，沿微管向近核区牵拉，使其位于细胞中央。该作用可被秋水仙碱破坏，去除秋水仙碱，细胞器的分布恢复正常。动力蛋白还与有丝分裂过程中纺锤体的定位和有丝分裂后期染色体的分离有关。

（四）参与鞭毛和纤毛的运动

有些细胞通过纤毛（cilia）和鞭毛（flagellae）进行运动，如精子靠鞭毛的摆动进行游动、纤毛虫靠纤毛击打周围介质使细胞运动、动物呼吸管道上皮细胞靠纤毛的规律摆动向气管外转运痰液。鞭毛和纤毛中的微管二联管之间的滑动导致其产生运动（见第四节）。

（五）参与细胞分裂

当细胞进入分裂前期，胞质微管网络发生全面解聚，重新组装形成纺锤体（spindle）。纺锤体与染色体的排列、移动有关。该过程依赖于纺锤体微管的组装与去组装。分裂结束后，纺锤体微管解聚，重新组装形成细胞质微管。

（六）参与细胞内信号转导

已经证明微管参与 hedgehog、JNK、Wnt、ERK 及 PAK 蛋白激酶信号通路。信号分子可直接与微管作用或通过马达蛋白和一些支架蛋白与微管作用。例如，神经营养因子（neurotrophin）及其受体 Trks 是神经系统发育所必需的，当神经营养因子与 Trks 受体结合后导致 Trks 受体二聚化，活化其内在的酪氨酸激酶活性。活化的 Trks 信号能诱导受体 - 配体复合物的胞吞作用，形成“信号胞内体”（signal endosome）小泡，然后小泡被动力蛋白迅速从轴突末梢逆向运输到胞体，启动维持细胞生存所需要的信号传递系统。如果破坏动力蛋白的功能，则可以降低活化 Trks 的运输，并有选择性地阻碍依赖神经营养因子刺激的神经元的生存、导致神经元变性。

五、微管组成细胞内的特殊结构

（一）中心体由一对中心粒组成

动物细胞和低等植物细胞中都有中心体。它总是位于细胞核附近的细胞质中，接近于

细胞的中心，因此叫中心体。典型的真核细胞中心体由一对中心粒组成。中心粒周围物质（pericentriolar material，PCM）围绕2个中心粒。中心粒由9组三联体微管组成，形成一桶状结构。中心粒的直径为0.16~0.23μm，长度变动于0.16~0.56μm之间，成对相互垂直排列。微管长度约为0.4μm。中心粒周围物质组成纤维状网络结构，这种纤维状网络结构被称为中心体矩阵，中心体矩阵连接各种蛋白，包括聚集微管的γ微管蛋白复合物。在哺乳动物细胞，中心体是主要的微管组织中心。中心体在间期细胞中调节微管的数量、稳定性、极性和空间分布。在有丝分裂过程中，中心体建立两极纺锤体，确保细胞分裂过程的对称性和双极性，而这一功能对染色体的精确分离是必需的。另外，中心体在维持整个细胞的极性、细胞器的定向运输、参与细胞的成型和运动上都起着主要作用。

（二）鞭毛和纤毛是由微管形成的细胞运动结构

纤毛和鞭毛是广泛存在于动、植物细胞中的运动器官，它们是细胞表面的特化结构，外被质膜，内部由微管组成的轴丝（axoneme）组成。组成轴丝的微管呈规律性排列，即9组二联微管在周围等距离地排列成一圈，中央是两根由中央鞘包围的单体微管，成为"9+2"的微管排列形式（图2-7-13）。每个二联管靠近中央的一根称为A管，另一条为B管，A管向相邻二联管的B管伸出两条动力蛋白臂（dynein arms），两个相邻二联管之间有微管连接蛋白（nexin）形成的连接丝，具有高度的韧性，将9组二联管牢固地捆为一体即为轴索。在两根中央单管之间由细丝相连，外包有中央鞘。A管向中央鞘伸出的凸起称之为放射辐条（radial spoke）。辐条末端稍膨大称辐条头（spoke head）。

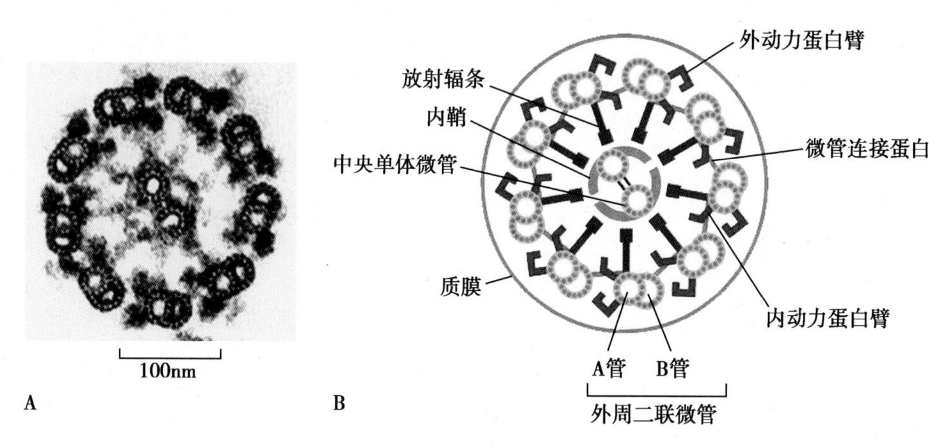

图2-7-13　纤毛与鞭毛的结构
A. 纤毛横切电镜照片；B. 纤毛结构的示意图

纤毛和鞭毛基部埋藏在细胞内的部分称之为基体（basal body），基本结构与中心粒类似，即9组三联管斜向围成一圈，中央没有微管，呈"9+0"排列。A管和B管向外延伸而成为纤毛和鞭毛中的二联微管。

第二节　微　　丝

微丝（microfilament，MF）是普遍存在于真核细胞中由肌动蛋白（actin）组成的骨架纤丝，可呈束状、网状或散在分布于细胞质中。微丝与微管和中间丝共同构成细胞的支架，参与细胞形态维持、细胞内外物质转运、细胞连接以及细胞运动等多种功能。

一、微丝是由肌动蛋白亚单位构成的纤维状结构

肌动蛋白是真核细胞中含量最丰富的蛋白质，在肌肉细胞中，肌动蛋白占细胞总蛋白的

10%，在非肌肉细胞中也占了1%~5%。在哺乳动物和鸟类细胞中至少已经分离到6种肌动蛋白异构体，4种为α肌动蛋白，分别为横纹肌、心肌、血管平滑肌和肠道平滑肌所特有，它们均组成细胞的收缩性结构；另外2种为β和γ肌动蛋白，存在于所有肌细胞和非肌细胞中。肌动蛋白是一种在进化上极为保守的蛋白，不同类型肌肉细胞的α肌动蛋白分子一级结构仅相差4~6个氨基酸残基；β和γ肌动蛋白与横纹肌肌动蛋白相差25个氨基酸残基。显然这些不同的肌动蛋白是从共同祖先基因进化而来。

肌动蛋白在细胞内以两种形式存在：一种是游离状态的单体，称为球状肌动蛋白(globular actin，G-actin)；另一种是纤维状肌动蛋白多聚体，称为纤丝状肌动蛋白(filamentous actin，F-actin)。纯化的肌动蛋白单体是由单条肽链构成的球形分子，相对分子量为43kD，外观呈哑铃形，中央有一个裂口，裂口内部有ATP(或ADP)结合位点和一个二价阳离子Mg^{2+}(或Ca^{2+})结合位点。肌动蛋白单体具有极性，装配时头尾相接形成螺旋状纤维，有两个结构上不同的末端，因此，微丝在结构上也具有极性(图2-7-14)。

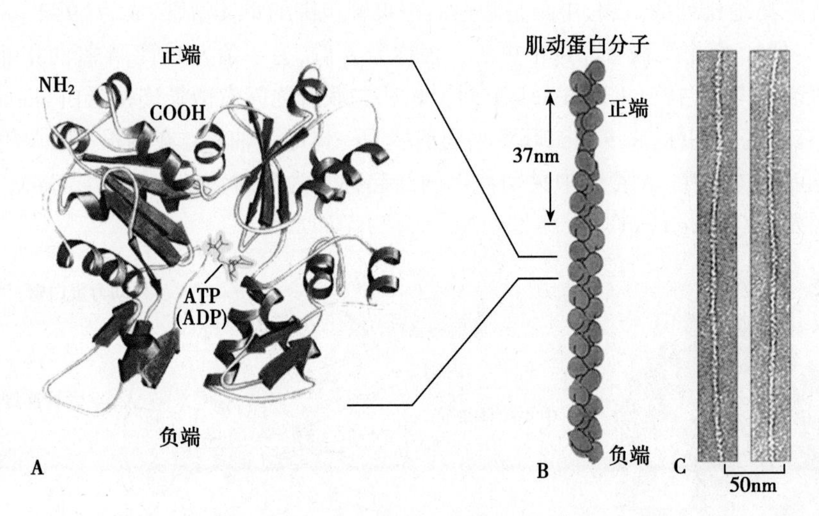

图2-7-14 肌动蛋白和微丝的结构模式

A. G-肌动蛋白三维结构；B. F-肌动蛋白分子模型；C. F-肌动蛋白电镜照片

根据对微丝进行X射线衍射分析的结果而建立的结构模型认为，每条微丝是由2条平行的肌动蛋白单链以右手螺旋方式相互盘绕而成。每条肌动蛋白单链由肌动蛋白单体头尾相连呈螺旋状排列，螺距为36nm(图2-7-15)。

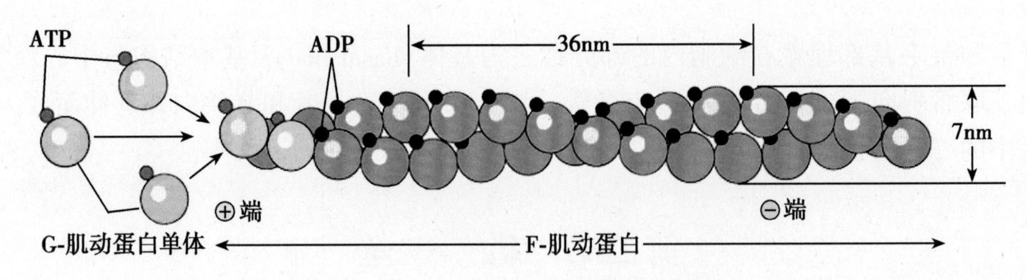

图2-7-15 肌动蛋白亚单位组成微丝

二、微丝结合蛋白维护微丝的结构和功能

体外实验聚合形成的纤丝状肌动蛋白，在电镜下呈杂乱无章地堆积状态，也不能行使特定的功能，而细胞中的纤丝状肌动蛋白可以组织成各种有序结构，从而执行多种功能，关键原因在于细胞内存在一大类能与肌动蛋白单体或肌动蛋白纤维结合的、能改变其特性的蛋白，称为

肌动蛋白结合蛋白(actin binding protein)。它们以不同的方式与肌动蛋白相结合,形成了多种不同的亚细胞结构,执行着不同的功能(图 2-7-16)。

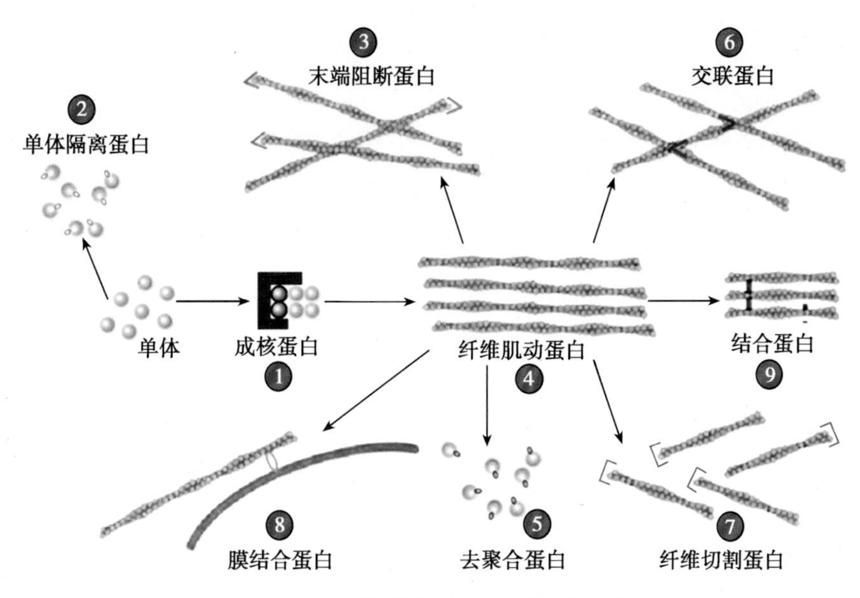

图 2-7-16　肌动蛋白结合蛋白功能示意

在肌动蛋白结合蛋白的协同下,肌动蛋白可以形成多种不同的亚细胞结构,如应力纤维、肌肉肌原纤维、小肠微绒毛的轴心以及精子顶端的刺突等,这些结构的形成,以及它们的变化和功能状态,都在很大程度上受到不同的肌动蛋白结合蛋白的严格调节。目前在肌细胞和非肌细胞中已分离出 100 多种肌动蛋白结合蛋白(表 2-7-1)。肌动蛋白结合蛋白按其功能可分为三大类:①与 F- 肌动蛋白的聚合有关的蛋白,如抑制蛋白(profilin)和胸腺嘧素(thymosin)能够同单体 G- 肌动蛋白结合,并且抑制它们的聚合。②与微丝结构有关的蛋白,如片段化蛋白(fragmin),它们的作用是打断肌动蛋白纤维,使之成为较短的片段,并结合在断点上,使之不能再进行连接。另外还有一种细丝蛋白(filamin),这是一种将肌动蛋白丝横向交联的蛋白,具有两个肌动蛋白结合位点,可把肌动蛋白丝相互交织成网状。③与微丝收缩有关的蛋白,如肌球蛋白(myosin)、原肌球蛋白(tropomyosin)和肌钙蛋白(troponin)等。常见的几类肌动蛋白结合蛋白如表 2-7-1 所示。

表 2-7-1　常见的几类肌动蛋白结合蛋白

蛋白质	相对分子质量(kD)	来源
单体隔离蛋白		
抑制蛋白(profilin)	12 ~15	广泛分布
胸腺素(thymosins)	5	广泛分布
末端阻断蛋白		
β 辅肌动蛋白(β-actinin)	35~37	肾、骨骼肌
Z 帽蛋白(CapZ)	32 ~34	肌肉组织
加帽蛋白(capping protein)	28~31	棘阿米巴属
交联蛋白		
细丝蛋白(filamin)	250	平滑肌
肌动蛋白相关蛋白(actin related protein, Arp)	250	血小板、巨噬细胞
凝溶胶蛋白(gelactin)	23~28	变形虫

续表

蛋白质	相对分子质量(kD)	来源
成束蛋白		
丝束蛋白(fimbrin)	68	小肠表皮
绒毛蛋白(villin)	95	肠表皮、卵巢
成束蛋白(fasciclin)	57	海胆卵
α 辅肌动蛋白(α-actinin)	95	肌组织
纤维切割蛋白		
溶胶蛋白(gelsolin)	90	哺乳动物细胞
片段化蛋白 / 割切蛋白(fragmin/severin)	42	阿米巴虫、海胆
短杆素(brevin)	93	血浆
肌动蛋白纤维去聚合蛋白		
丝切蛋白 cofilin	21	广泛分布
肌动蛋白解聚因子(ADF)	19	广泛分布
解聚蛋白(depactin)	18	海胆卵
膜结合蛋白		
抗肌萎缩蛋白(dystrophin)	427	骨骼肌
黏着斑蛋白(vinculin)	130	广泛分布
膜桥蛋白(ponticulin)	17	网柄菌属

三、微丝的装配受多种因素调控

在大多数非肌肉细胞中,微丝为一种动态结构,它不停地进行组装和解聚,以达到维持细胞形态和细胞运动的目的,该过程受多种因素的调节。

(一) 微丝的体外组装过程分为成核、生长和平衡三个阶段

体外组装实验中,微丝的组装必须要有一定的 G- 肌动蛋白浓度(达到临界浓度以上)、一定的盐浓度(主要是 Mg^{2+} 和 K^{+})并有 ATP 存在才能进行。当溶液中含有 ATP、Mg^{2+} 以及较高浓度的 K^{+} 或 Na^{+} 时,G- 肌动蛋白可自组装成 F- 肌动蛋白;当溶液中含有适当浓度的 Ca^{2+} 以及低浓度的 Na^{+}、K^{+} 时,肌动蛋白纤维趋向于解聚成肌动蛋白单体。通常只有结合 ATP 的肌动蛋白单体才能参与肌动蛋白纤维的组装。当 ATP- 肌动蛋白结合到纤维末端后,ATP 水解为 ADP+Pi。结合 ADP 的肌动蛋白对纤维末端的亲和性低,容易脱落使纤维缩短。当微丝的组装速度快于肌动蛋白水解 ATP 的速度时,在微丝的末端就形成一个肌动蛋白 -ATP 帽,这种结构使得微丝比较稳定,可以持续组装。相反,当微丝末端的亚基所结合的是 ADP 时,则肌动蛋白单体倾向从微丝上解聚下来(图 2-7-17)。

微丝体外组装过程可分为三个阶段:成核期、延长期和稳定期。成核期是微丝组装的起始限速过程,需要一定的时间,故又称延迟期。首先由两个肌动蛋白单体形成一个二聚体,随后第 3 个单体加入,形成三聚体,即核心形成。一旦核心形成,G- 肌动蛋白便迅速地在核心两端聚合,进入延长期。微丝的延长发生在它们的两端,但由于微丝具有极性,新的肌动蛋白单体加到两端的速度不同,速度快的一端为正极,速度慢的一端为负极。正极速度明显快于负极 5~10 倍。随着肌动蛋白单体的组装和溶液中单体含量的减少,微丝延伸速度逐渐减缓。当肌动蛋白单体的浓度达到临界浓度,肌动蛋白的组装速度与其从纤维上解离的速度达到平衡,即进入稳定期。此时两端的组装与解聚活动仍在进行,由于正端延长长度等于负端缩短长度,因此长度基本保持不变,表现出一种"踏车"现象。

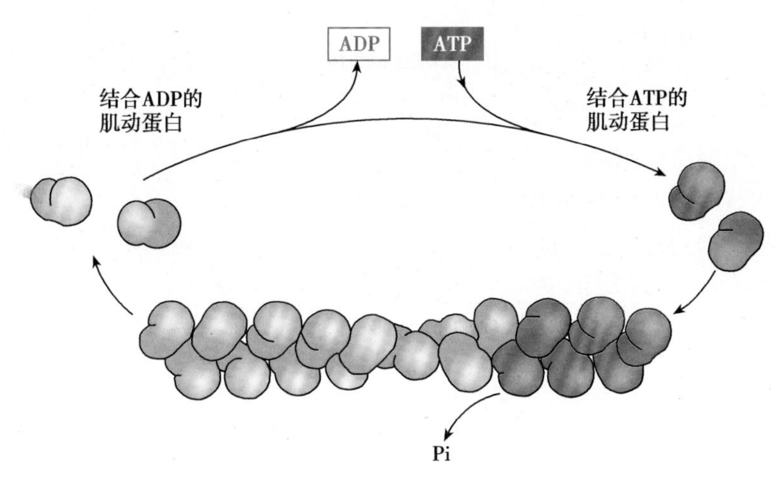

图 2-7-17　微丝装配过程中 ATP 的水解

(二) 微丝的体内组装在时空上受肌动蛋白结合蛋白的调节

非肌细胞中的微丝是一种动态结构，它通过组装、去组装以及重新装配来完成细胞的多种生命活动，如细胞的运动，细胞质分裂、极性建立等。微丝的动态结构变化在时空上受一系列肌动蛋白结合蛋白的调节。细胞内新的微丝可以通过切割现有微丝形成或通过成核作用组装形成。在细胞内由于肌动蛋白单体的自发组装不能满足微丝骨架快速动态变化，所以需要肌动蛋白成核因子通过成核作用来加速肌动蛋白的聚合。目前已知细胞内存在两类微丝成核蛋白（nucleating protein），即肌动蛋白相关蛋白（actin related protein，ARP）的复合物和成核蛋白 formin。ARP 复合物又称为 Arp2/3 复合物，由 Arp2、Arp3 和其他 5 种附属蛋白组成，具有与微管成核时 γ-TuRC 相似的作用，是微丝组装的起始复合物。Arp2/3 复合物能促使形成微丝网络结构，而成核蛋白 formin 启动细胞内不分支微丝的形成，它们在控制细胞运动中起着非常重要的作用。

1. Arp2/3 复合物　肌动蛋白单体与 Arp2/3 复合物结合，形成一段可供肌动蛋白继续组装的寡聚体（核心），然后其他肌动蛋白单体继续添加，形成肌动蛋白纤维。Arp2/3 复合物的成核位于肌动蛋白纤维的负极（-），肌动蛋白由此向正极（+）快速生长。该复合物还可以 70°角结合在原先存在的肌动蛋白纤维上，成核并形成新的肌动蛋白纤维，这样就可使原先单独存在的微丝组装成树枝状的网络(图 2-7-18)。ARP 复合物定位于快速生长的纤丝状肌动蛋白区域，如片足，它的成核活性受细胞内信号分子和细胞质面成分的调节。

2. 成核蛋白 formin　细胞内许多微丝结构是由不分支的肌动蛋白纤维组成的，如平行微丝束、收缩环中的微丝等结构。研究发现，这些平行微丝束的形成许多是通过成核蛋白 formin 来完成的。formin 是一个结构保守的二聚体蛋白家族。当新成核的微丝纤维生长时，formin 二聚体保持结合在快速生长的正端，保护正极在延伸过程中不受加帽蛋白的影响，并通过直接与抑制蛋白的结合提高延伸速度。formin 的成核和延伸机制与 Arp2/3 复合物不同，Arp2/3 复合物只是结合在肌动蛋白纤维的负端，防止负端肌动蛋白单体的添加和丢失。formin 是一种分子量较大的多结构域蛋白质，还可以与其他多种蛋白质结合，如 Rho、GTP 酶、Src 类激酶和 eEF1A 等发生相互作用而受到调控，以完成其调节微丝形成功能。

(三) 微丝的解聚也是一个受调节的过程

与微管经历的快速组装和解聚的动态不稳定性不同，微丝不经历类似的纤维快速解聚的时期。这个差异是由于肌动蛋白单体从纤维上解离的速度约为微管的 1/100。细胞为了快速补充肌动蛋白单体可溶库，微丝骨架需要有效的解聚机制。尽管细胞可以合成新的肌动蛋白单体来补充可溶库，但它的合成对于细胞微丝骨架快速重组来说太过缓慢。所以细胞需要

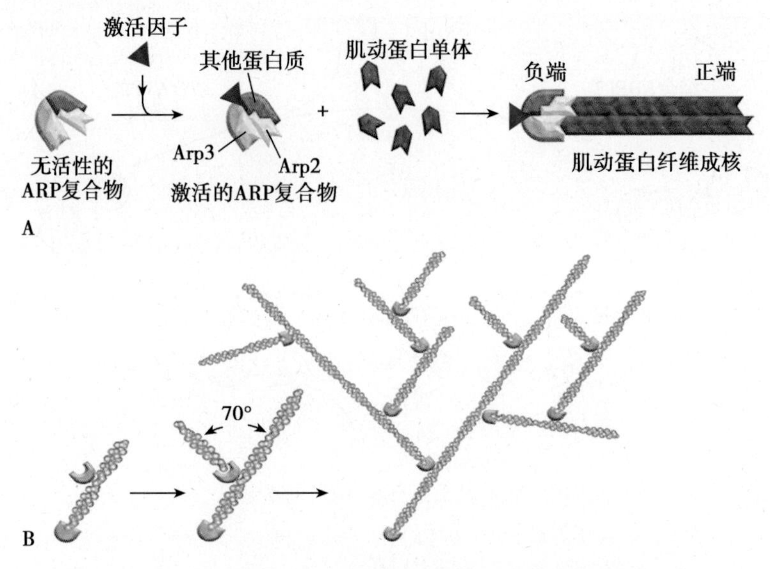

图 2-7-18 微丝装配的成核作用及微丝网络的形成
A. 纤丝状肌动蛋白纤维的成核作用；B. 微丝成网过程

通过调控机制快速进行微丝的解聚来补充肌动蛋白单体可溶库。近年来研究发现丝切蛋白(cofilin)/ADF(actin depolymerizing factor, ADF)蛋白家族在肌动蛋白纤维的解聚中起着重要的调节作用。cofilin/ADF 肌动蛋白解聚因子家族的单体与肌动蛋白纤维结合，并通过两种方式来加速它们的解聚：①增加肌动蛋白单体从纤维末端的解离速度；②剪切肌动蛋白纤维，使之片段化。

(四) 多种药物影响微丝的组装

细胞松弛素(cytochalasin)又称松胞菌素，是真菌的一种代谢产物，可以将肌动蛋白丝切断，并结合在末端阻止新的 G- 肌动蛋白加入，从而干扰 F- 肌动蛋白的聚合，破坏微丝的组装。细胞松弛素有多种，常用的有细胞松弛素 B 和细胞松弛素 D，其中细胞松弛素 B 作用强度最强。在微丝功能研究中，用细胞松弛素 B 处理细胞，可以破坏微丝的网络结构，使动物细胞的各种相关活动瘫痪，如细胞的移动、吞噬作用、细胞质分裂等。去除药物后，微丝的结构和功能又可恢复。细胞松弛素 B 对微管不起作用，也不抑制肌肉收缩，因为肌纤维中肌动蛋白丝是稳定结构不发生组装和解聚的动态平衡(图 2-7-19)。

cytochalasin B

图 2-7-19 细胞松弛素 B 的分子结构

鬼笔环肽(phalloidin)是由鬼笔鹅膏真菌(*Amanita phallodies*)产生的一种环肽，可与 F- 肌动蛋白结合，使 F- 肌动蛋白保持稳定。鬼笔环肽只与 F- 肌动蛋白有强亲和作用，而不与 G- 肌动蛋白单体分子结合，因此其荧光标记物是鉴定 F- 肌动蛋白的重要试剂。

四、微丝主要参与细胞运动、细胞分裂及信号转导

(一) 构成细胞的支架并维持细胞的形态

微丝在细胞的形态维持方面起着重要的作用。在大多数细胞中，细胞质膜下有一层由微丝与微丝结合蛋白相互作用形成的网状结构，称为细胞皮层(cell cortex)，该结构具有很高的动态性，为细胞膜提供了强度和韧性，并维持细胞的形态。

Notes

在细胞内有一种较稳定的纤维状结构，称为应力纤维(stress fiber)，是真核细胞中广泛存

在由肌动蛋白丝和肌球蛋白Ⅱ丝组成的可收微缩丝束。在细胞内紧邻质膜下方，常与细胞的长轴大致平行并贯穿细胞的全长，这些微丝束具有极性，一端与穿膜整联蛋白连接，另一端插入到细胞质中或与中间丝结合。应力纤维具有收缩功能，但不能产生运动。既具有对抗细胞表面张力维持细胞形态的作用，又为细胞膜提供了一定的强度和韧性。

在小肠上皮细胞游离面伸出大量的微绒毛（microvilli）结构（图 2-7-20），微绒毛的核心是由 20~30 个与微绒毛长轴同向平行的微丝组成的束状结构，其中有绒毛蛋白和丝束蛋白（fimbrin），它们将微丝连接成束，赋予微绒毛结构刚性。另外还有肌球蛋白 -1（myosin-1）和钙调蛋白（calmodulin），它们在微丝束的侧面与微绒毛膜之间形成横桥连接，提供张力以保持微丝束处于微绒毛的中心位置。微绒毛核心的微丝束上达微绒毛顶端，下止于细胞膜下的终末网（terminal web），在这一区域中还存在一种纤维状蛋白——血影蛋白，它结合于微丝的侧面，通过横桥把相邻微丝束中的微丝连接起来，并把它们连到更深部的中间丝上。终末网的肌球蛋白与微绒毛中轴内的微丝束相互作用而产生的拉力，维持微绒毛直立状态或摆动力的功能。一个小肠上皮细胞表面有 1000 个左右微绒毛，这种特化结构大大增加了细胞的表面积，有利于小肠上皮细胞对营养物质的吸收。

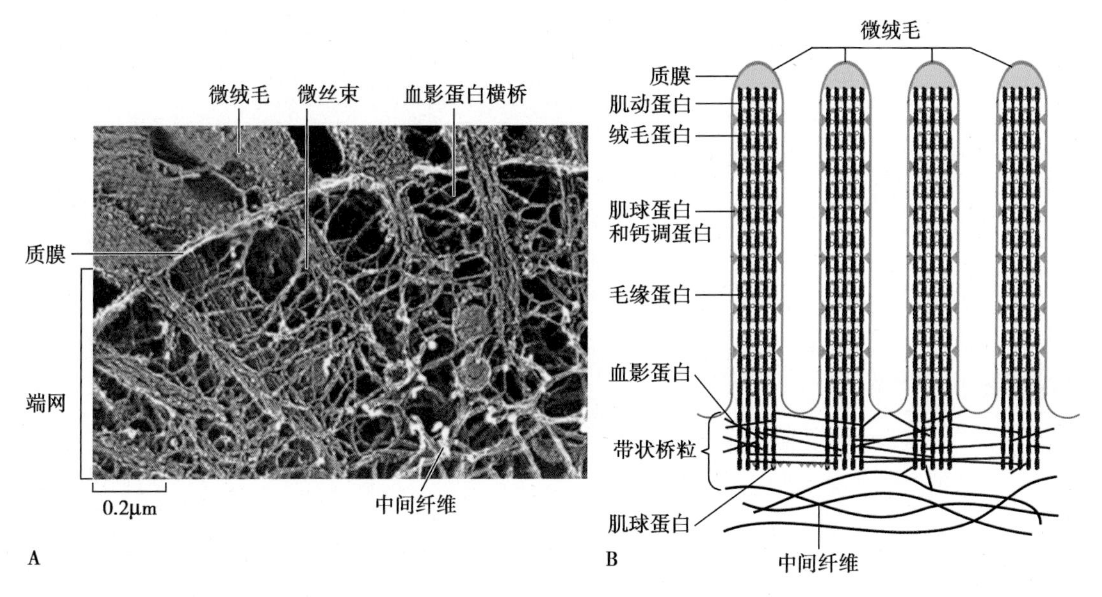

图 2-7-20　小肠上皮细胞微绒毛电镜照片及其结构示意图
A. 微绒毛低温电镜图像（cryo-electron tomographic images）；B. 微绒毛结构示意图

微丝的收缩活动也能改变细胞的形态。上皮细胞中形成的一种可收缩的环状微丝束，即黏着带（adhesion belt）又称带状桥粒（belt desmosome），其收缩可使细胞形态改变成锥形，微丝的这种收缩功能在胚胎发育过程中神经管、腺体的形成中起了重要的作用。

（二）参与细胞的运动

在非肌细胞中，微丝参与了细胞的多种运动形式，如变形运动、胞质环流、细胞的内吞和外吐、细胞内物质运输作用等。微丝可以两种不同的方式产生运动：一种是通过滑动机制，如微丝与肌球蛋白丝相互滑动；二是通过微丝束的聚合和解聚。许多动物细胞进行位置移动时多采用变形运动（amoeboid movement）方式进行位置移动。如变形虫、巨噬细胞、白细胞、成纤维细胞、癌细胞以及器官发生时的胚胎细胞等。在这些细胞内含有丰富的微丝，细胞依赖肌动蛋白和肌动蛋白结合蛋白的相互作用进行移动。

（三）参与细胞内的物质运输活动

在细胞内参与物质运输的马达蛋白家族中，还有一类称为肌球蛋白的马达蛋白家族，它们

以微丝作为运输轨道参与物质运输活动。已经在细胞内发现了多种肌球蛋白分子(图 2-7-21),其共同特点是都含有一个作为马达结构域的头部,肌球蛋白的马达结构域包含一个微丝结合位点和一个 ATP 结合位点。在物质运输过程中,肌球蛋白头部结构域与肌动蛋白丝结合,并在 ATP 存在时使其运动。肌球蛋白的尾部结构域负责结合被运输的特定物质(蛋白质或脂类),尾部结构域具有多样性,它们与某些特殊类型的运输小泡结合,并沿微丝轨道的负端向正端移动。在细胞内,一些膜性细胞器作长距离转运时通常依赖于微管运输,而在细胞皮层以及神经元凸起的生长锥前端等富含微丝的部位,"货物"的运输则以微丝为轨道进行。另外,也有一些肌球蛋白是和质膜结合,牵引质膜和皮层肌动蛋白丝做相对运动从而改变细胞的形状。

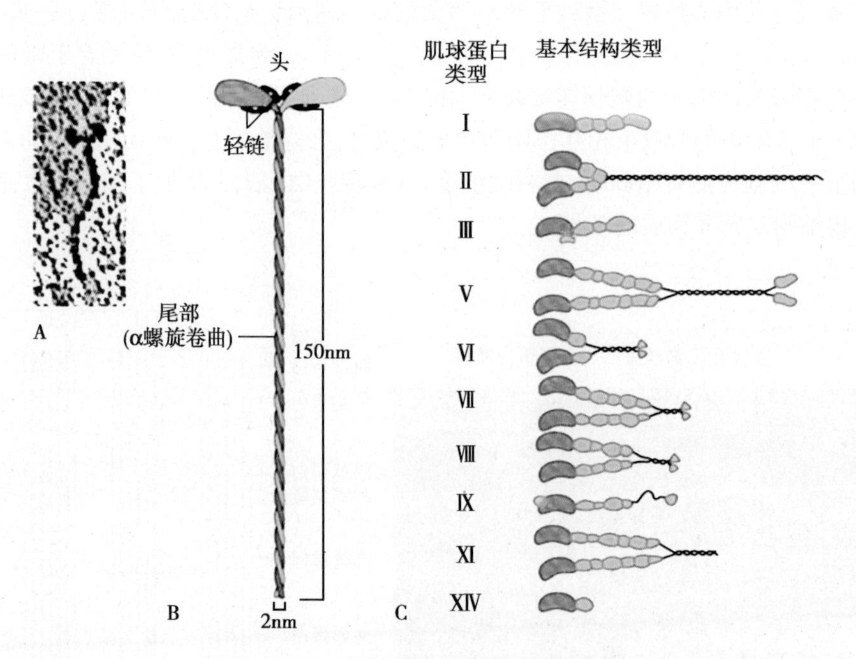

图 2-7-21 肌球蛋白超家族成员示意图

A. 电镜图像;B. II 型肌球蛋白分子结构;C. 一些肌球蛋白超家族成员重链的结构域比较

(四) 参与细胞质的分裂

动物细胞有丝分裂末期,继核分裂完成后,要进行细胞质分裂才能形成两个子细胞,这一过程称为胞质分裂(cytokinesis)。胞质分裂通过质膜下由微丝束形成的收缩环(contractile ring)完成。这一过程可被细胞松弛素 B 所抑制。

(五) 微丝参与肌肉收缩

肌细胞的收缩是实现有机体的一切机械运动和各脏器生理功能的重要途径。在肌细胞的细胞质中有许多成束的肌原纤维(myofibril),肌原纤维由一连串相同的收缩单位即肌节组成,每个肌节长约 2.5μm。电镜观察显示,肌原纤维每个肌节由粗肌丝和细肌丝组成。粗肌丝(thick myofilament)又称肌球蛋白丝(myosin filament),由肌球蛋白 II 组成,每一个肌球蛋白 II 分子有两条重链和四条轻链分子,外形似豆芽状,分为头部和杆部两部分,头部具有 ATP 酶活性,属于与肌动蛋白丝相互作用的马达蛋白,主要功能是参与肌丝收缩。肌球蛋白 II 分子尾对尾地向相反方向平行排列成束,呈双极性结构,肌球蛋白分子头部露在外部,成为与细肌丝接触的横桥。当肌球蛋白与肌动蛋白结合时,ATP 分解成 ADP 并释放能量,引起肌细胞收缩。细肌丝(thin myofilament)又称肌动蛋白丝(actin filament),由 F- 肌动蛋白、原肌球蛋白(tropomyosin, TM)和肌钙蛋白(troponin, TN)组成。肌动蛋白纤维形成螺旋形链,两条原肌球蛋白纤维坐落于肌动蛋白纤维螺旋沟内,横跨 7 个肌动蛋白分子。肌钙蛋白的 3 个亚基(Tn-T, Tn-C, Tn-I)

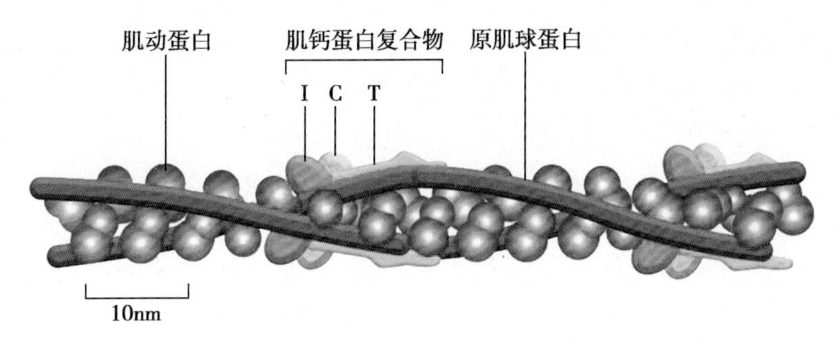

图 2-7-22　细肌丝的分子结构示意图

结合在原肌球蛋白纤维上(图 2-7-22)。

肌肉收缩是粗肌丝和细肌丝相互滑动的结果,肌肉收缩时,粗肌丝两端的横桥释放能量拉动细肌丝朝中央移动,使肌节缩短。游离 Ca^{2+} 浓度升高,能触发肌肉收缩,该过程包括 5 个步骤(图 2-7-23)。①结合:在周期开始,肌球蛋白头部与肌动蛋白丝(细丝)紧密结合形成强直构象。这一过程非常短暂,由于 ATP 可很快与肌球蛋白结合。②释放:ATP 结合于肌球蛋白头部后可诱导肌动蛋白结合位点上的肌球蛋白构象改变,使肌球蛋白头部对肌动蛋白的亲和力下降而离开肌动蛋白丝。③直立:由于头部的 ATP 水解成 ADP 和无机磷(Pi)引发大的构象变化,使头部沿肌动蛋白丝移动约 5nm,产物 ADP 和无机磷(Pi)仍紧密结合在头部。④产力:肌球蛋白头部微弱结合到细丝的一个新结合位点上,释放出无机磷(Pi),使肌球蛋白头部与肌动蛋白紧密结合,并产生机械力,使肌球蛋白头部释放 ADP,恢复到新周期原始构象。⑤再结合:在周期末,肌球蛋白头部又与肌动蛋白丝紧密结合,但此时肌动蛋白头部已经移动到肌动蛋白丝上的新的位点。

图 2-7-23　肌球蛋白在细肌丝上的移动过程

(六) 参与受精作用

卵子表面有一层胶质层,受精时,精子头端顶体(acrosome)要释放水解酶使卵子的胶质层溶解,同时启动微丝组装,形成顶体刺突,随着顶体刺突微丝束的不断聚合延长,穿透胶质层和卵黄层,使精子和卵子的膜融合而完成受精。

(七) 参与细胞内信息传递

微丝参与了细胞的信息传递活动。细胞外的某些信号分子与细胞膜上的受体结合,可触发膜下肌动蛋白的结构变化,从而启动细胞内激酶变化的信号转导过程。微丝主要参与 Rho (Ras homology) 蛋白家族有关的信号转导。Rho 蛋白家族是与单体的 GTP 酶有很近亲缘关系的蛋白质,属于 Ras 超家族,它的成员有:Cdc42、Rac 和 Rho。Rho 蛋白通过 GTP 结合状态和 GDP 结合状态循环的分子转变来控制细胞传导信号的作用。Cdc 42 激活后,触发细胞内肌动蛋白聚合作用和成束作用,形成丝状伪足或微棘。激活的 Rac 启动肌动蛋白在细胞的外周聚

Notes

合形成片状伪足和褶皱。Rho激活后既可启动肌动蛋白纤维通过肌球蛋白Ⅱ纤维成束形成应力纤维，又可促进细胞黏着斑的形成。

第三节 中 间 丝

中间丝(intermediate filament)又称中间纤维，是20世纪60年代中期在哺乳动物细胞中发现的一种直径10nm的纤丝，因其直径介于微丝和微管之间，故被称为中间丝。中间丝是最稳定的细胞骨架成分，也是三类细胞骨架纤维中化学成分最为复杂的一种。中间丝结构稳定、坚韧，对秋水仙碱和细胞松弛素B均不敏感，当用高盐和非离子去垢剂处理时，细胞中大部分骨架纤维都被破坏，只有中间丝可以保留下来。中间丝在大多数情况下，形成布满在细胞质中的网络，并伸展到细胞边缘，与细胞连接如桥粒和半桥粒结构相连。中间丝还与核纤层、核骨架共同构成贯穿于核内外的网架体系，在细胞构建、分化等多种生命活动过程中起重要作用。

一、中间丝蛋白类型、结构复杂

(一) 不同来源的组织细胞表达不同类型的中间丝蛋白

组成中间丝的蛋白质分子复杂，不同来源的组织细胞表达不同类型的中间丝蛋白。根据中间丝蛋白的氨基酸序列、基因结构、组装特性以及在发育过程的组织特异性表达模式等，可将中间丝分为6种主要类型(表2-7-2)。Ⅰ型(酸性)和Ⅱ型(中性和碱性)角蛋白(keratin)，在上皮细胞内以异二聚体的形式参与中间丝的组装。而Ⅲ型中间丝包括多种类型，通常在各自的细胞内形成同源多聚体，例如：波形蛋白(vimentin)存在于间充质来源的细胞；结蛋白(desmin)是一种肌肉细胞特有的中间丝蛋白，在成熟肌细胞(骨骼肌、心肌和平滑肌)中表达；胶质细胞原纤维酸性蛋白(glial fibrillary acidic protein，GFAP)特异性分布在中枢神经系统星形胶质细胞中；外周蛋白(peripherin)存在于中枢神经系统神经元和外周神经系统感觉神经元中；Ⅳ型神经丝蛋白(neurofilament protein)主要分布在脊椎动物神经元轴突中，由3种特定的神经丝蛋白亚基(NF-L、NF-M、NF-H)组装而成；Ⅴ型核纤层蛋白(lamin)存在于内层核膜的核纤层，有laminA、lamin B和lamin C三种；神经(上皮)干细胞蛋白也称“巢蛋白”(nestin)，是较晚发现的分布在神经干细胞中的一种Ⅵ型中间丝蛋白。

表2-7-2 脊椎动物细胞内中间丝蛋白的主要类型

类型	名称	分子量(kD)	细胞内分布
Ⅰ	酸性角蛋白(acidic keratin)	40~60	上皮细胞
Ⅱ	中性//碱性角蛋白(neural or basic acidic keratin)	50~70	上皮细胞
Ⅲ	波形蛋白(vimentin)	54	间充质细胞
	结蛋白(desmin)	53	肌肉细胞
	外周蛋白(peripherin)	57	外周神经元
	胶质细胞原纤维酸性蛋白(glial fibrillary acidic protein)	51	神经胶质细胞
Ⅳ	神经丝蛋白(neurofilament protein)		
	NF-L	67	神经元
	NF-M	150	神经元
	NF-H	200	神经元
Ⅴ	核纤层蛋白(lamin)		各类分化细胞
	核纤层蛋白A	70	
	核纤层蛋白B	67	

Notes

续表

类型	名称	分子量(kD)	细胞内分布
	核纤层蛋白 C	60	
Ⅵ	巢蛋白(nestin)	200	神经干细胞
	联丝蛋白(synemin)	182	肌肉细胞
	平行蛋白(paranemin)	178	肌肉细胞

在人类基因组中已经发现至少 67 种不同的中间丝蛋白,其多样性与人体内 200 多种细胞类型相关。不同来源的组织细胞表达不同类型的中间丝蛋白,为各种细胞提供了独特的细胞骨架网络,中间丝蛋白的这种特性被作为区分细胞类型的身份证。

(二) 中间丝蛋白是长线状蛋白

中间丝蛋白是组成中间丝的基本单位,是长的线性蛋白(图 2-7-24),它们具有共同的结构特点:由头部、杆状区和尾部三部分组成。杆状区为 α 螺旋区,由约 310 个氨基酸残基组成(核纤层蛋白约 356 个),内含 4 段高度保守的 α 螺旋段,它们之间被 3 个短小间隔区隔开。杆状区是中间丝单体分子聚合成中间丝的结构基础。在杆状区的两侧是非 α 螺旋的头部(N 端)和尾部(C 端),这两个结构域的氨基酸组成是高度可变的,长度相差甚远,通常折叠成球状结构。各种中间丝蛋白之间的区别主要取决于头、尾部的长度和氨基酸顺序,它们暴露在纤维的表面,参与和细胞质其他组分的相互作用。

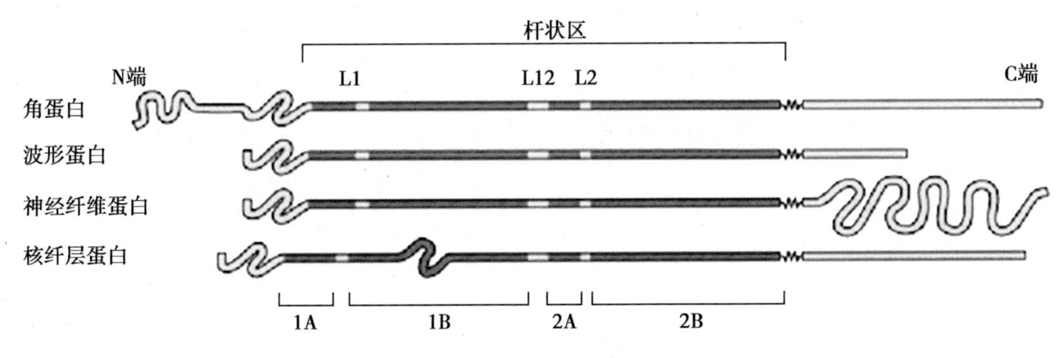

图 2-7-24　中间丝蛋白的结构模型

(三) 中间丝结合蛋白辅助中间丝的组装

中间丝结合蛋白(intermediate filament associated protein,IFAP)是一类在结构和功能上与中间丝有密切联系,但其本身不是中间丝结构组分的蛋白。IFAP 作为中间丝超分子结构的调节者,介导中间丝之间交联成束、成网,并把中间丝交联到质膜或其他骨架成分上。目前已知约 15 种,分别与特定的中间丝结合(表 2-7-3)。IFAP 与微管、微丝的结合蛋白不同,没有发现有 IF 切割蛋白、加帽蛋白以及 IF 马达蛋白。

表 2-7-3　某些中间丝结合蛋白

名称	分子量	存在部位	功能
BPAG1*	230 000	半桥粒	将 IF 同桥粒斑交联
斑珠蛋白(plakoglobin)	83 000	桥粒	将 IF 同黏合带交联
桥粒斑蛋白Ⅰ(desmoplakinⅠ)	240 000	桥粒	将 IF 同桥粒斑交联
桥粒斑蛋白Ⅱ(desmoplakinⅡ)	215 000	桥粒	将 IF 同桥粒斑交联
网蛋白(plectin)	300 000	皮层	波形蛋白交联接头,与 MAP1,MAP2 以及血影蛋白交联
锚蛋白(ankyrin)	140 000	皮层	波形蛋白与膜交联

续表

名称	分子量	存在部位	功能
聚丝蛋白(filaggrin)	30 000	细胞质	角蛋白交联
核纤层蛋白 B 受体(lamin B receptor)	58 000	核	核纤层蛋白与核内表面交联

* 大疱性类天疱疮抗原 1(bullous pemphigoid antigen 1)

二、中间丝的组装是一个多步骤的过程

中间丝的组装与微管和微丝相比更为复杂。大致分四步进行:①首先是两个中间丝蛋白分子的杆状区以平行排列的方式形成双股螺旋状的二聚体,该二聚体可以是同型二聚体,如波形纤维蛋白,GFAP 等,也可以是异型二聚体,如一条Ⅰ型角蛋白和另一条Ⅱ型角蛋白构成的异型二聚体。②由两个二聚体反向平行和半分子交错的形式组装成四聚体。一般认为,四聚体可能是细胞质中间丝组装的最小单位。由于四聚体中的两个二聚体是以反向平行方式组装而成,因此形成的四聚体两端是对称的,没有极性。③四聚体之间在纵向端对端(首尾)连成一条原纤维。④由 8 条原纤维侧向相互作用,最终形成一根横截面由 32 个中间丝蛋白分子组成,长度不等的中间丝(图 2-7-25)。

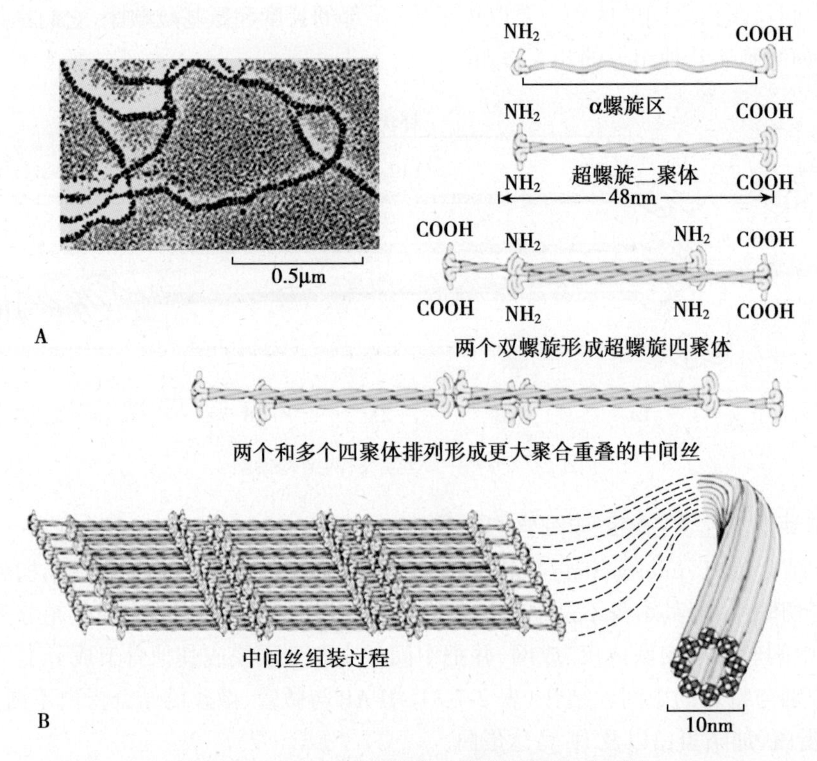

图 2-7-25 中间丝电镜照片和组装过程示意图
A. 中间丝电镜照片;B. 中间丝组装过程示意图

各类中间丝目前均可在体外进行装配,不需要核苷酸和结合蛋白的参与,也不依赖于温度和蛋白质的浓度。在低离子强度和微碱性条件下,多数中间丝可发生明显的解聚,一旦离子浓度和 pH 恢复到接近生理水平时,中间丝蛋白即迅速自我装配成中间丝。而且各种不同的中间丝的组装方式大致相同。

在体内,中间丝蛋白绝大部分都被装配成中间丝,游离的单体很少,几乎不存在相应的可溶性的蛋白库,也没有踏车行为。在处于分裂周期的细胞质中,中间丝网络在分裂前解体,分裂结束后又重新组装。目前认为,中间丝的组装和去组装是通过中间丝蛋白的磷酸化和去磷

Notes

酸化来控制的。中间丝蛋白丝氨酸和苏氨酸的磷酸化作用是中间丝动态调节最常见的调节方式。在有丝分裂前期，中间丝蛋白的磷酸化导致中间丝网络解体，分裂结束后，中间丝蛋白的去磷酸化后，中间丝蛋白重新参与中间丝网络的组装。

三、中间丝主要具有支撑功能

（一）参与构成细胞完整的支撑网架系统

中间丝在细胞内形成一个完整的支撑网架系统。它向外可以通过膜整联蛋白与质膜和细胞外基质相连，在内部与核膜、核基质联系；在细胞质中与微管、微丝及其他细胞器联系，构成细胞完整的支撑网架系统。中间丝还与细胞核的形态支持和定位有关。

（二）参与细胞连接

一些器官和皮肤的表皮细胞通过桥粒和半桥粒连接在一起，中间丝参与了桥粒和半桥粒的形成，参与相邻细胞之间、细胞与基膜之间连接结构的形成，因此，中间丝既能维持细胞的形态，又在维持组织的完整性方面起着重要作用。

（三）为细胞提供机械强度支持

体外实验证明，中间丝在受到较大的变形力时，不易断裂，比微管、微丝更耐受化学药物的剪切力。当细胞失去完整的中间丝网状结构后，细胞很易破碎（图 2-7-26）。因此中间丝为细胞提供机械强度的功能在一些组织细胞中显得更为重要。例如，它们在肌肉细胞和皮肤的上皮细胞中特别丰富，其主要作用是使细胞能够承受较大的机械张力和剪切力。在神经元的轴突中存在大量中间丝，起到了增强轴突机械强度作用。

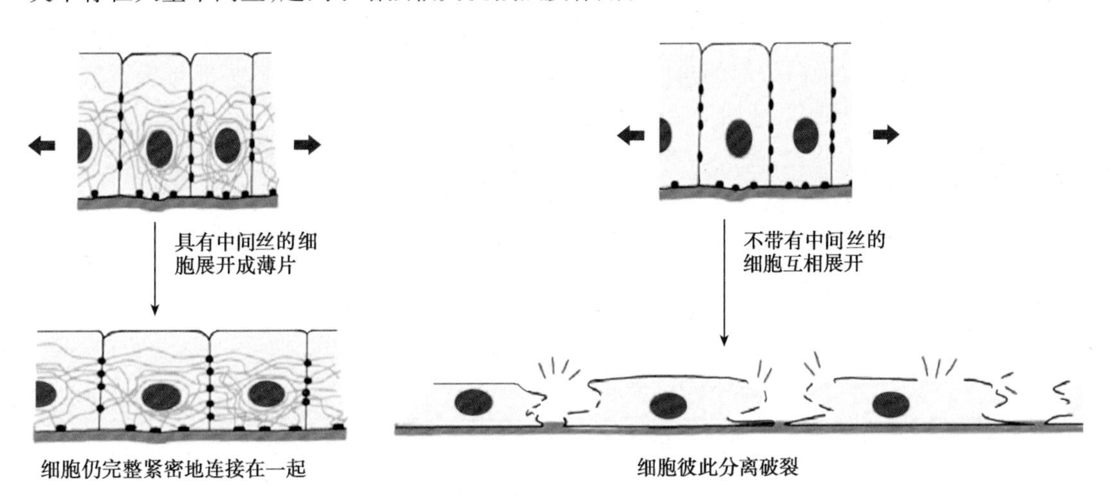

图 2-7-26　中间丝增强动物细胞强度

（四）参与细胞的分化

中间丝的表达和分布具有严格的组织特异性，这一特性表明中间丝与细胞的分化密切相关。发育分子生物学表明，胚胎细胞能根据其发育的方向调节中间丝蛋白基因的表达，即不同类型的细胞或细胞不同的发育阶段，会表达不同类型的中间丝。

（五）参与细胞内信息传递及物质运输

由于中间丝外连质膜和细胞外基质，内达核骨架，因此在细胞内形成一个穿膜信息通道。中间丝蛋白在体外与单链 DNA 有高度亲和性，有实验证实，在信息传递过程中中间丝水解产物进入核内，通过与组蛋白和 DNA 的作用来调节复制和转录。研究发现，中间丝与 mRNA 的运输有关，胞质 mRNA 锚定于中间丝，可能对其在细胞内的定位及是否翻译起重要作用。

（六）维持核膜的稳定

核纤层是核膜内层下面由核纤层蛋白构成的网络，对于细胞核形态的维持具有重要作用，

而核纤层蛋白是中间丝的一种。组成这种网络结构的核纤层蛋白 A 和 C,它们交连在一起,然后通过核纤层蛋白 B 附着在内核膜上。

第四节 细 胞 运 动

细胞运动的表现形式多种多样,从染色体分离到纤毛、鞭毛的摆动,从细胞形状的改变到位置的迁移。所有的细胞运动都和细胞内的细胞骨架体系(尤其是微管、微丝)有关,同时需要 ATP 和动力蛋白,后者分解 ATP,所释放的能量驱使细胞运动。

一、细胞运动有多种形式

(一) 细胞位置的移动或局部性的或整体性的

与位置移动有关的细胞运动大体可分为:①局部性的、近距离的移动;②整体性的、远距离的移动。

1. 鞭毛、纤毛的摆动 从细胞水平而言,单细胞生物可以依赖某些特化的结构如鞭毛、纤毛的摆动在液态环境中移动其体位。高等动物的精子的运动,基本上也属于这一类。多细胞动物中纤毛摆动有时不能引起细胞本身在位置上的移动,但可以起到运送物质的作用。

纤毛和鞭毛的运动是一种简单的弯曲运动,其运动机制一般用微管滑动模型解释:①轴丝内 A 管动力蛋白头部与相邻微管的 B 管接触,促进与动力蛋白结合的 ATP 水解,并释放 ADP 和磷酸,改变了 A 管动力蛋白头部的构象,促使头部朝向相邻二联管的正极滑动,使相邻二联微管之间产生弯曲力;②新的 ATP 结合,促使动力蛋白头部与相邻 B 管脱离;③ ATP 水解,其放出的能量使动力蛋白头部的角度复原;④带有水解产物的动力蛋白头部与相邻二联管的 B 管上的另一位点结合,开始下一个循环(图 2-7-27)。

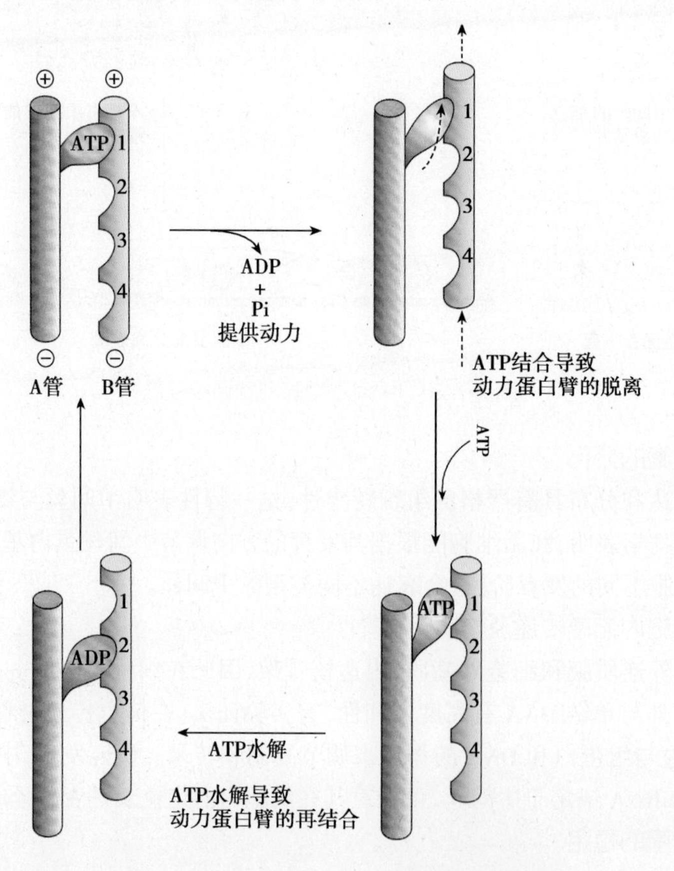

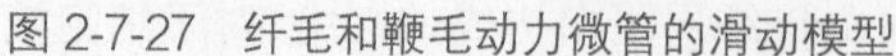
图 2-7-27 纤毛和鞭毛动力微管的滑动模型

Notes

2. 阿米巴样运动　原生动物阿米巴（amoeba）是进行这类运动的典型例子，高等动物中的巨噬细胞和部分白细胞等也进行类似的运动。细胞变形运动可以分为三个过程（图 2-7-28）：①首先通过肌动蛋白的聚合使细胞表面伸出片状或条形凸起，也叫伪足（pseudopodium）如丝状伪足、片状伪足；②当片状伪足或丝状伪足接触到一片合适的表面时，伸出的凸起与基质之间形成新的锚定点（黏着斑）；③位于细胞后部的附着点与基质脱离，细胞通过内部的收缩产生拉力，以附着点为支点向前移动。

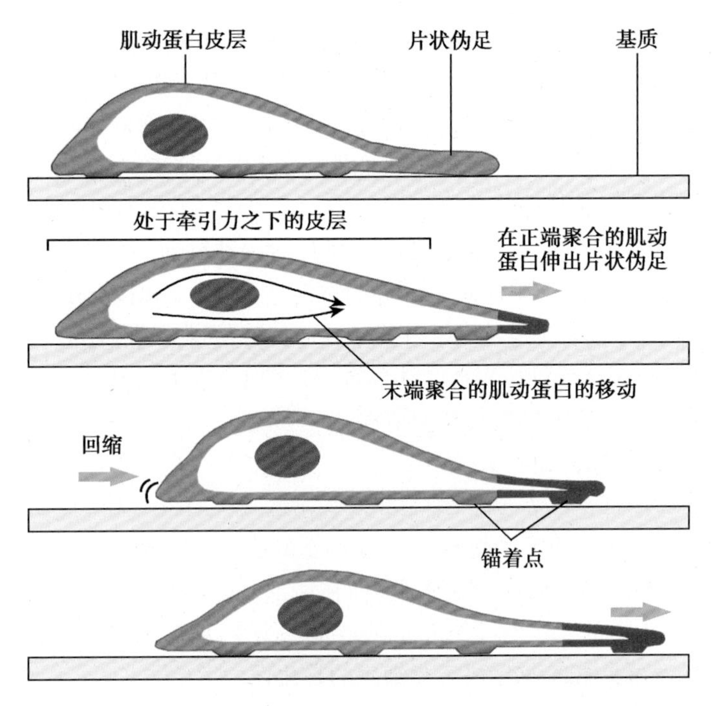

图 2-7-28　培养的动物细胞爬行过程示意图

3. 褶皱运动　将哺乳动物的成纤维细胞进行体外培养，可以看到另一种细胞运动方式，即细胞膜表面变皱，形成若干波动式的褶皱和长的突起。细胞的移动是靠这些褶皱和突起不断交替与玻璃表面接触。在细胞移动时，原生质也跟着流动，但和阿米巴运动不同，仅局限于细胞的边缘区。

（二）细胞运动以细胞形态改变为特征

并非所有细胞都会产生位置的移动。事实上，体内大多数细胞的位置是相对固定不变的，但是它们仍能表现十分活跃的形态改变。例如。肌纤维收缩，神经元轴突生长、顶体反应等。

（三）细胞内发生的细胞运动

细胞运动中最复杂微妙的方式当属那些发生在细胞内的运动。

1. 细胞质流动　细胞代谢物主要通过胞质环流来实现在细胞内的扩散，这对于植物细胞核阿米巴等体积较大的细胞尤为重要。研究发现，细胞质中有成束的微丝存在并与环流的方向平行。

2. 膜泡运输　据前所述，微管和微丝都可以参与细胞内的膜泡运输过程。另外，研究发现，胞吞作用与微丝密切相关，在将要形成吞噬体的下方，微丝明显增多，在吞噬体形成过程中，微丝集中在其周围。

3. 物质运输　神经元的核糖体只存在于胞体，因此，蛋白质、神经递质、小分子物质等都必须沿轴突运输到神经末梢，同理，一些物质也要运回胞体，目前已知轴突运输是沿着微管提供的轨道进行的。

4. 染色体分离 在细胞进行有丝分裂和减数分裂的过程中，细胞从间期进入分裂期，细胞质微管全面解聚，重新装配成纺锤体，介导染色体的运动。

二、细胞运动受多种因素的调节

所有细胞运动方式都不是随机进行的，而是在精密的时间在特定的部位发生的。如前所述，微丝微管的组装、动力蛋白的运动都具有方向性。

（一）通过G蛋白信号途径发挥调节作用

处于静息状态的成纤维细胞接受生长因子的刺激后，便开始生长分裂。已有证据表明。生长因子激活了G蛋白相关的信号传递途径，其中对两种Ras相关的G蛋白（Rac和Rho）的研究较多。目前的观点认为Rac能激活PIP_2代谢途径，引起细胞移动的早期事件（肌动蛋白聚合，膜变皱等）；而Rho激活酪氨酸激酶，引起细胞运动的后期事件（张力丝、黏着斑形成等）。

（二）在细胞外分子的作用下发生趋化作用

在某些情况下，细胞外的化学分子能指引细胞的运动方向，有时，细胞运动由基底层上不溶于水的分子指引；有时，细胞能感受外界的可溶性分子，并朝该分子泳动，即具有趋化性（chemotaxis）。许多分子都可以作为趋化因子，包括糖、肽、细胞代谢物等。所有趋化分子的作用机制相似，即趋化分子结合细胞表面受体，激活G蛋白介导的信号传递系统，然后通过激活或抑制肌动蛋白结合蛋白影响细胞骨架的结构。

（三）Ca^{2+}梯度调节细胞运动

细胞前后趋化分子的浓度差很小，细胞如何感应这么小的浓度差呢？研究发现，在含有趋化分子梯度的溶液中，运动细胞的胞质中Ca^{2+}的分布也具有梯度，在趋化分子浓度高的一侧Ca^{2+}浓度最低，即在细胞前部Ca^{2+}浓度最低，而在后部Ca^{2+}浓度最高。当改变细胞外趋化分子的浓度梯度时，细胞内的Ca^{2+}梯度分布也随之发生改变，而后细胞改变运动方向，按照新的Ca^{2+}浓度梯度运动。可见Ca^{2+}梯度决定了细胞的趋化性。

第五节 细胞骨架与疾病

细胞骨架与细胞的形态改变和维持、细胞内物质的运输、信息传递、细胞分裂与分化等重要生命活动密切相关，是生命活动不可少的细胞结构，它们的结构、功能异常可引起很多疾病，包括肿瘤、神经系统疾病和遗传性疾病等。

一、肿瘤发生发展过程中细胞骨架发生一定的改变

在恶性转化的细胞中，细胞常表现为细胞骨架结构的破坏和微管的解聚。免疫荧光标记技术显示，肿瘤细胞和转化细胞中微管的数量仅为正常细胞的1/2，微管数量的减少是恶性转化细胞的一个重要特征。肿瘤细胞内由三联微管组成的中心体，失去正常细胞内的相互垂直排列，而是无序紊乱排列。微管在细胞质中的分布也发生紊乱，常常表现为微管分布达不到质膜下的胞质溶胶层，造成肿瘤细胞的形态与细胞器的运动发生异常。在体外培养的多种人癌细胞中，微丝应力纤维破坏和消失，肌动蛋白发生重组，形成肌动蛋白小体，聚集分布在细胞皮层。在肿瘤细胞的浸润转移过程中，这些骨架成分的改变可增加癌细胞的运动能力。微管和微丝可作为肿瘤化疗药物的作用靶点，如长春新碱、秋水仙碱、紫杉醇和细胞松弛素等及其衍生物作为有效的化疗药物抑制细胞增殖，诱导细胞凋亡。

绝大多数肿瘤细胞通常继续表达其来源细胞特征性中间丝类型，即便在转移后仍然表达其原发肿瘤中间丝类型，如皮肤癌以表达角蛋白为特征，肌肉瘤表达结蛋白，非肌肉瘤表达波形纤维蛋白，神经胶质瘤表达神经胶质酸性蛋白等，因此可用于鉴别肿瘤细胞的组织来源及细

胞类型,为肿瘤诊断起决定性作用。中间丝还可以进一步被分出许多亚型,已经建立了主要人类肿瘤类群的中间丝目录,利用中间丝单克隆抗体分析技术鉴别诊断疑难和常见肿瘤,已经成为临床病理肿瘤诊断的有力工具。

二、细胞骨架可能是某些神经系统疾病发生的原因

许多神经系统疾病与骨架蛋白的异常表达有关,如阿尔茨海默病(Alzheimer disease,AD),即早老性痴呆,在患者脑神经元中可见到大量损伤的神经元纤维,并存在高度磷酸化 Tau 蛋白的积累,神经元中微管蛋白的数量并无异常,但存在微管聚集缺陷。神经丝蛋白亚基 NF-H 的异常磷酸化也会导致疾病发生,在阿尔茨海默病患者的神经原纤维缠结(neurofibrillary tangles,NFT)和帕金森病(Parkinson disease)患者的神经细胞内包涵体路易体(Lewy bodies)中都有高度磷酸化的 NF-H 存在。

三、编码某些细胞骨架蛋白的基因突变可导致某些遗传性疾病

一些遗传性疾病的患者常有细胞骨架的异常或细胞骨架蛋白基因的突变。人类不动纤毛综合征(immotile cilia syndrome)是一类遗传性疾病,其发病原因往往是由于纤毛、鞭毛结构中具有 ATP 酶活性的动力蛋白臂缺失或缺陷,从而使气管上皮组织纤毛运动麻痹,精子尾部鞭毛不能运动,导致慢性气管炎和男性不育等。

威斯科特 - 奥尔德里奇综合征(Wiskott-Aldrich syndrome,WAS)是一种遗传性免疫缺陷疾病,其特征是湿疹、出血和反复感染。研究表明,WAS 患者的 T 淋巴细胞的细胞骨架异常,血小板和淋巴细胞变小,扫描电镜发现 T 淋巴细胞表面相对较光滑,微绒毛数量减少,形态变小,而且 T 细胞对 T 细胞受体 CD3 复合体刺激引起的增强反应缺失。进一步研究表明引起 WAS 的根源是微丝的成核及聚合异常。

人类遗传性皮肤病单纯性大疱性表皮松解症(epidermolysis bullosa simplex,EBS),由于角蛋白 14(CK14)基因发生突变,患者表皮基底细胞中的角蛋白纤维网受到破坏,使皮肤很容易受到机械损伤,一点轻微的压挤便可使患者皮肤起疱。这样的个体很脆弱,容易死于机械创伤。

小 结

细胞骨架不同于一般意义上的"骨骼",它不仅赋予细胞以一定的形状,而且是一种高度有序的结构,能在细胞活动中不断重组,在细胞的各种运动、细胞的物质运输、能量和信息传递、基因表达和细胞分裂中起着重要作用。

细胞质骨架是由三类蛋白质纤维组成的网状结构系统,包括主要包括微管、微丝和中间丝。每一类纤维由不同的蛋白质亚基形成,即微管蛋白、肌动蛋白和中间丝蛋白。三类骨架成分既分散地分布于细胞中,又相互联系形成一个完整的骨架体系。细胞骨架体系是一种高度动态结构,可随着生理条件的改变不断进行组装和去组装,并受各种结合蛋白的调节以及细胞内外各种因素的调控。

由于细胞的骨架系统与多种细胞功能相关,因此细胞骨架的结构和功能异常时,会导致许多疾病的发生。

(赵俊霞)

参考文献

1. Lewin,B. 细胞 . 桑建利,连慕兰,译 . 北京:科学出版社,2009.

Notes

2. 翟中和,王喜中,丁明孝.细胞生物学.第4版.北京:高等教育出版社,2011.
3. 陈誉华.医学细胞生物学.第5版.北京:人民卫生出版社,2013.
4. 易静,汤雪明.医学细胞生物学.上海:上海科学技术出版社,2009.
5. Karp G. Cell and Molecular Biology. 7th ed. New York:John Wiley and Sons,Inc.,2013.
6. 韩贻仁.分子细胞生物学.第3版.北京:高等教育出版社,2007.
7. Alberts B,Johnson A,Lewis J,et al. Molecular Biology of Cell. 5th ed. New York:Landon. Garland Publishing Inc.,2008.

第八章　细胞核与遗传信息储存

细胞核是真核细胞内最大、最重要的结构，它使核内物质稳定在一定区域，建立遗传物质稳定的活动环境。细胞核是遗传信息储存、复制和转录的场所，遗传信息指导细胞内蛋白质合成，从而调控细胞增殖、生长、分化、衰老和死亡，所以细胞核是细胞生命活动的指挥控制中心。

真核细胞中，除哺乳动物的成熟红细胞和高等植物韧皮部的成熟筛管等少数细胞之外，都含有细胞核。一般来说，细胞失去细胞核后，由于不能执行正常的生理功能，将导致细胞死亡。

细胞核的形态与细胞的形态有一定的关系。在圆形、卵圆形、多边形的细胞中，细胞核的形态一般为圆球形；在柱形、梭形的细胞中，则呈椭圆形；在细长的肌细胞中呈杆状；但也有少数细胞的细胞核呈不规则状，如白细胞的细胞核呈马蹄形或多叶形。在一些异常细胞如肿瘤细胞中，常可见畸形核。

细胞核的大小为细胞总体积的 10% 左右，但在不同生物及不同生理状态下有所差异，高等动物细胞核的直径一般为 5~10μm，高等植物细胞核的直径一般为 5~20μm。常用细胞核与细胞质的体积比，即核质比（nuclear-cytoplasmic ratio）来表示细胞核的相对大小：

$$核质比=\frac{细胞核的体积}{细胞体积-细胞核体积}$$

核质比大表示核相对较大，核质比小则表示核相对较小。核质比与生物种类、细胞类型、发育阶段、功能状态及染色体倍数等有关。幼稚细胞的核较大，成熟细胞的核较小，如淋巴细胞、胚胎细胞和肿瘤细胞的核质比较大，而表皮角质化细胞、衰老细胞的核质比较小。

大多数细胞为单核，但也有双核和多核的，如肝细胞、肾小管细胞和软骨细胞有双核，而破骨细胞的核可达几百个。细胞核通常位于细胞的中央，但也可因细胞中分泌颗粒的形成或包含物的推挤而发生位移。在含有分泌颗粒的腺细胞中，核多偏于细胞的一端，如在脂肪细胞中，核被脂滴挤至边缘。

细胞核的形态结构在细胞周期中变化很大，分裂间期的细胞核称为间期核，只有在间期才能看到完整的细胞核。间期核由核膜、染色质、核仁和核基质（核骨架）等构成（图 2-8-1、2-8-2）。

细胞进入分裂期后，核膜裂解、核仁消失、核的各种组分重新分配，因此看不到完整的细胞核。本章将主要介绍间期核各组成部分的结构及功能。

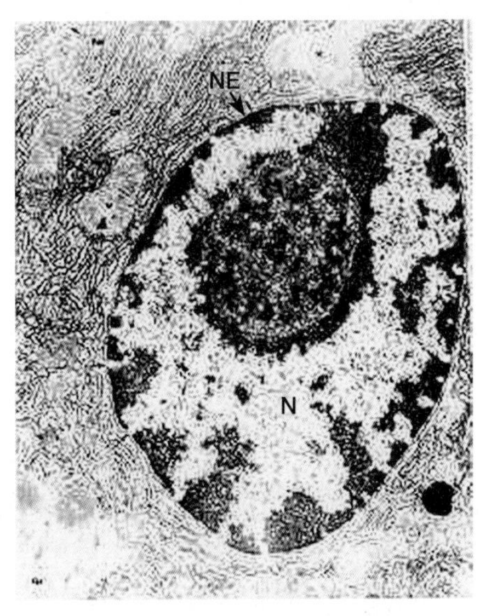

图 2-8-1　大鼠胰腺细胞核电镜照片
N：细胞核；NE：核膜

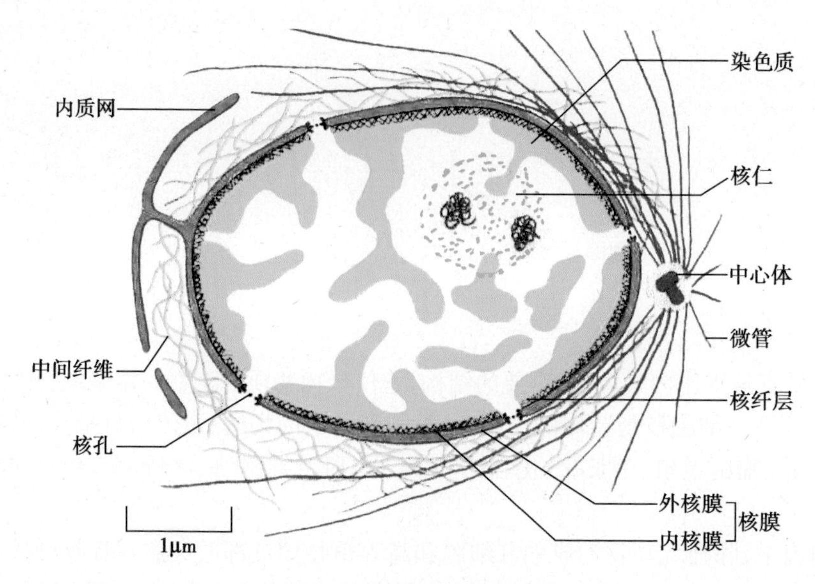

图 2-8-2 细胞核结构示意图

第一节 核 膜

核膜(nuclear membrane)又称核被膜(nuclear envelope),真核细胞内包围细胞核的双层膜结构,是细胞核与细胞质之间的界膜。它将细胞分成核与质两大结构与功能区域:DNA 复制、RNA 转录与加工在核内进行,蛋白质翻译则在细胞质中进行。这样能够避免核质间彼此互相干扰,使细胞的生命活动更加秩序井然。

一、核膜的主要化学成分是蛋白质和脂类

蛋白质与脂类是核膜的重要组成成分,此外,还有少量核酸成分。核膜中的蛋白质占65%~75%,通过电泳分析可鉴别出核膜含有 20 多种蛋白质,分子量为 16 000~160 000,包括组蛋白、基因调节蛋白、DNA 和 RNA 聚合酶、RNA 酶等。

核膜所含的酶类与内质网的酶类极为相似。如内质网的标记酶 G6PD 也存在于核膜,与电子传递有关的酶类,如 NADH 细胞色素 c 还原酶、NADH 细胞色素 b5 还原酶、细胞色素 P450 等也存在于核膜上,但其含量有差异,如内质网上细胞色素 P450 的含量高于核膜。

核膜中所含的脂类也与内质网的情况相似。它们都含有卵磷脂和磷脂酰乙醇胺,以及胆固醇、甘油三酯等。但其含量有差别,核膜所含不饱和脂肪酸的含量都较低,而胆固醇和甘油三酯的含量却较高。这种结构成分的相似性和特异性,不仅说明核膜与内质网的密切关系,同时说明两者也具有各自的结构特点。

二、核膜是不对称的双层膜结构

在电镜下,核膜是由内核膜、外核膜、核周隙、核孔复合体和核纤层等结构组成(图 2-8-3)。因内、外核膜的组成成分和结构都有差异,因此核膜是一种不对称的双层膜结构。

(一) 外核膜与糙面内质网膜相连

外核膜(outer nuclear membrane)为核膜中面向胞质侧的一层膜,在形态和生化性质上与细胞质中的糙面内质网膜相近,并与糙面内质网相连续。外核膜外表面上有核糖体附着,可进行蛋白质的合成。外核膜与细胞质相邻的表面可见中间纤维、微管形成的细胞骨架网络,这些结构的存在起着固定细胞核并维持细胞核形态的作用。

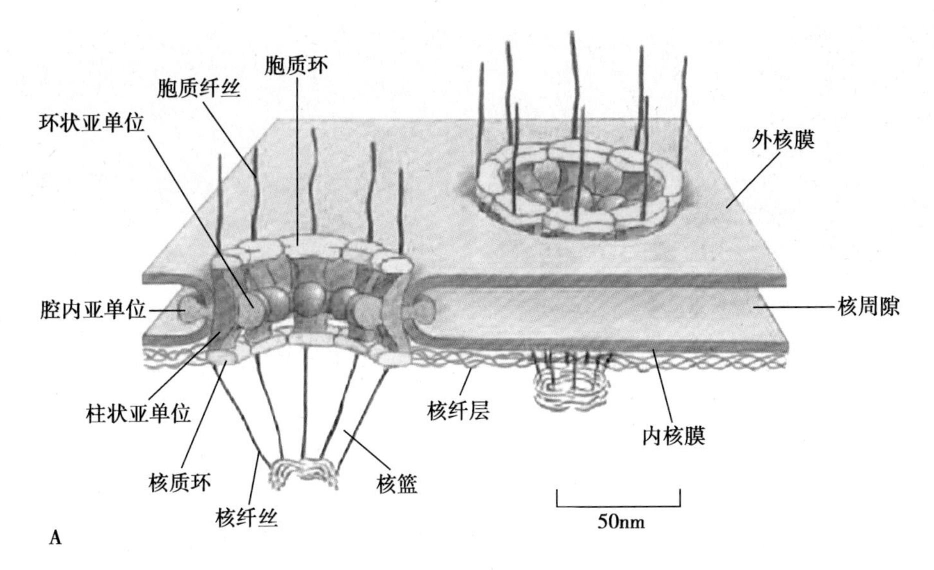

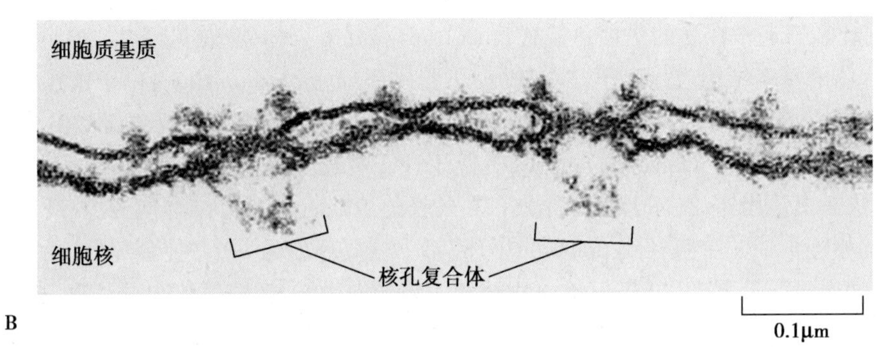

图 2-8-3　核膜的结构

A. 核膜的结构示意图，主要展示的是核孔复合体的结构模型；B. 核膜的电镜照片

（二）内核膜表面光滑包围核质

内核膜（inner nuclear membrane）与外核膜平行排列，表面光滑，无核糖体附着，核质面附着一层结构致密的纤维蛋白网络，称为核纤层，对核膜起支持作用。

（三）核周隙与糙面内质网腔相通

内、外层核膜在核孔的位置互相融合，两层核膜之间的腔隙称为核周隙（perinuclear space），宽 20~40nm，这一宽度常随细胞种类不同和细胞的功能状态不同而改变。核周隙与糙面内质网腔相通，内含有多种蛋白质和酶类。

因内、外核膜各自特化，分别与核质与胞质的组分相互作用，在生化性质及功能上呈现较大的差别，因此，核周隙成为内、外核膜之间的缓冲区。

（四）核孔复合体是由蛋白质构成的复合结构

在内外核膜的融合之处形成环状开口，称为核孔（nuclear pore）。核孔的数目、疏密程度和分布形式随细胞种类和生理状态不同而有很大的变化，一般来说，动物细胞的核孔数多于植物细胞；代谢不活跃的细胞中核孔数较少，例如晚期有核红细胞与淋巴细胞的核孔数为 1~3 个 /μm^2；但在 RNA 转运速度高，蛋白质合成旺盛的细胞中核孔数目较多，例如在肝、肾等高度分化但代谢活跃的细胞中，核孔数为 12~20 个 /μm^2。

核孔并非单纯由内外两层核膜融合形成的简单孔洞，而是由多种核孔蛋白质以特定方式排列形成的复杂隧道结构，隧道的内、外口和中央有由核糖核蛋白组成的颗粒和纤丝，对进出核的物质有控制作用。因此，核孔又称为核孔复合体（nuclear pore complex，NPC）（图 2-8-4）。

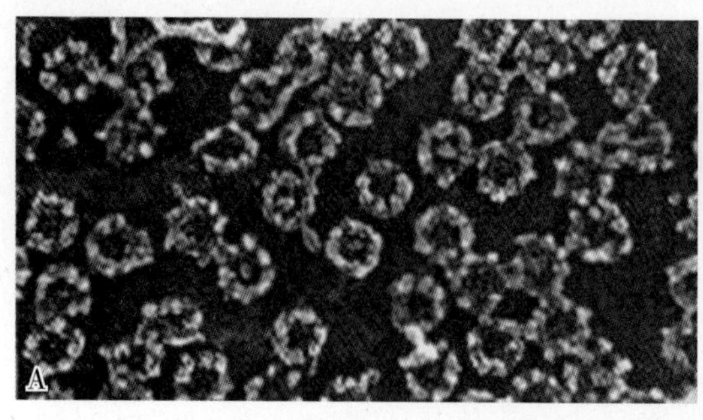

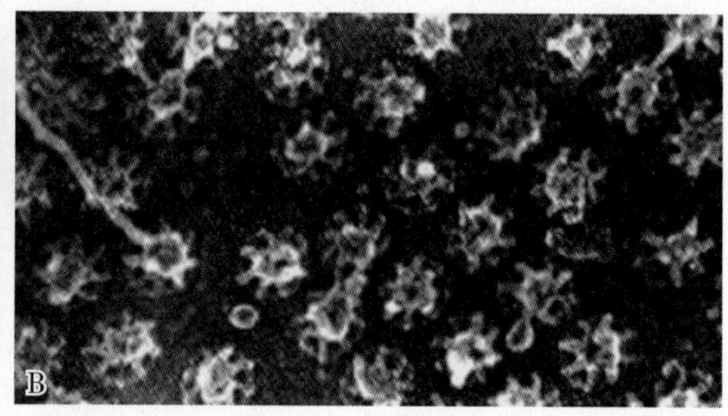

图 2-8-4 核孔复合体结构电镜照片
A. 核孔复合体胞质面的结构；B. 核孔复合体核质面的结构

许多研究者利用树脂包埋超薄切片技术、负染色技术以及冷冻蚀刻技术等方法研究核孔复合体的形态结构，提出了不同的核孔复合体模型。但由于分离纯化核孔复合体的难度较大，迄今对核孔复合体的描述仍没有完全统一的模型。

目前比较普遍被接受的是捕鱼笼式（fish-trap）核孔复合体模型（见图 2-8-3）。该模型认为核孔复合体的基本结构包括以下几个部分：①胞质环（cytoplasmic ring）：位于核孔复合体结构边缘胞质面一侧的环状结构，与柱状亚单位相连，环上对称分布 8 条短纤维（30~50nm），并伸向细胞质。②核质环（nucleoplasmic ring）：位于核孔复合体结构边缘核质面一侧的孔环状结构，与柱状亚单位相连，在环上也对称分布 8 条长约 100nm 的细纤维伸向核内，纤维的颗粒状末端彼此相连形成一个直径约 60nm 的小环，整个核质环就像一个"捕鱼笼"样的结构，也称为核篮（nuclear basket）。③辐（spoke）：由核孔边缘伸向中心，呈辐射状八重对称，把胞质环、核质环和中央栓连接在一起。辐的结构较复杂，可进一步分为三个结构域：柱状亚单位（column subunit），位于核孔复合体边缘，连接胞质环与核质环，起支撑作用；腔内亚单位（luminal subunit），位于柱状亚单位外侧，与核膜的核孔区域接触，穿过核膜伸入双层核膜的核周隙，起锚定核孔复合体的作用；环状亚单位（annular subunit），位于柱状亚单位之内，靠近核孔复合体中心部分，排列在核孔复合体通道正中间从四周伸向中央栓的蛋白质颗粒。④中央栓（central plug）：又称中央颗粒（central granule），位于核孔复合体的中心，是呈颗粒状或棒状的运输蛋白质，向外伸出 8 个呈辐射状对称的环形辐，其在核质交换中发挥一定的作用。

核孔复合体蛋白质可分为两类：一类是穿膜蛋白，另一类是外周蛋白。迄今已鉴定的脊椎动物的核孔复合体蛋白质成分已达到十多种，其中 gp210 和 p62 是最具代表性的两个成分，它们分别代表着核孔复合体蛋白的两种类型。

框 8-1 核孔复合体蛋白 gp210 与 p62

gp210 代表一类结构性穿膜蛋白，是第一个被鉴定出来的核孔复合体蛋白，位于核膜的"孔膜区"，在锚定核孔复合体的结构上起重要作用。它是一种糖蛋白，其糖基化修饰位点在天冬酰胺残基上，为 N 连接甘露糖残基寡糖链。

gp210 主要有三方面的功能：①介导核孔复合体与核膜的连接，将核孔复合体锚定在"孔膜区"，从而为核孔复合体装配提供一个起始位点；②在内、外核膜融合形成核孔中起重要作用，gp210 氨基酸序列中有两段疏水区，其中靠近 C 端的疏水区位于孔膜区，是穿膜结构域，另一段疏水区则位于核周隙内，推测当核孔复合体装配开始时，gp210 位于核周隙内的肽段构象发生变化，从而使其中的疏水区暴露，使之与核膜相互作用，通过这一方式诱导内外核膜融合；③在核质运输活动中起一定作用。

p62 代表一类功能性的核孔复合体蛋白。它带有 O 连接 N- 乙酰葡萄糖胺残基寡糖

修饰。脊椎动物的 p62 分子主要有两个结构域：疏水性 N 端区，具有 FXFG（F：苯丙氨酸，X：任意氨基酸，G：甘氨酸）形式的重复序列，糖基化修饰发生在这个区域中接近 C 端区的肽段。此区域可能在核孔复合体功能活动中直接参与核质交换。C 端区，类似一些纤维蛋白（如中间纤维蛋白、核纤层蛋白）的杆状区，推测这个区域通过卷曲螺旋与其他核孔复合体蛋白成分相互作用，从而将 p62 分子稳定在核孔复合体上，为其 N 端进行核质交换活动提供支持。p62 对核孔复合体行使主动运输的功能非常重要。

（五）核纤层是内核膜下的纤维蛋白网

核纤层（nuclear lamina）是位于内核膜下与染色质之间的一层由高电子密度纤维蛋白质组成的网络片层结构。在细胞分裂过程中对核膜的解聚和重建起调节作用。核纤层的厚薄随细胞不同而异，一般厚 10~20nm，在有些细胞中可达 30~100nm。

核纤层的主要化学成分是核纤层蛋白（lamin）。在哺乳类和鸟类细胞中，核纤层是由 3 种属于中间纤维性质的多肽组成，分别称为核纤层蛋白 A、B、C。爪蟾有 4 种核纤层蛋白（表 2-8-1）。

表 2-8-1　几种细胞内的核纤层蛋白

动物	核纤层蛋白	分子量	动物	核纤层蛋白	分子量
哺乳动物	A	74 000	鸟类	C	68 000
哺乳动物	B	72 000	非洲爪蟾	LⅠ	72 000
哺乳动物	C	62 000	非洲爪蟾	LⅡ	68 000
鸟类	A	75 000	非洲爪蟾	LⅢ	68 000
鸟类	B	71 000	非洲爪蟾	LⅣ	75 000

通过克隆并分析编码核纤层蛋白的 mRNAs，从序列分析中推论核纤层蛋白具有中间纤维蛋白的 α 螺旋区同源的氨基酸顺序。lamin A 和 lamin C 是由同一基因的不同 mRNA 编码，两种蛋白质之间仅在 -COOH 末端不同，它们都有一段由 350 个氨基酸残基组成的多肽序列，该序列与中间纤维蛋白的 α 螺旋区约有 28% 的氨基酸相同。而核纤层蛋白与中间纤维的波形蛋白之间在同源区域则有 70% 的氨基酸相同，其同源性高于不同的中间纤维蛋白之间的同源程度。因此，核纤层蛋白实际上是一种中间纤维蛋白。

核纤层与核膜、核孔复合体及染色质在结构和功能上有密切的联系（图 2-8-5）。

1. 核纤层调节核膜的解体与装配　真核细胞在细胞分裂过程中核膜经历崩解与重建的变化，内核膜下的核纤层也经历解聚与聚合的变化。生化分析表明，lamin A、lamin B 和 lamin C 均有亲膜结合作用，其中以 lamin B 与核膜的结合力最强。在内核膜上有 lamin B 受体，可为 lamin B 提供结合位点，从而把核膜固定在核纤层上。

在细胞分裂前期，核纤层蛋白磷酸化，核纤层可逆性去组装，发生解聚，使核膜破裂。此过程中 lamin A 与 lamin C 分散到细胞质中，lamin B 因与核膜结合力强，解聚后即与核膜小泡

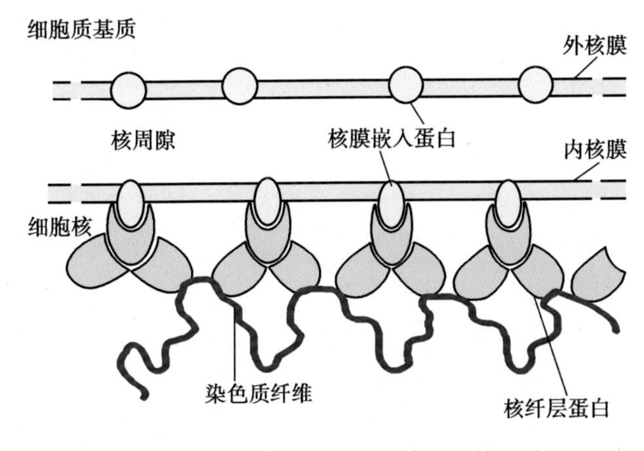

图 2-8-5　核纤层与内核膜、染色质的关系

结合，这些小泡在细胞分裂末期是核膜重建的基础。

在细胞分裂末期，核纤层蛋白发生去磷酸化，进而聚合，电镜下可见核纤层又重新在细胞核的周围聚集，核膜再次形成。说明核纤层蛋白在细胞周期中发生磷酸化与去磷酸化的周期性变化，调节核膜的解体与装配。

2. 核纤层与染色质的结构和功能相关 核纤层蛋白可与染色质上的一些特殊位点相结合，为染色质提供结构支架。细胞分裂间期，染色质与核纤层紧密结合，因此不能螺旋化成染色体；而在细胞有丝分裂前期，随着核纤层蛋白的解聚，染色质与核纤层蛋白的结合丧失，染色质逐渐凝集成染色体。把 lamin A 抗体注入分裂期细胞，抑制核纤层蛋白的重新聚合时，会阻断分裂末期染色体解旋成染色质，使染色体停留在凝集状态。说明核纤层对细胞分裂结束后染色质、细胞核的形成非常重要。

核纤层与染色质的相互作用有助于维持和稳定间期细胞核中染色质高度有序的结构，而高度有序的染色质结构对于基因表达的调控十分重要。

3. 核纤层参与细胞核的构建 在间期细胞中，核纤层与内核膜中的镶嵌蛋白相结合，也与核基质相互连接，组成了核的支架，参与维持核孔的位置和核膜的形状。1986 年，Burke RL 等在 CHO 细胞非细胞体系核组装系统中，选择性地除去 lamin A、lamin B 和 lamin C 后，可广泛地抑制核膜和核孔复合体围绕染色体的组装。研究表明，核纤层在间期核的组装中具有决定性作用。

4. 核纤层参与 DNA 的复制 利用爪蟾卵母细胞核重建体系的研究发现，重建的没有核纤层的细胞核，虽然细胞核里具有 DNA 复制过程所需要的蛋白质和酶，但却不能进行 DNA 的复制，这表明只有染色质而无完整的核膜是不能复制 DNA 的，提示核纤层参与了 DNA 的复制。

三、核膜将核质与胞质分隔并控制核质间的物质交换

核膜作为细胞核与细胞质的界膜，在稳定核的形态和成分，控制核质之间的物质交换，参与生物大分子的合成及细胞分裂等方面起着十分重要的作用。

（一）核膜为基因表达提供了时空隔离屏障

原核细胞因缺乏核膜，遗传物质 DNA 分子是分布于细胞质中的，RNA 转录及蛋白质合成也均发生于细胞质，在 RNA 3′端转录尚未结束时，其 5′端即已被核糖体结合，并开始进行蛋白质的合成，致使 RNA 转录本在进行翻译以前，因时间及空间的缺乏，不能进行有效地剪切和修饰。

真核细胞中，核膜将核物质与细胞质物质限定在各自特定的区域，使 DNA 复制、RNA 转录及蛋白质合成在时空上相互分隔进行，建立了遗传物质稳定的活动环境。真核生物的基因结构复杂，转录后需要经过复杂的加工，所以核膜的出现保证了 RNA 转录后先进行加工、修饰，才能输入细胞质中，进而指导和参与蛋白质的合成，使遗传信息的表达调控过程更加精确、高效。

（二）核膜参与生物大分子的合成

在外核膜的表面附着核糖体，所以核膜可进行蛋白质的合成。通过免疫电镜技术证实，抗体的形成首先出现在核膜的外层。在核周隙中存在多种结构蛋白和酶类，它也能合成少量膜蛋白、脂质。

（三）核膜控制着核质间的物质交换

核膜对核质之间的物质交换起着重要的作用，决定着交换物质的类型及方式。

核孔复合体作为被动扩散的亲水通道，其有效直径为 9~10nm，有的可达 12.5nm。实验表明，水分子和某些离子如 K^+、Ca^{2+}、Mg^{2+}、Cl^{-+}等，以及一些分子量在 5000 以下的小分子，如

单糖、双糖、氨基酸、核苷和核苷酸等，可以自由扩散，穿梭于核质之间。但对于绝大多数大分子物质的核质交换则需要经核孔复合体进行主动运输。主动运输具有高度选择性，其选择性表现在三个方面：①核孔复合体的直径大小可调节，主动运输的功能直径比被动运输大，为10~20nm，可调节达26nm；②核孔复合体的主动运输是一个信号识别与载体介导的过程，需消耗能量；③核孔复合体的主动运输具有双向性，兼有核输入和核输出两种功能。它既能把DNA复制、RNA转录所需的各种酶及组蛋白、核糖体蛋白和核质蛋白等，经核孔复合体运进细胞核；同时又能把细胞核内装配好的核糖体大小亚基和经转录加工后的RNA通过核孔复合体运到细胞质。

1. 亲核蛋白的核输入　亲核蛋白（karyophilic protein）是在细胞质中游离核糖体上合成、经核孔复合体转运入细胞核发挥作用的一类蛋白质。其肽链中带有核定位信号。常见的如核糖体蛋白、组蛋白、DNA聚合酶、RNA聚合酶等。

核质蛋白（nucleoplasmin）是真核生物细胞核中的一种酸性热稳定蛋白，可同组蛋白H2A、H2B结合，协助核小体的装配。核质蛋白由5个单体组成，分子量为165 000，具有头尾两个不同的结构域。用蛋白水解酶可把核质蛋白切成头、尾两部分，用放射性核素标记后，把带有放射性标记的完整核质蛋白，及它的头、尾片段分别注射到爪蟾卵母细胞的细胞质中，结果发现，完整的核质蛋白和其尾部片段均可以在核内出现，而头部却仍停留在细胞质中。用尾部包裹直径为20nm的胶体金颗粒，然后注射到细胞质中，虽然它们的直径已大大超过核孔复合体的有效直径，但电镜下却可看到胶体金颗粒通过核孔复合体进入核内。在运输过程中核孔复合体的直径从9nm可扩大到26nm，说明核孔复合体中央亲水性通道的大小是可调节的，蛋白质的核输入具有选择性（图2-8-6）。

通过对亲核蛋白的序列分析，发现这些亲核蛋白一般都有一段特殊的氨基酸信号序列，这些信号序列指导蛋白质从细胞质经核孔复合体输入到细胞核内，起“定向”和“定位”的分拣信号作用，从而保证蛋白质通过核孔复合体向核内输入。因此，将这一特殊的信号序列命名为

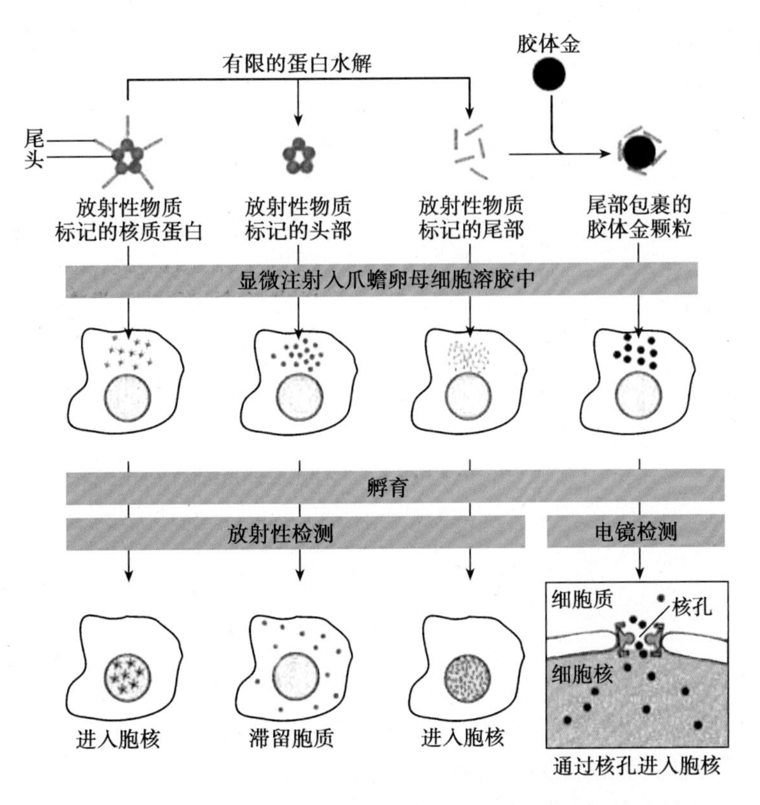

图2-8-6　核质蛋白有选择性地通过核孔复合体的实验

核定位信号(nuclear localization signal,NLS)或核输入信号(nuclear import signal)。具有 NLS 的蛋白质才具备进入核内的条件。

NLS 首先在猴肾病毒(SV40)的 T 抗原中发现。该抗原对于病毒 DNA 在宿主细胞中的复制有重要作用。T 抗原的 NLS 由脯氨酸 - 赖氨酸 - 赖氨酸 - 赖氨酸 - 精氨酸 - 赖氨酸 - 缬氨酸(Pro-Lys-Lys-Lys-Arg-Lys-Val)7 个氨基酸残基构成。若其中某个氨基酸残基发生突变,T 抗原则不能进入细胞核中。如果将这段 NLS 序列连接到非亲核蛋白上,则非亲核蛋白也被转运到核内。此后,通过大量的研究发现 NLS 是一段含 4~8 个氨基酸的短肽序列。不同的亲核蛋白上的 NLS 不同,但都富含带正电荷的赖氨酸和精氨酸,通常还有脯氨酸。这些信号序列与指导蛋白质穿膜运输的信号肽不同,NLS 可以位于亲核蛋白的任何部位,并且在指导亲核蛋白完成核输入以后不被切除。这个特点有利于细胞分裂完成后,亲核蛋白能够重新输入细胞核。

通过大量研究表明,仅有 NLS 的蛋白质自身不能通过核孔复合体,它必须通过和 NLS 受体结合才可通过核孔复合体,这种受体称核输入受体(nuclear import receptor),也称为输入蛋白(importin)。核输入受体可与核定位信号以及核孔蛋白结合,将在细胞质中结合的蛋白质经核孔复合体转运到核内。核输入受体的作用方式可能有 3 种:①本身是核孔复合体的组分之一,结合亲核蛋白直接转运到核内;②作为一种锚泊受体(docking receptor),在细胞质内与 NLS 结合,然后把亲核蛋白运输到核孔复合体再向核内转运;③作为一种穿梭受体(shuttling receptor),在细胞质内与亲核蛋白结合,一起穿过核孔复合体,在核内解离,然后再返回细胞质。

目前比较确定的输入蛋白受体有核输入受体 α、核输入受体 β 和 Ran(一种 GTP 结合蛋白)等。在它们的参与下,亲核蛋白的入核转运可分为以下几个步骤(图 2-8-7):①亲核蛋白通过 NLS 识别核输入受体 α,与核输入受体 α/β 异二聚体结合,形成转运复合物;②在核输入受体 β 的介导下,转运复合物与核孔复合体的胞质纤维结合;③转运复合物在核孔复合体中移动,从胞质面转移到核质面;④转运复合物在核质面与 Ran-GTP 结合,导致复合物解离,亲核蛋白释放;⑤受体的亚基与结合的 Ran 返回细胞质,在胞质内 Ran-GTP 水解形成 Ran-GDP 并与核输入受体 β 解离,Ran-GDP 返回核内,再转换成 Ran-GTP 状态。

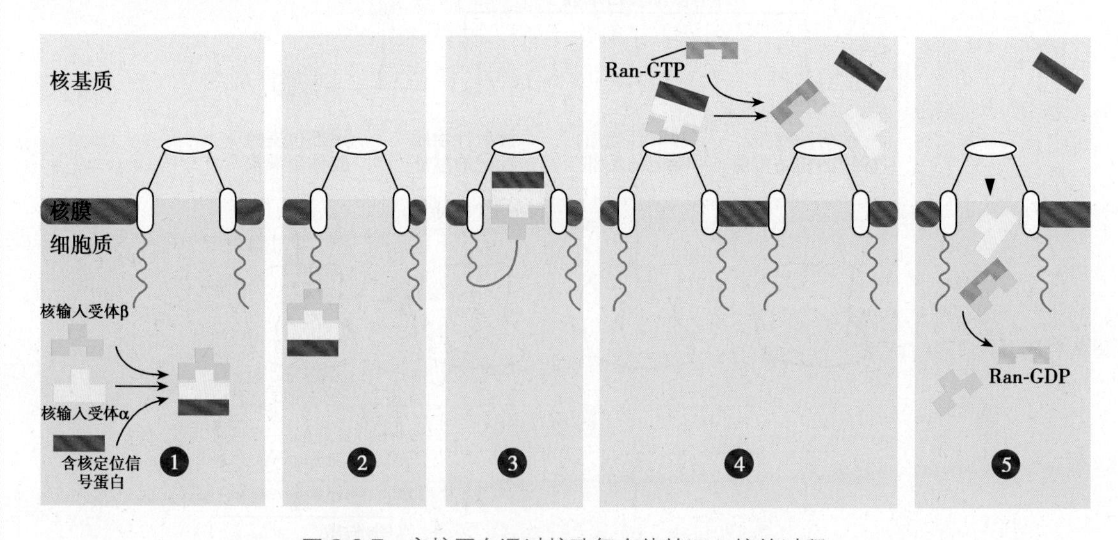

图 2-8-7 亲核蛋白通过核孔复合体转运入核的过程

2. RNA 及核糖体亚基的核输出 核孔复合体除了能把亲核蛋白输入核内以外,还能把新合成的核糖体大小亚基、mRNA 和 tRNA 等输出到细胞质。用小分子 RNA(tRNA 或 5SrRNA)包裹着直径为 20nm 的胶体金颗粒,然后注入蛙的卵母细胞核中,发现它们可以迅速地从细胞核进入细胞质中;如果将它们注入到蛙的卵母细胞质中,则它们会停留在细胞质内。

由此看来，核孔复合体除了有亲核蛋白输入信号的受体外，还有识别RNA分子的核输出受体(nuclear export receptor)，这些受体又称输出蛋白(exportin)。细胞核内形成的大分子复合物上有核输出信号(nuclear export signal)，可被核孔复合体上的输出受体识别，引导RNA或与RNA结合的蛋白质从细胞核经核孔复合体输出到细胞质。真核细胞中的RNA一般要经过转录后加工，修饰为成熟的RNA分子后才能被转运出核。

将包裹了RNA的胶体金颗粒及包裹了入核信号肽的胶体金颗粒分别注射到细胞核及细胞质中，通过观察同一个核孔复合体可发现上述物质的双向运输，即包裹了RNA的胶体金颗粒向细胞质转运；而包裹了入核信号肽的胶体金颗粒则向细胞核转运。由此证实，核孔复合体对大分子和颗粒物质的运输是双向性的，即将某些物质由细胞质转运入细胞核的同时，也对另一些物质由细胞核向细胞质进行运输。

第二节　染色质与染色体

染色质(chromatin)是间期细胞核中由DNA和组蛋白构成的能被碱性染料着色的物质，是遗传信息的载体。在细胞分裂间期，染色质成细丝状，形态不规则，弥散在细胞核内；当细胞进入分裂期时，染色质高度螺旋、折叠而缩短变粗，最终凝集形成条状的染色体(chromosome)，以保证遗传物质DNA能够被准确地分配到两个子代细胞中。因此，染色质和染色体两者没有化学组成的差异，主要是折叠包装程度的不同，是细胞核内同一物质在细胞周期不同时相的不同表现形态。

一、染色质和染色体的主要成分是DNA及组蛋白

染色质和染色体组成成分主要是DNA和组蛋白，此外还含有非组蛋白及少量的RNA。DNA和组蛋白是染色质的稳定成分，两者的比率接近1∶1。非组蛋白及少量的RNA可特异性结合于DNA上，非组蛋白的含量变动较大，常随着细胞生理状态的不同而改变。

(一) DNA储存遗传信息

DNA分子是由数目巨大的腺嘌呤(A)、鸟嘌呤(G)、胞嘧啶(C)和胸腺嘧啶(T)四种脱氧核糖核苷酸通过3′,5′-磷酸二酯键聚合而成的生物大分子。DNA的主要功能是携带和传递遗传信息，并通过转录形成的RNA来指导蛋白质合成。

真核细胞中染色质DNA序列根据其在基因组中分子组成的差异分为单一序列和重复序列两大类型，重复序列又分为中度重复序列和高度重复序列。

单一序列(unique sequence)又称单拷贝序列(single-copy sequence)，在基因组中只有单一拷贝或少数几个拷贝。一般为具有编码功能的基因。真核生物大多数编码蛋白质(酶)的结构基因属这种形式。

中度重复序列(middle repetitive sequence)重复次数在10^1~10^5之间，序列长度由几百到几千个碱基对(bp)组成。中度重复序列多数是不编码的序列，构成基因内和基因间的间隔序列，在基因调控中起重要作用，涉及DNA复制、RNA转录及转录后加工等方面。在中度重复序列中，有一些是有编码功能的基因，如rRNA基因，tRNA基因，组蛋白的基因、核糖体蛋白的基因等。人类基因组研究发现该类序列约占人基因组总DNA的15%。

高度重复序列(highly repetitive sequence)，其序列长度较短，一般为几个至几十个bp，但重复拷贝数超过10^5，分布在染色体的端粒、着丝粒区。它们有些散在分布，另一些则串联重复，均无编码功能，主要是构成结构基因的间隔，维系染色体结构，还可能与减数分裂中同源染色体联会有关。串联重复排列的高度重复序列可进一步分为：①卫星DNA(satellite DNA)，主要分布在染色体着丝粒部位；②小卫星DNA(minisatellite DNA)，每个小卫星区重复序列的拷贝

数是高度可变的，常用于个体鉴定；③微卫星 DNA（microsatellite DNA），重复单位序列最短，只有 1~5bp，串联成簇长度 50~100bp 的微卫星序列。人类基因组中至少有 30 000 个不同的微卫星位点，具高度微卫星多态性，不同个体间有明显差别，但在遗传上却是高度保守的，因此可作为重要的遗传标志，用于构建遗传图谱（genetic map）。

（二）组蛋白是染色质中的主要结构蛋白

组蛋白（histone）是真核细胞染色质的主要结构蛋白质。组蛋白富含带正电荷的精氨酸和赖氨酸等碱性氨基酸，等电点一般在 pH10.0 以上，属碱性蛋白质，故而可以和带负电荷的 DNA 紧密结合。用聚丙烯酰胺凝胶电泳可将组蛋白分离成 5 种，即 H1、H2A、H2B、H3、H4（表 2-8-2）。5 种组蛋白在染色质的分布与功能上存在差异，可分为核小体组蛋白和连接组蛋白。

表 2-8-2 组蛋白的分类及作用

种类	赖氨酸 / 精氨酸	氨基酸残基数	分子量	存在部位及结构作用
H1	29.0	215	23 000	存在于连接线上，锁定核小体及参与高一层次的包装
H2A	1.22	129	14 500	存在于核心颗粒，形成核小体
H2B	2.66	125	13 774	存在于核心颗粒，形成核小体
H3	0.77	135	15 324	存在于核心颗粒，形成核小体
H4	0.79	102	11 822	存在于核心颗粒，形成核小体

核小体组蛋白（nucleosomal histone）包括 H2A、H2B、H3、H4 四种，分子量较小，这类组蛋白之间通过 C 端的疏水氨基酸互相结合形成聚合体，同时通过 N 端带正电荷的氨基酸向四面伸出与 DNA 结合，从而帮助 DNA 卷曲形成核小体。核小体组蛋白进化上高度保守，无种属及组织特异性，其中 H3 和 H4 是已知蛋白质中最为保守的，不同种属间这两种蛋白的一级结构高度相似，例如小牛胸腺和豌豆的组蛋白 H4 间只在 60 位和 77 位上的两个氨基酸残基不同，海星与小牛胸腺的 H4 组蛋白只有一个氨基酸不同。这一特点表明 H3 和 H4 的功能几乎涉及它们所有的氨基酸，以致其分子中任何氨基酸的改变都将对细胞产生影响。

连接组蛋白（linker histone）H1 由 215 个氨基酸残基组成，分子量较大，在构成核小体时起连接作用，与染色质的高级结构的构建有关。H1 组蛋白在进化中不如核小体组蛋白那么保守，有一定的种属特异性和组织特异性。在哺乳类细胞中，H1 约有六种密切相关的亚型，氨基酸顺序稍有不同。在成熟的鱼类和鸟类的红细胞中，H1 被 H5 取代。

组蛋白在细胞周期的 S 期与 DNA 同时合成。组蛋白在细胞质中合成后即转移到核内，与 DNA 结合，装配形成核小体。组蛋白与 DNA 结合紧密程度可以影响 DNA 的复制与 RNA 转录。细胞内很多活动可以通过调节组蛋白的修饰来影响组蛋白与 DNA 双链的亲和性，从而改变染色质的疏松或凝集状态，或通过影响其他转录因子与结构基因启动子的亲和性来发挥基因调控作用。这些修饰包括乙酰化、磷酸化和甲基化等。当组蛋白某些氨基酸乙酰化或磷酸化后，改变了组蛋白的电荷特性，从而降低了组蛋白与 DNA 的结合，使 DNA 容易解旋为 DNA 复制和基因转录提供有利条件。而组蛋白甲基化则可增强组蛋白与 DNA 的相互作用，降低 DNA 的转录活性。组蛋白修饰是一种重要的表观遗传修饰，这些修饰更为灵活的影响染色质的结构与功能，通过多种修饰方式的组合发挥其调控功能。

（三）非组蛋白能从多方面影响染色质的结构和功能

非组蛋白（non-histone）是指细胞核中除组蛋白以外所有蛋白质的总称，为一类带负电荷的酸性蛋白质，富含天门冬氨酸、谷氨酸等酸性氨基酸。细胞中非组蛋白种类多且功能多样，用双向凝胶电泳可得到 500 多种不同组分，分子量一般在 15 000~100 000 之间。包括染色体骨架蛋白、调节蛋白及参与核酸代谢和染色质化学修饰的相关酶类。

非组蛋白有种属和组织特异性，在整个细胞周期都能合成，其含量常随细胞的类型及病理生理状态不同而变化，一般功能活跃细胞的染色质中非组蛋白的含量高于不活跃细胞中的染色质。

非组蛋白能识别特异的DNA序列，识别信息来源于DNA核苷酸序列本身，识别位点存在于DNA双螺旋的大沟部分，识别与结合靠氢键和离子键。在不同的基因组之间，非组蛋白所识别的DNA序列在进化上是保守的。非组蛋白的主要功能有：

1. **参与染色体的构建** 组蛋白把DNA双链分子装配成核小体串珠状结构，非组蛋白则帮助DNA分子进一步盘曲折叠。在染色质结构的“袢环”模型中，DNA袢环停泊在非组蛋白的支架上，构建成染色质的高级结构。

2. **启动DNA的复制** 非组蛋白的组分中含有启动蛋白、DNA聚合酶、引物酶等，它们以复合物形式结合在某段DNA分子上，启动和推进DNA分子的复制。

3. **调控基因的转录** 有些非组蛋白是转录活动的调控因子，与基因的选择性表达有关。非组蛋白作用于一段特异DNA序列上，能特异地解除组蛋白对DNA的抑制作用，以调控有关基因的转录。

二、间期细胞核中存在两种不同状态的染色质

根据间期核中染色质螺旋化程度以及功能状态的不同，可分为常染色质（euchromatin）和异染色质（heterochromatin）。

（一）常染色质是处于功能活跃呈伸展状态的染色质纤维

常染色质是指间期核中处于伸展状态，螺旋化程度低，用碱性染料染色浅而均匀的染色质。常染色质大部分位于间期核的中央，一部分介于异染色质之间。在核仁相随染色质中也有一部分常染色质，往往以袢环的形式伸入核仁内。在细胞分裂期，常染色质位于染色体的臂。构成常染色质的DNA主要是单一DNA序列和中度重复DNA序列（如组蛋白基因和核糖体蛋白基因），常染色质具有转录活性，是正常情况下经常处于功能活性状态的染色质，但并非常染色质的所有基因都具有转录活性，处于常染色质状态只是基因转录的必要条件。

（二）异染色质是处于功能惰性呈凝缩状态的染色质纤维

异染色质是指间期核中，螺旋化程度高，处于凝缩状态，用碱性染料染色时着色较深的染色质，一般位于核的边缘或围绕在核仁的周围，是转录不活跃或者无转录活性的染色质。

异染色质可分为组成性异染色质（constitutive heterochromatin）和兼性异染色质（facultative heterochromatin）两类。组成性异染色质又称“恒定性异染色质”，是异染色质的主要类型。在各种类型细胞的细胞周期中（除复制期外）都呈凝缩状态，是由高度重复的DNA序列构成，在细胞分裂中期染色体上常位于染色体的着丝粒区、端粒区、次缢痕等部位；具有显著的遗传惰性，不转录也不编码蛋白质；在复制行为上，较常染色质早聚缩晚复制。将培养的细胞进行同步化处理，在S期掺入^{3}H胸腺嘧啶的实验证明，组成性异染色质多在S期的晚期复制，而常染色质多在S期的早、中期复制。

兼性异染色质是指在生物体的某些细胞类型或一定发育阶段，处于凝缩失活状态，而在其他时期松展为常染色质。兼性异染色质的总量随不同细胞类型而变化，一般胚胎细胞含量少，而高度分化的细胞含量较多，这说明随着细胞分化，较多的基因渐次以聚缩状态关闭。因此，染色质的聚缩可能是关闭基因活性的一种途径。例如，人类女性卵母细胞和胚胎发育早期，两条X染色体均为常染色质；至胚胎发育的第16~18天，体细胞将随机保持一条X染色体有转录活性，呈常染色质状态；而另一条X染色体则失去转录活性，成为异染色质。在间期核中失活的X染色体呈异固缩状态，形成直径约1μm的浓染小体，紧贴核膜内缘，称为X染色质或X小体。X染色质检查可用于对性别和性染色质异常鉴定。

三、染色质经有序折叠组装形成染色体

20 世纪 70 年代以前，染色质一直被认为是由组蛋白包裹在 DNA 外，形成类似“铅笔”状的结构。1974 年经 Roger D. Kornberg 等人对染色质进行酶切降解研究及电镜观察后，人们对于染色质的结构才有了进一步的认识。现已知道，染色质的基本结构单位为核小体，核小体经过进一步折叠、压缩形成高级结构，最终组装成染色体。

（一）核小体为染色质的基本结构单位

组成染色质的基本结构单位是核小体。每个核小体包括约 200bp 的 DNA、8 个组蛋白分子组成的八聚体及 1 分子组蛋白 H1。八聚体是由四种组蛋白 H2A、H2B、H3 和 H4 各两个分子组成，两个 H3、H4 二聚体相互结合形成四聚体，位于核心颗粒中央，两个 H2A、H2B 二聚体分别位于四聚体两侧。146bp 的 DNA 分子在八聚体上缠绕 1.75 圈，形成核小体的核心颗粒。在两个相邻的核小体之间以连接 DNA 分子相连，典型长度约 60bp，其长度变异较大，随细胞类型不同而不同，其上结合一个组蛋白分子 H1，组蛋白 H1 锁定核小体 DNA 的进出端，起稳定核小体的作用。多个核小体形成一条念珠状的纤维，直径约为 10nm（图 2-8-8）。

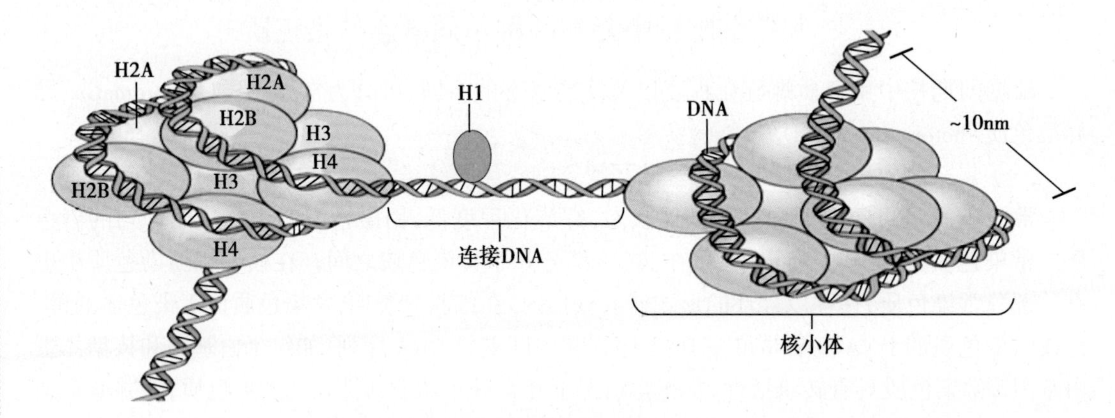

图 2-8-8　核小体结构图解

组蛋白与 DNA 之间的互相作用主要是结构性的，基本不依赖核苷酸的特异序列。实验表明，核小体具有自装配的性质。

（二）核小体进一步螺旋形成螺线管

由直径 10nm 的核小体串珠结构进行螺旋盘绕，每 6 个核小体螺旋一周，形成外径 30nm、内径 10nm 的中空螺线管（solenoid），组蛋白 H1 位于螺线管内部，是螺线管形成和稳定的关键因素。螺线管为染色质的二级结构（图 2-8-9）。

（三）螺线管进一步组装成染色体

关于 DNA 如何组装成染色体，在一级及二级结构上已有直接实验证据，并被大多数科学家认可。但从 30nm 的螺线管如何进一步组装成染色体的过程尚存在争议，目前被广泛接受的主要有多级螺旋模型（multiple coiling model）及骨架 - 放射环结构模型（scaffold-radial loop structure model）。

1. 染色体多级螺旋模型　在该模型中，由螺线管进一步螺旋盘绕，形成直径为 400nm 的圆筒状结构，称为超螺线管（supersolenoid），这是染色质组装的三级结构。超螺线管再进一步螺旋、折叠形成染色质的四级结构—染色单体。

根据多级螺旋模型，当 DNA 分子缠绕在直径 10nm 的核小体核心颗粒上时，长度被压缩 7 倍；直径 10nm 的核小体形成螺线管后，DNA 分子长度又被压缩 6 倍；而当螺线管盘绕形成超螺线管时，DNA 分子长度被压缩约为 40 倍；超螺线管再度折叠、缠绕形成染色单体后，DNA 分子长度又将被压缩 5 倍。因此，在染色质的组装过程中，DNA 分子在经过核小体、螺线管、超

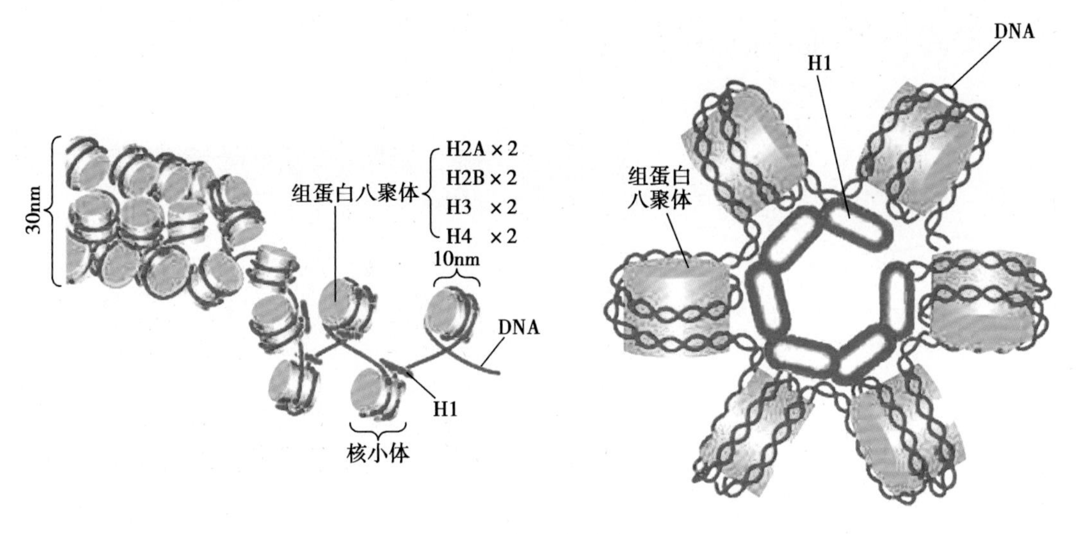

图 2-8-9　螺线管结构图解

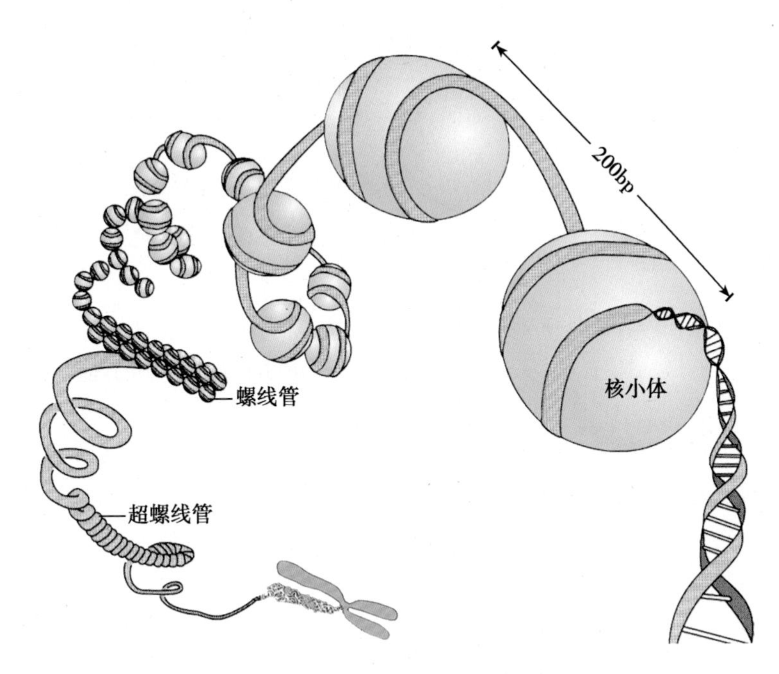

图 2-8-10　染色质组装的多级螺旋模型

螺线管到染色单体四级连续螺旋、折叠后，其长度可压缩近万倍（图 2-8-10）。

2. 染色体骨架 - 放射环结构模型　该模型认为螺线管以后的高级结构，是由 30nm 螺线管纤维折叠成的袢环构成的，螺线管一端与由非组蛋白构成的染色体支架某一点结合，另一端向周围呈环状迂回后又返回到与其相邻近的点，形成一个个袢环围绕在支架的周围。每个 DNA 袢环长度约 21μm，包含 315 个核小体。每 18 个袢环呈放射平面排列，结合在核基质上形成微带（miniband），微带沿纵轴纵向排列构建成为染色单体（图 2-8-11）。

放射环模型最早是由 UK Laemmli 等（1977）根据大量的实验结果提出的。他们用 2mol/L 的 NaCl 溶液加肝素处理 HeLa 细胞中期染色体，以去除组蛋白及大部分非组蛋白。电镜下观察染色体铺展标本，看到由非组蛋白构成的染色体骨架，两条染色单体的骨架相连于着丝粒区。由骨架的一点伸展出许多直径 30nm 的染色质纤维构成的侧环。若用 EDTA 处理染色体标本后，则可见 30nm 的纤维解螺旋，形成 10nm 的纤维。此外，实验观察发现，两栖类卵母细胞的灯刷染色体（图 2-8-12）和昆虫的多线染色体（图 2-8-13），都含有一系列的袢环结构域（loop domain），提示袢环结构可能是染色体高级结构的普遍特征。

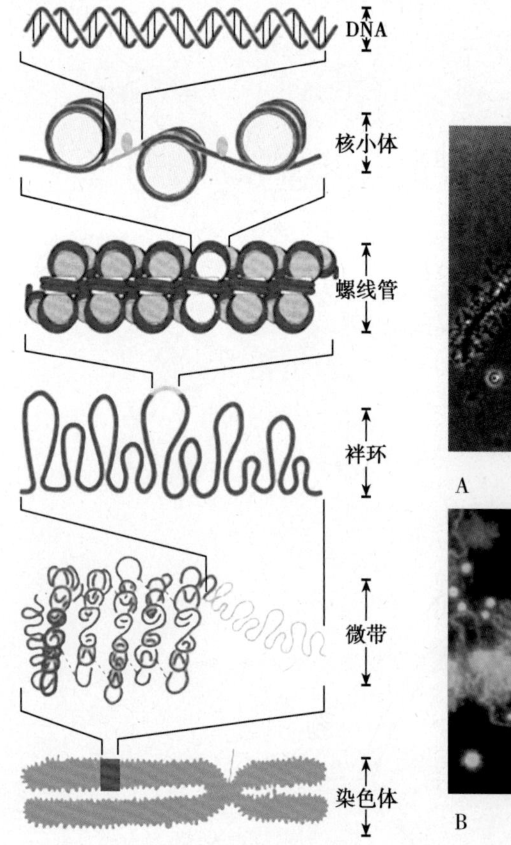

图 2-8-11 染色质组装的放射环模型

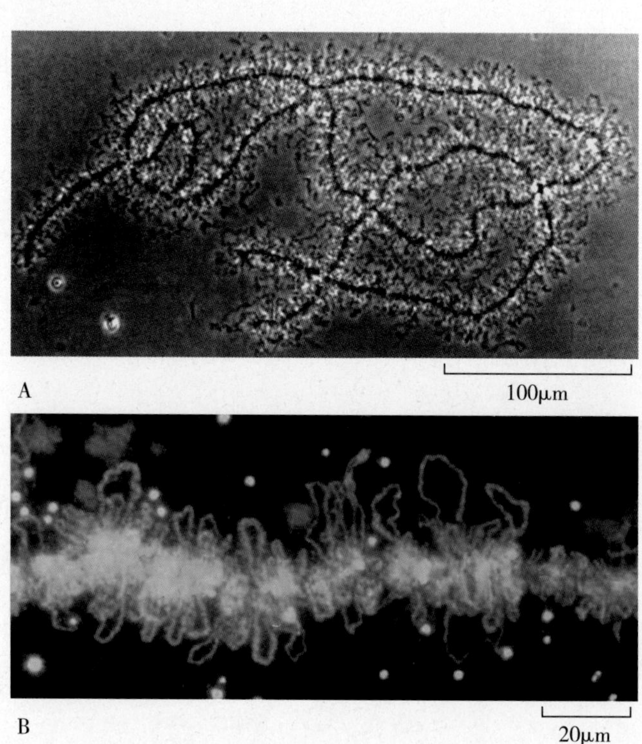

图 2-8-12 两栖类卵母细胞中的灯刷染色体

A. 光学显微镜下两栖类卵母细胞中的灯刷染色体；B. 荧光染料处理的灯刷染色体

放射环模型较好地解释了电镜下观察到的 10nm 及 30nm 纤维产生的结构形态，同时也说明了染色质中非组蛋白的作用。而且，袢环结构可能是保证 DNA 分子多点复制特性的高效性和准确性的结构基础；也是 DNA 分子中基因活动的区域性和相对独立性的结构基础。

四、中期染色体具有比较稳定的形态结构

在细胞有丝分裂中期，因染色质高度凝集成染色体，此时染色体形态、结构特征明显，可作为染色体一般形态和结构的标准，常用于染色体研究及染色体病的诊断检查。

（一）着丝粒将两条姐妹染色单体相连

每一中期染色体都是由两条相同的染色单体构成，两条染色单体之间在着丝粒部位相连。彼此互称为姐妹染色单体（sister chromatid）。

在中期染色体的两姐妹染色单体连接处，存在一个向内凹陷的、浅染的缢痕，称主缢痕（primary constriction）或初级缢痕。着丝粒（centromere）位于主缢痕内两条姐妹染色单体相连处的中心部位。该结构由高度重复 DNA 序列的异染色质组成，并将染色单体分为两个臂。着丝粒在染色体的位置可作为染色体分析鉴别中的一个重要标志。根据着丝粒的位置将中期染色体分为 4 种类型（图 2-8-14）。

中着丝粒染色体（metacentric chromosome）的着丝粒位于或靠近染色体中央，如将染色体全长分为 8 等份，则着丝粒位于染色体纵（长）轴的 1/2~5/8 之间，将染色体分成大致相等的两臂。

Notes

亚中着丝粒染色体（submetacentric chromosome）的着丝粒位于染色体纵轴的 5/8~7/8 之间，

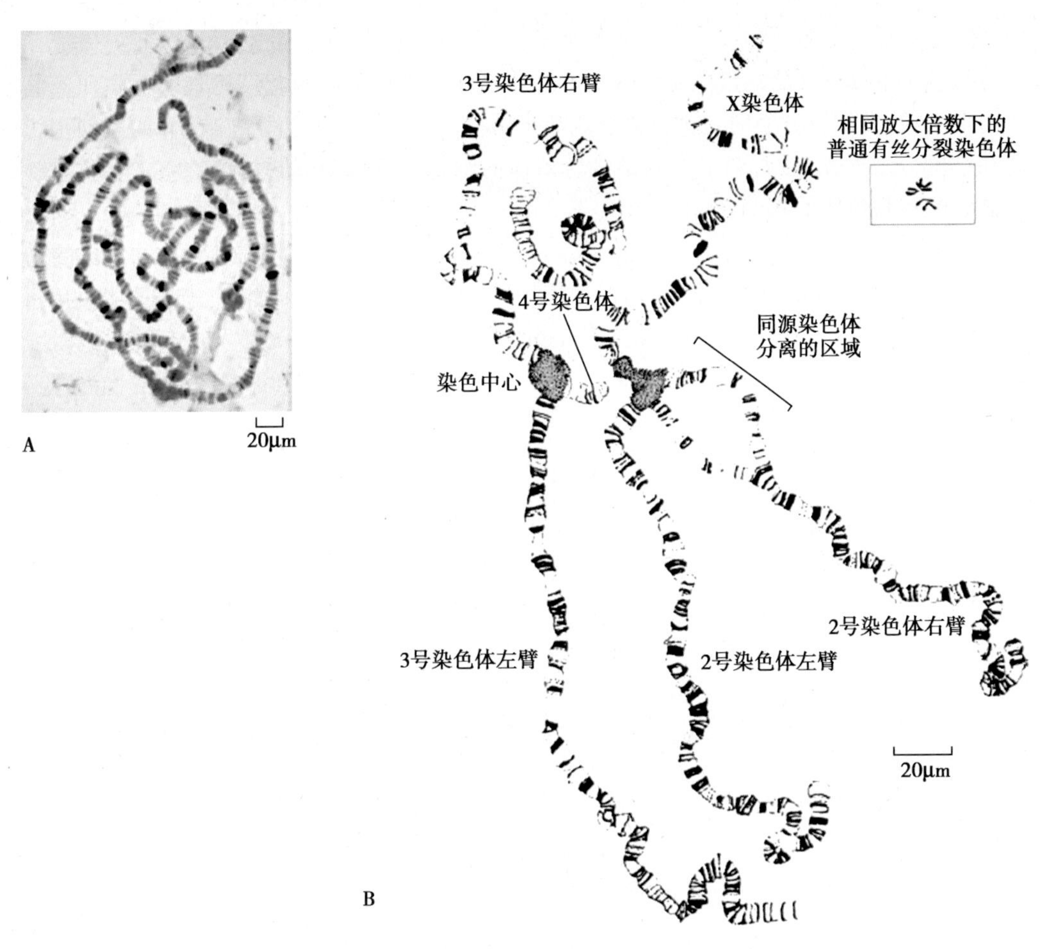

图 2-8-13　果蝇唾液腺细胞的多线染色体

A. 果蝇唾液腺细胞多线染色体光学显微镜照片；B. 果蝇唾液腺细胞多线染色体模式图

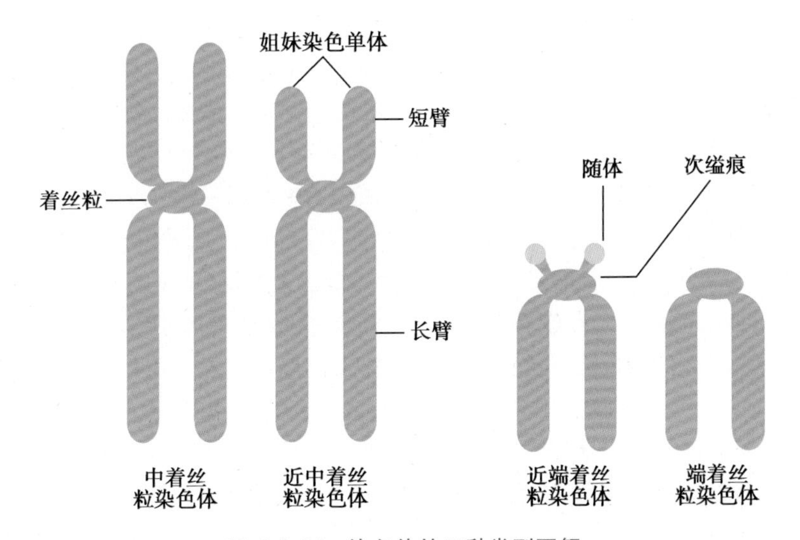

图 2-8-14　染色体的四种类型图解

将染色体分成长短不等的短臂(p)和长臂(q)。

近端着丝粒染色体(acrocentric chromosome)的着丝粒靠近染色体的一端，位于染色体纵轴的 7/8 近末端之间，短臂很短。

端着丝粒染色体(telocentric chromosome)的着丝粒位于染色体的一端，形成的染色体只有一个臂。在人类正常染色体中没有这种端着丝粒染色体，但在肿瘤细胞中可以见到。

(二) 着丝粒 - 动粒复合体介导纺锤丝与染色体的结合

动粒(kinetochore)是由蛋白质组成的存在于着丝粒两侧的圆盘状结构。每一中期染色体含有两个动粒，是细胞分裂时纺锤丝微管附着的部位，与细胞分裂过程中染色体的运动密切相关。在细胞分裂后期，微管牵引着两条染色单体向细胞两极移动，动粒起着核心作用，控制着微管的装配和染色体的移动。

着丝粒 - 动粒复合体(centromere-kinetochore complex)是由着丝粒与动粒共同组成的一种复合结构，两者的结构成分相互穿插，在功能上紧密联系，共同介导纺锤丝与染色体的结合。它包括三种结构域：动粒域(kinetochore domain)、中心域(central domain)及位于中心域内表面的配对域(pairing domain)(图 2-8-15)。

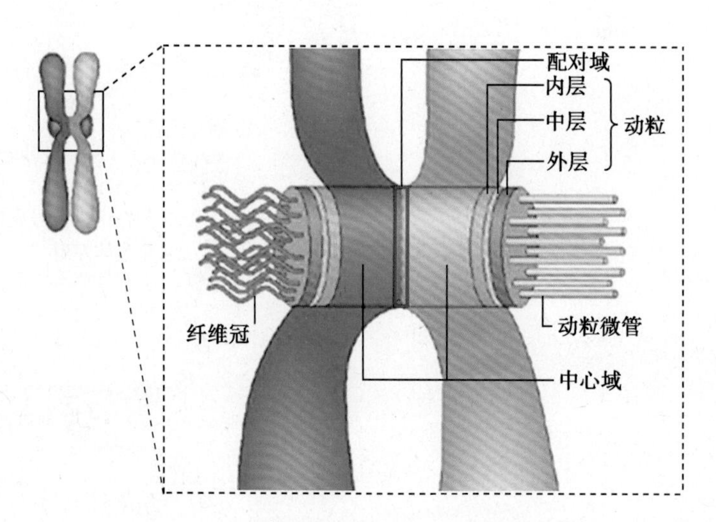

图 2-8-15 着丝粒 - 动粒复合体结构示意图

动粒域位于着丝粒的外表面，包括外、中、内三层结构和围绕在动粒外层的纤维冠。动粒域外层电子密度中等，厚 30~40nm，是纺锤丝微管连接的位点；中层电子密度最低，呈半透明状，无特定的结构，厚 15~60nm；内层电子密度高，厚 15~40nm，与复合体的中心域相联系。在没有动粒微管存在时，外层表面还可见覆盖着一层由动力蛋白构成的纤维冠(fibrous corona)，是支配染色体运动和分离的重要结构。动粒域主要含有与动粒结构、功能相关的蛋白质，常为进化上高度保守的着丝粒蛋白(centromere protein，CENP)以及一些与染色体运动相关的微管蛋白、钙调蛋白(CaM)、动力蛋白等。

中心域位于动粒域的内侧，是着丝粒区的主体，由富含重复 DNA 序列的异染色质组成，能抗低渗膨胀和核酸酶消化。对形成着丝粒 - 动粒复合体的结构和维持功能活性有重要作用。

配对域在中心域内表面，是有丝分裂中期姐妹染色单体相互作用的位点。该结构域分布有两类重要蛋白，即内着丝粒蛋白(inner centromere protein，INCENP)及染色单体连接蛋白(chromatid linking proteins，CLIPS)。在细胞分裂期，这些蛋白与姐妹染色单体的配对、分离有密切关系，伴随着染色单体之间分离的发生，INCENP 可迁移到纺锤体赤道区域，而 CLIPS 则会逐渐消失。

着丝粒 - 动粒复合体的三种结构域在组成及功能上虽有区别，但当细胞进入有丝分裂时，它们彼此间需要相互配合、共同作用，才能确保有丝分裂过程中染色体与纺锤体的整合，为染色体的有序配对及分离提供结构基础。

(三) 次缢痕为某些染色体所特有的形态特征

在有些染色体的长臂或短臂上可见除主缢痕外的浅染凹陷缩窄区，称为次缢痕(secondary constriction)，并非存在所有染色体上，为某些染色体所特有的形态特征。次缢痕在染色体上的

数目、位置及大小通常较恒定，可作为染色体鉴定的一种常用标记。

(四) 随体是位于染色体末端的球状结构

人类近端着丝粒染色体短臂的末端，可见球状结构，称为随体(satellite)。随体通过柄部凹陷缩窄的次缢痕与染色体主体部分相连。随体主要由异染色质组成，含高度重复DNA序列，其形态、大小在染色体上是恒定的，是识别染色体的重要形态特征之一。有随体染色体的次缢痕部位含有多拷贝 rRNA 基因(5SrRNA 基因除外)，是具有组织形成核仁能力的染色质区，与核仁的形成有关，此区称为核仁组织区(nucleolus organizing region，NOR)。

(五) 端粒是染色体末端的特化部分

在染色体两臂的末端由高度重复 DNA 序列构成的结构，称为端粒(telomere)。它是染色体末端必不可少的结构，对维持染色体形态结构的稳定性和完整性起着重要作用。在正常情况下，染色体末端彼此之间不相接，但当染色体发生断裂而端粒丢失后，染色体的断端可以彼此粘连相接，形成异常染色体。

五、染色体稳定遗传的三种主要功能序列

真核生物进行细胞分裂时，首先要进行染色体复制，然后均等分配到两个子细胞中，保证遗传信息的稳定传递。要达到这个目的，在染色体上必须具有 3 个功能序列：复制源序列、着丝粒序列和端粒序列(图 2-8-16)。

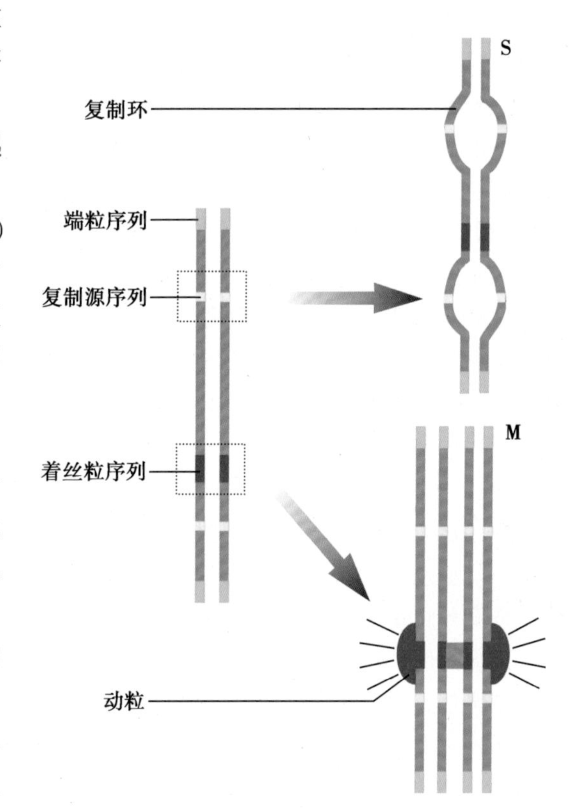

图 2-8-16　染色体稳定遗传的三种功能序列示意图

(一) 复制源序列是 DNA 进行复制的起始点

复制源序列(replication origin sequence)首先在酵母基因组 DNA 序列中发现，具有 DNA 复制起点的作用。根据不同来源的复制源 DNA 序列分析，发现所有的 DNA 序列均有一段同源性很高的富含 AT 的保守序列：200bp-A(T)TTTAT(C)A(G)TTTA(T)-200bp，同时证明这段序列及其上下游各 200bp 左右的区域是维持复制源序列功能所必需的。真核生物染色体上有多个复制源序列，以确保染色体快速复制。

(二) 着丝粒序列保证姐妹染色单体的均等分裂

着丝粒序列(centromere sequence)是真核生物在细胞分裂时，两个姐妹染色单体连接的区域，根据不同来源的着丝粒序列分析，发现其共同特点是两个彼此相邻的核心区，一个是 80~90bp 的 AT 区，另一个是含有 11 个高度保守的碱基序列：-TGATTTCCGAA-，功能是形成着丝粒，在细胞分裂时，两个姐妹染色单体从着丝粒分离，保证均等分配两个子代染色单体。

通过着丝粒序列缺失损伤实验或插入突变实验，发现一旦伤及这两个核心区域，着丝粒序列即丧失其功能。

(三) 端粒序列维持染色体的独立性和稳定性

端粒序列(telomere sequence)是线性染色体两端的特殊序列，在序列组成上十分相似。端

粒 DNA 为一串联重复序列，双链中的一条 3′端为富含 TG 的序列，互补链为富含 CA 的序列，这一串联重复序列单位在进化中高度保守。

端粒有以下功能：①保证染色体末端的完全复制，端粒 DNA 提供了复制线性 DNA 末端的模板；②在染色体的两端形成保护性的帽结构，使 DNA 免受核酸酶和其他不稳定因素的破坏和影响，使染色体的末端不会与其他染色体的末端融合，保持染色体的结构完整；③在细胞的寿命、衰老和死亡以及肿瘤的发生和治疗中起作用。

端粒是由端粒酶合成的，端粒酶是由 RNA 和具有反转录酶活性的蛋白质组成的复合结构，其 RNA 长 159 个 bp，含一个 CAACCCCAA 序列，能为端粒 DNA 的合成提供模板，合成的方向是 5′→3′。而端粒酶中的蛋白质则为一种反转录酶。在 DNA 复制终末时，由于 DNA 双链中后随链所进行的 DNA 合成是不连续的，DNA 聚合酶催化的 DNA 合成不能进行到该链的 3′端，致使其末端最后一段序列不能进行复制，所形成的 DNA 新链 5′端将缺失一段 DNA。端粒酶通过与该链末端的端粒序列识别并结合，以自身 RNA 作为模板，利用其反转录酶活性，对 DNA 3′末端富含 G 的链进行延长，通过回折，对新链 DNA 5′端加以补齐，从而避免了 DNA 链随着一次次复制的进行而造成染色体末端基因的丢失，保证了 DNA 合成的完整性（图 2-8-17）。

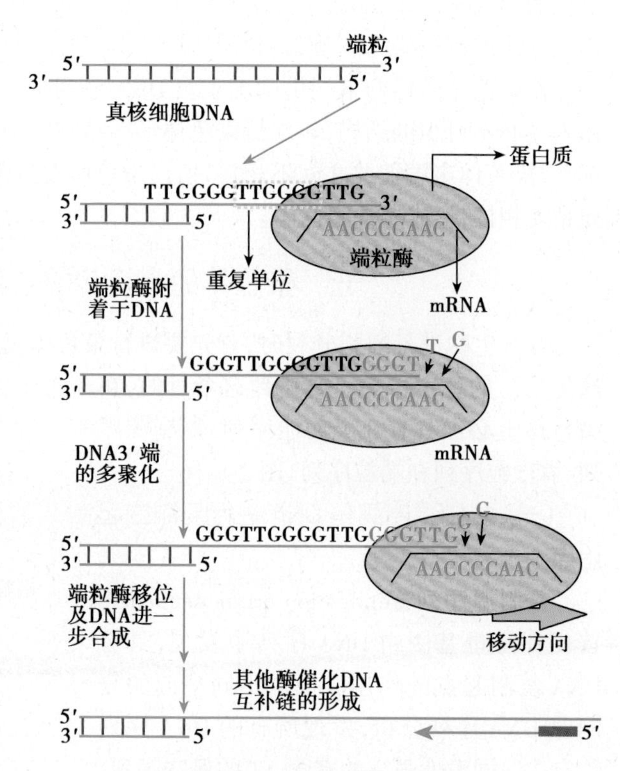

图 2-8-17 端粒酶的作用示意图

框 8-2 2009 年诺贝尔生理学或医学奖——端粒和端粒酶

2009 年的诺贝尔生理学或医学奖授予三位美国科学家，他们解决了生物学中的一个重大问题——细胞分裂期间染色体如何被完整复制，以及染色体如何得到保护不至退化。三位科学家的研究显示，解决方案存在于染色体的末端——端粒以及形成端粒的端粒酶中。端粒就像帽子置于染色体末端，被科学家称作“生命时钟”。在细胞中，细胞每分裂一次，端粒就缩短一次，当端粒不能再缩短时，细胞就无法继续分裂而死亡。

Elizabeth Blackburn 和 Jack Szostak 发现端粒的一种独特 DNA 序列能保护染色体免于退化。Carol Greider 和 Elizabeth Blackburn 则确定了端粒酶，端粒酶是形成端粒 DNA 的成分。这些发现解释了染色体的末端是如何受到端粒的保护，以及端粒是如何由端粒酶形成的。

当端粒酶处于休眠状态时，细胞每分裂一次，端粒就短一些，直到细胞死亡。在正常成年人的体细胞中，端粒酶转为休眠状态。在胚胎干细胞等细胞内，端粒酶处于活跃状态。癌细胞通常能获得重新激活端粒酶的能力，“睡醒”后的端粒酶允许癌细胞无限复制，继而出现癌症的典型特征，即癌细胞“生生不息”。大约 90% 的癌细胞都有着不断增长的端粒以及活化的端粒酶。因为端粒酶的活跃，癌细胞不停增殖；但是，如果能够调控正常

细胞的端粒酶，使之具备相当的活性，那么正常细胞的寿命就可能延长，起到抗衰老的作用。2009年的诺贝尔生理学或医学奖认可这种基础性细胞机制的发现，这一发现已经刺激了新型疾病治疗策略的研发。

六、核型分析在人类染色体疾病诊断中发挥作用

核型(karyotype)是指一个体细胞中的全部染色体，按其大小、形态特征顺序排列所构成的图像。将待测细胞的核型进行染色体数目、形态特征的分析，称为核型分析(karyotype analysis)。

根据染色体的长度和着丝粒的位置，将人类体细胞的46条染色体进行配对，顺序排列编号，其中22对为男女所共有，称为常染色体(autosomal chromosome)，编为1~22号，并分为A、B、C、D、E、F、G7个组，A组最大，G组最小(表2-8-3)。另一对随男女性别而异，称为性染色体(sex chromosome)。女性为XX染色体，男性为XY染色体。X染色体较大，为亚中着丝粒染色体，列入C组；Y染色体较小，为近端着丝粒染色体，列入G组。

表2-8-3 人类核型分组(非显带)

组号	染色体号	大小	着丝粒位置	次缢痕	随体
A	1~3	最大	中(1号、3号)亚中(2号)	1号常见	无
B	4~5	次大	亚中		无
C	6~12;X	中等	亚中	9号常见	无
D	13~15	中等	近端		有
E	16~18	小	中(16号)、亚中(17号、18号)	16号常见	无
F	19~20	次小	中		无
G	21~22;Y	最小	近端	(21号、22号)有	(Y)无

按照国际标准，核型的描述包括两部分内容，第一部分是染色体总数(包括性染色体)，第二部分是性染色体组成，两者之间用逗号隔开。正常女性核型描述为46,XX。正常男性核型描述为46,XY。采用常规染色方法所得到的染色体标本，除着丝粒和次缢痕外，整条染色体着色均匀，因此在核型分析中，除A组和E组外，组内各号染色体均难以鉴别。

染色体显带技术将标本经过一定程序处理，并用特定染料染色，使染色体沿其长轴显现出明暗或深浅相间的横行带纹，构成了每条染色体的带型。每对同源染色体的带型基本相同且相对稳定，不同对染色体的带型不同，因此通过显带染色体核型分析，可准确地识别每条染色体，这大大提高了核型分析的精确度。

目前常用的染色体显带方法有G带法、Q带法、R带法及高分辨显带法，这些方法可以恒定的显示人体24条染色体的特异性带型，表明了带型的客观性和应用性，为识别染色体的改变提供技术分析基础，为临床上某些疾病的诊断和病因研究提供了有效的手段。

第三节 核 仁

核仁是真核细胞间期核中出现的结构，在细胞分裂期表现出周期性的消失和重建。核仁的形状、大小、数目依生物的种类、细胞的形状和生理状态而异。每个细胞核一般有1~2个核仁，但也有多个的。蛋白质合成旺盛、生长活跃的细胞，如分泌细胞、卵母细胞中的核仁较大，其体积可达细胞核的25%；蛋白质合成不活跃的细胞，如精子和肌细胞，休眠的植物细胞其核

仁不明显或不存在。核仁主要是 rRNA 合成、加工和核糖体亚基的装配场所。

一、核仁的主要成分是核酸和蛋白质

研究表明核仁含有三种主要成分:蛋白质、RNA 和 DNA。但这三种成分的含量依细胞类型和生理状态而异。从离体核仁的分析得知,核仁中的蛋白质占核仁干重的 80% 左右,包括核糖体蛋白、组蛋白、非组蛋白等多种蛋白质。核仁中存在许多参与核仁生理功能的酶类,例如碱性磷酸酶、核苷酸酶、ATP 酶、RNA 聚合酶、RNA 酶、DNA 酶和 DNA 聚合酶等。

核仁中的 RNA 含量大约占核仁干重的 10%,变动范围在 3%~13%。RNA 转录及蛋白质合成旺盛的细胞,其核仁的 RNA 含量高。核仁的 RNA 与蛋白质常结合成核糖核蛋白。核仁中含有约 8% 的 DNA。主要是存在于核仁染色质(nucleolar chromatin)中的 DNA。核仁还含有微量脂类。含水量较核内其他组分少。

二、核仁是裸露无膜的球形致密结构

光镜下,核仁通常是匀质的球体,具有较强的折光性,容易被某些碱性或酸性染料着色。电镜下,核仁是裸露无膜的球形致密结构。核仁的超微结构包括 3 个不完全分隔的部分,即纤维中心(fibrillar center,FC)、致密纤维组分(dense fibrillar component,DFC)、颗粒组分(granular component,GC)(图 2-8-18)。

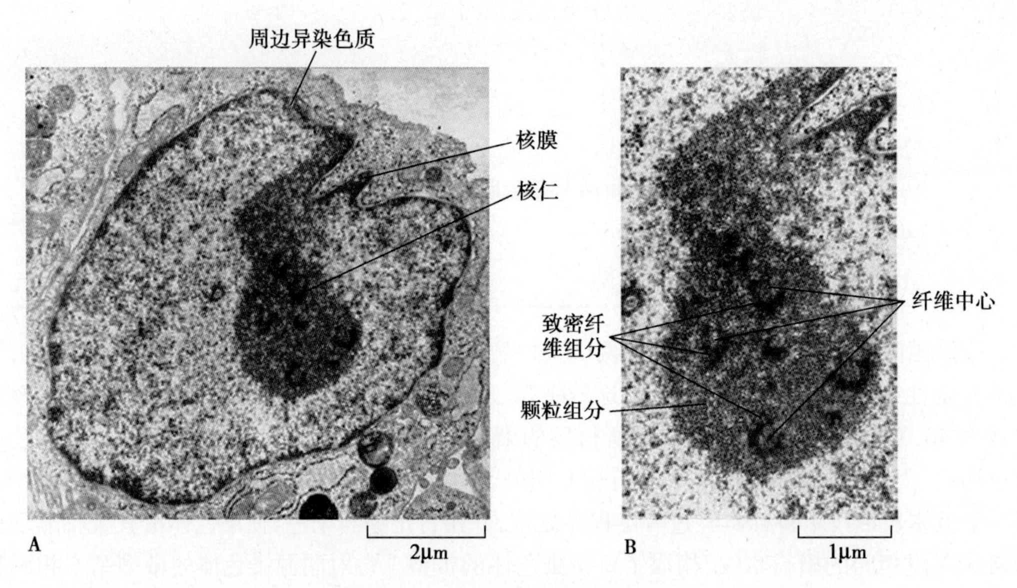

图 2-8-18 人成纤维细胞核电镜照片

(一) 核仁的纤维中心由具有 rRNA 基因的染色质构成

电镜下核仁结构的纤维中心由直径 10nm 的纤维组成,位于核仁中央部位的浅染低电子密度区,包埋在颗粒组分的内部,是 rDNA 的存在部位。rDNA 实际上是从染色质上伸展出的 DNA 袢环,袢环上的 rRNA 基因成串排列,通过转录产生 rRNA,组织形成核仁,因此称为核仁组织者(nuclear organizer)。rRNA 基因通常分布在几条不同的染色体上,人类细胞的 rRNA 基因分布于第 13、14、15、21 和 22 号 5 对染色体的次缢痕部位,含有多拷贝 rRNA 基因,因此,人类二倍体的细胞中,就有 10 条染色体上分布有 rRNA 基因,它们共同构成的区域称为核仁组织区。含有核仁组织区的染色体称为核仁组织染色体(nucleolar organizing chromosome)。

(二) 核仁的致密纤维组分包含处于不同转录阶段的 rRNA 分子

Notes

核仁结构的致密纤维组分位于核仁浅染区周围的高电子密度区,染色深,呈环型或半月型分布。电镜下可见该区域由紧密排列的细纤维丝组成,直径一般为4~10nm,长度为20~40nm,主要含有正在转录的rRNA分子,核糖体蛋白及某些特异性的RNA结合蛋白,构成核仁的海绵状网架。用RNA酶及蛋白酶可将该区域的纤维丝消化。

(三)核仁的颗粒组分是正在加工的核糖体亚基的前体

核仁结构的颗粒组分是电子密度较大的颗粒,直径为15~20nm,密布于纤维骨架之间,或围绕在纤维组分的外侧。该区域是rRNA基因转录产物进一步加工、成熟的部位。颗粒组分主要由rRNA和蛋白质组成的核糖核蛋白颗粒,为处于不同加工及成熟阶段的核糖体亚基前体。

上述三种组分存在于核仁基质中。核仁基质为核仁区一些无定形的蛋白质性液体物质,电子密度低。因核仁基质与核基质互相连通,所以有人认为核仁基质与核基质是同一物质。

三、核仁呈现周期性动态变化

核仁随细胞的周期性变化而变化,在细胞分裂前期消失,分裂末期又重新出现。这种周期性变化与核仁组织区的活动有关。在有丝分裂前期,染色质凝集,伸入核仁组织区的rDNA袢环缠绕、回缩到核仁组织染色体的次缢痕处,rRNA合成停止,核仁的各种结构成分分散于核基质中,核仁逐渐缩小,最后消失。所以在分裂中期和后期的细胞中见不到核仁。当细胞进入分裂末期时,已到达细胞两极的染色体逐渐解旋成染色质,核仁组织区DNA解凝集,rDNA袢环呈伸展状态,rRNA合成重新开始,核仁的纤维组分和颗粒组分开始生成,核仁又重新出现。核仁形成后常发生融合现象,如人细胞在相应有丝分裂后,10个小核仁长大后 相互融合后再形成一个较大的核仁。在核仁的周期性变化中,rRNA基因的活性表达是核仁重建的必要条件,而原有的核仁组分可能起一定的协助作用。

四、核仁是rRNA合成和核糖体亚基装配的场所

核仁是rRNA合成、加工和装配核糖体亚基的重要场所,除5SrRNA外,真核生物的所有rRNA都在核仁内合成。在RNA聚合酶等多种酶的参与下,核仁中的rDNA开始转录rRNA,初级产物是纤维状,而后是颗粒状,最后完全成熟形成核糖体亚基,由核仁转运至细胞质。

(一)核仁是rRNA基因转录和加工的场所

真核生物中的18S、5.8S和28SrRNA基因组成一个转录单位,在核仁组织区呈串状重复排列。已知在所有的细胞中均含有多拷贝编码rRNA的基因。根据对两栖类卵母细胞和其他细胞中具有转录活性的rRNA基因的电镜观察,发现它们都有共同的形态特征,即核仁的核心部分由长的DNA纤维组成,新生的RNA链从DNA长轴两侧垂直伸展出来,而且是从一端到另一端有规律地增长,构成箭头状,似圣诞树(Christmas tree)的结构外形(图2-8-19)。沿DNA长纤维有一系列重复的箭头状结构单位。每个结构单位中的DNA纤维是一个rRNA的基因,因而每个箭头状结构代表一个rRNA基因转录单位。在两个箭头状的结构之间存在着裸露的不被转录的间隔DNA。不同动物的间隔DNA片段长度不同,人的间隔片段长约30 000bp。

rRNA基因在RNA聚合酶Ⅰ的作用下进行转录,形成47SrRNA前体分子,然后剪切成45SrRNA,最终剪切形成18S、5.8S和28S三种rRNA。45SrRNA剪切为18S、5.8S和28S三种rRNA是一个多步骤、复杂的加工过程。通过^{3}H标记尿嘧啶和放线菌素D研究HeLa细胞前rRNA合成时发现:当HeLa细胞同^{3}H标记尿嘧啶共培养25min后,被标记的rRNA的沉降系数是45S,加入放线菌素D阻断RNA的合成后,标记的45SrRNA首先转变成32SrRNA,随着培养时间的延长,逐渐出现被标记的28S、18S的rRNA。根据这一研究结果推测rRNA的加工过程为:45SrRNA裂解为41S、32S、20S等中间产物。20S很快裂解为18SrRNA,32S进一步剪切为28S和5.8SrRNA。

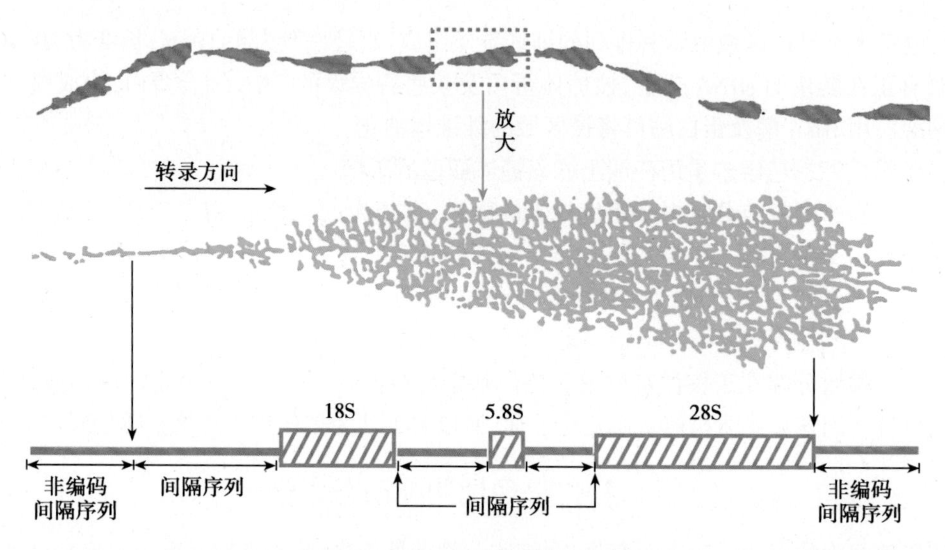

图 2-8-19 rRNA 基因转录示意图

真核细胞核糖体中 5SrRNA(含有 120 个核苷酸)基因不定位在核仁组织区,如人类的 5SrRNA 基因定位在 1 号染色体上,也呈串联重复排列,中间同样有不被转录的间隔区域,5SrRNA 是由 RNA 聚合酶Ⅲ所转录的,转录后被运至核仁中,参与核糖体大亚基的装配。

在 rRNA 的成熟过程中,前 rRNA 分子中的某些碱基进行甲基化修饰,甲基化的主要部位在核糖第二位的羟基上。甲基化可能对加工起引导作用。实验证明前 rRNA 中被甲基化的部位在加工过程中并未被切除,而是一直保持在成熟 rRNA 中。研究发现,如果人为地阻断前 rRNA 的甲基化,前 rRNA 的成熟加工也被阻断,因此,推测前 rRNA 的甲基化对 rRNA 的加工具有指导作用。

(二) 核仁是核糖体亚基装配的场所

核糖体大小亚基的组装是在核仁内进行的。rRNA 前体转录出来以后,很快与进入核仁的蛋白质结合,形成 80S 的核糖核蛋白复合体(图 2-8-20)。该复合体一边转录一边进行核糖体亚基的组装。在加工过程中,80S 的大核糖核蛋白颗粒在酶的作用下逐渐失去一些 RNA 和蛋白质,然后剪切形成两种大小不同的核糖体亚基。由 28SrRNA、5.8SrRNA、5SrRNA 与 49 种蛋白质一起装配成核糖体的大亚基,其沉降系数为 60S。18SrRNA 与 33 种蛋白质共同构成核糖体的小亚基,其沉降系数为 40S。大、小亚基形成后,经过核孔进入细胞质,进一步装配为成熟

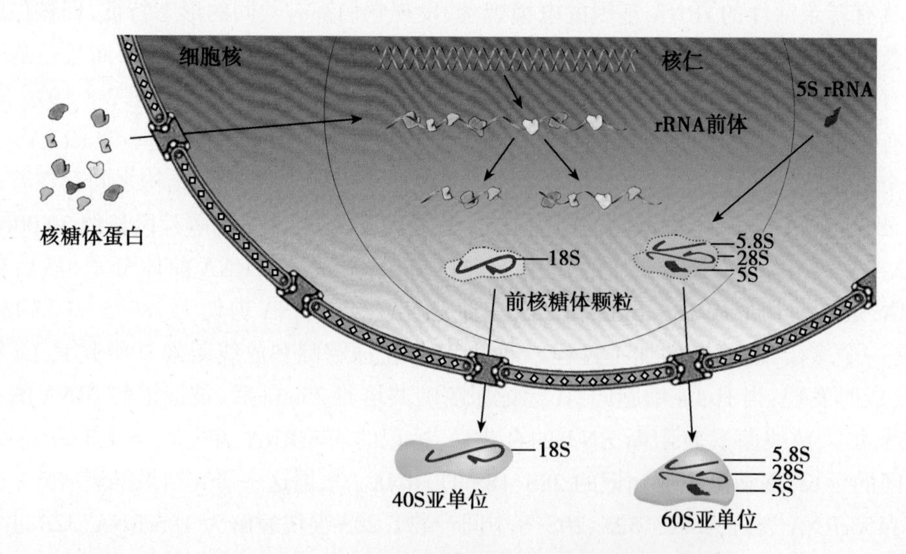

图 2-8-20 核仁在核糖体装配中的作用

的功能性核糖体。

通过放射性脉冲标记和示踪实验表明，在30分钟内，核糖体小亚基在核仁中首先成熟，并很快通过核孔进入细胞质中，而核糖体大亚基的组装约需1小时，所以核仁中核糖体的大亚基比小亚基多。加工下来的蛋白质和小的RNA分子存留在核仁中，可能起着催化核糖体构建的作用。

一般认为，核糖体的成熟作用只发生在其亚基被转移到细胞质以后，这样有利于阻止有功能的核糖体与细胞核内加工不完全的hnRNA分子结合，避免mRNA前体提前在核内进行翻译，这一特点对保证真核细胞的转录、翻译控制在不同时空中进行有重要的意义。

第四节　核　基　质

1974年初，美国Berezney R和Coffey DS等将分离纯化的大鼠肝细胞核用非离子去垢剂、核酸酶消化与高盐缓冲液处理，当核膜、染色质和核仁被抽提后，发现核内仍保留一个以纤维蛋白成分为主的网架结构（图2-8-21），将这种网状结构命名为核基质（nuclear matrix）。因为它的基本形态与细胞质骨架相似，同时与胞质骨架体系存在一定的联系，所以也有人将其称为核骨架（nuclear skeleton）。但对核骨架或核基质概念的理解，目前有两种看法：广义的概念是核骨架由核纤层、核孔复合体、残存的核仁和一个不溶的网络状结构（即核基质）组成。狭义的概念是指核基质，它不包含核膜、核纤层、染色质和核仁等成分，但是这些网络状结构与核纤层及核孔复合体等有结构上的联系，而且在功能上与核仁、染色质结构和功能密切相关。

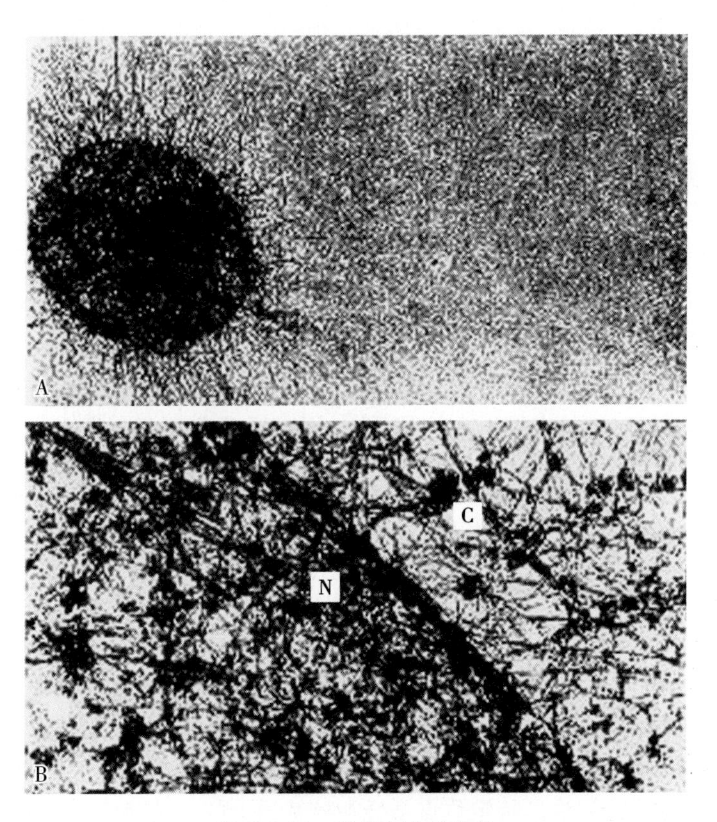

图2-8-21　核基质电镜照片

A. 在有去垢剂、2mol/L高盐存在下分离的细胞核电镜照片，只剩下由DNA环包围的核基质；B. 小鼠成纤维细胞的核基质，首先用去垢剂、高盐提取，然后用核酸酶和低盐处理去除染色质镶嵌的DNA，可见有残存的纤维状基质构成的细胞核（N）和细胞骨架基质构成的细胞质区（C）

Notes

一、核基质是充满整个核内空间的纤维蛋白网

电镜下观察，核基质是一个以纤维蛋白成分为主的纤维网架结构，分布在整个细胞核内。这些网架结构是由粗细不一致、直径为 3~30nm 的纤维组成。纤维单体的直径为 3~4nm，而较粗的纤维可能是单体纤维的复合体。

核基质的主要成分是蛋白质，基含量达 90% 以上，另有少量的 RNA。RNA 含量虽少，但对于维持核基质三维网络结构的完整性是必需的。在制备核基质过程中，用 RNase 消化处理，制备的核基质上的网状颗粒结构变得稀疏，并发现核基质纤维的三维空间结构有很大的改变。因此，认为 RNA 在核基质纤维网络之间可能起着某种连接作用。由于在核基质纤维上结合有一定数量的核糖核蛋白颗粒，因此，有人提出核基质的结构组分是以蛋白质为主的核糖核蛋白复合物。

组成核基质的蛋白质成分较为复杂，它不像细胞质骨架如微管、微丝那样，主要由专一的蛋白质成分组成，而且核基质蛋白在不同类型细胞和不同生理状态的细胞中均有明显差异，同时也与提取核基质成分时采用的方法、步骤与盐溶液的不同有关。

双向电泳显示，核基质蛋白多达 200 余种，可分为两大类：一类是核基质蛋白（nuclear matrix protein，NMP），分子量在 40 000~60 000 之间，其中多数是纤维蛋白，也含有硫蛋白，是各种类型细胞所共有的；另一类是核基质结合蛋白（nuclear matrix associated protein，NMAP），这一类蛋白与细胞的类型、细胞的分化程度、细胞的生理及病理状态有关。

核基质复杂多样的生物学功能除了靠核基质本身的蛋白质完成外，更重要的是通过多种核基质结合蛋白的共同参与。

二、核基质的功能涉及遗传信息的复制和表达

近年的研究表明，核基质可能参与 DNA 复制、基因转录、hnRNA 加工、染色质 DNA 有序包装和构建等生命活动。

（一）核基质参与 DNA 复制

1. 核基质上锚泊 DNA 复制复合体 实验表明 DNA 袢环与 DNA 复制有关的酶和相关因子锚定在核基质上形成 DNA 复制复合体（DNA replication complex），进行 DNA 复制。DNA 聚合酶在核基质上可能具有特定的结合位点，通过结合于核基质上而被激活。有人认为从链的起始到链的终止，整个过程在核基质上进行。核基质可能是 DNA 复制的空间支架。

在复制时 DNA 复制起始点结合在核基质上，同时还观察到新合成的 DNA 会随着复制时间的延长而逐渐从核基质移向 DNA 环。所以，DNA 复制时，DNA 就像从一个固定的复制复合体中释放出来。

2. 核基质上结合新合成的 DNA Coffey DS（1980）和 Berezney R（1981）等分别以体外培养的 3T3 成纤维细胞、大鼠再生肝细胞为材料，用 ^{3}H-TdR 进行脉冲标记，发现标记后 30 分钟内，90% 的放射性掺入集中在与核基质结合的 DNA 分子上。这表明，新合成的 DNA 先结合在核基质上。McCready SJ（1980）的实验，以 HeLa 细胞为材料，也证实新合成的 DNA 是结合在核基质上的。他们认为，一个袢环中可能有几个复制起始点。只有起始点结合到核基质时，DNA 合成才能开始。电镜放射自显影的实验也指出了 DNA 复制的位点结合于核基质上。通过研究表明，DNA 袢环是通过其特定位点结合在核基质上的。该特定位点的核苷酸序列被称为核基质结合序列（matrix-attached region，MAR），该序列富含 AT，它通过与核基质相互作用，调节基因的复制与转录等。

3. 核基质上 DNA 的复制效率提高 最初的 DNA 复制模式认为，DNA 聚合酶结合于 DNA 复制起始点后，沿模板移动合成新 DNA。实际上高度纯化的 DNA 在离体情况下进行

DNA复制时，DNA的复制效率极低且复制错误多，而在含有核基质组分的非洲爪蟾卵母细胞提取物的非细胞系统中进行DNA复制，其DNA复制效率很高，表明核基质可能为DNA精确而高效的复制提供良好的空间支架。

(二)核基质参与基因转录和加工

1. 核基质与基因转录活性密切相关　Jackson DA等(1981)用^{3}H-尿嘧啶核苷脉冲标记HeLa细胞，发现95%以上新合成的RNA存在于核基质上，说明RNA是在核基质上进行合成的。

Volgestin B等(1983)利用雌激素刺激鸡输卵管细胞中卵清蛋白基因的表达，发现只有活跃转录的卵清蛋白基因才结合于核基质上，而不转录的β珠蛋白基因不结合。Hentzen D等(1984)却报道成了红细胞中正在转录的β-珠蛋白基因结合于核基质上。上述实验表明，具有转录活性的基因结合在核基质上，只有与核基质结合的基因才能进行转录。

2. 核基质参与RNA的加工修饰　核基质与hnRNA的加工过程也有密切的联系。hnRNA加工常以核糖核蛋白复合物的形态进行，用RNase处理核糖核蛋白复合物，剩余的蛋白质能组装成核基质样的纤维网络，由此推测，核基质参与了RNA转录后的加工修饰。

Ciejek EM(1982)等以小鸡输卵管细胞为材料，在-20℃低温条件下(降低内源核糖核酸酶活性)分离出核基质，发现所有的卵清蛋白和卵黏蛋白mRNA的前体都仅存在于核基质中。有人则具体指出hnRNA上的polyA区可能就是hnRNA在核基质中的附着点。

(三)核基质参与染色体构建

染色质组装的骨架放射环模型中，由30nm染色质细丝折叠而成的袢环锚定在核基质上，每18个袢环呈放射状排列结合在核基质上构成微带，再由微带沿着核基质形成的轴心支架构成染色单体。根据这个模型，说明核基质可能对于间期核内DNA有规律的空间构型起维系和支架的作用，它们参与DNA超螺旋化的稳定过程。

(四)核基质与细胞分化相关

核基质的发达状况与核内RNA合成能力、细胞分化程度密切相关。分化程度高的细胞中RNA合成能力强，核基质也很发达。核基质结构和功能的改变，可导致基因选择性转录活性的变化，引起细胞分化。

与正常细胞相比，肿瘤细胞中核基质的结构及组成存在异常，许多癌基因可结合于核基质上，核基质上也存在某些致癌物作用的位点。

第五节　细胞核的功能

细胞核是细胞遗传物质储存、复制、传递及核糖体大小亚基组装的场所，在维持细胞遗传稳定性及细胞的代谢、生长、分化、增殖等生命活动中起着控制中心的作用。

一、遗传信息的贮存和复制

生物物种要得以延续，子代必须从亲代获得所有控制个体发生、发育及各种性状的遗传信息，而遗传信息是通过DNA复制、生殖细胞或体细胞分裂传递给子代或子细胞的。

(一)DNA复制是在多个复制起点上进行的半保留复制

真核生物中，染色体为DNA分子的载体，每条染色体为一个DNA分子，每个DNA分子上有多个复制起点。含有起点的复制单位称为复制子(replicon)。复制从复制起点开始，双向进行，在起点两侧分别形成一个复制叉(replication fork)(图2-8-22)。在进行DNA复制时，多个复制子可同时从起始点进行双向复制，一个复制起点的两个复制叉向两侧推进，最终将与另一起始点的复制叉相连，电镜下观察到的复制子呈一个个气泡状结构(图2-8-23)。

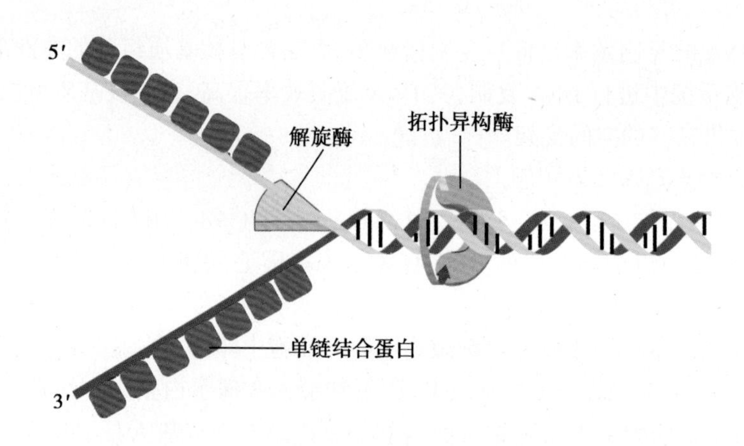

图 2-8-22 复制叉的形成

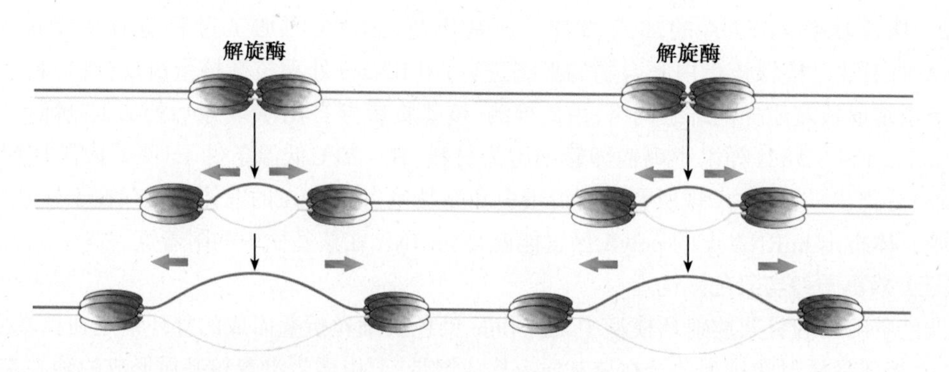

图 2-8-23 DNA 的双向及多起点复制

当亲代 DNA 分子上的所有复制子都汇合连接成两条连续的子代 DNA 分子时，复制得以完成。DNA 复制过程中，按照碱基互补原则，A 总是与 T 配对，G 总是与 C 配对，因此，复制后的两个 DNA 分子中的碱基顺序与复制前的 DNA 分子相同，而且每一个 DNA 分子都含有一条旧链和一条新合成的链，因此 DNA 的复制是半保留复制（semiconservative replication）（图 2-8-24）。

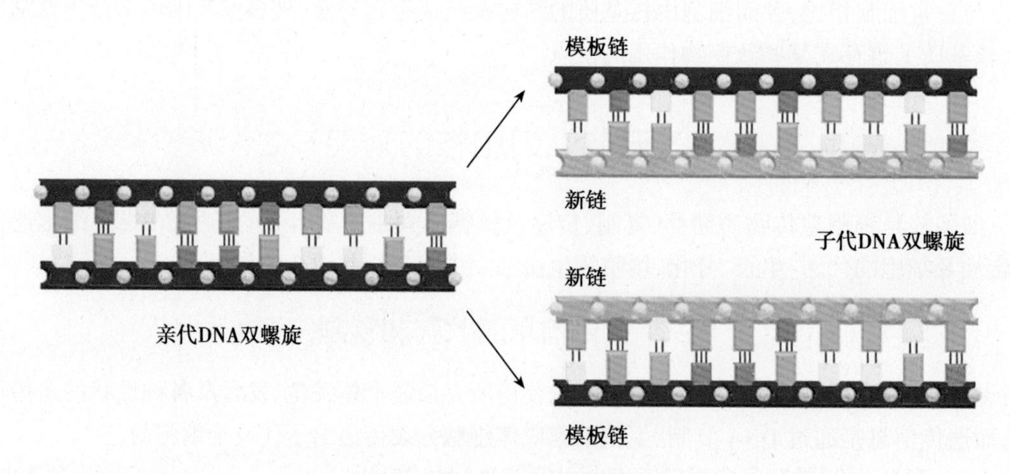

图 2-8-24 DNA 的半保留复制

（二）DNA 复制为半不连续性复制

由于 DNA 聚合酶催化合成 DNA 链的方向只能是 5′→3′，使 DNA 新链的 3′端加脱氧核苷酸，所以新合成的 DNA 链只能沿 5′→3′的方向进行。

而 DNA 双链的方向一条为 5′→3′，另一条为 3′→5′，彼此反向平行。在以 3′→5′方向

为模板的链上，子链合成的方向与复制叉推进的方向一致，DNA 新链沿 5′→ 3′方向连续复制的，速度较快，称为前导链(leading strand)；而以 5′→ 3′链方向为模板合成的 3′→ 5′方向的互补链，其合成方向与复制叉推进的方向相反，合成过程则需要引物(primer)的存在，即需要一个长约 10bp 的 RNA 序列以提供 DNA 聚合酶所需的 3′端，而且每一引物只能始动合成一个 100~200bp 的 DNA 片段，称为冈崎片段(Okazaki fragment)，因此在 5′→ 3′方向的模板链上，DNA 的复制是不连续的。当一个个冈崎片段合成后，引物被去除，在 DNA 连接酶(DNA ligase)的作用下，补上一段 DNA。所以，这一条 DNA 新链合成较慢，称为后随链(lagging strand)。因此，DNA 的复制又是半不连续复制(semi-discontinuous replication)(图 2-8-25)。

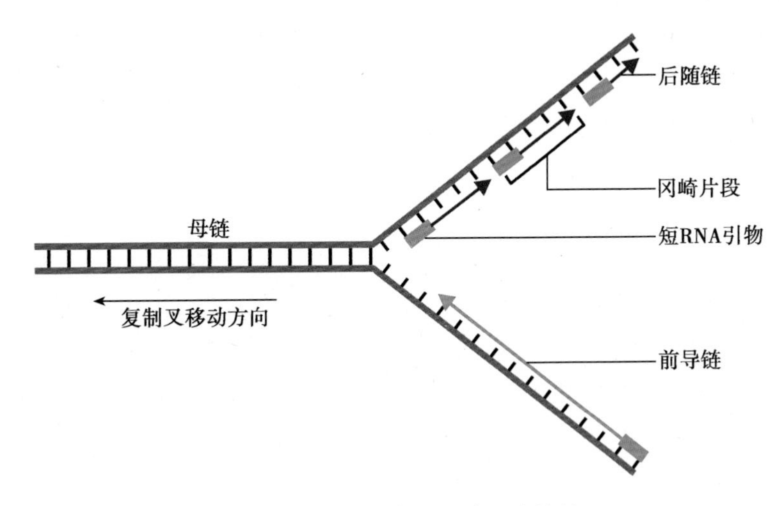

图 2-8-25　DNA 复制的半不连续性

双螺旋 DNA 分子的碱基顺序蕴藏着生物体的全部遗传信息，这种碱基顺序在细胞分裂时准确、完整地保持不变，从而把亲代的遗传信息传递给子代细胞。因此每一个 DNA 分子在复制时，所产生的两个新生 DNA 链的碱基顺序与亲代 DNA 分子一致，才能保证遗传信息的稳定和准确，否则将发生变异或导致遗传性疾病的产生。

二、遗传信息的转录是从 DNA 传递给 RNA 分子的过程

转录(transcription)是将遗传信息从 DNA 传递给 RNA 分子的过程，是细胞合成蛋白质所必需的重要环节。真核细胞 RNA 转录及转录后的加工、剪接、转运都是在细胞核各组分相互配合、共同作用下完成的。

由 RNA 聚合酶Ⅰ转录的 rRNA 分子，在核仁部位和 5SrRNA 以及与从胞质中转运入核的核糖体蛋白结合形成核糖核蛋白颗粒，并在核仁内加工、成熟，以核糖体大、小亚基的形式转运出核。

由 RNA 聚合酶Ⅱ转录的核内异质 RNA(heterogeneous nuclear RNA，hnRNA)，首先在核内进行 5′端加帽、3′端加多聚 A 尾以及剪接等加工过程，然后形成成熟的 mRNA 出核。最近研究表明，在细胞核中既有调控信号以保证 mRNA 的出核转运，也有负调控信号来防止 mRNA 的前体被错误转移。由 DNA 转录的 mRNA 前体只有在核内经转录后加工修饰成为成熟的 mRNA 分子才能被转运出核。

5SrRNA 和 tRNA 的转录则均由 RNA 聚合酶Ⅲ催化，在核内合成(RNA 转录及转录后加工详见第九章)。

三、损伤的 DNA 分子通过 DNA 修复系统进行修复

DNA 分子在自然界的诱变因子直接或间接的作用下，会发生碱基组成或排列顺序的变

化，从而导致遗传信息的改变。发生在体细胞的DNA损伤可能影响其功能或生存，而发生在生殖细胞则可能影响到后代。尽管环境中各种因素可对生物体内的DNA分子结构造成损伤，但生物体仍然保持了遗传稳定性。这是因为细胞可使损伤的DNA分子得到修复，恢复其正常结构。对不同的DNA损伤，细胞可以有不同的修复反应。

（一）光修复是最早发现的DNA修复方式

光修复（photo-repair）是由光修复酶（photolyase）完成的，此酶能特异性识别紫外线造成的核酸链上相邻嘧啶共价键结合的二聚体，并与其结合，这步反应不需要光；结合后如受300~600nm波长的光照射，则此酶就被激活，将二聚体分解为两个正常的嘧啶单体，然后酶从DNA链上释放，DNA恢复正常结构。具体过程如图2-8-26所示：①为完整的DNA分子区段；②UV照射后，形成胸腺嘧啶二聚体，DNA空间构型改变；③光修复酶识别DNA损伤部位并与之结合，形成酶-DNA复合体；④在光作用下，修复酶被激活，使嘧啶二聚体分开；⑤酶-DNA复合体解体，酶释放，DNA恢复正常构型，光修复过程完成。

光修复主要是低等生物的一种修复方式，后来发现类似的修复酶广泛存在于动植物中。

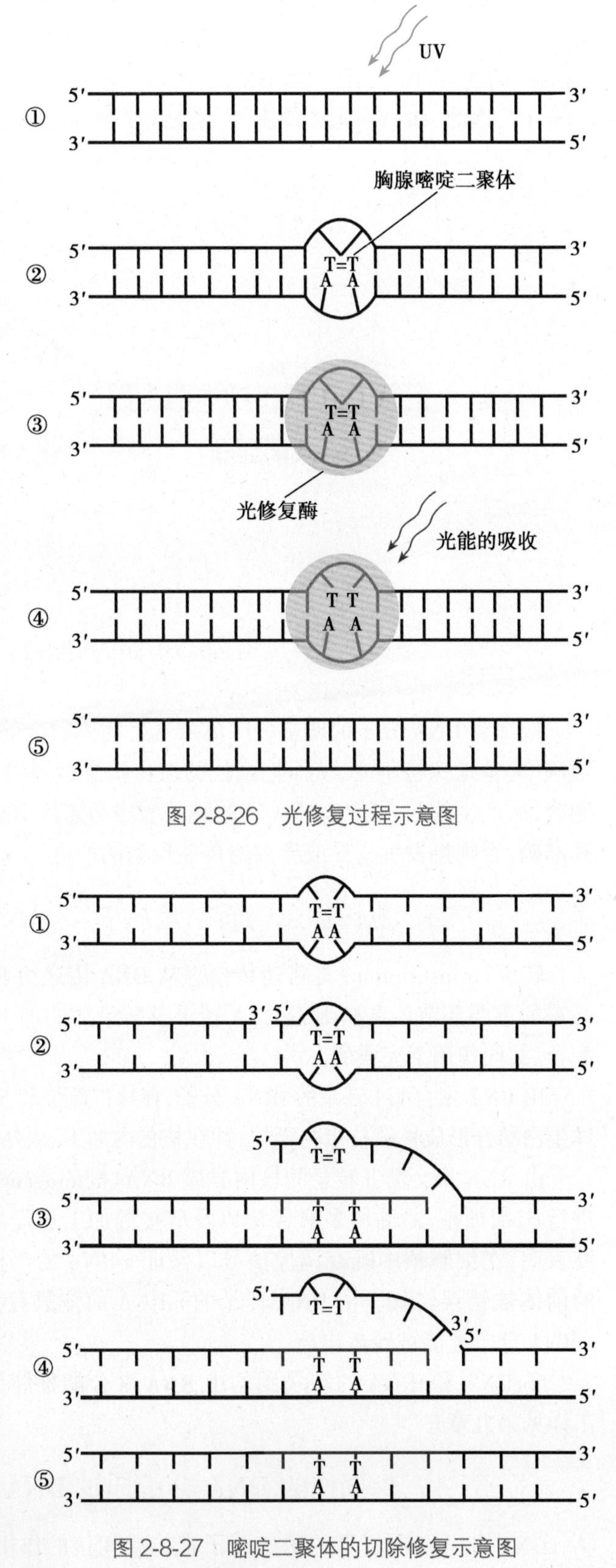

图2-8-26 光修复过程示意图

（二）切除修复是细胞内DNA损伤修复最重要的方式

切除修复（excision repair）普遍存在于各种生物细胞中，对多种DNA损伤都能起修复作用。切除修复发生在复制之前，需要核酸内切酶、DNA聚合酶和连接酶等的参与。修复过程主要有以下几个阶段：①由核酸酶识别DNA的损伤位点，在损伤部位的5′端切开磷酸二酯键，不同的DNA损伤需要不同的特殊核酸内切酶来识别和切割；②由5′→3′核酸外切酶将损伤的DNA片段切除；③④在DNA聚合酶的作用下，以完整的互补链为模板，按5′→3′方向合成新的DNA片段，填补已切除的空隙；⑤由DNA连接酶将新合成的DNA片段与原来的DNA断链连接起来，完成修复过程（图2-8-27）。

图2-8-27 嘧啶二聚体的切除修复示意图

Notes

如果切除修复系统有缺陷，例如人的着色性干皮病患者由于缺少核酸内切酶，对紫外线特别敏感，该病患者不能切除紫外线诱发的T=T，导致突变积累，易患基底细胞癌。

（三）重组修复应用DNA重组方式完成修复过程

重组修复（recombination repair）发生在复制之后，又称复制后修复（post replication repair）。在DNA复制进行时如果发生DNA损伤，此时DNA两条链已经解旋，其修复可用DNA重组方式，其修复过程如下：①受损伤的DNA链进行复制时，产生的子代DNA链在损伤的对应部位出现缺口；②完整的母链DNA与有缺口的子链DNA进行重组交换，将母链DNA上相应的片段填补子链缺口处，而母链DNA出现缺口；③以另一条子链DNA为模板，经DNA聚合酶催化合成一新DNA片段填补母链DNA的缺口，最后由DNA连接酶连接，完成修补（图2-8-28）。大量的研究证明，这种重组修复在哺乳动物中广泛存在，其特点是不需立即从亲代的DNA分子中去除受损伤的部位，但仍能保证DNA复制的继续进行。

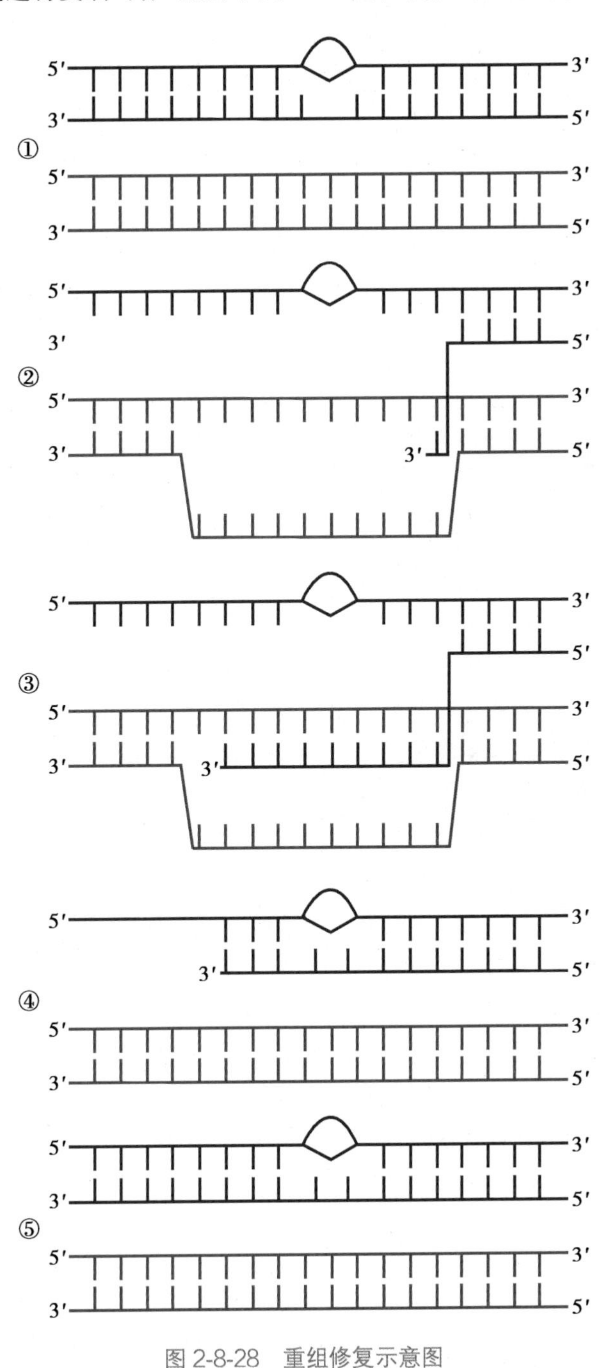

图2-8-28　重组修复示意图

（四）SOS修复是一种应急性的修复方式

“SOS”是国际上通用的紧急呼救信号。SOS修复是指DNA受到严重损伤、细胞处于危急状态时所诱导的一种DNA修复方式，这是一种应急性的修复方式。SOS修复结果只是能维持基因组的完整性，提高细胞的生存率，但DNA留下的错误较多，引起较广泛、长期的突变，使细胞的突变率增高。

当DNA两条链的损伤邻近时，损伤不能被切除修复或重组修复，这时在核酸内切酶、外切酶的作用下造成损伤处的DNA链空缺，再由损伤诱导产生的一整套的特殊DNA聚合酶——SOS修复酶类，催化空缺部位DNA的合成，这时补上去的核苷酸几乎是随机的，这种修复虽然保持了DNA双链的完整性，使细胞得以生存，但却带给细胞很高的突变率。

第六节　细胞核与疾病

细胞核是细胞生命活动的控制枢纽，细胞核的结构和功能受损，将导致严重的后果，常会引起细胞生长、增殖、分化等的异常，从而导致疾病的产生。恶性肿瘤和遗传病就是细胞核结

构和功能异常所致的两大类疾病。

一、细胞核异常与肿瘤的发生发展关系密切

与正常细胞相比,肿瘤细胞增殖、生长旺盛,代谢活动活跃,其细胞核的形态结构有很多的异常。在肿瘤细胞中,细胞核通常较大,核质比增高。核的形状表现为:拉长、边缘呈锯齿状、凹陷、长芽、分叶及弯月形等畸形。在骨髓瘤细胞中,甚至出现仅细胞核分裂但细胞质不分裂而形成的双核细胞(四倍体)。

肿瘤细胞的核膜增厚且呈不规则状,可出现小泡、小囊状突起。核孔的数目在肿瘤细胞中往往增加。肿瘤细胞核仁大而数目较多,常规染色的肿瘤细胞中核仁深染。这是由于这些核仁的形态变化反映了肿瘤细胞活跃的 RNA 代谢的变化。肿瘤细胞的组蛋白磷酸化程度升高,磷酸化可以改变组蛋白中的赖氨酸所带的电荷,降低组蛋白与 DNA 的结合,从而有利于转录的进行。

肿瘤细胞的染色质沿核的周边分布并呈粗颗粒或团块状,分布不均匀。当染色质形成染色体时,可出现正常或异常的有丝分裂相。肿瘤组织的有丝分裂相数目一般是增多的,据此可诊断某些类型的恶性肿瘤。

染色体异常被认为是肿瘤的特征之一,很多的肿瘤细胞都有染色体畸变。染色体的变化是肿瘤早期诊断的客观指标,在医学上具有一定的意义。

二、遗传物质异常可导致遗传病发生

遗传病是遗传物质改变所致的疾病。根据遗传物质改变的不同,可将遗传病分为染色体病和基因病。

(一) 染色体异常导致染色体病的发生

染色体异常可以表现为染色体的数目异常,也可表现为染色体的结构异常。由染色体数目和结构异常所引起的疾病称染色体病(chromosomal disease)。

常见的染色体病有:21 三体综合征、先天性睾丸发育不全综合征等。由于染色体病往往涉及许多基因,所以常表现为复杂的综合征。

(二) 基因突变引起基因病

由基因突变引起的疾病称为基因病,包括单基因病、多基因病。单基因遗传病是指某种性状或疾病的遗传受一对等位基因控制。有许多人类的性状或遗传病可以用经典遗传学的基本理论来解释和分析。在单基因遗传病中,根据决定某一疾病的基因是在常染色体上还是性染色体上,以及该基因是显性还是隐性,可将人类单基因遗传病分为以下几类:常染色体显性遗传;常染色体隐性遗传;X 连锁显性遗传;X 连锁隐性遗传;Y 连锁遗传。常见的单基因病有:短指、遗传性舞蹈症、先天性聋哑、白化病、色盲、血友病等。而一些常见的疾病和畸形,有复杂的病因,既涉及遗传基础,又需要环境因素的作用才发病。其遗传基础不是一对基因,而是涉及许多对基因则属于多基因病。如少年型糖尿病、哮喘、冠心病、原发性高血压、精神分裂症等。

三、端粒的异常与一些常见疾病的病因相关

研究发现高血压患者内皮细胞中端粒长度存在异常。对体外高血压动物模型研究发现,血管平滑肌细胞的端粒消耗加速,由此可能对血管平滑肌细胞增殖与凋亡失衡产生影响。在非胰岛素依赖性糖尿病人的白细胞中也出现端粒长度缩短的现象,因此有人推测一些与年龄老化相关疾病(如高血压、糖尿病、动脉粥样硬化和恶性肿瘤等)的发生机制可能与年龄增加导致的端粒磨损加速、长度缩短相关,端粒的这些异常增加了疾病等位基因杂合性丢失的概率及染色体基因型的不稳定,使发病风险升高。

小　结

细胞核是真核细胞内的最大、最重要的结构。间期细胞核主要由核膜、染色质、核仁及核基质(核骨架)构成。

核膜是真核细胞所特有的结构,由内核膜与外核膜组成,两层核膜之间为核周隙,内核膜下有纤维蛋白网组成的核纤层,内、外核膜局部融合形成核孔复合体,其结构常用捕鱼笼式模型加以说明,即由胞质环、核质环、中央栓及轮辐等部分组成。

核膜作为界膜将细胞区分为核与质两个彼此独立又相互联系的功能区,从而使转录和翻译过程在时空上分开。核膜可通过被动扩散和主动运输方式完成核质之间的物质运输,核膜还参与生物大分子的合成及细胞分裂中染色体的定位、分离等。

染色质是由DNA、组蛋白、非组蛋白及少量RNA组成的核蛋白复合结构。按其螺旋化程度及功能状态的不同分为常染色质和异染色质两类,异染色质又分为组成性异染色质和兼性异染色质。

染色质的基本结构单位为核小体。染色质经过多级折叠、包装后可形成染色体。

在细胞分裂中期染色体形态、结构特征最为明显,具有两条染色单体,主要结构包括染色体臂、着丝粒与动粒、次缢痕、随体和端粒。起始复制序列、着丝粒序列和端粒序列是染色体稳定遗传的功能序列。

人体染色体有中着丝粒、亚中着丝粒、近端着丝粒三种类型。

核仁主要由蛋白质与rRNA组成。电镜下的核仁结构由纤维中心、致密纤维组分、颗粒成分三个不完全分隔的部分构成。核仁是一种高度动态的结构,经历着周期性的变化,核仁的形成与核仁组织染色体上存在的含有rRNA基因的核仁组织区有关。核仁的主要功能是合成除5SrRNA之外的所有rRNA及装配核糖体大小亚基。

核基质为间期核内由非组蛋白组成的纤维网架结构,核基质与DNA复制、基因表达及染色体构建有着密切的关系。

细胞核是遗传信息的贮存场所,核内进行基因复制、转录和转录出的初级产物的加工等活动,从而控制细胞代谢、生长、繁殖和分化。核内DNA损伤之后,通过细胞内多种酶的作用,可使损伤的DNA分子得到修复,恢复其正常结构。

细胞核的结构或功能受损,可导致多种疾病的发生。

(刘艳平)

参考文献

1. 陈誉华. 医学细胞生物学. 第5版. 北京:人民卫生出版社,2013.
2. 翟中和,王喜忠,丁明孝. 细胞生物学. 第4版. 北京:高等教育出版社,2011.
3. 刘艳平. 细胞生物学. 湖南:湖南科学技术出版社,2008.
4. 胡以平. 医学细胞生物学. 第3版. 北京:高等教育出版社,2014.
5. Lodish Harvey, Berk Anold, Krice A Kaiser, et al. Molecular Cell Biology. 7th ed. New York: W. H. freeman and Company, 2012.
6. Alberts Bruce, Johnson Alexander, Lewis Julian, et al. Molecular Biology of the Cell. 5th ed. New York: Garland Science, 2008.
7. Fischle W, Tseng BS, Dormann HL, et al. Regulation of HP1-chromatin binding by histone H3 methylation and phosporylation. Nature, 2005, 438: 1116-1122.
8. Karp G. Cell and Molecular Biology. 7th ed. New York: John Wiley and Sons, Inc., 2013.
9. Tran E J, Wente S R. Dynamic nuclear pore complexes: Life on the edge. Cell, 2006, 125(6): 1041-1053.

第九章 细胞内遗传信息的传递及其调控

细胞的生物学性状是由其遗传物质携带的遗传信息所决定的，蛋白质是生命活动的执行者，通过转录和翻译，由DNA决定蛋白质的一级结构和功能结构，决定蛋白质的功能并决定细胞的生物性状，从而实现细胞内遗传信息的传递。同时，这种细胞内遗传信息的传递过程受到各种内在的和外在的因素调控。

第一节 基因的结构

绝大多数的遗传物质是DNA，少数噬菌体和病毒的遗传物质是RNA。构成DNA遗传信息的物质基础是DNA序列中的核苷酸排列顺序，不同的生物细胞中DNA所载有的遗传信息大小不一，基因数目不同，所合成的蛋白质种类不同，这也是生物体功能复杂的原因。携带有细胞或生物体的一整套单倍体遗传物质称为基因组（genome）。

一、基因是具有特定遗传信息的DNA分子片段

基因（gene）是细胞内遗传物质的最小功能单位，是载有特定遗传信息的DNA片段，其结构一般包括DNA编码序列，非编码调节序列和内含子。基因的功能是为生物活性物质编码，其产物为各种RNA和蛋白质。真核细胞的基因是由编码区和非编码区两部分组成，与原核细胞相比，真核细胞基因结构的主要特点是：编码区是间隔的、不连续的。能够编码蛋白质的序列被不能够编码蛋白质的序列分隔开来，成为一种断裂的形式，包括内含子和外显子（图2-9-1）。

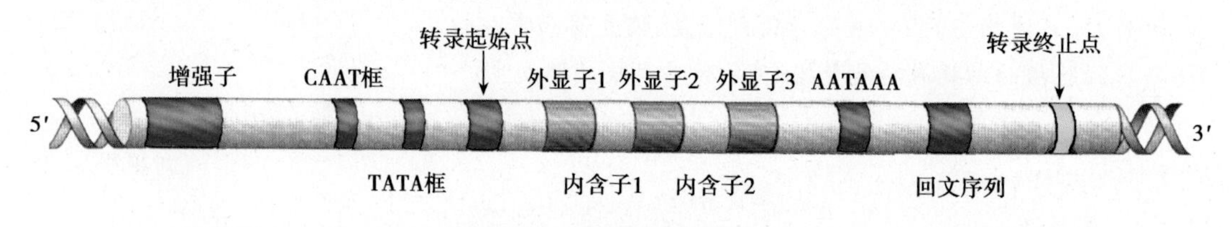

图2-9-1 真核细胞基因结构

1. 断裂基因 断裂基因（split gene）由若干内含子和外显子构成的不连续镶嵌结构的结构基因。内含子（intron）是指在结构基因内部能够被转录，但不能指导蛋白质生物合成的非编码顺序。外显子（exon）是指在结构基因中能够被转录，并能指导蛋白质生物合成的编码顺序。

2. 外显子-内含子接头 每个外显子和内含子接头区都有一段高度保守的顺序，即内含子5′末端大多数是GT开始，3′末端大多是AG结束，称为GT-AG法则，是普遍存在于真核基因中RNA剪接的识别信号。

3. 侧翼顺序 是在第一个外显子和最后一个外显子的外侧的一段不被翻译的非编码区，其内含有基因调控序列，对基因的活性有重要影响。

4. 启动子 启动子（promoter，P）是指确保转录精确而有效起始的DNA序列。在转录起始位点上游-25~-35bp区段是由7~10个碱基组成且以TATA为核心的序列，称为TATA盒（TATA box）。这一部位是RNA聚合酶（RNA pol）及其他蛋白质因子的结合位点，与转录起始的准确

定位相关。真核生物典型的启动子是由 TATA 盒及其上游的 CAAT 盒和(或)GC 盒组成。若 TATA 盒缺失,转录合成的 RNA 可有不同的 5′端。

位于 TATA 盒的上游,距转录起始点 -70~-80bp 区含有 CCAAT 序列,在 -80~-110bp 区含有 GGGCGG 序列,这两段保守序列分别称 CAAT 盒(CAAT box)和 GC 盒(GC box),目前统称为上游启动子序列(upstream promoter sequences),也称上游启动子元件(upstream promoter element, UPE),是许多蛋白质转录因子的结合位点。CAAT 盒和 GC 盒是基因有效转录所必需的 DNA 序列,主要控制转录的起始频率,基本不参与起始位点的确定。

5. 增强子　能增强基因转录的 DNA 序列称为增强子(enhancer),不具有启动子的功能,但能增强或提高启动子的活性。迄今已知,增强子有以下主要作用特点:①能远距离(距启动子数 kb 至数十 kb)影响转录启动的调控元件;②无方向性,从 5′→ 3′或从 3′→ 5′方向,均能影响启动子的活性;③对启动子的影响无严格的专一性。基因重组实验证明,同一增强子可影响不同类型的启动子,真核生物增强子也可影响原核生物的启动子。

6. 沉默子　某些基因含有负性调节元件称为沉默子(silencer),当其结合特异蛋白因子时,对基因转录起阻遏作用。沉默子的作用可不受序列方向的影响,也能远距离发挥作用,并对异源基因的表达起作用。

7. 终止子　一个基因的末端往往有一段特定序列,它具有转录终止的功能,称为终止子(terminator)。

二、细胞内遗传信息流动遵从分子生物学"中心法则"

在细胞内,遗传信息的流动一般是 DNA→RNA→蛋白质。DNA 作为合成 RNA 分子的模板,RNA 分子指导特定蛋白质合成,此过程称为基因表达(gene expression),基因表达的终产物是蛋白质(也可以是 RNA)。遗传信息通过 DNA、RNA 和蛋白质这三个重要的大分子的单方向流动,称为分子生物学的中心法则(central dogma)(图 2-9-2)。中心法则亦包括 DNA 的复制,遗传信息可由 DNA 分子的复制传给子代 DNA;以 DNA 为模板合成 RNA 的过程称为转录(transcription);RNA 指导合成蛋白质的过程,即由 mRNA 的核苷酸序列变为蛋白质的氨基酸序列的过程称为翻译(translation)。mRNA 携带着来自 DNA 的遗传信息,在胞质核糖体指导合成蛋白质,其余 2 种 RNA,rRNA 和 tRNA 都是基因表达的终产物,它们没有翻译成蛋白质的作用,但为蛋白质合成所需。后来发现的反转录酶能催化以 RNA 为模板合成 DNA 的过程,从而证明了遗传信息亦可反向转录,即从 RNA → DNA,这是对中心法则的有益补充。

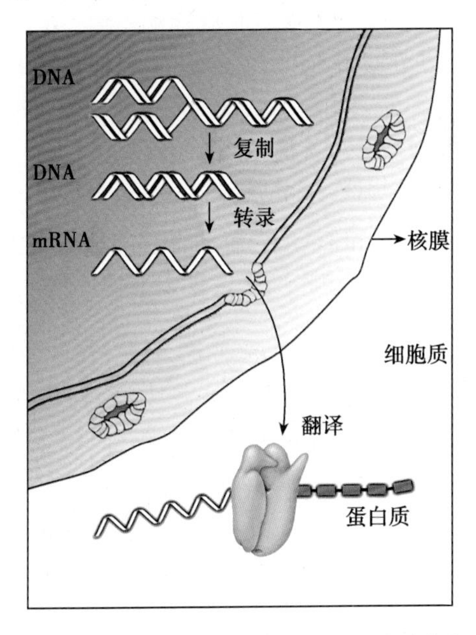

图 2-9-2　"中心法则"- 遗传信息的流动方向

第二节　基因转录和转录后加工

一、转录过程需要诸多因素参与

转录即是将 DNA 的遗传信息传递给 RNA 分子,基因转录具有以下特点:①合成 RNA 的底物是 5′- 三磷酸核糖核苷(NTP),包括 ATP、GTP、CTP 和 UTP;②在 RNA 聚合酶的作用下一

个 NTP 的 3′-OH 和另一个 NTP 的 5′-P 反应，形成磷酸二酯键；③ RNA 碱基顺序由模板 DNA 碱基顺序决定，依靠 NTP 与 DNA 上的碱基配对的亲和力被选择；④在被转录的双链 DNA 分子的任何一个特定区域都是以单链为模板；⑤ RNA 合成的方向是 5′→ 3′，生成的 RNA 链与模板链反向平行，游离的 NTP 只能连接到 RNA 链的 3′-OH 端；⑥在 RNA 合成中不需要引物。

（一）DNA 链是转录的模板

DNA 双链上有转录的启动部位和终止部位，两者之间的核苷酸序列是遗传信息的储存区域，在转录时起模板作用。在基因组全长 DNA 中只有部分 DNA 片段能发生转录，这种能转录出 RNA 的 DNA 区域称为结构基因(structural gene)。在 DNA 分子的双链上，只有一条链作为模板指引转录，另一条链不转录。能指引转录生成 RNA 的 DNA 单链称为模板链(template strain)，相对于模板链不能指引转录的另一条 DNA 单链称为编码链(coding strain)。模板链并非总在同一单链上，在 DNA 双链某一区段，以其中一条单链为模板，而在另一区段，以其相对应的互补单链为模板，这种 DNA 链的选择性转录也称为不对称转录(asymmetric transcription)。

（二）RNA 聚合酶是转录的关键酶

转录是 RNA 聚合酶催化作用的结果。双链 DNA 模板的一些“特殊”起始部位被 RNA 聚合酶识别，聚合酶与这些“特殊”的 DNA 部位结合，解旋产生一段 DNA 单链区域，DNA 得以转录。原核细胞通常只有一种类型的 RNA 聚合酶，它承担了细胞中所有 mRNA、rRNA、tRNA 的生物合成。*E.coli* 的 RNA 聚合酶是原核细胞中被研究得最深入的 RNA 聚合酶。该酶由 5 个亚基组成：$\alpha_2\beta\beta'\delta$，分子量为 465kD。2 个 α 亚基、1 个 β 亚基、1 个 β′亚基和 1 个 δ 亚基构成一个具有 RNA 合成功能的单位，称为全酶(transcriptase)。

全酶丢失 δ 亚基后称核心酶。δ 亚基又称 δ 因子，其作用是识别 DNA 模板上的启动子，辨认转录起始位点。δ 因子不能单独与 DNA 结合，它与核心酶结合后可能引起酶构型的变化，从而改变了核心酶与 DNA 结合的特性。核心酶的作用是使已开始合成的 RNA 链延伸，其中 β 亚基可以单独与 DNA 结合，它参与 RNA 聚合酶与 DNA 模板反应，也可能与核心酶和 δ 亚基结合以及转录的终止有关。α 亚基具有与 β 亚基结合的位点，参与特定的基因表达，与酶和 DNA 上启动区域的反应有关。活细胞在转录开始需要全酶，但在转录延长阶段，δ 因子从全酶上脱落，仅剩下核心酶维持转录进行。大肠埃希菌 RNA 聚合酶的组成和功能如表 2-9-1 所示。

表 2-9-1 大肠埃希菌 RNA 聚合酶组分和功能

亚基	数目	分子量	功能
α	2	36 512	决定转录的特异性
β	1	150 618	与转录全过程有关
β′	1	155 613	结合 DNA 模板
δ	1	70 263	辨认起始点

真核细胞中含有多种 RNA 聚合酶，RNA 聚合酶Ⅰ、RNA 聚合酶Ⅱ、RNA 聚合酶Ⅲ，此外细胞器还含有 RNA 聚合酶，例如：线粒体的 RNA 聚合酶，叶绿体的 RNA 聚合酶。一般可利用对 α-鹅膏毒碱的敏感性不同将真核细胞中的 RNA 聚合酶区分。它们专一性地转录不同基因而生成各不相同的产物(表 2-9-2)。真核细胞 RNA 聚合酶的结构十分复杂，酶的亚基数目为 4~10 个，亚基种类为 4~6 种，这些亚基分别具有不同的功能。

表 2-9-2　真核生物的 RNA 聚合酶

种类	细胞内定位	转录产物
RNA 聚合酶Ⅰ	核仁	45Sr RNA
RNA 聚合酶Ⅱ	核质	hnRNA
RNA 聚合酶Ⅲ	核质	5S Rrna、tRNA、snRNA
线粒体 RNA 聚合酶	线粒体	线粒体的 RNA
叶绿体 RNA 聚合酶	叶绿体	叶绿体的 RNA

(三) 启动子是控制转录的关键部位

基因转录的第一步是 RNA 聚合酶结合到模板 DNA 分子上，结合的部位为启动子，它是结构基因上游的调控序列，是控制转录的关键部位，该区域含有较多的 A-T 配对。启动子 -10 区的保守序列为 TATAAT，该区由 Pribnow 首先发现，称为 Pribnow 盒。Pribnow 盒能决定转录的方向，在 Pribnow 盒区 DNA 双螺旋解开与 RNA 聚合酶形成复合物。-35 区位于 Pribnow 盒的上游，是启动子中另外一个重要区域，该区域也存在着类似于 Pribnow 盒的共同序列 TTGACAT。目前认为 -35 区是 RNA 聚合酶对转录起始的辨认位点。RNA 聚合酶与 -35 区辨认结合后，能向下游移动，达到 -10 区的 Pribnow 盒，在该区 RNA 聚合酶能和解开的 DNA 双链形成稳定的酶-DNA 开放启动子复合物，启动转录的开始。

真核细胞中三种 RNA 聚合酶都有各自的启动区，分别催化生成 mRNA、tRNA、rRNA。RNA 聚合酶需要与 DNA 模板相互辨认结合，形成起始复合物。启动区在 -40~+10 区域具有决定转录起始的功能。在上游 -16~-40 区域有影响转录频率的功能。RNA 聚合酶Ⅰ有明显种属特异性，它与特异的转录因子结合，促使酶与启动区结合形成转录起始复合体。

RNA 聚合酶Ⅱ的启动区位于转录起始点上游，由四部分组成：①转录起始点：又称帽子位点，该位点没有序列同源性；②TATA 盒：TATA 盒两侧往往富含 GC 序列，该序列可能与 TATA 盒的功能相关；③CAAT 盒：CAAT 盒的功能与控制转录起始频率、保证有效的起始转录的作用有关；④增强子：一般位于转录起始点上游 -100 位以上，可以增强基因转录功能。

RNA 聚合酶Ⅲ的启动区是位于转录起始点下游转录基因的内部，因而又称下游转录启动区，由于其在转录基因的内部，所以又称内部启动区。RNA 聚合酶Ⅲ的启动区还需要不同的转录因子与之结合形成稳定的预起始复合物，使基因处于活化状态，然后与 RNA 聚合酶Ⅲ结合起始转录。

除此以外，真核细胞转录过程需要多种转录因子（transcription factor）的参与，它们都是蛋白质，可与 DNA、RNA 聚合酶结合，也可彼此之间结合，决定了真核细胞转录的特异性。

二、基因转录过程是一个复杂的酶控过程

转录过程是在 RNA 聚合酶作用下以 DNA 为模板合成 RNA 的过程，可分为三个阶段（图 2-9-3）。

(一) 转录起始复合物的形成标志转录开始

RNA 合成起始首先由 RNA 聚合酶的 δ 因子辨认 DNA 链的转录起始点，介导核心酶与 DNA 链接触。被辨认的 DNA 位点是启动子 -35 区的 TTGACAT 序列，在此区段酶-DNA 松散结合并向下游的 -10 区移动，在 -10 区形成稳定的酶-DNA 复合物，进入了转录的起始点。RNA 聚合酶与 DNA 模板的结合能使该部位的 DNA 双螺旋解开，形成局部的单链区，并构成了转录起始复合物：RNA 聚合酶（全酶）、DNA 链和新链前两个核苷酸。该复合物一旦形成就开始转录（图 2-9-4）。

转录起始不需要引物，RNA 聚合酶能直接把两个与模板配对的相邻核苷酸通过形成磷酸二

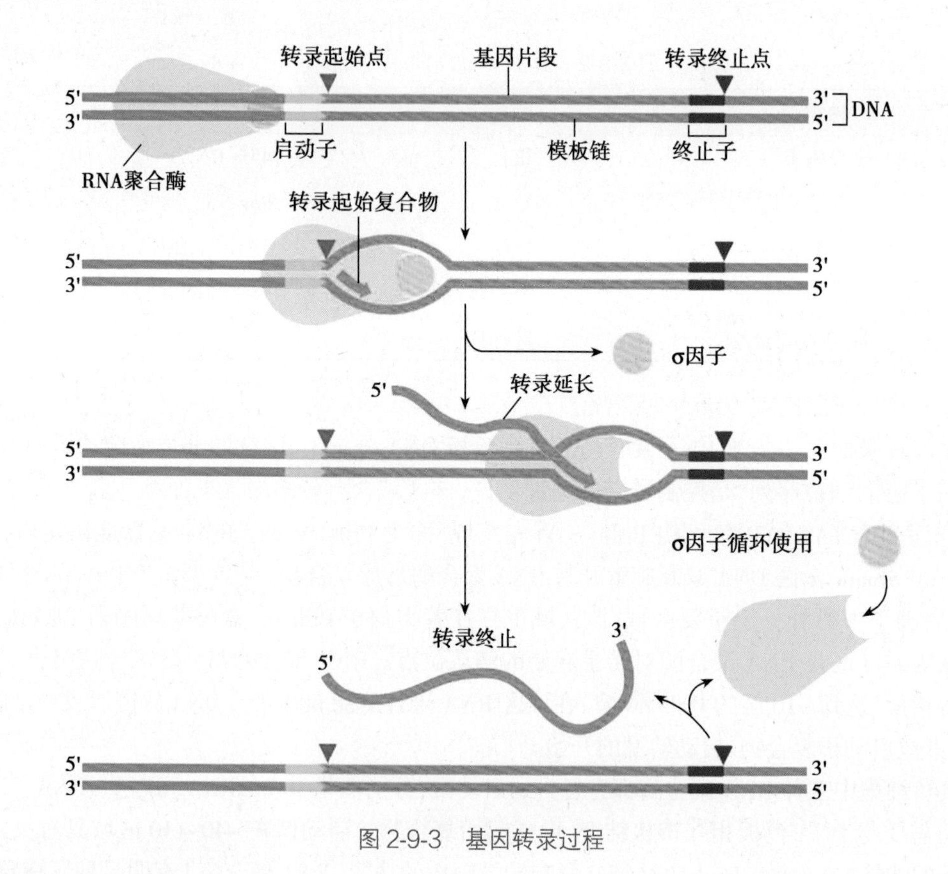

图 2-9-3 基因转录过程

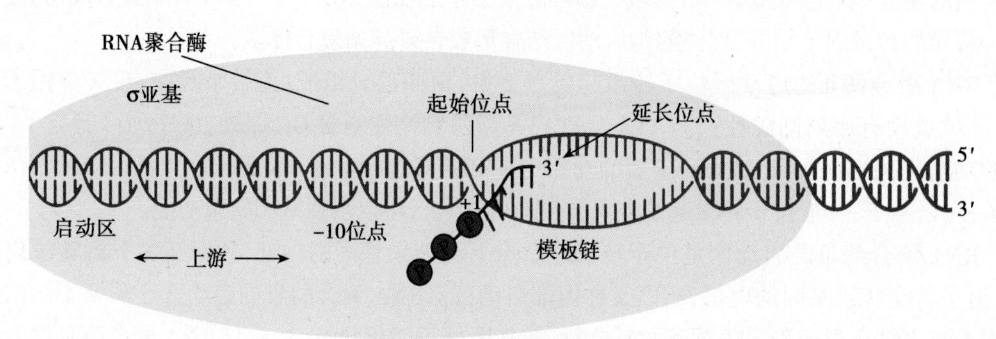

图 2-9-4 转录的起始

酯键连接起来。由于 RNA 聚合酶常选择 DNA 链上嘧啶开始转录,因此形成的新 RNA 链的第一个核苷酸通常是 ATP 或 GTP。当转录复合物形成第一个磷酸二酯键后,δ 因子即从复合物上脱落下来,反复用于转录起始过程。核心酶继续结合于 DNA 模板上沿 DNA 链前移,进入延长阶段。

(二) 转录空泡是转录延伸阶段的主要形式

δ 因子从起始转录复合物上脱落后引起核心酶 β 和 β′ 亚基的构象发生改变。在起始区 DNA 有特殊的碱基序列,酶和模板的结合具有高度的特异性,并能形成稳定的转录复合物。离开起始区后,随着碱基序列和核心酶构象改变,酶和模板的结合比较松散,有利于核心酶迅速向前移动。

当核心酶沿着模板向前移动时结合下一个能与模板配对的核苷酸,进行一次酶促连接反应。转录延长的每一次化学反应都可以使 RNA 链增加一个核苷酸,而且 RNA 产物中没有 T,当遇到模板中 A 时,转录产物相应加 U。由于 RNA 聚合酶比较大,能覆盖转录区中解开的 DNA 双链以及新合成 RNA 链和 DNA 链形成的杂化双链(heteroduplex),形成一个包

含RNA聚合酶-DNA-RNA的转录复合物，这是转录延伸阶段的主要形式，也称为转录空泡(transcription vacuole)。转录过程中只有RNA聚合酶覆盖区域DNA才能解开其双链，形成松散结构，而当RNA聚合酶前移时，原来位置的DNA单链重新形成双链螺旋，这与复制过程中的复制叉(replication fork)不同。新合成的RNA链3′端依附在转录空泡上用于同下一个核苷酸的连接，其5′端由于DNA双链重新结合而离开模板伸展在空泡之外，形成电镜下观察到的羽毛状转录图形如图2-9-5所示。

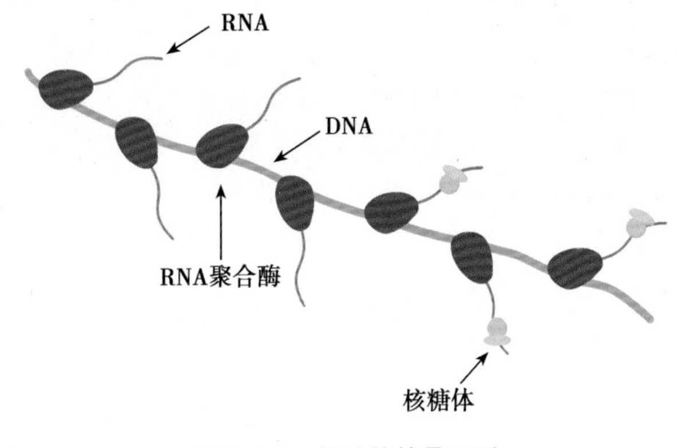

图2-9-5　羽毛状转录图形

(三) 原核生物的转录终止包括两种方式

当核心酶沿模板3′→5′方向移行至DNA链的终止部位时，识别模板上特殊结构后便停顿下来不再移动，同时转录产物RNA链从转录复合物上释放出来，即转录终止。原核细胞的转录终止分为两大类：依赖ρ因子(Rho factor)的转录终止和非依赖ρ因子的转录终止。

1. 依赖ρ因子的转录终止　ρ因子是由六个相同亚基组成的六聚体蛋白，它具有两大生物学活性：解螺旋酶活性；依赖RNA的ATP酶活性。ρ因子接触RNA聚合酶后，两者的构象发生改变，利用其解螺旋酶活性拆离DNA:RNA杂化双链，从而使转录产物从转录复合物中完全释放出来，终止转录。

2. 非依赖ρ因子的转录终止　此种转录终止不需要蛋白因子参与，而是利用新合成的RNA链自身的某些特殊结构来终止转录。在DNA模板链接近转录终止的区域内有较密集的A-T配对区和自身互补序列，使转录产物RNA 3′端常有若干个连续的U序列和自身互补序列形成的茎环(stem loop)结构或发夹结构(hairpin structure)，这两种结构是阻止转录继续进行的关键。

三、初级转录产物经过转录后加工具有活性

转录生成的RNA称为初级转录产物(primary transcripts)。转录的初级产物不一定是成熟的RNA分子，经过加工修饰过程，才能生成成熟的RNA分子。将这种新生的、无活性的RNA初级产物转变成有活性的成熟RNA的过程称为转录后加工(post transcriptional processing)，也叫RNA的成熟。原核细胞由于无典型细胞核，其基因又几乎都是连续的，转录生成的RNA加工简单(tRNA例外)，只需将多顺反子mRNA经特殊的RNase切开形成几个单独的mRNA，在核糖体上参与蛋白质的合成。真核细胞有细胞核，基因是不连续的，所以转录生成的RNA必须加工才能成为有活性的RNA分子。

(一) hnRNA进行首尾修饰和内含子剪切后转变为成熟的mRNA

真核生物的mRNA前身为hnRNA，它必须在核内经加工才能成为成熟的mRNA，mRNA转录后加工包括对其5′端和3′端的首尾修饰以及对mRNA的剪接(splicing)等。

1. 5′端帽子结构生成　mRNA成熟的真核生物，其结构5′端都有一个m^7GpppG…结构，该结构被称为甲基鸟苷的帽子。转录产物的第一个核苷酸往往是PPPG。首先，由磷酸酶把5′-PPPG…水解生成5′-PPG…或5′PG…然后在5′端通过鸟苷酸转移酶催化，接上一个鸟苷酸形成三磷酸双鸟苷(5′GPPPG…)，最后在甲基化酶作用下，S-腺苷蛋氨酸提供甲基，对后接上的鸟嘌呤碱基进行甲基化，生成7-甲基鸟嘌呤核苷-5′-三磷酸鸟苷(m^7GpppG…)的帽状结构(5′-cap sequence)(图2-9-6)。真核生物mRNA 5′端帽子结构的重要性在于它是mRNA作为翻译起始的必要结构，为核糖体与mRNA的识别提供了信号，还可能增加mRNA的稳定性，保护mRNA免

Notes

遭5′外切核酸酶的攻击。

2. poly A尾的生成 大多数的真核mRNA都有3′端的多聚尾(A),其大小约为200bp。有研究认为,poly A的出现是不依赖DNA模板的,但也不是直接在转录物RNA上加尾。加入poly A之前,先由特异的核酸外切酶在AAUAAA处切除3′端的部分核苷酸,然后加上poly A尾(图2-9-7),此过程在核内完成。poly A尾的有无与长短是维持mRNA作为翻译模板活性和增加mRNA稳定性的重要因素。

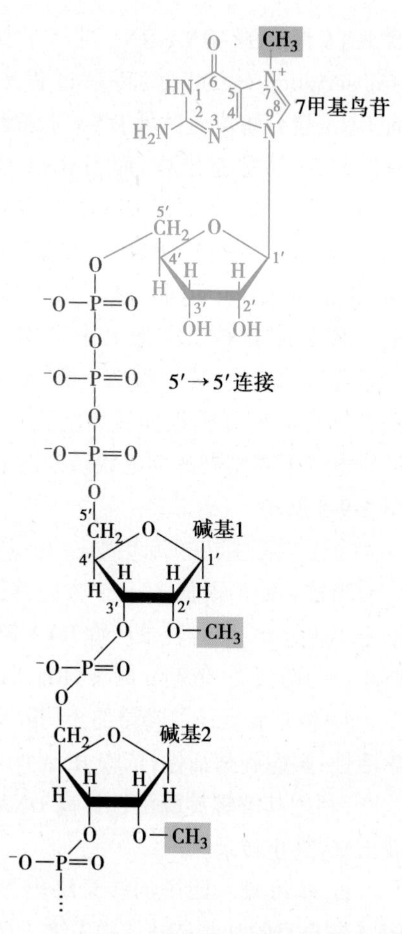

图2-9-6 hnRNA 5′端帽结构

3. hnRNA的剪接 经转录最初生成的mRNA前体称为hnRNA(不均一RNA),其分子量常比成熟mRNA大几倍或几十倍。真核基因在核内先经首、尾两步加工修饰,然后进行剪接,其过程是非编码区(内含子)先弯成套索状,称为套索RNA(lariat RNA)。套索的形成使各编码区相互靠近,由特异的RNA酶将编码区与非编码区的磷酸二酯键水解,并使编码区(外显子)相互连接起来,形成成熟的mRNA。剪接作用在剪接体(spliceosome)中进行,剪接体由多种snRNA和几十种蛋白质组成。剪接部位在内含子末端的特定位点,即5′↓GU,AG↓3′。不论剪接过程如何,剪接必须极为精确,否则会导致遗传信息传递障碍,合成的蛋白质可能丧失其正常功能(图2-9-8)。例如,以人β珠蛋白生成障碍性贫血病为例,分析这类患者的mRNA序列可发现,珠蛋白mRNA有50种以上的突变体,其中大部分是由于剪接改变所致,结果引起血红蛋白高级结构和功能的改变。

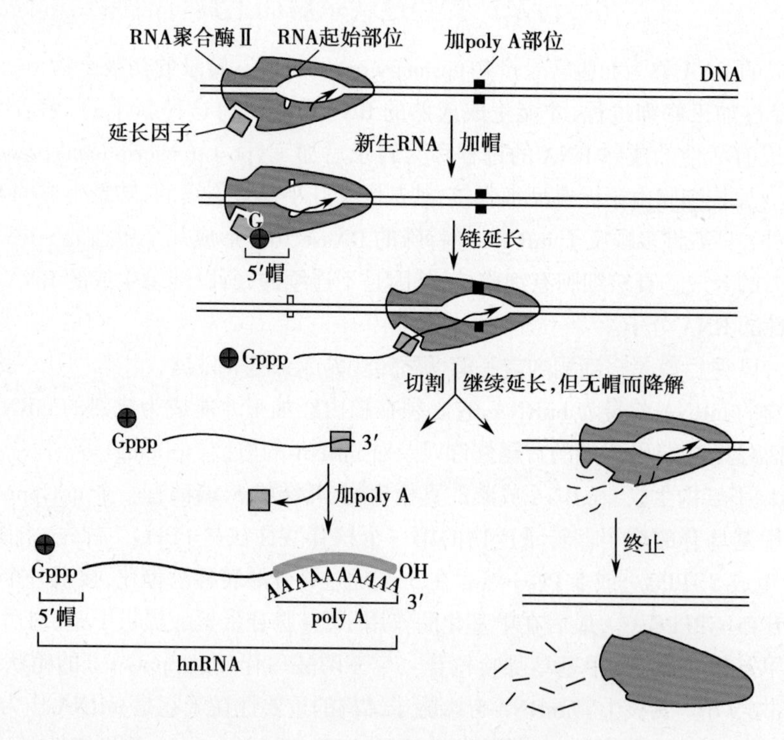

图2-9-7 hnRNA的加尾过程

Notes

（二）tRNA 转录后加工包括多余部分的切除和稀有碱基的形成

原核生物和真核生物转录生成的 tRNA 前体一般无生物活性，需要进行剪切拼接和碱基修饰以及 3′-OH 连接 -ACC 结构，才能形成成熟的 tRNA，参与蛋白质生物合成的氨基酸转运。

1. tRNA 前体的剪切　真核生物细胞 RNA-pol Ⅲ催化产生 tRNA 前体，然后在 RNA 酶作用下 tRNA 前体的 5′- 末端和相当于反密码环的区域分别被切除一定长度的多核苷酸链（图 2-9-9），再由连接酶催化而拼接形成成熟的 tRNA。

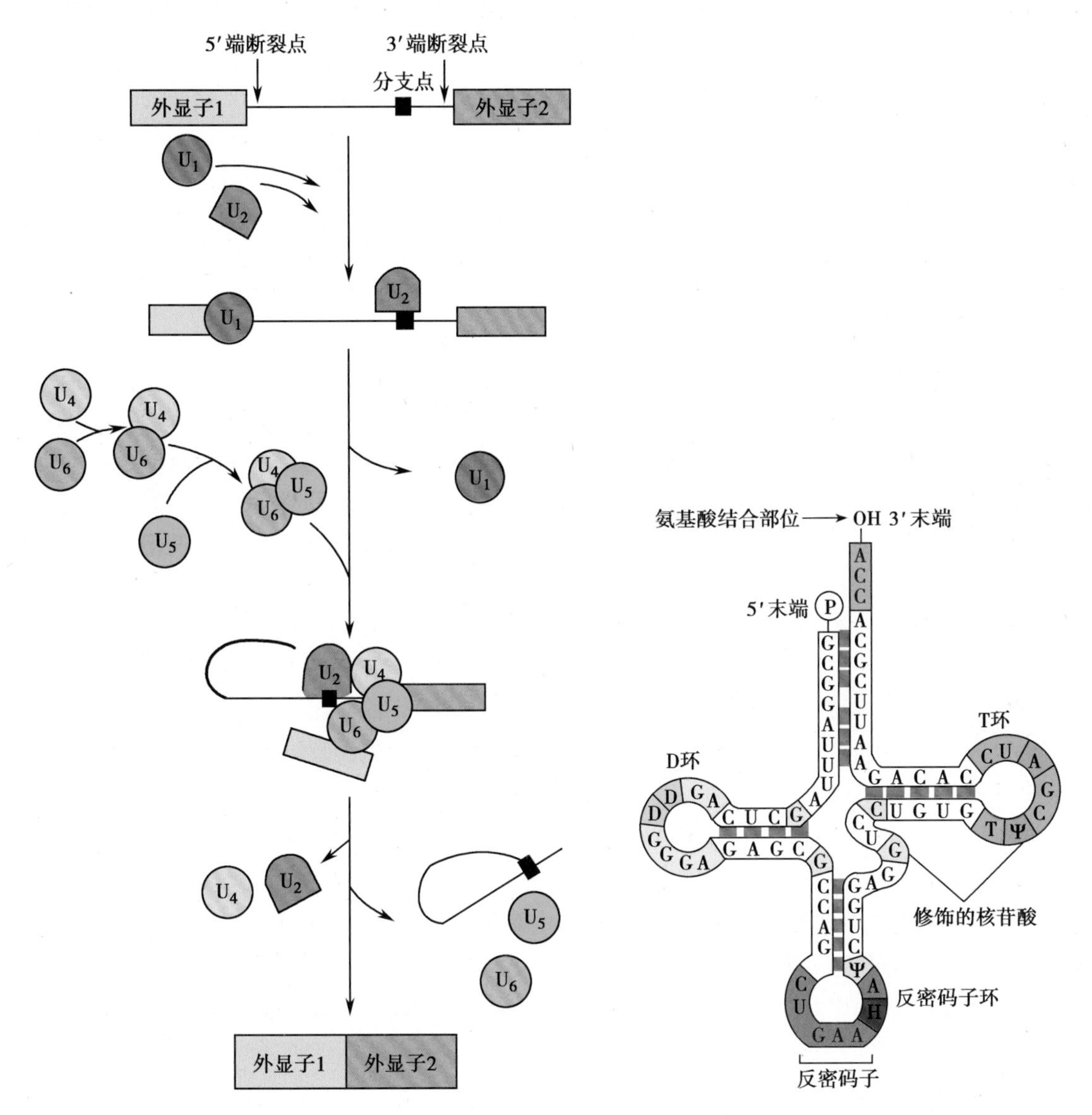

图 2-9-8　snRNA 参与 hnRNA 的剪接过程

图 2-9-9　tRNA 转录后加工

2. tRNA 前体的化学修饰　tRNA 前体中常见的碱基修饰有：①还原反应：某些尿嘧啶还原生成二氢尿嘧啶（DHU）；②转位反应：如尿嘧啶核苷变为假尿嘧啶核苷；③脱氨反应：如腺苷酸（A）脱氨生成次黄嘌呤核苷酸（I）；④甲基化反应：在甲基化酶作用下某些嘌呤碱基变为甲基嘌呤。

3. 3′端加上 CCA　在核苷酸转移酶作用下，以 CTP 和 ATP 为原料，在 3′端逐个接上 CCA 顺序，形成了 tRNA 分子中的氨基酸臂结构。

（三）核酶参与 rRNA 的转录后加工

真核生物 rRNA 前体比原核生物大，哺乳动物的初级转录产物为 45S，低等真核生物的 rRNA 前体为 38S，真核生物的 5S rRNA 前体独立于其他三种。大多数真核生物 45S rRNA 经

剪切后,先形成核糖体小亚基的18SrRNA,余下的部分再拼接成5.8S及28S的rRNA。成熟的rRNA在核仁与核糖体蛋白质一起装配形成核糖体,输出至胞质,为蛋白质生物合成提供场所。

rRNA的剪接不需要任何蛋白参与即可发生,这表明RNA分子也有酶的催化活性。这种具有酶催化活性的RNA分子被命名为核酶(ribozyme)。核酶的发现对传统酶学概念提出了挑战,酶并不限于蛋白质,也可以是RNA。同时表明,RNA是催化剂以及信息携带者,它很可能是生命起源中首先出现的生物大分子,并且核酶大多是在古老的生物中发现的,这对研究生命的起源和进化具有重要意义。

框9-1 内含子的发现

真核细胞中mRNA的合成不仅包括转录过程,还包括相继的对初始转录体的加工修饰。1977年,美国的Phillip Sharp和英国的Richard Roberts两个研究小组同时独立发现了基因剪切问题,他们指出腺病毒外壳蛋白六聚体基因(hexon gene)前导区有断裂现象。实验将纯化的hexon mRNA和腺病毒DNA进行杂交,在电镜下出现了两者形成的杂交分子,但hexon mRNA的5′末端序列不能与相应位置的腺病毒DNA序列杂交,意味着hexon mRNA 5′末端不含有病毒基因组的编码序列。这一推理通过hexon mRNA与hexon基因上游的延伸序列相杂交得到验证,hexon mRNA的5′末端序列是由病毒基因组的3个独立区域转录而来,之后在加工修饰过程中被剪切掉。随后人们又相继发现了兔子和鼠的β珠蛋白基因和卵清蛋白基因等的断裂基因。1978年,美国的Walter Gilbert首先提出了内含子和外显子的概念。Sharp和Roberts分享了1993年诺贝尔生理学或医学奖。现已知真核细胞基因组存在数量较大的内含子,其在生物进化以及基因表达调控过程中的作用已成为研究的热点内容。

第三节 蛋白质的生物合成

生物按照从脱氧核糖核酸(DNA)转录得到的信使核糖核酸(mRNA)上的遗传信息合成蛋白质。由于mRNA上的遗传信息是以密码形式存在的,只有合成为蛋白质才能表达出生物性状,因此将蛋白质生物合成比拟为翻译。在此过程中需要300多种生物大分子参与,其中不仅包括核糖体,还包括mRNA、tRNA及多种蛋白质因子。核糖体是蛋白质合成的装配机器;mRNA携带遗传信息,在蛋白质合成时充当模板;tRNA,即转运RNA(transfer ribonucleic acid,tRNA),具有携带并转运氨基酸的功能。

一、翻译是在mRNA指导下的蛋白质合成过程

蛋白质分子是由许多氨基酸组成的,在不同的蛋白质分子中,氨基酸有着特定的排列顺序,这种特定的排列顺序不是随机的,而是严格按照蛋白质的编码基因中的碱基排列顺序决定的。自然界由mRNA编码的氨基酸共有20种,只有这些氨基酸能够作为蛋白质生物合成的直接原料。某些蛋白质分子还含有羟脯氨酸、羟赖氨酸、γ-羧基谷氨酸等,这些特殊氨基酸是在肽链合成后的加工修饰过程中形成的。

(一)核糖体为蛋白质合成提供场所

核糖体(ribosome)是一种非膜相结构的颗粒状细胞器,由rRNA和几十种蛋白质组成。核糖体普遍存在于原核细胞和真核细胞内,是细胞合成蛋白质的分子机器。核糖体可位于线粒体内,称为线粒体核糖体;也可存在于细胞质内,称为细胞质核糖体。细胞质核糖体又可分为两类:

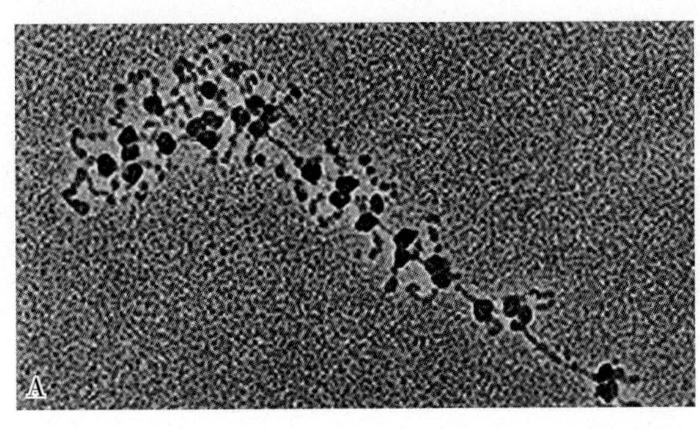

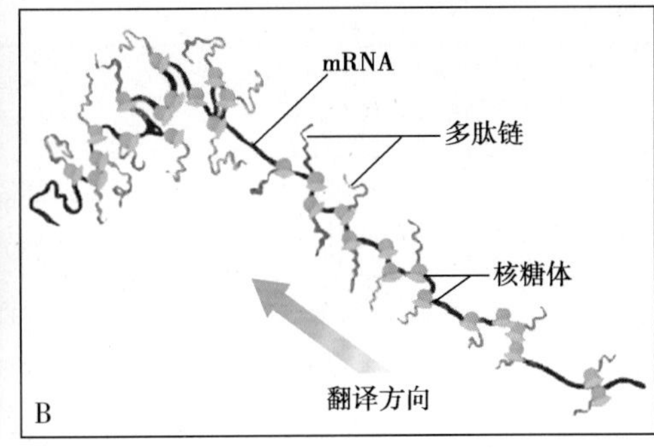

图 2-9-10　多聚核糖体电镜图与模式图

一类附着于糙面内质网膜表面(图 2-9-10),称为附着核糖体(fixed ribosome),主要合成细胞的分泌蛋白、膜蛋白以及细胞器驻留蛋白;另一类以游离形式分布在细胞质溶胶内,称为游离核糖体(free ribosome),游离核糖体所合成的蛋白质多半是分布在细胞基质中或供细胞本身生长所需要的蛋白质分子(包括酶分子)。此外还合成某些特殊蛋白质,如红细胞中的血红蛋白等。核糖体是细胞中的主要成分之一,在一个生长旺盛的细菌中大约有 20 000 个核糖体,其中蛋白质占细胞总蛋白质的 10%,RNA 占细胞总 RNA 的 80%。

核糖体是蛋白质生物合成的分子机器,但执行蛋白质合成的功能单位并不是单个核糖体,通常是由几个乃至几十个核糖体与一条 mRNA 串联在一起形成多核糖体。多核糖体中核糖体的个数是由 mRNA 分子的长度决定的,一般情况下,mRNA 分子越长,核糖体的个数就越多。蛋白质开始合成时,第一个核糖体在 mRNA 的起始部位结合,引入第一个蛋氨酸,接着核糖体向 mRNA 的 3′端移动约 80 个核苷酸的距离,第二个核糖体又在 mRNA 的起始部位结合,并向前移 80 个核苷酸的距离,在起始部位又结合第三个核糖体,依次下去直至终止。多核糖体可以在一条 mRNA 链上同时合成多条相同的多肽链,这就大大提高了翻译的效率(图 2-9-10)。

(二) mRNA 作为蛋白质合成的模板

从 DNA 转录合成的带有遗传信息的 mRNA 在核糖体上作为蛋白质合成的模板,决定肽链的氨基酸排列顺序。mRNA 存在于原核生物和真核生物的细胞质及真核细胞的某些细胞器(如线粒体和叶绿体)中。不同的蛋白质有各自不同的 mRNA。mRNA 除含有编码区外,两端还有非编码区。非编码区对于 mRNA 的模板活性是必需的,特别是 5′端非编码区在蛋白质合成中被认为是与核糖体结合的部位。RNA 和蛋白质的结构不同,组成 RNA 的碱基有 4 种,而组成蛋白质的氨基酸有 20 中。研究发现,mRNA 分子上以 5′→ 3′方向,每 3 个相邻的核苷酸可决定一个特定的氨基酸,这种三联体核苷酸称为密码子(condon),mRNA 链上从 AUG 开始每三个连续的核苷酸组成一个密码子,mRNA 中的 4 种碱基可以组成 64 种密码子(表 2-9-3)。每种氨基酸至少有一种密码子,最多的有 6 种密码子。从对遗传密码性质的推论到决定各个密码子的含义,进而全部阐明遗传密码,是科学上最杰出的成就之一。

表 2-9-3　氨基酸的密码表

第一个核苷酸	第二个核苷酸				第三个核苷酸
	U	C	A	G	
U	苯丙氨酸	丝氨酸	酪氨酸	半胱氨酸	U
	苯丙氨酸	丝氨酸	酪氨酸	半胱氨酸	C
	亮氨酸	丝氨酸	终止	终止	A
	亮氨酸	丝氨酸	终止	色氨酸	G

Notes 

续表

第一个核苷酸	第二个核苷酸				第三个核苷酸
	U	C	A	G	
C	亮氨酸	脯氨酸	组氨酸	精氨酸	U
	亮氨酸	脯氨酸	组氨酸	精氨酸	C
	亮氨酸	脯氨酸	谷氨酰胺	精氨酸	A
	亮氨酸	脯氨酸	谷氨酰胺	精氨酸	G
A	异亮氨酸	苏氨酸	天冬氨酸	丝氨酸	U
	异亮氨酸	苏氨酸	天冬氨酸	丝氨酸	C
	异亮氨酸	苏氨酸	赖氨酸	精氨酸	A
	甲硫氨酸(起始)	苏氨酸	赖氨酸	精氨酸	G
G	缬氨酸	丙氨酸	天冬氨酸	甘氨酸	U
	缬氨酸	丙氨酸	天冬氨酸	甘氨酸	C
	缬氨酸	丙氨酸	谷氨酸	甘氨酸	A
	缬氨酸	丙氨酸	谷氨酸	甘氨酸	G

遗传密码有如下特点。

1. 方向性 密码子是对 mRNA 分子的碱基序列而言的,它的阅读方向是与 mRNA 的合成方向或 mRNA 编码方向一致的,即从 5′端至 3′端。

2. 连续性 mRNA 的读码方向从 5′端至 3′端方向,两个密码子之间无任何核苷酸隔开。mRNA 链上碱基的插入、缺失和重叠,均造成移码突变。

3. 简并性 在遗传密码中,除了 Met、Trp 外,其他氨基酸分别有 2、3、4、6 种密码子编码,将同一种氨基酸的几种密码子称同义密码子,前两位碱基决定密码子的特异性,第三位碱基的摆动是造成兼并的原因,这对保证种属的稳定性有重要意义。

4. 通用性 从简单生物到人类都使用同一套遗传密码,即无种属特异性。但也有例外,动物细胞线粒体和植物细胞叶绿体中,蛋白质合成所使用三联密码子有少数与目前通用密码子不同。例如 AUA 代表蛋氨酸,UGA 代表色氨酸等。

5. 起始密码子和终止密码子 AUG、GUG、UUC 不仅代表相应的氨基酸,而且在 mRNA 起始部位代表肽链的起始信号,以 AUG 最常见。UAA、UGA、UAG 不编码任何氨基酸,仅代表肽链合成的终止。

(三) tRNA 是活化和转运氨基酸的工具

蛋白质生物合成是一个信息传递过程,要将 mRNA 密码子排列的信息转换为氨基酸的 20 种符号,且要排列正确,这就需要 tRNA。tRNA 能与专一的氨基酸结合并识别 mRNA 分子上的密码子,起重要的接合体作用,被称为蛋白质合成的接合器(adaptor)(图 2-9-11)。

tRNA 的氨基酸臂上 3′末端 CCA-OH 是氨基酸的结合位点。tRNA 的反密码环上的反密码子可识别 mRNA 上的密码子,在翻译时,带有不同氨基酸的 tRNA 就能准确地在 mRNA 分子上对号入座,保证了从核酸到蛋白质信息传递的准确性。

反密码子是位于 tRNA 反密码环中部、可与 mRNA 中的三联体密码子形成碱基配对的三个相邻碱基。在蛋白质的合成中,起解读密码、将特异的氨基酸引入合成位点的作用。mRNA 的密码子以 5′→ 3′方向排列,tRNA 上反密码子则以 3′→ 5′方向排列。

密码子和反密码子配对时,密码子和反密码子的前两位碱基遵循正常的碱基互补配对原则,而第三位碱基的配对有一定的灵活性,并不严格遵守这一原则,这一特性被称为密码子和反密码子配对的摆动性(wobble),可有 U 配 G,I 与 C、A、U 相配等(表 2-9-4)。

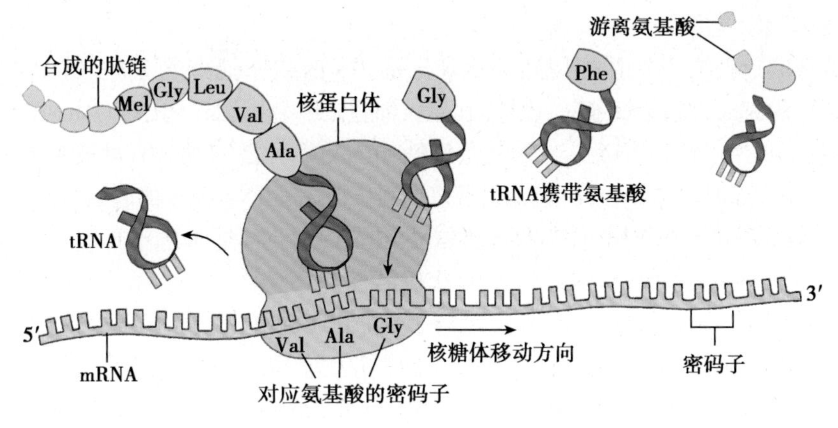

图 2-9-11　tRNA 转运氨基酸的过程

表 2-9-4　密码子与反密码子的碱基配对

反密码子第一个碱基	密码子第三个碱基	反密码子第一个碱基	密码子第三个碱基
C	G	G	U 或 C
A	U	I	U、C 或 A
U	A 或 G		

(四) 一些酶类和因子参与了蛋白质生物合成

1. 氨基酰 -tRNA 合成酶　氨基酰 -tRNA 的生成，实际上是一种酶促的化合反应，催化这一化学反应的酶是氨基酰 -tRNA 合成酶(aminoacyl-tRNA synthetase)。此化学反应又可分为两个步骤完成：第一步是氨基酸结合于 AMP- 酶的复合体上，完成了酶对氨基酸的特异性识别；第二步是 AMP- 酶被 tRNA 置换，形成氨基酰 -tRNA，从而完成了酶对 tRNA 的特异性识别。这说明氨基酰 -tRNA 合成酶具有绝对专一性，酶对氨基酸、tRNA 两种底物都能高度特异地识别。

2. 转肽酶　转肽酶(transpeptidase)定位于核糖体大亚基上，是组成核糖体的蛋白质成分之一，其功能是使大亚基 P 位上肽酰 -tRNA 的肽酰基转移到 A 位上氨基酰 -tRNA 的氨基上，结合成肽键，使肽链延长。

3. 其他因子　参与蛋白质生物合成的其他因子有：起始因子(IF，真核细胞写作 eIF)、延长因子(EF)、终止因子(RF，真核细胞写作 eRF)；能源物质有 ATP、GTP 等；无机离子有镁离子、钾离子等。

二、蛋白质合成过程包括五个阶段

蛋白质生物合成可分为五个阶段，氨基酸的活化、多肽链合成的起始、肽链的延长、肽链的终止和释放、蛋白质合成后的加工修饰。原核生物与真核生物的蛋白质合成过程中有很多区别，真核生物的蛋白质合成过程比较复杂，下面着重介绍原核生物蛋白质合成的过程，以及真核生物与其不同之处。

(一) 氨基酸的活化

氨基酸在参与合成肽链以前需活化以获得额外的能量。在氨基酰 -tRNA 合成酶作用下，氨基酸的羧基与 tRNA3′末端的 CCA-OH 缩合成氨基酰 -tRNA。该反应是耗能过程，生成的氨基酰 -tRNA 中脂酰键含较高能量，可用于肽键合成。其总反应式可写为：

$$\text{氨基酸} + \text{tRNA} + \text{ATP} \longrightarrow \text{氨基酰-tRNA} + \text{AMP} + \text{PPi}$$

氨基酰 -tRNA 合成酶分布在胞质中，具有高度特异性，它既能识别特异的氨基酸，又能辨认携带该种氨基酸的特异 tRNA，这是保证遗传信息准确翻译的关键之一。

(二) 形成起始复合物

肽链合成起始包括3个主要步骤：小亚基与mRNA的结合、起始氨基酰-tRNA的加入和起始复合物装配的完成。起始氨基酰-tRNA在原核细胞是甲酰蛋氨酰-tRNA（fMet-tRNA），在真核细胞是蛋氨酰-tRNA（Met-tRNA）。有两种蛋氨酰-tRNA：一种是5′端具有可被起始因子识别的核苷酸序列，可与起始因子结合，由起始因子携带到核糖体mRNA模板的起始密码AUG上。这种蛋氨酰-tRNA具有启动作用，称为起始蛋氨酰-tRNA；另一种是5′端不具有起始因子识别序列，只能与mRNA模板起始部位以后的AUG密码结合。

原核细胞翻译起始复合物形成的过程如下：①在IF-1和IF-3的作用下，核糖体30S小亚基通过其16S rRNA的一段特殊序列识别mRNA的SD序列，并与之互补结合，形成IF-1-IF3-30S亚基-mRNA复合物；②在IF2作用下，甲酰蛋氨酰-tRNA与mRNA分子中的AUG相结合，即密码子与反密码子配对，同时IF3从三元复合物中脱落，形成30S前起始复合物，即IF2-30S亚基-mRNA-fMet-tRNAfmet复合物，此步需要GTP和Mg^{2+}参与；③ 30S前起始复合物形成后，50S大亚基就立即加入到30S前起始复合物中，同时IF-1、IF2和IF-3脱落，形成70S起始复合物，即30S亚基-mRNA-50S亚基-mRNA-fMet-tRNAfmet复合物。此时fMet-tRNAfmet占据着50S亚基的肽酰位（P位）。而A位则空着有待于对应mRNA中第二个密码的相应氨基酰-tRNA进入，至此，肽链的合成即告开始（图2-9-12）。

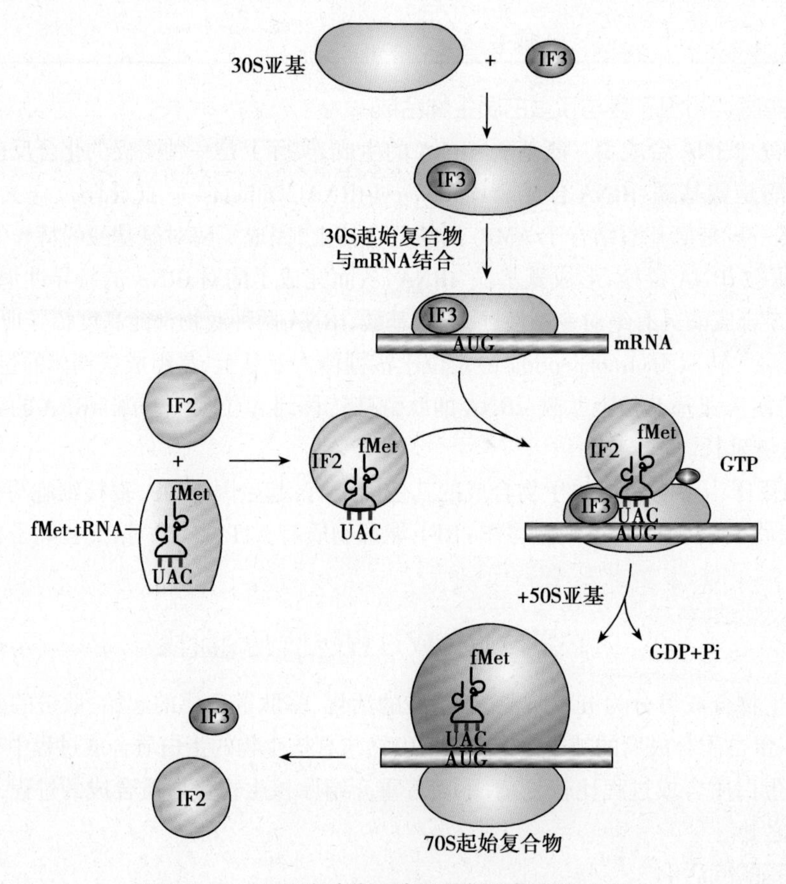

图2-9-12 大肠埃希菌细胞翻译起始复合物的形成

与原核细胞相比，真核细胞蛋白质合成的起始过程更为复杂，参与真核细胞蛋白合成过程的起始因子为eIF。其基本过程概括为：①形成43S核糖体复合物：由40S小亚基与elF3和elF4c组成。②形成43S前起始复合物：即在43S核糖体复合物上，连接elF2-GTP-Met-tRNAMet复合物。③形成48S前起始复合物：由mRNA及帽结合蛋白1（CBP1）、elF4A、elF4B和elF4F共同构成一个mRNA复合物。mRNA复合物与43S前起始复合物作用，形成48S前起始复合物。

④形成 80S 起始复合物：在 eIF5 的作用下，48S 前起始复合物中的所有 eIF 释放出，并与 60S 大亚基结合，最终形成 80S 起始复合物，即 40S 亚基 -mRNA-Met-tRNAMet-60S 亚基。

相对原核生物而言，真核细胞蛋白质合成起始过程更为复杂，需要更多的起始因子参与，同时起始 tRNA 不需要 N 端甲酰化，起始复合物形成于 mRNA 5′端 AUG 上游的帽子结构。

(三) 肽链延长是多因子参与的核糖体循环过程

起始复合物形成后，根据 mRNA 密码序列的指导，各种氨基酰 -tRNA 依次结合到核糖体上使肽链从 N 端向 C 端逐渐延长。由于肽链延长在核糖体上连续循环进行，所以这个过程又称为核糖体循环(ribosome circulation)，核糖体循环包括进位(register)、成肽(peptide formation)、转位(transposition)3 个步骤(图 2-9-13)，每经过一个循环肽链增加一个氨基酸，从而实现肽链的不断延伸。

1. 氨基酰 -tRNA 进入 A 位　当完整的起始复合物形成后，起始氨基酰 -tRNA 占据 P 位，第二个氨基酰 -tRNA 就进入 A 位，根据起始复合物 A 位上 mRNA 密码子，相应的氨基酰 -tRNA 通过反密码子与其配对结合。此步骤需要 GTP、Mg^{2+} 和延伸因子 EFTu 与 EFTs 的参与。

EFTu 与 GTP、氨基酰 -tRNA 反应生成三元复合物——氨基酰 -tRNA-EFTu-GTP。该复合物中 tRNA 的反密码子与小亚基上 mRNA 结合，其中 GTP 分解释放 Pi，EFTu-GDP 脱落并与 EFTs 反应生成 GDP 和 EFTu-EFTs，后者再与 GTP 反应，释出 EFTs 生成 EFTu-GTP 并进入下一次延长反应。

2. 肽键形成　当 P 位都被氨基酰 -tRNA 占据时，两个氨基酸之间发生相互作用形成肽键，从而在 P 位的氨基酰 -tRNA 释放出氨基酸，P 位的 tRNA 随之从核糖体上脱落下来，而 A 位则形成二肽。该步骤需核糖体大亚基上的转肽酶催化及 Mg^{2+} 与 K^+ 的存在。

3. 转位　二肽形成后，核糖体沿 mRNA 5′端向 3′端移动一个密码子距离，同时 A 位的二肽酰 -tRNA 移到 P 位，P 位留下的未负载氨基酸的 tRNA 脱落，P 位空出。在延长因子 G 作用和 GTP 供能下，结果肽酰 -tRNA 由 A 位移到 P 位，空出的 A 位可接受新的氨基酰 -tRNA，再重复上述 3 个步骤，如此循环，使肽链不断延长。

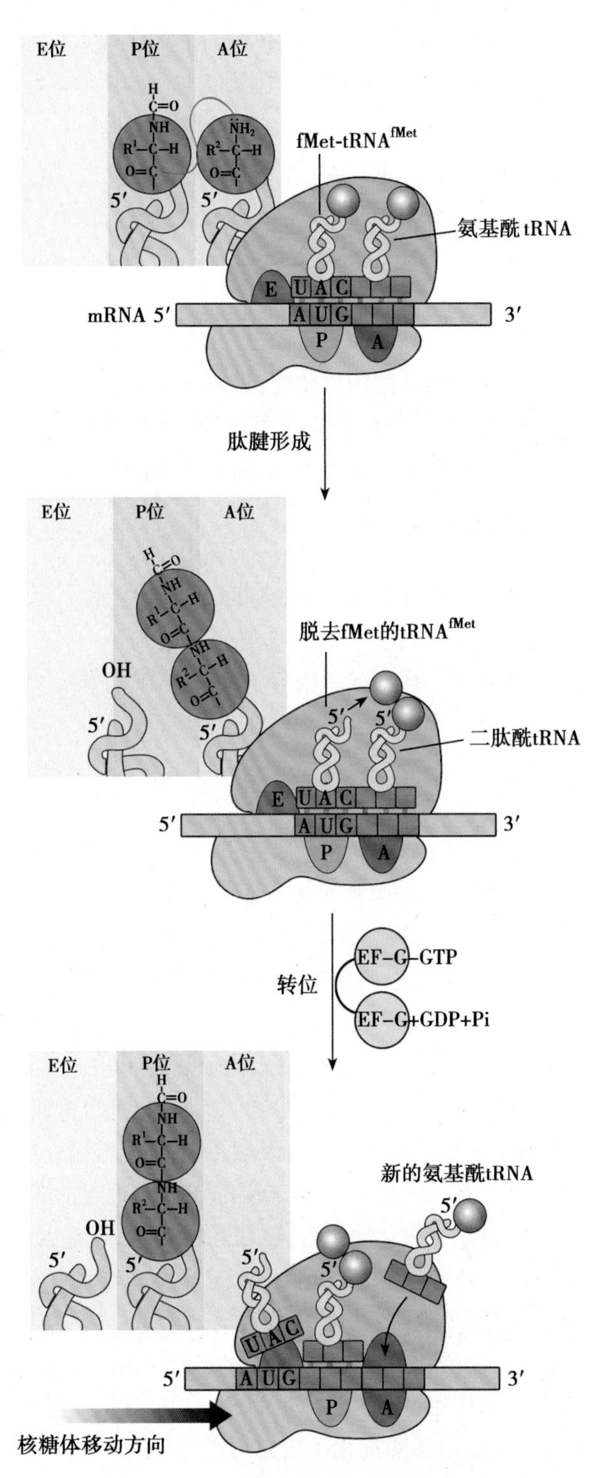

图 2-9-13　蛋白质合成过程中核糖体循环

真核生物中,转位时延长因子只有一种 EF-1,可分为 α、β、γ 三类;移位时所需因子为 EF-2,可被白喉毒素抑制。

(四) 肽链合成终止

在核糖体向 mRNA 3′端移动中,肽链也逐渐延长,当核糖体移动到 mRNA 上的终止密码子(UAA、UAG、UGA)时,没有对应的氨基酰-tRNA 与之结合,只有释放因子(RF)识别这种信号,肽链合成即终止。RF 有 3 种:RF1 识别 UAA 和 UAG,RF2 识别 UAA 和 UGA,RF3 结合 GTP 并促进 RF1、RF2 与核糖体结合。一般来说:肽链合成的终止过程包括 3 个步骤(图 2-9-14)。

1. 终止密码的辨认 当 A 位上出现终止信号时,RF1 或 RF2 识别并结合到 A 位上。

2. 肽链和 mRNA 等释出 RF 的结合使核糖体上转肽酶构象改变,具有水解酶活性,使 P 位上 tRNA 与肽链间酯键水解,肽链脱落。tRNA、RF、mRNA 也随后从核糖体上释出。

3. 核糖体大小亚基解聚 在 IF3 作用下,核糖体解聚成为大、小亚基回到基质中,重新进入新循环。真核生物终止过程与原核生物相似,但仅有一个释放因子 eRF 可识别 3 种终止密码子,并需 GTP 参与。

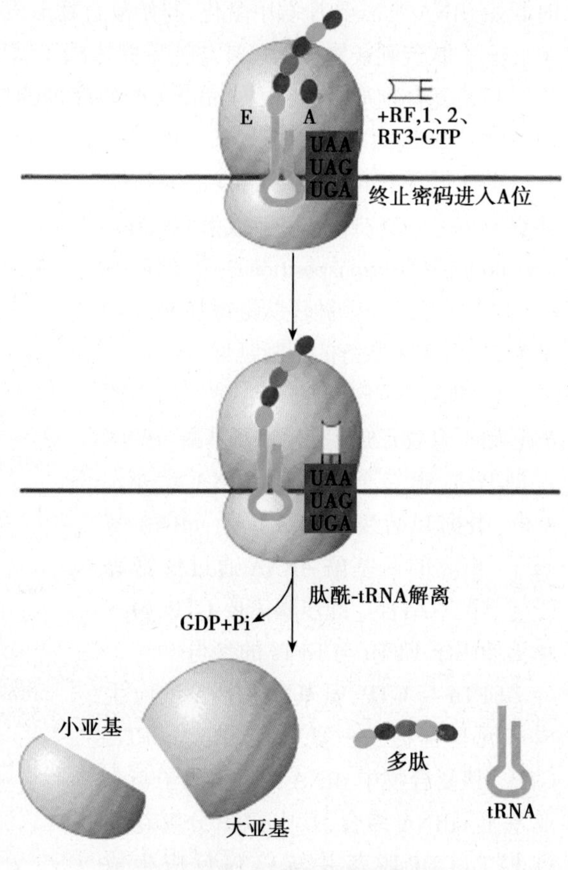

图 2-9-14 肽链合成的终止

三、肽链合成后进行加工和输送

从核糖体释放的新生多肽链不具有蛋白质生物活性,必须经过翻译后一系列加工修饰过程才能转变为天然构象的功能蛋白。如高级结构的形成、氨基酸残基的修饰(如磷酸化、糖基化、甲基化等)、二硫键的形成,使其在一级结构的基础上进一步盘曲、折叠以及亚基与亚基间的结合,形成具有天然构象和生物学活性的功能蛋白。此外,在细胞质内合成的蛋白质需要经靶向运输或蛋白质分选,输送到细胞特定的区域或分泌到细胞外发挥生物学作用。

(一) 肽链合成后的加工、修饰使其具有生物学活性

1. N 端 fMet 或 Met 的去除 由于起始密码为甲硫氨酸(Met),故新生肽链 N 末端为 Met 残基(原核细胞为 fMet),而天然蛋白质 N 末端一般无这类残基。在真核生物中,当肽链延伸到 15~30 个氨基酸残基时,N 末端的 Met 或相连的若干残基被氨基肽酶水解。原核生物中 N 端的 fMet 先被脱甲酰化酶水解,再切除蛋氨酸,同时也包括信号肽序列的去除。

2. 共价修饰 蛋白质可以进行不同类型化学基团的共价修饰,如磷酸化、糖基化、脂酰基化,二硫键形成、羟基化、泛素化等,修饰后才表现为具有生物功能的蛋白质。

(1) 磷酸化:是在蛋白激酶的催化作用下,将 ATP 的磷酸基转移到蛋白特定位点上的过程,磷酸化的作用位点为蛋白上的 Ser、Thr、Tyr 残基侧链。磷酸化的逆过程为去除磷酸基的水解反应,由磷酸水解酶催化。蛋白质的磷酸化与去磷酸化过程几乎涉及所有的生理及病理过程,如新陈代谢、信号转导、肿瘤发生、神经活动、肌肉收缩以及细胞的增殖、发育和分化等。

(2) 糖基化：蛋白质的糖基化是在一系列糖基转移酶的催化作用下，蛋白上特定的氨基酸残基共价连接寡糖链的过程，氨基酸与糖的连接方式主要有 O 型连接与 N 型连接两种，N 型连接始于内质网，在内分泌蛋白和膜结合蛋白的天冬酰胺残基的氨基上结合寡糖；O 型连接多发生于邻近脯氨酸的丝氨酸或苏氨酸残基上，通常以逐步加接单糖的形式形成寡糖链。

(3) 脂酰基化：蛋白质的脂酰基化是长脂肪酸链通过 O 或者 S 原子与蛋白质共价结合得到蛋白复合物(脂蛋白)的过程，半胱氨酸残基的侧链巯基可被棕榈酰化，甘氨酸残基可被豆蔻酰化，通过脂肪酸链与生物膜良好的相容性，可使蛋白质固定在细胞膜上。

(4) 二硫键形成：大多数蛋白质都有二硫键，是在肽链合成后，通过由 2 个半胱氨酸的巯基氧化形成的，二硫键的形成对维持蛋白质的活性和结构是必需的。

(5) 羟基化：在结缔组织的胶原蛋白和弹性蛋白中，脯氨酸和赖氨酸可经过羟基化修饰成为羟脯氨酸和羟赖氨酸，位于糙面内质网上的三种氧化酶(脯氨酰-4-羟化酶、脯氨酰-3-羟化酶和赖氨酰羟化酶)负责特定脯氨酸和赖氨酸残基的羟基化，胶原蛋白的脯氨酸残基和赖氨酸残基的羟基化需要维生素 C，饮食中维生素 C 不足时就易患坏血症(血管脆弱，伤口难愈)，原因就是胶原纤维的脯氨酸和赖氨酸无法羟基化，从而不能形成稳定的结构。

(6) 泛素化：泛素由 76 个氨基酸组成，高度保守，普遍存在于真核细胞内，故名泛素，共价结合泛素的蛋白质能被特定的蛋白酶识别并降解，这是细胞内短寿命蛋白和一些异常蛋白降解的普遍途径。泛素与靶蛋白的结合需要三种酶的帮助：泛素激活酶(E1)、泛素结合酶(E2)和泛素蛋白质连接酶(E3)，泛素的羧基末端通过异肽键与靶蛋白 Lys 残基的 - 氨基连接在一起。

3. 辅助因子的连接和亚基聚合　结合蛋白由肽链及其辅助成分(脂、糖、核酸、血红素等)构成，具有四级结构的蛋白还要进行亚基聚合才具有生物活性。一般认为，蛋白质一级结构是其空间结构形成的基础，同时也需要其他的酶、蛋白质辅助才能完成折叠过程，如“分子伴侣”。目前认为“分子伴侣”有两类：①酶：例如蛋白质二硫键异构酶可以识别和水解非正确配对的二硫键，使它们在正确的半胱氨酸残基位置上重新形成二硫键；②蛋白质分子：如热休克蛋白(heat shock protein)、伴侣素(chaperonins)，可以和部分折叠或没有折叠的蛋白质分子结合，稳定其构象，使其免遭其他酶的水解，促进蛋白质折叠成正确的空间结构。

4. 肽链的水解修饰　是在特定的蛋白水解酶的作用下，切除肽链末端或中间的若干氨基酸残基，使蛋白质一级结构发生改变，进而形成一个或数个成熟蛋白质的翻译后加工过程。如大多数蛋白酶原裂解后转变为蛋白酶。一般真核细胞中一个基因对应一个 mRNA，一个 mRNA 对应一条多肽链，但也有少数情况下，一种 mRNA 翻译后的多肽链经水解后产生几种不同的蛋白质或多肽。

(二) 蛋白质经过靶向运输到特定的区域发挥生物学活性

蛋白质合成后运送到相应功能部位，称为蛋白质的靶向运输。合成的蛋白按功能和去向分成两类：一类为分泌蛋白，由结合于糙面内质网的核糖体合成；另一类分布于胞质、线粒体及核内蛋白，由游离核糖体合成。游离核糖体上合成的蛋白质释放到胞质溶胶后被运送到不同的部位，即先合成，后运输。由于在游离核糖体上合成的蛋白质在合成释放之后需要自己寻找目的地，因此又称为蛋白质寻靶。定位在线粒体、叶绿体、细胞核、细胞质、过氧化物酶体的蛋白质在游离核糖体上合成后释放到胞质溶胶中，进入细胞核的蛋白质通过核孔运输，与定位到其他翻译后转运的细胞器蛋白的运输机制不同。膜结合核糖体上合成的蛋白质通过定位信号，一边翻译，一边进入内质网，由于这种转运定位是在蛋白质翻译的同时进行的，故称为共翻译转运。在膜结合核糖体上合成的蛋白质通过信号肽，经过连续的膜系统转运分选才能到达最终的目的地，这一过程又称为蛋白质分选。膜结合核糖体合成的蛋白质经内质网、高尔基体进行转运，运输的目的地包括内质网、高尔基体、溶酶体、细胞质膜、细胞外基质等。将游离核糖体上合成的蛋白质的 N 端信号称为导向信号(targeting signal)，或导向序列(targeting sequence)，由于这一段

序列是氨基酸组成的肽，所以又称为转运肽（transit peptide），或导肽（leader peptide）。膜结合核糖体上合成的蛋白质的 N 端的序列称为信号序列，组成该序列的肽称为信号肽（图 2-9-15）。

酶切位点

人流感病毒A Met Lys Ala Lys Leu Leu Val Leu Leu Tyr Ala Phe Val Ala Gly Asp Gln --

人前胰岛素原 Met Ala Leu Trp Met Arg Leu Leu Pro Leu Leu Ala Leu Leu Ala Leu Trp Gly Pro Asp Pro Ala Ala Ala Phe Val --

牛生长激素 Met Met Ala Ala Gly Pro Arg Thr Ser Leu Leu Leu Ala Phe Ala Leu Leu Cys Leu Pro Trp Thr Gln Val Val Gly Ala Phe --

蜂毒肽 Met Lys Phe Leu Val Asn Val Ala Leu Val Phe Met Val Val Tyr Ile Ser Tyr Ile Tyr Ala Ala Pro --

果蝇黏液蛋白 Met Lys Leu Leu Val Val Ala Val Ile Ala Cys Met Leu Ile Gly Phe Ala Asp Pro Ala Ser Gly Cys Lys --

图 2-9-15 几种信号肽的比较

框 9-2 密码子的发现和破译

第一个提出遗传密码具体设想的是俄罗斯出身的美国理论物理学家 George Gamow，1954 年，他与 James Watson 首次见面时，提出 DNA 碱基的重叠三联体可以"指定"特定的氨基酸。当时对于 RNA 在生命的生化谜团中所扮演的角色还不是很清楚。1959 年 RNA 聚合酶的发现为 Francis Crick 提出的 DNA → RNA →蛋白质信息流向的"中心法则"观点提供了佐证。为了鼓励当时的科学家"破解密码"，Watson 和 Gamow 创立了"RNA 领带俱乐部"（RNA Tie Club）。1961 年，Sidney Brenner 与 Crick 在剑桥大学以决定性实验证明，DNA 密码以三联体为基础。而 DNA 到蛋白质是以 RNA 作为中介物质，关于破解密码的第一条线索，出现在 1961 年 Marshall Nirenberg 于莫斯科国际生化会议上所发表的演讲。Nirenberg 与 Heinrich Matthaei 在实验室内把大量的大肠埃希菌磨碎制成无细胞提取液，其中含有蛋白质合成所必需的各种酶和氨基酸，转移入试管后加入少量 ATP 和人工合成的聚尿嘧啶核苷酸，结果合成的肽链完全是由 Phe 连接起来的。这一实验说明，Phe 的密码子一定是 UUU。接下来的数年，掀起一股研究热潮，许多巧妙的化学方法设计出来，其中有不少出自威斯康辛大学的 Gobind Khorana。到了 1966 年，64 个密码子各自指定哪一个氨基酸的秘密都已解开。Khorana 与 Nirenberg 荣获了 1968 年的诺贝尔生理学或医学奖。

第四节 基因表达信息的调控及应用

对 DNA 到蛋白质的基因表达过程的调节即为基因表达调控（regulation of gene expression or gene control）。同一机体所有细胞都具有相同的整套基因组，携带个体生存、发育、活动和繁殖所需要的全部遗传信息。但生物基因组的遗传信息不是同时全部都表达出来，即使极其简单的生物（如最简单的病毒）其基因组所含的全部基因也不是以同样的强度同时表达，这说明基因的表达有着严密的调控系统。基因表达调控主要表现在以下几个方面：①转录水平上的调控；②mRNA 加工、成熟水平上的调控；③翻译水平上的调控。原核生物和真核生物在基因表达调控方面存在着相当大差异。原核生物中，营养状况、环境因素对基因表达起着十分重要的作用；而真核生物尤其是高等真核生物中，激素水平、发育阶段等是基因表达调控的主要手段。

一、基因表达受严密而精确的调控

（一）基因表达具有时间性和空间性

细胞基因表达具有严格的时间和空间特异性，这是由基因的启动子和增强子与调节蛋白相

互作用决定的。

例如，在人没有被病原体感染时合成抗体的基因是不表达的，在被特定的病原体感染时，B淋巴细胞分化的浆细胞会合成相应的抗体（即合成相应抗体的基因得以表达），这体现基因表达按一定的时间顺序发生，即时间特异性（temporal specificity）；或者人体内合成某些蛋白质的基因在胚胎阶段不表达而出生后再表达也体现了这种时间性，称为阶段特异性（stage specificity）。

基因表达的空间特异性（spatial specificity）是指多细胞生物个体在某一特定生长发育阶段，同一基因在不同的组织器官表达不同，即在个体的不同空间出现。不同组织细胞中不仅表达的基因数量不同，基因表达的强度、种类也各不相同，称为基因表达的组织特异性（tissue specificity）。例如，同一个体所有的体细胞都含有肌动蛋白基因和血红蛋白基因，但肌动蛋白基因只在肌细胞中表达，血红蛋白基因只在红细胞中表达，这体现基因表达具有空间特异性。肝细胞中涉及编码鸟氨酸循环酶类的基因表达水平高于其他组织细胞，合成的某些酶（如精氨酸酶）为肝脏所特有。

（二）基因组成性表达、诱导与阻遏

1. 组成性表达（constitutive expression）　有些基因产物在生命全过程中都是必需的或必不可少的，这类基因在一个生物个体的几乎所有细胞中持续表达，通常被称为管家基因（housekeeping gene）。管家基因的表达水平受内外环境因素影响较小，因此，将这类基因表达称为组成性基因表达。

2. 适应性表达（adaptive expression）　另有一些基因表达易受外环境因素的影响，随着环境信号变化，这类基因表达水平可以出现升高或降低的现象。在特定环境信号刺激下，相应的基因被激活，基因表达产物增加，即这种表达是可诱导的。可诱导基因在一定的环境中表达增强的过程为诱导，可阻遏基因表达产物水平降级的过程称为阻遏。

（三）基因表达调控是多环节、多步骤的过程

在细胞分化过程中基因表达的调控是一个错综复杂的问题，其表现在不同的阶段和水平，有DNA重排和甲基化等遗传信息水平的调控，转录水平的调控，转录前后水平的调控，翻译水平的调控和翻译后蛋白质活性调节水平的调控等。一般认为转录水平的调控是关键阶段，它是基因调控的第一步，较多编码蛋白的基因在这个水平上的调控多于其他水平上的调控。

二、基因表达在转录水平受到调控

尽管基因表达调控可发生在多种不同层次和环节，但最主要的调控环节仍然是在转录水平上，即转录起始是基因表达的基本控制点。

（一）基因转录调控存在多种要素

1. 特异DNA序列　原核生物大多数基因表达调控是通过操纵子机制实现的。操纵子（operon）是指包含结构基因、操纵基因以及启动基因的一些相邻基因组成的DNA片段，其中结构基因的表达受到操纵基因的调控。其功能元件包括启动子、操纵基因（operator gene，O）、阻遏物基因（inhibitor gene，I）或称调节基因（regulatory gene）等。目前已知的操纵子有乳糖操纵子、阿拉伯糖操纵子、组氨酸操纵子、色氨酸操纵子等。

真核基因组结构庞大，参与真核生物基因转录激活调节的DNA序列比原核生物更为复杂，主要为顺式作用元件（*cis*-acting element），即存在于基因旁侧序列中能影响基因表达的序列，包括启动子、增强子、沉默子、调控序列和可诱导元件等，它们的作用是参与基因表达的调控。顺式作用元件本身不编码任何蛋白质，仅仅提供一个作用位点，要与反式作用因子相互作用而起作用。

2. 调节蛋白　原核生物基因调节蛋白分为三类：特异因子、阻遏蛋白和激活蛋白，它们都是DNA结合蛋白。特异因子是一类决定RNA聚合酶对一个或一套启动序列的特异性识别和结合

Notes 

能力的蛋白。与操纵子结合后能减弱或阻止其调控基因转录的调控蛋白称为阻遏蛋白(repressive protein),其介导的调控方式称为负性调控(negative regulation);与操纵子结合后能增强或启动调控基因转录的调控蛋白称为激活蛋白(activating protein),所介导的调控方式称为正性调控(positive regulation)。

真核生物基因调节蛋白又称为转录调节因子或转录因子。转录因子(*trans*-acting factor)是指和顺式作用元件结合的可扩散性蛋白,包括基础因子、上游因子、诱导因子,也称为反式作用因子。无论何种转录因子,其对转录激活的调节均涉及蛋白质-DNA、蛋白质-蛋白质相互作用。根据作用方式的不同,反式作用因子主要分为:①基本转录因子,是真核细胞内普遍存在的一类转录因子,因这类转录因子是与TATA盒/启动子结合的,故亦称TATA盒结合蛋白。例如,转录因子Ⅱ(transcriptional factorⅡ,TFⅡ)、TFⅢA、TFⅢB及TFⅢC等。②组织特异性转录因子,也称细胞专一的基因表达的转录因子,存在于某一特定的组织细胞内,它们合成或激活后能诱发细胞专一的基因的转录。如,EFI因子、Isl-I因子、MyoDⅠ因子、NFκB因子等。③诱导基因表达的转录因子:这些转录因子可激活或抑制细胞中某些特定基因的表达的,完成该基因的诱导表达过程。如热休克转录因子(heat shock transcriptional factor,HSTF)、cAMP效应元件结合因子(cAMP response element binding factor,CREBF),血清应激因子(serum response factor,SRF)等。④与上游启动子序列结合的蛋白质因子,如SP1因子、CCAAT盒转录因子(CCAAT transcriptional factor,CTF)、POU蛋白质因子;与增强子结合的转录因子(enhancer binding protein,EBP)等。

真核生物的转录调控大多是通过顺式作用元件和反式作用因子复杂的相互作用而实现的。因此,反式作用因子含有两个必不可少的结构域:即DNA结合结构域和转录活化结构域。前一结构域是与特定的顺式元件结合的部位,而后一结构域则是转录活化的功能区。

常见的DNA结合结构域:

(1) 螺旋-转角-螺旋(helix turn helix,HTH)及螺旋-环-螺旋(helix loop helix,HLH):有2个α螺旋,螺旋2负责识别并和DNA结合,一般结合于大沟;螺旋1和其他蛋白质结合。两个螺旋由短肽段形成的转角或环连接(图2-9-16)。

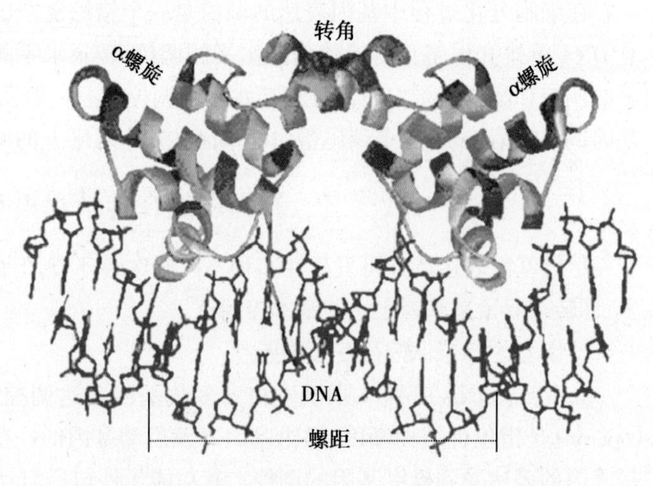

图2-9-16 α螺旋-转角-α螺旋结构示意图

(2) 锌指(zinc finger):其结构如图2-9-17所示,由一小组保守的氨基酸和锌离子结合,在蛋白质中形成了相对独立的功能域,指状重复单位伸向DNA双螺旋的大沟。两种类型的DNA结合蛋白具有这种结构,一类是锌指蛋白,另一类是甾类受体。

(3) 亮氨酸拉链(leucine zipper,L-Zip):是由伸展的氨基酸组成,每7个氨基酸中的第7个氨基酸是亮氨酸,亮氨酸是疏水性氨基酸,排列在螺旋的一侧,所有带电荷的氨基酸残基排在另一侧。当2个蛋白质分子平行排列时,亮氨酸之间相互作用形成二聚体,形成"拉链"。在"拉链"式的蛋白质分子中,亮氨酸以外带电荷的氨基酸形式同DNA结合(图2-9-18)。亮氨酸拉链的结构存在于某些转录因子及癌基因蛋白中,它们往往与癌基因表达调控功能有关。

(4) 同源异形结构域(homeodomains,HD):同源异形盒(hoomeobox)编码由60个氨基酸残基组成的蛋白,称为同源异型域蛋白,几乎存在于所有真核生物中。

Notes

同源异型域蛋白是DNA结合蛋白中的螺旋-转角-螺旋家族成员。每个同源异型域蛋白

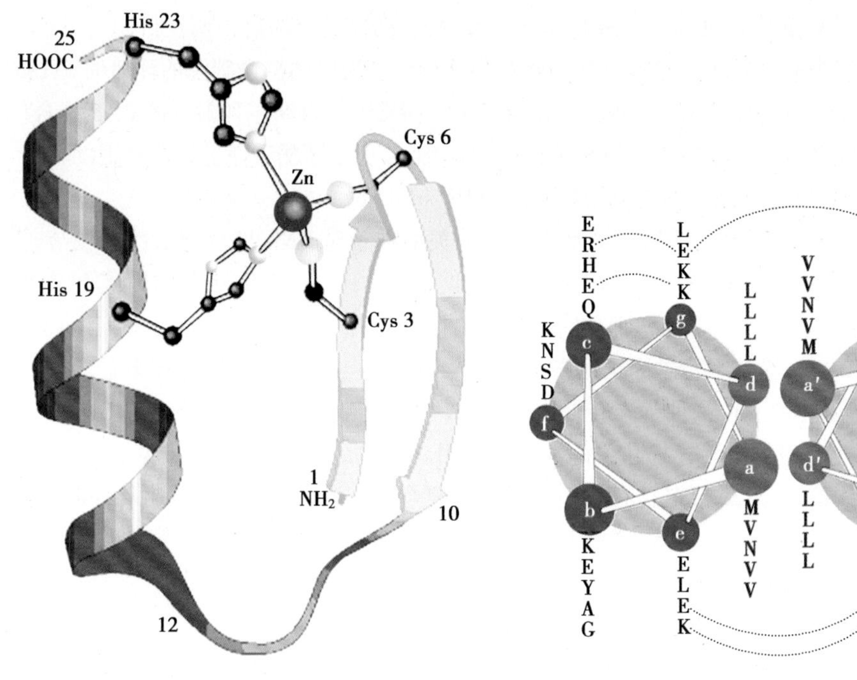

图 2-9-17　锌指结构示意图　　　　图 2-9-18　亮氨酸拉链结构示意图

包括三个α螺旋，第二第三个螺旋形成螺旋-转角-螺旋模体，第三个螺旋具有识别螺旋的作用。但大多数同源异型域蛋白的N端还有一个不同于螺旋-转角-螺旋的臂，可插入DNA小沟。

（二）基因转录调节有几种常见模式

1. 乳糖操纵子　原核基因表达调控模式有乳糖操纵子、阿拉伯糖操纵子、组氨酸操纵子、色氨酸操纵子等。下面以乳糖操纵子调控模式来说明原核基因的表达调控机制。大肠埃希菌的乳糖操纵子含Z、Y及A三个结构基因，分别编码β-半乳糖苷酶、β-半乳糖苷通透酶和β-半乳糖苷乙酰基转移酶，此外还有一个操纵序列O、一个启动序列P及一个调节基因I。I基因编码是一种阻遏蛋白，后者与O序列结合，使操纵子受阻遏而处于关闭状态。在启动子P上游还有一个分解（代谢）物基因激活蛋白（CAP）结合位点。由P序列、O序列和CAP结合位点共同构成lac操纵子的调控区，3个酶的编码基因即由同一调控区调节，实现基因产物的协调表达（图 2-9-19）。

没有乳糖存在时，I基因编码的阻遏蛋白结合于操纵序列O处，乳糖操纵子处于阻遏状态，不能合成分解乳糖的三种酶；有乳糖存在时，乳糖作为诱导物诱导阻遏蛋白变构，不能结合于操

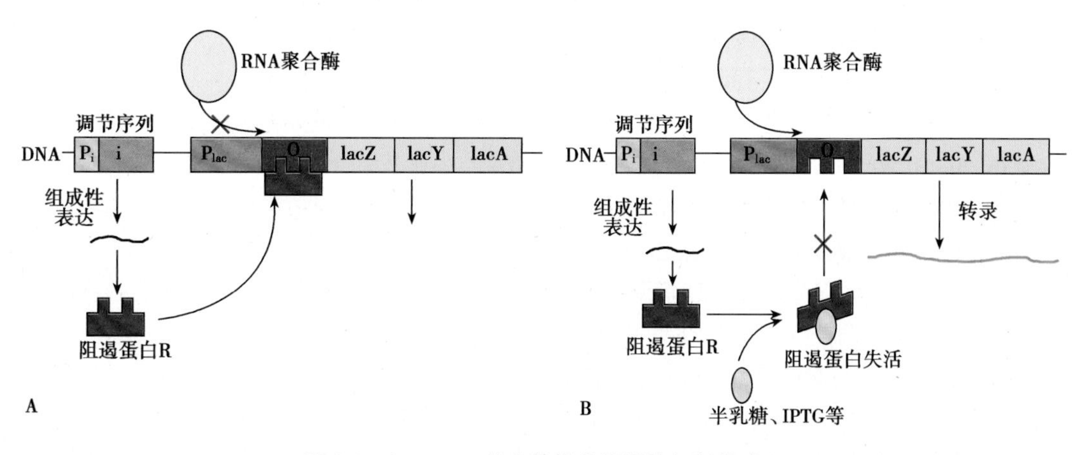

图 2-9-19　*E.coli* 的乳糖操纵子调控机制模式图

纵序列,乳糖操纵子被诱导开放合成分解乳糖的三种酶,乳糖操纵子的这种调控机制为可诱导的负调控。此外,当大肠埃希菌从以葡萄糖为碳源的环境转变为以乳糖为碳源的环境时,cAMP浓度升高,与CAP结合,使CAP发生变构,CAP结合于乳糖操纵子启动序列附近的CAP结合位点,激活RNA聚合酶活性,促进结构基因转录,调节蛋白结合于操纵子后促进结构基因的转录,对乳糖操纵子实行正调控,加速合成分解乳糖的三种酶。

2. RNA聚合酶 真核生物基因转录水平的调控关键在于对RNA聚合酶活性的调节,在真核细胞中有3种典型的RNA聚合酶(RNA pol Ⅰ、Ⅱ、Ⅲ):① RNA pol Ⅱ转录生成所有mRNA前体及大部分snRNA。它不能单独识别、结合启动子,而是先由TF ⅡD形成TF ⅡD-启动子复合物;继而在TF Ⅱ A~F等基本转录因子的参与下,RNA pol Ⅱ与TF ⅡD、TF ⅡB聚合,形成功能性的前起始复合物PIC。在几种基本转录因子中,TF ⅡD是唯一具有位点特异的DNA结合能力的因子,在上述有序的组装过程起关键性指导作用。然后,结合了增强子的转录激活因子与PIC中的TF ⅡD接近,形成稳定且有效的转录起始复合物。此时,RNA polⅡ启动mRNA转录。② RNA pol Ⅰ担负合成18S rRNA、28S rRNA和5.8S rRNA。首先转录产生一个初级转录产物per-rRNA。per-rRNA经加工、降解转录间隔区,最终生成18S rRNA、28S rRNA和5.8S rRNA。③ RNA聚合酶Ⅲ担负tRNAs、5S rRNA和其他小RNAs的合成,RNA pol Ⅲ的启动子位于转录起始点下游,在基因的转录部分内,与之结合的一个基础转录因子TFⅢ A已被提纯。

真核基因表达以正性调控为主导,虽然也存在负性调控元件,但并不普遍。虽然也有起阻遏和激活作用或兼有两种作用者的调控蛋白,但总体以激活蛋白为主。多数真核基因在没有调控蛋白作用时是不转录的,需要表达时就要有激活的蛋白质来促进转录。

三、基因表达在翻译水平受到调控

翻译水平的调控一般发生在起始和终止阶段。翻译起始的调节主要靠调节分子,调节分子可直接或间接决定翻译起始位点能否为核糖体所利用。调节分子可以是蛋白质,也可以是RNA。

(一) 原核生物翻译水平的调节

原核生物翻译水平调节包括自我控制和反义控制两种方式。①自我控制。调节蛋白结合自身mRNA靶位点,阻止核糖体识别翻译起始区,从而阻断自身mRNA的翻译,这种调节方式称自我控制(autogenous control)。②反义控制。有一种有反义RNA(antisense RNA),其序列可与mRNA起始密码子区域互补,反义RNA与mRNA杂交后,mRNA不能以其起始密码子上游的SD序列与30S核糖体小亚单位的mRNA结合部位序列配对结合,因而不能形成30S起始复合体而使翻译的起始受阻,这种机制称反义控制(antisense control)。此外,还有些反义RNA直接作用于其靶mRNA的编码区,引起翻译的直接抑制,或是在转录水平上影响基因的表达等。迄今已发现在原核生物中天然存在的10多种反义RNA及它们的作用机制。

(二) 真核生物翻译水平的调节

真核生物翻译水平调节点主要在起始阶段和延长阶段,尤其是起始阶段。如起始因子活性的调节、Met-tRNAfmet与小亚基结合的调节、mRNA与小亚基结合的调节等。蛋白质合成速率的快速变化很大程度上取决于起始水平,通过磷酸化调节起始因子活性对起始阶段有重要的控制作用。以网织红细胞合成血红蛋白(Hb)为例,血红蛋白分子由4个珠蛋白多肽和1个血红素(heme)辅基组成,细胞通过血红素调控抑制物(heme-controlled inhibitor,HCI)的蛋白激酶在翻译起始阶段进行调控,使珠蛋白多肽的合成与血红素相匹配:当没有血红素时,HCI是活化的,活化的HCI具有蛋白激酶活性,能催化翻译起始因子eIF2的磷酸化,磷酸化的eIF2是失活的,不能与甲硫氨酰(tRNAMet-tRNAfmet)及GTP形成翻译起始复合体,因此,细胞内编码珠蛋白的mRNA的翻译被抑制;只有当有血红素存在时,编码珠蛋白的mRNA的翻译才会进行。

(三) 泛素 - 蛋白酶体参与调控

真核细胞内的蛋白质的降解涉及溶酶体途径和泛素 - 蛋白酶体途径。溶酶体途径负责细胞内膜相关蛋白和某些在应激状态下产生的蛋白质,以及那些通过内吞过程从胞外摄取的蛋白质等的降解。而泛素 - 蛋白酶体途径(ubiquitin-proteasome pathway,UPP)则是高选择性地降解那些细胞在应激和非应激条件下产生的蛋白质,对维持细胞正常生理功能具有十分重要的意义,参与调节细胞周期进程、细胞器的发生、细胞凋亡、细胞增生和分化调节、内质网蛋白质的质控、蛋白转运、炎症反应、抗原呈递和 DNA 修复,以及细胞对逆境的反应等。泛素 - 蛋白酶体系统的底物包括:受氧化损伤、突变、错误折叠或错误定位的蛋白质。细胞内蛋白质泛素化降解是蛋白质重要的转录后修饰方式之一。

1. 泛素是细胞内被降解蛋白质的“标签”　泛素含有 76 个氨基酸残基,分子量约 8.5kD,泛素链与蛋白底物的结合形成被蛋白酶体降解的识别信号:蛋白质底物赖氨酸残基侧链上有一个氨基基团,而泛素的 C 末端为甘氨酸,此氨基酸上的羧基与蛋白质底物赖氨酸残基上的氨基可形成异构肽键。泛素还含有多个赖氨酸残基可作为分子内部受体,与其他泛素分子 C 末端的甘氨酸结合,形成一条长链。被贴上标签的蛋白质就会被运送到细胞内蛋白酶体那里被降解。

此外,与蛋白泛素化降解相关的三种酶是:泛素活化酶 E1、泛素结合酶 E2 和泛素连接酶 E3。泛素化的具体过程是:首先,在 ATP 参与下,游离的泛素被 E1 激活,即 E1 的半胱氨酸残基与泛素的 C 末端甘氨酸残基形成高能硫酯键。其次,活化的泛素被转移到 E2 的活性半胱氨酸残基上,形成高能硫酯键。最后,E2 再将泛素传递给相应的 E3。E3 可直接或间接地促进泛素转移到靶蛋白上,使泛素的 C 末端羧基与靶蛋白赖氨酸的 $\varepsilon 2$ 氨基形成异肽键,或转移到已与靶蛋白相连的泛素上形成多聚泛素链。在该途径中,E3 是通过识别和结合特异的靶蛋白序列或降解决定子(决定某一蛋白发生降解或部分降解的序列)来特异性地调节靶蛋白的降解代谢。

2. 蛋白酶体是蛋白质的“垃圾处理厂”　泛素 - 蛋白酶体通路的蛋白酶体(proteasome)是由 2 个 19S 和 1 个 20S 亚单位组成的蛋白酶复合体,19S 为调节亚单位,能识别多聚泛素化蛋白并使其去折叠。19S 亚单位上还具有一种去泛素化的同功肽酶,使底物去泛素化。20S 为催化亚单位,位于两个 19S 亚单位的中间,其活性部位处于结构的内表面,可避免细胞环境的影响。蛋白酶体是 ATP 依赖的蛋白水解酶复合体,完整的 26S 蛋白酶体对 ATP 依赖的泛素化蛋白降解是必需的。

3. 靶蛋白的泛素化是蛋白酶体降解蛋白的前提　细胞表面受体和配体结合引起的受体磷酸化与受体的泛素化降解过程密切相关,许多细胞周期调节蛋白的泛素化受其自身磷酸化的调节。泛素化是一个可逆的过程,脱泛素酶能够水解泛素和蛋白质间的硫酯键。在 UPP 中,各种靶蛋白质泛素化后,先由蛋白酶体的 19S 亚单位识别,随后泛素化靶蛋白脱泛素化并变性,最后进入 20S 亚单位的筒状结构内被降解成 3~22 个多肽。最初认为泛素化系统仅能降解胞质中的蛋白质,最近发现,泛素化底物及其随后的降解过程贯穿于整个细胞的质膜系统,从细胞膜、内质网到核膜等。

四、其他几种重要的调控机制

(一) DNA 重排是基因表达调控的一种方式

DNA 重排主要是根据 DNA 片段在基因组中位置的变化而改变基因的活性。真核 DNA 重排调节转录最熟知的两个例子是酵母交配型的控制和抗体基因的重排。而在原核生物中也有通过 DNA 交替的重排来调节转录,最著名的例子就是 Mu 噬菌体的重排以及沙门菌的相转变。

在沙门菌的鞭毛合成过程中,通过启动子方向的改变来调节不同鞭毛蛋白的合成。细菌通过摆动其鞭毛来运动,许多沙门菌因具有 2 个非等位基因控制鞭毛蛋白而出现两相性。同一菌落既可以表达为 H1 型(细菌处于 1 相),也可以表达为 H2 型(细菌处于 2 相)。在细菌的分裂中

有 1/1000 的概率会出现由一相转变为另一相,称为相转变(phase variation)。负责合成两种鞭毛的基因位于不同的染色体座位。*H2* 基因与 *rh1* 基因紧密连锁,*rh1* 基因编码 H1 阻遏物,这两个基因协调表达。处于 2 相时,在 *H2* 基因表达的同时,阻遏物基因也得到表达且阻止了 *H1* 基因的合成;在 1 相时,*H2* 基因和 *rh1* 基因都不表达,*H1* 基因表达。

在该调控途径中,细菌的相取决于 H2-rh1 转录单位是否具有活性。这个转录单位的活性是由与它相邻接的一个 DNA 片段来控制的,此片段长 995bp,两端是长 14bp 的反向重复顺序(TRL 和 TRR)。H2 的起始密码子在反向重复顺序 TRR 右侧。含有 *him* 基因的 DNA 片段在 TRL 和 TRR 之间,其产物 Him 蛋白通过反向重复顺序之间的交互重组来介导整个片段的倒位。H2-rh1 转录单位的启动子位于倒位片段之中,启动和转录单位方向相同时,转录在启动子处起始,通过 H2-rh1 导致 2 相的表达。当 *him* 片段倒位时启动子和转录单位方向不同,转录单位不能表达,从而导致了 1 相表达。

(二) 微小 RNA 参与基因调节机制

微小 RNA(microRNA,miRNA)是一种小的内源性非编码 RNA 分子,由 21~25 个核苷酸组成。这些小的 miRNA 通常靶向一个或者多个 mRNA,通过翻译水平的抑制或断裂靶标 mRNAs 而调节基因的表达。miRNA 对真核细胞的基因表达、细胞发育分化和个体发育等多方面起调控作用。miRNA 作为一种主要的小 RNA,是近几年继 siRNA 研究之后的热点之一。

miRNA 基因由 RNA polⅡ或 RNA polⅢ在细胞核内转录成初级转录物 pri-miRNA,后经 Drosha 酶剪切形成约 70nt 的 miRNA 前体 pre-miRNA,在核输出蛋白 -5(exprotin-5)的作用下转移至细胞质中,最后在切酶(dicer)作用下产生成熟的 miRNA。成熟的 miRNA 与 RNA 诱导沉默复合物(RNA induced silencing complex,RISC)结合,通过与靶 mRNA 的特定序列互补或不完全互补结合,诱导靶 mRNA 剪切或者阻止其翻译。如果 miRNA 与靶位点完全互补(或者几乎完全互补),那么这些 miRNA 的结合往往引起靶 mRNA 的剪切;如果仅有部分互补,则引起靶 mRNA 的翻译抑制。

框 9-3 RNA 干扰技术的发展简史

RNA 干扰(RNA interference,RNAi)是指在进化过程中高度保守的、由双链 RNA 诱发的、同源 mRNA 高效特异性降解的现象。RNAi 研究的突破性进展,被 *Science* 评为 2001 年的十大科学进展之一,并名列 2002 年十大科学进展之首。Andrew Fire 和 Craig Mello 由于在 RNAi 及基因沉默现象研究领域中的杰出贡献获得 2006 年诺贝尔生理学或医学奖。1990 年 Rich Jorgensen 等人在一个能产生色素的基因加上一个强启动子后转入矮牵牛花中,结果没有看到期待的深紫色花朵,导入的基因和内源基因同时都被抑制,Jorgensen 将这种现象命名为协同抑制。1994 年,Cogni 把合成类胡萝卜素的基因 *albino-1* 或 *albino-3* 转入野生型粗脉胞酶,发现大约 30% 转染细胞内源性 *albino-1* 或 *albino-3* 基因的表达水平反而大为减弱,当时称这种现象为压制。1995 年,SU Guo 等在对线虫的研究中试图用反义 RNA 去阻断 *par21* 基因的表达,并同时在对照试验中给线虫注射正义 RNA,以期观察到基因表达的增强,但得到的结果是两者都同样地切断了 *par21* 基因的表达途径,这与传统上对反义 RNA 技术的解释正好相反。1998 年,A Fire 等首次将 dsRNA2 正义链和反义链的混合物注入线虫。他们发现 SU Guo 等遇到的正义 RNA 抑制基因表达的现象,以及过去的反义 RNA 技术对基因表达的阻断,都是由于体外转录所得 RNA 中污染了微量双链 RNA 而引起。经过纯化的双链 RNA,能够高效特异性阻断相应基因的表达,该小组将这一现象称为 RNAi。随后的研究发现,RNAi 现象广泛存在于几乎所有的真核生物细胞中。2002 年,Brummelkamp 等首次使用小鼠 H1 启动子构建

了小发卡 RNA（small hairpin RNA，shRNA）表达载体 pSUPER，并证实转染该载体可有效、特异性地剔除哺乳动物细胞内目的基因的表达，为利用 RNAi 技术进行基因治疗研究奠定了基础，该技术已被广泛用于探索基因功能和传染性疾病及恶性肿瘤的治疗领域。

五、基因信息表达调控在医学应用中的重要意义

基因表达是多步骤、多环节的过程，其稳定性和准确性受到机体严格调控，同时也受外部环境因素的影响。临床上应用某些药物，如一些抗菌药、抗代谢药和生物活性物质等，就是通过补充外源性物质来调控基因表达，使病原体或肿瘤细胞的基因信息传递过程被阻断，或代谢过程被抑制，达到治疗疾病的目的。

（一）抗菌药可以作用于基因信息传递的多个环节

抗菌药是一类能够杀灭或抑制细菌的药物，它能在多环节、多水平上抑制原核细胞的基因传递过程，或是干扰其物质代谢。

1. 许多抗菌药是细胞内蛋白质合成的直接抑制剂和阻断剂　它们可作用于蛋白质合成的各个环节：①起始阶段：与原核生物核糖体小亚基结合，改变其构象，抑制起始复合物形成，或使氨基酰-tRNA 从起始复合物中脱落，如链霉素、卡那霉素、新霉素等氨基糖苷类抗菌药，还有四环素和土霉素等。②肽链延伸阶段：使氨基酰-tRNA 与 mRNA 错配，如链霉素和卡那霉素；或抑制氨基酰-tRNA 进入核糖体的 A 位，阻滞肽链的延伸，如四环素、土霉素和氯霉素；或抑制转肽酶活性，使肽链延伸受到影响，如氯霉素；嘌呤霉素的结构与酪氨酰-tRNA 相似，从而取代一些氨基酰-tRNA 进入核糖体的 A 位，当延长中的肽转入此异常 A 位时，容易脱落，终止肽链合成。③终止阶段：链霉素等氨基苷类抗菌药、四环素和土霉素等能阻碍终止因子与核糖体结合，使已合成的多肽链无法释放，氨基苷类还抑制 70S 核糖体的分离。

2. 某些抗菌药可以阻断转录过程　如利福平可与原核细胞 RNA 聚合酶核心酶的 β 亚基结合，使核心酶不能和起始因子 σ 结合，从而抑制 RNA 聚合酶的活性，阻断转录的起始，常作为临床抗结核病的治疗药物。

3. 某些抗菌药抑制复制和转录　丝裂霉素、放线菌素、博来霉素、柔红霉素等抗菌药可以破坏 DNA 分子结构，或与 DNA 结合成复合物，从而影响 DNA 的模板功能，抑制复制和转录，常用作抗肿瘤药物。

（二）抗代谢药可以阻断 DNA 复制

核苷酸的抗代谢物主要有 6-巯基嘌呤、氟尿嘧啶（5-FU）、氮杂丝氨酸、甲氨蝶呤等。6-MP 其结构和次黄嘌呤结构类似，可阻止次黄嘌呤生成 AMP 和 GMP，从而抑制核酸的合成。5-FU 结构和胸腺嘧啶类似，可阻止 dNTP 的生成，从而抑制 DNA 复制。这些阻断剂常作为临床抗肿瘤的化疗药物。

（三）某些生物活性物质可以影响遗传信息表达

干扰素是真核细胞感染病毒后合成和分泌的一种有抗病毒作用的小分子蛋白质，可分为 α-干扰素（白细胞型）、β-干扰素（成纤维细胞型）、γ-干扰素（淋巴细胞型）。干扰素结合到未感染病毒的细胞膜上，可诱导这些细胞产生寡核苷酸内切酶（RNaseL），使病毒 RNA 被降解；干扰素和双链 RNA（RNA 病毒）存在时可激活蛋白激酶，蛋白激酶使蛋白质合成的起始因子 eIF2 磷酸化而失活，从而抑制了病毒蛋白质的生物合成（图 2-9-20）。由于干扰素具有很强的抗病毒作用，因此在医学上有重大的应用价值，但组织中含量很少，难于从生物材料中大量分离干扰素。现在已经应用基因工程合成干扰素以满足研究与临床应用的需要。

由白喉杆菌所产生的白喉毒素是真核细胞蛋白质合成抑制剂。白喉毒素实际上是寄生于白喉杆菌体内的溶源性噬菌体β基因编码的由白喉杆菌转运分泌出来，进入组织细胞内，对真核生物的延长因子-2(EF-2)起共价修饰作用，生成EF-2腺苷二磷酸核糖衍生物，从而使EF-2失活，它的催化效率很高，只需微量就能有效地抑制细胞整个蛋白质合成，而导致细胞死亡。

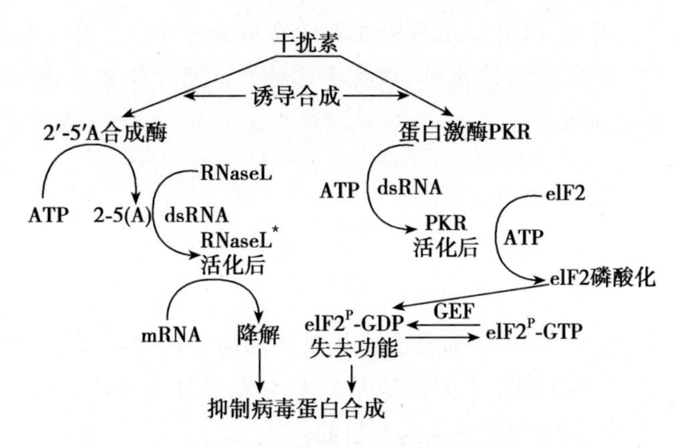

图 2-9-20 干扰素抑制病毒蛋白质生物合成

(四) 泛素-蛋白酶体通路异常与多种生理及病理过程密切相关

泛素-蛋白酶体通路(UPP)是细胞内蛋白质降解的多组分系统，它参与细胞的生长、分化，DNA复制与修复，细胞代谢、免疫反应等重要生理生化过程。在细胞内，绝大多数蛋白质都是通过UPP分解的。UPP主要起两方面的作用：一是通过分解异常或损伤的蛋白质以维持细胞的质量；二是通过分解特定功能的蛋白质来控制细胞的基本生命活动；两者最终保障组织和器官功能的正常发挥。整个UPP涉及诸多控制节点，当这些控制节点都处于正常状态时，细胞内各种蛋白质的分解以保证机体各项功能高效发挥为原则，始终维持在一个动态的平衡状态之中。

泛素-蛋白酶体系统功能紊乱(简称UPP功能紊乱)是指动态平衡被打破，细胞内蛋白质代谢失衡所导致一系列外在疾病的最内在紊乱。UPP功能紊乱在人类许多疾病的发病过程中扮演着重要作用，根据其机制主要分为2类：第1类是UPP系统的酶突变导致这些底物不能正常降解；第2类是加速降解某些蛋白。在常见的帕金森氏病以及亨廷顿病的发病过程中，都受UPP因素影响；而宫颈癌等癌症，以及动脉粥样硬化、肥厚型心肌病等临床病理改变和疾病，已经探明了UPP发生异常的具体靶点。

1. 神经退行性疾病　近年来发现UPP与神经细胞变性有密切关系。如引起帕金森病的一个重要因子是parkin，后者是泛素和蛋白的E3连接酶，能与E2 UbcH7和UbcH8共同作用，而且parkin自身也是经泛素化调节降解，一旦parkin变性，影响某些蛋白降解，就会引起多巴胺类神经元的毒性损伤而引起常染色体隐性少年型帕金森病。

2. 动脉粥样硬化　研究表明，UPP功能紊乱可以增加内源性氧化应激条件下的功能受损，如糖尿病和冠状动脉疾病。UPP功能紊乱增加了斑块中巨噬细胞的氧化应激表达，结果提高了NFkB的合成，这在动脉粥样硬化进展的病理生理机制可能是一个关键的步骤。最重要的是，UPS功能紊乱导致动脉粥样硬化血管炎症活动度增加，这反过来又导致进一步增加氧化应激，从而可能会增加泛素化蛋白。

3. 肿瘤　UPP功能紊乱会使癌基因过度表达，如*c-Myc*和*c-Jun*的表达，从而提高癌症的发病率。研究发现50%的人类癌症，都源于泛素连接酶出现异常而导致蛋白质P53被过度分解。蛋白质P53的数量一旦下降，失去遏制的变异细胞便会趁机肆意繁殖而形成癌症。

4. 心脏疾病　2013年2月份意大利科学家Antonio Cittadini等联合发表了论文《泛素蛋白酶体系统在心脏中的作用》，并得到了美国心脏协会的认可。论文中阐述了UPP是维持心脏平衡的重要条件，一旦出现UPP功能紊乱，就会出现心脏疾病的研究结果。另外，文中还表明，继续研究UPP功能紊乱的调节是今后控制预防心脏疾病的主要方法。

由于泛素化系统在细胞活动中的重要作用，认识细胞内蛋白泛素化降解作用机制，对认识由泛素系统失调引起的各种疾病尤其是感染性疾病、神经退行性疾病和恶性肿瘤具有重要意

义。近20年来该领域的研究已取得很多令人鼓舞的成果和进展，但大量问题和机制尚未清楚，在某种程度上限制了其在临床疾病与肿瘤的预防及治疗中的应用(图2-9-21)。

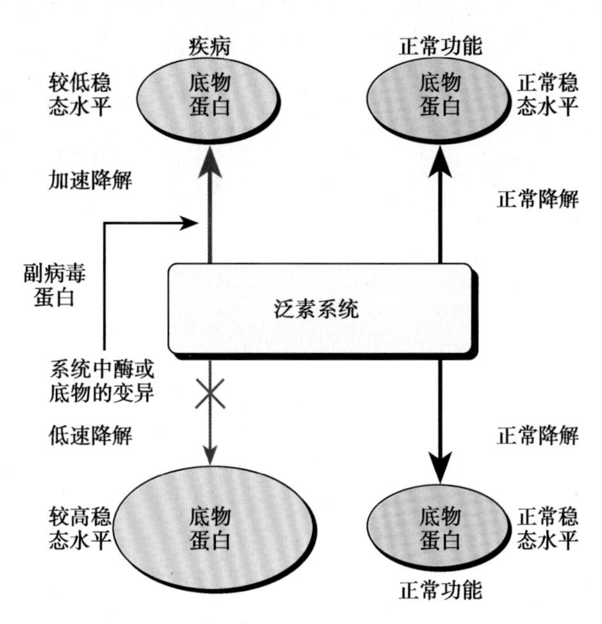

图2-9-21 泛素-蛋白酶体系统与疾病发生关系

小 结

基因是遗传物质的最小功能单位，是产生一条多肽链或功能RNA所必需的DNA片段。基因通过复制把遗传信息传递给下一代，使后代出现与亲代相似的性状。也通过突变改变自身的缔合特性，储存着生命孕育、生长、凋亡过程的全部信息，通过复制、转录、表达，完成生命繁衍、细胞分裂和蛋白质合成等重要生理过程。转录是遗传信息由DNA转换到RNA的过程，作为蛋白质生物合成的第一步，是mRNA以及非编码RNA(tRNA、rRNA等)的合成步骤。RNA聚合酶是转录关键酶，转录过程可分起始、延长和终止三个阶段，原核生物和真核生物的转录过程因DNA结构特点和酶的不同而有所差别。

翻译是mRNA指导蛋白质合成的过程，将核酸中由4种核苷酸序列编码的遗传信息通过遗传密码破译的方式解读为蛋白质一级结构中20种氨基酸的排列顺序。核糖体是多肽链合成的场所。核糖体大、小亚基上有许多参与蛋白质生物合成过程的酶和蛋白质因子。mRNA是合成蛋白质的直接模板。tRNA是活化和转运氨基酸的工具，能与专一的氨基酸结合并识别mRNA分子上的密码子，起重要的接合体作用。除外还需要氨基酰-tRNA合成酶、转肽酶和其他因子的参与。蛋白质生物合成可分为氨基酸的活化、多肽链合成的起始、肽链的延长、肽链的终止和释放、蛋白质合成后的加工修饰等阶段。从核糖体mRNA链释放的新生多肽链，必须经过化学修饰(如磷酸化、糖基化、甲基化等)及加工处理，使其在一级结构的基础上进一步盘曲、折叠以及亚基之间的结合，形成具有天然构象和生物学活性的功能蛋白。蛋白质的靶向输送将合成的蛋白质前体跨过膜性结构，定向输送到特定细胞部位发挥功能。

基因表达是指细胞在生命过程中，把储存在DNA顺序中的遗传信息经过转录和翻译，转变成具有生物活性的蛋白质分子的过程。基因表达具有严格的时间性和空间性。基因表达方式有组成性表达和适应性表达之分。基因表达调控是多环节、多步骤的过程，

其中转录起始是基因表达的基本控制点。原核细胞翻译水平的调节包括自我控制和反义控制，真核细胞翻译水平调节与起始因子磷酸化密切相关。真核细胞内泛素-蛋白酶体途径可以高选择性地降解那些细胞在应激和非应激条件下产生的蛋白质，对维持细胞正常生理功能具有十分重要的意义，是蛋白质重要的转录后修饰方式之一。除此之外，DNA 重排与 miRNA 基因调节机制在基因表达中不容忽视。

（郑 红）

参考文献

1. 杨恬.细胞生物学.第2版.北京：人民卫生出版社，2010.
2. 陈誉华.医学细胞生物学.第5版.北京：人民卫生出版社，2013.
3. Miklya I，Goltl P，et al. The role of parkin in Parkinson's disease. Neuropsychopharmacol Hung，2014，16(2)：67-76.
4. Marfella R，D' Amico M，et al. The possible role of the ubiquitin proteasome system in the development of atherosclerosis in diabetes. Cardiovasc Diabetol，2007，6：35.
5. Pagan J，Seto T，Pagano M，et al. Role of the ubiquitin proteasome system in the heart. Circ Res，2013，112(7)：1046-1058.
6. James D. Watson，Andrew Berry. DNA：生命的秘密.陈雅云，译.上海：上海人民出版社.2010.

第三篇　细胞的重要生命活动

第十章　细胞分裂与细胞周期

第十一章　细胞分化

第十二章　细胞衰老与细胞死亡

第十章 细胞分裂与细胞周期

细胞分裂(cell division)是指一个亲代细胞一分为二、形成两个子代细胞的过程。它是细胞生命活动的重要特征之一,也是新细胞形成的途径,通过细胞分裂,遗传物质可在亲代与子代细胞间传递,保证了生物遗传的稳定性。细胞分裂与生物新个体的产生、种族的繁衍密切相关。对于单细胞生物,如细菌、酵母等,细胞分裂直接导致细胞数量增加,是个体繁殖的重要方式。在多细胞生物中,细胞分裂是生物个体形成及组织生长的基础。一个受精卵细胞最终发育成新个体,需要经历长期、复杂的细胞分裂过程,而与受精卵形成相关的性细胞也是细胞多次分裂的结果。细胞分裂在生物体正常组织结构的维持和更新中也有重要的作用。成体动物的皮肤、骨髓、肠上皮等器官和组织中,分布着一些具有不断分裂能力的原始细胞,如位于表皮基底层、毛囊隆凸区、骨髓和肠隐窝的某些细胞,它们是组织干细胞,通过这些干细胞的分裂,新生细胞能不断地替代那些因衰老而死亡的细胞,使组织、器官的细胞数量得以维持恒定,细胞组成也得到了更新。此外,动物机体的创伤修复和组织再生等活动都存在活跃的细胞分裂。

细胞分裂产生的子代细胞一旦形成,将进入一个生长过程,蛋白质、核酸等物质大量合成,细胞体积及重量逐渐增加。当细胞生长到某一阶段,细胞分裂将再次发生。因此,细胞分裂与生长是周期性进行的,通常将细胞从上次分裂结束到下次分裂终了所经历的过程称为细胞周期(cell cycle)。在细胞周期中,细胞内发生着一系列生化反应,细胞形态及结构也经历着复杂的动态变化,这一切是在机体内外多种因素的共同调控下,有规律、协调地进行的。真核细胞在长期进化中,形成了一套由多种蛋白构成的、被称为"细胞周期调控体系"的复杂网络,控制着细胞周期的进程。如果因细胞某些自身的或环境的因素影响,细胞周期正常的调控体系作用受到阻碍,细胞周期进程将可能出现异常,细胞增殖失控,是导致肿瘤等疾病产生的重要原因。

第一节 细胞分裂

真核细胞分裂的方式包括无丝分裂(amitosis)、有丝分裂(mitosis)和减数分裂(meiosis)三种。在分裂过程、分裂后子细胞的遗传特性等方面,不同分裂方式各有其特点,但彼此间也有一定的联系。

一、无丝分裂是最早被发现的一种细胞分裂方式

无丝分裂又被称为直接分裂(direct division),是最早被发现的一种细胞分裂方式,其分裂过程首先是胞核拉长后从中间断裂,胞质随后被一分为二,两个子细胞由此形成。无丝分裂中,胞核的核膜不消失,无纺锤丝形成及染色体组装,子细胞核来自于亲代细胞胞核的断裂,因此两个子细胞中的遗传物质可能并不是均等的。无丝分裂不仅在低等生物中较为常见,还可存在于高等生物的多种正常组织中,如动物的上皮组织、疏松结缔组织、肌组织及肝脏等的细胞中。人体创伤或癌变及衰老的组织细胞中,也常能观察到无丝分裂的存在。有研究表明,无丝分裂和有丝分裂间能够相互转化。

二、有丝分裂是高等真核生物细胞分裂的主要方式

有丝分裂也称间接分裂(indirect division),是高等真核生物细胞分裂的主要方式,其形成与生物长期进化有关。在有丝分裂过程中,当细胞核发生一系列复杂的变化(DNA复制、染色体组装等)后,细胞通过形成有丝分裂器,将遗传物质平均分配到两个子细胞中,从而保证了细胞在遗传上的稳定性。

根据分裂细胞形态和结构的变化,有丝分裂连续的动态变化过程可被人为地划分为前期、前中期、中期、后期、末期及胞质分裂6个时期(图3-10-1)。

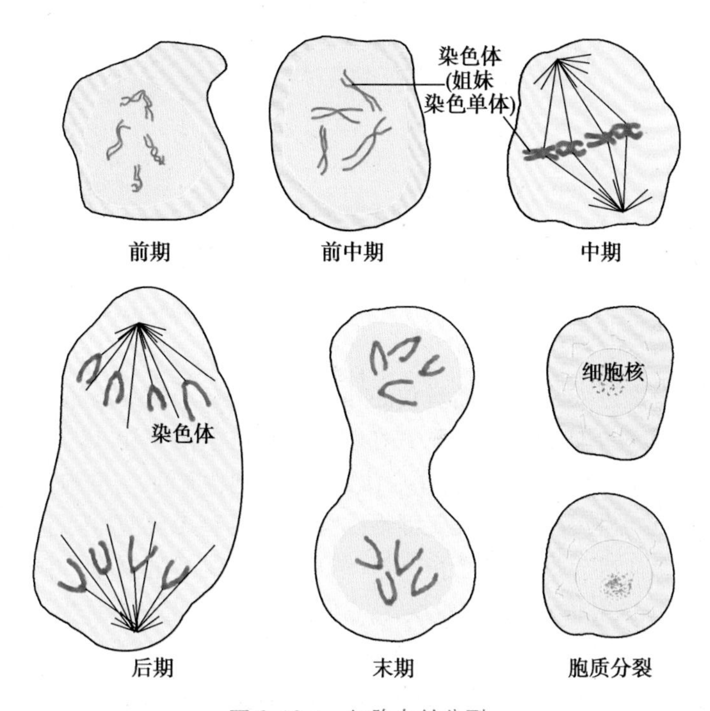

图3-10-1 细胞有丝分裂

(一)前期染色质开始凝集

前期(prophase)细胞变化的主要特征包括:染色质凝集、分裂极确定、核仁缩小并解体。在染色质凝集过程中,因染色质上的核仁组织中心组装到了其所属染色体中,导致rRNA合成停止,核仁逐渐分解,并最终消失。

1. 凝缩蛋白(condensin)与染色体的凝集　前期初已复制的染色质纤维开始螺旋化,逐渐凝集成具有棒状或杆状的染色体,原来在多个位点结合在一起的两条姐妹染色单体的臂彼此分离,仅在着丝粒处相连。与染色体凝集相关的凝缩蛋白由5种蛋白亚基组成,包括2种染色体结构维持蛋白(structure maintenance of chromosome,Smc)Smc2、Smc4及3种非Smc蛋白。Smc分子呈卷曲螺旋结构,头部末端具ATP酶活性结构域,凝缩蛋白中的一个Smc分子穿越DNA螺旋结构,与另一Smc分子在尾尾相连,形成的二聚体呈现V形,三种非Smc蛋白将两个Smc分子头部连接在一起,整个凝缩蛋白复合体形成一种环状结构。体外实验已证实,凝缩蛋白在DNA分子的螺旋间形成的环状结构,可通过水解ATP释放的能量,促使DNA分子盘绕、卷曲,改变DNA分子螺旋化程度,进而促进染色体进一步压缩。凝缩蛋白磷酸化后,其对DNA分子的卷曲、盘绕活性将增强(图3-10-2)。而DNA分子螺旋化程度对于染色体凝集有重要的作用,因此,凝缩蛋白对染色体凝集的作用,可能与其影响DNA分子螺旋化相关。

黏连蛋白(cohesin)是一种由Smc1、Smc3与Scc1、Scc3组成的蛋白复合体,其结构与凝缩蛋白相似,通过在染色体两姐妹染色单体间多处环绕,黏连蛋白可使两条姐妹染色单体纵向结合

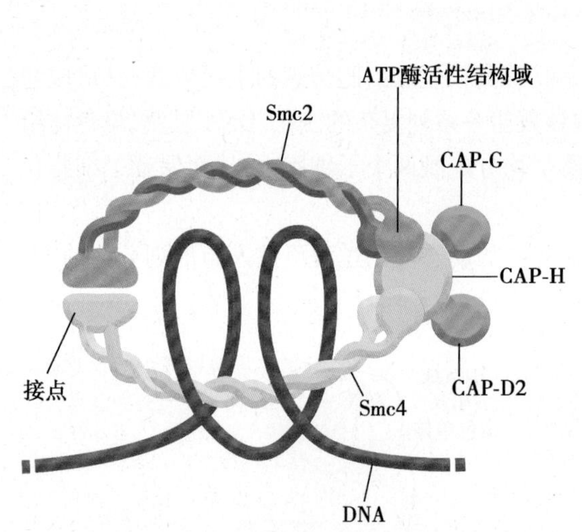

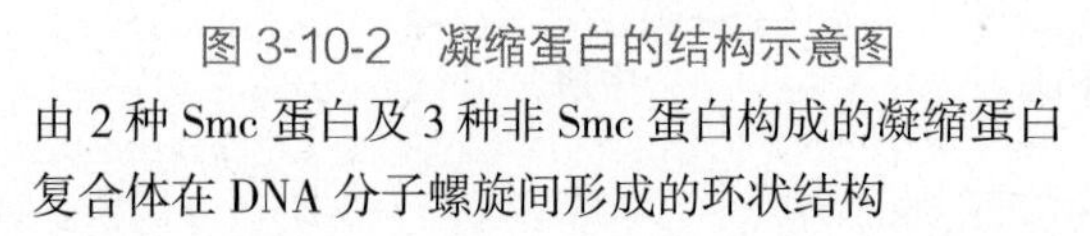

图 3-10-2 凝缩蛋白的结构示意图

由 2 种 Smc 蛋白及 3 种非 Smc 蛋白构成的凝缩蛋白复合体在 DNA 分子螺旋间形成的环状结构

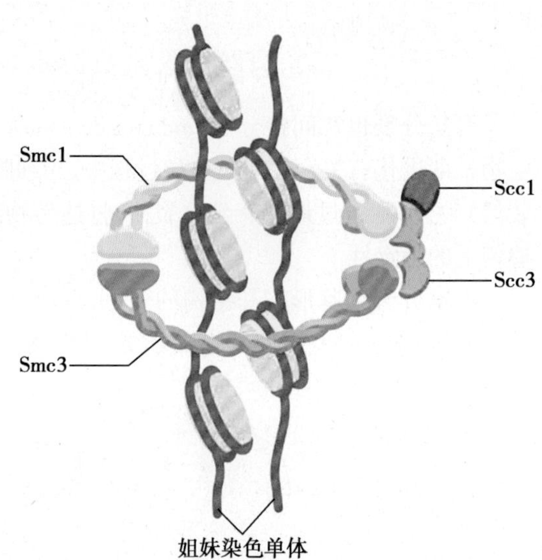

图 3-10-3 黏连蛋白的结构示意图

由 Smc1、Smc3 与 Scc1、Scc3 组成的黏连蛋白，环绕在染色体外围，使两条姐妹染色单体纵向结合在一起

在一起。随着细胞分裂进入前期，除着丝粒处外，与姐妹染色单体其他部位结合的黏连蛋白均逐渐脱离，致使姐妹染色单体的两臂分开，仅在着丝粒处相连（图 3-10-3）。

2. 马达蛋白与中心体的极向移动 中心体是动物细胞特有的、与细胞分裂及染色体分离相关的细胞器，由一对中心粒及其周围无定型物质所构成，这些无定型物质包括了多种与中心体结构和功能相关的蛋白成分，如微管蛋白、微管结合蛋白和马达蛋白等。中心体是细胞的微管组织中心之一，其周围放射状分布着大量微管，它们与中心体一起被合称为星体。

在前期，伴随着染色质的凝集，原分布于细胞同一侧的两个中心体开始沿核膜外围分别向细胞两极移动，它们最后所到达的位置将决定细胞分裂极。与此同时，γ 微管蛋白环状复合体在每个中心体中数量也明显增加，使中心体对新微管的成核能力增强称为中心体的成熟。

中心体的极向移动需要多种马达蛋白的参与，其中，存在于星体微管正端的动力蛋白在中心体的早期分离中起着重要作用。这些蛋白被锚定在细胞皮质或细胞核核膜处，当其沿着星体微管向负端移动时，将牵引中心体彼此分离，移向细胞两极。两个中心体的进一步分离，还涉及驱动蛋白 5 的作用，通过与极间微管反向平行的重叠末端交联并向正端移动，驱动蛋白 5 可将两个中心体分别推向细胞两极（图 3-10-4）。

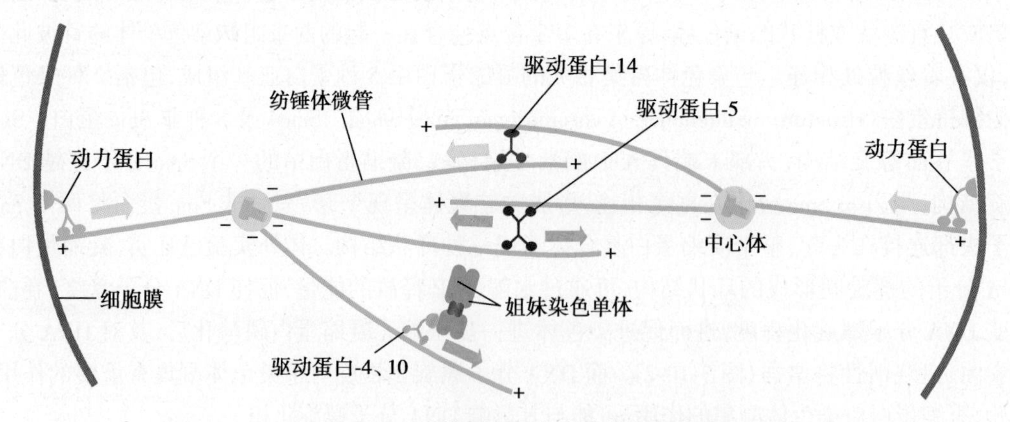

图 3-10-4 马达蛋白与中心体的极向移动

动力蛋白沿着星体微管向负端移动，将牵引中心体彼此分离并移向细胞两极。驱动蛋白 5 通过与极间微管反向平行的重叠末端交联，可将两个中心体分别推向细胞两极

Notes

(二)前中期为前期与中期之间的过渡期

前中期(prometaphase)细胞的主要特征包括:核膜的崩裂,纺锤体的形成,染色体向赤道面运动。在细胞进入前期末时,染色体凝集程度增高,变得更粗、更短,与同一条染色体相连的两动粒微管长短不等,纺锤体赤道面直径较宽,两极距离相对较短,染色体在细胞中分布杂乱、无规律。随着动粒微管正端不断聚合与解聚,受其牵引,染色体发生剧烈地振荡、摇摆运动,逐渐移向细胞中央的赤道面,此即染色体列队(chromosome alignment)或染色体中板聚合(congression)。

1. 核膜崩裂与蛋白质磷酸化　前中期核膜崩裂是一个复杂、多步骤的过程,首先是核孔复合体的某些蛋白质亚单位发生磷酸化,致使核孔复合体解聚,并与核膜分离。随后内核膜及其邻近的核纤层的部分蛋白也被磷酸化,核纤层纤维网状结构由此解体,核膜崩裂,形成许多断片及小膜泡,分散于胞质中。核膜崩裂形成的这些小膜泡与内质网膜泡形态相似,在核膜重建时,是参与新核膜形成的组分之一。近年来还发现在某些动物的体细胞中,核膜解聚后可直接为内质网所吸收,参与到由内质网断片所组成的网络中(图 3-10-5)。

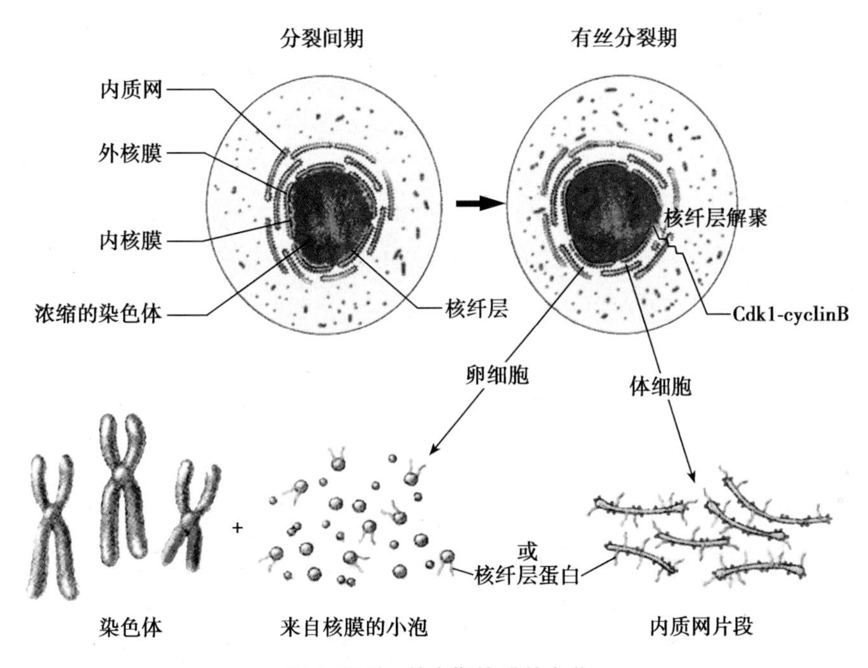

图 3-10-5　前中期核膜的变化

核膜崩裂后可直接形成小膜泡或与内质网断片融合

2. 纺锤体的形成过程及机制　纺锤体(spindle)是一种出现于前期末,对细胞分裂及染色体分离有重要作用的临时性细胞器,呈纺锤样,具有双极性,由纵向排列的微管及其相关蛋白组成,包括星体微管(astral microtubule)、动粒微管(kinetochore microtubule)和极间微管(interpolar microtubule)(图 3-10-6)。星体微管排列于中心体周围,在中心体向细胞两极的移动中起作用。动粒微管由纺锤体一极发出,末端附着于染色体动粒上。极间微管为一些来自纺锤体两极,彼此在纺锤体赤道面重叠、交叉的微管,也被称为重叠微管。极间微管间通过侧面相连,可从纺锤体的一极通向另一极。三类纺锤体微管的负端均朝向中心体,正端则远离中心体。

双极性纺锤体的组装始于有丝分裂前期,最终形成在前中期末,其间,星体微管起着主导的作用。随着核膜的崩裂,星体微管逐渐向细胞中心原细胞核所在的部位侵入,连接到染色体动粒上或彼此重叠、交叉,构成其他类型的纺锤体微管。已经知道,动物细胞的染色体动粒内部通常含有 10~40 个微管附着点(酵母细胞仅有 1 个),动粒微管的正端埋藏于其中。每一微管附着点都含有一个蛋白质环,围绕在靠近微管正端的部位,这一方面可使微管紧紧地与动粒连在一起,另一方面也不影响微管蛋白在该微管正端末的聚合或解聚(图 3-10-7)。

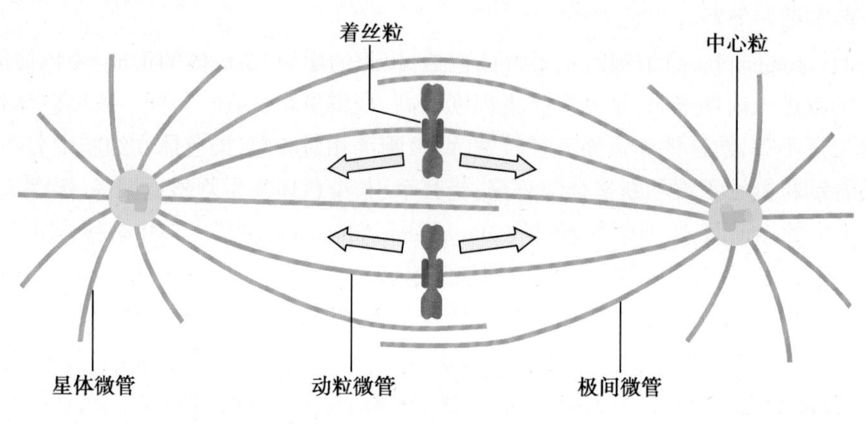

图 3-10-6 纺锤体结构示意图

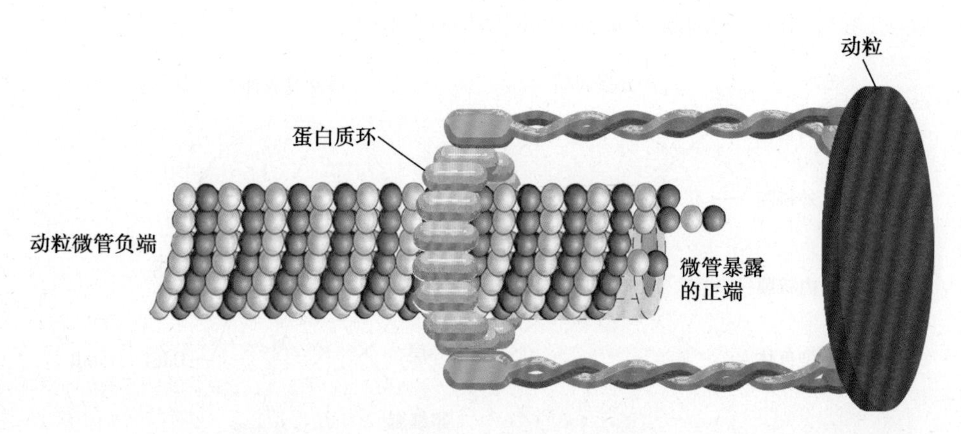

图 3-10-7 染色体动粒中的微管附着位点

染色体动粒内部存在微管附着点,动粒微管的正端埋藏于其中。每一微管附着点都含有一个蛋白质环,围绕在靠近微管正端的部位

细胞运用一种"搜索与捕获"机制,来完成纺锤体微管对染色体的附着。首先,由纺锤体一极的中心体放射性发出的一根星体微管的正端不断发生变化,最终其侧面与染色体的一个姐妹染色单体的动粒相连,将其捕获,动粒微管形成,其次染色体将沿着该微管向中心体滑动,在这一过程中,纺锤体微管对染色体动粒的连接方式由侧面附着转换为末端附着。最后,纺锤体的其他微管可以不同的方式结合于染色体动粒上,其中正确的结合方式是来自纺锤体相反极的微管结合于染色体另一姐妹染色单体的动粒上,其结果是实现了纺锤体双极对染色体的稳定附着(图 3-10-8)。错误的结合方式包括来自同一极的微管同时结合于染色体的两个动粒上或来自两极的微管均与同一动粒结合,其结果使得纺锤体微管对动粒的附着高度不稳定,不能持续存在。

纺锤体的组装也受到染色体存在的影响,染色体可与中心体协同作用,促进纺锤体的形成。当人为地改变染色体的位置后,重新定位的染色体周围会迅速地出现大量新生的微管,而染色体原来所在处的微管则发生解聚。染色体的这种对纺锤体微管的组装能力,使得一些高等的植物细胞及许多动物的卵细胞在无中心体的情况下,仍能形成纺锤体。不过,这种无中心体参与的纺锤体虽然能让染色体发生正常的分离,但是由于缺乏星体微管的指导,这些纺锤体在细胞中常发生定位错误,结果将导致胞质分裂的异常。

纺锤体两极在不同的马达蛋白作用下,可发生分离或靠近。驱动蛋白 5 具有两个动力结构域,可结合于纺锤体中心区域的极间微管上并向正端移动,致使两反向平行的极间微管彼此滑动,迫使纺锤体两极分开。相反,驱动蛋白 14 仅具一个可向微管负端移动的动力结构域及多个可与其他不同微管结合的结构域,能使反向平行的极间微管在纺锤体中心区域交联,将纺锤体

Notes

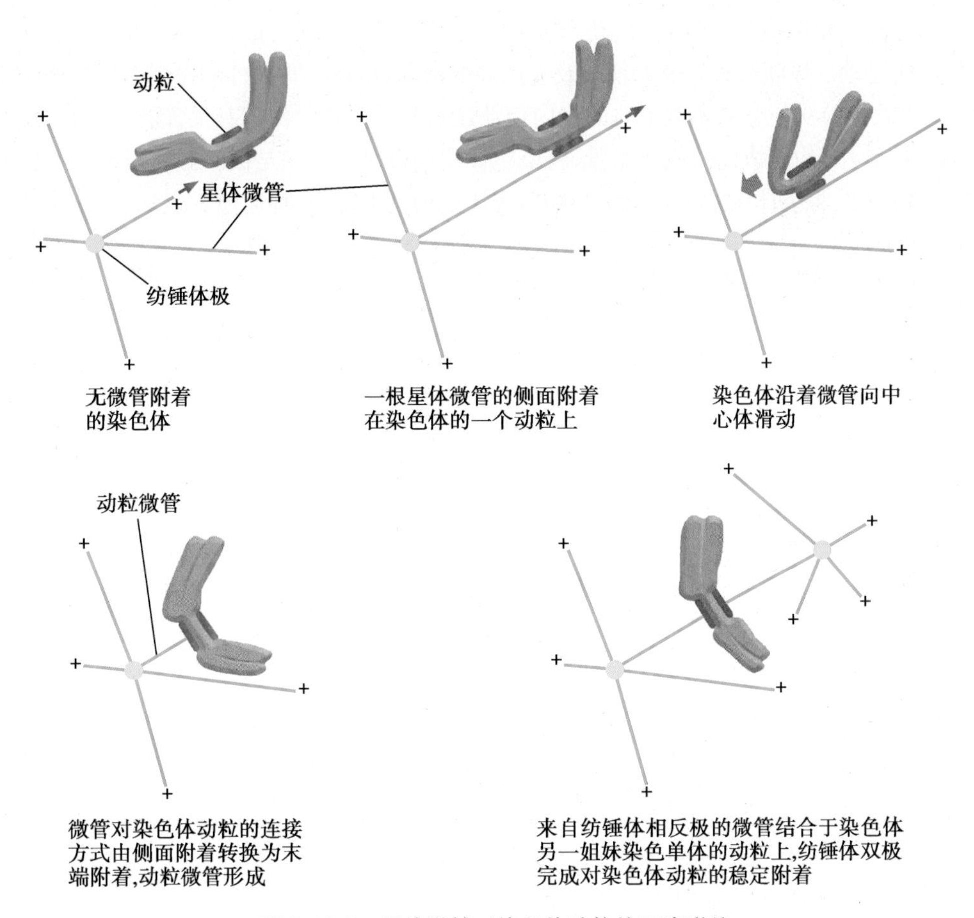

图 3-10-8　星体微管对染色体动粒的正确附着

两极拉近。驱动蛋白 10、驱动蛋白 4 可附着于染色体臂上,利用其单一的动力结构域沿着纺锤体微管的正端移动,使染色体远离纺锤体两极。动力蛋白可结合于星体微管的正端,并将其与细胞皮质中肌动蛋白骨架相连,当动力蛋白向星体微管负端移动时,纺锤体两极被拉向细胞皮质,彼此分离(见图 3-10-4)。因此,纺锤体稳定结构的形成还需要上述多种马达蛋白间作用的平衡。

(三) 高度凝聚的染色体排列于中期细胞的赤道面上

中期(metaphase)的主要特点是:染色体达到最大程度的凝集,非随机地排列在细胞中央的赤道面上,构成赤道板。在人类细胞中,最大的几条染色体靠近赤道板中部,较小染色体则位于其周围。中期所有染色体的着丝粒均位于同一平面,染色体两侧的动粒均面朝纺锤体两极,每个动粒上结合的微管可达数十根,两个动粒上的微管长度相等,纺锤体赤道面直径变小,两极距离增长,处于动力平衡状态中。

(四) 姐妹染色单体分离发生于后期

后期(anaphase)细胞变化的主要特征是:染色体两姐妹染色单体发生分离,子代染色体形成并移向细胞两极。

姐妹染色单体分离的原因主要与其彼此间的连接骤然消失相关,而动粒微管的张力对其的影响不大,因为已证实,在经秋水仙碱处理后,虽微管形成被破坏,但两条单体仍可分离。

分离染色单体的极向运动需依靠纺锤体微管的牵引完成,包括两个独立但又相互重叠的过程,即后期 A 与后期 B。后期 A 发生于染色体极向运动的起始阶段,与动粒微管相关,当动粒微管正端的微管蛋白发生去组装时,其长度将不断地缩短,由此带动染色体的动粒向两极移动。在后期 A 中,染色体两臂的移动常落后于动粒,因此在形态上可呈现 V 形、J 形或棒形。当姐妹

染色单体分开一定距离后，后期B启动，通过使纺锤体拉长，细胞两极间的距离增大，促使染色体发生极向运动。极间微管长度的增长及彼此间的滑动，星体微管向外的作用力均能使纺锤体两极分开(图3-10-9)。分离染色单体的极向运动还与马达蛋白的作用有关，该类蛋白无论在后期A或后期B中，均能协同纺锤体微管，将染色体向两极牵引。如与极间微管正端重叠区域交联的驱动蛋白5、将星体微管正端锚定在细胞皮质层的动力蛋白，均通过其运动，促使纺锤体两极分开。

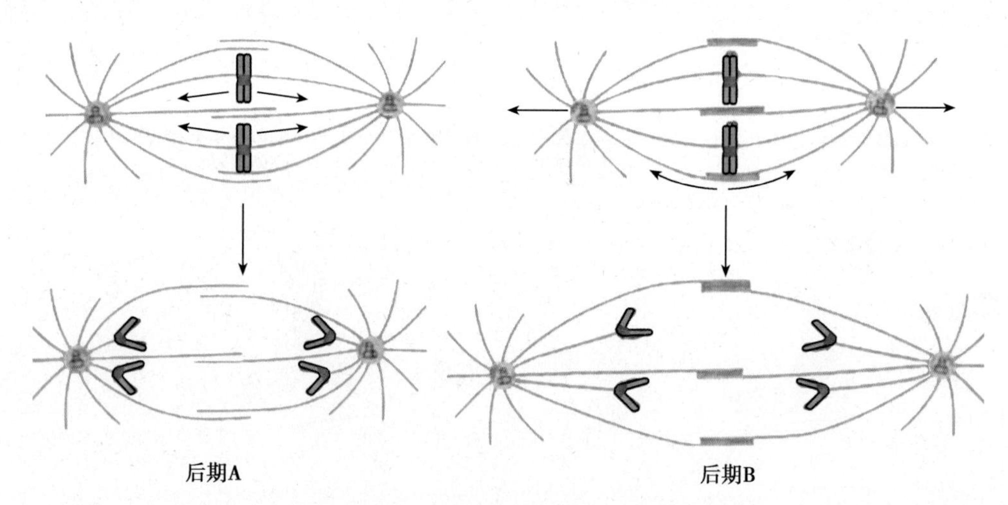

图3-10-9 有丝分裂的后期A与后期B

后期A中动粒微管正端的微管蛋白发生去组装，其长度不断地缩短，由此带动染色体的动粒向两极移动。后期B中，通过极间微管长度的增长、彼此间的滑动及星体微管向外的作用力，细胞两极间的距离增大，促使染色体发生极向运动

不同类型的细胞中，后期A与后期B在染色体分离中所起作用的大小可以存在很大的差异。哺乳动物细胞的后期B相继于后期A发生，而当纺锤体长度增长到其中期长度一倍时，后期B将终止。酵母及某些原生动物的后期B，则是促进后期染色体分离的主要方式，所形成的纺锤体长度可超过中期纺锤体长度的15倍。

(五) 末期子细胞核又重新组装

子细胞核出现是末期(telophase)细胞主要的特点。随着后期末染色体移动到两极，染色体被平均分配，此时染色体上的组蛋白H1发生去磷酸化，高度凝聚的染色体解旋，染色质纤维重新出现，RNA合成恢复，核仁重新形成。分散在胞质中的核膜小泡与染色体表面相连，并相互融合，形成双层核膜，并重新与内质网相连；核孔复合体在核膜上重新组装，去磷酸化的核纤层蛋白又结合形成核纤层，并连接于核膜上，至此两个子细胞核形成，核分裂完成。

(六) 在收缩环作用下胞质发生分裂

当细胞分裂进入后期末或末期初，在中部质膜的下方，出现大量由肌动蛋白、肌球蛋白Ⅱ及其他多种结构蛋白、调节蛋白组装形成的环状结构，即收缩环(contractile ring)。收缩环中的肌动蛋白、肌球蛋白纤维相互滑动使收缩环不断缢缩，直径减小，与其相连的细胞膜逐渐内陷，形成分裂沟。伴随着收缩环的缩小，一些来自细胞内部的囊泡聚集于收缩环处，继而与收缩环邻近的细胞膜融合，在这些膜之间形成新生膜，以此增加细胞的表面积(图3-10-10)。随着分裂沟不断加深，细胞形状随之变为椭圆形、哑铃形，当分裂沟加深至一定程度时，细胞在此发生断裂，胞质分裂(cytokinesis)完成。上述过程所需要的能量由ATP提供。

分裂沟发生的时间及部位与纺锤体的位置密切相关。在大多数动物细胞中，纺锤体位于细胞中央，分裂沟则形成于与其相垂直的赤道面上。如果在分裂沟形成的初期，通过显微操作或其他方法人为地使纺锤体在细胞中的位置发生改变，原有的分裂沟将消失，在纺锤体新的位置

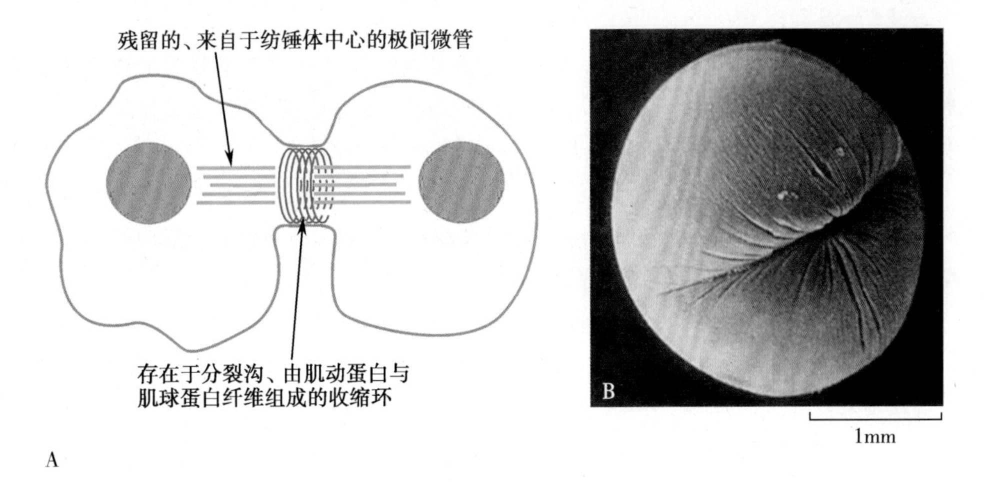

图 3-10-10　收缩环与胞质分裂

A. 收缩环中的肌动蛋白、肌球蛋白纤维相互滑动使收缩环不断缢缩，直径减小，与其相连的细胞膜逐渐内陷，形成分裂沟；B. 扫描电镜显示分裂中的蛙卵细胞

上，有新的分裂沟形成（图 3-10-11）。因此，纺锤体的位置决定着两个子细胞的大小，当纺锤体处于细胞中央时，细胞对称分裂，产生的两个子细胞大小均等、成分相同。相反，不在细胞中央的纺锤体将导致细胞不均等分裂，所产生的子细胞在大小、成分上均有差异，此种情况可见于胚胎发育过程中的某些细胞中。

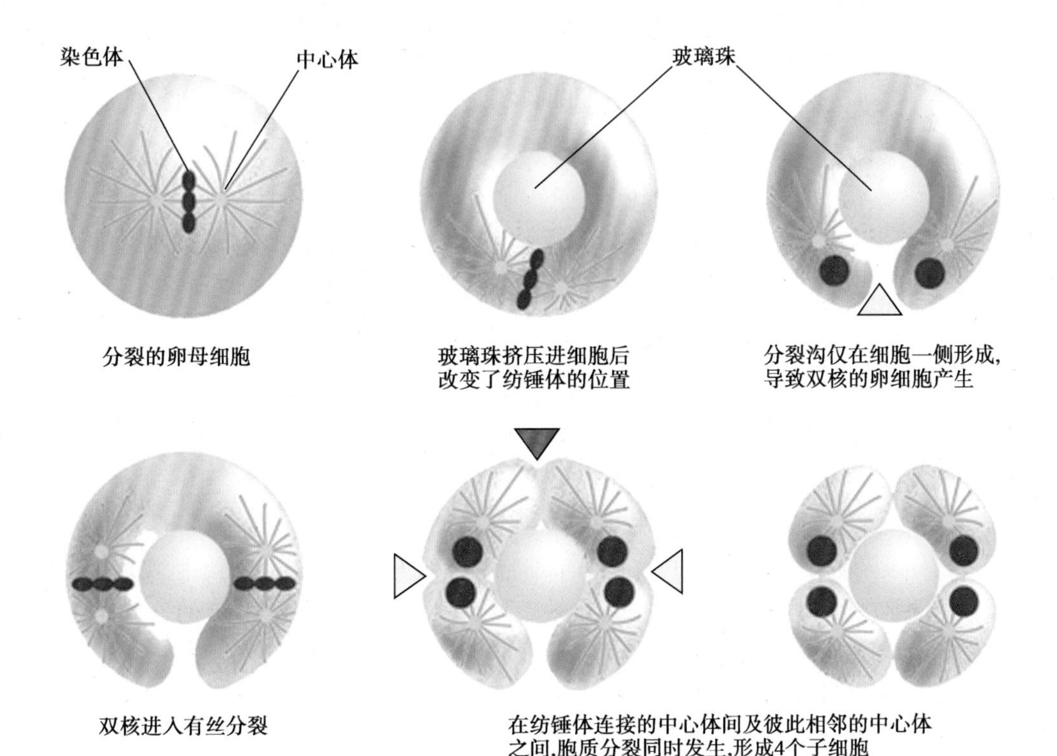

图 3-10-11　纺锤体位置改变与分裂沟的形成

框 10-1　纺锤体确定分裂沟发生位置的机制

对于纺锤体是如何确定分裂沟发生位置的信号机制，目前有三种模型加以说明。第一种被称为“星体激发模型”，认为诱导分裂沟形成的信号分子可通过星体微管被运输到

Notes 

细胞皮质，然后在纺锤体两极之间以特定的方式聚集成环。一些大型胚胎细胞中分裂沟的形成方式，为上述模型建立提供了依据，因为在这些细胞中，即使作为星体核心的中心体没有通过纺锤体微管相连，分裂沟也能在两个星体中间形成。

第二种为“纺锤体中心激发模型”，认为纺锤体中心、极间微管重叠的区域结合了大量的信号蛋白，它们能确定皮质上与分裂沟形成相关的位点，进而诱导分裂沟的形成。在果蝇中已发现，这些信号分子功能的缺失，将导致胞质分裂受阻。

第三种是“星体松弛模型”。该模型认为星体能促进其附近皮质中的肌动蛋白肌球蛋白纤维束的松弛，但星体的这种皮质松弛作用在纺锤体中央的赤道面作用最弱，由此，可促使皮质在该处发生收缩，引发分裂沟的形成。在秀丽线虫的早期胚胎细胞中，通过特定的处理使星体微管丢失后，将导致整个细胞皮质收缩能力的增强，这一发现支持了本模型的观点(图 3-10-12)。

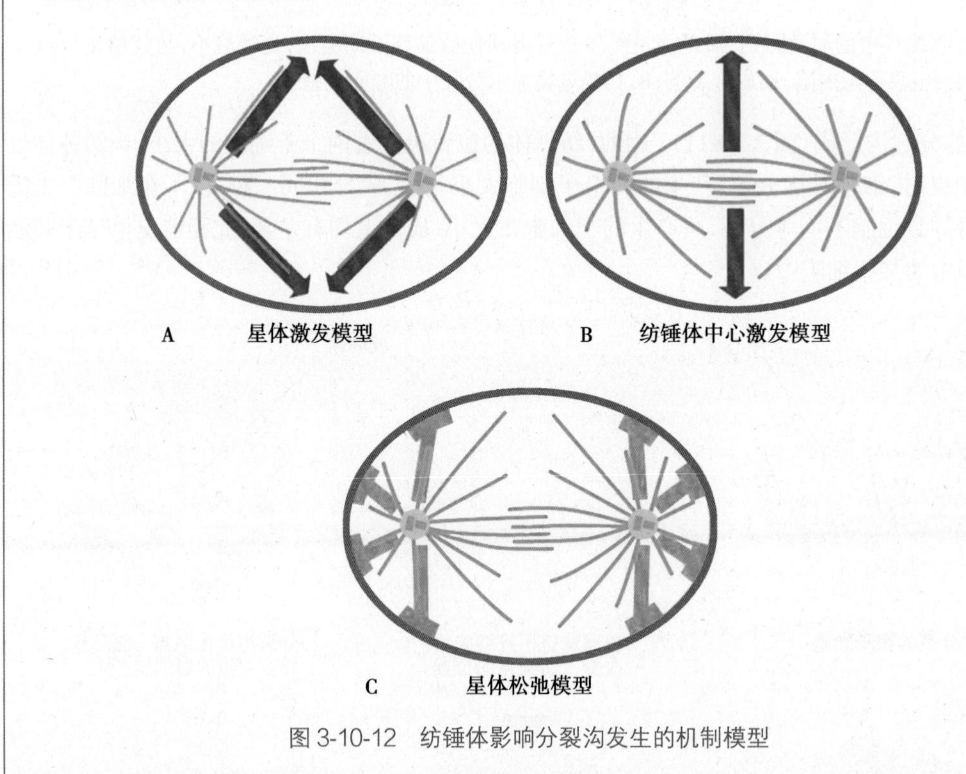

图 3-10-12 纺锤体影响分裂沟发生的机制模型

通过核分裂及胞质分裂两个过程，借助于细胞骨架的重排，有丝分裂的细胞实现了染色体及胞质在子细胞中的平均分配。细菌细胞中缺乏微管、微丝，在分裂时其仅有的一条 DNA 复制后不发生凝集，通过附着于胞膜、借助其变化将两条子代 DNA 分配到两个子细胞中。

染色质凝集、纺锤体及收缩环的形成是有丝分裂活动中三个重要的特征，也是生物长期进化产生的结果。蛋白质磷酸化与去磷酸化是有丝分裂中染色质凝集与去凝集、核膜解聚与重建等变化产生的分子基础，有丝分裂时细胞间及细胞与胞外基质间黏附性减弱、连接松弛，也与蛋白质磷酸化状态相关。

此外，在有丝分裂中，膜性细胞器也需要被平均分配到两个子细胞中。通常细胞不能组装形成新的线粒体及叶绿体，这些细胞器在胞质分裂前，需进行复制，发生数量倍增，才能被安全地遗传到子细胞中。内质网在间期时与核膜连在一起，并由微管来支撑。细胞进入分裂期后，随着微管的重排与核膜的崩裂，内质网被释放出来，在大多数细胞中，完整的内质网通过胞质分裂被一分为二，进入到子细胞中。高尔基复合体在有丝分裂的过程中将发生结构的重组及断裂，

Notes

其断片通过与纺锤体两极相连，被分配到纺锤体不同极，成为末期每一子细胞中高尔基复合体重新组装的材料来源。

三、减数分裂是一种特殊的有丝分裂

减数分裂是一种与有性生殖中配子产生相关的特殊细胞分裂，发生于有性生殖的配子成熟过程中，又被称为成熟分裂，其主要特征是 DNA 只复制一次，细胞连续分裂两次，所产生的子细胞中染色体数目比亲代细胞减少一半。减数分裂对于维持生物世代间遗传的稳定性有重要意义。经减数分裂，有性生殖生物配子中的染色体数目减半，由 2n 变为 n。经受精，配子融合形成的受精卵中染色体数又恢复为 2n，由此保证了有性生殖的生物上下代在染色体数目上的恒定。减数分裂也构成了生物变异及多样性的基础，减数分裂过程中可发生遗传物质的交换、重组及自由组合，使生殖细胞呈现出遗传上的多样性，生物后代变异增大、对环境的适应力增强。

减数分裂的两次分裂分别称为第一次减数分裂（meiosis Ⅰ）及第二次减数分裂（meiosis Ⅱ），两次分裂之间，通常有一个短暂的间隔期。染色体数目减半及遗传物质的交换等变化均发生于第一次减数分裂中（图 3-10-13）。

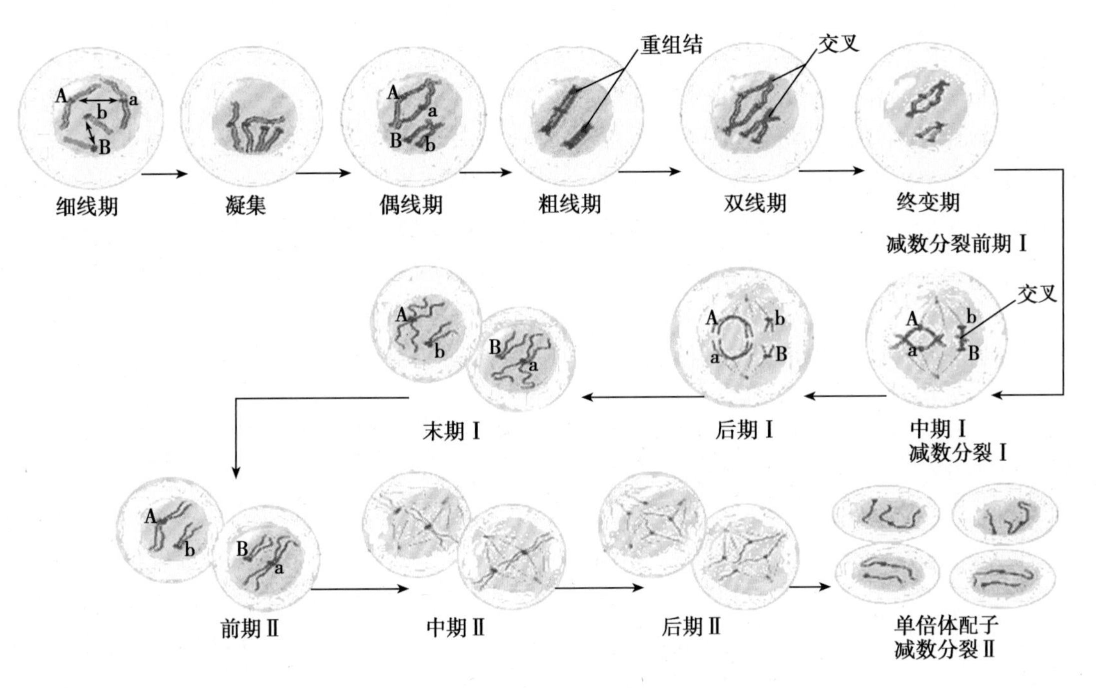

图 3-10-13　减数分裂图解

（一）第一次减数分裂过程中细胞变化复杂

1. 前期Ⅰ　该期持续时间长，细胞变化复杂，胞核显著增大，减数分裂所特有的过程如染色体配对、交换等均发生于此期。根据细胞形态变化的特点可将前期Ⅰ细分为以下五个不同阶段。

（1）细线期（leptotene stage）：已在间期完成复制的染色质开始凝集，虽每一染色体具两条染色单体，但其在光镜下仍呈单条细线状，染色单体的臂未分离，这可能与染色体上某些 DNA 片段未完成复制有关。细线状染色体通过其端粒附着于核膜上，在局部有成串的、大小不一的珠状结构，称为染色粒。此期细胞中，核及核仁的体积均增大，推测与 RNA 和蛋白质合成有关。

（2）偶线期（zygotene stage）：染色质进一步凝集，分别来自父母双方的、形态及大小相同的同源染色体（homologous chromosomes）间两两配对，称为联会（synapsis）。配对从同源染色体上的若干不同部位的接触点开始，沿其长轴迅速扩展到整个染色体。同源染色体完全配对后形成的复合结构即为二价体（bivalent），因其共有四条染色单体，又被称为四分体（tetrad）。同源染色体

的相互识别是配对的前提，但机制还不清楚，可能与染色体端粒对核膜的附着有关。每条同源染色体通过端粒与核膜内表面相连，联会开始时，首先是两条同源染色体端粒与核膜的接触点彼此逐渐靠近、结合，其后是结合位点向染色体其他部位延伸。

在联会的同源染色体之间，沿纵轴方向可形成一种特殊的、在进化上高度保守的结构，即联会复合体（synaptonemal complex，SC），在电镜下显示为三个平行的部分：侧生成分位于复合体两侧，电子密度较高；两侧生成分之间，为中央成分；侧生成分与中央成分之间由横向排列的纤维相连（图 3-10-14）。

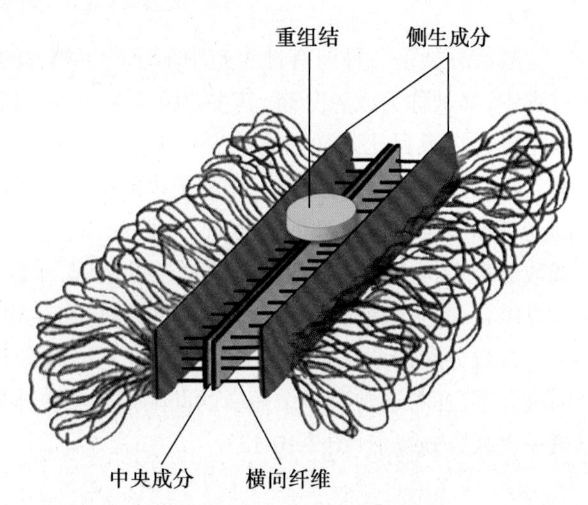

图 3-10-14 联会复合体的结构

联会复合体在结构上由三个平行的部分组成，即位于两侧的、电子密度较高侧生成分以及两侧生成分之间的中央成分

联会复合体由多种蛋白质组成。在哺乳动物中，联会复合体侧生成分主要由 Scp2、Scp3 等蛋白构成。Scp3 缺失的小鼠，减数分裂的细胞中将没有联会复合体的形成，染色体也无法进行联会。联会复合体横向纤维的组成在裂殖酵母中研究较为深入。已证实 Zip1p 蛋白是构成联会复合体横向纤维的关键成分，不同的 Zip1p 可借助于其分子中的卷曲螺旋结构聚合成二聚体，由此构成横向纤维的主体。Zip1p 蛋白的卷曲螺旋长度的变化，将直接影响两侧生成分间的距离。

联会复合体是同源染色体配对过程中细胞临时生成的特殊结构，其装配最早发生于偶线期，在粗线期完成，双线期解聚，与同源染色体间的配对过程密切相关（图 3-10-15）。

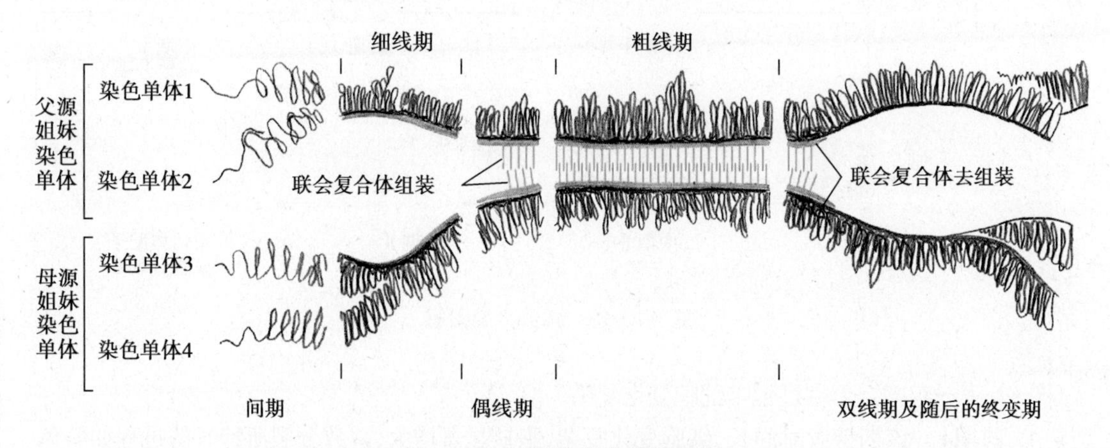

图 3-10-15 联会复合体的组装

联会复合体的组装起于第一次减数分裂前期的偶线期，在粗线期完成，双线期解聚

(3) 粗线期（pachytene stage）：通过联会紧密结合在一起的两条同源染色体，因进一步的凝集而缩短、变粗，同源染色体非姐妹染色单体间出现染色体片段的交换及重组。一种保守的、减数分裂所特有的蛋白“Spo11”可通过使染色单体 DNA 双链的断裂，触发同源染色体间交换的发生。此外，在联会复合体中央新出现一些椭圆形或球形，富含蛋白质及酶的棒状结构，称为重组结（recombination nodule），多个重组结相间地分布于联会复合体上，也可能与染色体片段的重组直接相关（见图 3-10-14）。

同源染色体间的交换有两个明确的功能，首先是将同源染色体维系在一起，以保证它们在

第一次减数分裂完成时,能被正确地分离到两个子细胞中。其次,是使减数分裂最终形成的配子产生遗传变异。因此,减数分裂中,同源染色体间的交换是受到细胞高度调控的,双链 DNA 断裂的数量及部位均被严格限定。尽管在第一次减数分裂中,DNA 的断裂似乎可沿染色体任意部位发生,但实际上 DNA 断裂点的分布不是随机的,主要集中于染色单体上一些容易被其他分子接近的"热点"部位,而着丝粒及端粒周围的异染色质区域,却少有 DNA 断裂的发生,是断裂的"冷点"。

在粗线期核仁也发生变化,融合成一个大核仁,并与核仁形成中心所在的染色体相连。在生化活动方面,粗线期细胞不仅能合成减数分裂特有的组蛋白,同时也可进行少量的 DNA 合成,该期所合成的 DNA 称为 P DNA,可在交换过程中对 DNA 链的修复、连接等方面发挥作用。动物卵母细胞粗线期中还可发生 rDNA 扩增。

(4) 双线期(diplotene stage):联会复合体发生去组装,逐渐趋于消失,紧密配对的同源染色体相互分离,仅在非姐妹染色单体之间的某些部位上,残留一些接触点称为交叉(chiasma)。交叉被认为是粗线期同源染色体交换的形态学证据,其数量与物种及细胞的类型、染色体长度有关,一般每个染色体至少有一个交叉存在,染色体较长,交叉也较多。人类平均每对染色体的交叉数为 2~3 个。交叉的分布与重组结有关。已经知道,交叉节与重组结在总的数量上是相等的,而在联会染色体上的分布方式两者也存在一致性,果蝇中因某些突变的发生,交叉分布出现异常,重组频率降低,与此同时,重组结发生数量减少和分布改变,从而证实重组结与染色体交换的发生有关。

在双线期,同源染色体的四分体结构显得非常清晰,较易被观察。随着双线期的进行,交叉将逐渐远离着丝粒,向染色体臂的末端部推移,交叉的数目也由此减少,此现象称为交叉端化(chiasma terminalization),这一过程将持续到中期,其相关机制目前尚不清楚,可能与同源染色体着丝粒间存在某种排斥有关。交叉端化的存在表明交叉与交换的位置两者并不能完全等同。随着交叉端化的进行,二价体可呈现 V、8、X、O 等形状,这一特征可作为此期的判断标志。

在某些生物中,持续时间长是该期细胞的另一特点,例如,人卵母细胞的双线期就可持续 50 年之久,两栖类卵母细胞的双线期持续时间近 1 年。这一时期,细胞分裂处于停滞状态,被称为不成熟,细胞进行生长,在生长结束时,卵母细胞将恢复其减数分裂活动,这一过程被称为成熟。

(5) 终变期(diakinesis stage):同源染色体进一步凝集,显著缩短、变粗成短棒状。交叉端化继续进行。终变期末,同源染色体仅在其端部靠交叉结合在一起,形态上呈现出多态性。核仁消失,中心体已完成复制,移向两极后形成纺锤体。核膜逐渐解体,纺锤体伸入核区,在其作用下染色体开始移向细胞中部的赤道面上。终变期结束标志着前期 I 完成。

2. 中期 I 以端化的交叉连接在一起的同源染色体即四分体,向细胞中部汇集,最终排列于细胞的赤道面上,通过动粒微管分别与细胞不同极相连。虽然此时每一染色体仍有两个动粒,但均连接于同侧的纺锤体动粒微管上,此点与有丝分裂不同(图 3-10-16)。

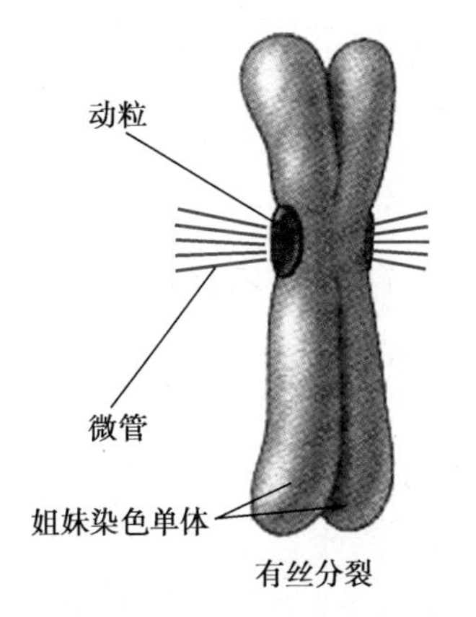

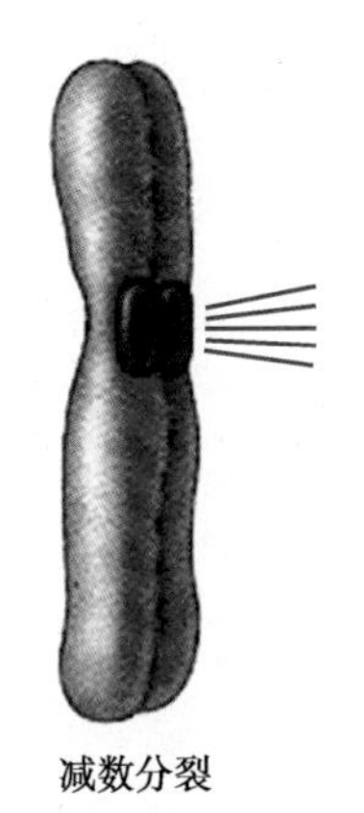

图 3-10-16 有丝分裂中期染色体(左)与减数分裂中期 I 染色体(右)动粒微管连接方式比较

有丝分裂中期:染色体两个动粒分别与来自不同极的纺锤体动粒微管相连;减数分裂中期 I:染色体两个动粒均与来自同极的纺锤体动粒微管相连

Notes

3. 后期Ⅰ 受纺锤体微管的作用，同源染色体彼此分离并开始移向细胞的两极。此时每极的染色体数为细胞原有染色体数的一半，但每条染色体包含了两条染色单体。同源染色体向两极的移动是随机的，因此，非同源染色体间可以自由组合的方式进入两极。

同源染色体间的交叉对于其分离的过程可能有重要的作用，如某些联会的同源染色体在彼此间缺乏交叉的情况下，正常分离受阻，所产生的子细胞中染色体数目将发生增多或减少等异常。人类常见的一些染色体病，如 Down 综合征等的病因即与上述染色体不分离有关。

4. 末期Ⅰ 到达细胞两极的染色体去凝集，逐渐成为细丝状的染色质纤维，核仁、核膜重新出现，胞质分裂后，两个子细胞形成，各含比亲代细胞(2n)少一半的染色体(n)，每条染色体着丝粒上连接有两条染色单体。某些生物在末期Ⅰ，细胞中的染色体不发生去凝集，而依然保持凝集状态。

(二) 第一次减数分裂后可出现一个短暂的间期

与有丝分裂间期相比，减数分裂间期通常持续时间较短，不发生 DNA 合成，无染色体复制，细胞中染色体数目已经减半。某些生物第一次减数分裂结束后，可以不经过这一间期，而直接进入第二次减数分裂的过程中。

(三) 第二次减数分裂与有丝分裂过程类似

第二次减数分裂可分为前期Ⅱ、中期Ⅱ、后期Ⅱ、末期Ⅱ、胞质分裂几个时期。在前期Ⅱ去凝集染色体再次发生凝集，呈棒状或杆状形态，每一染色体由两条单体组成。纺锤体逐渐形成，不同极的动粒微管分别与每一染色体上的两个动粒相连，并使其逐渐向细胞中央的赤道面移动。前期Ⅱ末，核仁、核膜消失。中期Ⅱ时，染色体排列在赤道面上，随后其姐妹染色单体在着丝粒处发生断裂，彼此分离，经纺锤体动粒微管牵引进入两极，去凝集后又成为染色质纤维，核仁、核膜重新出现，胞质分裂完成后，新的子细胞形成，其染色体数目(n)与此次分裂前相同。

在第二次减数分裂结束时，一个亲代细胞共形成 4 个子细胞，各子细胞中染色体数目与分裂前相比，均减少了一半，子细胞间在染色体组成及组合上也存在差异，这些变化主要在第一次减数分裂中完成。

减数分裂与有丝分裂既有联系，也有区别，现总结如下(表 3-10-1)。

表 3-10-1 减数分裂与有丝分裂的比较

	有丝分裂	减数分裂
发生范围	体细胞	生殖细胞
分裂次数	1	2
分裂过程		
前期	无染色体的配对、交换、重组	有染色体的配对、交换、重组(前期Ⅰ)
中期	二分体排列于赤道面上，动粒微管与染色体的两个动粒相连	四分体排列于赤道面上，动粒微管只与染色体的一个动粒相连(中期Ⅰ)
后期	染色单体移向细胞两极	同源染色体分别移向细胞两极(后期Ⅰ)
末期	染色体数目不变	染色体数目减半(末期Ⅰ)
分裂结果	子细胞染色体数目与分裂前相同	子细胞染色体数目比分裂前少一半
	子细胞遗传物质与亲代细胞相同	子细胞遗传物质与亲代细胞及子细胞之间均不相同
分裂持续时间	一般为 1~2 小时	较长，可为数月、数年、数十年

第二节　细胞周期及其进程

一、细胞周期的过程包括分裂期及分裂间期两个阶段

细胞周期通常可分为分裂期(mitotic phase)及分裂间期(interphase)两个部分。在分裂期(M期),细胞形态发生显著的变化,如染色体凝集、核膜崩裂、纺锤体出现及细胞一分为二等,在光镜下极易被观察及确认。分裂间期为两次有丝分裂之间的时期,此期细胞在形态结构上无明显的变化,但内部却进行着活跃的蛋白质、核酸等物质的合成,遗传物质DNA的复制这一细胞重要的生化活动即在这此期完成。经过分裂期产生的新细胞在间期开始生长,并为细胞进入下一个分裂期做物质上的准备。根据DNA合成的情况,间期可被进一步细分为三个时期,即G_1期(Gap1)、S期(DNA synthesis)、G_2期(Gap2)。S期为DNA合成期,G_1期又称为DNA合成前期,处于S期与上次分裂期之间,S期DNA复制所需的多种酶与蛋白质即在该期合成。G_2期又称为DNA合成后期,是S期与下次分裂期之间的一个时期,该期发生的生化变化,可为S期向M期的转变提供条件(图3-10-17)。

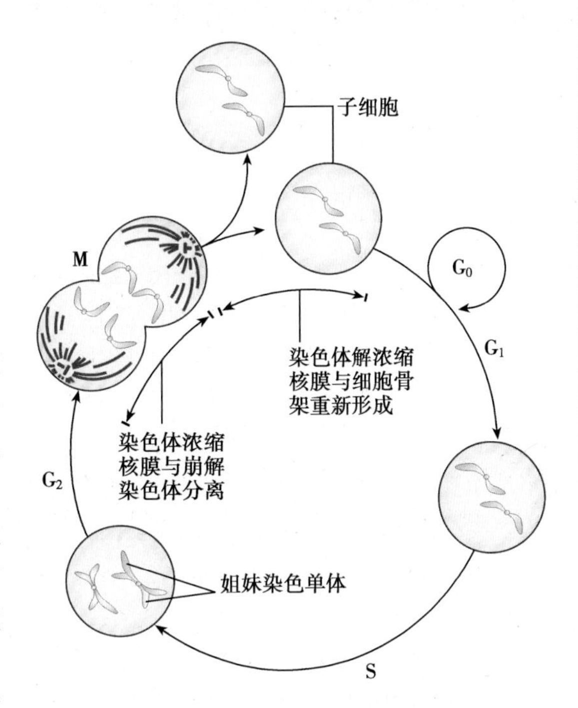

图3-10-17　细胞周期组成示意图

细胞周期普遍存在于高等生物中,持续的时间为12~32小时,但因物种或组织的差异,细胞周期的时间范围可呈现较大的变化,从数小时到数年不等。因细胞周期中分裂期所需的时间较短,常为30~60分钟,因此,间期,尤其是其G_1期,是影响细胞周期时间的关键(表3-10-2)。G_1期的时间长度与G_1期细胞中的某些特殊的mRNA及蛋白质的积累相关。此外,激素、生长因子等环境因素也能影响细胞周期时间长短,如果环境温度高于39℃或低于36℃,细胞周期各时相的时间将随之按比例地变化。

表3-10-2　哺乳动物细胞周期的时间(单位:小时)

细胞类型	T_C	T_{G1}	T_S	T_{G2+M}
人				
结肠上皮细胞	25.0	9.0	14.0	2.0
直肠上皮细胞	48.0	33.0	10.0	5.0
胃上皮细胞	24.0	9.0	12.0	3.0
骨髓细胞	18.0	2.0	12.0	4.0
大鼠				
十二指肠隐窝细胞	10.4	2.2	7	1.2
内釉质上皮细胞	27.3	16.0	8.0	3.3
淋巴细胞	12.0	3.0	8.0	1.0

续表

细胞类型	T_C	T_{G1}	T_S	T_{G2+M}
肝细胞	47.5	28.0	16.0	3.5
精原细胞	60.0	18.0	24.5	15.5+2.0
小鼠				
小肠隐窝上皮细胞	13.1	4.6	6.9	1.0+0.7
十二指肠上皮细胞	10.3	1.3	7.5	1.5
结肠上皮细胞	19.0	9.0	8.0	2.0
皮肤上皮细胞	101.0	87.0	11.82	2.18
乳腺上皮细胞	64.0	37.7	21.7	3+1.6

不同的真核细胞在细胞周期中的细胞分裂行为存在差异，由此可将其分为三类。①增殖型细胞：是指细胞周期中能连续分裂的细胞，这类细胞的分裂维持着组织的更新，常见的如上皮基底层细胞、部分骨髓细胞、性细胞(卵母细胞、精原细胞)等。②暂不增殖型细胞：高等生物中，肝、肾等器官的实质细胞在一般情况下不进行DNA复制及细胞分裂，处于静息阶段，但受到一定的刺激后，即可进入细胞周期，开始分裂，此类细胞即为暂不增殖型细胞，又称为G_0细胞。暂不增殖型细胞对于生物组织的再生、创伤的愈合、免疫反应等有重要意义。③不增殖型细胞：为一类结构和功能都高度特化的，至死亡都不再分裂的细胞。如：神经细胞、肌肉细胞、成熟的红细胞等。

二、细胞周期中各期主要动态变化围绕DNA复制或细胞分裂展开

(一) G_1期是DNA复制的准备期

此期细胞主要特点是进行活跃的RNA及蛋白质合成，细胞迅速增长，体积显著增大。RNA聚合酶活性升高，使得rRNA、tRNA、mRNA不断地产生，蛋白质含量也由此增加。G_1期合成的蛋白质有些是S期DNA复制起始与延伸所需的酶，如DNA聚合酶，另一些则在G_1期向S期转变过程中起重要作用，如：触发蛋白、钙调蛋白、细胞周期蛋白、抑素等。在G_1期与S期之间有一限制点，G_1期细胞一旦通过此点，便能完成以后的细胞周期进程。而触发蛋白是一种G_1期转向S期进程中所必需的、专一性蛋白，又被称为不稳定蛋白(unstable protein)，简称U蛋白。只有当G_1期细胞中U蛋白含量积累到一定程度，细胞周期才能朝DNA合成方向进行。前述的G_0期细胞处于暂不增殖状态，可能与其细胞中U蛋白缺乏有关。G_1期蛋白质量的增加，可能与蛋白质合成增强有关，也可能与蛋白质降解的减弱有关。

G_1期另一个较为突出的特点是可发生多种蛋白质的磷酸化，如组蛋白、非组蛋白及某些蛋白激酶等的磷酸化。组蛋白H1分子的磷酸化发生于其分子-COOH末端部分的丝氨酸上，随着细胞周期进程的发展，磷酸化的H1分子将逐渐增多，由此可促进G_1晚期染色体结构成分的重排。G_1期蛋白激酶的磷酸化大多发生于其丝氨酸、苏氨酸或酪氨酸部位。

在G_1期，细胞膜对物质的转运作用加强，细胞对氨基酸、核苷酸、葡萄糖等小分子营养物质摄入量增加，保证了G_1中进行的大量生化合成有充足的原料。

(二) 在S期中DNA完成其复制

S期是细胞周期进程中最重要的一个阶段，此期细胞主要的特征是进行大量的DNA复制，同时也合成组蛋白及非组蛋白，最后完成染色体的复制。

DNA复制是在多种酶的参与下完成的。细胞由G_1期进入S期时，DNA合成所需的酶，如DNA聚合酶、DNA连接酶、胸腺嘧啶核苷激酶、核苷酸还原酶等的含量或活性显著增高。DNA

复制遵从严格的时间顺序，通常，早复制的多为 GC 含量较高的 DNA 序列，而晚复制的 DNA 序列 AT 含量较高。常染色质的复制在先，异染色质复制在后，如人类女性细胞中钝化的 X 染色体复制发生于其他染色体复制完成以后。

S 期是组蛋白合成的主要时期，在时间上组蛋白的合成与 DNA 复制是同步进行、相互依存的。伴随着 DNA 的复制，胞质中组蛋白 mRNA 大量增加，新合成的组蛋白迅速进入胞核，与已复制的 DNA 结合，组装成核小体，进而形成具有两条单体的染色体。当 DNA 复制在 S 期末完成，组蛋白 mRNA 也在短时间发生大量的降解。

组蛋白持续的磷酸化也发生于 S 期。继 G_1 期进行丝氨酸磷酸化后，在 S 期 H1 上另外两个丝氨酸位点也将发生磷酸化。而 H2A 的磷酸化则贯穿于整个细胞周期。

中心粒的复制完成于 S 期。首先是相互垂直的一对中心粒彼此分离，然后各自在其垂直方向形成一个子中心粒，所形成的两对中心粒将作为微管组织中心，随着细胞周期进程的延续，在纺锤体微管、星体微管等的形成中发挥作用。

(三) G_2 期为细胞分裂准备期

该期细胞中大量合成 RNA、ATP 及一些与 M 期结构功能相关的蛋白质，如作为 M 期纺锤体微管形成基本单位的微管蛋白，其合成在该期达到高峰，这为纺锤体的构建提供了丰富来源。此外，对核膜崩裂、染色体凝集有重要作用的成熟促进因子也是在 G_2 期合成的。G_2 期所合成的某些特定蛋白为其向分裂期转化所必需，缺乏这些蛋白，G_2 期细胞将不能进入下一个阶段的分裂期。在 G_2 期，S 期已复制的中心粒此时体积逐渐增大，开始分离并移向细胞两极。

(四) M 期为细胞有丝分裂期

此期细胞形态、结构发生显著的改变，染色体凝集及分离，核膜、核仁解体及重建，纺锤体、收缩环在胞质形成，细胞核发生分裂，形成两个子核，胞质一分为二，细胞完成分裂。M 期细胞的膜也发生显著变化，细胞由此变圆，根据这一特点，可进行细胞同步化筛选。

在生化合成方面，可能因染色质凝集成染色体降低了其模板活性，该期细胞中 RNA 合成处于抑制状态，除非组蛋白外，细胞中蛋白质合成显著降低。

第三节 细胞周期的调控

细胞周期中细胞生化、形态及结构等方面的变化及相邻时相间的转换，均是在细胞本身及环境因素的严格控制下有序完成的。细胞中多种蛋白构成的复杂网络，可通过一系列有规律的生化反应对细胞周期主要事件加以控制，使细胞能对内外各种信号产生反应。G_1 期到 S 期、G_2 期到 M 期是细胞周期调控的两个关键的时期，不同的蛋白质或多肽因子作用于这些调控点后，可实现其对细胞周期的多因子、多层次调控。

一、细胞周期蛋白与细胞周期蛋白依赖激酶构成细胞周期调控系统的核心

(一) 细胞周期蛋白随细胞周期进程周期性出现及消失

细胞周期蛋白是一类普遍存在于真核细胞中，在细胞周期进程中可周而复始地出现及消失的蛋白质，于 1983 年由 T Evans 等首次发现。这些科学家利用标记有放射性物质的氨基酸，对海胆受精卵蛋白质合成的情况进行检测，发现在受精卵早期卵裂中，有一类蛋白质含量呈现特殊的变化规律，随细胞周期的进程发生周期性的合成与降解，用秋水仙碱抑制细胞分裂后，其降解不发生或被延缓，这类蛋白质由此被命名为细胞周期蛋白（cyclin）。

真核生物的细胞周期蛋白是一些具有相似功能的同源蛋白，由一个相关基因家族编码，种

类多达数十种，哺乳动物的周期蛋白包括 cyclin A-H 几大类，酵母中有 Cln、Clb、Cig。在细胞周期的各特定阶段，不同的周期蛋白相继表达，再与细胞中其他蛋白结合，可对细胞周期相关活动进行调节。

在 G_1 期表达的细胞周期蛋白有 cyclin A、C、D、E，因 cyclin C、D、E 三种蛋白的表达仅限于 G_1 期，进入 S 期即开始降解，且只在 G_1 向 S 期转化过程起调节作用，因此又被称为 G_1 期蛋白。cyclin D 为细胞 G_1/S 期转化所必需，在哺乳动物中，存在三种具有组织及细胞特异性的 cyclin D，即 cyclin D1~3，分裂旺盛的细胞通常含有一种以上的 cyclin D。

cyclin A 的合成发生于 G_1 期向 S 期转变的过程中，在中期时消失，属 S 期周期蛋白。cyclin B 的表达开始于 S 期，在 G_2/M 时达到高峰，随着 M 期的结束而被降解、消失，属 M 期周期蛋白。

不同的周期蛋白在分子结构上存在共同的特点，即：均含有一段氨基酸组成保守的细胞周期蛋白框（图 3-10-18）。该保守序列由 100 个左右的氨基酸残基组成，可介导周期蛋白与周期蛋白依赖性激酶发生结合，形成复合物，参与细胞周期的调节。

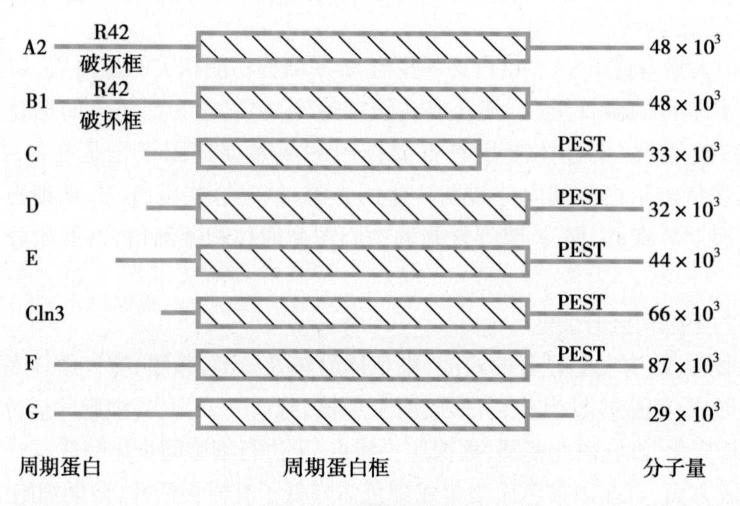

图 3-10-18　细胞周期蛋白框

在 S 期及 M 期周期蛋白的分子中还存在一段被称为破坏框的特殊序列，由 9 个氨基酸残基构成，位于蛋白质分子的近 N 端，可在中期以后 cyclin A、B 的快速降解中发挥作用，G_1 期周期蛋白虽然分子结构不具破坏框，但也可通过其 C 末端的一段 PEST 序列的介导，发生降解。

cyclin A、B 通常是通过多聚泛素化途径被降解的。泛素是一种由 76 个氨基酸组成的，高度保守的蛋白，当其 C 端与非特异性泛素活化酶 E1 的半胱氨酸残基以硫酯键共价结合后，泛素被活化。E1- 泛素复合体可将泛素转移到泛素结合酶 E2 的胱氨酸残基上，在一种特异性的，由多种蛋白亚基构成的泛素连接酶 E3 的催化下，泛素连接于 cyclin A、B 分子破坏框附近的赖氨酸残基上，其他的泛素分子随后相继与前一个泛素分子的赖氨酸残基相连，在 cyclin A、B 上构成一条多聚泛素链。此链可作为标记物被一种大分子量的蛋白复合体，即蛋白酶体所识别，进而被其降解（图 3-10-19）。

（二）细胞周期蛋白依赖性激酶的作用与自身磷酸化状态及周期蛋白相关

细胞周期蛋白依赖性激酶（cyclin dependent kinase，Cdk）为一类必须与细胞周期蛋白结合，才具激酶活性的蛋白激酶，Cdk 通过磷酸化多种与细胞周期相关的蛋白，在细胞周期调控中起关键作用。Cdk 按被发现的先后顺序分别命名为 Cdk 1~8。在不同的 Cdk 分子结构中，均存在一段相似的激酶结构域，其中有一小段介导激酶与周期蛋白结合的区域序列保守性高。在细胞周期各阶段，不同的 Cdk 通过结合特定的周期蛋白，使相应的蛋白质磷酸化，由此引发或控制细胞周期的一些主要事件。因细胞周期进程中 cyclin 可不断地被合成与降解，Cdk 对蛋白质磷酸化的作用也由此呈现出周期性的变化（表 3-10-3）。

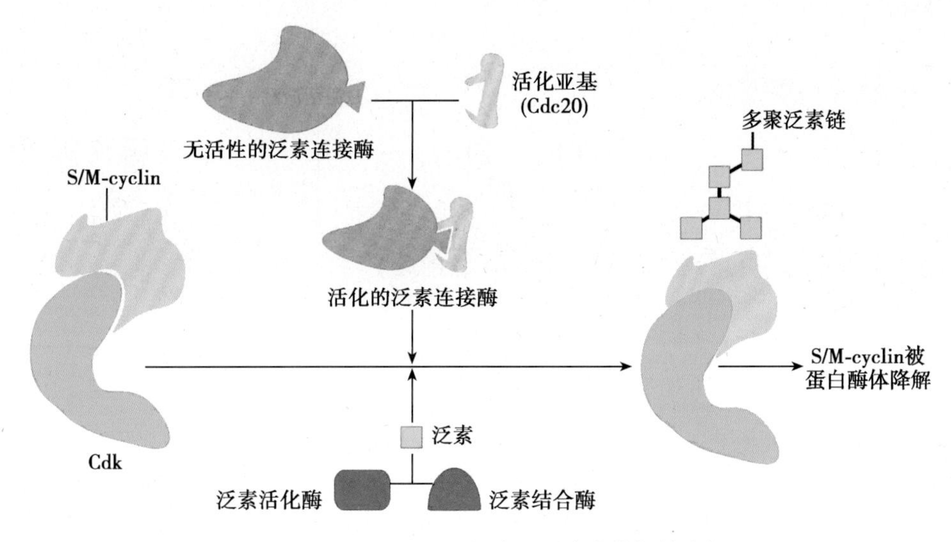

图 3-10-19 cyclinA/B 经多聚泛素化途径被降解

在泛素活化酶作用下泛素被活化，进而被转移到泛素结合酶上，经泛素连接酶催化，连接于cyclin 分子破坏框附近的赖氨酸残基上，其他的泛素分子相继与前一个泛素分子相连，在cyclin 分子上构成一条多聚泛素链，经蛋白酶体识别后被降解

表 3-10-3 细胞周期中一些主要的 Cdk 与 cyclin 的结合关系及作用特点

Cdk 类型	结合的 cyclin	主要作用时期	作用特点
Cdk1	cyclin A	G_2	促进 G_2 期向 M 期转换
	cyclin B	G_2、M	磷酸化多种与有丝分裂相关的蛋白，促进 G_2 期向 M 期转换
Cdk2	cyclin A	S	能启动 S 期的 DNA 的复制，并阻止已复制的 DNA 再发生复制
	cCyclin E	G_1 晚期	使 G_1 晚期细胞跨越限制点向 S 期发生转换
Cdk3	?	G_1	
Cdk4	cyclin D（D1/D2/D3）	G_1 中、晚期	使 G_1 晚期细胞跨越限制点向 S 期发生转换
Cdk5	?	G_0?	
Cdk6	cyclin D（D1/D2/D3）	G_1 中、晚期	使 G_1 晚期细胞跨越限制点向 S 期发生转换

Cdk 的激酶活性需要在 cyclin 及磷酸化双重作用下才能被激活。裂殖酵母中，处于非磷酸化状态的，无活性的 Cdk 分子中含有一弯曲的环状区域，称为 T 环，该结构将 Cdk 的袋状催化活性部位入口封闭，阻止了蛋白底物对活性位点的附着。当非磷酸化的 Cdk 与 cyclin 结合后，cyclin 与 T 环彼此间发生强烈的相互作用，引起 T 环结构位移、缩回，袋状催化活性部位入口打开，活性位点暴露。而位于 Cdk N 端的一段 α 螺旋此时也旋转 90°，重新定位，其底物附着位点由此转向 Cdk 袋状催化活性部位分布，此时的 Cdk 激酶活性较低，仅在体外实验中检测得到（图 3-10-20）。

与 cyclin 结合的 Cdk 要完全活化，还必须依赖于其分子的进一步磷酸化。磷酸化发生于 Cdk 的两个氨基酸残基位点，即活性的第 161 位苏氨酸残基（Thr161）与抑制性的第 15 位酪氨酸残基（Tyr15）。Thr161 位于 T 环上，在经 CAK（Cdk 活化激酶）磷酸化后，Cdk-cyclin 复合物上底物附着部位形状显著改变，与底物的结合能力进一步增强，与未磷酸化时相比，Cdk 催化活性可提高 300 倍。Tyr15 存在于 Cdk 与 ATP 结合的区域，其磷酸化过程由 Weel 激酶催化，发生于 Thr161 前。当 Thr161 被磷酸化后，Tyr15 在 Cdc25 磷酸酶的催化下再发生去磷酸化，Cdk 才最

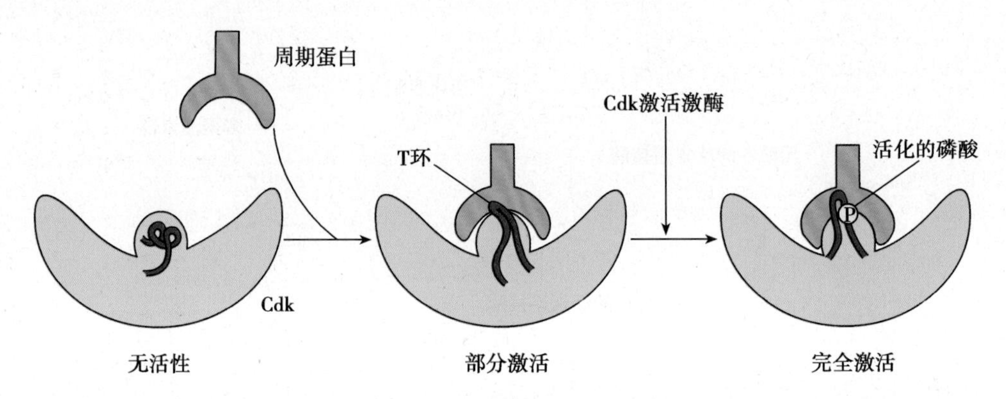

图 3-10-20 Cdk 与 cyclin 的结合

无活性的 Cdk 分子中含有一弯曲的 T 环结构，将 Cdk 的袋状催化活性部位入口封闭，阻止了蛋白底物对活性位点的附着；Cdk 与 cyclin 结合使 T 环结构位移、缩回，Cdk 底物附着位点由此转向其袋状催化活性部位分布，Cdk 具有了部分活性；Cdk 完全激活还需 T 环上的特定位点发生磷酸化

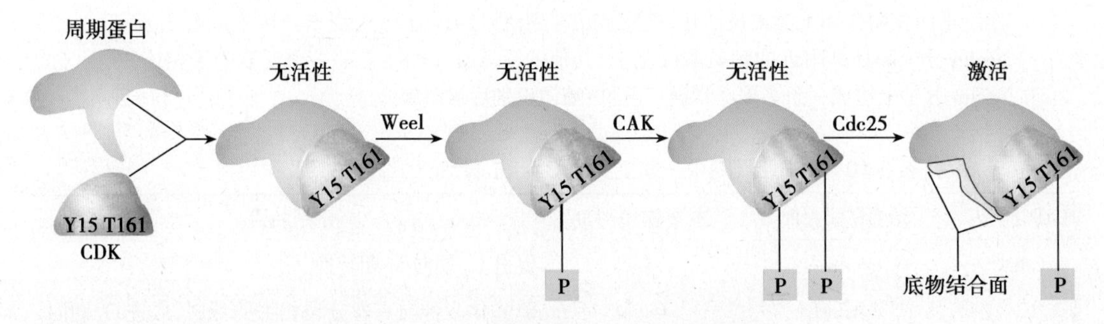

图 3-10-21 多重磷酸化对 Cdk 活性的影响

Cdk 的两个氨基酸残基位点 Thr161 与 Tyr15 的磷酸化与其活性密切相关。Thr161 位于 T 环上，在其磷酸化后，Cdk cyclin 复合物与底物的结合能力明显增强，Cdk 活性显著升高。Tyr15 存在于 Cdk 与 ATP 结合的区域，其磷酸化发生于 Thr161 前。当 Thr161 被磷酸化后，Tyr15 再发生去磷酸化，Cdk 最终被激活

终被激活(图 3-10-21)。在脊椎动物中，Cdk 蛋白上第 14 位苏氨酸残基(Thr14)与 Tyr15 一样，分布于 Cdk 与 ATP 结合部位，因此 Cdk 的激活，还需要 Myt 激酶对 Thr14 进行的磷酸化及随后 Cdc25 磷酸酶对 Thr14 的去磷酸化。

Cdk 的活性也受到 Cdk 激酶抑制物(CKI)的负性调节。已证实有多种 CKI 存在，哺乳动物的 CKI 根据其分子量的差异，可被分为 CIP/KIP 及 INK4 两大家族，属 CIP/KIP 家族成员的 CKI 有 $p21^{Cip1/Waf1}$、$p27^{Kip1}$、$p57^{Kip}$ 等，而 INK4 家族成员则包括 $p16^{INK4}$、$p15^{INK4}$、$p18^{INK4}$ 等。

CKI 对 Cdk 的抑制作用是通过与 cyclin-Cdk 复合物结合，改变 Cdk 分子活性位点空间位置来实现的。$p27^{Kip1}$N 端的一部分可与 Cdk2-cyclinB 复合物的 cyclin 相连，而 N 端的另一些区域则插入到 Cdk2 N 端，Cdk2 结构由此受到严重的扰乱。此外，在 $p27^{Kip1}$ 分子上存在一个类似于 ATP 的区域，可结合于 Cdk 分子的 ATP 结合位点上，从而阻止 ATP 对 Cdk 的附着。通过以上两种方式，$p27^{Kip1}$ 可抑制 Cdk2-cyclin B 复合体中 Cdk 的活性。

(三) cyclin-Cdk 对细胞周期运转的全面调控

Cyclin-Cdk 复合物是细胞周期调控体系的核心，其周期性的形成及降解，引发了细胞周期进程中特定事件的出现，并促成了 G_1 期向 S 期、G_2 期向 M 期、中期向后期等关键过程不可逆的转换。

1. G_1 期中 cyclin-Cdk 复合物的作用 在 G_1 期起主要作用的 cyclin-Cdk 复合物是由 G_1 期周期蛋白 D、E 与 Cdk4/6 结合构成，这些复合物能使 G_1 晚期的细胞跨越限制点，向 S 期发生转换。

Cyclin D-Cdk 复合物主要在 G_1 期向 S 期转变的过程中起作用，在一些向 S 期转变的 G_0 期细胞中，存在 cyclin D 的转录及表达，而当 cyclinD 抗体加入后，G_0 期细胞的这一转变将受阻。而 cyclin E-Cdk 复合物则为 S 期的启动所必需。如果蝇胚胎细胞中的 cyclin E 基因发生突变，细胞将滞留于 G_1 期。向 G_1 期细胞中显微注射特异性的 cyclin E 抗体，细胞向 S 期的转变受到抑制。相反，如果用某些方法促进 cyclin E 在细胞中高表达，则 G_1 期细胞将迅速转入 S 期。

与 G_1 期 cyclin-Cdk 复合物作用相关的主要生化事件是：cyclin D 首先在细胞中大量合成，Cdk4、6 与其结合，通过激酶活性磷酸化 Rb 蛋白，使其失活，与 Rb 蛋白结合的转录因子 E2F 被释放，S 期启动相关的基因开始转录，G_1/S 期、S 期 cyclin 大量合成，G_1/S-Cdk、S-Cdk 复合物活化，致使与 DNA 复制相关的蛋白及酶大量的合成，DNA 复制启动，细胞进入 S 期（图 3-10-22）。

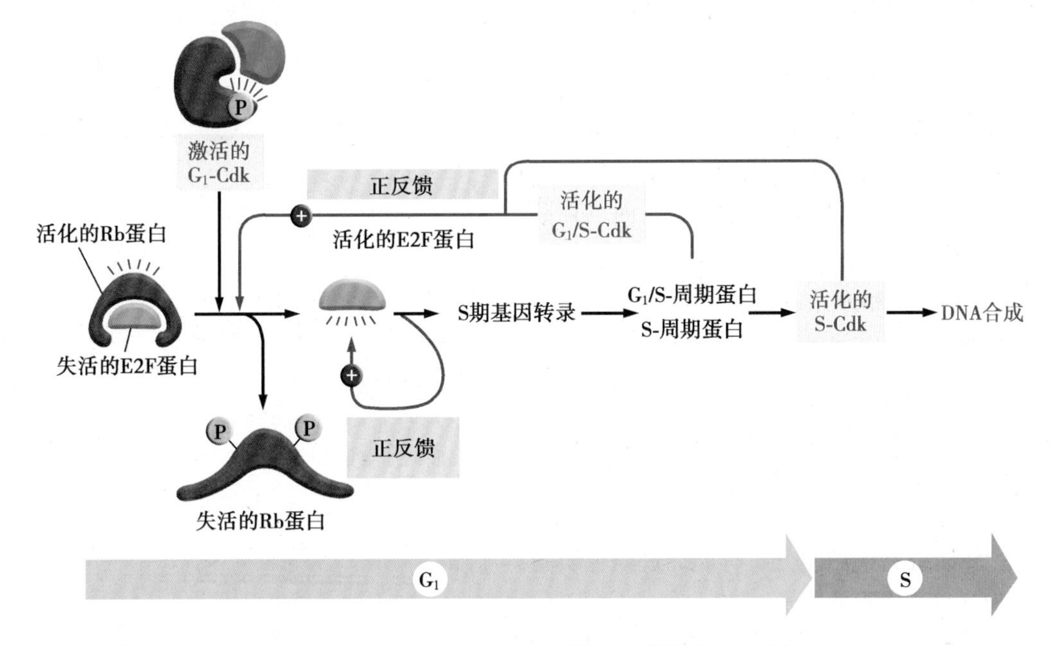

图 3-10-22　cyclin-Cdk 在 G_1 期向 S 期转换中的作用

磷酸化 S 期 cyclin-Cdk 复合物抑制蛋白、使其经多聚泛素化途径被降解，是 G_1 期 cyclin-Cdk 复合物控制 G_1 期向 S 期转变的又一种方式。S 期 cycli-Cdk 抑制蛋白是一种表达于 G_1 期早期，特异性抑制 S 期 cyclin-Cdk 的因子，S 期 cyclin-Cdk 在 G_1 期一经合成，即被该抑制蛋白结合，活性丧失。在 G_1 期晚期，S 期 cyclin-Cdk 抑制蛋白在 G_1 期 cyclin-Cdk 复合物作用下发生磷酸化，经泛素结合酶及泛素连接酶识别后，被多聚泛素化，最终降解，S 期 cyclin-Cdk 活性得以恢复，重新具有对 DNA 合成的诱导能力，G_1 期进一步向 S 期转换。

2. S 期中 cyclin-Cdk 复合物的作用　当细胞进入 S 期后，cyclin-Cdk 复合物发生的主要变化包括：cyclin D/E Cdk 复合物中的 cyclin 发生降解、cyclin A-Cdk 复合物形成。因 cyclin D/E 的降解是不可逆的，使得已进入 S 期的细胞将无法向 G_1 期逆转。Cyclin A-Cdk 复合物是 S 期中最主要的 cyclin-Cdk 复合物，能启动 DNA 的复制，并阻止已复制的 DNA 再发生复制。

关于 cyclin A-Cdk 复合物启动 DNA 复制的机制，目前认为与真核细胞 DNA 分子复制起始点及其附近 DNA 序列上一个由多种蛋白构成的结构，即前复制复合体（pre-replication complex，pre-RC）有关。构成前复制复合体的蛋白主要包括复制起始点识别复合物（origin recognition complex，ORC）、Cdc6 及 Mcm。Cyclin A-Cdk 复合物利用其激酶活性可使 ORC 发生磷酸化，由此激活复制起始点，DNA 合成启动。此外，cyclin A-Cdk 复合物还可激活 Mcm 蛋白，活化的 Mcm 蛋白具有解旋酶功能，在 DNA 复制点处将 DNA 双链打开，当其他与 DNA 合成相关的酶，如 DNA 聚合酶等在此汇集后，DNA 复制将随之发生。

在DNA复制启动后，cyclin A-Cdk复合物可进一步对前复制复合体的蛋白质进行磷酸化，导致Cdc6蛋白的降解或Mcm向核外的转运，阻止了前复制复合体在原复制位点及其他复制起始点的重新装配，使DNA复制不会再启动。Cyclin A-Cdk复合物通过上述机制，保证了S期细胞DNA只能复制一次，cyclin A-Cdk复合物的这一作用能继续维持到G_2及M期，因此直至有丝分裂后期染色单体彼此未发生分离前，DNA均无法再进行复制（图3-10-23）。

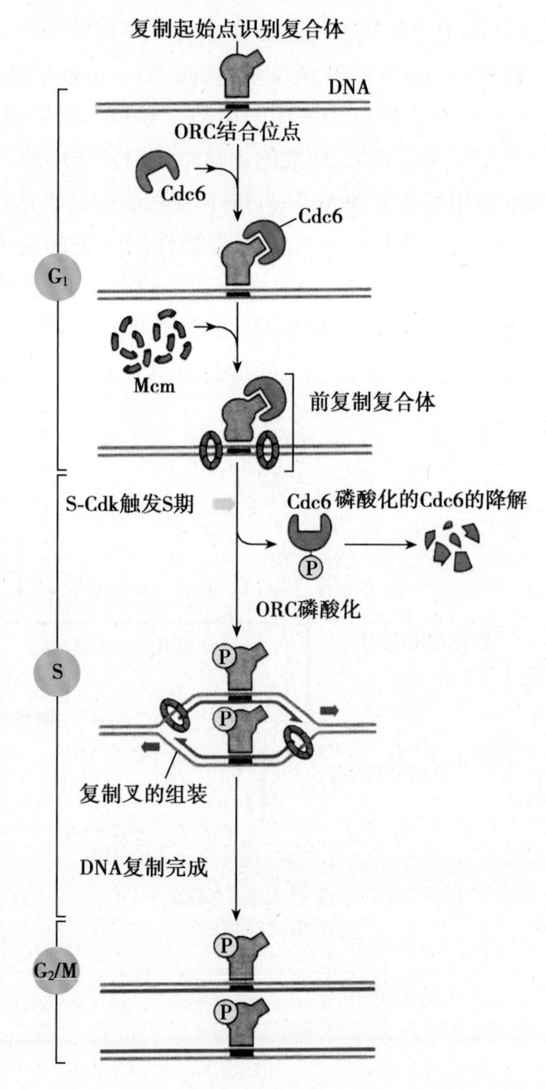

图3-10-23 S期中cyclin-Cdk复合物的作用

ORC与Cdc6及Mcm蛋白构成前复制复合体。cyclinA-Cdk复合物通过磷酸化ORC激活复制起始点，启动DNA合成。在cyclinA-Cdk复合物作用下，Mcm蛋白被活化并产生解旋酶功能，使DNA复制点处DNA双链打开，促进DNA复制发生

3. G_2/M期转换中cyclin-Cdk复合物的作用 G_2期晚期形成的cyclinB-Cdk1复合物，在促进G_2期向M期转换的过程中起着关键作用，该复合物又被称为成熟促进因子（maturation promoting factor，MPF），意为能促进M期启动的调控因子。MPF最早发现于20世纪70年代由RT Johnson和PN Rao所进行的细胞融合实验中。他们用人工方法诱导体外培养的M期及间期HeLa细胞间发生融合，结果发现无论融合的间期细胞处于细胞周期何种阶段，其核中染色质均会出现早熟凝集（premature chromosome condensation，PCC），并都能向M期转换。由此提示，在M期细胞中可能分布有能促进染色质凝集及有丝分裂发生的因子。

Y Masui等（1971）将黄体酮处理的，成熟的非洲爪蟾卵细胞胞质显微注射到未成熟的，处于G_2期的爪蟾卵母细胞中，这些细胞可被诱导向M期转化，进而成熟，据此他们认为在成熟卵细胞胞质中必定存在一种能促进G_2期卵母细胞进入M期，发育成熟的物质，并正式将其命名为MPF。

由于MPF在细胞中稳定性较差，在MPF被发现后的许多年间，人们致力于其纯化及鉴定工作。现已证实，从酵母到哺乳动物的细胞中，均有MPF的分布，柱层析结果表明，MPF是由32 000、45 000两种蛋白质亚基组成的异二聚体，前者为细胞周期蛋白依赖激酶Cdk1，后者即为cyclin B。

在MPF中，Cdk1为一种Ser/Thr（丝氨酸/苏氨酸）激酶，可催化蛋白质Ser与Thr残基磷酸化，是MPF的活性单位。Cdk1本身为一种磷蛋白，只有当其发生去磷酸化时，才可以表现出蛋白激酶活性。Cdk1在整个细胞周期进程中的表达均较为恒定。Cyclin B具有激活Cdk1及选择激酶底物的功能，其表达随细胞周期进程发生变化，为MPF的调节单位。

在G_2期晚期MPF活性发生显著的升高，因为此时cyclin B表达达到峰值，Cdk1在与其结合后，原处于磷酸化的Tyr15和Thr14位点，经Cdc25蛋白作用发生去磷酸化，而Thr161位点则保持其磷酸化状态，Cdk1活性由此被激活。MPF活性增高，促进了G_2期向M期的转换。如果cyclin B与Cdk1分离并解体，Cdk1的Tyr15和Thr14氨基酸残基又发生磷酸化，将致使MPF激

酶活性失活，由此可促进细胞从 M 期向 G_1 期转化。

4. M 期中 cyclin-Cdk 复合物的作用　M 期细胞在形态结构上所发生的众多事件以及中期向后期、M 期向下一个 G_1 期的转换均与 MPF 相关。

在细胞由 G_2 期进入 M 期后，依赖于其蛋白激酶活性，MPF 可对 M 期早期细胞形态结构变化产生直接或间接的作用。MPF 与染色体的凝集直接相关。在细胞分裂的早、中期，MPF 可通过磷酸化组蛋白 H1 上与有丝分裂有关的特殊位点，诱导染色质凝集，启动有丝分裂。MPF 也可直接作用于染色体凝缩蛋白，散在的 DNA 分子结合于磷酸化的凝缩蛋白上后，沿其表面发生缠绕、聚集，介导了染色体形成超螺旋化结构，进而发生凝集。

核纤层蛋白(lamin)也是 MPF 的催化底物之一，lamin 经 MPF 作用后，其特定的丝氨酸残基可发生高度磷酸化，由此引起核纤层纤维结构解体，核膜崩裂成小泡。MPF 也能对多种微管结合蛋白进行磷酸化，进而调节细胞周期中微管的动态变化，使微管发生重排，促进纺锤体的形成(图 3-10-24)。

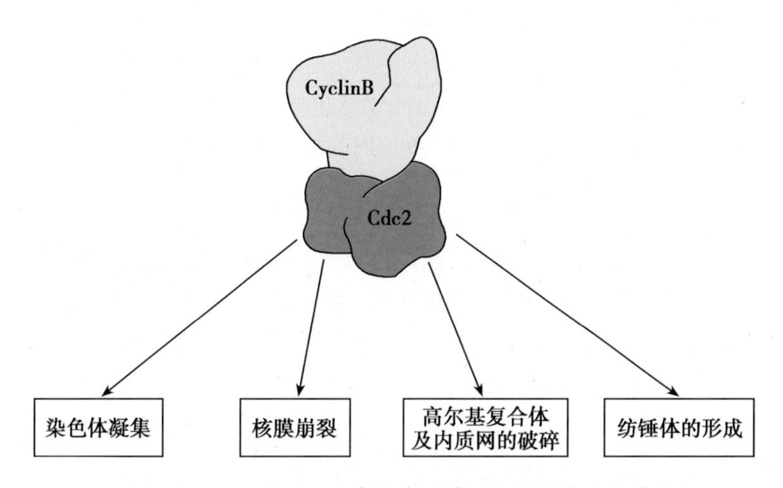

图 3-10-24　MPF 对 M 期早期细胞形态结构变化的作用

MPF 还可促进中期细胞向后期的转换。中期染色体两姐妹染色单体的分离是启动后期的关键。中期姐妹染色单体着丝粒间主要由黏连蛋白 Scc1 与 Smc 构成的复合体相连，该复合体连接活性受控于 securin 蛋白。后期之前 securin 与分离酶(separase)结合，使该酶活性被抑制。在中期较晚的阶段，一旦所有染色体的动粒均与纺锤体微管相连，一种被称为后期促进因子(anaphase promoting complex，APC)的泛素连接酶可在 MPF 作用下发生磷酸化，进而与 Cdc20 结合而被激活，之后将引起 securin 发生多聚泛素化反应，最终被降解，分离酶(separase)由此被释放、活化，在其作用下，黏连蛋白复合体中 Scc1 被分解，姐妹染色单体的着丝粒发生分离，在纺锤体微管的牵引下，分别移向两极，细胞进入后期阶段(图 3-10-25)。

在有丝分裂后期末，cyclin B 在激活的 APC 作用下，经多聚泛素化途径被降解，MPF 解聚、失活，促使细胞转向末期，此时细胞中因失去了 MPF 的活性作用，磷酸化的组蛋白、核纤层蛋白等可在磷酸酶作用下发生去磷酸化，染色体又重新开始凝集、核膜也再次组装，子细胞核逐渐形成。后期末 MPF 激酶活性降低，也促进了胞质分裂发生。在 M 期早期，MPF 可对参与胞质分裂收缩环形成的肌球蛋白进行磷酸化，随着后期 MPF 的失活，磷酸酶使肌球蛋白去磷酸化，其活性恢复，与肌动蛋白相互作用使收缩环不断缢缩、分裂沟不断加深直至细胞质发生分裂。

二、细胞周期检测点监控细胞周期的活动

在细胞周期的进程中，如果上一个阶段的重要活动尚未结束或发生错误，细胞就进入下一

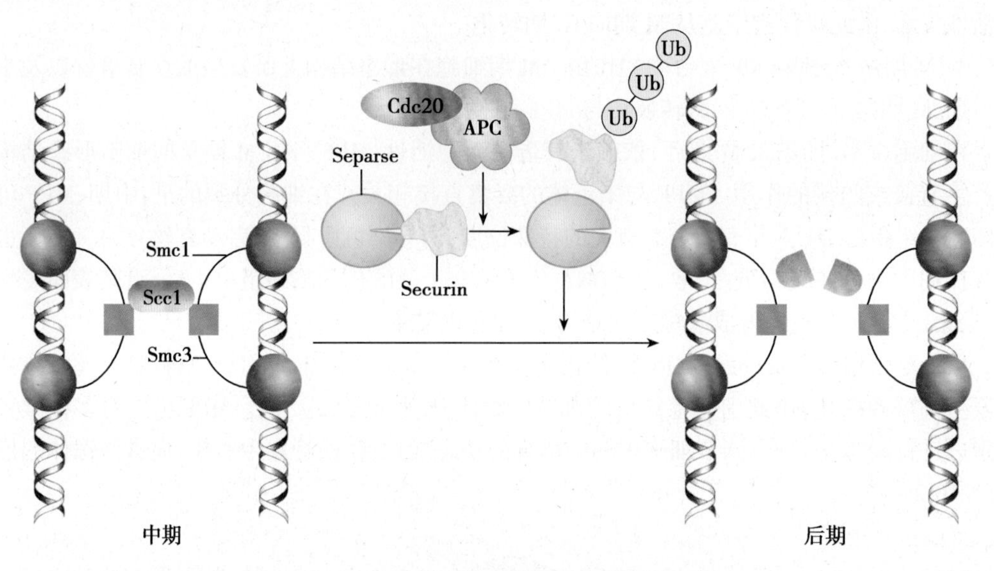

图 3-10-25 APC 的激活与染色单体的分离

在有丝分裂中期末，后期促进因子（APC）被 MPF 磷酸化后激活，致使 securin 蛋白经多聚泛素化反应被降解，分离酶被释放、活化，进而降解 Scc1 蛋白，黏连蛋白复合体解体，姐妹染色单体的着丝粒发生分离

个阶段，其遗传特性将受到灾难性的损害，如产生早熟染色体或导致染色体数目异常。为了保证细胞染色体数目的完整性及细胞周期正常运转，细胞中存在着一系列监控系统，可对细胞周期发生的重要事件及出现的故障加以检测，只有当这些事件完成、故障修复后，才允许细胞周期进一步运行，该监控系统即为检测点（checkpoint），包括未复制 DNA 检测点、纺锤体组装检测点、染色体分离检测点及 DNA 损伤检测点（图 3-10-26）。检测点对细胞周期的调节机制与细胞内由多种蛋白质、酶及 cyclin-Cdk 复合物等组成的生化路径相关。

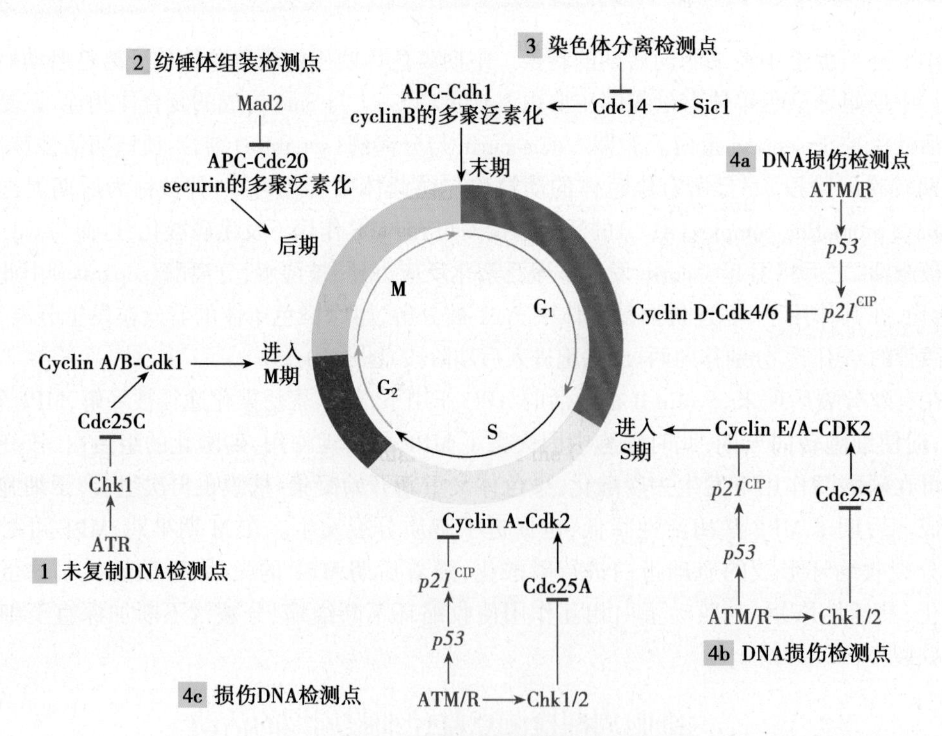

图 3-10-26 细胞周期的检测点

(一) 未复制 DNA 检测点保证了细胞分裂必须发生于 DNA 复制之后

在正常的细胞周期中，DNA 未发生复制时，细胞将不能进入有丝分裂。未复制 -DNA 检测点的作用主要包括识别未复制 DNA 并抑制 MPF 激活。在裂殖酵母与爪蟾卵细胞提取物中，有两种蛋白激酶在未复制 DNA 检测点有重要的功能，即 ATR 与 Chk1，它们能阻止未经 DNA 复制的细胞发生分裂。

在 DNA 复制进行过程中，ATR 在与 DNA 复制叉结合后被激活，由此引起一系列蛋白激酶级联反应，即：ATR 磷酸化激活 Chk1 激酶，Chk1 磷酸化 Cdc25 磷酸酶，致使抑制 M 期 Cdk 活性的磷酸基不能去除，cyclinA/B-Cdk1 复合物保持被抑制状态，不能磷酸化启动 M 期的靶蛋白。上述活动可一直发生，直至所有复制叉上所进行的 DNA 合成均完成，复制叉解体，由此使得 M 期必须在 DNA 合成结束后才能发生。

(二) 纺锤体组装检测点防止了纺锤体装配错误的中期细胞进入后期

该检测点的作用主要是阻止纺锤体装配不完全或发生错误的中期细胞进入后期，只要细胞中有一个染色体的动粒与纺锤体微管连接不正确，后期就不能发生。

对酵母纺锤体组装检测点突变体研究证实，Mad2 这种蛋白是纺锤体组装检测点作用机制中关键的因子。在细胞周期进程中，APC 所介导的 securin 蛋白的多聚泛素化控制着中期向后期的转化。Mad2 对 APC 的激活因子 Cdc20 有抑制作用。在中期染色体上，如果有某一动粒没与纺锤体微管相连接，Mad2 将结合于该动粒上并短暂激活，使 Cdc20 失去活性，继而 APC 活化及 securin 蛋白的多聚泛素化受阻，染色单体着丝粒间不能分离，由此阻止了细胞进入后期。一旦染色体上所有的动粒均被动粒微管附着，纺锤体组装完成，Mad2 与动粒的结合停止，恢复其无活性状态，Cdc20 活性抑制状态被解除，引起 APC 相继活化及 securin 蛋白的多聚泛素化，启动染色单体的分离及细胞向后期的转化。

(三) 只有染色体分离正常的后期细胞才能通过染色体分离检测点进入末期

在细胞周期进程中，末期发生的各种事件及随后的胞质分裂，均需要 MPF 的失活。Cdc14 磷酸酶的活化，能促使 M 期 cyclin 经多聚泛素化途径被降解，导致 MPF 活性的丧失，引发细胞转向末期。

染色体分离检测点是通过监测发生分离的子代染色体在后期末细胞中的位置，来决定细胞中是否产生活化的 Cdc14 磷酸酶，以促进细胞进入末期，发生胞质分裂，最后退出 M 期。该检测点的存在阻止了在子代染色体未正确分离前，末期及胞质分裂的发生，保证了子细胞可含有一套完整的染色体。

框 10-2　芽生酵母染色体分离检测点作用机制

在芽生酵母中，染色体分离检测点的作用机制依赖于由多种蛋白质组成的“有丝分裂退出系统”。在这类酵母细胞中，无活性的 Cdc14 磷酸酶存在于核仁内，受控于一个小的 GTP 酶 Tem1。在细胞分裂后期，无活性的、与 GDP 结合的 Tem1 与纺锤体靠近子细胞芽的极体（相当于高等真核细胞的中心体）相连。若后期末随着纺锤体微管的增长，相互分离的子代染色体被正确定位，Tem1 则会位移至子细胞芽中，与存在于子细胞芽中 GEF 蛋白作用，活化为 GTP 结合状态，通过激活某些蛋白激酶，使核仁中与 Cdc14 结合并抑制其活性的蛋白质磷酸化，Cdc14 活性恢复，并从核仁中释放，经活化 APC 特异性因子 Cdh1，使 cyclinB 发生多聚泛素化，进而被降解，MPF 失活，细胞开始进入末期。如果后期末子代染色体分离方向出现异常，未能进入细胞芽中，此时 Tem1 因不能与 GEF 蛋白接触，将保持其非活化状态，Cdc14 就不会从核仁中释放，细胞向末期的转变受阻，将不能退出有丝分裂（图 3-10-27）。

Notes

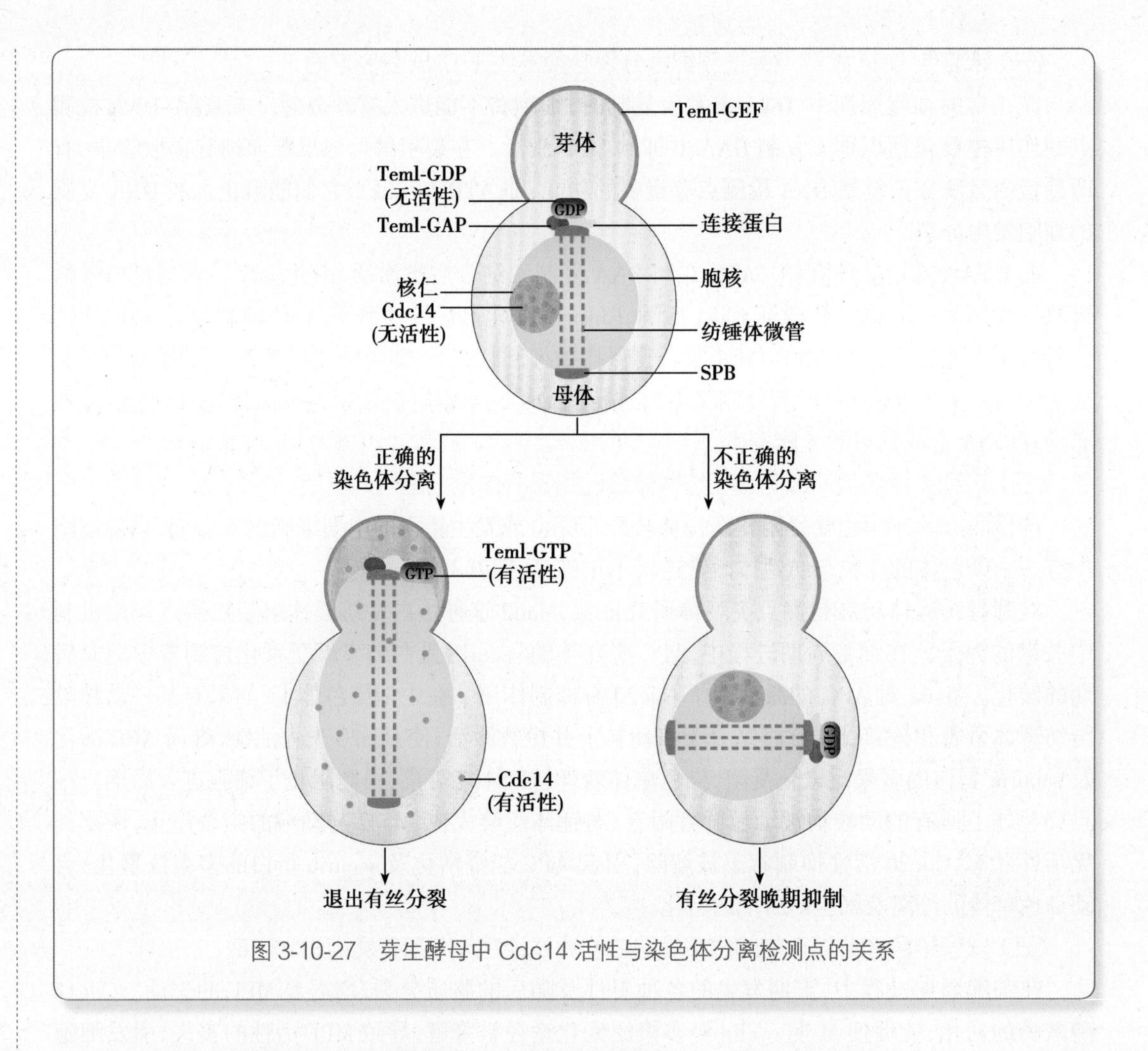

图 3-10-27 芽生酵母中 Cdc14 活性与染色体分离检测点的关系

(四) DNA 损伤检测点监测着细胞 DNA 损伤后的修复

在细胞周期过程中,DNA 可因外界一些化学及物理因素的影响被损伤,此时,DNA 损伤检测点将阻止细胞周期继续进行,直到 DNA 损伤被修复。如果细胞周期被阻在 G_1、S 期,受损的碱基将不能被复制,由此可避免基因组产生突变以及染色体结构的重排。如果细胞周期被阻在 G_2 期,可使 DNA 双链断片得以在细胞进行有丝分裂以前被修复。

在 DNA 损伤检测点,某些肿瘤抑制蛋白如 Chk1/2、ATM/ATR 及 P53 等起着关键的作用。当 DNA 因紫外线或射线的作用发生损伤时,DNA 损伤检测点将被激活,在活化蛋白激酶 Chk2 后,可使磷酸酶 Cdc25 磷酸化,Cdc25 最终经多聚泛素化标记后发生降解。在哺乳动物中,Cdc25 的磷酸酶作用为 Cdk2 完全活化所必需,Cdc25 失活将导致 Cdk2 不能活化,由 cyclinE/A-Cdk2 介导的跨越 G_1 期或 S 期的进程将不能发生,细胞因此被滞留于 G_1 或 S 期。

以上四种细胞周期检测点的特点及作用机制总结如表 3-10-4 所示。

三、多种因子与细胞周期调控相关

(一) 生长因子通过信号传递途径影响细胞周期

生长因子(growth factor)是一类由细胞自分泌或旁分泌产生的多肽类物质,在与细胞膜上特异性受体结合后,经信号传递可激活细胞内多种蛋白激酶,促进或抑制细胞周期进程相关蛋白的表达,参与细胞周期的调节。生长因子的作用为细胞周期正常进程所必需。G_1 期早期的细胞如果缺乏生长因子的刺激,将不能向 S 期转换,转而进入静止状态,成为 G_0 期细胞。

表 3-10-4　细胞周期检测点的特点及作用机制

检测点类型	作用特点	与作用相关的主要蛋白质
未复制 DNA 检测点	监控 DNA 复制，决定细胞是否进入 M 期	ATR、Chl1、Cdc25、cyclin A/B-Cdk1
纺锤体组装检测点	监控纺锤体组装，决定细胞是否进入后期	Mad2、APC、securin
染色体分离检测点	监控后期末子代染色体在细胞中的位置，决定细胞是否进入末期及发生胞质分裂	Tem1、Cdc14、M 期 cyclin
DNA 损伤检测点	监控 DNA 损伤的修复，决定细胞周期是否继续进行	ATM/ATR、Chk1/2、P53、Cdc25、cyclinE/A-Cdk2

能影响细胞增殖，调节细胞周期的生长因子有多种，常见的如：表皮生长因子（epidermal growth factor，EGF）、血小板衍生生长因子（platelet derived growth factor，PDGF）、转化生长因子（transforming growth factor，TGF）、白介素（interleukin，IL）等，这些因子主要在 G_1 期与 S 期起作用，可刺激或抑制静止期细胞进入 G_1 期或 S 期。不同因子在调节的具体时段上存在差异，PDGF 的调节点一般在 G_0 向 G_1 期转变过程中。EGF、IL、TGF α、β 的调节点则在 G_1 期向 S 期转换过程中。已证实 TGF β 可在 G_1 期向 S 期转换中起负调节作用。TGF-β 的存在可使 cyclinE 表达降低，cyclinE-Cdk2 复合物形成受阻，细胞被迫滞留于 G_1/S 期，不能向 S 期转换。

（二）抑素对细胞周期有负调节作用

抑素（chalone）是一种由细胞自身分泌的，能抑制细胞周期进程的糖蛋白，主要在 G_1 期末及 G_2 期对细胞周期的产生调节作用。抑素可通过与细胞膜上特异性受体结合，引起信号的转换及向胞内的传递，进而对细胞周期相关蛋白的表达产生影响。

（三）cAMP 与 cGMP 以相互拮抗的方式调节细胞分裂

cAMP 与 cGMP 均为细胞信号转导过程中重要的胞内信使，在细胞周期中，两者可相互拮抗，控制细胞周期的进程。cGMP 能促进细胞分裂中 DNA 及组蛋白的合成，cAMP 对细胞分裂有负调控作用，其含量降低时，细胞 DNA 合成及细胞分裂将加速。细胞中 cAMP 与 cGMP 两者量上的平衡，是维持正常细胞周期进程的一个重要因素，cGMP 浓度的升高常发生于一些恶性肿瘤的细胞中。

（四）RNA 剪接因子 SR 蛋白及 SR 蛋白特异的激酶是转录水平上与细胞周期调节相关的因子

真核细胞基因在表达为蛋白质前，均需经历一个 RNA 剪接的过程。两种影响 RNA 剪接的因子，即剪接因子 SR 蛋白与 SR 特异激酶（SR protein specific kinase，SRPK1），已被证实与细胞周期调控相关。

SR 蛋白可通过磷酸化或去磷酸化的方式在 RNA 剪接中起作用，磷酸化的 SR 为 RNA 剪接的起始所必需，而在剪接的过程中，SR 则处于去磷酸化状态。伴随着细胞周期进程，SR 蛋白可发生有规律的磷酸化与去磷酸化。间期中 SR 蛋白磷酸化程度低，在胞核内聚集成核斑。细胞进入 M 期后，SR 磷酸化程度逐渐增高，核斑将发生去组装，逐渐分散，到中期则完全消失。SR 蛋白磷酸化水平受控于其专一激酶 SRPK1，该激酶细胞周期中活性变化的规律与 SR 蛋白存在一致性。

框 10-3 MicroRNA(miRNA)与细胞周期的调控

新近研究表明,在机体发育及生理过程中有重要作用的 MicroRNA(miRNA),也参与了对细胞周期的调控。通过调节 cyclin、Cdk、CKI 等的表达,miRNA 可直接影响细胞周期的进程,尤其是 G_1 向 S 期的转换。已证实某些 G_1 期 cyclin(cyclinD2、cyclinE2)及其作用相关的 Cdk6、CKI 是 let 7、miR 15a/16 1、miR 17 及 miR 34 等多种 miRNA 的下游靶蛋白。通过抑制 *p21* 的表达,miR 17 家族成员均可促进 G_1 向 S 期的转变,如果这类 miRNA 功能丧失,将导致 G_1 期细胞的增多。以往证实的、由 *p53* 诱导造成的细胞周期 G_1 期滞留,也可能与 miRNA 的作用有关,因为已发现 miR 34a、miR 34b 及 miR 34c 等的转录均受到 *p53* 的直接调节(图 3-10-28)。

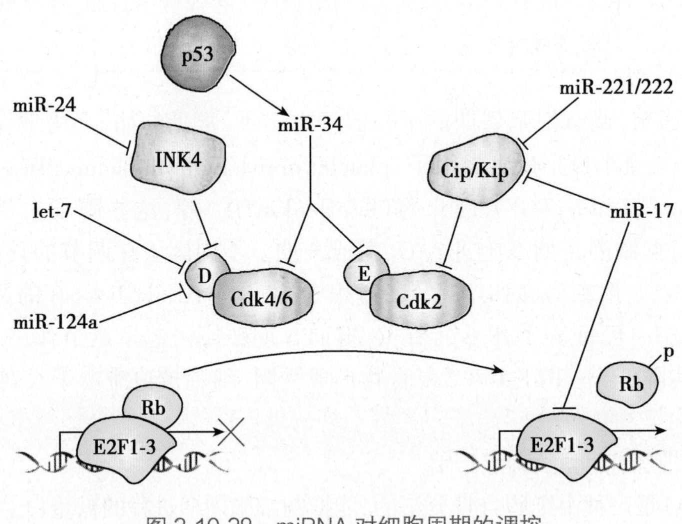

图 3-10-28 miRNA 对细胞周期的调控

四、细胞周期调控的遗传基础涉及多种编码调节蛋白及酶的基因

在细胞周期的进程中,多种蛋白或酶直接或间接地参与了细胞周期事件的调控,编码这些蛋白或酶的基因有规律、特异性的表达构成细胞周期调控的遗传基础。

细胞分裂周期基因(cell division cycle gene,Cdc gene)是一类产物表达具细胞周期依赖性或直接参与了细胞周期调控的基因,主要包括前面述及的,处于细胞周期调控中心地位的 cyclin、Cdk 及 CKI 等基因。此外,与 DNA 复制密切相关的 DNA 聚合酶基因、DNA 连接酶基因均属 *Cdc* 基因。

除 *Cdc* 基因外,在细胞周期进程控制中,起着重要作用的另一大类基因还有癌基因及抑癌基因,它们的产物通过与生长因子受体结合或直接作用于某些 *Cdc* 基因,可促进或抑制细胞增殖。

(一) *Cdc* 基因编码多种与细胞周期调控相关的蛋白及酶

Cdc 基因的存在及其对细胞周期的作用,是在研究酵母温度敏感突变株细胞周期变化过程中被发现的。在低温情况下,酵母温度敏感突变株可以发生正常的细胞分裂,处于细胞周期各阶段的细胞均存在。随着温度的升高,突变细胞的细胞周期进程运行到某一特定阶段将发生停滞,细胞周期不能继续进行。此时的细胞因继续生长,体积异常增大。

进一步研究发现,酵母温度敏感突变株上述细胞周期异常,是因为高温使得某些基因发生了突变,致使其作用失活,这些基因即为 *Cdc* 基因,其产物为细胞周期进程中所必需。借助于

DNA 的转染技术，通过弥补酵母 *Cdc* 基因突变的方法可将 *Cdc* 基因分离。用野生型酵母基因库的 DNA 片段构建质粒，并将其转染入上述温度敏感突变株细胞中，将突变细胞置于高温下培养，仅有少数突变细胞中因转入了野生型细胞 *Cdc* 基因，可以存活并增殖成克隆。而大多数突变细胞因转入的是其他非 *Cdc* 基因，而不能增殖。将含有 *Cdc* 基因的突变细胞中的质粒分离后，即可对其所携带的 *Cdc* 基因并加以分析、鉴定(图 3-10-29)。目前已被鉴定的酵母 *Cdc* 基因有 40 多个，其蛋白产物的生化功能涉及酵母细胞周期的启动、DNA 合成、中心粒复制等过程。

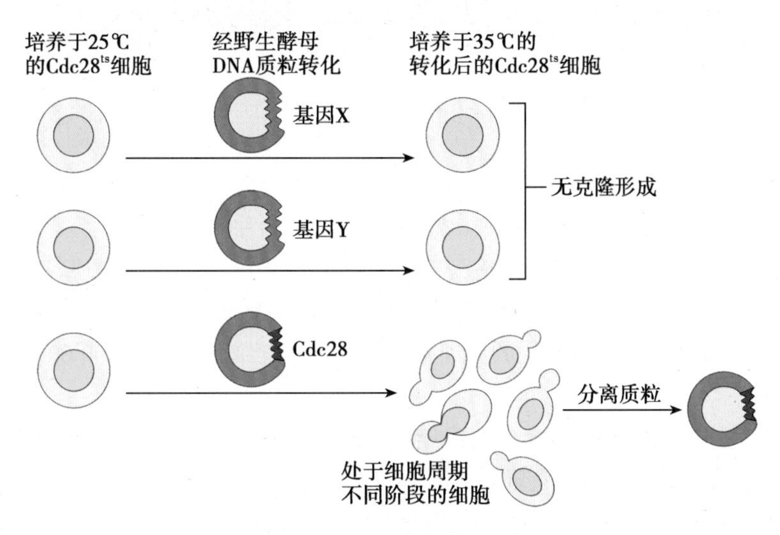

图 3-10-29　*Cdc* 基因的分离

将野生型酵母基因库的 DNA 片段构建的质粒并转染入酵母温度敏感突变株细胞中，经高温培养后，少数突变细胞因转入了 *Cdc* 基因，得以存活并增殖成克隆，将其质粒分离后，可对其所携带的 *Cdc* 基因进行分析、鉴定

(二) 癌基因通过其多样的产物对细胞周期进行调节

癌基因(oncogene)是一类在正常情况下为细胞生长、增殖所必需，突变或过度表达后将导致细胞增殖异常，引起癌变的基因。癌基因主要包括 *src*、*ras*、*sis*、*myc*、*myb* 等基因家族，各家族成员在结构、产物及功能上均有其特点。癌基因产物种类较多，主要可分为生长因子类蛋白(*sis* 基因的产物)、生长因子受体类蛋白(*V-erb-B*、*c-fms*、*trk* 等基因的产物)、与细胞内信号转导相关的蛋白(raf、mos 等基因的产物)及转录因子类蛋白(*c-jun*、*c-fos*、*c-myc* 等基因的产物)。通过不同的编码产物，癌基因能以多种方式参与对细胞周期的调节。

(三) 抑癌基因在转录水平上影响细胞周期

抑癌基因(antioncogene)为正常细胞所具有的一类能抑制细胞恶性增殖的基因。这类基因编码的蛋白质通常能与转录因子结合或本身即为转录因子，可作为负调控因子，从多种途径影响细胞周期相关蛋白的合成及 DNA 复制，调节细胞周期的进程。现已有十几种抑癌基因被分离、鉴定，常见的如 *p53*、*Rb*、*DCC*、*WT-1*、*NF1/2* 等，其中 *p53* 的作用机制研究较为深入。P53 蛋白可作为转录因子或与其他转录因子结合，在细胞周期进程中，直接或间接影响细胞周期相关基因的转录，使细胞滞留于 G_1 期。

五、减数分裂的细胞周期调控有其自身特点

在脊椎动物卵母细胞的减数分裂中，细胞周期可在两个特殊位点受到调控，即第一次减数分裂双线期与第二次减数分裂中期，均与 cyclin B-Cdk1 复合物的作用相关。

在前期Ⅰ双线期，卵母细胞中 myt 激酶被激活，同时 Cdc25 磷酸酶失活，致使 cyclin B-Cdk1 失活，细胞周期发生长时间滞留(在人类可以达到 50 年)。上述 Cdc25 活性抑制的被认为与

cAMP依赖性蛋白激酶(PKA)的作用相关,通过对Cdc25第287位的丝氨酸(Ser 287)残基的磷酸化,PKA能下调Cdc25的表达。

许多脊椎动物在受精前,其卵母细胞将一直停留于减数分裂的中期Ⅱ,其中mos蛋白起着关键作用。该类蛋白通过活化MAPK相关的信号通路,激活cyclin B-Cdk2复合物的活性,阻止cyclin B的降解,同时抑制后期促进因子APC的活性,由此引发卵母细胞在中期Ⅱ滞留。

第四节 细胞周期与医学的关系

一、细胞周期与组织再生关系密切

机体不断产生新细胞,以补充因生理或病理原因死亡的细胞,这一过程即为组织再生,可分为生理性再生及补偿性再生两类。细胞分裂、增殖是组织再生的基础。

生理性再生常见于正常人体的骨髓、表皮、小肠等组织中,其形成与上述各组织中干细胞的分裂直接相关。如造血干细胞的数量仅占骨髓细胞量的0.25%,但一个造血干细胞每天分裂后,经分化可形成12种结构与功能不同的血细胞,其中,仅血红细胞量就达200 000个,粒细胞量则在1000个左右。

补偿性再生是指机体一些高度分化,一般不发生增殖的组织如肝、肾、骨骼等,在受到外界损伤后可重新开始分裂的现象。大鼠肝组织在切除了2/3结构后,发生分裂的细胞数明显增加,有丝分裂指数从0.02%上升至3.6%,增高近200倍。与此同时,其细胞周期时间由原来的47.5小时减少为15小时。补偿性再生形成的机制被认为是损伤刺激了原处于G_0期的细胞,使其重新进入了细胞周期进程、恢复细胞分裂,同时细胞周期的进程也加快,所需时间显著缩短,于是在短时期内可产生大量的新生细胞,以促进创伤后组织的修复。

二、细胞周期异常可导致肿瘤的发生

肿瘤是生物体正常组织细胞过度增殖后形成的赘生物,其产生与细胞周期调控发生异常相关。了解肿瘤细胞周期的特点、研究其形成的原因,对于临床上肿瘤的诊断及治疗有重要的意义。

(一)肿瘤的细胞周期中G_1期较长

1. 肿瘤细胞周期的特点 肿瘤的细胞周期也由G_1、G_2、S、M期构成,细胞周期时间与正常细胞相近或更长一些,这主要与G_1期变长有关。

肿瘤细胞群体也包括了三类细胞周期行为不同的细胞,即:增殖型细胞、暂不增殖型细胞与不增殖型细胞。增殖型细胞在肿瘤中所占的数量比例,将决定肿瘤恶性的程度。暂不增殖型细胞可因外界某些环境因素的刺激,而重新进入细胞周期,是肿瘤复发的根源。

肿瘤细胞总量中增殖型细胞所占的比例称为增殖比率(GF),公式表示如下:

$$GF = A/A+B+C$$

式中,A为增殖型细胞;B为暂不增殖型细胞;C为不增殖型细胞。

肿瘤的生长快慢与细胞增殖比率、细胞周期的长短以及细胞丢失、死亡的速率等相关,其中,高增殖比率是引起肿瘤快速生长的主要原因,因为与正常细胞相比,绝大多数肿瘤细胞虽然增殖时间较长,但因处于G_0期细胞极少,因此有更多的细胞可进入细胞周期、发生分裂,引起肿瘤的快速增长。

肿瘤类型不同,其增殖比率可存在差异,白血病、绒癌等增殖比率常在0.6以上,为快速增长的肿瘤。增殖比率在0.5以下的肿瘤大多生长缓慢,像肺癌、乳腺癌、肝癌等。同一种肿瘤可因生长时期不同,其增殖比率值将有所变化,一般早期比晚期更高。

2. **肿瘤细胞周期调控异常**　除高增殖比率外，肿瘤细胞周期中某些重要调节因子发生异常，正负调节因子间作用失去平衡是导致肿瘤增殖无限性的又一重要原因。

在人类许多类型的肿瘤中，常出现细胞周期负调控因子 TGF-β 受体的突变，致使 TGF-β 对 G_1 期细胞的抑制被解除，细胞增殖增加。

在肿瘤细胞中，一些能够在 G_1 期限制点发挥作用的蛋白，如 cyclin D1、P53 等也常发生表达异常。在某些能够产生抗体的 B 淋巴细胞肿瘤中，*cyclinD1* 易位于抗体基因增强子附近，因此在整个细胞周期进程中，*cyclinD1* 均能高度地表达。而约有人类 50% 的肿瘤中，存在因 *p53* 基因突变导致的 P53 蛋白功能失活。

（二）了解肿瘤细胞周期的特点有利于肿瘤的临床治疗

了解肿瘤细胞周期的特点，可为临床上肿瘤的治疗提供理论依据。首先应根据肿瘤组织中细胞增殖的情况，确定有效的治疗方法。如果在肿瘤细胞组成中，暂不增殖型细胞所占比例较高，可针对这些细胞代谢不活跃、对药物及外界因素刺激反应不敏感这些特点，用一些生长因子，如血小板生长因子来激活其潜在的分裂能力，促使其进入细胞周期。然后通过放疗、化疗手段对其加以治疗，可能收到较好效果。

对那些增殖型细胞为主的肿瘤，肿瘤细胞如果处于 S 期，治疗手段则以化疗为主，选择那些能作用于 DNA 合成中的酶或 DNA 单链模板活性部位的药物，可抑制 DNA 合成，阻止肿瘤细胞进入到 M 期，限制其进一步的生长。如果肿瘤细胞处于 G_2 期，因该期细胞对放射线较为敏感，放疗是主要治疗方法。对于 M 期的肿瘤细胞，利用秋水仙碱、长春碱等药物进行化疗，可使纺锤体微管解聚，由此破坏纺锤体的结构，肿瘤细胞被迫停滞于中期、细胞增殖受阻。

三、细胞周期与其他医学问题相关

细胞周期的异常与艾滋病相关。当 T 细胞受艾滋病病毒感染后，在 G_2 向 M 期转化中有重要作用的 Cdk1 酪氨酸残基将发生过度磷酸化，由此丧失激酶活性，细胞不能向 M 期转换而滞留于 G_2 期，最终发生凋亡。

细胞在衰老时，其细胞周期也呈现某些异常的特征，包括细胞分裂速度明显降低，cyclin A、B 表达下降，cyclin E 不稳定性增加，变得更易被降解，使得 Rb 蛋白不能被磷酸化，与 Rb 蛋白结合的转录因子不能发挥其相应的作用，细胞被阻留于 G_1 期，而不能进入 S 期，因此，与正常细胞相比，衰老细胞中 G_1 期可持续更长的时间。

小　结

细胞分裂是细胞重要的生命特征之一。真核细胞中存在无丝分裂、有丝分裂和减数分裂三种分裂方式。

有丝分裂是高等真核生物细胞分裂的主要方式，过程较为复杂，染色质凝集、纺锤体及收缩环的形成是其三个重要的特征，而蛋白质磷酸化与去磷酸化，是有丝分裂细胞形态变化产生的分子基础。有丝分裂的结果是遗传物质被平均分配到两个子细胞，由此保证了细胞在遗传上的稳定性。

减数分裂是发生于配子成熟过程中的一种特殊的有丝分裂，由两次连续的分裂组成，因整个分裂过程中 DNA 只复制一次，所产生的子细胞中染色体数目与亲代细胞相比减少一半，这有利于维持有性生殖的生物上下代遗传的稳定性。第一次减数分裂过程复杂，染色体数目减半及遗传物质的交换等变化均发生于该次分裂中。

细胞周期是指细胞从上次分裂结束到下次分裂终了所经历的过程，包括分裂期及间

期两个阶段。根据DNA合成的情况，间期可被进一步细分为三个时期，即G_1期、S期及G_2期。

细胞周期进程严格受控于细胞中由多种蛋白构成的复杂调控网络。细胞周期蛋白(cyclin)与细胞周期蛋白依赖激酶(Cdk)是这一调节体系的核心。cyclin是一类在细胞周期进程中可周期性表达的蛋白质，哺乳动物的cyclin包括cyclinA-H几大类。Cdk依赖性激酶为一类必须与细胞周期蛋白结合，才具激酶活性的蛋白激酶。Cdk的激酶活性需要在cyclin及磷酸化双重作用下才能被激活，Cdk的活性也受到Cdk激酶抑制物(CKI)的负性调节。

在细胞周期进程中，不同种类的cyclin及Cdk之间适时的结合可引发细胞周期进程中特定事件的发生，促成G_1期向S期，G_2期向M期，中期向后期等关键过程不可逆的转换。G_2期晚期由cyclinB-Cdk形成的复合物，在促进G_2期向M期转换的过程中起着关键作用，被称为成熟促进因子(MPF)。

检测点能对细胞周期发生的重要事件及出现的故障加以监控，包括未复制DNA检测点、纺锤体组装检测点、染色体分离检测点及DNA损伤检测点。其作用调节机制与胞内多种蛋白质、酶及cyclin-Cdk复合物等组成的生化路径相关。

细胞周期调控的遗传基础涉及编码多种调节蛋白质及酶的基因，主要包括*Cdc*基因、癌基因及抑癌基因。*Cdc*编码多种与细胞周期调控相关的蛋白及酶，癌基因通过其多样的产物对细胞周期进行调节，而抑癌基因可在转录水平上影响细胞周期的进程。

细胞周期与医学关系密切，细胞分裂、增殖构成组织再生的基础，细胞周期的异常可导致肿瘤产生。

(项　荣)

参考文献

1. Machida Y, Dutta A. Cellular checkpoint mechanisms monitoring proper initiation of DNA replication. J Biol Chem, 2004, 280: 6253-6256.
2. Guo Y, Harwalkar J, Stacey DW, et al. Destabilization of cyclin D1 message plays a critical role in cell cycle exit upon mitogen withdrawal. Oncogene, 2005, 24: 1032-1042.
3. Wesierska Gadek J, Gueorguieva M, Wojciechowski J, et al. Cell cycle arrest induced in human breast cancer cells by cyclin dependent kinase inhibitors: a comparison of the effects exerted by roscovitine and olomoucine. Pol J Pharmacol, 2004, 56: 635-641.
4. Eissa S, Imam Ahmed M, Said H, et al. Cell cycle regulators in bladder cancer: relationship to schistosomiasis. IUBMB Life, 2004, 56: 557-564.
5. Roseaulin LC1, Noguchi C, Noguchi E. Proteasome-dependent degradation of replisome components regulates faithful DNA replication. Cell Cycle, 2013, 12: 2564-2569.
6. Alberts B, Johnson A, Lewis J, et al. Molecular Biology of the Cell, 5th ed. New York and London: Garland Science, 2008.

第十一章　细胞分化

地球上绝大多数生物特别是高等动物(包括人类)均是以有性生殖方式繁殖后代的。在有性生殖中,雄性的精子和雌性的卵细胞结合成受精卵,受精卵通过有序而复杂的细胞增殖、迁移、分化和死亡等过程发育成多细胞生物个体。在脊椎动物(包括哺乳动物)和人类,通过细胞的分化形成200多种不同类型的细胞,如神经元伸出长的突起,并在末端以突触方式和其他细胞接触,具有传导神经冲动和贮存信息的功能;肌细胞呈梭形,含有肌动蛋白和肌球蛋白,具有收缩功能;红细胞呈双凹面的圆盘状,能够合成携带氧气的血红蛋白;胰岛细胞则合成调节血糖浓度的胰岛素,等等。这些由单个受精卵产生的细胞,在形态结构、生化组成和功能等方面均发生了明显的差异,形成这种稳定性差异的过程称为细胞分化(cell differentiation)。由一个受精卵来源的细胞为什么会变得如此多样与不同?这一直是数百年来许多生命科学家付出毕生精力而至今尚未完全解决的课题。细胞分化是个体发育的核心事件。阐明细胞分化的机制,对认识个体发育的机制和规律,以及寻找新的疾病防治措施具有重要意义。

第一节　细胞分化的基本概念

一、多细胞生物个体发育过程与细胞分化的潜能

细胞分化是个体发育过程中细胞在结构和功能上发生差异的过程。分化的细胞获得并保持特化特征,合成特异性的蛋白质。多细胞生物,如动物的个体发育一般包括胚胎发育(embryonic development)和胚后发育(postembryonic development)两个阶段,前者是指受精卵经过卵裂、囊胚、原肠胚、神经胚及器官发生等阶段,衍生出与亲代相似的幼小个体;后者则是幼体从卵膜孵化出或从母体分娩以后,经幼年、成年、老年直至衰老、死亡的过程。细胞分化贯穿于个体发育的全过程,其中胚胎期最明显。

(一) 动物和人类胚胎的三胚层代表不同类型细胞的分化去向

卵细胞在受精后立刻进入反复的有丝分裂阶段,这一快速的分裂时期称为卵裂(cleavage)。动物早期胚胎发育中受精卵经过卵裂被分割成许多小细胞,这些小细胞组成的中空球形体被称为囊胚(blastula)。囊胚形成后,便进入原肠胚形成(gastrulation)期。原肠胚期之前,细胞间并无可识别的明显差异。在原肠胚期,产生了内、中、外三个胚层,它们具有不同的发育和分化去向:内胚层(endoderm)将发育为消化道及其附属器官、唾液腺、胰腺、肝脏以及肺等的上皮成分;中胚层(mesoderm)将发育成骨骼、肌肉、纤维组织和真皮,以及心血管系统和泌尿系统;外胚层(ectoderm)则形成神经系统、表皮及其附属物(图3-11-1)。

(二) 细胞分化的潜能随个体发育进程逐渐"缩窄"

细胞分化贯穿于有机体的整个生命过程之中,但以胚胎期最为典型。研究表明,两栖类动物在囊胚形成之前的卵裂球细胞、哺乳动物桑椹胚的8细胞期之前的细胞和其受精卵一样,均能在一定条件下分化发育成为完整的个体。通常将具有这种特性的细胞称为全能性细胞(totipotent cell)。在三胚层形成后,由于细胞所处的空间位置和微环境的差异,细胞的分化潜能

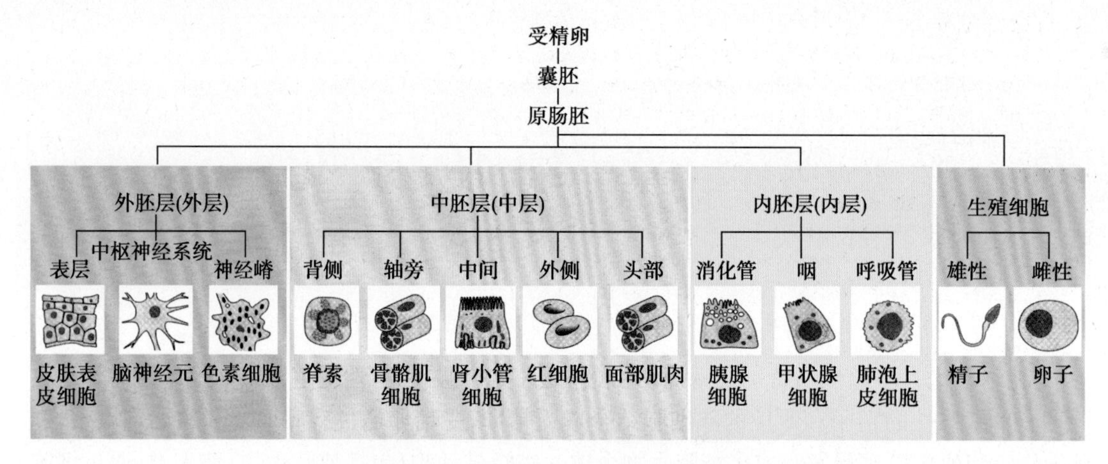

图 3-11-1 脊椎动物细胞分化示意图

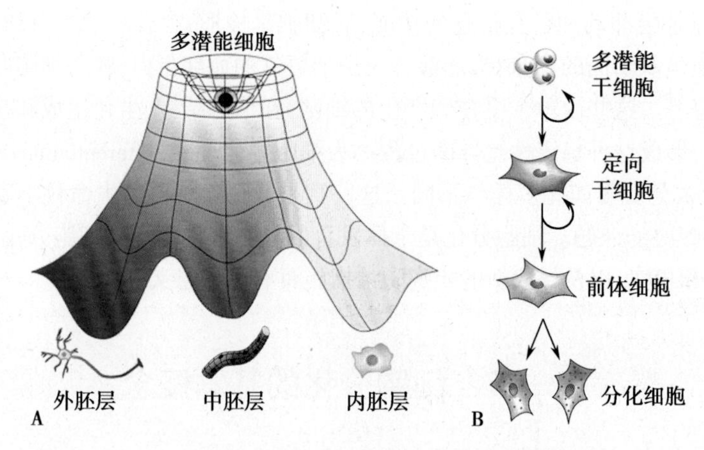

图 3-11-2 细胞分化潜能逐渐缩窄示意图

A. 细胞分化的过程犹如从山顶到谷底的飞流直下的瀑布；B. 细胞分化的节点或路径

受到限制，各胚层细胞只能向本胚层组织和器官的方向分化发育，而成为多能细胞（pluripotent cell）。经过器官发生（organogenesis），各种组织细胞的命运最终确定，呈单能性（unipotency），即只能以某种特定方式发育成一种细胞的潜能性。这种在胚胎发育过程中，细胞逐渐由“全能”到“多能”，最后向“单能”的趋向，是细胞分化的一般规律（图 3-11-2）。

应当指出的是，大多数植物和少数低等动物（如水螅）的体细胞仍具有全能性；而在高等动物和人类，至成体期，除一些组织器官保留了部分微分化的组织干细胞之外，其余均为终末分化细胞。

近些年从囊胚内细胞团（inner cell mass，ICM）中分离到的胚胎干细胞（embryonic stem cell，ES 细胞），它们具有分化成熟为个体中所有细胞类型的能力，但不能分化为胎盘和其他一些发育时所需的胚外组织，这种早期胚胎细胞被称为多能干细胞（pluripotent stem cell，multipotential stem cell）。

（三）终末分化细胞的细胞核具有全能性

动物受精卵子代细胞的全能性随其发育过程逐渐受到限制而变窄，即由全能性细胞转化为多能和单能干细胞，直至分化为终末细胞。但在细胞核则完全不同，终末分化细胞的细胞核仍然具有全能性，谓之全能性细胞核（totipotent nucleus）。在 20 世纪 60 年代初期，J Gurdon 用非洲爪蟾为材料，进行的核移植实验首次证明了终末分化细胞的细胞核具有全能性。他从一种突变型蝌蚪（遗传上只有一个核仁）的肠上皮细胞中取出细胞核，将其移植到事先用紫外线照射的遗传上有二个核仁的野生型爪蟾的未受精卵中（紫外线照射破坏了野生型未受精卵中的细胞核），这种含有肠上皮细胞核的受精卵有的能发育成囊胚，其中有少数可发育成蝌蚪和成体爪蟾，

成体爪蟾中的细胞核均含一个核仁(图3-11-3)。该实验结果表明,已分化的肠上皮细胞核中仍然保持着能分化出成体爪蟾各种组织细胞的全套基因。Gurdon最初的想法是研究分化成熟细胞的细胞核是否具有全能性,却意外地克隆了成体爪蟾,他的工作为动物克隆(animal clone)研究提供了完整的技术路线。1997年,英国爱丁堡Roslin研究所的Wilmut和其同事将成年绵羊的乳腺上皮细胞的细胞核移植到另一只羊的去核的卵细胞中,成功地克隆出世界上第一只哺乳动物——"多莉"(Dolly)羊。随后,一系列克隆动物如克隆牛和克隆犬等也相继问世。这些动物克隆实验表明,已特化的体细胞的细胞核仍保留形成正常个体的全套基因,具有发育成一个有机体的潜能。

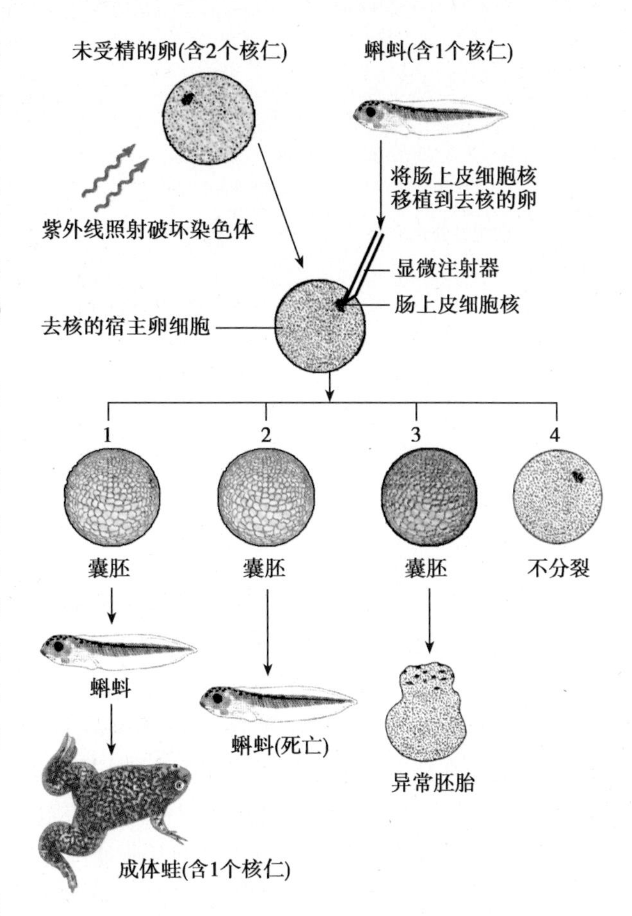

图3-11-3 两栖类动物的体细胞核移植实验证明了已分化细胞的细胞核具有全能性

二、细胞决定与细胞分化

(一)细胞决定先于细胞分化并制约着分化的方向

在个体发育过程中,细胞在发生可识别的分化特征之前就已经确定了未来的发育命运,只能向特定方向分化的状态,称之为细胞决定(cell determination)。在囊胚或胚盘形成后,通过不同的方法对每一个卵裂细胞进行标记,并追踪不同卵裂细胞的发育过程,可在囊胚或胚盘表面划定显示不同发育趋向的区域,这样的分区图称为命运图(fate map)。人们先后绘制出爪蟾、鸡、鼠和斑马鱼的命运图。以爪蟾为例,通过对32细胞期胚胎中的每一个卵裂球进行标记追踪,确定了爪蟾晚期囊胚发育的命运图:植物半球(卵黄较集中的一端)下部的1/3区域富含卵黄,其发育命运为内胚层细胞,动物半球(卵细胞质较集中的一端)将发育为外胚层,环绕在囊胚赤道处的带状区域(marginal zone)为预定中胚层区。研究表明,命运图并不表示早期胚胎中各区域细胞的发育命运已经确定,它只是反映在胚胎继续发育过程中各区域的运动趋势。当胚胎发育进行到原肠期以后,细胞的命运才被逐步确定。在原肠期的内、中、外三胚层形成时,虽然在形态学上看不出有什么差异,但此时形成各器官的预定区已经确定,每个预定区决定了它只能按一定的规律发育分化成特定的组织、器官和系统。

细胞决定可通过胚胎移植实验(grafting experiment)予以证明。例如在两栖类胚胎,如果将原肠胚早期预定发育为表皮的细胞(供体),移植到另一个胚胎(受体)预定发育为脑组织的区域,供体表皮细胞在受体胚胎中将发育成脑组织,而到原肠胚晚期阶段移植时则仍将发育成表皮。这表明,在两栖类的早期原肠胚和晚期原肠胚之间的某个时期便开始了细胞决定,一旦决定之后,即使外界的因素不复存在,细胞仍然按照已经决定的命运进行分化(图3-11-4)。

细胞的分化去向源于细胞决定,是什么因素决定了胚胎细胞的分化方向?迄今尚不清楚。现有研究资料提示,有两种因素在细胞决定中起重要作用:一是卵细胞的极性与早期胚胎细胞

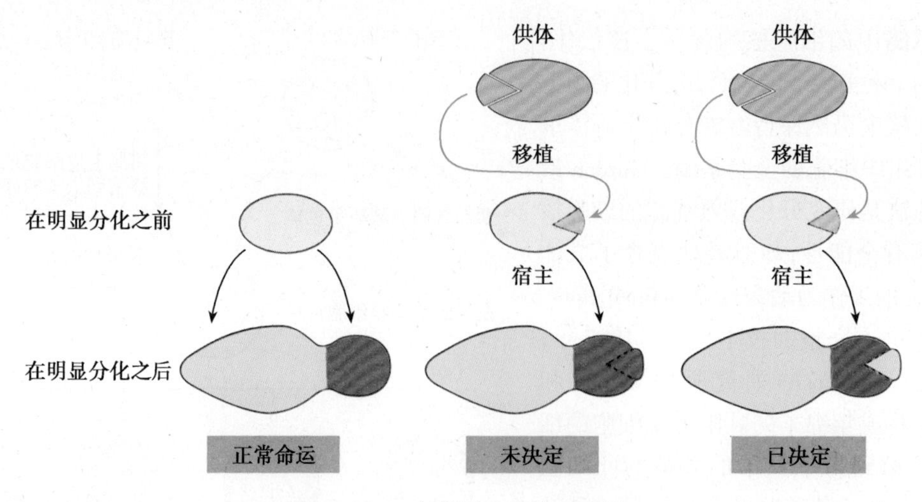

图 3-11-4 细胞决定实验示意图

的不对称分裂，二是发育早期胚胎细胞的位置及胚胎细胞间的相互作用。细胞的不对称分裂是指存在于核酸蛋白颗粒（RNP）中的转录因子 mRNA 在细胞质中的分布是不均等的，当细胞分裂时，这些决定因素（mRNA）被不均匀地分配到两个子细胞中，结果造成两个子细胞命运的差异。例如，高等脊椎动物卵中的生殖质（germ plasm），即卵母细胞中决定胚胎细胞分化成生殖细胞的细胞质成分，在卵裂开始时就不均等地分到不同的卵裂球中，结果有生殖质的卵裂球，将来发育成原生殖细胞，无生殖质的卵裂球则发育为成体细胞。细胞在胚胎中的位置及细胞间的相互作用说明，一种细胞命运的决定可以受到其所处位置和相邻细胞的影响，例如囊胚中的内细胞团可以分化为胚体，而在外表面的滋养层则只能分化为胎膜成分。可以认为，卵细胞的极性与细胞的不对称分裂、细胞间的相互作用构成了细胞决定信号，这些信号左右了细胞中某些基因的永久性关闭和某些基因的开放。

（二）细胞决定具有遗传稳定性

细胞决定表现出遗传稳定性，典型的例子是果蝇成虫盘细胞的移植实验。成虫盘（imaginal disc）是幼虫体内已决定的尚未分化的细胞团，在幼虫发育的变态期之后，不同的成虫盘可以逐渐发育为果蝇的腿、翅、触角等成体结构。如果将成虫盘的部分细胞移植到一个成体果蝇腹腔内，成虫盘可以不断增殖并一直保持于未分化状态，即使在果蝇腹腔中移植多次、经历 1800 代之后再移植到幼虫体内，被移植的成虫盘细胞在幼虫变态时，仍能发育成相应的成体结构。这说明果蝇成虫盘细胞的决定状态是非常稳定并可遗传的。

人们在认识到细胞决定的稳定性和可遗传性的同时，也开始探索细胞决定的可逆性。在果蝇研究中发现，有时某种培养的成虫盘细胞会出现不按已决定的分化类型发育，而是生长出不是相应的成体结构，发生了转决定（trans-determination）。探讨转决定的发生机制对了解胚胎细胞命运的决定具有重要意义。

细胞命运的决定机制一直是细胞分化研究的重要课题。近年来有关细胞命运决定的主要研究策略：一是利用模式生物，分析选择性干预（如基因敲除）早期胚胎中某个基因的表达对内、中、外三胚层形成的影响；二是基于 ES 细胞，寻找决定 ES 细胞向三胚层细胞分化的决定因子。迄今已取得了一些进展，例如：发现抑制斑马鱼早期胚胎中 *Dapper2* 基因的表达将引起中胚层组织增厚；ES 细胞中 SOX 因子（SOX7、SOX17）的组成性表达决定了内胚层组细胞的形成；在植物细胞中发现 miRNA165/6 是根细胞（root cell）命运的决定因子；在果蝇眼发育研究中发现，*spineless* 基因编码的转录因子是决定细胞发育成不同感光细胞的关键；Fused 蛋白在干细胞命运调控中起重要作用；等等。目前人们的研究兴趣集中在：胚胎细胞中命运决定因子的极性分布以及如何通过细胞的不对称分裂被分配到子代细胞中。

Notes

三、细胞分化的可塑性

一般地，细胞分化具有高度的稳定性。细胞分化的稳定性(stability)是指在正常生理条件下，已经分化为某种特异的、稳定类型的细胞一般不可能逆转到未分化状态或者成为其他类型的分化细胞。例如，神经元在整个生命过程中都保持着特定的分化状态。如果已分化的细胞保留了分裂能力，细胞能传递其分化状态到它的子代。已分化的终末细胞在形态结构和功能上保持稳定是个体生命活动的基础。细胞分化的稳定性还表现在离体培养的细胞，例如，一个离体培养的皮肤上皮细胞保持为上皮而不转变为其他类型的细胞；黑色素细胞在体外培养30多代后仍能合成黑色素。然而，在特定条件下细胞分化又表现出一定的可塑性。细胞分化的可塑性是指已分化的细胞在特殊条件下重新进入未分化状态或转分化为另一种类型细胞的现象。细胞分化的可塑性是目前生物医学研究的热点领域。

(一) 已分化的细胞可发生去分化

一般情况下，细胞分化过程是不可逆的。然而在某些条件下，分化了的细胞也不稳定，其基因活动模式也可发生可逆性的变化，又回到未分化状态，这一变化过程称为去分化(dedifferentiation)。高度分化的植物细胞可失去分化特性，重新进入未分化状态，成为能够发育分化为一株完整植物的全能性细胞，这可以在实验室条件下达到，也可以在营养体繁殖过程中出现。在高等动物，体细胞部分去分化的例子较多(如蝾螈肢体再生时形成的胚芽细胞及人类的各种肿瘤细胞等)，但体细胞通常难以完全去分化而成为全能性细胞。然而近年研究发现，一些"诱导"因子能够将小鼠和人的体细胞(如皮肤细胞)直接重编程而去分化为具有多向分化潜能的诱导多能干细胞(下述)。

(二) 细胞去分化重编程

一般将成熟终末分化细胞逆转为原始的多能，甚至是全能性干细胞状态的过程称为细胞重编程(cellular reprogramming)。前面讲到的基于细胞核移植技术进行的动物克隆实验就是细胞重编程的例子。然而细胞重编程概念的真正形成和发展，源于2006年日本科学家S. Yamanaka(山中伸弥)等人的工作。山中伸弥借助反转录病毒载体，将四个转录因子(Oct3/4、Sox2、c-Myc、Klf4)基因导入小鼠皮肤成纤维细胞(fibroblast)中，可以使来自胚胎小鼠或成年小鼠的成纤维细胞获得类似胚胎干细胞的多能性。一般将通过这种方法获得的多能性细胞称为诱导多能干细胞(induced pluripotent stem cells，iPS细胞)。继山中伸弥的工作之后，有关基于基因转移技术的细胞重编程研究成果层出不穷。应用细胞重编程技术直接将体细胞(成纤维细胞)转变为组织干细胞如造血干细胞、神经干细胞及肝干细胞等也是近年来的热点领域。此外，在细胞重编程策略研究上，许多研究者也寄希望绕开基因转移步骤，试图寻找能够启动细胞发生重编程的小分子化合物。我国学者邓宏魁等在该研究领域获重要进展：他们从诱发四个转录因子(Oct3/4、Sox2、c-Myc、Klf4)表达原则出发，从1万多个化合物中筛选出能够使小鼠体细胞(成纤维细胞)重编程为具有胚胎干细胞样多能性的4种小分子化合物(糖原合成酶3抑制因子、TGF-β抑制因子、cAMP激动剂forskolin、S-腺苷同型半胱氨酸水解酶抑制剂3-deazaneplanocin A)的组合。细胞重编程领域的研究进展不仅有重要的医学意义，而且也将为阐明成体中的组织干细胞谱系维持机制提供新思路(详见第十六章)。山中伸弥、J Gurdon因在细胞重编程研究领域的贡献，2012年获得了诺贝尔生理学或医学奖。

(三) 特定条件下已分化的细胞可转分化为另一种类型细胞

在高度分化的动物细胞中还可见到另一种现象，即从一种分化状态转变为另一种分化状态，这种情况称为转分化(trans-differentiation)。细胞通过转分化既能形成一种发育相关的细胞类型，也能形成不同发育类型的细胞。

把鸡胚视网膜色素上皮细胞置于特定培养条件下，可以建立一个很好的转分化模型。此

时，细胞色素渐渐消失并且细胞开始呈现晶体细胞的结构特征，并产生晶体特异性蛋白——晶体蛋白。另一个转分化的例子可见于肾上腺的嗜铬细胞。体积较小的嗜铬细胞来源于神经嵴并且分泌肾上腺素入血，在培养条件下，加入糖皮质激素可以维持嗜铬细胞的表型，但是当去除甾体激素并在培养基中加入神经生长因子（NGF）之后，嗜铬细胞转分化成交感神经元，这些神经元比嗜铬细胞大，带有树突样和轴突样突起，并且它们分泌去甲肾上腺素而非肾上腺素（图3-11-5）。在上述的两个例子中，通过转分化生成了一种发育相关的细胞类型：色素细胞和晶体细胞均来源于外胚层并且涉及眼睛的发育；交感神经元和嗜铬细胞均来源于神经嵴。

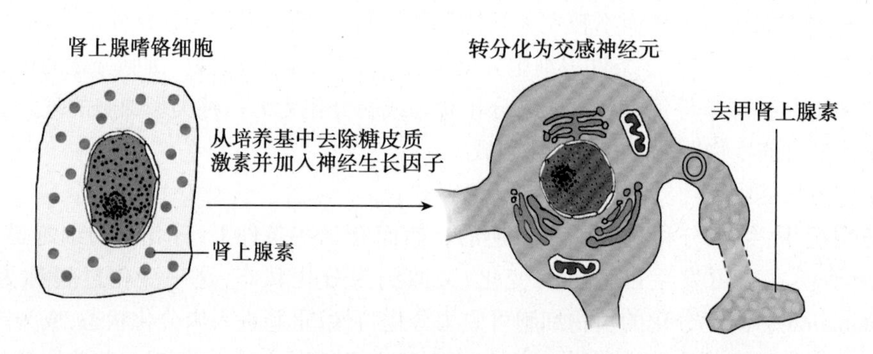

图3-11-5 细胞转分化示意图

通过转分化形成不同发育类型细胞的例子也较常见。例如，水母横纹肌可由一种细胞类型连续转分化成两种不同类型的细胞。离体的横纹肌与其相关的细胞外基质共同培养时，可以保持横纹肌的状态。在用能降解细胞外基质的酶处理培养组织之后，细胞将形成一个聚合体，有些细胞在1~2天内转分化为具有多种细胞形态的平滑肌细胞，继续培养时，还呈现出第二种类型细胞——神经元。

关于细胞的转分化，还有一些很有趣的例子：经生肌蛋白（myogenin）基因 *MyoD* 转染的成纤维细胞或脂肪细胞可分化为成肌细胞。通常情况下，在一些生命周期较长的细胞例如神经元，一旦分化就不再分裂，且分化状态稳定许多年。但近些年研究发现，终末分化的神经元（细胞），在特定条件下可转变为血细胞和脂肪细胞。

必须指出的是，无论是动物还是植物，细胞分化的稳定性是普遍存在的，可以认为分化具有单向性、序列性和终末性（一般情况下都会到达分化的目标终点，成为终末分化细胞），而去分化是逆向运动，转分化是转序列运动。发生细胞的转分化或去分化是有条件的：①细胞核必须处于有利于分化逆转环境中；②分化能力的逆转必须具有相应的遗传物质基础。通常情况下，细胞分化的逆转易发生于具有增殖能力的组织中。

四、细胞分化的时空性

在个体发育过程中，多细胞生物细胞既有时间上的分化，也有空间上的分化。一个细胞在不同的发育阶段可以有不同的形态结构和功能，即时间上的分化；同一种细胞的后代，由于每种细胞所处的空间位置不同，其环境也不一样，可以有不同的形态和功能，即空间上的分化。在高等动植物个体胚胎发育过程中，随着细胞数目的不断增加，细胞的分化程度越来越复杂，细胞间的差异也越来越大；同一个体的细胞由于所处的空间位置不同而确定了细胞的发育命运，出现头与尾、背与腹等不同。这些时-空差异为形成功能各异的多种组织和器官提供了基础。

五、细胞分裂与细胞分化

细胞分裂和细胞分化是多细胞生物个体发育过程中的两个重要事件，两者之间有密切的联系。通常细胞在增殖（细胞分裂）的基础上进行分化，而早期胚胎细胞的不对称分裂所引起的细

胞质中转录因子的差异制约着细胞的分化方向和进程。细胞分化发生于细胞分裂的 G_1 期，在早期胚胎发育阶段特别是卵裂过程中，细胞快速分裂，G_1 期很短或几乎没有 G_1 期，此时细胞分化减慢。细胞分裂旺盛时分化变缓，分化较高时分裂速度减慢是个体生长发育的一般规律。例如哺乳动物的表皮角化层细胞等终末细胞分化程度较高，分裂频率明显减慢，而高度分化的细胞，如神经元和心肌细胞则很少分裂或完全失去分裂能力。

第二节　细胞分化的分子基础

一、胞质中的细胞分化决定因子与传递方式

（一）母体效应基因产物的极性分布决定了细胞分化与发育的命运

一些研究提示，成熟的卵细胞中储存有 20 000~50 000 种 RNA，其中大部分为 mRNA。这些 mRNA 直到受精后才被翻译为蛋白质。其中部分 mRNA 在卵质中的分布不均，如爪蟾未受精卵中，有些 mRNA 特异地分布于动物极，有些则分布在植物极，它们在细胞发育命运的决定中起重要作用。通常将这些在卵质中呈极性分布、在受精后被翻译为在胚胎发育中起重要作用的转录因子和翻译调节蛋白的 mRNA 分子称为母体因子。编码母体因子的基因谓之母体效应基因（maternal effect gene），也称"母体基因（maternal gene）"，即在卵子发生过程中表达，表达产物（母体因子）存留于卵子中，受精后通过这些母体因子影响胚胎发育的基因。相对地，在一些物种中，精子中表达的基因提供了不能由卵子替代的重要的发育信息，这些基因被称作父体效应基因（paternal effect gene）。

在果蝇中，母体效应基因得到了比较深入的研究。果蝇和一般的脊椎动物有所不同，其母体效应基因预先决定了子代未来的相互垂直的前 - 后轴和背 - 腹轴。例如果蝇 *bicoid* 基因的 mRNA，在未受精时，它定位于卵母细胞的一端，即将来发育为胚胎的前端。受精后 *bicoid* mRNA 被翻译为蛋白质，因有限的扩散，建立了 BICOID 蛋白梯度：BICOID 蛋白沿胚胎前 - 后轴呈浓度梯度分布，越靠近胚胎的前端，其浓度越高（图 3-11-6）。BICOID 蛋白含有一个螺旋 - 转角 - 螺旋结构域（helix-turn-helix domain），它与卵前部区域的胚胎细胞核染色体结合（果蝇的早期胚胎为多个细胞核共存于一个细胞质中的合胞体），高浓度的 BICOID 蛋白启动了头部发育的特异性基因的表达，而低浓度的 BICOID 蛋白则与形成胸部的特异性基因表达有关。

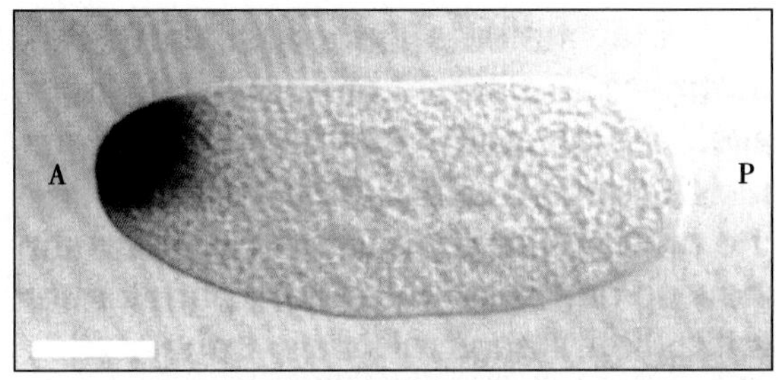

母源*bicoid* mRNA

BICOID蛋白

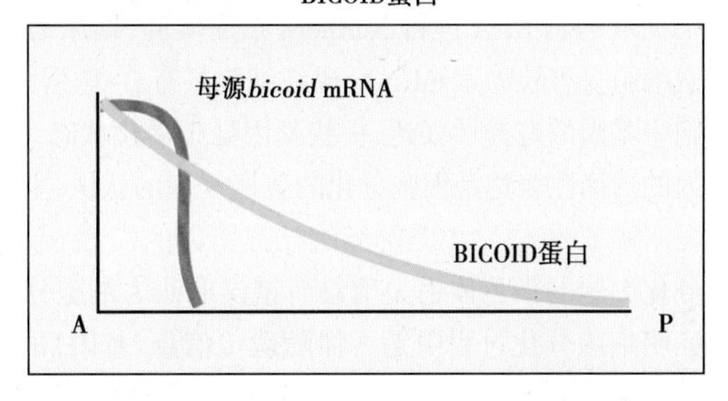

图 3-11-6　受精前后 *bicoid* 基因 mRNA 及翻译蛋白的浓度梯度分布

上图为果蝇胚胎的核酸原位杂交（左）和免疫组化（右）照片；下图为受精前后浓度梯度分布示意图（A：前端；P：后端）

(二) 胚胎细胞分裂时胞质的不均等分配影响细胞的分化命运

在胚胎早期发育过程中，细胞质成分是不均质的，胞质中某些成分的分布有区域性。当细胞分裂时，细胞质成分被不均等地分配到子细胞中，这种不均一性胞质成分可以调控细胞核基因的表达，在一定程度上决定细胞的早期分化。例如在果蝇感觉器官的发育过程中，细胞命运的决定物之一是 *numb* 基因编码的蛋白。该蛋白在感觉性母细胞的胞质中呈非对称分布，以致细胞在第一次分裂时只有一个子细胞中含有 numb 蛋白，这个子细胞在第二次分裂时产生了神经元及其鞘层细胞，而缺乏 numb 蛋白的细胞则生成支持细胞（图 3-11-7）。numb 蛋白对神经元及鞘层细胞的形成是必需的。在缺乏 numb 蛋白的胚胎中，那些本应该发育成神经元和鞘层细胞的细胞却发育成为外层的支持细胞。

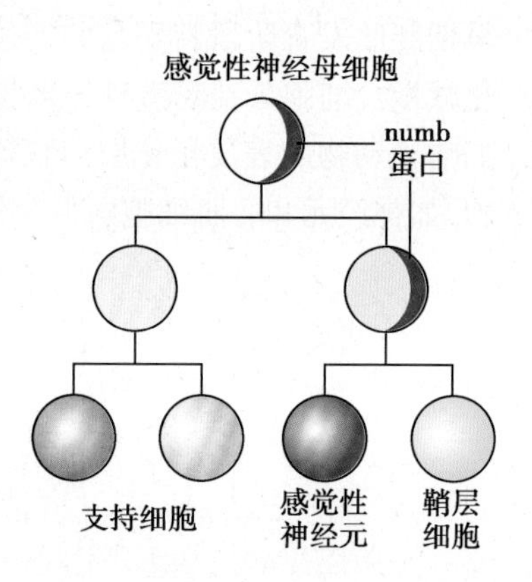

图 3-11-7 早期胚胎细胞不对称分裂示意图

二、细胞分化过程中基因表达的特点

(一) 基因的选择性表达是细胞分化的普遍规律

细胞分化的实质是细胞的特化，即分化的细胞表达特异性蛋白（保持特化特征）。大量研究发现，细胞分化的本质是基因表达的变化。多细胞生物在个体发育过程中，其基因组 DNA 并不全部表达，而是按照一定的时空顺序，在不同细胞和同一细胞的不同发育阶段发生差异表达（differential expression）。这就导致了所谓的奢侈蛋白（luxury protein）即细胞特异性蛋白质的产生，如红细胞中的血红蛋白、皮肤表皮细胞中的角蛋白和肌细胞的肌动蛋白和肌球蛋白等。编码奢侈蛋白的基因称奢侈基因（luxury gene），又称“组织特异性基因（tissue-specific gene）”，是特定类型细胞中为其执行特定功能蛋白质编码的基因。不同奢侈基因的选择性表达赋予了分化细胞的不同特征。当然，一个分化细胞的基因表达产物不仅仅是奢侈蛋白，也包含由持家基因表达的持家蛋白。持家基因（house-keeping gene）也被称为“管家基因”，是生物体各类细胞中都表达，为维持细胞存活和生长所必需的蛋白质编码的基因。如细胞骨架蛋白、染色质的组蛋白、核糖体蛋白以及参与能量代谢的糖酵解酶类的编码基因等。一些简单的实验便可说明细胞分化的本质。例如，鸡的输卵管细胞合成卵清蛋白，胰岛细胞合成胰岛素，成红细胞合成 β- 珠蛋白，这些细胞都是在个体发育过程中逐渐产生的。用相应的基因制作探针，对三种细胞总的 DNA 的限制性酶切片段进行 Southern 杂交实验。结果显示，上述三种细胞的基因组 DNA 中均存在卵清蛋白基因、胰岛素基因和 β- 珠蛋白基因。然而用同样的三种基因片段作探针，对这三种细胞中提取的总 RNA 进行 Northern 杂交实验，结果表明，输卵管细胞中只有卵清蛋白 mRNA，胰岛素细胞只有胰岛素 mRNA，成红细胞只有 β- 珠蛋白 mRNA。以上说明细胞分化的本质是特定细胞中基因的选择性表达，一些基因处于活化状态，同时另一些基因被抑制而不活化。当然，对基因的选择性表达是细胞分化的普遍规律的认识，主要基于以下经典实验。

1. **分化成熟细胞的细胞核支持卵的发育** 人们在认识细胞分化机制过程中，曾根据少数分化细胞的染色体丢失现象而错误地认为细胞分化的本质是源于遗传信息的丢失或突变。为证明细胞分化过程中是否伴随遗传信息（基因）的不可逆变化，1952 至 1962 年间，以 R Briggs、T King 和 J Gurdon 为代表的细胞生物学家率先开展了细胞核移植实验，Gurdon 成功地克隆出了成体爪蟾。后来，一系列克隆动物如克隆羊、克隆牛和克隆狗等的相继问世，充分证明了细胞分化并不是由于基因丢失或永久性地失去活性造成的，维持发育所需要的基因并没有发生不可逆的改变，当体细胞核暴露于卵细胞质中之后，它的作用就如同一个受精卵的细胞核基因一样。

2. **细胞融合能改变已分化细胞的基因表达活性** 卵（尤其是蛙卵）因其胞体较大、胞质丰

富而有利于外源性细胞核的植入。但在其他类型细胞,特别是已分化的细胞,很难将外源性细胞核注射到其细胞质之中。然而,通过将两个细胞融合在一起,可以使一种细胞的细胞核暴露于另一种细胞的胞质中。应用化学药品或病毒处理等手段很容易使不同来源细胞的质膜融合在一起,使不同的核共享一个相同的细胞质。

鸡红细胞与培养的人癌细胞融合实验很好地说明了分化终末细胞的基因具有可逆性。与哺乳动物的红细胞不同,成熟的鸡红细胞为有核细胞,但其细胞核中的基因表达活性受到了严格限制,当鸡红细胞与人癌细胞融合后,其细胞核的基因被重新激活,而表达出鸡特异性蛋白质。这也说明人细胞质中含有能启动鸡红细胞核基因转录的细胞质因子。

另一个例子是,已分化细胞与不同种属的横纹肌细胞的细胞融合实验,进一步提供了分化终末细胞基因表达可逆性的证据。多核的横纹肌细胞是进行细胞融合研究的理想细胞,因为它们体积很大,并且也很容易鉴定出肌肉特异性的蛋白质。人三胚层的每层代表性分化细胞都能与大鼠的多核肌细胞融合,当人细胞核暴露于大鼠肌细胞质时,已分化的人细胞(非肌细胞)核基因被激活而开始表达肌肉特异性蛋白。例如,在大鼠肌细胞质之中的人肝细胞核不再表达肝特异性蛋白,相反,它(肝细胞核)的肌肉特异性基因被激活,而表达人肌肉特异性蛋白质(图 3-11-8)。

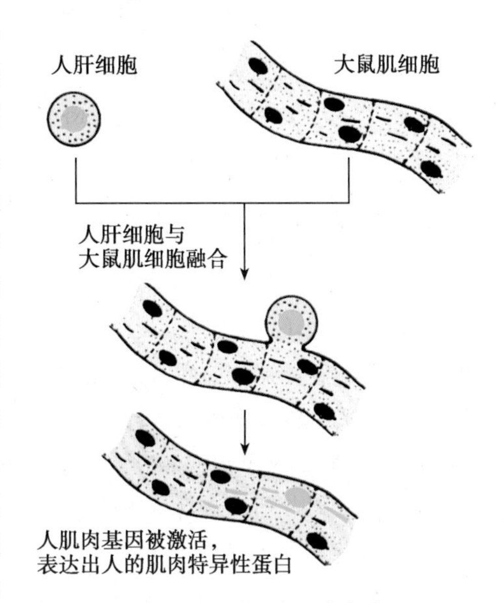

图 3-11-8 细胞融合实验

3. 一个细胞的分化状态能够通过转分化而改变 在细胞分化的基本概念一节中已经提到了细胞发生转分化的较多事例,这些例子证实了细胞分化的实质并不是基因的丢失,当细胞所处环境发生极端改变时,原来不表达的基因也因特殊环境改变而开始表达并赋予转分化细胞的特征。

上述几个经典实验结果清楚地表明,细胞分化的实质是基因的选择性(差异性)表达,即一些基因处于活化状态,同时其他基因被抑制而不活化。一般认为,某一类型的成体细胞中能够表达的基因仅占基因总数的 5%~10%,其余大部分基因都处于抑制状态。这种抑制状态通常是可逆的,已分化细胞的基因表达活性可以被改变,其表达与否受基因组所处的微环境和存在于细胞中的因子(转录因子)所控制。

(二) 基因组改变是细胞分化的特例

早期的研究结果显示,一些分化的细胞例如果蝇的腺细胞和卵巢滤泡细胞,在其分化过程中基因组发生了量的变化,表现为特定基因的选择性扩增;在果蝇的其他一些细胞,像卵巢中的营养细胞、唾液腺细胞和马尔皮基氏管细胞的发育过程中,还呈现出基因组扩增现象,染色体多次复制,形成多倍体(polyploid)和多线体(polyteny)。

与上述情况相反,一些细胞在分化过程中则发生遗传物质(染色质或染色体)的丢失。典型的例子是来源于对马蛔虫(*Assaris lumbricoides*)发育过程的研究。在马蛔虫个体发育中,只有生殖细胞得到了完整染色体,而体细胞中的染色体则是部分染色体片段,其余的染色体丢失了。在其他的一些例子中,还可观察到完整的染色体或完整的核丢失。例如,在摇蚊(*Wachtiella persicariae*)发育中,许多体细胞丢失了最初 40 条染色体中的 38 条;而哺乳动物(除骆驼外)的红细胞以及皮肤、羽毛和毛发的角化细胞则丢失了完整的核。

在脊椎动物和人类免疫细胞发育研究中发现,执行抗体分泌功能的 B 淋巴细胞分化的本质是由于编码抗体分子的基因发生了重排(rearrangement)。抗体分子由两条轻链和两条重链组成,轻链和重链的氨基酸序列均含有两个区域:一个恒定区(constant region)和一个可变区(variable

region)。其恒定区由 *C* 基因编码,可变区分别由 *V*、*J* 基因(轻链)和 *V*、*D*、*J* 基因(重链)编码。以轻链基因为例,在 B 淋巴细胞分化期间,胚细胞 DNA 通过体重组(somatic recombination),部分 *V* 基因片段、部分 *J* 基因片段和恒定区 *C* 基因连接在一起,组成产生抗体 mRNA 的 DNA 序列。重链和轻链都有数百个 *V* 基因片段,因机体免疫应答需要可选择性地与 *C* 基因组合成多种 DNA 序列,从而产生多种多样的抗体分子。

基于以上事例,人们对细胞分化的机制曾提出过一些假说,如基因扩增、DNA 重排和染色体丢失等。但这些现象并不是细胞分化的普遍规律。

框 11-1 基因重排现象的发现

1965 年美国加州理工学院的 W Dreyer 和阿拉巴马大学的 JC Bennett 就抗体的形成提出了一个假设,认为抗体的每条链由两个独立的基因——*C* 基因和 *V* 基因编码,它们有可能结合在一起形成一个连续(continuous)的基因。1976 年在瑞士工作的日本裔科学家 S Tonegawa 通过比较小鼠两个不同分化类型细胞中编码 C 和 V 蛋白的 DNA 序列长度,证实分泌抗体的细胞在分化过程中发生了 DNA 重排(DNA rearrangement)。其主要实验过程是:分别从胚胎细胞和产生抗体的细胞中提取 DNA,并用限制性核酸内切酶将 DNA 水解为不同的片段,进行电泳分离(每一来源的 DNA 样品同时跑两块等同的胶),接着,每一块凝胶分别与带有同位素标记的 C 探针和 V 探针孵育(杂交),凝胶中结合有标记探针的片段的位置通过放射自显影技术被检测出来:来源于胚胎细胞的 *C* 基因和 *V* 基因序列(含有 *C* 或 *V* 基因的 DNA 片段)处于凝胶中的不同位置;而来自抗体产生细胞的 *C* 基因和 *V* 基因序列均存在于同一位置的小的 DNA 片段中,这说明产生抗体的 B 淋巴细胞在分化过程中,*C* 基因和 *V* 基因被连接在一起,即发生了基因重排。根据抗体的多样性是源于基因重排的理论,人们曾一度猜测在能分辨出上万种气味的嗅觉神经元分化过程中是否也发生了基因重排,因为每个嗅觉神经元只表达一种气味受体。最近从一个成熟的嗅觉神经元的细胞核克隆出一个完整的健康老鼠的事实,说明这样一个不可逆的基因重排机制在嗅觉神经元分化过程中是不存在的。

框 11-2 人类个体间的基因组多态性影响到个体细胞的分化与发育表型

在人类,不同个体的身高、体重、肤色、指纹及智力等有很大差异,在世界上找不出完全相同的两个个体。是什么原因导致如此众多的多样性表型?始于 20 世纪 90 年代初期的全球范围内的人类基因组计划(human genomic project,HGP)研究表明,除环境因素之外,人类个体间的基因组多态性可能影响到个体细胞的分化与发育表型。人类基因组由约 32 亿个碱基组成,不同人基因组之间的碱基排列顺序极为相似,仅存在微小差异,主要体现在 DNA 上个别碱基的不同,称为“单核苷酸多态性(single nucleotide polymorphism,SNP)”。这种 SNP 也存在于编码区内,称 cSNP,其造成的蛋白质差异 <1%。基因组中 SNP 出现的平均频率为 1/1300bp,说明每个人(不同个体间)约有 0.1% 的核苷酸差异。近年研究表明,人类个体间的基因组多态性远不止 SNP,还存在着大段 DNA 的缺失和扩增现象,称为“拷贝数多态性(copy number polymorphisms,CNPs)”。2004 年美国冷泉港实验室和瑞典 Karolinska 研究所等单位的科研人员在《科学》杂志上报道,这种超过 100kb 的大片段 DNA 缺失和扩增在人类基因组中广泛而普遍地存在。他们对来自不同地域的 20 名试验者的血液及组织样本进行了基因组扫描分析,发现有 70 个基因呈现出

"拷贝数多态性",这些基因涉及神经功能、细胞生长与代谢调节以及肿瘤和肥胖症发生等。拷贝数多态性也被称为拷贝数目变异(copy number variant,CNV),目前将其定义为一种大小介于1kb~3Mb的DNA片段的变异。2009年美国加州大学研究人员报道,在对385名健康非洲裔美国人和435名健康白人(欧洲血统或是北美血统)的研究中发现,白人组有1972个CNV,黑人有1362个CNV具有显著的差异。这些发现对认识人类不同个体间的发育差异,乃至预测和防治个体特征性相关疾病有重要意义。

三、基因选择性表达的转录水平调控

由受精卵发育而来的同源不同分化类型细胞中,基因的表达特性差别很大,某个基因在一类细胞内打开而在另一种细胞内却相反。那么是什么因素决定了分化细胞中的特异性基因表达呢?研究表明,细胞分化的基因表达调控可以发生在转录、翻译以及蛋白质形成后活性修饰等不同水平,其中转录因子(transcription factor)介导的转录水平调控是最重要的。一个转录因子是否影响特定基因的活动取决于许多因素,除了基因的调控区是否含有该转录因子的结合位点之外,转录因子的转录活性还受到转录因子调节蛋白的严格制约。

在个体发育或细胞分化期间被激活的基因,通常有复杂的调控域(control region),它包括启动子区和其他能调节基因表达的DNA位点,这些区域中含有转录调节因子(转录因子和转录因子调节蛋白)的结合位点,在调控区上不同转录调节因子的相互作用决定了基因是否被激活(图3-11-9)。可以认为,转录因子对基因活动的持续激活可以维持细胞的分化状态。

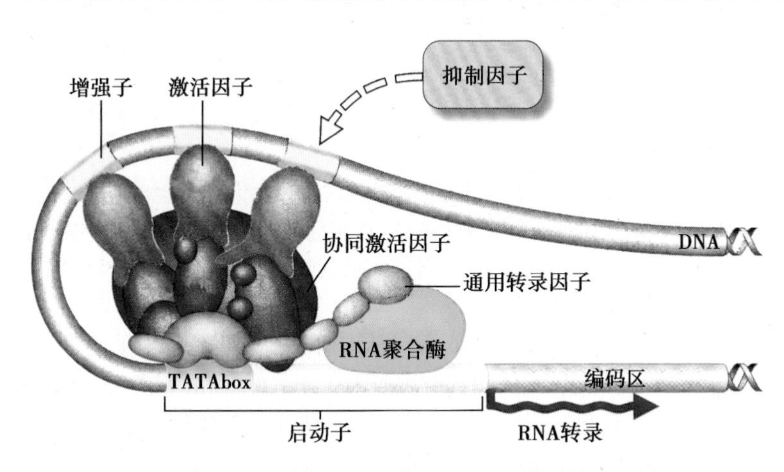

图3-11-9 转录调节因子与基因表达调控区结合模式图

(一)基因的时序性表达

某一特定基因表达严格按照一定的时间顺序发生,这称为基因表达的时间特异性(temporal specificity)。从受精卵到组织、器官形成的各个不同发育阶段,都会有不同的基因严格按照自己特定的时间顺序开启或关闭,表现为分化、发育阶段一致的时间性,也称为阶段特异性(stage specificity)。关于基因时序性表达的机制,人们在血红蛋白的表达和形成过程中得到了较深入的研究。

表达血红蛋白是红细胞分化的主要特征。脊椎动物的血红蛋白由2条α-珠蛋白链和2条β-珠蛋白链组成。α-珠蛋白和β-珠蛋白基因分别定位于不同染色体上,它们都由一个基因簇(基因家族)构成。在哺乳动物,每个家族的不同成员都在发育的各个时期被表达,这样,在胚胎、胎儿和成体中分别生成不同的血红蛋白。人β-珠蛋白基因簇包括五个基因—ε、${}^{G}\gamma$、${}^{A}\gamma$、δ和β,这些基因在发育的不同时期表达:ε在早期胚胎的卵黄囊中表达;${}^{G}\gamma$和${}^{A}\gamma$在胎儿肝脏中表达;

δ 和 β 基因在成人骨髓红细胞前体细胞中表达。所有这些基因的蛋白质产物都与由 α- 珠蛋白基因编码的 α- 珠蛋白结合，从而在发育的三个时期中分别形成有不同生理特性的血红蛋白（图 3-11-10）。

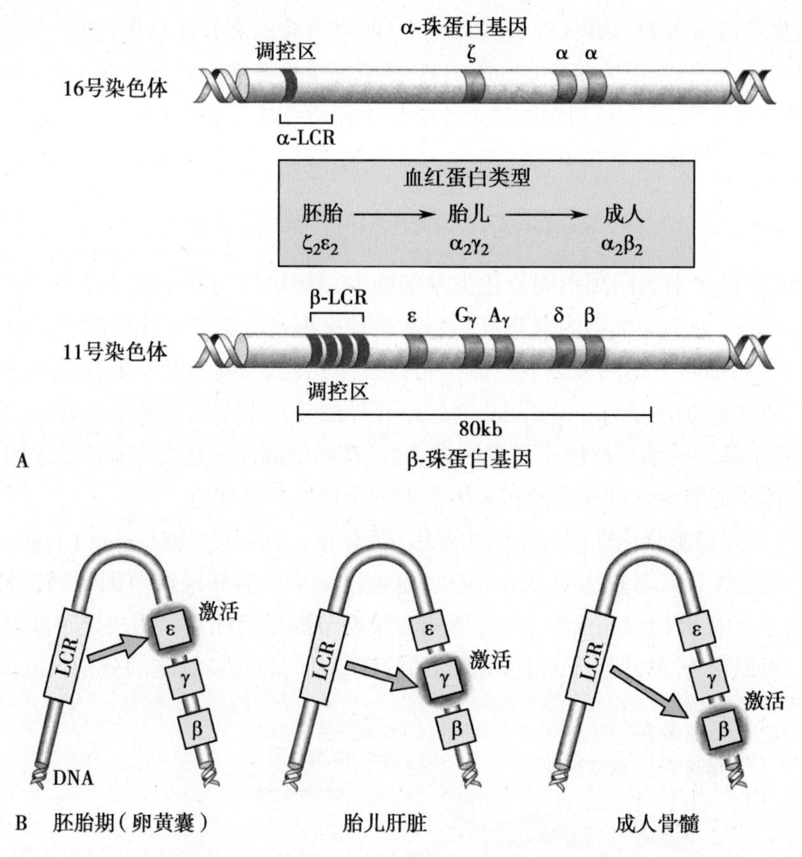

图 3-11-10 LCR 控制的 β- 珠蛋白基因活化的可能机制

A. 人珠蛋白基因结构；B. LCR 控制的 β- 珠蛋白基因活化，LCR 在发育的不同阶段依次与每个基因的启动子相互作用，从而控制它们的时间顺序性表达

在个体发育过程中依次有不同的 β- 珠蛋白基因的打开和关闭，这与 β- 珠蛋白基因簇上游的基因座控制区（locus control region，LCR）有关（图 3-11-10）。LCR 最初是应用 DNase I 消化实验鉴定的。在成体，只有红细胞（前体细胞）中的 LCR 对 DNase I 敏感。对 DNase Ⅰ如此敏感意味着在该区域的染色质没有被紧密包裹，转录因子易于接近 DNA。β- 珠蛋白基因簇中每个基因的有效表达，除受到每个基因 5′ 端上游的启动子和调控位点及基因下游（3′ 端）的增强子控制之外，还将受到远离 β- 珠蛋白基因簇上游的 LCR 的严格制约。LCR 距离 ε 基因的 5′ 末端约 10 000 bp 以上。研究发现，LCR 可使任何与它相连的 β- 家族基因呈高水平表达，即使 β- 珠蛋白基因本身距离它约 50 000 bp，LCR 也能指导转基因小鼠中整个 β- 珠蛋白基因簇的顺序表达。有研究者认为，LCR 区和珠蛋白基因启动子之间的 DNA 呈袢环状，这样，结合到 LCR 的蛋白能够比较容易地与结合到珠蛋白基因启动子上的蛋白发生相互作用。例如，在胚胎的卵黄囊细胞中，LCR 将与 ε 基因的启动子相互作用，在胎肝中则与两个 γ 基因启动子相互作用，最后在骨髓来源的红细胞中，与 β 基因启动子相互作用。

在 LCR 区域中含有分别为 300 bp 左右的 4 个“核心”控制区，其中的每个区都有与少数几个特异性转录因子的结合位点，如转录因子 NF-E2 和在红细胞中高水平表达的 GATA-1。

（二）基因的组织细胞特异性表达

在个体发育过程中，同一基因产物在不同的组织器官中表达多少是不一样的。一种基因

产物在个体的不同组织或器官中表达，即在个体的不同空间出现，这就是基因表达的空间特异性（spatial specificity）。不同组织细胞中不仅表达的基因数量不相同，而且基因表达的强度和种类也各不相同，这就是基因表达的组织特异性。一般地，发育中基因的转录要求激活因子结合于基因的调控区（启动子区和其他能调节基因表达的DNA位点）。与基因表达调控区相结合的转录因子可区分为通用转录因子和组织细胞特异性转录因子两大类，前者是指为大量基因转录所需要并在许多细胞类型中都存在的因子；后者则是为特定基因或一系列组织特异性基因所需要，并在一个或很少的几种细胞类型中存在的因子。

通过替换组织特异性（表达）基因的调控区实验就可证明组织特异性转录因子的存在。例如，在小鼠中弹性蛋白酶仅在胰腺中表达，而生长激素只在垂体中形成，将人生长激素基因的蛋白编码区连接于小鼠弹性蛋白酶基因的调控区之后，再将此重组的DNA注射到小鼠受精卵中，使其整合到基因组中，在由此发育而来的转基因小鼠的胰腺组织中可检测到人生长激素，表明胰腺组织中的特异转录因子通过作用于弹性蛋白酶基因调控区，启动了胰腺细胞表达人生长激素（图3-11-11）。

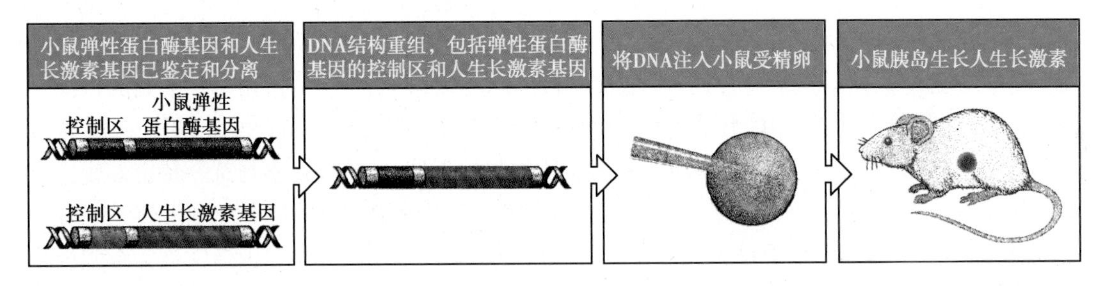

图3-11-11　组织特异性转录因子通过调控区控制基因转录事例

小鼠弹性蛋白酶基因的控制区与编码人类生长激素的DNA序列相连。将DNA构建物注入小鼠受精卵的核，它可整合入基因组。当小鼠发育后，在小鼠弹性蛋白酶启动子的控制下，胰腺可产生人生长激素。通常情况下，生长激素仅产生于垂体，弹性蛋白仅产生于胰腺

迄今已鉴定出一些组织特异性转录因子，如在红细胞中表达的血红蛋白的EFI因子、在胰岛中表达的胰岛素的Isl-Ⅰ因子、在骨骼肌中表达的肌球蛋白的MyoD Ⅰ因子等。通常情况下，细胞特异性的基因表达是由于仅存于那种类型细胞中的组织细胞特异性转录因子与基因的调控区相互作用的结果。

应该指出的是，在个体发育或细胞分化期间被激活的基因通常有复杂的调控区。一个转录因子是否影响特定基因的活动取决于许多因素，除了基因的调控区是否含有该转录因子的结合位点之外，转录因子的转录活性还受到转录因子调节蛋白的严格制约。在调控区上不同转录调节因子（转录因子和转录因子调节蛋白）的相互作用决定了基因是否被激活。

框11-3　基因的组织细胞特异性表达与条件性基因敲除小鼠的制备

组织特异性转录因子通过调控区控制基因转录的细胞分化规律，已经被人们用于转基因动物模型的制备及条件基因敲除（conditional knock out）中携带*Cre*基因的小鼠制备。例如，要制备机体特定细胞中表达目的蛋白的转基因小鼠，或对机体的特定细胞做GFP标记，则需要通过基因操作手段将目的蛋白或GFP的DNA置于该细胞特异性表达蛋白的基因调控区之下。另外，一个基因可以在个体多种组织中甚至是不同发育时期表达。因此，为研究基因的特定功能，需要在特定组织和/或在发育的特定时间里敲除靶基因。这种性质的基因敲除可通过*Cre-loxP*系统实现。靶基因首先被插入到两个*loxP*序列（有34个碱基对）之间，把这个基因的转基因小鼠与另一个品系的携带Cre重组酶的转基因

小鼠交配，*loxP* 序列被 Cre 识别，2 个 *loxP* 位点之间的所有 DNA 被切除。在小鼠后代中，如果 Cre 在所有的细胞中表达，那么所有细胞的靶基因均被切除。然而，如果 *Cre* 基因的表达受控于组织特异性启动子，例如，它只在心脏组织中表达，靶基因将只在心脏组织中被切除，造成靶基因只在心脏组织中被敲除。如果 *Cre* 基因被连在可诱导的启动子控制区之下，可以通过将小鼠暴露于诱导刺激条件下，随时切除靶基因。

(三) 细胞分化过程中基因表达调控的复杂性

动物受精卵第一次卵裂后的裂球，在个体发育中通过细胞分裂产生大量多代各种成体细胞，祖细胞与分化细胞的先后连续的宗系关系被称为细胞谱系(cell lineage)。在特定谱系细胞形成过程中，转录因子(或转录调节蛋白)比较普遍的作用方式是：①一个表达的转录因子能同时调控几个基因的表达，表现为同时发生的某些基因的激活和某些基因的关闭；②组合调控(combinatory control)，即转录起始受一个基因调节蛋白的组合而不是单个基因调节蛋白调控的现象。这两种转录水平的调控方式在细胞分化过程中起重要作用。

1. 关键基因调节蛋白的表达 在个体发育过程中，一个关键基因调节蛋白的表达能够引发一整串下游基因的表达。这种调控方式表现为某些基因的永久性关闭和一些基因的持续性激活，同时作为转录因子的基因产物本身起正反馈调节蛋白作用(图 3-11-12)。这样一来，维持一系列细胞分化基因的活动只需要激活基因表达的起始事件，即特异地参与某一特定发育途径的起始基因。该基因一旦打开，它就维持在活化状态，表现为能充分的诱导细胞沿着某一分化途径进行，从而导致特定谱系细胞的发育。具有这种正反馈作用的起始基因通常称为细胞分化主导基因(master control gene)。例如，在哺乳动物的成肌细胞向肌细胞分化过程中，*myoD* 基因起重要作用。*myoD* 在肌前体细胞和肌细胞中表达，它的表达将引起某一级联反应，包括 *MRF4*、*myogenin* 基因的顺序活化，导致肌细胞分化(图 3-11-13)。*myoD*、*MRF4* 和 *myogenin* 都编码一个含有基本的螺旋 - 环 - 螺旋(bHLH)的 DNA 结合域的转录因子。一般将 *myoD* 基因视为肌细胞分化的主导基因。有趣的是，经 *myoD* 基因转染的成纤维细胞以及其他一些类型的细胞也能够分化为肌细胞。研究资料也表明 *myf-5* 具有 *myoD* 的类似功能。在正常情况下，*myoD* 的表达对

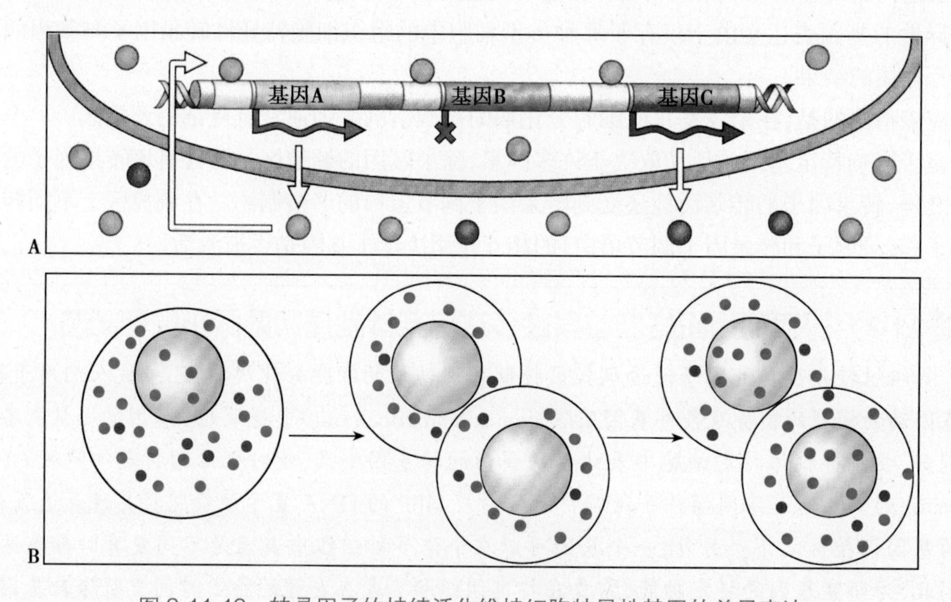

图 3-11-12 转录因子的持续活化维持细胞特异性基因的差异表达

A. 基因 A 编码产物为转录因子，它正性调控自身的表达，一旦活化，即始终保持在开放状态，B. 转录因子 A 也活化基因 C，同时抑制基因 B，从而建立一个细胞特异性的基因表达谱：在细胞分裂后，两个子细胞的胞质中均含有转录因子 A，它进入细胞核，以维持基因 B 和基因 C 的表达谱

Notes

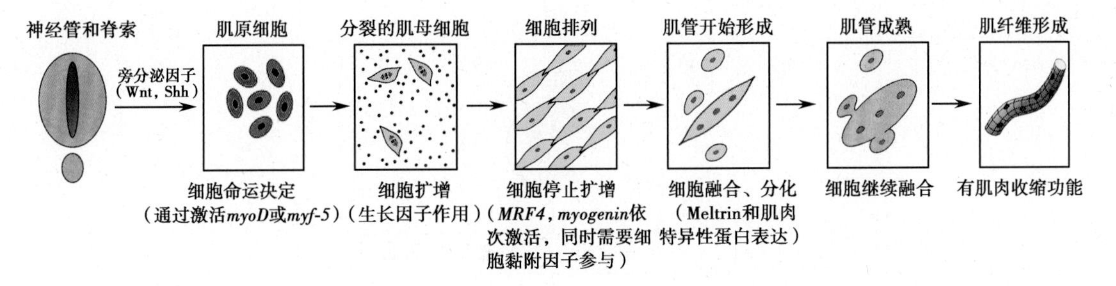

图 3-11-13　脊椎动物骨骼肌细胞分化机制

外部信号(旁分泌因子 Wnt,Shh)通过 *myoD* 和 *myf-5* 基因启动肌细胞分化,这两个基因中的哪一个优先表达取决于物种的不同,它们的基因活化形成交互抑制并维持自身状态,其编码蛋白进一步激活 *MRF4* 和 *myogenin* 基因,最终导致肌细胞特异性蛋白表达。

myf-5 的表达有抑制效应,Myf-5 蛋白能补偿 MyoD 功能的缺失。

单个基因调节蛋白不仅在特定谱系细胞的分化过程中起重要作用,而且还能触发整个器官的形成。这种结果来自于对果蝇、小鼠和人类眼睛发育的研究。在眼睛发育过程中,有一个基因调节蛋白(在果蝇中称为 Ey,在脊椎动物中称为 Pax-6)很关键,如果在适当的情况下表达,Ey 能触发形成的不只是一种类型细胞,而是整个器官(一只眼睛),它由不同类型的细胞组成,并全部在三维空间中正确组织起来。

2. 一些基因调节蛋白的组合　组合调控的一个条件是许多基因调节蛋白必须能共同作用来影响最终的转录速率。不仅每个基因拥有许多基因调节蛋白来调控它,而且每个基因调节蛋白也参与调控多个基因。虽然有些基因调节蛋白对单个细胞类型特异(如 *myoD*),但大多数基因调节蛋白存在于多种类型细胞,在体内多个部位和发育期间多次打开。如图 3-11-14 所示了组合调控能够以相对较少的基因调节蛋白产生多种类型细胞。

3. 同源异形框基因的时空表达　1983 年,瑞士 Gehring 实验室的工作人员在研究绘制果蝇触角足复合体(Antennapedia complex,Antp,昆虫中对胸部和头部体节的发育具有调节作用的基因群)基因外显子图谱过程中发现,Antp cDNA 不仅与 *Antp* 基因编码区杂交,也与同一染色体上相邻的 *ftz*(fushitarazu,ftz)基因杂交,提示在 *Antp* 和 *ftz* 基因中都含有一个共同的 DNA 片段。随后利用这个 DNA 片段为探针,相继发现在果蝇的许多同源异形基因(homeotic gene)中都含有这个相同的 DNA 片段。序列分析显示这个共同的 DNA 片段为 180 bp,具有相同的开放读码框架,编码高度同源的由 60 个氨基酸组成的结构单元。后来,这一 DNA 序列又相继在小鼠、人类、甚至酵母的若干基因中被发现。这个共同的 180 bp DNA 片段被称为同源异形框(homeobox),含有同源异形框的基因谓之同源异形框基因(homeobox gene)。迄今为止,已发现的同源异形框基因有 300 多种,它们广泛分布于从酵母到人类的各种真核生物中,如果蝇的 *HOM* 基因,动物和人类的 *Hox* 基因。由同源异形框基因编码的蛋白称为同源异形域蛋白(homeodomain protein)。同源异形域蛋白含有同源异形域(homeodomain)和特异结构域(specific domain),特异结构域通常位于同源异形结构域的上游,靠近蛋白的 N 端,而同源异形结构域则靠近蛋白的 C 端,这两个结构域在其蛋白作为转录因子发挥作用时均起决定性的作用。研究发现,由高度保守的 60 个氨基酸组成的同源异形结构域,表现为一种拐弯的螺旋 - 回折 - 螺旋(HLH)立体结构,其中的 9 个氨基酸片段(第 42~50 位)与 DNA 的大沟相吻合,即它能识别其所控制的基因启动子中的特异序列(应答元件),从而引起特定基因表达的激活或阻抑(图 3-11-15)。

目前认为,*HOM* 或 *Hox* 基因产物是一类非常重要的转录调节因子,其功能是将胚胎细胞沿前 - 后轴分为不同的区域,并决定各主要区域器官的形态建成。例如,果蝇 *HOM* 基因的功能是决定一组细胞发育途径的一致性,确保体节或肢芽的典型特点。当 *HOM* 基因突变时,可发生同源异形转变(homeosis),即由于与发育有关的某一基因错误表达,导致一种器官生长在错误部位

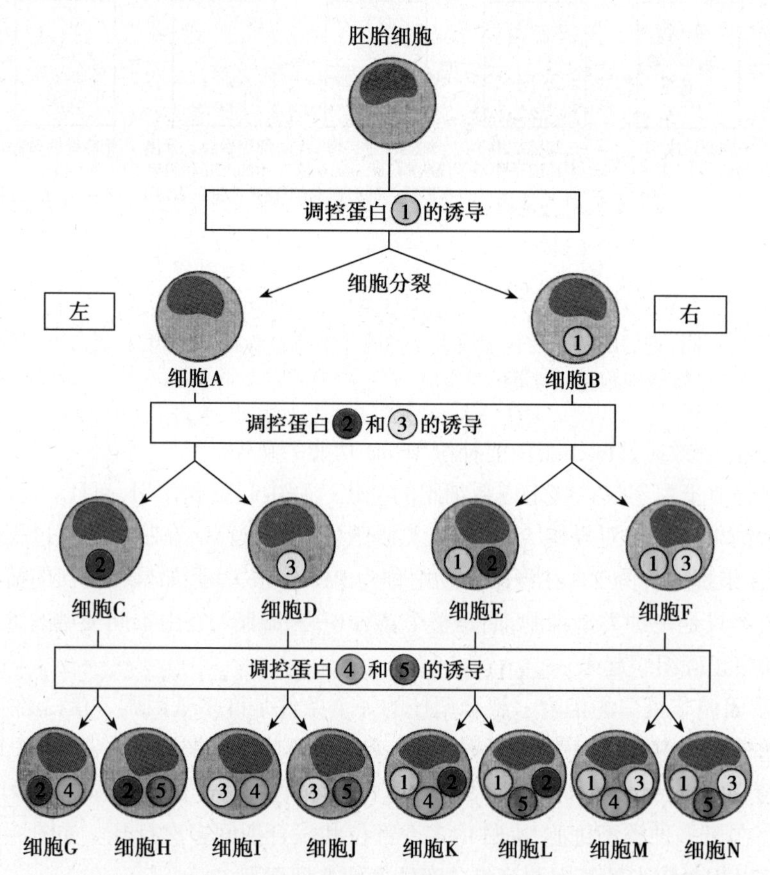

图 3-11-14 发育过程中一些基因调节蛋白的组合能产生许多细胞类型

在这个简单且理想化的体系中，每一次细胞分裂之后就会做出一个决定，合成一对不同基因调节蛋白的其中一个（用标上数字的圆圈表示）。调控蛋白①可因（受精后）母体效应基因产物的诱导产生，随后胚胎细胞感受到其所在胚胎中的相对位置，朝向胚胎左侧的子细胞常常诱导合成每对蛋白质中的偶数蛋白，而朝向胚胎右侧的子细胞诱导合成奇数蛋白。假设每种基因调节蛋白的合成一旦起始就自我持续下去，通过细胞记忆，逐步建立最终的组合指令。在图中假设的例子中，利用 5 种不同的基因调节蛋白最终形成 8 种细胞类型（G~N）

	1																			20
小鼠*HOXa-4*	Ser	Lys	Arg	Gly	Arg	Thr	Ala	Tyr	Thr	Arg	Pro	Gln	Leu	Val	Glu	Leu	Glu	Lys	Glu	Phe
蛙*XIHbOX2*	Arg	Lys	Arg	Gly	Arg	Gln	Thr	Tyr	Thr	Arg	Tyr	Gln	Thr	Leu	Glu	Leu	Glu	Lys	Glu	Phe
果蝇 *ANTP*	Arg	Lys	Arg	Gly	Arg	Gln	Thr	Tyr	Thr	Arg	Tyr	Gln	Thr	Leu	Glu	Leu	Glu	Lys	Glu	Phe
果蝇 *FTZ*	Ser	Lys	Arg	Gly	Arg	Gln	Thr	Tyr	Thr	Arg	Tyr	Gln	Thr	Leu	Glu	Leu	Glu	Lys	Glu	Phe
果蝇 *UBX*	Arg	Lys	Arg	Gly	Arg	Gln	Thr	Tyr	Thr	Arg	Tyr	Gln	Thr	Leu	Glu	Leu	Glu	Lys	Glu	Phe

	21																			40
小鼠*HOXa-4*	His	Phe	Asn	Arg	Tyr	Leu	Met	Arg	Pro	Arg	Arg	Val	Glu	Met	Ala	Asn	Leu	Leu	Asn	Leu
蛙*XIHbOX2*	His	Phe	Asn	Arg	Tyr	Leu	Thr	Arg	Arg	Arg	Arg	Ile	Glu	Ile	Ala	His	Val	Leu	Cys	Leu
果蝇 *ANTP*	His	Phe	Asn	Arg	Tyr	Leu	Thr	Arg	Arg	Arg	Arg	Ile	Glu	Ile	Ala	His	Ala	Leu	Cys	Leu
果蝇 *FTZ*	His	Phe	Asn	Arg	Tyr	Ile	Thr	Arg	Arg	Arg	Arg	Ile	Glu	Ile	Ala	His	Ala	Leu	Ser	Leu
果蝇 *UBX*	His	Thr	Asn	His	Tyr	Leu	Thr	Arg	Arg	Arg	Arg	Ile	Glu	Met	Ala	Tyr	Ala	Leu	Cys	Leu

	41																			60
小鼠*HOXa-4*	Thr	Glu	Arg	Gln	Ile	Lys	Ile	TrP	Phe	Gln	Asn	Arg	Arg	Met	Lys	Tyr	Lys	Lys	Asp	Gln
蛙*XIHbOX2*	Thr	Glu	Arg	Gln	Ile	Lys	Ile	TrP	Phe	Gln	Asn	Arg	Arg	Met	Lys	Trp	Lys	Lys	Glu	Asn
果蝇 *ANTP*	Thr	Glu	Arg	Gln	Ile	Lys	Ile	TrP	Phe	Gln	Asn	Arg	Arg	Met	Lys	Trp	Lys	Lys	Glu	Asn
果蝇 *FTZ*	Ser	Glu	Arg	Gln	Ile	Lys	Ile	TrP	Phe	Gln	Asn	Arg	Arg	Met	Lys	Trp	Lys	Lys	Asp	Arg
果蝇 *UBX*	Thr	Glu	Arg	Gln	Ile	Lys	Ile	TrP	Phe	Gln	Asn	Arg	Arg	Met	Lys	Leu	Lys	Lys	Glu	Ile

图 3-11-15 不同生物同源异形框基因编码的氨基酸序列比较

Notes

的现象。例如果蝇的第三胸节转变为第二胸节，形成像第二胸节一样的翅膀。

果蝇的 *HOM* 基因位于 3 号染色体上，由两个独立的复合体组成，即触角足复合体和双胸复合体（bithorax complex），含有这两个复合体的染色体区域通常称为同源异形复合体（homeotic complex，HOM-C）。由于进化，果蝇 *HOM* 基因在哺乳动物中出现了 4 次：*Hox-A*、*Hox-B*、*Hox-C*、*Hox-D*，分别定位于人的 7、17、12 和 2 号染色体；在小鼠则分别定位于 6、11、15 和 2 号染色体上。*HOM* 或 *Hox* 基因在染色体上的排列顺序与其在体内的不同时空表达模式相对应，即：这些基因激活的时间顺序表现为越靠近前部的基因表达越早，而靠近后部的基因表达较迟；这些基因表达的空间顺序表现为头区的最前叶只表达该基因簇的第一个基因，而身体最后部则表达基因簇的最后一个基因（图 3-11-16）。

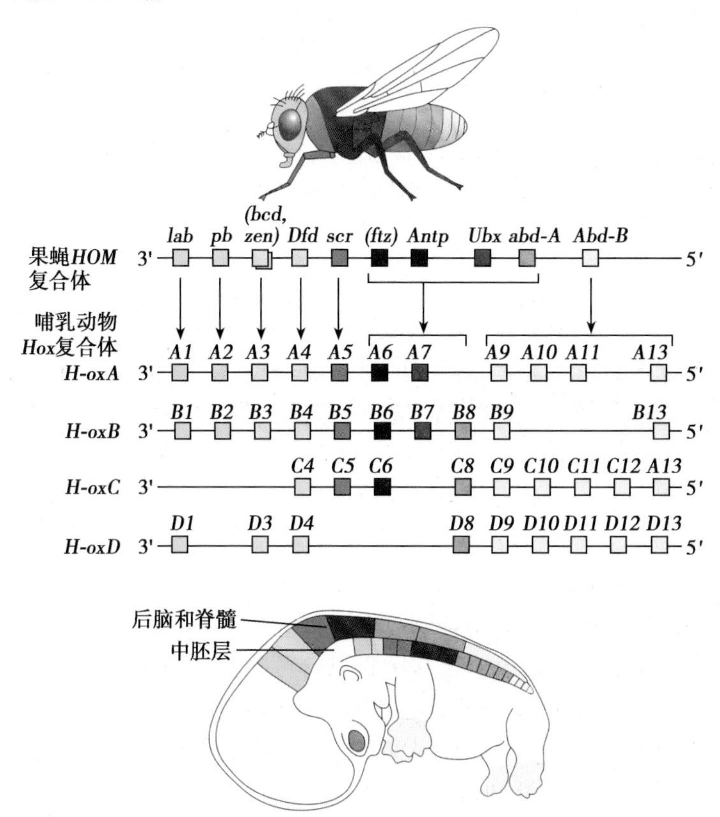

图 3-11-16 同源异形框基因在果蝇和小鼠染色体上的排列顺序及基因表达的解剖顺序

数字与颜色表示跨越两种动物之间的结构相似性；基因的表达顺序与其在染色体上的排列顺序相对应，越靠近前部表达的基因转录越早

（四）染色质成分的化学修饰在转录水平上调控细胞的特化

基因表达的激活，首先需要将致密压缩的染色质或核小体舒展开来，以便于基因转录调节因子对 DNA 的接近和结合，起始基因转录，在转录结束后，染色质又恢复到原来的状态。这种染色质结构的动态变化过程称为染色质重塑（chromatin remolding）。染色质重塑是基因表达调控的主要方式之一。引起染色质重塑的因素，除依赖 ATP 的物理性修饰（通过依赖 ATP 的染色质重塑复合体来完成）之外，染色质成分的化学修饰，包括 DNA 甲基化和组蛋白修饰等，都会引起染色质结构和基因转录活性的变化。染色质成分（DNA 和组蛋白）的修饰性标记在细胞分裂过程中能够被继承并共同作用决定细胞表型，因此被称为表观遗传学（epigenetics），DNA 序列变化以外的可遗传的基因表达改变）。

1. DNA 甲基化　在甲基转移酶催化下，DNA 分子中的胞嘧啶可转变成 5- 甲基胞嘧啶，这

称为 DNA 甲基化(methylation)。甲基化常见于富含 CG 二核苷酸的 CpG 岛。甲基化是脊椎动物基因组的重要特征之一,它可以通过 DNA 复制直接遗传给子代 DNA。哺乳动物的基因组中 70%~80% 的 CpG 位点是甲基化的,主要集中于异染色质区,其余则散在于基因组中。

DNA 甲基化对基因活性的影响之一是启动子区域的甲基化。研究表明,甲基化程度越高,DNA 转录活性越低,而绝大多数管家基因持续表达,它们多处于非甲基化状态。DNA 甲基化参与转录调控的直接证据来自对基因的活化与胞嘧啶甲基化程度的直接观察。例如在人类红细胞发育中,与珠蛋白合成有关的 DNA 几乎无甲基化,而在其他不合成珠蛋白的细胞中,相应的 DNA 部位则高度甲基化。在胚胎期卵黄囊,ε- 珠蛋白基因的启动子未甲基化,而 γ- 珠蛋白基因的启动子则甲基化,因此在胚胎期 ε- 珠蛋白基因开放,γ- 珠蛋白基因关闭;至胎儿期,在胎儿肝细胞中与合成胎儿血红蛋白有关的基因,如 γ- 珠蛋白基因没有甲基化,但在成体肝细胞中相应的基因则被甲基化(图 3-11-17)。这说明在发育过程中,当某些基因的功能完成之后,甲基化可能有助于这些基因的关闭。

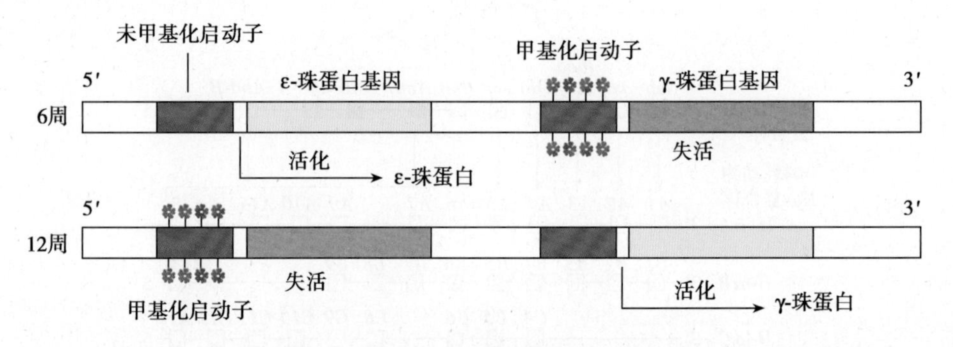

图 3-11-17 人类胚胎红细胞中珠蛋白基因的甲基化

甲基化导致基因失活(或沉默)的机制目前有三种观点,第一种是直接干扰转录因子与启动子中特定的结合位点的结合。有资料显示,AP-2、c-Myc/Myn、cAMP 依赖性活化因子 CREB、E2F 和 NF-kB 等在内的多种转录因子与 DNA 的结合可以被 DNA 的甲基化作用所抑制。第二种观点认为,甲基化引起的基因沉默可能是由特异的转录抑制因子直接与甲基化 DNA 结合引起的。为寻找与甲基化特异结合的蛋白,人们利用随机甲基化 DNA 序列作探针进行凝胶阻滞实验,在多种哺乳动物细胞系中找到了一种与甲基化 DNA 结合的蛋白:MeCP-1(methyl cytosine binding protein 1)。利用数据库分析已经鉴定出几个甲基化 CpG 结合结构域(methyl-CpG-binding domain,MBD)蛋白家族成员,包括 MeCP-2、MBD1、MBD2、MBD3 和 MBD4,其中 MBD2 是 MeCP-1 复合体的 DNA 结合部分。MeCP-1 与含有多个对称的甲基化 CpG 位点的 DNA 结合,由基因的高密度甲基化引起的转录抑制是由 MeCP-1 介导的,不能被强启动子重新激活;MeCP-2 在细胞中的含量较丰富,可以和单个甲基化的 CpG 位点结合,MeCP-2 通过与转录起始复合物作用引起基因沉默。第三个假说是,甲基化引起的基因沉默是由染色质结构的改变引起的。研究表明,DNA 甲基化只有在染色质浓缩形成致密结构以后才能对基因的转录产生抑制作用。

甲基化作用也与基因组印记(genomic imprinting)有关。哺乳动物细胞是二倍体,含有一套来自父方的基因和一套来自母方的基因。在某些情况下,一个基因的表达与其来源有关,即只允许表达其中之一,这种现象称为基因组印记,与之相关的基因谓之印记基因(imprinted gene)。印记基因在哺乳动物的发育过程中普遍存在。多数情况下来源于父方和母方的等位基因都同时表达,但印记基因仅在特定的发育阶段和特定的组织中表达等位基因中的一个,即在某种组织细胞中,有些仅从父源染色体上表达,有些仅从母源染色体上表达。例如编码胰岛素样生长因子 2 的基因(*Igf2*)即是印记基因,来自母本的 *Igf2* 基因拷贝是沉默的。研究资料显示,在小鼠配子生成和胚胎发育早期,印记基因是选择表达还是关闭,其可能机制是在特定发育时期对

印记基因的甲基化。

此外，在哺乳动物（雌性）和人类女性的两条X染色体中，其中一条灭活（钝化）的X染色体就与DNA的甲基化有关，去甲基化可以使钝化的X染色体基因重新活化。

2. 组蛋白的化学修饰　最初，染色质上的组蛋白被认为仅仅是维系染色质或染色体结构的组成成分，现在人们认识到，组蛋白的结构是动态变化的，这种变化影响了染色质结构的构型，从而调节基因的表达。组蛋白结构的改变源于组蛋白中被修饰的氨基酸。

核小体的核心组蛋白（H2A、H2B、H3和H4）是一类小分子量的强碱性蛋白，它们均由球状结构域（外周被146bp大小DNA包绕）和从核小体表面伸出的位于蛋白N-端的“组蛋白尾部”组成。近些年研究表明，组蛋白特别是H3和H4尾部的氨基酸残基能够被化学修饰，包括组蛋白的乙酰化、甲基化、磷酸化、泛素化、sumo化（sumoylation）、糖基化等。组蛋白中被修饰氨基酸的种类、位置和修饰类型可以调整组蛋白结构，决定染色质转录活跃或沉默的状态（上调或下调基因活性），故被称为组蛋白密码（histone code）。组蛋白修饰的一般概念和常见标记如图3-11-18所示。

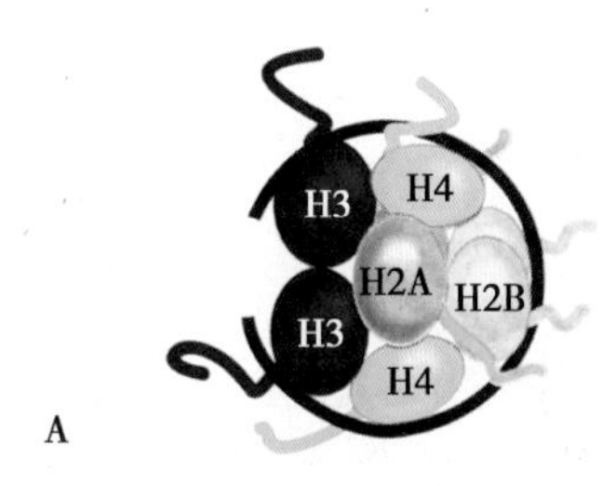

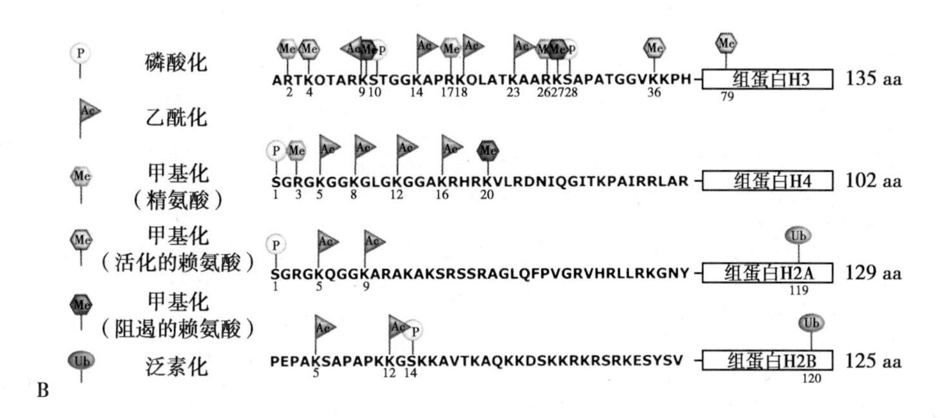

图3-11-18　组蛋白修饰的一般概念和常见标记

A. 组蛋白核心八聚体被DNA盘绕，N-端无结构的组蛋白尾部从8个组蛋白组成的球状结构域上伸出；B. 组蛋白尾部氨基酸残基的修饰位点，组蛋白N-端的尾部囊括了已知共价修饰位点的大部分，修饰也可发生在球状结构域，一般地，活化标签包括乙酰化，精氨酸甲基化，以及一些赖氨酸甲基化，如H3K4和H3K36；球状区域的H3K79具有抑制沉默的功能；抑制标签包括H3K9、H3K27和H4K20

组蛋白修饰导致基因转录或沉默的机制与其引起的染色质重塑密切相关。一方面，组蛋白N-端尾部的氨基酸修饰直接影响了核小体的结构，进而影响到转录起始复合体是否易于同启动子部位的DNA结合；另一方面，组蛋白修饰后可招募一些结合这些特定修饰的蛋白质到染色体上，产生反式效应。在此以组蛋白常见的修饰方式——组蛋白乙酰化为例，说明组蛋白修饰影响基因转录的机制。组蛋白乙酰化多发生于H3和H4氨基酸的赖氨酸残基。在组蛋白乙酰基转移酶（HAT，也称乙酰化酶）作用下，于组蛋白N-端尾部的赖氨酸加上乙酰基，称为组蛋白乙酰化。组蛋白N-端的赖氨酸残基乙酰化会移去正电荷，降低组蛋白和DNA之间的亲和力，使

得RNA聚合酶和通用转录因子容易进入启动子区域。因此,在大多数情况下,组蛋白乙酰化有利于基因转录。低乙酰化的组蛋白通常位于非转录活性的常染色质区域或异染色质区域。一些组蛋白可以快速地乙酰化,然后又去乙酰化,使得组蛋白结合基因的表达受到精确地调控。组蛋白的去乙酰化由组蛋白去乙酰化酶(HDAC)催化完成,组蛋白去乙酰化则抑制转录。其具体机制是:基因激活因子结合于特定上游激活序列(UAS)并招募组蛋白乙酰化酶,催化附近的组蛋白乙酰化,促进基因激活;而结合于上游抑制序列(URS)的转录抑制因子则招募组蛋白去乙酰化酶,催化附近的组蛋白去乙酰化,抑制转录(图3-11-19)。

基因激活因子募集组蛋白乙酰化酶

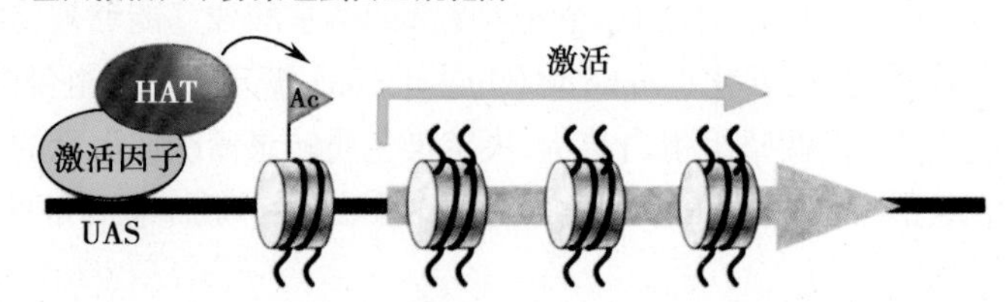

基因抑制因子募集组蛋白去乙酰化酶

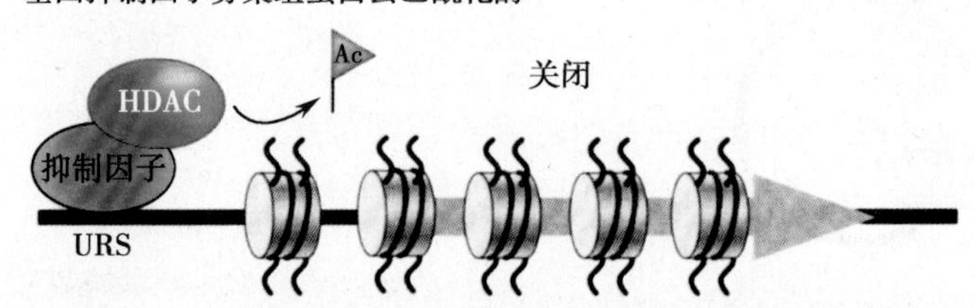

图3-11-19 组蛋白修饰酶被DNA结合的转录因子招募到启动子上

组蛋白的化学修饰所引起的染色质结构的动态变化能够影响细胞的分化状态的转变(transition)。例如,在ES细胞向神经元分化过程中,组蛋白的甲基化和乙酰化状态,特别是一些与神经元分化相关的因子(如Mash1、Pax6)的启动子区域组蛋白的修饰状态呈现出明显差异。在果蝇研究中发现,*scrawny*基因(因突变的成熟果蝇的外观而得名)的编码产物为泛素蛋白酶(ubiquitin protease),其功能是通过抑制组蛋白H2B的泛素化而沉默细胞分化关键基因,使果蝇的多个干细胞(生殖干细胞、皮肤上皮和肠道的组织干细胞)维持于未分化状态。在*scrawny*功能缺失的果蝇突变体,其生殖组织、皮肤和肠道组织中过早失去了它们的干细胞。另一个例子是:通常认为细胞中H3K4me3标记(在组蛋白H3的K4上连接有3个甲基)存在于基因组的一小段区域,对基因表达发挥正调控效应。新近研究发现,H3K4me3标记遍布于染色质基因组的更大区域,在不同细胞类型中H3K4me3存在于染色质的不同部位,标记了不同的基因。根据大范围的H3K4me3区域的染色质定位,就可以将肝细胞与肌细胞或肾细胞区分开来。这表明,染色质中广范围的H3K4me3标记区域的差异可能决定了特化细胞维持其身份。

3. 染色质成分的共价修饰的有时空性 已如上述,基因表达的激活,首先需要将致密压缩的染色质或核小体舒展开来,该过程涉及组蛋白的化学修饰、DNA甲基化。影响染色质结构变化的因素,除组蛋白修饰和DNA甲基化之外,还包括组蛋白组分的改变(如组蛋白变异体)、染色质重塑复合体或染色质重建子(remodeler)和非编码RNA等。这些因素或染色质上的这些标记在细胞分裂过程中能够被继承并共同作用决定细胞的表型,即表观遗传。表观遗传是近些年形成的研究领域,从分子或机制上可将其定义为“在同一基因组上建立的能将不同基因转录和基因沉默模式传递下去的染色质模板变化的总和”。在由单个受精卵发育为多细胞个体(如脊椎动物)过程中,从一个受表观遗传调控的单基因组逐渐演变为存在于200多种不同类型细胞中的多种表观基因组(图3-11-20)。这种程序性的变化被视为组成了一种“表观遗传密码”,从而

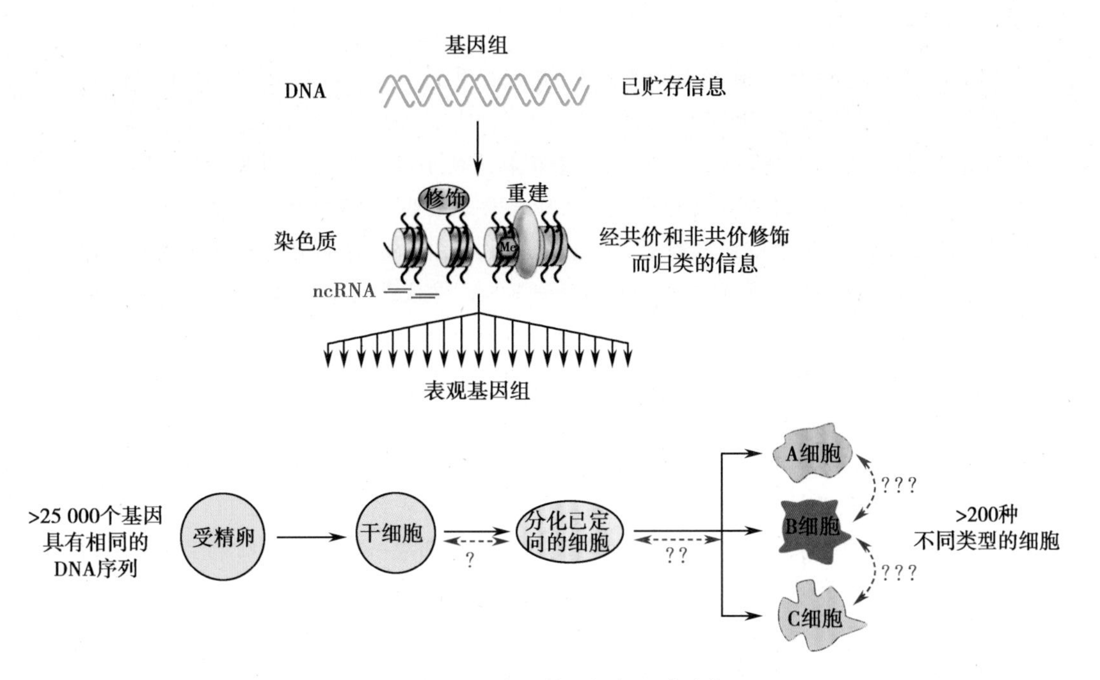

图 3-11-20 表观基因组与细胞分化

基因组:某一个体不变的 DNA 序列(双螺旋)。表观基因组:染色质模板的总体构成,分别对应特定细胞中的整个染色体。表观基因组随细胞类型的不同而变化,并能对其收到的内、外界信号发生反应。表观基因组会在多细胞生物由一个受精卵发育到许多已分化细胞这一过程中发生变化。分化或去分化的转变需要细胞的表观基因组重编程

使经典遗传密码中所隐藏的信息得到了扩展。可以认为,染色质的共价修饰和非共价机制(如组蛋白组分改变、染色质重建子和非编码 RNA 作用)相互结合促使形成一种染色质状态,使其在细胞的分化和发育过程中能够作为模板。

染色质的共价修饰在细胞分化与发育中的作用是目前研究的前沿领域,涉及的机制才刚刚被人们加以阐释。人们在哺乳动物的发育过程中了解到:受精后,受精卵中的雄原核就包装上组蛋白,但其组蛋白上缺乏 H3K9me2 和 H3K27me3,而此时雌原核则具有上述标记;雄原核基因组迅速去甲基化,而雌原核基因组则维持不变。合子细胞基因组后续的去甲基化发生于前着床发育期,直至囊胚期。在囊胚期,内细胞团开始出现 DNA 甲基化,H3K9me2 和 H3K27me3 水平上升;而由滋养外胚层(trophectoderm)发育而来的胎盘则表现出相对较低的甲基化水平。在进入生殖腺之前和之后,原始生殖细胞会逐渐发生 DNA 和 H3K9me2 去甲基化。在生殖细胞发育后期将发生 DNA 甲基化,包括亲本特异性的基因印记。

框 11-4 增强子在细胞分化中的作用

细胞分化的本质是基因的选择性表达,可视为基因表达质的改变。那么基因表达量的改变与细胞特化的关系如何?新近,作为基因表达调控元件增强子(enhancer)在细胞特化中的作用逐步被研究者揭示。增强子在细胞特化中的作用还表现为多个增强子丛(cluster)组合在一起形成超级增强子(super-enhancers)而发挥功能。目前已经在哺乳动物细胞中鉴别出超过一百万个控制基因表达的增强子,这些增强子控制着数以万计的基因表达,其中只有数百个超级增强子控制赋予每个细胞特性和功能的大多数关键基因的表达。现有研究还表明,在发育过程中超级增强子的活性被不断地打开或关闭,旧的超级增强子失活、新的超级增强子活化,驱动了细胞身份(cell identity)的变化。

增强子特化细胞的有趣例子是来源于对人类面部差异的相关研究。脸型中的细微差

Notes

异对人类而言十分重要。有的人相貌堂堂,有的人看上去不尽如人意。现有研究表明,增强子在微调并驱动面部细微差异中起到了重要作用。研究人员培育了缺少 3 个已知增强子的转基因小鼠,接着用计算机断层成像来获取这些小鼠 8 周大时的头颅三维图像。结果显示,转基因小鼠的头颅比普通小鼠的头颅要长或短些,或显得更窄或更宽些。更重要的是删除这些增强子没有引起腭裂、下巴突出或其他问题,所带来的只是细微的脸部结构调整。就像指纹一样,每个人的脸型都独一无二。即便是双胞胎,脸型也会存在细微的差异。了解造成这些差异的原因所在,可能有助弄清楚为何某些人的面部有严重先天缺陷。这一研究也让人们联想起"定制婴儿的相貌"问题。

增强子调控细胞表型特化的另一个有趣例子,是来源于对北欧人金发形成机制的研究。现有研究显示,人类基因组中编码酪氨酸激酶受体配体(KIT ligand)的 KITLG 基因的调控区(增强子区)与北欧人的金发之间存在紧密联系,金发是 KITLG 基因增强子 DNA 序列突变的结果。KITLG 基因编码的配体参与形成一种与色素细胞生成有关的蛋白,当基因启动子区的一个碱基从 A 突变成了 G,就产生金发后代。其原因是:与深发色的个体相比,KITLG 基因增强子区的基因突变后,整个基因的表达下降了 20%。研究者认为,20% 看起来并不是一个很明显的改变,但是有可能这就是该基因引起细胞表型特化的临界点。由此,KITLG 基因的增强子被视为"金发开关"。

框 11-5 转录记忆与细胞谱系的维持

在多细胞生物,通过细胞分化形成大量有着各自独特功能的细胞类型。这就提出了一个问题:细胞类型被决定之后,如何在生长阶段的多次细胞分裂后依然保持其细胞特征,也即细胞谱系维持的机制是什么?通过前面的学习,已经清楚:各种激活或沉默的特征性基因的表达形式,决定了每种细胞类型的身份和功能。在发育过程中和成年期,需要在每次细胞分裂后忠实地记忆,哪些基因被激活或被抑制,需要有一个记忆系统保证这个信息从母代到子代的传递。一般地,把参与多次细胞分裂中维持一定细胞分化状态的分子机制称为"细胞记忆"或"转录记忆"。目前来自果蝇胚胎发育的研究表明:多聚梳类(polycomb group,PcG)和三胸类(trithorax group,trxG)蛋白构成了转录记忆的分子基础。PcG 和 trxG 蛋白各自组织形成大的蛋白复合体,通过调控染色质结构来维持基因的表达状态。在果蝇中 PcG 复合体通过 PcG 应答元件(PcG response element,PRE,一段 DNA 序列)被募集到靶基因上,在 PRE 处形成稳定的沉默复合体,这种状态可以在多次细胞分裂中依然保存。而 trxG 与 PcG 的功能相反,它一般是维持基因表达的激活状态。因为任何类型细胞都需要表达主控蛋白,需要维持关键基因处于"开启"状态,该过程中 trxG 蛋白起到了重要作用,它介导了 ATP 依赖的染色质重建,还能共价修饰核小体蛋白。目前在人类细胞中,已发现了三个 trxG 蛋白的同源物,分别是 MLL1、MLL2 和 hSET1,其功能是人们研究的热点。

四、非编码 RNA 在细胞分化中的作用

在很长的一段时间里,RNA 被认为仅仅是 DNA 和蛋白质之间传递遗传信息的中间"过渡"分子。随着近年来具有基因表达调控功能的非编码小分子 RNA 的发现,将 RNA 的功能从中心法则中遗传信息的中间传递体扩展至调控基因组的表达,使 RNA 在基因组信息转化为生物效应过程中的作用凸现出来。非编码 RNA 是指一类不编码蛋白质的 RNA 分子。哺乳动物基因

组中近 98% 不与蛋白质编码基因相对应。在人类，虽然基因组组成多达约 32 亿个碱基，但编码蛋白质的基因仅 2 万 ~3 万个，其余绝大部分为非编码序列。近年来大量的转录组的研究结果表明，基因组中的非编码序列是可以表达的，其表达产物就是非编码 RNA。不仅如此，传统意义上基因的外显子和内含子序列的转录产物也可被加工为非编码 RNA。除非编码的 tRNA 和 rRNA 之外，迄今已发现的具有基因表达调控作用的非编码 RNA 主要包括小分子非编码 RNA（简称小 RNA）和长度超过 200 个核苷酸（nt）的长链非编码 RNA（lncRNA）两大类。

（一）小 RNA 可在转录和转录后水平调控细胞的分化

小 RNA 是长度在 20~30 个 nt 的非编码 RNA，包括约 22nt 的微小 RNA、21~28nt 的小干扰 RNA，以及在小鼠精子发育过程中发现的 26~31nt 的 piRNA。miRNA 的前体为 70~90nt，由具有核糖核酸酶性质的 Drosha 和 Dicer 酶加工而成；siRNA 来源于外源性长的双链 RNA（机体中也存在内源 siRNA，称为 endo-siRNA），是 Dicer 酶解产物；piRNA 与 PIWI 蛋白家族成员相结合才能发挥它的调控作用（调节精子成熟发育）。

起初，小 RNA 是在研究秀丽隐杆线虫（*C. elegan*）细胞命运的时间控制过程中被发现的：高浓度的转录因子 LIN-14 可特异性地促进早期幼虫器官的蛋白质合成，但在后续的发育中，尽管体内一直存在 *lin-14* mRNA 却检测不到 LIN-14 蛋白。后来发现在线虫的第一、二龄幼虫期存在一个 22nt 的 miRNA，即 *lin-4* RNA。*Lin-4* RNA 通过与 *lin-14* mRNA 3′ 端 UTR 互补结合，短暂下调 LIN-14 蛋白水平，促进线虫从第一龄幼虫期向第二龄幼虫期发育。如果 *lin-4* 基因突变而失去功能，那么线虫幼虫体内可持续合成 LIN-14 蛋白，使线虫长期停滞在幼虫的早期发育阶段。随后在线虫体内又发现了另一个 miRNA：let-7 RNA。let-7 RNA 长为 21nt，存在于线虫的第三、四龄幼虫期及成虫期，其功能是决定线虫从幼虫向成虫的形态转变。后续研究发现，let-7 RNA 不仅存在于线虫，也存在于脊椎动物和人类。越来越多的研究表明，小 RNA 广泛地存在于哺乳动物，具有高度的保守性，它们通过与靶基因 mRNA 互补结合而抑制蛋白质合成或促使靶基因 mRNA 降解。小 RNA 的生物发生机制特别是其功能至今仍在研究中。已有许多研究表明，它们参与了细胞分化与发育的基因表达调控过程。

目前在各种生物中已发现数千种 miRNA，大部分 miRNA 的功能尚有待阐明。现有研究资料表明，miRNA 主要在转录后水平调控蛋白基因表达，即双链 miRNA 分子与 RISC（RNA-induced silencing complex）结合，使 miRNA 的双链解离，其中的一条链与同源的 mRNA 靶向结合，发挥切割、降解 mRNA 的作用。miRNA 还可发挥转录抑制作用，此时 miRNA 与另一种蛋白质复合体——RITS（RNA-induced transcriptional silencing）结合，解离后的一条 miRNA 链将 RITS 复合体引导至同源基因处（很可能是通过碱基配对结合于同 RNA 聚合酶 II 结合的 mRNA 上），然后，RITS 复合体通过募集组蛋白甲基转移酶，使组蛋白 H3 的赖氨酸 -9 发生甲基化，导致异染色质形成，最终抑制基因的转录。miRNA 与细胞分化和发育的关系是目前生物学研究中的热点和前沿领域，有待探索的问题还很多。例如，有多少 miRNA 在早期胚胎细胞中特异表达？有多少 miRNA 在分化后的终末细胞中表达？这些 miRNA 能调控哪些基因表达？ miRNA 最终是如何来调控细胞分化与发育的？回答这些问题将加深对生物发育过程的认识。

在线虫、果蝇、小鼠和人等物种中已经发现的数百个 miRNA 中的多数具有和其他参与调控基因表达分子一样的特征，即在不同组织、不同发育阶段中 miRNA 的水平有显著差异。miRNA 这种具有分化的位相性和时序性（differential spatial and temporal expression patterns）的表达模式提示，miRNA 有可能作为参与调控基因表达的分子在细胞分化中起重要作用。目前有关 miRNA 在细胞分化中作用的研究在不断增加，其中用基因敲除的方法来确定 miRNA 功能的研究成为热点。例如，小鼠中参与 pre-miRNA 加工的 *Dicer-1* 基因敲除后，导致胚胎早期死亡，胚胎干细胞不能分化及多能干细胞丧失；miRNA 发挥功能的复合体 RISC 的核心成分——*Argonaute-2* 基因的敲除，导致胚胎早期或妊娠中期死亡；Drosha 辅助因子——*Dgcr8* 基因敲除后，导致胚胎早

期死亡，胚胎干细胞不能分化。通过小鼠中 miRNA 基因的敲除分析，鉴定了一系列与细胞分化有关的 miRNA，如发现 miR-1 能促进肌细胞分化，抑制细胞增殖，控制心室壁的厚薄；miR-l26 特异性表达于内皮细胞，调控血管形成；miR-143 和 miR-145 参与调控平滑肌细胞的分化；miR-l50 特异表达于成熟的淋巴细胞中，影响淋巴细胞的发育和应答反应；miR-223 特异表达于骨髓，对祖细胞的增殖和粒细胞的分化及活化进行负调控，等等。

(二) 长链非编码 RNA 与细胞的分化和发育密切相关

细胞中 lncRNA 的来源极其复杂，有资料显示，哺乳动物基因组序列中 4%~9% 的序列产生的转录本是 lncRNA。lncRNA 可能具有以下几方面功能：①通过在蛋白编码基因上游启动子区发生转录，干扰下游基因的表达；②通过抑制 RNA 聚合酶Ⅱ或者介导染色质重建以及组蛋白修饰，影响下游基因表达；③通过与蛋白编码基因的转录本形成互补双链而干扰 mRNA 的剪切，从而产生不同的剪接体；④通过与蛋白编码基因的转录本形成互补双链，进一步在 Dicer 酶作用下产生内源性的 siRNA；⑤通过结合到特定蛋白质上，调节相应蛋白的活性；⑥作为结构组分与蛋白质形成核酸——蛋白质复合体；⑦通过结合到特定蛋白质上，改变蛋白的胞内定位；⑧作为小分子 RNA，如 miRNA，piRNA 的前体分子转录。

已有研究表明，在细胞分化与发育过程中 lncRNA 能调控基因组印记和 X 染色体失活。在发育过中，许多 lncRNA 在 *Hox* 基因座的选择性表达中发挥重要调控作用，它们决定这些基因座染色质结构域中组蛋白甲基化修饰是否会发生、染色质结构是否允许 RNA 聚合酶转录等。其中一种从 *Hox-C* 基因座转录的 Hox 转录物反义 RNA（HOTAIR），能通过募集染色重建蛋白复合体 PRC2，诱导 *Hox-D* 基因座产生抑制性的染色质结构，在 *Hox-D* 基因座上长达 40 kb 的范围内抑制基因的转录。目前认为在这种调控机制中，lncRNA 的作用之一是特异性识别所调控的染色质区段。

第三节 细胞分化的影响因素

一、细胞间相互作用对细胞分化的影响

在个体发育过程中，随着胚胎细胞数目的不断增加，细胞之间的相互作用对细胞分化的影响越来越重要。胚胎细胞之间相互作用的主要表现形式是胚胎诱导。

(一) 胚胎细胞间相互作用的主要表现形式是胚胎诱导

在多细胞生物个体发育过程中，细胞分化的去向与不同胚层细胞间的相互作用有关，通常表现为一部分细胞对其邻近的另一部分细胞产生影响，并决定其分化的方向，这种现象称为胚胎诱导（embryonic induction）。在胚胎诱导中至少有两种组织细胞成分：一是诱导子（inducer），它能产生使其他组织细胞行为发生变化的信号；另一是被诱导变化的组织细胞，称为应答子（responder）。胚胎诱导现象最初是由 Spemann 等人在胚胎移植（embryonic graft）实验过程中发现的，他因此而获得了 1935 年的诺贝尔生理学或医学奖。

研究表明，细胞间的相互诱导作用是有层次的，在三个胚层中，中胚层首先独立分化，该过程对相邻胚层有很强的分化诱导作用，促进内胚层、外胚层向着各自相应的组织器官分化。例如，中胚层脊索诱导其表面覆盖的外胚层形成神经板（neural plate），此为初级诱导；神经板卷成神经管后，其前端进一步膨大形成原脑，原脑两侧突出的视杯诱导其上方的外胚层形成晶状体，此为二级诱导；晶状体又诱导覆盖在其上方的外胚层形成角膜，此为三级诱导（图 3-11-21）。不同胚层细胞通过这种进行性的相互作用，实现组织细胞分化。

研究发现，胚胎诱导具有区域特异性和遗传特异性两个显著特点。在这里，以上皮和间充质细胞间的相互作用为例来说明。皮肤主要由表皮和真皮两种组织构成，表皮为来源于外胚层

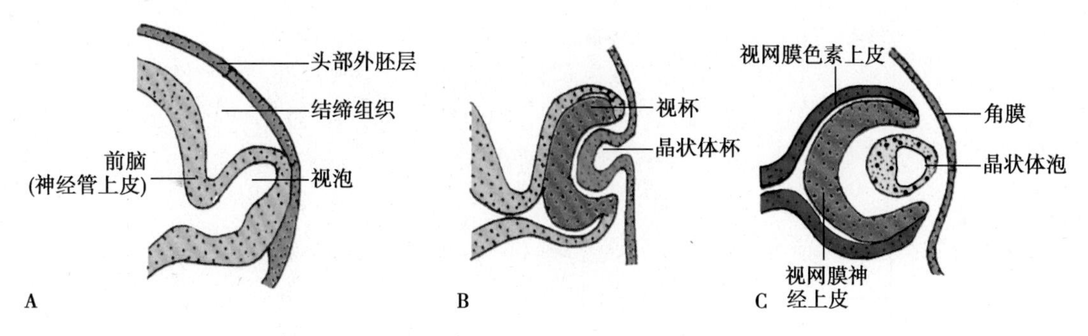

图 3-11-21 眼球发育过程中的多级诱导作用

的上皮组织，真皮由来源于中胚层的间充质组织组成。皮肤一些区域一般可鉴别的特征如羽毛、鳞片、毛发等衍生物是表皮细胞分裂及合成特异性蛋白质的结果，而这些衍生物的形成受位于其下面的真皮（间充质组织）所控制。研究者们能够分离出胚胎上皮和间充质，可以不同的方式将其结合在一起进行研究。中胚层间充质诱导外胚层上皮组织形成表皮不同结构的区域特异性，同样类型的上皮，其所表现出的皮肤结构由来源于间充质的不同区域决定（图 3-11-22）。在这里间充质起到一个指导性作用，启动表皮细胞中不同基因的表达。上皮和间充质细胞的相互作用的第二个特性是胚胎诱导的遗传特异性。尽管间充质细胞可以指导表皮细胞的基因表达，但表皮细胞的应答受它的基因组影响。这一特性是在不同种属组织的移植过程中发现的。最明显的例子之一是 Spemann 等人的实验。蝾螈和蛙幼体的口腔不同，蝾螈幼体在它的口腔下方有一个棒状的平衡器，而蛙蝌蚪则形成一个黏液腺和吸盘；蛙蝌蚪有一个不带牙齿的鳞状上颌，而蝾螈在它的上颌上有牙齿。Spemann 将一个蛙原肠胚的腹部外胚层移植到将来发育成口腔的蝾螈原肠胚区域，同样也把蝾螈的腹部外胚层移植到将来发育成口腔的蛙原肠胚区域。来自上述移植实验的幼体则是嵌合体，即蝾螈有类似蛙的口腔，蛙蝌蚪有蝾螈的牙齿和平衡器（图 3-11-23）。这说明，中胚层细胞指导外胚层形成口腔，应答的外胚层仅知道去形成它自己的器官（口腔），而不能产生别人的口腔。这也说明，间充质细胞发送的指导信息能够跨越种族屏障。蝾螈能够对蛙信号应答，鸡胚组织能够对哺乳动物诱导子应答。不过上皮的应答是种属特异性的。器官类型特异性（比如羽毛或爪）通常由一个种的间充质控制，而种特异性通常由应答的上皮控制。

研究表明，并不是所有的组织都能被诱导子诱导。例如，如果把蟾蜍的眼泡（将来发育成视网膜）放置在一个不同于正常发育的地方即在头部外胚层的下方，眼泡作为一个诱导子，将诱导该处的外胚层形成晶状体；但如果把眼泡放置在同一个体的腹部外胚层的下面，腹部外胚层便不能被诱导。这说明仅头部外胚层能接受来自眼泡的信号并被诱导成晶状体的成分，这种对特

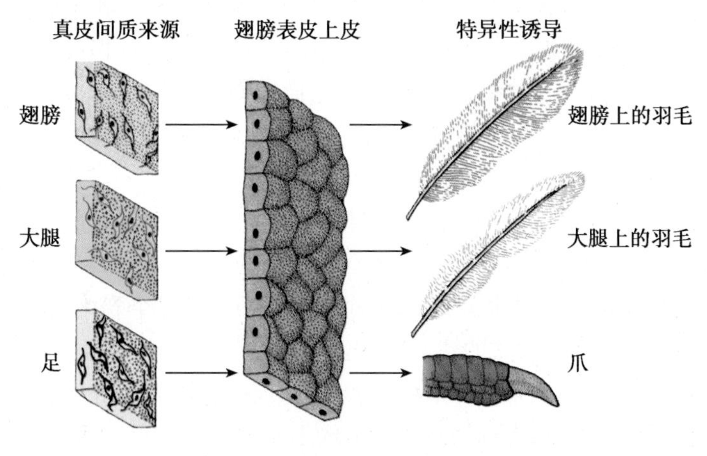

图 3-11-22 胚胎诱导的组织区域特异性

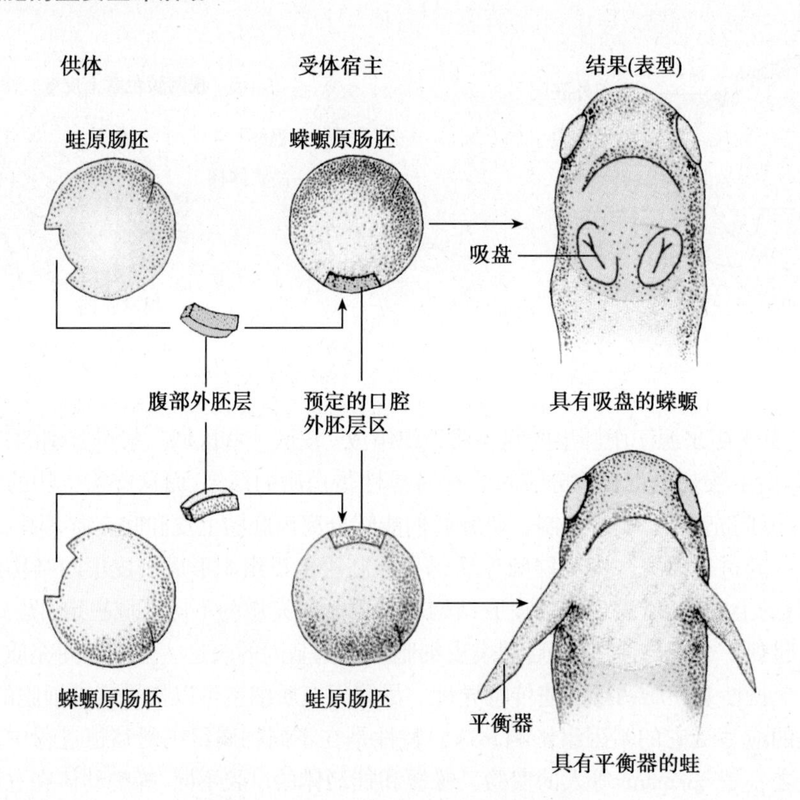

图 3-11-23 胚胎诱导的遗传特异性

异性诱导信号产生应答反应的能力称为感受性(competence)。那么为什么会产生以上现象,胚胎诱导的机制如何,诱导子和应答子之间的信号是怎样传递的?以下将讨论之。

(二)胚胎诱导通过信号分子介导的细胞间信息传递而实现

1. 旁分泌因子与胚胎诱导 诱导子和应答子之间的信号是如何传递的?早年在研究诱导肾小管和牙齿形成机制时发现,尽管在表皮和间充质细胞之间放置有分隔的滤膜(filter),一些诱导事件仍能够发生。由此研究者认为,这些诱导子细胞能分泌可穿过滤膜的可溶性因子,可溶性因子扩散一小段距离之后到达应答子细胞周围,诱导应答子细胞的变化,这一事件被称为旁分泌相互作用(paracrine interaction),该扩散因子被称为旁分泌因子(paracrine factor)或生长和分化因子(growth and differentiation factor)。旁分泌因子被分泌到所诱导细胞的周围,是传统的实验胚胎学家所指的诱导因子。在过去的十余年,发育生物学家已经发现,多数器官的诱导源于一系列的旁分泌因子。根据旁分泌因子的结构,可将其分为以下四个主要家族。

(1) 成纤维细胞生长因子(fibroblast growth factor,FGF):FGF 家族包括多个结构相关的成员。FGF1 也称为酸性 FGF;FGF2 有时也称作碱性 FGF;FGF7 则称为角质化细胞生长因子。在脊椎动物中发现有 10 多种 *FGF* 基因,因不同组织中其 RNA 剪接或起始密码的不同可产生数百种蛋白异构体(isoform)。FGF 与几个发育功能相关,包括血管发生、中胚层形成和轴突延伸等。尽管 FGF 家族成员的功能类似,但其表达模式给予它们独自的功能。例如,FGF2 在血管发生上是非常重要的;FGF8 的重要性则在于中脑和肢体的发育。

(2) Hedgehog 家族:旁分泌因子 Hedgehog 蛋白家族的主要功能是在胚胎中诱导特殊细胞表型和在组织间创造一个分界线。脊椎动物中至少有三个果蝇 *Hedgehog* 基因同源体:*shh*(sonic hedgehog),*dhh*(desert hedgehog)和 *ihh*(indian hedgehog)。*shh* 是三个脊椎动物同源体中研究最多的基因,shh 蛋白负责神经管模式的建立,像运动神经元从腹侧的神经元形成,感觉神经元从背侧的神经元产生。shh 蛋白也负责体节模式的建立,以便于体节最密切于脊索而成为脊柱的软骨。shh 蛋白已显示出介导鸡发育的左 - 右轴形成、启动肢体的前 - 后轴建立、诱导消化管的区域特异性分化和羽毛的形成等功能。shh 蛋白常同其他旁分泌因子如 Wnt、FGF 一起发挥作用。

(3) Wnt 蛋白家族:Wnt 家族蛋白为富含半胱氨酸的糖蛋白,在脊椎动物中至少有 15 个家族成员。其名称由 wingless 和 integrated 融合而成,wingless 为果蝇分节极性基因,integrated 是它的脊椎动物同源体。Wnt 蛋白涉及泌尿生殖系统等的发育。Wnt 蛋白在建立昆虫和脊椎动物肢体的极性方面也起重要作用。

(4) TGF-β 超家族:TGF-β 超家族由 30 多个结构相关的成员组成,它们对发育过程中某些重要的相互作用过程起调节作用。TGF-β 超家族基因编码的蛋白被加工为同源二聚体(homodimer)或异源二聚体(heterodimer),然后分泌出细胞外。TGF-β 超家族包括 TGF-β 家族,活化素(activin)家族,骨形成蛋白(bone morphogenetic protein,BMP)家族,Vgl 家族,和其他一些蛋白质如胶质源性神经营养因子(glial derived neurotrophic factor,肾和小肠神经元分化需要因子)、Mullerian 抑制因子(涉及哺乳动物性别决定)。TGF-β 家族蛋白参与机体许多器官的发育过程,其中的 BMP 家族成员最初被发现它们具有诱导骨形成的能力,故而被称为骨形成蛋白。不过这只是它的许多功能之一,它们已经被发现可以调节细胞分裂、细胞凋亡、细胞迁移和细胞分化。BMP 家族包括很多成员,如负责左 - 右轴形成的 Nodal 及在神经管极性、眼发育和细胞死亡中起重要作用的 BMP4,等等。

除上述四类旁分泌因子之外,还有些因子像表皮生长因子、肝细胞生长因子(hepatocyte growth factor)、神经营养因子(neurotrophin)及干细胞因子(stem cell factor)等在发育过程中也起重要作用。红细胞生成素(erythropoietin)、细胞因子(cytokine)和白介素(interleukin)等在红细胞发育中起重要作用。

旁分泌因子是诱导性蛋白,起配体(ligand)作用,它以诱导组织为中心形成由近及远的浓度梯度,与反应组织细胞表面的受体结合,将信号传递至细胞内,通过调节反应组织细胞的基因表达而诱导其发育和分化。胚胎发育过程中常见旁分泌因子介导的信号转导通路如表 3-11-1。

表 3-11-1 动物发育过程中常见的胚胎诱导的信号通路

信号通路	配体家族	受体家族	细胞外抑制或调节因子
受体酪氨酸激酶	EGF FGF(Branchless) ephrins	EGF 受体 FGF 受体(Breathless) Eph 受体	Argos
TGFβ 超家族	TGFβ BMP(Dpp) Nodal	TGFβ 受体 BMP 受体	chordin(Sog),noggin
Wnt	Wnt(Wingless)	Frizzled	Dickkopf,Cerberus
Hedgehog	Hedgehog	Patched,Smoothened	
Notch	Delta	Notch	Fringe

2. 近分泌相互作用与胚胎诱导　除旁分泌之外,在研究诱导肾小管和牙齿形成机制时还发现,有些诱导事件因在表皮和间充质细胞之间放置分隔的滤膜而被封闭,提示这类诱导事件的发生需要表皮细胞和间充质细胞的直接接触。这种诱导现象被称为近分泌相互作用(juxtacrine interaction),其实质是由于相互作用细胞的细胞膜并置在一起,一个细胞表面的膜蛋白与邻近细胞表面受体相互作用。Notch 信号途径是胚胎发育过程中近分泌相互作用的典型事例。*Notch* 基因最早在果蝇中被发现,因其部分丧失功能突变在果蝇翅的边缘造成缺口(notch)而得名。后来在脊椎动物和哺乳动物中也发现了在结构上与果蝇高度保守的 Notch 蛋白。Notch 蛋白是神经发育过程中的重要受体,Notch 的配体为其邻近细胞(诱导子)膜上的 Delta 蛋白家族。Notch 和 Delta 均是大分子的跨膜蛋白质,由胞外区、穿膜区和胞内区构成,它们的细胞外结构域类似,含有多个 EGF 样重复序列以及和其他蛋白质结合的位点,但它们的胞内结构域则截然不同。胞

内结构域是 Notch 与 Delta 结合起始信号转导过程所必需的。当 Delta 配体诱导激活时，Notch 受体水解断裂，释放出它的胞内结构域，受体的胞内区域转位至细胞核，该过程的详细机制目前仍不清楚。进入细胞核后，Notch 的胞内结构域与一种被称为 Su(H)(suppressor of hairless) 的 DNA 结合蛋白形成复合物，调控基因的表达(图 3-11-24)。

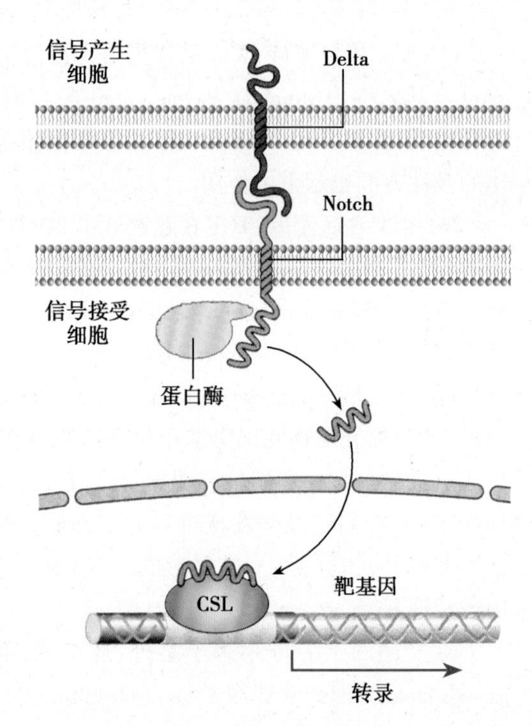

图 3-11-24 近分泌相互作用事例：Notch 活化的机制

在果蝇中，*Notch* 或 *Delta* 基因的功能缺失可以产生多种表型。其中最具代表性的是神经过度肥大，即在中枢神经系统中，神经母细胞数量的增加或外周神经系统感觉器官前体细胞数量的增加。

3. 位置信息在胚胎诱导(细胞分化)中的意义 在胚胎细胞采取特定的分化模式之前，细胞通常发生区域特化，获得独特的位置信息(positional information)，细胞所处的位置不同对细胞分化的命运有明显的影响，改变细胞所处的位置可导致细胞分化方向的改变。从鸡胚肢体的形态发生研究中可说明位置信息的存在及其在胚胎诱导中的作用。在鸡胚发育过程中，其胚胎长轴两侧形成凸起状肢芽，肢芽将发育成腿和翅。肢芽由外层的外胚层细胞和外胚层细胞所包围的间充质细胞组成。间充质细胞将分化为腿和翅的骨及肌肉组织。在间充质细胞分化为骨和肌肉组织之前，如果将翅芽的顶部切除，以腿芽的顶部代替，则移植胚芽细胞形成的肢体结构不像正常的翅，而是像由趾、爪及鳞片组成的腿部结构。这说明在组织学上相同的腿芽和翅芽在发育上并不是等效的，在胚胎早期发育过程中，它们已形成了不同的位置信息。近些年来的研究表明，位置信息的本质可能是源于不同位置胚胎细胞中的信号分子，它可影响邻近细胞的分化方向。典型的例子是含有产生 sonic hedgehog 蛋白的胚胎细胞团的移植实验。原位杂交结果显示，sonic hedgehog mRNA 也存在于胚胎的翅芽中，但仅定位于将来发育为翅膀小趾的翅芽后部，如果把另一产生 sonic hedgehog 蛋白的翅芽后部细胞团移植到翅芽的前部，则在以后发育成的翅膀上出现镜像的趾重复(图 3-11-25)。位置信息还表现在不同部位胚胎细胞对同一种信号蛋白的分化效应不同，如 sonic hedgehog 蛋白诱导肢芽细胞发育为趾，而由脊索产生的 sonic hedgehog 蛋白则诱导邻近的神经管细胞分化成底板(floor plate)和运动神经元。

尚需指出的是，位置信息对细胞分化的影响包括多个方面：①细胞核内基因组提供的位置信息，如 *HOM* 和 *Hox* 基因在染色体上的排列顺序不仅和其激活的时间顺序一致，也和其表达的蛋白产物在躯体纵轴上的排列顺序相对应。②细胞质成分提供的位置信息，如果蝇的母体效应基因产物 BICOID 等蛋白的浓度梯度分布决定胚胎前 - 后轴的建立。③细胞所在空间提供的位置信息，如上面谈到的表达 sonic hedgehog 蛋白的肢芽后部细胞团，以及许许多多原因尚不清楚的处于不同空间位置细胞的固定分化去向，像哺乳动物卵裂球中的细胞命运与其所在空间位置有关，覆盖在外层的细胞将分化为滋养层，包裹在内部的细胞将成为内细胞团，以后发育为胚胎细胞。迄今人们对胚胎发育过程中空间位置信息及其信号传递途径在细胞分化中的作用了解甚少，有待于进一步揭示。

(三) 胚胎细胞间的相互作用还表现为细胞分化的抑制

细胞间的相互作用对细胞分化与发育的影响除表现为“诱导分化”之外，有些情况下还表现

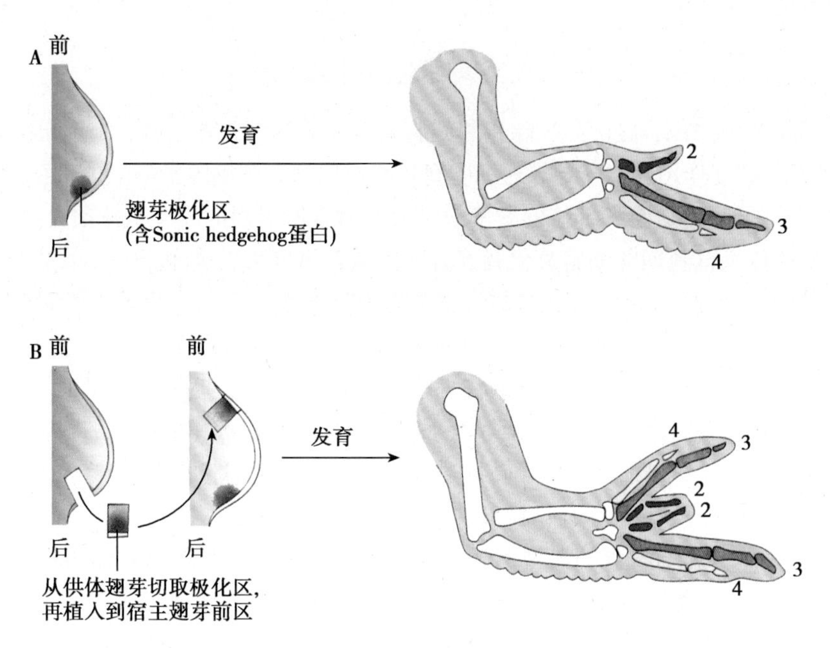

图 3-11-25　位置信息（sonic hedgehog 信号）在翅膀发育中的作用

A. 正常翅芽的发育；B. Sonic hedgehog 的正常表达部位在翅芽后部极化区，把该极化区细胞移植到宿主翅芽的前区，则产生了额外的翅趾

为“抑制分化”。已完成分化的细胞可产生化学信号——抑素，抑制邻近细胞进行同样的分化，例如，如果把发育中的蛙胚置于含成体蛙心脏组织的培养液中，蛙胚的分化进程将被阻断。此外，在具有相同分化命运的胚胎细胞中，如果一个细胞“试图”向某个特定方向分化，那么这个细胞在启动分化指令的同时，也发出另一个信号去抑制邻近细胞的分化，这种现象被称为侧向抑制（lateral inhibition）。比如在脊椎动物的神经板细胞向神经前体细胞（neuronal precursor cell）分化过程中，尽管这些神经板细胞均有发育为神经前体细胞的潜能，但只有其中的部分细胞可发育为神经前体细胞，其余的则分化为上皮性表皮细胞。这种现象是由神经板细胞间的侧向抑制作用所决定的。研究表明，这种侧向抑制是胚胎细胞在竞争过程中随机产生的，由信号分子 Notch 和 Delta 介导。Delta 配体与 Notch 受体的相互作用结果，提供一个抑制性信号，通过抑制 *neurogenin* 基因的表达而阻止神经元分化。起初，每个神经板细胞均表达 Neurogenin、Delta 和 Notch，随着时间的延长，某些细胞偶尔表达较多的 Delta，该细胞将获得竞争优势，在强烈抑制邻近细胞的分化同时，不断表达 Neurogenin，最终分化为神经前体细胞。而原来具有同样潜能的邻近细胞只能向非神经元性细胞（表皮细胞）方向分化（图 3-11-26）。

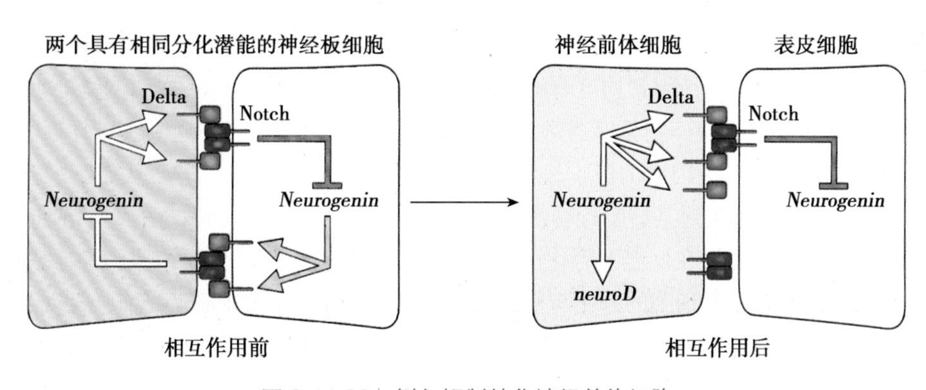

图 3-11-26　侧向抑制特化神经前体细胞

二、激素对细胞分化的调节

在个体细胞分化与发育过程中，除相邻细胞间可发生相互作用之外，不相邻的远距离的细胞之间也可发生相互作用。与介导邻近细胞间相互作用的旁分泌因子不同，远距离细胞间的相互作用由经血液循环输送至各部位的激素来完成。激素所引起的反应是按预先决定的分化程序进行的，是个体发育晚期的细胞分化调控方式。激素可分为甾类激素和多肽类激素两大类：甾类激素如类固醇激素、雌激素和昆虫的蜕皮素等为脂溶性，分子小，可穿过靶细胞的细胞膜进入细胞质，与细胞质内的特异受体结合形成受体-激素复合物，该复合物入核，能作为转录调控物，直接结合到DNA调控位点上激活（或在一些情况下抑制）特异基因的转录；多肽类激素如促甲状腺素、肾上腺素、生长激素和胰岛素等为水溶性，分子量较大，不能穿过细胞膜，而是通过与质膜上的受体结合、并经过细胞内信号转导过程将信号传递到细胞核，影响核内DNA转录。如同许多其他的细胞内信号转导途径一样，这个过程包括蛋白激酶的顺序激活。

激素影响细胞分化与发育的典型例子是动物发育过程中的变态（metamorphosis）效应。所谓变态，是指动物从幼体变为在形态结构和生活方式上有很大差异的成熟个体的发育过程。例如，蝇类和蛾类等昆虫，其幼虫身体被一坚硬的角质层所覆盖，运动能力有限，它需要经过多次蜕皮才能成为在空中飞舞的成虫；在两栖类，只能在水中生活的有尾蝌蚪需经过变态发育才能形成可在陆地生活的无尾的蛙。研究表明，昆虫的变态发育受蜕皮激素的影响，而两栖类的变态则与甲状腺激素（T_3，T_4）有关。在哺乳动物和人类，乳腺的发育自胚胎期已开始，但直到青春期受雌激素的作用才开始迅速发育。

框 11-6 甲状腺激素与蝌蚪的变态

有证据表明甲状腺激素是在转录水平对变态发育进行调控的，其引起的最早期的改变是甲状腺激素受体（thyroid hormone receptor，TR）基因的转录。TR是作为转录因子的类固醇激素受体超家族组成员之一，有两个T_3受体类型，即TRα和TRβ。在蝌蚪变态反应之前，TRα和TRβ的mRNA和蛋白质均处于较低水平，在变态发育开始时迅速上升。一般认为，TR可能结合在特异的染色体位点，这种结合状态将抑制TR基因的转录。当T_3和T_4进入细胞之后，便与染色体上的TR受体结合，这种激素-受体复合物解除了对TR基因的抑制作用，促进其活化，使TR的合成显著地加速，恰好与变态发育相一致。但TR是如何引起蝌蚪尾部细胞死亡的，目前尚不清楚。

三、环境因素对细胞分化的影响

环境因素在调节或影响动物细胞分化与发育方面的研究越来越受到人们的重视。迄今已了解到物理的、化学的和生物性因素均可对细胞的分化与发育产生重要影响：在两栖类动物，其受精卵的背-腹轴决定除了取决于精子穿透进入卵的位点之外，还和重力的影响有关。在低等脊椎动物，性别决定与分化受环境因素的影响较大，环境信号启动基因的表达不同，从而影响动物的性别。比如，孵化温度可以决定某些爬行动物（如鳄鱼）的性别，在其受精卵发育的一个特定时期，温度是性别分化的决定因子，在低温下孵化产生一种性别，在高温下孵化则产生另一种性别。而哺乳类动物（包括人类）B淋巴细胞的分化与发育则依赖于外来性抗原的刺激。目前已发现了许多环境因素可干扰人类的正常发育，例如，碘缺乏将引起甲状腺肿、精神发育和生长发育迟缓；在妊娠时感染风疹病毒易引起发育畸形，该病毒主要作用于胚胎的视觉器官和心脏，引起先天性白内障和心脏发育畸形。有关环境因素调控细胞分化与发育的机制也是目前生物医学研究的热点领域之一，该领域的深入研究，可望为环境有害物质引起的出生缺陷和发育畸形等提供新的干预靶点。

第四节　细胞分化与医学

细胞分化是包括人类在内的多细胞生物个体发育的核心事件。细胞分化与发育异常将引起多种出生缺陷。许多疾病，如肿瘤等与细胞分化密切相关。不仅如此，细胞分化状态的转变也与再生医学关系密切。这里以肿瘤和再生为例，阐述细胞分化的医学意义。

一、细胞分化与肿瘤

肿瘤（tumor）是从生物体内正常细胞演变而来的，正常细胞转变为恶性肿瘤的过程称为癌变。肿瘤也被称为赘生物（neoplasm），即一团无限增殖的异常细胞。赘生细胞仍然以单细胞团簇生在一起，则是良性（benign）肿瘤；恶性（malignant）肿瘤是指其赘生细胞获得了侵袭周边组织并形成远处转移，肿瘤组织的细胞呈现出明显的异质性。按发生的组织和细胞类型：由上皮细胞产生的肿瘤称为癌（carcinoma）(90% 以上的肿瘤起源于上皮细胞)；由结缔组织或肌细胞产生的肿瘤称为肉瘤（sarcoma）。不适合于这两种分类的肿瘤包括来源于造血细胞的各种白血病（leukemia）和来源于神经系统细胞的肿瘤。肿瘤是当前生物医学研究的一个重要领域。正常细胞一旦恶性变，它们的许多生物学行为，包括生化组成、形态结构和功能等都发生了显著的变化。研究肿瘤细胞的分化特征以及肿瘤细胞的诱导分化不但能为肿瘤性疾病提供合理的治疗对策，而且有助于人们对正常细胞分化机制的认识。

（一）肿瘤细胞是异常分化的细胞

肿瘤细胞和胚胎细胞具有许多相似的生物学特性，均呈现出未分化和低分化特点。肿瘤细胞除了具有其来源细胞的部分特性之外，主要表现出低分化和高增殖的特征。

1. 肿瘤细胞的异常分化　肿瘤细胞具有某些其来源组织细胞的分化特点，但更多见的是缺少这种特点，甚至完全缺如。高度恶性的肿瘤细胞，其形态结构显示迅速增殖细胞的特征，细胞核大、核仁数目多，核膜和核仁轮廓清楚。电镜下的超微结构特点是，细胞质呈低分化状态，含有大量的游离核糖体和部分多聚核糖体；内膜系统、尤其是高尔基复合体不发达；微丝排列不够规则；细胞表面微绒毛增多变细；细胞间连接减少。分化程度低或未分化的肿瘤细胞缺乏正常分化细胞的功能，如胰岛细胞瘤可无胰岛素合成，结肠肿瘤可不合成黏蛋白，肝癌细胞不合成血浆白蛋白等。

从细胞分化观点分析肿瘤，认为分化障碍是肿瘤细胞的一个重要生物学特性，甚至有人认为肿瘤本身是一种分化疾病，是由于正常基因功能受控于错误的表达程序所致。包括人类在内的复杂的多细胞生物，需要胚胎细胞分化为各种具有特殊功能的细胞，并进一步组成各种组织和器官。分化是一个定向的，严密调节的程序控制过程，其关键在于基因按一定的时空顺序有选择地被激活或抑制。多数情况下，终末分化细胞不再具有增殖能力，而肿瘤细胞在不同程度上缺乏分化成熟细胞的形态和完整的功能，丧失某些终末分化细胞的性状，并常对正常的分化调节机制缺乏反应。因此，Pierce 等提出，恶性肿瘤是细胞分化和胚胎发育过程中的一种异常表现，这一见解对于理解肿瘤细胞起源和本质特征具有重要意义。

2. 肿瘤细胞是丧失接触性抑制的“永生”细胞　一般情况下，体外培养的大部分正常细胞需要黏附于固定的表面进行生长（依赖锚泊），增殖的细胞达到一定密度，汇合成单层以后即停止分裂，此过程称为接触抑制或密度依赖性抑制。而肿瘤细胞和转化细胞则缺乏这种生长限制，甚至可在半固体琼脂中呈悬浮生长，不需要依附于固定表面，不受密度限制，可持续分裂，达到很高密度而出现堆积生长，形成高出单层细胞的细胞灶。正常二倍体细胞的培养基中必须含有一定浓度的血清（5% 以上）才能维持培养细胞分裂增殖。肿瘤细胞或转化细胞的生长对生长因子或血清的依赖性降低，甚至在缺乏生长因子或低血清（2%）状态下也可生长、分裂，这可能有涉及几种机制：①肿瘤细胞能合成、分泌自身生长所需的生长因子（自分泌）；②肿瘤细胞所表达的一些受体异常增高，这样即使配体浓度非常低，也将有很大的活性；③与细胞增殖相关的信号转导途径异常，这与基因突变有关。此外，人类正常细胞在体外培养传代一般不能超过50次，而恶性肿瘤细胞则可以无限传代成为“永生”的细胞系。

在体内，肿瘤细胞不但增殖失控形成新的肿块，而且侵袭破坏周围正常组织，进入血管和淋巴管中，转移到身体其他部位滋生继发性的肿瘤，这些继发性的肿瘤再侵袭和破坏植入部位的组织。肿瘤细胞在宿主体内广泛地散播，而宿主却缺乏阻止它生长的有效机制，这使得恶性肿瘤成为高度危险并难以治愈的疾病，最终导致患者死亡。肿瘤细胞的这些特征与胚胎细胞具有共性，比如胚胎细胞的迁移特性。

恶性肿瘤细胞普遍具有分化障碍，它们停滞在分化过程的某一阶段。但并非所有肿瘤细胞的分化都很差，有些相对较好。恶性肿瘤细胞的本质是增殖分化失去控制，正常程序化的增殖分化机制丧失。

(二) 细胞分化的研究进展促进了对肿瘤细胞起源的认识

绝大多数肿瘤呈单克隆生长的特性说明，肿瘤中的全部细胞都来源于同一个恶变细胞。根据生长动力学原理，肿瘤细胞群体大致可分为四种类型：①干细胞，它是肿瘤细胞群体的起源，具有无限分裂增殖及自我更新能力，维持整个群体的更新和生长；②过渡细胞，它由干细胞分化而来，具备有限分裂增殖能力，但丧失自我更新特征；③终末细胞，它是分化成熟细胞，已彻底丧失分裂增殖能力；④G_0期细胞，它是细胞群体中的后备细胞，有增殖潜能但不分裂，在一定条件下，可以更新进入增殖周期。其中肿瘤干细胞在肿瘤发生、发展中起关键作用。

大量证据表明，肿瘤起源于一些未分化或微分化的干细胞，是由于组织更新时所产生的分化异常所致。组织更新存在于高等生物发育的各个时期。在成年生物组织如骨髓等，存在着未分化干细胞。干细胞的增生和分化使衰老和受损的组织、细胞更新或恢复，这些正常干细胞常是恶性变的靶细胞。肿瘤起源于未分化或微分化干细胞的直接证据来自小鼠的畸胎瘤(teratocarcinoma)实验：将12天胚龄的小鼠胚胎生殖嵴移植到同系成年小鼠睾丸被膜下，移植17天后，发现80%的睾丸有胚胎性癌细胞病灶，并且很快发展成典型畸胎瘤细胞。胚胎性癌细胞形态上非常类似原始生殖细胞，都具有未分化的细胞质；同时，将早期发育阶段的胚胎包括受精卵移植至同系成年小鼠睾丸被膜下，也获得畸胎瘤。受精卵、原始生殖细胞都处于相同的未分化状态，因此，正常未分化生殖干细胞是畸胎瘤的起源细胞。白血病的发生也遵循这一规律，它起源于未分化或微分化的干细胞。这种认识可从白血病细胞免疫表型、免疫球蛋白和T细胞受体(TCR)基因分析及其与正常造血干细胞发育、分化比较中找到依据。上皮细胞作为由干细胞自我更新的组织和细胞类型更容易发生癌变。据统计，目前人类肿瘤的90%以上是上皮源性的，这是因为上皮包含有许多分裂中的干细胞，易受到致癌因素的影响发生突变，转化为癌细胞。

在正常组织更新过程中，致癌因素如放射线、化学致癌物等可作用于任何能合成DNA的正常干细胞，而受累细胞所处的分化状态可能决定了肿瘤细胞的恶性程度。一般认为，受累细胞分化程度越低所产生的肿瘤恶性程度越高；反之，若受累细胞分化程度越高，所产生肿瘤恶性程度越低，甚至只产生良性肿瘤。仍以小鼠畸胎瘤为例，若将12.5~13天的小鼠胚胎生殖嵴作异位移植，可致畸胎瘤，而将13.5天的生殖嵴作同样的异位移植，则丧失致畸胎瘤的能力，说明分化程度不同的细胞会产生截然不同的结果。

肿瘤细胞的高转移特性也反映出细胞分化状态的转变在肿瘤进展中的重要作用。人们现在认识到，肿瘤细胞在发生转移之前，必须经过上皮-间质转换(epithelial mesenchymal transition，EMT)，即上皮细胞向具有高侵袭(或迁移)力的间质细胞的转变；同时，迁移到距离原发灶远处组织中的间质性肿瘤细胞也必须经过间质-上皮转换(MET)，才能形成转移性或继发性肿瘤。

(三) 肿瘤细胞可被诱导分化为成熟细胞

越来越多的研究表明，肿瘤细胞可以在高浓度的分化信号诱导下，增殖减慢，分化加强，走

向正常的终末分化。这种诱导分化信号分子称为分化诱导剂，它可以是体内的或人工合成的。分化诱导剂对肿瘤的这种促分化作用，称为分化诱导作用。

20 世纪 70 年代，人们开始发现肿瘤细胞的诱导分化现象，先后发现细胞膜的环磷酸腺苷（cAMP）衍生物，如环丁酰 cAMP、8- 溴 cAMP 可使神经母细胞瘤的某些表型逆转，二甲亚砜（DMSO）在体外可使小鼠红白血病细胞发生部分分化。继而有人用微量注射法将小鼠睾丸畸胎瘤细胞注入小鼠囊胚，经培养后植入假孕的雌鼠子宫，结果生出"正常的小鼠"。这证明恶性肿瘤细胞在某些物质作用下可以改变其生物学性状，使恶性增殖得到控制。但是，这些结果仅适用于实验研究而无临床应用价值。

20 世纪 80 年代，TR Breitman 利用原代细胞培养实验，发现维生素 A 衍生物——维 A 酸对人急性早幼粒细胞白血病具有诱导分化作用，并在两例 M_3 型病人中观察到疗效。Flynn 使用 13- 顺维 A 酸治疗病人取得成功。我国学者应用全反式维 A 酸治疗急性早幼粒细胞白血病在大样本病例中获得成功，证明全反式维 A 酸可诱导白血病细胞沿着粒细胞系进行终末分化。后来的研究相继证实，许多细胞因子、小剂量的化疗药物都具有诱导分化作用。

至 20 世纪 90 年代以来，随着肿瘤外科手术治疗、化疗和放疗取得的成就，肿瘤的诱导分化治疗也从实验室走向临床。目前，诱导分化治疗的研究与观察已涉及多种人类肿瘤，如结肠癌、胃癌、膀胱癌、肝癌等。但不同肿瘤细胞可有多种分化诱导剂，并有相对的专一性，其中研究及治疗最深入的是全反式维 A 酸和三氧化二砷对人急性早幼粒细胞白血病的诱导分化治疗。全反式维 A 酸和三氧化二砷联合应用可以使 90% 患者的生存达到 5 年，这是中国学者对人类的重大贡献。虽然诱导分化治疗仅在这单一病种上最为成功，但其意义重要。它揭示了一个肿瘤治疗的方向，即通过诱导肿瘤细胞分化来实现肿瘤细胞的"改邪归正"，改变肿瘤细胞恶性生物学行为，达到治疗的目的。

框 11-7　肿瘤细胞逆分化为"正常"细胞

目前人们对细胞重编的研究兴趣已扩展到疾病细胞如肿瘤研究领域。肿瘤细胞，经细胞重新编序后将会如何呢？新近来自肉瘤细胞的重编程研究表明，肉瘤细胞经重编程后，分化成了具有类似间充质干细胞和类造血干细胞，并最终能分化为成熟的结缔组织和血红细胞。全基因组 DNA 启动子甲基化和基因表达谱分析显示，比对人类癌细胞和重编程细胞，发现重编程会导致癌基因和抑癌因子发生大幅表观遗传修饰。这些数据表明重编程能恢复癌细胞终端分化潜力，同时降低了致癌性，并且无须恢复到胚胎（干细胞）状态。本领域研究将为解析肿瘤细胞癌变过程提供新途径，也让人们期盼细胞重编程能否成为癌症治疗的一个新方向。应当指出的是：将肿瘤细胞重新编程回归"正常"，虽如同电影中所描述的搭乘时间车回到了过去，但也要防止肿瘤细胞又搭乘时间车回到现状（肿瘤复发）。

二、细胞分化与再生医学

一些发育成熟的成年动物个体有再生（regeneration）现象，表现为动物的整体或器官受外界因素作用发生创伤而部分丢失时，在剩余部分的基础上又生长出与丢失部分在形态结构和功能上相同的组织或器官的过程。机体在正常生理条件下由组织特异性成体干细胞完成的组织或细胞的更新，如血细胞的更新、上皮细胞的脱落和置换等，虽然与再生相似，但性质上有所不同。不同动物的再生能力有显著差异。一般来说，高等动物的再生能力低于低等动物，脊椎动物低于无脊椎动物，而哺乳动物的再生能力很低，仅限于肝脏等少数器官。为什么有的动物能够再生，有的动物不能，再生过程的机制是怎样的？阐明这些问题具有重要的医学意义。

（一）再生的本质是多潜能未分化细胞的再发育

自然界动物的再生方式并不完全相同。概括起来，有三种方式：第一种，如水螅等低等动

Notes

物，其再生是通过已存在组织的重组分化，即组织中的多潜能未分化细胞的再分化和部分细胞的转分化，此现象称为变形再生或形态重组再生（morphallaxis regeneration）。第二种方式是，组织器官内没有干细胞，在受伤时，受伤部位组织中的部分细胞通过去分化过程形成未分化的细胞团（原基细胞），再重新分化形成再生器官。这种形式的再生称为微变态再生（epimorphosis regeneration），是两栖类动物再生肢体的主要方式。第三种再生是一种中间形式，被认为是补偿性再生（compensatory regeneration），表现为细胞分裂，产生与自己相似的细胞，保持它们的分化功能，如哺乳动物肝脏的再生。

人们在两栖类有尾动物蝾螈（*Salamander*）的肢体再生上进行了较为深入的研究。在此以蝾螈肢体再生为例来说明再生的变化过程。

当一只成体蝾螈的肢体被切除后，剩余的细胞可以重建一只完整的肢体。例如，当手腕被切除后，蝾螈会长出一只新的手腕而不是新的肘。蝾螈的肢体“知道”远-近端轴的何处受伤并且能够从那个地方开始再生。蝾螈肢体的再生主要包括以下几个过程（图 3-11-27）：

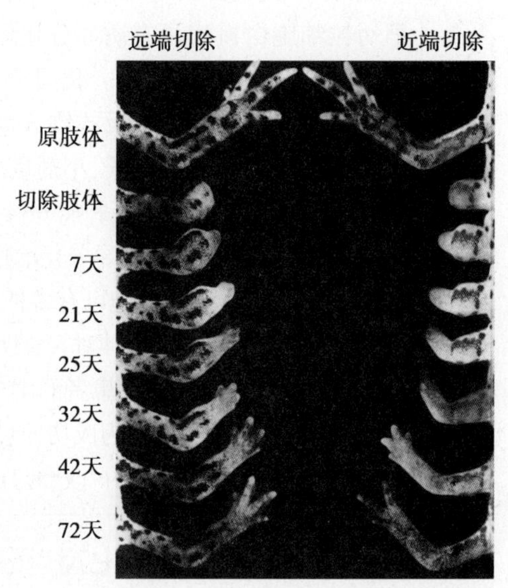

图 3-11-27 蝾螈肢体的切除再生

1. 顶端外胚层帽和去分化再生胚芽的形成 肢体切除后，在 6~12 小时之内，来自剩余截面的表皮细胞迁移来覆盖创面，形成创面表皮（wound epidermis）。这种单层细胞结构对于肢体的再生是必需的，它通过增殖而形成顶端外胚层帽（apical ectodermal cap）。因此，与哺乳动物的创面愈合相对比，它没有瘢痕的形成，因为有表皮来覆盖截面。在随后的 4 天里，顶端外胚层帽下面的细胞经历了戏剧性的去分化：骨细胞、软骨细胞、成纤维细胞、肌细胞和神经元失去了它们的分化特性，其中在分化组织中表达的基因，例如在肌细胞中表达的 *MRF4* 和 *myf5* 基因被下调，而与胚胎样肢体的区域间充质增生过程有关的基因如 *msxl* 的表达则明显升高。由此在截面处的肢体组织区域形成了在顶端外胚层帽之下的不能辨别的去分化的细胞增殖团块，称为再生胚芽（regeneration blastema），其中的细胞称为胚芽细胞。

关于胚芽细胞，以往人们一直认为这是一组均一的多潜能未分化细胞，它能够再分化形成再生组织中所有类型细胞。新近基于 GFP 技术的特定组织细胞标记分析结果显示，胚芽细胞是一个不均一的各种类型前体细胞（progenitor cell）的“混合体”，每个前体细胞由残留肢体中的成熟组织细胞去分化而来，它们仍保持着其来源组织的“记忆”。例如由肌组织来源的肌前体细胞在再生时仅形成肌组织，而不是其他类型细胞。这表明，蝾螈肢体再生并不要求成体细胞完全去分化成一种多能状态。

2. 胚芽细胞的增生和再分化 胚芽细胞的增生依赖于神经的存在，因为神经元能释放刺激胚芽细胞增殖的有丝分裂刺激因子。在胚芽中存在神经胶质生长因子（glial growth factor，GGF），去除神经支配后则检测不到 GGF，当这种多肽加入到去除神经支配的胚芽中后，有丝分裂中止的细胞又能够再次分裂。此外，成纤维细胞生长因子、转铁蛋白（transferrin）等也在胚芽细胞增殖中起重要作用。胚芽细胞在经过分裂增殖之后即开始再分化，肌细胞开始合成肌蛋白，软骨细胞分泌软骨基质，等等，直至形成与原来肢体相同的新结构。

3. 再生胚芽的模式形成 再生胚芽在很多方面与肢体正常发育区域的肢芽相似。残肢和再生组织之间的腹-背轴和前-后轴是一致的，细胞和分子水平的研究证实了肢体再生与正常发育的机制十分相似。通过把再生肢体胚芽移植到发育中的肢体芽上，证明了胚芽细胞可对肢

Notes

体芽的信号产生反应并有助于肢体发育。正如信号分子 Sonic hedgehog 被发现存在于肢芽发育区域间充质的后区一样，Sonic hedgehog 也存在于早期再生胚芽的后部区域。

以上蝾螈肢体切除再生的研究表明，再生的本质是成体动物为修复缺失组织器官的发育再活化，是部分细胞进入去分化的自我重编程（self-reprogramming）过程。

尽管人类和其他哺乳动物没有蝾螈如此的幸运，但只要还有足够的指（趾）甲，就可以再生出指（趾）尖。最近纽约大学 Mayumi Ito 领导的研究小组揭示了指尖再生的秘密：在指甲根处下存在一个干细胞群，这些细胞可以协调修复部分切除的指头。研究表明，哺乳动物指尖再生的分子程序与两栖类动物肢体的切除再生极为相似，指甲干细胞作为一个"信号转导中心"，利用了一种对于胚胎四肢发育至关重要的 Wnt 信号通路，在组织再生过程中帮助了神经、新指甲以及骨细胞协调信号转导。当小鼠趾尖被截去后，剩余趾甲下的上皮组织中的 Wnt 途径被激活，并将神经吸引至此，通过 FGF2 蛋白，神经驱动间充质细胞的生长（间充质细胞可恢复骨、肌腱及肌肉组织），数周后，小鼠的趾尖恢复如初。不过，如果趾尖被截断过多、趾甲上皮组织丢失过多或整个指甲被移除，则无法再生。

框 11-8 视黄酸与再生

视黄酸（retinoic acid）在细胞去分化形成再生胚芽和胚芽细胞再分化过程中都发挥了重要的作用。如果再生中的动物被给予足够浓度的视黄酸或视黄醛衍生物，它们再生的肢体会沿着近-远轴复制，这种反应是剂量依赖性的，当视黄酸达最大浓度时可以导致一个完整的新肢体的再生，不论原始的截面在何处。但更高剂量的视黄酸则可以导致再生现象的抑制。进一步研究发现，视黄酸由再生肢体的受伤上皮和顶端外胚层帽细胞合成，并沿胚芽的远-近轴呈现一个浓度梯度。视黄酸的这种梯度被认为是沿着胚芽有差别地激活基因，如"通知"细胞在肢体中所处位置和所需生长数量的 *Hox* 基因，结果导致再生肢体的形态分化。

（二）动物的再生策略给人类以重要启示

除肝脏之外，人类不会再生器官，至多在儿童期还可以再生指尖，但是至成人就丧失了这种能力。由于再生损伤组织在医学上的重要性，许多生命科学工作者根据低等动物的再生机制，试图找出激活曾经是人体器官形成的发育程序的方法。其中一种方法是寻找相对未分化的多潜能干细胞；另外一种方法是寻找能够允许这些细胞开始形成特定组织细胞的微环境。迄今在寻找未分化的多潜能干细胞及"诱导"细胞具有多能性的方法上取得了新进展，例如人 ES 细胞的发现、iPS 细胞的建立等。

（三）细胞分化的可塑性研究显示体细胞重编程的巨大可能性

哺乳动物中不同组织来源的成体干细胞具有横向分化和跨胚层分化潜能的发现，特别是 iPS 细胞被建立以来，基于细胞重编程技术而获取有治疗意义细胞的研究成果层出不穷。应用细胞重编程技术，不仅能将体细胞转变为多潜能未分化干细胞和组织特异性干细胞，而且还可绕开细胞重编程的干细胞阶段，将皮肤成纤维细胞（fibroblast）直接转化为血细胞、心肌细胞及神经元等。有关这一领域的研究进展，详见第十六章干细胞，在此仅阐述细胞重编程技术诞生的细胞分化机制研究基础。

人们对细胞分化机制的不断探索催生了细胞重编程技术的诞生。在细胞分化机制研究中，三股研究潮流对 iPS 细胞的诞生起到了重要的引导作用：一是对核移植的重编程研究，包括克隆蛙和克隆羊研究，以及基于细胞融合实验而发现的 ES 细胞也含有重编程体细胞的因子；二是发现细胞分化主导基因，包括发现果蝇触角足基因（*Antennapedia*）异位表达时会诱导腿而非触角的形成，以及证明哺乳动物转录因子 MyoD 能将成纤维细胞转换为肌细胞；三是 ES 细胞研究，包括小鼠 ES 细胞建系后，Austin Smith 等确立了能够长期维持干细胞多能性的体外培养条件，

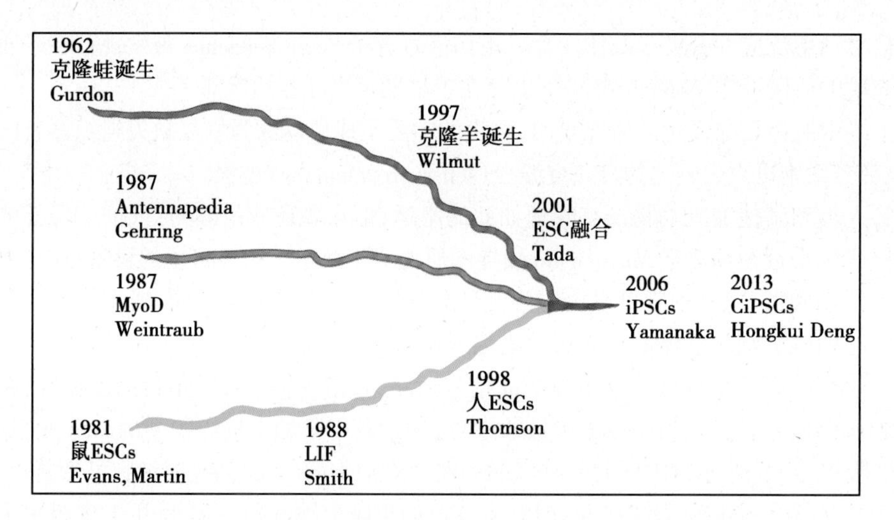

图 3-11-28 引导 iPS 细胞发展的三股研究潮流

以及人类 ES 细胞的成功建系（图 3-11-28）。

可以确信，随着对细胞分化机制研究特别是对低等动物再生本质和细胞分化可塑性认识的不断深入，真正实现按照人们的意愿去再生细胞和组织器官，以达到彻底修复和替代病变器官的时代将会逐渐变为现实。

小 结

细胞分化是个体发育中细胞在生化组成、形态结构和功能上发生稳定差异的过程。分化的细胞获得并保持特化特征，合成特异性的蛋白质。细胞分化是多细胞生物个体发育的核心事件。细胞分化机制的研究对于阐明生命的奥秘、推动医学的发展具有重要意义。

在个体发育过程中，细胞分化的潜能由“全能”到“多能”再到“单能”。细胞分化的方向由细胞决定所选择。已分化的细胞通常是稳定的，但在特定条件下细胞分化表现出明显的可塑性：可发生转分化，成为在形态结构和功能上不同于原来的细胞；可去分化，回到未分化状态或被重编程为 iPS 细胞。

细胞分化的分子基础是基因的选择性表达。母体效应基因产物的极性分布和胚胎发育早期细胞的不对称性分裂决定或影响细胞的分化命运。细胞分化的基因表达调控主要发生在转录水平：细胞内组织特异性转录因子和活性染色质结构的特异调控区决定了分化细胞的特异性蛋白表达；一个关键基因调节蛋白（细胞分化主导基因）的表达能够启动特定谱系细胞的分化，而一些基因调节蛋白的组合能产生许多类型细胞；DNA 甲基化将导致基因表达的沉默；组蛋白的乙酰化则有利于基因的转录；高度保守的 *Hox* 基因是同源异形框基因家族的主要成员，在机体前 - 后轴结构的形成和分化过程中起重要作用。非编码 RNA（小 RNA 和长链非编码 RNA）能同时在转录和转录后水平调控蛋白基因的表达。

细胞分化受多种因素的调节。随个体发育进程，不断增加的胚胎细胞间的相互作用对细胞分化的影响越来越明显，其主要表现形式是由旁分泌因子和细胞间位置信息所介导的胚胎诱导；而激素则是个体发育晚期细胞分化的调节因素。

细胞分化与肿瘤的发生和机体的再生关系密切。肿瘤细胞和胚胎细胞间具有许多相似的生物学特性。肿瘤细胞的典型特点是细胞增殖失控和分化障碍，可视为细胞的异常分化状态。恶性肿瘤可以向正常成熟细胞诱导分化。低等动物能再生缺损器官，其本质是缺损器官处的成体细胞能够去分化为未分化细胞。再生是个体发育的再活化，是细胞分化可塑性的集中体现。

由一个受精卵分化来的细胞为什么会变得如此多样与丰富多彩？这一问题，数百年来虽经许多生命科学家前赴后继的工作，但至今仍不清楚。克隆羊的诞生，人胚胎干细胞的建系，体细胞重编程与体细胞向 iPS 细胞的“诱导”成功，细胞分化的表观遗传调控机制，以及基因打靶技术的有效应用等，成为近年来细胞分化研究领域的亮点，并正在向彻底修复疾病的再生医学等领域迈进。

（陈誉华）

参考文献

1. Gilbert SF. Developmental Biology, Eighth edition. Massachusetts: Sinauer Associates, Inc, Publishers, 2006.
2. Allis CD, Jenuwein T, Reinberg, D, et al. Epigenetics. New York: Cold Spring Harbor Press, 2007.
3. Wolpert L., et al. Principles of Development. London: Oxford University Press, 2007.
4. Rinn JL, Kertesz M, Wang JK, et al. Functional demarcation of active and silent chromatin domains in human HOX loci by noncoding RNAs. Cell, 2007, 129: 1311-1323.
5. Alberts B, Johnson A, Lewis J, et al. Molecular Biology of the Cell. 5th ed. New York: Garland Science, 2008.
6. Yamanaka S. Elite and stochastic models for induced pluripotent stem cell generation. Nature, 2009, 460: 49-52.
7. Buszczak M, Paterno S, Spradling AC. Drosophila stem cells share a common requirement for the histone H2B ubiquitin protease scrawny. Science, 2009, 323: 248-251.
8. Cordes KR, Sheehy NT, White MP, et al. miR-145 and miR-143 regulate smooth muscle cell fate and plasticity. Nature, 2009, 460: 705-710.
9. Mercer TR, Dinger ME, Mattick JS. Long non-coding RNAs: insights into functions. Nat Rev Genet, 2009, 10: 155-159.
10. Kragl M, Knapp D, Nacu E, et al. Cells keep a memory of their tissueorigin during axolotl limb regeneration. Nature, 2009, 460: 60-65.
11. Szabo E, Rampalli S, Risueño RM, et al. Direct conversion of human fibroblasts to multilineage blood progenitors.Nature, 2010, 468: 521-526.
12. Zhang XW, Yan XJ, Zhou ZR, et al. Arsenic trioxide controls the fate of the PML-RARalpha oncoprotein by directly binding PML. Science, 2010, 328: 240-243.
13. 陈誉华 . 医学细胞生物学 . 第 5 版 . 北京：人民卫生出版社，2013.
14. Jiang L, Zhang J, Wang JJ, et al. Sperm, but not oocyte, DNA methylome is inherited by zebrafish early embryos. Cell, 2013, 153: 773-784.
15. Takeo M, Chou WC, Sun Q, et al. Wnt activation in nail epithelium couples nail growth to digit regeneration. Nature, 2013, 499: 228-232.
16. Hou P, Li Y, Zhang X, et al. Pluripotent Stem Cells Induced from Mouse Somatic Cells by Small-Molecule Compounds. Science, 2013, 341: 651-654.
17. Whyte WA, Orlando DA, Hnisz D, et al. Master transcription factors and mediator establish super-enhancers at key cell identity genes. Cell, 2013, 153: 307-319.
18. Attanasio C, Nord AS, Zhu Y, et al. Fine tuning of craniofacial morphology by distant-acting enhancers. Science. 2013 Oct 25; 342 (6157): 1241006. doi: 10.1126/science.1241006.
19. 杨恬 . 医学细胞生物学 . 北京：人民卫生出版社，2014.
20. Benayoun BA, Pollina EA, Ucar D, et al. H3K4me3 Breadth Is Linked to Cell Identity and Transcriptional Consistency. Cell, 2014, 158: 673-688.
21. Riddell J, Gazit R, Garrison BS, et al. Reprogramming committed murine blood cells to induced hematopoietic stem cells with defined factors. Cell, 2014, 157: 549-564.
22. Guenther CA, Tasic B, Luo L, et al. A molecular basis for classic blond hair color in Europeans. Nat Genet, 2014, 46: 748-752.

第十二章　细胞衰老与细胞死亡

生、老、病、死是生命的自然规律。与其他生物体一样，人体自诞生起就要经历生长、发育、成熟、衰老、疾病，直至死亡的生物学过程。这是不可抗拒的客观规律。生命是物质的，是由细胞作为基本单位组织起来的，因此衰老过程发生在生物的整体水平、细胞水平以及分子水平等不同层次。细胞水平的衰老和死亡也是细胞生命活动的必然规律，是重要的细胞生命现象。事实上，机体中细胞衰老、死亡现象从胚胎时期就开始了。因此，细胞衰老和细胞死亡并不意味整体的衰老与死亡，但它最终将是整体衰老和死亡的基础。

渴望长寿是人类一个古老的愿望。正因如此，细胞的衰老和死亡机制的研究以及延缓衰老的措施已成为当前生命科学领域的一个重要课题。近年来，随着社会科学、生命科学、心理科学的发展，对衰老及其相关问题的研究已形成一门新型独立的学科——老年学（gerontology）；而在临床上，以老年病为主要对象的学科称为老年医学（geriatric medicine 或 geriatrics）。

人体内有 200 多种细胞，它们的寿命各不相同，引起这些细胞的衰老是由诸多因素控制的，从细胞整体、亚细胞和分子等水平探讨细胞衰老的机制，对于延缓个体的衰老具有重要的意义。细胞的终末分化与衰老最终导致细胞死亡。程序性细胞死亡是一种由基因控制的细胞死亡方式，它关系到个体的生长、发育、畸形、衰老、疾病和癌症的发生。探讨控制细胞死亡的分子机制对于揭示生命的奥秘具有重要的生物学意义。

第一节　细 胞 衰 老

一、细胞衰老与机体衰老是有一定联系的两个概念

总体来说，衰老是生物体结构和功能上的退化。但要给衰老下一个确切的定义则非常困难，因为很难对结构或功能上的退化进行真正的量化。由此推论，所谓细胞衰老（cell aging 或 cell senescence）也就是细胞在结构和功能上的衰变、退化。细胞衰老可能仅仅是机体组织正常的新陈代谢，如红细胞的衰老；但也可能是组织器官衰老的基础，如神经细胞的变性（degeneration）、衰老，并最终导致脑的衰老。

对多细胞生物而言，机体的衰老与细胞的衰老是两个不同的概念。不同的物种有不同的寿命，机体的衰老并不等于体内所有细胞都衰老，寿命长的多细胞生物必须快速更新各种组织损失和消耗死亡的细胞，以维持机体正常生理功能的平衡。不同更新组织细胞的更新速度不同：如人的小肠上皮细胞 2~5 天更新一次，胰腺上皮细胞约需 50 天，皮肤表皮细胞需要 1~2 个月。这种情况下的细胞衰老与死亡，是机体维持正常生命活动的需要。在一些病理情况下（如病毒感染）也会造成大量细胞衰老死亡，体内一些增殖静止的细胞能重新进入细胞周期，通过调节增殖来增加组织中细胞的数量，弥补功能细胞的丢失，避免组织发育不良和退化的产生。在胚胎发育过程中，胎儿体内也会有大量细胞衰老死亡的现象，如胎儿表皮细胞的衰老脱落；肾、动脉弓、鳃的演化过程都会伴随着大量细胞的自然死亡，这些细胞的衰老与死亡是保持胚胎正常发育的基础。

以上这些在胚胎发育过程和机体维持正常生理功能过程中出现的细胞衰老死亡与机体的

衰老死亡没有直接的因果联系，这些细胞的衰老不等于个体的衰老。

研究证实，机体的衰老与体内细胞的衰老有着密切的联系。人的个体随着年龄的增长，会出现头发变白、牙齿脱落、肌肉萎缩、血管硬化、感觉反应迟钝、记忆力衰退、代谢功能下降等衰老表现。通常人们将体内各种器官、组织和细胞随着年龄的增加而伴随出现的不可逆转的功能衰退、逐渐趋向死亡的现象称为机体的衰老(aging)。细胞是生命活动的基本单位，机体的衰老都有其细胞生物学基础。在衰老过程中，组织器官的细胞也经历了形态结构和生理功能逐渐衰退的现象。例如，老年人运动功能衰退与体内运动神经元的衰老和死亡密切相关；老年人体内的许多细胞(心肌细胞、神经细胞、皮肤细胞)就不如年轻人的细胞生命活力旺盛等。多种证据表明，衰老机体在应急与损伤状态下，保持体内稳态能力和恢复稳态的能力下降，而机体组织内环境的稳定间接由组织中干细胞控制，各种组织中的干细胞通过增殖分化产生栖息器官中的各种功能细胞，以补充组织中损耗与死亡的细胞，维持机体内环境的稳定。随着年龄的增长，干细胞自我更新和增殖分化能力下降，导致组织器官损伤难以修复，正常生理功能难以维系，机体衰老必然发生。最近的研究提示，生物体的衰老可能是组织中干细胞的衰老所致，干细胞的衰老是个体衰老的基础，但是，干细胞和衰老关系这一令人感兴趣的新领域的研究工作刚刚开始。

二、二倍体细胞在体外的增殖能力和寿命是有限的

在 20 世纪 60 年代以前，细胞“不死性”的观点在衰老研究领域中占据统治地位。Alexis Carrel 宣称他们培养的鸡胚心脏成纤维细胞可以无限制地生长和分裂(连续培养了 34 年)，认为细胞本身不会衰老，多细胞生物体内的细胞衰老是由于环境的影响。这一观点在 20 世纪 60 年代初，被 Leonard Hayflick 等人的出色工作彻底动摇了。

1961 年，Hayflick 和 Paul Moorhead 报告了体外培养的人二倍体细胞表现出明显的衰老、退化和死亡的过程。在体外平均只能传代 40~60 次，此后细胞就逐渐死亡解体。Hayflick 等人提出：体外培养的二倍体细胞的增殖能力和寿命不是无限的，而是有一定的限度，即 Hayflick 界限(Hayflick limitation)。Hayflick 认为 Carrel 所说的现象是传代时向培养基中加入的鸡胚提取物中混入了新鲜细胞所致。

他们还发现，以 1∶2 的比例传代，从胎儿肺得到的成纤维细胞可在体外传代 50 次，而从成年人肺组织得到的成纤维细胞只能传代 20 次，说明细胞的增殖能力与供体年龄有关。儿童早老症(Hutchinson-Gilford 综合征)及 Werner 综合征的患者表现出极其明显的衰老特征，例如 9 岁的儿童早老症患者外貌看起来像 70 多岁的老人，其组织中有老年色素的沉积，秃发、老年容貌、早发性动脉粥样硬化等症状，通常在 20 岁前死去(图 3-12-1)。从这两种患者身上得到的成纤维细胞进行培养，发现细胞在体外只能传代 2~4 次。这些研究有力地说明，体外培养的二倍体细胞的增殖能力反映了它们在体内的衰老状况，而且其分裂次数与供体年龄之间成反比的关系。

图 3-12-1　儿童早老症(Hutchinson-Gilford 综合征)患者

Hayflick 还比较了不同物种的细胞在体外培养条件下的传代规律，发现物种寿命与培养细胞寿命之间存在着相关关系，如 Calapagos 龟平均最高寿命达 175 岁，而细胞传代次数最多 90~125 次；小鼠平均最高寿命为 3~5 年，其细胞平均传代次数仅 14~28 次，证实了不同物种的细胞最大分裂次数与动物平均寿命成正比的关系。

为了确定培养的人二倍体细胞的衰老是细胞本身决定的还是培养条件恶化(缺乏营养或有

Notes 

毒物质积累)造成的,Hayflick 设计了巧妙的实验,将老年男性细胞与年轻女性细胞分别单独培养和混合培养,以有无 X 染色质为鉴定指标,统计细胞倍增次数,结果发现混合培养中的两类细胞与各自分别培养细胞的倍增次数一致,即在同一培养条件下,年轻细胞旺盛增殖的同时,老年细胞就停止生长了,提示决定细胞衰老的原因主要在细胞内部,而不是外部环境。为了进一步探明二倍体细胞衰老表达的控制机制,Hayflick 等人还进行了细胞融合实验,发现年轻细胞胞质体(cytoplast)与年老细胞融合后不能分裂,而年老细胞胞质体与年轻细胞融合后,杂合细胞的分裂能力与年轻细胞相似,说明细胞核决定了细胞衰老的表达。

Hayflick 界限关于细胞增殖能力和寿命是有限的观点已为广大研究者所接受,并推动了细胞衰老机制研究的发展。

三、体内条件下细胞衰老及其增殖能力与分化程度有关

人类的自然寿命约 120 岁,而组成人体的组织细胞的寿命有显著差异,例如,成年人血液中的红细胞平均寿命为 120 天,白细胞为 7~14 天,肠黏膜细胞为 2~5 天,肝细胞寿命为 500 天左右,而脑组织中神经细胞的寿命可长达几十年。根据细胞的增殖能力、分化程度、生存时间,将人体组织细胞作如下分类对研究人体的衰老具有重要意义。

(一) 不育细胞群的衰老研究以长寿细胞为对象

不育细胞群是指那些高度分化没有增殖能力的细胞。根据细胞寿命的长短,人体内不育细胞群可以分为两类:①短寿细胞,这类细胞存活不长时间(一般少于 30 天)就会衰老死亡,被新生的细胞替代,如血液中的红细胞、白细胞、皮肤表皮细胞、口腔和胃、肠道上皮细胞等。这类细胞不具有普遍意义的衰老过程。②长寿细胞,如神经细胞和心肌细胞,它们在个体发育到一定阶段就停止了分裂,形成高度分化细胞,不再有增殖能力,并随着年龄的增长细胞逐渐衰老死亡。这类细胞的寿命几乎与个体寿命等长,它们长期保持代谢及其特殊的生理功能,其衰老与年龄呈线性关系,是研究细胞衰老的理想的材料。

(二) 暂不增殖细胞群很少用于衰老研究

暂不增殖细胞发育到一定阶段后,不再分裂,长期保持分化状态,执行特定功能活动,但仍然保留分裂能力。当机体需要时,在一定条件下可以恢复其增殖能力,属于回复性分裂后细胞,如肝、肾实质细胞、软骨细胞等。这类组织细胞的损伤与死亡,可刺激组织细胞恢复旺盛的增殖能力来补充。这类仍然保留增殖能力的分化细胞很少用来研究衰老。

(三) 存在于组织或器官中的干细胞是研究细胞衰老的重要模型

这是一类存在于一种组织或器官中的未分化细胞,具有自我更新的能力,并能分化成所来源组织的主要类型特化细胞,称为成体干细胞。这些细胞终身保持分裂能力,它们可以通过对称分裂维持自身数量的恒定,同时又可以通过不对称分裂方式增殖、分化产生大量分化细胞来补充组织中功能细胞的丧失,维持机体生理平衡,如骨髓造血干细胞、表皮生发层细胞、小肠隐窝干细胞等。那么随着年龄的增加存在于组织中的干细胞是否会衰老呢?有人研究了不同年龄的小鼠小肠隐窝上皮细胞的周期长度,发现随着个体年龄的增加,细胞分裂周期明显延长,2 个月龄小鼠的细胞分裂周期时间为 10.1 小时,而 27 个月龄小鼠的细胞分裂周期竟达 15.2 小时,延长了 50%。通过细胞周期时相分析,发现细胞分裂速度减慢的主要原因是 G_1 期时间显著延长。大量实验表明,随着年龄的增长,组织中的干细胞也会逐渐衰老,由于干细胞染色体端粒的缩短、DNA 损伤修复能力下降以及氧化应激与紫外线造成的 DNA 损伤和染色体稳定性下降可以诱导干细胞周期调控点失去平衡,导致其自我更新和多向分化潜能逐渐衰退,甚至增殖分化失控,这必将导致组织器官结构与功能的衰退、损伤组织难以修复再生,随之伴随着相关老年性疾病的产生。研究发现,所有衰老现象包括组织器官退变、功能丧失、肿瘤发生和反复感染等老年性疾病都反映出成体干细胞衰老的水平。所以,存在于组织或器官中的干细胞是研究细胞衰

老极为重要的模型，寻找延缓干细胞衰老、重新激活干细胞的方法和调控其靶向分化，具有重大的科学意义，在预防老年性疾病和治疗退行性疾病中具有不可估量的临床价值。

四、细胞衰老最终反映在细胞形态结构和代谢功能的改变

衰老细胞脱离细胞周期并不可逆地丧失了增殖能力，细胞生理、生化也发生了复杂变化。例如，细胞呼吸率减慢。酶活性降低，最终反映出形态结构的改变，表现出对环境变化的适应能力降低和维持细胞内环境稳定的能力减弱，出现功能紊乱。

(一) 细胞衰老时，细胞内水分减少，体积缩小

细胞内生活物质伴随细胞衰老而逐渐减少，细胞脱水导致细胞收缩、体积变小，原生质浓缩，黏稠度增加，细胞失去了正常形态。

(二) 膜体系的理化性质发生了改变

在细胞衰老过程中，细胞膜体系以及细胞表面发生一系列变化。胆固醇与磷脂之比随年龄而增大，膜由液晶相变为凝胶相或固相，黏度增加，膜的流动性减小，使膜受体以及信号转导受到障碍。其选择透性降低，在机械刺激或压迫下，膜出现裂隙、渗漏，引起细胞外钙离子大量进入细胞质基质，并与钙调蛋白结合产生一系列生物化学反应，导致磷脂降低，细胞膜崩解。

(三) 各种细胞器发生结构、功能改变

1. 细胞核的变化　核膜内陷是衰老细胞核最明显的变化，在培养细胞和体内细胞中均可以观察到，此外，还出现染色质凝聚、固缩、碎裂、溶解，核仁不规则。

2. 线粒体的老化　线粒体老化是细胞衰老的重要原因之一。细胞中线粒体的数量随年龄减少，而其体积则随年龄增大。例如，在衰老小鼠的神经肌肉连接的前突触末梢中可以观察到线粒体数量随年龄减少，有人称它是决定细胞衰老的生物钟。

(1) 线粒体数目及大小的改变：衰老细胞内线粒体平均体积及总体积改变。例如，对18~19个月龄的老年大鼠与3~4个月龄年轻大鼠肾的线粒体在电镜下进行观察，发现老年大鼠的近曲小管上皮细胞内线粒体明显肥大、肿胀，并出现巨大的线粒体，而数量显著减少，细胞线粒体总体积下降。

(2) 线粒体结构的改变：18~19个月龄的老年大鼠与3~4个月龄年轻大鼠肾的线粒体相比，线粒体嵴排列紊乱，表现出菱形嵴、纵形嵴和嵴溶解等现象，在其他的衰老细胞（如心脏、肝脏、大脑等）中也发现了类似的现象。

(3) 线粒体膜的改变：衰老细胞线粒体内膜表现出通透性增强，对无机离子（主要是钾离子）渗透能力降低，改变了分子的静电作用，导致大分子凝聚，功能出现障碍。水分丢失导致衰老细胞线粒体内代谢产物的弥散受到限制，引起衰老细胞线粒体内膜形态发生变化，ADP/ATP转换活动显著降低。

3. 内质网的变化　在光学显微镜下，用碱性染料染色后，观察小鼠、人的大脑及小脑的某些神经元，发现神经元中尼氏体（Nissl body）的含量随年龄增长而下降，而神经元的尼氏体由神经元的内质网和核糖体组成，衰老细胞中糙面内质网的总量减少。

4. 溶酶体的变化　细胞衰老还表现在多种溶酶体酶活性降低，对各种外来物不能及时消化分解，使之蓄积于细胞内，形成衰老色斑——老年斑。此外，老化的溶酶体可消化分解自身细胞的某些物质，导致细胞死亡。

(四) 细胞骨架发生改变

随着细胞衰老的进程，G肌动蛋白含量下降、微丝数量减少，结构和成分发生改变，核骨架改变，使微丝对膜蛋白的运动作用失衡，对受体介导的信号转导系统发生改变，影响细胞表面大分子物质的表达和核内转录。

(五) 细胞内生化改变

随着细胞的衰老,细胞内一系列化学组成及生化反应也发生变化。首先是氨基酸与蛋白质合成速率下降,细胞内酶的含量及活性降低。老年人的白发增加,就是头发基部黑色素细胞酪氨酸酶活性下降的结果。此外,衰老神经细胞中硫胺素焦磷酸酶的活性减弱,导致高尔基复合体的分泌功能、囊泡运输功能下降。

(六) 细胞外基质改变

细胞外基质大分子交联增加,如结缔组织含丰富的胶原蛋白和弹性蛋白,胶原分子间产生的交联链随年龄而增加,使胶原纤维吸水性下降,上皮下的基底膜交联增加,引起基膜增厚,随着年龄的增加,晶状体纤维可溶性蛋白减少,不溶性蛋白的种类及其分子质量增加。

(七) 致密体生成

致密体(dense body)是衰老细胞中常见的一种结构,绝大多数动物细胞在衰老时都会有致密体的积累。除了致密体外,这种细胞成分还有许多不同的名称,如脂褐素(lipofuscin)(图 3-12-2)、老年色素(age pigment)、血褐素(hemofuscin)、脂色素(lipochrome)、黄色素(yellowpigment)、透明蜡体(hyaloceroid)及残余体(residual bodies)等。致密体由溶酶体或线粒体转化而来。多数致密体具单层膜且有阳性的磷酸酶反应,这和溶酶体是一致的。少数致密体显然是由线粒体转化而来。脂褐质通常产生自发荧光,它是自由基诱发的脂质过氧化作用的产物。

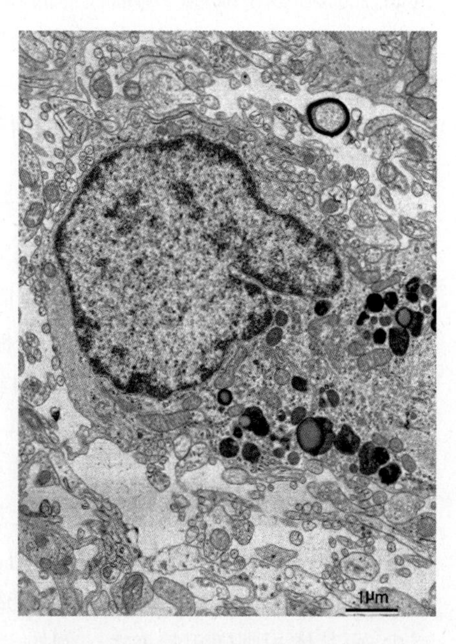

图 3-12-2 电镜下细胞内的脂褐素
在细胞质中可见许多由单位膜包裹形成的较高电子密度不规则小体,含有浅亮的脂滴

五、细胞衰老机制涉及内在和外在的多种因素

从古到今,人们对衰老的机制提出了很多的假说和理论,达 300 余种,如遗传程序学说(genetic program theory)、线粒体 DNA 损伤学说(mitochondral damage theory)、自由基学说(free radical theory)、错误成灾学说(error catastrophe theory)、端粒缩短学说、神经内分泌学免疫说等。其实衰老是一个复杂的生命现象,是多种因素包括环境因素和体内因素共同作用的综合反应,而以上提出的理论多是从不同角度反映了衰老这一复杂过程的某一侧面或层次,因此目前仍然未形成较为一致的论点。我们也可以将细胞衰老看成是抑制细胞增殖、防止细胞癌变的一种自我保护措施。

(一) 遗传学说认为衰老是由遗传控制的

该学说认为衰老是遗传控制的主动过程。细胞核基因组内存在遗传“生物钟”。一切生理功能的启动和关闭,生物体的生长、发育、分化、衰老和死亡都是按照一定程序进行及控制的。大量研究资料证明物种的平均寿命和最高寿限(maximun life-span)是相当恒定的,子女的寿命与双亲的寿命有关儿童早衰综合征(Hutchinson-Gilford syndrome,HGPS)(见图 3-12-1)是因为核纤层蛋白 A(*LMNA*)基因突变,产生了异常的核纤层蛋白 A,使核膜不稳定,影响 DNA 复制和表达,细胞结构及功能逐渐退化。

寿命受基因控制,因而可能存在所谓的“衰老相关基因(scenscence-associated gene,SAG)”和“抗衰老相关基因(anti- scenscence -associated gene)”。

Notes

1. 衰老相关基因 以线虫 *Caenorhabditis elegans*(平均寿命仅 20 天,适于寿限研究)所做研

究表明，其 *Age-1* 单基因突变可提高平均寿命 65%，提高寿限 110%；*Age-1* 突变型 *C. elegans* 的抗氧化酶活力、应变能力以及耐受 H_2O_2、农药、紫外线及高温的能力都强于野生型 *C. elegans*。研究还发现 *C. elegans* 的寿限与 *elk* 基因以及 *daf* 基因家族的 *daf-2* 基因相关。

daf 基因为 *C. elegans* 形成休眠状态幼虫所必需，是编码与蠕虫发育相关传递途径中某些蛋白质分子的基因。*clk* 基因为 1996 年发现的基因家族。此类基因可能影响染色体结构以至功能而起作用，它们与生物钟有关，故又称为生物钟基因。*elk* 突变株 *C.elegans* 发育晚于野生株，细胞周期及代谢率减慢，紫外线耐受能力增加。*clk* 基因可影响神经、肌肉等非增殖细胞的寿命。据报道，*daf 2* 与 *clk-1* 双突变的 *C. elegans* 的寿命为野生型的 5 倍多，在 25℃环境中寿命由 8.5 天增至 49 天。

近年来发现 $pl6^{INK4a}$、*p53*、*p21*、*Rb* 基因及 β 淀粉样蛋白基因等与衰老有关，称"为衰老相关基因"。$pl6^{INK4a}$ 基因编码的蛋白质是作用于细胞周期关键酶之一的 CDK4 抑制因子，首先由 Kamb 等于 1994 年发现。该基因全长 8.5kb，包括 3 个外显子，编码分子质量 16kD 的蛋白质，称为 P16 蛋白，它的缺失与大部分肿瘤有关，$pl6^{INK4a}$ 基因被认为是肿瘤抑制基因。但近年来的研究表明 $pl6^{INK4a}$ 还与细胞衰老有着紧密联系。有研究显示 $pl6^{INK4a}$ 在人类细胞衰老过程中的表达持续增高，甚至较年轻细胞高 10~20 倍。将该基因导入成纤维细胞后，细胞衰老加快；而抑制 $pl6^{INK4a}$ 表达，使细胞增殖力和 DNA 损伤修复力增强，端粒缩短速度减慢，衰老表征延迟出现。$pl6^{INK4a}$ 敲除小鼠模型也证明该基因参与细胞周期调控，并以一种年龄依赖性（age-dependent）方式表达。所以 $pl6^{INK4a}$ 基因是细胞衰老的主控基因，是抑制肿瘤发生的主要基因之一。

$pl6^{INK4a}$ 基因起始信号 ATG 上游 −491~485bp 处存在一个由 6 个核苷酸序列 GAAGGT 构成的负调控元件，命名为 ITSE。年轻细胞内存在 24kb 的负转录因子能与 ITSE 结合，抑制 $pl6^{INK4a}$ 基因表达。衰老细胞中缺乏此负转录因子，故 $pl6^{INK4a}$ 基因高表达。如果用缺失突变方法使该负转录元件不表达，则 $pi6^{INK4a}$ 表达增强，细胞发生衰老。

$pl6^{INK4a}$ 基因表达与 *Rb* 密切相关。当 *Rb* 基因功能下调则 $pl6^{INK4a}$ 基因表达呈高水平。在细胞内 Rb、$\mathrm{pl6}^{INK4a}$、cyclinD 和 CDK 等因子共同组成负反馈调节系统。当 CDK 被激活时，Rb 磷酸化而失活，$pl6^{INK4a}$ 基因的表达代偿性增加，cyclinD 的活性下降；而 $pl6^{INK4a}$ 基因的激活与 cyclinD 的下调又抑制了 CDK 的活性，阻止细胞从 G_1 期至 S 期的进程，从而对细胞的有丝分裂进行负反馈调节，使干细胞增殖能力及癌细胞增殖能力均降低，细胞衰老，寿命缩短。

p21 基因是近年来发现的另一种与衰老有关的重要基因。p21 蛋白能够与 Cdk2/cyclin E 及 Cdk4/cyclin Ds 等多种细胞周期蛋白结合，并抑制其活性，使细胞被阻止在 G_1 期而停止分裂。研究表明，p21 基因是抑癌基因 *p53* 的下游转录产物，当 DNA 损伤时，细胞内 P53 蛋白发生磷酸化而被激活，通过启动 P21 蛋白的转录表达，抑制 Cdk 的活性，导致细胞周期停滞（图 3-12-3）。衰老细胞端粒长度的缩短（可视作 DNA 的一种损伤）也会诱导细胞中 P53 蛋白含量明显增加，继而诱导 P21 的表达，抑制 Cdk 的活化，使得 Rb 不能被磷酸化，E2F 处于持续失活状态，最终引发细胞衰老。

p16 和 *p21* 基因在目前被广泛接受的与衰老相关的两条信号通路中担任非常重要的角色：①P53-P21 通路。P21 在转录水平由 P53 活化，主要介导因子为端粒依赖的衰老和基因毒性应激诱导的衰老。调节 P53 的因子有很多，如 ARF（在人和鼠分别是 $P14^{ARF}$ 和 $P19^{ARF}$）、PML、PTEN、NPM、P33 等正调节因子及 E3 泛素连接酶 MDM、$PIRH_2$ 和 COP_1 等负调控因子。②P16-Rb 通路。主要介导多种形式的非基因毒性应激诱导的衰老，如染色质混乱诱发的衰老。目前已知调节 Rb 的正调节因子包括 P16 和上游调控因子 Bmi 1、CBX7、IDI、Tts-1，负调控因子有 P21、P27 等。

此外，某些与老年性退行性疾病有关的基因亦可看作衰老基因，例如，载脂蛋白 E*ε4* 基因表达活跃时易发生冠状动脉硬化；与阿尔茨海默病（Alzheimer disease，AD）有关的 β 淀粉样蛋白基

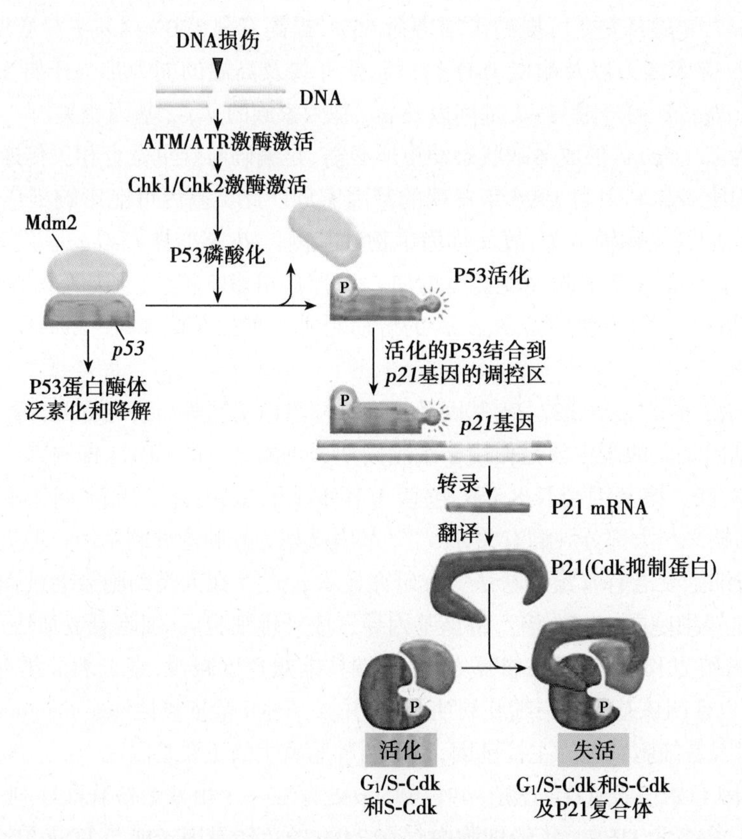

图 3-12-3 P53 激活 p21 将细胞阻滞在 G_1 期

当 DNA 损伤时(缩短的端粒可被识别为 DNA 损伤)导致细胞内 P53 蛋白磷酸化而被激活,刺激编码 Cdk 抑制蛋白 *p21* 基因转录;P21 蛋白与 G_1/S-Cdk 和 S-Cdk 期周期蛋白复合物结合,并使之失活,将细胞阻滞在 G_1 期

因也被看做一种衰老基因,用该基因制作转基因动物,与正常鼠交配后所得子代 1/2 出现老年性痴呆症状,脑组织具有 β 淀粉样斑块形成以及学习与记忆力下降等典型症状。迄今已发现 5 种基因突变或多型性与阿尔茨海默病有关,它们或多或少涉及该病的主要病理变化,这些基因包括 21 号染色体的淀粉样蛋白(amyloid precursor protein,APP)前体基因、14 号染色体的早老蛋白 -1(presenilin-1,*PS1*)基因、1 号染色体的早老蛋白 -2(presenilin-2,*PS2*)基因、19 号染色体的载脂蛋白 E(apolipoprotein E,*ApoE4*))基因和 12 号染色体的 A2 巨球蛋白(*A2M*)基因。其中 *PS1* 与 *ApoE4* 基因缺陷在散发性 AD 中较为常见,国际上已有人将两者的基因探针制成商品,用于 AD 辅助诊断。

目前认为细胞老化相关信号途径主要有两条,分别是:Pl6-Rb 途径和 P53-P21-Rb 途径。通过这些抑癌基因的作用介导细胞老化,逃逸肿瘤发生。所以,衰老实际上是一种机体防止肿瘤发生的保护性机制。

2. 抗衰老相关基因 基因组中存在一些与抗抗衰老有关的基因,统称为"抗衰老相关基因"。抗氧化酶类基因、延长因子 -lα(EF- lα)、凋亡抑制基因等都与"长寿"有关。如果将参与蛋白质生物合成的 *EF-la* 基因转入果蝇生殖细胞,可使子代果绳比其他果蝇寿命延长 40%,说明 EF-la 可能具有长寿作用。"长寿"常常与机体代谢能力以及应激能力的增强有关。

细胞通过衰老相关基因和抗衰老相关基因的表达影响细胞的寿命。但是人与动物不同,人的寿命除了受内外因素、外部环境的影响外,还受社会因素、精神压力等因素的影响,所以基因不能完全决定人类的衰老或长寿。从理论上推测人类寿命可以达 120~150 岁(一般是成熟期长度的 5~7 倍),但实际寿命却比这短得多。

(二) 损伤积累学说认为内外环境导致细胞发生的错误不断积累

随着时间的推移,各种细胞成分在受到内外环境的损伤作用后,修复能力逐步下降,使“差错”积累,导致细胞衰老。根据对导致“差错”的主要因子和主导因子的认识不同,有不同的学说。

1. 代谢废物积累学说　细胞代谢产物积累至一定量后会危害细胞,引起衰老,哺乳动物脂褐质的沉积是一个典型的例子,如阿尔茨海默病(AD)就是由β-淀粉样蛋白(β-AP)沉积引起的,因此β-AP可作为AD的鉴定指标。

2. 自由基学说　自由基(free radical)是指瞬时形成的含不配对电子、原子团,特殊状态的分子或离子。机体在活动过程中如细胞呼吸作用、线粒体内的氧化过程,会产生超氧阴离子自由基($\cdot O_2^-$)、羟离子自由基($\cdot OH$)、过氧化氢(H_2O_2)、氢自由基($\cdot H$)脂质自由基($\cdot L$)脂质过氧化自由基(LOO·)、有机自由基(R·)、有机过氧化自由基(ROO·)等。

人体内自由基的产生有两个方面:一是环境中的高温、辐射、光解、化学物质等引起的外源性自由基;二是体内各种代谢反应产生的内源性自由基。内源性自由基是人体自由基的主要来源,其产生的主要途径有:①由线粒体呼吸链电子泄漏产生;②由经过氧化物酶体的多功能氧化酶等催化底物羟化产生。此外,机体血红蛋白、肌红蛋白中还可通过非酶促反应产生自由基。

任何事物都有两面性,自由基是有氧代谢的副产物,适量的自由基在人体生命活动中发挥着重要的作用,许多生理过程,如线粒体和微粒体的氧化还原反应、白细胞对病原体及肿瘤细胞的杀伤作用均需超氧阴离子参与。但是过量的自由基因为含有未配对电子,具有高度反应活性,引发链式自由基反应,引起DNA、蛋白质和脂类,特别是多不饱和脂肪酸(polyunsaturated fatty acid,PU-FA)等大分子物质变性和交联,损伤DNA、生物膜、重要的结构蛋白和功能蛋白,从而引起衰老的发生。

机体内存在有自由基清除系统,可以最大限度地防御自由基的损伤。自由基清除系统包括酶类抗氧化剂和非酶类抗氧化剂两部分。酶类抗氧化剂是内源性抗氧化剂,主要有谷胱甘肽过氧化物酶(GSH-PX)、超氧化物歧化酶(superoxide dismutase,SOD)、过氧化物酶(peroxisome,PXP)及过氧化氢酶(catalasc,CAT)。非酶类抗氧化剂是一些低分子的化合物,主要有谷胱甘肽(GSH)、维生素C、维生素E、半胱氨酸、辅酶Q(CoQ)、丁羟基甲苯(BHT)、硒化物、巯基乙醇等。此外,细胞内部形成的自然隔离,也能使自由基局限在特定部位。如果体内清除自由基的酶类或抗氧化物质活力减退、含量减少,细胞将发生衰老。

衰老的自由基学说是Harman于1956年提出的。此学说的核心内容是:衰老起因于代谢过程中不断产生的自由基,损坏细胞膜结构,增加DNA突变,造成功能蛋白合成误差;促进核酸和蛋白质的分子内和分子间逐步发生化学交联,使细胞不能发挥正常的功能,最终死亡;维持体内适当水平的抗氧化剂和自由基清除剂水平可以延缓衰老,延长寿命。

3. 线粒体DNA突变学说　在线粒体氧化磷酸化生成ATP的过程中,有1%~4%氧转化为氧自由基,也叫活性氧(reactive oxygen species,ROS),因此线粒体是自由基浓度最高的细胞器。mtDNA裸露于基质,缺乏结合蛋白的保护,最易受自由基伤害,复制错误频率高,而催化mtDNA复制的DNA聚合酶γ不具有校正功能,线粒体内缺乏有效的修复酶,故mtDNA最容易发生突变。mtDNA突变使呼吸链功能受损,进一步引起自由基堆积,如此反复循环,导致衰老。研究证明衰老个体细胞中mtDNA缺失表现明显,并随着年龄的增加而增加;研究还发现mtDNA缺失与衰老及伴随的老年衰退性疾病有密切关系。人类的脑、心、骨骼肌的氧负荷(oxidative stress)最大,是最容易衰老的组织。

(三) 端粒学说认为端粒是控制细胞寿命的生物钟

端粒(telomere)是真核细胞染色体末端的一种特殊结构。人类端粒由6个碱基串联重复序列(TTAGGG)和结合蛋白组成,具有维持染色体结构完整性,稳定染色体,防止染色体DNA降解、

Notes

末端融合，保护染色体结构，调节正常细胞生长的功能。在具增殖能力的细胞中，端粒 DNA 在细胞分裂过程中不能为 DNA 聚合酶完全复制，每分裂一次，此序列缩短一次，当端粒长度缩短到一定程度，会使细胞停止分裂，细胞逐渐衰老、死亡。因而端粒的长度作为细胞的有丝分裂钟(mitosis clock)来对待。

Weight 等做了一个有趣的实验，他们将人的端粒反转录酶亚基(*hTRT*)基因通过转染，引入正常的人二倍体细胞(人视网膜色素上皮细胞)，发现表达端粒酶的转染细胞，其端粒长度明显增加，分裂旺盛，作为细胞衰老指标的β-半乳糖苷酶活性则明显降低，与对照细胞形成极鲜明的反差。同时，表达端粒酶的细胞寿命比正常细胞至少长 20 代，且其核型正常。这一研究提供的证据说明端粒长度确实与衰老有着密切的关系。

端粒酶是一种反转录酶，由 RNA 和蛋白质组成，是以自身 RNA 为模板，合成端粒重复序列，加到新合成 DNA 链末端。在人体内端粒酶出现在大多数的胚胎组织、生殖细胞、炎性细胞、更新组织的增殖细胞以及肿瘤细胞中。

衰老的端粒学说由 Olovmikov 提出，认为细胞在每次分裂过程中都会由于 DNA 聚合酶功能障碍而不能完全复制它们的染色体，因此，端粒 DNA 序列逐渐丢失，最终造成细胞衰老死亡。2009 年，瑞典卡罗林斯卡医学院将诺贝尔生理学或医学奖授予美国加利福尼亚旧金山大学的 Blackburn E、美国约翰·霍普金斯医学院的 Greider C、美国哈佛医学院的 Szstak J，以表彰他们发现了端粒和端粒酶保护染色体的机制。他们的研究成果对揭示人类衰老和癌症等疾病的机制又向前迈出了一步。

(四) 神经内分泌免疫调节细胞衰老过程

这一学说首先是用来解释机体衰老的，表面上看，它与细胞衰老机制无关。但实际上，所谓的神经内分泌免疫调节的最终靶点是细胞，所以它也是细胞衰老的机制之一，只不过，这个学说是把细胞置于整体之中加以讨论的。有机体的细胞活动和生存主要取决于神经内分泌、免疫系统以及细胞的信号转导系统所提供的细胞内环境自稳和整合机制。该理论提出，机体中各种不同细胞内基因的启动与关闭是受神经系统内分泌系统调节的。大脑是控制机体衰老的"生物钟"，它是神经、内分泌两大系统的主宰者，以神经系统和内分泌系统网络通过电子、化学物质作为信息，调控人体所有细胞和器官生命力及衰退。例如，垂体与下丘脑互相联系，分泌各种激素调节着机体生长、发育、衰老的过程；下丘脑的衰老是导致神经分泌器官衰老的中心环节。由于下丘脑-垂体-内分泌系统功能的衰退，使机体表现出内分泌功能的下降，如生殖与性功能的衰退、免疫功能下降等表型。

六、细胞衰老会引起器官老化和老年性疾病

人和动物体内细胞的衰老，尤其是组织中干细胞的衰老，会引起器官老化以及各种老年性疾病。

(一) 以提前衰老为主要特征的早老性疾病

一些人类疾病在生命的早期阶段就表现出衰老表型快速进展相关特征，这些疾病特征与正常衰老过程有着惊人的相似之处，也称之为局部早老症。早老性疾病共同特点是它们均存在 DNA 损伤修复缺陷。

Werner 早老综合征(WS)是最典型的早老性疾病，是由体内编码 DNA 解旋酶的 WRN 基因突变，WRN 蛋白异常所致。患者在幼年就表现出与正常衰老相关的多种特征：身体矮小、典型的鸟样面容、头发变白、白内障、骨质疏松、动脉硬化、皮肤及皮下组织萎缩、分泌代谢疾病，如 2 型糖尿病。大部分患者在 50 岁前死于动脉粥样硬化血管疾病并发症或恶性肿瘤。

Rothmund-Thomson 综合征(RTS)是由于 RECQ4 蛋白缺陷而引起，RECQ4 蛋白在 DNA 损伤修复、重组等过程中发挥着"基因卫士"功能。RTS 是一种常染色体隐性遗传性皮肤病，患者

的细胞表现出严重的基因组不稳定性，其特征是从婴儿期便开始皮肤异色病皮疹、身体矮小、骨骼异常、青少年白内障及个别癌症易发性。

前述的 Hutchinson-Gilford 早老症为一种极为罕见的遗传性疾病（图 3-12-1），发生率 1/8 000 000，特征性表现为患儿以极快速度衰老，秃发、老年容貌、多数死于冠脉病变引起的心肌梗死或广泛动脉粥样硬化导致的卒中，平均寿命 16 岁。研究表明，绝大多数 Hutchinson Gilford 早老症的致病原因是由体内核纤层蛋白 A（lamin A）基因突变所致。lamin A 的基因突变影响 DNA 损伤修复，基因组不稳定，从而使 lamin A 蛋白缺陷的细胞终止分裂，衰老过程加速并过早死亡。带有 lamin 基因突变的患儿的大多数细胞核形状都表现异常。

（二）干细胞衰老导致相关疾病的发生

已经证实随着年龄的增加，组织中的干细胞也在逐渐地衰老，干细胞的衰老将导致其自我更新和多向分化能力的衰退，甚至增殖分化失控，致使损伤组织难以修复、组织器官结构与功能的衰退，随之伴随相关疾病的产生。例如，造血干细胞的衰老将导致免疫系统的衰退，使老年机体对病原体的防御能力下降，出现反复感染；对损伤和突变细胞的识别能力下降，使老年个体易发生恶性肿瘤；造血系统的衰退和异常将导致老年性再生障碍性贫血、白血病等。间充质干细胞的衰老将破坏组织的稳定性，降低机体对损伤修复或应激能力，发生相关老年性疾病，如骨髓间充质干细胞的衰老，其成骨作用减弱，成脂肪细胞和破骨细胞作用增强，可导致老年性骨质疏松；间充质来源的前脂肪细胞（preadipocytes）的衰老，导致体内脂肪组织的生长、可塑性、功能和分布异常，使老年个体常伴发 2 型糖尿病、动脉粥样硬化、血脂代谢障碍等。

干细胞衰老与疾病的发生是当前生物医学研究中的新兴领域，深入研究干细胞衰老与疾病发生的关系，对于推动人体衰老与抗衰老的研究有重要的科学意义和社会价值。

第二节　细胞死亡

细胞生命活动的终结称为细胞死亡（cell death），细胞死亡如同细胞的生长、增殖、分化一样是细胞的基本生命现象。引起细胞死亡的因素很多，但不外乎内因和外因这两类。内因主要是由于发育过程或衰老所致的自然死亡，而外因则指外界物理、化学、生物等各种因子的作用超过了细胞所能承受的限度或阈值引起的细胞死亡。根据细胞死亡的模式不同，可分为将细胞的死亡形式分为细胞凋亡（也称为 1 型细胞死亡）和自噬性细胞死亡（也称为 2 型细胞死亡）、细胞坏死（也称为 3 型细胞死亡）三种类型。过去一直强调细胞凋亡由遗传（基因）决定（或参与）的程序化过程，所以也称之为程序性细胞死亡（programmed cell death，PCD）。然而越来越深入的研究显示上述三种死亡方式均有基因所编码的蛋白质信号通路的参与，所以程序性（programming）也许是所有细胞死亡形式必需的。

必须指出的是，细胞死亡的三种形式是人为分类的，说明任何细胞死亡形式之间都可能存在信号调控上的某种联系；另一方面，也有研究显示细胞死亡的在形式上不是固定不变的，如凋亡可以转变为坏死。因此，细胞采取何种死亡方式（或转换死亡方式）可能与环境因子强度、作用的时间、作用的方式以及细胞对环境因子如何应答有关。

一、细胞坏死是以细胞裂解为特点的死亡方式

细胞坏死（necrosis）是极端的物理、化学或其他严重的病理性因素诱发的细胞死亡，是病理性细胞死亡。坏死细胞的膜通透性增高，致使细胞肿胀，细胞器变形或肿大，早期核无明显形态学变化，最后细胞破裂。坏死的细胞裂解释放出内含物，引起炎症反应；在愈合过程中常伴随组织器官的纤维化，形成瘢痕（表 3-12-1）。长期以来学界一直认为细胞坏死是被动的过程。但近年来的研究也认为一些蛋白质参与细胞坏死过程的信号调控。如研究表明受体作用蛋白激酶-3

(receptor-interacting serine-threonine protein kinase-3,RIP3)可能是决定 TNF-α 诱导的细胞坏死的关键蛋白。一般情况下,RIP3、RIP1 和 MLKL(mixed lineage kinase domain-like protein)一起形成起始 necrosome(necrosome initiation),在 TNF-α 诱导下,RIP3 使 MLKL 在 357 位的苏氨酸和 358 丝氨酸磷酸化,形式活化的 necrosome(necrosome activation)再进一步介导细胞坏死(图 3-12-4)。这些研究显示细胞坏死也是程序性的,所以也称为 necroptosis。

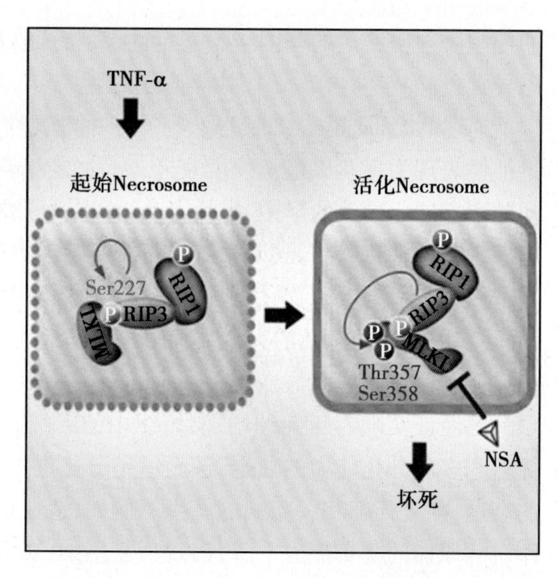

图 3-12-4 RIP3 信号通路介导的细胞坏死

细胞坏死是机体对外界病理性刺激做出的重要反应,细胞通过自身的死亡并通过炎症反应来消除病理性刺激对机体的影响,但也可能因此诱发相关疾病的发生。

二、细胞凋亡是通过编程调控的死亡方式

细胞凋亡(apoptosis)是借用古希腊语,意指细胞像秋天的树叶凋落一样的死亡方式,1972 年 Kerr 最先提出这一概念,认为细胞凋亡是一个主动的、由基因决定的、自主结束生命的过程。线虫 *C. elegans* 是研究个体发育和细胞凋亡的理想材料。其生命周期短,细胞数量少,线虫的成体若是雌雄同体有 959 个体细胞、约 2000 个生殖细胞;如果是雄虫,有 1031 个体细胞、约 1000 个生殖细胞,神经系统由 302 个细胞组成,它们来自于 407 个前体细胞,而这些前体细胞中有 105 个发生了细胞程序性死亡。用体细胞突变的方法发现在 *C. elegans* 细胞凋亡中有 14 个基因起作用,其中 *Ced-3*、*Ced-4* 和 *Ced-9* 在细胞凋亡的实施阶段起作用,*Ced-3* 和 *Ced-4* 诱发凋亡,*Ced- 9* 抑制 Ce3、Cd4,使凋亡不能发生。

2002 年,英国人 S Brenner、美国人 HR Horvitz 和英国人 JE Sulston 因利用 *C. elegans* 研究器官发育的遗传调控和细胞程序性死亡方面的开创性突出贡献获 2002 年度诺贝尔生理学或医学奖。

(一) 细胞凋亡具有一定的生物学意义和病理学意义

1. 细胞凋亡的生物学意义 细胞凋亡是生物界普遍存在的一种生物学现象,是在生物进化过程中形成的,由基因控制的、自主的、有序的细胞死亡方式,对于机体维持器自身稳定的具有重要的生物学意义。

(1) 发育过程中清除多余的细胞:哺乳动物在胚胎发育过程中会出现祖先进化过程中曾经出现过的结构,如鳃、尾、前肾、中肾等,当发育至某个阶段,这些区域的细胞通过自然凋亡被清除,有利于器官的形态发生。例如,哺乳动物手指和脚趾在发育早期是连在一起的,指(趾)间的蹼状结构通过细胞凋亡而被清除,使单个指(趾)分开(图 3-12-5A);蝌蚪发育成蛙的变态过程中,蝌蚪的尾部的细胞要通过细胞凋亡来清除(图 3-12-5B);乳腺泌乳细胞在婴儿断乳后很快凋亡,代之以脂肪细胞。

在脊椎动物神经系统发育过程中,一般要先产生过量的神经细胞,然后通过竞争从靶细胞释放的数量有限的生存因子而获得生存机会。那些得不到生存因子的神经细胞将通过细胞的自然凋亡而被清除。一般认为这种竞争方式有利于提高调节神经细胞与靶组织联系的精确度。在脊椎动物神经系统发育过程中,15%~85% 的神经细胞要通过细胞凋亡被清除(图 3-12-6)。

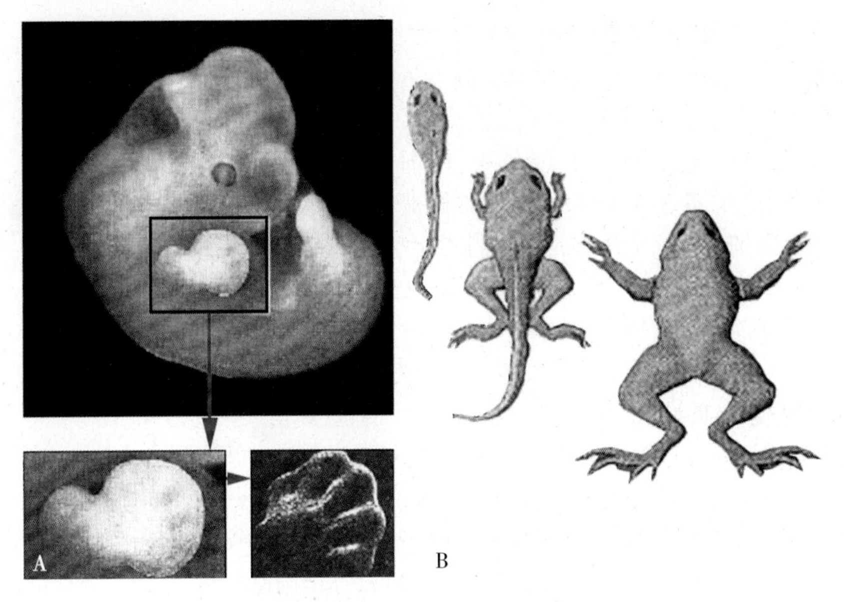

图 3-12-5　个体发育过程中的细胞凋亡

A. 细胞凋亡在指(趾)形成中的作用;B. 蝌蚪发育过程尾部细胞的凋亡

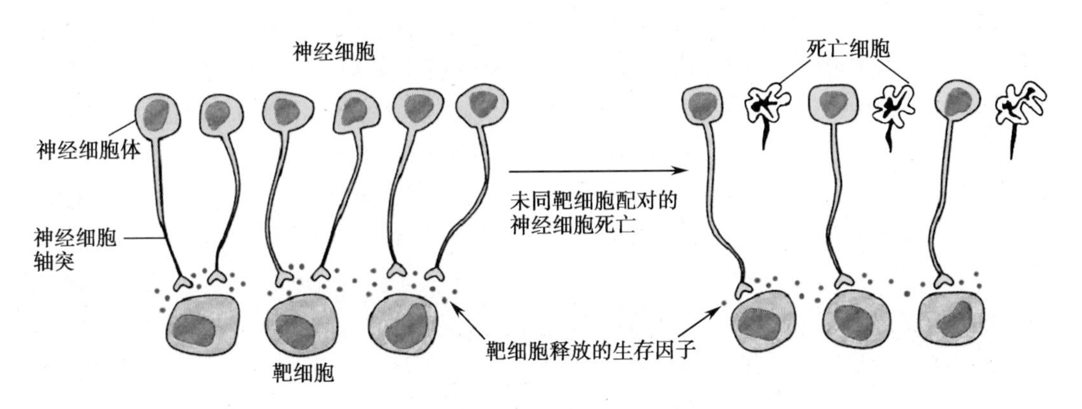

图 3-12-6　程序性细胞死亡对发育中神经细胞数量的调节

(2) 清除正常生理活动过程中无用的细胞:人体内每天会有上万亿的细胞发生生理性的死亡,如人体内衰老的血细胞要通过凋亡被清除,以维持血细胞的正常新旧交替;人类免疫系统的T、B 淋巴细胞分化过程中,95% 的前 T、前 B 淋巴细胞通过细胞凋亡而清除,细胞凋亡是维持机体正常生理功能和自身稳定的重要机制。

(3) 清除病理活动过程中有潜在危险的细胞:DNA 受到损伤又得不到修复的有癌变危险的细胞、病毒感染的细胞可通过细胞凋亡途径被清除。

2. 细胞凋亡的病理学意义　细胞凋亡在个体发育、维持机体生理功能以及细胞数量稳定中起了非常重要的作用,是保持机体内环境平衡的一种自我调节机制,如果这种动态平衡失调,将导致畸形或引起疾病,如在发育过程中凋亡异常引起的并指(趾)、肛门闭锁、两性畸形等,另外,一些神经系统退行性疾病,如阿尔茨海默病(Alzheimer 病)、帕金森病(Parkinson 病)等都与神经细胞凋亡有关。现已证实,细胞凋亡与生物的发育、遗传、进化、病理以及肿瘤的发生均有密切的关系。

(二) 细胞凋亡具有独特的形态学和生物化学特征

1. 形态变化　电镜下细胞凋亡的形态学变化是多阶段的,表现为:①细胞表面微绒毛、细胞突起和细胞表面皱褶消失,形成光滑的轮廓,从周围活细胞中分离出来;②细胞内脱水,细胞质浓缩,细胞体积缩小,核糖体、线粒体聚集,结构更加紧密;③染色质逐渐凝聚成新月状附于核膜

周边，嗜碱性增强，细胞核固缩呈均一的致密物，进而断裂为大小不一的片段；④细胞膜结构不断出芽、脱落，形成数个大小不等的由膜包裹结构，称为凋亡小体（apoptotic body），内可含细胞质、细胞器和核碎片，有的不含核碎片；⑤凋亡小体被具有吞噬功能的细胞如巨噬细胞、上皮细胞等吞噬、降解。凋亡发生过程中，细胞膜保持完整，细胞内容物不释放出来，所以不引起炎症反应（图 3-12-7）。

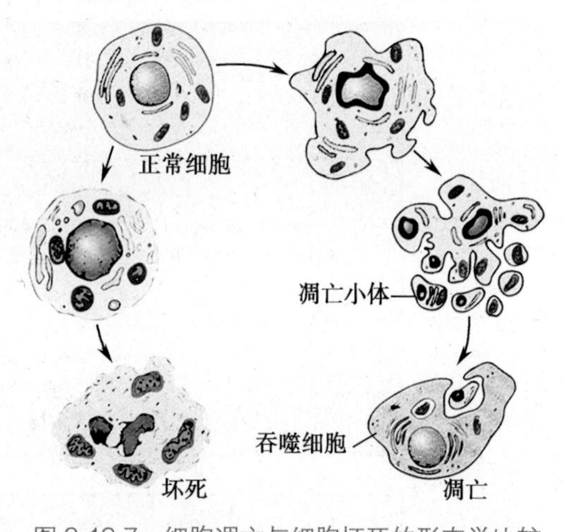

图 3-12-7 细胞凋亡与细胞坏死的形态学比较

2. 生化变化 细胞凋亡时，细胞发生一系列生化改变。主要表现为以下几个方面：

(1) 细胞膜磷脂酰丝氨酸：在凋亡发生早期，细胞膜上往往出现一些标志性生物化学变化，有利于邻近细胞或巨噬细胞识别和吞噬。首先是细胞膜上的磷脂酰丝氨酸（PS）由细胞膜内侧外翻到细胞膜外表面，这一特征可以作为早期凋亡细胞的特殊标志。暴露于细胞膜外的磷脂酰丝氨酸可以用荧光素标记的 Annexin-V 来检测。

(2) 胱天蛋白酶（caspase）构成的级联反应：胱天蛋白酶是一组存在于胞质溶胶中的结构上相关的半胱氨酸蛋白酶，能特异地断开天冬氨酸残基后的肽键，是参与细胞凋亡过程的重要酶类。凋亡过程中由这些蛋白酶构成一系列级联反应，使靶蛋白活化或失活而介导各种凋亡事件。

(3) 染色质裂解为特定的 DNA 片段：在细胞凋亡后期，由于细胞核酸内切酶的活化，使染色质核小体之间的连接处断裂，裂解成长度为 180~200bp 及其倍数的 DNA 片段（图 3-12-8）。从凋亡细胞中提取的 DNA 在琼脂糖凝胶电泳中呈现梯状 DNA 图谱（DNA ladder）。而细胞坏死时 DNA 被随机降解为任意长度的片段，琼脂糖凝胶电泳呈现弥散性（smear）DNA 图谱。但是近年来发现，有些发生凋亡的细胞其染色质 DNA 并不降解，表明 DNA 降解并不是细胞凋亡的必需标志。

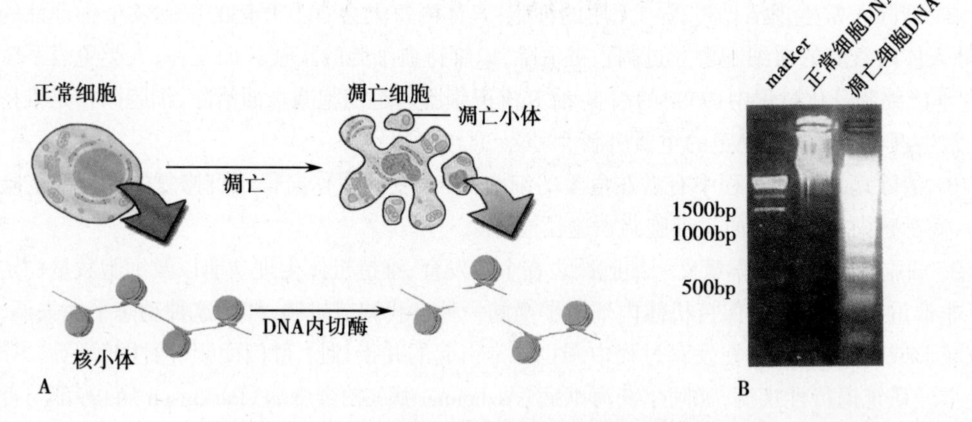

图 3-12-8 细胞凋亡中染色质裂解为特定的 DNA 片段

A. 细胞凋亡中 DNA 内切酶的活化，形成长度 180~200bp 及其整倍性片段；B. 在 DNA 电泳中形成梯状带

3. 细胞凋亡和坏死的区别 细胞凋亡与坏死是多细胞生物的两种不同的死亡形式。它们在形态、代谢、分子机制、结局和意义等方面都有本质的区别（表 3-12-1）。但细胞凋亡在一定情况下可转化为坏死。

表 3-12-1 细胞凋亡与细胞坏死的区别

特征	细胞凋亡	细胞坏死
诱导因子	特定诱导凋亡信号	毒素、缺氧、缺乏 ATP 等
组织分布	单个细胞	成片细胞
组织反应	细胞吞噬、凋亡小体	细胞内溶物溶解释放
形态学		
细胞	皱缩、与邻近细胞的连接丧失	肿胀
细胞膜	完整、鼓泡、凋亡小体形成	溶解或通透性增加
细胞器	完整	受损
细胞核	皱缩、片段化	分解
溶酶体	完整	破裂
线粒体	肿胀、通透性↑、细胞色素 c 释放	肿胀、破裂
生化		
DNA	断裂成 180~200bp 整倍数片段电泳呈梯状带	电泳呈涂片状
酶	caspases 激活	无 caspases 活性
能量需求	依赖 ATP	不依赖 ATP

4. 细胞凋亡发生过程的形态学分期 从形态学角度，细胞凋亡的发生过程可分为以下几个阶段：①凋亡诱导期：凋亡诱导因素作用于细胞后，通过复杂信号转导途径将信号传入细胞内，由细胞决定生存或死亡；②执行期：决定死亡的细胞将按预定程序启动凋亡，激活凋亡所需的各种酶类及降解相关物质，形成凋亡小体；③消亡期：凋亡的细胞被邻近的、具有吞噬能力的细胞所吞噬并降解。从细胞凋亡开始，到凋亡小体的出现仅数分钟，而整个细胞凋亡过程可能延续 4~9 小时。

（三）细胞凋亡的发生涉及细胞外和细胞内的多种因素

细胞凋亡是一个复杂的过程，受到机体内、外多种因素的影响，其具体的分子机制尚不完全清楚。据现有的研究发现能诱导细胞凋亡的因素多种多样。同一组织和细胞受到不同凋亡诱因的作用，其反应结果不尽相同，而同一因素对不同组织和细胞诱导凋亡的结果也各不相同。目前，多数研究者认为细胞凋亡相关因素分诱导性因素和抑制性因素两大类。

1. 细胞凋亡诱导因素 凋亡是一个程序化的过程，该程序虽然已经预设于活细胞之中，正常情况下它并不“随意”启动，只有当细胞受到来自细胞内外的凋亡诱导因素作用时才会启动。因此，凋亡诱导因素是凋亡程序的启动者。常见的诱导因素如下：

(1) 激素和生长因子：失衡生理水平的激素和生长因子是细胞正常生长不可缺少的因素，一旦缺乏，细胞会发生凋亡；相反，某些激素或生长因子过多也可导致细胞凋亡。例如，强烈应激引起大量糖皮质激素分泌，后者诱导淋巴细胞凋亡，致使淋巴细胞数量减少。

(2) 理化因素：射线、高温、强酸、强碱、乙醇、抗癌药物等均可导致细胞凋亡。例如，电离辐射可产生大量氧自由基，使细胞处于氧化应激状态，DNA 和大分子物质受损，引起细胞凋亡。

(3) 免疫因素：在生长、分化及执行防御、自稳、监视功能中，免疫细胞可释放某些分子导致免疫细胞本身或靶细胞的凋亡。例如，细胞毒 T 淋巴细胞（CTL）可分泌颗粒酶（gmnzyme），引起靶细胞凋亡。

(4) 微生物因素：细菌、病毒等致病微生物及其毒素可诱导细胞凋亡。例如，HIV 感染时，可致大量 $CD4^{+}T$ 淋巴细胞凋亡。

(5) 其他：缺血与缺氧、神经递质(如谷氨酸、多巴胺)、失去基质附着等因素都可引起细胞凋亡。在肿瘤治疗中，单克隆抗体、反义寡核苷酸、抗癌药物等均可诱导肿瘤细胞凋亡。

2. 细胞凋亡抑制因素 体内外一些因素是细胞凋亡的抑制因素。

(1) 细胞因子 IL-2、神经生长因子等具有抑制凋亡的作用，当从细胞培养基中去除这些因子时，依赖它们的细胞会发生凋亡；反之，如果在培养基中加入所需要的细胞因子，则可促进细胞内存活基因的表达，抑制细胞凋亡。

(2) 某些激素 ACTH、睾酮、雌激素等对于防止靶细胞凋亡，以及维持其正常存活起了重要作用。例如，当腺垂体被摘除或功能低下时，肾上腺皮质细胞失去 ACTH 刺激，可发生细胞凋亡，引起肾上腺皮质萎缩。如果给予生理维持量的 ACTH，即可抑制肾上腺皮质细胞的凋亡。睾酮对前列腺细胞、雌激素对子宫平滑肌细胞也有类似的作用。

(3) 其他某些二价金属阳离子(如 Zn^{2+})、药物(如苯巴比妥)、病毒(如 EB 病毒)、中性氨基酸等均具有抑制细胞凋亡的作用。

(四) 细胞凋亡是一系列蛋白质参与的过程

细胞凋亡是级联式基因表达的结果。已经发现了多种基因编码的产物参与了凋亡的发生与调控。细胞内部的基因直接调控凋亡的发生和发展，细胞外部因素通过信号转导通路影响细胞内基因的表达，间接调控细胞的凋亡。

1. 线虫和哺乳动物细胞的凋亡相关基因 研究表明在线虫和哺乳动物细胞中有许多高度保守的凋亡相关基因的对应同源物。

(1) 线虫细胞凋亡基因：秀丽隐杆线虫(*C.elegans*)的发育过程中，共产生 1090 个体细胞，其中 131 个要发生程序性细胞死亡。研究人员利用一系列突变体发现了线虫发育过程中控制细胞凋亡的关键因子。已经发现 15 个基因与线虫细胞凋亡有关(图 3-12-9)，可分为四组。

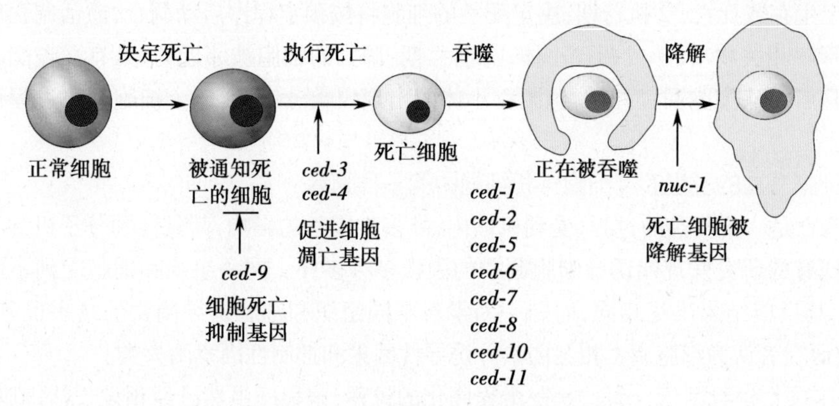

图 3-12-9 细胞凋亡途径及相关基因

第一组是与细胞凋亡直接相关的基因，分别为 *ced-3*、*ced-4* 和 *ced-9*。其中 *ced-3* 和 *ced-4* 促进细胞凋亡，只要它们被激活，则导致细胞的程序性死亡；而 *ced-9* 激活时，*ced-3* 和 *ced-4* 被抑制，从而保护细胞免于凋亡。因此 *ced-3*、*ced-4* 被称为 - 细胞死亡基因(cell death gene)，*ced-9* 被称为死亡抑制基因(cell death suppresser gene)。第二组是与死亡细胞吞噬有关的基因，共 7 个基因，即 *ced-1*、*ced-2*、*ced-5*、*ced-6*、*ced-7*、*ced-8*、*ced-10*，这些基因突变会导致细胞吞噬作用的缺失。第三组是核酸酶基因 -1，即 *nuc-1*，它主要控制 DNA 裂解，该基因发生突变，则 DNA 降解受阻，但不能抑制细胞死亡，表明核酸酶并非细胞凋亡所必需。第四组是影响特异细胞类型凋亡的基因，包括 *ces-1*、*ces-2*(*ces* 表示线虫细胞存活的调控基因)以及 *egl-1* 和 *her-1*。它们与某些神经细胞和生殖系统体细胞的凋亡有关。

(2) 人和哺乳动物细胞凋亡相关基因及其产物：研究表明在哺乳动物中有与线虫主要死亡基因产物相对应的同源物。

1）caspase 家族：*Ced-3* 的同源物是一类半胱氨酸蛋白水解酶（cysteine aspartic acid specific protease），简称胱天蛋白酶（caspase）家族。caspase 家族的共同特点是富含半胱氨酸，被激活后能特异地切割靶蛋白的天冬氨酸残基后的肽键。

caspase 通过裂解特异性底物调控细胞凋亡，已发现的 caspase 家族成员共有 15 种（表 3-12-2），每种 caspase 作用底物不同，其中 caspase -1、4、11 参与白细胞介素前体活化，不直接参加凋亡信号的传递；其余的 caspase 根据在凋亡级联反应中的功能不同，可分为两类：一类是凋亡上游的起始者，包括 caspase-2、8、9、10、11；另一类是凋亡下游的执行者，包括 caspase-3、6、7。起始者主要负责对执行者前体进行切割，从而产生有活性的执行者；执行者负责切割细胞核内、细胞质中的结构蛋白和调节蛋白。

表 3-12-2　哺乳动物细胞 Caspase 家族成员及其在细胞凋亡过程中的功能

名称及别名	在细胞凋亡过程中的功能
caspase-1（ICE）	IL- 前体的切割；参与死亡受体介导的凋亡
caspase-2（Nedd-2 /ICH1）	起始 Caspase 或执行 Caspase
caspase-3（apopain/CPP32/Yama）	执行 Caspase
caspase-4（Tx /ICH2/ICErel-Ⅱ）	炎症因子前体的切割
caspase-5（ICE rel- Ⅲ /TY）	炎症因子前体的切割
caspase-6（Mch2）	执行 Caspase
caspase-7（ICE LAP3/Mch3/CMH-1）	执行 Caspas
caspase-8（FL ICE/MACH/Mch5）	死亡受体途径的起始 Caspase
caspase-9（ICE LAP6/Mch6）	起始 Caspase
caspase-10（Mch4/FLICE2）	死亡受体途径的起始 Caspase
caspase-11（ICH3）	IL- 前体的切割，死亡受体途径的起始 Caspase
caspase-12	内质网凋亡途径的起始 Caspase
caspase-13	未知
caspase-14	未知
caspase-15	未知

在正常细胞中，caspase 是以无活性状态的酶原形式存在，细胞接受凋亡信号刺激后，酶原分子在特异的天冬氨酸残基位点被切割，形成由 2 个小亚基和 2 个大亚基组成的有活性的 caspase 四聚体（图 3-12-10A），少量活化的起始 caspase 切割其下游 caspase 酶原，使得凋亡信号在短时间内迅速扩大并传递到整个细胞，产生凋亡效应（图 3-12-10B）。

目前已知的执行 caspase 作用底物约 280 余种，caspase 对于这些底物的切割使得细胞出现凋亡的一系列形态和分子生物学特征。如活化的 caspase-3 可降解 CAD（DNA 酶）的抑制因子，使 CAD 活化，将 DNA 切割成长度为 180~200bp 及其倍数的 DNA 片段；活化的 caspase6 作用底物是 laminA、keratin 18，导致核纤层和细胞骨架的崩解等。由于 caspase 在细胞凋亡途径中发挥关键作用，将其作为治疗相关疾病的靶标分子的药物研究已引起人们极大的重视。

2）Bcl-2 蛋白家族：*Bcl-2* 基因是线虫死亡抑制基因 *ced-9* 的同源物，最初发现于人 B 淋巴细胞瘤 / 白血病 -2（B cell lymphoma/leukemia-2，bcl-2）而得名。Bcl-2 蛋白家族在线粒体凋亡通路中居核心地位而备受关注。当线粒体凋亡通路被激活时，线粒体外膜被破坏，线粒体膜间腔的细胞色素 c 释放到细胞质中触发 caspase 级联反应，引发细胞凋亡。而 Bcl-2 可以诱导、直接引发或抑制线粒体外膜的通透化，调控细胞的凋亡。

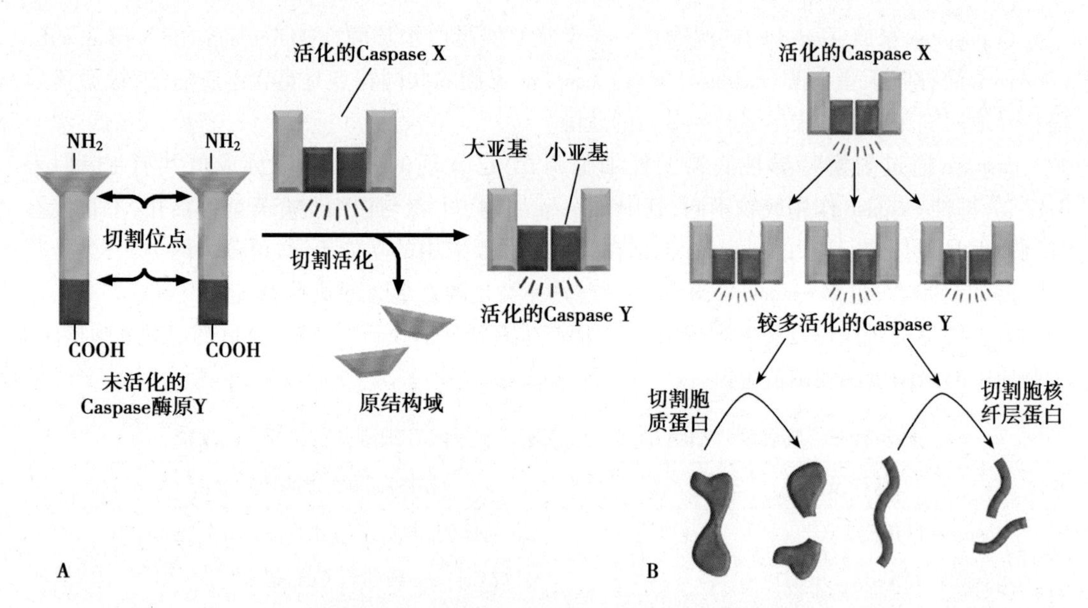

图 3-12-10 细胞凋亡过程中 caspase 级联效应

A. caspase 酶原的活化:caspase 酶原在特异位点被切割(通常由另一家族成员催化),切割产生的片段聚合形成由 2 个小亚基和 2 个大亚基组成的有活性的 caspase 四聚体;B. caspase 级联效应:少量活化的起始 caspase 能够切割许多下游 caspase 酶原,产生大量活化的下游 caspase,其中执行 caspase 切割细胞质内及细胞核内重要结构和功能蛋白,导致细胞凋亡

Bcl-2 家族蛋白在结构上非常相似,都含有一个或多个 BH(Bcl-2 homology)结构域,大多定位于线粒体外膜上,或受信号刺激后转移到线粒体外膜上。根据其功能可以分为两大类:一类是抑制凋亡的 Bcl-2,主要有 Bcl-2、Bcl-x_L、Bcl-w、Mcl-1 等,这类蛋白拥有 BH-4 结构域,能阻止线粒体外膜的通透化,保护细胞免于凋亡;另一类是促进细胞凋亡的 Bcl-2,主要有 Bax、Bak、Noxa 等,这类蛋白缺少 BH-4 结构域,能够促进线粒体外膜的通透化,促进细胞凋亡。实验证明,如果细胞中 Bax 和 Bak 的基因突变,细胞能够抵抗大多数凋亡诱导因素的刺激,是凋亡信号途径中关键的正调控因子。而抑制凋亡因子 Bcl-2 和 Bcl-x_L 能够与 Bax、Bak 形成异二聚体,通过抑制 Bax、Bak 的寡聚化来抑制线粒体膜通道的开启。

3) *p53* 基因:因编码一种分子量为 53kD 的蛋白质而得名,是一种抑癌基因。其表达产物 P53 蛋白是基因表达调节蛋白,当 DNA 受到损伤时,P53 蛋白含量急剧增加并活化,刺激编码 Cdk 抑制蛋白 *p21* 基因的转录,将细胞阻止在 G_1 期,直到 DNA 损伤得到修复。如果 DNA 损伤不能被修复,*p53* 持续增高引起细胞凋亡,避免细胞演变成癌细胞。一旦 *p53* 基因发生突变,P53 蛋白失活,细胞分裂失去抑制,发生癌变。人类癌症中约有一半是由于该基因发生突变失活。因此,*p53* 是从 DNA 损伤到细胞凋亡途径上的一种分子感受器(molecular sensor),以一种"分子警察"的身份监视细胞 DNA 状态,是细胞的一种防护机制。

4) Fas 和 Fasl:Fas 是广泛存在于人和哺乳动物正常细胞和肿瘤细胞膜表面的凋亡信号受体,是肿瘤坏死因子(TNF)及神经生长因子(NGF)受体家族成员,而 Fas 配体 Fasl(Fas ligand)主要表达于活化的 T 淋巴细胞,是 TNF 家族的细胞表面Ⅱ型受体。Fasl 与其受体 Fas 组成 Fas 系统,两者结合将导致携带 Fas 的细胞凋亡。Fas 和 Fasl 对免疫系统细胞的死亡起重要作用。Fas 系统参与清除活化的淋巴细胞和病毒感染的细胞,而 Fas 和 Fasl 可因基因突变而丧失功能,致使淋巴细胞积聚,产生自身免疫性疾病。

2. 诱导细胞凋亡的信号通路 细胞凋亡是一个极其复杂的生命活动过程,目前在哺乳动物细胞中了解比较清楚的凋亡信号通路有两条:一条是细胞表面死亡受体介导的细胞凋亡信号通路;另一条是以线粒体为核心的细胞凋亡信号通路(图 3-12-11)。

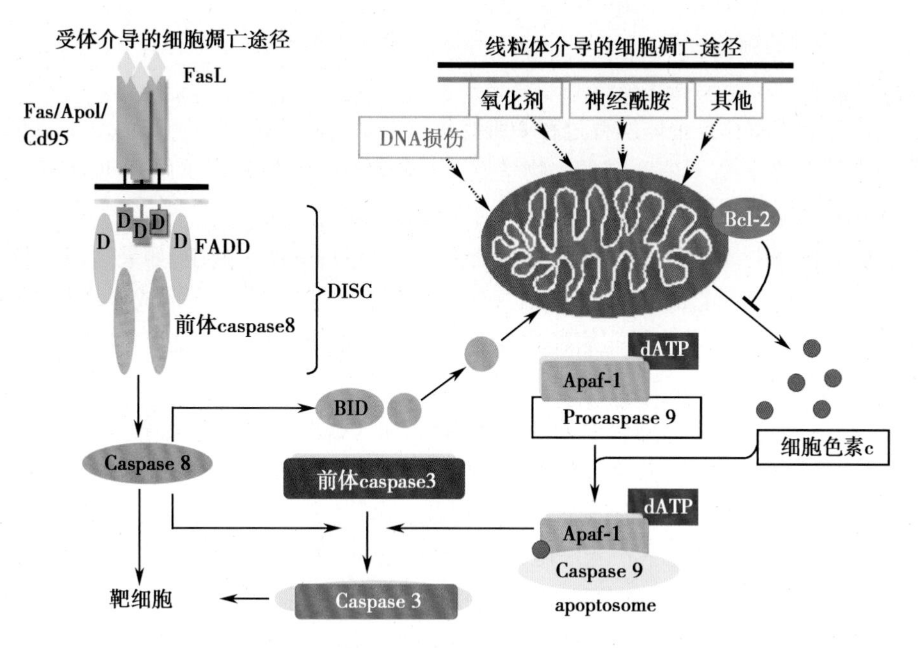

图 3-12-11　哺乳动物细胞凋亡的主要信号通路

1）死亡受体介导的细胞凋亡信号：通路细胞外的许多信号分子可以与细胞表面相应的死亡受体结合，激活凋亡信号通路，导致细胞凋亡。哺乳动物细胞表面死亡受体是一类属于 TNF/NGF 受体超家族，TNFR-1 和 Fas/Apo-1/CD95 是死亡受体家族的代表成员，它们的胞质区都含有死亡结构域（death domain，DD）。当死亡受体 Fas 或 TNFR 与配体结合后，诱导胞质区内的 DD 结合 Fas 结合蛋白（FADD），FADD 再以其氨基端的死亡效应结构域（DED）结合 caspase-8 前体，形成 Fas-FADD-Pro-caspase-8 组成的死亡诱导信号复合物（DISC），caspase-8 被激活，活化的 caspase-8 再进一步激活下游的死亡执行者 caspase-3、6、7，从而导致细胞凋亡。

2）线粒体介导的细胞凋亡信号通路：当细胞受到内部（如 DNA 损伤、Ca^{2+} 浓度过高）或外部的凋亡信号（如紫外线、γ 射线、药物、一氧化氮、活性氧等）刺激时，线粒体外膜通透性改变，使线粒体内的凋亡因子，如细胞色素 c（Cytc）、凋亡诱导因子（AIF）等释放到细胞质中，与细胞质中凋亡蛋白酶活化因子 Apaf-1 结合，活化 caspase-9，进而激活 caspase-3，导致细胞凋亡（图 3-12-10）。

研究证实，线粒体在细胞凋亡中处于凋亡调控的中心位置，很多 Bcl-2 家族的蛋白如 Bcl-2、Bax、Bcl-x_L 等都定位于线粒体膜上，Bcl-2 通过阻止 Cytc 从线粒体释放来抑制细胞凋亡；而 Bax 通过与线粒体上的膜通道结合促使 Cytc 的释放而促进凋亡。

活化的 caspase-8 一方面作用于 Pro-caspase-3，另一方面催化 Bid（Bcl-2 家族的促凋亡分子）裂解成 2 个片段，其中含 BH3 结构域的 C 端片段被运送到线粒体，引起线粒体内 Cytc 高效释放。Bid 诱导 Cytc 释放的效率远高于 Bax。

线粒体释放的凋亡诱导因子 AIF 除了可以诱导 Cytc 和 caspase9 释放外，还被转运入细胞核诱导核中的染色质凝集和 DNA 大规模降解。

3）其他凋亡信号通路：内质网和溶酶体在细胞凋亡中也有着重要作用。内质网与细胞凋亡的联系表现在两个方面：一是内质网对 Ca^{2+} 的调控；二是 caspase 在内质网上的激活。研究表明，很多细胞在凋亡早期会出现胞质内 Ca^{2+} 浓度迅速持续升高，这种浓度的升高由细胞外 Ca^{2+} 的内流及胞内钙库（内质网）中 Ca^{2+} 的释放所致。胞质内高浓度的 Ca^{2+} 一方面可以激活胞质中的钙依赖性蛋白酶（如 calpain），另一方面可以影响线粒体外膜的通透性促进细胞的凋亡。位于内质网膜上的凋亡抑制蛋白 Bcl-2 具有维持胞质内 Ca^{2+} 浓度稳定，抑制凋亡的作用。胞质内 Ca^{2+} 浓度的升高等因素可以激活位于内质网膜上的 caspase-12，活化的 caspase-12 被转运到胞质中参

与 caspase-9 介导的凋亡过程。

（五）细胞凋亡的异常将导致疾病的发生

过去认为细胞凋亡是个体发育过程中维持机体自稳的一种机制，是生长、发育、维持机体细胞数量恒定的必要方式，具有一定的生物学意义。随着研究的深入，人们进一步认识到，细胞凋亡与疾病的发生有一定的关系，具有重要的临床意义。

在健康的机体中，细胞的生生死死总是处于一个良性的动态平衡中，如果这种平衡被破坏，人就会患病。如果该死亡的细胞没有死亡，就可能导致细胞恶性增长，形成癌症。如果不该死亡的细胞过多地死亡，如受艾滋病病毒的攻击，不该死亡的淋巴细胞大批死亡，就会破坏人体的免疫能力，导致艾滋病发作。

细胞凋亡之所以成为人们研究的一个热点，在很大程度上在于细胞凋亡与临床的密切关系。这种关系不仅表现在凋亡及其机制的研究，阐明了免疫疾病的发病机制，而且由此可以导致疾病新疗法的出现，特别是细胞凋亡与肿瘤以及心血管疾病之间的密切关系备受人们重视。

1. 细胞凋亡与心血管疾病 当细胞凋亡规律失常时，就可能发生先天性心血管疾病。有证据表明，导致心律失常的右心室发育不良性心肌病与心肌细胞过度凋亡有关；在急性心肌梗死的早期和再灌注期，发现有大量的凋亡细胞；扩张型心肌病、心律失常、主动脉瘤等疾病则证明凋亡现象明显活跃，导致组织细胞失常；实验表明血管内皮细胞凋亡具有促凝作用，能促发和加重动脉粥样硬化病变；高血压病则因凋亡血管重塑，使血管变得僵硬，压力负荷增加，高血压恶化的同时又促使心功能不全。

2. 细胞凋亡与肿瘤 一般认为恶性转化的肿瘤细胞是因为失控生长，过度增殖，从细胞凋亡的角度看则认为是肿瘤的凋亡机制受到抑制不能正常进行细胞死亡清除的结果。肿瘤细胞中有一系列的癌基因和原癌基因被激活，并呈过度表达状态。这些基因的激活和肿瘤的发生发展之间有着极为密切的关系。癌基因中一大类属于生长因子家族，也有一大类属于生长因子受体家族，这些基因的激活与表达，直接刺激了肿瘤细胞的生长。这些癌基因及其表达产物也是细胞凋亡的重要调节因子，许多种类的癌基因表达以后，即阻断了肿瘤细胞的凋亡过程，使肿瘤细胞数目增加，因此，从细胞凋亡角度来理解肿瘤的发生机制，是由于肿瘤细胞的凋亡机制、肿瘤细胞减少受阻所致。因此，通过细胞凋亡角度和机制来设计对肿瘤的治疗方法就是重建肿瘤细胞的凋亡信号传递系统，即抑制肿瘤细胞的生存基因的表达、激活死亡基因的表达。

3. 细胞凋亡与自身免疫病 自身免疫疾病包括一大类难治的、免疫紊乱而造成的疾病，自身反应性 T 淋巴细胞及产生抗体的 B 淋巴细胞是引起自身免疫病的主要免疫病理机制。正常情况下，免疫细胞的活化是一个极为复杂的过程。在自身抗原的刺激作用下，识别自身抗原的免疫细胞被活化，从而通过细胞凋亡的机制而得到清除。但如这一机制发生障碍，那么识别自身抗原的免疫活性细胞的清除就会产生障碍。有人观察到在淋巴增生突变小鼠中 Fas 编码的基因异常，不能翻译正常的 Fas 跨膜蛋白分子，如 Fas 异常，由其介导的凋亡机制也同时受阻，便造成淋巴细胞增殖性的自身免疫疾患。

4. 细胞凋亡与神经系统的退行性病变 目前知道老年性痴呆症是神经细胞凋亡的加速而产生的。阿尔茨海默病(AD)是一种不可逆的退行性神经疾病，淀粉样前体蛋白(APP)早老蛋白 -1(PS1)、早老蛋白 -2(PS2)的突变导致家族性阿尔茨海默病(FAD)。研究证明 PS 参与了神经细胞凋亡的调控，PS1、PS2 的过表达能增强细胞对凋亡信号的敏感性。

三、以细胞自噬为特征的自噬性细胞死亡

细胞自噬(autophagy)现象于 19 世纪 50 年代首次被发现，并于 1963 被 de Duve 等正式命名。自噬是真核细胞内普遍存在的一种通过包绕隔离受损的或功能退化的细胞器(如线粒体)及某些蛋白质和大分子物质，与溶酶体融合并水解膜内成分的现象。在营养缺乏的情况下，细胞获

得营养物质;在细胞收到损伤(或衰老)时,细胞通过自噬可清除受损或衰老的细胞器;在细胞受到微生物感染或毒素侵入时,细胞通过自噬可清除这些微生物或毒素。因此,对于细胞来说,自噬是保护细胞的一个有效机制。然而,在一些细胞的死亡进程中,并未观察到细胞凋亡或坏死的特征,而显示出细胞自噬的特征,说明自噬与细胞死亡有一定的关系,这种细胞死亡也被称为自噬性细胞死亡(2 型细胞死亡)。然而,是自噬诱发了细胞死亡(以及自噬通过哪些通路诱发细胞死亡)还是细胞死亡伴随着自噬还有待进一步研究。

(一) 细胞自噬分为三种类型

相对于主要降解短半衰期蛋白质的泛素 - 蛋白酶体系统,细胞自噬参与了绝大多数长半衰期蛋白质的降解。在形态上,即将发生自噬的细胞胞质中出现大量游离的膜性结构,称为前自噬体(preautophagosome)。前自噬体逐渐发展,成为由双层膜结构形成的空泡,其中包裹着退变的细胞器和部分细胞质,这种双层膜被称为自噬体(autophagosome)。自噬体双层膜的起源尚不清楚,有人认为其来源于糙面内质网,也有观点认为来源于晚期高尔基体及其膜囊泡体,也有可能是重新合成的。自噬体的外膜与溶酶体膜融合,内膜及其包裹的物质进入溶酶体腔,被溶酶体中的酶水解。此过程使进入溶酶体中的物质分解为其组成成分,并可被细胞再利用,这种吞噬了细胞内成分的溶酶体被称为自噬溶酶体(autophagolysosome)。整个这一过程可人为的分感应诱导(induction)、靶物识别(cargo recognition)、选择(selection)、自噬体形成(vesicle formation)、与溶酶体融合降解(fusion, and degradation of cargo by lysosomes)等 5 个阶段。在细胞自噬过程中,除可溶性胞质蛋白之外,线粒体、过氧化物酶体、高尔基复合体和内质网的某些部分都可被溶酶体所降解。

根据细胞内底物运送到溶酶体腔方式的不同细胞自噬可分为三种主要方式(图 3-12-12):①巨自噬(macroautophagy)通过形成双层膜包绕错误折叠和聚集的蛋白质病原体、非必需氨基酸等并与溶酶体融合降解,是真核细胞内最普遍的自噬方式,营养缺失、感染、氧化应激、毒性刺激等许多应激都能诱导巨自噬的发生,一般所说的自噬都指巨自噬。②微自噬(microautophagy)不同于巨自噬,其中没有自噬膜的形成过程,它的典型的特点是通过溶酶体膜直接内陷或外凸(exvagination)包绕胞质及内容物进入溶酶体进行降解。现在开始用专有词汇描述对某个细胞器的自噬,如对线粒体自噬,不管是巨自噬或微自噬,统一用线粒体自噬(mitochondrial autophagy 或 mitophagy)来表示。③分子伴侣介导的自噬(chaperone-mediated autophagy, CMA)是一种高度选择的自噬方式,它有两个核心成员:热休克蛋白 HSC70 和溶酶体膜相关蛋白 2A(lysosomal-associated membrane protein 2A, LAMP2A)。热休克蛋白 HSC70 是一种分子伴侣蛋白。CMA 只

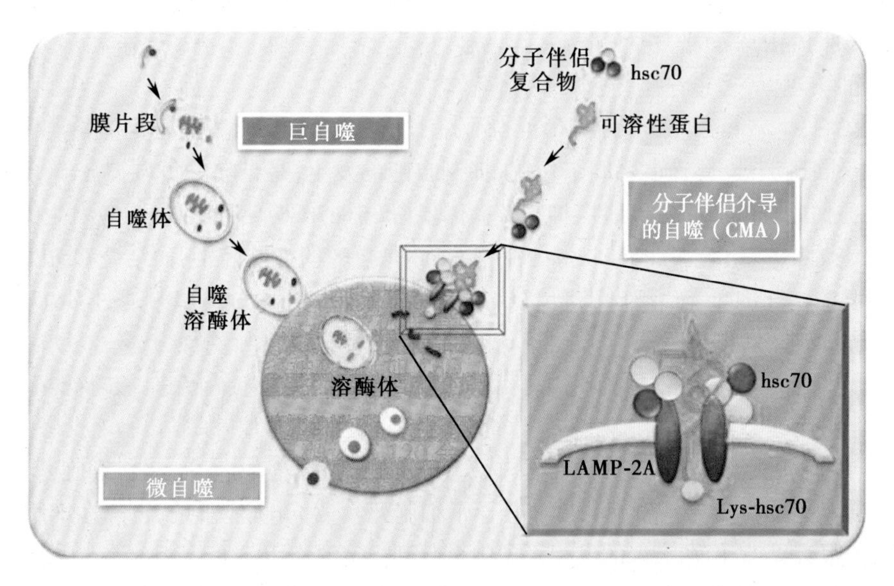

图 3-12-12　三种细胞自噬方式

降解肽链中含有 KFERQ(Lys-Phe-Glu-Arg-Gln)的五肽片段的蛋白。首先热休克蛋白 HSC70 特异地识别并结合含有 KFERQ(Lys-Phe-Glu-Arg-Gln)的五肽片段的蛋白并通过 LAMP2A 相互作用而将目的蛋白转运如溶酶体内降解。

(二) 细胞内一系列大分子参与了细胞自噬

早期人们在在酵母中发现与细胞自噬相关的基因,称为 *ATG*(autophagy-related),哺乳动物自噬相关基因则被命名为 *Atg*,在哺乳动物细胞自噬的自噬泡形成过程中,由 *Atg3*、*Atg5*、*Atg7*、*Atg10*、*Atg12* 和 *LC3*(microtubule-associated protein 1 light chain 3,MAP1-LC3,相应于酵母的 *ATG8*)所编码的蛋白是参与自噬体形成的两个泛素样蛋白系统的组成成分。其中 Atg12 结合过程与前自噬泡的形成相关,而 LC3 修饰过程对自噬泡的形成必不可少(图 3-12-13)。第一条泛素样蛋白系统是 Atg12 首先由 E1 样酶 Atg7 活化,之后转运至 E2 样酶 Atg10,最后与 Atg5 结合,形成自噬体前体;第二条泛素样蛋白系统是 LC3 前体形成后,加工成胞质可溶性 LC3-I,并暴露出其羧基末端的甘氨酸残基。LC3-Ⅰ被 Atg7 活化,转运至第二种 E2 样酶 Atg3,并被修饰成膜结合形式 LC3-Ⅱ,参与自噬泡形成。LC3-Ⅱ定位于前自噬体和自噬体膜,成为检测自噬发生的分子标记之一。一旦自噬体与溶酶体融合,自噬体内的 LC3-Ⅱ即被溶酶体中的水解酶降解。上述两条泛素样加工修饰过程可以互相调节,互相影响。

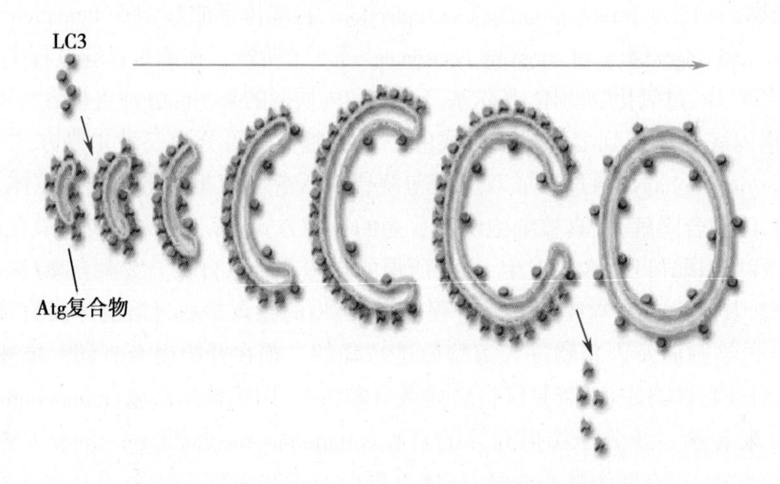

图 3-12-13 细胞自噬过程自噬泡的双层膜形成过程

除了上述蛋白外,还陆续发现了其他一些参与细胞自噬的蛋白,如Ⅲ型磷脂酰肌醇三磷酸激酶(Class Ⅲ PI3K)等。

(三) 细胞自噬受多条途径调控

1. mTOR(mammalian target of rapamycin)信号途径 TOR 激酶是氨基酸、ATP 和激素的感受器,对细胞生长具有重要调节作用,抑制自噬的发生,是自噬的负调控分子。纳巴霉素(rapamycin)通过抑制 mTOR 的活性,抑制核糖体蛋白 S6(p70S6)活性,诱导自噬发生的作用。

2. Gαi3 蛋白 结合 GTP 的 G 蛋白亚基 Gαi3 是自噬的抑制因子,而结合 GDP 的 Gαi3 蛋白则是自噬的活化因子。Gα 作用蛋白(G Alpha Interacting Protein,GAIP)通过 Gαi3 蛋白加速 GTP 的水解,促进自噬的发生。

3. 其他 信号转导通路中的许多因素影响着细胞自噬的发生,尚待进一步探讨。

(四) 细胞自噬参与疾病的发生

细胞自噬在清除细胞内衰老的细胞质成分、去除毒素和微生物感染、提供细胞营养,从而保护细胞具有重要的意义;另一方面,自噬介导了细胞死亡,对于机体来说,自噬性细胞死亡是有利还是不利很难界定,但在疾病的发生发展中会起到一定的作用。

1. 细胞自噬与恶性肿瘤 细胞自噬是将细胞内受损、变性或衰老的蛋白质以及细胞器运输

到溶酶体进行消化降解的过程。正常生理情况下，细胞自噬利于细胞保持自稳状态；在发生应激时，细胞自噬防止有毒或致癌的损伤蛋白质和细胞器的累积，抑制细胞癌变；然而肿瘤一旦形成，细胞自噬为癌细胞提供更丰富的营养，促进肿瘤生长。因此，在肿瘤发生发展的过程中，细胞自噬的作用具有两面性。此外，自噬还可保护某些肿瘤细胞免受放化疗损伤。这种保护作用的机制可能是通过自噬清除受损的大分子或线粒体等细胞器，从而保护肿瘤细胞免受放化疗损伤，维持恶性细胞的持续增殖。

2. 自噬与帕金森病　研究表明帕金森病（Parkinson's disease，PD）病人的脑内黑质纹状体区 CMA 相关蛋白 LAMP2A 和 HSC70 表达量明显下降，而 AD 病人和对照组样本 LAMP2A 和 HSC70 表达量则没有明显变化。α- 突触核蛋白（α-Synuclein）因（95 VKKDQ 99）肽段能与 HSC70 稳定结合推测其通过 CMA 降解；而突变的 α-Synuclein 蛋白则能与溶酶体表面受体高亲和的结合而不进入溶酶体膜内降解，从而影响 CMA 功能，致 α-synuclein 堆积形成 PD 的特征性病理改变 Lewy 小体（Lewy body）的形成。PD 病人黑质纹状体区域自噬泡增加也支持 CMA 在 PD 中起着重要作用这一假设。

小　结

细胞衰老与死亡是生物界的普遍规律。细胞衰老是指随着时间的推移，细胞增殖能力和生理功能逐渐下降的变化过程。Hayflick 研究证实：体外培养的二倍体细胞的增殖能力和寿命是有一定的界限，体外培养的二倍体细胞分裂次数与供体年龄之间成反比关系；不同物种的细胞最大分裂次数与动物平均寿命成正比关系；决定细胞衰老的原因主要在细胞内部，细胞核决定了细胞衰老的表达。衰老细胞分裂速度减慢，主要原因是 G_1 期时间明显延长。

生物体的衰老与组织中干细胞的衰老密切相关，不育细胞群中长寿细胞和组织中的干细胞是研究细胞衰老的重要模型。

细胞在衰老过程中发生了一系列变化：细胞内水分减少，膜流动性降低，细胞间连接减少，内糙面内质网减少，线粒体的数量减少，体积增大，脂褐素在细胞内蓄积并随年龄增长而增多，核膜内折，染色质固缩等。组织中干细胞衰老时其自我更新、增殖能力以及分化潜能会发生不同程度的下降和衰退。

细胞衰老的机制有多种理论，如错误成灾学说、自由基学说、端粒学说和遗传程序学说等。细胞衰老受到其自身基因的控制和环境因素的影响。已发现与人类衰老相关的基因有：*MORF4*、*p16*、*p21*、*WRN*、*klotho*、*SIRT1* 等。组织中干细胞的衰老与老年性疾病密切相关。

细胞凋亡是指由死亡信号诱发的受调节的细胞死亡过程，是细胞生理性死亡的普遍形式。细胞凋亡对于动物体的正常发育、维持正常生理功能以及多种病理过程具有重要意义。凋亡过程中细胞形态结构发生明显的变化，DNA 发生片段化，细胞皱缩分解成凋亡小体，被邻近细胞或巨噬细胞吞噬，不发生炎症。这是与细胞坏死的最大区别。

已经发现了一些细胞凋亡的相关基因，其中线虫的 *ced-3*、*ced-4* 是死亡基因，与人的胱天蛋白酶（caspase）家族同源，线虫的 *ced-9* 是死亡抑制基因，与人的 *Bcl-2* 基因同源。在细胞凋亡过程中，caspase 家族成员发挥了重要作用，caspase 通过裂解特异性底物调控细胞凋亡。细胞凋亡是极其复杂的生命活动过程，细胞内、外因素主要通过两条途径引发细胞凋亡：即由细胞表面死亡受体介导的外源途径和由线粒体介导的内源途径。细胞中存在凋亡抑制因子，可以通过抑制细胞凋亡来维持细胞存活。细胞凋亡调控失常与许多疾病有关。

（刘　雯）

参考文献

1. Guarente LP. 衰老分子生物学 . 李电东,译 . 北京:科学出版社,2009.
2. 翟中和,王喜忠,丁明孝 . 细胞生物学 . 第 4 版 . 北京:高等教育出版社,2011.
3. Karp G. Cell and Molecular Biology.7th ed. New York:John Wiley and Sons,Inc.,2013.
4. 陈誉华 . 医学细胞生物学 . 第 5 版 . 北京:人民卫生出版社,2013.
5. 胡火珍,税青林 . 医学细胞生物学 . 第 6 版 . 北京:科学出版社,2014.
6. Lodish Harvey,Berk Anold,Krice A Kaiser,et al. Molecular Cell Biology. 7th ed. New York:W.H.freeman and Company,2012.
7. Alberts Bruce,Johnson Alexander,Lewis Julian,et al.Molecular Biology of the Cell. 5th ed. New York:Garland Science,2008.

Notes

第四篇　细胞与环境的相互作用

第十三章　细胞连接与细胞黏附

人和多细胞动物的体内除结缔组织和血液外，其他组织中的细胞均按一定方式排列而且相互连接，在相邻细胞膜表面形成各种连接结构，以加强细胞间的机械联系，维持组织结构的完整性并协调细胞的功能，这些结构称为细胞连接（cell junction）。动物细胞还通过细胞黏附分子介导使细胞与细胞或细胞与细胞外基质之间发生黏着，称为细胞黏附（cell adhesion）。细胞连接和细胞黏附是组织保持结构完整性和功能联系的基本结构形式。通过这些连接方式，使细胞之间、细胞与胞外物质之间保持着明确的关系和相互作用。这些相互作用调控细胞的多种功能活动，如生长、增殖、分化和迁移等，同时决定胚胎发育过程中组织和器官的三维结构。本章将从细胞连接和细胞黏附两方面介绍细胞之间的相互联系和作用。

第一节　细 胞 连 接

细胞连接是相邻细胞质膜侧面特化的结构，体积很小，只有在电镜下才能观察清楚。这些连接结构根据其结构和功能特点可分为三大类：封闭连接、锚定连接和通信连接（表 4-13-1、图 4-13-1）。

一、封闭连接以紧密连接为特征

封闭连接（occluding junction）又称紧密连接（tight junction），主要见于体内腺上皮及各种管腔被覆上皮的顶端侧面，呈带状环绕细胞。电镜下可见紧密连接处相邻细胞质膜呈间断融合，融合处细胞间隙消失，非融合处尚有 10~15nm 的细胞间隙。冷冻蚀刻复型技术显示，在紧密连接处的膜内，蛋白颗粒排列成 2~4 条线性结构并交错形成网络，呈带状环绕细胞。相邻细胞连接面上这种网络是由成串排列的穿膜蛋白构成，其细胞外结构域彼此直接相连对合，形成拉链状的密闭连接结构——封闭索（sealing strand），封闭环绕每个上皮细胞的顶部（图 4-13-2）。

表 4-13-1　细胞连接的类型

功能分类	结构特征		主要分布
封闭连接	由相邻细胞膜形成封闭索的紧密连接		上皮组织
锚定连接	与肌动蛋白丝相连的锚定连接：黏着带和黏着斑	黏着带：细胞与细胞连接	上皮组织
		黏着斑：细胞与细胞外基质连接	上皮细胞基底面
	与中间丝相连的锚定连接：桥粒和半桥粒	桥粒：细胞与细胞连接	心肌细胞、上皮细胞
		半桥粒：细胞与细胞外基质连接	上皮细胞基底面
通信连接	间隙连接	由连接子介导细胞通信连接	大多数动物细胞
	化学突触	通过释放神经递质来传导兴奋，完成通信连接	神经细胞间、神经 - 肌肉间
	胞间连丝	贯穿细胞壁沟通相邻细胞的细胞质连线	植物细胞间

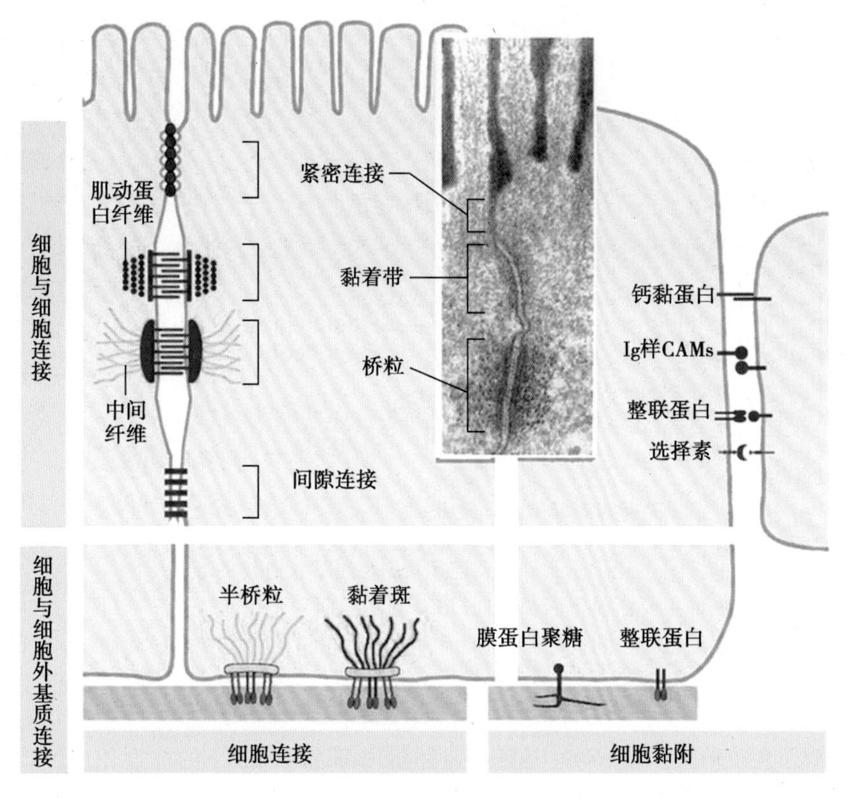

图 4-13-1　细胞连接、细胞黏附和细胞外基质

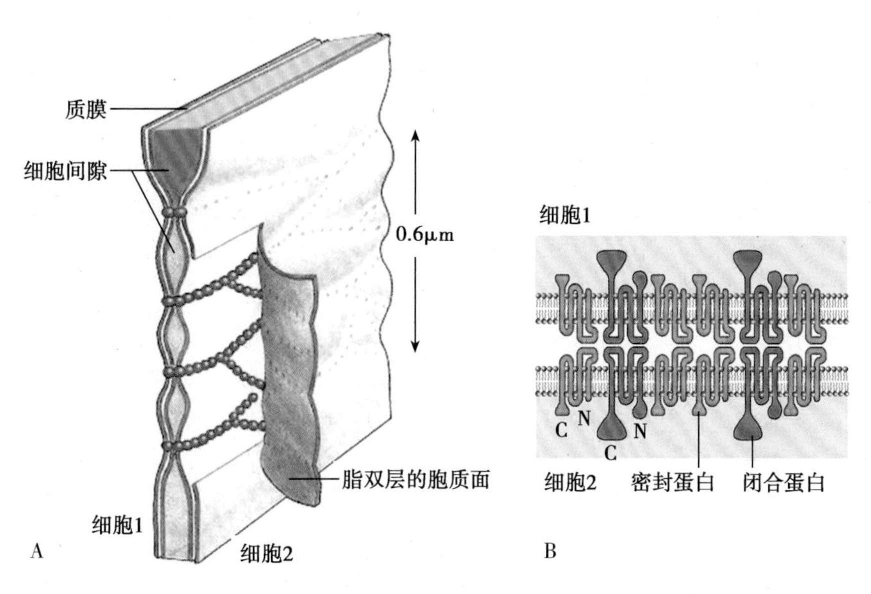

图 4-13-2　封闭连接结构模式图

A. 封闭连接结构；B. 封闭连接蛋白

目前已分离出数十种参与紧密连接形成的穿膜蛋白，一类称闭合蛋白（occludin），为相对分子量 60 000 的 4 次穿膜蛋白，功能尚不清楚；另一类称密封蛋白（claudin），也是 4 次穿膜蛋白，已鉴定出至少 24 种，是紧密连接的主要穿膜蛋白，它对形成紧密连接起重要作用。不同类型密封蛋白参与构成的紧密连接对物质的通透性不同，如肾小管髓袢粗升支区域含 claudin 16 的紧密连接具有选择性通透镁离子的作用，在这里通过紧密连接处形成的细胞旁途径（paracellular pathway），原尿中的镁离子被重新吸收入血。编码 claudin16 的基因突变，可引起先天性低镁血症。近几年又在紧密连接结构中发现了单次穿膜的连接黏附分子（junctional adhesion molecules，

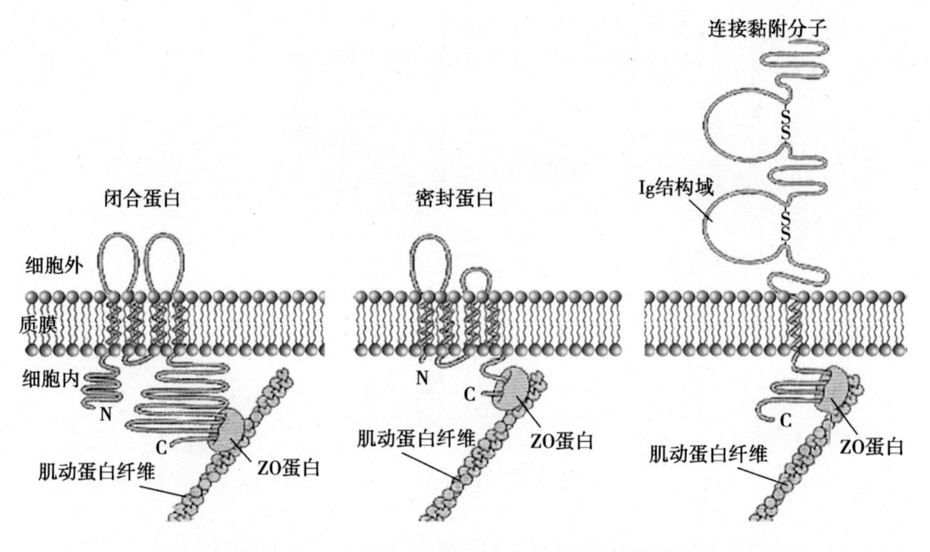

图 4-13-3 三种封闭连接蛋白与肌动蛋白丝的连接

紧密连接中的三种主要穿膜蛋白都是通过ZO蛋白与肌动蛋白丝连接。密封蛋白和闭合蛋白分别与相邻细胞膜中同种的分子相互作用结合，相邻细胞膜中的JAM通过N端的两个Ig结构域相互作用结合

JAMs)，它们属于免疫球蛋白超家族。这三类穿膜蛋白都通过质膜下的称为ZO蛋白的外周蛋白介导锚定在肌动蛋白丝上(图4-13-3)。

紧密连接具有将上皮细胞紧密联合成整体的机械作用。另外还有两种主要功能：第一是封闭上皮细胞的间隙，阻止可溶性物质从上皮层一侧通过细胞间隙进入下方组织，或组织中的物质回流到腔内，保证了内环境的稳定。例如，小肠腔内的营养物质只能由小肠上皮细胞的顶部摄入细胞，而不能穿过紧密连接进入细胞间隙，保证了物质转运的方向性，同时使上皮下组织不受异物的侵害；脑毛细血管内皮细胞之间的紧密连接是构成血脑屏障(blood brain barrier)的主要结构，可阻止多种物质进入脑，从而保证脑内环境的稳定，同时血脑屏障也阻止多种药物进入中枢神经系统。虽然水等小分子物质不能通过血脑屏障，但免疫系统的细胞却可以通过，据认为这些细胞能释放信号，从而打开了紧密连接。

紧密连接的第二个功能是形成上皮细胞膜脂和膜蛋白侧向扩散的屏障，维持上皮细胞的极性。正是由于紧密连接的存在，使得上皮细胞的顶面(apical face)即游离面与侧面和基底面(basolateral face)的某些膜蛋白或膜脂只能在各自的膜区域内运动，行使各自不同的功能。

二、细胞骨架参与锚定连接结构的形成

锚定连接(anchoring junction)是一类由细胞骨架参与、存在于细胞间或细胞与细胞外基质之间的细胞连接，广泛存在于机体多种组织中，特别是在那些需承受机械力的组织，如上皮、心肌和子宫颈等。单纯的质膜并不能有效地将机械压力从一个细胞传递到另一个细胞或胞外基质，锚定连接由细胞骨架参与，将相邻细胞或细胞与细胞外基质相连接，起到分散和传递作用力，增强组织支持和抵抗机械张力的作用。根据锚定连接所在部位、形态结构，特别是连接细胞骨架的不同主要分为两种类型：与肌动蛋白丝相连接的锚定连接(黏着带、黏着斑)和与中间丝相连接的锚定连接(桥粒、半桥粒)。构成锚定连接的蛋白可分为两类：一类统称为细胞内锚定蛋白(intracellular anchor protein)，这类蛋白在细胞质面与特定的细胞骨架成分(肌动蛋白丝或中间丝)连接，另一侧与穿膜黏着蛋白连接；第二类统称为穿膜黏着蛋白(transmembrane adhesion protein)，是一类细胞黏附分子，其细胞内部分与细胞内锚定蛋白相连，细胞外部分与相邻细胞的穿膜黏着蛋白互相连接或与细胞外基质蛋白相互作用(图4-13-4)。

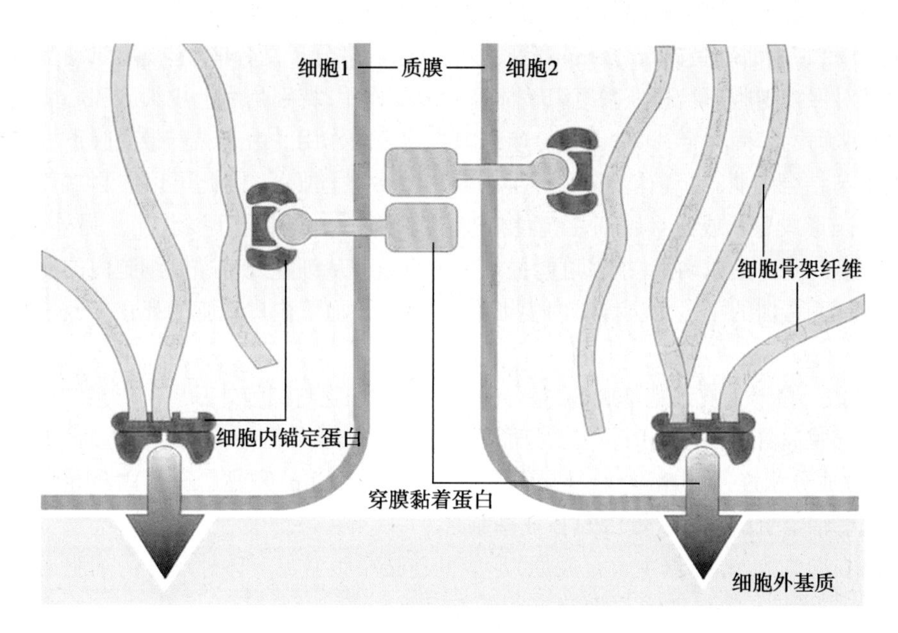

图 4-13-4　锚定连接的两类蛋白

(一) 黏着连接是由肌动蛋白丝参与的锚定连接

在锚定连接中，如果细胞是通过胞内锚定蛋白与肌动蛋白丝相连接，这种锚定连接方式称为黏着连接(adhering junction)。黏着连接可分为两类：细胞与细胞之间的黏着连接称为黏着带(adhesion belt)；细胞与细胞外基质的黏着连接称为黏着斑(adhesion plaque)。

1. 黏着带　常见于柱状上皮细胞顶部紧密连接的下方，位于紧密连接与桥粒之间，所以又称为中间连接(intermediate junction)。黏着带在上皮细胞中比较典型，呈连续带状环绕上皮细胞，将细胞和周围相邻的细胞连接，非上皮细胞间的黏着带范围比较小。透射电镜显示，黏着带处相邻细胞间隙为 15~20nm，间隙两侧的质膜通过伸出的穿膜黏着蛋白——钙黏蛋白(cadherin)相互黏合。钙黏蛋白在质膜中形成同源二聚体，相邻细胞的钙黏蛋白胞外结构域相互结合形成桥，连接相邻细胞膜(图 4-13-5)。钙黏蛋白细胞内结构域通过细胞内锚定蛋白与肌动蛋白丝相连，从而使细胞内的微丝束通过细胞内锚定蛋白和穿膜黏着蛋白连成广泛的穿细胞网，把相邻细胞联合在一起。胞内锚定蛋白包括 α、β、γ 联蛋白(catenin)、黏着斑蛋白(vinculin)、斑珠蛋白

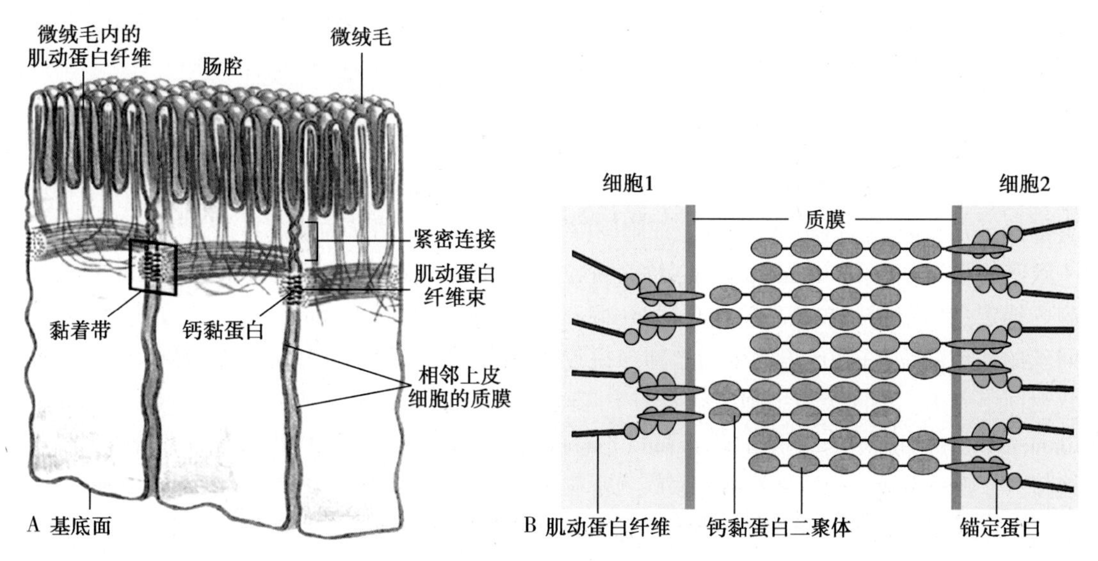

图 4-13-5　小肠上皮细胞之间黏着带示意图

A. 黏着带示意图；B. 黏着带组成结构模式图

(plakoglobin)和 α 辅肌动蛋白(α actinin)等,形成复杂的多分子复合体,起锚定肌动蛋白丝的作用。黏着带对保持细胞形状和维系组织整体性有重要作用,特别是为上皮细胞和心肌细胞提供了抵抗机械张力的牢固黏合,同时也有传递细胞收缩力的作用。由于黏着带质膜下方与其平行排列的微丝与结合的肌球蛋白能够产生相对运动,导致微丝收缩,因此可以推测黏着带可以使上皮细胞内陷形成管状或泡状原基,在动物胚胎发育形态建成中起重要作用。另外,钙黏蛋白连接胞外环境与胞内的肌动蛋白丝,可能提供一种将信号从细胞外传递到细胞内的途径。如缺失内皮细胞钙黏蛋白的小鼠无法传递内皮细胞存活信号,血管内皮细胞的死亡导致小鼠死于胚胎发育中。

2. 黏着斑 位于上皮细胞基底部,是分散而独立的细胞与细胞外基质的连接结构。参与黏着斑连接的穿膜黏着蛋白不是钙黏蛋白,而是整联蛋白,其胞外区域与细胞外基质(主要是胶原和纤连蛋白)成分相连,胞内部分通过锚定蛋白如踝蛋白(talin)和黏着斑蛋白介导与肌动蛋白丝相连。这些锚定蛋白与整联蛋白的 β 亚基结合。

黏着斑在肌细胞与肌腱(主要是胶原)形成的连接中很常见。体外培养的细胞通过黏着斑附着在培养皿底部。许多细胞与细胞外基质相互作用的知识来自对黏着斑的研究。观察发现,黏着斑是一种动态结构,当黏附的细胞要移动或进入有丝分裂时,黏着斑会迅速去装配,说明它的形成与解离对细胞的铺展和迁移有重要作用。黏着斑的主要功能:一是机械连接,这一功能由肌动蛋白丝和相关的蛋白质承担;二是信号转导功能,整联蛋白的胞内部分与蛋白激酶,如黏着斑激酶(FAK)结合,当整联蛋白与胞外配体结合后可以通过磷酸化激活这些黏着斑激酶,引起连锁反应,促进与细胞生长和增殖相关基因的转录(图 4-13-6)。

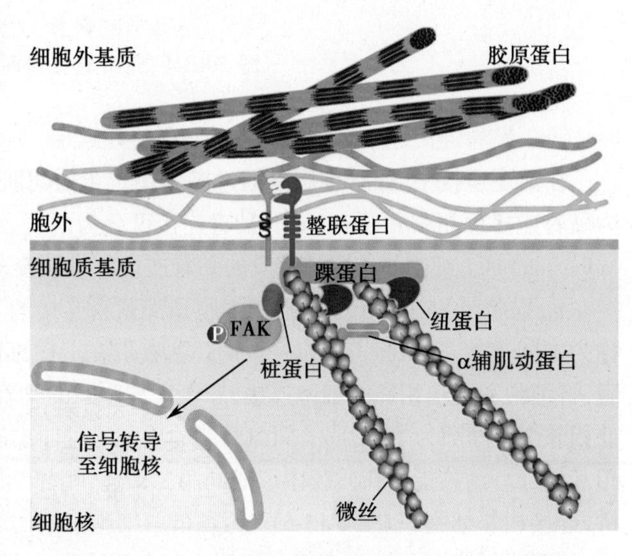

图 4-13-6 肌细胞与胞外基质示意图(示黏着斑结构)

(二) 桥粒连接是由中间丝参与的锚定连接

在锚定连接中,如果细胞内锚定蛋白与中间丝相连接,这种连接方式称为桥粒连接。与黏着连接相同,桥粒连接也分成两类:相邻细胞间的桥粒连接称为桥粒(desmosome),又称点状桥粒;细胞与基底膜之间的桥粒连接则称为半桥粒(hemidesmosome)。

1. 桥粒 广泛存在于承受机械力的组织中,如皮肤、食管和子宫颈等处的上皮细胞间,亦见于心肌细胞闰盘处。桥粒直径约 1μm,呈纽扣样将相邻细胞铆接在一起,存在于上皮细胞黏着带的下方和侧面。电镜下,桥粒处细胞间隙为 20~30nm,最明显的形态特征是质膜胞质侧有一致密的胞质斑(cytoplasmic plaque),称为桥粒斑(desmosomal plaque),其直径约 0.5μm,由多种胞内锚定蛋白包括桥粒斑珠蛋白(plackoglobin)和桥粒斑蛋白(desmoplackin)等构成。它是中间丝的锚定部位,许多成束的中间丝伸向桥粒斑,被更细的纤维牢固系在桥粒斑上,常折成袢状返回胞质中。不同类型细胞中附着的中间丝也不同,如上皮细胞中主要是角蛋白丝(keratin filament),心肌细胞中为结蛋白丝(desmin filament)。相邻细胞的两胞质斑由穿膜黏着蛋白相互连接。穿膜黏着蛋白为钙黏着蛋白家族的桥粒黏蛋白(desmoglein)和桥粒胶蛋白(desmocollin),这两种穿膜蛋白分子的细胞外部分相互重叠并牢固结合,细胞内部分与胞质斑相结合,形成牢固的连接结构。从整体上看,一个细胞内的中间丝与另一个细胞内的中间丝通过桥粒相互作用,形成了贯穿整个组织的网架,为整个上皮层提供了结构上的连续性和抗张力(图 4-13-7)。

Notes

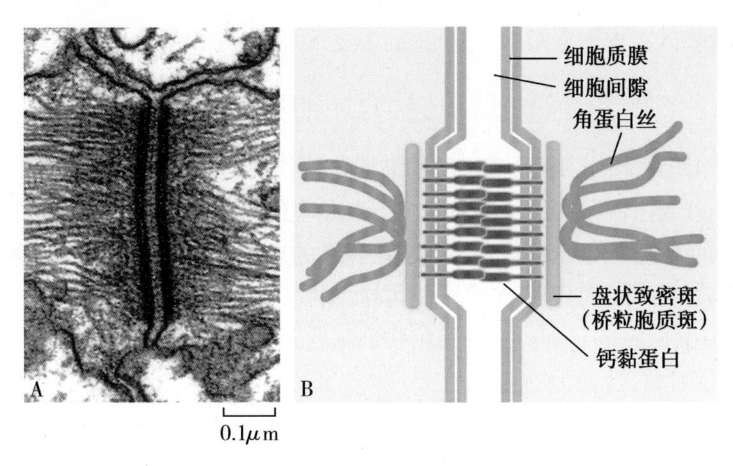

图 4-13-7　桥粒的结构
A. 桥粒的电镜照片；B. 桥粒结构模式图

桥粒是一种坚韧、牢固的细胞连接结构，对上皮组织结构的维持非常重要。某些皮肤病与桥粒结构的破坏有关。一种自身免疫缺陷疾病——天疱疮(pemphigus)，是由于患者体内产生了抗自身桥粒跨膜黏着蛋白的抗体，该抗体通过结合桥粒跨膜黏着蛋白破坏桥粒结构，导致表皮棘细胞间桥粒连接丧失而松解，组织液通过细胞间隙进入表皮，皮肤多处出现大、小不等容易破裂的水疱，产生严重的皮肤水疱病。如不及时治疗，严重者可危及生命。

2. 半桥粒　是体内上皮细胞基底面与基底膜之间的连接结构，因其结构相当于半个点状桥粒而得名。半桥粒在质膜内面有一个胞质斑，主要由一种称为网蛋白(plectin)的胞内锚定蛋白组成。角蛋白丝与胞质斑相连并伸向胞质中。半桥粒部位的穿膜黏着蛋白一种是整联蛋白($\alpha_6\beta_4$)，另一种是穿膜蛋白(BP180)，通过一种特殊的层黏连蛋白(锚定纤维)与基膜相连。这些整联蛋白也从细胞外基质向胞内传导信号，影响着上皮细胞的形状和活性(图 4-13-8)。

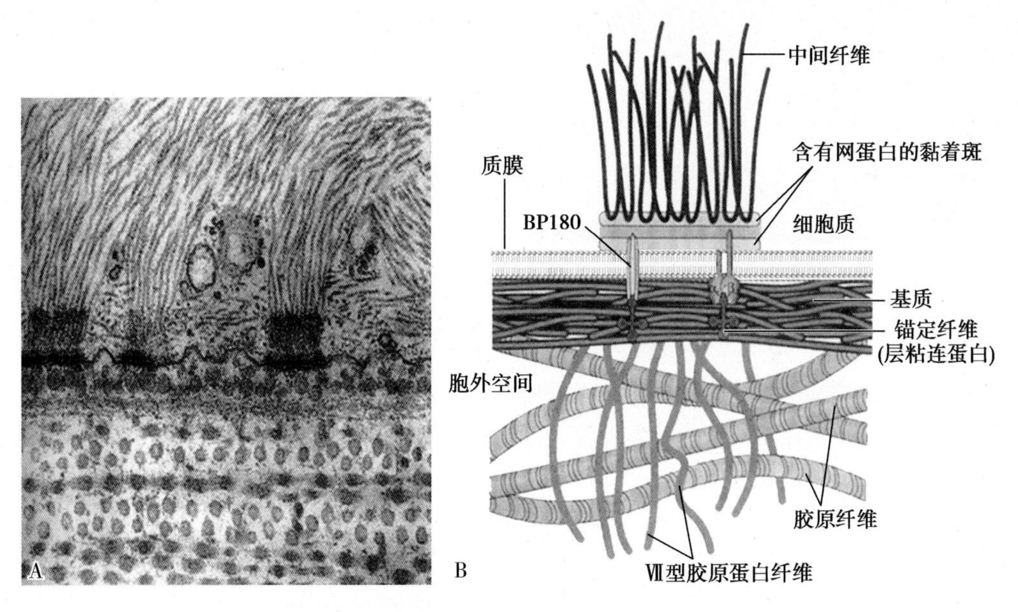

图 4-13-8　半桥粒的结构
A. 半桥粒电镜照片；B. 半桥粒结构模式图

半桥粒的主要作用是把上皮细胞与其下方的基底膜连接在一起，防止机械力造成上皮与下方组织的剥离。一种少见的自身免疫性疾病——大疱性类天疱疮(bullous pemphigoid)，由于患者产生一种自身抗体可与黏附结构中的蛋白质结合，破坏半桥粒结构，导致表皮基底层细胞脱

Notes

离基底膜，组织液渗入表皮下空间，引起严重的表皮下水疱。

三、通信连接介导细胞间通信

大多数动物组织细胞间除了具有机械的细胞连接作用之外，还可以在细胞间形成代谢偶联(metabolic coupling)或电偶联(electric coupling)，以此来传递信息，维持多细胞间的协调与合作。这种保持细胞之间在化学信号和电信号上存在联系的连接通道，称为通信连接(communicating junction)。动物与植物的通信连接方式是不同的，动物细胞的通信连接方式包括间隙连接(gap junction)和化学突触(chemical synapse)，而植物细胞的通信连接则是胞间连丝(piasmodesma)。

(一) 间隙连接介导细胞间通讯

间隙连接是动物组织中普遍存在的一种细胞连接，除骨骼肌和血细胞外，动物细胞间几乎都通过间隙连接实现通讯联系。间隙连接处细胞间隙为2~3nm，因而也称缝隙连接。

间隙连接的超微结构显示，组成间隙连接的基本单位是连接子(connexon)。每一连接子由6个柱状跨膜蛋白，即连接蛋白(connexin，Cx)亚基，环聚在一起，形成外径为6~8nm，长约7.5nm，中央直径为1.5~2nm的亲水性通道，因此，连接子是由6个连接蛋白组成的同构或异构六聚体。相邻两细胞分别用各自的连接子相互对接形成细胞间的通道，允许分子量在1200道尔顿以下的分子通过。不同组织来源的连接子的分子量大小有很大差别，最小的为24 000，最大的可达46 000道尔顿。连接子的大小虽然不同，但所有的连接子结构相同：都有4个α螺旋的跨膜区和一个细胞质连接环。冷冻蚀刻技术显示，间隙连接处连接单位往往集结在一起呈大小不一的斑块状，内含几个或数百个连接子不等，最大直径可达0.3μm(图4-13-9)。

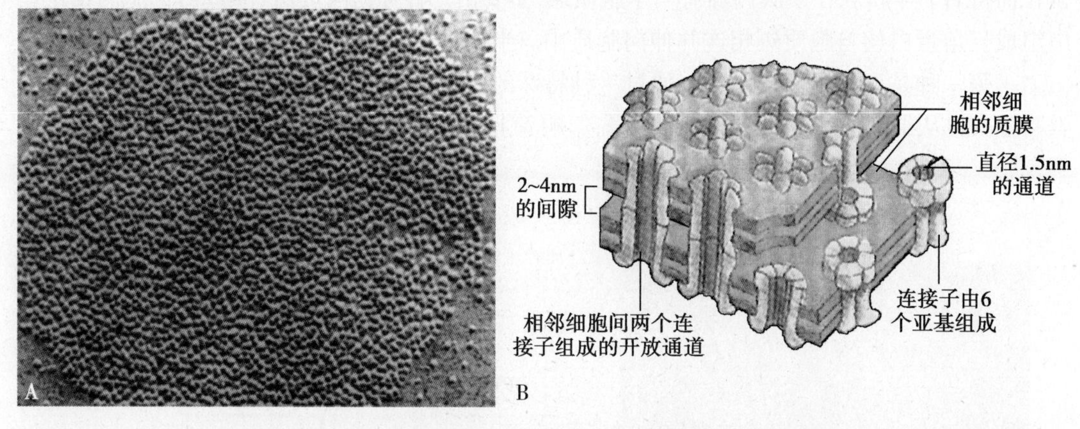

图4-13-9 间隙连接示意图

A. 质膜冷冻蚀刻显示斑块状间隙连接和众多的连接子；B. 间隙连接连接子模式图

目前已从动物不同组织中分离出20余种构成连接子的蛋白质，它们属于同一类蛋白家族，虽然不同的连接子蛋白相对分子量差异较大，但所有连接子蛋白都具有4个保守的α螺旋穿膜区。一个连接子可以是相同的连接子蛋白构成的同源连接子，也可以是不同的连接子蛋白构成的异源连接子。多数细胞表达一种或几种连接子蛋白，它们组装的连接子在通透性、导电率和可调性方面是不同的，连接子的分布具有组织特异性。

间隙连接的重要功能是介导细胞间通讯，使一个细胞内的信息通过化学递质或电信号迅速传递给另一个细胞，协调相邻细胞间的功能活动。主要表现为代谢偶联(metabolic coupling)和电偶联(electric coupling)。

1. **代谢偶联** 真核细胞中间隙连接能够允许小分子代谢物和信号分子通过，使组织中的大量细胞有密切的细胞质联系，在协调细胞群体的功能活动方面起重要的作用。由于间隙连接连接子形成的亲水性通道，允许分子量1000~1500以下的水溶性小分子，如ATP、单糖、氨基酸、

核苷酸、维生素等从一个细胞迅速进入另一个细胞，使细胞可以共享这些重要的物质。高活性的调节分子如cAMP、Ca^{2+}和磷酸肌醇（IP3）等也可以直接通过间隙连接协调各个细胞的活动。如胰高血糖素能刺激肝细胞分解糖原升高血糖，当它与肝细胞膜相应的受体结合后，肝细胞内cAMP浓度增加，cAMP经通透性增加的间隙连接迅速从一个细胞扩散到周围的肝细胞，使肝细胞共同对胰高血糖素的刺激作出反应。因此，只要有部分细胞接受信号分子的作用，就可以通过代谢偶联间隙连接使整个细胞群发生反应。

2. 电偶联　真核细胞中间隙连接允许带电的离子通过，到达相邻的细胞，使电信号从一个细胞传递到另一个细胞，电偶联也称离子偶联。在可兴奋细胞之间，广泛存在电偶联现象。如心脏窦房结产生的电脉冲离子流，通过心肌细胞之间的间隙连接从一个细胞流向另一个细胞，致使心肌细胞同步收缩，若这种连接破坏电偶联消失，则心脏停止跳动；食管和小肠壁中平滑肌细胞间的电偶联产生了沿壁传播的协调蠕动波。因此，间隙连接使细胞间形成电偶联，在协调心肌细胞收缩，保证心脏正常跳动；协调小肠平滑肌收缩，控制小肠蠕动等过程都起到重要作用。此外，在胚胎发育过程中，细胞间的代谢偶联和电偶联对控制细胞分化有重要作用。间隙连接为传递影响细胞分化的化学物质和电信号提供了重要通道，为胚胎细胞的分化提供某些"位置信息"。肿瘤细胞之间的间隙连接明显减少或消失，提示通讯连接的关闭可能是肿瘤细胞失去正常细胞的调控，获得自主生长的原因之一。

（二）化学突触介导细胞间通讯

化学突触是存在于可兴奋细胞之间的细胞连接方式，通过释放神经递质来传导神经冲动。化学突触传递信号时，神经冲动传递至轴突末端，引起神经递质小泡释放神经递质，而后神经递质作用于突触后细胞，引起新的神经冲动。在信息传递过程中，有一个将电信号转化为化学信号，再将化学信号转化为电信号的过程。

相对化学突触而言，电突触传递信号是通过间隙连接直接将电信号从一个细胞传递到另一个细胞，因此，传递速度加快很多。无论是化学突触介导的细胞间通讯，还是电突触介导的细胞间通讯，在神经元之间的通讯及中枢神经系统的整合过程中都起到重要作用，共同调节和修饰相互独立的神经元群的行为。

第二节　细 胞 黏 附

多细胞动物的细胞在体内组成组织和器官，组织的形成主要靠细胞之间、细胞与细胞外基质之间形成黏附关系，称为细胞黏附。这不仅是维持组织结构形态特征的重要方式，也是多种组织结构基本功能状态的一种体现。细胞可以选择性识别某些细胞表面与其相互作用，同种类型细胞间的彼此黏着是许多组织结构的基本特征。

细胞黏附是通过细胞表面特定的细胞黏附分子（cell adhesion molecule，CAM）介导的细胞与细胞或细胞与细胞外基质的彼此黏着。这些细胞黏附分子在不同类型细胞表面分布不同，决定组织中细胞间特异性相互作用。目前已发现的细胞黏附分子达百余种，根据其分子结构特点和作用方式，可分为五大类：钙黏蛋白（cadherin），选择素（selectin），免疫球蛋白超家族（Ig superfamily，IgSF）、整联蛋白家族（integrin family）和透明质酸黏素（hyaladherin）。

细胞黏附分子都是穿膜糖蛋白，以受体-配体结合的形式发挥作用。由三部分组成：①胞外区，较长，N端部分带有糖链，是与配体识别的部位；②穿膜区，为一次穿膜的α螺旋；③胞质区，较短，肽链的C端部分可与质膜下的细胞骨架成分或胞内的信号转导蛋白结合。

细胞黏附分子通过3种方式介导细胞识别和黏附：①同亲型结合（homophilic binding）即相邻细胞表面的同种黏附分子间的识别和黏附。钙黏蛋白主要以这种方式介导细胞黏附。②异亲型结合（heterophilic binding）即相邻两细胞表面的不同种黏附分子间的相互识别与黏附。

选择素和整联蛋白主要以这种方式介导细胞黏附(图 4-13-10)。③连接分子依赖性结合(linker dependent binding)即相邻细胞表面的黏附分子通过其他连接分子的帮助完成相互识别与黏着。多数细胞黏附分子需要依赖 Ca^{2+} 或 Mg^{2+} 才能发挥作用,这些分子介导的细胞识别与细胞黏附还能在细胞骨架的参与下,形成各种类型的细胞连接,如黏着带、黏着斑、桥粒、半桥粒等(表 4-13-2)。

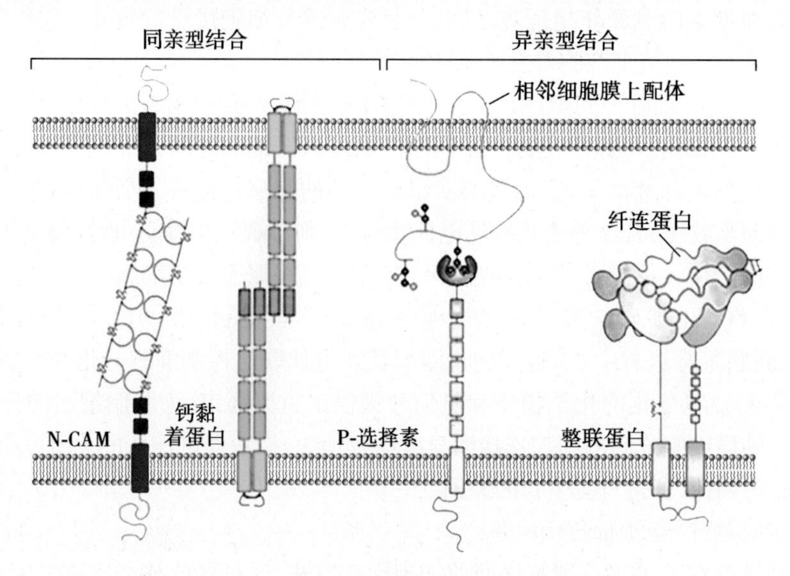

图 4-13-10 黏附分子同亲型和异亲型结合示意图

表 4-13-2 细胞表面主要黏附分子家族

黏附分子类型	主要成员	Ca^{2+}/Mg^{2+} 依赖性	胞内骨架成分	参与的细胞连接类型
钙黏蛋白(钙黏素)	E/N/P- 钙黏蛋白	+	肌动蛋白丝	黏着带
	桥粒 - 钙黏蛋白	+	中间丝	桥粒
选择素	P- 选择素	+		–
免疫球蛋白类	N- 细胞黏着分子	–		–
血细胞整联蛋白	$\alpha_1\beta_2$	+	肌动蛋白丝	–
整联蛋白	20 多种类型	+	肌动蛋白丝	黏着斑
	$\alpha_6\beta_4$	+	中间丝	半桥粒

一、钙黏蛋白为钙依赖性细胞黏着蛋白

钙黏着蛋白也称钙黏素,是一类同亲型结合、依赖 Ca^{2+} 的细胞黏着糖蛋白。不同类型的细胞以及发育不同阶段,细胞表面钙黏着蛋白的种类和数量均有所不同,其主要特点是能促使细胞间发生选择性黏着并参与黏着连接,现在已鉴定出 50 余种。不同的钙黏着蛋白家族成员在体内有特定的分布,常根据最初发现的组织类型命名。例如,E 钙黏着蛋白(epithelial cadherin, E-cadherin)表达在上皮细胞质膜;N 钙黏着蛋白(neural cadherin, N-cadherin)表达在神经组织中;P 钙黏着蛋白(placental cadherin, P-cadherin)表达在胎盘、乳腺和表皮中;血管内皮细胞中的钙黏着蛋白称 VE 钙黏着蛋白(vascular endothelial cadherin, VE cadherin)。

1. 钙黏着蛋白的分子结构 大多数钙黏着蛋白分子是单次穿膜糖蛋白,由 700~750 个氨基酸残基组成。在质膜中往往形成二聚体或多聚体。目前研究最清楚的是 E 钙黏着蛋白、N 钙黏着蛋白和 P 钙着黏蛋白,这些"经典"的钙黏着蛋白胞外肽段较大,折叠形成 5 个串联结构域,Ca^{2+} 就结合在重复结构域之间,可将胞外区锁定形成棒状结构。Ca^{2+} 对维持钙黏着蛋白胞外部分刚性构象是必需的,Ca^{2+} 结合越多,钙黏着蛋白刚性越强。当去除 Ca^{2+},钙黏着蛋白胞外部分

就会松软塌落而且不能相互黏着(图 4-13-11A,B)。因此,常用阳离子螯合剂 EDTA 破坏 Ca^{2+} 或 Mg^{2+} 依赖性细胞黏着。X 射线衍射晶体学研究显示,钙黏着蛋白通过 N 端细胞外结构域的相互结合,形成“细胞黏附拉链”(cell adhesion zipper)使相邻细胞彼此黏合。钙黏着蛋白的胞内部分通过胞内衔接蛋白即联蛋白(α catenin 或 β catenin)与肌动蛋白丝连接;钙黏着蛋白胞内部分还与细胞内信号蛋白(β catenin 或 p120 catenin)相连,介导信息向胞内传导,根据细胞间建立的黏着连接传递信息以调整细胞的功能活动(图 4-13-11C)。

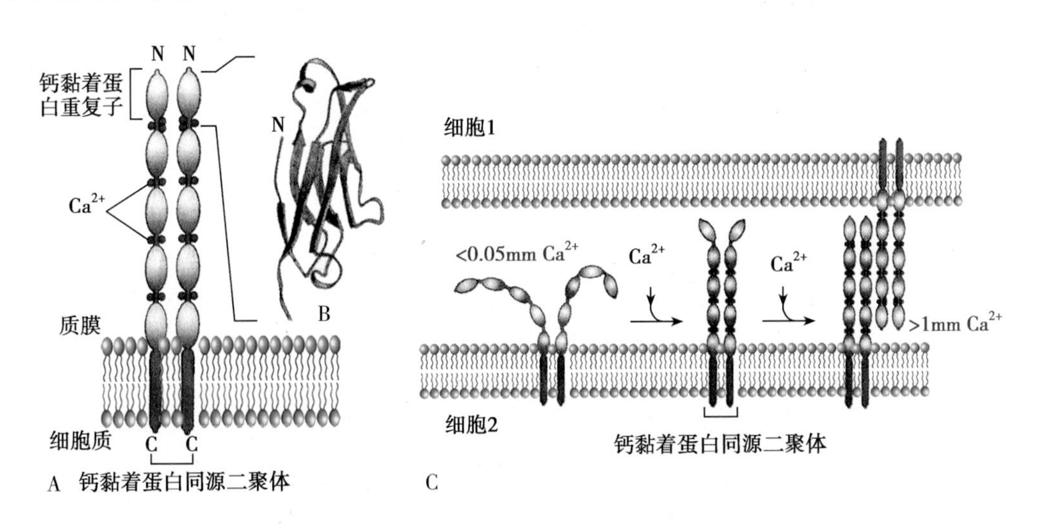

图 4-13-11　钙黏着蛋白结构与细胞黏着

A. 典型的钙黏着蛋白分子形成同源二聚体;B. 一个钙黏着蛋白重复子的三维结构;C. Ca^{2+} 对钙黏着蛋白的影响

2. 钙黏着蛋白的功能

(1) 介导细胞之间同亲性细胞黏附:在胚胎和成人组织中,特定类型钙黏着蛋白在特定组织细胞上的表达,是同种细胞之间的识别和黏附的分子基础。E 钙黏着蛋白就是保持上皮细胞相互黏着的主要细胞黏附分子。有实验将编码 E 钙黏着蛋白的 DNA 转染至不表达钙黏着蛋白也无黏着作用的一种成纤维细胞系(L cell),可使这种成纤维细胞之间发生 Ca^{2+} 依赖性的同亲性细胞黏着,表现出上皮细胞样的聚集,并且膜蛋白出现极性分布。抗 E 钙黏着蛋白抗体可以抑制这种黏着。

(2) 在个体发育过程中影响细胞分化,参与组织器官的形成:在胚胎发育过程中,细胞通过调控钙黏着蛋白表达的种类和数量而决定胚胎细胞间的相互作用。在特异性钙黏着蛋白的介导下,细胞通过黏附、分离、迁移、再黏附形成新的组织结构。E 钙黏着蛋白是哺乳动物发育过程中第一个表达的钙黏着蛋白。当小鼠发育至 8 细胞期时,E 钙黏着蛋白的表达使连接松散的卵裂球细胞紧密黏附。若用 E 钙黏着蛋白抗体处理细胞,阻止了细胞间的黏附,胚胎细胞死亡并终止早期发育。在神经系统发育形成神经管时,那些即将形成神经管的外胚层细胞停止表达 E 钙黏着蛋白,开始表达 N 钙黏着蛋白和其他黏附分子并形成神经管;进一步发育,那些将要脱离神经管形成神经嵴(neural crest)的细胞又停止表达 N 钙黏着蛋白,而表达 cadherin 7;当神经嵴细胞迁移至神经节并分化成神经元时,又重新表达 N 钙黏着蛋白。最近在脑内突触上发现了一个独特的钙黏着蛋白家族,称为原钙黏蛋白(protocadherin),它们携带介导突触连接分子的密码,对于神经元识别靶细胞并建立正确的突触联系起重要作用。

(3) 参与细胞之间稳定的特化连接结构:在桥粒结构中,钙黏着蛋白家族的桥粒黏着蛋白和桥粒胶蛋白的细胞外部分相互重叠并牢固结合,细胞内部分通过胞质斑与中间丝相结合,形成牢固的连接结构。黏着连接中钙黏着蛋白通过细胞内锚定蛋白 α 联蛋白和 β 联蛋白与肌动蛋白丝连接,形成牢固连接的黏着带(图 4-13-12)。另外,一些钙黏着蛋白在锚定连接中介导信号

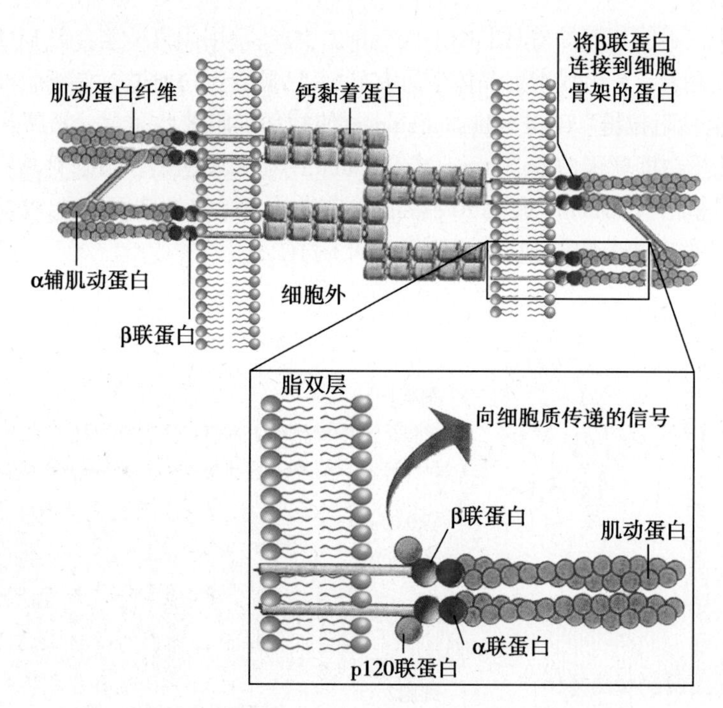

图 4-13-12 钙黏着蛋白通过衔接蛋白与肌动蛋白丝结合

向细胞内的传递。如 VE 钙黏着蛋白不仅参与内皮细胞间的黏附，还作为血管内皮生长因子的辅助受体，参与维持内皮细胞存活信号的转导。

(4) 抑制细胞迁移：很多种癌组织中，发现细胞表面的 E 钙黏着蛋白减少或消失，以致癌细胞易从瘤块脱落，成为癌细胞侵袭与转移的前提。上皮 - 间充质转化（epithelial-mesenchymal transition）简称 EMT，在胚胎发育、慢性炎症、组织重建、癌症转移和多种纤维化疾病中发挥重要作用，其主要特征是细胞黏附分子（如 E- 钙黏着蛋白）表达的减少，上皮细胞失去细胞极性，失去与基底膜连接等上皮表型，具有了间充质细胞的特征等。通过 EMT，上皮细胞获得了较高的迁移与侵袭、抗凋亡和降解细胞外基质的能力等间质表型，因此，EMT 是上皮细胞来源的恶性肿瘤细胞获得迁移和侵袭能力的重要生物学过程。

研究证实，E 钙黏着蛋白可以维持细胞间的连接结构，阻止细胞活动侵袭及转移扩散；相反，E 钙黏着蛋白表达缺失或者表达降低可以促进和诱导 EMT 发生。因此，E 钙黏着蛋白的表达水平是检测 EMT 发生的一个重要指标，也是检测上皮性肿瘤迁移侵袭能力的一个重要标准。在不同的人体肿瘤中，E 钙黏着蛋白的功能缺失可由基因突变产生的蛋白异常、异常的转录后修饰（磷酸化或糖基化）和增加的蛋白水解所导致。因此，E 钙黏着蛋白又可以称为转移抑制分子，抑制细胞的迁移。

二、选择素是能与特定糖基结合的细胞黏着蛋白

选择素（selectin）是膜整合糖蛋白中的一个家族，它们特异性地识别并结合其他细胞表面寡糖链中特定的糖基排列。选择素家族包括 3 种成员：P 选择素（platelet selectin），主要位于血小板和内皮细胞上；E 选择素（endothelial selectin），存在于上皮细胞表面；L 选择素（leukocyte selectin），最早在淋巴细胞上作为淋巴细胞归巢受体被发现，后来发现存在于所有类型白细胞上。

1. 选择素的分子结构 选择素是单次穿膜糖蛋白，含有一个小的胞内结构域，一次穿膜结构域和一个大胞外片段。选择素家族各成员胞外结构域相似，均由 N 末端的 C 型凝集素样（CL）结构域、表皮生长因子（EGF）样结构域以及补体调节蛋白（CCP）结构域组成。其中 CL 结构域是识别特异糖基，参与细胞之间选择性黏附的部位。所有选择素识别和结合糖蛋白寡糖链末端的相似的糖基配体（图 4-13-13）。Ca^{2+} 参与该识别和黏附过程。EGF 样和 CCP 结构域有加强分

Notes

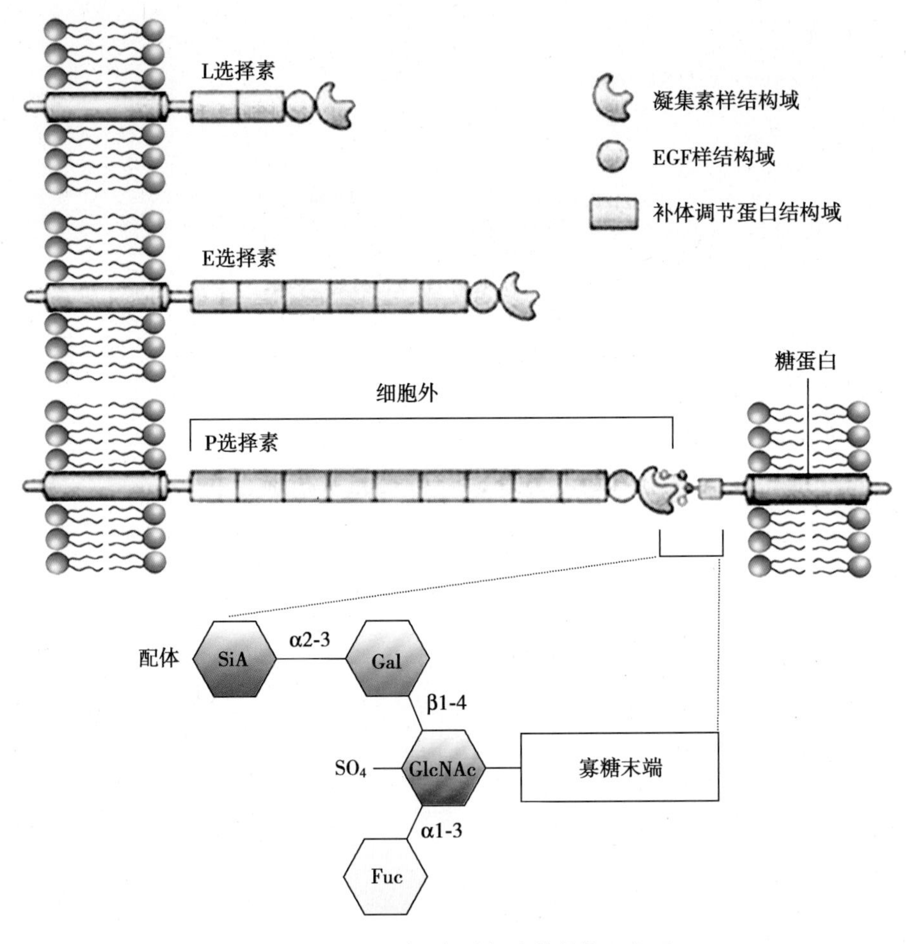

图 4-13-13　3 种已知选择素的结构示意图

子间黏附及参与补体系统调节等作用。选择素分子胞内结构域通过锚定蛋白与细胞骨架微丝相连。

2. **选择素的功能**　选择素是一类异亲性(heterophilic)黏附分子,主要参与白细胞或血小板与血管内皮细胞之间的识别与黏着,帮助白细胞从血液进入炎症部位。在炎症发生部位,炎症介质诱导血管内皮细胞表达 E 选择素,与白细胞表面唾液酸化的路易斯寡糖(sLex)识别,白细胞与内皮细胞有初步的结合。但由于选择素与白细胞表面糖脂或糖蛋白特异寡糖链亲和力较小,加上血流速度的影响,白细胞在炎症部位的血管中黏附、分离、再黏附、再分离,呈现滚动方式运动。随后激活自身整联蛋白(LFA-1/Mac1)的表达上调和活化,后者与血管内皮细胞表面免疫球蛋白超家族成员 ICAM-1 结合而形成了更牢固的黏着,随后白细胞穿过内皮细胞间隙到达血管外炎症部位(图 4-13-14)。

三、介导细胞黏着的免疫球蛋白超家族

许多蛋白质含有免疫球蛋白(immunoglobulin,Ig)结构域,组成免疫球蛋白超家族(immunoglobulin superfamily,IgSF)。虽然大部分具有免疫功能,但也有一部分成员是介导不依赖 Ca^{2+} 的细胞黏附分子。IgSF 成员复杂,包括多个黏附分子家族:神经细胞黏附分子(neural cell adhesion molecule,N-CAM)和血小板内皮细胞黏附分子(PE-CAM)介导同亲型细胞黏着;细胞间黏附分子(I-CAM)和血管细胞黏附分子(V-CAM)介导异亲型细胞黏着。大多数 IgSF 细胞黏附分子介导淋巴细胞和免疫应答所需的细胞(如吞噬细胞、树突状细胞和靶细胞)之间特异性相互作用,但 V-CAM、N-CAM 介导非免疫细胞的黏着。

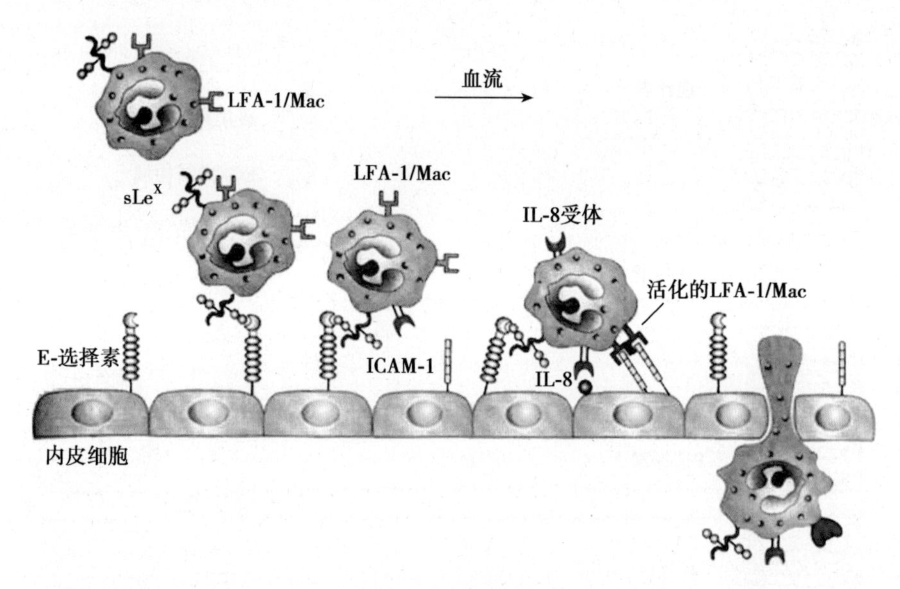

图 4-13-14 选择素和整联蛋白介导白细胞迁移

IgSF 细胞黏附分子的结构像其他与细胞黏着有关的蛋白质一样，IgSF 细胞黏附分子具有相似的分子结构模式。每个分子的胞外片段较长，包含几个在纤黏连蛋白中发现的类似的重复结构域（FnⅢ）和位于 N 端的若干个 Ig 结构域。每一个 Ig 结构域由 90~110 个氨基酸组成，其氨基酸的序列具有同源性，二级结构是由几股多肽链折叠形成的两个反向平行的 β 片层，两个 β 片层中心由二硫键垂直连接，可稳定结构域。相邻细胞表面的两个 IgSF 分子通过 Ig 结构域的相互作用而产生黏着（图 4-13-15）。

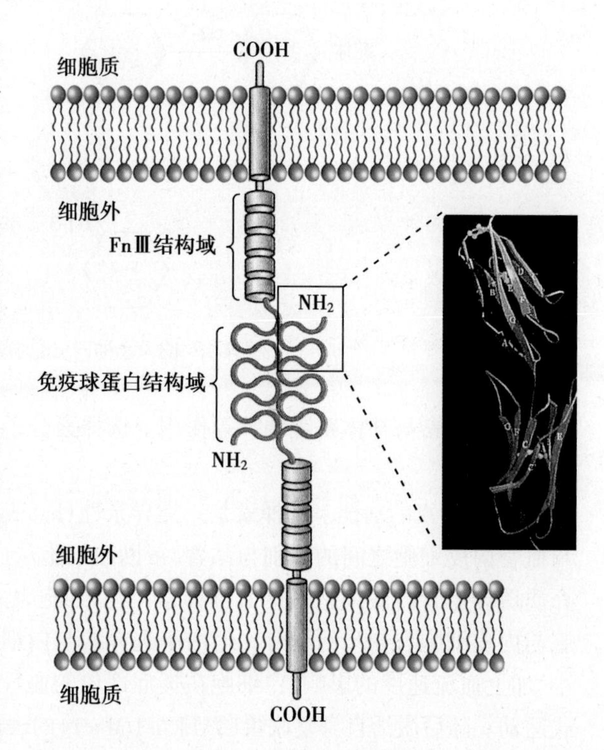

图 4-13-15 同亲型 IgSF 细胞黏附分子相互作用示意图

IgSF 细胞黏附分子的功能　目前了解最多的是 N-CAM。N-CAM 由单一基因编码，由于 mRNA 选择性剪切及糖基化不同，形成 20 余种不同的 N-CAM。它们在胚胎发育早期即开始表达，对神经系统的发育、轴突生长及突触的形成有重要作用。如 NCAM-L1（神经细胞黏附分子 -L1），与神经元之间黏附和相互作用有关，在胎儿酒精综合征（fetal alcohol syndrome，FAS）研究中，揭示了其在神经系统发育过程中的重要作用。一定浓度的酒精可与 NCAM-L1 结合，致使胚胎小脑细胞之间丧失了相互识别和黏附能力，因此母亲孕期大量饮酒的幼儿会出现智力迟钝精神异常、无法控制肢体行动（痉挛）和颜面畸形等。另外，L1 基因突变可使新生儿患有致死性脑积水。

I-CAM 有多种类型，在 T 细胞、单核细胞和中性粒细胞上表达不同，对淋巴系统抗原识别、细胞毒 T 淋巴细胞功能发挥及淋巴细胞的募集起重要作用；内皮细胞上的 I-CAM 可与中性粒细胞膜上的整联蛋白分子结合，介导白细胞通过内皮细胞间隙进入炎症部位，在 I-CAM 缺失的小鼠中出现炎症反应缺失；I-CAM 介导肿瘤细胞与白细胞的黏附，肿瘤细胞上的 I-CAM 表达降低可能与肿瘤细胞逃逸免疫监视有关。

PE-CAM 主要表达于血小板和内皮细胞，既可以同亲型结合方式也可以异亲型结合方式与其他黏附分子结合，在血管内皮细胞间的紧密黏附中起主要作用。

四、整联蛋白为异源二聚体穿膜黏着蛋白

整联蛋白（integrin）又称整合素，是一个整合膜蛋白家族，存在于各种脊椎动物的细胞表面。属异亲型结合、Ca^{2+} 或 Mg^{2+} 依赖性的细胞黏附分子。介导细胞间以及细胞与细胞外基质之间的相互识别和黏连，在信号转导中，整合素将胞外基质的化学成分与力学状态等有关信息传入细胞。整合素除了穿过膜的机械作用，也参与了细胞讯息、细胞周期调节、细胞形态以及细胞运动。

整联蛋白家族成员都是由 α（120~185kD）和 β（90~110kD）两条链（或称亚基）以非共价键组成的异源二聚体穿膜蛋白。目前已鉴定出哺乳动物中18种不同的α亚基和8种不同的β亚基，按照不同的组合存在于细胞表面，构成 24 种整联蛋白，每种都有特异性分布。一种整联蛋白可分布于多种细胞，一种细胞可表达几种不同的整联蛋白。一种整联蛋白可结合一种或几种配体。根据整联蛋白结合配体部位的序列不同，大致可分为两类：一类配体结合部位为 RGD 序列；另一类为非 RGD 序列。

1. 整联蛋白分子的结构　整联蛋白 α 亚基和 β 亚基均由胞外区、穿膜区和胞质区三个部分组成。两个亚基的胞质区通过二硫键结合在一起。电镜观察，由 α 亚基和 β 亚基胞外区组成的球状头部通过一个刚性的柄部与膜相连。通过对 α 亚基氨基酸序列的分析得出，该亚基胞外部分的 N 端由 7 个重复模块构成，每个模块约由 60 个氨基酸组成，呈平展的环状结构，故命名为七叶 β 螺旋桨（seven bladed β propeller）。5、6、7 叶各有一个钙离子，可能是保持整联蛋白正确结构所需。α 亚基存在一个朝向胞外空间的球形Ⅰ结构域，其上含有与配体结合的位点。β 亚基没有 β 螺旋桨，但有Ⅰ结构域或Ⅰ样结构域（图 4-13-16），某些整联蛋白 β 亚基的Ⅰ结构域与纤连蛋白、层黏连蛋白等含有 Arg-Gly-Asp（RGD）三肽序列的细胞外基质成分结合。

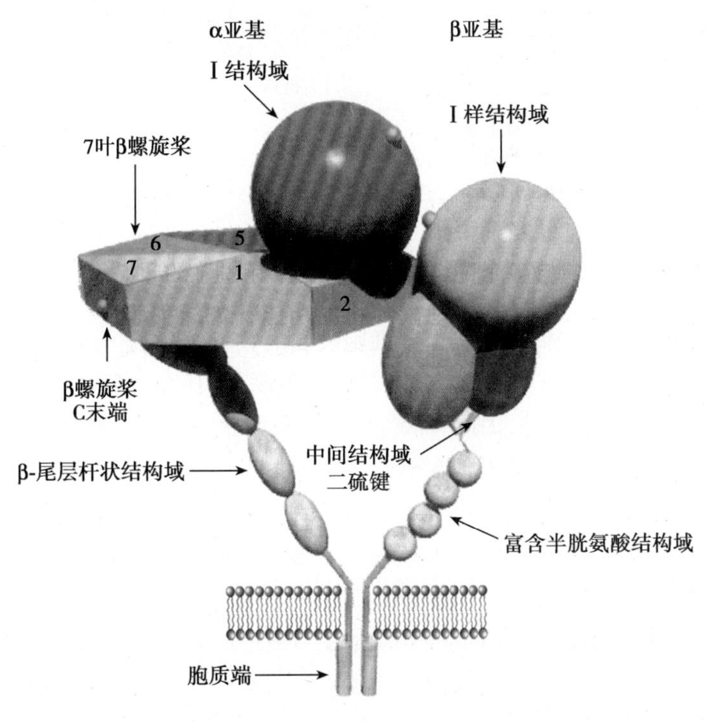

图 4-13-16　整联蛋白结构示意图

2. 整联蛋白的功能　整联蛋白的功能主要有两方面：一是介导细胞与细胞外基质或其他细胞的黏着；二是介导细胞外环境与细胞内的信号转导。

(1) 整联蛋白介导细胞与细胞外基质间的黏着：整联蛋白两个亚基的球形胞外区可与蛋白聚糖、纤连蛋白、层黏连蛋白等含 RGD 序列的大多数细胞外基质蛋白识别结合；胞内部分通过连接蛋白(踝蛋白、黏着斑蛋白等)与肌动蛋白丝连接，这样细胞外基质同细胞骨架的联系通过整联蛋白而实现(图 4-13-17)。各个细胞可能在其表面上表达不同的整联蛋白，可以与不同的细胞外组分结合，使细胞黏着于细胞外基质上。例如在有丝分裂期，β_1 整联蛋白胞质区的一个丝氨酸残基发生磷酸化，解除了整联蛋白与纤连蛋白的结合，引起细胞变圆，脱离基底物。

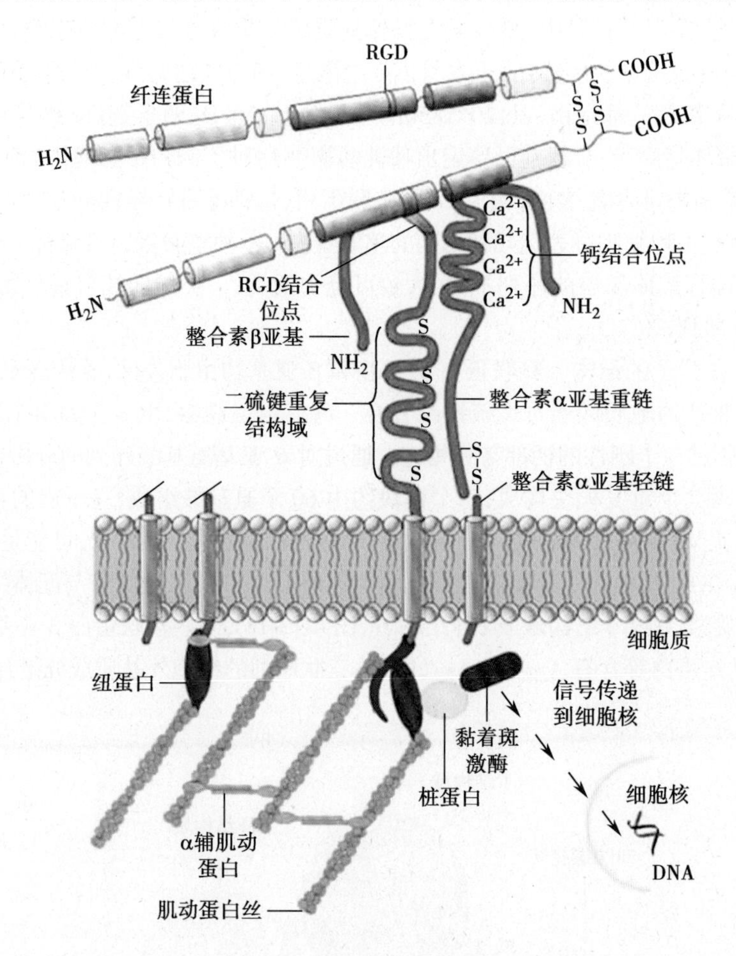

图 4-13-17 整联蛋白与纤连蛋白 RGD 序列结合示意图

整联蛋白与其配体的亲和性不高，但在细胞表面的数量较多，这有利于细胞调节其与细胞外基质结合的程度与可逆性。这种调控是通过调节整联蛋白的活性和基因表达实现的。整联蛋白的活性与分子构象变化有关，因此有活性状态和失活状态两种构象。细胞可通过整联蛋白与细胞外基质成分结合、分离、再结合、再分离进行迁移。

(2) 整联蛋白介导细胞间的相互作用：白细胞上由 β_2 亚基组成的整联蛋白可以介导其在炎症部位与血管内皮细胞上的 IgSF 成员 ICAM-1 结合黏附，白细胞得以穿出内皮细胞进入炎症区发挥关键作用。如果发生遗传性“白细胞黏合缺陷症”不能合成 β_2 亚基，则容易发生细菌感染。β_3 亚基组成的整联蛋白($\alpha_{\mathrm{IIb}}\beta_3$)见于血小板质膜上，激活后可与纤连蛋白和血纤连蛋白原结合凝集，参与凝血过程。

(3) 整联蛋白参与细胞与环境间的信号转导：活性状态的整联蛋白可以作为受体介导信号从细胞外环境向细胞内的传递，称为“由外向内”(outside in)信号转导。这种现象最先发现于对肿瘤细胞的研究。大多数肿瘤细胞可以在液体培养基中悬浮生长，而大多数正常细胞必须附着在胞外基质上才能生长和分裂，属于贴壁依赖性生长(anchorage-dependent growth)，一旦悬浮

在液体培养基中就会死亡。现在认为贴壁细胞悬浮后，细胞内部接受不到必需的生长刺激信号，正常情况下这些信号是由细胞膜上结合配体的整联蛋白发出的。当细胞恶变时，细胞的存活不再依赖整联蛋白与胞外配体的结合。

整联蛋白在细胞同细胞外基质或其他细胞的接触部位发生聚集，可激活细胞内某些信号传递途径，引起如 Ca^{2+} 内流、第二信使磷酸肌醇的合成及蛋白质上酪氨酸的磷酸化等。通过整联蛋白激活的这些信号影响细胞的形状、运动、生长、增殖、分化和存活等。例如，当成纤维细胞和上皮细胞借助黏着斑铺展在培养皿底部时，黏着斑区域质膜上整联蛋白（$\alpha_5\beta_1$）与胞外物质相互作用并发生成簇聚集，介导生长促进信号向核内传递，其典型信号转导通路依赖细胞内酪氨酸激酶——黏着斑激酶（FAK）来完成，实现调节细胞增殖、生长、生存、凋亡等重要生命活动（图 4-13-18）。这可能是通过细胞表面接触导致细胞增殖的主要途径，这种贴壁依赖性生长的意义可能是确保细胞定位于适当的位置。

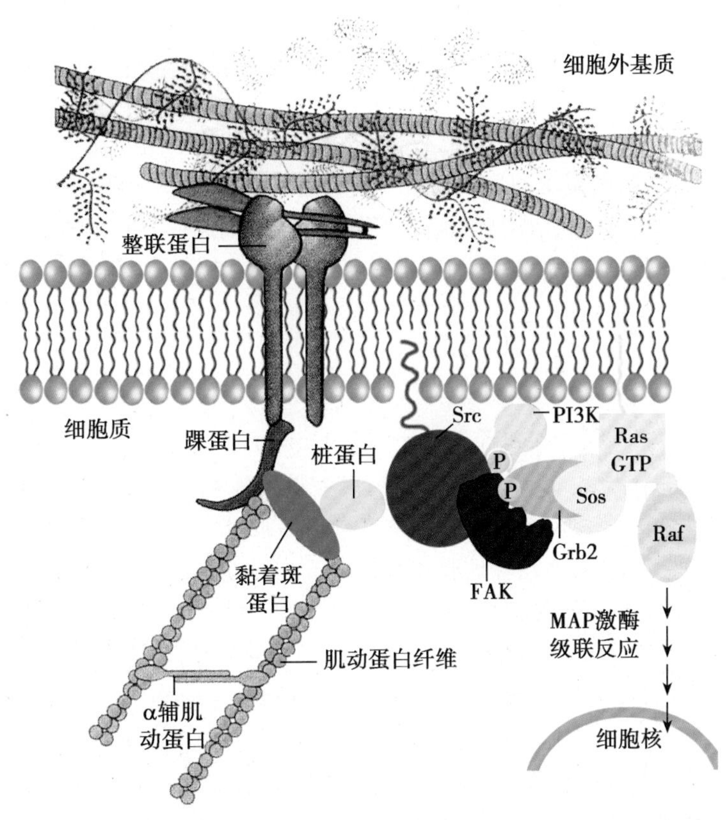

图 4-13-18　整联蛋白与胞外配体结合后向细胞内传递信号示意图

整联蛋白（$\alpha_5\beta_1$）聚集，活化黏着斑信号转导复合体中的 Src 酪氨酸激酶，活化的 Src 磷酸化黏着斑激酶（FAK）产生一个磷酸酪氨酸残基，该残基能与接头蛋白 Grb2 的 SH2 结构域结合，与 Grb2 结合的鸟苷酸交换因子 SOS 可活化 Ras 蛋白，活化的 Ras 通过 MAPK 激酶途径将生长促进信号传递到细胞核，引起一系列生物学效应

整联蛋白还介导信号“由内向外”（inside out）传递。研究发现，整联蛋白往往以无活性的形式存在于细胞膜表面，当细胞内事件改变了这些整联蛋白胞质域的构象时，可激活整联蛋白，增加整联蛋白对配体的亲和性。尽管目前对活化整联蛋白的分子机制了解很少，但细胞内信号传递的启动被认为是激活整联蛋白的原因。例如，在凝血过程中，血小板结合于受损伤的血管或被其他可溶性信号分子作用后通过细胞内信号传递，激活血小板质膜上的整联蛋白（$\alpha_{IIb}\beta_3$），增加了其对含有 RGD 序列的纤维蛋白原（fibrinogen）的亲和性，后者作为连接者，与整联蛋白 $\alpha_{IIb}\beta_3$ 相互作用，把血小板聚集在一起形成了血凝块（图 4-13-19）。

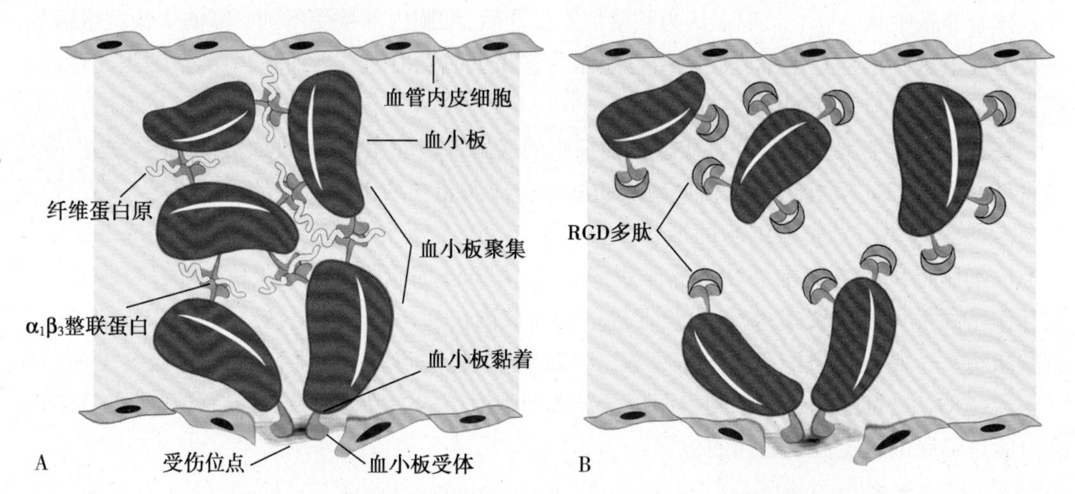

图 4-13-19 血小板整联蛋白与纤维蛋白原结合介导血凝块形成

A. 纤维蛋白原介导血小板上整联蛋白相互作用形成血凝块；B. 含 RGD 序列的合成短肽抑制血小板凝集

动物实验表明，含有 RGD 序列的人工合成肽可以竞争性地阻止血小板整联蛋白与纤维蛋白原的结合，从而抑制血凝块的形成。这一发现使人们设计出一种新的非肽类抗血栓药物(aggrastat)，它的类似于 RGD 的结构只与血小板的整联蛋白结合。一些接受高风险血管外科手术的患者，可使用直接抗 $\alpha_{IIb}\beta_3$ 整联蛋白的抗体(ReoPro)，防止术后血栓的形成。

小 结

多细胞动物体内除结缔组织和血液外，各种组织细胞之间、细胞与细胞外基质之间质膜上特化形成多种连接结构，称为细胞连接，以加强细胞间的机械联系、维持组织结构的完整性和协调细胞的功能。细胞连接主要有封闭连接、锚定连接和通讯连接三种类型。以紧密连接为代表的封闭连接通过相邻质膜上闭合蛋白和密封蛋白等穿膜蛋白的相互作用，将细胞紧密连接在一起，封闭了细胞间隙，阻止细胞外物质进入组织，同时维持上皮细胞的极性。锚定连接是一类由细胞骨架参与的细胞连接，分为两大类：一类是肌动蛋白丝参与的黏着连接，在相邻细胞间形成黏着带，在细胞与细胞外基质之间形成黏着斑；另一类由中间丝参与的锚定连接，在相邻细胞间形成桥粒，在细胞与细胞外基质之间形成半桥粒。它们将相邻的细胞或细胞与细胞外基质连接在一起，形成能抵抗机械张力坚韧有序的细胞群体。动物细胞主要以间隙连接介导细胞通讯，连接子对接形成的通道，以代谢偶联和电偶联方式调节相邻细胞的功能活动。

动物细胞通过细胞膜上的黏附分子介导细胞间或细胞与细胞外基质之间的黏着。黏附分子有 4 大类：钙黏着蛋白、选择素、免疫球蛋白超家族和整联蛋白家族。钙黏着蛋白是一类同亲型结合、依赖于 Ca^{2+} 的细胞黏附分子，对胚胎发育中的细胞识别、迁移和细胞分化及组织器官的构筑具有重要作用，并参形成黏着带和桥粒。选择素是一类异亲型结合、依赖于 Ca^{2+} 的细胞黏附分子，它能特异性识别其他细胞表面寡糖链中特定糖基，主要参与白细胞和血管内皮细胞之间的识别和黏着，帮助白细胞从血液中进入炎症部位。免疫球蛋白超家族是分子结构中含有类似免疫球蛋白结构域、不依赖于 Ca^{2+} 的细胞黏附分子超家族，大多数介导淋巴细胞和免疫应答细胞之间的黏附。整联蛋白普遍存在于脊椎动物细胞表面，能识别和结合细胞外基质中的多种组分，属于异亲型结合、Ca^{2+} 或 Mg^{2+} 依赖性细胞黏附分子，介导细胞间及细胞与细胞外基质之间识别和黏附。整联蛋白激活

后起着受体和信号转换器的作用，可将信息双向穿膜传递，调节细胞的运动、生存、分裂增殖、凋亡等重要生命活动。

（郭风劲）

参考文献

1. 杨恬．细胞生物学．第2版．北京：人民卫生出版社，2010.
2. 陈誉华．医学细胞生物学．第5版．北京：人民卫生出版社，2013.
3. 韩贻仁．分子细胞生物学．第3版．北京：高等教育出版社，2007.
4. 翟中和，王喜忠，丁明孝．细胞生物学．第4版．北京：高等教育出版社，2011.
5. Alberts B.Molecular Biology of the Cell.5th ed.New York and London：Garland Publishing Inc.，2008.
6. Lodish Harvey，Berk Anold，Krice A Kaiser，et al. Molecular Cell Biology. 7th ed. New York：W. H. freeman and Company，2012.

Notes

第十四章　细胞外基质及其与细胞的相互作用

细胞外基质(extracellular matrixc,ECM)是由细胞合成并分泌到胞外、并分布在细胞表面或细胞之间的大分子,主要是一些多糖和蛋白或蛋白聚糖以及各种纤维。这些物质构成复杂的网架结构,支持并连接组织结构、调节组织的发生和细胞的生理活动。细胞外基质是(人体、动物)组织的重要组成成分,虽然不属于任何细胞,但它是细胞生命代谢活动的分泌产物,也构成了组织细胞整体生存和功能活动的直接微环境,还决定了结缔组织的特性;是细胞功能活动的参与者。

绝大多数哺乳类动物细胞之间存在成分复杂的细胞外基质。ECM 由三类成分组成:①氨基聚糖和蛋白聚糖;②结构(纤维)蛋白:如胶原蛋白、弹性蛋白等;③非胶原糖蛋白(纤维连接蛋白,黏连蛋白):如纤黏连蛋白和层黏连蛋白等。细胞外基质不同于以共价键形式结合于膜脂和膜蛋白上的多糖链细胞被(cell coat),它主要是通过与细胞膜中的细胞外基质受体—整联蛋白(integrin)的结合而同细胞之间构成相互结构联系。组织中细胞外基质与细胞整体结构的关系如图 4-14-1 所示。

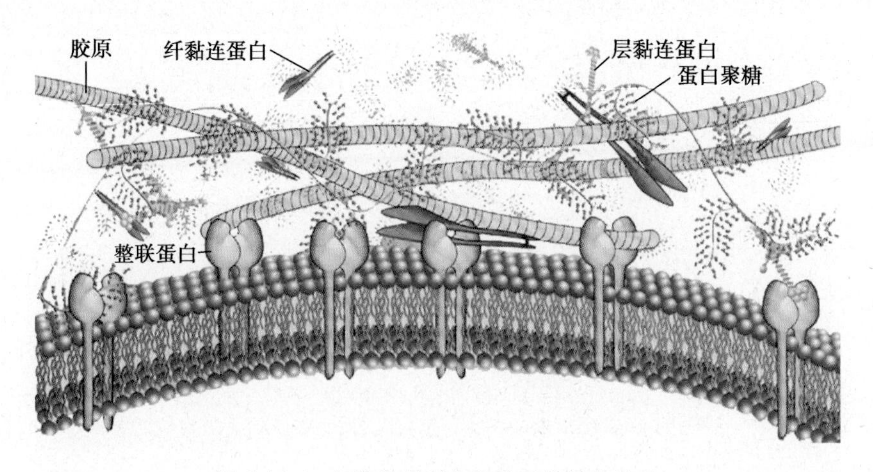

图 4-14-1　细胞外基质与细胞整体结构关系

虽然生物体内不同组织中细胞外基质具有组分、含量、结构、存在形式及发育阶段差异的多样性,但是它们的生物学作用却是基本相同的。在单细胞生物中,各个生物体借助于细胞外基质形成相互联系的细胞群落,而在多细胞生物,细胞外基质则对细胞的增殖分化、转移迁徙、通讯联络、识别黏着以及组织器官的形态发生等多种基本生命活动具有重要的影响和作用。

细胞外基质还与细胞及机体组织的许多生理和病理过程密切相关,有些组织细胞的间隙极有限,例如皮肤表皮、肌细胞等,通常表皮细胞黏着于一层很薄的称为基膜的细胞外基质上。肾小球基膜宛如一张多孔的滤膜,使血液中的水分子及小分子化合物进入肾小管。而结缔组织中细胞间隙较大并充填着许多细胞外基质,以完成特定的功能。上皮组织、肌组织及脑与脊髓中的 ECM 含量较少,而结缔组织中 ECM 含量较高。细胞外基质的组分及组装形式由所产生的细胞决定,并与组织的特殊功能需要相适应。例如,角膜的细胞外基质为透明柔软的片层,肌腱的则坚韧如绳索。细胞外基质不仅静态的发挥支持、连接、保水、保护等物理作用,而且动态的对细胞产生全方位影响。

一方面,细胞外基质的结构和功能的异常可作为细胞组织病理改变的重要生理指标;另一方面,结构和功能异常的细胞外基质也会作用于周围的细胞及组织器官,进而促使和导致相关病理改变的发生。例如,血管的支架植入后常常发生血管再狭窄(restenosis),其主要原因之一是该处细胞受炎症因子的刺激而释放出大量的基质金属蛋白酶(matrix metalloproteinases,MMP)降解细胞外基质,使植入处的血管平滑肌细胞和血管壁成纤维细胞发生过度迁移,血管新内膜增生,最终导致支架内再狭窄。此外,肿瘤的恶变、转移和浸润,器官组织的纤维化以及某些遗传性疾病的病理变化也与细胞外基质有关。近年来,有关细胞外基质的研究备受关注,已经成为细胞生物学及医学科学领域的重要研究课题之一。

第一节 细胞外基质的主要组分

细胞外基质是一种异常复杂的功能物质体系,其主要组成成分可大致归纳为氨基聚糖及蛋白聚糖,胶原蛋白、弹性蛋白等结构蛋白,和非胶原糖蛋白或黏连蛋白(如纤黏连蛋白和层黏连蛋白)等三大基本类型。

一、氨基聚糖和蛋白聚糖是细胞外基质的主要组分

(一) 氨基聚糖是由重复的二糖单位聚合而成的直链多糖

氨基聚糖(glycosaminoglycan,GAG)是由重复二糖单位构成的无分支长链多糖。其二糖单位通常由氨基己糖(N-氨基葡萄糖或N-氨基半乳糖)和糖醛酸(葡萄糖醛酸或艾杜糖醛酸)组成,但硫酸角质素中糖醛酸由半乳糖代替。氨基聚糖依组成糖基、连接方式、硫酸化程度及位置的不同可分为7种(表4-14-1),即:透明质酸、硫酸软骨素(4-硫酸软骨素,6-硫酸软骨素)、硫酸角质素、硫酸皮肤素、硫酸乙酰肝素、肝素。

表 4-14-1 七种氨基聚糖的糖基组成及主要组织分布

氨基聚糖	分子量	二糖结构单位的糖基组成		硫酸基	主要组织分布
透明质酸	$(4\sim8)\times10^6$	D-葡萄糖醛酸	N-乙酰氨基葡萄糖	–	皮肤 结缔组织 软骨 滑液 玻璃体
4-硫酸软骨素	$(5\sim50)\times10^3$	D-葡萄糖醛酸	N-乙酰氨基半乳糖	+	皮肤 骨 软骨 动脉 角膜
6-硫酸软骨素	$(5\sim50)\times10^3$	D-葡萄糖醛酸	N-乙酰氨基半乳糖	+	皮肤 骨 动脉 角膜
硫酸角质素	$(4\sim19)\times10^3$	D-半乳糖	N-乙酰氨基葡萄糖	+	软骨 椎间盘 角膜
硫酸皮肤素	$(15\sim40)\times10^3$	*D-葡萄糖醛酸	N-乙酰氨基半乳糖	+	皮肤 血管 心脏 心瓣膜
硫酸乙酰肝素	$(5\sim12)\times10^3$	*D-葡萄糖醛酸	N-乙酰氨基葡萄糖	+	肺 动脉 细胞表面
肝素	$(6\sim25)\times10^3$	*D-葡萄糖醛酸	N-乙酰氨基葡萄糖	+	肝 肺 皮肤 肥大细胞

注:* 亦可为其差向异构体L-艾杜糖醛酸

氨基聚糖的组成一般不会超过300个单糖基,最大相对分子量在50 000以下。由于氨基聚糖链刚性较强,因而不会像多肽链那样折叠成致密的球状结构。此外,氨基聚糖具有强烈的亲水性,因此硫酸氨基聚糖(GAG)趋向于形成扩展性构象,与分子自身重量相比,这一构象占据了很大的空间体积(图4-14-2),并且在很低的温度下能够形成凝胶。如表4-14-1所示,透明质酸(hyaluronic acid,HA)是所有七种不同氨基聚糖中相对分子量最大,且唯一不含硫酸基的氨基聚糖。组成透明质酸的单糖基最多可达10万个以上,溶液中呈非规则卷曲状态存在,若其

糖链结构分子被强行伸直，长度可达 20 多 μm。由于透明质酸全部是由单纯的葡萄糖醛酸和乙酰氨基葡萄糖二糖结构单位（GlcUAβ1，3GlcNAcβ1，4）重复排列聚合而成，结构相对简单，因此被认为是细胞外基质中氨基聚糖的原始形式。透明质酸和几种氨基聚糖二糖单位的化学结构如图 4-14-3 所示。

图 4-14-2 细胞外基质生物大分子的相对尺寸与空间体积

透明质酸较广泛地分布于动物多种组织的细胞外基质和体液中，在它们的分子表面含有众多的—COO^- 基团和亲水基团，前者与阳离子结合，增加了离子浓度和渗透压，使大量的水分子被摄入基质，后者则能够结合大量的水分子，形成黏性的水化凝胶而占据较大的空间。透明质酸的这种理化性质赋予了组织较强的抗压性，并具有润滑剂的作用。在早期胚胎或创伤组织中，合成旺盛、含量丰富的透明质酸可促进细胞的增殖，有利于细胞的迁移，而一旦细胞的增殖、迁移活动结束，开始发生相互黏合时，透明质酸则立即会被活性增强的细胞外基质透明质酸酶（hyaluronidase）所降解，与此同时，细胞表面的透明质酸受体减少，并进入分化状态。据此可推断，透明质酸似应具有防止细胞在增殖到足够数量及迁移到既定位置之前过早地发生分化的重要作用。细胞表面的透明质酸受体为 CD44 及其同源分子，属于 hyaladherin 族。所有能结合 HA 的分子都具相似的结构域。

透明质酸还和其他六种氨基聚糖一起参与了细胞外基质中蛋白聚糖的构成。除透明质酸及肝素外，其他几种氨基聚糖均不游离存在，而与核心蛋白质共价结合构成蛋白聚糖。但必须指出的是：在细胞外基质蛋白聚糖组分的所有七种氨基聚糖中，只有透明质酸是以非共价键形式和蛋白质进行结合。

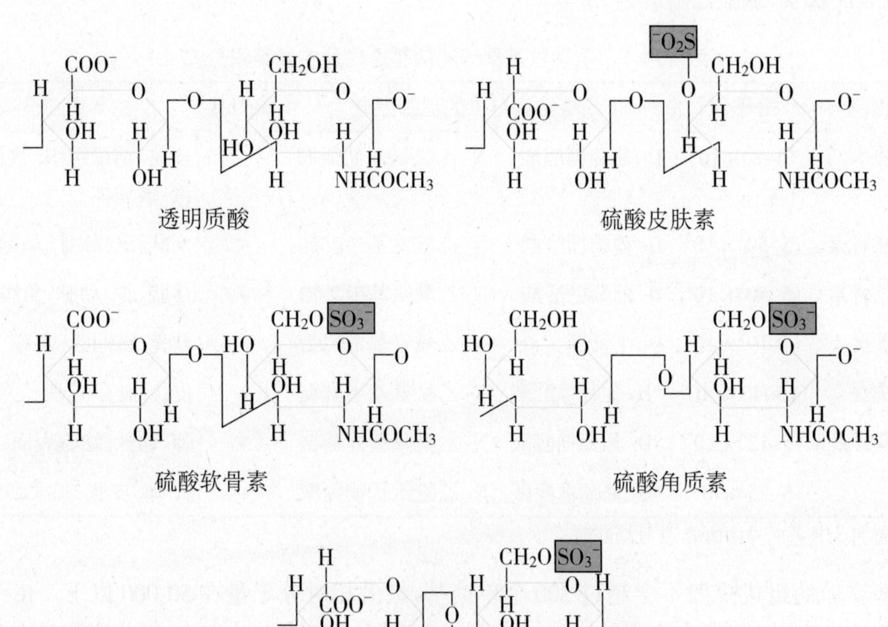

图 4-14-3 透明质酸与几种氨基聚糖二糖单位的化学结构

Notes

(二) 蛋白聚糖是由蛋白质与氨基聚糖共价结合的糖蛋白

蛋白聚糖(proteoglycan,PG)是由核心蛋白质(core protein)的丝氨酸残基与氨基聚糖(除透明质酸外)共价结合的产物。

蛋白聚糖的装配一般是在高尔基复合体中进行的,大致过程为:首先,在核心蛋白质 Ser-Gly-X-Gly 序列的丝氨酸残基上结合一个由四糖组成的连桥(Xyl-Gal-Gal-GlcUA);然后再逐个添加糖基使糖链得以增长,并同时对所合成的重复二糖结构单位进行硫酸化和差向异构化修饰。硫酸化极大地增加了蛋白聚糖的负电荷,差向异构化则改变了糖分子中绕单个碳原子的取代基的构型。

在一个核心蛋白上可同时结合一个到上百个同一种类或不同种类的氨基聚糖链,形成大小不等的蛋白聚糖单体(图 4-14-4A),若干蛋白聚糖单体又能够通过连接蛋白(linker protein)与透明质酸以非共价键结合形成蛋白聚糖多聚体(图 4-14-4B),这就使得蛋白聚糖具有高含糖量(90%~95%)和多态性的特点。蛋白聚糖通常是依据其所含的主要二糖单位来命名。

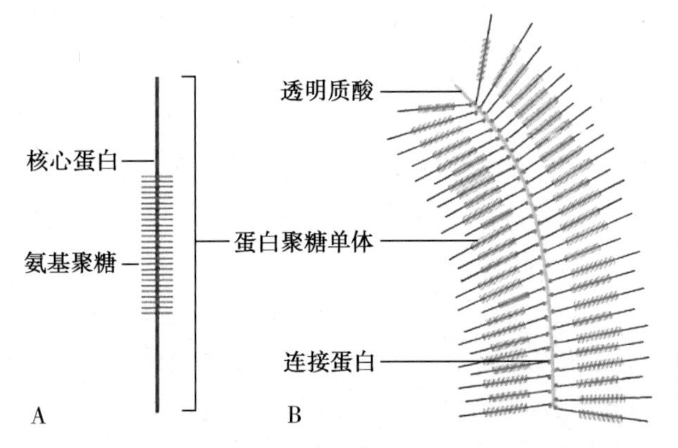

图 4-14-4　细胞外基质中蛋白聚糖分子结构示意图
A. 蛋白聚糖单体;B. 蛋白聚糖多聚体

绝大多数蛋白聚糖分子巨大,其单体的分子量平均为 2 000 000,一般多聚体的分子量更高达 200 000 000。目前已知,存在于软骨中的蛋白聚糖,其单个分子平均最大长度可达到 4μm。其体积可超过细菌。许多蛋白聚糖单体常以非共价键与透明质酸形成多聚体。核心蛋白质的 N 端序列与 CD44 分子结合透明质酸的结构域具有同源性,故亦属 hyaladherin 族。

氨基聚糖和蛋白聚糖能够形成水性的胶状物,在这种胶状物中包埋有许多其他的基质成分,广泛地存在和分布于所有结缔组织中。细胞外基质中的各种蛋白聚糖具有许多重要的生物学功能。例如,软骨中的巨大蛋白聚糖分子赋予软骨以强大的抗变形能力;基膜中结合于Ⅳ型胶原的蛋白聚糖是构成基膜的重要组分;某些细胞外基质蛋白聚糖和细胞表面的膜蛋白聚糖,常可与成纤维细胞生长因子(fibroblast growth factor,FGF)、转化生长因子 β(transformed growth factor,TGFβ)等生物活性分子结合,增强或抑制其作用活性,进而通过复杂的信号转导系统影响细胞的行为。如构成软骨的 Aggrecan,其氨基聚糖(GAG)主要是硫酸软骨素(chondroitin sulfate,CS),但还有硫酸角质素(keratan sulfate,KS)。其含量不足或代谢障碍可引起长骨发育不良,四肢短小。

二、结构(纤维)蛋白构成了细胞外基质的基本成分

胶原与弹性蛋白是细胞外基质中两类主要的结构(纤维)蛋白组分。

(一) 胶原是细胞外基质中含量最丰富的纤维蛋白家族

1. 胶原的种类及分布　胶原(collagen)是动物体内分布最广、含量最丰富、种类较多的纤维蛋白质家族。存在于各种器官组织之中的胶原约占人体蛋白质总量的 30% 以上,胶原和弹性蛋白赋予细胞外基质一定的强度和韧性。它遍布于体内各种器官和组织,是细胞外基质中的框架结构,可由成纤维细胞、软骨细胞、成骨细胞及某些上皮细胞合成并分泌到细胞外。

目前已经发现的胶原有 20 余种。由不同的结构基因编码,具有不同的化学结构及免疫学特性。Ⅰ、Ⅱ、Ⅲ、Ⅴ及Ⅺ型胶原为有横纹的纤维形胶原。目前了解最多,也较为常见的几种胶原类型中Ⅰ、Ⅱ、Ⅲ型胶原在组织中的含量最为丰富(表 4-14-2)。皮肤组织中以Ⅰ型胶原为主,Ⅲ型

Notes

表 4-14-2 几种常见类型的胶原及其组织分布

类型	结构亚单位	多聚体形式	主要特征	主要组织分布
Ⅰ	$[\alpha_1(\text{Ⅰ})]_2[\alpha_2(\text{Ⅰ})]$	原纤维	低羟赖氨酸、低糖类	皮肤、角膜、骨、牙、肌腱、韧带等
Ⅱ	$[\alpha_1(\text{Ⅱ})]_3$	原纤维	高羟赖氨酸、高糖类	脊索、软骨、椎间盘、眼玻璃体
Ⅲ	$[\alpha_1(\text{Ⅲ})]_3$	原纤维	高羟脯氨酸 低赖氨酸、低糖类	皮肤、肌肉、血管、内部器官
Ⅳ	$[\alpha_1(\text{Ⅳ})]_2[\alpha_2(\text{Ⅳ})]$	原纤维	高羟赖氨酸、高糖类	基膜

胶原次之；Ⅱ型胶原是软骨组织中的主要胶原成分；Ⅲ型胶原则是血管组织中含量最多的胶原成分。Ⅳ型胶原的分布仅局限于各种基膜中。

胶原是细胞外基质的最重要成分，不同组织含量和种类不同。肝脏中含量较高的包括Ⅰ、Ⅲ、Ⅳ、Ⅴ、Ⅵ、Ⅹ和Ⅷ型。正常人肝脏的胶原含量约为 5mg/g 肝湿重，Ⅰ型与Ⅲ型胶原的比为 1∶1，各占 33% 左右；肝纤维化和肝硬化时肝脏胶原含量可增加数倍，且Ⅰ型与Ⅲ型胶原的比值可增加到 3∶1 左右。根据胶原的结构和功能可将其分为 7 类：

(1) 纤维性胶原(fibril forming collagen)：这是最经典的胶原，如Ⅰ、Ⅲ、Ⅴ和Ⅺ型胶原。其肽链长达 1000 个氨基酸，是结缔组织中含量最丰富的胶原。前胶原三螺旋的端肽被切除后纵向平行排列，其中每个胶原分子纵向稍偏移，相邻的肽链形成共价键交联从而形成微纤维。一般需经前胶原肽酶(procollagen propeptidase)将羧基端肽去除后才能形成胶原纤维，但是部分胶原可以带有氨基端肽而存在于胶原纤维的表面，以阻止胶原纤维继续增粗，从而继续起到调节胶原纤维直径的作用。

(2) 网状胶原(network forming collagen)：如Ⅳ、Ⅷ和Ⅹ型胶原，主要分布于基底膜中。与纤维性胶原不同，其端肽不被去除。两条Ⅳ型前胶原肽链的羧基端肽(NC1)端-端相连形成二聚体，四条前胶原肽链的氨基端肽(7S)端-端形成四聚体，从而相互交联成三维网状结构。在肝脏中，Ⅳ型胶原主要分布于血管和胆管的基底层，而且还分布于汇管区的成纤维细胞周围及正常肝血窦的 Disse 腔中。Ⅷ型胶原常与弹性纤维一起分布于肝脏的汇管区和包膜中，其功能尚不清楚。

(3) 微丝状胶原(microfilament forming collagen)：目前此组只包括Ⅵ M 型胶原。其肽链较短，仅为纤维性胶原的三分之一左右。两条肽链反向平行排列，借端肽相互交联成二聚体，二聚体再端-端相连聚集成四聚体。许多四聚体端-端相接形成状如串珠的微丝状长链。Ⅵ型胶原通常分布在Ⅰ型和Ⅲ型胶原纤维之间，推测其功能是将血管结构锚定到间质中。最近发现Ⅵ型胶原对多种上皮细胞和间质细胞包括肝脏星状细胞的生长有促进作用，并可抑制细胞凋亡。

(4) 锚丝状胶原(collagen of anchoring filament)：Ⅶ型胶原属此组，其肽链三螺旋长达 1530 个氨基酸，中间穿插许多非胶原序列。两条前胶原肽链的羧基端肽端-端重叠交联形成二聚体，多个二聚体以羧基端交联区为中心侧-侧聚集成锚丝状纤维。这一纤维的两个氨基端肽连接到基底膜的某种分子上起锚定作用，故名锚丝状胶原。

(5) 三螺旋区不连续的纤维相关性胶原(fibril associated collagens with interrupted triplehelices；FACIT)：这一组包括Ⅸ、Ⅻ、ⅩⅣ、ⅩⅥ及ⅩⅨ型胶原，而且其数目还不断增加。其本身不形成纤维，但与纤维性胶原纤维的表面相连。目前对这一组胶原的确切功能及组织、细胞分布尚不了解。ⅩⅣ型曾被称为粗纤维调节素(undulin)，但现在认为其特征性结构为胶原三螺旋，故名ⅩⅣ型胶原。

(6) 跨膜性胶原(transmembrane collagen)：如ⅩⅦ型胶原，它有一个细胞内非胶原区，一个跨膜区和细胞外胶原尾巴。这种胶原主要由皮肤基底角化细胞产生，在肝脏中未发现。

(7) 尚未分类的胶原：包括ⅩⅢ，ⅩⅤ和ⅩⅧ型胶原。ⅩⅢ型胶原主要分布于皮肤附属器、骨、软骨、横纹肌及肠道黏膜，但不见于肝脏。ⅩⅤ型胶原 mRNA 表达于许多组织和器官的成纤维细

胞和上皮细胞。XⅧ型胶原主要分布于肝脏、肺脏和肾脏。值得一提的是，原位杂交研究结果表明在肝脏中XⅧ型胶原主要由肝实质细胞产生，显然与其他胶原主要由间质细胞产生不同。其羧基端具有抑制血管增生的作用而称为内皮抑素或内皮它汀（endostatin），初步体外和动物试验发现它对肿瘤有较强的抑制作用。

2. 胶原的结构和功能　尽管不同类型的胶原其分子组成各异，且表现出不同的免疫学特性，但是它们却具有大致相似的基本结构形式。如图4-14-5所示，胶原的基本结构单位均为由三条多肽链构成的三股右手超螺旋结构原胶原（tropocollagen）分子。在此基础上，不同的原胶原分子相互间呈阶梯式有序排列，并通过侧向的共价结合，彼此交联聚合形成直径不同（10~300nm）和长度不等（150μm至数百μm）的细纤维束胶原原纤维（collagen fibril）。

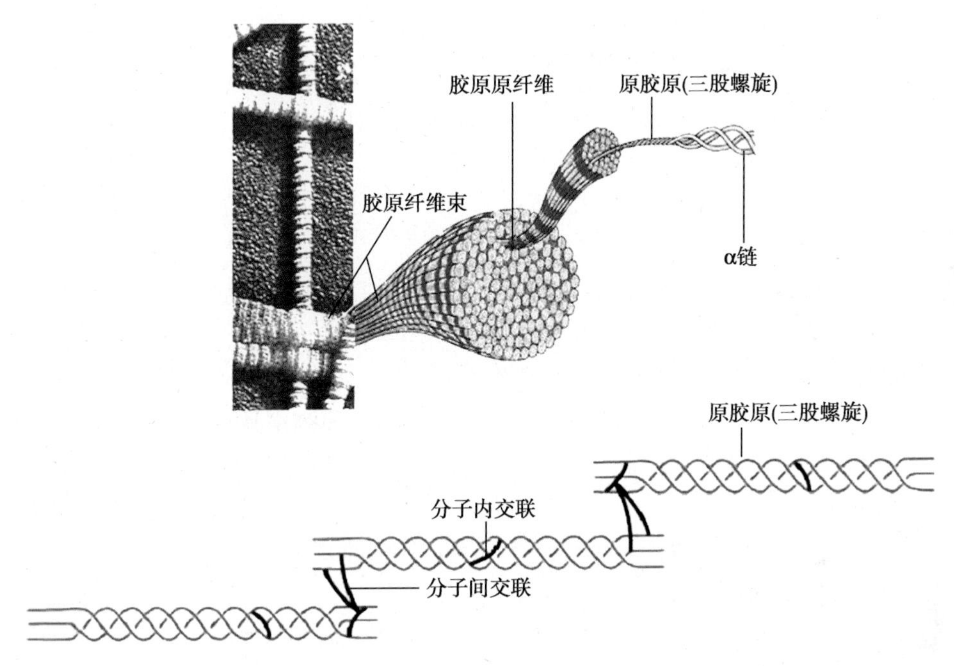

图4-14-5　胶原纤维、胶原原纤维与原胶原分子结构关系示意图

各型胶原都是由三条相同或不同的肽链形成三股螺旋，含有三种结构：螺旋区、非螺旋区及球形结构域。其中Ⅰ型胶原的结构最为典型。Ⅰ型胶原的原纤维平行排列成较粗大的束，成为光镜下可见的胶原纤维，抗张强度超过"钢筋"。其三股螺旋由两条α1（Ⅰ）链及一条α2（Ⅰ）链构成。构成原胶原分子的肽链称作α链。每条α链约含1050个氨基酸残基，三条α多肽链亚单位中，甘氨酸和脯氨酸的含量颇为丰富。由重复的Gly-X-Y序列构成。X常为Pro（脯氨酸），Y常为羟脯氨酸或羟赖氨酸残基。重复的Gly-X-Y序列使α链卷曲为左手螺旋，各条α多肽链亚单位均呈左手螺旋构象，每圈含3个氨基酸残基（图4-14-6）。三股这样的螺旋再相互盘绕成右手超螺旋，即原胶原。

胶原蛋白主要由间充质来源的成纤维细胞、成骨细胞、软骨细胞、牙本质细胞、神经组织细胞及各种上皮细胞合成和分泌。已知有20多个编码不同胶原肽链的结构基因，它们的大小相近，结构相似。每个胶原基因为30~40kb，由50个左右的外显子与内含子组成，因此其转录后的剪切拼接过程也非常复杂。人α1（Ⅰ）链的基因含51个外显子，因而基因转录后的拼接十分复杂。翻译出的肽链称为前α链，其两端各具有一段不含Gly-X-Y序列的前肽。三条前α链的C端前肽借二硫键形成链间交联，使三条前α链"对齐"排列。然后从C端向N端形成三股螺旋结构。前肽部分则呈非螺旋卷曲。带有前肽的三股螺旋胶原分子称为前胶原（procollagen）。胶原变性后不能自然复性重新形成三股螺旋结构，原因是成熟胶原分子的肽链不含前肽，故而不能再进行"对齐"排列。

Notes 

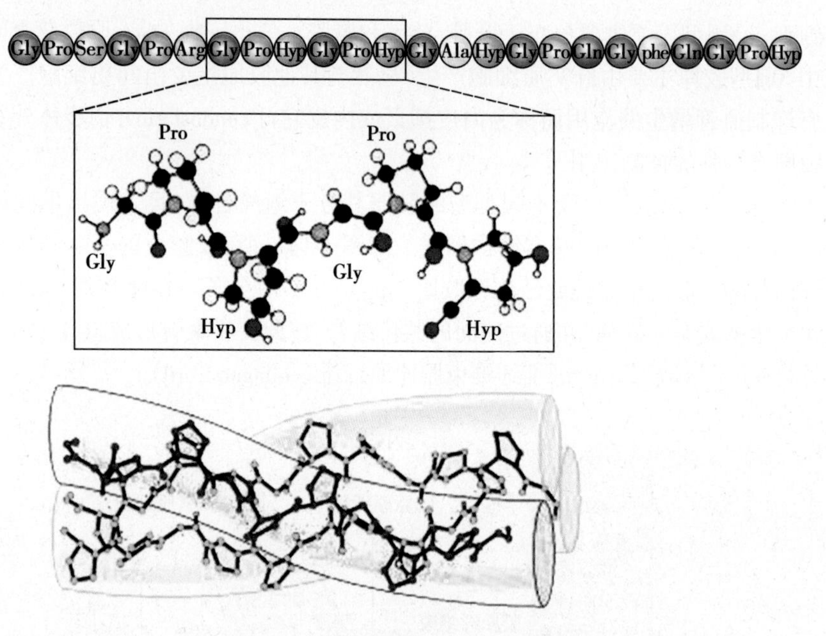

图 4-14-6 原胶原分子结构示意图

胶原肽链的翻译合成是在糙面内质网附着核糖体上进行的，而胶原纤维的装配则始于内质网，继续于高尔基复合体，最终完成于细胞外。

最初翻译合成出来的原胶原 α 肽链被称作为前 α 链（pro-α chain）。在前 α 链的 C、N 两端各有一段不含 Gly-X-Y 三体序列的前肽（propeptide）。前肽序列中具有较多的酸性氨基酸、芳香族氨基酸和一些含硫的半胱氨基酸的残基。C 端前肽为 250 多个氨基酸残基，N 端前肽约有 150 个氨基酸残基。三条前 α 链在它们的 C 端前肽之间借助二硫键彼此交联，"对齐"排列，在从 C 端向 N 端聚合形成三股螺旋结构的同时，其前肽序列部分则保持非螺旋卷曲构象。这种带有前肽结构序列的三股螺旋胶原分子称作前胶原。

前胶原分子中前肽序列的存在，具有阻抑前胶原分子在细胞内组装成大的胶原原纤维的作用。前胶原经过在内质网和高尔基复合体中的修饰加工，以分泌小泡的形式转运到细胞外，然后由细胞外的两种特异性前胶原肽酶分别水解除去 C、N 两端的前肽结构序列，最终形成原胶原。在被切除掉前肽序列的原胶原两端，依然分别保留着一段被称为端肽区（telopeptide region）的非螺旋结构区域。胶原合成、转运和加工修饰以及细胞外组装的过程如图 4-14-7 所示。

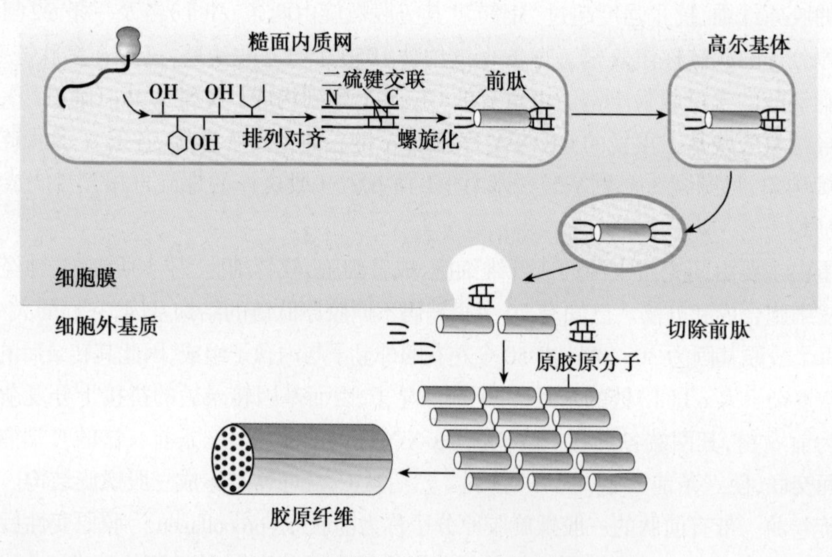

图 4-14-7 胶原蛋白的合成、转运与加工修饰

Notes

胶原蛋白分子在内质网和高尔基复合体中的加工修饰，主要是对前 α 链的羟基化和糖基化作用。肽链中氨基酸残基的羟基化，有利于链间氢键的形成，这对于维系和稳定胶原蛋白所特有的三股螺旋二级结构十分重要。原胶原分子间通过侧向共价交联，相互呈阶梯式有序排列聚合成直径 50~200nm、长 150nm 至数微米的原纤维，在电镜下可见间隔 67nm 的横纹。胶原原纤维中的交联键是由侧向相邻的赖氨酸或羟赖氨酸残基氧化后所产生的两个醛基间进行缩合而形成的。前 α 链在糙面内质网上合成，并在形成三股螺旋之前于脯氨酸及赖氨酸残基上进行羟基化修饰，脯氨酸残基的羟化反应是在与膜结合的脯氨酰 -4 羟化酶及脯氨酰 -3 羟化酶的催化下进行的。维生素 C 是这两种酶所必需的辅助因子。

框 4-14-1　维生素 C 缺乏病与胶原前 α 链羟基化不足

维生素 C 缺乏病与胶原前 α 链的羟基化不足有着密切的关系。维生素 C 缺乏导致胶原的羟化反应不能充分进行，不能形成正常的胶原原纤维，结果非羟化的前 α 链在细胞内被降解。脯氨酰 3 羟化酶和脯氨酰 4 羟化酶是催化脯氨酸残基羟化的膜结合蛋白酶，两者均以维生素 C 为作用的辅助因子。当人体内维生素 C 缺乏时，一方面由于前胶原 α 肽链中氨基酸残基羟化不足，不能形成稳定的三股螺旋结构，而随即在细胞内降解；另一方面，由于原先存在于基质及血管中的正常胶原的逐渐丧失，结果导致组织中胶原的缺乏，皮肤、肌腱和血管等脆性增加，通常会表现为皮下、牙龈易出血及牙齿松动等维生素 C 缺乏病症状。因而，膳食中缺乏维生素 C 可导致血管、肌腱、皮肤变脆，易出血，又称为坏血病。

原胶原在细胞外的侧向聚合交联是发生在侧向相邻氨基酸残基之间的一种醛醇共价交联。这一过程大致是：首先，细胞外赖氨酸氧化酶（lysyl oxidase，LOX）催化原胶原侧向相邻的赖氨酸及羟赖氨酸残基氨基氧化形成醛基；然后，在两个醛基或醛基与氨基之间脱水缩合，形成醛醇共价交联。此种交联结合多发生在原胶原分子两端很短的非螺旋端肽区。由原胶原侧向聚集共价交联形成的胶原原纤维是具有极强抗张力强度的不溶性胶原蛋白结构。胶原原纤维在装配于其表面上的原纤维结合胶原（fibril associated collagen）作用下，可进而聚集结合成束，即形成胶原纤维（collagen fiber）。

胶原蛋白以其丰富的含量、良好的刚性和极高的抗张力强度，构成了细胞外基质的骨架结构，并常常与细胞外基质中的其他组分结合，形成结构与功能的统一体。原胶原共价交联后成为具有抗张强度的不溶性胶原。胚胎及新生儿的胶原因缺乏分子间的交联而易于抽提。随年龄增长，交联日益增多，皮肤、血管及各种组织变得僵硬，成为老化的一个重要特征。正常情况下，胶原的存在及其组织分布是比较稳定的。但是在胚胎发育、创伤愈合等特殊生理或炎症反应等病理状况下，相应的组织区域常常会局部性地出现伴之以胶原类型转变的胶原转换率加快现象。可催化天然胶原降解的胶原酶通常以非活性形式广泛地分布于血液及组织中。在分娩后的子宫和创伤组织中，胶原酶活性会显著增高，诸如激肽释放酶、纤溶酶等一些蛋白酶，亦可促使胶原酶的活化。恶性肿瘤细胞的浸润及转移，与它们能够分泌产生针对Ⅳ型胶原的专一性水解酶密切相关。

（二）弹性蛋白是构成细胞外基质中弹性纤维网络的主要成分

弹性蛋白（elastin）纤维网络赋予组织以弹性，弹性纤维的伸展性比同样横截面积的橡皮条至少大 5 倍。弹性蛋白是构成细胞外基质中弹性网络结构的主要组成成分，弹性蛋白由两种类型短肽段交替排列构成。一种是疏水短肽赋予分子以弹性，其肽链由 750~830 个氨基酸残基组成，肽链中富含甘氨酸和脯氨酸，不发生糖基化修饰，具有高度的疏水性。另一种短肽为富丙氨酸及赖氨酸残基的 α 螺旋，负责在相邻分子间形成交联。此种组成结构特点，使得弹性蛋白在整体上呈现出两个明显的特征：①构象为无规则卷曲状态；②通过赖氨酸（Lys）残基相互交联成富有弹性的疏松网状结构（图 4-14-8）。共存于组织细胞外基质中的弹性蛋白纤维与胶原蛋白纤

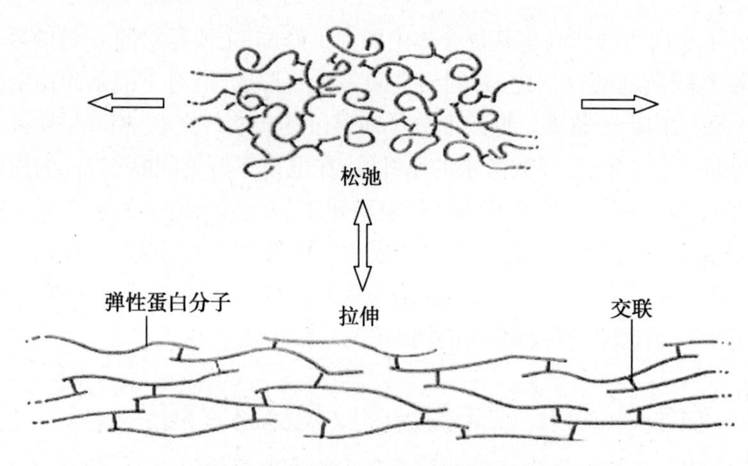

图 4-14-8 弹性蛋白结构示意图

维相互交织，在赋予组织一定弹性的同时，又具有高度的韧性，使之既不会因为正常的牵拉而导致撕裂，也不至于因为过度地伸张而变形。弹性蛋白的氨基酸组成似胶原，也富于甘氨酸及脯氨酸，但很少含羟脯氨酸，不含羟赖氨酸，没有胶原特有的 Gly-X-Y 序列，故不形成规则的三股螺旋结构。弹性蛋白分子间的交联比胶原更复杂。通过赖氨酸残基参与的交联形成富于弹性的网状结构。

在弹性蛋白的外围包绕着一层由微原纤维构成的壳。微原纤维是由一些糖蛋白构成的。其中一种较大的糖蛋白是 fibrillin，为保持弹性纤维的完整性所必需。在发育中的弹性组织内，糖蛋白微原纤维常先于弹性蛋白出现，似乎是弹性蛋白附着的框架，对于弹性蛋白分子组装成弹性纤维具有组织作用。老年组织中弹性蛋白的生成减少，降解增强，以致组织失去弹性。

构成弹性蛋白的两种短肽各由一个外显子编码。弹性蛋白在细胞中合成后，随即以其可溶性前体—原弹性蛋白（tropoelastin）的形式分泌到胞外，再经赖氨酰氧化酶的催化，使原弹性蛋白肽链中的赖氨酸转化成醛，形成原弹性蛋白中所特有的氨基酸锁链素（desmosine）和异锁链素（isodesmosine），并借此而彼此聚集交联，在细胞膜附近装配成具有多向伸缩性能的弹性纤维立体网络结构。

如图 4-14-9 所示，所谓锁链素，实际上是通过 4 个赖氨酸残基的 R 侧链基团环状交联而成的复合分子结构。

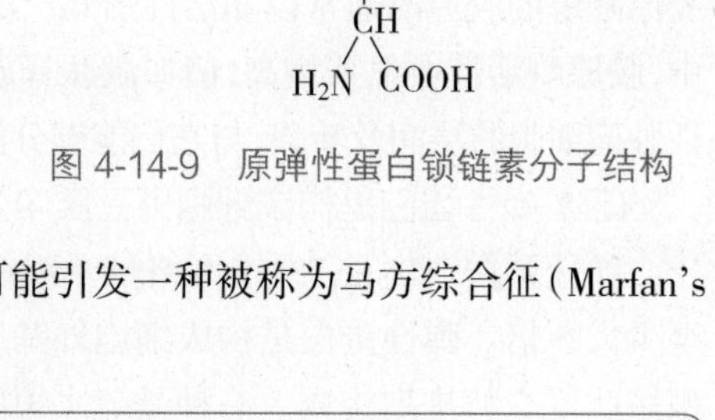

最新研究表明，在弹性蛋白外周还包绕有一层由某些糖蛋白构成的微原纤维（microfibrils）外壳，可能为保持弹性纤维的完整性所必需。在发育中的弹性组织内，外壳糖蛋白微原纤维往往先于弹性蛋白出现，作为弹性蛋白附着的支架和弹性蛋白组装成弹性纤维的组织者。当弹性蛋白发生沉淀时，这些糖蛋白微原纤维外壳即消退于弹性纤维附近。弹性蛋白外壳糖蛋白微原纤维的基因一旦发生突变，就可能引发一种被称为马方综合征（Marfan's syndrome）的人类遗传性疾病。

图 4-14-9 原弹性蛋白锁链素分子结构

框 4-14-2 马方综合征与马方征

马方综合征又称蜘蛛足样指（趾）症，是一种先天性结缔组织病，多以常染色体显性形式遗传。该病患者往往表现为全身管状骨较长，体型瘦削；四肢远端细长，呈蜘蛛样指

(趾);头颅前后径长,形成长方头、狭长脸;双眼上方眶上嵴明显突起,两侧晶状体异位等主要体态特征。同时,40%~60%的患者可伴有先天性心血管畸形,其中以主动脉瘤最为多见。20世纪80年代曾驰骋于世界排坛的美国女排名将海曼就是典型的马方综合征患者,并因主动脉瘤突然破裂不幸客死日本。

马方征(Marfan's sign)在临床上极其罕见,是和马方综合征完全不同毫不相干的症状。它是指某些伤寒病患者,其舌面有苔,舌尖呈红色三角的特征性病理表现。

三、非胶原糖蛋白(黏着蛋白)是动物界最为普遍存在和个体发育中出现最早的细胞外基质成分

非胶原糖蛋白又称纤维连接蛋白,是细胞外基质中除胶原及弹性蛋白之外的另一类重要的蛋白成分,是在动物界最为普遍存在和个体胚胎发育中出现最早的细胞外基质成分,如纤黏连蛋白和层黏连蛋白,它们促使细胞同基质结合。在已经发现的数十种非胶原糖蛋白中,对其结构与功能了解较多的是纤连蛋白和层黏连蛋白两种。其中以胶原和蛋白聚糖为基本骨架在细胞表面形成纤维网状复合物,这种复合物通过纤黏连蛋白或层黏连蛋白以及其他的连接分子直接与细胞表面受体连接;或附着到受体上。由于受体多数是膜整合蛋白,并与细胞内的骨架蛋白相连,所以细胞外基质通过膜整合蛋白将细胞外与细胞内连成了一个整体。

(一) 纤黏连蛋白是动物界最为普遍存在的非胶原蛋白之一

纤黏连蛋白(fibronectin,FN)是动物界最为普遍存在的非胶原糖蛋白之一,不仅见于人类及各种高等动物组织,而且存在于较为低等的原始多细胞海绵动物体内。纤黏连蛋白(FN)是一种大型的糖蛋白,存在于所有脊椎动物,分子含糖4.5%~9.5%,糖链结构依组织细胞来源及分化状态而异。FN可将细胞连接到细胞外基质上。纤黏连蛋白是一类含糖的高分子非胶原蛋白质,由两个或两个以上的亚单位通过肽链C端形成的二硫键交联结合而成。构成纤连蛋白分子的不同肽链结构亚单位具有极为相似的氨基酸序列组成,每一肽链亚单位含有2450个左右的氨基酸残基,分子量为22 000~25 000,整个肽链由三种类型(Ⅰ、Ⅱ、Ⅲ)的模块(module)重复排列构成。可构成多个具有特定功能的结构域。一般具有5~7个有特定功能的结构域,由对蛋白酶敏感的肽段连接。这些结构域中有些能与其他ECM(如胶原、蛋白聚糖)结合,使细胞外基质形成网络;有些能与细胞表面的受体结合,使细胞附着于ECM上。不同组织来源的纤连蛋白的亚单位虽然为同一基因的表达产物,但是由于转录后RNA剪接的差异,所以相互之间存在着一定差别,并因此形成了纤黏连蛋白分子的异型性。与之相关,纤黏连蛋白糖链组成结构的组织细胞来源及其分化状态的差异,也是形成纤黏连蛋白异型性的重要因素之一。是由两个亚单位构成的纤连蛋白二聚体分子结构模式图,如图4-14-10所示。

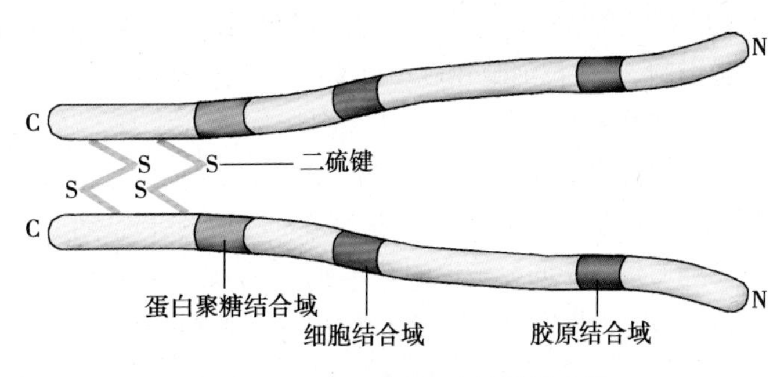

图4-14-10　纤黏连蛋白结构模式图

在纤黏连蛋白的每一肽链亚单位中,都含有由不同重复的氨基酸序列组成的三种不同类型、数目的模块结构,它们的特殊排列,构成了肽链上不同的功能结构域。如图4-14-11所示,在每条肽链中,有12个Ⅰ型重复序列模块结构单位,它们分三组分布排列,其中两组构成与蛋白聚糖的弱结合结构域,另一组与仅有的2个Ⅱ型重复序列模块结构单位一起构成可与胶原

Notes

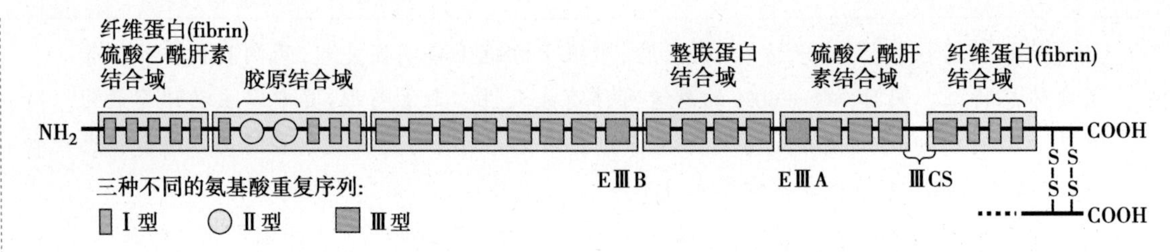

图 4-14-11 纤连蛋白多肽链中功能结构域序列组成示意图

结合的结构域。而Ⅲ型重复序列模块结构单位则多达 15~17 个。Ⅲ型重复序列模块结构单位主要构成与细胞结合的结构域，同时还构成 DNA 结合结构域和与蛋白聚糖进行强结合的结构域。

FN 肽链中的一些短肽序列为细胞表面的各种 FN 受体识别与结合的最小结构单位。例如，在肽链中央的与细胞相结合的模块中存在 RGD（Arg-Gly-Asp）序列，为与细胞表面某些整合素受体识别与结合的部位。由分布和排列在肽链中央的Ⅲ型重复序列模块结构构成的纤连蛋白细胞结合结构域含有一个 RGD（Arg-Gly-Asp）三肽序列，该序列是与细胞表面某些整联蛋白识别及结合的部位。实验证明：化学合成的外源性非纤连蛋白 RGD 三肽，可与纤黏连蛋白竞争同细胞结合部位的结合，从而抑制细胞同细胞外基质的结合；在非组织成分的固体物质表面黏合上含有 RGD 三肽序列的寡肽，也能使细胞与之结合。

细胞表面及细胞外基质中的 FN 分子间通过二硫键相互交联，组装成纤维。与胶原不同，FN 不能自发组装成纤维，而是通过细胞表面受体指导下进行的，只存在于某些细胞（如成纤维细胞）表面。转化细胞及肿瘤细胞表面的 FN 纤维减少或缺失系因细胞表面的 FN 受体异常所致。

两点需要指出：①RGD 序列并非纤连蛋白所独有，它们较为广泛地存在于多种细胞外基质蛋白中；②单纯的 RGD 三肽与细胞表面整联蛋白受体的亲和性远低于整个纤连蛋白分子。这说明，RGD 虽然是细胞外基质与细胞结合的重要因素，但决非是唯一的因素。除 RGD 之外，其他相关协同序列的作用，也是胞外基质与细胞之间高亲和性稳定结合不可缺少的重要因素。

纤黏连蛋白能够以可溶形式存在于血浆及各种体液中，也能够以不溶形式广泛地分布于细胞外基质、基膜、细胞间及细胞表面。前者被统称为血浆纤黏连蛋白，主要来自于肝细胞，少部分产生于血管内皮细胞，是由两条相似的多肽链构成的二聚体；后者则谓之为细胞纤黏连蛋白，主要由间质细胞，包括成纤维细胞、成骨细胞、成肌细胞、星形胶质细胞、神经鞘细胞、内皮细胞、巨噬细胞、中性粒细胞和血小板等所产生，为多聚体结构。此外，如肝、肾及乳腺等上皮细胞亦可合成纤黏连蛋白。

结构模式图分布于细胞外基质及细胞表面的不溶性纤连蛋白并非是自发性地组装的。不同的纤黏连蛋白分子，必须在细胞表面相应的纤连蛋白受体的指导和转谷氨酰胺酶的参与下，才能够通过分子间二硫键的交联键合，组装形成纤维。纤黏连蛋白具有多方面的生物活性，其主要的功能表现为可介导细胞黏着，促进细胞的迁移与分化。

（二）层黏连蛋白是个体发育中出现最早的细胞外基质成分

层黏连蛋白（laminin，LN）是各种动物个体胚胎发育中出现最早的细胞外基质成分，LN 也是一种大型的糖蛋白，同时也是成体组织基膜的主要结构组分之一，与Ⅳ型胶原一起构成基膜。LN 是含糖量很高（占 15%~28%）的糖蛋白，具有 50 条左右 N 连接的糖链，是迄今所知糖链结构最复杂的糖蛋白。而且 LN 的多种受体是识别与结合其糖链结构的。

相对于纤黏连蛋白，层黏连蛋白是一种更为巨大的高含糖量非胶原蛋白质，其含糖量可达 15%~28%，分子量为 820 000~850 000，是由一条重链（α 链，曾被称为 A 链）和两条轻链（β 链与

γ 链，曾被称为 B_1 链和 B_2 链）借二硫键交连成非对称的十字形分子构型（图 4-14-12）。三条短臂各由三条肽链的 N 端序列构成。每一短臂包括两个球区及两个短杆区，长臂也由杆区及球区构成。LN 分子中至少存在 8 个与细胞结合的位点。例如，在长臂靠近球区的。链上有 IKVAV 五肽序列可与神经细胞结合，并促进神经生长。鼠 LNα_1 链上的 RGD 序列，可与 $\alpha_v\beta_3$ 整合素结合。

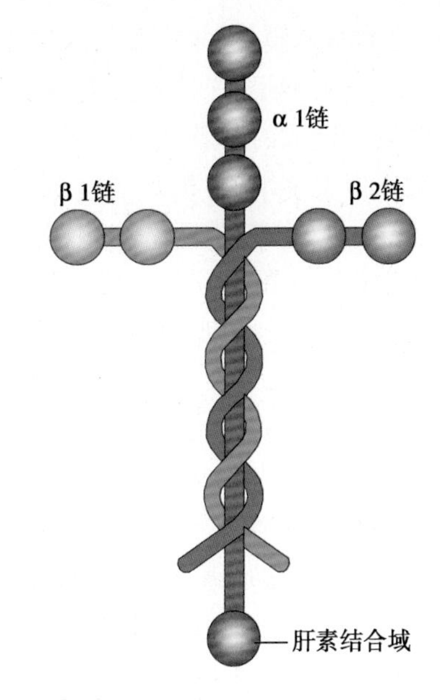

图 4-14-12　层黏连蛋白分子结构模式图

如图 4-14-12 所示，构成层黏连蛋白的三条不同多肽链，以其各自的 N 端序列形成了层黏连蛋白非对称十字形分子结构的三条短臂，每一短臂上都有相间排列的两个或三个球区和短杆区。层黏连蛋白十字形结构的长臂杆状区域，为三条组成肽链的近 C 端序列所共同构成。长臂末端，则由位于三条肽链中间的一条 α 肽链 C 端序列的高度卷曲而形成一个较大的球状结构，此为与肝素结合的部位。

目前已经发现的层黏连蛋白分子结构亚单位有 α_1、α_2、α_3、β_1、β_2、β_3、γ_1 和 γ_2 等 8 种之多，它们分别由 8 个不同的结构基因编码，这与 FN 是不同的，这些亚单位可以组合形成至少 7 种类型的层黏连蛋白。出现于早期胚胎中的层黏连蛋白，对于保持细胞间黏附与细胞的极性以及细胞的分化均具有重要的意义。基膜是上皮细胞下方一层柔软的特化的细胞外基质，也存在于肌肉、脂肪周围。它不仅仅起保护和过滤作用，还决定细胞的极性，影响细胞的代谢、存活、迁移、增殖和分化。基膜中除 LN 和Ⅳ型胶原外，还具有 entactin、perlecan、decorin 等多种蛋白，其中 LN 与 entactin（也称为 nidogen）形成 1∶1 紧密结合的复合物，通过 nidogen 与Ⅳ型胶原结合。在成体动物，除构成基膜之外，层黏连蛋白还存在于上皮与内皮下紧靠细胞基底部位以及肌细胞和脂肪细胞的周围，同时可形成对再生中肝细胞的支持。

第二节　基膜与整联蛋白

基膜是细胞外基质的特化结构形式，存在于多种组织之中。整联蛋白普遍地存在于各种组织类型细胞表面，是动物细胞与细胞外基质蛋白的主要受体。

一、基膜是多种组织中细胞外基质的特化结构和存在形式

（一）基膜是细胞外基质特化形成的一种柔软而坚韧的网膜结构

基膜（basement membrane）又称“基板”，是细胞外基质特化而成的一种柔软、坚韧的网膜结构，其厚度为 40~120nm，以不同的形式存在于不同的组织结构之中。在肌肉、脂肪等组织，基膜包绕在细胞的周围，在肺泡、肾小球等部位，基膜介于两层细胞之间，而在各种上皮及内皮组织，基膜则是细胞基部的支撑垫，将细胞与结缔组织相隔离。基膜在上皮组织细胞和疏松结缔组织间的分布及其结构关系示意图，如图 4-14-13 所示。

（二）基膜主要由五种蛋白成分组成

构成基膜的绝大多数细胞外基质组分都是由位于基膜上的细胞所分泌产生的。在基膜中主要有五种普遍存在的蛋白成分。

1. Ⅳ型胶原　Ⅳ型胶原（type Ⅳ collagen）是构成基膜的主要结构成分之一。非连续三股螺旋结构的Ⅳ型胶原，以其 C 端球状头部之间的非共价键结合及 N 端非球状尾部之间的共价交联，

形成了构成基膜基本框架的二维网络结构。

2. 层黏连蛋白 层黏连蛋白是在胚胎发育过程中最早合成的基膜成分。层黏连蛋白以其特有的非对称型十字结构，相互之间通过长、短臂臂端的相连，装配成二维纤维网络结构，并进而通过内联蛋白(endonexin)与Ⅳ型胶原二维网络相连接。层黏连蛋白也可结合于作为细胞外基质受体的细胞膜整合蛋白(图 4-14-14)。

3. 内联蛋白 内联蛋白(endonexin)分子呈哑铃状，在基膜的组装中具有非常重要的作用，它不仅形成Ⅳ型胶原纤维网络与层黏连蛋白纤维网络之间的连桥，而且还可协助细胞外基质中其他成分的结合。

4. 渗滤素 渗滤素(perlecan)是一种大的硫酸类肝素蛋白聚糖分子，它可与许多细胞外基质成分和细胞表面分子交联结合。

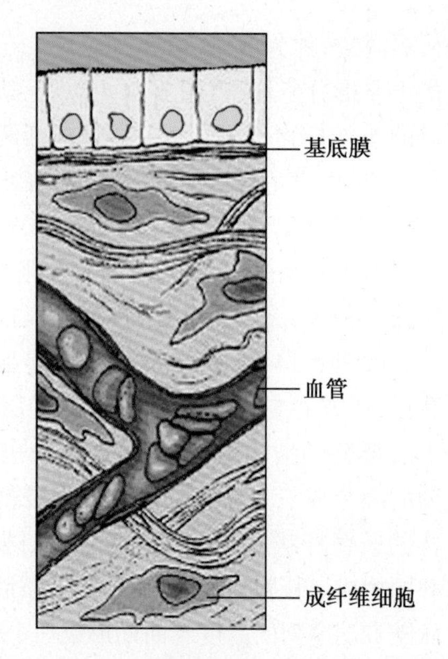

图 4-14-13 基膜组织分布及其结构关系

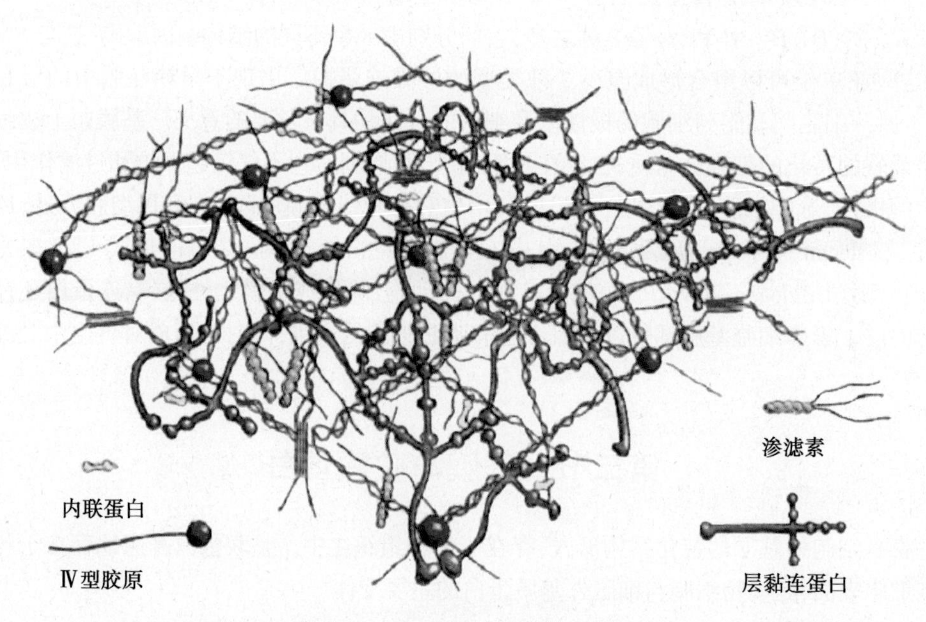

图 4-14-14 基膜结构成分示意图

5. 核心蛋白多糖 基膜中除以上成分外，还具有核心蛋白多糖(decorin)等多种蛋白。核心蛋白多糖是一种主要存在于结缔组织中与胶原纤维相关的蛋白多糖，有多种生物活性，调节和控制组织形态发生、细胞分化、运动、增殖及胶原纤维形成等过程，对防止组织和器官纤维化的发生有重要意义。核心蛋白多糖广泛分布在所有哺乳动物组织细胞外基质中，更多地分布在以Ⅰ型胶原为主的组织 ECM 中，目前已对人体多种组织器官核心蛋白多糖进行了研究分析如皮肤、肺、肾、肝、主动脉、平滑肌、骨骼肌、脾、肾上腺、胎盘(妊娠 4~6 月)、脑、关节软骨等。核心蛋白多糖由核心蛋白和一条硫酸软骨素、硫酸皮肤素链组成，其分子量 92 500，核心蛋白为 40 000，属于小分子间质性 PG 家族成员。越来越多的资料表明核心蛋白多糖能抑制多种细胞增殖，多数结果支持核心蛋白多糖抗纤维化这一观点，这不仅为纤维性疾病也为肿瘤治疗提供了新的药理学线索，还有研究报道许多疾病可能与核心蛋白多糖有关，在慢性退行性及炎症性关节疾病(如类风湿性关节炎)、马方综合征等患者核心蛋白多糖表达减少或缺失。

Notes

作为细胞外基质的一种特化和特殊的结构存在形式，基膜具有多方面的重要功能，它不仅是上皮细胞的支撑垫，在上皮组织与结缔组织之间起结构连接作用，同时，在机体组织的物质交换运输和细胞的运动过程中，还具有分子筛滤和细胞筛选的作用。例如，在肾小球中，基膜和上皮细胞凸起间裂隙共同控制着原尿的分子过滤；在上皮组织中，基膜允许淋巴细胞、巨噬细胞和神经元突触穿越通过，但却可以阻止其下方结缔组织中的成纤维细胞与上皮细胞靠近接触。此外，组织的再生、细胞的迁徙等许多生命活动现象，均与基膜的生物学功能有着非常密切的关系。

二、整联蛋白是异源二聚体穿膜糖蛋白受体

(一) 整联蛋白是绝大多数细胞外基质成分的受体

整联蛋白(integrin)是作为胶原、纤连蛋白、层黏连蛋白等绝大多数细胞外基质组分受体的穿膜糖蛋白，在细胞与相邻细胞外基质之间相互作用，共同形成的组织结构关系中，扮演着极其重要的角色。它们对外以受体配体的结合形式，充当着联系细胞与细胞外基质整体结构的媒介，对内则与细胞表面膜下胞质溶胶中细胞骨架相连接，成为连通细胞外基质与细胞内骨架结构系统的桥梁(图 4-14-15)。

整联蛋白具有受体的一般特征，但是却又不同于激素、细胞生长因子等可溶性信号分子的细胞表面受体。最为显著的区别是：整联蛋白与配体的亲和性较低而在细胞表面的浓度则较高。作为受体的整联蛋白与作为配体的细胞外基质之间较弱的多位点结合，有利于细胞在不脱离黏附的状态下探察其周围环境，并且通过可逆性的结合与解离而进行细胞的迁徙。

(二) 整联蛋白是由 α 和 β 两个亚单位组成的异源二聚体

整联蛋白由 α 和 β 两个肽链亚单位所组成，是一类异源二聚体蛋白质分子。目前已经发现，在人体细胞中组成整联蛋白的 α 亚单位约有 16 种，β 亚单位约有 9 种，它们可以组合形成 20 多种不同的异二聚体，分别与不同类型的相应受体结合，介导细胞与细胞外基质、细胞与细胞之间的相互作用和功能结构联系。

组成整联蛋白的 α 肽链是由其初始合成产物被修饰切割成长短不同的两个序列片段，然后再通过二硫键的结合彼此相连而成的。α 肽链短肽序列单次穿膜，C 端伸入细胞膜内胞质侧，N 端伸出细胞膜外与长肽序列的 C 端形成二硫键结合，和整联蛋白与配体结合时的 Ca^{2+} 或 Mg^{2+} 依赖性相关，其 α 肽链长肽 N 端往往折叠形成 3~4 个二价阳离子结合位点。整联蛋白 β 链与 α 链同向单次穿膜，非共价键结合，形成整联蛋白的异二聚体分子结构(图 4-14-16)。

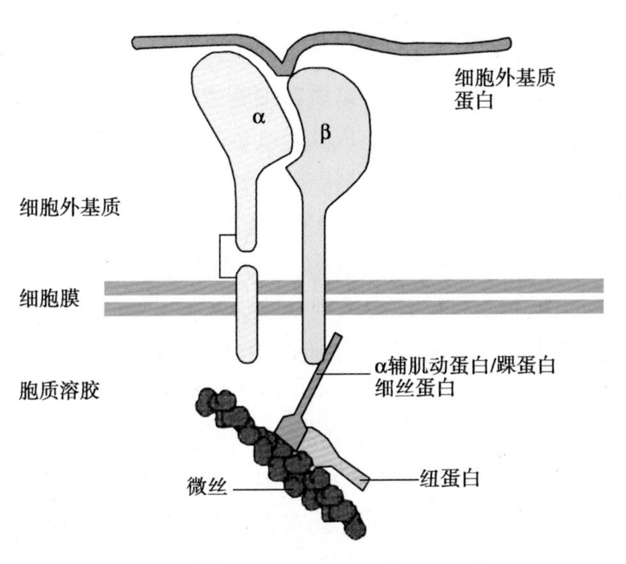

图 4-14-15　整联蛋白在细胞内骨架系统和细胞外基质之间的桥梁连接作用

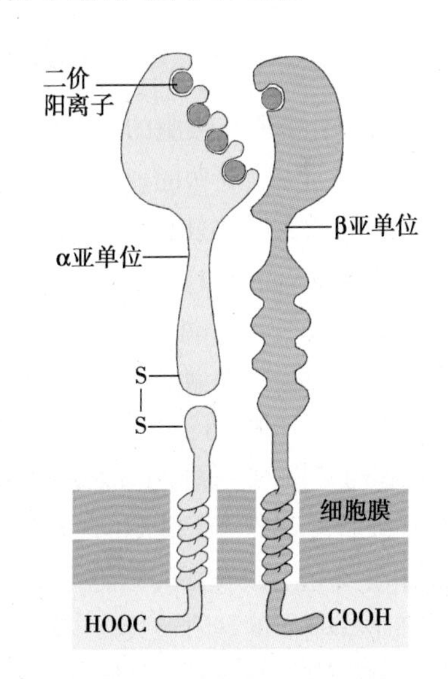

图 4-14-16　整联蛋白分子结构示意图

与细胞外基质成分结合的整联蛋白，主要是以 β_1 亚单位与 9 种 α 亚单位分别构成的异二聚体。虽然绝大多数细胞都表达结合同一配体或不同配体的多种独特的整联蛋白，但是，许多整联蛋白却主要表达于某些类型的细胞。表 4-14-3 所列举的是常见于脊椎动物的几种介导细胞与细胞外基质组分和(或)细胞黏附分子(cell adhesion molecule，CAM)相互作用的整联蛋白。从表可看出不仅同一种整联蛋白可以与一种以上的不同配体相结合，同一种配体也可以与多种不同的整联蛋白相结合。

表 4-14-3 常见于脊椎动物的几种整联蛋白

亚单位组成	主要的细胞分布	配体
$\alpha_1\beta_1$	多种细胞类型	胶原 层黏连蛋白
$\alpha_2\beta_1$	多种细胞类型	胶原 层黏连蛋白
$\alpha_4\beta_1$	造血细胞	纤维结合蛋白 VCAM-1
$\alpha_5\beta_1$	成纤维细胞	纤维结合蛋白
$\alpha_L\beta_2$	T 淋巴细胞	ICAM-1 ICAM-2
$\alpha_M\beta_2$	单核细胞	血清蛋白 ICAM-1
$\alpha_{IIb}\beta_3$	血小板	血清蛋白 纤维结合蛋白
$\alpha_6\beta_4$	上皮细胞	层黏连蛋白

第三节 细胞外基质的生物学作用

细胞外基质与细胞之间存在着十分密切的关系和极其复杂的相互作用。细胞外基质不只具有连接、支持、保水、抗压及保护等物理学作用，而且对细胞的基本生命活动发挥全方位的生物学作用。一方面，作为细胞生命活动的产物，细胞外基质的产生形成是由细胞所决定的，直接或间接地反映了细胞的生存和功能状态，并执行和行使着细胞的诸多功能；另一方面，作为机体组织的重要结构成分，它又提供了细胞生存的直接微环境，对细胞的基本生命活动具有重要的影响，发挥着不可或缺的生物学作用。细胞与细胞外基质之间的彼此依存、相互作用及其动态平衡，保证了生命有机体结构的完整性及其功能的多样性和协调性。

一、细胞外基质对细胞的生物学行为具有重要影响

细胞外基质与细胞的相互作用，直接或间接地体现为细胞外基质在细胞生命活动中的各种极其重要的生物学功能，它不仅构成和提供了各类细胞实现与完成其最基本的生命活动过程所必需的环境条件，而且影响着不同组织细胞各自特殊的生存、生理状态及功能作用，甚至在一定程度上决定着细胞的命运存亡。上皮组织、肌组织及脑与脊髓中的 ECM 含量较少，而结缔组织中 ECM 含量较高。细胞外基质的组分及组装形式由所产生的细胞决定，并与组织的特殊功能需要相适应。例如，角膜的细胞外基质为透明柔软的片层，肌腱的则坚韧如绳索。细胞外基质不仅静态的发挥支持、连接、保水、保护等物理作用，而且动态的对细胞产生全方位影响。

(一) 细胞外基质影响细胞的生存与死亡

细胞外基质对于细胞的生存与死亡有着决定性的作用。除成熟的血细胞外，几乎所有的细胞都需要黏附于一定的细胞外基质上才能得以生存，否则便会发生凋亡。不仅如此，不同细胞对细胞外基质的黏附还具有一定的特异性和选择性，即细胞并非黏附在任意一种细胞外基质上都能够生存。细胞对于细胞外基质的选择性，也恰恰说明了细胞外基质对细胞的生存具有决定性的影响和作用。

细胞外基质对于细胞存活和死亡的影响和作用,得到了许多体外实验的证明。例如,上皮细胞和内皮细胞只有黏附于细胞外基质的天然成分上时才能得以存活,它们一旦脱离了赖以存活的相应细胞外基质天然成分,或者黏附于多聚赖氨酸基质上,即发生凋亡。再如,当乳腺上皮细胞黏附于人工基膜(matrigal)时,可避免凋亡,而当其黏附于纤连蛋白或Ⅰ型胶原时,凋亡就会发生。此外,CHO 细胞和人成骨肉瘤细胞在无血清培养时,唯有通过 $\alpha_5\beta_1$ 整联蛋白的介导黏附于纤连蛋白上方可存活,而其他整联蛋白虽然也能介导黏附,但却不能防止凋亡。不同的细胞外基质对细胞增殖的影响不同。例如,成纤维细胞在纤黏连蛋白基质上增殖加快,在层黏连蛋白基质上增殖减慢;而上皮细胞对纤黏连蛋白及层黏连蛋白的增殖反应则相反。

(二) 细胞外基质决定细胞的形态

细胞的形态往往与其特定的生存环境密切相关。同一种细胞在不同的附着基质上会呈现不同的形状。所有组织细胞在脱离其组织基质,处于单个的游离悬浮状态下均会呈圆球状。上皮细胞只有黏附于基膜时才能显现其极性状态,并通过细胞间连接的建立而形成柱状上皮细胞。成纤维细胞在天然的细胞外基质中呈扁平多突状,而在Ⅰ型胶原凝胶中则呈梭状,若将其置于玻片上时又会呈球状。

细胞外基质对细胞形状的决定作用,主要是通过其受体影响细胞骨架的组装来实现的。因此,细胞外基质所决定的不仅仅是细胞的外观形态,而且会直接影响和改变细胞的功能活动状态。

(三) 细胞外基质参与细胞增殖的调节

如前所述,细胞外基质可影响细胞的形态,而细胞形态又和细胞的增殖密切相关。已知绝大多数正常的真核细胞在球形状态下是不能够进行增殖的,细胞只有黏附、铺展在一定的细胞外基质上,才能进行增殖,此即所谓的细胞锚着依赖性生长(anchorage dependent growth)现象。现已探明:在细胞外基质的许多成分中含有某些生长因子的同源序列;一些基质成分可结合生长因子;细胞外基质中的不溶性大分子常常可与细胞表面特异性受体发生作用,以上这些因素都可能直接或间接地影响到细胞的增殖活动。

(四) 细胞外基质参与细胞分化的调控

细胞外基质在个体胚胎发育的组织、细胞分化以及器官形成上具有重要的调控作用,其多种组分可通过与细胞表面受体的特异性结合,从而触发细胞内信号传递的某些连锁反应,影响细胞核基因的表达,最终表现为细胞的生存和功能状态及其表型性状的改变。

特定的细胞外基质可使某些类型的细胞撤出细胞周期,进行功能与形态的分化。例如,在纤黏连蛋白基质中处于增殖状态且保持未分化表型的成肌细胞,当被置于层黏连蛋白基质上时,其增殖活动立即终止并转入分化状态,进而融合为肌管。同样是纤黏连蛋白,对于成红细胞,则有促进其分化的作用。再如,未分化的间质细胞,在纤黏连蛋白和Ⅰ型胶原基质中可形成结缔组织的成纤维细胞;在软骨黏连蛋白和Ⅱ型胶原基质中可成演化为软骨细胞;而在层黏连蛋白与Ⅳ型胶原基质中则又会分化为呈片层状极性排列的上皮细胞。以上这些实验结果,充分说明细胞外基质参与了对细胞分化的控制作用。

(五) 细胞外基质影响细胞的迁徙

细胞外基质可以控制细胞迁移的速度与方向,并为细胞迁移提供"脚手架"。例如,纤黏连蛋白可促进成纤维细胞及角膜上皮细胞的迁移;层黏连蛋白可促进多种肿瘤细胞的迁移。细胞的趋化性与趋触性迁移皆依赖于细胞外基质。这在胚胎发育及创伤愈合中具有重要意义。细胞的迁移依赖于细胞的黏附与细胞骨架的组装。细胞黏附于一定的细胞外基质时诱导黏着斑的形成,黏着斑是联系细胞外基质与细胞骨架"铆钉"。无论是在动物个体胚胎发育的形态发生、组织器官形成,还是在成体组织的再生及创伤修复过程中,都伴随着十分活跃的细胞迁移活动。在细胞迁移过程中,与之密切相关的细胞黏附与去黏附、细胞骨架组装与去组装等,都不能离开

细胞外基质的影响和作用。细胞外基质不仅是细胞迁移活动的“脚手架”,而且还在很大程度上决定并控制着细胞迁移的方向和速度以及迁移细胞未来的分化趋势。下面以多向分化的神经嵴细胞为例来说明细胞外基质对于细胞迁移的影响。

神经嵴周围的细胞外基质富含的透明质酸可促进神经嵴细胞的分散迁徙。然而,当神经嵴细胞分别沿着背、腹两侧进行迁徙时,由于背、腹两侧不同路径中细胞外基质所含成分存在差别,结果导致了原本同一来源的同种细胞在背、腹两侧迁徙速度的不同:与腹侧途径相比,背侧迁移途径的细胞外基质中硫酸软骨素成分含量较高,这对细胞迁徙有抑制作用,从而使得背侧迁徙细胞的移动速度远远慢于腹侧细胞。

神经嵴细胞迁徙途径的细胞外基质中往往富含纤连蛋白成分,其迁徙停止部位的细胞外基质中则缺乏或者不含有纤连蛋白成分。同样是神经嵴细胞,在沿富含纤连蛋白基质途径进行迁移时,最终可分化为肾上腺素能神经元,形成神经节;当其迁移终止于缺乏或不含有纤连蛋白基质部位时,在这些细胞表面就会出现神经元黏附分子和N钙粘素,以使神经节中的细胞黏合。

总之,由于细胞外基质对细胞的形状、结构、功能、存活、增殖、分化、迁移等一切生命现象具有全面的影响,因而无论在胚胎发育的形态发生、器官形成过程中,或在维持成体结构与功能完善(包括免疫应答及创伤修复等)的一切生理活动中均具有不可忽视的重要作用。

二、细胞对细胞外基质具有决定性作用

(一)细胞是所有细胞外基质产生的最终来源

细胞外基质与细胞的相互作用,还体现为细胞对细胞外基质产生形成的决定性作用。一方面,细胞外基质的确对细胞的生命活动有着各种各样的重要影响和作用,但是,另一方面,细胞外基质毕竟是细胞生命活动的产物,是若干组织细胞按照既定的程序,以一定的方式合成并经由一定的转运途径分泌。

细胞不仅产生分泌细胞外基质成分,而且还调节和控制着其组织所在区域细胞外基质组分在胞外的加工修饰过程、整体组装形式和空间分布状态。所以说,细胞决定着细胞外基质的产生与形成,是所有细胞外基质成分的最终来源。

(二)不同细胞外基质的差异性产生取决于其来源细胞的性质及功能状态

不同的细胞外基质成分,是由不同局部的细胞产生、合成和分泌的。同一个体的不同组织,同一组织的不同发育阶段,甚或同一发育阶段、同一组织中细胞的不同功能状态,所产生的细胞外基质也会有所不同。换句话说,细胞外基质的产生,完全取决于相应细胞的性质、功能及其生理状态。例如,胚胎结缔组织中成纤维细胞产生的细胞外基质以纤连蛋白、透明质酸、Ⅲ型胶原及弹性蛋白为主要组分,成年结缔组织成纤维细胞产生的细胞外基质以纤连蛋白、Ⅰ型胶原等为主要成分,而软骨中的成软骨细胞则产生以软骨黏连蛋白、Ⅱ型胶原等为主要成分的细胞外基质。

(三)细胞外基质成分的降解是在细胞的控制下进行的

细胞对细胞外基质的作用,不仅在于能够决定细胞外基质各种成分的有序合成,而且还表现在能够严密地控制细胞外基质成分的降解。细胞外基质中的蛋白质组分,可在基质金属蛋白酶(matrix metalloproteinases,MMPs)家族与丝氨酸蛋白酶家族的联合作用下被降解,其糖链部分的降解则是在各种相应的糖苷酶的催化下完成的。这些酶又无一不是由细胞所产生的。

MMPs是一种水解酶,它对细胞外基质和基膜中的组成成分,如蛋白多糖、胶原、弹性蛋白、纤连蛋白、明胶和层黏连蛋白具有降解作用。MMPs在动物体内的活性是通过蝌蚪组织可以溶解胶原这一实验被发现的:研究者将活体尾鳍组织放在胶原凝胶上,发现在中性pH和生理温度条件下,胶原发生了降解。进一步的实验证明MMP1参与了胶原的降解。

迄今已鉴定了30多种MMPs。根据它们各自的底物特异性，将这些酶分成了五个亚家族（图4-14-17）：间质胶原酶、明胶酶、基质胶原酶和膜型金属蛋白酶。

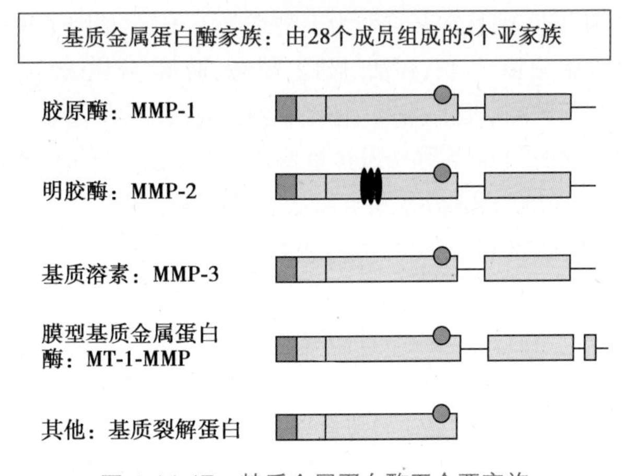

图4-14-17　基质金属蛋白酶五个亚家族

MMPs家族中各个成员的基本结构一致（图4-14-18）。经过转录和翻译过程产生的MMPs前酶原的N末端含有一个信号肽序列，其作用是引导翻译后的产物至内质网，信号肽在内质网中被切除以后，MMPs以无活性的酶原形式分泌至细胞外基质，特异性地与ECM结合而被激活。前肽区大约由80个氨基酸残基组成，其中含有保守的半胱氨酸残基序列（PRCGXPD），这一序列通过半胱氨酸残基中的硫原子与活性位点二价锌离子的相互作用抑制酶活性。当酶原中的前肽区被其他的MMPs或者蛋白酶（如纤溶酶）切除后，MMPs就会具有活性，这一激活过程是由所谓的"半胱氨酸开关（cysteine switch）"机制完成。

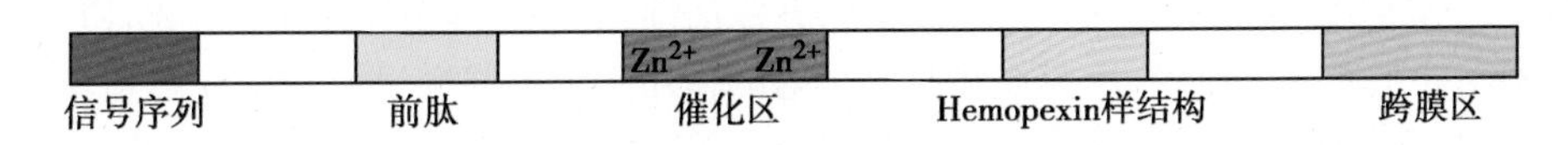

图4-14-18　MMPs的基本结构
两个锌离子定位于催化区域

MMPs所具有的降解细胞外基质成分的能力对细胞分化、骨骼生长、组织修复、胚胎发生和血管生成等功能具有重要的作用，在造血干细胞的活化与迁移过程中，MMP-9对细胞外基质成分的水解作用十分关键，有利于造血干细胞的增殖和移位。体内缺乏MMP-9的小鼠的骨骼形成和生长会受到明显抑制，但多数情况下，由于MMPs家族成员对底物的选择具有重复性，单个MMPs成员基因的剔除并不产生致死性结果。研究指出，MMPs调节过程一旦受到破坏就会引发多种疾病，包括关节炎、心血管疾病、脑卒中、动脉硬化和肿瘤转移。例如，骨性关节炎与类风湿关节炎患者关节液中胶原酶（MMP-1，MMP-8，MMP-13）的表达和对胶原的溶解能力都有所增加；MMP-1过表达致使小鼠心脏间质中的胶原含量大大降低，从而导致心脏收缩功能的下降。细胞外基质是相对稳定的，无论是可溶性或不溶解的大分子物质，在正常生理条件下都有着相对固定的分布和存在形式。但是，其代谢却十分活跃，不断生成，又不断降解，时时刻刻都在"吐故纳新"和"新陈代谢"。其中基质金属蛋白酶（MMPs）和金属蛋白酶抑制物（TIMPs）起着十分重要的作用，现已了解体内约有30多种MMP和20多种TIMP。MMPs可以降解多种胶原和细胞外基质分子；而TIMPs可以与各种MMP结合，抑制MMP的作用，以维持细胞外基质的动态平衡。

三、细胞外基质与疾病的关系

随着细胞外基质在生理和病理过程中的重要作用被发现，细胞外基质功能的研究已备受关注。绝不可认为细胞外基质仅包裹细胞而已，它是细胞完成若干生理功能必需依赖的物质。已知细胞的形态、运动及分化均与细胞外基质有关。细胞外基质能结合许多生长因子和激素，给细胞提供众多信号，调节细胞功能。在急、慢性感染性炎症时，细胞外基质的生化成分发生改变。临床上很多疾病与细胞外基质相关。细胞外基质作为细胞和组织内稳态的调节者，它不仅可作为干细胞、前体细胞、体细胞的niches（小生态环境）参与各种组织、胚胎、器官的形成、发育、修复

和再生，而且它又可作为多种细胞因子、生长因子和生物活性调节因子的整合和信息传递者，在细胞分裂、生长、存活、极性、形态、增殖、分化、迁移、自噬、运动和可塑性中发挥重要作用，从而参与肿瘤、炎症、免疫、神经、老化、遗传、呼吸、泌尿、消化等各种疾病的发生和发展过程，尤其在肿瘤的浸润、转移中发挥重要作用。

（一）细胞外基质与肾脏纤维化

各种原发性和/或继发性致病原因所导致 ECM 合成与降解的动态失衡，促使大量 ECM 积聚而沉积于肾小球、肾间质内，导致肾脏各级血管堵塞，混乱分隔形成肾脏组织形态学改变，最终导致肾单位丧失，肾功能衰竭，进一步发展成为不可逆转的肾小球硬化。硬化病变过程如下：①肾小球硬化后，分泌合成大量的不易被降解的胶原，更促使了肾脏细胞外基质过度积聚；②系膜细胞病变抑制了肾脏纤溶酶的降解活性；③肾脏基质金属蛋白酶组织抑制因子与纤溶酶原激活抑制因子的合成后，肾脏降解活性降低；④肾脏纤溶酶对肾脏细胞外基质的降解能力降低后，导致肾小球内肾脏细胞外基质合成异常增加，大量合成的肾脏细胞外基质取代了肾小球各功能细胞的空间，破坏了肾小球的组织结构，损伤了肾小球的功能，最终导致肾小球硬化的形成。肝脏纤维化和肝硬化也有类似的病理变化。

（二）细胞外基质与恶性肿瘤

恶性肿瘤的侵蚀、转移是一个动态的、连续的过程。肿瘤细胞首先从原发部位脱落，侵入到 ECM，与基底膜和细胞间质中一些分子黏附，并激活细胞合成、分泌各种降解酶类，协助肿瘤细胞穿过细胞外基质进入血管，然后在某些因子等的作用下运行并穿过血管壁外渗到继发部位，继续增殖、形成转移灶。总之，脱落、黏附、降解、移动和增生贯穿于恶性肿瘤侵蚀、转移的全过程。

细胞外基质由基底膜和细胞间质组成，为肿瘤转移的重要组织屏障。肿瘤细胞通过其表面受体与细胞外基质中的各种成分黏附后激活或分泌蛋白降解酶类来降解基质，从而形成局部溶解区，构成了肿瘤细胞转移运行通道。一般恶性程度高的肿瘤细胞具有较强的蛋白水解作用，可侵蚀破坏包膜，促进转移。目前较为关注的酶主要是丝氨酸蛋白酶类，如纤溶酶原激活物（plasminogen activator，PA）和金属蛋白酶类，如胶原酶Ⅳ、基质降解酶、透明质酸酶。恶性肿瘤的发生、发展、侵袭和转移常常伴有细胞外基质及其细胞表面受体表达的变化。正常肝细胞没有基膜，也不表达层黏连蛋白的特异性整合素族受体 $\alpha_6\beta_1$；而在肝细胞癌组织中，LN 和 $\alpha_6\beta_1$ 不仅表达水平升高，呈明显的共分布，而且其高水平表达与肝癌患者的预后呈负相关，提示 HCC 细胞可能通过 $\alpha_6\beta_1$ 受体接受来自 LN 的信号，从而对肝癌细胞的侵袭行为起着不可忽视的作用。肝癌的发病过程中往往早期就出现门静脉侵袭、肝内转移以及肝外肺脏和骨组织的转移，肝癌的侵袭、转移和术后复发是影响患者预后的主要因素。基质金属蛋白酶对细胞外基质的降解是肿瘤细胞侵袭和转移的关键环节之一，多种恶性肿瘤都伴有 MMPs 分泌水平和活性的增高。

（三）细胞外基质与心血管疾病

细胞外基质虽然来源、成分、功能不同，但它们又排列有序、疏密相间、相互联结、彼此协同，在细胞间质、组织间隙和器官内，形成各种复杂的相对固定的形式和分层网状结构，形成许多不同的功能结构区域，如在血管，可以形成内膜表面的黏附保护层、内膜下层、基底膜层、内弹力层、外弹力层、血管中层和外层系膜结缔组织等等。每一个结构区域都具有其复杂的成分、结构和各自的功能，形成多重通道、支架、隔栅、巢穴或屏障，保护和调节着血管的完整的功能。

细胞外基质来源于器官和组织内的不同细胞。细胞不同，产生和分泌的基质成分亦不同，如在心脏，肌肉细胞可以产生胶原Ⅳ、Ⅵ、层黏连蛋白和蛋白聚糖等；内皮细胞可以产生胶原Ⅰ、Ⅲ、Ⅳ、LN 和 FN；成纤维细胞可以产生胶原Ⅰ、Ⅲ、FN、periostin（骨膜蛋白）等。组织和器官内的其他细胞，如炎症免疫细胞亦可产生和分泌多种细胞外基质、细胞和生长因子及其相关的蛋白酶等。这样在细胞外和组织间隙形成了一个以细胞外基质为中心的 ECM [-MMP 和 TIMP 的复杂的、动态的、可调的合成、代谢和功能的支架和网络。这个网络体系还可以与多种细胞因子、生长因

Notes

子和心血管活性物质相结合，聚集和整合多种细胞信息传递的途径，它不仅可以调节细胞和器官的功能活动，也可以调节各种细胞外基质的生成和分泌，调节 MMP 和 TIMP 的表达和作用。共同组成了一个复杂的 ECM 网络调节体系和细胞、组织和器官活动和赖以生存的“微环境”，以保证细胞、组织和器官的正常功能，应对各种生理和病理刺激的反应。

在心血管系统，它与心血管的发育、血管形成、血管再塑、细胞黏附和血栓形成、内膜下迁移和平滑肌细胞的增殖、肌细胞的收缩舒张、缺氧 / 再灌损伤、炎症免疫、脂质沉着与斑块形成、血管硬化与心肌纤维化等心血管生理和病理过程都有着密切的联系，从而在高血压、动脉粥样硬化、再狭窄、心肌肥厚、心律失常、心肌梗死、心功能不全、瓣膜病、先心病、糖尿病等各种心血管病的发病中具有重要意义。在心血管病时，依心血管病发病的过程，细胞外基质呈现时程性的变化：在发病初期，多表现为 ECM 网络调节的异常，如生长因子、活性物质、MMP/TIMP 的表达变化；进而产生细胞外基质蛋白表达改变、合成和降解平衡失调，ECM 组分比例的变化；继而产生 ECM 组成、构型、构象的变化，从而影响 ECM 的支撑、屏障、信息汇聚和传递功能，再引起细胞表型和组织结构的变化，最后产生病理形态和组织器官的损伤，从而引起各种严重心血管疾病。这种时空性的改变是相互交叉、互为因果和循环往复的。不同心血管疾病，即使同一种心血管疾病，不同原因、不同类型、不同病程，细胞外基质的改变亦是不同的。但都有细胞外基质网络调节的变化，都有细胞外基质组成、结构和功能的变化。它们是心血管病发生和发展的一个重要的病理生理基础，亦是诊断和防治心血管病的重要的生物标记物，是研发心血管新药物的重要靶点。

(四) 细胞外基质与认知能力衰退有关

随着年龄的增长，人脑学习能力和记忆力会慢慢衰退。卢森堡大学的研究人员日前发表报告说，他们使用最先进的高通量蛋白质组学和统计学方法，发现了导致认知能力衰退的分子机制。当人们在记忆或回忆信息时，脑细胞会出现化学物质和结构的改变。尤其是，大脑神经细胞之间的连接部位(即神经突触)的数量和连接力度会发生变化。为了弄清认知能力衰退的原因，研究人员对健康实验鼠的脑神经突触构成进行了分析。这些年龄在 20~100 周的实验鼠，相当于处于青春期至退休期的人类。他们发现，细胞外基质蛋白浓度的变化对认知能力衰退有重要影响。细胞外基质蛋白是位于大脑神经突触之间的一种网状物。正常浓度的细胞外基质蛋白，可以确保脑神经突触的稳定性与灵活性之间的平衡，而这种平衡对学习和记忆能力至关重要。在四种类型的细胞外基质蛋白中，有一种细胞外基质蛋白浓度会随着实验鼠年龄的增长而大幅上升，而其他三种基本保持稳定。研究人员表示，由于年龄增长导致这一细胞外基质蛋白的浓度上升，会使脑神经突触变得僵硬，从而降低大脑接受新事物的能力，学习会更加困难，记忆力开始减退。研究人员还分析了细胞外基质蛋白之间的相互作用。他们发现，一个健康的脑神经网络可以使所有的细胞外基质蛋白分子保持适当浓度，从而发挥正常功能，但在老龄化的实验鼠脑神经网络中，细胞外基质蛋白的分子构成比年轻实验鼠更为复杂多变。这说明脑神经网络正在失去自我控制，更容易受到干扰。

细胞不同产生和分泌的细胞外基质成分亦不同；组织不同所含的细胞外基质的成分和比例亦不同；即使同一种细胞，同一种组织，在不同的生理、病理和反应条件下，细胞外基质的成分、结构和构型亦不同；结构和构型不同，细胞外基质的功能和作用亦不同。随着基因和蛋白质组生物学的研究进展，新的细胞外基质分子还在不断诞生，其类型、构型、构象还有更多发现，其功能亦在不断地扩展，构成了一个十分复杂的细胞外基质的网络家族和体系。近 20 年来，细胞外基质的研究取得了飞速发展和惊人的成就，但是鉴于细胞外基质众多的成员，多重的生理功能，复杂的网络调节体系和广泛而重要的病理和生理意义，细胞外基质的研究还需要不断深入，不断丰富。无论是分子结构，合成与分解，代谢与分子机制，信息的整合与传递，功能和调节，检测技术，防治方法和新药开发等都需要进一步研究。新的成分、新的结构、新的功能将不

断涌现，细胞外基质的网络调节体系将不断发展和完善。

小 结

细胞外基质既是一种分布于细胞外空间的纤维网络结构体系，主要组分为氨基聚糖与蛋白聚糖类、胶原与弹性蛋白类和非胶原蛋白（黏连蛋白）类三种类型。

氨基聚糖是由重复的二糖单位聚合而成的直链多糖，其不仅易于在所处的有限的组织空间内形成黏稠的胶体，同时又能够最大限度地保持分子的伸展状态，从而赋予组织良好的抗压能力。

蛋白聚糖是氨基聚糖和核心蛋白共价结合形成的高分子和高含糖量糖蛋白，随其组织分布和存在形式差异，具有多种不同的重要的生物学功能。

胶原是细胞外基质中含量最丰富的纤维蛋白家族，目前已经发现的胶原有20余种，其中较为常见并了解最多的是Ⅰ、Ⅱ、Ⅲ和Ⅳ型胶原。三股螺旋是不同胶原分子所具有的共同结构形式，它们构成了细胞外基质的框架结构。

弹性蛋白是构成细胞外基质中弹性网络结构的主要组分，富含甘氨酸和脯氨酸、不发生糖基化修饰和具有高度的疏水性。弹性蛋白构象为无规则卷曲状态，同时为富有弹性的疏松网状结构。细胞外基质中的弹性蛋白纤维与胶原蛋白纤维相互交织，赋予组织一定弹性和高度的韧性。

纤连蛋白和层黏连蛋白是目前对其结构、功能了解较多的两种细胞外基质非胶原糖蛋白（黏连蛋白）。纤黏连蛋白是一类含糖的高分子非胶原蛋白质。不同组织来源的纤黏连蛋白亚单位虽为同一基因的表达产物，但会由于转录后RNA剪接的差异而形成异型性的纤连蛋白分子。可溶形式的血浆纤黏连蛋白是由两条相似的多肽链构成的二聚体；不溶形式的细胞纤黏连蛋白系由两条以上肽链构成的多聚体。纤黏连蛋白的主要功能为介导细胞黏着，促进细胞的迁移与分化。

层黏连蛋白是一种高含糖量非胶原蛋白质，由一条重链和两条轻链组成，并借二硫键交联结合成非对称的十字形分子构型。早期胚胎的层黏连蛋白对于保持细胞黏附与细胞的极性以及细胞的分化具有重要的意义；成体动物的层黏连蛋白除构成基膜之外还存在于上皮与内皮下紧靠细胞基底部位以及肌细胞和脂肪细胞的周围。

基膜是由Ⅳ型胶原、层黏连蛋白、内联蛋白、渗滤素和核心蛋白多糖等五种以上细胞外基质中的蛋白质所构成的一种柔软而坚韧的网膜样结构，为细胞外基质的特化形式。

整联蛋白是细胞外基质成分的主要细胞膜受体，不仅介导细胞与细胞外基质相互结合，还沟通细胞外基质和细胞骨架系统之间相互联系。

细胞外基质对细胞生命活动的影响主要包括：影响细胞的生存与死亡；决定细胞的形态，并直接影响和改变细胞的功能活动状态；参与细胞增殖的调节；参与细胞分化的控制；影响细胞的迁徙。

细胞对于细胞外基质具有决定性的作用，主要表现为：细胞是所有细胞外基质产生的最终来源；不同细胞外基质的差异性的产生取决于其来源细胞的性质及功能状态；细胞外基质成分的降解是在细胞的调控下进行的，其中，基质金属蛋白酶（MMPs）是一种重要的水解酶。不同细胞产生和分泌的细胞外基质成分亦不同；同一种细胞，在不同的生理、病理条件下，细胞外基质的成分和结构也不同。细胞外基质有很多功能，与人类的很多疾病的发生和肿瘤的转移有直接关系。

（涂知明）

参考文献

1. Lodish Harvey, Berk Anold, Krice A Kaiser, et al. Molecular Cell Biology. 7th ed. New York: W. H. freeman and Company, 2012.
2. Alberts Bruce, Johnson Alexander, Lewis Julian, et al. Molecular Biology of the Cell. 5th ed. New York: Garland Science, 2008.
3. Thomas D Pollard, William C.Earnshaw. Cell Biology. 2nd ed. Philadelphia: Sauders Elsevier, 2008: 425-512.
4. Marneros AG, Olsen BR. The role of collagen derived proteolytic fragments in angiogenesis. Matrix Biol, 2001, 20(56): 337-345.
5. Borg TK. It's the matrix! ECM, proteases, and cancer. Am J Pathol. 2004 Apr; 164(4): 1141-1142.
6. Raghow R. The role of extracellular matrix in postinflammatory wound healing and fibrosis. FASEB J. 1994 Aug; 8(11): 823-831.
7. Roman J. Extracellular matrix and lung inflammation. Immunol Res. 1996; 15(2): 163-178.
8. 陈誉华 . 医学细胞生物学 . 第 5 版 . 北京: 人民卫生出版社, 2013.
9. 章静波, 林建银, 杨恬 . 医学分子细胞生物学 . 北京: 中国协和医科大学出版社, 2002.
10. 成军 . 现代细胞外基质分子生物学 . 第 2 版 . 北京: 科学出版社, 2012.

第十五章　细胞信号转导

早在 19 世纪末、20 世纪初，科学家就已提出细胞表面存在受体的设想，用以解释某些药物或毒物对细胞的作用机制。后来许多实验表明，所有多细胞生物体内都存在细胞间的通讯，以协调身体各部分细胞的活动。在高等动物中，神经系统、内分泌系统和免疫系统的运行，都离不开细胞间的信号联系。除了神经细胞内部（即从细胞的一端到另一端）主要通过电信号传递外，大多数情况下细胞间的信号传递主要依赖化学分子（即细胞间信号分子）来实现，这种通过信号分子对细胞生命活动进行调节的现象称为细胞信号转导（signal transduction）。

在细胞的信号转导过程中，信号分子或通过一定的机制直接进入细胞，或者本身并不进入细胞而通过细胞膜上的蛋白分子将信号传入细胞内。细胞间的信号转导包括以下几个方面：①胞外信号分子（配体），它们通常也被称为信号转导途径中的第一信使，包括激素、神经递质、药物、光子等化学与物理信号；②细胞表面以及细胞内部能接受这些化学信号分子的受体；③受体将信号分子所携带的信息转变为细胞内信号分子的变化，这些细胞内信号分子有时也被称为第二信使，如 cAMP、cGMP、Ca^{2+} 等；④信号转导将触发一系列细胞内生化反应和基因表达变化，导致细胞行为的改变（图 4-15-1）。

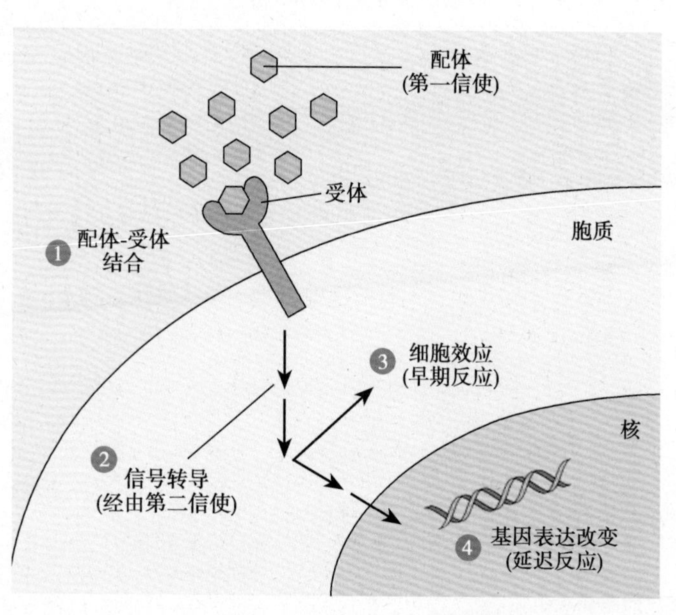

图 4-15-1　细胞信号转导通路总览

显示胞外信号分子与受体结合后调节第二信使而诱发细胞行为的改变

第一节　信号转导过程中的关键分子

一、胞外信号分子是物理、化学性质的

细胞所接受的信号分子称为配体（ligand），它既可以是物理信号（光、热、电流等），也可以是化学信号。化学信号在有机体间和细胞间的通讯中应用最广泛，也统称为第一信使（first messenger）。根据配体的化学性质可以分为短肽、蛋白质、气体分子（NO、CO）、氨基酸、核苷酸、脂类和胆固醇衍生物等。此外，从产生和作用方式来看，可将胞外的化学信号分为内分泌激素、神经递质、局部化学介导因子和气体分子等四类。

根据信号分子的作用距离，细胞信号分泌可以分为内分泌(endocrine)、旁分泌(paracrine)和自分泌(autocrine)三类。①内分泌，信号分子(如激素)从不同内分泌器官的细胞释放后作用于距离较远的靶细胞(图 4-15-2A)。在动物体内，内分泌激素往往是经由血液或其他细胞外液从其分泌部位运输到作用部位。②旁分泌，由一个细胞释放的信号分子经局部扩散影响近距离的靶细胞(图 4-15-2B)。神经递质由一个神经细胞向另一个神经细胞或向肌肉细胞传递的过程就是通过旁分泌实现的。③自分泌，细胞对自身分泌的物质产生反应(图 4-15-2C)。培养细胞就往往会分泌某些生长因子来刺激自身的生长增殖。

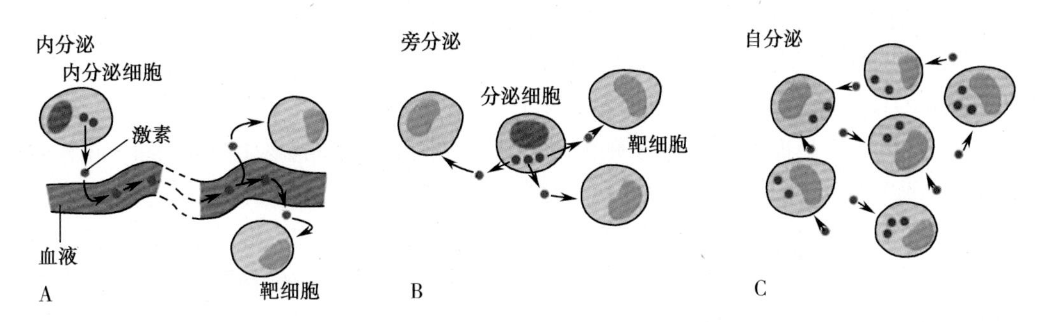

图 4-15-2　胞外信号分子(配体)的作用方式

一般而言，胞外信号可以诱导两种细胞反应：一是特异性地导致已存在蛋白的活性或功能的改变，二是激活或抑制相关基因的转录，使得细胞内特异分子(如蛋白和 RNA)在数量方面发生变化。大多数情况下，第一种反应方式比第二种反应方式发生得快一些。

二、受体在信号转导过程中起特异性中转作用

(一) 受体的化学本质是蛋白质

受体(receptor)是存在于细胞表面或内部的蛋白质，能接受外界的信号并将其转化为细胞内一系列生物化学反应，从而对细胞的结构或功能产生影响。受体所接受的外界信号，包括神经递质、激素、生长因子、光子、气体分子等，这些不同的配体作用于不同的受体而产生不同的生物学效应。虽然不同的受体具有结合不同的配体能力，并且同一类型的受体在不同的组织部位时，其结合配体的能力也不完全相同。但总体而言，受体在结构和功能上具备一定的规律。

(二) 受体可分为细胞表面受体和胞内受体

根据靶细胞上受体的存在部位，可将受体分为细胞表面受体(cell surface receptor)或膜受体(membrane receptor)和胞内受体(intracellular receptor)(图 4-15-3)。此外，还有一种特殊的存在于细胞膜上的受体，配体与其特异性结合后可介导受体的内吞作用，形成内吞体将配体分子带入细胞，从而启动信号转导过程。

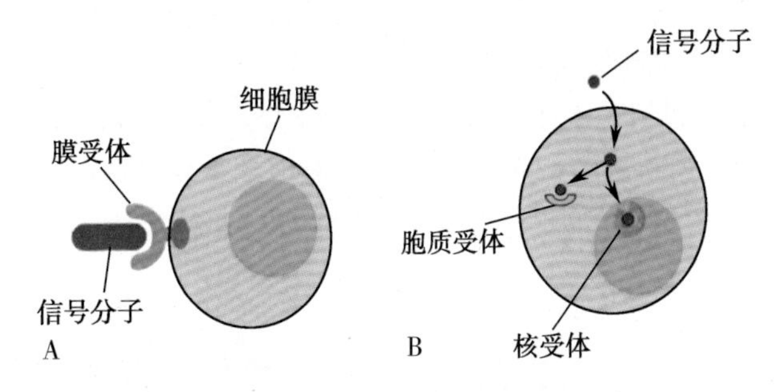

图 4-15-3　细胞表面受体和胞内受体

A. 细胞表面受体；B. 胞内受体

1. 细胞表面受体　细胞表面受体(也称膜受体)主要分为三大类：G 蛋白偶联受体(G-protein-coupled receptors，GPCR)、酶联受体(enzyme-linked receptors)和离子通道偶联受体(ion channel-coupled receptors，又称配体门控离子通道 ligand-gated ion channels)，大约有 20 个家族受体，其中 G 蛋白偶联受体、受体酪氨酸激酶、细胞因子受体、鸟苷酸环化酶(guanylyl cyclase)受体、肿瘤坏死因子受体、Toll 样受体、Notch 受体、Hedgehog 受体、Wnt 受体等是目前研究较为清楚的。

2. 胞内受体 根据在细胞中的分布情况，胞内受体又可分为胞质受体和核受体。胞内受体的配体多为脂溶性小分子，常见的有甾体类激素、以类固醇激素类、甲状腺素类激素、维生素D和气体分子。这些小分子可直接以简单扩散的方式或借助于某些载体蛋白跨越靶细胞膜，与位于胞质或胞核内的受体结合。例如，糖皮质激素、盐皮质激素的受体位于胞质中，而维生素D_3及维A酸受体则存在于胞核内，还有一些受体可同时存在于胞质及胞核中，如雌激素受体、雄激素受体等。

（三）信号转导过程中的主要分子开关

生物体内信号转导过程中的分子开关主要分为两大类，一类是蛋白激酶和蛋白磷酸酶，另一类是GTP结合蛋白。蛋白激酶把磷酸基团加到特定的靶蛋白，蛋白磷酸酶则通过去磷酸化去除磷酸基团；GTP结合蛋白结合GTP时呈活化的状态，结合GDP时呈失活的状态。换句话说，单个磷酸基团的存在与否，直接影响了靶蛋白在活性与非活性状态构象之间的切换。由于磷酸基团的添加或去除是一个可逆的过程，所以这种切换方式可视为“分子开关”。构成这些“分子开关”的分子通常串联连接形成信号级联（cascade），逐级转导、放大并优化这些信号。几乎没有信号通路是线性的，大多都是交叉呈分支状的，这样可以使细胞从多条通路来整合信号，并同时控制多个效应系统。

1. 蛋白激酶 蛋白磷酸化（protein phosphorylation）是一种最常见的蛋白质翻译后修饰过程，主要是蛋白激酶在靶蛋白的丝氨酸、苏氨酸或酪氨酸残基上共价添加磷酸基团。磷酸基团以两个负电荷结合到单个氨基酸残基上，可显著改变靶蛋白的空间构象。一个磷酸基团可以通过多个途径来改变蛋白质的活性，例如：蛋白磷酸化可以直接地阻断一个配体与蛋白的结合（直接干涉），参与氢键形成和静电的相互作用（构象改变），使两个相关蛋白形成可以相互结合的位点（促进蛋白相互作用）（图4-15-4）。

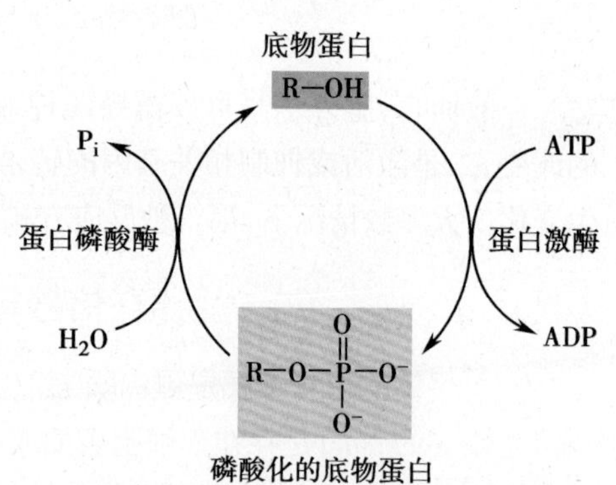

图4-15-4 靶蛋白的磷酸化与去磷酸化

蛋白激酶（protein kinase）可以催化ATP（在某些情况下是GTP）上γ-磷酸转移到靶蛋白的氨基酸侧链上。蛋白激酶的重要性可以从这些基因存在的数量看出：芽酵母基因组中有116个蛋白激酶基因(仅次于转录因子基因)，线虫基因组中有409个蛋白激酶基因(仅次于G蛋白偶联受体基因)，人体基因组中至少有518个蛋白激酶基因。真核细胞中很多蛋白激酶都是丝氨酸/苏氨酸激酶或是酪氨酸激酶。多数丝/苏氨酸激酶仅能磷酸化丝氨酸/苏氨酸而不能磷酸化酪氨酸，同样，大多数酪氨酸激酶也只能使酪氨酸磷酸化而对丝/苏氨酸不起作用。

蛋白激酶都具有一个蛋白激酶结构域（kinase domain，或称催化结构域catalytic domain），其由260个左右的残基组成，一般具有两个“叶片（lobe）”，周围分布着ATP结合位点（图4-15-5）。

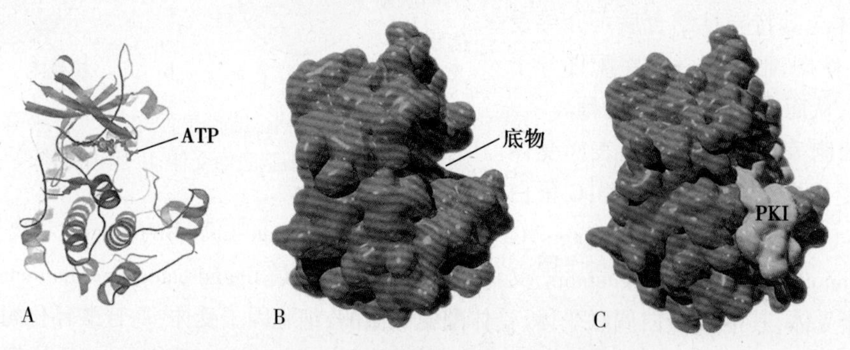

图4-15-5 蛋白激酶结构域示意图
A. ATP结合位点；B. 底物结合位点；C. 抑制剂结合位点

尽管蛋白激酶基因序列具有广泛的差异,但是它们催化作用关键部位保守的蛋白残基有类似的多肽折叠。底物选择性地结合于激酶表面的沟(groove),这个沟可以识别磷酸化的氨基酸残基,并能将靶蛋白氨基酸侧链定位于活性位点,使其具有特异性。通常,底物与特异的蛋白激酶结合在相似氨基酸残基围绕着磷酸化丝氨酸、苏氨酸或者酪氨酸(保守序列)形成的特定空间构象上,例如蛋白激酶 A(PKA)保守序列是 Arg-Arg-Gly-Ser/Thr-Ile。精氨酸和异亮氨酸使磷酸化的丝氨酸或苏氨酸残基位于侧面,从而可以特异性的结合 PKA。

除了激酶结构域,多数蛋白激酶还有其他结构域(图 4-15-6)。例如:衔接体蛋白具有 SH2、SH3 和 pleckstrin 同源结构域,可帮助蛋白激酶结合到细胞的特定区域。受体酪氨酸激酶的穿膜结构域使得受体激酶锚定在细胞膜上。

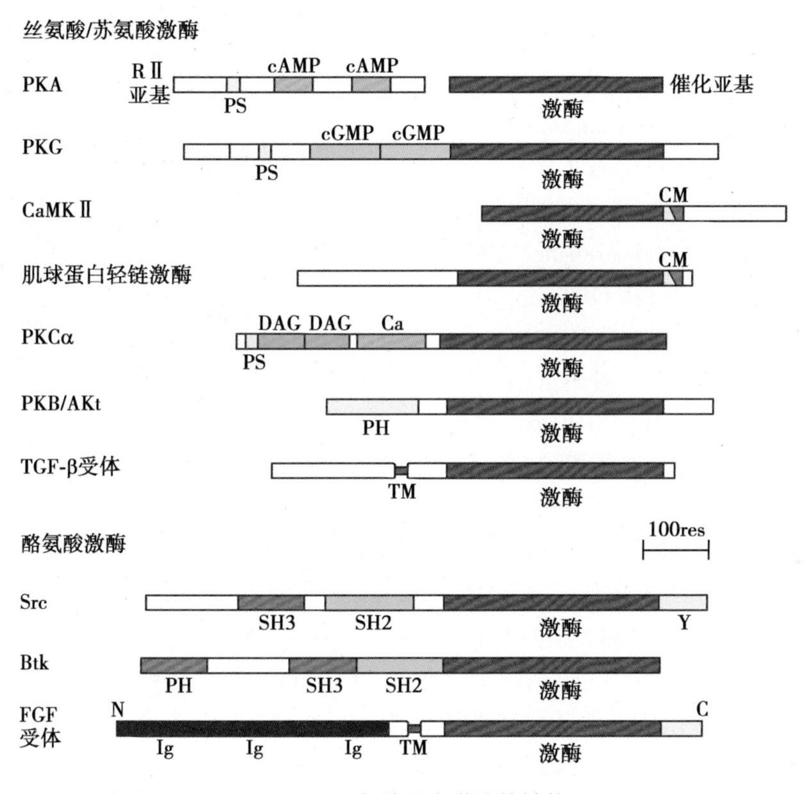

图 4-15-6 部分蛋白激酶的结构

每个蛋白激酶都有自己的调节机制,主要的调控机制包括:①磷酸化;②与内源性肽链或外源性亚基交互作用,这些肽链和亚基自己本身可能就是第二信使或调节蛋白的靶点;③靶向特定的细胞内位置,如细胞核、原生质膜或细胞骨架,以增强其与特殊底物的相互作用。

2. 蛋白磷酸酶 蛋白磷酸酶(protein phosphatase)是一种能够将蛋白质底物去除磷酸基团的酶,即通过水解磷酸单酯将底物分子上的磷酸基团除去,并生成磷酸根离子和自由的羟基。真核生物具有多个蛋白磷酸酶家族,它们可以将磷酸基团从氨基酸侧链移除。虽然一些双特异性磷酸酶既可以使磷酸化的丝氨酸 / 苏氨酸去磷酸化,也可以使磷酸化的酪氨酸去磷酸化,但大部分磷酸酶像蛋白激酶一样仅作用于丝氨酸 / 苏氨酸或仅作用于酪氨酸。人类基因组中存在 90 个以上有活性的酪氨酸磷酸酶基因,远超过 20 个丝氨酸 / 苏氨酸磷酸酶基因。

激酶和磷酸酶之间存在协同作用,一些蛋白磷酸酶可稳定地和它们的底物蛋白相结合。例如,双特异性 MAP 激酶磷酸酶 -3(MKP-3)与 MAP 激酶(mitogen-activated kinase)结合。由于磷酸酶的去磷酸化作用,MAP 激酶的活化一般是短暂的,因此 MAP 激酶信号通路下游的激活作用需要上游激酶的活化来实现。

3. GTP 酶（GTP 结合蛋白） 细胞利用 GTP 结合蛋白（GTP binding protein）来调节其许多功能，包括蛋白合成、膜受体的信号转导、细胞骨架的调节、穿膜运输和核转运。这些 GTP 结合蛋白在进化上高度保守，都有一个能与 GTP 结合的核心域，能结合、分解、释放 GTP（或 GDP），进而影响蛋白质的功能，因此 GTP 结合蛋白在本质上都是 GTP 酶（GTPase）。真核生物有 10 个 GTP 酶家族，GTP 酶共享着一个大约由 200 个氨基酸残基组成的 GTP 结合域，其形成了一个浅沟状的结构，与鸟嘌呤碱、核酸、三磷酸盐以及 Mg^{2+} 形成的氢键网状系统固定了核苷酸。GTP 酶可利用各种内在或外在的蛋白因子来调节 GTP 酶的活化与失活状态。大多数的 GTP 酶通过水解自身结合的 GTP，成为 GTPase-GDP 而失去活性，该过程受到 GTP 酶促进因子（GTPase-accelerating proteins，GAPs）的促进，鸟嘌呤核苷解离抑制因子（guanosine nucleotide dissociation inhibitors，GDI）的抑制；同时，GTP 酶在鸟嘌呤核苷交换因子（guanine nucleotide exchange factors，GEFs）的作用下，从 GTPase-GDP 状态变为 GTPase-GTP 状态，进而获得活性（图 4-15-7）。一般而言，GTP 酶往往保持在非活性的 GDP 状态，因为 GDP 的分离过程是缓慢的，而且直到 GDP 解离后 GTP 才能结合到 GTP 酶上。

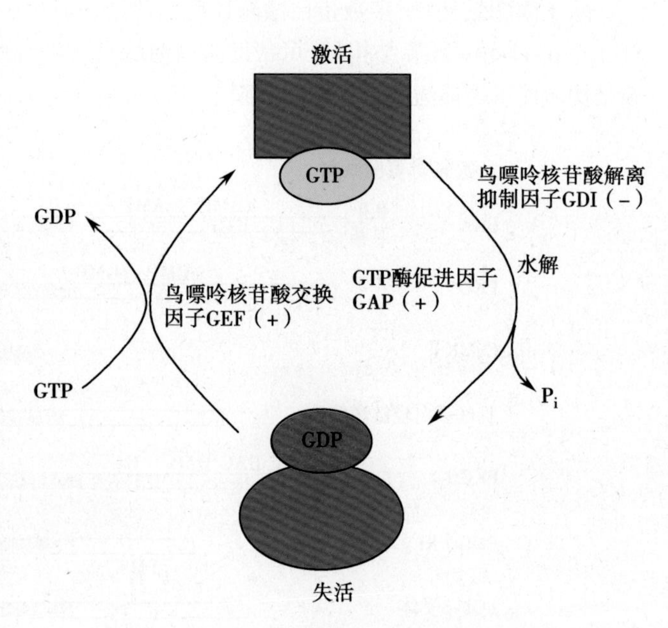

图 4-15-7 GTP 酶的活化与失活模式图

GTP 酶可以分为四类，包括：①延伸因子；②Ras 相关的小分子 GTP 酶；③异三聚体的 G 蛋白；④动力蛋白相关的 GTP 酶。延伸因子 ET-Tu 和动力蛋白相关的 GTP 酶具有附加域，这些附加域是分子间的相互作用所必需的；分子量为 20 000 的 GTP 酶如 Ras 只包含一个 GTP 结合的核心域；三聚体 G 蛋白的 Gα 亚基通过两股 α 螺旋和核心域铰接；其中 Ras 相关的小分子 GTP 酶和异三聚体的 G 蛋白参与了多种信号转导过程。

（四）信号转导过程中的衔接体蛋白

在描述信号转导通路时，有几种蛋白结构域在不同的信号蛋白中反复出现，如 SH2 或 SH3 等。SH（Src homology）是 Src 酪氨酸激酶中的一个保守结构域，约由 100 个氨基酸残基组成，可特异性结合一些磷酸化酪氨酸残基。其存在于其他一些信号蛋白中，如人类基因组约编码 200 个含有 SH2 或 SH3 的蛋白，可参与蛋白与蛋白之间、蛋白与膜油脂之间的相互作用。衔接体蛋白（adaptor protein）常含有 SH2 或 SH3 结构域，如哺乳类动物的生长因子受体结合蛋白 2（growth factor receptor-bound protein 2）。衔接体蛋白结构域介导的蛋白间相互作用，可将蛋白装配成能执行一系列反应的多分子功能元件。为了使这些相互作用更易发生，许多信号蛋白分子具有一个以上的衔接体蛋白域或者结合着一个以上的配体。在信号转导过程中，这些物理上的连接使受体到效应子的转导更为可靠。

（五）第二信使是介导细胞信号转导的分子

第二信使学说是由美国范德堡大学教授 E.W. Sutherland 于 1965 年首先提出。他认为人体内各种含氮激素（蛋白质、多肽和氨基酸衍生物）都是通过细胞内的环磷酸腺苷（cAMP）而发挥作用的。他首次把 cAMP 叫做第二信使，激素等作用于细胞膜的信号分子为第一信使。由于他对阐明激素作用机制作出的卓越贡献，Sutherland 获得了 1971 年诺贝尔生理学或医学奖。第二信使

是指在细胞内产生的，可以通过其浓度变化应答胞外信号与细胞表面受体结合，调节细胞内很多蛋白分子的活性，从而介导细胞信号转导的分子。它们通常是一些小分子，有些是疏水性物质，存在于膜上；有些是无机离子；有些是核苷酸类。常见的第二信使包括：cAMP、cGMP（环磷酸鸟苷）、Ca^{2+}、1，4，5- 三磷酸肌醇（IP_3）、3，4，5- 三磷酸磷脂酰肌醇（PIP_3）和二酰甘油（DAG）等（图 4-15-8）。

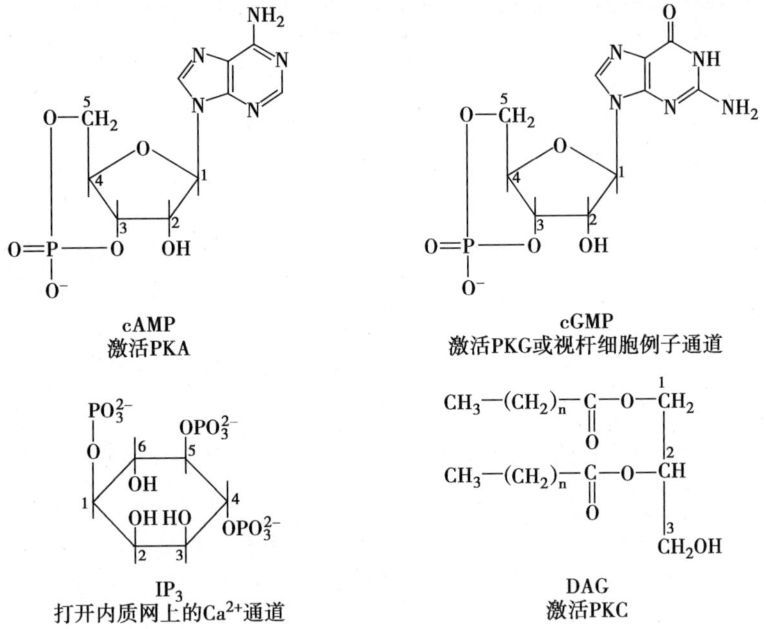

cAMP
激活PKA

cGMP
激活PKG或视杆细胞例子通道

IP_3
打开内质网上的Ca^{2+}通道

DAG
激活PKC

图 4-15-8　常见第二信使的化学结构

第二节　细胞内主要的信号转导通路

一、G 蛋白偶联受体（GPCR）介导的信号通路

细胞是如何感知外界刺激的？我们能闻到气味、尝到食物的味道、看见美丽的风景，用触觉感受世界，这都是因为人体内的细胞无时无刻不在与外部环境进行信息交换，而这种交换与 G 蛋白偶联受体的作用是紧密联系的。G 蛋白偶联受体参与嗅觉、感光以及自主神经系统调节等诸多生理调控过程，由它所介导的信号通路的异常可导致许多疾病发生，而临床上许多药物正是针对该通路中的不同分子而发挥作用的。

（一）G 蛋白偶联受体是七次跨膜受体

G 蛋白偶联受体是一种与三聚体 G 蛋白偶联的细胞表面受体，含有 7 个穿膜区，是迄今发现的最大的受体超家族，其成员有 1000 多个，包括多种神经递质、肽类激素的受体以及在视觉、嗅觉中接受外源理化因素的受体（图 4-15-9）。三聚体 GTP 结合调节蛋白简称 G 蛋白，位于质膜胞质一侧，在信号转导通路中起着分子开关的作用。当与配体结合后，G 蛋白偶联受体通过激活所偶联的 G 蛋白，启动不同的信号转导通路，产生各种生物学效应。

（二）G 蛋白偶联受体介导的主要信号通路

配体通过与 G 蛋白偶联受体结合，激活 G 蛋白，而调节细胞的各种生物学行为。G 蛋白的效应蛋白比较复杂，与细胞的类型及 α 亚单位的类型密切相关，主要包括离子通道、腺苷酸环化酶、磷脂酶 C、磷脂酶 A_2 以及磷酸二酯酶等。一般认为以离子通道为效应蛋白的配体 - 受体作用（或 G 蛋白的效应）快速而短暂，而以酶分子为效应蛋白的配体 - 受体作用（或 G 蛋白的效应）缓慢而持久。

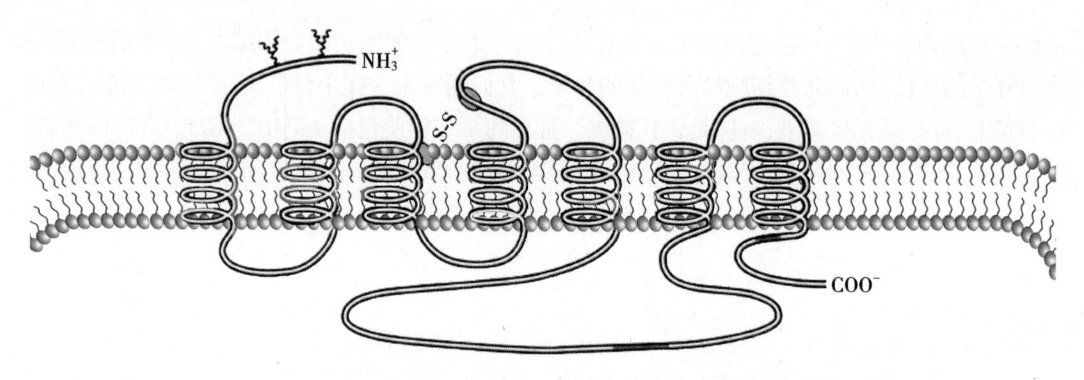

图 4-15-9 G 蛋白偶联受体的模式图

1. G 蛋白偶联受体激活或抑制腺苷酸环化酶 功能多样的 G 蛋白能够使不同的激素受体复合物调节同一个效应蛋白的活性。例如，在肝脏中，胰高血糖素和肾上腺素分别与不同的受体结合，然而两种受体都与激活型的 G 蛋白 α 亚单位（Gsα）相互作用，活化后的 Gsα 激活腺苷酸环化酶（AC），从而启动了类似的细胞反应。前列腺素 PGE1 和腺苷酸的受体与抑制型 G 蛋白 α 蛋白（Giα）而不是 Gsα 相互作用，从而抑制了 AC 的活性。

AC 可以催化 ATP 分解形成 cAMP，cAMP 作为第二信使调节细胞的新陈代谢。在绝大多数真核细胞中，cAMP 依赖性蛋白激酶 A（cAMP-dependent protein kinase，PKA）是由两个调节亚基（R）以及两个催化亚基（C）组成的四聚体，每个 R 亚基有两个特异性的 cAMP 结合位点，其与 cAMP 结合后导致了相连的 C 亚基解离，从而暴露催化位点，磷酸化下游底物，如 CREB（cAMP response element-binding protein）等，磷酸化的 CREB 与 DNA 上的 CRE（cAMP response elements）元件结合，从而促进靶基因的表达（图 4-15-10）。在嗅觉上皮细胞中，作为第二信使的 cAMP 浓度升高后，通过调控离子通道的通透性启动相应的信号转导通路（详见后述）。

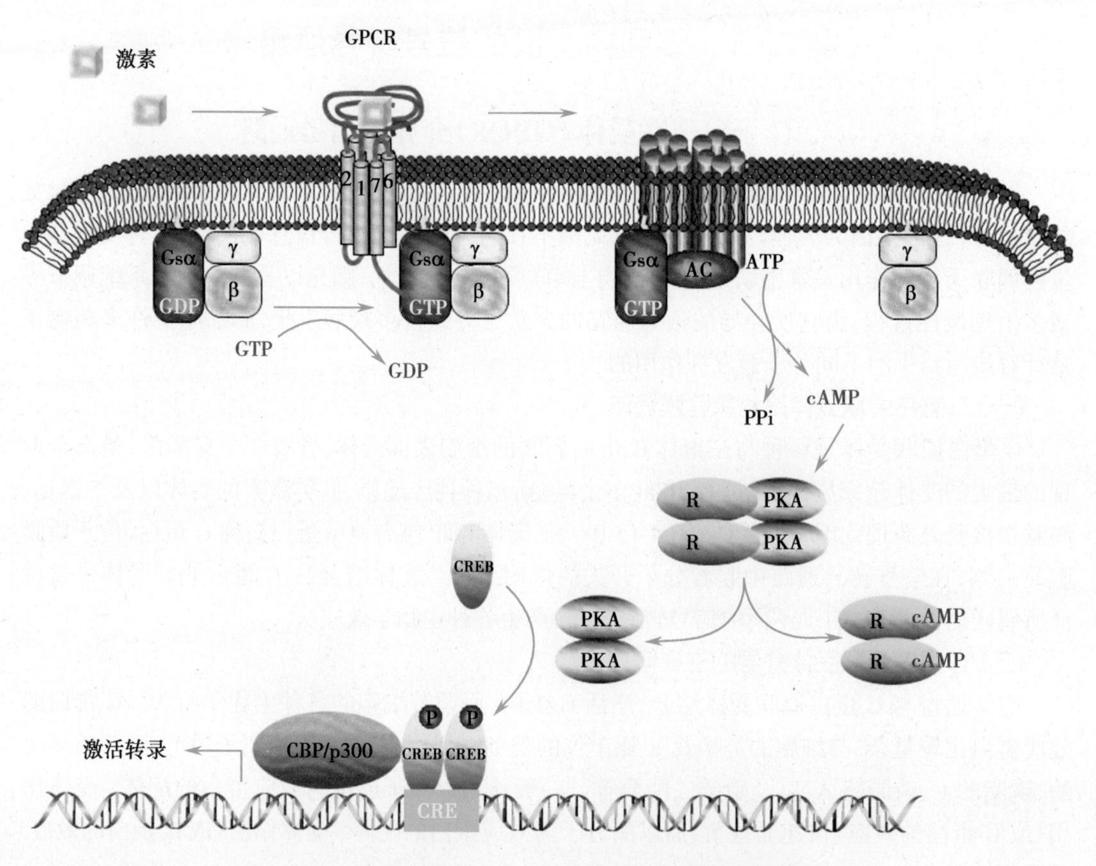

图 4-15-10 G 蛋白偶联受体激活腺苷酸环化酶并调节基因转录

肾上腺髓质可分泌肾上腺素和去甲肾上腺素。肾上腺素可调节糖代谢，促进肝糖原和肌糖原的分解，增加血糖和血中的乳酸含量。去甲肾上腺素也有类似作用，但作用较弱。肾上腺素由肾上腺分泌后通过血液输送到肝细胞，即与肝细胞膜表面上的肾上腺素受体结合，肾上腺素受体可分为 α 及 β 两个类型。肾上腺素对 α 及 β 两型受体均起作用，而去甲肾上腺素主要对 α 型起作用。受体与肾上腺素结合后，促进偶联三聚体 G 蛋白构象改变，形成具有活性的 GTP-Gsα，而 GTP-Gsα 激活 cAMP 环化酶，催化 ATP 环化形成 cAMP(在细胞内浓度可达到 10^{-6}mol/L)。

肾上腺素介导的信号转导通路的基本路径包括：①肾上腺素与 β 肾上腺素受体结合，诱导受体形成活性构象。②激活后的受体与 G 蛋白结合，导致 Gsα 亚单位与 Gβγ 亚单位分离；同时，Gsα 亚单位与鸟苷酸的亲和力发生改变，表现为与 GDP 的亲和力下降，与 GTP 的亲和力增加，故 Gsα 亚单位转而与 GTP 结合。③Gsα 结合并激活 AC，后者分解 ATP，形成 cAMP。④cAMP 激活蛋白激酶 A(PKA)。cAMP 与 PKA 调节亚基(R)的结合表现出一种协同效应，就是说，第一个 cAMP 分子与一个 cAMP 结合位点结合能够降低第二个分子与其结合位点结合的 Kd(dissociation constant)。因此胞质 cAMP 水平的微小变化就可以导致 PKA 解离的 C 亚基数量也就是激酶活性的成倍的增加。⑤PKA 进一步使底物蛋白磷酸化，其中包括磷酸化酶激酶(phosphorylase kinase)的磷酸化。⑥磷酸化酶激酶进一步放大信号转导的效应，使大量磷酸化酶 b 磷酸化，并使之激活。同时 PKA 还抑制具有脱磷酸作用的蛋白磷酸酶 1(protein phosphatase 1)的活性，进一步提高磷酸化酶激酶和磷酸化酶 b 磷酸化的效率。⑦磷酸化酶 b 激活磷酸化酶 a 催化糖基从糖原分子中分离，形成转化成葡萄糖 -1- 磷酸葡萄糖，后者再转化为葡萄糖 -6- 磷酸、葡萄糖(图 4-15-11)。

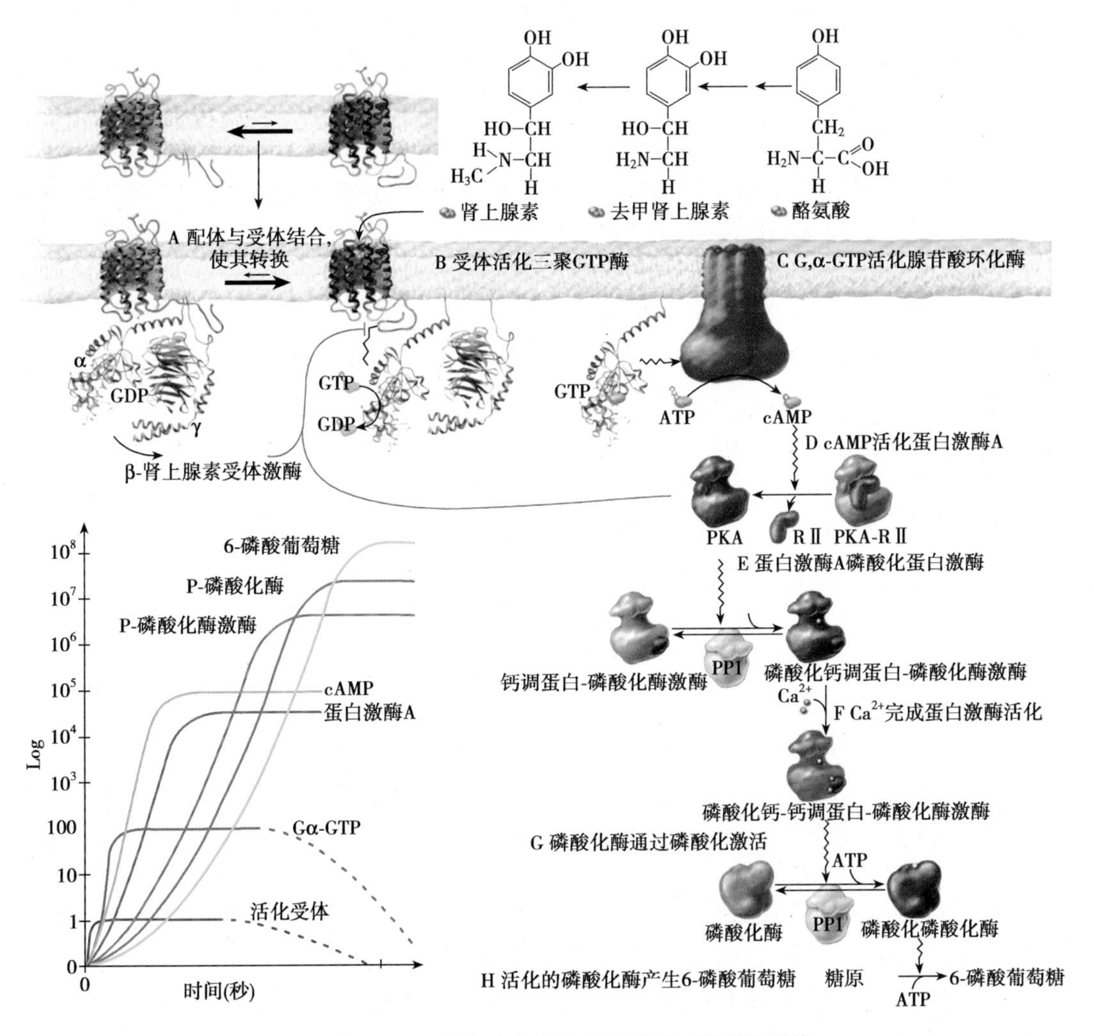

图 4-15-11 β- 肾上腺素受体信号通路对代谢的调节

在上述的过程中，虽然只有(10^{-10}~10^{-8})mol/L 的肾上腺素被结合，但是能产生 5mmol/L 的葡萄糖，这说明反应过程中激素的信号被逐级放大了约 300 万倍。也就是说，激素与受体结合后，可以在几秒钟之内使磷酸化酶的活性达到最大值。

在不同的组织中，依赖 cAMP 的蛋白激酶 A 的底物大不相同，cAMP 通过活化或抑制不同的酶系统，使细胞对外界不同的信号产生不同的反应。例如，肾上腺素通过 cAMP 和 PKA 对糖原代谢的调控主要表现在肝脏和肌肉细胞，因为这两种细胞表达合成和降解糖原的酶。在脂肪细胞中，肾上腺素使 PKA 激活促进了磷脂酶的磷酸化，磷酸化了的磷脂酶催化储存的甘油三酯水解，产生游离的脂肪酸以及甘油分子，这些脂肪酸将被释放到血液中被其他组织(例如肾脏、心脏以及肌肉)作为能量来源摄取。而在卵巢细胞表面的 G 蛋白偶联受体被一些垂体激素激活，活化的 PKA 促进雌激素及孕激素的合成，这两种激素对于女性第二性征的发育是至关重要的。

2. G 蛋白偶联受体调控离子通道 许多神经递质受体是配体门控离子通道，包括谷氨酸和 5- 羟色胺受体。然而，还有很多神经递质受体是 G 蛋白偶联受体，其中一些受体的效应蛋白是 Na^+ 或 K^+ 通道，神经递质与这些受体的结合导致相关离子通道的开启或关闭，引起了膜电位的改变。另外一些神经递质受体以及鼻腔中的嗅神经受体、眼睛中的光感受器也属于 G 蛋白偶联受体，只不过它们是通过激活第二信使而间接调节离子通道的活性。

(1) G 蛋白偶联受体介导的光感受器信号通路：人类的视网膜有两种光感受器，视杆细胞和视锥细胞，它们是视觉刺激的主要接收者。视锥细胞与颜色觉有关，而视杆细胞则感受一定范围波长的微弱光线(类似月光)的刺激。视紫红质，是一种能被光激活的 G 蛋白偶联受体，定位于形成视杆细胞外层部分的成千上万的扁平膜盘上。与视紫红质结合的 G 蛋白三聚体一般被称作 transducin(Gt)，只被发现于视杆细胞中。每一个视杆细胞含有 4×10^7 个视紫红质分子，这些分子是由 G 蛋白偶联受体(视蛋白)与光吸收色素 11- 顺式视黄醛共价结合而成的。

吸收一个光子后，视紫红质的视黄醛部分快速转换成其全反式同工体导致视蛋白发生构象改变而活化(此时视蛋白被称做间视紫红质Ⅱ或者活性视蛋白)，活化的视蛋白与 Gt 结合使之活化，而后 Gt 激活 cGMP 磷酸二酯酶(PDE)，PDE 催化 cGMP 水解为 5′-GMP，导使得胞质中 cGMP 水平下降。黑暗中，高浓度的 cGMP 能够保持 cGMP 门控阳离子通道的开放状态，而光线诱导的 cGMP 水平的降低就会引起离子通道的关闭、膜超极化(图 4-15-12)。

黑暗中，视杆细胞的膜电位是 -30mV 左右，大大低于(绝对值)神经细胞或其他电活化细胞的典型静息电位(-90~-60mV)。这种去极化的结果就是视杆细胞在黑暗中持续分泌神经递质，而它所连接的两极的内神经细胞就持续地被刺激。静息期的视杆细胞质膜的这种去极化状态是由于大量非选择性接收 Na^+、Ca^{2+} 以及 K^+ 的离子通道的开放引起的。当视紫红质吸收了光子后导致这些离子通道的关闭，引起膜电位的负值增大。视紫红质吸收的光子越多，通道关闭的就越多，由细胞外通过质膜的 Na^+ 越少，膜电位的负值就越大，释放的神经递质也就越少。这种变化传递到大脑皮质，人们就能够感觉到光的存在。

(2) G 蛋白偶联受体介导的嗅感受器信号通路：嗅觉系统是十分敏感的感觉系统，它不仅能分辨出兆级浓度的分子，而且能从 10 000 种不同的分子中分辨出其中的 1 种。许多分子量小于 1000 的易挥发有机化合物都能被感知出一定的“嗅味”，易挥发的嗅分子通过呼吸，先被鼻黏膜表面的黏液吸收，并扩散至嗅感受器纤毛，嗅分子与纤毛表面的特异性受体相结合，启动信号转导通路。这一信号转导过程包括以下几个步骤：①嗅分子与纤毛表面的特异性受体结合，诱发受体的构象改变(激活受体)；②激活后的受体与 G 蛋白结合，导致 $G_{olf}\alpha$ 与 $G\beta\gamma$ 分离；同时，$G_{olf}\alpha$ 亚单位与鸟苷酸的亲和力发生改变，表现为与 GDP 的亲和力下降，与 GTP 的亲和力增加，故 $G_{olf}\alpha$ 亚单位转而与 GTP 结合；③每一分子的 GTP-$G_{olf}\alpha$ 激活 AC 产生 cAMP；④cAMP 结合相关的离子通道并使之开放，细胞膜去极化；⑤膜去极化打开电压门控离子通道，触发动作电位，并沿着轴突传到嗅球的感觉神经细胞(图 4-15-13)。

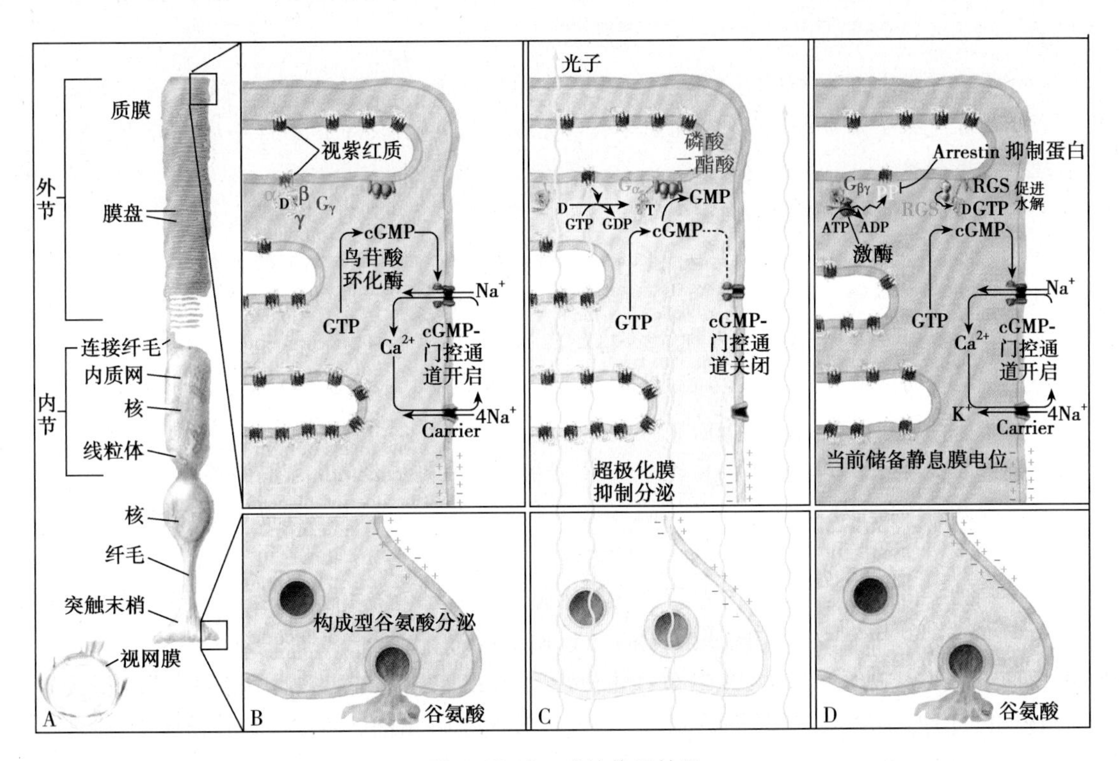

图 4-15-12　光的信号转导

A. 视杆细胞；B. 黑暗；C. 活化；D. 恢复

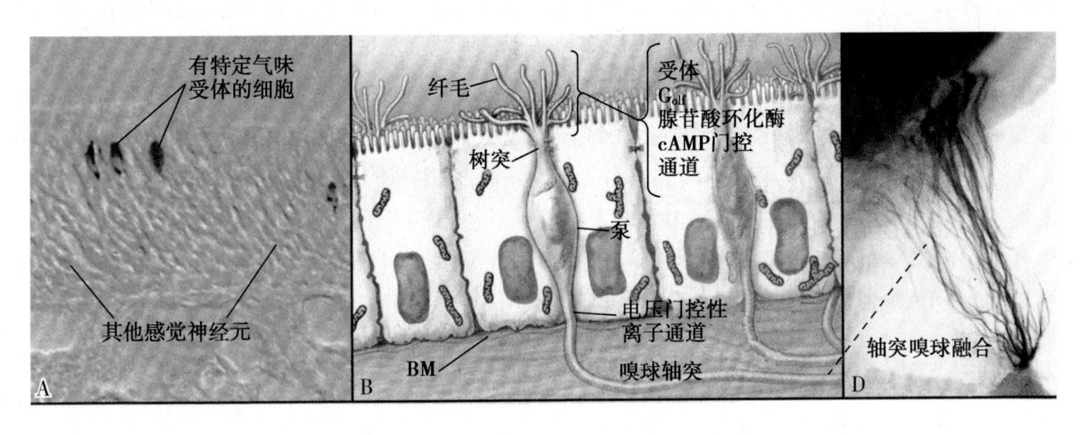

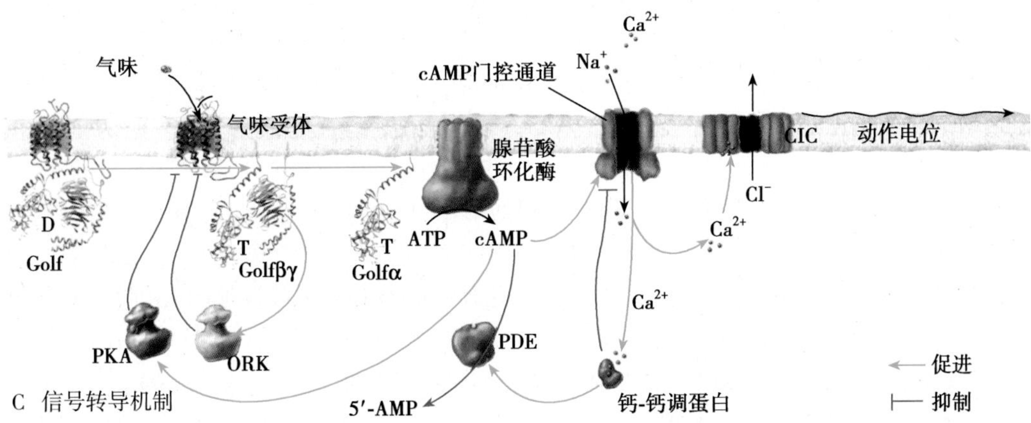

图 4-15-13　嗅感受器的信号转导通路

框 4-15-1 气味感受器——嗅觉受体

美国哥伦比亚大学的 Richard Axel 和美国 MD Anderson 癌症研究中心的 Linda Buck 以他们在气味受体和嗅觉系统的组织方式研究领域的成就，获得了 2004 年度的诺贝尔生理学或医学奖。

人类的大脑可以辨别和记忆种类繁多的不同气味，这一点自古以来就吸引着众多科学家的浓厚兴趣。在 20 世纪 90 年代的一系列研究工作中，Richard Axel 和 Linda Buck 教授发现了一个由 1000 种不同基因组成的很大的基因家族（占人类的 3%），这个基因家族控制人体形成“特殊感受器”。这些“感受器”本质上是一些受体，位于鼻腔上端一个很小区域之内的细胞中，其主要功能是辨认鼻腔呼入的气味。每个细胞只拥有一种受体，而每种受体只能检测到一定限量的物质，所以每个细胞都专长于某些特别的气味。这些细胞将信号发送至大脑中控制嗅觉的部位，各种特殊信号再被分送至大脑的其他部分。它可使人类辨认出约 1 万种不同的味道，如紫丁香或草莓的味道，且一生牢记这种味道。

3. G 蛋白偶联受体激活蛋白激酶 C 由 G 蛋白偶联受体启动的另一条信号转导通路是以 IP_3 和 DAG 为第二信使的磷脂酰肌醇（phosphatidyl-Inositol，PI）信号通路，它们的合成来自于磷脂酰肌醇。胞膜上的磷脂酶 C（PLC）被 G 蛋白活化，致使 4，5- 二磷脂酰肌醇分解为两个重要的细胞内第二信使：DAG（二酰甘油）和 IP_3（1，4，5- 三磷酸肌醇），前者将继续留在质膜中，后者扩散入胞质中。

1）三磷酸肌醇（IP_3）动员细胞内质网中 Ca^{2+} 的释放：胞内大部分的 Ca^{2+} 储存在线粒体和内质网腔以及其他细胞小囊中，胞质中 Ca^{2+} 的浓度往往在 2μmol/L 以下。胞质 Ca^{2+} 浓度的轻微升高就能诱导多种细胞反应，因此胞内的 Ca^{2+} 是被精确调控着的。

即使当细胞外液中的 Ca^{2+} 离子缺乏时，肝脏，脂肪以及别的组织细胞表面的受体与很多激素结合后依然能诱导胞质 Ca^{2+} 的升高。在这种情况下，Ca^{2+} 是通过调控 ER 膜上的 IP_3 门控的 Ca^{2+} 通道由 ER 腔中释放入胞质中的。这种通道蛋白由 4 个相同的亚基组成，每个亚基在其氨基末端的胞质面都有一个 IP_3 位点。IP_3 的结合诱导了通道的开放，使得 Ca^{2+} 从 ER 中进入了胞质中（图 4-15-14）。体外实验证实，当细胞中已知的不同的磷酸化肌醇加到制备的 ER 小囊中后，只有 IP_3 能导致囊中 Ca^{2+} 的释放。这个简单的实验也就验证了 IP_3 特异的效应。但 IP_3 介导的胞质 Ca^{2+} 水平的升高仅仅是瞬时的，因为质膜以及内质网膜上的 Ca^{2+}ATPase 会主动将 Ca^{2+} 从胞质中分别泵出细胞外或泵入 ER 腔内。另外，在 1 秒钟以内，IP_3 的一个磷酸基就会被水解掉，生成不能刺激 ER 释放 Ca^{2+} 的 1，4- 二磷酸肌醇。

如果没有使得胞质内 Ca^{2+} 迅速恢复储备的机制，细胞将很快失去这种由激素诱导的 IP_3 激活的胞质 Ca^{2+} 浓度升高的反应能力。膜片钳技术证实，ER 中 Ca^{2+} 储备的减少将引起一种叫做 TRP 通道的质膜 Ca^{2+} 通道的开放。在一种未知方式的作用下，ER 腔中 Ca^{2+} 的丢失诱导了 IP_3 门控的 Ca^{2+} 通道的构象变化，使得其能够和质膜中的 TRPCa^{2+}+ 通道相结合，导致了后者的开放。

胞质中的 Ca^{2+} 能够提高通道受体与 IP_3 之间的结合力来增强 IP_3 门控的 Ca^{2+} 通道的开放，使得储存的 Ca^{2+} 的进一步释放。然而，高浓度的胞质 Ca^{2+} 却降低通道受体与 IP_3 之间的结合力，这反而抑制了 IP_3 诱导的胞内储备 Ca^{2+} 的释放。这种由胞质 Ca^{2+} 浓度调控的 ER 膜上复杂的 IP_3 门控的 Ca^{2+} 通道的启闭使得细胞在其 IP_3 信号通路被激活时，胞质中 Ca^{2+} 的水平快速的摇摆。例如，用黄体素释放激素（LHRH）刺激垂体中的激素分泌细胞时，胞质中的 Ca^{2+} 的水平会出现快速的重复性的尖峰，每一次尖峰都与一次促黄体生成素（LH）分泌的爆发有关。这种胞质内 Ca^{2+} 水平的上下波动而不是持续升高的目的还不是很清楚，一种可能就是 Ca^{2+} 浓度的持续升高对细胞自身可能是有毒性的。

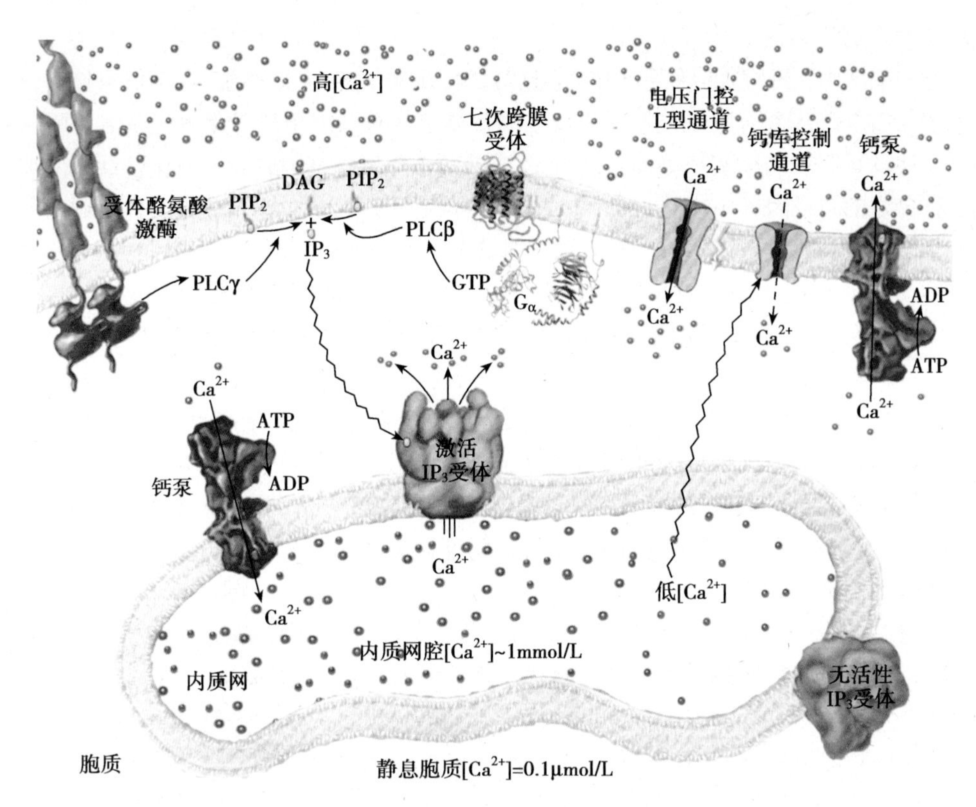

图 4-15-14　细胞质中 Ca^{2+} 的动态调节

2) DAG 激活蛋白激酶 C：在细胞膜上，PLC 水解 PIP_2 生成的产物之一是脂溶性的 DAG。它与细胞膜结合，可活化细胞膜中的蛋白激酶 C（protein kinase C，PKC）。PKC 是有广泛分布的具有单一肽链的蛋白质，在未受外界信号刺激的细胞中，它主要分布在细胞质中、呈非活性结构。胞质中 Ca^{2+} 的水平的升高导致 PKC 结合到质膜的胞质面、受 DAG 的作用而活化。因此 PKC 的激活依赖于 Ca^{2+} 和 DAG 水平的升高，提示了 IP_3/DAG 通路两支之间的相互交叉。

在不同种类的细胞中 PKC 的激活会导致一系列截然不同的细胞反应，表明其在细胞生长和代谢等很多方面都发挥着至关重要的作用。例如，在肝脏细胞中，PKC 通过磷酸化糖原合成酶而抑制了其活性，从而帮助调节糖原代谢。根据细胞类型的不同，PKC 也能使多种转录因子磷酸化，诱导 mRNAs 的合成从而启动细胞增殖。

3) Ca^{2+}-CaM 复合物介导多种胞外信号诱导的细胞反应：配体除了和 G 蛋白偶联受体结合以外，和其他几种受体的结合也能够激活 PLC 的某种同工酶，导致由 IP_3 介导的胞质游离 Ca^{2+} 水平的升高。在一些特殊的细胞类型中，这些游离的 Ca^{2+} 是十分关键的第二信使，对细胞功能的影响举足轻重。例如，在胰腺和腮腺的分泌细胞中，乙酰胆碱激活相关的 G 蛋白偶联受体后，通过 IP_3 的介导使 Ca^{2+} 水平升高，由此引发了分泌小泡与质膜的融合，小泡的内容物得以释放到细胞外。

信号 Ca^{2+} 在细胞内的调节机制，是通过 Ca^{2+} 活化钙结合蛋白进行的。钙结合蛋白有多种，其中了解最多的是钙调素（calmodulin，CaM），它由一条多肽链组成，广泛分布于真核细胞质中，有 4 个可与 Ca^{2+} 结合的区域，每个区域结合 1 个 Ca^{2+}。CaM 本身无活性，与 Ca^{2+} 结合后，引起构象改变，形成 Ca^{2+}-CaM 复合物而被活化，活化后可激活蛋白激酶或磷酸酶，后两者可磷酸化底物蛋白，调节细胞内代谢活动。已知的一种由 Ca^{2+}-CaM 复合物激活的酶是 Ca^{2+}-CaM 依赖性蛋白激酶（CaM kinase），其可以磷酸化多种蛋白底物，极大地放大了 Ca^{2+} 的效应。另一种由 Ca^{2+}-CaM 复合物激活的酶是 cAMP 磷酸二酯酶，该酶的效应是降解 cAMP 成 5′-AMP 从而终止 cAMP 的作用。因此这种相互作用就把细胞中的 Ca^{2+} 通路与 cAMP 通路联系起来，使得细胞中的信号调

控更加精确。

在有些细胞中，受体激活后，经 IP_3 途径介导的胞质游离 Ca^{2+} 水平的升高能够直接活化一些转录因子。Ca^{2+}-CaM 复合物既能激活蛋白激酶使得一些转录因子磷酸化也能激活一些磷酸酶使另外一些转录因子的磷酸基团解离，从而改变其活性并调控基因转录。与免疫系统 T 细胞相关的一种关键的转录因子 NFAT（nuclear factor of activated T cells）的激活就是上述机制的一个例子。Ca^{2+}-CaM 复合物被上游信号分子活化后会结合一种叫做神经钙蛋白（calcineurin）的蛋白丝氨酸磷酸酶并激活之。活化了的神经钙蛋白催化胞质 NFAT 的关键磷酸盐残基去磷酸化，从而暴露了其核定位序列，随后 NFAT 便会转移入核，激活一系列与 T 细胞活化密切相关的基因的表达。

4. G 蛋白偶联受体激活基因转录　胞内的信号转导通路对细胞有两种效应，一种是短期效应（几秒到几分钟），也就是对于已经存在的酶或蛋白的活性进行调节从而引起细胞代谢或功能的改变，大多数 G 蛋白偶联受体介导的通路是属于这一类的；当然，有一些 G 蛋白偶联受体介导的通路也具有长期效应（数小时到数分钟），那就是通过激活或抑制基因转录引起细胞增殖或朝着不同类型的细胞进行分化。

这样，配体通过与 G 蛋白偶联受体结合，激活 G 蛋白及其下游的效应蛋白(如腺苷酸环化酶、磷脂酶 C 等)，进一步调节细胞基因转录，进而实现信号的转导过程（图 4-15-15）。

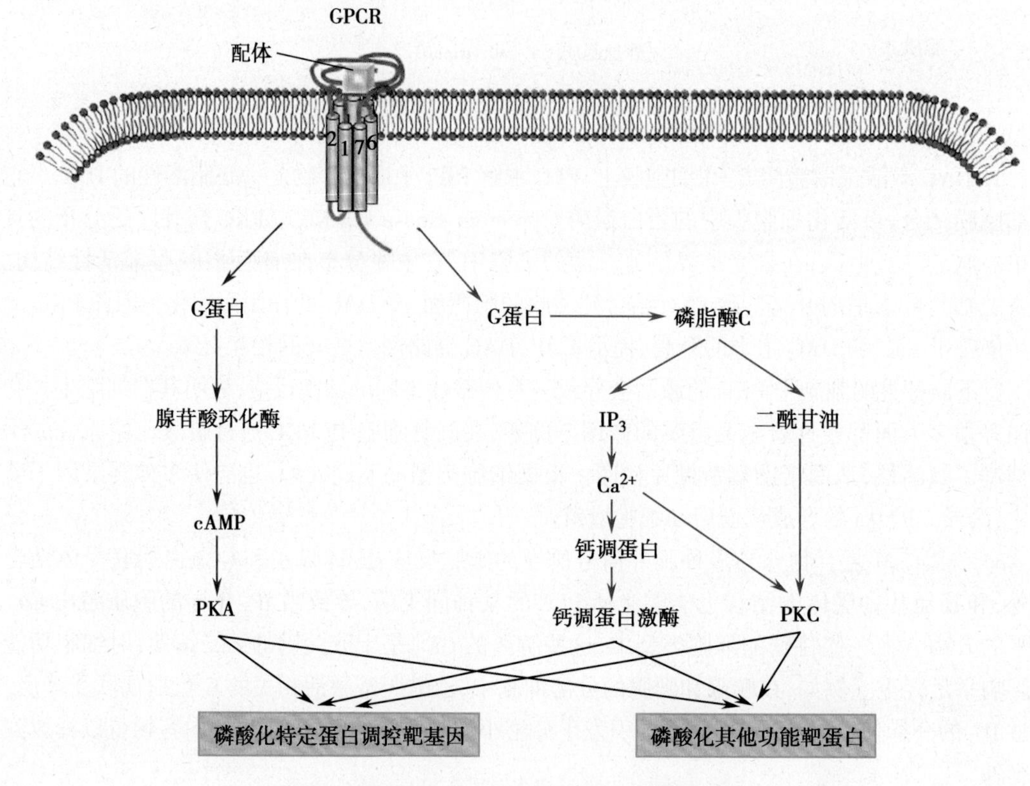

图 4-15-15　G 蛋白偶联受体介导的信号通路

框 4-15-2　G 蛋白偶联受体信号通路与诺贝尔奖

G 蛋白偶联受体信号通路是细胞最重要的信号通路之一，有关该通路分子机制的研究成果已被授予五次诺贝尔奖。

1947 年，捷克科学家夫妇 Carl Cori 和 Gerty Cori 因为发现了糖原代谢途径的关键步骤而被授予诺贝尔生理学或医学奖。

Notes

1971 年，美国范德堡大学教授 Earl Sutherland 因为发现了激素作用的分子机制（第二信使学说）而获得诺贝尔生理学或医学奖。

1992 年，美国 Edmond Fischer 和 Edwin Krebs 因为发现了生物学过程中的可逆性蛋白磷酸化调节机制而被授予诺贝尔生理学或医学奖。

1994 年，美国科学家 Alfred Gliman 和 Martin Rodbell 因为发现了 G 蛋白及其在细胞信号转导过程中的关键作用而获得诺贝尔生理学或医学奖。

2012 年，美国科学家 Robert Lefkowitz 和 Brian Kobilka 因为发现了 G 蛋白偶联受体基因及其蛋白空间结构而获得诺贝尔化学奖。

二、酶联受体介导信号转导

如 GPCR 一样，酶联受体也是跨膜蛋白，都具有与配体结合的胞外结构域，与 GPCR 不同的是，酶联受体通常是单次跨膜，他们的胞内段或者本身就具有催化活性或者直接与酶相关联。这类受体常与细胞的增殖、分化密切相关，主要包括受体酪氨酸激酶、受体丝氨酸 / 苏氨酸激酶、受体鸟苷酸环化酶、受体酪氨酸磷酸酶等。

（一）受体酪氨酸激酶信号通路

受体酪氨酸激酶（RTK）是胞外信号传递到细胞内的重要途径之一，RTK 在多种细胞行为中发挥重要作用，如细胞增殖、分化、细胞代谢、迁移、细胞周期控制等等，也因此 RTK 的突变与诸如肿瘤、糖尿病、炎症等疾病密切相关。在人类中，已经鉴定到 58 个 RTK 家族成员，包括 20 个亚族。所有的 RTK 成员都具有相同的分子结构：与配体结合的胞外结构域，单次跨膜螺旋，具有酪氨酸激酶结构域的胞内段。RTK 的胞外配体是可溶性或者膜结合的多肽或蛋白类激素，包括表皮生长因子（EGF）、血小板生长因子（PDGF）、成纤维生长因子（FGF）、胰岛素和胰岛素样生长因子（IGFl）等。配体和 RTK 结合后，激活 RTK 的酪氨酸激酶活性，进而激活下游诸如 Ras-MAP 激酶信号通路等的多条信号转导途径，从而将信号传递细胞内。1986 年的诺贝尔生理学或医学奖即授予了美国范德比尔特大学医学院的 Stanley Cohen 和意大利罗马细胞生物研究所的 Rita Levi Montalcini，以表彰他们在神经生长因子（NGF）发现和 RTK 信号通路功能研究领域作出的开拓性贡献。

大多数 RTK 都是以单体形式存在于细胞膜上，当配体与 RTK 结合后，能导致 RTK 二聚化，从而激活 RTK 的酪氨酸激酶活性，进而二聚化的 RTK 发生交叉磷酸化，使受体胞内段的一个或者多个酪氨酸残基被磷酸化，即受体的自磷酸化。被磷酸化的酪氨酸残基可以作为锚定位点，被含有 SH2、PTB、SH3 结构域等的蛋白所识别并结合，启动下游信号转导。其中一种蛋白即是 GPCR 信号通路中的 PLC，其下游的信号也均与 GPCR-PLC 通路完全一致。另一种蛋白是生长因子受体结合蛋白 2（GRB2），它能偶联活化受体和其他信号蛋白，参与到诸如 Ras-MAPK 信号通路中。

在真核细胞中，Ras 蛋白是 RTK 介导的信号通路中的一种关键组分。Ras 蛋白是一种 GTP 结合蛋白，具有 GTPase 活性，Ras-GTP 是其活化形式而 Ras-GDP 是其失活形式。在细胞中，GAP 能刺激 Ras 蛋白的 GTPase 活性，促进 Ras-GTP 往 Ras-GDP 转变；而 Ras-GDP 在鸟苷酸交换因子（GEF）帮助下，将 GDP 转换为 GTP，形成活化态的 Ras-GTP 形式。这种 Ras 蛋白的 GTP/GDP 转换起到了分子开关的作用，调控了信号通路的开与关。

在 RTK-Ras-MAPK 信号通路中，EGF 等配体与 RTK 结合并活化 RTK，RTK 自磷酸化酪氨酸残基，磷酸化的酪氨酸残基与具有 SH2 结构域的 GRB2 蛋白结合，GRB2 的另 2 个 SH3 结构域结合并激活一种 Ras-GEF 蛋白 Sos，具有鸟苷酸交换因子活性的 Sos 蛋白进而结合 Ras 蛋白，并将 Ras 蛋白从 Ras-GDP 转换为有活性的 Ras-GTP。活化的 Ras 蛋白启动 Ras-MAPK 磷酸化级联反应：活化的 Ras 蛋白与 Raf 蛋白结合，使其激活，Raf 是丝氨酸 / 苏氨酸蛋白激酶（又称为

MAPKKK);活化的 Raf 结合并磷酸化另一种蛋白激酶 MEK(又称为 MAPKK),磷酸化导致 MEK 的蛋白激酶活性激活;激活的 MEK 磷酸化 MAPK 并使之激活,活化的 MAPK 入核,调控特异性基因的表达,从而让细胞对胞外信号作出响应(图 4-15-16)。因此,RTK-Ras-MAPK 信号通路可概括为:配体→ RTK → GRB2 → Sos → Ras → Raf(MAPKKK)→ MEK(MAPKK)→ MAPK →入核→调控基因表达。

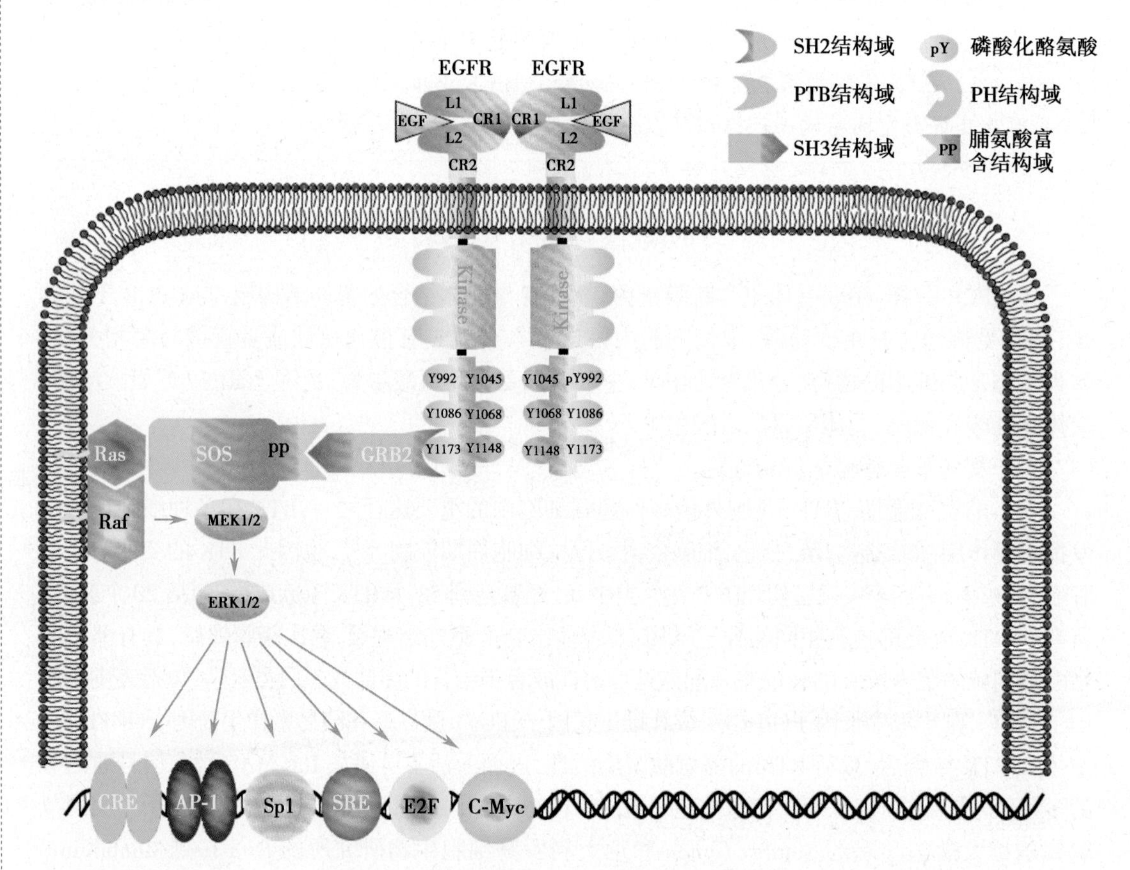

图 4-15-16 RTK-Ras-MAPK 信号通路简图

(二) PI3K-Akt 信号通路

在 RTK 信号通路中,RTK 受体能结合的另一个重要分子是磷脂酰肌醇 -3- 激酶(PI3K),PI3K 是一种质膜结合酶,其不仅具有 Ser/Thr 激酶活性,还具有磷脂酰肌醇激酶活性,能磷酸化质膜上的磷脂酰肌醇,磷酸化的磷脂酰肌醇作为许多蛋白激酶的锚定位点,对下游蛋白激酶的活化起重要作用,从而启动下游的信号通路。其中一条最典型的下游信号通路即是 PI3K-Akt 信号通路。活化的 Akt 能磷酸化多种靶蛋白,从而对多种细胞行为产生广泛的影响,包括促进细胞存活、改变细胞代谢、调控细胞骨架等等。如,活化的 Akt 能够磷酸化前体凋亡蛋白 Bad,防止细胞凋亡信号通路的激活,从而促进细胞存活。此外,活化的 Akt 也能够磷酸化细胞内糖原合酶激酶 3(GSK3),从而调控细胞的葡萄糖代谢。PI3K-Akt 信号通路与疾病也密切相关,如该条信号通路的重要调控因子——磷脂酰肌醇的去磷酸酶 PTEN 在肿瘤中被发现存在大量的突变,突变的 PTEN 被发现促进了不受控制的细胞生长,从而促进了肿瘤的发生。

在 PI3K-Akt 信号通路中,当 PI3K 被 RTK 受体激活后,PI3K 能够磷酸化 PI-4,5-P_2 生成 PI-3,4,5-P_3,PI-3,4,5-P_3 能够招募具有 PH 结构域的 PDK1 和 Akt 转位到细胞质膜上。随后 PKD1 磷酸化 Akt 活性位点上的苏氨酸,进一步的,胞质内的 mTOR 的磷酸化 Akt 上的丝氨酸位点,使 Akt 完全活化,活化的 Akt 从质膜上解离并进入胞质和细胞核,从而调控下游靶蛋白,产生生物学效应(图 4-15-17)。

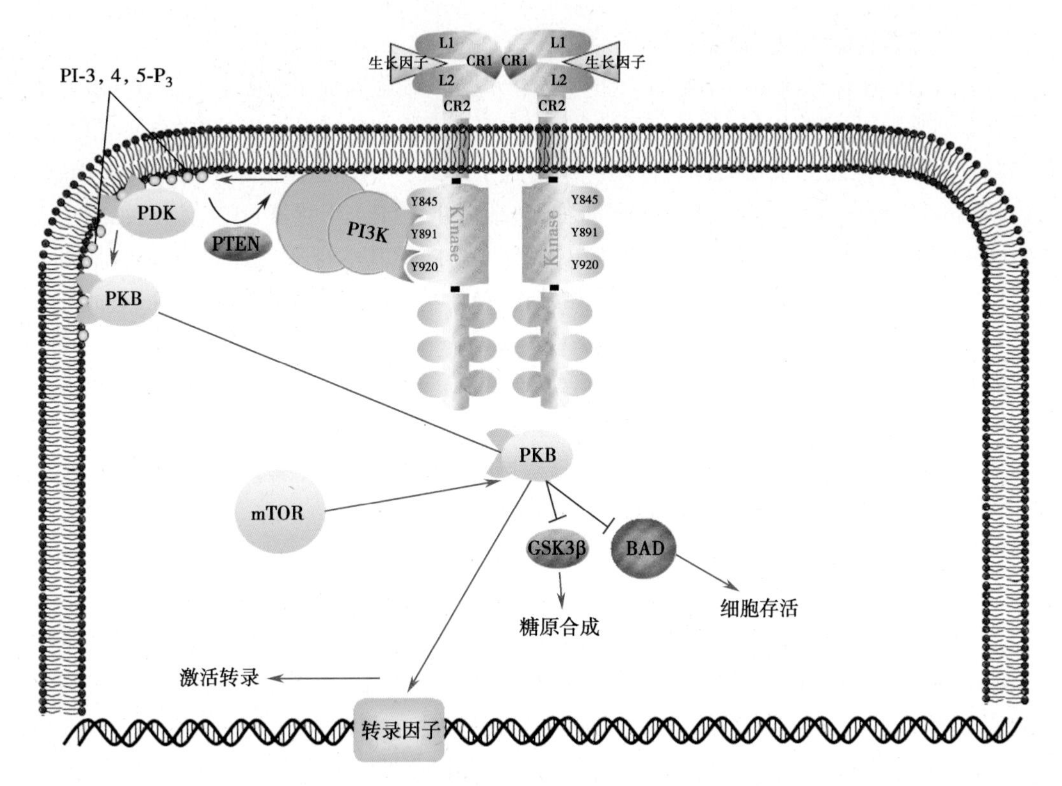

图 4-15-17　PI3K-Akt 信号通路简图

综上所述，RTK 信号通路的下游信号通路根据招募的蛋白的不同至少包含 3 条重要的衍生信号通路，RTK-PLC、RTK-Ras-MAPK 和 RTK-PI3K-Akt 信号通路（图 4-15-18）。结合 GPCR 下游信号通路，我们可以发现细胞内的多条信号通路都存在相互交叉联系，形成了复杂的网络结构，相关内容的详细论述见信号的整合和调控章节。

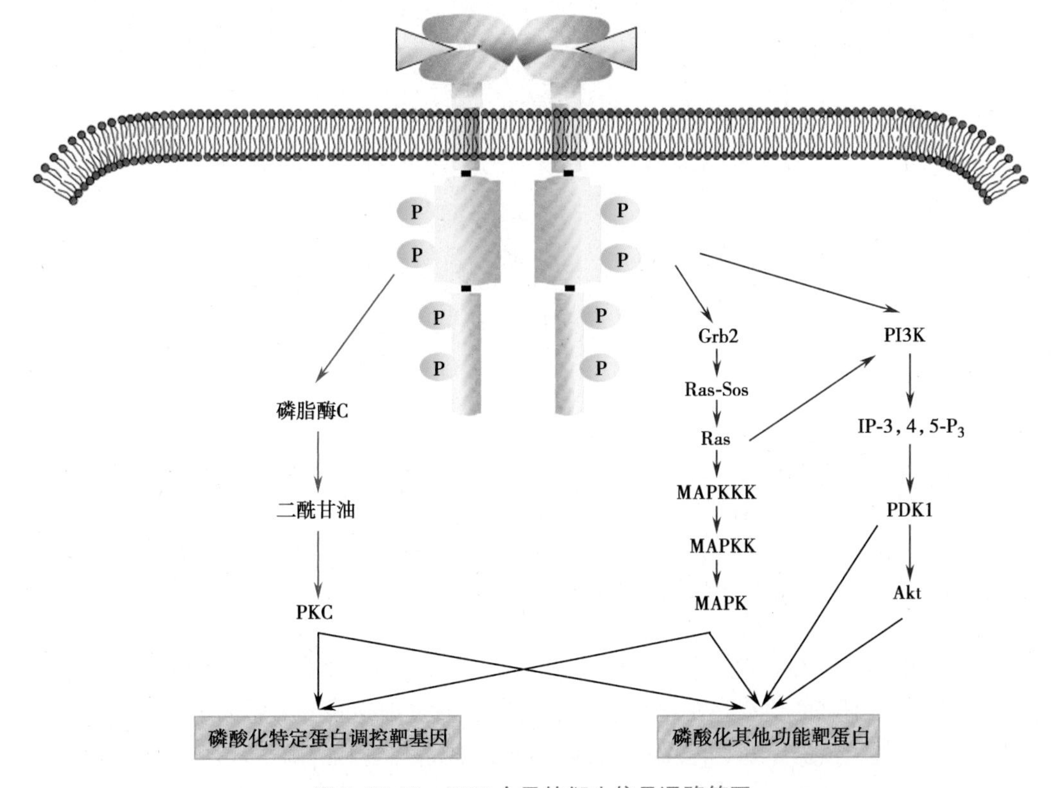

图 4-15-18　RTK 介导的衍生信号通路简图

Notes

(三) 细胞因子受体信号通路

细胞因子受体信号通路由细胞因子作为配体所介导,细胞因子在众多生理反应的重要功能即反应了细胞因子受体信号通路的重要功能,如在造血系统和免疫系统细胞的生长、分化、成熟和抗凋亡等过程中发挥重要的调控作用。细胞因子是由一个细胞分泌并作用于其他细胞,能调控细胞增殖、分化等行为的一类小分子蛋白,包括白介素(IL)、干扰素(IFN)、促红细胞生成素(Epo)等。细胞因子受体同 RTK 一样也是单次跨膜受体,但其本身不具有活性,它的胞内段稳定的与胞质酪氨酸激酶(Janus kinase,JAK)相结合,JAK 家族包括 4 个家族成员 Jak1、Jak2、Jak3 和 Tyk2。JAK 能磷酸化并活化一类被称为 STAT(signal transducers and activators of transcription)的基因调控蛋白,目前发现的 STAT 家族包含 7 个成员。STAT 存在于胞质中,并且只在被激活的情况下才会迁移入核,调控下游基因表达。JAK-STAT 信号通路在多种生物学过程中具有重要的调节作用,如在肿瘤中发现了 STAT3 的异常持续活化,在基因敲除小鼠模型中也发现 JAK-STAT 信号通路与心血管疾病、肥胖和糖尿病等疾病密切相关。

细胞因子受体的活化机制与 RTK 非常相似,当细胞因子与受体结合后,受体发生构象改变并形成二聚体,受体二聚化的同时使受体结合的 Jak 相互靠近,继而 Jak 相互交叉磷酸化激活 Jak 的活性。活化的 Jak 进一步磷酸化细胞因子受体的胞内段的酪氨酸残基。磷酸化的酪氨酸残基被具有 SH2 结构域的 STAT 蛋白识别并结合,进而结合在受体上的 JAK 磷酸化 STAT 的 C 端的酪氨酸。磷酸化的 STAT 蛋白即从受体上解离下来,随后 2 个磷酸化的 STAT 蛋白的 SH2 结构域相互结合形成二聚体,并暴露其核定位序列(NLS),进而 STAT 蛋白入核调节相关基因的表达(图 4-15-19)。

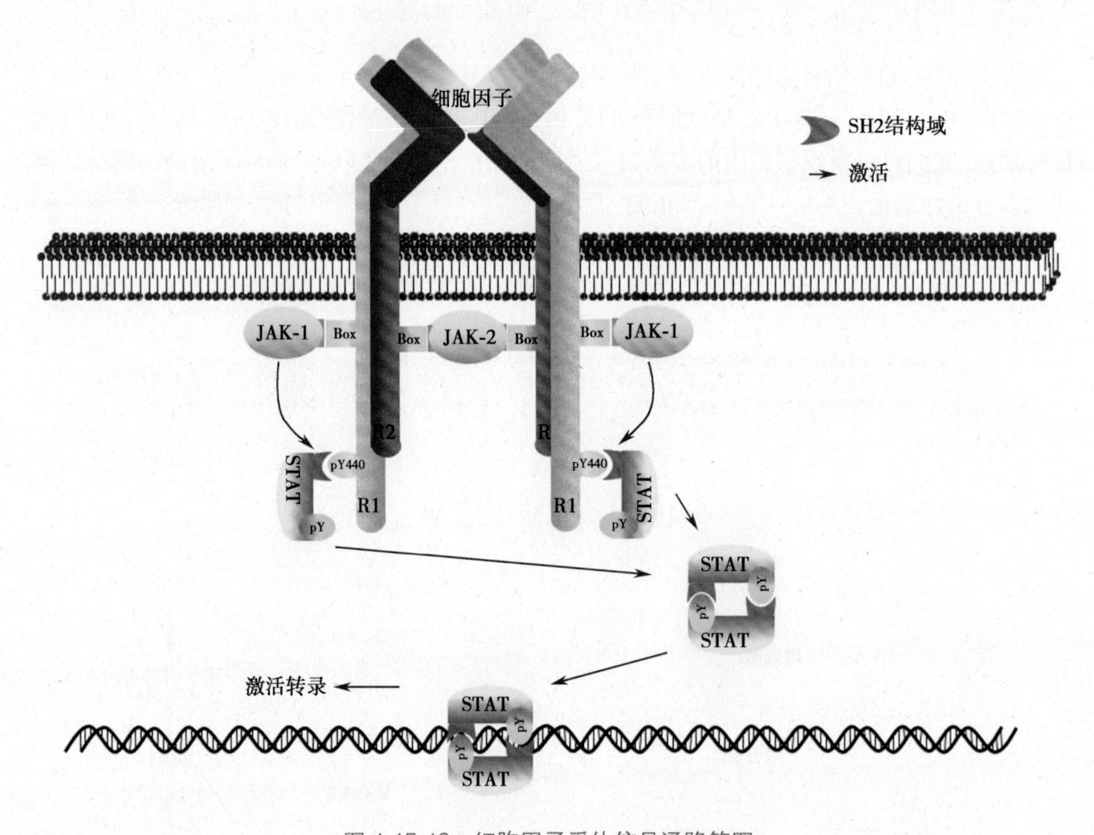

图 4-15-19 细胞因子受体信号通路简图

促红细胞生成素(Epo)是一种重要的细胞因子,其通过诱导骨髓中的红细胞前体细胞的增殖和分化促进红细胞的生成。在这个过程中,Epo 即通过细胞膜的细胞因子受体 EpoR,激活 STAT5,STAT5 进一步诱导 $Bcl\text{-}_{XL}$ 活化,从而防止红细胞前体细胞的凋亡,达到促进红细胞的生成目的。*EpoR* 敲除的小鼠胚胎在发育到 13 天时会因为不能正常产生红细胞而死亡。Epo 已被

Notes

作为药物，广泛应用于临床中，是目前市场上销售额最大的药物的之一。Epo是治疗肾性贫血的常规药物，同时也被用于治疗炎症性肠病和由治疗癌症引起的造血功能不佳等疾病。但是Epo的滥用同样会造成严重的疾病，比如脑梗死、心梗、肺栓塞以及脉管炎等疾病。同时Epo也是最著名的兴奋剂之一，在竞技性体育赛事中被严格禁用。

（四）TGF-β受体信号通路

转化生长因子β（transforming growth factor-β，TGF-β）受体信号通路调控了一系列的生物学功能，TGF-β受体信号通路参与调控胚胎发育的模式形成，影响了多种细胞行为：包括增殖、特化、分化、细胞外基质的产生和细胞死亡。另外，TGF-β受体信号通路还参与到组织修复和免疫调节等过程中。TGF-β超家族包含近40种成员，这些TGF-β信号分子都是结构上相关、分泌到胞外并且二聚化的一系列分子。TGF-β超家族是一类作用广泛、具有多种功能的生长因子，可以分为2大家族：TGF-β/activin家族和BMP（bone morphogenetic protein）家族。

在此信号通路中，TGF-β通过与细胞膜上单次跨膜的酶联受体相结合，将信号转导到细胞内。这些受体的胞内段都含有丝氨酸/苏氨酸激酶结构域，根据分子量大小可分为3类：RⅠ、RⅡ和RⅢ受体。其中，RⅢ受体负责结合和富集成熟的TGF-β，RⅠ和RⅡ受体是二聚体跨膜蛋白并直接参与信号转导。

每种TGF-β信号分子与相应的RⅡ结合，RⅡ进一步招募RⅠ受体并与之结合，形成四聚体的形式，从而将激酶结构域靠近，RⅡ受体磷酸化RⅠ受体胞内段的Ser/Thr残基，进而激活RⅠ受体。活化的受体复合物采用JAK-STAT通路相似的方式将信号传递到细胞核内，活化的RⅠ受体直接结合并磷酸化下游的基因调节蛋白Smad家族。活化的TGF-β/activin受体能够磷酸化Smad2和Smad3，而活化的BMP受体能够磷酸化Smad1、Smad5和Smad8。一旦这些受体-活化Smads（R-Smads）被磷酸化，它们就从受体上解离下来并结合Smad4(也叫co-Smad)，形成复合物。然后，这个Smad复合物转位进入细胞核，进而再与其他基因调节蛋白相关联，从而调控特定基因的表达（图4-15-20）。例如，Smad2/Smad4或者Smad3/Smad4可以阻遏*c-myc*基因的转录，从

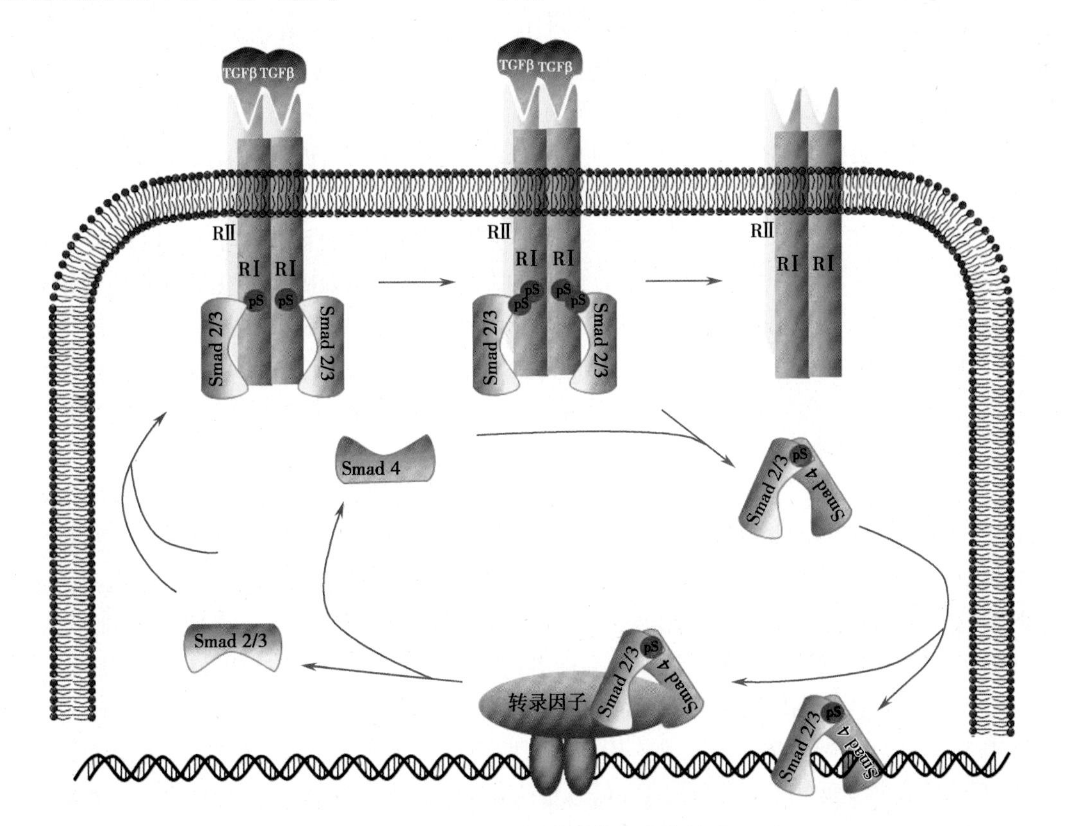

图4-15-20　TGF-β受体信号通路简图

而减少受 Myc 转录因子调控的促进细胞增殖基因的表达，抑制细胞增殖。因而 TGF-β 信号的缺失会导致细胞的异常增殖和癌变，在许多肿瘤中也确实发现了 TGF-β 受体或者 Smad 蛋白的突变。

三、蛋白水解相关的信号通路

在生物的发育过程中涉及复杂的信号转导过程，除了前面提到的信号途径以外，还有一系列可控性蛋白水解相关的信号途径，一类为泛素化降解介导的信号通路如 Wnt、Hedgehog、Notch 等信号通路，另一种是蛋白切割（cleavage）介导的信号通路如 NF-κB 等信号通路。这些信号通路一般会影响相邻细胞的分化，称为侧向信号发放（lateral signaling）。

（一）泛素化降解介导的信号通路

1. Wnt-β-catenin 信号通路 Wnt 信号通路的激活在个体发育的许多过程中起重要作用，包括大脑发育，肢体形成和分化，器官形成，骨骼发育以及干细胞分化更新等。但 Wnt 信号通路的过度活化或失活都会导致疾病或者肿瘤的发生，例如，在结肠癌患者中广泛存在 Wnt 通路的调节因子包括 *APC*、*β-catenin*、*Axin*、*TCF* 等基因的突变，从而造成与生长相关的基因的过量表达。第一个脊椎动物中发现的小鼠 *wnt-1*（*int*）基因，就是在小鼠乳腺癌中过度表达而引起人们的关注。后续研究发现，小鼠 *wnt-1* 基因的高表达主要是由于 *wnt-1* 基因附近位点插入了小鼠乳腺癌病毒（MMTV）基因组，因此，*wnt-1* 基因也被认为是一个原癌基因。Wnt 一词来由果蝇翅膀发育缺陷相关基因 *wingless* 和小鼠反转录病毒整合位点 *int* 融合而成。Wnt 是一类分泌型糖蛋白，通过自分泌或旁分泌发挥作用。

Wnt 信号通路有两种细胞表面受体蛋白，其中膜受体 Frizzled（Fz）含有七次跨膜 α 螺旋且能直接和 Wnt 结合，共受体 LRP（果蝇中同源蛋白称为 Arrow）则以 Wnt 信号依赖的方式与 Fz 结合。Wnt 信号转导过程中的关键因子 β-catenin（果蝇中同源蛋白 Armadillo）扮演了转录激活因子和膜骨架连接蛋白的双重角色。

当细胞没有接收 Wnt 信号时，细胞膜上的 β-catenin 起连接蛋白的作用，细胞质中的 β-catenin 能结合由支架蛋白 Axin 介导的包含 APC 等蛋白的降解复合物结合。在静息状态下，复合物中的两个激酶 CK1 和 GSK3 能磷酸化 β-catenin。随后，β-catenin 上一些被磷酸化的基团能招募泛素化连接酶 TrCP，最终泛素化的 β-catenin 被 26S 蛋白酶体降解。因而细胞质内低水平的 β-catenin 无法入核激活下游靶基因。

当细胞外存在较高水平的 Wnt 信号时，Wnt 能结合细胞膜表面受体 Fz 和 LRP 并磷酸化 LRP 的胞质结构域。胞质中降解复合物的支架蛋白 Axin 结合到 LRP 磷酸化的胞质结构域并释放出 CK1 和 GSK3，导致 β-catenin 无法被 GSK3 和 CK1 磷酸化。因此，β-catenin 不会被泛素化降解，在胞质中维持稳定。在这个过程中，还需要 Dishevelled（Dsh）蛋白结合到 Frizzled 受体的胞内结构域以帮助游离的 β-catenin 维持稳定。游离的 β-catenin 入核，结合转录因子 TCF 并作为共激活子诱导下游靶基因的表达（图 4-25-21）。

2. Hedgehog 受体介导的信号通路 Hedgehog 信号在胚胎发育过程中的异常，包括信号通路上基因的突变和致畸剂的使用会导致严重的发育异常或畸形。前脑无裂畸形，即胚胎前脑无法分裂形成脑半球，通常与参与 Hedgehog 信号通路的基因突变有关，包括 *shh* 和 *ptched*。独眼是前脑无裂畸形中最严重的缺陷，其原因是怀孕哺乳动物摄入了 Hedgehog（Hh）信号通路拮抗剂环巴胺。Hh 信号通路的异常激活涉及多种器官癌症的发生：包括脑，肺，乳腺，前列腺癌和皮肤等，也可能使成人干细胞转化为癌干细胞产生肿瘤。

Hedgehog 是一个分泌型蛋白，其作用范围一般为 1 到 20 个细胞，随着 Hh 离分泌细胞扩散越远，其浓度逐渐变低。不同浓度的 Hh 信号会诱导靶细胞不同的命运，这种作用方式和其他形态生成素（morphogens）一样。在发育过程中，Hh 和其他形态生成素的产生都是受时间和空间的

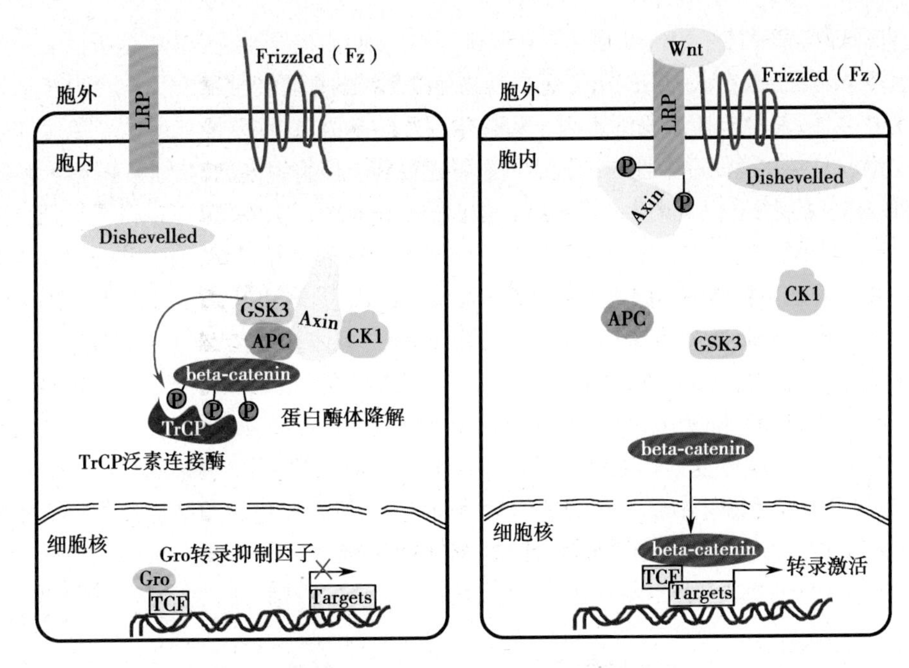

图 4-15-21　Wnt-β-catenin 信号通路

严格调控的。Hh 在细胞内的前体蛋白具有自我蛋白酶解，前体蛋白合成后切割形成的 N 端片段发生胆固醇化和软脂酰化后释放出细胞，C 端片段降解。

在果蝇的遗传学研究中，发现 Hh 中有两种膜受体蛋白：Smoothened（Smo）和 Patched（Ptc）。Smo 是七次跨膜蛋白，Ptc 是 12 次跨膜蛋白。在 Hh 信号不存在的情况下，Ptc 主要富集于质膜上，限制 Smo 在细胞内膜泡中。Hh 信号通路胞内蛋白复合物包括 Fused（Fu），Costal-2（Cos2）和 Cubitis interuptus（Ci）蛋白，这个复合物在细胞内主要结合在微管上。在复合物中转录因子 Ci 能被三种蛋白激酶磷酸化，磷酸化的 Ci 在泛素化连接酶和蛋白酶体作用下水解为 Ci75 片段，Ci75 能入核抑制 Hh 下游靶基因的表达。

当 Hh 信号结合到 Ptc 上后，一直 Ptc 活性并诱发其内吞被溶酶体消化，从而解除了 Ptc 对 Smo 的限制作用，使 Smo 通过膜泡融合移位到质膜上并被 CK1 和 PKA 两种激酶磷酸化。继而，Fu 和 Cos2 的磷酸化水平上升导致 Fu/Cos2/Ci 复合物从微管上解离下来。Cos2 携带 Fu 结合到 Smo 的 C 端，Ci 形成稳定形式并进入细胞核内与转录激活子 CREB 结合蛋白（CBP）结合，促进靶基因的表达（图 4-15-22）。

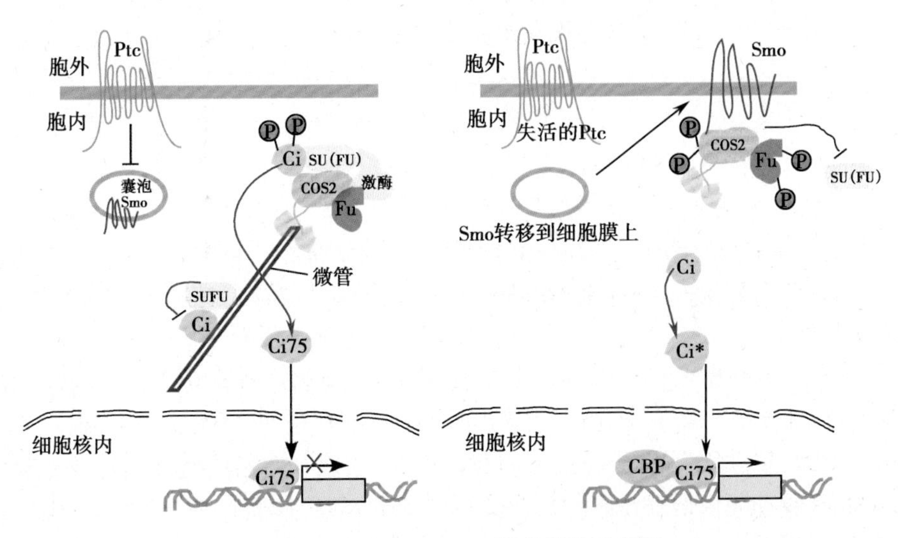

图 4-15-22　Hedgehog 信号通路示意图

3. NF-κB 信号通路 NF-κB 最初是在 B 细胞中发现，能特异性激活免疫球蛋白 κ 轻链基因转录的核转录因子。现在认为 NF-κB 是哺乳动物免疫系统的主要转录调控因子，受其激活转录的基因有 150 多种，其中包括编码细胞因子和趋化因子的基因，这些基因能够诱导免疫细胞迁移到感染部位。NF-κB 能促进中性粒细胞通过血管迁移到炎症组织，也能在细菌刺激下诱导 iNOS（一氧化氮合酶）的表达，以及产生一些抗凋亡蛋白拮抗细胞死亡。果蝇中 NF-κB 的同源蛋白能在细菌病毒感染时诱导机体产生大量的抗菌肽，这说明 NF-κB 的免疫调节功能在进化上非常保守。

NF-κB 信号通路的受体主要包括 TNF α 受体，Toll 样受体和 IL-1 受体。NF-κB 异二聚体的两个亚基 p65 和 p50 通过共享其 N 端的同源区形成二聚体并结合 DNA。在细胞没有应急或感染的静息状态下，NF-κB 和其抑制剂 I-κBα 结合处于失活状态。单分子 I-κBα 结合到 p65 和 p50 异二聚体的 N 端同源区，因此隐藏其核定位序列。细胞在感染源或炎症细胞因子的短时间刺激下，胞内异三聚体复合物 I-κB kinase 中 IKK kinaseβ 亚基激活并被磷酸化。活化的 IKK kinaseβ 亚基进一步磷酸化 I-κBα N 端的丝氨酸残基，E3 泛素化连接酶结合到这些磷酸丝氨酸位点对 I-κBα 进行多泛素化修饰并诱导其被蛋白酶体降解。I-κBα 降解后，NF-κB 的抑制被解除，其上的 NLS 序列暴露，然后 NF-κB 入核激活靶基因的转录（图 4-15-23）。

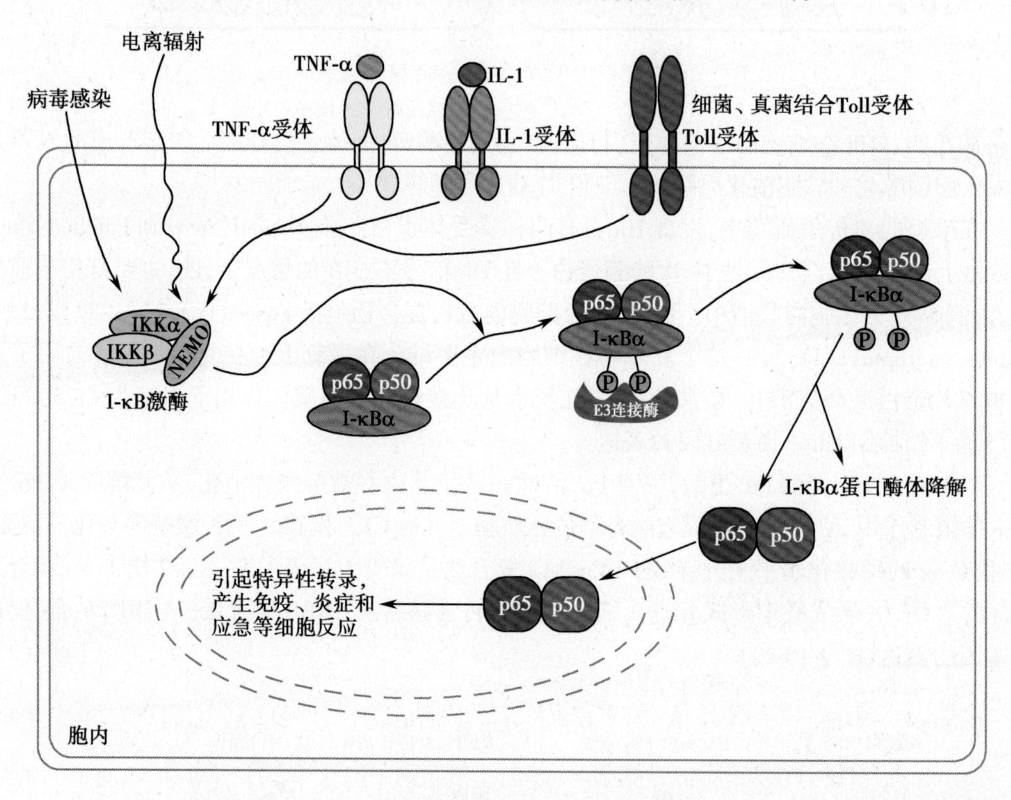

图 4-15-23 NF-κB 信号通路图解

（二）蛋白切割（cleavage）介导的信号通路

在 Notch/Delta 信号通路中，受体 Nothch 和配体 Delta 都是位于细胞膜表面的单次跨膜蛋白。Notch 还有其他配体如 Serrate 蛋白，其激活的分子机制与 Delta 相似。Ntoch 蛋白在内质网中合成单体膜蛋白，随后进入高尔基体，经过蛋白酶水解形成一个胞外亚基和一个跨膜 - 胞质亚基，这两个亚基之间没有共价作用。一个细胞上的 Delta 与邻近细胞上的 Notch 结合，Notch 被激活，Notch 受体胞外部分首先被 MMP 家族蛋白 ADAM10 切割，释放 Notch 受体胞外段。随后，γ-secretase 四蛋白复合体中的 nicastrin 亚基结合到 Notch 被切割后的残余部分，复合体中的蛋白酶 Presenilin1 催化膜内切割并释放 Notch 胞质片段。Notch 胞质片段入核与转录因子相互作用影响基因表达（图 4-15-24）。

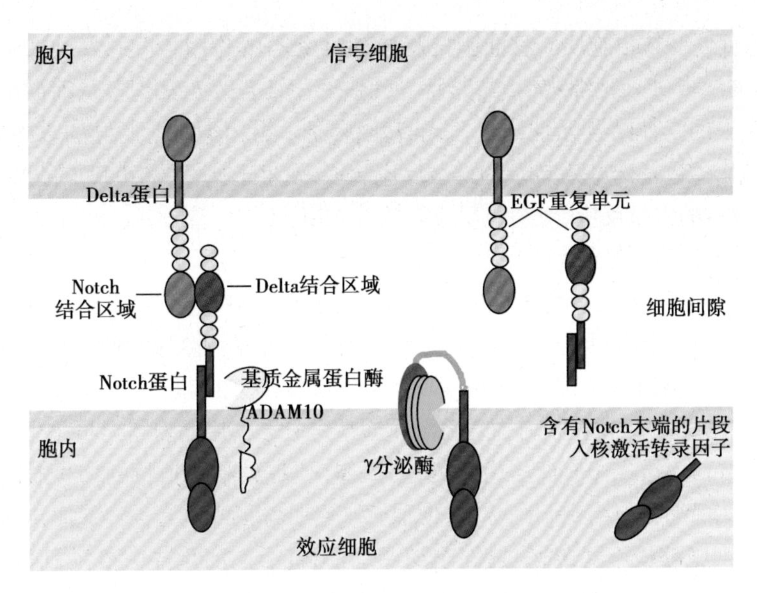

图 4-15-24　Notch-Delata 信号通路图解

阿尔茨海默症是一类主要由 MMP 异常活化引起的疾病，主要病理特征是 $A\beta_{42}$ 多肽聚集形成的淀粉样斑块在大脑中的异常积累。$A\beta_{42}$ 多肽主要是 amyloid precursor protein（APP）经过蛋白水解切割形成。类似 Notch 蛋白，APP 经过一次胞外切割和膜内切割。首先，APP 的胞外段被 APAM10（α-secretase）或 β-secretase 切割，然后，由 γ-secretase 在膜内进行二次切割，释放 APP 胞内段。如果第一次切割由 α-secretase 执行，会形成正常的 26 个残基多肽。反之，第一次由切割 β-secretase 切割，则会产生 $A\beta_{42}$ 多肽，$A\beta_{42}$ 多肽会很快形成多聚体，进而形成阿尔茨海默症病人脑中的淀粉样斑块。

四、细胞内受体介导的信号转导

细胞内受体的配体大多为脂溶性小分子，它们可以透过靶细胞膜，进入细胞与细胞内受体结合而传递信号。

（一）细胞内核受体介导的基因表达调控

根据受体分子在细胞内的分布不同，胞内受体可分为胞质受体和核受体。核受体的配体主要是类固醇类激素、甲状腺激素、视黄酸、维生素 D_3 及维 A 酸等脂溶性小分子甾体类激素。这些小分子可与细胞核内受体结合影响基因转录从而调节生物体内平衡。

核受体主要是由 400~1000 个氨基酸组成的单体蛋白，其氨基末端的氨基酸序列高度可变，长度不一，具有转录激活功能，多数受体的这一区域也是抗体结合区；其羧基末端由 200 多个氨基酸组成，是配体结合的区域，此外，这一区域对于受体二聚化及转录激活也有重要作用，其 DNA 结合区域由 66~68 个氨基酸残基组成，富含半胱氨酸残基，具两个锌指结构，由此可与 DNA 结合（图 4-15-25）。配体结合区与 DNA 结合区之间为铰链区，这一序列较短，其功能未完

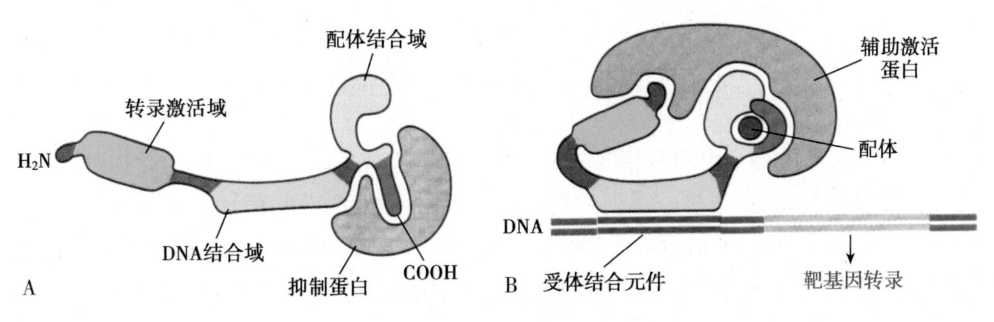

图 4-15-25　核受体结构示意图

全明确，可能有促使受体由胞质转移向胞核及与DNA结合等作用。

这类甾体类激素进入靶细胞内，与其特异性核受体结合改变其构象从而激活受体，被激活的受体与DNA上的受体结合元件结合，影响基因转录。甾体类激素诱导的基因活化分为两个阶段：①直接活化少数特殊基因转录的初级反应阶段，发生迅速；②初级反应的基因产物再活化其他基因产生延迟的次级反应，对初级反应起放大作用。

（二）NO参与的细胞信号转导

长期以来，NO被认为是具有毒性的气体分子，一直到20世纪80年代，人们发现血管内皮细胞能产生NO，并作用于动脉管壁的平滑肌细胞使血管舒张；随后的研究证实在中枢神经和周围神经系统的神经细胞中也存在有NO。1998年，美国科学家Robert F. Furchgott、Louis J. Ignarro和Ferid Murad因发现一氧化氮在心血管系统中起信号分子作用而获得诺贝尔生理学或医学奖。

一氧化氮（nitric oxide，NO）以自由基的形式（NO·）提供细胞独特的信号通路，它可以快速地通过细胞膜，实现细胞与细胞间的弥散，使血管平滑肌舒张或作为神经递质传递信号。NO的半衰期很短，在细胞外极不稳定，只能在组织中局部扩散，它的生成需要一氧化氮合成酶的催化。一氧化氮合酶（nitric oxide synthase，NOS）催化L-精氨酸和分子氧分解合成瓜氨酸和NO。人体NOS有三种同工酶：NOS1、NOS2、NOS3，NOS1（neuronal NOS，nNOS）和NOS3（endothelial NOS，eNOS）为组成型表达，NOS2也称为诱导型NOS（inducible NOS，iNOS）主要表达于巨噬细胞、成纤维细胞、肝脏等。

NO的主要受体是可溶性的鸟苷酸环化酶，NO与鸟苷酸环化酶血红素基团中铁可逆性结合，引发其构象改变从而激活鸟苷酸环化酶，生成cGMP，而cGMP通过cGMP依赖的蛋白激酶G的活化从而使血管舒张（图4-15-26）。在运动过程中，刺激骨骼肌收缩的Ca^{2+}反复释放，Ca^{2+}与CaM结合，并激活NOS生成NO，NO弥散出骨骼肌，进入围绕血管壁的平滑肌细胞，再通过激活GC生成cGMP使血管舒张，增加局部的血液（营养和O_2）的供给。硝酸甘油可以治疗心绞痛的原因就在于它可以在体内转化为NO，从而使血管舒张，减轻心脏负荷和心肌的缺氧量。很多神经细胞也可产生NO，它可以作为神经递质传递信号。突触后神经元可释放NO，逆向传递至突触前神经元，刺激谷氨酸递质不断释放，从而介导突触的可塑性，参与大脑的学习记忆。

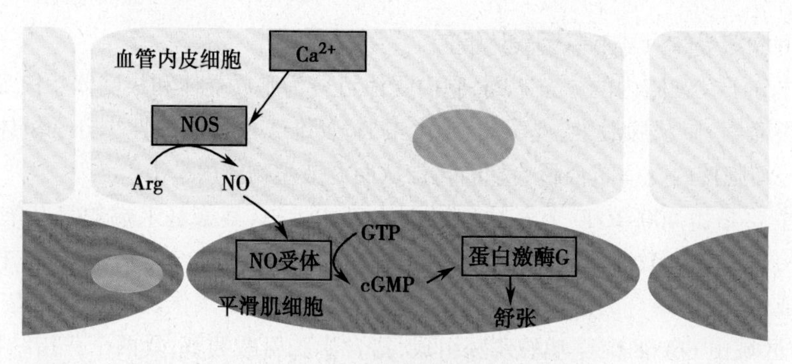

图4-15-26 NO在引起血管平滑肌舒张中的作用

第三节 信号通路的整合与调控

细胞内信号转导过程是由前后相连的生物化学反应组成的，前一个反应的产物可作为下一个反应的底物或者发动者，通过一系列的蛋白质与蛋白质相互作用，信息可从胞内一个信号分子传递到另一个分子，每一个信号分子都能够激起下一个信号分子的产生，直至代谢酶被激活、基因表达被启动和细胞骨架产生变化等细胞生理效应的产生。在许多情况下，细胞的适当反应依赖于接收信号的靶细胞对多种信号的整合以及对信号有效性的调控。

Notes

一、信号转导途径的共同特点

胞内信号转导途径的共同特点概括如下：

(一) 蛋白质的磷酸化和去磷酸化是信号转导分子激活的共同机制

蛋白质的磷酸化和去磷酸化，是绝大多数信号分子可逆地激活的共同机制，例如 cAMP 激活 PKA、cGMP 激活 PKG、NO 通过提高细胞内 cGMP 的浓度间接地激活 PKG、IP_3 通过提高细胞内 Ca^{2+} 的浓度与 CaM 一起激活 Ca^{2+}/CaM 依赖性蛋白激酶、DAG 激活 PKC，所有这些蛋白激酶的激活使底物蛋白磷酸化，产生各种生物学变化，包括基因表达的调节。

(二) 信号转导过程中的各个反应相关衔接而形成级联式反应

细胞内蛋白质的磷酸化和去磷酸化可以引起级联(cascade)反应，即催化某一步反应的蛋白质由上一步反应的产物激活或抑制。这种级联效应对细胞至少有两方面好处：①一系列酶促反应仅通过单一种类的化学分子便可以加以调节；②使信号得到逐渐放大。例如，血中仅需 10^{-10}mol/L 肾上腺素，便可刺激肝糖原和肌糖原分解产生葡萄糖，使血糖升高 50%；如此微量的激素可以通过信号转导促使细胞生成 10^{-6}mol/L 的 cAMP，信号被放大了 10 000 倍。此后经过 3 步酶促反应，信号又可放大 10 000 倍(图 4-15-27)。

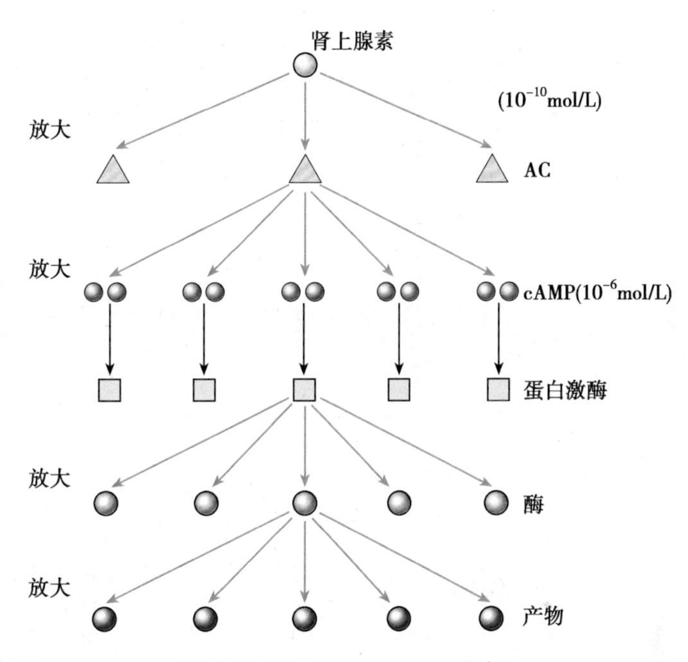

图 4-15-27　信号转导的级联效应

(三) 信号转导途径具有通用性与特异性

信号转导途径的通用性，是指同一条信号转导途径可在细胞的多种功能效应中发挥作用，如 cAMP 途径不仅可介导胞外信号对细胞的生长、分化产生效应，也可在物质代谢的调节、神经递质的释放等方面起作用，使得信号转导途径呈现出保守、经济的特点，这是生物进化的结果。要介导胞外信号对细胞功能精细的调节，信号转导途径还必须具有特异性，其产生基础首先是受体的特异性，如生长因子受体的 TPK 活性，能在生长因子刺激的细胞增殖中起独特作用。此外，与信号转导相关的蛋白质，如 G 蛋白家族及各种类型的 PKC，TPK，它们在结构及分布等方面的多样性以及它们作用发生的时间，对于信号转导途径特异性的形成均有一定影响。

(四) 胞内信号转导途径可以相互交叉

由于参与信号转导的分子大多数都有复杂的异构体和同工酶，它们对上游激活条件的要求各不相同，而对于其下游底物分子的识别也有差别，使整个信号转导途径之间可相互交叉及影响，形成复杂的信号网络。事实上，每一种受体被活化后通常导致多种第二信使的生成；另一方面，不同种类的受体也可以刺激或抑制产生同一种第二信使，包括 Ca^{2+}、DAG 和 IP3 等。

二、信号通路网络的整合

细胞各种不同的信号通路提供了信号途径本身的线性特征，然而细胞需要对多种信号进行整合和精确调控，最后做出正确的应答。细胞信号转导最重要的特征之一便是复杂的信号网络

系统，人们将各个信号网络之间的交互关系称为“交叉对话”（cross talk），不同上游信号共用下游同一底物的行为称为“收敛”（convergence），而同一上游信号作用于不同的下游底物则被称为“发散”（divergence）。交叉对话、收敛和发散等现象的存在保证了细胞具有一定的自我修复和补偿能力。

细胞信号系统的网络化相互作用是细胞生命活动的重大特征，也是细胞生命活动的基本保障之一。通过蛋白激酶的网络整合信息调控复杂的细胞行为是不同信号通路之间实现“交叉对话”的一种重要方式。图 4-15-28 概括了从细胞表面到细胞内的主要信号通路，从五条平行信号途径的比较不难发现：磷脂酶 C 既是 G 蛋白偶联受体信号途径的效应酶，也是受体酪氨酸激酶（RTK）信号途径的效应酶，在两条信号通路中都起到中介作用。尽管 5 条信号通路彼此不同，但在信号转导机制上又具有相似性，最终都是激活蛋白激酶。由蛋白激酶形成的整合的信号网络原则上可以调节细胞任何特定的过程。有人估计，在一个哺乳动物细胞中，可能含有 500 种以上不同的蛋白激酶，约有 2% 的基因为其编码，不难理解蛋白激酶的整合的信号网络是不同信号通路之间实现“交叉对话”的一种极为重要的方式。

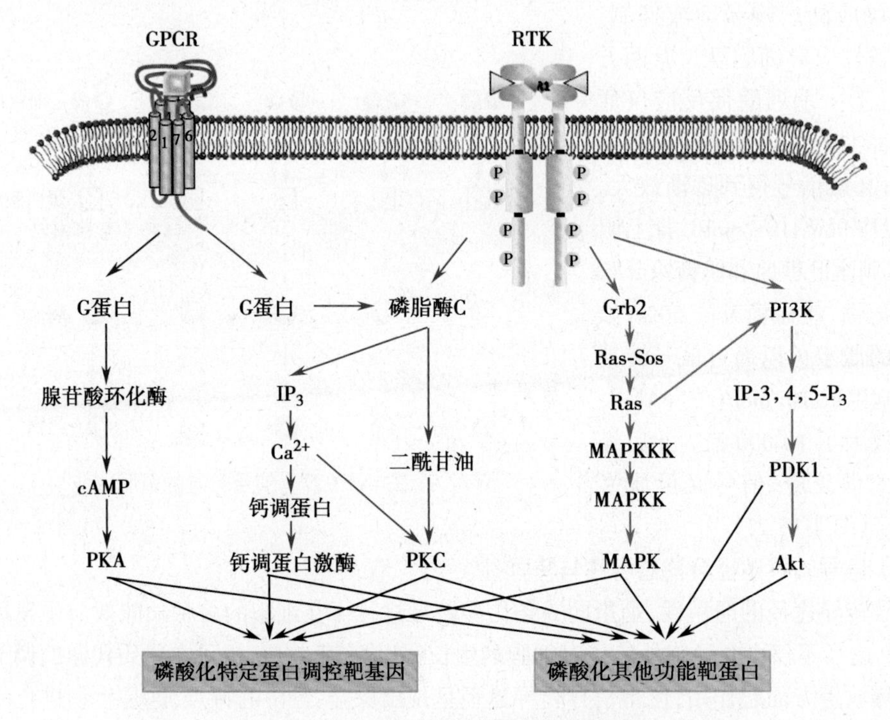

图 4-15-28　蛋白激酶信号网络的整合

三、细胞对外界信号的反应

细胞对外界信号做出适度反应既涉及信号的有效刺激和启动，也依赖于信号的及时解除和细胞的反应终止。事实上，信号的解除和终止与信号的刺激和启动对于确保靶细胞对信号的适度反应来说同等重要。解除和终止信号的重要方式，是在信号浓度过高或细胞长时间暴露于某一种信号刺激情况下，细胞会以不同机制使受体脱敏，这种现象又称之为适应（adaptation）。

细胞以其对信号敏感性的校正能力适应刺激强度或刺激时间变化，概括起来靶细胞对于信号分子的脱敏机制有如下 5 种方式（图 4-15-29）。

1. 受体没收（receptor sequestration）　细胞通过配体依赖性的受体介导的内吞作用（receptor-mediated endocytosis）减少细胞表面可利用受体的数量，以网格蛋白 /AP 包被膜泡的形式摄入细胞，内吞泡脱包被形成无包被的早期胞内体。之后随着 pH 发生改变，受体 - 配体复合物在晚期胞内体解离，受体返回质膜再利用而配体进入溶酶体降解。

Notes

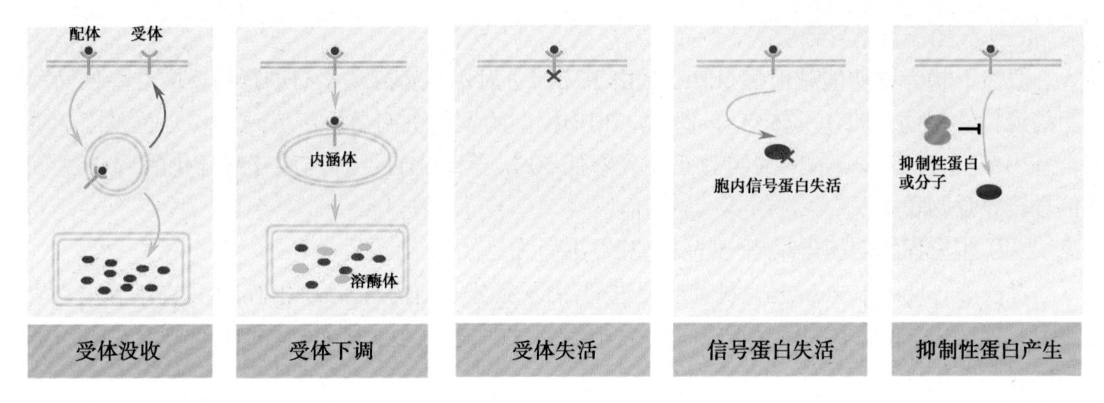

图 4-15-29　靶细胞对信号分子的 5 种主要脱敏机制

这是细胞对多种肽类或其他激素的受体发生脱敏反应的一种基本途径。有时,即使受体未与配体结合,细胞也会通过批量膜流(bulk membrane flow)将细胞表面受体以较低的速率内化(internalization),然后循环再利用,从而减少细胞表面的受体数量。

2. 受体下调(receptor down-regulation)　通过受体介导的内吞作用,受体 - 配体复合物转移至胞内溶酶体消化降解而不再重新利用,细胞通过表面自由受体数量减少和配体的清除导致细胞对信号敏感性下降。

3. 受体失活(receptor inactivation)　G 蛋白偶联受体激酶使结合配体的受体磷酸化,再通过与胞质抑制蛋白 β-arrestin 结合而阻断与 G 蛋白的偶联作用,这是一种快速使受体脱敏的机制。

4. 信号蛋白失活(inactication of signaling protein)　细胞对信号分子脱敏是通过细胞内信号蛋白本身发生改变,从而使信号级联反应受阻,不能诱导正常的细胞反应。

5. 抑制性蛋白产生(production of inhibitory protein)　受体结合配体而激活后,在下游反应中(如对基因表达的调控)产生抑制性蛋白并形成负反馈环从而降低或阻断信号转导途径。

第四节　信号转导与人类疾病

细胞的信号转导是细胞对外界刺激而作出必要反应的途径,因此信号转导途径出现障碍时,会造成细胞对外界的刺激不能作出正确的反应导致细胞病变。近年来,这些领域的研究越来越深入,明确了许多疾病的发生正是由于信号转导的异常所致;此基础上,设计针对性的药物就可以达到防治疾病的目的。

一、信号转导的异常是疾病发生的重要因素

(一) 信号分子异常可导致疾病

细胞信号分子(第一信使)过量或不足。如胰岛素生成减少,体内产生抗胰岛素抗体或胰岛素拮抗因子等,均可导致胰岛素的相对或绝对不足,引起高血糖;防治的方法是补充信息分子(胰岛素)的不足或设计相应的药物封闭抗胰岛素抗体或胰岛素拮抗因子的效应。

(二) 受体异常是许多疾病的致病因素

受体异常是受体的数量、结构或调节功能改变,使其不能正确介导信息分子信号的病理过程。原发性受体信号转导异常,如家族性肾性尿崩症是 ADH 受体基因突变导致 ADH 受体合成减少或结构异常,使 ADH 对肾小管和集合管上皮细胞的刺激作用减弱或上皮细胞膜对 ADH 的反应性降低,对水的重吸收降低,引起尿崩症。

(三) G 蛋白异常导致疾病

假性甲状旁腺功能减退症(PHP)是由于靶器官对甲状旁腺激素(PTH)的反应性降低而引起的遗传性疾病。PTH 受体与 Gs 偶联。PHP1A 型的发病机制是由于编码 Gsα 等位基因的单个基因突变,患者 Gsα mRNA 可比正常人降低 50%,导致 PTH 受体与腺苷酸环化酶(AC)之间信号转导脱偶联。

(四) 蛋白激酶功能异常与一些肿瘤的发生有关

佛波酯(phorbol ester)是一种肿瘤促进剂,由于其分子结构与 DAG 相似,所以在细胞内它取代 DAG 与 PKC 相结合而激活 PKC。但它不像 DAG 那样被很快降解,从而使 PKC 产生长时间不可逆的活化,导致细胞不可控制的生长增殖。

(五) 细胞内信号通路异常

细胞内信号转导涉及大量信号分子和信号蛋白,任一环节异常均可通过级联反应引起疾病。如 Ca^{2+} 是细胞内重要的信使分子之一。在组织缺血再灌注损伤过程中,胞质 Ca^{2+} 浓度升高,通过下游的信号转导途径引起组织损伤。

二、信号通路是药物作用的靶点

细胞内的信号传递通路是通过从细胞膜到细胞核之间的蛋白之间的相互作用实现的。在肿瘤坏死因子(TNF-α)所导致的炎症反应中,TNF 通过与受体结合后激活一系列蛋白磷酸激酶之间的相互作用,最终激活 NF-κB 而引起炎症反应。该通路在银屑病、溃疡性结肠炎和克罗恩病(Crohn disease)等自身免疫性疾病中有着重要作用,针对 TNF-α 的单克隆抗体(Infliximab)已经获得美国食品与药品管理局(FDA)的批准,用于这些疾病的治疗。

人表皮生长因子受体(HER2)在 Her/ErbB 家族的活化和信号转导中起重要作用;而近年的研究发现,HER2 蛋白在 25% 左右的乳腺癌患者中高表达,其过度活化与乳腺癌的发生发展以及不良预后有着重要关联。Herceptin(靶向 HER2 的单克隆抗体)也已经获得美国 FDA 的批准,用于治疗 HER2 蛋白过量表达的乳腺癌,并取得了良好的治疗效果。

因此,研究人员可以通过研究蛋白与蛋白间的相互作用揭示信号转导通路中的关键环节,筛选并开发影响蛋白与蛋白间的相互作用药物,以达到防治疾病的目的,这是近些年来基础研究成果向临床实际应用转化的重要方式。

小　结

无论是单细胞生物还是多细胞生物,它们的细胞都无时无刻不与周围环境(包括其他细胞)发生着各式各样的联系,进行着丰富多彩的交流和协调,以保持生物体与周围世界以及生物体本身的平衡与统一。细胞外部的信号或者刺激(stimuli)作用于受体,不同类型的受体对信号处理的方式是不同,有些受体本身具有酶的活性;有些受体可以调节离子通道的开关;有些受体则通过 G 蛋白,进一步实现信号的转导过程。G 蛋白的效应比较复杂,它所激活的后继效应蛋白的种类取决于细胞的类型和 α 亚单位的类型,包括离子通道、腺苷酸环化酶、磷脂酶 C、磷脂酶 A_2 以及磷酸二酯酶等。效应蛋白通过进一步的途径或直接、或(将信号最终传递入细胞核,诱导相应基因表达)间接使细胞表型发生变化,并产生各种生物效应。穿膜信号转导还调节控制许多生命过程。这些过程包括生物体的生长、发育、神经传导、激素和内分泌作用、学习与记忆、疾病、衰老与死亡等等;也包括细胞的增殖与细胞周期调控、细胞迁移、细胞形态与功能的分化与维持、免疫、应激、细胞恶变与细胞凋谢等。因此,近年来国际上对穿膜信号转导的研究发展迅速,使穿膜信

号转导研究领域的覆盖面逐渐扩大。

从生物学角度来看，细胞信号的研究将逐步阐明细胞与细胞内外环境交流、协调的机制及其生物学意义，具有重要理论意义；而从医学角度来看，信号的研究则一方面能使医学家有利于阐明疾病发生的原理、寻找恰当的药物治疗靶点。

（周天华）

参考文献

1. Bray D.Signaling complexes:biophysical constraints on intracellular communication. Annu Rev Biophys Biomol Struct,1998,27:59-75.
2. Park PS,Filipek S,Wells JW. Oligomerization of G protein coupled receptor:past,present,and future. Biochemistry,2004,43:15643-15656.
3. Hofmann F. Biology of cGMP dependent protein kinases.J Biol Chem,2005,280:1-4.
4. Berridge MJ,Lipp P,Bootman MD. The versatility and universality of calcium signaling. Nat Rev Mol Cell Biol,2000,1:11-21.
5. Bhattacharyya RP,Remenyi A,Yeh BJ,et al. Domains,motifs,and scaffolds:The role of modular interactions in the evolution and wiring of cell signaling circuits. Annu Rev Biochem,2006,75:655-680.
6. Lefkowtz RJ,Shenoy SK. Transduction of receptor signal by β arrestins. Science,2005,308:512-517.
7. Call ME,Wucherpfennig KW. The T cell receptor:Critical role of the membrane environment in receptor assembly and function. Annu Rev Immunol,2005,23:101-125.
8. Thomas D Pollard,William C.Earnshaw. Cell Biology. 2nd ed. Philadelphia:Sauders Elsevier,2008:425-512.
9. Lodish Harvey,Berk Anold,Krice A Kaiser,et al. Molecular cell biology. 7th ed. New York:W.H. freeman and Company,2012.
10. Alberts Bruce,Johnson Alexander,Lewis Julian,et al. Molecular Biology of the Cell. 5th ed. New York:Garland Science,2008.

第五篇　干细胞与细胞工程

第十六章　干细胞与组织的维持和再生

生物体在其整个生命过程中需要维持自身组织器官的稳态(self-homeostasis),这一过程主要包括对衰老和死亡细胞的清除及新生细胞的更替,对细胞外信号分子的平衡与协调,以此保持细胞和组织的结构和功能相对正常,从而维持机体的完整与稳定。在组织细胞衰老或受损时,生物体常采用两种方式来维持机体的稳态平衡(homeostasis):一是利用细胞外基质(extracellular matrix)快速修复损伤,保持机体结构的完整,重建机体的功能,这称为组织修复(tissue repairing);二是通过启动类似胚胎发育过程所需要的重要信号途径,再现组织发育的过程,以新生的相同细胞及细胞外基质重塑损伤器官,这种完全修复是维持机体稳态平衡理想的方式,称为组织再生(tissue regeneration)。

再生(regeneration)是指部分缺失或者受损的组织器官重新生长并保持较完整的生理功能的过程。组织或器官的再生是动物和植物中的普遍现象,但不同物种的再生能力与其结构复杂程度及组织和器官的分化程度相反。一般说来,低等生物的再生能力较高等动物强。例如两栖类动物蝾螈一生都保持较强的肢体再生能力,但是哺乳动物如小鼠和人类,只有肢体末端能够再生,而且随着个体发育成熟,肢体的再生能力逐渐下降。成人组织器官损伤后,组织的再生潜能也能被启动。人体组织细胞中再生能力较强的是表皮细胞、呼吸道和消化道黏膜被覆细胞、淋巴和造血组织细胞,其次是肝细胞、骨髓、骨以及外周神经组织等。

在机体受到重大创伤(例如交通事故、生产意外等所带来的创伤)以后和疾病康复过程中,受损组织和器官的修复与重建也涉及组织再生。但是目前重要脏器的修复方式,相当一部分仍然停留在纤维化修复(瘢痕愈合)层面上,尚无有效的手段能够完全修复坏死细胞或受损组织,重建功能性组织。因此,从最早发现的两栖类动物肢体再生现象到表皮重建的伤口愈合过程,直至当今快速发展的器官移植(organ transplantation)和组织工程学(tissue engineering),大量的研究工作仍聚焦于阐明组织再生的分子机制,寻找参与的重要分子,期望通过人为干预达到组织损伤后完全再生的理想效果。

自20世纪90年代以来,随着细胞生物学和分子生物学等基础学科的迅猛发展,干细胞和组织工程的理论技术快速渗入到现代医学的基础研究与临床应用中,组织维持和再生的研究也日渐深入。目前已经明确,发育期胚胎中存在的胚胎干细胞(embryonic stem cell,ESC)具有多向分化潜能,能够分化为三种胚层干细胞,进而在不同的细胞外环境刺激信号下,进一步诱导分化形成组成机体的所有组织细胞。胚胎干细胞是目前已知分化功能最为强大的干细胞。体内已分化定型的组织器官中也存在着组织干细胞(tissue specific stem cell,TSC),这些细胞保持着自我更新和分化的潜能,维持组织器官的稳态平衡,在外来刺激例如细胞衰老和死亡信号的作用下,能够启动分化进程,生成成熟的功能细胞以替代丢失或损伤细胞并修复组织,从而保持组织器官的结构和功能完整性。因此,组织的再生与维持与干细胞密切相关。

第一节　干细胞生物学

1896年EB Wilson在关于蠕虫发育的研究论文中,最早使用了“干细胞”一词,但是对干细胞的深入研究,则在最近几十年,成为当今生命科学研究的热点,其核心科学问题与生命的起源与进化、个体的发育与维持联系紧密，也与人类的疾病与衰老、再生与修复等问题息息相关。同时，干细胞技术也是生物技术发展的前沿领域之一，干细胞的分离富集方法和定向分化诱导技术能够为组织工程、器官移植等提供关键的技术平台，以干细胞为中心的再生治疗（regenerative therapy）或替代治疗（reparative therapy）给严重危害人类健康的多种慢性或退行性疾病的治疗与康复带来了新的希望。

一、干细胞是具有自我更新与分化潜能的未分化或低分化细胞

干细胞是高等多细胞生物体内具有自我更新（self-renewal）及多向分化潜能（pluripotency）的未分化或低分化的细胞。自我更新是指干细胞具有“无限”的增殖能力，能够通过对称分裂（symmetric division）和不对称分裂（asymmetric division）产生与母代细胞完全相同的子代细胞，以维持该干细胞种群。多向分化潜能是指干细胞能分化生成不同表型的成熟细胞。例如，胚胎干细胞可以分化为个体的所有成熟细胞类型（包括来源于外胚层、中胚层和内胚层的各种细胞），组织干细胞在生物体的终生都具有自我更新能力，但是其多向分化能力较胚胎干细胞弱，只能分化为特定谱系（lineage）的一种或数种成熟细胞。

除了与体细胞相同的对称分裂（symmetric division）方式以外，干细胞还能通过独特的不对称分裂（asymmetric division）方式进行增殖。不对称分裂产生两个子代细胞，一个与母代细胞完全相同，另外一个是分化细胞。干细胞不对称分裂的机制目前尚不明确，可能是当干细胞进入分化程序以后，首先要经过一个短暂的增殖期，产生过渡放大细胞（transit amplifying cell，TAC）。过渡放大细胞再经过若干次分裂，最终生成分化细胞（图 5-16-1）。过渡放大细胞的产生可以使干细胞通过较少次数的分裂而产生较多的分化细胞。干细胞本身的增殖通常很慢，而组织中的过渡放大细胞分裂速度则相对较快。干细胞增殖缓慢性特点有利于其对特定的外界信号做出反应，以决定干细胞是进入增殖周期，还是进入特定的分化程序。同时，这种缓慢增殖特性，还可以减少基因突变的危险，并使干细胞有更多的时间发现和矫正复制错误。

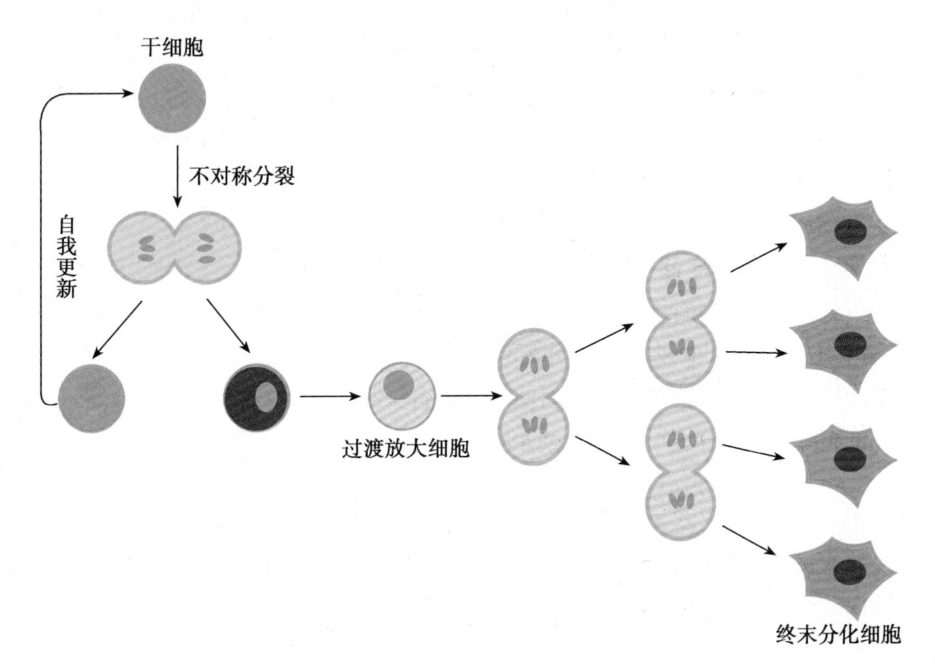

图 5-16-1　干细胞的不对称分裂

干细胞通过不对称分裂产生与一个与母代细胞完全相同的子代细胞，以保持干细胞稳定；同时还产生过渡放大细胞（TA 细胞），再由过渡放大细胞经过若干次分裂，最终产生分化细胞

二、干细胞具有区别于其他类型细胞的重要生物学特征

干细胞的生物学特征包括具有自我更新能力、多向分化潜能以及未分化/低分化特性。首先，干细胞能够通过细胞增殖完成自我更新，以维持稳定的干细胞数量。有些组织干细胞（例如肝干细胞）虽然长期处于静息状态，但仍然具备强大的自我更新能力；其次，在特定分化信号刺激下，干细胞能够通过非对称分裂被诱导分化为具备特定功能的组织细胞。在某些组织器官，例如，皮肤、胃肠上皮或骨髓，干细胞较频繁地进行分裂增殖以替代损伤、衰老和死亡细胞，但是其他一些器官，例如胰腺或心脏，干细胞仅在某些特殊条件下分裂增殖。

（一）干细胞具有"无限"的自我更新能力

胚胎干细胞和某些组织干细胞的增殖能力非常旺盛，尤其是胚胎干细胞的分裂十分活跃。胚胎干细胞能够在体外培养环境中连续增殖一年而仍然保持良好的未分化状态，但是，绝大多数组织干细胞在体外的增殖能力有限，它们在快速增殖以后常进入静息状态，例如，成人心肌干细胞、肝干细胞和神经干细胞通常处于静息状态，这种独特的增殖方式与组织干细胞保证整个生命周期中组织的稳态平衡与再生密切相关。目前评价组织干细胞自我更新能力的方法是通过体内实验观察组织干细胞的增殖状况，例如用长期重建实验（long-term repopulating assay，LTRA）来观察造血干细胞（hematopoietic stem cell）的自我更新能力；单个骨骼肌纤维的移植（single muscle fiber transplantation）来观测骨骼肌干细胞（卫星细胞）的体内重建。

（二）多向分化潜能是干细胞的另外一个主要特征

干细胞经过分化进程逐渐变为具有特殊功能的终末分化细胞，与此同时干细胞的多向分化潜能也逐渐丧失。例如，囊胚（blastocyst）多能胚胎干细胞可以产生多分化潜能的各胚层干细胞，然后胚层干细胞再分化为成熟组织细胞；造血干细胞和神经干细胞可以分化产生不同血液和神经细胞的祖细胞和前体细胞，而祖细胞和前体细胞只能分化产生特定谱系的血液和神经细胞。在上述分化进程中，干细胞的分化谱逐步"缩窄"，能分化产生的功能细胞的种类越来越少。在发育和再生过程中，干细胞的谱系和分化潜能的变化是受到外源性和内源性的信号分子系统的协同调控：其中，外源性信号主要指来自机体系统环境（如血液系统等）和干细胞微环境物理（机械力和电击）、生物和化学的刺激；内源性信号主要包括某些重要转录因子。这些调控因子可通过干细胞 DNA 的表观遗传修饰（epigenetic modification），关闭或者开启某些重要基因的表达，最终调控干细胞的分化潜能与进程。

（三）干细胞具有未分化或低分化特性

干细胞通常不具备终末分化细胞（terminal differentiated cell）的形态特征，因此难以用常规的形态学方法加以鉴别。干细胞也不能执行分化细胞的特定功能，例如心肌干细胞不具备心肌细胞的收缩功能，造血干细胞无法像红细胞一样携带氧分子。但是，干细胞（尤其是组织干细胞）的重要作用是作为成体组织细胞的储备库，它们在某些特定条件下可以进一步分化为成熟细胞或终末分化细胞（terminal differentiated cell），执行特定组织细胞的功能。

三、根据其生物学特征不同，干细胞可分为不同类型

根据所处的发育阶段和发生学来源的不同，可以将干细胞分为：胚胎干细胞（embryonic stem cell，ES 细胞）、组织干细胞（tissue specific stem cell，TSC）和生殖干细胞（germline stem cell，GSC），在癌症组织中，还可能存在着肿瘤干细胞（cancer stem cell，CSC）的概念。组织干细胞也被称为成体干细胞（adult stem cell 或 somatic stem cell）。

按分化潜能的不同，干细胞可以分为全能、多能和单能干细胞。全能干细胞（totipotent stem cell）是指能够形成整个机体所有的组织细胞和胚外组织的干细胞，例如受精卵和早期胚胎细胞，它们可以分化为个体的所有细胞类型（包括外胚层、中胚层和内胚层来源的细胞）及胎膜；多能

干细胞(multipotent stem cell 或 pluripotent stem cell)是能够分化形成多种不同细胞类型的干细胞,显示出多系分化潜能的特征,例如造血干细胞能分化形成单核/巨噬细胞、红细胞、淋巴细胞、血小板等,间充质干细胞能分化为成骨细胞、软骨细胞、脂肪细胞等;目前研究中常用的胚胎干细胞不具备分化成胚外组织的能力,因而属于多能干细胞,而不是全能干细胞的范畴。单能干细胞(unipotent stem cell)通常指特定谱系的干细胞,它们仅产生一种类型的分化细胞,因此分化能力较弱。例如表皮干细胞只能分化成为皮肤表皮的角质形成细胞,心肌干细胞只能发育为心肌细胞。

目前干细胞研究的主要对象为哺乳动物及人类的胚胎干细胞和组织干细胞,研究的主要问题包括:胚胎正常发育过程中干细胞的增殖如何调控?分化进程启动以前干细胞如何保持未分化状态?干细胞初始分化的触发信号分子是什么?来源于何处?干细胞的微环境和机体系统环境的构成以及不同器官间的相互作用对于组织干细胞的影响,如何调控干细胞的命运决定?干细胞异常与肿瘤、遗传性疾病、衰老和退行性疾病的发生有何关系?这些问题的阐明将有助于对干细胞基本生物学特性的进一步认识。

四、干细胞的来源和组织类型不同决定其独特的生物学特征

(一) 胚胎干细胞表达特征性的基因产物和表面标志分子

胚胎干细胞没有特殊的形态学特点,其核质比较高,呈正常的二倍体核型(diploid karyotype)。细胞表面标志物是指胚胎干细胞未分化状态下高度表达的抗原分子,胚胎干细胞一旦分化,这些分子的表达会迅速降低甚至消失。胚胎干细胞常见的特征性基因产物和表面标志分子主要有以下几种。

1. **阶段特异性胚胎抗原**　人胚胎干细胞(human embryonic stem cell,hES)高表达阶段特异性胚胎抗原(stage specific embryonic antigen,SSEA),如 SSEA 3、SSEA 4;硫酸角质素相关抗原即肿瘤识别抗原(tumor recognition antigen,TRA),如 TRA-1-60 和 TRA-1-81、碱性磷酸酶、端粒酶等。此外,CD90、CD133、CD117 也是 hES 的重要标志物。小鼠胚胎干细胞与 hES 的表面分子不完全一致,例如小鼠胚胎干细胞仅表达 SSEA 1 抗原,不表达 SSEA 3 和 SSEA 4。小鼠与人类 ES 细胞表达的基因标志物重叠和交叉较少,提示了不同种属 ES 细胞分化的复杂性。

2. **整联蛋白**　细胞外基质成分对胚胎的早期发育具有重要影响,例如小鼠胚胎发育早期(2~4 细胞阶段)高表达层黏连蛋白(laminin),hES 高表达整联蛋白(integrin),这些基质成分有助于干细胞定位于细胞外基质中。在体外培养环境中,hES 的整联蛋白 α6 和 β1 的表达水平较高,其次是整联蛋白 α2 和整联蛋白 α1~α3,另外 hES 还通过连接蛋白 43(connexin 43)紧密连接相邻干细胞。

3. **特异性转录因子**　特异性转录因子(transcription factor)的表达也能用于识别和鉴定胚胎干细胞。例如,含有 POU 结构域的 Oct3/4 是未分化 ES 细胞特征性的转录活化因子,在早期胚胎及多能干细胞中高表达,是维系小鼠胚胎干细胞多向分化潜能和自我更新的重要因子。细胞一旦分化,Oct3/4 的表达迅速下降。ES 表达的其他重要转录因子还包括 Nanog、Sox2、cripto 等。

(二) 组织干细胞具有组织定向分化能力和特定组织定居能力

组织干细胞具备以下三个重要的生物学特征:①能够自我更新。组织干细胞通过分裂增殖,产生与其完全相同的子代细胞,有效地维持了组织干细胞群体数量和功能的稳定性。②具有谱系定向分化(lineage specific differentiation)能力。组织干细胞可以进一步分化为专能祖细胞,最终成为终末分化细胞。组织中细胞分化的过程实际上是组织干细胞获得特定组织细胞形态、表型(phenotype)以及功能特征的过程。绝大多数组织干细胞具有一定的多能分化特性,能够分化为特定组织中的多种细胞类型。③体内各组织干细胞具有在特定组织定居的能力。组织干细胞可对组织再生的特异刺激和信号分子产生应答,分化为特定类型的组织细胞,替代受损细胞

或死亡细胞的功能。

组织干细胞的概念最早于1960年提出，当时首次发现骨髓中定居着某些特殊的细胞，在特定的环境条件和其他因素作用下，能够诱导分化并重建所有血液细胞的功能，后来逐渐完成了对造血干细胞的完全鉴定和分离工作。此后陆续发现了多种组织干细胞，例如，间充质干细胞(mesenchymal stem cell，MSC)、毛囊干细胞(hair follicle stem cell)、心肌干细胞(cardiomyogenic stem cell)、肝干细胞(liver stem cell)等。研究发现，组织干细胞的生化特性与其所在组织的类型密切相关，可以通过一些特异表达的细胞表面分子鉴定组织干细胞。例如Ⅵ型中间丝蛋白、CD133和CD24是神经干细胞的特异标志物，体外培养的$AC133^+/CD24^+$细胞可以进一步分化为神经细胞、星形胶质细胞和少突胶质细胞。骨髓间充质干细胞高表达CD29、CD44、CD166等分子，在体外培养环境中可以分化为骨细胞(osteocyte)、脂肪细胞(adipocyte)、软骨细胞(chondrocyte)、肌细胞(myocyte)等。造血干细胞表面富含Ly6A/E(又称为干细胞抗原1，stem cell antigen 1，Sca1)、CD34和CD133分子。但是由于技术手段和研究方法的局限，目前对组织干细胞表达特异分子的研究还不够深入，还不能采用各胚层和各种组织干细胞的特异标志物完全分离和鉴定不同来源的组织干细胞。

五、组织干细胞具有分化的可塑性

传统的干细胞发育理论认为，组织干细胞是胚胎发育至原肠胚形成(gastrulation)以后出现的，因此组织干细胞不是分化全能细胞，只具有组织特异的、有限的分化能力，一般只能分化为所在组织的特定细胞类型。但近来的实验研究表明，某些情况下，骨髓间充质干细胞可以跨胚层向肝脏、心脏、胰腺或神经系统的细胞分化，而肌肉、神经干细胞也可以向造血干细胞分化。目前将组织干细胞这种跨系谱甚至跨胚层分化的潜能，称为组织干细胞的可塑性(plasticity)。其可能机制主要包括：

1. 组织干细胞的来源 目前发现，大多数组织中栖息着具有单向或多向分化潜能的组织干细胞。一般认为，组织干细胞来源于胚胎发育不同时期的干细胞。在个体的器官和组织发生过程中，某些干细胞可能先后离开所在群体的分化、增殖进程，迁移并定居在特定器官或器官雏形中的某个位置，并保留自己的干细胞特性，形成组织干细胞。组织干细胞在微环境的作用下多数时间处于静息状态，一旦所定居的组织需要再生或修复，便在特定微环境下被激活并分化成所需的功能细胞。

2. 组织干细胞的转分化和去分化 组织干细胞的转分化(transdifferentiation)是指通过激活其他潜在的分化程序，从而改变了组织干细胞的特定谱系分化的进程。造血干细胞向非造血组织细胞分化，神经干细胞向血液系统细胞分化都是组织干细胞转分化的例子。去分化(dedifferentiation)是指分化成熟细胞首先逆转分化为相对原始的细胞，然后再按新的细胞谱系分化通路进行分化的过程。例如，两栖类生物蝾螈伤口切除边缘的分化成熟细胞能够逆分化成原始细胞，再形成新生的组织干细胞，最后分化为被切除的肢体和尾巴等组织。但是正常生理状态下，成年哺乳动物的组织干细胞转分化或去分化的现象较为少见，其机制也还有待进一步研究。

3. 组织干细胞的多样性 特定组织中有可能存在其他谱系来源的组织干细胞，例如骨髓或肌肉的SP细胞(side population cell)可能包括了多种组织干细胞，如造血干细胞、间充质干细胞、内皮祖细胞(endothelial progenitor cell)和肌肉干细胞等。另外，造血干细胞不仅仅定位于骨髓中，它可以随着血液循环被一些组织器官例如肌肉和脾脏等摄取并定居于该区域。一些特定组织中共存的其他组织干细胞能够按照自己的定向需要，分化为与该特定组织不同的其他细胞类型。

4. 细胞融合 细胞融合(cell fusion)是一种细胞可以通过与其他细胞的相互融合而表现出另一种细胞的生物学特性。体外培养条件下，成年哺乳动物细胞存在细胞融合现象。例如成肌细胞在破骨细胞作用下，细胞融合后形成多核的骨骼肌纤维；感染HIV的T细胞与靶细胞的融

合能够介导病毒进入靶细胞等；体外培养的胚胎干细胞能够自发地与神经干细胞融合，并且还能将供体细胞的分子标志物转移至融合细胞中。因此，如果一种组织中含有其他类型的组织干细胞，那么不同的组织干细胞可以通过相互融合而表现出与组织类型不同的细胞特性。体内细胞自然融合的发生率较低，其对组织干细胞可塑性的影响还需要进一步研究。

目前对组织干细胞可塑性的认识还不够深入，需建立组织干细胞的分离、纯化和功能鉴定的成熟技术和体外维持组织干细胞未分化状态的模型。因此，上述发生机制主要处于理论讨论和假说阶段，存在一定的争议，组织干细胞可塑性的机制和生物学意义还有待进一步研究。

六、干细胞的来源、定位和功能

胚胎干细胞的来源较为清楚，组织干细胞的确切起源尚不明确，某些组织和器官是否存在组织干细胞还存在争议。

（一）目前获得的胚胎干细胞主要来源于植入前胚胎内细胞团

胚胎干细胞理论上泛指胚胎发育期的各种原始细胞，但目前研究者获得的胚胎干细胞主要经由囊胚期的内细胞团（inner cell mass，ICM）和生殖嵴（genital ridge）两条途径。

小鼠和人类的胚胎干细胞可以分化形成胚层干细胞，包括外胚层（ectoderm）、中胚层（mesoderm）和内胚层（endoderm）细胞。外胚层细胞形成神经组织和皮肤的表皮，中胚层形成结缔组织、骨髓、血液细胞、肌肉组织、软骨与骨组织等，内胚层形成肺、肝、胰腺、消化道的上皮组织等。内细胞团以外的胚外细胞团则分化形成滋养层（trophoblast）干细胞，这些特定细胞可以分化为组成滋养层的所有细胞类型，参与胎盘与胎膜的形成。

囊胚期的胚胎干细胞发育潜能也受到一些限制，因此囊胚期的胚胎干细胞并非真正意义上的全能干细胞，它不能产生滋养层细胞，而滋养层干细胞也仅能形成滋养层的所有类型细胞，不能产生三种胚层细胞（图 5-16-2）。

图 5-16-2　胚胎干细胞的来源与早期分化
目前胚胎干细胞（ES 细胞）的主要来源是植入前囊胚泡内细胞团，在体外培养环境中 ES 首先形成胚状体（embryoid body，EB），并分化为三种胚层干细胞，然后胚层干细胞再分化形成不同的组织细胞

（二）胚胎期胚层细胞分化以后形成组织干细胞的前体细胞

组织干细胞的起源目前尚无定论，一般认为，组织干细胞来源于胚胎期不同发育阶段的干细胞，在胚层细胞分化以后形成。但是组织干细胞是如何逃逸早期胚胎发育过程中各特定谱系细胞定向分化的限制？组织干细胞微环境又是如何形成的？这些问题至今尚未阐明。目前研究较为明确的是造血干细胞和神经干细胞的起源。

1. 造血干细胞　小鼠造血系统发育的第一个部位是胚外卵黄囊（yolk sac），随后是胚内的主动脉 - 性腺 - 中肾区（aorta gonad mesonephros，AGM 区），然后逐渐移位到胚胎期肝脏、骨髓，最后发育为成体的造血系统。由于胚胎期血液系统的发育是一个动态过程，因此不同解剖学部位出现造血分化细胞，并不代表造血干细胞起源于该区域，而采用造血干细胞特异的表面分子标志追踪的方法可能才是认识其起源的较好方法。

2. 神经干细胞　神经干细胞出现在原肠胚期，胚胎外胚层形成神经组织以后。外胚层中轴部分在脊索（notochord）的诱导下增厚形成神经板（neural plate），再分化形成神经管（neural tube），

此管的神经上皮增殖、迁移、分化为神经细胞和神经胶质细胞。由于神经干细胞缺乏特异的表面标志分子，目前仍然不明确神经干细胞的确切定位。胚胎期神经上皮可以产生放射状神经胶质(radial glia)而后形成星形胶质细胞，目前认为这些细胞是胚胎期和成体中枢神经系统的神经干细胞。神经干细胞的发育还具有时间和空间调控的特点：从不同神经区域分离的神经干细胞能分化产生对应神经区域的子代细胞，同时早期神经干细胞更倾向分化为神经细胞，而发育晚期的神经干细胞则优先分化为胶质细胞。

阐明组织干细胞的起源可以深化对组织干细胞可塑性的认识，同时对组织干细胞的应用也具有重要意义。例如，对组织干细胞起源的认识将有助于干细胞谱系定向分化的分子机制的研究，并可能建立定向调控干细胞分化的方法和技术。

七、干细胞微环境是干细胞维持自我更新和分化潜能的重要条件

在胚胎发育及组织再生过程中，干细胞能够自我更新以维持稳定的细胞数目，并进一步分化形成成熟细胞。个体出生以后，组织干细胞(包括生殖干细胞)生活的特殊的微环境称为干细胞微环境(microenvironment)，又称为干细胞巢(stem cell niche)。不同组织类型的"干细胞微环境"的组成及定位不同。

(一) 干细胞需要特殊的微环境才能执行正常的生理功能

干细胞微环境这一概念最早在1978年由Schofield R提出，主要描述的是一种支持干细胞的局部微构筑，而后体外共培养实验和骨髓移植实验证实了"干细胞需要特殊的环境才能执行正常生理功能"这一假说。如果将造血干细胞从其正常生存的微环境中分离，它们即丧失了自我更新的能力。此外，干细胞微环境还能调控干细胞的分化发育方向，例如，在不同信号途径构成的微环境中，干细胞能向不同的谱系细胞分化。

由于哺乳动物的干细胞栖息地细胞种类众多、解剖结构复杂，因此对其微环境的精确定位较为困难。但是，在一些重要的模式生物例如果蝇(*Drosophila*)和线虫(*C.elegans*)，其干细胞和干细胞微环境相互关系的研究取得了重要的发现，已知果蝇的卵巢干细胞微环境位于卵巢的前侧，即与生殖干细胞邻近的生殖腺端(germarial tip)，而果蝇精巢干细胞微环境则位于精巢中心的顶端。

成年果蝇的卵巢中，生殖干细胞(germline stem cell，GSC)位于卵巢原卵区的顶部，并被三种不同的基质细胞群所包绕：端丝(terminal filament)、帽细胞(cap cell)以及内鞘细胞(inner sheath cell)。这三种基质细胞以及基膜共同构成GSC微环境，其中帽细胞通过E-钙黏蛋白介导的紧密连接将GSC固定在微环境中，与其他基质细胞产生的细胞信号分子如BMP、Notch等共同调控GSC的生长和分化(图5-16-3)。

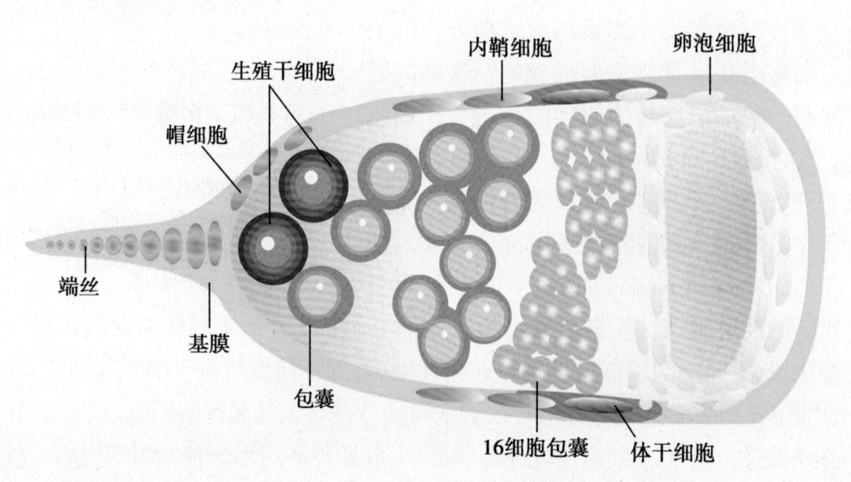

图5-16-3 果蝇卵巢生殖干细胞微环境

Notes

(二) 干细胞微环境包括多种组成成分

干细胞微环境描述的是一个结构与功能的统一体,一般认为,其主要组成成分包括干细胞本身、通过表面受体或分泌介质与干细胞相互作用的支持细胞、维持干细胞微环境所需的细胞外基质等,有人认为还包括同巢共存的其他种类干细胞。在不同的微环境中上述成分有一定差异,但各种组织干细胞微环境组成的多样性恰好说明了干细胞微环境调控的复杂性。干细胞微环境时刻处于动态平衡中,微环境中多种信号的整合和协同作用,对干细胞种群的数量和生物功能进行精密的调控。

1. **信号分子**　干细胞与微环境的信息交流是保证干细胞行使正常功能、决定干细胞命运的关键。生物体内某些在细胞间和细胞内传递信息的化学分子,例如激素、神经递质、生长因子等,被统称为信号分子,它们的主要功能是同细胞受体结合,传递细胞信息。在干细胞的微环境中有许多的信号分子,它们能够以自分泌(autocrine)(自身分泌调节干细胞本身)或者旁分泌(paracrine)(弥散在微环境中影响其他干细胞)的形式影响干细胞的增殖与分化。哺乳动物干细胞微环境中的信号分子相似性较高,但是相同的信号途径在不同组织干细胞的作用可能不同。例如某些信号分子可以通过 Wnt 信号途径促进造血干细胞的增殖和自我更新,但同一 Wnt 信号却促进毛囊干细胞的分化。另外,存在于干细胞微环境中的一些小分子和离子也对干细胞的功能具有重要的调节作用,例如骨髓局部高浓度的钙离子有助于造血干细胞的定位等。

2. **细胞黏附分子**　细胞黏附是细胞间信息交流的一种形式,执行信息交流的可溶性递质被称为细胞黏附分子(cell adhesion molecule,CAM)。CAM 是一类跨膜糖蛋白,分子结构由三部分组成:①胞外区,肽链的 N 端部分,带有糖链,负责与配体的识别;②跨膜区,多为一次跨膜;③胞质区,肽链的 C 端部分,一般较小,或与质膜下的骨架成分直接相连,或与胞内的化学信号分子相连,以活化信号转导途径,参与细胞与细胞之间及细胞与细胞外基质之间的相互作用。干细胞微环境的支持结构或基底层的黏附分子也是调节干细胞功能的关键因素,这些细胞黏附分子确保干细胞定居于微环境中,并接受信号分子的调节。黏附连接(adhesion junction)通过钙黏蛋白的相互作用形成细胞 - 细胞连接,对于果蝇卵巢生殖干细胞、造血干细胞的定位和锚着都有重要作用。成年哺乳动物组织干细胞的重要标志物整联蛋白也是一种重要的黏附分子,例如整联蛋白 α6 在表皮角质细胞高表达、整联蛋白 β1 则在造血干细胞和表皮干细胞高表达。

3. **细胞外基质和组分**　干细胞微环境中的细胞外基质和组分对干细胞的可塑性起着重要的作用,它们为干细胞正常功能的维持提供了重要信号,并且可以直接调节干细胞的分化方向。例如在骨髓间充质干细胞体外培养环境中加入脑组织发育相关的胶原,能够促进骨髓间充质干细胞向神经细胞分化,而在正常情况下,骨髓间充质干细胞优先向成骨细胞或脂肪细胞分化。

4. **空间效应**　干细胞与邻近支持细胞及细胞外基质构成的三维空间结构对于保持适宜的干细胞数目具有重要意义,同时干细胞通过细胞黏附分子与微环境支持结构的极性黏附,对干细胞的定向分化也发挥了重要作用。例如在黑腹果蝇(*D. Melanogaster*)卵巢和精巢中,每种生殖干细胞的有丝分裂纺锤体一端均定位于干细胞微环境中的支持细胞,以确保干细胞非对称分裂后形成的子代干细胞能够定位于干细胞微环境中,而分化细胞则位于微环境外,逃逸干细胞自我更新信号的调控并开始进一步分化。又如在哺乳动物上皮干细胞、成肌细胞也发现有类似的、与空间定位相关的干细胞定向分化效应。

(三) 干细胞微环境具有一些共同的结构与功能特点

不同的干细胞微环境,不同发育和衰老阶段的同一干细胞微环境,其成分及功能有一定甚至很大差异,这种组成的动态和多样性提示了干细胞微环境调控的复杂性和重要性,也给研究带来了巨大的挑战。但是干细胞微环境又必须是一个稳态平衡过程,通过多种信号的动态整合

和协同作用完成对干细胞种群的数量和生物功能的精密调控。因此，尽管干细胞微环境具有多种形式和组成，其结构与功能仍具有一定相似性。

1. **干细胞微环境由定位于组织内的一群特殊细胞和细胞外支持结构组成** 其总体构成在不同组织不尽相同，并可能由不同的细胞组成。例如造血干细胞微环境主要由位于骨小梁表面、N钙黏蛋白染色阳性的成骨细胞（osteoblast）参与组成，而神经干细胞微环境的主要支持细胞是内皮细胞。

2. **干细胞微环境是干细胞解剖学意义上的定居点** 一些重要的信号分子辅助干细胞定位于微环境，例如E-钙黏蛋白介导果蝇生殖细胞定位及黏附于生殖干细胞巢；又例如N-钙黏蛋白是造血干细胞重要的归巢信号，其他的黏附分子例如整联蛋白则有利于干细胞锚定于干细胞微环境的细胞外基质中。

3. **干细胞微环境能够产生多种外源信号分子** 调控干细胞分化及增殖。许多信号转导途径参与调控干细胞的生物学行为，例如Wnt、BMP、FGF、Notch等，其中Wnt和BMP信号途径是调控干细胞更新和分化的通用信号途径。在干细胞更新和分化过程中，多种信号途径可能协同作用，调控一类干细胞的自我更新，同时一种信号分子也能够调控多种干细胞的分化。

4. **哺乳动物干细胞微环境具有特定的结构** 一旦干细胞分化过程启动，以非对称分裂增殖方式产生的一部分子代细胞可以作为干细胞储备，而另一部分子代细胞则离开微环境继续增殖和分化，最终成为成熟的终末分化细胞。

框5-16-1 骨髓造血干细胞微环境

骨髓中栖息着不同种类的干细胞，例如造血干细胞、间充质干细胞等，造血干细胞是目前为止研究最为深入的组织干细胞，但是其微环境的研究近年来才取得了一些有意义的进展。目前认为，造血干细胞微环境是指除了造血细胞以外的所有支持和调控造血细胞定居、增殖、分化、发育和成熟的成分，主要由骨髓基质细胞（成纤维细胞、成骨细胞、巨噬细胞、脂肪细胞、上皮细胞）、细胞外基质（胶原、纤维连接蛋白、层黏连蛋白等）及造血生长因子组成。骨髓内造血干细胞居住于两种微环境中：骨内膜微环境和血管周围微环境。在骨内膜微环境中，造血干细胞与排列在骨小梁空隙内表面的成骨细胞密切关联，成骨细胞提供了调节造血干细胞数量及功能所需的许多信号分子，例如成骨细胞通过分泌骨桥蛋白调节造血干细胞的数量。骨桥蛋白是一种骨基质糖蛋白，其主要作用是维系造血干细胞的静息状态，负向调节造血干细胞的增殖。与成骨细胞相邻的造血干细胞接触环境中，还存在着较复杂的旁分泌信号网络，例如c-kit、Notch、Wnt信号等，成骨细胞可以通过这些信号分子调控造血干细胞的功能。此外黏附分子不对称地分布在造血干细胞及成骨细胞微环境界面，能促进造血干细胞锚定在骨内膜微环境中，并调节造血干细胞的非对称分裂。在血管周围微环境中，造血干细胞黏附于血管周围，通过血管内皮细胞分泌的重要细胞因子影响造血干细胞的生物学行为，例如含有高浓度氧和生长因子的窦状隙内皮细胞通过提供营养丰富的微环境，促进造血干细胞增殖及分化。此外，血管周围微环境可以辅助造血干细胞跨内皮迁移，在其归巢及动员过程中具有重要的作用（图5-16-4）。

骨髓内造血干细胞栖息于两种微环境：骨内膜微环境和血管周围微环境。骨内膜微环境中，造血干细胞与排列在骨小梁空隙表面的成骨细胞密切关联，成骨细胞提供了调节造血干细胞数量及功能所需的调节因子，骨内膜微环境中许多信号分子如c-kit、Notch、Wnt等参与调控造血干细胞的增殖和分化；在血管周围微环境中，HSC黏附于血管周围，通过血管内皮细胞分泌的重要细胞因子影响HSC定居、移动和循环。

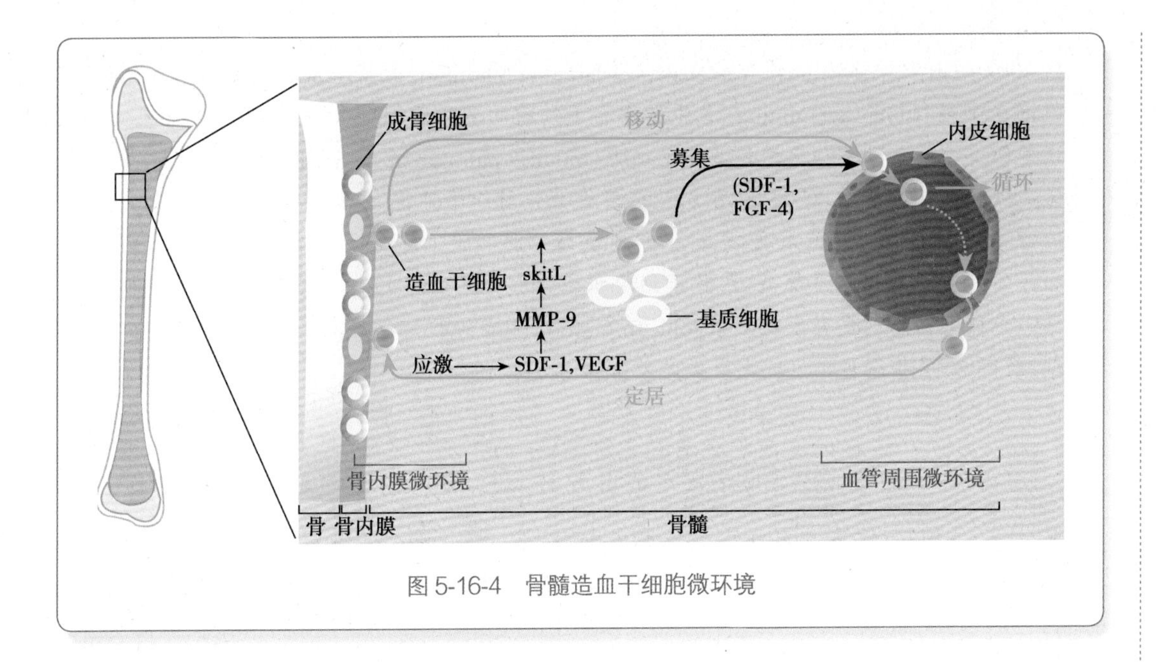

图 5-16-4　骨髓造血干细胞微环境

框 5-16-2　干细胞研究的发展历史

1896 年 EB Wilson 在关于蠕虫发育的研究论文中，最早使用了“干细胞”一词，但是对干细胞的深入研究，则主要发生在最近几十年。1958 年，Leroy C. Stevens 把小鼠的早期胚胎移植到同品系小鼠的精巢或肾脏被膜下，得到了畸胎瘤干细胞(teratocarcinoma stem cell)或胚胎癌性细胞(embryonic carcinoma cell，EC 细胞)。1977 年 Brigid Hogan 从恶性畸胎瘤组织中成功分离并建立了胚胎癌细胞系。1981 年英国剑桥大学的 Martin Evans 和 Matthew Kaufman 以及加州大学旧金山分校的 Gail R. Martin 首次在延缓着床的小鼠胚胎中发现 ES 细胞，建立了从小鼠发育早期胚胎分离胚胎干细胞的方法。由这些细胞产生的细胞系具有正常的二倍体核型，并像原始生殖细胞(primordial germ cell)一样产生具有三胚层结构的胚状体(embryoid body，EB)，将 ES 细胞注入小鼠，能诱导形成畸胎瘤。Gail R. Martin 和 Helena R. Axelrod 改进了 ES 细胞的体外培养方法，使 ES 细胞既能培养生长、传代，又能保持未分化状态及多向分化潜能。Elizabeth J. Robertson 则对不同品系和携带不同遗传性疾病的小鼠进行了 ES 细胞建系和体外长期培养实验，为 ES 细胞提供了可靠的研究基础。1984 年 Allan Bradley 将胚胎来源的 EC 细胞注入小鼠囊胚产生了嵌合鼠(chimera)。1992 年 Brigid Hogan 从小鼠的原始生殖细胞分离获得了小鼠胚胎生殖细胞(embryonic germ cell)。1994 年 Ariff Bongso 将来源于人输卵管上皮细胞饲养层的原核期胚胎发育至囊胚后，添加人白血病抑制因子(leukemia inhibiting factor，LIF)，获得了增殖传代的类人 ES 细胞克隆，对干细胞的研究起了划时代的作用。同年 John Dick 实验室首次发现急性髓细胞白血病患者体内存在肿瘤干细胞。1995 年 James A. Thomson 从恒河猴的囊胚分离并建立 ES 细胞系，这是第一个成功建系的灵长类动物的胚胎干细胞，并且在恒河猴 ES 细胞的培养中发现了饲养细胞及白血病抑制因子的重要作用，为人类 ES 细胞系的建立奠定了基础。1996 年 Ian Wilmut 采用正常培养的乳腺细胞核导入去核的绵羊卵细胞，培育出世界上第一只克隆羊，标志着体细胞核转移(somatic cell nuclear transfer，SCNT)技术取得了重要突破。1998 年 Wisconsin 大学的 James A Thomson 和 Johns Hopkins 大学的 John D Gearhart 分别从人胚胎组织中成功分离并培养了干细胞。人类胚胎干细胞的成功分离和培养，为研究体外受精提供了重要的生殖细胞来源。2006

和2007年山中伸弥(Shinya Yamanaka)与James A Thomson等将小鼠和人类的某些体细胞诱导重编程(reprogramming)成为类胚胎干细胞的多能干细胞,并进行了生物学鉴定,这种新类型的干细胞称为诱导多能干细胞(induced pluripotent stem cell,iPS细胞),这一具有突破性意义的新技术为从体细胞获得多向分化潜能干细胞,以用于干细胞研究及临床治疗提供了关键的细胞来源,同时很好地绕开了胚胎干细胞研究一直面临的伦理、法律和异体免疫排斥等诸多障碍,堪称干细胞研究领域的里程碑式的重大发现。日本京都大学山中伸弥与英国发育生物学家John B. Gurdon因在细胞核重新编程研究领域的杰出贡献,获得2012年诺贝尔生理学或医学奖。

八、干细胞生物学研究具有广阔的应用前景

(一) 干细胞为器官移植和组织工程提供了重要的细胞来源

胚胎干细胞能够分化为组成个体的所有成熟细胞类型,即所有特殊分化的细胞类型和组织器官,包括心脏、肺、肝、皮肤及其他组织,可以用于某些疾病的细胞替代治疗和组织器官损伤的修复。人类胚胎干细胞系的成功建立,有望在体外获得大量的胚胎干细胞,提供用于移植的细胞来源。或者利用组织工程技术制作人造组织和器官,用于器官移植治疗。但胚胎干细胞的研究,首先要解决可能引发的伦理道德问题。

(二) 干细胞研究有望确定疾病病因并对疾病治疗提供新的手段

对干细胞分化发育调控机制研究的深入,将进一步阐明胚胎发育和干细胞定向分化的关键环节,有助于阐明细胞分化和发育异常所造成的遗传性疾病病因。同时,基于干细胞强大的增殖能力和多向分化潜能,组织干细胞为治疗某些疾病,例如心血管疾病、自身免疫性疾病、糖尿病、骨质疏松、恶性肿瘤、阿尔茨海默病、帕金森病、严重烧伤、脊髓损伤等疾病提供了新的手段。

(三) 干细胞研究有助于筛选新药及建立新的模型系统

新药安全性实验可以在多能干细胞模型上进行,使药物开发的流程更加完整和规范,只有那些在细胞实验中被证明是安全有效的药物,才能进行进一步的动物和人体实验。除了评价药物的安全性和疗效以外,干细胞的研究成果有望用于阐明疾病和环境因素的复杂关系,并为药物的潜在作用机制,例如对胚胎发育的影响提供新的评价模型。

第二节 胚胎干细胞、组织干细胞和生殖干细胞

一、胚胎干细胞具有"无限"的增殖能力和多向分化潜能

(一) 胚胎干细胞的分离、体外培养和鉴定

哺乳动物胚胎干细胞的成功分离和培养技术最早由Martin Evans、Matthew Kaufman和Gail R Martin建立。他们分离植入前胚胎胚泡期的胚胎干细胞,采用与同种动物成纤维细胞共培养的方式,成功地建立了体外胚胎干细胞的培养技术。胚胎干细胞具有强大的增殖能力和多向分化潜能,形态和分化能力与胚胎癌性细胞非常相似,体外培养可以形成胚状体(EB),进而分化为个体的所有细胞类型。稍后研究者鉴定了维持小鼠ES细胞未分化状态的重要细胞外因子——白血病抑制因子(LIF)。目前已经明确LIF通过活化STAT信号途径,调控干细胞增殖和分化的平衡,影响细胞增殖或细胞周期进程,从而维持ES细胞的未分化状态。

1998年James A Thomson和John D Gearhart分别从人囊胚泡期胚胎内细胞团和受精后5~9周的胚胎生殖嵴分离了具有多能分化特性的胚胎干细胞,为深入研究胚胎的发育机制和组织器

官的替代治疗提供了良好的细胞来源。人类 ES 细胞（hES）与小鼠 ES 细胞有许多相似之处，都可以在体外连续培养，具有多向分化潜能，并且在长期培养过程中保持染色体核型和细胞表型的稳定性，表达多种多能干细胞特征性的基因和功能标志物等。但是，两类 ES 之间也存在一些差别：①形态差异：小鼠 ES 细胞体外培养条件下呈紧密聚集型，形成圆顶样克隆；而 hES 则是扁平的、有明显细胞边界的克隆。②分化差异：hES 细胞表型没有小鼠 ES 稳定，在体外培养条件下较易分化，形成由多种原始干细胞和部分处于不同分化阶段的幼稚细胞组成的多克隆。③培养条件差异：hES 需要与小鼠胚胎成纤维细胞（mouse embryonic fibroblast，MEF）共培养才能维持未分化状态，只加入 LIF 不能完全替代饲养细胞的作用，只有用含有层黏连蛋白的细胞基质和 MEF 来源的条件培养基，才能取代饲养细胞。可能其他细胞因子例如成纤维细胞生长因子（fibroblast growth factor，FGF）对维持 hES 细胞的未分化状态也具有重要作用。需要特别指出的是早期小鼠和人的 ES 细胞的来源和所处的阶段不同，导致其生物学性状和表明标记分子的差异。最近，与小鼠或人 ES 细胞相对等的人或小鼠的多能细胞都相继成功获得，这些发育中对等的 ES 和幼稚（naïve）ES 细胞不论其种属来源，都具有相似的克隆形态，分化特性和培养要求。

（二）胚胎干细胞体外分化首先形成胚状体

1. 小鼠 ES 细胞的体外分化　此诱导分化可以通过以下技术实施：①采用 STAT/gp130 抑制剂：STAT/gp130 是 LIF 的主要效应分子，gp130 抑制剂能够阻断 LIF 信号的传递，下调 Oct3/4 的表达，从而干扰 ES 细胞未分化状态的维持。在 ES 细胞体外培养过程中，加入 gp130 抑制剂，可以诱导小鼠 ES 细胞形成处于不同分化阶段的多克隆幼稚细胞。②加入维 A 酸（retinoic acid）和二甲基亚砜（DMSO）促进分化：这两种诱导剂作用的具体机制目前尚未明确，但通过化学诱导剂诱导分化形成的细胞种类有限，很难诱导形成所有的成熟细胞类型。

通过体外悬浮培养技术，小鼠 ES 细胞可聚集成团，自发分化形成多细胞结构，即胚状体（EB）。EB 通常由具有三个胚层结构的衍生物组成。首先聚集在 EB 的外层细胞逐渐分化形成原始内胚层，原始内胚层再进一步分化形成体壁和脏壁内胚层（parietal and visceral endoderm），EB 内层细胞通过形成原始外胚层逐渐分化为三种主要的胚层细胞：外、中、内胚层细胞，最后分化形成各谱系细胞。EB 分化形成胚层细胞的过程与胚胎发育早期十分相似，但是 EB 缺乏胚胎早期发育过程中前 - 后与背 - 腹定位分化调节信号，因此如何模拟空间效应从而突破这一局限性是将 EB 用于早期胚胎发育研究的关键所在。

2. 人类胚胎干细胞的分化　hES 的体外定向分化较小鼠更为困难。体外培养的 hES 细胞通常形成由原始干细胞和部分处于不同分化阶段的幼稚细胞组成的多克隆细胞群，因此将 hES 细胞培养形成胚状体的技术要求更高。化学诱导剂诱导 hES 细胞分化与小鼠相似，例如，加入维 A 酸可以诱导形成神经干细胞，再加入 FGF_2 诱导神经干细胞可以进一步分化为神经细胞和神经胶质细胞。

hES 细胞还能在体外诱导分化形成搏动的原始心肌细胞，在细胞贴壁培养过程中，可以看到同步收缩的心肌细胞，并且表达组织特异性标志物，例如结构蛋白和细胞因子等，具有心脏特殊功能的细胞还可以用电生理方法检测。又如 hES 细胞在小鼠骨髓细胞系 S17 或卵黄囊内皮细胞系的共培养条件下，可以形成造血集落细胞。此外，hES 细胞能在不同外源因子的作用下向不同谱系细胞分化，例如，BMP-4 可以诱导 hES 分化形成皮肤、造血组织和骨组织等。

（三）胚胎干细胞可以诱导分化为任何一种组织细胞

胚胎干细胞具有强大的增殖能力，和在不同诱导条件下分化为机体的任何一种组织细胞的多向分化潜能。近年来，随着干细胞生物学研究的飞速进展和临床应用的日益膨胀的需求与期望，ES 细胞的定向诱导分化取得了一系列的突破，向三个不同胚层和更进一步的定向分化（包括不同神经元、血液细胞、肌肉细胞和胰岛细胞等）都取得了阶段性的成果。定向分化的细胞移植物能够在动物体内存活并整合，替代受损组织的部分生理功能。例如将小鼠 ES 来源的神经

干细胞移植入大鼠脑内，可以分化成神经细胞、神经胶质细胞、少突胶质细胞（oligodendrocyte）。ES来源的胶质干细胞移植到髓鞘发育缺陷大鼠，可以分化为髓鞘少突胶质细胞及星形胶质细胞。这些进展给发育和疾病机制研究，药物及其他新的治疗方法的临床前和临床研究及应用带来了巨大推动作用。

二、组织干细胞的分化受到精密而复杂的调控

组织干细胞的主要作用是补充受损和死亡细胞，保持组织器官的完整性和生理功能。目前已经成功分离和鉴定了许多组织干细胞，例如造血干细胞、间充质干细胞、毛囊干细胞等，但是还有一些器官的干细胞尚未发现或确认。以下将从定位、发生、特异标志物以及微环境中调控分化发育的重要信号分子等方面来描述目前认识比较明确的几种组织干细胞。

（一）造血干细胞启动造血并分化形成所有谱系血液细胞

1. 造血干细胞的启动 造血干细胞启动造血并分化形成所有谱系血液细胞。胚胎发育不同时期造血干细胞的定位胚胎期和成年哺乳动物的造血干细胞（HSC）分别主要定位于胎肝和骨髓，成年小鼠HSC约占骨髓细胞的0.01%，但是HSC并不在胎肝和骨髓中形成，而是从其他部位产生然后迁移到上述组织中的。小鼠HSC是胚胎发育过程中首先出现的组织干细胞之一，在胚胎期存在于体内多个部位。第一个部位是胚外卵黄囊（yolk sac），随后是胚内的主动脉-性腺-中肾区（aortagonadmesonephros，AGM区），然后逐渐移位到胚胎期肝脏、骨髓，最后发育为成体的造血系统。2012年中国学者报道了造血干细胞的头侧起源。成年小鼠HSC约占骨髓细胞的0.01%。

与其他组织干细胞一样，造血干细胞具有多向分化潜能和自我更新的能力，造血干细胞的主要功能是启动造血并分化形成所有谱系的血液细胞。由于各种终末分化的血液细胞生存时间有限，因此造血干细胞需要在机体一生中持续提供稳定的造血祖细胞以产生新的血液细胞，维持自身干细胞群体的稳定性。造血干细胞的上述特性是通过调节对称分裂与不对称分裂的平衡来实现的。在胚胎期和再生活跃的骨髓中，造血干细胞多处于细胞增殖周期中，而正常骨髓的HSC大多数处于静止的G_0期（小鼠骨髓中HSC约75%长期处于G_0期，每天仅有约8%的HSC进入细胞增殖周期），当机体需要时，一部分HSC分化成熟，另外一部分则进行增殖，以维持造血干细胞的数量相对稳定，因此调节HSC的增殖周期是调控其数量的有效途径。例如细胞周期抑制因子p21的缺失将导致HSC数量的增多。

2. 造血干细胞的等级式分阶段分化过程 HSC首先分化形成多能造血祖细胞，进一步分化形成单能造血祖细胞，最后形成血液系统终末分化细胞，其中多能造血祖细胞可以增殖分化为髓系干细胞和淋巴系干细胞，髓系干细胞分化形成红细胞、血小板以及与细胞免疫相关的细胞例如巨噬细胞、中性粒细胞，而淋巴系细胞则形成与体液免疫相关的细胞，例如T细胞、B细胞、NK细胞等（图5-16-5）。

3. 造血干细胞的分离与鉴定 目前普遍采用流式细胞分选技术，根据特异细胞表面标志物从骨髓中分离HSC。人类HSC比较明确的主要表面标志物为$CD34^+$、Lin^-、$C\text{-}kit^+$、$Sca\ 1^+$，其他表面分子还包括Thy 1、IL 7Rα、Flt3、CD150等。功能鉴定则采用长期重建实验，即用致死剂量放射线彻底破坏受体动物骨髓后，植入供体来源的HSC，观察重建骨髓的造血功能和较长时间（>16周）生成多谱系成熟血液细胞的能力。

（二）间充质干细胞是多能组织干细胞

1. 间充质干细胞的表型特征 间充质干细胞（mesenchymal stem cell MSC），早期主要发现在骨髓、胎盘和脐血等组织器官，骨髓中MSC占有核细胞总数的0.001%~0.01%；后续的研究发现MSC广泛分布于不同的组织器官，比如肝、牙龈和脂肪等，其中脂肪组织能够简便地分离获得大量MSC。MSC是多能组织干细胞，具有自我更新、多向分化潜能以及克隆形成能力，可以分化为中胚层来源的细胞，包括软骨细胞、脂肪细胞、骨和肌肉细胞等。在一定条件下MSC可以形成

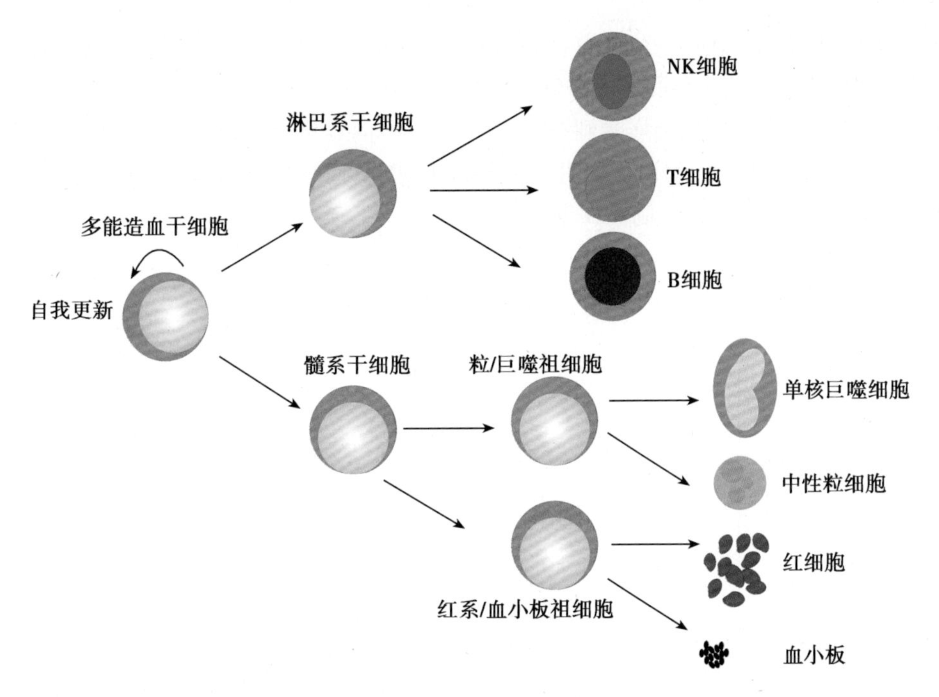

图 5-16-5　造血干细胞的定向分化

造血干细胞(HSC)的分化是典型的等级式分化过程，HSC 首先分化形成多能造血祖细胞，然后分化为髓系干细胞和淋巴系干细胞，髓系干细胞分化形成红细胞、血小板、巨噬细胞、中性粒细胞，而淋巴系细胞则形成 T 细胞、B 细胞、NK 细胞等

非中胚层细胞例如神经细胞和肝细胞，MSC 还提供了造血干细胞生长和分化的支持环境，以促进造血系统的发生。

人 MSC（hMSC）呈纺锤形，为成纤维细胞样细胞（fibroblast ike cell），能黏附于培养塑料表面，在体外培养初始阶段形成克隆，因此早期曾被命名为成纤维细胞克隆形成单位。目前已经鉴定了 MSC 特有的一些分子标志物，包括 CD73、CD105、Stro 1 和 VCAM 1 等。小鼠 MSC 和 hMSC 的表型特征有一定差异，hMSC 的标志物主要包括：$CD73^+$、$CD90^+$、$CD105^+$、$CD45^-$，而小鼠 MSC 的表型特征为：Sca 1^+、$CD90^+$、$CD45^-$。不同组织来源的 MSC 分化能力和基因表达有一定的差异，即使是同一组织来源的 MSC 细胞也有形态和细胞表面标志的细微差异。目前 MSC 还没有普遍适用的表面标志分子，MSC 表面标志分子并不总是稳定地表达，MSC 所处的微环境不同，它们的表面标志分子也不同。在体外培养或是将其进行诱导过程中，MSC 表面标志分子会发生明显的变化。

Maureen Owen 和 AJ Friedenstein 最早开展了对 MSC 的分离培养、扩增鉴定以及生物学表型的研究。目前 hMSC 的鉴定主要依靠体外和体内的功能实验。体外培养条件下，MSC 可以向中胚层类型细胞分化，例如形成骨细胞、脂肪细胞及软骨细胞，而接种于严重联合免疫缺陷小鼠（severe combined immunodeficiency disease mice，SCID）小鼠皮下形成骨及骨髓造血微环境。

2. 间充质干细胞的体外诱导分化　MSC 多采用骨盆髂骨嵴或胫骨、股骨骨髓抽吸物，以密度梯度离心的方法分离获得。MSC 初期培养可持续 12~16 天，然后在成骨诱导混合物(osteogenic cocktail，含 β- 甘油磷酸、维生素 C 和地塞米松）以及胎牛血清的联合诱导作用下，向成骨细胞分化，表现为分化细胞的碱性磷酸酶活性升高，出现 Ca^{2+} 沉积的细胞外基质。向软骨细胞的分化则需要采用无血清和三维培养条件，并添加细胞因子 TGFβ 等。在此体外培养条件下，MSC 逐渐失去了成纤维细胞形态，并开始表达软骨细胞特征性的细胞外基质成分，包括糖胺聚糖和硫酸软骨素等。

一些特异转录因子可以诱导 MSC 向不同的谱系细胞分化。例如核心结合因子 1（core

binding factor 1)/Runx2、Ostrix、脂蛋白相关受体5/6(LRP5/6)和Wnt可以诱导MSC向成骨细胞分化，而过氧化物酶增殖活化受体γ2(PPARγ2)和Sox9则分别有利于MSC向脂肪或软骨细胞分化。MSC的谱系定向分化同样受到MSC微环境中的信号分子、激素以及细胞外基质成分等的联合调控。例如BMP、Wnt、EGF等可以诱导MSC成骨，而Wnt抑制信号Dlk1/Pret-1、BMP抑制信号Noggin和PDGF等可抑制MSC向成骨细胞分化(图5-16-6)。

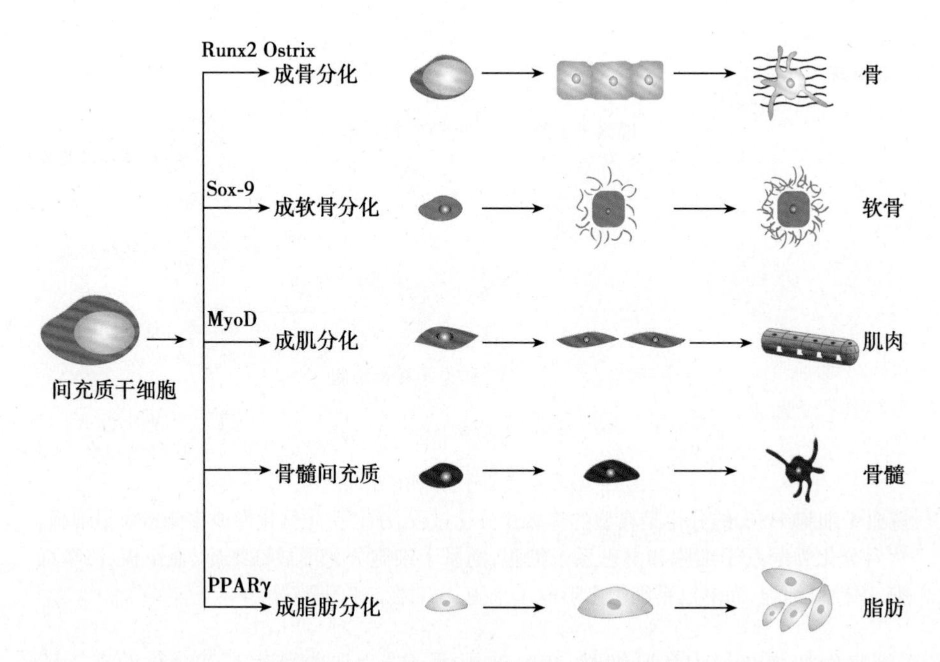

图5-16-6 间充质干细胞的体外诱导分化

间充质干细胞(MSC)主要从骨髓中分离，在不同的诱导条件下，可以分别向骨、软骨、肌肉、脂肪以及间充质细胞分化。信号分子对MSC谱系具有定向诱导作用，例如Runx 2和Ostrix诱导MSC向骨分化，MyoD诱导MSC向骨骼肌细胞分化，而PPARγ2和Sox9则分别有利于MSC向脂肪或软骨分化

3. 间充质干细胞的应用 MSC取材容易，来源丰富，是目前使用最为广泛的组织干细胞，其临床应用主要包括以下几方面：①MSC局部移植治疗：将MSC定向分化和扩增以后局部注射，可以治疗缺陷性骨折、骨折不完全愈合的大块骨缺损，也可用于软骨缺失的修补等。②组织器官的系统移植：系统MSC移植的一种重要应用方式是采用异源的正常骨髓或者纯化的MSC移植治疗严重的骨发育不良。③干细胞的基因治疗：基因修饰的MSC可以将目的基因或蛋白呈递入器官或组织，例如表达外源BMP-2的MSC可成功促进关节软骨和新骨的形成。④组织工程中MSC的应用：将分离获得的患者体细胞培养于人工生物支架，诱导分化形成特定组织，可以修复因慢性疾病或肿瘤导致的组织缺损。由于MSC体外培养方法相对简单，分化潜能较强，可以采用三维生物支架培养MSC，分化形成组织器官例如肝脏、心脏等，修复缺陷或病损组织器官，重建器官的生理功能。⑤MSC的免疫调节和旁分泌作用：不同来源的MSC能够参与免疫调节，分泌众多不同的生长、营养和细胞因子，在器官移植、组织器官的损伤修复再生中起重要的免疫调节和旁分泌作用。

(三) 皮肤干细胞包括多种与皮肤更新有关的干细胞类型

皮肤干细胞维持体表屏障结构和功能的完整。皮肤的结构比较复杂，具有强大的再生能力以维持自我更新的快速动态平衡。皮肤基底细胞具有较强的增殖能力，随着向皮肤表层的推移分化，逐渐变为表皮各层细胞，最后取代脱落的角质细胞。毛囊是皮肤重要的附属器，毛囊具有终生周期性生长与自我更新的能力，不仅是产生毛发和皮脂腺的特殊附属器，也参与了皮肤组织的再生。

目前认识比较明确的皮肤干细胞包括：从表皮中分离的表皮干细胞（epidermal stem cell）、从毛囊分离的毛囊干细胞、毛囊黑素干细胞（hair follicle melanocyte stem cell）以及最近报道的从真皮中分离的间充质干细胞。20 世纪 80 年代首先发现皮肤表皮干细胞位于表皮基底层，并在表皮基底层呈片状分布，例如在口腔上皮，表皮干细胞位于舌乳头和腭乳头的分散区；在小鼠耳部皮肤，位于分化细胞柱边缘。目前认为基底层中有 10%~12% 的细胞为表皮干细胞，随着年龄的增长，表皮干细胞的数量随之减少。

DNA 合成的主要原料之一是核苷，当细胞分裂时，采用特定标志的核苷可以标识新生成的细胞。由于表皮干细胞增殖非常缓慢，因此含标志 DNA 的细胞可以维持较长时间的标志信号，而其他增殖细胞由于细胞多次分裂增殖，标志物逐渐被稀释而消失。此技术是区别和鉴定干细胞的重要手段，称为标记滞留技术（label retaining methods）。20 世纪 90 年代采用标志滞留技术研究小鼠皮肤干细胞时发现，大部分的标志滞留细胞（label retaining cell，LRC）存在于毛囊的隆突（bulge）部位，仅有一小部分干细胞分散在毛囊间表皮的基底膜。毛囊 bulge 区是公认的毛囊干细胞聚集区，这一区域的部分细胞为标志滞留细胞，能在体外培养环境中增殖形成较大的细胞克隆，并且能够产生皮肤的许多分化细胞，例如表皮、皮脂腺以及不同亚群的毛囊上皮细胞，参与毛囊与受损皮肤的再生。最近发现，Bulge 区的细胞外基质如整联蛋白，以及重要的信号分子如 Wnt、Shh（Hedgehog）、BMP 等对毛囊干细胞的分化以及毛囊的形成都具有重要的调控作用（图 5-16-7）。

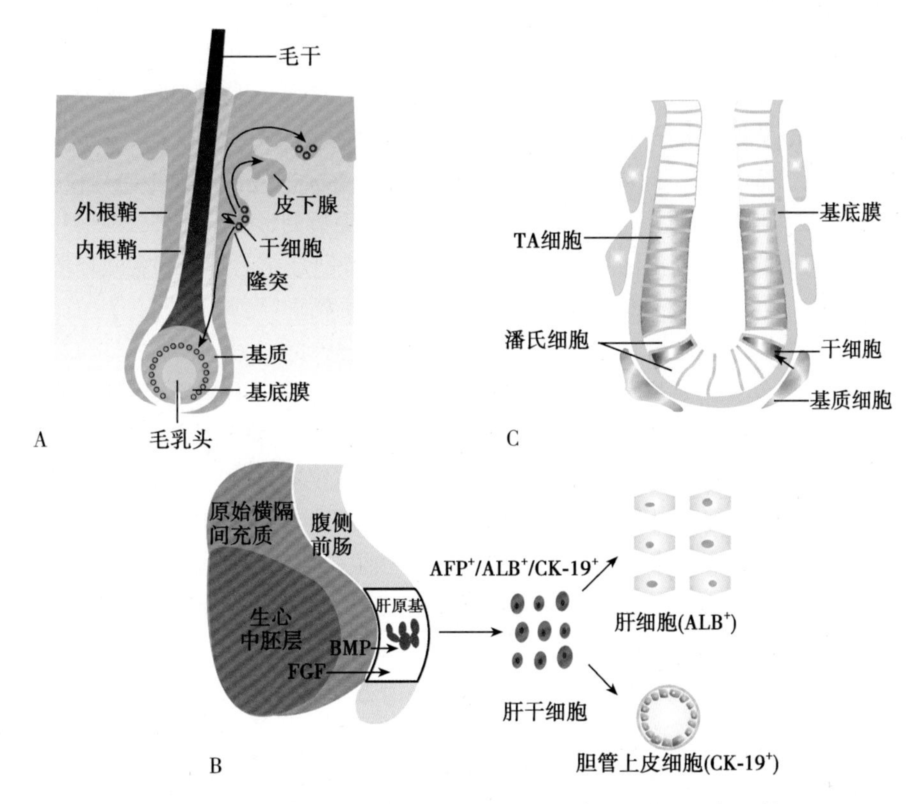

图 5-16-7　皮肤毛囊干细胞、肝和小肠干细胞的定位及分化调控

A. 毛囊干细胞位于毛囊的隆突（bulge）区，能够产生皮肤的许多分化细胞，即表皮、皮脂腺以及不同亚群的毛囊上皮细胞，参与损伤后皮肤的再生；B. 在胚胎肝脏早期发育过程中，肝原基起源于前肠内胚层，原始横隔间充质产生的 BMP 信号和生心中胚层产生的 FGF 信号对肝细胞的定向分化有重要的诱导作用。首先形成的肝干细胞分子标志物包括 AFP、Alb、CK19 等，肝干细胞最终定向分化为肝细胞（ALB^+）和胆管上皮细胞（$CK19^+$）；C. 小肠干细胞位于小肠隐窝底部，沿潘氏细胞分布。干细胞产生的过渡放大细胞（TA 细胞）逐渐向隐窝顶部移动。小肠干细胞处于隐窝干细胞微环境中，接受微环境中信号分子的调控，例如基质细胞是特殊的间充质细胞，可以通过 Wnt 信号途径调控小肠干细胞的行为

1. 皮肤干细胞的特征与表面标志物 皮肤干细胞有以下生物学特征:①细胞增殖缓慢,主要体现在活体细胞标志滞留;②自我更新能力强,体外培养条件下,毛囊干细胞能增殖形成较大的克隆群;③通过整联蛋白与表皮基底膜紧密相连。

皮肤表皮干细胞的表面标志物有:①整联蛋白:整联蛋白对表皮干细胞黏附于基底膜有重要作用,包括α和β两种亚基,目前认为β_1和$\alpha_6\beta_4$是表皮干细胞重要的表面标志,这些整联蛋白分子将毛囊干细胞锚定于毛囊隆突区的基底层,并将表皮干细胞锚定于基底膜,并且接受干细胞微环境中其他信号分子的调控,有助于保持干细胞的生物学特性;②运铁蛋白受体(transferrin receptor):此受体在毛囊干细胞和已分化的毛囊细胞的表达水平不同,毛囊干细胞运铁蛋白受体的表达水平非常低,而毛囊细胞的运铁蛋白受体表达增加,细胞增殖活跃;③角蛋白:角蛋白(keratin,CK)对于鉴别表皮干细胞也有重要的意义,CK19是皮肤干细胞的表面标志之一,其阳性细胞定位于毛囊隆突部,并具有干细胞的特征;④c-Myc和p63:c-Myc和p63是皮肤干细胞重要的转录因子,在转基因小鼠皮肤过表达原癌基因*c-Myc*,可导致毛囊隆突部多能干细胞的耗竭,标志滞留细胞大量减少,伤口愈合受阻。*c-Myc*表达增加,还可以使毛囊干细胞向皮脂腺细胞转化,因此c-Myc不仅影响皮肤干细胞向过渡放大细胞转化,同时还决定皮肤干细胞向何种细胞分化。P63是P53的同源分子,在体内角膜缘(corneal limbus)的上皮干细胞和体外培养的皮肤角质细胞高表达,*p63*基因敲除导致了小鼠皮肤发育的严重缺陷。

2. 调控毛囊干细胞分化发育的重要信号分子胚胎期皮肤及其附属结构的分化发育过程中,Wnt和BMP是公认的关键调控因子,参与调控皮肤干细胞的生长和分化。胚胎期皮肤多能干细胞在定向分化为毛囊之前,就已经接受Wnt信号调控。特殊分化的皮肤间质细胞通过抑制BMP信号途径的诱导分化,使皮肤多能干细胞接受活化的Wnt信号,进一步分化形成毛囊。Lef、β-catenin或BMP抑制分子*Noggin*基因敲除小鼠的毛囊形成均严重受损。在成年哺乳动物,转录因子Lef/Tcf在毛囊的不同部位表达水平不同,使得Wnt信号在毛囊不同部位的活化状态不同,有助于上皮细胞结构重塑(remodeling),最终有利于毛囊的形成。此外,Hh信号以及Notch信号对皮肤干细胞的诱导分化也具有重要的调控作用,特别是在毛囊干细胞微环境中,上述信号分子协同作用,相互平衡,精细调控皮肤干细胞的分化发育。

(四) 肝干细胞的分化是一个严密调控的复杂变化过程

1. 肝干细胞的起源和定位 胚胎发育过程中,肝原基(liver bud)起源于前肠内胚层(foregut endoderm),肝脏的器官形成发生在内胚层来源的成肝细胞索侵入到原始横隔间充质过程中。胚胎期和新生儿期肝干细胞位于导管板(ductal plate)内,可以定向分化为肝细胞和胆管上皮细胞。成体肝组织也存在肝干细胞,其位于Hering管区域内,直接参与肝脏的生长和发育,同时也是肝细胞再生的重要细胞来源。除了肝组织来源以外,一些组织干细胞在体外培养条件下也可以向肝细胞分化,包括造血干细胞、脐带血多能干细胞、骨髓干细胞和间充质干细胞等(见图5-16-7)。因此,根据肝脏干细胞起源的不同可将其分为肝源性肝干细胞和非肝源性肝干细胞,不同来源的肝脏干细胞虽然在形态、表面标志功能及分化等诸方面有所差异,但均具有多向性分化的特性。

2. 调控肝干细胞分化的重要信号分子 胚胎肝脏发育和肝干细胞的研究结果提示,肝干细胞的分化是一个严密调控的复杂变化过程,一些调控因子在分化的不同时期起关键性作用,使得肝脏表型特异性基因按照一定的时序表达。Hex、FoxA2、BMP、HNF4等是调控肝脏发育的重要信号分子,分别在胚胎肝脏发育的不同时期发挥重要的调控作用。在肝干细胞定向分化过程中,这些信号因子的作用还受到其他多个信号途径、多种因素的调控和影响,并表现出十分严格的有序性和协调性,提示了肝干细胞功能行为调控机制的复杂性。

胚胎肝脏的早期发育需要来自于生心中胚层的成纤维生长因子(FGF)和来自于原始横膈间充质的BMP信号。BMP除BMP-1外构成一个结构和功能相似的多肽因子家族,同属转化生

长因子 β(transforming growth factor β,TGF-β)超家族成员。BMP-9 在胚胎肝组织内高表达,提示 BMP 信号对肝细胞的分化和发育可能有重要作用,BMP-9 还能抑制肝细胞葡萄糖合成、诱导肝细胞参与脂质代谢关键酶的表达。BMP-2、BMP-7 在肝细胞再生过程中也发挥了重要作用。基因敲除实验研究发现,BMP-4 对于肝细胞的再生和完全分化都是必需的,其主要通过影响重要转录信号 GATA 进而调控白蛋白(albumin,Alb)的表达。发育晚期前肠内胚层和中胚层移植物(含有重要的 BMP 信号分子)可以诱导表达 Alb 的肝前体细胞形成,此外肝板内胚层发育的极早期分子 Hex、Alb 的产生也需要 BMP 信号。

3. 肝干细胞的特征性标志物　角蛋白 19(keratin 19,CK19),神经细胞黏附分子(neural cell adhesion molecule,NCAM),上皮细胞黏附分子(epithelial cell adhesion molecule,EpCAM)和 claudin3(CLDN3)是人肝干细胞的特征标志物,而肝祖细胞相对高表达甲胎蛋白(α-fetoprotein,AFP)、Alb,NCAM 和 CLDN-3 表达水平较低。此外,Liv2、Dlk-2、PunCE11、Thy1(CD90)等也被认为是重要的肝干 / 祖细胞标志物。肝卵圆细胞是目前研究较多的一种肝脏干细胞,其表面标志如细胞角蛋白 7、8、18、19 表达较高。但是目前对肝干细胞特异表达基因的鉴定方法比较单一,对不同发育阶段肝干细胞特征性标志物的表达谱以及肝干细胞分化过程中基因表达谱的变化等基本问题的认识仍不全面。

4. 肝干细胞的诱导分化　肝干细胞是一种多源性兼性细胞,具有分化成肝细胞、胆管上皮细胞及其他类型细胞的潜力。目前已经从成体肝组织内分离得到具有向肝细胞和胆管上皮细胞双向分化特性的肝干细胞。从小鼠胚胎肝组织中分离的肝干细胞,在地塞米松、二甲基亚砜或丁酸钠诱导下,可表达肝细胞或胆管细胞特征性标志物,经体外诱导分化表达肝特异性转录因子 HNF1α、HNF4α 和 GATA4。同时体内移植实验也证实肝干细胞参与肝细胞再生,细胞移植后 3~8 周内增殖分化为肝细胞和胆管细胞,并产生肝细胞特异性转录因子。体外胚胎干细胞向肝细胞的定向诱导分化,则主要经过胚状体形成→内胚层定向分化→肝祖细胞形成→类肝细胞成熟四个阶段形成肝样细胞。一些重要的细胞因子、化学诱导剂和肝组织内非肝细胞如胆管上皮细胞、内皮细胞和星型细胞等,对胚胎干细胞体外诱导分化为肝样细胞也具有重要作用。

(五) 其他干细胞的自我更新与分化同样受到精密调控

1. 神经干细胞　神经干细胞(neural stem cell,NSC)是具有分化为神经元、星形胶质细胞和少突胶质细胞的能力,能自我更新,并足以提供大量脑组织细胞的细胞群。1992 年 Brent A Reynolds 和 Samuel Weiss 首次从成年小鼠侧脑室膜下区分离出能够不断增殖并具有分化潜能的细胞,首先提出了神经干细胞的概念。随后在中枢神经系统的其他部位,例如大脑海马区、大脑皮质、纹状体等相继分离到了可以分化为神经细胞和神经胶质细胞的神经干细胞。

神经干细胞的特征性表面标志物包括神经细胞中间丝蛋白(intermediate neurofilament protein),即巢蛋白(nestin),以及波形蛋白(vimentin)、胶质细胞原纤维酸性蛋白(glial fibrillary acidic protein,GFAP)等。Nestin 仅在胚胎发育早期的神经上皮表达,出生以后在表达下调,只在神经再生活跃的侧脑室膜下区和海马的齿状回底部等部位的神经干和祖细胞中表达。一旦神经干细胞分化为神经细胞和胶质细胞时,nestin 的表达也消失,因此 nestin 被广泛用于神经干细胞的鉴定。

根据分化潜能及产生子细胞种类不同分类,可分为:①神经管上皮细胞(neural epithelium):分裂能力最强,只存在胚胎时期,可以产生放射状胶质神经元和神经母细胞。②放射状胶质神经元(radial glia):可以分裂产生本身并同时产生神经元前体细胞或是胶质细胞,主要作用是幼年时期神经发育过程中产生投射神经元完成大脑中皮质及神经核等的基本神经组织细胞。③神经母细胞 neuroblast:产生中枢神经系统中的多种神经元和胶质细胞。④神经前体细胞(neural precursor cell):是各类神经细胞的前体细胞,比如小胶质细胞是由神经胶质细胞前体产生的。

一些重要的信号分子和细胞内转录因子参与调控神经干细胞的自我更新与分化,例如核

激素受体（nuclear hormone receptor）对维持早期神经祖细胞的未分化状态有重要作用，同时还参与调控神经祖细胞的谱系定向分化。其他维持神经干细胞“干性”（stemness）的重要转录调控因子包括Sox2、bHLH、Hes、肿瘤抑制因子PTEN和Numb等。细胞外重要的信号分子例如Wnt、Notch、SHH、表皮生长因子（EGF）和碱性成纤维细胞生长因子（basic fibroblast growth factor，bFGF）等对维持神经干细胞的未分化状态和高度的自我更新能力也发挥了重要的调控作用。此外，一些重要的神经递质也参与了对神经干细胞发育和分化的调控，例如肾上腺素、5羟色胺、谷氨酸、甘氨酸、乙酰胆碱、GABA（γ-氨基丁酸）等。

2. 小肠干细胞的增殖与分化　小肠上皮是单层柱状上皮结构，肠上皮从功能上可分为两个不连续的单位——绒毛分化单位和隐窝增殖单位。小肠绒毛被单层柱状细胞覆盖，绒毛顶端细胞的磨损和脱落是由绒毛基底部的隐窝增殖单位所调控的。正常生理状态下，小肠上皮细胞的凋亡脱落或受损坏死与小肠干细胞的增殖与分化之间处于动态平衡，以维持小肠绒毛的正常数量，确保肠道屏障结构和功能的完整性。

小肠绒毛基底部隐窝（crypt）产生的细胞可以逐渐移位补充绒毛细胞。小鼠的小肠隐窝细胞数约250个，隐窝底部被一小群分化细胞所占据，称为Paneth细胞（潘氏细胞）。小肠干细胞（intestine stem cell）位于小肠隐窝底部，分散于潘氏细胞周围，增殖周期约24小时，隐窝干细胞的数目占隐窝细胞总数的0.4%~0.6%，因种属不同有所差异，每一个隐窝包括4~6个小肠干细胞（见图5-16-7）。

小肠干细胞接受微环境中信号分子的调控，以确保小肠行使正常的生物学功能。小肠干细胞微环境由上皮细胞、实质细胞以及细胞外基质组成，主要通过生长因子和细胞因子以旁分泌的形式调控干细胞的行为。Wnt/β、Catenin和BMP/Smad4信号主要调控小肠干细胞的增殖与分化，Notch信号则在调控隐窝轴的细胞定位方面具有重要作用。此外，基膜外间充质来源的成纤维细胞也是调控小肠干细胞功能的一个重要因素。克隆亚系分离实验已经证明该成纤维细胞是异质性的，它们分泌TCF-4信号分子，通过Wnt信号通路调控小肠干细胞的分化。

小肠干细胞的主要生物学特征包括：①特异表达Musashi-1分子。Musashi-1是一种RNA结合蛋白，对神经干细胞的非对称分裂起关键作用，同样在小肠干细胞发育早期特异表达。Mushasi-1可以上调转录抑制因子Hes-1的表达，Musashi-1和Hes-1在小肠干细胞特异高表达，是小肠干细胞特征性的细胞标志物。最新的谱系追踪等研究表明Lgr5、Olfm4、Ascl2和Smoc2表达的小肠绒毛柱细胞能够产生小肠壁细胞，具有小肠干细胞功能。②对基因损伤的刺激（例如低剂量放射线照射）非常敏感，可造成细胞DNA损伤和p53通路活化导致细胞脱落死亡形成局限性溃疡。

最近还在其他组织器官中发现和鉴定了一些组织干细胞，例如具有特异心肌分化潜能的心肌干细胞，具有分化为生殖细胞和配子的生殖干细胞以及血管内皮干细胞（endothelial stem cell）等，这些组织干细胞能够增殖分化并补充修复受损或死亡细胞，维持居住地组织器官的正常生理功能。同时，组织干细胞在不同的培养条件下可以表现出多样的分化潜能，提示组织干细胞微环境对干细胞分化调控的复杂性。

三、生殖干细胞维持了生物种代间的延续性

生殖干细胞是形成成熟配子体（精子或卵子）的前体细胞，通常认为其起源于原始生殖细胞（primordial germ cell，PGC）。雌性和雄性哺乳动物生殖干细胞的分化过程是不同的，主要区别是出生后睾丸内存在生殖干细胞，即精原干细胞（spermatogonial stem cell，SSC），SSC可以在雄性哺乳动物一生中不断增殖并分化形成精子。而哺乳动物卵子的发育主要在胎儿期，由原始生殖细胞分化为雌性生殖干细胞（卵原细胞，oogonium），并在出生前终止于减数分裂前期。通常认为雌性动物出生时即具有全部数量的卵母细胞，出生后不存在生殖干细胞。但近来研究发现，成年

雌性哺乳动物卵巢中存在极少数量的GSC，但因其数量很少，不足以引起卵巢滤泡的迅速再生，其生物学意义还有待研究。

根据生殖干细胞的来源，可以将其分为胚胎来源的胚胎生殖细胞和成体组织来源的生殖干细胞。胚胎生殖细胞是从胚胎生殖嵴原始生殖细胞培养分化而来，成体生殖干细胞主要包括精原干细胞、雌性生殖干细胞（卵原细胞）和睾丸内的多潜能生殖干细胞等。成体生殖干细胞，尤其是睾丸内具有多分化潜能的生殖干细胞可从正常成体睾丸组织中获取，能分化为组成机体的三种胚层细胞，包括传递遗传信息的配子细胞。由于GSC具有多向分化潜能，同时可以避免胚胎干细胞的伦理和免疫排斥问题，具有更为广阔的应用前景。

（一）原始生殖细胞是各级生殖母细胞和成熟配子的共同祖先

在胚胎发育早期、组织器官形成之初，一小部分干细胞退出分化发育过程，逃逸组织器官定向分化信号的调控，并随着胚胎的发育，陆续向生殖嵴部位迁移，逐渐发育为原始生殖细胞。但是关于原始生殖细胞的来源尚有争议：多数观点认为其来源于胚胎外胚层，但人类原始生殖细胞可能起源于靠近尿囊基部的卵黄囊背侧内胚层。

在胚胎发育过程中，PGC从尿囊基部沿后肠背系膜陆续向生殖嵴部位迁移。雄性生殖嵴的PGC被支持细胞——塞托利前体细胞（precursor sertoli cell）包绕，PGC与塞尔托利细胞形成实体细胞团——生精索。生精索逐渐形成腔隙，最后形成生精小管。PGC在生精索中形态发生改变，称为生精母细胞(gonocyte)，是精原干细胞的前体细胞。生精母细胞增殖数天后停止在G_0/G_1期，在个体出生几天后增殖发育为成体精原干细胞。自青春期开始，在脑垂体促性腺激素的作用下，生精小管内精原干细胞经过数次分裂逐渐分化为精原细胞、初级精母细胞、次级精母细胞，最终分化形成成熟精子。

（二）原始生殖细胞具有特征性的表面标志物

人类原始生殖细胞高表达碱性磷酸酶、糖脂类SSEAs、糖蛋白TRA-1-60、TRA-1-81、EMA-1、转录因子Oct4及端粒末端转移酶（hTERT）。PGC在适当的培养条件下可以形成细胞集落，其形态和功能类似于未分化的胚胎干细胞，并具有部分胚胎干细胞的特点，例如：体外培养能长期生存；可以产生胚状体；具有多向分化潜能；将其注入小鼠胚泡可以产生嵌合体等。

PGC的分化需要BMP和转化生长因子超家族成员的协同作用。BMP-4由胚外中胚层产生，与PGC的形成相关。体外PGC的分离和培养过程中，需要在基础培养液中添加一些细胞因子抑制其分化，促进细胞生长和增殖。目前常用的细胞因子主要有：白血病抑制因子（LIF）、碱性成纤维细胞生长因子（bFGF）、干细胞因子（stem cell factor，SCF）等。上述细胞因子可以激活PGC细胞内相应的信号转导通路，一方面阻碍PGC的分化进程，使其静止于非分化的PGC前体细胞；另一方面促进细胞增殖，获得大量具有多向分化潜能的生殖干细胞。

第三节　干细胞“干性”的调控机制

干细胞的“干性”（stemness）是指能够维持自我更新和分化的潜能，即干细胞经过自我更新形成与母代细胞相同的细胞，同时又具有分化为多种或某种终末细胞的能力。在机体发育和再生过程中，来自干细胞微环境的外源性信号分子系统和干细胞内源性因子（包括重要转录和表观遗传因子）相互整合，协调干细胞的增殖，抑制关键分化基因的表达，维持胚胎干细胞的未分化状态，调控干细胞的分化潜能与进程。干细胞增殖与分化的平衡对于保持机体的稳态平衡十分必要。一旦平衡被打破，将出现细胞增殖与分化紊乱：例如细胞过度增殖，不受限制，导致肿瘤的发生；或者干细胞提前终止分化，造成组织发育的缺陷等。因此对影响干细胞分化和发育过程的细胞内外源因子的认识，有助于了解干细胞“干性”维持和机体发育稳态的分子机制，并为开发可能的新型治疗技术提供理论基石。

一、细胞外信号分子通过调控细胞内一些重要转录因子来维持干细胞“干性”

干细胞的“干性”是指干细胞保持未分化的特性，即干细胞能够维持自我更新和分化的潜能。干细胞经过自我更新可以形成与母代细胞完全相同的细胞，同时干细胞具有分化为多种终末细胞的能力。目前对胚胎干细胞“干性”的研究较为深入。胚胎干细胞主要通过细胞外信号分子调控细胞内一些重要转录因子，促进干细胞增殖，抑制细胞分化关键基因的表达水平，维持胚胎干细胞的未分化状态。目前已知的主要细胞外因子包括白血病抑制因子 LIF，BMP-4 等，细胞内重要的转录因子包括 STAT3、Oct3/4、Sox-2 和 Nanog 等。

(一) LIF 是目前唯一明确的保持小鼠干细胞干性的重要细胞因子

研究者将小鼠胚胎干细胞(ES)培养于用放射性核素照射后失去增殖能力的小鼠成纤维细胞上，成功建立了体外 ES 培养系统。在随后的研究中发现，如果没有这一层称为饲养细胞(feeder cell)的成纤维细胞，小鼠胚胎干细胞将难以保持未分化状态，提示成纤维细胞分泌的某些细胞因子能够有效地促进 ES 细胞自我更新和(或)同时抑制了 ES 细胞的分化。直到 1988 年，Austin Smith 才鉴定出成纤维细胞分泌的细胞因子 LIF 是保持 ES 细胞干性的重要分子。LIF 也称为分化抑制因子(differentiation inhibitor activity，DIA)，属于 IL-6 超家族成员，可以活化细胞内重要的信号转导分子——信号转导及转录激活蛋白(signal transducer and activator of transcription，STAT)，调控干细胞未分化与分化基因间的平衡，影响细胞增殖或细胞周期进程，使 ES 细胞保持未分化状态。

LIF 受体属于Ⅰ类细胞因子受体。高亲和力的 LIF 受体主要包括 gp130 和 LIFRβ 的异二聚体，跨膜糖蛋白 gp130 是 LIF 信号传递的共用关键分子，gp130 主要通过下游 JAK/STAT 分子进行细胞内信号传递过程。LIF 结合于细胞膜上，引发了 gp130 在局部的聚集，而后活化受体相关的激酶 Janus 家族 JAK，促使 STAT 进入细胞核，与特定基因的重要调控区域结合，调控重要基因的转录与表达。

目前的研究发现，LIF 并不是维持干细胞干性的唯一外源细胞因子，其他一些重要的细胞因子也参与维系干细胞的未分化状态，例如 BMP-4、Wnt 信号分子等。通常情况下，这些细胞因子通过激活相关的信号途径协同作用，或者以细胞内效应分子交互影响的形式调控细胞增殖和分化的关键基因。例如 LIF 激活的 STAT3 就可以和 Oct3/4 相互协调，调控细胞周期的一些关键基因表达，保持干细胞的未分化状态。目前将维持 ES 细胞干性的其他重要因子统称为胚胎干细胞自我更新因子(ES cell renewal factor，ESRF)。

(二) 一些重要的转录因子参与调控干细胞的未分化状态

真核生物调控基因表达的一种重要方式是通过转录因子调控。转录因子是结合于基因上游特异核苷酸序列(例如启动子、增强子序列)的蛋白质分子，具有结合特异 DNA 序列和激活基因转录的活性。细胞外信号分子例如 LIF 等作用于干细胞以后，通过细胞内信号途径的逐级放大，以转录因子作为信号传递的中间体，与特定基因的 DNA 结合，激活某些关键基因的转录，从而调控细胞增殖与分化的平衡，维持干细胞的未分化状态(图 5-16-8)。

1. STAT3　信号转导及转录激活蛋白(STAT)属于中晚期转录因子家族(latent transcription factors)，目前已经成功鉴定了小鼠体内 7 种主要的 STAT 蛋白。除了 STAT4 主要表达于骨髓和睾丸以外，其他 STAT 分子在许多组织细胞内普遍表达。LIF 与细胞结合以后主要活化 STAT3 分子，STAT3 是细胞核内的重要转录调控因子之一，但 STAT3 的功能在不同组织类型的多能干细胞中具有多样和复杂的特点，例如小鼠和人的一些 EC 细胞系的增殖就不需要 LIF/STAT 信号，提示除了 LIF/STAT 信号途径以外，其他一些重要的转录因子也参与维持了干细胞的未分化特性。

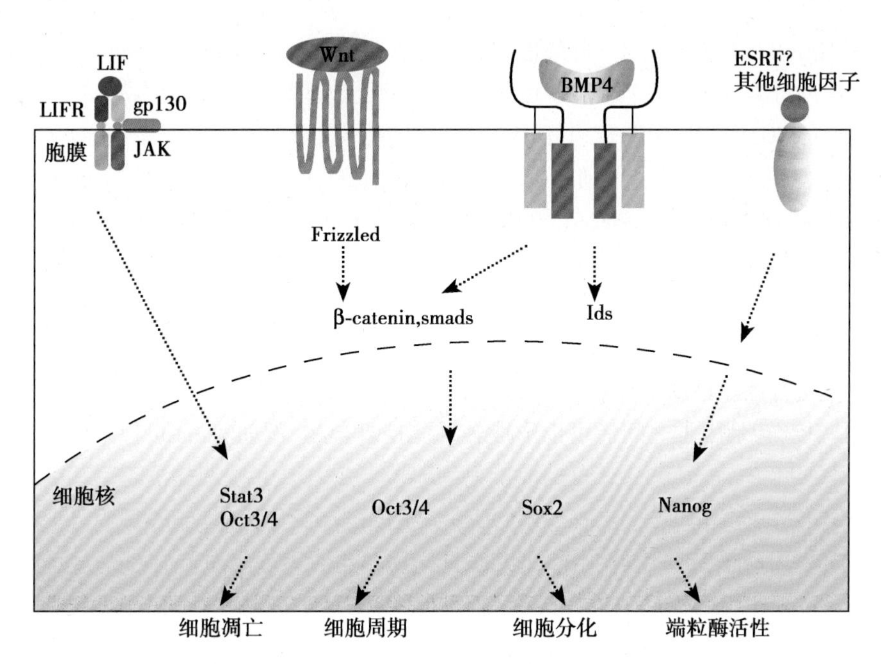

图 5-16-8　维持胚胎干细胞干性的主要调控因子

小鼠 ES 细胞"干性"的维持主要通过三个水平进行：第一是外源重要信号分子如 LIF 或 BMP 等，第二是转录调节因子主要包括 Oct3/4、Nanog、Sox2，第三是调控细胞重要生命活动（细胞周期、端粒酶活性、细胞凋亡或分化等）的重要基因

2. Oct3/4　最早称为 Oct3 或 Oct4，现统一命名为 Oct3/4，由 *Pou5f1* 基因编码，属于 POU 家族Ⅴ型转录因子。在胚胎发育的不同时期，转录因子按照发育时间顺序在不同组织结构发生有序的表达变化，被称为时空性表达调控，通常可以反映组织细胞分化发育过程的关键调控点。胚胎期 Oct3/4 的表达局限在全能干细胞和多能干细胞中，例如在受精卵、囊胚期内细胞团等可以检测到 Oct3/4 的高水平表达，但在已分化的滋养层细胞中表达水平迅速下降，Oct3/4 的上述表达特性提示其为维持干细胞未分化状态的一种重要转录因子。

3. Sox2　Sox（Sry related HMG box containing）是 Sry 相关转录因子家族的成员，通过 79 个氨基酸的 HMG（high mobility domain）结构域结合靶基因启动子区，和 Oct3/4 相互协同调控下游靶基因，例如成纤维细胞生长因子 4（FGF4）和未分化胚胎细胞转录因子 1（undifferentiated embryonic cell transcription factor 1，UTF1）等，维持干细胞的未分化特性。Sox2 与 Oct3/4 共表达于囊胚期内细胞团、ES 细胞、EC 细胞以及生殖干细胞等，可以作为 Oct3/4 的协同分子，参与下游靶基因的转录调控。此外，Sox2 的表达还受到 Oct3/4 和 Sox2 自身表达水平的调控，能够以正反馈调控机制参与 ES 细胞"干性"的维持。

4. Nanog　Nanog 是维持干细胞未分化状态的重要转录因子，特异性表达于 ES 细胞、囊胚期内细胞团或原始生殖细胞。体外培养的未分化 ES 细胞、EC/EG 细胞系也高表达 Nanog 分子。*Nanog* 基因属于 ANTP 类，*Nanog* 编码 NK2 家族的同源异形框（homeobox）转录因子。去除 *Nanog* 基因将会导致 ESCs 向原始内胚层样细胞的分化，这表明 *Nanog* 基因是阻止 ESCs 分化为原始内胚层的关键因子。在缺乏 LIF 外源信号作用下，可以维持小鼠 ES 细胞未分化状态。但另一方面，*Nanog* 的表达却不受 STAT3 的直接调控，而且也不能完全替代 Oct3/4 的功能。

二、干细胞"干性"维持有赖于细胞内复杂的协同反馈调控网络

转录因子通常特异性地结合于基因转录起始位点上游的启动子区来调控基因的转录。胚胎干细胞通过细胞内一些重要转录因子调控干细胞增殖和分化关键基因的表达水平，来维持未分化特性。

2005年Laurie A Boyer采用一种染色质免疫沉淀(chromatin immunoprecipitation,ChIP)结合启动子区芯片分析的技术,系统分析了上述转录因子调控ES细胞的靶基因群。出乎意料的是,转录因子Nanog、Oct3/4以及Sox2并不是简单线性、互不关联的,而是以一种复杂的、协同反馈调控网络的形式,共同调控维系干细胞"干性"的靶基因群。

首先,Nanog、Oct3/4以及Sox2在相同靶基因启动子区重叠出现的概率非常高。在半数以上Oct3/4结合的靶基因启动子区,同时结合有Sox2,而且在>90%的Oct3/4和Sox2结合区,同时结合Nanog,未分化的ES细胞共有超过350种靶基因同时被上述三种转录因子调控。除此以外,Nanog、Oct3/4以及Sox2还能分别与各自的启动子结合,形成交互作用的自我调控网络,维持干细胞的未分化特性。例如下游靶基因FGF4、Nanog以及Zfp42/Rex1可以同时接受Oct3/4和Sox2的协同调控,转录因子之间还可以形成转录调控复合物,例如Nano可以形成同源二聚体,Oct3/4-Sox2、Oct3/4-Nanog、Nanog-Sal14等可以形成异源二聚体,共同调控下游靶基因的表达。

此外,Nanog、Oct3/4以及Sox2三种转录因子还存在自身负反馈调控机制。例如Oct3/4可以直接与Nanog启动子结合,调控Nanog的表达。Oct3/4的表达水平异常升高时,却可以抑制Nanog启动子的活性。这种复杂的调控网络有助于Oct3/4的表达水平保持稳定,进而维持ES细胞的"干性"特征。

三、细胞外信号分子参与调控干细胞的自我更新与分化潜能

干细胞微环境中的胞外信号分子可以通过细胞内的信号途径来调控干细胞自我更新和分化潜能的维持。干细胞增殖与分化的平衡对于保持机体内环境的稳态平衡十分必要。一旦平衡被打破,将出现细胞增殖与分化紊乱:例如细胞增殖不受限制,将会导致肿瘤的发生;或者干细胞未按照正常的分化过程提前终止分化,造成组织发育的缺陷等。因此对干细胞分化和发育过程中的一些重要信号途径的认识,有助于了解干细胞发育的分子机制,并为将来可能开发的新型干细胞治疗技术提供理论支持。

(一) TGFβ/BMP信号在干细胞的发育中起重要作用

1. 配体、受体和信号传递过程 目前已经鉴定了30余种转化生长因子,包括TGFβ、激活素(activin)、抑制素(inhibin)和骨形成蛋白(bone morphogenetic protein,BMP)等,它们组成了哺乳动物细胞的TGFβ超家族,通过受体介导的细胞内信号传递影响靶基因的转录和表达,调控干细胞的增殖与分化。TGFβ家族的细胞膜受体是跨膜的丝氨酸/苏氨酸蛋白激酶(serine/threonine protein kinase),分为Ⅰ型和Ⅱ型受体。TGFβ首先与Ⅱ型受体的胞外区结合,导致受体分子空间构象改变,引起Ⅰ型受体磷酸化、活化,磷酸化的Ⅰ型受体依次使细胞内底物信号蛋白Smad磷酸化,Smad蛋白形成复合物,然后转移到细胞核内,与特异DNA序列结合,或与其他DNA结合蛋白相互作用,募集转录子共激活或共抑制因子调控靶基因的表达。

TGFβ信号从细胞膜到细胞核的传递过程是由Smad蛋白家族介导的,在哺乳动物细胞中至少包含8种Smad成员。TGFβ家族信号传递所涉及的Smad因信号而异:TGFβ和Activin导致Smad2、3活化,而BMP信号则活化Smad1、5、8分子。

BMP是TGFβ超家族中最大的亚家族成员,目前至少有20多种BMP已被确认。BMP信号同样需要Ⅰ型和Ⅱ型受体参与,哺乳动物有3种Ⅰ型受体(Alk2、3、6)和3种Ⅱ型受体(BMPR-Ⅱ、ActR-ⅡA和ActR-ⅡB),BMP与细胞膜上不同的受体结合,导致了细胞对BMP信号的不同反应。BMP主要有两种信号传递通路,一种是经典的TGFβ/BMP信号途径,Id(inhibitor of differentiation or inhibitor of DNA binding)是BMP调控的重要靶基因,Id可以作为负向或正向调控因子来调控干细胞的分化。BMP另外一条信号旁路则是由TGFβ活化的酪氨酸激酶(TAK1)所介导,通过活化丝裂原活化蛋白激酶(mitogen activated protein kinase,MAPK),将BMP和Wnt信号交互联结,协调这两种信号途径的作用。

TGFβ 家族受体是由Ⅰ类受体和Ⅱ类受体组成的丝氨酸 / 苏氨酸蛋白激酶异二聚体复合物，TGFβ 家族与受体结合后，首先使细胞内底物信号蛋白 Smad 磷酸化，Smad 蛋白形成复合物，然后转移到细胞核内，与特异 DNA 序列结合，调节目的基因的转录。Wnt 与受体 Frizzled 以及共受体分子 LRP5/6 结合，活化下游效应分子 Disheveled（Dsh），导致降解复合物 APC/Axin/GSK3β 失活，阻断 β-catenin 的降解。β-catenin 在细胞内集聚，与转录因子 Tcf4/Lef 结合形成转录复合物转运入核，启动下游靶基因如 c-Myc、cyclinD1 等的转录和表达，调节细胞生长和分化。图中未标明 TGFβ/BMP 和 Wnt 信号的交互作用（图 5-16-9）。

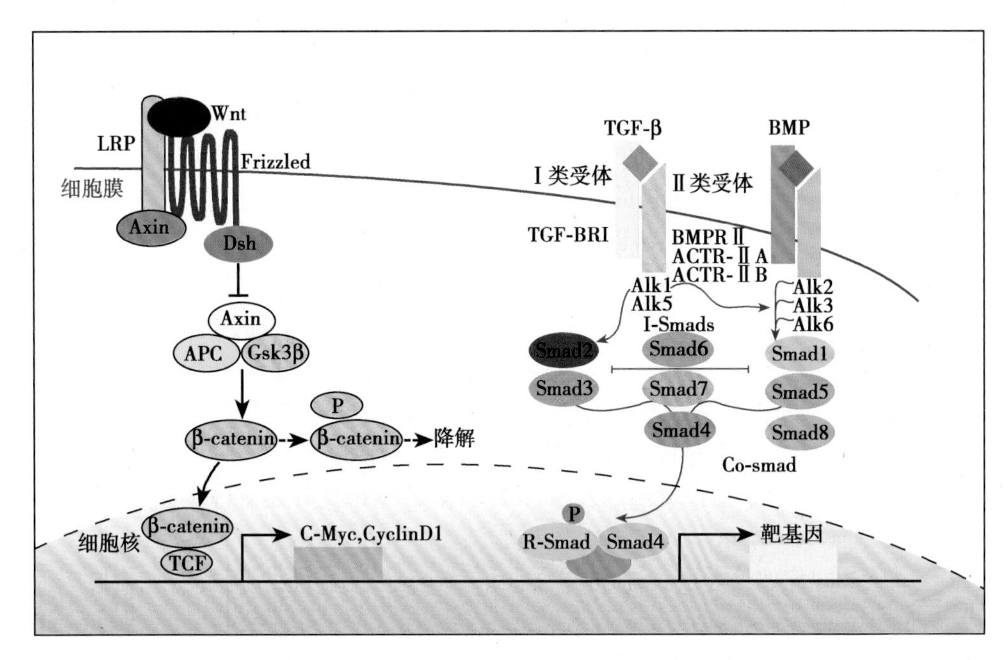

图 5-16-9　TGFβ/BMP 和 Wnt/β-catenin 信号途径

TGFβ 家族受体是由Ⅰ类受体和Ⅱ类受体组成的丝氨酸 / 苏氨酸蛋白激酶异二聚体复合物，TGFβ 家族与受体结合后，首先使细胞内底物信号蛋白 Smad 磷酸化，Smad 蛋白形成复合物，然后转移到细胞核内，与特异 DNA 序列结合，调节目的基因的转录。Wnt 与受体 Frizzled 以及共受体分子 LRP5/6 结合，活化下游效应分子 Disheveled（Dsh），导致降解复合物 APC/Axin/GSK3β 失活，阻断 β-catenin 的降解。β-catenin 在细胞内集聚，与转录因子 Tcf4/Lef 结合形成转录复合物转运入核，启动下游靶基因如 *c-Myc*、*cyclinD1* 等的转录和表达，调节细胞生长和分化。图中未标明 TGFβ/BMP 和 Wnt 信号的交互作用

2. TGFβ 家族在干细胞发育中起重要作用

（1）TGFβ 家族调控胚胎干细胞的增殖与分化：TGFβ 维系胚胎干细胞未分化特性，同时也是 ES 细胞分化起始阶段胚层定向发育的调控因子。未分化 ES 细胞特异表达 Nodal 和 Activin 受体，可以和 Wnt 信号协同保持 ES 细胞的未分化特性，而 BMP，特别是 BMP-4 与 LIF 互为制约因子，通过抑制 ES 细胞的神经谱系细胞定向分化，间接维持 ES 的干性。在调控 ES 细胞分化起始阶段胚层的定向发育上，Activin 或 TGFβ 可以诱导 ES 向中胚层细胞分化，BMP 则诱导 ES 向中、内胚层和滋养层细胞分化。

（2）对造血干细胞分化的影响：TGFβ 可以抑制早期多能造血干细胞的增殖，但对发育晚期造血祖细胞的调控作用较为复杂，通常与其他因子一道共同调控造血干细胞的分化进程。BMP 在胚胎发育早期诱导造血组织的分化，在造血干细胞谱系分化过程中，与其他重要的细胞因子例如 Wnt、Notch 等促进造血干细胞的定向分化和增殖。TGFβ 信号分子对造血干细胞分化调控的复杂性，需依赖于活化的受体分子、活化的 Smad 以及组织干细胞分化状态和种类的不同，同时造血干细胞微环境中，与 TGFβ 相关联的各种细胞因子之间也存在相互协调作用。对间充质

干细胞分化的调控:TGFβ 可以抑制间充质干细胞向成肌细胞、成骨细胞、成脂肪细胞分化,保持间充质干细胞的增殖状态。但是 BMP 却具有强大的驱动间充质干细胞向成骨细胞分化的特性,在某些特殊培养条件下,BMP 还可以诱导 MSC 向脂肪细胞分化,此外 BMP 可能促进 MSC 向不同谱系细胞间的转分化。

(二) Wnt 是干细胞正常分化与增殖所需的重要细胞因子

1. 配体、受体和信号传递过程 Wnt 信号途径的研究始于 20 世纪 80 年代初,首先发现果蝇的 *wingless* 和小鼠的 *Int1* 基因产物同属进化上高度保守的细胞因子家族。"Wnt"基因的命名就是来源于 Wingless 和 Int1 的整合。Wnt 是调控胚胎正常发育、参与机体维持稳态平衡的重要细胞因子,在进化上高度保守,目前已经在线虫、果蝇、高等脊椎动物中发现了 Wnt 信号途径的存在。细胞外 Wnt 紧密连接于细胞外基质,通过结合细胞膜上的特异受体发挥信号调控作用。

Wnt 信号通路是目前已知复杂的信号途径之一,主要包括四种传递方式,其中经典通路是所有 Wnt 信号途径中研究最为透彻的,在干细胞分化中的作用也受到广泛的关注。在经典途径信号传递过程中,Wnt 信号首先与靶细胞表面受体 Frizzled 家族及共受体 LRP5/6 结合,通过 Dishevelled 蛋白拮抗 β-catenin 降解复合物 APC-Axin 的形成,进而阻断 β-catenin 磷酸化和泛素化,引起 β-catenin 分子在细胞内集聚,并与转录因子 Tcf4/Lef 结合形成转录复合物转运入核,启动下游靶基因例如 *c-Myc*、*cyclinD1*、*AP-1* 等的转录和表达,调控细胞生长和分化。负性调控分子 *APC* 抑癌基因、糖原合成酶激酶(GSK3β)、Axin 可以促使 β-catenin 在 GSK3β 激酶作用下发生磷酸化并降解,维持胞内低浓度的 β-catenin,从而保证细胞行使正常的生理功能。哺乳动物至少有 19 种 Wnt,10 种 Frizzled 受体分子以及两种共受体 LRP5/6,此外还有许多抑制分子,例如可溶性 Frizzled 蛋白(sFRP),DKK 以及一些激动剂,例如 Norrin 和 R-spondin 等,因此 Wnt 经典通路如此众多的受体 - 配体结合模式,造成了 Wnt 信号途径的复杂性,并最终引起细胞不同的应答方式(见图 5-16-9)。

2. Wnt 信号在干细胞发育中的重要作用

(1) Wnt 信号经典通路调控干细胞的自我更新与增殖:Wnt 或 β-catenin 过表达可以抑制胚胎干细胞向神经干细胞的分化,并保持胚胎干细胞的未分化状态。此外,Wnt 还可以调控小肠干细胞、皮肤干细胞和造血干细胞的增殖。

(2) Wnt 信号在神经系统发育中的重要作用:神经干细胞的自我更新以及定向分化均受到胞外信号分子的精细调控,Wnt 信号途径不但参与神经干细胞的自我更新和增殖,并且通过多种方式作用于不同分化阶段的神经干细胞,调控相关基因的表达。Wnt 信号调控神经干细胞分化的方式比较复杂,在胚胎早期发育过程中,Wnt 信号途径可以抑制胚胎干细胞向神经干细胞的分化,但在随后的神经系统分化过程中,Wnt 或 β-catenin 的持续活化能促使早期神经嵴干细胞向感觉神经细胞的定向分化。因此,Wnt 信号在不同部位神经干细胞的应答方式不同,并且可以在不同分化阶段神经干细胞内其他细胞因子的影响下,产生完全不同的应答。

(3) Wnt 信号途径对造血干细胞中的分化与发育:Wnt/β-catenin 信号途径的重要分子例如 β-catenin、GSK3β、Axin 和 TCF4 等参与造血干细胞的形成,Wnt 信号途径的活化能够激活造血干细胞的自我更新。Wnt 还与其他信号分子例如 BMP、Notch 等协同作用,促进小鼠造血干细胞增殖并维持未分化形态。存在于骨髓造血干细胞微环境中的 Wnt 信号,可以协同调控造血干细胞的定位、增殖和分化。

(三) 其他信号分子以网络调控方式调控干细胞的增殖与分化

除了 TGFβ/BMP 和 Wnt/β-catenin 信号途径外,还有一些重要的信号分子参与干细胞分化和发育的调控,例如 FGF 信号调控胚胎干细胞的分化与发育,Notch、Hh 信号参与神经系统、造血系统和骨髓间充质干细胞的增殖与分化等。总之,在不同组织干细胞微环境中,没有任何一种信号分子对干细胞的生物学行为呈现单点、一一对应的调控方式,都是通过不同信号分子的协

同作用形成了复杂的调控网络，共同调控干细胞的增殖与分化。

四、表观遗传修饰参与调控干细胞的正常分化与发育

表观遗传修饰(epigenetic modification)是指在编码基因序列不变的情况下，决定基因表达与否并可稳定遗传的调控方式。与经典的孟德尔遗传方式不同，表观遗传修饰并不涉及基因序列的改变，而是在某些胞内和胞外因素作用下，基因的表达发生改变，并影响细胞表型(phenotype)、细胞功能乃至个体的发育。由于这些变化没有直接涉及基因的序列信息，因此称为表观遗传修饰，主要包括组蛋白共价修饰、DNA 甲基化和 microRNA 调控等。DNA 甲基化修饰主要抑制基因的转录。组蛋白共价修饰的方式较多，包括乙酰化、甲基化、磷酸化、泛素化等，在调控基因的转录上发挥着重要和复杂的作用。近十年来，表观遗传修饰通过调控基因转录和表达进而调控干细胞的分化与发育备受关注。

1. 组蛋白共价修饰在调控基因转录中的重要作用　组蛋白是真核生物染色体的结构蛋白，是一类小分子碱性蛋白质，分为 H1、H2A、H2B、H3 及 H4 五种类型，它们富含带正电荷的碱性氨基酸，能够与 DNA 带负电荷的磷酸基团相互作用。组蛋白修饰状态的改变，将引起 DNA 和组蛋白的结合状态发生变化，因此组蛋白是重要的染色体结构维持单位和基因表达的调控因子。

胚胎干细胞(ES)与定向分化的神经干细胞相比，染色质的空间结构发生了特征性的动态变化：ES 细胞中染色质结构更为紧密，形成更为离散的局部“浓缩”区，而转录活化部位染色质结构区 H3 和 H4 乙酰化修饰水平增加；在 LIF 活化的 STAT3 相关靶基因启动子区也发现了组蛋白的共价修饰；组蛋白脱乙酰酶 1(histone deacetylase，HDAC1)调控的组蛋白乙酰化状态在胚胎干细胞分化过程中处于动态变化，HDAC1 调控组蛋白去乙酰化程度，有助于染色质的浓缩和对基因的转录抑制。因此在不同类型的组织干细胞或干细胞发育的不同阶段，细胞内特征性的组蛋白修饰，可以将基因组分割成为活化基因区、抑制基因区以及待活化区域，使基因的转录和表达呈现独特的模式，精细调控干细胞的分化与发育。

2. DNA 甲基化修饰　主要与基因抑制相关 DNA 甲基化，是另外一种表观遗传修饰方式，主要与基因抑制(gene suppression)相关。DNA 甲基化是由 DNA 甲基转移酶(DNA methyltransferase，Dnmt)催化 S- 腺苷甲硫氨酸作为甲基供体，将胞嘧啶转变为 S- 甲基胞嘧啶(mC)的反应。基因上游启动子区是 DNA 甲基化主要的调控区域。未分化干细胞与进入分化进程的干细胞中重要功能基因的甲基化状态不同，在未分化干细胞中，87% 的功能基因与 DNA 甲基化相关。维持干细胞干性的重要转录因子的活化状态也与细胞的甲基化状态相关，在未分化 ES 细胞，*Nanog* 和 *Zfp42/Rex1* 启动子保持去甲基化状态；而在已分化细胞，*Oct3/4* 以及 *Nanog* 基因启动子区呈甲基化修饰状态。DNA 羟基化的发现是近年来发育和干细胞生物学研究的重大进展，不仅揭示了 DNA 如何完成去甲基化的机制，而且彰显了羟基化相关的表观遗传分子比如 TET 家族在早期发育、多能干细胞和组织干细胞命运决定及人类疾病中关键调节作用。

3. miRNA 的作用　microRNA(miRNA)是一类由内源基因编码的长度约为 22 个核苷酸的非编码单链 RNA 分子，它们在动植物中参与转录后基因表达调控。目前，在动植物以及病毒中已经发现有数万个 miRNA 分子。miRNA 可以调控干细胞的增殖与分化。如在 mESC 中，miR-290 通过抑制其靶基因 *Rbl-2*(retinoblastoma-like 2)的表达，从而促进 Dnmt3a/b 的表达，进而对 Oct4 的 CpG 岛甲基化，导致 Oct4 稳定地沉默，促使 mESC 正常分化；在体细胞中过表达某些 miRNA 包括 miRNA-200c，302/367 等可以诱导多能干细胞的生成更彰显了 miRNA 在干细胞维持中的决定性作用。这些多能性相关的 miRNA 大多可以激活相关的转录因子如 Nanog、Oct3/4 和 Sox2 并且受到反馈调控。事实上，已有的研究表明由 miRNA 和转录因子的正负反馈调控网络系统是实现精准调控生命现象包括干细胞特性的关键手段。

干细胞的分化常常伴随着明显的细胞形态和功能的改变，这在很大程度上是由于不同的基

因表达模式所决定的。基因表达调控的表观遗传修饰方式之间，以及这些修饰方式与维系干细胞未分化特性的重要转录因子之间，存在着相互协调和相互影响的复杂网络，使得细胞内某些重要功能基因被选择性激活或抑制，共同调控干细胞的分化和发育过程。

第四节 干细胞与疾病的关系

一、传统的肿瘤发生假说不能圆满解释肿瘤的发生机制

传统观念认为肿瘤的发生是一种克隆进化疾病（clonal evolution disease）。从生物进化角度来看，肿瘤是由一群基因或表观遗传异常的细胞组成。肿瘤细胞发生了基因突变或表观遗传性状的改变，于是细胞获得了无限增殖的能力和恶性转化特征。“克隆进化”假说认为，肿瘤的发生是体细胞基因多阶段突变积累和演变的过程，经历了起始（initiation）、积累（accumulation）和促进（promotion）三个阶段。在起始阶段，肿瘤细胞常发生一系列的基因突变，例如，原癌基因的激活、抑癌基因的失活等变化。在积累和促进阶段，肿瘤细胞常常还产生额外的基因突变，并给予细胞选择性优势，例如细胞生长加快、具有侵犯和转移特征等，这些肿瘤细胞形成过程中的克隆性选择（克隆进化），使肿瘤生长更快、恶性表型增加。

“克隆进化”假说在许多肿瘤的临床观察中得到了验证。结肠癌的发生是典型的、研究较为透彻的基因突变积累过程的例子。首先，结肠上皮隐窝细胞发生 *APC* 抑癌基因的突变导致局部异常隐窝出现，这是结肠癌发生的起始事件；随后，异常隐窝上皮积累 *k-ras* 或其他原癌基因突变导致结肠腺瘤发生，此为肿瘤细胞基因突变的积累阶段；进一步发展出现 *Smad2/4* 以及 *p53* 基因突变，最终促进结肠癌的发生。20 世纪 60 年代发现染色体异位和基因融合在白血病和淋巴瘤发病机制中具有重要作用，例如，急性淋巴细胞白血病出现染色体易位，这种易位使 9 号染色体长臂远端的 *ABL* 原癌基因转移至 22 号染色体 *BCR* 基因部位，形成 *BCR-ABL* 融合基因，这些都是基因突变或染色体异常导致肿瘤发生的直接证据。

但是基因突变与“克隆进化”假说并不能圆满解释肿瘤的发生机制。首先，基因突变假说认为突变发生在体细胞，而就肿瘤形成所需要的突变概率而言，体细胞的自发突变形成肿瘤的可能性是比较小的。其次，在正常人体除了增殖活跃的细胞（例如表皮和肠上皮细胞）以外，大多数体细胞处于相对静止状态。因此，肿瘤的发生还必须突破细胞静止状态的限制，例如逃逸一些调控细胞周期关键分子的作用等。相反，干细胞具有自我更新和多向分化潜能，其强大的增殖能力可以作为肿瘤细胞的重要来源，同时它们在体内长期存在，也为基因基因积累突变提供了基础。因此，研究者发现，干细胞似乎比体细胞更容易出现基因基因积累突变，并且具有较强的克隆扩增能力，是较体细胞更适合的肿瘤起源细胞。这样，“肿瘤起源于干细胞”的假说开始建立（图 5-16-10）。

“克隆进化”假说认为，肿瘤的起源和发生是体细胞多阶段的基因突变积累和演变的过程。肿瘤的发生通常经过了多轮基因突变，并且基因突变形成的肿瘤细胞都具有相似的致癌性（图 5-16-10A）；而“肿瘤干细胞”模型认为，肿瘤干细胞具有自我更新和无限的增殖能力，肿瘤干细胞是肿瘤组织中唯一的肿瘤起源细胞（图 5-16-10B）；但“肿瘤干细胞”与传统的“克隆进化”假说并不排斥，在肿瘤发生的初始阶段，可能某种肿瘤干细胞（如肿瘤干细胞 1）是诱导肿瘤发生的起源细胞。在肿瘤的进展阶段，由于基因积累突变和克隆进化作用，肿瘤干细胞 1 成为肿瘤干细胞 2，细胞生长更快、具有更强的侵犯和转移特征和选择性生长优势，成为优势细胞群，最终导致肿瘤的形成（图 5-16-10C）。

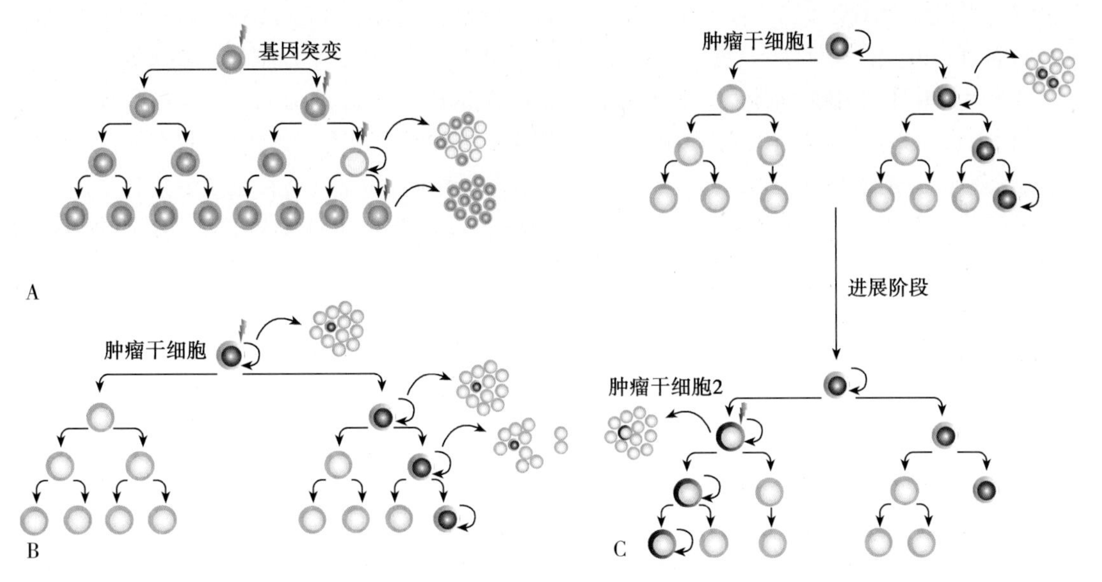

图 5-16-10　肿瘤发生的克隆选择假说与肿瘤干细胞假说

A. “克隆进化”假说；B. “肿瘤干细胞”模型；C. “肿瘤干细胞”与传统的“克隆进化”模型结合

二、肿瘤干细胞假说为肿瘤发生机制的认识提供了新的思路

(一) 肿瘤干细胞是肿瘤发生的原始细胞

1. 肿瘤干细胞的发现　1994 年 John Dick 实验室首先发现急性髓细胞白血病(AML)患者体内存在肿瘤干细胞，虽然这种细胞在外周血中占很少的比例(1/250 000 细胞)，但是一旦移植到免疫缺陷小鼠，可以诱导 AML 的发生。2003 年，Michael Clarke 和 Peter Dirk 相继证实了乳腺癌干细胞和脑肿瘤干细胞的存在。目前已经在肠道肿瘤、骨肉瘤、肝癌等实体瘤以及血液系统肿瘤中发现了肿瘤干细胞(tumor stem cell，TSC)。“肿瘤干细胞假说”认为，大部分的肿瘤细胞不能维系肿瘤的生物学特征，也不能在身体其他部位形成转移瘤，在肿瘤组织中只占很小比例的肿瘤干细胞才是肿瘤发生的起源细胞，能够保持肿瘤细胞的恶性表型。

2. 肿瘤干细胞的概念　肿瘤干细胞(TSC)也称为肿瘤起源细胞(tumor initiating cell)，是从肿瘤组织中分离或鉴定的少数细胞，具有无限的自我更新和诱导肿瘤发生的能力，是肿瘤产生的种子细胞。肿瘤干细胞并不完全来源于正常干细胞。根据肿瘤组织不同，肿瘤干细胞可能起源于干细胞、谱系祖细胞或者分化细胞，其主要生物学特征包括：①选择性诱导肿瘤的发生和细胞的恶性增殖；②通过自我更新产生相同的肿瘤干细胞；③能进一步分化形成成熟的肿瘤子代细胞。

3. 肿瘤干细胞的表面标志物　目前已经在血液系统肿瘤和一些实体瘤中发现了肿瘤干细胞的特征性标志物。根据上述标志物，从肿瘤组织中分选出的肿瘤干细胞都能在动物模型中新生肿瘤(表 5-16-1)。

表 5-16-1　已经鉴定的肿瘤干细胞表面标志物

肿瘤类别	细胞表面标志物	肿瘤类别	细胞表面标志物
急性髓细胞白血病	$CD34^{+}/CD38^{-}$	神经系统肿瘤	$CD133^{+}$
结肠癌	$CD133^{+}$	胰腺癌	$CD44^{+}/CD24^{+}/ESA^{+}$
多发性骨髓瘤	$CD34^{-}/CD138^{-}$	乳腺癌	$CD44^{+}/CD24^{-}$/low
肝癌	$CD90^{+}/CD45^{-}$	头颈部肿瘤	$CD44^{+}/Lineage^{-}$

4. 肿瘤干细胞与正常干细胞的比较 不同的肿瘤干细胞虽然起源不同,但与正常干细胞比较,有许多的共同属性:①具有一些共同的表面标志物:例如造血干细胞和白血病细胞都表达CD34和CD90,肝干细胞和肝癌细胞中都有CK18和CK19的表达,CD133和nestin是神经干细胞的标志物,同时在脑胶质细胞瘤和脑室膜瘤等常见脑肿瘤中也有表达;②均具有体内组织器官的迁移能力:造血干细胞可以迁移到肝脏并分化为肝细胞,而恶性转移也是多数肿瘤具有的特征;③均具有强大的自我更新能力:正常干细胞的自我更新受到细胞内外信号分子的严密调控,而肿瘤干细胞的增殖不受限制;例如,白血病细胞中*BMI1 polycomb*原癌基因及Wnt信号效应分子β-catenin异常高表达,细胞异常增殖;④存在相似的调控自我更新的信号转导途径:例如Wnt、Notch、BMI1、Shh等信号途径等,但与正常干细胞不同,肿瘤干细胞的许多信号途径发生了异常改变。

(二) 干细胞异常分化和增殖导致肿瘤的发生

1. 干细胞未成熟分化和异常增殖与肿瘤 正常胚胎的分化和发育是一个有序的过程。组织干细胞是保持自我更新还是进入分化状态,向什么方向分化,均取决于干细胞与微环境之间的信息交流。不同谱系、不同发育阶段干细胞所处的微环境是动态的,微环境中的各信号分子通过自分泌或旁分泌的形式,协同作用或相互制约,形成对干细胞分化的精细时空调控,从而使干细胞按照既定的程序进行分化。

肿瘤是一种细胞增殖与分化疾病,也就是说肿瘤细胞是增殖与分化异常的细胞,肿瘤细胞除了具有无限增殖和侵袭转移能力以外,另外一个重要的生物学特征就是低分化状态。无论肿瘤的组织来源如何,肿瘤总是表现出低于其对应组织的分化程度,因此从细胞分化的角度来看,肿瘤是由分化不完全的细胞所组成的。肿瘤干细胞微环境结构发生改变或破坏,使得分化成熟细胞的增殖受到抑制,加上致癌物的作用使分化诱导信号受到干扰,干细胞不能分化成熟或者分化过程发生改变,细胞分化偏差形成肿瘤。实际上肿瘤细胞的许多恶性表型特征,在干细胞未成熟分化阶段也可能出现。肿瘤细胞能够产生胚胎期组织曾经产生过的某些蛋白质,例如,肝癌细胞产生的癌胚抗原AFP就是胚胎肝组织发育的重要标志物,再如造血干细胞和白血病细胞都表达CD34和CD90分子等。肿瘤组织分化状态的不同,是由于其含有不同分化程度的干细胞所造成的。高分化状态的肿瘤细胞是干细胞进行一定程度的分化形成的,而低分化肿瘤细胞则由干细胞与部分幼稚分化的子细胞组成(图5-16-11)。

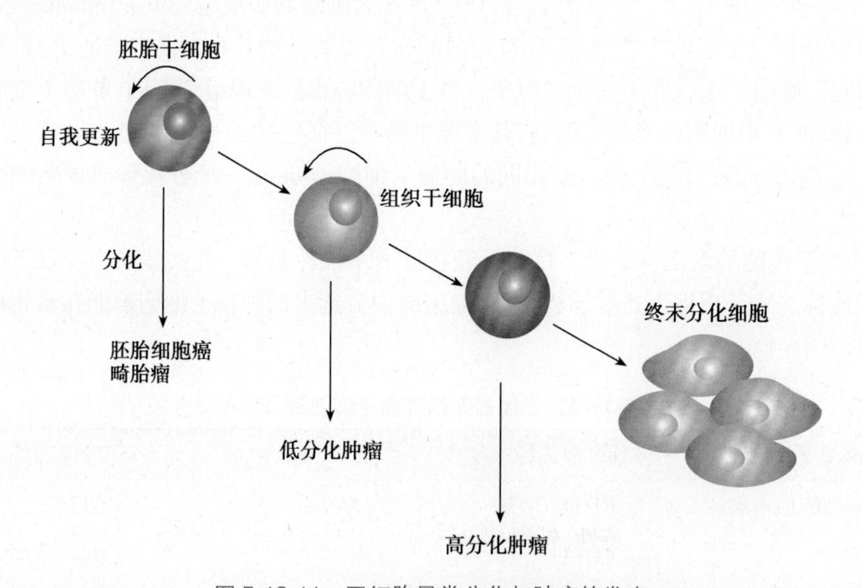

图5-16-11 干细胞异常分化与肿瘤的发生

干细胞在从全能干细胞到终末分化细胞的分化阶段中,都可能出现细胞的分化异常或者偏差,最终产生肿瘤的分化程度是由引起异常分化细胞自身所处的分化阶段所决定的

Notes

2. 肿瘤干细胞微环境与肿瘤干细胞恶性变化　相对于干细胞微环境,研究者提出了肿瘤干细胞微环境的概念。有人推测它有两种存在形式:活化型(与肿瘤的发生有关)和静息型(一般的干细胞微环境)。目前对肿瘤干细胞微环境的研究刚刚起步,许多肿瘤干细胞微环境的定位还不清楚,可以肯定的是,肿瘤干细胞微环境中的信号异常活化或者结构改变,是肿瘤干细胞恶性表型的重要刺激因素。

正常情况下,造血组织、小肠以及毛囊干细胞微环境通过抑制干细胞的生长和分化,使大部分组织干细胞保持静息状态。在接受外来刺激信号以后,干细胞开始增殖和分化。因此,动态的微环境对维持干细胞的自我更新与分化平衡以及干细胞群体的稳定性是非常关键的。干细胞微环境中 BMP 与 Wnt 信号是一对拮抗与刺激细胞生长的调控分子,BMP 抗生长信号与 Wnt 促生长信号的平衡调控了干细胞增殖与分化的平衡,如果微环境中这种平衡被打破,干细胞将表现为生长不受限制。例如在小肠腺瘤细胞、皮肤毛囊肿瘤细胞和淋巴细胞性白血病细胞,Wnt 信号异常活化,导致效应分子 β-catenin 核内异常积聚,最终引发调控细胞增殖与分化的下游基因表达失调,而 BMP 信号的缺失也会导致小肠、皮肤或者造血干细胞分化异常并形成肿瘤。

肿瘤干细胞微环境与肿瘤的转移和侵袭之间也有密切的关系。正常干细胞微环境的基本功能之一是将干细胞定位于微环境中,接受信号分子的调控。“定位”效应主要通过许多黏附分子介导,例如含有钙黏蛋白、β-catenin 的黏附复合物等。在造血干细胞的活化与迁移过程中,基质金属蛋白酶 9(MMP-9)对细胞外基质成分的水解作用有利于 HSC 的增殖和迁移,而 MMP 家族也是参与肿瘤细胞转移的重要分子。再如整联蛋白对神经干细胞和造血干细胞的迁移有重要作用,但同时也与肿瘤细胞的恶性转移相关。另外一些重要的化学趋化因子和受体例如 CXCR4 和 CCR7 对乳腺癌的恶性转移也有重要作用。

(三) 肿瘤干细胞概念为肿瘤发生机制和治疗的研究开辟了新的路径

“肿瘤干细胞”与传统的“克隆进化”假说并不矛盾。首先,“克隆进化”假说提出的基因积累突变最容易发生在机体内长期存在的细胞,而肿瘤干细胞的重要特征之一就是在体内持久栖息,因此成为基因突变发生的首要场所。其次,干细胞的生物学行为受到赖以生存的微环境的严密调控,肿瘤干细胞也不例外。肿瘤发生的克隆进化过程可能就是通过肿瘤干细胞微环境对肿瘤干细胞实施逐步筛选,最终使肿瘤细胞获得恶性生长表型。最后,肿瘤细胞的异质性可能是由同一多能干细胞克隆的不同分化阶段造成的,也可能由于基因的不稳定性或突变,造成肿瘤干细胞与形成的肿瘤细胞基因表达谱的差别。“肿瘤干细胞”与“克隆进化”假说相互补充,更好解释了“克隆进化”假说不能解释的一些临床现象,例如临床抗肿瘤治疗虽然杀灭了大部分快速增殖的肿瘤细胞却不能根治肿瘤,原因在于肿瘤组织中存在一小部分肿瘤干细胞,而肿瘤干细胞通常是增殖缓慢的细胞,对以肿瘤细胞快速增殖为靶向的治疗方式不敏感,而这为数极少的细胞恰好是肿瘤发生的起源细胞,因此常规治疗难以根治肿瘤。

肿瘤干细胞概念的提出不但加深了人们对肿瘤发生机制的认识,而且对肿瘤的治疗研究也开辟了新的思路。研究证实,从淋巴细胞白血病患者体内分离获得的肿瘤干细胞对化疗药物的敏感性较分化细胞差。因此,对肿瘤干细胞及其异常微环境研究的深化,将有利于寻找肿瘤治疗新的药物靶点,开发出更加有效的肿瘤治疗药物。例如,大多数肿瘤干细胞端粒酶(TERT)的表达活性异常升高,下调 TERT 表达可能成为新的肿瘤治疗靶点;化学趋化因子和受体例如 CXCR4、SDF1 等在肿瘤干细胞的转移和侵袭中发挥重要作用,CXCR4、SDF1 的特异性抗体或竞争抑制剂或许也是新的抗肿瘤治疗药物;已经发现肿瘤干细胞存在许多与耐药相关的 ATP 离子通道,根据肿瘤干细胞的上述特性,针对多药耐药基因(MDR)的基因靶向治疗也是今后抗肿瘤药物发展的重要方向。

肿瘤干细胞假说的提出,掀起了新一轮关于肿瘤发生机制的热议。目前有学者对肿瘤干细胞假说表示质疑。首先,他们认为肿瘤干细胞研究中通常采用的异种移植方法忽略了微环境对

肿瘤细胞生物学行为的影响。微环境对肿瘤干细胞存活与更新、保持成瘤性、侵袭性以及分化潜能，逃逸药物杀伤作用等都起到了非常重要的作用。此外，由于物种的差异，人类肿瘤细胞的异种移植不一定导致鼠肿瘤的形成，同时小鼠移植人体肿瘤细胞后生成的肿瘤不一定是人的肿瘤干细胞；其次，干细胞在进入分化程序后，首先要经过一个短暂的增殖期，产生过渡放大细胞（TA 细胞），由于过渡放大细胞的分裂速度很快，似乎更适合肿瘤细胞恶性增殖的需要，因此肿瘤发生的基因突变到底发生在干细胞水平还是 TA 细胞水平，还需要实验证实；另外，虽然目前报道了不少肿瘤干细胞标志物和以此建立的分离技术，但是这些标志物其实也是干细胞的标志物，目前还没有发现真正意义的肿瘤干细胞表面分子，因此肿瘤干细胞的分离还存在技术性困难；最后，由于目前实验技术的有限性，还未能建立完整的肿瘤细胞追踪实验，以证实肿瘤细胞是否全部来自肿瘤干细胞。因此肿瘤干细胞假说的推出，虽然能够对肿瘤的发生机制带来新的思考，但是由于目前知识面和研究手段的局限，还不能回答肿瘤发生的关键性问题，肿瘤的成因尚待深入研究。

三、干细胞的衰老与老年疾病、退行性疾病的发生相关

正常人体的衰老是一个复杂的生理过程，细胞出现一些渐进的表型和功能改变，而这些改变又受到组织微环境的影响。与衰老相关的组织病理学改变通常表现为细胞失去增殖与凋亡之间的平衡，出现细胞 DNA 损伤和凋亡信号途径的活化。大多数干细胞在体内的生存期较长，组织干细胞在衰老过程中出现的基因和表观遗传的改变以及与干细胞微环境相互作用的失调会导致组织干细胞表现出异常的生物学行为。

第五节 细胞重编程及诱导多能干细胞

一、体细胞重编程为干细胞和再生医学的研究开辟了全新的领域

受精卵发育为成熟个体的过程中，细胞分化是以单向的方式进行的，即细胞分化程序一旦启动，原始细胞分化为具有特定表型的功能细胞的进程一般不会逆转。但是在某些实验条件下，这种逆转可能发生。其中，细胞重编程（reprogramming）能引导体细胞基因表达向胚胎细胞或者其他类型细胞转变，细胞重编程为干细胞和再生医学的研究开辟了全新的领域。Science 杂志评出的 2008 年十大科学进展中细胞重编程被评为第一位。细胞重编程为生物学领域的学者所深切关注，是因为：①深入研究细胞重编程的发生机制，有助于人们加深对细胞分化的认识和对细胞表达特殊功能基因的理解。②细胞重编程是细胞替代治疗（cell replacement therapy）需要解决的第一个关键步骤。用正常细胞取代缺陷或衰老细胞的最理想的状况是，用患者自身的体细胞（例如皮肤细胞）经过细胞重编程产生细胞谱系转化，最终替换病变组织细胞（例如心肌、胰腺等），从而避免异体细胞移植发生的免疫排斥反应。③细胞重编程允许培养病变组织来源细胞，为分析疾病的发生本质及治疗药物的筛选提供了有利的工具。

目前认为，细胞重编程的机制主要为：①细胞重编程的进程可能经历了一种中间细胞状态。处于此期的细胞表现出不完全的多能干性，也即部分重编程，表现在某些"干性"基因启动子区或染色质没有完全解除抑制。可能是由于重编程诱导初期，干性基因的起始表达水平较低，处于分化与多能干性的中间状态，一部分细胞出现了重编程，还有一部分没有完全转化。②与 ES 细胞调控分化与发育相关的染色质修饰蛋白，例如 PcG（polycomb group）蛋白和组蛋白对细胞转化成多能干细胞具有重要作用。③某些维持干细胞未分化状态的关键基因例如 *Oct3/4*、*Nanog*、*Sox2*，其启动子区 DNA 甲基化与去甲基化状态对细胞的重编程以及维持细胞的多能干性非常关键。④某些原癌基因例如 *c-Myc* 和 *Klf4* 等虽然并非细胞重编程必需的诱导因子，但可以明显

提高重编程的效率和加快重编程进程。⑤细胞融合诱导的重编程的重要分子机制还涉及染色质蛋白的交换，目前已经证实蛙卵细胞中一些重要的蛋白是调控重编程所必需的，如果卵细胞与被融合体细胞核进行一些重要染色质蛋白的交换，那么融合细胞发生完全重编程的可能性大大增加。

二、细胞重编程的新技术具有重大的理论意义和实用价值

(一) 核转移技术提供了实现体细胞分化逆转的重要手段

体细胞核转移技术(SCNT)是将体细胞核导入供体去核卵细胞，形成克隆囊胚泡，建立胚胎干细胞，最终发育为生物学意义上的成熟个体。1952 年 Robert Briggs 和 Thomas J King 首次进行了成功的细胞核转移实验，他们将囊胚期胚胎的细胞核转移到去核的豹蛙最终发育形成正常的蝌蚪，此后用非洲爪蛙(*Xenopus laevis*)正常分化的小肠上皮细胞经过去分化处理也能发育为正常的成年蛙。但是哺乳动物体细胞的核转移和去分化实验却一直未能成功。直到 1996 年 SCNT 技术发生了突破性进展：Ian Wilmut 采用正常培养的乳腺细胞核导入去核的绵羊卵细胞，培育出世界上第一只克隆羊 Dolly，标志着 SCNT 可以将发育成熟的体细胞完全逆转形成多能干细胞，并最终发育成正常个体。此后在其他哺乳动物例如奶牛、山羊、猫、猪等进行的体细胞克隆实验也取得了成功。

在体细胞核转移过程中，蛙卵细胞的一些重要蛋白是调控细胞重编程所必需的，例如 ISWI 蛋白参与体细胞和卵细胞胞质蛋白的交换，Brg1 对活化干性维系基因 *Oct3/4* 是非常关键的。同时 ISWI 和 Brg1 还是调控细胞染色体重建的 ATP 酶，在核转移过程中可能参与某些关键基因的活化。

(二) 体细胞与胚胎干细胞融合将表现出多能干性

采用已经建立的人类胚胎干细胞系(hESC)与成体细胞融合，产生的融合细胞将保留干细胞特性，同时具有成体细胞基因型特征。1976 年 Richard A Miller 和 Frank H Ruddle 首次证实，将胸腺细胞与胚胎肿瘤细胞融合后，融合细胞可以表现出多能干性，胸腺细胞与小鼠 ES 细胞融合也表现出多向分化潜能，融合细胞移植到裸鼠体内可以形成畸胎瘤。体细胞与 ES 细胞融合后如何产生多能干性的分子机制目前还不明确，或许与多能干细胞特异的转录因子 Nanog 有一定关联。

(三) 细胞谱系转化打破了传统的细胞单向分化规则

谱系转化(lineage switching)的概念最早在 1991 年由 Harold Weintraub 提出，他在实验中发现如果非肌细胞过表达 MyoD 这种肌细胞特异转录因子，可以直接将非肌细胞转化为肌细胞。此外，血液细胞过表达某些关键转录因子，将活化或抑制决定某些细胞谱系分化命运的关键基因，同样可以打破细胞分化平衡，甚至还可以逆转细胞分化进程。最近有实验证明可以将胰腺外分泌细胞直接转化为执行内分泌功能的 β 细胞。在细胞谱系转化的过程中，发现并鉴定将一种细胞类型转化为另一种细胞的特异转录因子是非常关键的，谱系转化为改变细胞分化命运提供了新的手段。由于谱系转化没有经过逆分化为原始多能干细胞再转分化的过程，而是细胞间的直接转化，所以其通常只局限发生在同胚层或同一谱系祖细胞内，例如肝细胞与胆管上皮细胞，脂肪细胞与成骨细胞间等。

(四) 转录因子联合诱导多能干细胞的产生是细胞重编程研究最受关注的热点

诱导多能干细胞(induced pluripotent stem cell，iPSC)是将非多能干细胞(例如成体体细胞)通过诱导表达某些特定基因转变成为多能干细胞。经过诱导的多能干细胞与自然状态的多能干细胞是相同的，在许多生物学特性方面还与胚胎干细胞一致：具有自我更新和分化潜能；表达某些特定的干细胞蛋白质；染色质甲基化状态；细胞增殖特性；体外培养形成胚状体；体内移植形成畸胎瘤等。2006 年京都大学教授山中伸弥(Shinya Yamanaka)首先通过转染 4 个转录因子

基因 *Oct3/4*、*Sox2*、*c-Myc* 和 *Klf4* 诱导小鼠成纤维细胞建立了小鼠 iPS 细胞，并命名这 4 个因子为 Yamanaka 因子。2007 年 Thompson 和 Yamanaka 在人体细胞成功发展了 iPS 技术。2009 年周琪等利用 iPS 细胞，通过四倍体囊胚注射得到存活并具有繁殖能力的小鼠“小小”，从而在世界上第一次证明了 iPS 细胞的全能性。iPS 的建立被认为是干细胞乃至整个生物学领域划时代的重大发现，除了在干细胞治疗与再生医学研究领域的应用价值以外，也是生物发育与疾病发生机制研究方法学上的突破(图 5-16-12)。因此 John B. Gurdon 与 Shinya Yamanaka 获得 2012 年度诺贝尔生理学或医学奖。

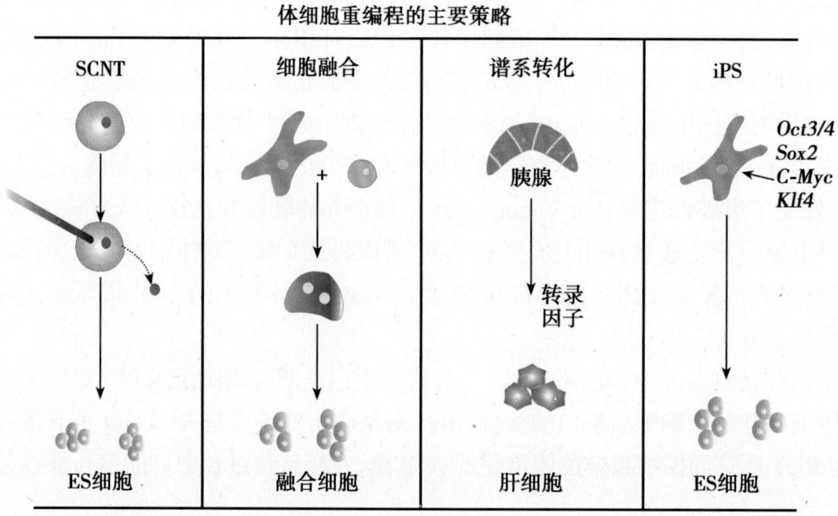

图 5-16-12 细胞重编程常用的技术方法

体细胞核转移(SCNT)技术：将体细胞核注射入去核的卵细胞，在体外特殊培养条件下，可以产生 ES 细胞；细胞融合：将体细胞与 ES 细胞融合，可以产生杂合细胞，具备多能 ES 细胞的一些生物学特性；谱系转化：例如直接将胰腺细胞转化为肝细胞。在细胞谱系转化的过程中，将一种细胞类型转化为另一种细胞的特异转录因子是非常关键的；诱导多能干细胞(iPS 细胞)：将体细胞通过诱导表达某些特定基因转变为多能干细胞，例如导入 *Oct3/4*、*Sox2*、*c-Myc* 和 *Klf4* 基因可以将小鼠成纤维细胞转变为多能干细胞

(五) iPS 细胞具有和胚胎干细胞相似的生物学特征

1. **细胞生物学特征** iPS 细胞具有和胚胎干细胞相似的生物学特征。①形态学特点：iPS 形态与 ES 相似，单个细胞呈圆形，核大，胞质少。形成的细胞克隆也与 ES 细胞相似，人类 iPS 细胞克隆呈扁平状、边缘锐利，小鼠 iPS 细胞克隆呈圆形、堆积更为紧密。②生长特性：细胞倍增和有丝分裂时间对 ES 细胞执行生物学功能是非常重要的，iPS 细胞有丝分裂和自我更新特性与 ES 相同。③干细胞表面标志物：人 iPS 细胞表达 hESC 特异的标志物，例如 SSEA-3、SSEA-4、TRA-1-60、TRA1-81、Nanog 等，小鼠来源的 iPS 特异表达 SSEA-1。④干细胞特异基因：iPS 细胞表达未分化的 ES 细胞特异基因，包括 *Oct3/4*、*Sox2*、*Nanog*、*FGF4*、*Rex1*、*hTERT* 等。⑤端粒酶活性：ES 细胞表达高水平的端粒酶活性，是保持干细胞无限增殖特性的重要原因，iPS 同样具有活跃的端粒酶活性，以维持细胞的自我更新与增殖。

2. **多向分化潜能** iPS 细胞可以向神经干细胞或心肌细胞分化。向神经细胞诱导分化时，可以表达 βⅢ 微管蛋白，酪氨酸羟化酶等特异细胞标志；诱导向心肌细胞分化可以出现自发搏动，并表达心肌细胞特异蛋白。

3. **表观遗传学特征** 包括：①启动子区甲基化：甲基化过程常常伴随着基因的封闭和抑制，因此甲基化是有效抑制基因转录的重要方式。维系干细胞特性的重要基因例如 *Oct3/4*、*Rex1*、*Nanog* 等启动子区域在已分化的成体细胞中被甲基化，而在 iPS 细胞中变为去甲基化，说明上述

Notes

基因的活化诱导了 iPS 的发生。②组蛋白的去甲基化：组蛋白是与 DNA 紧密相关的蛋白质，组蛋白的修饰可以造成染色质空间结构发生改变，进而调控基因的转录与表达。iPS 细胞中与 Oct3/4、Sox2、Nanog 相关的组蛋白 H3 发生去甲基化改变，也提示上述基因的活化参与 iPS 的形成。

第六节　干细胞的治疗应用与前景展望

一、干细胞是组织工程较为理想的种子细胞

组织工程是采用细胞、生物材料和组织重建技术，研究和开发用于修复、替代和促进人体组织或器官损伤后功能和形态的生物替代物。组织工程采用活细胞作为工程材料，由于干细胞具有强大的自我更新和增殖能力，能够产生组织修复所需的足够细胞种群；同时干细胞还具备进一步分化的潜能，在适当条件下可以分化为具备特定功能的成熟细胞。因此，干细胞是组织工程较为理想的种子细胞。

组织干细胞的来源较丰富，取材相对容易，并且可以运用于个体化治疗，因此最早被成功用于治疗淋巴细胞白血病等血液肿瘤和骨肿瘤。组织干细胞用于组织工程的方式主要分为三类：①体外培养扩增组织干细胞，直接回输体内；②体外诱导组织干细胞分化成组织器官，然后进行组织器官移植；③将组织干细胞种植于生物活化支架或装置，并添加合适的诱导因子，体内诱导组织干细胞的活化与增殖，达到在导入局部或远端修复受损组织器官的目的。

骨髓至少含有骨髓间充质干细胞、造血干细胞、内皮祖细胞三种干细胞，其取材容易，来源丰富，目前成为组织干细胞临床治疗的重要来源库。常用的其他组织细胞来源还包括脐血、脂肪组织、肝脏、胰腺等，目前骨髓间充质干细胞、脐血间充质干细胞、脐带间充质干细胞、脂肪间充质干细胞等已经被成功运用于：①治疗组织器官损害性疾病，例如血液系统肿瘤，神经系统损伤，皮肤损伤，缺血性心脏疾病，骨或软骨损伤或肿瘤等；②治疗某些遗传性、退行性疾病，将组织干细胞进行基因修饰，矫正因细胞功能失活或细胞活性因子缺乏的疾病，例如重度 β- 珠蛋白生成障碍性贫血、糖尿病、帕金森病；③尝试再生组织器官，包括皮肤、肝脏、肾脏等重要组织器官的再生。

二、自体来源干细胞治疗是干细胞治疗的重要发展方向

体细胞核移植（SCNT）技术是将来源于患者自身的体细胞核导入供体去核卵母细胞形成克隆囊胚，建立胚胎干细胞系，并在体外进一步诱导分化为自体组织细胞，用于疾病治疗。目前 SCNT 在哺乳类动物的研究仍然处于初级阶段。

近年来诱导多能干细胞（iPS）技术绕过了采用卵细胞进行细胞重编程，是干细胞研究领域的一项重大突破。目前已经建立了多种疾病相关的人 iPS 细胞系，包括神经退行性疾病、糖尿病等，然而常规 iPS 技术中采用的病毒载体仍然会带来潜在的治疗安全性问题。针对 iPS 导入载体的改进，最近发展了非整合型的附加载体（episomal vector）或病毒自剪切多肽技术来获取人 iPS 细胞的方法。特别是 2013 年，邓宏魁等仅使用 4 个小分子化合物对体细胞进行处理实现了体细胞的“重编程”，成功地将小鼠成体细胞诱导成为了可以重新分化发育为各种组织器官类型的“多潜能性”细胞，并将其命名为“化学诱导的多潜能干细胞（CiPS 细胞）”。这些 iPS 细胞没有外源 DNA 的污染，较好地解决了潜在的致癌性风险问题。

三、干细胞在组织工程中的应用和发展

干细胞为组织工程研究提供了重要的细胞来源，以干细胞为工程材料的组织工程与细胞治疗能够补充和修复缺陷组织细胞，甚至在将来再生出完整的组织器官，因此生物医学研究者们

普遍看好干细胞治疗的发展前景。目前美国国立卫生院（NIH）已批准4000多项干细胞治疗的临床试验，涉及疾病100多种，美国食品药品管理局（FDA）批准2个干细胞产品上市。近年来，我国干细胞基础研究和临床研究取得了令世人瞩目的成绩，有望不久可将干细胞治疗技术用于临床，为许多目前无法治愈的疾病的提供新的治疗手段。由此产生了新兴的干细胞产业。干细胞产业是指依托于干细胞采集、储存、研发、移植治疗等产品或服务，以满足人类各种医疗和应用目的的行业，已经成为一个生机无限的经济增长点蕴含着巨大的产业发展空间。但是干细胞的治疗运用还需要解决好如下重要问题：胚胎干细胞所带来的伦理争论、干细胞治疗的疗效评价以及干细胞在体内的定向发育，即干细胞向指定谱系细胞分化等。目前干细胞的应用研究方兴未艾，相关技术研究还在不断发展和进步中，随着干细胞基础生物学研究的逐步深入，干细胞在组织工程中的应用必然得到快速发展。

小 结

个体的正常发育及机体内稳态平衡的维持，有赖于干细胞在时间和空间上的有序增殖和分化。干细胞是具有“无限”增殖能力和多向分化潜能的细胞，目前已经在发育期胚胎和成体多种组织器官内发现了干细胞的存在。这些不同种类干细胞的分化潜能以及生物学行为有较大差异，但总是与其所在组织器官的结构和功能相适应的。干细胞除了具有一般细胞的基本生命特征，例如增殖、分化、衰老等以外，还表现出一些特异的生物学行为，包括独特的非对称分裂方式、多向分化潜能、表达特征性的基因产物、特定条件下的可塑性等。干细胞的基本生物学特征和功能行为在不同的组织器官中、不同的发育阶段中，以及不同的生理和病理状态时可能不同。干细胞生物学基础的复杂性，也从一个侧面反映出生命过程调控的复杂性和多样性。

目前，胚胎干细胞的培养体系已经比较成熟，人类和小鼠等多种哺乳动物的胚胎干细胞已经培养成功。但是组织干细胞的体外培养和高效扩增技术还有待发展，一方面是由于组织干细胞种类繁多、起源尚不明确。另一方面是因为各种类型的组织干细胞（包括生殖干细胞）生活在各自特殊的微环境中，微环境组成差异较大，而且在不同生理或病理状态下，干细胞微环境也表现出差别。目前对干细胞的生物学特性及其功能行为调控机制正进行着逐渐深入的研究，包括胚胎干细胞保持“干性”的分子机制研究、组织微环境中调控干细胞功能行为的重要信号途径的剖析等。通常干细胞的基因表达调控是通过外源分子、细胞内信号途径、转录因子三种水平进行的，此外表观遗传修饰和转录因子之间也存在复杂的调控网络，使得细胞内某些功能基因被选择性激活或抑制，共同调控干细胞的分化和发育过程。干细胞基础生物学研究的长足进步，将会对细胞生物学和发育生物学的发展带来新的冲击和变革，目前认为，肿瘤、退行性疾病以及机体的衰老与干细胞的生物学行为改变都是息息相关的。

现代细胞生物学技术、新材料技术的发展，以及诱导分化体系和新的模式动物（转基因动物和基因敲除动物模型）的采用，特别是细胞重编程和iPS技术的建立，以及干细胞的三维培养、3D打印技术用于组织构建，使得干细胞研究进入了一个全新的发展时期。以干细胞为工程材料的组织工程与细胞治疗已经显示了良好的潜在应用前景，但干细胞治疗要真正进入临床还有赖于干细胞基础生物学研究的进步，包括对干细胞增殖动力学（非对称分裂与对称分裂）的研究，对干细胞分化机制的详细阐释，以及干细胞体外培养体系的建立与优化等，以期在整体水平上提高干细胞组织工程的研究水平。

（张 军）

参考文献

1. Alberts B, Johnson A, Lewis J, et al. Molecular Biology of the Cell. 5th Ed. New York: Garland Science, 2008.
2. Lanza R, Gearhart J, Hogan B, et al. Essentials of Stem Cell Biology, 2nd Ed. Oxford: Elsevier Academic Press, 2009.
3. Sell S. Stem Cell Handbook, 2nd Ed. Humana Press Inc. 2013.
4. Forbes SJ, Rosenthal N. Preparing the ground for tissue regeneration: from mechanism to therapy, Nat Med, 2014, 20(8): 857-869.
5. Tsuji W, Rubin JP, Marra KG. Adipose-derived stem cells: Implications in tissue regeneration. World J Stem Cells, 2014, 6(3): 312-321.
6. Chou SH, Lin SZ, Kuo WW, et al. Mesenchymal stem cell insights: prospects in cardiovascular therapy. Cell Transplant, 2014, 23(4-5): 513-529.
7. Theunissen TW, Jaenisch R. Molecular control of induced pluripotency. Cell Stem Cell, 2014, 14(6): 720-734.
8. Zhao XY, Li W, Lv Z, Liu L. et al. Viable fertile mice generated from fully pluripotent iPS cells derived from adult somatic cells. Stem Cell Rev, 2010, 6(3): 390-397.
9. Hou P, Li Y, Zhang X, et al. Pluripotent stem cells induced from mouse somatic cells by small-molecule compounds. Science, 2013, 341(6146): 651-654.

Notes

第十七章 细胞工程

细胞工程(cell engineering)也称细胞技术,是在细胞水平上,采用细胞生物学、发育生物学、遗传学及分子生物学等学科的理论与方法,按照人们的需要对细胞的性状进行人为地修饰,以获得具有产业化价值或其他利用价值的细胞或细胞相关产品的综合技术体系。

第一节 细胞工程概述

细胞工程是生物工程(bioengineering)的基本组成部分之一。生物工程也称生物技术(biotechnology),它与人类社会的进步和发展密切相关。生物技术的出现,可以追溯到史前时期。我国劳动人民对其发展有过巨大的贡献。旧石器时代,神农氏就曾传授种植谷物的方法;新石器时代,我国就会利用谷物造酒,掌握了世界上最早的发酵技术;周代后期,又出现了豆腐、酱油和醋的制作技术,而且沿用至今。公元10世纪,我国开始使用预防天花的活疫苗,并在人群中广泛接种,以后,这种疫苗接种技术又通过丝绸之路传到了欧洲。在西方,生物技术的利用也有很早的历史。公元前6000年前,苏美尼尔人和巴比伦人已开始制作啤酒;公元前4000年前,埃及人开始制作面包,这些都是发酵技术的利用。但发酵技术被有意识地用于大规模的生产,则是在19世纪60年代以后。当时,法国科学家L Pasteur首先证实了发酵系由微生物引起,并建立了微生物的分离培养技术,从而为发酵技术的发展提供了科学的理论基础,使发酵技术的利用进入了一个快速发展阶段。典型的例子是20世纪20年代青霉素的发现和50年代出现的氨基酸及酶制剂的工业化,这些对人类健康和社会发展产生了很大的影响。20世纪中叶分子生物学的兴起,对生物技术的发展产生了巨大的推动作用。1944年,O.T.Avery采用肺炎双球菌的转化实验证明了遗传物质的化学本质是DNA;1953年,J.D.Watson和F.Crick提出了DNA分子结构的双螺旋模型;20世纪70年代初,DNA重组技术的出现,使人们能通过对基因的人为操作,以实现对微生物、植物和动物遗传性状的定向改造,这样的技术体系被称为遗传工程(genetic engineering)或基因工程(gene engineering)。此后,由于"基因-蛋白质-细胞-个体"这一关系的日渐明确,加之基因、蛋白质和细胞操作技术的快速发展,不仅能够对它们进行分离纯化,而且可能对其结构和功能进行精细分析,从理论上讲,任何生物体的性状都可以被定向地改造或修饰。尤其在近年中,人类基因组、干细胞、基因组修饰以及动物克隆等领域的研究或技术的快速发展,似乎把生物技术的应用范围扩大到了整个生命科学乃至整个人类社会。

然而,生物技术的发展速度很不平衡。在过去相当长的历史时期,它只表现为生产劳动中的经验积累和简单利用,对社会的影响有限。直到现代,由于微生物学、细胞生物学、遗传学和分子生物学的发展,生物技术的内容开始急骤扩大,而且成为人类社会发展的重要因素之一。因此,习惯上将旧时期出现的制造酱、醋、酒、面包、奶酪、酸奶及其他食物的传统工艺称为传统生物技术(traditional biotechnology),而将20世纪新出现的各种生物技术统称为现代生物技术(modern biotechnology)。现代生物技术是在现代生命科学中众多学科或研究领域的基础上发展起来的一门综合性的新兴学科。根据所操作对象和所涉及技术的不同,现代生物技术可分为基因技术、细胞技术、基因酶技术、发酵技术及蛋白质技术等。若从应用角度考虑,则可将它们分别称为基因工程、细胞工程、酶工程、发酵工程及蛋白质工程等。当然,这种划分只是相对的,因为它们本身就存在着一定的内在关联,而且在实际应用中,要完成一种产品往往是多种工程技术综合应用。基于本学科特点的考虑,本章仅就细胞工程的基本概念进行简要介绍。

第二节 动物细胞工程涉及的主要技术

在现代生物技术中,细胞工程是最为基本的技术体系,因为其他生物工程技术体系大都需要以细胞工程为基础。细胞工程的应用范围很广,当今生命科学中的许多热点领域(如再生医学、组织工程、细胞治疗、克隆动物及转基因动物等)的快速发展都是细胞工程技术的成功应用。根据操作对象的不同,细胞工程可分为微生物细胞工程、植物细胞工程和动物细胞工程,本节仅介绍动物细胞工程。然而,动物细胞工程所涉及的技术方法也很多,至少需要基因操作、细胞的遗传修饰、细胞的表型分析,以及工程化细胞的应用等方面的相关技术,故本节仅就最为常用的大规模细胞培养、核移植和基因组修饰的基本技术加以介绍。

一、大规模细胞培养是生产生物产品的基本技术

大规模细胞培养(large scale cell culture)技术是在人工条件下(设定 pH、温度、氧溶等),高密度大规模的在生物反应器(bioreactor)中培养细胞用于生产生物产品的技术,它是细胞工程的重要组成部分。大规模细胞培养开始出现于 20 世纪 60 年代,如今已成为生物制药领域最重要的关键技术之一,它的应用大大减少了用于疾病预防、治疗和诊断的实验动物,并为生产疫苗、细胞因子、蛋白质药物、生物产品乃至人造组织等产品提供了强有力的手段。目前可大规模培养的动物细胞有鸡胚、猪肾、猴肾、地鼠肾等多种组织的原代细胞及人二倍体细胞、CHO 细胞(中华仓鼠卵巢细胞)、BHK21 细胞(仓鼠肾细胞)、Vero 细胞(非洲绿猴肾细胞)等细胞系,并已成功生产了包括狂犬病疫苗、口蹄疫疫苗、甲型肝炎疫苗、乙型肝炎疫苗、红细胞生成素、单克隆抗体等产品。动物细胞大规模培养的基本原理与实验室中的研究性细胞培养是相同的,但由于所培养的细胞群体庞大,故其在培养原则、设备和技术体系等方面都具有一些特殊性。

(一) 大规模细胞培养的原则是扩大培养规模和降低成本

1. 增加培养容积　要实现细胞的大规模培养,首先考虑的因素就是培养容积。一般地说,培养容积越大,细胞的产量就越高。对于悬浮生长的细胞(如 SP2 细胞及 BHK21 细胞等)来说,培养体积的扩大是提高其细胞产量的重要因素。所以,细胞培养容积已经从最初的几升,逐步地扩大到几十升、几百升,甚至上千升(图 5-17-1)。当然,随着培养体积的扩大以及数字化技术介入,与细胞生长营养条件维持相关的调控设备也在不断的发展和改进中。

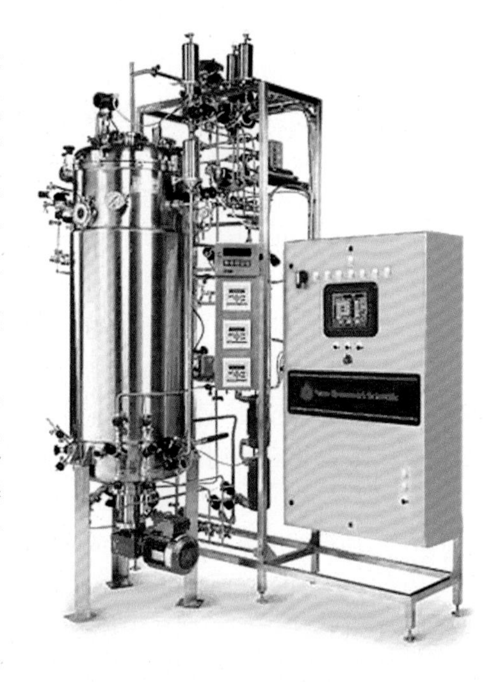

图 5-17-1　大型细胞发酵罐(1500L)

2. 增大细胞的附着面积　绝大部分哺乳动物细胞均具有贴壁生长的特性,扩大细胞的附着面积也是提高培养细胞产量的一个重要因素。目前的基本方式是在细胞培养的容器中添加细胞附着生长的支持物。常用的支持物主要有:微载体(microcarrier)、中空纤维(hollow fiber)、微胶囊(microcapsule)等。

(1) 微载体:由高分子物质所制成的微细的实心颗粒,直径在 100~300μm 之间(图 5-17-2A)。制备

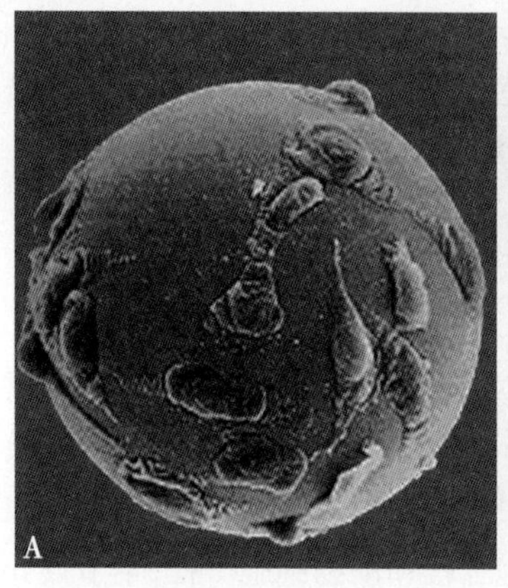

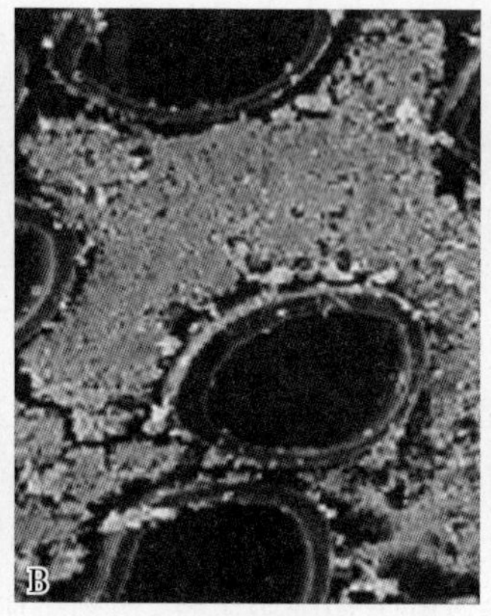

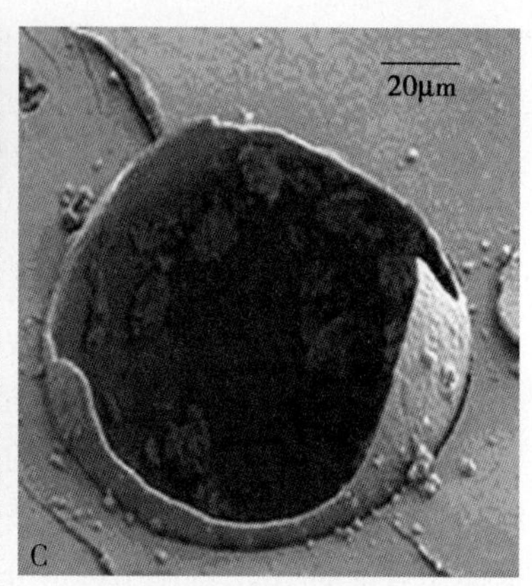

图 5-17-2 细胞附着的支持物

A. 微载体(可见细胞附着于表面);B. 中空纤维;C. 微胶囊(可见细胞附着于内表面)

微载体的材料有很多,如交联葡萄糖、胶原、Cytodex、左旋糖酐、明胶及玻璃等,目前大多使用交联葡萄糖制备的微载体。这类材料对细胞无毒性,适合于一般类型细胞的生长,而且具有一定的透明度,利于显微镜下观察。微载体增大细胞附着面积的效果十分明显,如 1g 由交联葡萄糖所制成的微载体表面积达 $6000cm^2$。在培养中,细胞可以附着在微载体的表面,借助于培养系统的温和搅拌,附着有细胞的微载体颗粒可以均一地悬浮于培养液中,为细胞提供充分的生长和增殖空间。该系统实际上是结合了单层培养和悬浮培养的特点,它不仅提供了细胞生长所需的附着表面,同时也保持了均相的悬浮培养,故很适于放大生产。从目前的应用和发展来看,微载体是大规模培养方法中最有使用价值的支持物。

(2) 中空纤维:由具有半透性的高分子物质拉制成的、两端开口的中空纤维,直径约为 200μm(图 5-17-2B)。制备中空纤维的材料很多,如羟甲基纤维素纤维、海藻酸盐纤维、胶原纤维、甲壳素纤维等。在培养中,通常是将成束的中空纤维置于培养的容器中,细胞可以附着于纤维管的外表面,纤维管的内部有培养液的通过。由于中空纤维管壁是半透性的,可允许小分子物质自由通过,故该系统有利于分泌型蛋白的纯化,但不易放大培养。

(3) 微胶囊:为一种由半透膜所围成的囊,细胞生长在囊的内壁上,囊的直径一般在 200μm 左右(图 5-17-2C)。目前这种囊尚无商业产品,需研究人员自行制备。方法是:将欲大规模培养的细胞,悬浮在藻酸钠之类的天然高分子物质(其他的还有壳聚糖及聚赖氨酸等)溶液中;再经过特殊的方法,使其含有细胞的溶液变成固态的微球体;然后以化学的方法,使微球体的外围形成一层半透膜,并以一定的方法使微球体的内容物液化。经过这样的处理,细胞就被包围到了具有半透膜特性的微囊中,可附着在微囊的内壁上生长,各种营养物质和细胞的表达产物可以通过扩散的方式出入于微囊。利用微胶囊进行细胞培养的优点是:细胞密度大(10^8/ml)、产物在单位体积中的浓度高、分离纯化相对简单。

3. 抑制细胞的凋亡 大规模细胞培养的后期,维持细胞的高活力是个具有挑战性的问题。研究表明,细胞凋亡是导致培养器中细胞死亡的主要原因。因此,如何预防并控制细胞凋亡是值得重点解决的问题。目前普遍认为,在大规模动物细胞培养条件下,细胞凋亡或死亡多是在营养成分耗尽、有毒代谢产物增多时发生的,有一种叫做“细胞静止”(即使细胞长时期地处于 G_1 期或进入 G_0 期)的方法可以有效降低营养成分消耗和代谢毒物产生,提高细胞的目标蛋白产率。例如,向细胞中导入 *p21* 基因或 *p27* 基因,就可使细胞周期的 G_1 期延长(即细胞静止),但其细胞的活力仍然正常,而且可以有效抑制了细胞凋亡。细胞静止技术对于提高培养细胞表达外源基因所编码蛋白质的产量是一种有效的手段。

4. 无血清培养 当进行大规模细胞培养时,若其目的是为了生产某种特定的蛋清培养基。更为重要的是,无血清培养基可通过延长细胞的 G_1 期或迫使细胞处于 G_0 期,使培养细胞较长

时间地维持高细胞密度的状态，从而便可较长时间地、高效地表达目的产物。另外，无血清培养基还能相对地降低培养细胞的死亡率，这对于维持所表达的目标蛋白的稳定性是有利的，而含血清的合成培养基，往往不能较长时间地维持细胞高密度培养，衰老死亡细胞的频率也相对较高，这将使蛋白酶释放到培养基中，进而导致目标蛋白的降解，对于蛋白类生物制品的生产是极为不利的。由于无血清培养基较传统培养基具有一些特殊的优点（表 5-17-1），所以，人们正尝试着用由生长因子组成的无血清培养基来代替含血清的培养基。

表 5-17-1 血清培养基与无血清培养基的比较

比较因素	血清培养基	无血清培养基
质量的稳定性	存在批次的差异	有明确的质量标准，避免了批次差异
培养基的成分	影响细胞生长的因子多、复杂程度高、不明确因素多	成分明确，培养基可针对不同的细胞株进行成分优化，以达到最佳培养效果
与产品纯化的关系	血清中蛋白含量 >45g/L，成分复杂，且易被病毒或支原体污染，不利于下游纯化工作，产业化成本高	下游产品纯化容易，产品回收率高，不存在病原体污染问题，易于产业化
实用性	适用细胞谱系较宽	适用细胞谱系窄。对某于具体的某种细胞的培养，通常摸索其培养条件。由于培养基的黏度小，其细胞在培养过程中易受机械损伤

无血清培养基由三部分组成：①基础培养基，常用的有 RPMI1640、MEM、DMEM、Ham's F12、DMEM F12 等；②生长因子和激素，常用的有胰岛素、表皮生长因子、成纤维细胞生长因子及生长激素等；③基质，常用的有纤维黏连蛋白（fibronectin）、血清铺展因子（serum spreading factor）、胎球蛋白（fetuin）、胶原及多聚赖氨酸等。采用这种无血清培养液，在悬浮培养的条件下，其细胞密度可达 106~107/ml。但是，并非任何细胞在这种培养基中培养都能达到这样的细胞密度，因为不同类型的细胞有可能需要不同生长环境。

（二）大规模细胞培养有四种基本培养系统

大规模细胞培养的技术体系和设备的类型很多，都是由以下 4 种基本的技术体系发展而来。

1. 悬浮培养系统　对于所有的培养系统来说，悬浮培养系统的细胞产量是最高的，但它仅适合于可在培养液中悬浮生长的细胞。传统的悬浮培养系统（suspension culture system）是将细胞生长在高度和直径比从 1∶1 到 3∶1 的不锈钢发酵罐中，并用搅拌器进行温和的搅拌，使细胞均匀地悬浮于培养液中，不断地分裂增殖。在培养的过程中，还需调节发酵罐中氧气和二氧化碳的浓度，以及培养液的 pH。然而，在这类装置的工作中，搅拌器的运动及其所产生的气泡都会引起细胞或组织的机械损伤，故在实际应用中存在着一些局限性。20 世纪 90 年代初，美国宇航局（NASA）约翰逊航天中心发展了一种叫做"旋转细胞培养系统"（rotary cell culture system，RCCS）的悬浮培养装置（图 5-17-3）。这种培养装置模拟了失重条件（实际上是微重力条件），其圆柱状的培养容器中有培养物（即培养基和所培养的细胞或组织材料），并由电机驱动沿水平轴旋转，由此使得细胞或组织块（直径可达 1cm）悬浮于培养液中。由于其培养基、细胞及组织颗粒随同容器一起旋转，它们的相互碰撞力很弱，故可有效地降低细胞或组织在培养过程中的机械损伤，并可使所培养的细胞或组织保持类似于活体三维空间的生长特性。如卵巢肿瘤细胞在这种装置中培养就可以长成直径 0.4cm 的类似患者肿瘤组织的细胞团。实际上，该系统也适用于贴壁生长细胞的培养，但在培养物中需加入微载体，以提供细胞生长的支持物。该系统在生物医药领域具有广泛的应用前景。如通过该系统培养的软骨，其密度很高，可用于关节损伤治疗。还有人对肿瘤组织活体取样，将其与患者自身的白细胞或淋巴细胞在 RCCS 中混合培养，刺激它们识别和攻击肿瘤组织，然后把这种过继处理后的、对肿瘤组织细胞有杀伤力的细

胞直接注入病灶，以期实现对肿瘤的治疗。

2. 气流驱动培养系统 气流驱动培养系统（airlift culture system）最初被用于微生物细胞的大规模培养，后来在动物细胞的大规模中也获得了成功，被成功培养的细胞也是可悬浮生长的细胞，如BHK21、人类原始淋巴细胞、CHO细胞以及植物细胞。在这种培养系统中，混合气体通过位于中心气流管底部的喷射装置进入培养容器，其气体的流通会减少中心气流管中的液体容积密度，使之较管外的液体密度低，从而导致培养物在培养容器的循环流动，最后剩余气体从培养物的表面排放出来（图5-17-4）。在该系统中，气流的注入不仅可以提供培养物循环的动力，而且还会给培养物提供氧气。研究表明，凡适合于在搅拌悬浮培养体系中生长的细胞都可以在该培养体系中生长，如用于制备单克隆抗体的杂交瘤细胞，就既可以在气流驱动体系中生长，也可以在搅拌体系中生长。目前还没有发现该技术体系的反应器对细胞的增殖动力学和抗体产率有任何影响。气流驱动培养系统的主要优势在于它简化了设计，因为它不需要搅拌器中的发动机和搅拌装置。

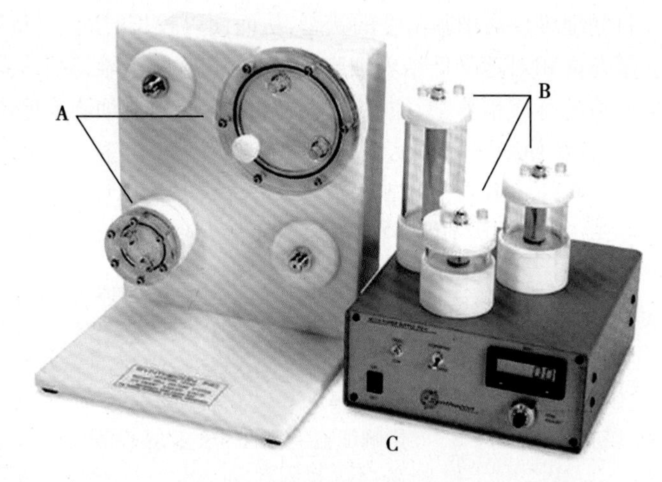

图5-17-3 RCCS培养装置

A. HARV培养容器（容积小，<50ml，用于少量悬浮或贴壁细胞培养）；B. STLV培养容器（容积大，最高达500ml，用于微载体培养或组织培养）；C. 电机

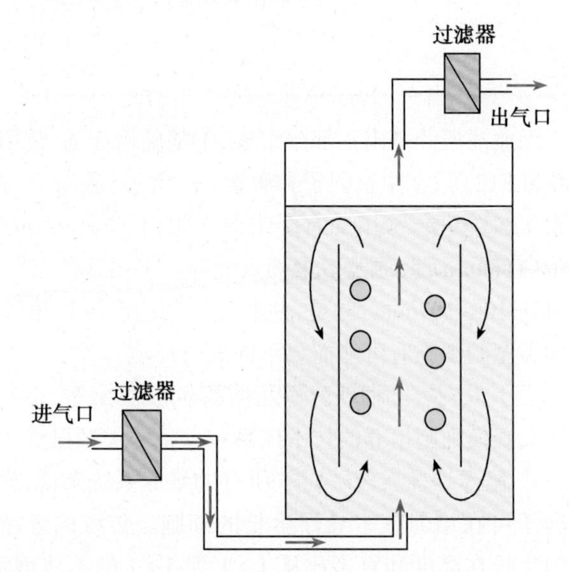

图5-17-4 气流驱动培养系统示意图

3. 微载体培养系统 微载体培养系统是微载体与搅拌悬浮培养相结合的一种培养体系，它是将细胞生长在微载体的表面，再借助搅拌器的作用，使附着有细胞的微载体颗粒均匀地悬浮于培养液中，并使其细胞在微载体上生长。在这种培养体系中，由于微载体的应用，使得单位培养容积所提供的细胞附着生长的表面显著增加，所以，这种培养体系非常适合于具有贴壁生长特性细胞的大规模培养。

当然，微载体培养技术也有一些弱点。其中之一是附着有细胞的微载体颗粒之间的相互聚集，有时甚至形成团块，这使得细胞生长的可附着表面趋于下降，而且会影响细胞的生长与增殖。有人采用蛋白水解酶处理其培养物的做法，以期在一定程度上降低微载体颗粒之间相互聚集的现象。另外，选择适当的搅拌力，也被认为是防止微载体聚集和细胞机械损伤的一个有效因素。一般认为，采用较大叶轮的低速搅拌器，以不超过50r/min转速为宜。实际上，微载体培养技术是相当复杂的，通常是在不宜采用常规悬浮培养的情况下才会考虑选用。

4. 灌注培养系统 灌注培养系统（perfusion culture system）是将细胞生长在一种容器中，其系统能自动地将“旧”的培养液排除，并在其同时能自动地将新的培养液以其相同的速率补入其

细胞生长的容器中（图 5-17-5）。这一系统的优点在于：①可以使细胞始终处在一个比较好的营养状态和生存环境；②可以在排除的“旧”培养基中连续收集培养细胞所分泌的某些产物；③在连续灌注培养的过程中，可以根据特殊的要求，通过改变培养液的组成，以实现对于细胞状态的人为调控。所以，这种系统比较适合于目的为收集某特定分泌蛋白质的大规模细胞培养。例如，一个 5L 的发酵器在处于连续工作状态时，每天可以生产 0.375g 鼠免疫球蛋白 M。这个产量比上述 3 种传统的培养系统提高了 5.4 倍。该系统除在蛋白质制品（如单克隆抗体、疫苗或药用蛋白）的制备中具有特殊优点外，它在基于细胞的组织工程材料的制备中也比较适用。当然，这个系统也有一些缺点，例如：设备的复杂性很高；需要持续提供大量的培养基质；细胞的状态不稳定；容易被污染等。

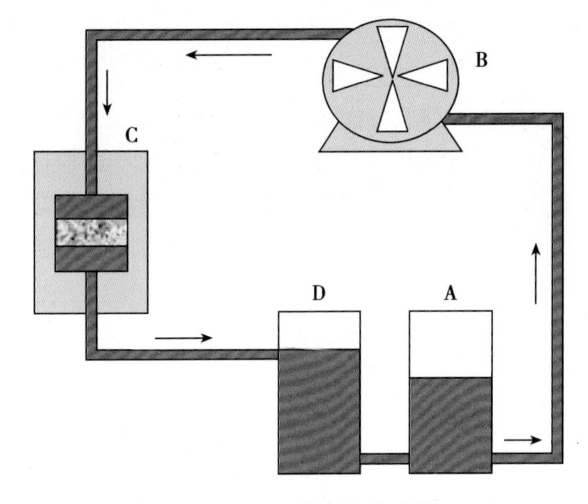

图 5-17-5　灌注培养系统

A. 新鲜培养液；B. 循环泵；C. 培养容器；D. “旧”培养液

（三）影响细胞生长的因素主要与营养供应和毒物生成有关

在大规模的细胞培养中，细胞的生长与增殖仍然服从于基本的细胞生物学机制，而且可以同样表现出与实验室小规模培养中一些基本的生长特性：如停滞期、对数增长期和平台期。在某些状态时，也同样存在细胞死亡的现象。对于细胞停止生长甚至死亡的原因，主要为生长因子耗竭和毒性成分堆积。另外，细胞的外分泌或自分泌激素信号对细胞发生了某些作用等因素也有可能是存在的。

目前已有许多关于细胞营养需求的实验研究，也正是这些研究才使得大规模细胞培养技术和设施不断地向前发展。例如，在量化细胞营养需求方面，研究者已经注意到了细胞大小在细胞周期、增殖阶段及不同培养系统中的变化。有人发现，悬浮细胞的平均直径(一般在 11μm 左右)可以因环境不同而发生很大变化。所以，当一个细胞的直径从 9.5μm 增长到 12μm 说明该细胞的质量变化不止 2 倍。因此，在培养过程中的营养需求的量化评估，除了考虑细胞群的密度外，还应考虑细胞的质量（即干重）。

优化大规模细胞培养的培养液，通常先要在实验室里进行研究，因为在实验室里可以同时检测分析许多变量，而且可以节省许多成本。有时候，这项工作可以从很小的培养皿（甚至 96 孔的细胞培养板）中开始，然后逐渐地将其体系扩大，而通常都要在 1 升的发酵器中进一步完善。当然，从实验室中所得到的指标也并不一定就能直接用于工厂化的大规模生产。例如，将实验室用到的静态悬浮培养的技术指标用于大规模的搅拌悬浮培养，所得到的相对细胞产量并不一定能够提高，有时甚至还会明显地降低。这就意味着，影响大规模培养条件下的细胞生长因素，除了营养条件外，还与其生存环境有关。

鉴定细胞的健康状况对于判断大规模细胞培养的营养条件和环境是至关重要的。采用适当的荧光或染色剂进行直接显微镜观察，可以得到关于细胞密度、生存能力、有丝分裂指数、一般形态以及碎片数量的信息。同时，也可以采用一些容易检测的生化指标来帮助判断。最为常用的是测定培养基中葡萄糖和乳酸盐的浓度，以及乳酸脱氢酶（LDH）的活性。葡萄糖和乳酸盐的浓度可以反映其培养液的质量情况，乳酸脱氢酶（为细胞的一种胞内酶）可以用来判断细胞的损伤或破碎的情况。

二、细胞核移植是获得各种克隆动物的关键技术

细胞核移植(nuclear transplantation)是利用显微注射装置,将一个细胞的核植入于另一个已经去核的细胞中,以得到重组细胞的技术过程。通常所说的核移植,则是指将一个二倍体的细胞核植入于另一个已经去核的细胞(受精卵或处于 MⅡ期的卵母细胞)中,以得到重组细胞,并使其在一定环境中生长发育,最后获得新的个体的综合技术体系。

(一)核移植技术仍处于不断改进中

在过去的几十年中,核移植技术一直处于不断发展的过程中,再加上不同物种的生长发育又具有一定的特殊性,所以,核移植的技术路线在不同的实验室、或对于不同的物种都可以有很大的不同。为了反映核移植的基本做法,以及这一领域的前沿状态,现以哺乳动物核移植为例来加以说明。图 5-17-6 显示了核移植的基本技术路线,同时也显示了目前的一些最新进展。

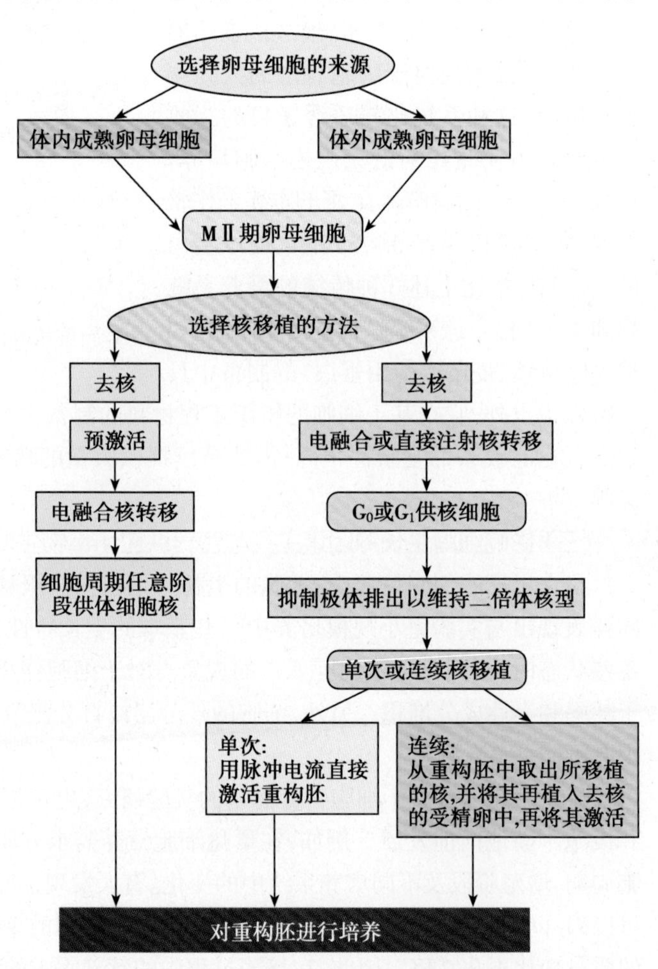

图 5-17-6 核移植过程示意图

1. **受体细胞的选择** 在核移植发展的早期,多采用受精卵(合子)细胞作为受体细胞,后来发现处于 MⅡ期的卵母细胞更适合作受体细胞。以后,在猪的克隆中,则结合了上述两种受体细胞的采用,最终才成功获得克隆个体。大量的证据表明,受精卵及处于 MⅡ期的卵母细胞的细胞质,可以使所植入的细胞核基因组的行为发生重编程(reprogramming),以至处于不同分化程度的供核细胞(如胚胎细胞或成年体细胞)的核得以去分化、恢复到全能性状态。由此获得的重构卵,能够进入到正常的发育程序,从而获得其遗传背景完全源于供核细胞的动物个体。

2. **供核细胞的选择** 早期的核移植技术基本上采用胚胎细胞作为供核细胞。但现已经知道,除胚胎细胞外、未分化的原始生殖细胞(PGCs)与胚胎干细胞(ES 细胞)、胎儿体细胞、成年体细胞甚至是高度分化的神经细胞、淋巴细胞等均可作为供核细胞的来源,且均能够获得相应的克隆个体。对不同供核细胞来源的克隆研究结果表明,克隆效率一般随其供核细胞分化程度的提高而下降。

3. **去核** 在核移植的实际操作中,上述受体细胞的核必须完全去除,这是细胞核移植能否成功的关键与前提。目前的去核方法主要有以下几种:

(1) 紫外线照射去核:通过一定剂量的紫外线照射卵母细胞,可破坏其中的 DNA 而成功去核,早期该法用于两栖类的克隆中,因对细胞损伤较大,目前基本上已废弃。

(2) 盲吸法去核:这是目前大多数核移植所采用的去核方法。它是根据 MⅡ期卵母细胞中第一极体与细胞核的对位关系,在特定的时间段内,通过去核针直接将第一极体及其附近的胞

质吸除，从而去除胞核。该法的去核成功率可高达 80% 以上。

(3) 蔗糖高渗处理去核法：它是以 0.3~0.9mol/L 的高渗蔗糖液处理卵母细胞一段时间，通过去核针去除卵胞质中透亮、微凸的部分（约 30% 胞质）。该法的去核成功率可高达 90%，且已成功获得了克隆个体。

(4) 透明带打孔去核法：鉴于小鼠的质膜系统较脆，常规的盲吸法去核后，卵母细胞的存活率往往较低，因而预先以显微针在透明带打孔，然后以细胞松弛素处理后去核，可大大提高去核后卵母细胞的存活率。

(5) 超速离心法：通过超速离心，可将卵母细胞的胞核与胞质分离开。因只在个别实验室成功，尚不具推广价值。

4. 重构胚的组建 目前的通常做法是：采用显微操作的方法，直接将供核细胞移植到已经去核的、处于 MⅡ期的卵母细胞（或受精卵）的透明带下，然后通过细胞融合（电融合或仙台病毒介导）的方式，使供核细胞与受体细胞发生融合，由此实现细胞核与细胞质的重组，形成重构胚。这种方法存在一个问题，即供核细胞的胞质也参与重构胚的胞质的组分，这有可能导致克隆动物组织细胞中线粒体的多样性。至于这一问题有无生物学的后果，目前仍处于观察和认识之中。另一种做法是：以显微针反复抽吸供核细胞，从而分离出其中的胞核部分，然后将胞核直接注入细胞核已去除的受体细胞中（MⅡ期卵母细胞），直接构成重组胚，这种方法主要被用于克隆小鼠的制作。

5. 重构胚的激活 在正常受精过程中，会发生一系列的精子激活卵母细胞的事件。因而，在重构胚组合成功后，也必须要模拟体内的自然受精过程，对重构胚施以激活。激活通常采用化学激活与电激活方法。

(1) 化学激活：以离子霉素（短暂诱导 Ca^{2+} 峰）处理 5 分钟，然后以 6-DMAP（蛋白激酶抑制剂，降低 MPF 活性）处理 5 小时。其间，应根据供核细胞与受体细胞细胞周期组合的要求，考虑是否添加细胞松弛素（cytochalasin B）以抑制或促进第二极体的排出，以维持重构胚最终 2 倍体的核型。

(2) 电激活：在操作程序上同重构胚组建时的电融合方法，一般在实现电融合的同时亦实现了电激活，但此时 Ca^{2+} 浓度应明显高于正常电融合（而不电激活）时的浓度，该法目前主要用于胚胎细胞作供核的核移植试验中，激活处理后的重构胚，继续培养后，能够卵裂的，表明重构胚已激活。否则，激活失败。

6. 重构胚的培养与移植 重构胚被激活后，须经一定时间的体外培养，或放入中间受体动物（家兔、山羊等）的输卵管内孵育培养数日，待获得发育的重构胚（囊胚或桑葚胚）后，方可将之移植至受体的子宫里，经妊娠、分娩获得克隆个体。

（二）核移植技术可使用不同的供核细胞

1. 胚胎细胞核移植 胚胎细胞核移植技术的应用已有半个世纪的历史，德国科学家 H.Spemann 于 1938 年最先提出并进行了两栖类动物细胞核移植实验。R. Briggs 和 T.King 于 1952 年完成了青蛙的细胞核移植，但重构胚后来没有发育。中国学者童第周于 1963 年在世界上首次报道了将金鱼等鱼的囊胚细胞核移入去核未受精卵内，获得了正常的胚胎和幼鱼。K.Illmensee 和 P. Hoppe 于 1981 年首先对哺乳动物采用细胞核移植的方法进行克隆研究，他们将小鼠胚胎的内细胞团细胞直接注射入去除原核的受精卵内，得到了幼鼠。两年后，D. Solter 和 D. McGrath 对该实验方法作了改进，以 2 细胞期、4 细胞期及 8 细胞期的小鼠胚胎细胞和内细胞团的细胞为供核细胞，并获得了克隆后代。他们的工作为哺乳动物的细胞核移植奠定了基础。S. Willadsen 于 1984 年得到了世界上第一只以未分化的胚胎细胞为供核细胞的核移植绵羊。1995 年 7 月，英国 Roslin 研究所的 I. Wilmut 等用已分化的胚胎细胞作为供核细胞，克隆了两只绵羊，分别命名为 Megan 和 Morag（图 5-17-7）。

他们的工作表明，成熟卵母细胞比受精卵更适于用作细胞核移植的受体细胞，且发育至桑葚胚的细胞核，经显微注射法植入去核的成熟卵母细胞而得到的重建胚，仍具有发育的全能性。迄今为止，胚胎细胞核移植技术已在两栖类、鱼类、昆虫和哺乳类等动物中获得成功。其中，在进化上界于两栖类和哺乳类之间的爬行类和鸟类等卵生动物的胚胎细胞核移植则尚未见有报道。

图 5-17-7 克隆羊 Megan 和 Morag

2. 成体细胞核移植 1962 年，英国科学家 G. E. Gorden 用紫外线照射方法，使一种非洲爪蟾的未受精卵细胞核失活，然后将来自同种爪蟾的小肠上皮细胞核植入其中，并使其在适当的环境中生长发育。结果发现，约有 1% 的重组卵发育为成熟的爪蟾。这一成功，标志着由体细胞核培育动物的技术体系在两栖类上获得了成功。1997 年 2 月 23 日英国 Roslin 研究所正式宣布，由 I. Wilmut 等采用一个 6 岁绵羊的乳腺细胞作为供核细胞，成功地培育了克隆羊"多莉"(Dolly)。但实际上，"多莉"早于 1996 年 5 月就已出生。1997 年 7 月，I. Wilmut 等又以同样的方法产生了以培养的皮肤成纤维细胞（该细胞的基因组中带有人的基因）为供核细胞的克隆羊"Polly"。体细胞核移植的成功，是 20 世纪生物学突破性成就之一，尤其是在理论上证明：即便是高度分化的成体动物细胞核在成熟卵母细胞中仍然能被重编程，表现出发育上的全能性。

I. Wilmut 等早些时候关于胚胎细胞核移植的研究结果表明，处于第二次减数分裂中期（MⅡ）的卵母细胞质中含有大量的成熟促进因子（MPF），这些因子可诱导供体核发生一系列形态学的变化，包括核膜破裂，早熟凝集染色体等。当供体核处于 S 期时，受体胞质中高水平的 MPF 使染色体出现异常的概率显著升高。而当供体核处于 G_1 期时，虽然供体核同样会出现早熟凝集染色体，但对染色体没有损害。基于这些发现，他们提出以下两个协调供体核和去核卵母细胞的途径：其一是选取处于 G_0 期或 G_1 期的细胞作核供体；其二是选取 MPF 水平低时的卵母细胞作受体。

获取 G_0 期或 G_1 期供核细胞的方法主要有两种：①血清饥饿法：I. Wilmut 就是采用该法获得 G_0 期细胞，并以此为供核细胞克隆了体细胞克隆羊"多莉"。其大致做法是，先将乳腺上皮细胞在含 10% 胎牛血清的培养基中培养，然后转入含 0.5% 胎牛血清的培养基中连续培养 5 天，从而使其培养细胞暂时性地退出增殖周期。②直接法：就是直接从 G_0 期或 G_1 期细胞组成比例高的组织中获取细胞作为供核细胞。如在刚排出的卵母细胞周围有一层卵丘细胞，这些细胞 90% 以上都处于 G_0 期或 G_1 期。1999 年，美国夏威夷大学的 T. Wakayama 等就是采用这种卵丘细胞作为核供体，不经培养而直接作核移植，获得 50 多只克隆小鼠。这一成功，有力地支持了 I. Wilmut 等关于受体细胞与供核细胞之间周期状态相关性方面的研究结论。

框 5-17-1 多莉羊的诞生及治疗性克隆技术

1997 年 2 月 23 日，英国 Roslin 研究所里诞生了世界上第一只采用体细胞的核移植技术获得的克隆羊——"多莉"(Dolly)。"多莉"的诞生，意味着人类有可能利用动物的一个组织细胞，像翻录磁带或复印文件一样，大量地产生出相同的生命体，这无疑是生命科学中的一个重大突破。同时，这也诱发了人们将克隆技术应用于人类疾病治疗的设想，

由此便出现了一个全新的“治疗性克隆(therapeutic cloning)”的研究领域。“治疗性克隆”结合了核移植的克隆技术和最新的人胚胎干细胞技术，以患者的体细胞(如皮肤细胞)为供核细胞，并以去核的人或其他动物的成熟卵母细胞为受体细胞，获得重构胚胎，再在一定的条件下，使重构胚生长发育到囊胚期，然后分离培养囊胚中的内细胞团，得到遗传背景与患者的遗传背景完全相同的胚胎干细胞系(ES 细胞系)。进而，可通过 ES 细胞的体外培养和定向分化技术得到大量的、可用于目标患者的临床治疗的细胞(如产生多巴胺的神经元或产生胰岛素的胰岛细胞等)或工程化组织器官(如皮肤或肝脏等)。目前，已经通过体细胞核移植技术获得了 ES 细胞系。但是下一步的定向分化和临床应用必须依赖于基础的干细胞生物学研究的发展。客观地讲，治疗性克隆研究领域的兴起，确实为移植细胞、组织或器官的来源，以及长期以来困惑人们的免疫排斥反应等方面问题解决提供了一条全新的思路。然而，由于治疗性克隆直接地涉及人类，而且，所得到的细胞实际上就是人的 ES 细胞，所以这一研究领域还存在着十分激烈的伦理上的争论。

三、基因转移是定向改造细胞表型的基本技术

基因移转是实现细胞表型定向改造的基本技术之一。目前已被有效使用的方法有很多，分为物理法、化学法和生物法三大类。在实际工作中，可根据受体细胞的种类及最终目的等因素选择适当的方法。

(一) 物理和化学转化法简便易行

利用物理和化学方法转化动物细胞的主要优点是转染体系较简单且不含任何病毒基因组片段，这对于基因治疗尤为安全。但转基因进入细胞后，往往多拷贝随机整合在染色体上，导致受体细胞基因灭活或转化基因不表达。目前在动物转基因技术中常用的物理化学转化法包括以下几种。

1. 电穿孔法　这种方法利用脉冲电场提高细胞膜的通透性，在细胞膜上形成纳米大小的微孔，使外源 DNA 转移到细胞中。其基本操作程序如下：将受体细胞悬浮于含有待转化 DNA 的溶液中，在盛有上述悬浮液的电击池两端施加短暂的脉冲电场，使细胞膜产生细小的空洞并增加其通透性，此时外源 DNA 片段便能不经胞饮作用直接进入细胞质。该方法简单，广泛运用于培养细胞的基因转移，基因转移效率最高可达 10^{-3}。

2. 显微注射法　显微注射法主要用于制备转基因动物。该法的基本操作程序是：借助显微注射设备将 DNA 溶液迅速注入受精卵中的雄性原核内；然后将注射了 DNA 的受精卵移植到假孕母鼠中，繁殖产生转基因小鼠。该方法转入的基因随机整合在染色体 DNA 上，有时会导致转基因动物基因组的重排、易位、缺失或点突变，但这种方法应用范围广，转基因长度可达数百 kb。

3. 脂质体包埋法　将待转化的 DNA 溶液与天然或人工合成的磷脂混合，后者在表面活性剂存在的条件下形成包埋水相 DNA 的脂质体结构。当这种脂质体悬浮液加入到细胞培养皿中，便会与受体细胞膜发生融合，DNA 片段随即进入细胞质和细胞核内。该方法基因转移效率很高，据报道最高时，100% 离体细胞可以瞬时表达外源基因。

4. 磷酸钙共沉淀法　受二价金属离子能促进细菌细胞吸收外源 DNA 的启发，人们发展了简便有效的磷酸钙共沉淀转化方法。此法将待转化的 DNA 溶解在磷酸缓冲液中，然后加入 $CaCl_2$ 溶液混匀，此时 DNA 与磷酸钙共沉淀形成大颗粒；将此颗粒悬浮液滴入细胞培养皿中，37℃下保温 4~16 小时；除去 DNA 悬浮液，加入新鲜培养基，继续培养 7 天即可进行转化株的筛选。在上述过程中，DNA 颗粒也是通过胞饮作用进入受体细胞的。

5. DEAE　葡聚糖法最早的动物细胞转化方法是将外源 DNA 片段与 DEAE 葡聚糖等高分

子碳水化合物混合,此时 DNA 链上带负电荷的磷酸骨架便吸附在 DEAE 的正电荷基团上,形成含 DNA 的大颗粒。后者黏附于受体细胞表面,并通过胞饮作用进入细胞内。但许多细胞类型的这种方法转化率极低。

(二) 生物转化法常用病毒基因组作为转化载体

将外源基因通过病毒感染的方式导入动物细胞内是一种常用的基因转导方法。根据动物受体细胞类型的不同,可选择使用具有不同宿主范围和不同感染途径的病毒基因组作为转化载体。目前常用的病毒载体包括:DNA 病毒载体(腺病毒载体、腺相关病毒载体、牛痘病毒载体)、反转录病毒载体和慢病毒载体等。用作基因转导的病毒载体都是缺陷型的病毒,其感染细胞后仅能将基因组转入细胞,无法产生包装的病毒颗粒。下面以腺病毒载体为例加以介绍。

腺病毒科为线型双链 DNA 病毒,无包膜,呈二十面体,共有 93 个成员,分两个属:哺乳动物腺病毒属和禽腺病毒属。目前已鉴定的人腺病毒有 6 个亚属。其中常用来构建载体的腺病毒主要是 C 亚属的 2 型(Ad2)和 5 型病毒(Ad5)。腺病毒感染人体细胞是裂解型的,不会致癌,但对啮齿目动物细胞来说,绝大多数的腺病毒成员均能致癌。腺病毒基因组 DNA 全长 36kb,可包装片段的大小可比原基因组稍大(可达 37.8kb)。腺病毒作为转化载体的特点是:基因组重排率低,安全性好,不整合染色体,不导致肿瘤发生;宿主范围广,对受体细胞是否处于分裂周期要求不严格;外源基因在载体上容易高效表达。

病毒载体也具有一些缺点,如所有的病毒载体都会诱导产生一定程度的免疫反应,都或多或少存在一定的安全隐患,转导能力有限,以及不适合于大规模生产等。

四、细胞重编程技术可将一种类型细胞转变为另一类型细胞

由于细胞生物学、发育生物学、遗传学、分子生物学及生物信息学等学科领域的理论和技术的综合应用,目前已经能够采用明确的因子(转录因子或小分子化合物),有效地将一种类型的细胞重编程(reprogram)为另一种类型的细胞。最早的例子是日本京都大学山 S. Yamanaka 实验室(2006 年)将四种转录因子(Oct3/4、Sox2、c-Myc 和 Klf4)在成纤维细胞高表达,发现可诱导其细胞转化为具有多潜能性的胚胎干细胞样的细胞,并称之诱导性多潜能干细胞(induced pluripotent stem cell),即 iPS 细胞。iPS 细胞的出现,对细胞分化的传统理论形成了挑战,也对细胞在生物医药领域的应用提供了全新的理论基础,被认为是整个生命科学具有里程碑意义的重大进展,日本科学家 S. Yamanaka 也因此而获得了 2012 年诺贝尔生理学或医学奖。2012 年 7 月,北京大学邓宏魁教授又实现了用小分子化合物也可有效地将已分化细胞重编程为多潜能干细胞。这些方法避免了外源转录因子的使用,为人类重大疾病的细胞治疗的细胞来源带来了一个新的选择,也为细胞分化调控机制的研究提供了新的线索。

值得注意的是,最近又出现了组织干细胞或成熟细胞的直接重编程(direct reprogramming)技术,也称直接转分化(direct transdifferentiation)技术。采用这种技术,可以将处于分化状态的一种细胞谱系的细胞重编程为另一种细胞谱系的干细胞或成熟细胞。目前,已经出现了将成纤维细胞重编程为造血干细胞、神经干细胞、肝干细胞(第二军医大学胡以平教授实验室)及成熟肝细胞(中国科学院上海生物化学与细胞生物学研究所惠利健研究员实验室)等成功例子。已有的研究表明,采用直接转分化方法所得到的组织干细胞或成熟细胞,具有活体内的自然干细胞或成熟细胞的基本生物学特性,而且没有致瘤性。这意味着,直接转分化技术体系,在人类疾病的干细胞治疗、基本细胞模型的制备及新药研发等领域中应用的特殊价值。

除以上各种方法以外,细胞工程所涉及的技术还有许多,如细胞诱变、细胞融合、细胞拆合,以及染色体转移等。

第三节　动物细胞工程的应用

细胞工程是生物工程的重要组成部分,在医学实践中有着极为广泛的应用,研究人员通过细胞工程技术生产了大量的医药产品、医学材料,建立了一些新的疗法。更令人振奋的是,细胞工程仍有广阔的领域有待开拓和深入。随着细胞工程研究的深入,人们对疾病的认识将不断加深,将会获得更多更有效的医疗产品,人类的健康水平必将会得到提高。本节对细胞工程现今的主要应用领域加以介绍。

一、利用细胞工程生产医用蛋白质

(一) 单克隆抗体广泛应用于生物医药学领域

自 1975 年 G.Kohler 和 C.Milstein 建立 B 淋巴细胞杂交瘤技术制备单克隆抗体以来,针对各种抗原的单克隆抗体已被广泛应用于生命科学的各个领域。B 淋巴细胞杂交瘤技术将淋巴细胞产生单一抗体的能力和骨髓瘤无限增生的能力巧妙地结合起来,并可进一步筛选获得专一性的抗体。单克隆抗体的最主要优点在于它的专一性、均质性、灵敏性以及无限量制备的可能性。

单抗在生物工程技术中占有很重要的地位,已作为商品进入市场,其用途包括以下几方面:①作为体外诊断试剂。单克隆抗体最广泛的商品用途,目前仍然是用作体外诊断试剂。②作为体内诊断试剂。用放射性核素标记的单抗,在特定组织中成像的技术,可用于肿瘤、心血管畸形的体内诊断。③作为导向药物的载体。单克隆抗体最大的应用前景是有可能作为导向药物的载体。导向药物是指对病变部位具有特异选择性的药物。未来抗癌药、抗菌药等的导向制剂将普遍取代现在的常规药。④作为治疗药物。用于治疗的单克隆抗体必须具有专一性高、稳定性好、亲和力强、分泌量大、针对非脱落抗原在靶细胞上的分布密度高等特点,但这是很难获得的。此外,近来也有报道用单克隆抗体检测工业生产及各种焊缝管道中的早期腐蚀;作为某些化学工业的催化剂等。

(二) 获得复杂人体蛋白需用真核动物细胞表达系统

由于微生物缺乏蛋白翻译后的加工修饰系统,故许多人体蛋白必须用真核动物细胞表达。第一个由重组哺乳动物细胞规模化生产的医用蛋白是一种叫做“组织型纤溶酶原激活剂”(tPA)的溶血栓药物。该药物可用于脑卒中、心肌梗死等血栓疾病的溶栓治疗。另一个由哺乳动物细胞生产的人重组蛋白是凝血因子Ⅷ,临床上的血友病 B 就是由于该因子的缺乏造成的。人凝血因子Ⅷ是一种需要修饰才有活性的蛋白质,故必须采用重组哺乳动物细胞进行生产。此外,生物活性严格依赖于糖基化修饰的人促红细胞生成素(EPO)也必须用动物细胞生产,用于治疗因肿瘤化疗或肾脏疾病所致的红细胞减少症。

二、基因工程动物有非常广阔的应用前景

基因工程动物(genetically engineered animal)是通过遗传工程的手段对动物基因组的结构或组成进行人为的修饰或改造,并通过相应的动物育种技术,最终获得修饰改造后的基因组在世代间得以传递和表现的工程动物。利用这一技术,人们可以在动物基因组中引入特定的外源基因,使外源基因与动物本身的基因组整合,培育出可将外源基因稳定的遗传给下一代的转基因动物(transgenic animal),也可以在动物基因组的特定位点引入设计好的基因突变,导致基因失活或替换,培育出基因敲除动物(gene knockout animal)或基因重组动物(gene knockin animal)。目前基因工程动物已广泛应用于生命科学的研究中,而且,其技术本身的发展也很快,尤其表现为基因修饰的精确性与可调性技术能力的提高。基因工程动物在医药学方面的主要应用有以下几个方面。

(一) 基因工程动物可用做疾病的动物模型

几乎所有的人类疾病(除外伤外)都有一定的遗传背景,在一定程度上都可以看作是遗传病。因此,利用基因工程动物制造出各种实验动物模型,给研究人类遗传疾病带来了极大的方便。由于小鼠与人类基因的同源性很高,对小鼠进行遗传操作的技术体系也十分成熟,再加上易于饲养和繁殖,因此,目前常以小鼠作为人类疾病的模型动物。例如,人们可以通过基因剔除技术,排除其他基因的干扰,以检测一个特定的遗传改变所产生的效应,从而确定致病基因的功能和致病机制。现已培育成功了包括动脉粥样硬化、镰状细胞贫血、阿尔茨海默病、前列腺癌等多种遗传疾病的模型小鼠。国内实验室已经成功地建立了乙型肝炎的转基因小鼠模型,为我国乙肝病毒相关医学问题的研究提供了活体研究条件。

(二) 基因工程动物可作为高效的动物生物反应器

把目标蛋白基因导入动物体内,以产生相应的转基因动物,并通过一定的方式,筛选其目的基因的表达可达到理想水平(即具有产业化价值)的转基因动物个体。由于这种动物可以产生目标蛋白质,整个个体就相当于一个传统的发酵罐,故将其称之为转基因动物生物反应器(transgenic animal bioreactor)。在这种动物中,目标蛋白质可以在某些组织(如其乳汁、血液或尿液等)中高水平地或特异性地表达,这些组织就可以作为分离目标蛋白的材料来源。如果目标蛋白是在乳腺中特异性地表达,这种转基因动物个体可称之为乳腺生物反应器(mammary gland bioreactor)。

(三) 基因工程动物有望解决人类移植用器官

人们可以通过转基因猪来获得用于人类移植的器官。目前,转基因猪的肝脏已用于对虚弱的、无法接受肝脏移植手术的患者进行离体灌注。这些猪都经过了遗传工程改造,可以表达能够封闭某些补体的蛋白质,从而减少急性排斥反应。这样的器官还只能做短期代用,不能永久移植。但是这种获得器官的方式仍具有继续研究的前景。

三、组织工程是通过生物和工程学手段在体外构建组织和器官的技术体系

组织工程(tissue engineering)是指应用工程学和生物学的原理和方法来研究正常或病理状况下哺乳动物组织的结构、功能和生长的机制,进而开发能够修复、维持或改善损伤组织的人工生物替代物的一门学科。

在近几十年中,由于细胞大规模培养技术的日臻成熟,以及各种具有生物相容性和可降解的材料的开发与利用,使得制造由活细胞和生物相容性材料组成的人造生物组织或器官的愿望成为可能。目前,在体外构建基于活细胞工程化组织的核心方法是,首先分离自体或异体组织的细胞,经体外扩增达到一定的细胞数量后,将这些细胞种植在预先构建好的聚合物骨架上,这种骨架提供了细胞三维生长的支架,使细胞在适宜的生长条件下沿聚合物骨架迁移、铺展、生长和分化,最终发育形成具有特定形态及功能的工程组织(图 5-17-8)。这一技术的关键是对在细胞进行体外培养过程中,通过模拟体内的组织微环境,使细胞得以正常生长和分化。此过程通常包含三个关键步骤:①大规模扩增从体内分离获取的少量细胞;②在聚合物骨架上种植这些细胞,通过对骨架的内部结构与表面性能的优化设计,在"细胞材料"及"细胞细胞"的相互作用下,诱导细胞进行分化;③采用灌注培养系统,保持稳定的培养环境,长期维持工程组织正常的生长分化状态。应用这些方法已成功地在体外培养了人工软骨、皮肤等多种组织。

1. 组织工程皮肤 目前处于研发阶段的组织工程产品有很多种,但获得美国 FDA 批准的组织工程产品只有人造皮肤。与传统的治疗方法相比,由活细胞和生物可吸收材料组成的人造生物皮肤具有以下优点:①细胞背景明确,产品质量可控,可有效防止异源皮肤移植时可能导致的疾病传染。②来源充足,可克服自(异)体移植物来源匮乏的缺点。例如,成纤维细胞可在体

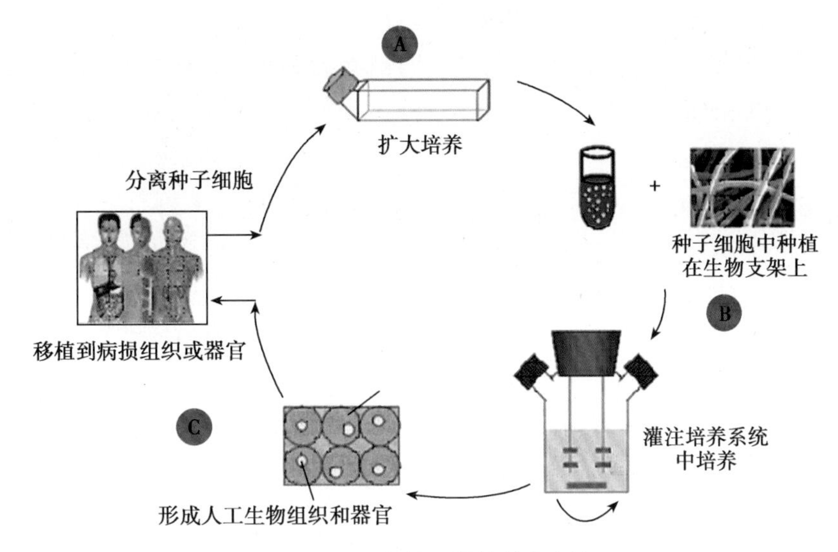

图 5-17-8 组织工程的基本方法

外传代 60 次而保持细胞的正常形态和功能，一个成纤维细胞经体外培养可扩增 10^{18} 倍，来自包皮环切术的一个新生儿包皮可在体外扩增为 25 000m^2 的人造皮肤。③免疫原性弱，移植排斥反应发生轻微。一般构成人造生物皮肤的细胞为角质形成细胞或成纤维细胞，角质形成细胞表面有人体白细胞抗原(HLA-DR)，能引发比较轻微的同种异体移植排斥反应，而成纤维细胞一般不会激发免疫反应。④贮存运输方便，可低温冷冻保存，使用简便。⑤能为自体细胞修复伤口提供良好的生长环境。在对烧伤的治疗中可减少对供体组织的需求；减少伤口结疤和收缩现象；对大面积急性伤口可实现快速覆盖；可作为传递外界生长因子的载体等。

人工皮肤基本上可分为三个大的类型：表皮替代物、真皮替代物和全皮替代物。表皮替代物由生长在可降解基质或聚合物膜片上的表皮细胞组成。真皮替代物是含有细胞或不含细胞的基质结构，用来诱导成纤维细胞的迁移、增殖和分泌细胞外基质。而全皮替代物包含以上两种成分，既有表皮又有真皮结构。

2. 组织工程膀胱 应用组织工程的方法，研究人员成功地在实验室中制造出膀胱，而且将组织工程膀胱移植给犬体内后证明是有功能的。为了制造膀胱，首先通过组织活检的方式取得正常犬的膀胱组织，分散后得到泌尿上皮和肌肉组织，然后将两者分开培养，再将两种组织置于可降解的生物材料制成的模型上，泌尿上皮在内，肌肉组织在外。接受人工膀胱移植的犬可重新获得原有膀胱 95% 的功能。11 个月后检查组织工程膀胱，发现已经完全被泌尿上皮和肌肉组织覆盖，并有神经和血管生成。这是首次在实验室中获得具有正常功能的哺乳动物组织工程器官。

四、细胞治疗是植入正常细胞以替代病变细胞的治疗方法

细胞治疗是将体外培养的、具有正常功能细胞植入患者体内(或直接导入病变部位)，以代偿病变细胞所丧失的功能。也可采用基因工程技术，将所培养的细胞在体外进行遗传修饰后，再将其用于疾病的治疗(图 5-17-9)。

(一) 干细胞及其分化后裔细胞在细胞替代治疗中具有重要价值

许多疾病都是由于细胞功能缺陷或异常造成的。通过植入功能正常的细胞，恢复其丧失的功能可以从根本上对疾病进行治疗。干细胞研究所取得的进步，尤其是人胚胎干细胞的成功建系，有望能在体外大量的收获胚胎干细胞以及由其分化而来的成体干细胞和功能细胞，对细胞替代治疗的发展起了极大的推动作用。

1. 神经系统疾病 为数众多的神经系统疾病都涉及神经元死亡(如帕金森病、阿尔茨海默

Notes

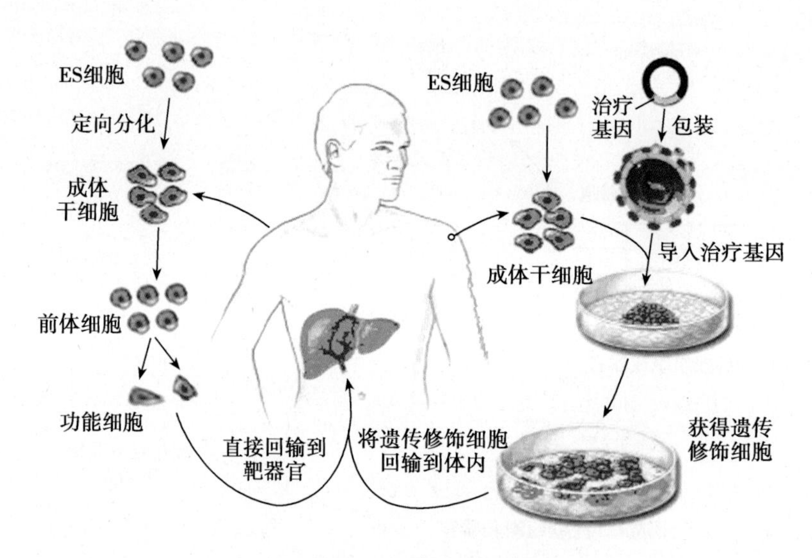

图 5-17-9 细胞治疗示意图

病、小儿麻痹、脑卒中、癫痫、泰萨克斯病、脑外伤、脊柱伤等都涉及神经元的死亡),应用干细胞治疗神经系统损伤是一个迅速发展的领域。例如利用干细胞移植治疗帕金森病已经取得了令人鼓舞的结果。由于胎脑组织中具有能产生多巴胺的细胞,临床上把从7~9周的流产胎儿中分离的脑组织移植到帕金森病患者的脑内,可明显改善患者的症状。但是由于该治疗方法使用胎儿组织,应用前景并不理想。近年来,神经干细胞移植是治疗帕金森病又一途径。神经干细胞具有被诱导分化为多巴胺神经元的潜能,而且体外培养可以为细胞移植提供可靠的细胞来源。把体外扩增的人神经干细胞移植到帕金森病的大鼠模型中,能在体内分化为成熟的多巴胺神经元,并建立突触连接,有效地逆转大鼠模型的帕金森病症状。人的胚胎干细胞在体外也可被诱导分化成为成熟的多巴胺神经元。鉴于神经组织或胎脑组织移植治疗帕金森病患者前景不佳,干细胞治疗帕金森病被研究者寄予厚望。另外利用神经干细胞治疗脊柱损伤的动物模型也取得了明显的效果。

2. 肿瘤 肿瘤患者经亚致死量照射后,射线可以杀灭肿瘤细胞并摧毁造血系统,然后通过造血细胞移植的方法重建患者的造血功能。造血干细胞移植的新应用是治疗恶性肿瘤。近来美国NIH的一个研究小组应用这种方式治疗转移性肾癌,38例患者中有50%肿瘤缩小,这个治疗方案已用于其他顽固性固体肿瘤的治疗,包括肺癌、前列腺癌、卵巢癌、直肠癌、食管癌、肝癌和胰腺癌。

3. 其他疾病 细胞治疗在其他疾病如:心脏病、骨骼和肌腱损伤、烧伤等领域同样有巨大的应用前景。例如,2001年美国科学家Nadya Lumelsky及其同事首次在体外将小鼠胚胎干细胞诱导成为可分泌胰岛素的胰腺β细胞,这一研究成果为成千上万的糖尿病患者带来了根治疾病的希望。

(二)基于工程化细胞的基因治疗具有应用前景

干细胞和一些永生化的细胞可以作为基因治疗的载体。主要方法是,采用常规的基因工程手段,对体外培养的细胞进行遗传修饰,并由此筛选出可以稳定地高水平地表达其外源基因的细胞系,进而将细胞在体外扩增,再将扩增细胞植入患者体内,或者直接植入病变部位,从而达到基因治疗的目的。但由于免疫学上的原因,所用的细胞必须是同体细胞,即用于遗传修饰的细胞必须来源于患者本身。

2001年,Martinez-Serrano利用温度敏感性HiB5永生化细胞,建立了高效神经生长因子分泌细胞系,该细胞系含有神经生长因子基因的多个拷贝。这种细胞在移植到被完全切断穹隆的鼠纹状体及中隔后,仍能持续分泌神经生长因子,并使90%的胆碱能神经元得到恢复。同时,移植

细胞能很好地在脑组织中存活，并在结构上已经整合于宿主的脑组织中。实验还发现，所移植的工程化细胞还能分化为神经胶质细胞，并能在其移植点周围 1.0~1.5mm 的范围迁移，但未发现其植入的细胞过度生长或产生肿瘤的现象。虽然这是一个动物实验，但它显示了基于工程化细胞的基因治疗在临床上应用的可能性。

神经干细胞作为外源基因的载体还可应用于颅内肿瘤的基因治疗。目前神经胶质瘤的基因治疗已受到病毒载体的限制，临床试验性治疗中常需要在肿瘤周围进行多点注射，而神经干细胞植入大脑后可发生迁移，能够弥补病毒载体的不足，所以神经干细胞可能成为颅内肿瘤治疗更理想的载体。

除神经干细胞外，骨髓间充质干细胞可能是基于工程化细胞基因治疗的另一个较为理想的候选细胞。不少证据表明，骨髓间充质干细胞具有大范围的跨系分化能力，再加上骨髓间充质干细胞的来源和分离培养都比较容易，有可能在一定程度上降低其工程化细胞来源的个体限制性。当然，这还有待于骨髓间充质干细胞生物学的进一步研究情况。

小　结

细胞工程是现代生物工程的一个部分，是由细胞生物学、发育生物学、遗传学和分子生物学等学科的理论与方法所整合产生的综合的技术体系，其基本目的是要获得具有产业化价值的细胞或其相关产物。

当今的细胞工程已经发展到了一个相当高的水平，主要表现在三个方面：一是细胞的大规模体外培养。目前用作扩大细胞附着面积的材料已有多种（如微载体、中空纤维及微胶囊等），而且也已经建立了多种大规模的细胞培养体系（如悬浮培养、气流驱动培养、微载体培养及灌注培养等）。这些培养材料和培养体系的出现，基本上可以满足各种细胞类型（如悬浮生长或贴壁生长）和不同培养规模培养（几升至上千升）的需求。细胞大规模培养技术能力的提高，使得各种抗体、疫苗及药用蛋白质的大规模生产成为可能，而且也为目前备受关注的细胞治疗和组织工程的快速发展提供了关键技术支撑。二是基因工程动物的产生。通过对胚胎干细胞或早期胚胎的遗传操作，目前已经能够对动物的基因组进行人为地定向改造，由此得到具有特殊遗传表型的基因工程动物，如转基因动物、基因敲除动物及基因重组动物。这些工程动物可以为生物医药研究提供具有四维特性的研究体系，而且也将成为以系统生物学为主导的生命科学的发展所必需的研究系统。更为重要的是，各种大型转基因动物（如转基因奶牛、转基因羊或转基因猪等）也可以充当生物反应器，用于各种抗体或药用蛋白质的生产，甚至可以用于临床上移植所用的组织器官的生产。三是克隆动物的产生。目前的基本做法是通过核移植技术，得到重构胚，再使其在适当的养母体内生长发育，借此可获得遗传背景与供核细胞的遗传背景完全相同的新生动物。比较著名的克隆羊有 Megan、Morag（以未分化的胚胎细胞为供核细胞）和 Polly（以绵羊的成体细胞为供核细胞）。Polly 以体外培养的皮肤细胞为供核细胞，而且其细胞中还整合有外源的人基因。它们的诞生，也反映了动物克隆技术的发展。动物克隆技术目前尚未在畜牧业和动物科学中得到应用，但它确实为动物的育种和保种提供了一套新思路。更为值得注意的是，动物克隆技术也是目前正在发展的“治疗性克隆”的关键技术。尽管在伦理上还存在着很大的争议，但就技术来说，实现治疗性克隆的可能性是完全具有的，而且在世界上许多国家也确实已经有了一些技术上的积累。

在未来的发展中，细胞工程在整个生命科学中的地位和作用将会日趋明显。因为生命科学有一个强调“多层面整合和时空特性”的发展趋势，其研究体系和技术平台的发展

需要细胞工程技术的参与。而且,细胞生物学的发展速度非常迅速,必然会在若干领域(如与临床疾病防治方面)中产生大量的新知识和新理论,因此也需要通过细胞工程使这些新信息转化为具有实用价值的细胞或细胞相关产品。当然,随着细胞生物学和生命科学中其他相关学科的发展,细胞工程的各种技术体系也会得到快速的发展。

(胡以平)

参考文献

1. 胡以平.医学细胞生物学.第3版.北京:高等教育出版社,2014.
2. 曾溢滔.科学对话:转基因动物与医药产业.上海:上海教育出版社,2000.
3. Pinkert CA. Transgenic animal technology. 2nd ed. San Diego: Academic Press, 2002.
4. Davis JM. Basic Cell Culture. 2nd ed. Oxford: Oxford University Press, 2002.
5. Saltzman WM. Tissue engineering: Principles for the design of replacement organs and tissues. Oxford: Oxford University Press, 2004.
6. Hou P, Li Y, Zhang X, et al. Pluripotent stem cells induced from mouse somatic cells by small-molecule compounds. Science, 2013, 341(6146): 651-654.
7. Yu B, He ZY, You P, et al. Reprogramming fibroblasts into bipotential hepatic stem cells by defined factors. Cell Stem Cell, 2013, 13(3): 328-340.
8. Huang P, He Z, Ji S, et al. Induction of functional hepatocyte-like cells from mouse fibroblasts by defined factors. Nature, 2011, 475(7356): 386-389.

中英文名词对照索引

H

J

K

L

X

Y

Z

致　谢

继承与创新是一本教材不断完善与发展的主旋律。在该版教材付梓之际,我们再次由衷地感谢那些曾经为该书前期的版本作出贡献的作者们,正是他们辛勤的汗水和智慧的结晶为该书的日臻完善奠定了坚实的基础。以下是该书前期的版本及其主要作者:

7年制规划教材
全国高等医药教材建设研究会规划教材
全国高等医药院校教材·供7年制临床医学等专业用

《细胞生物学》(人民卫生出版社,2001)

主　编　凌诒萍

全国高等医药教材建设研究会·卫生部规划教材
全国高等学校教材·供8年制及7年制临床医学等专业用

《细胞生物学》(人民卫生出版社,2005)

主　编　杨　恬
副主编　左　伋

普通高等教育“十一五”国家级规划教材
全国高等医药教材建设研究会规划教材·卫生部规划教材
全国高等学校教材·供8年制及7年制临床医学等专业用

《细胞生物学》(第2版,人民卫生出版社,2010)

主　编　杨　恬
副主编　左　伋　刘艳平
主　审　孙同天
编　者(以姓氏笔画为序)

左　伋(复旦大学上海医学院)
朱振宇(中山大学医学院)
刘艳平(中南大学湘雅医学院)
杨　恬(第三军医大学)
连小华(第三军医大学)
何通川(美国芝加哥大学医学院)
辛　华(山东大学医学院)
宋土生(西安交通大学医学院)
宋国立(美国加州大学圣迭戈分校医学院)
陈誉华(中国医科大学)
胡以平(第二军医大学)
徐　晋(哈尔滨医科大学)
唐　霓(重庆医科大学)
章静波(北京协和医学院)